喷灌与微灌技术应用

郑耀泉 刘婴谷 严海军 李云开 郝仲勇 姚彬 等 编著

内　容　提　要

本书论述农业喷灌技术、农业微灌技术和园林绿地灌溉技术应用的基本问题，按照它们内在关系进行了逻辑组合，形成一种“三合一”的版本。全书共四篇分成十八章：第一篇六章，论述三种灌溉技术应用的基础知识和共同的技术问题；第二篇六章，论述组成各类喷灌与微灌系统设备的基本结构、工作原理、技术性能和指标，以及适用条件；第三篇六章，论述管道式喷灌工程、机组式喷灌工程、微灌工程和园林绿地灌溉系统的设计与运行管理；第四篇，论述了近年来我国部分喷微灌技术的专利与重要创新技术。

本书可供从事喷微灌工程设计、管理人员学习参考，也可供设备制造、试验研究人员及高、中等院校相关专业师生参考。

图书在版编目（CIP）数据

喷灌与微灌技术应用 / 郑耀泉等编著. -- 北京 :
中国水利水电出版社, 2015.6
ISBN 978-7-5170-3260-1

Ⅰ. ①喷… Ⅱ. ①郑… Ⅲ. ①喷灌②微喷 Ⅳ.
①S275.5

中国版本图书馆CIP数据核字(2015)第130888号

书　　名	喷灌与微灌技术应用
作　　者	郑耀泉　刘婴谷　严海军　李云开　郝仲勇　姚彬　等　编著
出版发行	中国水利水电出版社 （北京市海淀区玉渊潭南路1号D座　100038） 网址：www.waterpub.com.cn E-mail：sales@waterpub.com.cn 电话：（010）68367658（发行部）
经　　售	北京科水图书销售中心（零售） 电话：（010）88383994、63202643、68545874 全国各地新华书店和相关出版物销售网点
排　　版	中国水利水电出版社微机排版中心
印　　刷	北京纪元彩艺印刷有限公司
规　　格	184mm×260mm　16开本　40.75印张　966千字
版　　次	2015年6月第1版　2015年6月第1次印刷
印　　数	0001—2000册
定　　价	**162.00**元

《喷灌与微灌技术应用》编著和审核人员名单

篇	章	名　　称	参加编著人姓名
第一篇	第一章	概述	郑耀泉、窦以松、姜娜
	第二章	土—水—植物	李云开、徐飞鹏、肖洋、郑耀泉
	第三章	水源与水量平衡计算	郑耀泉
	第四章	喷微灌系统灌溉制度与工作制度	郑耀泉、严海军
	第五章	管网水力计算	王素芬、郑耀泉
	第六章	工程概预算与经济技术评价	李淑琴、王文元
第二篇	第七章	灌水器	严海军、郑耀泉、高本虎、沈雪民
	第八章	管道	姚彬
	第九章	给水、控制与安全设备	姚彬
	第十章	过滤器与施肥设备	翟国亮、高进
	第十一章	水泵	严海军
	第十二章	喷灌机	郑耀泉、郭传苍、江明华、曹文东、杜加国
第三篇	第十三章	管道式喷灌工程设计	郑耀泉、顾亚萍
	第十四章	机组式喷灌工程设计	郑耀泉、郭传苍、江明华、曹文东、杜加国
	第十五章	微灌系统设计	郑耀泉、李宝珠、顾烈烽、祁巧云、李志娟、安俊波
	第十六章	园林绿地灌溉工程设计	李鸣、伊志谦、陈伊玲、门旗、郑耀泉
	第十七章	喷微灌系统自动化控制设计	李鸣、伊志谦、门旗、阮俊瑾
	第十八章	喷微灌系统运行管理	郑耀泉、李久生
第四篇	专利与创新技术		刘婴谷、李志娟、陈玲(共35家单位和个人提供)

《喷灌与微灌技术应用》的审核工作：

第一次审核：王文元，对第一章至第十六章和第十八章进行审核。黄兴法参加部分章节的校核

第二次审核：北京市水科学技术研究院

郝仲勇、高振宇、许翠平、潘卫国、原桂霞对第一章至第十八章全书进行审核

全书终审：北京中农天陆微纳米气泡水科技有限公司

张天柱、李志娟、祁巧云、安俊波、邢利利、乔敬进行全书终审

《喷灌与微灌技术应用》参予编著并提供资金单位：

北京中农天陆微纳米气泡水科技有限公司

北京市水科学技术研究院

绿友机械集团股份有限公司

中农先飞（北京）农业工程技术有限公司

广东达华节水科技股份有限公司

山东华泰保尔水务农业装备有限公司

宁波维蒙圣菲农业机械有限公司

前　言

20世纪70年代中国工业经济迅速发展，为现代农业发展奠定了物质基础，有能力向农业提供资金、技术、能源、设备和新的管理模式。促使传统地面灌溉技术逐步向现代灌溉技术转化，改变“水往低处流”的自然规律，由传统开敞渠道顺坡自流输水地面灌溉；改为给水增动力，通过封闭管网压力送水到灌溉地块后，水在压力作用下其出流状态有：喷洒、滴水、雾状、浸润，进行喷灌和微灌，其区分根据出流状态和单口出流量的多少，所采用不同的灌溉技术分为：喷灌技术和微灌技术。作者在众多的喷灌和微灌技术书籍的基础上，总结我国喷灌、微灌技术试验研究成果和推广应用经验，结合作者的本身的经验体会，将以往分别成书的农业喷灌技术、农业微灌技术和园林绿地灌溉技术，编写成“三合一”的《喷灌与微灌技术应用》一书。

《喷灌与微灌技术应用》一书从逻辑上论述分为四篇：

第一篇“技术基础”介绍喷灌和微灌技术的基础性理论和共用技术问题。

第二篇“设备”介绍喷微灌系统各种设备的基本结构、工作原理、使用条件和方法。

第三篇“工程设计与运行管理”论述各种类型喷微灌工程设计的内容和方法，喷微灌系统的运行管理方法。

第四篇“专利与创新技术”介绍近年来在喷微与微灌技术领域出现的新技术、新方法等。

2008年在怀柔召开“第七次微灌大会”上，中国水利水电出版社林京编辑向郑耀泉、刘婴谷约稿出版微灌方面的图书，当时我们已年过古稀，能否承担此重任心怀疑虑，经过多次向同行专家、学者、业内人士咨询讨论，他们都表示支持，这样才决心执笔编写。先由郑耀泉提出本书的整体构架和初步编写大纲，经多方征求意见确定了本书整体思路后，决定启动编撰工作。此后，郑耀泉按“编写大纲”要求分别邀请各类型专家、学者和有经验的工程人员计32人参加编写共同创作，齐心协力历经7年时间，终于脱稿交到水利水电出版社出版。

在2008～2013年期间，郑耀泉、刘婴谷先到大庆考察玉米膜下滴灌、参加酒泉微灌大会，感到写书一定要掌握喷微灌市场发展的脉搏，于是从了解东部沿海地区新兴的市场开始，重点在京津唐地区。然后南下，分不同时段，先到山东莱芜，随后到浙江余姚、海宁、宁海、温州、玉环、杭州；上海嘉庆；江苏南京；福建厦门；广东揭阳、汕头、深圳、广州等地考察灌溉企业，访问老朋友、结交新朋友，感受到技术创新的活力，朝气蓬勃发展的喷微灌市场，给我们信心和力量。通过调研我们对喷微灌设备制造和工程设计、运行管理现状有了更深刻的体会；感受到新老朋友对我们的热情支持和帮助，毫无保留地提供考察现场、技术资料和工程设计实例，使我们对我国节水灌溉技术现状和前景有了较为客观的认识，特别让我们欣慰的是企业的创新活力，对水文化的专注，深信在中国古老而深厚的传统灌溉水文化的基础上，现代灌溉技术会开出更加绚丽夺目的鲜花。

《喷灌与微灌技术应用》一书，在内容的论述上，注意理论和实际结合，既有适度的原理论述，又有引导读者对理论知识深入理解的计算示例，编入各种类型喷微灌工程典型设计案例，适合从事喷微灌应用的各种技术层次人员的需要。本书对各种类型喷微灌工程设计注意结合国家和行业技术标准，这将有助于国家和行业技术标准的贯彻执行，保证喷微灌工程的建设质量。根据我国现代农业发展和农村城镇化、都市农业、设施农业的需要，本书增加了环形管网水力计算和灌溉系统随机供水的工作制度相关内容。运行管理是保证喷微灌工程充分发挥效益的最后环节，也是更加麻烦复杂的技术环节。了解掌握喷微灌工程运行管理知识，对于运行管理人员和设计者同样重要。本书除论述喷微灌系统一般的运行管理方法外，也论述了灌溉施肥（“水肥一体化”）和微灌系统防堵、抗堵问题。

总之，本书特点是：构架新颖，理论与实用并重；以国家和行业技术标准为准绳；工程设计理论更完善，设计管理并重好读易用；专利与创新技术引导企业，通过市场发展的需求开发优质新产品。

作者

2014 年 6 日

目 录

第二篇　设　　备

第三篇　工程设计与运行管理

第四篇　专利与创新技术

第一篇

技术基础

本编论述喷微灌工程设计与运行管理的基础知识和共同技术问题。包括：概述；土—水—植物；水源与水量平衡计算；喷微灌系统灌溉制度与工作制度；管网水力计算；工程概预算与经济技术评价。这些问题贯穿喷微灌技术应用的全过程，它不仅是各种类型喷微灌工程设计与运行管理的基础知识，而且是喷微灌技术创新的理论基础。

第一篇

技术基础

第一章　概　　述

第一节　技术概念与特点

一、技术概念

1. 喷灌

“喷洒灌溉的简称，是利用专用设备将有压水流送到灌溉地段，通过喷头以均匀喷洒方式进行灌溉的方法”[引自《喷灌工程技术规程》(GB/T 50085—2007)]。

喷灌与传统地面灌溉一样，都是湿润灌溉面积内作物（植物）根系吸水层全部土壤，属于全面灌溉方法。

2. 微灌

“利用专门设备，将有压水变成细小水流或水滴，湿润植物根区土壤的灌水方法，包括滴灌、微喷灌、涌泉灌（或小管出流灌）等”[引自《微灌工程技术规范》(GB/T 50485—2009)]。

微灌只湿润灌溉面积内每株植物根系吸水区部分土壤，属于局部灌溉方法。

考虑到我国称谓的习惯，并为了叙述的方便，以下将喷灌与微灌合称为“喷微灌”，其他相应术语也以此称谓，例如“喷微灌技术”、“喷微灌系统”、“喷微灌工程”等。

二、技术特点

喷微灌是现代高效灌溉技术，与传统地面灌溉比较有诸多特点，而喷灌与微灌之间又有许多异同之处。为便于理解，这里将喷微灌与地面灌比较的主要技术特点综合列于表1-1。

表1-1　喷微灌主要技术特点

序号	项目描述	喷灌	微灌
1	灌水器出流状态	喷射状，射程几米至几十米	滴水状、细流状、喷雾状等
2	灌水器流量	250L/h以上	250L/h以下
3	湿润土壤方式	全面湿润土壤	局部湿润土壤
4	供水频率	低	高
5	灌溉水利用率	70%～80%	80%～90%
6	作物根区土壤水气协调状况	一般	好
7	对田面小气候的调节作用	较显著	喷微灌显著，其他不明显
8	对土壤结构的影响	黏质土壤可能出现板结，盐碱地有压盐作用	可以保持和改善土壤结构

续表

序号	项目描述	喷灌	微灌
9	对水质要求	符合农田灌溉水质标准，含沙和其他杂物过多时需净化	符合农田灌溉水质标准，一般须过滤
10	适用性	适用于平坦地面各类大田作物，也可用于山丘地区	适用于各种地形各种作物、保护地作物、温室作物等
11	工作效率	高	较低
12	增产率	10％～30％	30％～50％
13	产品品质	较好	好

第二节 喷微灌系统的类型与组成

喷微灌系统是实施喷微灌技术的工程设施，其作用是将灌溉水从水源提取并加压，输送到田间灌水地段，通过各种类型灌水器，以不同的方式实施相应的灌水。因此，不论是喷灌系统还是微灌系统，一般都具有四个基本组成部分：①水源与水源工程；②首部设备；③输配水管网；④田间灌水系统。由于灌区条件不同，作物类型和种植模式不同，采用的设备和工作方式不同，喷灌系统和微灌系统又各自有不同的类型。

一、喷灌系统的类型与组成

喷灌系统作为对作物实施喷洒灌溉的专门工程设施，其组成一般包括水源与水源工程设施、首部设备、输配水设备（管道，或管网，或机组）以及喷头。按喷灌系统的工作方式和组成的设备不同，可将喷灌系统分成不同的类型，喷灌系统的类型与组成见表1-2。各种喷灌系统的工作见图1-1～图1-7。

表1-2 喷灌系统的类型与组成

类型		组成（除水源与水源工程设施外）			工作方式	常用条件
		首部设备	输配水设备	田间灌水系统		
管道式喷灌系统	固定管道式喷灌系统	抽水机组	主干管、干管、分干管三级，或干管、分干管两级	支管、喷头	抽水机组、各级管道位置固定，喷头分组轮换工作	各种地形矮株密植作物
	半固定管道式喷灌系统	抽水机组	干管、分干管两级，或干管一级	支管、喷头	抽水机组、干管、分干管固定，支管带喷头分组人工移动，在不同位置轮换工作	平坦地面成片矮株作物
	移动管道式喷灌系统	抽水机组	干管一级，或无干管	支管、喷头	干管支管和喷头移动，或全系统人工移动轮灌	

续表

类　　型		组成（除水源与水源工程设施外）			工作方式	常用条件
		首部设备	输配水设备	田间灌水系统		
机组式喷灌系统	轻、小型喷灌机组	移动机械、抽水机、输水管道、喷头			机械或人工移动喷灌机组，定点喷灌	
	滚移式喷灌系统	供水管道或管网、滚移式喷灌机			人工或机械滚动喷灌机定点喷灌	
	卷盘式喷灌系统	供水管道或管网、绞盘式喷灌机组			机械移动喷头，行走喷洒	
	圆形喷灌系统	供水管道或管网、圆形喷灌机组			支管绕中心支轴转动连续喷洒，工作效率高	
	平移式喷灌系统	供水管道或管网、平移式喷灌机组			喷灌机沿一方向直线移动，连续喷洒，工作效率高	

图 1－1　固定管道式喷灌系统在工作

图 1－2　半固定管道式喷灌系统在工作

图 1－3　移动管道式喷灌系统在工作

图 1－4　小型机组在工作

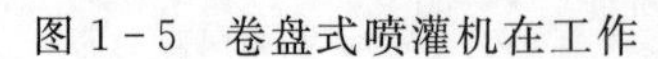

图1-5 卷盘式喷灌机在工作

图1-6 圆形喷灌机在工作

图1-7 平移式喷灌机在工作

二、微灌系统的类型与组成

按灌水器类型和湿润土壤的方式，微灌系统类型与组成见表1-3，微灌系统用于不同场合见图1-8～图1-15。

表1-3 微灌系统类型与组成

<table>
<tr><th rowspan="2">型式</th><th colspan="3">组成（除水源与水源工程设施外）</th><th rowspan="2">工作方式</th><th rowspan="2">适用条件</th></tr>
<tr><th>首部枢纽</th><th>输配水管网</th><th>田间灌水系统</th></tr>
<tr><td>地表滴灌</td><td rowspan="5">抽水机组、肥料注入器、过滤器等</td><td rowspan="5">主干管、干管两级，或主干管、干管、分干管、三级</td><td>支管、毛管、滴头，或支管、滴灌管（带）</td><td>滴状、或细流状湿润作物根层部分土壤</td><td rowspan="4">各种地形各种作物，保护地、温室作物</td></tr>
<tr><td>地下滴灌</td><td>支管、滴灌管（带）</td><td>毛管和灌水器埋于地面以下约20cm，水流通过滴头湿润作物根层部分土壤</td></tr>
<tr><td>渗灌</td><td>支管、渗灌管</td><td>渗灌管埋于地面以下约20cm，水流通过管壁毛细孔渗湿周围土壤</td></tr>
<tr><td>微喷灌</td><td>支管、毛管、微喷头</td><td>水流通过微喷头喷洒湿润周围土壤</td></tr>
<tr><td>小管出流灌溉</td><td>支管、毛管、小管出流器</td><td>水流通过小管出流器细流状落于地面，然后散开湿润作物周围土壤</td><td>各种地形宽间距高大作物、行种作物</td></tr>
</table>

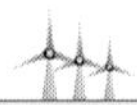

图 1-8 管上式滴头在滴灌

图 1-9 滴灌管在滴灌

图 1-10 机械铺设滴灌带

图 1-11 玉米膜下滴灌

图 1-12 蔬菜微喷灌

图 1-13 温室蔬菜微喷灌

图 1-14 果树小管出流灌（1）

图 1-15 果树小管出流灌（2）

第三节 喷微灌技术的选型

在喷微灌技术应用中，经常碰到的第一个问题就是在某种特定场合条件下，采用哪种技术最为合适。根据我国应用喷微灌技术的经验，在选择喷微灌技术类型时，要考虑下列因素。

1. 作物因素

各种作物的种植方式、高矮不同，适用的灌水方式存在很大差别，例如宽间距的高大作物，如果树、乔木等采用喷灌时，喷洒水流可能会受遮挡，影响喷灌效果，而对于矮株密植的作物，如小麦、蔬菜等，则适合采用喷灌。根据我国的经验，喷微灌各种类型的灌水技术对不同作物的适用性见表1-4。

表1-4 喷微灌技术对不同作物（植物）的适用性

喷微灌系统类型	作物种类									
	棉花、小麦、牧草	玉米	蔬菜	葡萄	果树、乔木	草坪	绿篱	成片灌木	保护地、温室果蔬	花卉
固定管道式	★★★	★	★★★			★★★		★★		
半固定管道式	★★★	★	★★			★★				
移动管道式	★★★	★	★★			★★				
圆形喷灌机	★★★	★★	★★							
平移式喷灌机	★★★	★	★★							
卷盘式喷灌机	★★★	★★	★★							
滚移式喷灌机	★★★	★★	★★							
小型机组	★★★	★★	★★							
滴灌		★★★	★★★	★★★	★★★		★★		★★★	★★★
微喷灌			★★★		★★	★★			★★	★★
小管出流灌				★★	★★★		★★★	★★	★★	★

注 ★★★为很适用；★★为较适用；★为适用性差些。
1. 此表适应性只就作物（植物）而言，当选择喷微灌技术类型时，还应考虑其他因素。
2. 地下滴灌和渗灌在我国尚未取得成熟应用经验，本表未列入。

2. 经济因素

经济因素主要是灌溉成本与效益的关系，是一个重要的制约因素。灌溉的主要目标是使单位水体获得尽可能高的经济效益。一般而言，单位面积喷微灌工程投资，微灌比喷灌高一些，增产量率大一些，产品质量好一些。因此，高产值的经济作物，如温室植物、花卉等采用较高灌溉成本的滴灌、微喷灌等，果树等宽间距作物采用灌溉成本较低的小管出流灌可以获得更高经济效益；产值较低的粮食、牧草等采用灌溉成本较低的半固定管道式喷灌和机组式喷灌经济上可能更为合理。

3. 水源因素

水源可供水量（流量）是否充沛、水质优劣等都直接影响喷微灌类型的选择。当水源

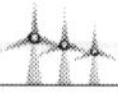

可供水量（流量）充沛时，可采用喷灌，否则，采用微灌可能是更好的选择，尤其是在缺水的山丘区，利用窑窖、坑塘蓄贮雨水灌溉的地区，滴灌技术可能发挥更明显的优势。对于含污物多的水源，可选用不易引起堵塞的喷灌，如采用微灌，则可考虑选用抗堵能力较强、过滤简单的小管出流灌溉技术。

4. 气象因素

由于喷灌将水喷洒到空中，存在漂移水量损失，而且是全面灌溉，无效的地面蒸发大，在气候干旱多风的地区，喷灌水利用率低，此类地区采用微灌可显示出更大的节水优势。

5. 管理因素

喷微灌是现代灌溉技术，无论是工程建设，还是运行管理，都必须具备一定的实践经验和专门的技术知识。因此，在大面积应用喷微灌技术之前，应了解使用喷微灌地区的情况，并进行必要的技术培训，最好先进行小面积的试验，积累经验后逐步推开。

我国长期应用喷微灌技术的经验和试验研究成果，我国已制定喷微灌工程技术标准。是喷微灌系统设计的依据和技术评价的准绳，应严格遵守执行，为了保证喷微灌系统的建设质量和正确有效的运行管理。

例如：新疆率先成功地在大面积棉花种植中采用低价格滴灌带与地膜结合的膜下滴灌技术，取得显著的经济和社会效益，是滴灌技术应用于大田作物的重大突破。这项技术已迅速推开应用到马铃薯、玉米等农作物的种植。我国研制并成批制造的滴灌管（带）生产线，在足够满足全国的农业需求外，还销往国外，有的技术指标达到国际先进水平。

第二章　土—水—植物

土—水—植物关系是土壤、水分、植物、大气诸因素之间相互作用、反馈影响的结果，构成了一个由土壤经植物到大气的互反馈连续系统，在喷灌和微灌条件下，这一关系将显示出各自的特点。对于正确设计和运行管理喷微灌工程，充分发挥喷微灌技术的优势十分重要。

第一节　土壤三相及其对植物生长的影响

一、土壤三相的一般描述

土壤是由固体、液体和气体三相物质组成的疏松多孔体。固相物质包括：岩石风化后的产物，即土壤矿物质；①土壤中植物和动物残体的分解产物和再合成的有机质；②生活在土壤中的微生物。前者构成土壤的无机体，后者构成土壤的有机体。在土壤固相是指物质之间为形状和大小不同的孔隙。土壤液相是指土壤中水分及其水溶物，土壤中所含水量的多少由三相体中水分所占的相对比例表示，称之为含水率。气体是存在于土壤孔隙中的空气。土壤中这三类物质构成了一个矛盾的统一体，它们互相联系，互相制约，为作物提供必需的生活条件，是土壤肥力的物质基础。

二、土壤固相对植物生长的影响

土壤固相是指土壤的主体，它不仅是植物扎根立足的场所，而且它的组成、性质、颗粒大小及其配合比例等，又是土壤性质产生和变化的基础，直接影响着土壤肥力的高低。土壤固相一般占土壤总体积的50%左右。

(一) 土壤矿物质及其对植物生长的影响

土壤矿物质是岩石经物理风化作用和化学风化作用后形成的，占土壤固相部分总重量的90%以上，是组成土壤的最基本物质，它能提供植物所需的多种营养元素，对改善土壤的理化性质和土壤团粒结构以及保水、供水、通风、稳温等都有重要作用。按土壤矿物质成因分为原生矿物和次生矿物。

原生矿物类是岩石经风化作用后形成的碎屑，其原来化学成分没有改变。在风化与成土过程中原生矿物构成土壤的骨架，是土壤砂粒的主要来源，同时供给土壤水分可溶性成分，并为植物生长发育提供矿质营养元素，如氮、磷、钾、硫、钙、镁和其他微量元素。

次生矿物类是原生矿物质经过化学风化作用后形成的新矿物，它包括各种简单盐类、次生氧化物和铝硅酸盐类矿物。易溶盐类由原生矿物脱盐基过程或土壤溶液中易溶盐离子析出而形成，主要包括碳酸盐（Na_2CO_3）、重碳酸盐［$Ca(HCO_3)_2$］、硫酸盐（$MgSO_4$）、氯化物（NaCl），为植物生长提供必要的元素，如钠（Na^{+}）、钙（Ca^{2+}）、镁（Mg^{2+}）等，但是如果土壤中易溶盐过多就会引起植物根系的原生质核脱水收缩，危害植物正常生长。

重要矿质营养元素对植物生长的影响主要表现在下列几个方面。

1. 氮对植物生长的影响

氮（N）的主要作用首先在于它是生命物质——蛋白质的主要成分，蛋白质含氮16%～18%。氮也是核酸的成分。这些都是细胞的重要组成成分。植物的生长发育实际上是细胞的增长，缺少氮时新细胞就难以形成，植物的生育就会停滞。所以，氮对根系和枝叶生长表现出明显的作用。氮也是叶绿素的重要成分，缺氮时叶绿素形成受阻，叶片颜色变淡变黄，光合作用减弱甚至停止。氮还是许多酶的成分，没有酶时许多代谢过程无法进行。因此，氮素供应适量时，作物生长旺盛，叶子的光合作用功能强、结实率高、产量高；氮供应不足时，由于蛋白质形成少，导致细胞分裂少，细胞小而壁厚，使之生长缓慢，植株矮小，植株早衰，谷类植物谷粒不饱满，当年缺氮的果树会影响下年萌芽、开花结果。

2. 磷对植物生长的影响

磷（P）不但是植物体中许多重要化合物的组成成分，而且以多种方式参与植物的新陈代谢过程。

（1）磷是植物体中多种重要化合物的组成成分。磷是核酸和蛋白质的组成成分，而此物质是细胞核和各种细胞器的组成成分。因此，缺磷会抑制新细胞的形成，使根系发育不良，植株生长停滞，出现生产中常遇到的“僵苗”现象。

（2）磷与作物主要代谢过程有密切的联系。首先，磷有促进碳水化合物的合成和运输的作用；其次，磷对蛋白质的合成与分解都起着重要的作用，严重缺磷时，蛋白质只有分解而没有合成；磷还有促进脂肪合成的作用。所以适当施用磷肥对提高蛋白质、糖和油脂含量有良好的效果。

（3）磷有提高作物对外界环境适应能力的作用。首先，它能增强作物的抗旱和抗寒能力，因为磷能增强细胞抗脱水和忍受较高温的能力，促进根系的生长发育，并能调节作物体内许多重要的代谢过程；其次，磷能增强作物对外界条件酸碱变化对作物影响的能力，即缓冲能力；此外，磷对提高作物抗病和抗倒伏能力方面也有一定的作用，例如在增施磷肥后可减轻小麦的锈病、水稻的纹枯病、玉米的茎腐病等。

3. 钾对植物生长的影响

钾（K）在作物体中的存在形态与氮、磷不同，它主要是以离子态或可溶性盐类，或被吸附在原生质表面上而存在。现在已知它有下列几个方面的作用。

（1）促进光合作用，促进碳水化合物的合成和运输。

（2）促进蛋白质的合成。

（3）增强作物茎秆的坚韧性，增强作物的抗倒伏和抗病虫能力。

（4）提高作物的抗旱和御寒能力。由于钾能维持细胞的正常含水量、减少水分的蒸腾损失和提高作物的含糖量，如果缺钾，作物含水量下降，根细胞就会很快衰老。所以干旱地区或季节以及越冬作物，要考虑增施钾肥。

作物缺钾最典型的症状是从老叶或植株下部叶片先开始，老叶或植株下部叶片的叶尖和叶缘发黄，进而变褐，焦枯似灼烧状，叶片上出现褐色斑点，甚至斑状，但叶中部、叶脉和近叶脉处仍保持绿色。因为钾的再利用程度大，钾不足时，老组织中的钾可转移到幼嫩组织中，但如果严重缺钾，嫩叶也会发生此症状。另外是根系发育不良，根细弱，常呈褐色；当氮素充足时，缺钾的双子叶植物的叶子常卷曲而显皱纹，禾本科作物则茎秆柔软易倒伏，分蘖少，抽穗不整齐。

4. 硫对植物生长的影响

硫（S）是构成蛋白质不可缺少的成分，含硫有机物参与植物呼吸过程中的氧化还原作用，影响叶绿素的形成，植物缺硫时的症状与缺氮时的症状相似，会产生比较明显的变黄现象，一般症状是植株矮，叶细小，叶片向上卷曲，变硬易碎，提早脱落，开花迟，结果、结荚少。

5. 钙对植物生长的影响

钙（Ca）是构成细胞壁的重要元素，它与蛋白质分子相结合，是质膜的重要组成成分；钙是某些酶的活化剂，因而影响植物体的代谢过程，它对调节介质的生理平衡具有特殊的功能。植物缺钙时，植株矮小，根系发育不良，茎和叶及根尖的分生组织受损；严重缺钙时，植物幼叶卷曲，新叶抽出困难，叶尖之间发生粘连现象，叶尖和叶缘发黄或焦枯坏死，根尖细胞腐烂死亡。应该注意的是，植物缺钙往往不是由于土壤缺钙，而是由于植物体对钙的吸收和运输等生理作用失调所造成。

6. 镁对植物生长的影响

镁（Mg）是叶绿素的组成部分，也是许多酶的活化剂，与碳水化合物的代谢、磷酸化作用、脱羧作用关系密切，可促进呼吸作用和核酸、蛋白质的合成过程，并促进糖分和脂肪的形成。植物缺镁时的症状首先表现在老叶上，开始时叶的尖端和叶缘的脉尖色泽退淡，由淡绿变黄再变紫，随后向叶基部和中央扩展，但叶脉仍保持绿色，在叶片上形成清晰的网状脉纹，严重时叶片枯萎、脱落。

7. 微量元素对植物生长的影响

与大量和中量营养元素一样，微量元素（硼、铜、氯、铁、锌）对植物营养同等重要，尽管通常植物对它们的需要量并不多，但它们中任何一种缺乏都会限制植物的生长。

（1）硼（B）的功能。硼不是植物体内的结构成分，但它对植物的某些重要生理过程有着特殊的影响。硼能促进碳水化合物的正常运转，缺硼时叶内有大量碳水化合物积累，影响新生组织的形成、生长和发育。硼还能促进生长素的运转，为花粉粒萌发和花粉管生长所必需，也是种子和细胞壁形成所必需的。硼与碳水化合物运输有密切关系，它还有利于蛋白质的合成和豆科作物固氮。植物缺硼时，植物生长点和幼嫩叶片的生长、植株生长受抑制并影响产量和品质，严重缺硼时，幼苗期植株就会死亡。此外，硼能促进植物生殖器官的正常发育。

（2）铜（Cu）的功能。铜是作物体内多种氧化酶的组成成分，在氧化还原反应中铜有重要作用。它也是植株呼吸作用中重要的酶，影响作物氮、碳等元素的代谢及对铁的吸收。铜作为叶绿体中的类脂成分，对叶绿体的合成和稳定起到促进作用。植物缺铜时，叶绿素减少，叶片出现失绿现象，幼叶的叶尖因缺绿而黄化并干枯，导致叶片脱落。植物缺

铜还会使繁殖器官的发育受到破坏。

(3) 氯 (Cl) 的功能。植物对氯的需要量比硫小，但比其他微量元素的需要量要大，植物在光合作用中水的光解需要氯离子参加，大多数植物均可从雨水或灌溉水中获得所需要的氯，因此，作物缺氯症难于出现。氯有助于钾、钙、镁离子的运输，并通过帮助调节气孔保卫细胞的活动而帮助控制膨压，从而控制了水的损失。

(4) 铁 (Fe) 的功能。铁在植物中的含量不多，它是形成叶绿素所必需的，缺铁时便产生缺绿症，叶子呈淡黄色，甚至为白色。铁参与细胞的呼吸作用，在细胞呼吸过程中，它是一些酶的成分。由此可见，铁对呼吸作用和代谢过程有重要作用。

(5) 锌 (Zn) 的功能。锌是植物某些酶的组成元素，也是促进一些代谢反应必需的。锌对于叶绿素生成和形成碳水化合物是必不可少的。土壤含锌量从每亩几十克到几公斤，细质地土壤通常比砂质土壤含锌高，随着土壤 pH 值的升高，锌对植物生长的有效性降低。缺锌和严重缺锌的玉米叶片脉间失绿，呈现清晰的黄绿色条纹，症状主要出现在中脉与叶缘之间，严重缺锌的叶片出现浅棕色条状坏死组织，叶缘及中脉两旁仍保持绿色。

(二) 土壤有机质及其对植物生长的影响

土壤有机质是土壤中最活跃的成分，尽管在土壤中含量不大，一般耕作土壤耕层中土壤有机质的含量为 50～300g/kg，但它对土壤水、肥、气、热影响很大，在一定程度上决定着土壤肥力的高低。因此，经常将有机质含量作为土壤肥力高低的标志之一。

1. 土壤有机质的来源、组成和存在状态

土壤有机质的主要来源是植物残体和根系，以及施入的各种有机肥料，土壤中的微生物和动物也为土壤提供一定量的有机质。

土壤有机质中的化合物可分为普通化合物和特殊化合物两大类：普通化合物是指有机酸、单糖、多糖（包括淀粉、半纤维素、纤维素、果酸)、木质素、树脂、脂肪、蜡质、单宁、蛋白质等，这类有机物质约占有机质总量的 10%～20%；特殊化合物是指土壤中特有的腐殖物质（亦称腐殖质)，包括胡敏素、胡敏酸、富里酸等，占有机质总量的 80%以上。

土壤中的有机物质有三种存在状态：

(1) 新鲜的有机物质。是指刚进入土壤，仍保持原来生物体解剖学上特征的那些动植物残体，基本上未受到微生物的分解。

(2) 半腐解的有机物质。是指受到微生物分解的动植物残体，已失去解剖学上的特征，多为暗褐色的碎屑或小块。

(3) 腐殖质。是经微生物分解，并再合成的有机物质。

一般把部分半腐解的有机物质和全部的腐殖质称为土壤有机质。

2. 土壤有机质对植物生长的作用

(1) 提供植物需要的养分。土壤有机质中含有大量的植物必需营养元素，在矿质化过程中，这些营养元素释放出来供给植物吸收利用。土壤全氮量与有机质含量呈显著正相关关系。另外，有机质分解产生的各种有机酸，能分解岩石、矿物，促进矿物中养分的释放，改善植物的营养条件。

(2) 减轻土壤污染。腐殖质与某些重金属离子能形成溶于水的络合物，并随水排出，从而减轻有毒物质对土壤的污染以及对作物的危害。在一定浓度下，腐殖质能促进微生物和植物的生长，腐殖酸盐的稀溶液能改变植物体内的糖类代谢，促进还原糖的积累，提高细胞渗透压，从而增强作物的抗旱能力。

(3) 刺激作物生长发育。有机质在分解过程中产生的腐殖酸、有机酸、维生素及一些激素，对作物生育有良好的促进作用，可以增强呼吸和对养分的吸收，促进细胞分裂，从而加速根系和地上部分的生长。

(三) 土壤微生物及其对植物生长的影响

土壤中的微生物是土壤肥力的核心，它间接或直接地参与土壤中几乎所有的物理、化学和生物学反应，对土壤肥力起着非常重要的作用。土壤中的微生物种类繁多，主要有细菌、放线菌、真菌、藻类和原生动物等五大类群。其中细菌、放线菌、真菌的个体虽然小，但它们繁殖快，数量大，通常每克土中有几十亿个，是土壤微生物的主要部分。

下面是微生物对植物生长作用的简要讨论。

(1) 分解有机质。作物的残根败叶和施入土壤中的有机肥料，只有经过土壤微生物的作用，才能腐烂分解，释放出营养元素，供作物利用，并且形成腐殖质，改善土壤的理化性质。

(2) 分解矿物质。例如磷细菌能分解出磷矿石中的磷，钾细菌能分解出钾矿石中的钾，以利作物吸收利用。

(3) 固定氮素。氮气在空气的组成中占4/5，数量很大，但植物不能直接利用。土壤中有一类称为固氮菌的微生物，能利用空气中的氮素作食物，在它们死亡和分解后，这些氮素就能被作物吸收利用。固氮菌分两种，一种是生长在豆科植物根瘤内的，称为根瘤菌，种豆能够肥田，就是因为根瘤菌的固氮作用增加了土壤里的氮素；另一种是单独生活在土壤里就能固定氮气，称为自生固氮菌。另外，有些微生物在土壤中会产生有害的作用，例如反硝化细菌，能把硝酸盐还原成氮气，放到空气里去，使土壤中的氮素受到损失。

三、土壤液相对植物生长的影响

土壤的液相部分，泛指含可溶性物质的土壤水。土壤中水分的两大基本功能是：①满足作物生长的需求，随着叶面蒸发植物体水分不断减少，需要源源不断的从土壤中吸收水分，以维持植物体内生理活动；②水是溶剂，它和溶解的养分一起构成土壤溶液，植物从中吸收所需营养元素。

(一) 土壤水的形态及其对植物生长的影响

土壤中的水分因为受到土粒吸附力、吸着力、毛管力和重力的作用，而呈现不同的存在形态，对植物的有效性不同。存在于土壤中的液态水通常可区分为以下四种形态。

1. 吸湿水

土壤颗粒表面积很大，因而具有很强的吸附力，能将周围环境中的水汽分子吸附于表面，这种束缚在土粒表面的水分称为吸湿水。当土粒周围的水汽饱和时，土壤吸湿水量达到最大，相应的含水率称为最大吸湿量或吸湿系数。吸湿水为吸附在土粒表面的水汽分子，紧靠土粒，无溶解能力，不能移动，对植物生长意义不大。

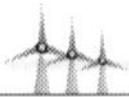

2. 薄膜水

当吸湿水达到最大数量后，土粒已无足够的力量吸附空气中活动力较强的水汽分子，只能够吸持周围环境中处于液态的水分子，由于这种吸着力吸持的水分使吸湿水外面的水膜逐渐加厚，形成连续的水膜，故称为薄膜水。薄膜水达到最大值时的土壤含水率称为最大分子持水量。土壤含水率越低，土粒对水的吸着力越大，当土壤中的薄膜水受土壤介质的吸着力约为15大气压时，土壤中的水分便不能为植物根系所吸收，致使植物发生永久性凋萎，因而又称这种土壤含水率为凋萎系数。由于薄膜水移动速度比较缓慢，移动速度为0.2～0.4mm/h，虽可被植物吸收一部分，但不能满足植物需要。

3. 毛管水

土壤中薄膜水达到最大值后，多余的水分子便由毛管力吸持在土壤的细小孔隙中，这部分水称为毛管水。自然条件下，地下水在毛管力的作用下，将沿土壤中的细小孔隙上升，由此而保持在毛管孔隙中水分称为毛管上升水；当地下水位埋深较大时，毛管上升水远远不能达到表层土壤，此时降雨或灌溉后由毛管力保持在上层土壤细小孔隙中的水分称为毛管悬着水。当毛管悬着水量达到最大值时的土壤含水量称为田间持水量。毛管水是在土壤毛管孔隙中由毛管力所保持的水分，所受吸力为6.25～0.08个大气压，可自由上下左右移动，并有溶解养分的能力，是农业生产中最有效的土壤水分。

4. 重力水

毛管力随着毛管直径的增大而减小，当土壤孔隙直径足够大时，毛管作用便十分微弱，习惯上称土壤中这种直径较大的孔隙为非毛管孔隙。若土壤的含水量超过了土壤的田间持水量，多余的水分不能为毛管力所吸持，在重力作用下将沿非毛管孔隙下渗，这部分土壤水分称为重力水，当土壤中的孔隙全部为水所充满时，土壤的含水率称为饱和含水率或全蓄水量。重力水虽然可以被植物吸收，但因为它很快就流失，所以实际上被利用的机会很少，而当重力水暂时滞留时，却又因为占据了土壤大孔隙，有碍土壤空气的供应，反而对高等植物根的吸水有不利影响。

土壤水的类型不同，其被植物利用的难易程度也不同。在凋萎系数以下的水分属无效水，不能被植物所利用；在凋萎系数至田间持水量之间的水分，具有可移动性，能及时满足作物的需水量，属于有效水；田间持水量以上的水分属多余水。在农业生产中，田间持水量和凋萎系数被作为重要的水分常数，广泛用于设计和指导农田灌溉。

（二）土壤溶液及其对植物生长的影响

土壤溶液是指在土壤水分不饱和条件下土壤中存在的可溶性物质的均衡溶液。可溶性物质包括，气体物质、有机物和简单的无机盐等，其中有部分被土壤固相所吸附。土壤溶液处于土壤三相体系中固相与液相的界面上，土壤的一些物理化学过程，包括养分的转化和迁移过程都在此进行。土壤溶液中的无机物质是植物养分直接的供给源。

土壤溶液的组成和浓度主要取决于土壤固相和气相的物质组成，同时还因施肥、灌溉及其水质、地下水水质、降水、植物的吸收和淋溶作用等的影响而有变化，与土壤固相和气相物质处于均衡状态。通常，土壤溶液的浓度极其稀薄，一般在200×10^6～1000×10^6左右，其渗透压低于一个大气压，能使植物得到必要的水分。但在干旱或半干旱的盐渍土区，由于土壤中含有大量可溶性盐类，土壤溶液的浓度可高达0.1%以上，其渗透压随之增大，因而植物吸收水分十分困难，影响正常生长。

土壤中各种盐类的溶解度不同。如 NaCl 的溶解度较大，$CaCO_3$ 的溶解度则较小。土壤溶液中的 Fe^{2+}、Mn^{2+}、Ca^{2+} 等可与某些有机物相结合而形成稳定性很高的络合物，使金属离子难于沉淀而活动性大，提高了某些微量元素对植物的有效性。

（三）土壤水势及其对植物生长的影响

在土壤水动力学中，引进土壤水势的概念，用能势表达土壤水分存在的形态及其对植物的有效性。它不仅便于利用解析法和数值法求解土壤水问题，在实际使用中往往也更方便。

土壤水在大气特定海拔条件下的纯水，逆向传输到计算点的过程中，单位纯水所做的功称为总水势。由于土壤中不同位置的水之间存在水势差，土水势高的水流向水势低的位置。

土壤水某一点总土水势由基质势、溶质势、重力势、压力势和温度势组成，即：

总土水势＝基质势＋溶质势＋重力势＋压力势＋温度势

1. 基质势

土壤系统的基质势是由于土壤基质引起的毛管力和吸附力造成的。这些力吸引和束缚土壤中的水，并使总土水势低于重力水的水势。在土水系统中基质势为负值，处于饱和状态的土壤水基质势为 0。土壤水基质势越小（基质势负值越大），植物根系吸水难度越大。

2. 溶质势

土壤系统的溶质势是由土壤溶液中可溶物质对水分子的吸力引起的。其大小取决于土壤溶液的浓度，浓度越大，溶质势越小（水势负值越大），植物根系吸收水分越困难。溶质势也为负值。在盐碱土地区，尽管土壤含水量很高，但因土壤水可溶性盐分含量过大，致使植物根系吸水十分困难。

3. 重力势

土壤水的重力势是因重力作用引起的，它与土壤性质无关，而仅取决于所在点与参考点的垂直距离。重力势可以为正，也可为负，它取决于计算点与参考点的垂直相对位置，位于参考点以上为正，位于参考点以下为负。重力势对植物根系吸水的影响没有意义。

4. 压力势

土壤水某一点的压力势是因其承受水压引起的，其大小取决于所的位置。在土壤水饱和情况下，计算点压力势等于该点至饱和水面的垂直距离。在非饱和土壤水中，压力势为 0。因为只有土壤水饱和时，才存在压力势，因此压力势对植物根系吸水的影响也无意义。

5. 温度势

在土壤水中，由于温度场的存在，单位纯水由温度高处流到温度低处所做的功，称为温度势。因为土壤水的温度差一般很小，通常可不考虑。

在实际生产中，常常可见到“吸力”这个词，它是指土壤水基质势和溶质势之和，实用上一般只计入基质势。

在灌溉实践中，常常遇到表达土水势大小的单位，表 2－1 列出常见土水势单位换算供参考。

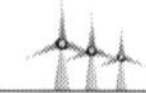

表 2－1　　常见土水势单位换算

单位质量土水势		单位容积土水势					单位重量土水势
j/g	erg/g	Pa	bar	atm	dyn/cm^2	mmHg	cm
1	1×10^7	1×10^6	1×10	8.87	1×10^7	7.50×10^3	1.02×10^4

（四）土壤吸力及其对植物生长的影响

因为土壤的基质势和溶质势均为负值，在使用上不大方便，故把基质势和溶质势的负数分别定义为基质吸力和溶质吸力。在一般情况下研究田间土壤水运动时，常常不考虑溶质吸力。因此，通常所说的土壤吸力是指基质吸力。显然，土壤吸力越大，植物根系吸水越困难。

四、土壤中气相对植物生长的影响

土壤也和自然界许多生物活体类似，在不停地进行着“呼吸”。土壤空气组成非常复杂，但有两种气体最为重要，且所占分量在土壤空气中最多：一种是氧气；另一种二氧化碳。大量的植物根系、微生物和一些小动物生长都需要氧气，同时排出二氧化碳。如果土壤中氧气含量过低，或者二氧化碳和其他还原性气体（CH_4、H_2S 等）积累过多，就会影响植物的正常生长。因此，土壤中空气必须和大气保持一定水平的交换才能保证植物的正常生长，所以土壤空气也是土壤肥力的要素之一。

（一）土壤空气的组成

土壤空气的组成与大气的关系密切，尤其表层土壤更是如此。大气和土壤空气的组成见表 2－2。土壤空气的组成有下列几个特点：①CO_2 的含量比大气含量高 5～10 倍甚至更多；②O_2 的含量比大气 O_2 含量稍低；③由于土壤孔隙（尤其在下层）中水分和气体并存，土壤空气的水汽含量，即相对湿度要比大气高得多，一般均在 99%以上；④还原性气体，如 CH_4、H_2S 等要比大气中多。

表 2－2　　大气和土壤空气的组成（体积%）

气体	大气		土壤空气	
	Paneth，1973	Mahta，1979	Boynton，1938（砂壤土）	Compton，1944（壤土）
N_2	78.09	78.9		
O_2	20.95	20.96	19～21	8～18
Ar	0.93			
CO_2	0.03	0.0335	0.133	0.55
Ne	1.8×10^{-3}			
He	5.3×10^{-4}			
Kr	1.0×10^{-4}			
H_2	5.0×10^{-5}			
Xe	8.0×10^{-8}			
O_3	1.0×10^{-8}			
Rn	6.0×10^{-18}			

注　摘自秦耀东《土壤物理学》，高等教育出版社，2003。

土壤空气的组成随季节和土层深度而变化，在春秋季节，温度较低，土壤微生物和植物根系的呼吸强度较弱，相对消耗 O_2 不多，释放 CO_2 的数量也少；夏季温度升高，呼吸强度增大，O_2 的消耗量显著增大，土壤中 CO_2 的含量达到最高峰。Rixon 等（1968）认为，在土壤通气性良好的条件下，O_2 的消耗量和 CO_2 释放量在体积上几乎相等。

（二）土壤空气与植物生长

根系活动层中有足够的 O_2 是保证种子发芽和根系生长的重要前提，O_2 浓度过低会阻碍根系的伸长和侧根萌发。Geisler（1969）等曾确定了土壤空气中 O_2 临界值，低于这个浓度就会影响植物的正常生长，几种作物土壤空气中 O_2 临界值见表 2-3。

表 2-3　　土壤空气中 O_2 临界值（体积%）

作物	大麦	玉米	豌豆	棉花	谷类胚芽
O_2 的临界值	7～10	14	20	10	10

Stolzy（1981）等人认为土壤微生物需氧临界值有一个很宽的范围，即土壤空气的含氧量可在 0.1%～100%之间。好气微生物（如硝化细菌）进行有氧呼吸，O_2 是必不可少的电子接受体；嫌气微生物（如反硝化细菌）在缺氧情况下，活性反而提高。在土壤中往往会同时出现有氧呼吸和无氧呼吸两个过程，许多研究者发现，土壤中相临很近的两点可能同时存在着硝化和反硝化两个过程。Frede（1984）在空气容量为 15%的土壤中，曾测得因反硝化逸出的氮素一年共达 $40kg/hm^2$，这个事实表明，仅仅空气容量一个指标并不能肯定土壤是否能满足植物和微生物对 O_2 的正常需要。

第二节　土壤类型及其水理特性

由于土壤形成因素和形成过程的不同，自然界中的土壤是多种多样的，它们具有不同的土体构型、内在性质和肥力水平。土壤分类就是根据土壤自身的发生发展规律，系统地认识土壤，通过比较土壤之间的相似性和差异性，对客观存在的形形色色土壤进行区分和归类，系统地编排它们的分类位置，从而可以看出各土壤类型之间的相互区别与联系，同时对所划分的土壤类型分别给予适当的名称。土壤分类是土壤调查的基础，因地制宜地推广农业技术的依据，也是国内外土壤科学信息交流的重要工具。因此，土壤分类的成果，在理论上能反映土壤科学的发展水平，在实践中能为提高农业生产水平服务。

一、土壤矿物颗粒级别划分

土壤矿物质颗粒的大小极不均匀，差异很大，并且形状多种多样，很难直接测出单个土粒的大小，一般将其视为球体，根据其直径的大小和性质上的差异，将大小、成分及性质相近的矿物质土粒划为一组，每组就是一个粒级。如何把土粒按其大小分级，分成多少个粒级，各粒级间的分界点如何定义，至今尚缺公认的标准。在许多国家，各个部门采用的土粒分级制也不同。各种粒级制一般都把土壤分为石砾、砂粒、粉粒、黏粒四个基本粒级，常见的土壤粒级制见表 2-4。

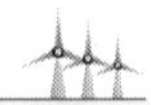

表 2-4　　　　　　　　常见的土壤粒级制

<table>
<tr><th>粒径/mm</th><th>中国制（1987 年）</th><th colspan="3">卡钦斯基制（1957 年）</th><th>美国农部制（1951 年）</th><th>国际制（1930 年）</th></tr>
<tr><td>3～2</td><td rowspan="2">石砾</td><td colspan="3" rowspan="2">石砾</td><td>石砾</td><td>石砾</td></tr>
<tr><td>2～1</td><td>极粗砂粒</td><td rowspan="4">粗砂</td></tr>
<tr><td>1～0.5</td><td rowspan="2">粗砂粒</td><td rowspan="7">物理性砂粒</td><td colspan="2">粗砂粒</td><td>粗砂粒</td></tr>
<tr><td>0.5～0.25</td><td colspan="2">中砂粒</td><td>中砂粒</td></tr>
<tr><td>0.25～0.2</td><td rowspan="3">细砂粒</td><td colspan="2" rowspan="3">细砂粒</td><td rowspan="2">细砂粒</td></tr>
<tr><td>0.2～0.1</td><td rowspan="3">细砂</td></tr>
<tr><td>0.1～0.05</td><td>极细砂粒</td></tr>
<tr><td>0.05～0.02</td><td rowspan="2">粗粉粒</td><td colspan="2" rowspan="2">粗粉粒</td><td rowspan="4">粉粒</td></tr>
<tr><td>0.02～0.01</td><td rowspan="3">粉粒</td></tr>
<tr><td>0.01～0.005</td><td>中粉粒</td><td rowspan="6">物理性黏粒</td><td colspan="2">中粉粒</td></tr>
<tr><td>0.005～0.002</td><td>细粉粒</td><td colspan="2" rowspan="2">细粉粒</td></tr>
<tr><td>0.002～0.001</td><td>粗黏粒</td><td rowspan="4">黏粒</td><td rowspan="4">黏粒</td></tr>
<tr><td>0.001～0.0005</td><td rowspan="3">细黏粒</td><td rowspan="3">黏粒</td><td>粗黏粒</td></tr>
<tr><td>0.0005～0.00001</td><td>细黏粒</td></tr>
<tr><td><0.00001</td><td>胶质黏粒</td></tr>
</table>

中国科学院南京土壤研究所结合我国土壤颗粒分析采用的颗粒分级，拟定了我国土壤颗粒分级标准见表 2-5。

表 2-5　　　　　　　　土壤颗粒分级标准

<table>
<tr><th colspan="2">颗　粒　名　称</th><th>粒　　径/mm</th></tr>
<tr><td>石块</td><td>石块</td><td>>10</td></tr>
<tr><td rowspan="2">石粒</td><td>粗砾</td><td>10～3</td></tr>
<tr><td>细砾</td><td>3～1</td></tr>
<tr><td rowspan="2">砂粒</td><td>粗砂粒</td><td>1～0.25</td></tr>
<tr><td>细砂粒</td><td>0.25～0.05</td></tr>
<tr><td rowspan="2">粉粒</td><td>粗粉粒</td><td>0.05～0.01</td></tr>
<tr><td>细粉粒</td><td>0.01～0.005</td></tr>
<tr><td rowspan="2">黏粒</td><td>粗黏粒</td><td>0.005～0.001</td></tr>
<tr><td>细黏粒</td><td><0.001</td></tr>
</table>

二、土壤质地类型

世界各国对土壤质地进行分类的标准不尽相同，但大多将土壤质地分为砂土、壤土、黏土三种类型。

中国科学院西北水土研究所根据喷灌技术应用的需要，提出土壤质地分类标准，见表 2-6。该标准在我国喷微灌技术应用中得到广泛采用。

表 2-6　　土壤质地分类标准

土壤质地	颗粒组成/%		
	砂粒 （粒径 1～0.05mm）	粗粉粒 （粒径 0.05～0.01mm）	黏粒 （粒经＜0.001mm）
砂土	＞50		＜30
砂壤土		＞40	＜30
壤土		＜40	＜30
壤黏土			30～40
黏土			＞40

三、土壤质地水分物理特性

（一）砂土类土壤

砂土类土壤砂粒含量高，一般将砂粒含量大于 60%的土壤均划分为砂质土类。主要矿物为石英，养分贫乏，尤其是有机质含量低，通气透水性好，但保水、保肥能力差，土壤易干旱；砂土热容量小，土温易升降，温差大，为热性土，耕性好，种子易出苗，但后期易出现脱肥现象。

（二）黏土类土壤

黏粒含量高，凡是黏粒含量大于 30%的土壤均划分为黏质土类。孔隙小，透性不良，但保水保肥能力强；养分丰富，特别是钾、钙、镁等阳离子含量多，有机质含量高；热容量大，土温不易升降，土温平稳，为冷性土，耕性差，种子不易出苗，可能产生缺苗断垄现象，但生长后期作物生长旺盛，控制不好会造成植株贪青晚熟。

（三）壤土类土壤

壤土类土壤由于砂粒、粉粒、黏粒含量比例较适宜，因此兼有砂土类与黏土类土壤的优点，养分充足，土壤孔隙适当，保水保肥力强，是农业上较为理想的质地类型。

四、土壤物理水分常数

在喷微灌系统设计中，常常需要用到一些土壤物理水分常数，主要包括容重、空隙率、田间持水量、凋萎系数和入渗率等。他们不仅取决于土壤质地，而且与土壤结构和有机质的含量密切相关。要准确确定灌区内土壤物理水分常数必须在当地田间直接测定，当缺乏实测资料时，可参考条件相近地区的资料确定。

（一）土壤容重

土壤容重是指自然结构条件下，单位体积的干土重量，单位为 g/cm^3。干土是指 105～110℃的烘干土。若缺乏实测资料时，可根据土壤质地参考相似条件地区的资料确定。不同类型土壤容重参考值见表 2-7。

（二）土壤空隙率

土壤空隙率是指土壤固体颗粒之间的空隙占土壤总体积的百分数（%）。自然情况土壤空隙率的大小主要取决于土壤质地和结构，土壤密实程度对空隙率也有很大影响。自然

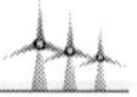

情况的土壤空隙约占土壤体积的50%，粗质土壤的空隙率比细质土壤空隙率小。参考相关资料综合出不同类型土壤质地空隙率参考值见表2-8。

表2-7　　不同类型土壤容重参考值

土壤类型	质地	容重/(g/cm³)	地区
黑土 草甸土	砂土	1.22～1.42	华北地区
	壤土	1.03～1.39	
	壤黏土	1.19～1.34	
黄绵土 垆土	砂土	0.95～1.28	黄河中游地区
	壤土	1.00～1.30	
	壤黏土	1.10～1.40	
淮北平原土壤	砂土	1.35～1.57	华北地区
	砂壤土	1.32～1.53	
	壤土	1.20～1.52	
	壤黏土	1.18～1.55	
	黏土	1.16～1.43	
红壤	壤土	1.20～1.40	华南地区
	壤黏土	1.20～1.50	
	黏土	1.20～1.50	

表2-8　　土壤空隙率参考值

土壤质地	砂土	砂壤土	壤土	黏土
空隙率/(体积%)	30～40	40～50	50～60	>60

（三）土壤田间持水量

土壤田间持水量是指土壤借助毛管力的作用，保持在土壤空隙中最大数量的悬着毛管水。它在数量上包括吸着水、薄膜水和毛管悬着水，即在地下水埋深较大自然情况下，土壤充分灌水或降雨后，重力水完全下渗后，测定的土壤含水量。表2-9是不同土壤类型质地田间持水量参考值。

表2-9　　田间持水量参考值（重量%）

土壤类型	质地	田间持水量	地区
黄绵土 垆土	砂壤土	18～20	黄河中下游地区
	壤土	20～22	
	壤黏土	22～24	
华北地区非盐土	砂土	18～22	华北平原
	砂壤土	22～30	
	壤土	22～28	
	壤黏土	22～32	
	黏土	25～35	

续表

土壤类型	质　地	田间持水量	地　区
红土	壤土	23～28	华南地区
	壤黏土	32～36	
	黏土	32～37	
淮北地区土壤	砂土	16～27	淮北平原
	砂壤土	22～35	
	壤土	21～31	
	壤黏土	22～36	
	黏土	28～35	

土壤田间持水量是植物有效含水量的上限，通常把田间持水量的60%作为需要灌溉的起始含水量，植物适宜土壤含水量一般为60%～100%田间持水量。因此，土壤田间持水量常常被作为判断是否需要灌溉和计算灌水量的依据。

（四）土壤凋萎系数

土壤含水量降低到某一程度时，植物根系吸水非常困难，致使植物体内水分消耗得不到补充而出现永久性凋萎现象，此时的土壤含水量称为凋萎系数。一般把土壤田间持水量与凋萎系数之差作为土壤有效含水量。在实用上为了保持植物正常生长，常常把土壤含水量控制在田间持水量60%～80%或90%之间作为喷微灌系统设计和运行的指标。

土壤凋萎系数常用的表示方法有重量百分比和体积百分比两种。根据相关资料综合出的不同土壤质地凋萎系数参考值见表2-10。

表2-10　　土壤凋萎系数参考值

土壤质地	凋萎系数		土壤质地	凋萎系数	
	重量比/%	体积比/%		重量比/%	体积比/%
砂土	1～4	1～2	壤土	5～13	3～5
砂壤土	3～6	2～3	黏土	13～18	—

（五）土壤水入渗率

土壤水入渗率是指供水或降雨强度足够大的情况下单位时间进入土壤的水量，以mm/h计。土壤水入渗率是随时间变化的，土壤水入渗的过程见图2-1。由图2-1可以看出，开始入渗率最大随后逐渐减小，最后达到一个定值，此时的入渗率称为稳定入渗率。不同土壤质地稳定入渗率参考值见表2-11。

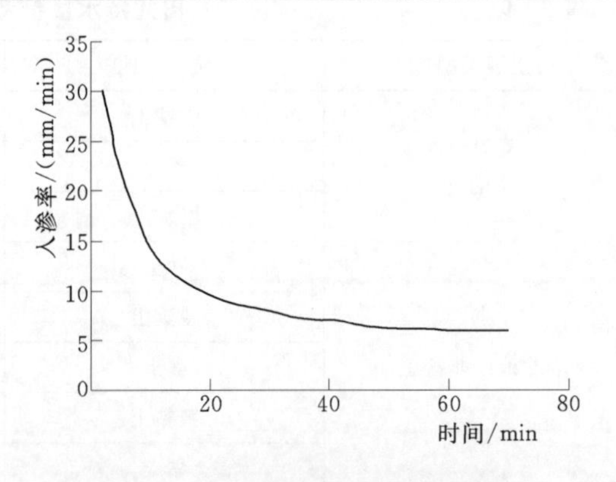

图2-1　土壤入渗过程示意图

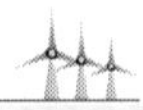

表 2-11　　土壤水入渗率参考值　　单位：mm/h

砂　土	砂质土 粉砂质土	黏　质　土
>20	10～12	1～5

第三节　喷微灌条件下土壤水入渗与分布

一、喷灌土壤水入渗与分布

喷灌时，水通过喷头以雨滴形式降落到土壤表面，在重力和毛管力的作用下入渗。不论是单喷头喷洒，还是多喷头同时喷洒，喷灌系统控制的范围内的土壤都获得水分补充，属于全面灌溉。

（一）喷灌土壤水的入渗过程

喷灌开始，土壤表面形成很薄的饱和层，然后饱和层逐渐增厚直到喷灌结束，在重力和毛管力作用下，水分继续下移，湿润层逐渐加厚，直到计划湿润土壤层深度。若喷灌水量过大下移水分将超过计划土壤层深度，即产生深层渗漏，减小灌溉水有效利用率。

（二）喷灌土壤水的分布

喷灌土壤水的分布包括垂直分布和水平分布。当计划湿润深度内为均质土壤时，由于重力和毛管力的作用，在喷洒结束后的较短时间计划湿润深度内土壤水趋于均匀，但实际上，因土壤表面蒸发和下层毛管力作用，计划湿润区内土壤剖面水分分布是不均匀的，通常是表层和底层土壤含水量较低。

水平分布是指喷灌面积内不同位置喷灌水入渗的数量。实践表明，在喷灌面积内不同位置土壤接受的喷洒水量不可能完全相等。这是因为喷灌降落在地面各个位置的水量有差异，加之微地形导致降落到地面的水存在高处向低处流动的趋势，因而喷灌面积内不同位置土壤获得的水量是不均匀的。喷灌技术应用总是力争减小这种不均匀的情况，即所谓提高喷灌均匀度。通过研究影响喷灌土壤水分水平分布均匀度的因素，对其加以控制，是喷灌系统设计和运行的目标之一。

显然，喷灌面积内不同位置实际喷灌水入渗的数量不同于利用测桶直接接收的喷灌水水量。因为喷灌降落到地面的水可以因地形坡度和微地形的影响喷产生局部径流，造成喷洒水的重新分配现象。通常在喷灌系统设计和运行中，采用喷灌均匀度（喷灌均匀系数）表征喷灌水在喷灌面积上分布的均匀程度。影响喷灌均匀度的因素很多，主要有下列几个方面。

1. 喷头结构和水力性能与布置

影响喷灌土壤水分布的喷头结构和水力性能主要有，喷嘴尺寸和形状、流量、射程，以及单喷头喷洒水分布特点、喷灌强度、喷头的组合形式与间距等。因此，正确选用高质量喷头和合理的田间设计是高质量喷灌的基础。

2. 风向风力

风不仅增加喷洒水漂移损失，而且使喷洒水分布模式变形，降低喷灌水分布均匀度。

为了减小风对喷灌质量的影响，应根据当地风向风力进行合理田间设计。在运行管理期间，一般规定风力达到5.5m/s（4级）时，应停止喷灌。0～6级风力的划分见表2-12。

表2-12　0～6级风力划分表

风力等级	陆地地面物征象	相应风速/(m/s)
0	静，烟直上	0～0.2
1	烟能表示风向，但风标不能转动	0.3～1.5
2	人面感觉有风，树叶有微响，风向标能转动	1.6～3.3
3	树的微枝摇动不息，旌旗展开	3.4～5.4
4	能吹起地面灰尘和纸张，树的小枝摇动	5.5～7.9
5	有叶的小树摇动，内陆的水面有小波	8.0～10.7
6	大树枝摇动，电线杆呼呼有声，举伞困难	10.8～13.8

3. 地形

当地面有明显坡度或有起伏时，喷洒到地面的水会由高处流向低处，增加低处土壤的入渗量，甚至造成水土流失，田间设计宜选择喷灌强度小的喷头。

二、微灌土壤水的入渗与分布

微灌时，灌溉水通过灌水器湿润植物根区部分土壤，属于局部灌溉。因灌水器的型式、流量大小和出流方式不同，而有不同湿润土壤的模式，土壤水的入渗与分布也各有特点，在滴灌条件下土壤水入渗与分布特点进行下列分析。

（一）滴灌土壤水的入渗过程

滴头流量小于12L/h，灌溉水以滴水状，或细流状的方式落于土壤表面，在表面形成一个小的饱和区，随着滴水量的增加饱和区逐渐扩大，同时由于重力和毛管力的作用，饱和区的水向各方向扩散，形成一个土壤湿润体并逐渐增大。滴灌结束后，在一定时间内土壤湿润体继续扩大，达到稳定状态。

（二）影响滴灌土壤水分布的因素

滴灌是一种典型的局部灌溉，灌溉面积内土壤水平面分布状况主要取决于滴头出流量的均匀度。下面对单滴头工作时，土壤湿润区水分分布的主要影响因素作简要分析。

1. 土壤质地和土层构造对滴灌土壤湿润区形状的影响

不同土壤质地由于空隙率不同，重力作用与毛管力作用的相对差异，使得土壤湿润区的形状明显不同。图2-2是三种典型均质土壤滴灌时土壤湿润区的形状见表2-2。可以概括看出，粗质土的湿润体比较窄长，细质土的湿润区比较宽扁。

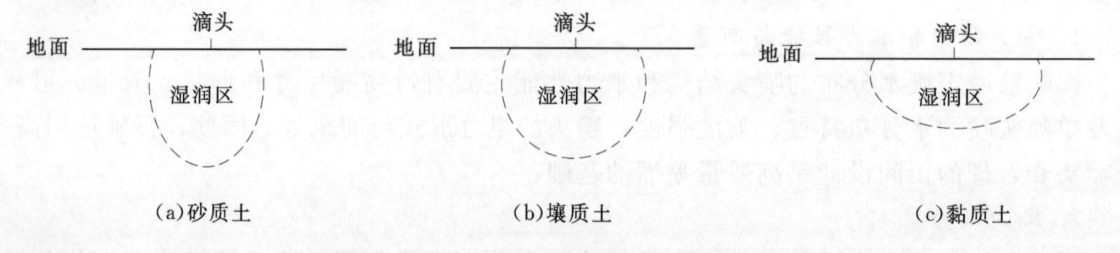

图2-2　三种土壤滴灌湿润区的形状示意图

当植物根系活动层土壤质地不均匀，对灌溉水的入渗和分布都有明显的影响。当上层为强透水性的砂质土，下层为弱透水性的黏质土，滴灌时可因下层土壤对入渗水的阻隔作用，使灌溉水滞留于黏质土顶部土壤，上层部分土壤处于饱和状态，影响根系土壤通气状况。当为相反的情况时，如滴头流量太大，可造成地表漫流，下层土壤水分不足。因此，对于非均质土层滴灌系统设计和运行，采用小流量滴头是必要的。

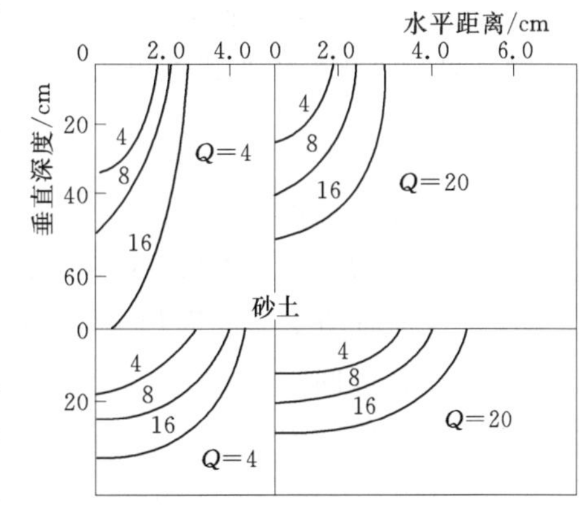

图 2-3　滴头流量不同土壤湿润区的变化示意图

2. 滴头流量

在均匀土质的情况下，滴头流量越大，宽深比越大，滴头不同流量土壤湿润区的变化见表 2-3。这可能是由于流量越大，初始土壤表层饱和区越大，入渗面积越大所致。

3. 滴头间距和滴水量

在滴头流量一定的情况下，滴头间距越大，随着滴水时间的增长，滴水量增大，土壤湿润区扩大，直到相互连接（当滴头间距较小时）。图 2-4 和图 2-5 表示出这种变化的情形。

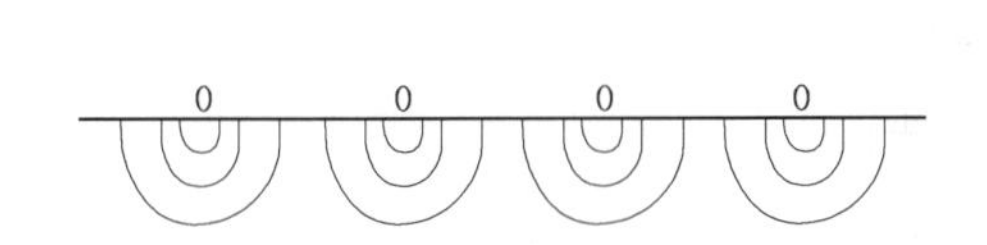

图 2-4　滴头间距较大时土壤湿润体的分布图

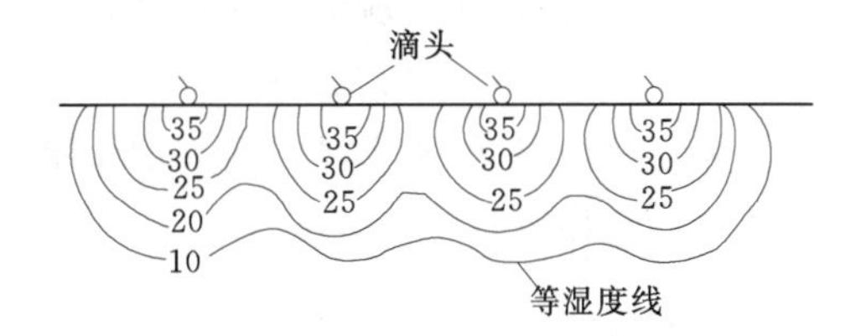

图 2-5　滴头间距较小时滴水量较大时土壤湿润体分布图

4. 滴头流量的均匀度

在田间布置有成千上万个滴头，每个滴头的流量决定了所在位置土壤接受灌溉水的数量。因此，滴头流量均匀度直接决定了滴灌面积上土壤水分布均匀度。当滴头为非补偿型时，不同位置滴头由于水流摩阻水头损失和地形变化引起工作水头的变化，以及流道（孔口）制造偏差的综合影响，不可避免地造成各滴头流量之间的差异。当滴头为压力补偿型时，滴头工作水头的变化引起的流量差异，可因滴头压力补偿作用得到某一程度克服。理论上，对于“完全补偿”滴头，不同位置滴头流量的差异主要取决于滴头制造偏差。因此，选用高质量滴头对保证滴灌均匀度十分重要。

（三）微灌土壤湿润比

土壤湿润比是指灌溉计划土壤湿润深度内，微灌湿润的土壤体积占灌溉面积百分数。它是局部灌溉的特有土壤水分参数。由于微灌土壤湿润体的形状和尺寸受诸多因素影响，国内外还没有一种精确实用的微灌土壤湿润比计算方法。我国在应用微灌技术中，对于地面滴灌沿用以地面以下 20～30cm 湿润面积与微灌面积之比作为滴灌土壤湿润比的近似估算。

不同毛管灌水器布置方式土壤湿润比近似计算方法有下列几种。

1. 滴头单行直线毛管布置

滴头单行直线毛管布置可用式（2-1）计算：

$$p=k\frac{0.785D_w^2}{S_eS_l}\times100 \tag{2-1}$$

式中　p——土壤湿润比，%；

k——湿润体形状系数，0.8～0.95；

D_w——地面有效湿润面积平均直径，m；

S_e——滴头间距，m；

S_l——毛管间距，m。

2. 滴头双行直线毛管布置

当一行作物布置两条毛管时，可用式（2-2）计算滴灌土壤湿润比。

$$p=\frac{p_1S_1+p_2S_2}{S_r} \tag{2-2}$$

式中　S_1——一对毛管的窄行间距，m，可以根据给定的流量和土壤类别查表2-13中p=100%时推荐的毛管最大有效间距；

p_1——与S_1相对应的土壤湿润比，%；

S_2——一对毛管的宽间距，m；

p_2——根据S_2查表2-13相应土壤湿润比；

S_r——作物行距，m。

表2-13　滴灌土壤湿润比 *p* 值

毛管有效间距/m	滴头出水口流量/(L/h)														
	<1.5			0.2			4.0			8.0			>12.0		
	推荐滴头出水口间距/m														
	粗	中	细	粗	中	细	粗	中	细	粗	中	细	粗	中	细
	2.0	0.5	0.9	0.3	0.7	1.0	0.6	1.0	1.3	1.0	1.3	1.7	1.3	1.6	2.0
0.8	38	88	100	50	100	100	100	100	100	100	100	100	100	100	100
1.0	33	70	100	40	80	100	80	100	100	100	100	100	100	100	100
1.2	25	58	92	33	67	100	67	100	100	100	100	100	100	100	100
1.5	20	47	73	26	53	80	53	80	100	80	100	100	100	100	100
2.0	15	35	55	20	40	60	40	60	80	60	80	100	80	100	100
2.4	12	28	44	16	32	48	32	48	64	48	64	80	64	80	100
3.0	10	23	37	13	26	40	26	40	53	40	53	67	53	67	80
3.5	9	20	31	11	23	34	23	34	46	34	46	57	46	57	68
4.0	8	18	28	10	20	30	20	30	40	30	40	50	40	50	60
4.5	7	16	24	9	18	26	18	26	36	26	36	44	36	44	53
5.0	6	14	22	8	16	24	16	24	32	24	32	40	32	40	48
6.0	5	12	18	7	14	20	14	20	27	20	27	34	27	34	40

注　表中所列数值为单行直线毛管布置，滴头出水点均匀布置，每一灌水周期灌水量10mm时的土壤。

3. 多滴头绕树布置

对于宽间距高大树木，如果一株树用若干个滴头环绕布置，土壤湿润比可用式（2-3），或式（2-4）估算。

$$p=k\frac{0.785nD_w^2}{S_tS_r}\times100 \tag{2-3}$$

或

$$p=\frac{nS_eS_w}{S_tS_r} \tag{2-4}$$

式中　n——一株树布置的滴头数，个；

S_t——树木株距，m；

S_r——树木行距，m；

S_e——滴头间距，m；

S_w——湿润带宽度，m，查表2-13$p=100\%$时毛管最大有效间距，m；

其余符号意义同前。

4. 微喷灌

(1) 微喷头沿毛管均匀分布时：

$$p=k\frac{A_w}{S_eS_l}\times100 \tag{2-5}$$

$$A_w=\frac{\theta}{360}\pi R^2 \tag{2-6}$$

式中　A_w——地面有效湿润面积，m^2；

S_e——微喷头间距，m；

θ——地面湿润面积平面夹角，(°)，全园喷洒时$\theta=360°$；

R——地面有效湿润面积平均直径，m；

其余符号意义同前。

(2) 当一株树布置几个微喷头时：

$$p=\frac{nA_w}{S_tS_r}\times100 \tag{2-7}$$

式中　n——一株树布置的微喷头数目；

其余符号意义同前。

【计算示例2-1】

(1) 某蔬菜滴灌系统毛管为单行布置，一行蔬菜布置一条毛管，毛管间距$S_l=0.8$m，滴头间距0.8m，滴头流量$q=2.0$L/h，田间测定地面湿润区平均有效直径$D_w=0.7$m，土壤为砂壤土。试确定滴灌土壤湿润比。

解： 取湿润体形状系数$k=0.9$，按式（2-1）估算滴灌土壤湿润比。

$$p=k\frac{0.785D_w^2}{S_eS_l}\times100=0.9\times\frac{0.785\times0.7^2}{0.8\times0.8}\times100=54(\%)$$

(2) 某苹果园滴灌系统，土壤为砂壤土，果树株行距为5m×6m，滴头流量$q=$

4.0L/h，采用双行直线毛管布置。试确定滴头间距 S_e 和土壤湿润比。

解： 查表2-13，滴头流量4L/h，中等结构土壤滴头间距 $S_e=1.0$m，湿润比100%的最大毛管有效间距 $S_l=1.2$m，毛管宽间距取 $S_2=6-1.2=4.8$m，相应湿润比为25%，滴灌土壤湿润比按式（2-2）计算：

$$p=\frac{p_1S_1+p_2S_2}{S_r}\times100=\frac{100\times1.2+25\times4.8}{6}=40\%$$

（3）某梨树园滴灌系统，土壤为砂质土，环绕每株树布置4个滴头，滴头流量4L/h，梨树株行距为4m×4m，一次灌水地面有效湿润面积平均直径 $D_w=1.2$m。试确定滴灌土壤湿润比。

解： 按式（2-3）估算该梨树滴灌系统湿润比，取湿润体形状系数 $k=0.95$

$$p=k\frac{0.785nD_w^2}{S_tS_r}\times100=0.95\times\frac{0.785\times4\times1.2^2}{4\times4}=27\%$$

第四节　作物耗水量

一、概念

作物耗水量是指作物吸收组成植物体水分的水量，以及通过叶面蒸腾（又称为蒸散）和土壤表面蒸发消耗的水量。因为前者约占不到1%，余下99%的都在太阳辐射的作用下以水汽的形式消耗于后两项，所以一般植物耗水量等于蒸腾量与蒸发量之和，也称为植物需水量。

实际上常常将植物耗水量分为全生育期耗水量和阶段（生育阶段、月、旬等）耗水量。对于多年生植物，如树木、果树、草类等常分为年耗水量，月耗水量，旬耗水量；对于一年生植物，如小麦、棉花、蔬菜等，可分为全生育期（播种或移栽到到收获）耗水量，不同生育阶段的耗水量，月耗水量，旬耗水量等。

二、植物耗水过程能量平衡原理

不论是植物蒸腾，还是土壤蒸发，都需要消耗能量。这部分能量来自太阳的辐射，太阳辐射能量的传输转化过程见图2-6。

太阳辐射经过大气层时，大部分被大气层反射和吸收，到达植物土壤的辐射即为太阳辐射（R_s），其中一部分被反射掉，这部分辐射称为长波辐射［波长3～70um(μm)］，余下的主要用于植物腾发过程中消耗的能量，称为净辐射（R_n）。在植物腾发过程中净辐射的一部分能量用于空气和土壤热交换，以及平流空气热量转移，不过这部分能量很小，且有进有出，因此一般以净辐射作为估算植物腾发的主要能量项就具有足够的精度。

以反射率（α）来反映反射能量（R_r）与入射能量（R_s）的比值：

$$\alpha=\frac{R_r}{R_s}\tag{2-8}$$

即

$$R_n=(1-\alpha)R_s\tag{2-9}$$

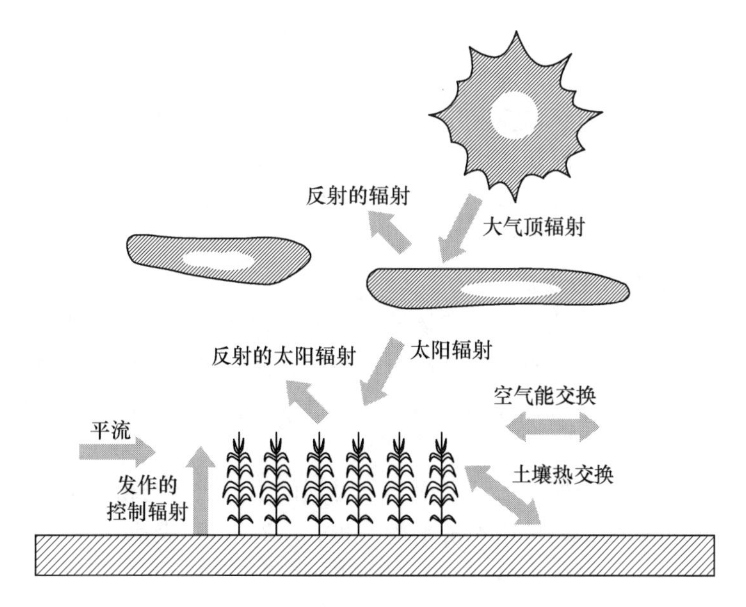

图 2-6 太阳辐射能量传输转换过程示意图

植物和土壤表面的反射率为 20%～25%。土壤—植物系统能量平衡基本方程式是：

$$E_{et}=R_N+A_d\pm S_f\pm A_h-P_s-A_H-S_H-C_H \qquad (2-10)$$

式中 E_{et}——蒸腾有效能量；

R_N——净辐射能量；

A_d——来自空气平流热量；

S_f——土壤热通量；

A_h——空气热通量；

P_s——光合作用消耗的能量；

A_H——加热空气消耗的能量；

S_H——加热土壤消耗的能量；

C_H——加热作物消耗的能量。

能量平衡基本方程式体现了植物蒸腾的动力，还必须说明，腾发过程还受两个因素制约：其一是土壤和植物必须有提供蒸腾需要的水源；其二是水分必须有足够的流量输送至土壤表面和植物叶面。如果土壤干燥，土壤水传输阻力加大，植物受水分胁迫时，气孔关闭，水分在植物中流动阻力加大，腾发就会降低。因此，植物蒸腾过程既受有效能量制约，也受土壤水分有效性制约。植物—土壤系统能量平衡原理是估算植物腾发强度的基础。

三、确定植物耗水量的方法

确定植物耗水量的方法可分为直接测定法和计算法。因为植物耗水量不仅取决于植物自身水分特性，而且受所在地气候、土壤、水文条件影响，因而在理论上，当地直接测定特定植物耗水量是最准确直观的。但是，直接测定存在的问题是，影响植物耗水量的条件随着时间和地点而变化，而测定又不可能很多，存在资料的代表性问题；所采用的方法是否合适；所使用的仪器是否先进准确；长期观测需要有大量人力物力投入等。因此，直接测定多用于专门的研究，在喷微灌应用中大多数可以借用条件相近地区的试验资料分析确定，植物耗水量不失为喷微灌技术应用可取的有效方法。根据影响植物耗水量的因素建立的关系式，不仅有较严密的理论依据，而且有相应的实验基础。

（一）田间试验法

1. 基于水量平衡原理的方法

基于水量平衡原理田间试验确定植物耗水量的方法有田测法、筒测法、坑测法和蒸渗仪法。在喷微灌技术应用中，田测法是最为常用的方法；筒测法因测量结果误差大，采用不多；坑测法和蒸渗仪法通常用于专门研究，尤其适用于全面灌溉条件下植物耗水量的测定。

一定区域一定时段植物根系活动层内土壤得到的水分数量与植物消耗的、流失的水量之差等于土壤储水量的变化，可用水量平衡方程式（2-11）表达。

$$\Delta W = P_e + I + W - ET - D \tag{2-11}$$

$$P_e = P - R = \alpha P \tag{2-12}$$

式中　ΔW——时段灌溉面积根系吸水层土壤含水量的变化，mm；

P_e——时段有效降雨量，mm；

I——时段灌溉水量，mm；

W——时段地下水补给量，mm；

ET——时段植物蒸发蒸腾量，mm；

D——时段深层渗漏量，mm；

P——时段实际降雨量，mm；

R——时段地表径流损失量，mm；

α——时段降雨有效利用系数，其值与降雨量、降雨强度、降雨历时、土壤性质、地面覆盖及地形等因素有关，一般应根据当地实测资料确定。

地下水补给量是指地下水借土壤毛细管作用上升至植物根系吸水层内而被植物利用的水量，其大小与地下水埋深、土壤性质、植物需水强度和计划湿润层含水量有关，一般认为当地地下水埋深超过 3.5m 时，补给量可忽略不计。W 值的确定应根据当地或条件类似地区的试验和调查资料估算。

在田间只要测定公式（2-11）中除 ET 外的各因素，就可确定 ET，因而该法称为水量平衡法。用水量平衡法测定植物耗水量时，测定数据的代表性，对于全面灌溉主要选择灌区有代表性的位置进行试验观测，或通过合理的试验设计增强数据的代表性。对于局部灌溉，如滴灌，测量土壤含水量时因为土壤湿润区内不同部位含水量存在差异，测点的位置应根据土壤质地、灌水器流量和间距确定。对于壤质土滴灌一般可选择距滴头 20～25cm 处测量土壤含水量。

当通过测定土壤含水量确定植物耗水量时，式（2-11）的具体计算式为：

$$ET_j = 10\sum_{i=1}^{n}\gamma_i H_i(\theta_{i1} - \theta_{i2}) + P_e + I + W - D \tag{2-13}$$

式中 ET_j——第 j 时段植物耗水量，mm；

i——土壤层次序号；

n——土壤层次数目；

γ_i——第 i 层土壤干容重，g/cm³；

H_i——第 i 层土壤的厚度，cm；

θ_{i1} 和 θ_{i2}——第 j 时段第 i 层土壤时段始末含水量，土壤干容重，%；

其余符号意义同前。

水量平衡法是测定植物蒸发蒸腾量最基本的方法，常用来对其他测定或估算方法进行检验或校核。它可以适用于非均匀土层和各种天气条件，不受微气象学法中许多条件的制约。该法的另一个优点是充分考虑了水量平衡各个要素间的相互关系，遵循物质不灭原则，可以宏观地控制各要素的计算，误差较小。缺点是分量测定中有效降水量、地下水补给量、土壤水蒸发量难以确定，其误差会集中到蒸发量的估算中。另外，由于该方法是根据区域内水量收入和支出的差额来推算所求量，而且测定周期相对较长，所以难以反映腾发的日动态变化规律。

2. 热脉冲法也称树液流动法

热脉冲法（Heat pulse method，简称 HPM）也称树液流动法，能在树木自然生活状态基本不变的情况下测量树干木质部位上升液流流动速度及流量，可以简捷准确地确定树冠蒸腾耗水量，这种方法相对经济可行。热脉冲技术测定液流是基于热补偿原理提出的，它是在植物木质部位水平安装热脉冲发射探针（热源），定时发射热脉冲，间断地加热汁液，并在热源上下方距离不等的地方安装两个热敏探针，测定两点液流的温度。热脉冲发射前两点的温度 T_1 和 T_2 相等，当热脉冲发射后的一瞬间 T_2 增大，而 T_1 不变，随着液流的上升运动，T_2 降低，T_1 增加，经过一段时间 t 后，$T_2-T_1=0$。利用热脉冲平衡后的时间可导出液流通量。利用热脉冲方法测定蒸腾量不受环境条件、冠层结构及根系特性的影响，可以直接在野外测定液流流速，为研究自然条件下植物蒸腾耗水规律提供方便；测定范围广，能用于直径 30～300mm 的茎液流测定；精度高、反应灵敏，数据可靠，可进行长期连续监测；操作简单、易行；对植物伤害小，不干扰植物生长发育及生长环境。

3. 植物生理学法

植物生理学法主要用于测定植株的一部分或整体的蒸腾耗水量，可作为一种分析植株与水分关系的辅助方法。主要包括：快速称重法、气孔计法、风室法、同位素示踪法、热脉冲法等。

（1）快速称重法。用快速天平在田间防风罩内进行，从树冠中部摘叶，称质量后悬挂于高 2m 处，间隔 2min 再称质量，单位质量鲜叶的失水量即蒸腾速率。再用平均值与树冠鲜叶质量计算某一时刻的树冠蒸腾耗水量，但测定存在系统误差，影响测量准确度，因为其测量方法改变了植物的生理状况。

（2）气孔计法。将测定时环境相对湿度设定为仪器叶室的平均湿度，通过气孔计直接测定蒸腾速率。选树冠中层正常生长的叶片夹入叶室，分别测定上、下两个表面的蒸腾速率，两者之和即为叶片的蒸腾速率。然后，用平均蒸腾速率与树冠叶面积换算成树冠蒸腾耗水量。

(3) 风室法。将研究范围内的小部分林地置于一个透明的风调室内，通过测定进出风调室气体的水汽含量差以及室内的水汽增量来获得蒸腾量。在国外该法已被较广应用于森林。由于该法不能在大面积上应用，而且风调室内气候与自然小气候有差别，因此它不能很好模拟自然小气候，其研究结果只代表蒸散的绝对值，不能代表实际情况，所以，只具有相对的比较意义。

(4) 同位素示踪法。具有灵敏度高、方法简便、定位定量准确、符合生理条件等特点。测定不受其他非放射性物质的干扰，可省略许多复杂的物质分离步骤，获得的分析结果符合生理条件，更能反映客观存在的事物本质，具有应用价值，但在野外应用不太方便。

生理学方法的优点是准确、操作简单，适用于测定蒸腾量，尤其是在一些特殊情况下，如地形复杂，孤立小块或单棵植株，用生理学法才能对蒸腾量作出估计。其主要缺点是：样本的代表性可能有问题，难以准确地用单棵或数棵植株的蒸腾量推算出大面积植株的总蒸腾量。因此，在确定森林蒸散时难以应用。

4. 红外遥感方法

蒸发计算的传统方法都是以点的观测为基础，由于下垫面物理特性和几何结构的水平非均匀性，一般很难在大面积区域上推广应用。遥感技术的出现为该问题的解决提供了一种新途径。它是一种通过卫星或飞机的高精度探头，在高空遥测地表面温度、地表光谱和反射率等参数，结合地面气象、植被和土壤要素的观测来计算蒸散的方法。由于具有多时相、多光谱等特征，因此能够综合地反映下垫面的几何结构及物理性质，使得遥感方法比常规的微气象学方法精度更高，尤其在区域蒸发计算方面具有明显的优越性。

随着遥感技术的发展及遥感信息定量化研究的不断深入，遥感技术在计算植被蒸发蒸腾量，特别是大、中尺度范围的蒸散量时空分布中，其优越性已日益彰显。首先，由于遥感技术可以不断地提供不同时空尺度的地表特征信息，因而利用这些信息可以将蒸散量计算模型外推扩展到缺乏详尽气象资料的区域尺度，反映出区域同一时刻的蒸散量分布。其次，由于它是通过植被的光谱特性、红外信息结合微气象参数来计算蒸发蒸腾量，从而摆脱了微气象学法因下垫面条件的非均一性而带来的以“点”代“面”的局限性，进而为区域蒸发蒸腾计算开辟了新途径。再次，相对于在地面布设一些稀疏点来进行观测而言，应用遥感技术进行区域尺度植被蒸发蒸腾量的监测计算，较为经济和高效。因此，遥感方法计算植被蒸发蒸腾量为区域水资源合理配置提供了一种更加有效的途径。

(二) 计算法

各国学者提出了计算植物腾发量许多方法，大多是基于土壤—植物系统能量平衡原理建立的公式。其中比较著名的是波文比—能量平衡法、涡度相关法和能量平衡—空气动力学阻抗联合法。经过实际的验证和修正，表明能量平衡—空气动力学阻抗联合法具有满意的精度，并具有能直接利用气象观测资料进行计算的优点。该方法是联合国粮农组织推荐的计算方法。目前，国内外喷微灌自动控制系统多采用它确定实时灌溉制度。下面详细介绍能量平衡—空气动力学阻抗联合法。

Penman 于 1948 年将能量平衡原理和空气动力学原理结合起来，首次提出著名的 Penman 公式，用以计算潜在蒸发量。尔后，于 1953 年又提出了一种植物单叶气孔的蒸

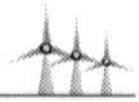

腾计算模型。Covey 于 1959 年将气孔阻抗的概念推广到整个植被冠层表面。Monteith 于 1965 年在 Penman 和 Covey 工作的基础上，提出了冠层蒸散计算模型，即著名的 Penman—Monteith 模型（P—M 模型）。该模型全面考虑影响蒸散的大气物理特性和植被的生理特性，具有很好的物理依据，能比较清楚地了解蒸散的变化过程及其影响机制，为非饱和土壤腾发的研究开辟了新的途径，现已得到了广泛研究与应用。

Penman—Monteith 公式法是通过计算出参考作物蒸发蒸腾量（ET_0），然后乘以作物系数 Kc，即为实际植物腾发量。

参考作物腾发量（ET_0）是一种假想的参考作物冠层的蒸发蒸腾量。它假设作物高度为 0.12m，固定的叶面阻力为 70s/m，反射率为 0.23，它非常类似于表面开阔、高度一致、生长旺盛、完全覆盖地面而不缺水的绿色草地的蒸发蒸腾量。Penman—Monteith 方法只要使用一般气象资料即可计算参考作物蒸发蒸腾的值，实际应用价值和精度都较高。标准化、统一化后的 Penman—Monteith 公式如下。

$$ET_0=\frac{0.408\Delta(R_n-G)+\gamma\dfrac{900}{T+273}u_2(e_s-e_a)}{\Delta+\gamma(1+0.34u_2)} \tag{2-14}$$

式中 ET_0——参考作物腾发量，mm/d；

R_n——植物表面净辐射量，W/m^2；

G——土壤热通量，MJ/m^{2}d；

Δ——饱和水汽压—温度关系曲线的斜率，kPa/℃；

γ——湿度计常数，kPa/℃；

T——空气平均温度，℃；

u_2——地面以上高 2m 处的风速，m/s；

e_s——空气饱和水汽压，kPa；

e_a——空气实际水汽压，kPa。

ET_0 计算步骤如下：

（1）确定 e_s、e_a。

$$e^\circ T=0.6108\exp\left(\frac{17.27T}{T+237.3}\right) \tag{2-15}$$

$$e_s=\frac{e^\circ T_{\max}+e^\circ T_{\min}}{2} \tag{2-16}$$

$$e_a=\frac{e^\circ T_{\max}\dfrac{RH_{\min}}{100}+e^\circ T_{\min}\dfrac{RH_{\max}}{100}}{2} \tag{2-17}$$

式中 $e^\circ T$——气温为 T 时的饱和水汽压，kPa；

$T_{\max}$、$T_{\min}$——地面以上 2m 处最高、最低气温，℃；

$RH_{\max}$、$RH_{\min}$——最大、最小相对湿度，%。

若缺乏 $RH_{\max}$、$RH_{\min}$，可用平均相对湿度 RH_{mean}（%）值按式（2-17）计算 e_a。此时：

$$e_a=\frac{RH_{mean}}{100}\frac{e^\circ T_{\max}+e^\circ T_{\min}}{2} \tag{2-18}$$

（2）确定 γ。

$$\gamma = 0.665 \times 10^{-3} P \tag{2-19}$$

$$P = 101.3\left(\frac{293 - 0.0065Z}{293}\right)^{5.26} \tag{2-20}$$

式中　P——大气压强，kPa；

Z——海拔，m。

（3）确定 R_n。

$$R_n = 0.77R_s - 4.903 \times 10^{-9}\left(\frac{T_{max,K}^4 + T_{min,K}^4}{2}\right)(0.34 - 0.14\sqrt{e_a})\left(1.35\frac{R_s}{R_{s0}} - 0.35\right) \tag{2-21}$$

$$R_s = \left(a_s + b_s \frac{n}{N}\right)R_a \tag{2-22}$$

$$R_{s0} = (a_s + b_s)R_a \tag{2-23}$$

$$R_a = \frac{1440}{\pi} G_{SC} d_r (\omega_s \sin\varphi \sin\delta + \cos\varphi \cos\delta \sin\omega_s) \tag{2-24}$$

$$d_r = 1 + 0.033\cos\left(\frac{2\pi}{365}J\right)$$

$$\delta = 0.409\sin\left(\frac{2\pi}{365}J - 1.39\right)$$

$$\omega_s = \arccos(-\tan\varphi \tan\delta)$$

$$N = \frac{24}{\pi}\omega_s$$

式中　R_s——太阳短波辐射，MJ/(m^2 · d)；

R_{s0}——晴空时太阳辐射，MJ/(m^2 · d)；

$T_{max,K}$、$T_{min,K}$——24h 内最高、最低绝对温度，K(K=℃+273.16)；

a_s、b_s——短波辐射比例系数，我国一些地点的 a_s、b_s 值，可从表 2-15 查得，如无实际的太阳辐射数据，可取 a_s=0.25，b_s=0.50；

R_a——地球大气圈外的太阳辐射通量，MJ/(m^2 · d)，相应的以 mm/d 为单位的等效蒸发量可参考表 2-14，单位换算关系为 1MJ/(m^2 · d)=0.408mm/d；

G_{SC}——太阳辐射常数，0.0820MJ/(m^2 · min)；

d_r——日地相对距离；

J——在年内的日序数，介于 1 和 365(或 366) 之间；

φ——纬度，北半球为正值，南半球为负值；

δ——太阳磁偏角；

ω_s——日落时的相位角；

n、N——实际日照时数与最大可能日照时数，也可以参考表 2-16 确定，h。

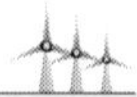

表 2-14　　大气顶层的太阳辐射 R_a 值

北纬/(°)	1月	2月	3月	4月	5月	6月	7月	8月	9月	10月	11月	12月
50	3.81	6.10	9.41	12.71	15.76	17.12	16.44	14.07	10.85	7.37	4.49	3.22
48	4.33	6.60	9.81	13.02	15.88	17.15	16.50	14.29	11.19	7.81	4.99	3.72
46	4.85	7.10	10.21	13.32	16.00	17.19	16.55	14.51	11.53	8.25	5.49	4.27
44	5.30	7.60	10.61	13.65	16.12	17.23	16.60	14.73	11.87	8.69	6.00	4.70
42	5.86	8.05	11.00	13.99	16.24	17.26	16.65	14.95	12.20	9.13	6.51	5.19
40	6.44	8.56	11.40	14.32	16.36	17.29	16.70	15.17	12.54	9.58	7.03	5.68
38	6.91	8.98	11.75	14.50	16.39	17.22	16.72	15.27	12.81	9.98	7.52	6.10
36	7.38	9.39	12.10	14.67	16.43	17.16	16.73	15.37	13.08	10.59	8.00	6.62
34	7.85	9.82	12.44	14.84	16.46	17.09	16.75	15.48	13.35	10.79	8.50	7.18
32	8.32	10.24	12.77	15.00	16.50	17.02	16.76	15.58	13.63	11.20	8.99	7.76
30	8.81	10.68	13.14	15.17	16.53	16.95	16.78	15.68	13.90	11.61	9.49	8.31
28	9.29	11.09	13.39	15.26	16.48	16.83	16.68	15.71	14.08	11.95	9.90	8.79
26	9.79	11.50	13.65	15.34	16.43	16.71	16.58	15.74	14.26	12.30	10.31	9.27
24	10.20	11.89	13.90	15.43	16.37	16.59	16.47	15.78	14.45	12.64	10.71	9.73
22	10.70	11.30	14.16	15.51	16.32	16.47	16.37	15.81	14.64	12.98	11.11	10.20
20	11.19	12.71	14.41	15.60	16.27	16.36	16.27	15.85	14.83	13.31	11.61	10.68
10	13.22	14.24	15.26	15.68	15.51	15.26	15.34	15.51	15.34	14.66	13.56	12.88
0	15.00	15.51	15.68	15.26	14.41	13.90	14.07	14.75	15.34	15.42	15.09	14.83

表 2-15　　我国一些城市的 a_s、b_s 值

地　区	夏半年（4～9月）		冬半年（10月至次年3月）	
	a_s	b_s	a_s	b_s
乌鲁木齐	0.15	0.6	0.23	0.48
西宁	0.26	0.48	0.26	0.52
银川	0.28	0.41	0.21	0.55
西安	0.12	0.60	0.14	0.60
成都	0.20	0.45	0.17	0.55
宜昌	0.13	0.54	0.14	0.54
长沙	0.14	0.59	0.13	0.62
南京	0.15	0.54	0.01	0.65
济南	0.05	0.67	0.07	0.67
太原	0.16	0.59	0.25	0.49
呼和浩特	0.13	0.65	0.19	0.6
北京	0.19	0.54	0.21	0.56
哈尔滨	0.13	0.60	0.20	0.52
长春	0.06	0.71	0.28	0.44
沈阳	0.05	0.73	0.22	0.47
郑州	0.17	0.45	0.14	0.45

表 2-16　　　　最大可能日照时数 N 值

北纬/(°)	1月	2月	3月	4月	5月	6月	7月	8月	9月	10月	11月	12月
50	8.5	10.1	11.8	13.8	15.4	10.3	15.9	14.5	12.7	10.8	9.1	8.1
48	8.8	10.2	11.8	13.6	15.2	16.0	15.6	14.3	12.6	10.9	9.3	8.3
46	9.1	10.4	11.9	13.5	14.9	15.7	15.4	14.2	12.6	10.9	9.5	8.7
44	9.3	10.5	11.9	13.4	14.7	15.4	15.2	14.9	12.6	11.0	9.7	8.9
42	9.4	10.6	11.9	13.4	14.6	15.2	14.9	13.9	12.6	11.1	9.8	9.1
40	9.6	10.7	11.9	13.3	14.4	15.0	14.7	13.7	12.5	11.2	10.0	9.2
35	10.1	11.0	11.9	13.1	14.0	14.5	14.3	13.5	12.4	11.3	10.3	9.8
30	10.4	11.1	12.0	12.9	13.6	14.0	13.9	13.2	12.4	11.5	10.6	10.2
25	10.7	11.3	12.0	12.7	13.3	13.7	13.5	13.0	12.3	11.6	10.9	10.6
20	11.0	11.5	12.0	12.6	13.1	13.3	13.2	12.8	12.3	11.7	11.2	10.9
15	11.3	11.6	12.0	12.6	12.8	13.0	12.9	12.6	12.2	11.8	11.4	11.2
10	11.6	11.8	12.0	12.3	12.6	12.7	12.6	12.4	12.1	11.8	11.6	11.5
5	11.8	11.9	12.0	12.2	12.3	12.4	12.3	12.3	12.1	12.0	11.9	11.8
0	12.1	12.1	12.1	12.1	12.1	12.1	12.1	12.1	12.1	12.1	12.1	12.1

(4) 确定 G。对于月计算：

$$G_{m,i}=0.07(T_{m,i+1}-T_{m,i-1}) \tag{2-25}$$

式中　　$G_{m,i}$——第 i 月（计算月）土壤热通量密度；

$T_{m,i+1}$、$T_{m,i-1}$——计算月下一个月和前一个月的平均气温，℃。

如果 $T_{m,i+1}$ 未知，则可按式（2-26）计算。

$$G_{m,i}=0.14(T_{m,i}-T_{m,i-1}) \tag{2-26}$$

对于时计算或是更短的时间，则以式（2-27）、式（2-28）估算。

白天　$$G_h=0.1R_n \tag{2-27}$$

夜晚　$$G_h=0.5R_n \tag{2-28}$$

(5) 确定 u_2。当实测风速距离地面不是高 2m 时，用式（2-29）进行调整。

$$u_2=u_Z\frac{4.87}{\ln(67.8Z-5.42)} \tag{2-29}$$

式中　u_Z——实测地面以上 Z 处的风速，m/s；

Z——风速测定的实际高度，m。

(6) 确定 Δ。

$$\Delta=\frac{4098\left(0.6108\exp\dfrac{17.27T}{237.3}\right)}{(T+237.3)^2} \tag{2-30}$$

植物实际腾发量可根据参照植物腾发量和作物系数按式计算。

$$ET_c=K_c\times ET_0 \tag{2-31}$$

式中　ET_c——植物实际腾发量，mm/d；

ET_0——参照作物腾发量，mm/d；

K_c——作物系数，是植物本身生物学特性的反映，它与植物的种类、品种、生育期、植物群体叶面积指数等因素有关。

作物系数 K_c 是计算植物耗水量的重要参数，20 世纪 80 年代我国灌溉科技工作者对各类作物有限的试验资料进行分析研究，总结部分农作物 K_c 值，参考表 2-17～表 2-20 确定。必须说明，这些资料是在地面灌溉条件下取得的，如用于滴灌等局部灌溉时应作适当修正。

表 2-17　　春小麦 K_c 参考值

地区	3月	4月	5月	6月	7月	8月	9月	全期
辽宁		0.58～0.82	0.77～1.03	0.89～1.24	1.19～1.30			0.82～1.08
内蒙古		0.47～0.55	0.78～0.90	1.16～1.59	0.42～1.48			0.92～1.03
青海	0.26～0.64	0.15～0.75	0.13～0.75	0.97～1.30	0.98～1.19	1.01～1.13	1.41	0.78～1.16
宁夏	0.90	0.50	1.43	1.31	0.61			1.18～1.16

表 2-18　　棉花 K_c 参考值

地区	4月	5月	6月	7月	8月	9月	10月	全期
山东	0.54～0.62	0.60～0.67	0.52～0.72	1.20～1.43	1.40～1.43	1.06～1.60	0.94～0.97	0.94～0.96
河北	0.37～0.78	0.38～0.62	0.53～0.73	0.78～1.07	1.07～1.21	0.89～1.39	0.74～0.78	0.71～0.75
河南	0.32～0.69	0.32～0.69	0.48～1.05	1.07～1.23	1.23～1.73	0.55～1.40	0.55～1.20	0.87～0.89
陕西	0.66～0.67	0.60～0.73	0.70～0.77	1.16～1.23	1.30～1.44	1.20～1.59	1.60～1.65	0.96～0.97
江苏（徐州）		0.49	0.85	1.32	1.26	1.10	1.09	
辽宁（延年）		0.46	0.59	0.90	1.09	0.75	0.42	0.681

表 2-19　　夏玉米 K_c 参考值

地　区	6月	7月	8月	9月	10月	全　期
山西	0.47～0.88	0.92～1.08	1.27～1.58	1.06～1.28		1.05～1.18
河北	0.49～0.65	0.60～0.84	0.94～1.22	1.34～1.76		0.48～0.96
河南	0.47～0.85	1.30～1.35	1.67～1.79	1.06～1.32		0.99～1.14
陕西	0.51～0.54	0.67～1.05	0.94～1.43	1.00～1.87		1.85～1.07

表 2-20　　春玉米 K_c 参考值

地　区	4月	5月	6月	7月	8月	9月	全　期
辽宁	0.48～0.55	0.45～0.80	0.55～1.05	1.15～1.29	0.96～1.04	0.70～0.79	0.78～0.99
内蒙古（通辽）		0.16	0.62	1.51	1.39	1.21	0.86
山西							0.80～0.87
陕西（陕南）	0.55	0.79	0.78	1.18	0.95	1.09	0.90

【计算示例 2-2】

计算地点位于东经 119.0°北纬 34.0°，海拔高度为 11m。1980 年 8 月气象资料为：月平均气温为 24.2℃，最高日平均气温为 28.1℃，最低日平均气温为 22.6℃，平均相对湿度为 88%，10m 高日平均风速为 2.3m/s，日平均日照时数为 6.49h。1980 年 7 月和 9 月的平均气温分别为 26.3℃和 23.2℃。试用 Penman—Monteith 法计算参照作物需水量。

解：(1) 计算 e_s、e_a。

已知 8 月最高日平均气温为 28.1℃，最低平均气温为 22.6℃，根据式（2-15)、式（2-16）有：

$$e^{\circ}(T_{\max})=0.6108\exp\left(\frac{17.27T_{\max}}{T+237.3}\right)=0.6108\exp\left(\frac{17.27\times 28.1}{28.1+237.3}\right)=3.802\text{kPa}$$

$$e^{\circ}(T_{\min})=0.6108\exp\left(\frac{17.27T_{\min}}{T+237.3}\right)=0.6108\exp\left(\frac{17.27\times 22.6}{22.6+237.3}\right)=2.742\text{kPa}$$

$$e_s=\frac{e^{\circ}(T_{\max})+e^{\circ}(T_{\min})}{2}=\frac{3.802+2.742}{2}=3.272\text{kPa}$$

又已知该月平均相对湿度为 88%，根据式（2-17）有：

$$e_a=\frac{RH_{mean}}{100}\left[\frac{e^{\circ}(T_{\max})+e^{\circ}(T_{\min})}{2}\right]=\frac{88}{100}\times 3.272=2.879\text{kPa}$$

(2) 计算 γ。已知该地海拔为 11m，根据式（2-19)、式（2-20）有：

$$P=101.3\left(\frac{293-0.0065Z}{293}\right)^{5.26}=101.3\left(\frac{293-0.0065\times 11}{293}\right)^{5.26}=101.17\text{kPa}$$

$$\gamma=0.665\times 10^{-3}P=0.665\times 10^{-3}\times 101.17=0.067\text{kPa/℃}$$

(3) 计算 R_n。已知该地位于北纬 34.0°，即 $\varphi=34\pi/180=0.593\text{rad}$，1980 年 8 月 15 日在年内的日序数为 228，即 $J=228$，则：

$$d_r=1+0.033\cos\left(\frac{2\pi}{365}J\right)=1+0.033\cos\left(\frac{2\pi}{365}\times 228\right)=0.977$$

$$\delta=0.409\sin\left(\frac{2\pi}{365}J-1.39\right)=0.409\sin\left(\frac{2\pi}{365}\times 228-1.39\right)=0.233$$

$$\omega_s=\arccos(-\tan\varphi\tan\delta)=\arccos(-\tan 0.593\tan 0.233)=1.731\text{rad}$$

根据式（2-24）有

$$\begin{aligned}R_a&=\frac{1440}{\pi}G_{SC}d_r(\omega_s\sin\varphi\sin\delta+\cos\varphi\cos\delta\sin\omega_s)\\&=\frac{1440}{\pi}\times 0.0820\times 0.977(1.731\sin 0.593\sin 0.233+\cos 0.593\cos 0.233\sin 1.731)\\&=37.45\text{MJ/(m}^2\cdot\text{d)}\end{aligned}$$

日平均日照数 n 为 6.49h，$N=\frac{24}{\pi}\times 1.731=13.22\text{h}$，取 $a_s=0.25$，$b_s=0.50$，则根据式（2-22)、式（2-23）有

$$R_s=\left(a_s+b_s\frac{n}{N}\right)R_a=\left(0.25+0.50\frac{6.49}{13.22}\right)37.45=18.56\text{MJ/(m}^2\cdot\text{d)}$$

$$R_{s0}=(a_s+b_s)R_a=(0.25+0.50)\times 37.45=28.09\text{MJ/(m}^2\cdot\text{d)}$$

又

$$T_{\max,K}=T_{\max}+237.16=28.1+237.16=265.26\text{K}$$

$$T_{\min,K}=T_{\min}+237.16=22.6+237.16=259.76\text{K}$$

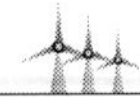

根据式（2-21）有：

$$R_n=0.77R_s-4.903\times10^{-9}\left(\frac{T_{max,K}{}^4+T_{min,K}{}^4}{2}\right)(0.34-0.14\sqrt{e_a})\left(1.35\frac{R_s}{R_{s0}}-0.35\right)$$

$$=0.77\times18.56-4.903\times10^{-9}\left(\frac{265.26^4+259.76^4}{2}\right)(0.34-0.14\sqrt{2.879})$$

$$\times\left(1.35\times\frac{18.56}{28.09}-0.35\right)=12.997\text{MJ}/(\text{m}^2\cdot\text{d})$$

（4）计算 G。已知7月和9月的平均气温分别为26.3℃和23.2℃，根据式（2-25）有：

$$G_{m,8}=0.07(T_{m,9}-T_{m,7})=0.07(23.2-26.3)=-0.217\text{MJ}/(\text{m}^2\cdot\text{d})$$

（5）计算 u_2。已知高10m风速为3.2m/s，该地海拔高度为11m，则根据式（2-29）有：

$$u_2=u_Z\frac{4.87}{\ln(67.8Z-5.42)}=3.2\frac{4.87}{\ln(67.8\times11-5.42)}=2.36\text{m/s}$$

（6）计算 Δ。已知8月月平均气温为24.2℃，根据式（2-30）有：

$$\Delta=\frac{4098\left(0.6108\exp\frac{17.27T}{237.3}\right)}{(T+237.3)^2}=\frac{4098\left(0.6108\exp\frac{17.27\times24.2}{24.2+237.3}\right)}{(24.2+237.3)^2}=0.181\text{kPa/℃}$$

（7）计算 ET_0。根据上述计算及式（2-14）有：

$$ET_0=\frac{0.408\Delta(R_n-G)+\gamma\frac{900}{T+273}u_2(e_s-e_a)}{\Delta+\gamma(1+0.34u_2)}$$

$$=\frac{0.408\times0.181(12.997+0.217)+0.067\frac{900}{24.2+273}2.36(3.272-2.879)}{0.181+0.067(1+0.34\times2.36)}$$

$$=3.86\text{mm/d}$$

因此，该地1980年8月日平均参照腾发量为3.86mm/d。

第三章　水源与水量平衡计算

第一节　水　　源

一、水源类型及其特点

（一）地下水

通过打井，将地下水提取增压作为喷微灌水源，是喷微灌系统最为常见的水源类型。其主要有下列特点：

（1）受气候的影响比较小，出流量相对稳定。

（2）水量比较充沛，一般出水量随着井的深度加大而增大。

（3）不受地面污物杂质的污染，水质良好。

（4）含水层承受着一定的压力，抽水时形成水力坡度，井周围形成降落漏斗，抽水流量越大，水力坡度越大，降落漏斗半径越大。

（二）河溪水

河溪水流由降水径流汇集而成，因降水量和集流面积大小不同，流量相差很大，流量较大的称为河流，流量小的称为溪流，多数为江河、湖泊的支流。河溪水流有下列特点：

（1）来水量和水位受季节降雨情况的影响大，雨季水量充沛，流量大，干旱季节流量小，甚至出现干枯断流，灌溉季节供需矛盾大，常常采取修筑塘坝蓄水，拦蓄汛期径流供旱季灌溉用水，较大的河流来水量较大，喷微灌系统取水量可能只占其中小部分，但通常水位随季节变化大，水泵安装位置应适应这种变化。

（2）河溪水一般含沙量较大，且常有各种漂浮物，用作喷微灌水源时应注意采取净化防堵措施。

（3）水质可能存在污染问题，如果河溪上游有工业污水和生活污水排入，可能污染水质，引用时必须检测是否符合喷微灌水质的要求。

（三）库湖水

水库和湖泊是拦截江河水流和地面径流的调蓄水利设施，主要有下列特点：

（1）储水量大，当喷微灌系统从其中取水时，一般用水量只占一小部分，但库湖水位随季节变化大，修建喷微灌系统水源工程必须予以注意。

（2）库湖水易滋生藻类和存有标浮物，喷微灌系统时应采取适当的净化措施，防止灌水器堵塞。

（四）窑窖水

在缺乏水源的山丘地区，常修建窑窖储存雨水供喷微灌系统旱季使用，主要有下列特点：容量小；水质较好，含污物少，只能供小面积喷微灌用水。

（五）再生水

工业和生活废水经过处理，符合灌溉水质要求的再生水是喷微灌的重要水源。目前，再生水源主要用于园林绿地灌溉，主要有下列特点：

（1）来量丰富，流量稳定。按国家规定，城镇工业、生活污水必须经过处理，符合不同利用标准，才能排放。这类水来源和流量不受季节气候影响，供应稳定，灌溉可由排放管网直接引入，也可由再生水湿地提取。

（2）富含各种有机和无机元素，以及细菌，微量金属元素等。再生水用作喷微灌水源时，水质应达到灌溉水质标准外，还应针对所含固体物质和细菌的种类，以及数量采取相应过滤措施，防止灌水器堵塞。

（六）市政管网

城镇园林绿地喷微灌系统常常利用市政管网取用自来水灌溉，此类水源有下列特点：

（1）水质好，水费高。

（2）灌溉用水可能会与生活和工业用水有矛盾，应做好协调处理。

（3）具有一定压力，一般无需增压。

市政管网自来水是城镇生活和工业的宝贵水源，应尽可能避免用于灌溉。

（七）雨水

利用雨水就地灌溉不仅可以节约大量淡水资源，对于大中城市还可以降低城市防洪压力。雨水已成为许多大中城市绿地灌溉的重要水源。此类水源的特点是：

（1）降雨时间与灌溉用水时间错开，必须修建储存设施调蓄雨水，提供灌溉季节用水。

（2）雨水水质较好，但雨水流经屋面、道路，往往受污染，还带有一定泥沙、杂质，应作必要检测，如达不到灌溉要求，应进行相应净化处理。

（3）就全国而言，从南到北，降水量相差极大，对于雨量小的地区利用雨水灌溉在经济上不一定合算，一般认为，年雨量少于400mm的地区不提倡利用雨水灌溉。

二、喷微灌对水质的要求

（一）农业喷微灌对水质的要求

喷微灌水质应符合《农田灌溉水质标准》（GB 5084—2005）的规定。

为了防止微灌系统灌水器堵塞，微灌水质还应根据表3-1分析，确定相应水质处理措施。

表3-1　灌水器堵塞水质评价指标

序号	水质分析指标	单位	堵塞可能性		
			低	中	高
1	悬浮固体物	Mg/L	<50	50～100	>100
2	硬度	Mg/L	<150	150～300	>300
3	不溶固体	Mg/L	<500	200～2000	>2000
4	pH值	—	5.5～7.0	7.0～8.0	>8.0

续表

序号	水质分析指标	单位	堵塞可能性		
			低	中	高
5	Fe 含量	Mg/L	＜0.1	0.1～1.5	＞1.5
6	Mn 含量	Mg/L	＜0.1	0.1～1.5	＞1.5
7	H_2S 含量	Mg/L	＜9.1	0.1～1.0	—
8	油	—	不能含有油		

（二）再生水作为喷微灌水源对水质要求

再生水作为喷微灌水源的水质除应根据表 3-1 分析，确定相应水质处理措施外，还应符合表 3-2 和表 3-3 的要求。

表 3-2　　再生水利用于农业、林业用水控制项目和指标限值

序号	控制项目	农业	林业
1	色度/度	≤30	≤30
2	浊度（NTU）	≤10	≤10
3	pH 值	5.5～8.5	5.5～8.5
4	总硬度（以 C_aCO_3 计）/(mg/L)	≤459	≤450
5	悬浮物（SS）/(mg/L)	≤30	≤30
6	五日生化需氧量（BOD_6）/(mg/L)	≤35	≤35
7	化学需氧量（COD_{Cr}）/(mg/L)	≤90	≤90
8	溶解性总固体/(mg/L)	≤1000	≤1000
9	汞/(mg/L)	≤0.001	≤0.001
10	镉/(mg/L)	≤0.01	≤0.01
11	砷/(mg/L)	≤0.05	≤0.05
12	硌/(mg/L)	≤0.10	≤0.10
13	铅/(mg/L)	≤0.10	≤0.10
14	氯化物/(mg/L)	≤0.05	≤0.05
15	粪大肠菌群/(个/L)	≤10000	≤10000

注　引自《再生水质标准》（SL 368—2006）。

表 3-3　　再生水浇灌城市园林绿地的水质要求　　单位：mg/L

序号	项目		标准值
1	pH 值（无量纲）		6.5～8.5
2	嗅		无不快感
3	全盐量（溶解性总固体）	≤	1000
4	氯化物	≤	250
5	总磷（以 P 计）	≤	10
6	氨氮	≤	20

续表

序号	项目		标准值
7	生化需氧量（BOD_5）	≤	20
8	浊度（NTU）	≤	10
9	铁	≤	0.3
10	总汞	≤	0.001
11	总镉	≤	0.005
12	总砷	≤	0.05
13	铬（六价）	≤	0.1
14	总铅	≤	0.1
15	阴离子表面活性剂（LAS）	≤	1.0
16	总余氯		0.2≤管网末端≤0.5
17	总大肠菌群数	≤	3个/L

注 引自《北京城市园林绿地使用再生水灌溉指导书》。

第二节 水量平衡计算

喷微灌系统水量平衡计算分为工程设计中，水量平衡计算和工程建成运行管理期间的水量平衡计算。前者是针对符合设计标准的“设计年”，后者是针对具体年，计算原理和方法相同。

一、计算年的确定

（一）计算年降水量

1. 年降水量频率计算

将灌区或灌区所在地历年降水量按大小顺序排列，按式（3-1）进行频率计算：

$$P=\frac{i}{n+1} \tag{3-1}$$

式中 P——降水量频率；

i——降水量序列中序号；

n——降水量资料年数。

2. 确定不同频率年降水量

采用水文计算“适线法”确定不同频率年（或灌溉期）降水量。具体方法参考相关文献，例如本书参考文献［30］。

3. 确定计算典型年

在降水频率系列中选择降水量等于或接近计算频率降水量，且偏于不利的年份（通常是灌溉季节降水量偏少年份）作为计算代表年（典型年），以该年的水文、气象因素作为计算年水文、气象条件。喷微灌系统设计以设计保证率年为计算年，运行管理一般用频率75%（中等干旱年）、50%（平水年）、25%（丰水年）为计算年。

4. 确定典型年降水量年内分配

以计算实际代表年月降水量占全年（或灌溉期）降水总量百分数作为计算频率年年内月降水量分配系数，将其与设计频率年降水量相乘得到设计年月降水量。

（二）灌溉临界期

灌溉临界期是指灌溉供水最紧张的时期，通常出现于水源来水量小，作物耗水量大的干旱季节。在喷微灌设计水量平衡计算中，一般取干旱期为灌溉临界期。

设计灌溉临界期降水量可以从设计年月降水量系列中选定，也可由历年灌溉临界期降雨资料，经频率计算确定。

二、可用水量分析

喷微灌可用水量是指水源可能供给喷微灌使用的水量或流量。各种类型水源特点不同，可用水量不同。

（一）可用水量不受气候影响的水源

来水量不受气候影响或基本不受气候影响的水源主要有采用深层地下水的井水、市政管网自来水以及再生水等。这些类型水源可为喷微灌系统提供稳定的水量和流量。其中，市政管网自来水可能存在白天用水高峰期灌溉取水影响生活和工业等主要用水户的用水，对于这种情况，喷微灌系统可错开用水高峰运行，以保证主要用水户的用水。

当喷微灌以现成井水为水源时，应以打井抽水试验确定的出水流量和相应动水位，确定可供流量；当喷微灌以计划的井水为水源时，应以水文地质资料为依据确定打井深度和出水流量。对于多用户井水，还应协调各用水户的用水需求，确定喷微灌可用水量和流量，以及用水时段。

（二）可供水量只占来水量很小比例的水源

以江河、湖泊、水库为喷微灌水源时，通常喷微灌系统取水量只为来水量很小一部分，可根据喷微灌的需要供水，是可供水量不受气候影响的另一种情况。

（三）可用水量受气候和蓄水设施调蓄影响的水源

对利用河溪塘坝和窑窖蓄水为喷微灌水源的喷微灌系统，可供水量受集雨区特点、当年降水量大小和塘坝、窑窖蓄水能力，以及集雨条件的影响，塘坝和窑窖的调蓄容积和可供水量需通过水量平衡计算确定。

三、用水量计算

（一）喷微灌耗水强度的确定

喷微灌耗水强度是指灌溉季节某一阶段喷微灌消耗于单位面积单位时间的水量。在地下水埋深较大，且无外水流入的条件下，它等于作物耗水强度与同期有效降雨强度之差，故又称之为喷微灌“补充强度”。在干旱区或干旱期，有效雨量很小，或无降雨时段喷微灌耗水强度等于作物耗水强度。

1. 单一植物喷微灌耗水强度

当喷微灌系统为一种植物供水时，按式（3-2）计算喷微灌耗水强度。

$$E_i = ET_i - \alpha_i P_i / t_i \tag{3-2}$$

式中 E_i——第 i 时段喷微灌耗水强度，mm/d；

ET_i——第 i 时段植物平均耗水强度（腾发强度），mm/d；

α_i——第 i 时段雨量有效利用系数；

P_i——第 i 时段降水量，mm；

t_i——第 i 时段天数，d。

2. 多种作物喷微灌耗水强度

当喷微灌系统对 n 种植物供水时，按式（3－3）计算喷微灌耗水强度。

$$E_i = \sum_{j=1}^{n} \sigma_j ET_{ji} - \alpha_i P_i / t_i \tag{3-3}$$

式中 σ_j——第 j 种植物种作面积占总喷微灌面积比例；

ET_{ji}——第 j 种作物第 i 时段平均腾发强度，mm/d；

其余符号意义同前。

（二）喷微灌系统需水流量

喷微灌系统需水流量按式（3－4）计算。

$$Q_{需i} = \frac{10AE_i}{C\eta} \tag{3-4}$$

式中 $Q_{需i}$——第 i 时段需水流量，m^3/h；

A——喷微灌系统供水面积，hm^2；

E_i——第 i 时段喷微灌耗水强度，mm/d；

C——喷微灌系统日工作小时数，一般取 20～22h，当采用错峰供水时按错峰时段确定；

η——灌溉水有效利用系数，η=0.85～0.95。

四、水量供需平衡计算

（一）喷微灌系统设计的水量平衡计算

1. 设计年灌溉临界期水源可供流量能满足喷微灌需水流量的要求

当设计临界期水源可供流量 $Q_{供}$ 不小于喷微灌系统需水流量 $Q_{需}$ 时，以计划面积为喷微灌工程设计面积。

2. 设计年灌溉临界期水源可供流量不能满足喷微灌需水流量的要求

（1）无调节条件的情况。若设计年灌溉临界期水源可供流量 $Q_{d供}$ 小于喷微灌需水流量 $Q_{需}$，且无调蓄条件，则以设计临界期水源可供流量为基础按式（3－5）计算喷微灌面积。

$$A_d = \frac{CQ_{d供}}{10E_d}\eta \tag{3-5}$$

式中 A_d——喷微灌设计面积，hm^2；

E_d——设计植物喷微灌耗水率，mm；

其余符号意义同前。

如果经过论证，允许减小 E_d 的情况下，可保持原计划喷微灌面积，或对原计划喷微灌面积和 E_d 值两者作适当调整。

（2）有调节条件的情况。若设计年灌溉临界期水源可供流量 $Q_{d供}$ 小于喷微灌需水流量 Q_d，但全年（或灌溉季节）可供水量能满足全年（或灌溉季节）喷微灌需水量，且有调蓄条件，则水量平衡计算的任务是确定调蓄工程设施的容积。

设计调蓄工程的容积应通过水源可供水量与喷微灌需水量平衡演算确定，方法详见【计算示例 3-1】之（3）。当缺乏资料时可按式（3-6）估算调蓄容积：

$$V=\frac{\sum_{i=1}^{n}t_i(10AE_i-Q_i)}{\eta\eta_0K_0} \tag{3-6}$$

式中　V——蓄水设施设计容积，m^3；

A——计划喷微灌面积，hm^2；

n——灌溉季节（或全年）时段数；

E_i——第 i 时段喷微灌耗水强度，mm；

Q_i——第 i 时段水源可供直接供喷微灌流量，m^3/h；

t_i——第 i 时段天数，d；

K_0——复蓄系数，$K_0=1.0\sim1.8$；

η_0——蓄水利用系数，$\eta_0=0.6\sim0.8$；

η——灌溉水利用系数。

（二）喷微灌系统运行期间水量平衡计算

（1）若任一时段水源可供流量 $Q_供$ 不小于喷微灌系统需水流量 $Q_需$ 时，则按计划取水运行。

（2）当某一时段水源可供流量 $Q_供$ 小于喷微灌系统需水流量 $Q_需$ 时，则应调整灌溉制度和取水计划，例如，增长灌水延续时间，减小灌水定额，采用错峰取水等。

【计算示例 3-1】

1．蔬菜滴灌系统水量平衡计算

蔬菜滴灌系统控制面积 $20hm^2$，以一口井为水源，经测定，井出水量为 $70m^3/h$，每年蔬菜生长期 4～10 月，平水年生长期月平均耗水强度和月降水量，以及降水有效利用系数列于算例表 3-1-1，试核定该滴灌系统平水年能否按计划供水。

算例表 3-1-1　　　　**基　本　资　料**

月	4	5	6	7	8	9	10
平均耗水强度 ET_i/(mm/d)	6.0	6.5	7.0	7.0	7.0	6.5	6.0
降水量 P_i/mm	20	30	50	110	250	150	80
降水有效系数 α_i	0.40	0.40	0.45	0.55	0.40	0.40	0.40

解：

（1）确定计算时段。根据资料决定以月为计算时段。

（2）计算滴灌耗水率。按式（3-1）计算滴灌耗水率 E_i 如算例表 3-1-2。

（3）滴灌系统需水量平衡计算。按式（3-3）计算滴灌系统需水流量。其中，取滴灌

系统日工作小时数 $C=20\text{h}$，灌溉水利用系数 $\eta=0.9$，滴灌面积 $A=20\text{hm}^2$。计算过程见算例表 3-1-2。

算例表 3-1-2　　滴灌耗水强度与需水流量计算表

时　　序 i	4月	5月	6月	7月	8月	9月	10月
时段长度 t_i/d	30	31	30	31	31	30	31
作物平均耗水强度 ET_i/mm	6.0	6.5	7.0	7.0	7.0	6.5	6.0
降水量 P_i/mm	20	30	50	110	250	150	80
降水有效利用系数 α_i	0.40	0.40	0.45	0.55	0.40	0.40	0.45
滴灌耗水强度 E_i/(mm/d) $E_i=ET_i-\alpha_i P_i/t_i$	5.7	6.1	6.3	5.0	3.8	4.5	4.8
滴灌系统需水流量 $Q_{需}$/(m^3/h) $Q_{需}=\dfrac{10AE_i}{C\eta}$	63	68	70	56	42	50	53

(4) 水源可供水量与滴灌系统需水量平衡计算。根据资料，水源可供稳定流量 $70\text{m}^3/\text{h}$，而上面计算结果滴灌系统需水流量不超过可供流量，表明本年滴灌用水能得到保证。

2. 绿地喷灌系统水量平衡计算

某绿地面积 3.5hm^2，包括草坪 1.0hm^2，灌木林 0.5hm^2，乔木林 2.0hm^2，计划采用喷灌。设计植物耗水强度，草坪 6.5mm/d，灌木 5.0mm/d，乔木 4.0mm/d。该喷灌系统以雨水为水源，设计年植物耗水强度和降水量列于算例表 3-1-3。试计算雨水调蓄容积。

算例表 3-1-3　　计 算 基 本 资 料

月　　份		3	4	5	6	7	8	9	10	11
平均耗水强度 ET_{ji}/(mm/d)	草坪	2.5	3.0	4.0	5.0	5.5	5.5	5.0	4.5	4.0
	灌木林	2.0	2.5	3.0	4.0	5.0	5.0	4.5	4.0	3.5
	乔木林	2.0	2.5	3.5	4.0	4.5	4.5	4.0	4.0	3.0
降水量 P_i/(mm/h)		30	50	100	150	280	200	150	120	80
降水有效利用系数 α_i		0.30	0.30	0.40	0.45	0.45	0.45	0.40	0.35	0.35

解：

(1) 已知绿地面积 $A=3.5\text{hm}^2$。其中，草坪面积 $A_1=1.0\text{hm}^2$，灌木林面积 $A_2=5.0\text{hm}^2$；乔木林面积 $A_3=2.0\text{hm}^2$。各种面积占总面积比例：

草坪　$$\sigma_1=\frac{A_1}{A}=\frac{1}{3.5}=0.29$$

灌木林　$$\sigma_2=\frac{A_2}{A}=\frac{0.5}{3.5}=0.14$$

乔木林　$$\sigma_3=\frac{A_3}{A}=\frac{2}{3.5}=0.57$$

(2) 计算设计喷灌耗水强度。按式（3-3）计算设计喷灌耗水强度：

$$E_i = \sum_{j=1}^{n} \sigma_j ET_{ji} - \alpha_i P_i / t_i$$

计算过程见算例表 3-1-4。

算例表 3-1-4　　　　**设计喷灌耗水强度计算表**

时序 i	植物	植物耗强度 ET_{ji}/mm	面积比例 σ_j	$\sigma_j ET_{ji}$ /mm	$\sum\sigma_j ET_{ji}$ /mm	降水量 P_i /mm	有效利用系数 α_i	喷灌耗水强度 E_i/mm $E_i = \sum_{j=1}^{n}\sigma_j ET_{ji} - \alpha P_i / t_i$
3月	草坪	2.5	0.29	0.7	2.1	30	0.30	1.8
	灌木林	2.0	0.14	0.3				
	乔木林	2.0	0.57	1.1				
4月	草坪	3.0	0.29	0.9	2.7	50	0.30	2.2
	灌木林	2.5	0.14	0.4				
	乔木林	2.5	0.57	1.4				
5月	草坪	4.0	0.29	1.2	3.6	100	0.40	2.3
	灌木林	3.0	0.14	0.4				
	乔木林	3.5	0.57	2.0				
6月	草坪	5.0	0.29	1.5	4.4	150	0.45	2.2
	灌木林	4.0	0.14	0.6				
	乔木林	4.0	0.57	2.3				
7月	草坪	5.5	0.29	1.6	4.9	280	0.45	0.8
	灌木林	5.0	0.14	0.7				
	乔木林	4.5	0.57	2.6				
8月	草坪	5.5	0.29	1.6	4.9	200	0.45	2.0
	灌木林	5.0	0.14	0.7				
	乔木林	4.5	0.57	2.6				
9月	草坪	5.0	0.29	1.5	4.4	150	0.40	2.4
	灌木林	4.5	0.14	0.6				
	乔木林	4.0	0.57	2.3				
10月	草坪	4.5	0.29	1.3	4.2	120	0.35	2.8
	灌木林	4.0	0.14	0.6				
	乔木林	4.0	0.57	2.3				
11月	草坪	4.0	0.29	1.2	3.4	80	0.35	2.5
	灌木林	3.5	0.14	0.5				
	乔木林	3.0	0.57	1.7				

(3) 计算雨水调蓄容积。雨水调蓄容积按式（3-6）计算。其中灌溉水利用系数取 η=0.9，蓄水利用系数 η_0=0.8，复蓄系数 K_0=1.5，Q_i=0。

$$V=\frac{\sum_{i=1}^{n}t_i 10AE_i}{\eta\eta_0 k_0}$$

$$=\frac{10\times3.5\times(1.8\times31+2.2\times30+2.3\times31+2.2\times30+0.8\times31+2\times31+2.4\times30+2.8\times31+2.5\times30)}{0.9\times0.8\times1.5}$$

$$=18787\text{m}^3$$

3. 粮食作物喷灌系统水量平衡计算

某喷灌系统以当地河溪为水源，该喷灌系统灌溉面积 200hm²，灌区土壤为沙壤土，种植小麦、玉米，每年冬小麦和玉米两茬种植，设计灌溉制度如算例表 3-1-5，设计保证率年水源来水量过程如算例表 3-1-6。要求进行喷灌系统水量平衡计算。

算例表 3-1-5　　作物灌溉制度

月份	小麦				月份	玉米			
	生育阶段	灌水定额/mm	灌水次数	灌水量/万 m³		生育阶段	灌水定额/mm	灌水次数	灌水量/万 m³
11	越冬	50	1	10.000	7	苗期	30	1	6.000
3	返青	30	1	6.000	8	拔节	40	1	8.000
4	拔节	40	1	8.000	9	穗花、灌浆	50	2	20.000
5	抽穗、灌浆	40	2	16.000	10	乳熟	30	1	6.000
6	乳熟	30	1	6.000					
	合计	230	6	46.000		合计	200	5	40.000

算例表 3-1-6　　设计年河溪来水量过程线

月份	11	12	1	2	3	4	5	6	7	8	9	10
来水量/万 m³	5.500	4.000	—	—	0.800	1.000	2.000	5.500	22.500	36.500	25.000	18.500

解：

(1) 用水量计算与来水量配合分析。本喷灌系统为固定管道式，根据实际经验，取灌溉水利用系数 η=0.85。毛灌溉用水量计算如算例表 3-1-7。

算例表 3-1-7　　用水量与来水量配合计算表

月份	净灌溉用水量/万 m³		合计净灌溉用水量/万 m³	合计毛灌溉用水量/万 m³	来水量/万 m³
	小麦	玉米			
11	10.0		10.0	11.765	5.500
12					4.000
1					
2					
3	6.0		6.0	7.059	0.800
4	8.0		8.0	9.412	1.000
5	16.0		16.0	18.824	2.000

续表

月份	净灌溉用水量/万 m³		合计净灌溉用水量/万 m³	合计毛灌溉用水量/万 m³	来水量/万 m³
	小麦	玉米			
6	6.0		6.0	7.059	5.500
7		6.0	6.0	7.059	22.500
8		8.0	8.0	9.412	36.500
9		20.0	20.0	23.529	25.000
10		6.0	6.0	7.059	18.500
合计	46.0	40.0	86.0	101.178	121.300

由表 3-7 可看出，设计年来水总量大于毛灌溉用水总量，但是灌溉期内一些月份来水量小于灌溉用水量，需要修建小水库进行年内调节，以满足全年灌溉用水的需求。

(2) 水量平衡调节计算。该喷灌系统水量平衡调节计算的目的是确定蓄水工程的容积。算例表 3-1-8 是水量平衡调节计算的过程。

算例表 3-1-8　　　　水量平衡调节计算表

月份	来水量/万 m³	用水量/万 m³	来水量－用水量/万 m³		月末容积/万 m³	弃水量/万 m³
			+	−		
(1)	(2)	(3)	(4)=(2)−(3)		(5)	(6)
7	22.500	7.059	15.441		15.441	
8	36.500	9.412	27.088		35.319	7.210
9	25.000	23.529	1.471		35.319	1.471
10	18.500	7.059	11.441		35.319	11.441
11	5.5.00	11.765		−6.265	35.319	
12	4.000		4.000		29.054	
1					33.054	
2					33.054	
3	0.800	7.059		−6.259	26.795	
4	1.000	9.412		−8.412	18.383	
5	2.000	18.824		−16.824	1.559	
6	5.500	7.059		−1.559	0	
Σ	121.300	101.178	88.912	−55.799		20.122

①确定水库调节周期。由算例表 3-1-8 知，11 月至下一年 6 月为水库供水期，7 月至 10 月为水库蓄水期。

②确定供水期所需水库容积。计算过程详见算例表 3-1-8，从调节期末，即 6 月末水库蓄水正好用完，蓄水量为 0 开始，逆时序计算 6 月初（5 月末）水库蓄水量，其数量等于 6 月末蓄水量 0+6 月供水量缺额 $1.559\times10^3 m^3$ =1.559 万 m^3，5 月初（4 月末）蓄

水量＝6 月初（5 月末）蓄水量 1.559 万 m^3＋5 月供水量 16.824 万 m^3＝5 月供水量缺额 15.824 万 m^3＝18.383 万 m^3，其他月份依次类推，至 12 月来水量富余 4.000 万 m^3，故 12 月初（11 月末）蓄水量＝1 月末蓄水量 33.054 万 m^3－12 月来水量富余 4.000 万 m^3＝29.054 万 m^3。11 月初（10 月末）蓄水量＝12 月初蓄水量 29.054 万 m^3＋11 月供水量 6.265 万 m^3＝35.319 万 m^3。此数值便是水库的最大蓄水容积。

③弃水量计算。从蓄水期 7 月初开始，顺时序计算蓄水期弃水量。因为 6 月末需水量为 0，7 月来水富余 15.441 万 m^3，故 7 月末需水量 15.441 万 m^3，8 月弃水量＝7 月末需水量 15.441 万 m^3＋8 月富余水量 27.088－水库最大需水量 35.319＝弃水量 7.210 万 m^3。

④平衡计算校核。算例表 3－1－7 计算结果表明，总来水量 121.300 万 m^3－总用水量 101.178 万 m^3＝总弃水量 20.122 万 m^3，说明计算无误。

（3）确定蓄水工程规模。因为本水库没有防洪任务，故水库总库容等于灌溉库容与死库容之和，根据分析确定本水库死库容为 2.500 万 m^3，因而水库总库容：

$$V_{总}=35.319\text{ 万 m}^3+2.500\text{ 万 m}^3=37.819\text{ 万 m}^3$$

第四章 喷微灌系统灌溉制度与工作制度

第一节 灌 溉 制 度

一、概念

喷微灌条件下作物灌溉制度包含：作物生育期或一年（多年生植物）内始灌和终灌日期；一次灌水量；灌水时间间隔；一次灌水延续时间；全生育期或一年灌水总量。

作物灌溉制度是灌溉系统设计和运行管理的依据。作物灌溉制度除决定于作物自身生长发育、水分生理特点外，还受气候条件、土壤、地下水等诸多因素的影响。因此，一种作物的灌溉制度应针对不同地区、不同年份制定。此外，在制定灌溉制度时，还要考虑当地当时的供水条件，以保证灌溉制度的执行。

二、灌溉制度的制定方法

同一地区的一种植物不同年份的灌溉制度有差异，一般是根据实际需要，选择典型年进行制定，喷微灌系统设计时按设计年制定，运行管理期可选择干旱年、中等干旱年、平均年、湿润年制定，作为实际运行年制定实时灌溉制度的依据。

(一) 始灌和终灌日期的确定

全生育期或一年始灌和终灌日期应根据植物种类、当地气象条件、土壤墒情和水源条件等因素确定。我国北方有春灌和冬灌的习惯，春灌日期就是一年的始灌日，冬灌日期为一年终灌日。例如，北京地区的春灌日期一般是 3 月中旬，冬灌日期为 10 月中下旬。在实践中各地都有自己的灌溉习惯，可以作为制定灌溉制度的依据。

(二) 一次灌水量的计算

作物一次灌水量可按式（4-1）或式（4-2）计算：

$$m=0.1zp(\beta_{max}-\beta_{min})/\eta \tag{4-1}$$

$$m=0.1\gamma zp(\beta'_{max}-\beta'_{min})/\eta \tag{4-2}$$

式中 m——一次灌水量，mm；

z——计划土壤湿润层深度，一般为主要根系活动层深度，m；

p——灌溉土壤湿润比，%，喷灌 $p=100\%$；

β_{max}——按体积比计算的适宜土壤含水率上限，%；

β_{min}——按体积比计算的适宜土壤含水率下限，%；

η——灌溉水利用系数，喷灌一般为 0.7～0.8，微灌为 0.85～0.95；

γ——土壤容重，g/cm^3；

β'_{max}——按重量比计算的适宜土壤含水率上限，%；

β'_{min}——按重量比计算的适宜土壤含水率下限，%。

（三）灌水时间间隔（周期）

灌水时间间隔（周期）按式（4-3）计算确定：

$$T=\frac{m\eta-p_e}{E} \tag{4-3}$$

式中 T——灌水时间间隔（灌水周期），d；

E——计算阶段平均耗水强度，mm/d；

p_e——T 时段内保持在计划湿润层土壤的有效降雨量，mm；

其余符号意义同前。

在干旱季节，当 $p_0=0$ 时：

$$T=\frac{m}{E}\eta \tag{4-4}$$

（四）一次灌水延续时间

（1）微灌一次灌水延续时间由式（4-5）或式（4-6）计算确定：

$$t=\frac{mS_eS_l}{q} \tag{4-5}$$

式中 t——一次灌水延续时间，h；

S_e——灌水器间距，m；

S_l——毛管间距，m；

q——灌水器流量，L/h。

当一株树布置几个灌水器时：

$$t=\frac{mS_rS_t}{n_aq} \tag{4-6}$$

式中 S_r——树的行距，m；

S_t——树的株距，m；

n_a——一株树灌水器个数。

（2）喷灌一次灌水延续时间用式（4-7）计算确定：

$$t=\frac{m}{\rho} \tag{4-7}$$

式中 ρ——喷灌强度，mm/h。

（五）全生育期或一年灌水总量的确定

植物全生育期或一年灌水总量又称为灌溉定额。其值等于全生育期或一年每一次灌水量之和：

$$M=\sum m_i \tag{4-8}$$

式中 M——全生育期或一年灌水总量，mm；

m_i——生育期或一年内第 i 次灌水量，mm。

在制定灌溉制度时，灌溉定额是一个很难确定的值，因为由于未来天气的变化和可供水量很难预测，作物全生育期或一年灌水次数和每一次灌水量不容易确定。当具有相应资料时，可用式（4-9）估算全生育期或一年灌水总量。

$$M = \frac{\sum_{j=1}^{12}(E_j - S_j - P_j\alpha_j)}{\eta} \quad (4-9)$$

式中　E_j——生育期或一年内第 j 月份耗水量，mm；

S_j——第 j 月下层土壤水分或地下水提供腾发的水量，mm；

P_j——第 j 月降雨量，mm；

α_j——第 j 月降雨量有效利用系数；

其余符号意义同前。

【计算示例 4-1】

某棉花种植区采用膜下滴灌。田间调查实测结果，土壤为中壤土，干容重 $1.4g/cm^3$，田间持水率 22%（重量比）。棉花生长旺期滴灌耗水强度 6.0mm/h，计划土壤湿润层深 0.4m，土壤滴灌湿润比 65%，滴头间距 0.4m，毛管间距 0.5m，滴头流量 2L/h。试确定此时段棉花灌溉制度。

解：

已知 $\gamma=1.4g/cm^3$，$z=0.4m$，$p=65\%$，$E=6.0mm/d$，$S_e=0.4m$，$S_l=0.5m$，$q=2L/h$。

（1）计算棉花一次滴灌灌水量。取滴灌适宜土壤含水率上限为田间持水率 90%，下限为田间持水率 60%，则 $\theta'_{max}=22\times0.9=19.8\%$，$\theta'_{min}=22\times0.6=13.2\%$，$\eta=0.9$。用式（4-2）计算棉花生长旺期一次滴灌灌水量。

$$m=0.1\gamma zp(\beta'_{max}-\beta'_{min})/\eta=0.1\times1.4\times0.4\times65\times(19.8-13.2)/0.9=27mm$$

（2）计算灌水时间间隔。因为该区棉花生长旺期正处于无雨旱季，用式（4-4）计算滴灌灌水间隔：

$$T=\frac{m}{E}\eta=\frac{27}{6}\times0.9=4d$$

（3）计算一次滴灌延续时间。用式（4-6）计算一次滴灌延续时间：

$$t=\frac{mS_rS_t}{q}=\frac{27\times0.4\times0.5}{2}=2.7h$$

取 $t=3h$。

第二节　喷微灌系统工作制度

一、概念

喷微灌系统工作制度是指喷微灌系统按照灌溉计划，从水源取水、输送、分配的工作方式，供水范围、供水流量，以及供水顺序的运行过程。

二、工作制度类型

喷微灌系统工作制度分为续灌、轮灌和随机供水三种。

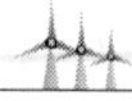

1. 续灌工作制度

续灌是对整个系统全部管道同时供水，对灌溉面积内所有作物同时灌水的一种工作制度。它的优点是每株作物都能得到适时灌水；灌溉供水时间短，有利于其他田间农事操作的安排。缺点是输配水干管流量大，增加工程的投资和灌溉成本；在水源流量小的地区可能会缩小灌溉面积。对于灌溉面积小、植物单一的喷微灌系统可以采用这种工作方式。

2. 轮灌工作制度

轮灌是将支管分成若干组，由干管按一定的程序轮流向各组支管供水，工作支管向所属灌水器同时供水进行灌溉的一种工作制度，它要求各轮灌组的供水流量尽量接近。其优点是，可以减小工程投资，提高设备利用率，增加灌溉面积；缺点是，当轮灌组较多且分散时，手动操作较为麻烦。轮灌是喷微灌系统通常采用的一种工作制度，尤其是采用自动控制系统更显示出其优越性。

3. 随机供水

当灌溉工程控制面积大，灌区内用水单位较多，作物的种类较多时，各用水单位和各种作物需要灌水的时间和用水量的不确定性较大，难以执行统一编制的轮灌制度，尤其是在经济价值高的蔬菜、花卉种植区，植物对水分敏性感强，如果强制规定供水时间，可能会使一些作物不能及时得到水分补充，一旦缺水将会造成较大的经济损失。为了满足各个用水户的取水需要，可将管网上各种取水口的启闭看作是一个个独立的随机事件，应用概率论的原理计算各取水口随机取水几率的工作制度。

三、轮灌组的划分与流量计算

（一）轮灌组划分原则

但采用轮灌工作制度时，轮灌组的划分应遵循下列原则：

（1）各轮灌组控制的面积应尽可能相等或接近，并使各轮灌组工作时，所需系统流量和水泵扬程尽量接近，使水泵工作稳定，处于高效率区运行，节省能耗。

（2）最大轮灌组流量不应大于水源可供流量。

（3）尽量减小输配水管道流量。

（4）当采用人工操作灌溉时，一个轮灌组管辖的范围宜相对集中连片，轮灌顺序应便于操作管理。

（5）对采用自动控制的喷微灌系统，可采取分散划分轮灌组，减小输配水管道流量，并均衡系统流量和水泵扬程，保持系统运行的稳定性，节约工程费用和能量。

（6）与作物田间管理协调。

（二）轮灌组数目的确定

轮灌组数目应根据喷微灌系统水量平衡条件按式（4-10）、式（4-11）计算确定。

$$N_{max}=\frac{CT}{t} \tag{4-10}$$

$$N=\frac{n_{总}\ q_d}{Q_d} \tag{4-11}$$

取 $N \leqslant N_{max}$

式中　$N_{\max}$——轮灌组最大数目；

$n_{总}$——系统灌水器总数；

q_d——灌水器流量，L/h；

Q_d——系统设计流量，L/h；

其余符号意义同前。

式（4－10）和式（4－11）是以水量平衡为基础建立的。在确定轮灌组数目时，还应考虑另一因素是，轮管组数与水源可供水流量和管网的布置应互相协调，因为喷微灌系统支管数常常不等于轮灌组数的倍数，或每个轮管组控制得面积差异过大，可导致轮灌组流量失衡，此时轮灌组数与管网的布置需要作适当调整。

（三）轮灌组流量计算

（1）当灌区只种植一种作物时，某一轮灌组流量可按式（4－12）计算。

$$Q_i=\frac{10mA_i}{t} \tag{4-12}$$

式中　Q_i——第 i 轮灌组流量，m^3/h；

m——灌水定额，mm；

A_i——第 i 轮灌组灌溉面积，hm^2；

t——一次灌水延续时间，h。

（2）当轮灌组内种植多种作物，而且不同作物的灌水时间重合时，按式（4－13）计算综合灌水定额：

$$m_z = \sum_{j=1}^{n}\alpha_j m_j \tag{4-13}$$

则轮灌组流量为：

$$Q_i=\frac{10m_zA_i}{t} \tag{4-14}$$

式中　α_j——第 j 种作物的种植比例；

m_j——第 j 种作物灌水定额，mm；

m_z——综合灌水定额，mm；

其余符号意义同前。

【计算示例 4－2】

（1）某苹果园小管出流灌溉系统，利用井水灌溉，井出水量为 $85m^3/h$，设计灌水定额 30mm，设计小管出流器流量 45L/h，该苹果面积 1000 亩，苹果树株行距 4m×5m，每株树安装 1 个出流器，该灌溉系统采用轮灌，灌溉系统每天工作 20h，灌水周期 12d。试确定该小管出流灌溉系统轮灌组数目和需水流量。

解：已知：水源可供水流量 $Q_{供}=85m^3/h$，设计灌水定额 $m=30mm$，灌水器流量 $q_d=45L/h$，灌溉面积 $A=1000/15=66.7hm^2$，灌水周期 12d，苹果树株距 $S_r=4m$，行距 $S_t=5m$。

①用式（4－6）计算一次延续时间：

$$t=\frac{mS_rS_t}{q}=\frac{30\times4\times5}{45}=13.3h$$

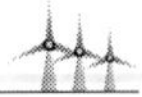

②按式（4－10）计算轮灌组数目：

$$N=\frac{CT}{t}=\frac{20\times12}{13.3}=18\text{组}$$

③按式（4－12）计算系统供水流量：

$$Q=\frac{10mA}{t}=\frac{10\times30\times\frac{66.7}{18}}{13.3}=83.6(\mathrm{m^3/h})<Q_{供}=85\mathrm{m^3/h}$$

计算结果表明水源可供水量满足灌溉要求。

（2）某绿地面积 35hm²。其中：草坪 10hm²，灌木林 5hm²，乔木林 20hm²。计划采用喷灌，设计植物耗水强度为草坪 6.5mm，灌木 5.0mm，乔木 4.0mm。该喷灌系统以雨水为水源，经计算，设计年灌溉季节各种植物耗水强度和综合喷灌耗水强度如算例表 4－1，灌水周期 15d，一次灌水延续时间 8h，雨水调蓄后可满足不同时段喷灌需水流量要求，试确定喷灌系统轮灌组数目和流量。

解：

①确定设计喷灌耗水强度。由表 4－1 知，10 月喷灌耗水强度 $E_{10}=2.8$mm 最大，以此作为设计喷灌耗水强度。

算例表 4－1　　灌溉季节各种植物喷灌耗水强度计算结果

时序 i	植物	植物耗水率 ET_{ji}/mm	面积比例 σ_j	降雨量 P_i /mm	有效利用系数 α_i	喷灌耗水率 E_i/mm $E_i=\sum_{j=1}^{n}\sigma_j ET_{ji}-\alpha P_i/T_i$
3月	草坪	2.5	0.29	30	0.30	1.8
	灌木林	2.0	0.14			
	乔木林	2.0	0.57			
4月	草坪	3.0	0.29	50	0.30	2.2
	灌木林	2.5	0.14			
	乔木林	2.5	0.57			
5月	草坪	4.0	0.29	100	0.40	2.3
	灌木林	3.0	0.14			
	乔木林	3.5	0.57			
6月	草坪	5.0	0.29	150	0.45	2.2
	灌木林	4.0	0.14			
	乔木林	4.0	0.57			
7月	草坪	5.5	0.29	280	0.45	0.8
	灌木林	5.0	0.14			
	乔木林	4.5	0.57			
8月	草坪	5.5	0.29	200	0.45	2.0
	灌木林	5.0	0.14			
	乔木林	4.5	0.57			

续表

时序 i	植物	植物耗水率 ET_{ji}/mm	面积比例 σ_j	降雨量 P_i /mm	有效利用系数 α_i	喷灌耗水率 E_i/mm $E_i=\sum_{j=1}^{n}\sigma_j ET_{ji}-\alpha P_i/T_i$
9月	草坪	5.0	0.29	150	0.40	2.4
	灌木林	4.5	0.14			
	乔木林	4.0	0.57			
10月	草坪	4.5	0.29	120	0.35	2.8
	灌木林	4.0	0.14			
	乔木林	4.0	0.57			
11月	草坪	4.0	0.29	80	0.35	2.5
	灌木林	3.5	0.14			
	乔木林	3.0	0.57			

②计算设计综合灌水定额。已知设计灌水周期 $T=15$d

$$m_z=E_dT=2.8\times15=42\text{mm}$$

③用式（4-10）计算轮灌组数目。喷灌系统每天工作小时数 $C=16$h，灌水周期 $T=15$d，则：

$$N_{\max}=\frac{CT}{t}=\frac{16\times15}{8}=30$$

④计算轮管组流量。每个轮灌组面积 $A_i=\frac{35}{30}=1.17\text{hm}^2$，引用式（4-12）计算喷灌系统流量：

$$Q_{轮}=\frac{10m_zA_i}{t}=\frac{10\times42\times1.17}{8}=61.4\text{m}^3/\text{h}$$

四、随机供水流量的计算

（一）取水口的用水概率

任一取水口的用水概率 p 指取水口控制面积需要的水量与取水口提供的水量之比，计算式（4-15）为：

$$p=\frac{q_sAt}{Q_{d口}t'} \tag{4-15}$$

式中　q_s——设计灌水率，$\text{m}^3/(\text{h}\cdot\text{hm}^2)$；

A——每个取水口控制灌溉面积，hm^2；

t——取水口每天最长工作时间，以24h计；

t'——取水口每天实际工作时间，h；

$Q_{d口}$——取水口设计流量，m^3/h。

设计灌水率可按式（4-16）计算：

$$q_s=\frac{10m_d}{24T_d} \tag{4-16}$$

式中 m_d——设计灌水定额，mm；

T_d——设计灌水周期，d。

将式（4-16）代入式（4-15），并设 $r=\frac{t'}{t}$ 为取水口利用率，则式（4-14）变为：

$$p=\frac{0.417m_dA}{rQ_{d口}T_d} \tag{4-17}$$

为了满足取水的随意性，管网中相同规格取水口的开启几率均应小于1，即管网进口闸阀可供水量应大于其控制面积要求的水量。p 愈小，随机性愈大，但管网流量亦随之增大。

（二）管网中相同等级取水口的平均开启率

同级取水口开启率由式（4-18）确定。

$$p_i=\frac{0.417m_d\sum_{j=1}^{n_i}A_{i,j}}{n_ir_iQ_{di口}T_d} \tag{4-18}$$

式中 p_i——第 i 级取水口开启率；

n_i——第 i 级取水口数目；

$A_{i,j}$——第 i 级第 j 区灌溉地面积，hm^2；

r_i——第 i 级取水口利用率；

$Q_{di口}$——第 i 级取水口设计流量，m^3/h。

（三）系统设计流量

取水口随机开启数目 X 符合正态分布函数，当系统中少于或最多有 X 个取水口同时开启的累积概率为：

$$P\{0\leqslant X\}=\Phi\left(\frac{X-np}{\sqrt{npp'}}\right)=\Phi(U) \tag{4-19}$$

$$p'=1-p \tag{4-20}$$

式中 X——取水口可能开启的最多数目；

$P(0\leqslant X)$——取水口开启数不大于 X 个的累积概率；

n——取水口数目；

p'——取水口不开启的概率。

累积概率 P 表示同时开启的取水口不超过某一数目（或流量不超过某一数值）出现的机会，反映了其供水保证程度，可称为系统流量设计保证率。设计时应根据灌区规模大小、设置的取水口数目、作物对水分的敏感程度以及整个工程的重要程度等因素合理地确定设计流量保证率 P。管网愈大，取水口愈多，P 值可愈小，但一般以不低于80%为宜；当取水口数目 $n\leqslant5$ 时，取 $P=100\%$，此时 $Q_d=nQ_{d口}$。

随机变量 U 值可根据 P 值从标准正态分布函数见表4-1中查取。

表 4-1　　标准正态分布时的随机变量 U 值

P	0.80	0.81	0.82	0.83	0.84	0.85	0.86	0.87	0.88	0.89
U	0.845	0.875	0.915	0.955	0.995	1.035	1.085	1.125	1.175	1.225
P	0.90	0.91	0.92	0.93	0.94	0.95	0.96	0.97	0.98	0.99
U	1.285	1.345	1.405	1.475	1.555	1.645	1.755	1.885	2.055	2.324

如果已知随机变量 U 值，则由式（4-19）得到同时开启的取水口个数：

$$X=np+U\sqrt{npp'} \tag{4-21}$$

当灌溉工程随机供水时采用相同规格的取水口，则系统设计流量的计算式（4-22）为：

$$Q_d=npQ_{d口}+U\sqrt{npp'Q_{d口}^2} \tag{4-22}$$

对于管网中某 k 段干管的设计流量计算式（4-23）为：

$$Q_{dk}=n_kpQ_{d口}+U\sqrt{n_kpp'Q_{d口}^2} \tag{4-23}$$

式中　Q_{dk}——通过第 k 段干管的设计流量，m^3/h；

n_k——第 k 段干管下游的取水口数目。

当灌溉工程采用不同规格取水口时，系统设计流量的计算式（4-24）为：

$$Q_d=\sum_{i=1}^{n_i}n_ip_iq_i+U\sqrt{\sum_{i=1}^{n_i}n_ip_ip'_iq_i^2} \tag{4-24}$$

式中　n_i——取水口不同规格数目。

【计算示例 4-3】

某微灌系统采用随机供水，灌溉面积 $57hm^2$，干管上有 19 个取水口。每个取水口控制面积 $3hm^2$，设计灌水率 $q_s=1.177m^3/(h\cdot hm^2)$，取水口设计流量 $Q_{d口}=36m^3/h$。试计算系统设计流量。

解：

已知：取水口利用率 $r=0.667$；系统流量设计保证率 $P=0.95$；随机变量 $U=1.645$。

（1）按式（4-15）计算取水口用水概率：

$$p=\frac{q_sAt}{Q_{d口}t'}=\frac{1.177\times3}{36\times0.667}=0.147$$

则取水口不开启概率为：

$$p'=1-p=1-0.147=0.853$$

（2）按式（4-21）计算取水口可能开启的最大数目：

$$X=np+U\sqrt{npp'}=19\times0.147+1.654\times\sqrt{19\times0.147\times0.853}=5.35$$

取 $X=6$

（3）计算系统设计流量：

$$Q_d=XQ_{d口}=6\times36=216m/h$$

第五章　管 网 水 力 计 算

第一节　概　　述

一、概述

管网是喷微灌系统基本组成之一，是连接首部和田间灌水系统的中枢。其作用是将来自通过首部的压力灌溉水输送分配到田间灌水系统。管网水力计算是在喷微灌系统布置和工作制度已确定的条件下进行的，内容任务包括下列几方面：

（1）确定各级输配水管道的合理直径及承压能力。

（2）计算各级管道或管段摩阻水头损失与进口工作水头。

（3）输水管道水锤计算。

二、喷微灌系统管网类型

（一）树枝形管网

喷微灌系统最常见的两种树枝形管网形式见图5－1。这类管网工作时，水流由管道进口到出口流向明确，管道流量方案唯一，且逐级减小，各级管道末端流量为0；与其他类型管网比较，单位灌溉面积管材用量较小，投资较低，但供水可靠性较低。树枝形管网是喷微灌系统最为普遍的管网形式。它又称为开式管网，图5－1（a）多见于平坦地面的喷微灌系统；图5－1（b）常见于均匀坡度地面的喷微灌系统。

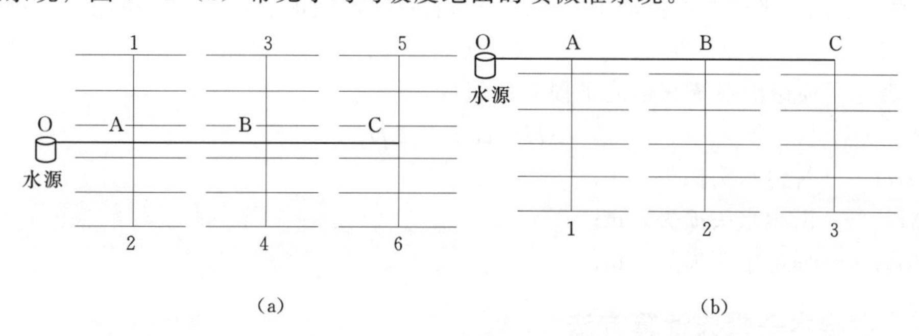

图5－1　树枝型管网示意图

（二）环形管网

环形管网的一种基本形式见图5－2，它是由多个基本闭合环构成的封闭管网。这类管网每个节点的水流方向不同，各管段流量方案不是唯一，通过节点流量的代数和等于0；管网供水可靠性高，当其中某一管段出现破坏时，水流可通过其相邻管段输送至用户，不影响供水；单位面积用材量较大，投资较高。这类管网主要用于供水保证要求高的城镇供水系统，在高经济值种植区，如花卉、温室区，以及高尔夫球场的喷微灌系统也可采用这类管网。环形管网又称为闭式管网。

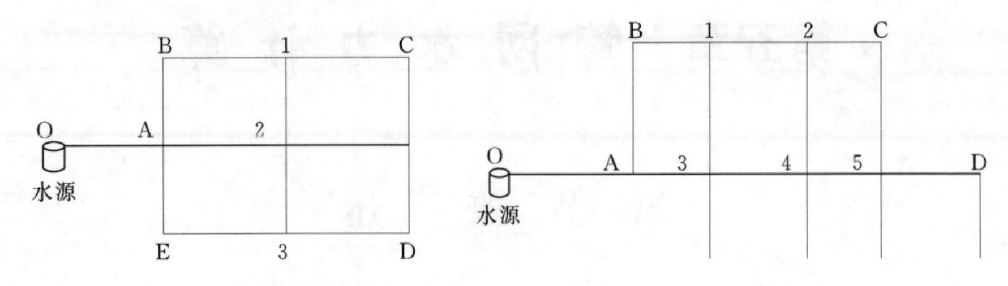

图 5-2　环型管网示意图　　　　图 5-3　混合型管网示意图

(三) 混合型管网

混合式管网的一种形式见图 5-3，由树枝形管网和环形管网结合而成。在以市政供水系统为灌溉水源的园林绿地喷微灌系统，以及都市型农业园区的喷微灌系统可以采用这类管网。多数情况是环形部分主要用于生活、工业供水，树枝形部分用于喷微灌系统供水。喷微灌系统设计时，当确定了市政管网允许喷微灌系统可供水量（流量）和供水时段的情况下，用于喷微灌的树枝部分，按树枝形管网进行水力计算。

第二节　管道水头损失计算原理

一、管道水头损失的组成

根据能量平衡原理，灌溉水在管道内流动过程中，为克服阻力，不可避免地消耗部分能量，称之为摩阻能量损失，若以测压管水柱高度表示摩阻能量损失，则称为水头损失。通常情况下，管道内水流的水头损失由沿程摩擦水头损失和局部阻力水头损失两部分组成。前者是水流在平顺均匀流动中克服水流与管壁之间或流层之间的摩擦阻力，产生的能量损失；后者是因水流断面大小和形状、方向等的改变克服阻力产生的能量损失。式 (5-1) 表达了喷微灌系统管道能量损失的组成。

$$\Delta H=\Delta H_f+\Delta H_j \tag{5-1}$$

式中　ΔH——管道水头损失，m；

ΔH_f——沿程水头损失，m；

ΔH_j——局部水头损失，m。

二、沿程水头损失计算方法

(一) 沿程水头损失计算公式

沿程水头损失 ΔH_f 计算公式通常用达西式 (5-2) 表示：

$$\Delta H_f=\lambda \frac{L}{D}\frac{V^2}{2g} \tag{5-2}$$

式中　λ——沿程水力摩擦系数；

L——管道长度，m；

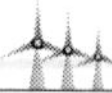

D——管道内径，m；

V——流速，m/s；

g——重力加速度，m/s^2。

（二）沿程水力摩阻系数分析

由式（5-2）可知，对于一条（一段）特定的管道，要计算它的沿程水头损失 ΔH_f，关键是确定沿程水力摩擦系数 λ。实验表明，由于管道的边界粗糙度和管内流速不同，出现不同流态，其沿程水力摩阻系数不同。水力学用一个称为雷诺数的无量纲综合指标判别压力管道水流流态：

$$Re=\frac{VD}{\nu} \tag{5-3}$$

式中　Re——雷诺数；

V——流速，m/s；

D——管道内径，m；

ν——水的运动黏滞系数，m^2/s，见表 5-1。

表 5-1　　水的运动黏滞系数

水温/℃	5	10	15	20	25	30
$\nu/(m^2/s)$	1.519	1.306	1.139	1.003	0.893	0.8000

为破解 λ 与 Re 的关系，尼古拉兹用人工模拟内壁粗糙度不同的管道做实验，整理成图 5-4。

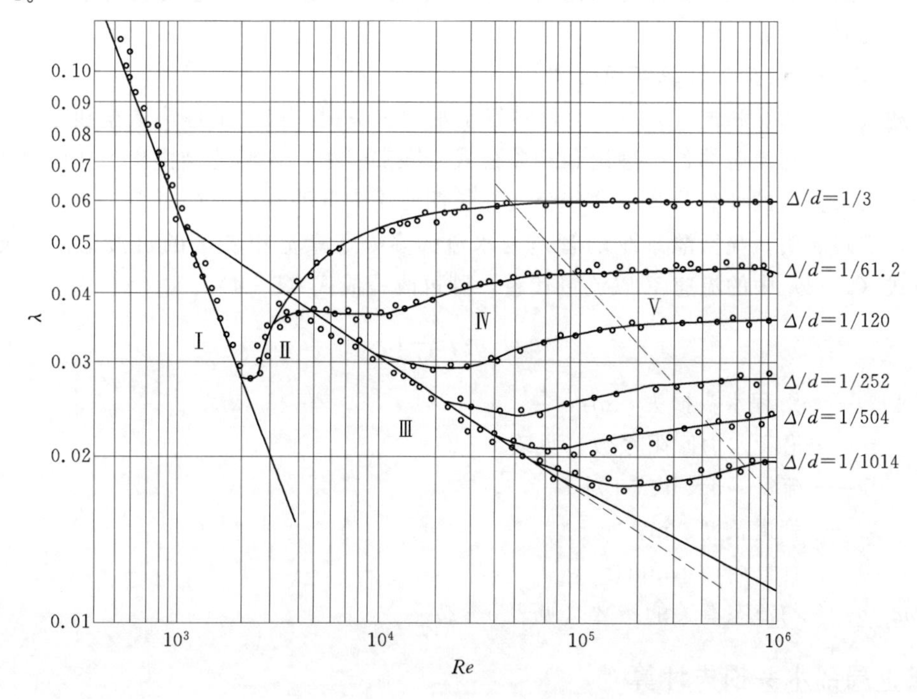

图 5-4　尼古拉兹曲线图

图中$\frac{\Delta}{d}$（管道内壁绝对粗糙度与内径之比）称为相对粗糙度。由图5-4分析，可得到λ值随水流状态变化规律：

(1) $Re<2000$时（Ⅰ区），水流为层流，λ只与Re有关，λ随Re增大几乎线性地减小。

(2) $2000<Re<4000$（Ⅱ区），水流为从层流变为紊流的过渡区，λ的变化基本只受Re控制，此区范围很小，实用上意义不大。

(3) $Re>4000$时，水流处于紊流状态，此区λ的变化不仅受Re的影响，还受管壁相对粗糙度的制约，又可分成三种情况。

①当Re较小时，不同相对粗糙度管道的实验点大致都落在直线Ⅲ上，此时的水流状态称为光滑管紊流。因为此时流速还不足以带动覆盖管壁上的层流边界层，形成流层间相对“光滑”的摩擦流动。

②当Re加大，不同粗糙度管道λ与Re的关系自成曲线，$\lambda=f\left(\frac{\Delta}{d}, Re\right)$，为紊流粗糙区的过渡区。因为随着流速的增大，层流边界层变薄，Δ开始突露出层流边界层，阻碍水流运动，故λ不仅受Re的影响，而且受$\frac{\Delta}{d}$的控制（Ⅵ区）。

③当Re增大，越过Ⅳ区进入Ⅴ区后，不同相对粗糙度管道λ与Re的关系各自成水平线，反映出λ与Re无关，而只取决于$\frac{\Delta}{d}$，由式（5-2）可知$\Delta H_f \propto V^2$，因而Ⅳ区称为阻力平方区。这是因为该区流速足以完全破坏层流边界层，λ的大小主要受管壁粗糙度产生的边界小旋涡支配。

（三）沿程水头损失计算实用公式

上述式（5-2）和式（5-3）为计算管道沿程水头损失提供了理论依据和思路，水力学研究提供了不同流态的各种理论和经验公式。在实践中，人们总结提出适用喷微灌系统管道沿程水头损失的计算公式，这些公式在长期使用中证明是可靠的。

大量实践表明，喷微灌系统的管道内水流大多处于紊流粗糙区的过渡区。为使用方便，将式（5-2）中的流速V以流量代替，则可改写成式（5-4）：

$$\Delta H_f = f\frac{Q^m}{D^b}L \tag{5-4}$$

式中 ΔH_f——沿程水头损失，m；

f——沿程水力摩阻系数（见表5-2）；

Q——流量，m^3/h或L/h；

L——管道长度，m；

D——管道内径，mm；

m、b——与流态有关的指数（见表5-2）。

三、局部水头损失计算

水在管道内流动过程中，由于管道过水横断面尺寸、形状，或流动方向的改变，引起

水流结构和流速变化，产生质点和局部漩涡相对运动的摩擦，引起能量损失。这种能量损失产生于局部范围，水力学称之为局部水头损失。

表 5-2　　　　f、m、b 值

<table>
<tr><th colspan="3" rowspan="2">管　材</th><th colspan="2">f</th><th rowspan="2">m</th><th rowspan="2">b</th></tr>
<tr><th>Q/(m³/h)</th><th>Q/(L/h)</th></tr>
<tr><td rowspan="3">混凝土管、钢筋混凝土管</td><td colspan="2">n=0.013</td><td>1.312×10⁶</td><td></td><td>2.00</td><td>5.33</td></tr>
<tr><td colspan="2">n=0.014</td><td>1.516×10⁶</td><td></td><td>2.00</td><td>5.33</td></tr>
<tr><td colspan="2">n=0.015</td><td>1.749×10⁶</td><td></td><td>2.00</td><td>5.33</td></tr>
<tr><td colspan="3">钢管、铸铁管</td><td>6.25×10⁵</td><td>0.324</td><td>1.90</td><td>5.10</td></tr>
<tr><td colspan="3">铝管、铝合金管</td><td>0.861×10⁵</td><td>0.519</td><td>1.74</td><td>4.74</td></tr>
<tr><td colspan="3">硬塑料管</td><td>0.948×10⁵</td><td>0.464</td><td>1.77</td><td>4.77</td></tr>
<tr><td rowspan="3">低密度聚乙烯管</td><td colspan="2">d>8mm</td><td>0.898×10⁵</td><td>0.505</td><td>1.75</td><td>4.75</td></tr>
<tr><td rowspan="2">d≤8mm</td><td>Re>2320</td><td></td><td>0.595</td><td>1.69</td><td>4.69</td></tr>
<tr><td>Re≤2320</td><td></td><td>1.750</td><td>1.00</td><td>4.00</td></tr>
</table>

注　n 为粗糙系数。

局部水头损失由式（5-5）表达。

$$\Delta H_j=\zeta\frac{v^2}{2g} \tag{5-5}$$

式中　ζ——局部水头损失系数；

　　v——发生局部水头损失以前（或以后）的断面平均流速。

由式（5-5）可知，计算局部水头损失，关键是确定局部水头损失系数。根据大量实验，得到管道局部水头损失系数 ζ 值见表 5-3，可供计算时查用。

表 5-3　　　　管道局部水头损失系数 ζ

情况	ζ
突然扩大	$\zeta_2=\left(\frac{A_2}{A_1}-1\right)^2$　应用公式 $h_j=\zeta_2\frac{v_2^2}{2g}$ $\zeta_1=\left(1-\frac{A_1}{A_2}\right)^2$　应用公式 $h_j=\zeta_1\frac{v_1^2}{2g}$
逐渐扩大	$h_j=\zeta_1\frac{v_1^2}{2g}$　ζ 值见右表

D/d	圆锥体角度 θ <4°	6°	4°	10°	15°	20°	25°	30°	40°	50°	60°
1.1	0.01	0.01	0.02	0.03	0.05	0.10	0.13	0.16	0.19	0.21	0.23
1.2	0.02	0.02	0.03	0.04	0.06	0.16	0.21	0.25	0.31	0.25	0.37
1.4	0.03	0.03	0.04	0.06	0.12	0.23	0.30	0.36	0.44	0.50	0.53
1.6	0.03	0.04	0.05	0.07	0.14	0.26	0.35	0.42	0.51	0.57	0.61
1.8	0.04	0.04	0.05	0.07	0.05	0.28	0.37	0.44	0.54	0.61	0.65
2.0	0.04	0.04	0.05	0.07	0.16	0.29	0.38	0.45	0.56	0.63	0.68
3.0	0.04	0.04	0.05	0.08	0.16	0.31	0.40	0.48	0.59	0.66	0.71

续表

<table>
<tr><th>情况</th><th colspan="2">ζ</th></tr>
<tr><td>突然缩小</td><td colspan="2"> 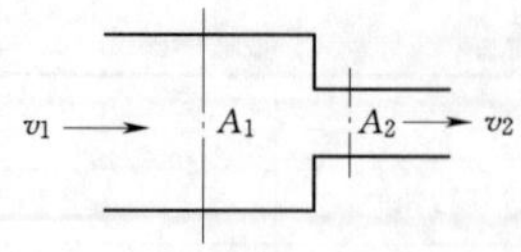$h_j=\zeta\frac{v_2^2}{2g}, \zeta=0.5\left(1-\frac{A_2}{A_1}\right)$</td></tr>
<tr><td>逐渐缩小</td><td colspan="2">(图：ζ 与 θ/(°) 关系曲线，$A_2/A_1=0.5$、0.6、0.7、0.8、0.9)</td></tr>
<tr><td rowspan="3">进口</td><td> 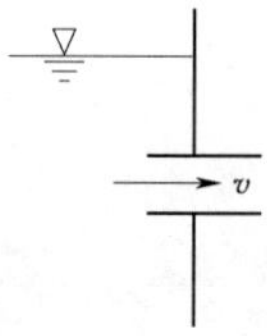内插进口
ζ=1.0 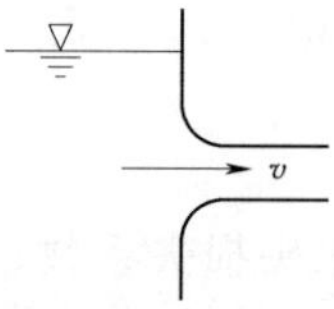</td><td>切角进口
ζ=0.25 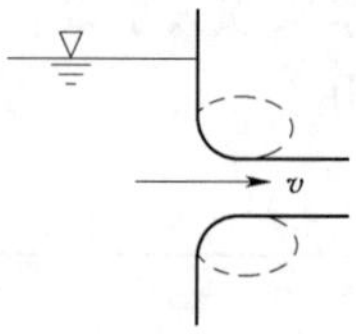</td></tr>
<tr><td>喇叭口
ζ=0.01～0.05 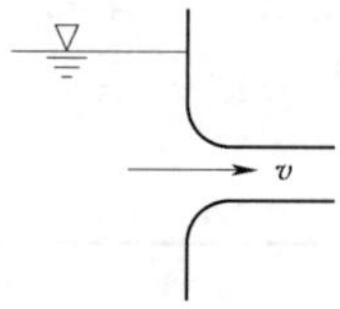</td><td>圆角进口
圆管 ζ=0.1
方管 ζ=0.2 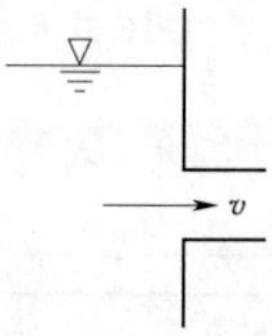</td></tr>
<tr><td>直角进口
ζ=0.5 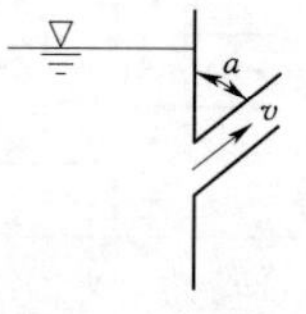</td><td>斜角进口
$\zeta=0.5+0.3\cos\alpha+0.2\cos^2\alpha$</td></tr>
<tr><td rowspan="2">出口</td><td colspan="2"> 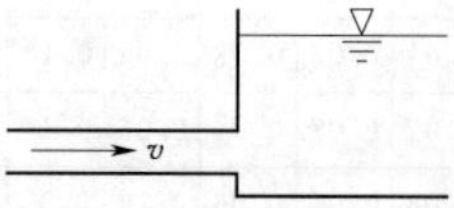流入水池或水库 ζ=1.0 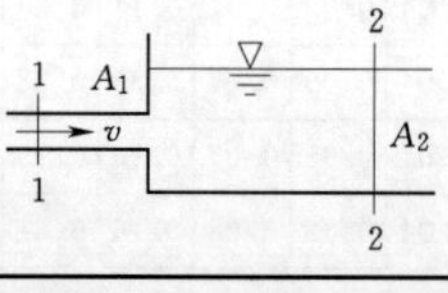</td></tr>
<tr><td colspan="2">流入明渠</td></tr>
</table>

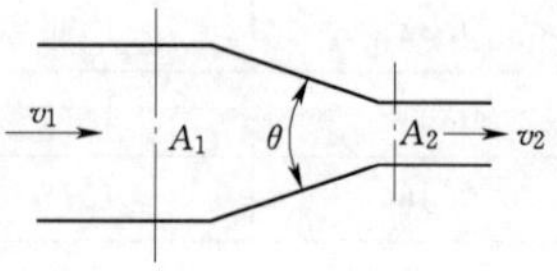

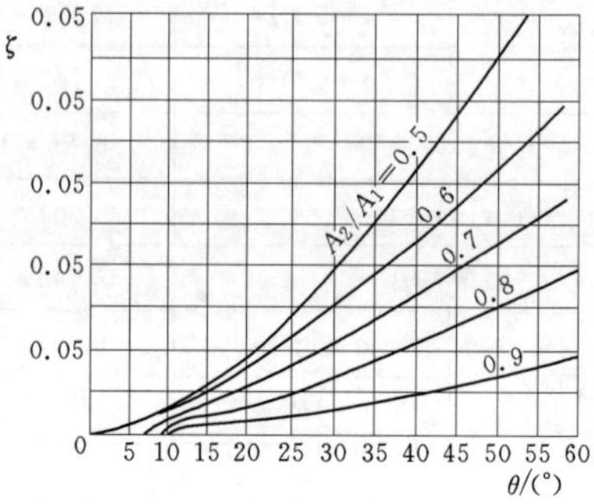

流入明渠

A_1/A_2	0.1	0.2	0.3	0.4	0.5	0.6	0.7	0.8
ζ	0.81	0.64	0.49	0.36	0.25	0.16	0.09	0.04

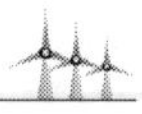

续表

情况	ζ

弯管

$\theta°=90°$							
R/d	0.5	1.0	1.5	2.0	3.0	4.0	5.0
$\zeta_{90°}$	1.2	0.80	0.60	0.48	0.36	0.30	0.29

任意角度 $\zeta_{\theta°}=\beta\zeta_{90°}$

θ	20°	30°	40°	50°	60°	70°
β	0.40	0.55	0.65	0.75	0.83	0.88

θ	80°	90°	100°	120°	140°	160°	180°
β	0.95	1.00	1.05	1.13	1.20	1.27	1.33

折管

θ	30°	40°	50°	60°	70°	80°	90°
ζ	0.20	0.30	0.40	0.55	0.70	0.90	1.10

矩　形　管

θ	15°	30°	45°	60°	90°
ζ	0.025	0.11	0.26	0.49	1.20

岔管

普通Y形对称分岔管

$\zeta=0.75$

圆锥状Y形对称分岔管

（分岔开始后形成逐渐收缩的圆锥形）

$\zeta=0.50$

碟形阀

部　分　开　启

α		5°	10°	15°	20°	25°	30°	35°
ζ		0.24	0.52	0.90	1.54	2.51	3.91	6.22
α	40°	45°	50°	55°	60°	65°	70°	90°
ζ	10.8	18.7	32.6	58.8	118.0	256.0	751.0	∞

全　开

a/d	0.10	0.15	0.20	0.25
ζ	0.05～0.10	0.10～0.16	0.17～0.24	0.25～0.35

截止阀

$\zeta=0.3\sim6.1$（全开）

续表

<table>
<tr><th>情况</th><th colspan="13">ζ</th></tr>
<tr><td rowspan="5">滤水阀</td><td colspan="13">无底阀
ζ=2～3</td></tr>
<tr><td colspan="13">有底阀</td></tr>
<tr><td>d /mm</td><td>40</td><td>50</td><td>75</td><td>100</td><td>150</td><td>200</td><td>250</td><td>300</td><td>350</td><td>400</td><td>500</td><td>750</td></tr>
<tr><td>ζ</td><td>12.0</td><td>10.0</td><td>8.5</td><td>7.0</td><td>6.0</td><td>5.2</td><td>4.4</td><td>3.7</td><td>3.4</td><td>3.1</td><td>2.5</td><td>1.6</td></tr>
</table>

四、管道水头损失计算的实用方法

喷微灌系统管道水头损失中，局部水头损失所占比例一般只占很小比例，而且在多数情况下局部水头损失很难准确计算，为减小计算工作量，常常可采用一个局部损失加大系数 K 计算管道水头损失，则管道水头损失式（5-6）可表达成：

$$\Delta H = kf\frac{Q^m}{D^b}L \tag{5-6}$$

式中 k——局部水头损失加大系数，取 $k=1.05\sim1.10$；

其余符号意义同前。

第三节 树枝形管网水力计算

一、方法步骤

根据喷微灌系统树枝形管网的特点和水力计算的任务，可采用下列计算步骤：

（1）计算管道（管段）流量。

（2）确定管道（管段）直径。

（3）计算各级管道水头损失。

（4）计算输配水干管进口工作水头。

二、管道（管段）流量的计算

喷微灌系统管网有明确的级别，任一输配水管道（管段）的流量等于由该管道（管段）同时供水的下一级管道流量之和，可用式（5-7）表示：

$$Q = \sum Q_i \tag{5-7}$$

式中 Q——管道（管段）进口流量；

$\sum Q_i$——同时供水的下一级管道流量之和。

三、管道直径的确定

设计时因考虑的因素不同，一种流量可以有多种管道直径方案，一般应从安全和经济两方面协调考虑确定合理的管径。主要介绍下列几种方法供参考。

1. 以流速为指标的方法

$$D=\sqrt{\frac{4Q}{\pi v}} \tag{5-8}$$

式中　D——管道内径，m；

Q——流量，m^3/s；

v——流速，m/s。

当以经济流速为指标时，常取 $v=0.6\sim1.4$m/s。

大管径的经济流速可用得大些，小管径的经济流速应用得小些（参考文献［11］）：

$D=100\sim400$mm，可采用 $v=0.6\sim0.9$m/s；

$D>400$mm，可采用 $v=0.9\sim1.4$m/s。

当以安全流速为指标时，取安全限制流速（参考文献［11］）：

$$v=2.5\sim3.5\text{m/s}$$

2. 经济管径方法

经济管径是指管道建设投资年折旧费与平均年运行费之和最小的直径。它与诸多因素有关：管材类型；因时、因地变化的管材和施工安装价格；运行能源类型与价格、以及维护管理费用等。可见，管道经济管径因材、因时、因地而异。对于塑料管道可采用式（5-9）估算经济管径，考虑的因素较全面，但计算较麻烦。

$$D=C^{\frac{1}{b+4.871}}Q^{\frac{2.852}{b+4.871}} \tag{5-9}$$

$$C=\frac{3.9tF}{10^6 ab\eta\left(\frac{1}{T}+\frac{x}{200}\right)} \tag{5-10}$$

式中　D——经济管径，mm；

Q——流量，L/h；

t——管道年工作时间，h；

F——每度电价格，元；

a、b——单位管道长度价格与直径关系式的系数和指数；

η——水泵效率；

T——管材使用寿命，年；

x——贷款利率。

因为 a、b 是根据管材系列价格通过回归分析求得，而管材系列价格因时、因厂商而变，使用式（5-9）估算经济管径时，应针对当时实际情况确定。张志新针对 2006 年的相关因素，对 PVC-U 管材系列价格回归分析得到 a、b 值，得到经济管径估算公式（参考文献［33］）：

$$D=0.529t^{0.146}Q^{0418} \tag{5-11}$$

3. 经验公式方法

$$\left.\begin{aligned} D&=13\sqrt{Q} \qquad (Q<120\text{m}^3/\text{h})\\ D&=11.5\sqrt{Q} \qquad (Q>120\text{m}^3/\text{h})\end{aligned}\right\} \tag{5-12}$$

式中　Q——流量，m^3/h；

D——管道内径，mm。

各种管道技术标准规定了各自的规格系列，每一种规格规定了管道直径（外径）、管壁厚度和承压指标。设计时，可根据采用的管材类型，由上述方法计算结果，估计计算管道需要的承压能力，对照国家和行业技术标准选定合适的管道规格。

管道直径的确定是管网水力计算一个十分重要的问题，既有经济问题，又有安全问题。此外，计算发现，上列不同公式计算结果可能相差甚大。可见，要选择合理的管径，设计者的经验十分重要。

四、输配水管道进口工作水头计算

管道进口工作水头等于由其供水的最不利末级（或下级）管道进口工作水头与其进口之间各级、各段管道水头损失之和，加该管道进口与最不利末级（或下级）管道进口处的高差，用式（5－13）计算。

$$H_0 = H_{0m} + \sum \Delta H_i + \Delta Z \tag{5-13}$$

式中　H_0——计算管道进口工作水头，m；

H_{0m}——计算管道供水的最不利末级（或下级）管道进口工作水头，m；

$\sum \Delta H_i$——计算管道进口至由其供水最不利末级（或下级）管道进口之间水头损失之和，m；

ΔZ——计算管道进口与由其供水的最不利末级（或下级）管道进口高差（顺坡为"－"，逆坡为"＋"），m。

【计算示例 5－1】

某微灌系统输配水管网为树枝形管网，地面坡度2%，如算例图5－1－1。系统采用轮灌工作制度，灌水小区设计确定支管进口流量和工作水头见算例表5－1－1所示，各级管道长度如算例表5－1－2，主干管和分干管为聚氯乙烯管。试计算确定该管网主干管和分干管直径及主干管进口工作水头。

算例表 5－1－1　　支管流量和进口工作水头

轮灌组号	支 管 号	支管流量 /(m^3/h)	支管进口工作水头 /m	轮灌组流量 /(m^3/h)
1	1－1	15	17.50	45
	3－1	15	17.50	
	5－1	15	17.50	
2	1－2	15	17.50	45
	3－2	15	17.50	
	5－2	15	17.50	
3	1－3	15	17.50	45
	3－3	15	17.50	
	5－3	15	17.50	

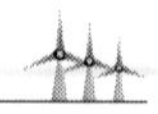

续表

轮灌组号	支 管 号	支管流量 /(m³/h)	支管进口工作水头 /m	轮灌组流量 /(m³/h)
4	1－4	15	17.50	45
	3－4	15	17.50	
	5－4	15	17.50	
5	2－1	15	17.50	45
	4－1	15	17.50	
	6－1	15	17.50	
6	2－2	15	17.50	45
	4－2	15	17.50	
	6－2	15	17.50	
7	2－3	15	17.50	45
	4－3	15	17.50	
	6－3	15	17.50	
8	2－4	15	17.50	45
	4－4	15	17.50	
	6－4	15	17.50	
9	2－5	15	17.50	45
	4－5	15	17.50	
	6－5	15	17.50	
10	2－6	15	17.50	45
	4－6	15	17.50	
	6－6	15	17.50	

2%
2　6　10
支管1－3　支管1－4　支管3－3　支管3－4　支管5－3　支管5－4
1　5　9
支管1－1　分干管1　支管1－2　支管3－1　分干管3　支管3－2　支管5－1　分干管5　支管5－2
A
主　B　干　C　管　D
水源
支管2－1　支管2－2　支管4－1　支管4－2　支管6－1　支管6－2
3　7　11
支管2－3　分干管2　支管2－4　支管4－3　分干管4　支管4－4　支管6－3　分干管6　支管6－4
4　8　12
支管2－5　支管2－6　支管4－5　支管4－6　支管6－5　支管6－6

算例图5－1－1　微灌系统管网布置图

算例表 5-1-2　　输配水管道（管段）长度　　单位：m

主干管		分干管		
A-B	60	1分干管	B-1	50
			1-2	50
		2分干管	B-3	50
			3-4	50
B-C	110	3分干管	C-5	50
			5-6	50
		4分干管	C-7	50
			7-8	50
C-D	110	5分干管	D-9	50
			9-10	50
		6分干管	D-11	50
			11-12	50

解：

(1) 确定管道流量。任一输配水管道（管段）的流量等于由该管道（管段）同时供水的下一级管道流量之和，计算结果如算例表 5-1-3。

算例表 5-1-3　　管道（管段）流量计算结果　　单位：m^3/h

轮灌组号	主干管			分干管											
	A-B	B-C	C-D	B-1	1-2	C-5	5-6	D-9	9-10	B-3	3-4	C-7	7-8	D-11	11-12
1	45	30	15	15		15		15							
2	45	30	15	15		15		15							
3	45	30	15	15	15	15	15	15	15						
4	45	30	15	15	15	15	15	15	15						
5	45	30	15												
6	45	30	15												
7	45	30	15							15		15		15	
8	45	30	15							15		15		15	
9	45	30	15							15	15	15	15	15	15
10	45	30	15							15	15	15	15	15	15

(2) 选择管道直径。用式（5-8）估算管道内径，取 $v=0.9\text{m/s}$，Q 的单位采用 m^3/h，直径单位用 mm，则：

$$D=19.8\sqrt{Q}$$

参见《灌溉用塑料管材和管件技术参数及技术条件》（GB/T 23241—2009），选择管道直径如算例表 5-1-4。

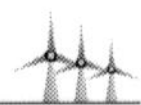

算例表 5-1-4　　**管道直径计算选择结果**

管道名称	管段	长度 /m	流量 /(m³/h)	估算内径 /mm	选择外径 /mm	选择内径 /mm	承压能力 /MPa
主干管	A-B	60	45	133	125	118.8	0.63
	B-C	110	30	108	110	104.6	0.63
	C-D	110	15	77	90	85.6	0.63
分干管 1	B-2	100	15	77	90	85.6	0.63
分干管 2	B-4	100	15	77	90	85.6	0.63
分干管 3	C-6	100	15	77	90	85.6	0.63
分干管 4	C-8	100	15	77	90	85.6	0.63
分干管 5	D-10	100	15	77	90	85.6	0.63
分干管 6	E-12	100	15	77	90	85.6	0.63

(3) 计算管道水头损失。由于本灌区地面坡度均匀，分干管和支管对称等长度布置，各轮灌组支管进口流量和工作水头相等，1 分干管、3 分干管、5 分干管逆坡布置，可知轮灌组 3、4 工作支管为最不利末级管道，且两组计算结果将是相等。

取局部损失加大系数 $k=1.05$，由式 (5-4) 和式 (5-6) 查表 5-2 得管道水头损失计算公式：

$$\Delta H=1.05\times0.948\times10^{5}\frac{Q^{1.77}}{D^{4.77}}L$$

由最远支管起逐段计算水头损失：

分干管 5　$\Delta H=1.05\times0.948\times10^{5}\dfrac{15^{1.77}}{85.6^{4.77}}\times100=0.73\text{m}$

主干管 C-D 段　$\Delta H=1.05\times0.948\times10^{5}\dfrac{15^{1.77}}{85.6^{4.77}}\times110=0.8\text{m}$

主干管 B-C 段　$\Delta H=1.05\times0.948\times10^{5}\dfrac{30^{1.77}}{104.6^{4.77}}\times110=1.05\text{m}$

主干管 A-B 段　$\Delta H=1.05\times0.948\times10^{5}\dfrac{45^{1.77}}{118.8^{4.77}}\times60=0.64\text{m}$

(4) 计算主干管进口工作水头。用式 (5-13) 计算主干管道进口工作水头：

$$H_0=H_m+\sum\Delta H_i+\Delta Z$$
$$=17.50+(0.73+0.8+1.05+0.64)+0.02\times100=22.72\text{m}$$

第四节　环形管网水力计算

一、环形管网的结构特点与分级

(一) 结构特点

环形管网是由多个闭合环连接起来的网状体，环形管网基本结构见图 5-5，有下列特点。

（1）管网内的各管段相互连通，任一管段水流方向取决于水源和与其连接管段的工作状况。

（2）各管段两端的连接点构成管网节点，节点流量包括连接管段沿程流量 Q_{i-j} 和集中向用户供水流量 q_i（见图 5-5）。

（3）设计时，管网各管段的流量和直径不能预先确定，必须在初步流量分配的基础上通过节点流量和压力平衡计算才能确定。

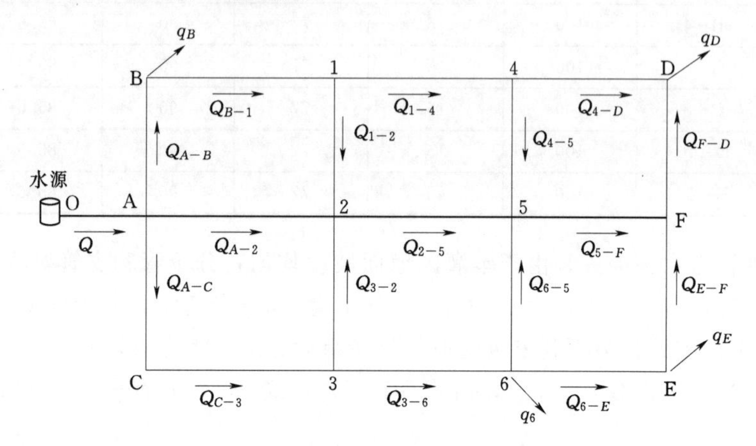

图 5-5 环形管网基本结构图

（二）分级

为了设计和运行管理的方便，根据环形管网构成的特点，考虑到喷微灌系统管网分级的习惯，对喷微灌系统环形管网作如下分级（见图 5-5）。

干管：O-A 为干管输水段，称为主干管或总干管；A-F、A-B-D、A-C-E 为干管，其作用是将水输配给与其连接的下级管道。一般一个管网有若干条干管，以便其中某一条发生事故时，灌溉水通过其他干管输送到田间，保证植物水量供应。

（1）分干管：为了形成环路水流，干管之间水量互济，布置连接管 1-2-3、4-5-6、D-F-E。按照喷微灌系统的习惯，将其称为分干管。

（2）支管：由节点或干管（或分干管）引出的田间配水管（图中未表示）。其作用是将灌溉水输送分配给灌水器。

二、计算条件

（一）节点流量平衡条件（连续性原理）

任一节点处，流入流量与流离流量相等，见图 5-5 中。

节点 A：

$$Q=Q_{A-B}+Q_{A-2}+Q_{A-C}$$

节点 D：

$$Q_{4-D}+Q_{D-F}=q_D$$

一般将流向节点流量设定为“－”，流离节点流量设为“＋”，则可节点流量代数和表示为：

$$Q_i + \sum Q_{i-j} + q_i = 0 \tag{5-14}$$

式中 Q_i——流向节点 i 的流量；

$\sum Q_{i-j}$——流离节点流量之和；

q_i——节点直接向用户供水的流量。

（二）能量平衡条件（原理）

任一闭合环状管路中的水头损失之和等于0，一般假定顺时针流动的水头损失为正，逆时针流动水头损失为负：

$$\sum \Delta H_{环i} = 0 \tag{5-15}$$

式中 $\Delta H_{环i}$——第 i 号闭合环各管段水头损失。

三、计算方法

环形管网水力计算方法很多，常用的水力计算方法有哈代-克罗斯法、牛顿-莱福勋法、线性理论法、节点水头法、有限元法等。常用的是哈代-克罗斯平差计算法。

（一）计算步聚

环状管网水力计算平差法一般采用下列步聚：

（1）初始分配管段（管道）流量。

（2）选择管段直径。

（3）计算闭合环管段水头损失与平差。

（4）计算输水主干管进口工作水头。

（二）管段（管道）流量初始分配

当管网供水流量和节点集中供水流量确定之后，就需要对节点连接的各管段流量作初步分配，以便初步估算各管段内径和水头损失。管段流量分配是否合理不仅决定了管径大小和管网造价，还影响供水安全程度。见图5-5中，节点A无直接供水用户，由水源流入的流量 Q 分配给3条干管。显然，3条干管的流量可以有多种组合方案满足式（5-14）。如果管段A-F分配很大流量，管段A-B和A-C分配很小流量，这可能使管网造价较低，但一旦管段A-F出现故障，管段A-B和A-C压力会很大，不能保证系统用水要求。因此，流量分配应从经济和安全两方面协调考虑。

首先，应针对管网布置情况和水源、供水控制点（例如系统内最高位置）、大用水户的位置确定水流主要方向，以尽可能短的距离到达主要供水点。然后，按下列原则分配流量：

（1）对平行的干管分配相近的流量，干管分配的流量应大一些，连接管分配小的流量。

（2）干管通过的流量应沿管网主要流向逐渐减小，不应忽高忽低，甚至倒流。

（3）流量分配应满足节点流量平衡条件。

（三）管段直径的选择

利用式（5-8）～式(5-12）中的一个估算管道内径，并估计该管段承压能力要求，按相应管道技术标准选择管道直径及其相应内径。

（四）闭合环水头损失的计算与平差

闭合环的平差计算是环形管网水力计算的关键环节，下面介绍常用的哈代·克罗斯法。按水流方向计算闭合环各管段水头损失，并规定顺时针流向管段水头损失为“+”，逆时针流向管段水头损失为“-”，使其满足式（5-15）。若不满足，则进行流量校正，按校正后的流量重新计算水头损失，直至满足式（5-15）。实际上，计算$\sum\Delta H_{环i}$一般不可能正好等于0，存在闭合差。对于喷微灌工程只要闭合差$|\sum\Delta H_{环i}|\leqslant 0.5$m即可认为具有足够的精度。

若$\sum\Delta H_{环i}>0$，表明顺时针方向流量大于逆时正方向流量，则应减少顺时针方向分配的流量，增加逆时针方向分配的流量；反之，则应增大顺时针方向流量，减小逆时针方向流量。减小或增加的流量称为矫正流量，其符号与闭环水头损失代数和的符号相反。校正流量的计算式（5-16）、式（5-17）为：

$$\Delta Q_k=-\frac{\sum\Delta H_{环i}}{2\sum\dfrac{\Delta H_{i-j}}{Q_{i-j}}} \tag{5-16}$$

校正后的流量

$$Q'_{i-j}=Q_{i-j}+\Delta Q_k+\Delta Q'_k \tag{5-17}$$

式中　ΔQ_k——校正流量；

ΔH_{i-j}和Q_{i-j}——管段$i—j$的水头损失和流量；

$\Delta Q'_k$——相邻环的校正流量。

（五）主干管进口工作水头的确定

按式（5-13）计算确定主干管进口工作水头。

【计算示例5-2】

某保护地蔬菜种植区地形坡度为0%，采用微喷灌。微灌系统输配水管网为环形PVC塑料管网，输配水管网布置见算例图5-2-1，输水主干管设计流量120m³/h，末级管道（支管）进口工作水头20m，各管段长度见算例表5-2-1。试确定各管段直径和输水主干管进口工作水头。

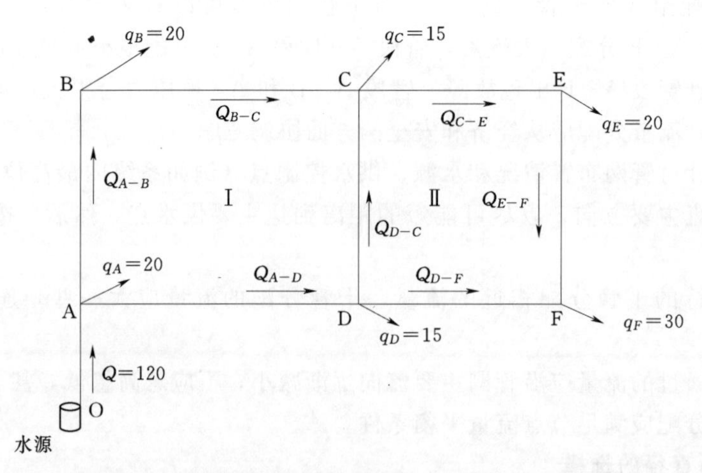

算例图5-2-1　蔬菜喷灌系统管网布置（单位：m³/h）

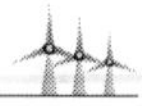

算例表 5-2-1　　管 段 长 度 表　　单位：m

管段	O-A	A-B	B-C	C-E	A-D	D-F	C-D	E-F
长度	100	300	350	300	350	300	300	300

解：

(1) 管段流量初始分配。根据经济与供水安全兼顾的原则，按式 (5-14) 计算节点流量，该管网沿干管没有供水点，决定各管段流量初始分配如下。

1) 节点 A：$Q_{A-B}+Q_{A-D}=Q-q_A=120-20=100\text{m}^3/\text{h}$。因为管段 A-D 和 A-B 均为重要输水干管，决定两干管各分配相同流量，即 $Q_{A-B}=50\text{m}^3/\text{h}$，$Q_{A-D}=50\text{m}^3/\text{h}$。

2) 节点 D：因为管段 D-C 为连接管，分配小部分流量 $Q_{D-C}=10\text{m}^3/\text{h}$；管段 D-F 为干管，分配流量 $Q_{D-F}=Q_{A-D}-Q_{D\ C}-q_D=50-10-15=25\text{m}^3/\text{h}$。

3) 节点 B：$Q_{B-C}=Q_{A-B}-q_B=50-20=30(\text{m}^3/\text{h})$。

4) 节点 C：$Q_{C-E}=Q_{B-C}+Q_{D-C}-q_C=30+10-15=25\text{m}^3/\text{h}$。

5) 节点 E：$Q_{EF}=Q_{C-E}-q_E=25-20=5\text{m}^3/\text{h}$。

(2) 管段直径的选择。用式 (5-8) 估算管道内径，取 $v=0.7\text{m/s}$，Q 的单位取 m^3/h，D 的单位取 mm，估算经济直径：

$$D=22.5\sqrt{Q}$$

参见《灌溉用塑料管材和管件基本参数及技术条件》(GB/T 23241—2009)，选择管道直径，见算例表 5-2-2。

算例表 5-2-2　　管 段 直 径 选 择

管　段	流量 Q /(m³/h)	估算内径 /mm	选用外径 /mm	选用内径 /mm	承压指标 /MPa
O-A	120	246	250	234.6	0.63
A-D	50	159	160	150.2	0.63
A-B	50	159	160	150.2	0.63
B-C	30	123	125	118.8	0.63
D-F	25	113	125	118.8	0.63
C-E	25	113	125	118.8	0.63
D-C	10	71	75	71.2	0.63
E-F	5	50	63	59.8	0.63

(3) 闭合环水头损失的计算与平差。按式 (5-4) 和式 (5-6) 分别计算环Ⅰ和环Ⅱ各管段水头损失，取顺时针方向水流的水头损失为正，反之为负。取局部水头损失加大系数 $k=1.05$，并由表 5-2 查得 $m=1.77$，$b=4.77$，$f=0.948\times10^5$，忽略局部水头损失，则式 (5-6) 成为：

$$\Delta H_{i-j}=0.9954\times10^5\,\frac{Q_{i-j}^{\ 1.77}}{D^{4.77}}L_{i-j}$$

按式 (5-16) 和式 (5-17) 分别计算校正流量和校正后流量：

$$\Delta Q_k=-\frac{\sum\Delta H_{环i}}{2\sum\frac{\Delta H_{i-j}}{Q_{i-j}}}$$

$$Q'_{i-j}=Q_{i-j}+\Delta Q_k+\Delta Q'_k$$

平差精度控制数：

$|\sum\Delta H_{环i}|\leqslant 0.5$m 为满足要求。

计算过程和结果见算例表 5-2-3～表 5-2-7。

算例表 5-2-3　　闭合环管段水头损失与第一次平差计算

环号	管段	Q_{i-j} /(m³/h)	L /m	D /mm	ΔH_{i-j} /m	$\sum\Delta H_{环i}$ /m	ΔQ_k /(m³/h)	$\Delta Q'_k$ /(m³/h)	校正后的管段流量 Q_{i-j}/(m³/h)
Ⅰ	A-D	−50	350	150.2	−1.467	−0.954	1.285		−48.715
	A-B	50	300	150.2	1.258		1.285		51.285
	B-C	30	350	118.8	1.818		1.285		31.285
	D-C	−10	300	71.2	−2.563		1.285	3.100	−5.615
Ⅱ	D-F	−25	300	118.8	−1.129	4.291	−3.100		−28.100
	E-F	5	300	59.8	1.728		−3.100		1.900
	C-E	25	300	118.8	1.129		−3.100		21.900
	D-C	10	300	71.2	2.563		−3.100	−1.285	5.615

注　流量前“+”、“−”分别表示水流顺时针方向和逆时针方向，以下各表同此。

算例表 5-2-4　　闭合环闭管段水头损失与第二次平差计算结果

环号	管段	Q_{i-j} /(m³/h)	L /m	D /mm	ΔH_{i-j} /m	$\sum\Delta H_{i-j}$ /m	ΔQ_k /(m³/h)	$\Delta Q'_k$ /(m³/h)	校正的管段流量 Q_{i-j}/(m³/h)
Ⅰ	A-D	−48.715	350	150.2	−1.401	0.950	−1.688		−50.403
	A-B	51.285	300	150.2	1.315		−1.688		49.593
	B-C	31.285	350	118.8	1.959		−1.688		29.297
	D-C	−5.615	300	71.2	−0.923		−1.688	0.884	−6.419
Ⅱ	D-F	−28.100	300	118.8	−1.388	0.740	−0.884		−28.984
	E-F	1.900	300	59.8	0.312		−0.884		1.016
	C-E	21.900	300	118.8	0.893		−0.884		21.016
	D-C	5.615	300	71.2	0.923		−0.884	1.688	6.419

算例表 5-2-5　　闭合环闭管段水头损失与第三次平差计算结果

环号	管段	Q_{i-j} /(m³/h)	L /m	D /mm	ΔH_{i-j} /m	$\sum\Delta H_{i-j}$ /m	ΔQ_k /(m³/h)	$\Delta Q'_k$ /(m³/h)	校正的管段流量 Q_{i-j}/(m³/h)
Ⅰ	A-D	−50.403	350	150.2	−1.488	0.326	−0.550		−50.953
	A-B	49.593	300	150.2	1.240		−0.550		49.043
	B-C	29.297	350	118.8	1.744		−0.550		28.747
	D-C	−6.419	300	71.2	−1.170		−0.550	0.852	−6.117

续表

环号	管段	Q_{i-j} /(m³/h)	L /m	D /mm	ΔH_{i-j} /m	$\sum\Delta H_{i-j}$ /m	ΔQ_k /(m³/h)	$\Delta Q_k'$ /(m³/h)	校正的管段流量 Q_{i-j}/(m³/h)
Ⅱ	D-F	−28.984	300	118.8	−1.466	0.637	−0.852		−29.836
	E-F	1.016	300	59.8	0.103		−0.852		0.164
	C-E	21.016	300	118.8	0.830		−0.852		20.164
	D-C	6.419	300	71.2	1.170		−0.852	0.550	6.117

算例表 5-2-6　　闭合环闭管段水头损失与第四次平差计算结果

环号	管段	Q_{i-j} /(m³/h)	L /m	D /mm	ΔH_{i-j} /m	$\sum\Delta H_{i-j}$ /m	ΔQ_k /(m³/h)	$\Delta Q_k'$ /(m³/h)	校正的管段流量 Q_{i-j}/(m³/h)
Ⅰ	A-D	−50.953	350	150.2	−1.517	0.310	−0.537		−51.490
	A-B	49.043	300	150.2	1.215		−0.537		48.516
	B-C	28.747	350	118.8	1.686		−0.537		28.210
	D-C	−6.117	300	71.2	−1.074		−0.537	0.528	−6.126
Ⅱ	D-F	−29.836	300	118.8	−1.544	0.306	−0.528		−30.364
	E-F	0.164	300	59.8	0.004		−0.528		−0.364
	C-E	20.164	300	118.8	0.772		−0.528		19.636
	D-C	6.117	300	71.2	1.074		−0.528	0.537	6.126

算例表 5-2-7　　闭合环闭管段水头损失与第五次平差计算结果

环号	管段	Q_{i-j} /(m³/h)	L /m	D /mm	ΔH_{i-j} /m	$\sum\Delta H_{i-j}$ /m	ΔQ_k /(m³/h)	$\Delta Q_k'$ /(m³/h)	校正的管段流量 Q_{i-j}/(m³/h)
Ⅰ	A-D	−51.490	350	150.2	−1.546	0.21			
	A-B	48.516	300	150.2	1.192				
	B-C	28.210	350	118.8	1.631				
	D-C	−6.126	300	71.2	−1.077				
Ⅱ	D-F	−30.364	300	118.8	−1.592	0.21			
	E-F	−0.364	300	59.8	−0.017				
	C-E	19.636	300	118.8	0.736				
	D-C	6.126	300	71.2	1.077				

五次平差计算结果，Ⅰ号环闭合差$\sum\Delta H_{环Ⅰ}=0.20$m，Ⅱ号环闭合差$\sum\Delta H_{环Ⅱ}=0.21$m，小于设定允许闭合差0.5m十分接近，满足精度要求。

（4）主干管进口工作水头计算。主干管外径$d_n=250$mm，内径$D=234.6$mm，流量$Q=120\text{m}^3/\text{h}$，长度$L=100$m。

则主干管水头损失：

$$\Delta H_{O-A}=1.05\times0.948\times10^5\times\frac{120^{1.77}}{234.6^{4.77}}\times100=0.235\text{m}$$

主干管进口工作水头为：

$$H_O = H_{O支} + \Delta H_{C-E} + \Delta H_{B-C} + \Delta H_{A-B} + \Delta H_{O-A}$$
$$= 20 + 0.736 + 1.631 + 1.192 + 0.235 = 23.80\text{m}$$

第五节 多口出流管道水力计算

一、概述

喷微灌系统支、毛管上沿程安装有大量（几十、以至于百个以上）灌水器或出流孔口。系统工作时，由于灌水器出流，或孔口分流，沿程流量自上而下逐渐减小，至末端流量等于0。这类管道称为多口出流管道。喷微灌系统多口出流管流量、水头分布见图5-6。

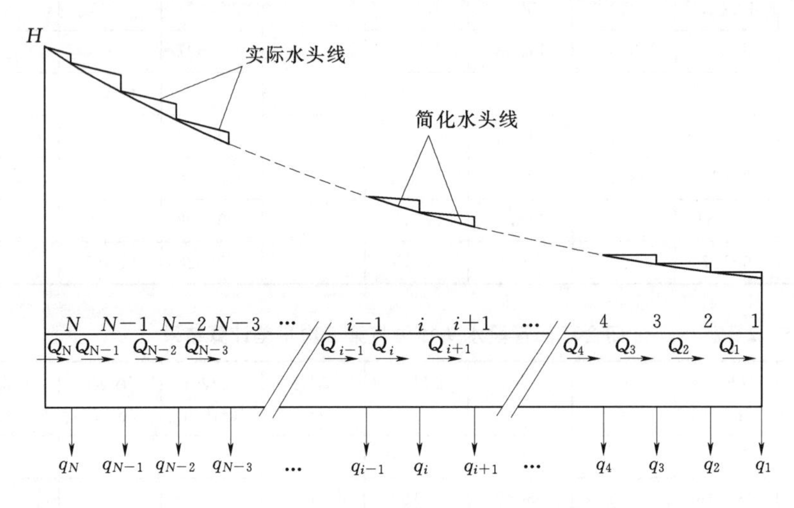

图5-6 多口出流管流量、水头分布示意图

这里，对多口出流管道出水口及其相应间距管段编号如图5-6所示：出水口及相应间距管段自下而上编号为1、2、3、…、n、…、$N-1$、N。进口至上端首个孔口段管长度S_N，出水口间距S，出水口流量q_1、q_2、…、q_n、…、q_{N-1}、q_N，各管段流量Q_1、Q_2、…、Q_n…、Q_{N-1}、Q_N。

多口出流管沿程水头分布可以近似用一条连接各出水口工作水头的折线表示，称之为多口管水头分布线。因为多出水口管沿程流量逐渐减小，摩擦损失也逐渐变小，因而平坡均一管径的多口管水头分布线的坡度逐渐减缓，图5-6表示一种管道坡度为0的情况。在喷微灌工程设计中，为了保证灌溉达到规定的均匀度，要求多口出流的支、毛管孔口工作水头最大偏差数控制在一个规定的范围内。当多口出流管布置方案已确定时，水力计算的任务是确定多口管的直径和进口工作水头。

二、流量计算

多口出流管任意出水口间距管段i流量可用式（5-18）计算。

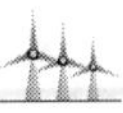

$$Q_i = \sum_{1}^{i} q_i \tag{5-18}$$

或由式（5－19）近似计算。

$$Q_i = iq_a \tag{5-19}$$

式中　Q_i——第 i 号出水口间距管段流量，m^3/h；

q_i——第 i 号孔口流量，m^3/h；

q_a——平均出水口流量，m^3/h。

$i=N$ 时，Q_N 为多口管进口流量。

三、水头损失计算

（一）逐段计算法

多口出流管水头损失可用式（5－20）自下而上，逐段累加求得全管道沿程水头损失。由式（5－4）得：

$$\Delta H = \frac{kf}{D^b}\sum_{i=1}^{N} Q_i^m S_i \tag{5-20}$$

将式（5－18）代入上式，得：

$$\Delta H = \frac{kf}{D^b}\sum_{i=1}^{N}\left(\sum_{1}^{i} q_i\right)^m S_i \tag{5-21}$$

式中　ΔH——全管道水头损失，m；

D——管道内径，mm；

m——与流态有关的流量指数（查表 5－2）；

b——与流态有关的指数（查表 5－2）；

S_i——第 i 段出水口间距，m；

f——沿程摩擦系数；

k——局部水头损失加大系数；

其余符号意义同前。

逐段计算法适用于沿管道出水口不多的情况，如果沿管道出水口较多，计算工作量大，最好利用计算机编程计算，不仅大大减小计算工作量，而且可提高计算精度。

（二）多口系数法

在实际工程设计中，常常需要计算多口出流管道全程水头损失或不同管段水头损失，一般是引入一个多口系数乘以同流量、同直径、同长度非多口出流管道（称为相关管）沿程水头损失，求得多口出流管道沿程水头损失，则多口出流管总水头损失可表示成：

$$\Delta H = kF\Delta H_f \tag{5-22}$$

式中　F——多口系数；

ΔH_f——与多口管道同管径、同进口流量、同长度的非多口管道沿程水头损失，m；

其余符号意义同前。

多口系数的通用公式是克里斯琴森表达式，见式（5－23）。该式是在均一管径、等间距出口、沿程均匀出流的条件下导出的。实际情况是多口管道每个出口流量完全相等几乎不存在，但只要沿程出流均匀度达到国家或行业技术标准的规定，其计算精度就认为可以接受。

$$F=\frac{N\left(\frac{1}{m+1}+\frac{1}{2N}+\frac{\sqrt{m-1}}{6N^2}\right)-1+X}{N-1+X} \tag{5-23}$$

式中　X——多口管进口至上端第一个（N 号）出水口的距离与出水口间距之比；

其余符号意义同前。

为了计算方便，由不同 N、X、m 值计算出 F 值制成表 5-4 供设计时查用。

表 5-4　　多口系数 F 值

孔口数 N	$m=1.75$		$m=1.77$		$m=1.828$	
	$x=1$	$x=0.5$	$x=1$	$x=0.5$	$x=1$	$x=0.5$
1	1.000	1.000	1.000	1.000	1.000	1.000
2	0.650	0.533	0.648	0.530	0.642	0.522
3	0.546	0.456	0.544	0.453	0.537	0.445
4	0.498	0.426	0.495	0.423	0.488	0.415
5	0.469	0.410	0.467	0.408	0.460	0.400
6	0.451	0.401	0.448	0.398	0.441	0.390
7	0.438	0.395	0.435	0.392	0.428	0.384
8	0.428	0.390	0.426	0.388	0.418	0.380
9	0.421	0.387	0.418	0.384	0.411	0.376
10	0.415	0.384	0.412	0.382	0.405	0.374
11	0.410	0.382	0.408	0.379	0.400	0.372
12	0.406	0.380	0.404	0.378	0.396	0.370
13	0.403	0.379	0.400	0.376	0.393	0.369
14	0.400	0.378	0.397	0.375	0.390	0.368
15	0.398	0.377	0.395	0.374	0.388	0.366
16	0.395	0.376	0.393	0.373	0.385	0.366
17	0.394	0.375	0.391	0.372	0.384	0.365
18	0.392	0.374	0.389	0.371	0.382	0.364
19	0.390	0.374	0.388	0.371	0.380	0.364
20	0.389	0.373	0.386	0.371	0.379	0.363
21	0.388	0.373	0.385	0.370	0.378	0.363
22	0.387	0.372	0.384	0.370	0.377	0.362
23	0.386	0.372	0.383	0.369	0.376	0.362
24	0.385	0.372	0.382	0.369	0.375	0.361
25	0.384	0.371	0.381	0.369	0.374	0.361
26	0.383	0.371	0.380	0.368	0.373	0.361

续表

孔口数 N	$m=1.75$		$m=1.77$		$m=1.828$	
	$x=1$	$x=0.5$	$x=1$	$x=0.5$	$x=1$	$x=0.5$
27	0.382	0.371	0.380	0.368	0.372	0.360
28	0.382	0.370	0.379	0.368	0.372	0.360
29	0.381	0.370	0.378	0.368	0.371	0.360
30	0.380	0.370	0.378	0.367	0.370	0.360
32	0.379	0.370	0.377	0.367	0.369	0.359
34	0.378	0.369	0.376	0.367	0.368	0.359
36	0.378	0.369	0.375	0.366	0.368	0.359
40	0.376	0.368	0.374	0.366	0.366	0.358
45	0.375	0.368	0.372	0.365	0.365	0.358
50	0.374	0.366	0.371	0.365	0.364	0.357
100	0.369	0.365	0.366	0.363	0.359	0.355

在实际工程设计中通常采用出水口平均流量代替各出水口的流量，则由式（5-21）和式（5-22）得：

$$\Delta H=\frac{kfq_a^m N^m S}{D^b}\left(N-1+\frac{S_N}{S}\right)F \tag{5-24}$$

式中　q_a——出水口平均流量，m^3/h 或 L/h；

S——出水口间距，m；

S_N——多口管进口至第 N 号出水口的距离，m；

其余符号意义同前。

张国祥（1983年）导出了一种全等间距、等孔口出流量条件下多口系数表达式，用式（5-25）计算。该式用于孔口数 $N \geqslant 3$ 时具有足够的精度。

$$F=\frac{1}{m+1}\left(\frac{N+0.48}{N}\right)^{m+1} \tag{5-25}$$

（1）式（5-24）和式（5-25）是建立在沿程孔口等间距、等出水流量，且管道末端流量为0的条件下得到的，不同之处是前者第 N 号管段为任意长度，以下管段（出水口间距）为等长度，后者则为全等长管段，即第 N 号管段与其下游孔口间距相等。

（2）喷微灌系统的支、毛管是一种典型多口出流管道，一般第 N 号管段长度多为出水孔口间距的1/2，且式（5-25）在出口数 $N>3$ 时才具用足够的精度，当然大多数喷微灌支、毛管出水孔口数都会是大于3，当计算支、毛管第 $N-1$ 号孔口以下至末端（孔口数大于3）水头损失，且孔口数待定时，采用式（5-25）更为方便。

（3）以下多孔口出流管水力学计算均针对均匀管坡、等孔口间距、等孔口流量、末端流量等于0的条件，并将其简称为多口管。目前，国内在喷微灌工程设计中，支、毛管水力计算（手算）一般采用这些假定条件，并认为计算结果具有可接受的精度。

【计算示例 5-3】

某微灌系统管网 PVC 支管的内径 D=40mm，均匀分布 20 个出水孔，出水孔的间距 S=8m，第 N 号出水口距进口 4m，每个出水孔的流量 q_a=200L/h。试求该支管水头损失。

解：根据给定条件，查表 5-2，m=1.77，b=4.77，f=0.464；查表 5-4，F=0.371；取 k=1.05。按式（5-24）计算沿程水头损失。

采用式（5-24）计算支管全长水头损失：

$$\Delta H = \frac{kfq_a N^m S}{D^b}\left(N-1+\frac{S_1}{S}\right)F$$

$$= \frac{1.05\times 0.464\times 200^{1.77}\times 20^{1.77}\times 8}{40^{4.77}}\left(20-1+\frac{4}{8}\right)\times 0.371 = 1.53\text{m}$$

（三）任意孔口至末端水头损失

多口出流管下端第 1 号孔口至 i 号孔口水头损失计算，引进多口系数式（5-24）可得出式（5-26）：

$$\Delta H_i = \frac{kfq_a^m S(i-1)^{m+1}}{D^b}F_{i-1} \tag{5-26}$$

当 $i\geqslant 3$ 时，式（5-25）代替 F_{i-1}，整理后得：

$$\Delta H_i = \frac{Kfq_a^m S(i-0.52)^{m+1}}{(m+1)D^b} \tag{5-27}$$

式中 ΔH_i——第 i 号出水口至末端（即第 i 号孔口至第 1 号孔口）水头损失，m；

F_{i-1}——出水口数为 $i-1$ 时的多口系数，查表 5-4；

其余符号意义同前。

【计算示例 5-4】

试按【计算示例 5-3】的条件计算支管第 N 孔口至末端 1 号孔口水头损失。

解：已知 D=40mm，N=20，S=8m，q_a=200L/h，b=4.77，f=0.464；查表 5-4，x=1，F_{19}=0.388；取 k=1.05。

（1）当按式（5-26）计算时：

$$\Delta H_N = \frac{Kfq_a^m S(N-1)^{m+1}}{D^b}F_{N-i1}$$

$$= \frac{1.05\times 0.464\times 200^{1.77}\times 8(20-1)^{2.77}}{40^{4.77}}\times 0.388 = 1.422\text{m}$$

（2）当按式（5-27）计算时：

$$\Delta H_N = \frac{Kfq_d^m S(N-0.52)^{m+1}}{(1+m)D^b} = \frac{1.05\times 0.464\times 200^{1.77}\times 8(20-0.52)^{2.77}}{2.77\times 40^{4.77}} = 1.417\text{m}$$

以上两种方法计算结果相差约 3.5‰，从理论上讲，第一种准确度高些，但从工程设计角度看，两种结果都可以接受。

四、多孔口出流管最大和最小工作水头孔口位置的确定

在喷微灌工程设计中，常常需要确定支、毛管孔口最大水头差，而确定最大工作水头

孔口位置和最小工作水头孔口位置则是计算支、毛管最大工作水头差的关键。

多孔口出流管水力学分析表明，可通过管轴坡度与下端1号管段摩阻水头损失坡度之比 r 分析多口管水头变化特点，确定最大、最小工作水头孔口的位置。按定义，r 可用式(5-28)表达。r 的概念与表达式是张国祥首先提出，并称之为“降比”，在许多微灌技术文献中得到引用（参考文献［33］～［35］），本书称为水力坡度比。

$$r=\frac{JD^b}{Kfq_a^m} \tag{5-28}$$

式中　J——管轴线坡度；

　　D——管道内径，mm；

其余符号意义同前。

以下按两种情况分析确定多口管最大和最小工作水头孔口位置。

（一）$r\leqslant 1$

因管道流量自上而下减小，摩擦水头损失坡度随之变缓。由式(5-28)可以看出：当 $r\leqslant 1$ 时，多口管沿程孔口工作水头自上而下减小，则最大工作水头孔口必为 N 号（管道上游端首号），最小工作水头孔口为1号（管道下游端末号）。即：

$r\leqslant 1$ 时，最大工作水头孔口编号 $i_{\max}=N$；最小工作水头孔口编号 $i_{\min}=1$。

（二）$r>1$

同理，当 $r>1$ 时，最大工作水头孔口可以是 N 号，也可以是1号；最小工作水头孔口的位置则可以是大于1号的某一号，并随 r 的增大而向上游端移动，甚至可以到达上端 N 号。

1. 最大工作水头位置

如上所述，当 $r>1$ 时，最大工作水头孔口只可能是 N 号或1号。若 N 号孔口工作水头 $h_N>1$ 号孔口工作水头 h_1，则最大工作水头孔口为 N 号；若 $h_N<h_1$，则最大工作水头孔口为1号：若 $h_N=h_1$，则 N 号和1号孔口均为最大工作水头孔口。引入式(5-26)或式(5-27)取 $i=N$，得到判定最大工作水头孔口位置的公式：

$$h_N-h_1=KfSq_a^mF_{N-1}\frac{(N-1)^{m+1}}{D^b}-JS(N-1)$$

或

$$h_N-h_1=KfSq_a^m\frac{(N-0.52)^{m+1}}{(m+1)D^b}-JS(N-1)\quad\begin{cases}>0 & i_{\max}=N\\ =0 & i_{\max}=N\text{ 和 }1\\ <0 & i_{\max}=1\end{cases} \tag{5-29}$$

整理式(5-29)得到判别最大工作水头孔口位置判别式：

$$M=\frac{F_{N-1}}{r}(N-1)^m \tag{5-30a}$$

或

$$M=\frac{(N-0.52)^{m+1}}{r(m+1)(N-1)} \tag{5-30b}$$

当 $M\geqslant 1$ 时：　　$i_{\max}=N$

当 $M<1$ 时：　　$i_{\max}=1$

式中　M——最大工作水头孔口位置判别数；

其余符号意义同前。

2. 最小工作水头孔口位置

当$r>1$时，多口管上总会存在某一孔口间距段摩阻水头损失坡度等于管轴坡度的情况[33]、[35]，即：

$$J=Kfq_a^m\frac{(i_{\min}-1)^m}{D^b}$$

引入式（5-28）整理得：

$$i_{\min}=\mathrm{INT}(1+r^{1/m})\tag{5-31}$$

式中 $i_{\min}$——最小工作水头孔口号；

INT( )——取整函数，取小于括号内计算结果整数；

其余符号意义同前。

五、最大孔口工作水头差计算

多口管孔口最大工作水头差由式（5-32）表达。

$$\Delta h_{\max}=h_{\max}-h_{\min}\tag{5-32}$$

式中 $\Delta h_{\max}$——孔口最大工作水头差，m；

$h_{\max}$——最大孔口工作水头，m；

$h_{\min}$——最小孔口工作水头，m。

多口管孔口最大工作水头差以最大工作水头孔口至最小工作水头孔口间管道段水头损失减两者位置高差（顺坡为“+”，逆坡为“-”）来表达。根据最大工作水头孔口和最小工作水头孔口的相对位置，引入式（5-27）将式（5-32）按最大、最小工作水头孔口相对位置的条件，建立多口管孔口最大水头差的计算公式。

（1）$r\leqslant 1$。

$$\Delta h_{\max}=\frac{KfSq_a^m(N-1)}{D^b}[(N-1)^mF_{N-1}-r]\tag{5-33a}$$

$$\Delta h_{\max}=\frac{KfSq_a^m}{D^b}\left[\frac{(N-0.52)^{m+1}}{m+1}-r(N-1)\right]\tag{5-33b}$$

（2）$r>1$，且$i_{\max}=N$、$i_{\min}<N$。

$$\Delta h_{\max}=\frac{KfSq_a^m}{D^b}[(N-1)^{m+1}F_{N-1}-(i_{\min}-1)^{m+1}F_{i_{\min}-1}-r(N-i_{\min})]\tag{5-34a}$$

$$\Delta h_{\max}=\frac{KfSq_a^m}{D^b}\left[\frac{(N-0.52)^{m+1}-(i_{\min}-0.52)^{m+1}}{m+1}-r(N-i_{\min})\right]\tag{5-34b}$$

（3）$r>1$，且$i_{\max}=1$、$i_{\min}\leqslant N$。

$$\Delta h_{\max}=\frac{KfSq_a^m(i_{\min}-1)}{D^b}[r-(i_{\min}-1)^mF_{i_{\min}-1})]\tag{5-35a}$$

$$\Delta h_{\max}=\frac{KfSq_a^m}{D^b}\left[r(i_{\min}-1)-\frac{(i_{\min}-0.52)^{m+1}}{m+1}\right]\tag{5-35b}$$

（4）$r>1$，且$i_{\max}=1$、$i_{\min}>N$。

$$\Delta h_{\max}=\frac{KfSq_a^m(N-1)}{D^b}[r-(N-1)^mF_{N-1}]\tag{5-36a}$$

$$\Delta h_{\max}=\frac{KfSq_a^m}{D^b}\left[r(N-1)-\frac{(N-0.52)^{m+1}}{m+1}\right] \qquad (5-36b)$$

【计算示例 5-5】

有一外径 110mm，内径 104.6mm 多口出流管，上面有 15 个出水口，间距 18m，第 N 号出水口距进口 9m。设计出水口工作水头 20m 时，平均流量 $3.2m^3/h$。管道为 PVC 硬塑料管，试确定管道坡度 $J=-0.5\%$、$J=3.0\%$时，该多口出水管最大和最小工作水头所在孔口号，以及孔口最大工作水头差。

解：

已知 $h_d=20m$，$q_a=3.2m^3/h$，$S=18m$，$S_N=9m$，$N=15$，$D=104.6mm$。查表 5-2，$m=1.77$，$b=4.77$，$f=0.948\times10^5$。取 $k=1.05$，$F_{N-1}=F_{14}=0.397$。

1. $J=-0.5\%$的情况

$$r=\frac{JD^m}{Kfq_a^m}=\frac{-0.005\times104.6^{4.77}}{1.05\times0.948\times10^5\times3.2^{1.77}}=-27.544$$

因为 $r<1$，则 $i_{\max}=N=15$，$i_{\min}=1$。由式（5-33a）或式（5-33b）计算出水口最大工作水头差：

$$\Delta h_{\max}=\frac{KfSq_a^m(N-1)}{D^b}[(N-1)^mF_{N-1}-r]$$

$$=\frac{1.05\times0.948\times10^5\times18\times3.2^{1.77}(15-1)}{104.6^{4.77}}[(15-1)^{1.77}\times0.397+27.544]=3.20m$$

或　$$\Delta h_{\max}=\frac{KfSq_a^m}{D^b}\left[\frac{(N-0.52)^{m+1}}{m+1}-r(N-1)\right]$$

$$=\frac{1.05\times0.948\times10^5\times18\times3.2^{1.77}}{104.6^{4.77}}\left[\frac{(15-0.52)^{2.77}}{2.77}+27.544(15-1)\right]=3.20m$$

2. $J=3.0\%$的情况

（1）按式（5-28）计算水力坡度比：

$$r=\frac{JD^b}{Kfq_a^m}=\frac{0.03\times104.6^{4.77}}{1.05\times0.948\times10^5\times3.2^{1.77}}=165.262$$

（2）按式（5-30a）或式（5-30b）确定最大工作水头孔口号 $i_{\max}$：

$$M=\frac{F_{N-1}}{r}(N-1)^m=\frac{0.397}{165.262}(15-1)^{1.77}=0.257$$

或　$$M=\frac{(N-0.52)^{m+1}}{r(m+1)(N-1)}=\frac{(15-0.52)^{2.77}}{165.262\times2.77(15-1)}=0.256$$

因为 $M<1$，故 $i_{\max}=1$。

（3）由式（5-31）求最小工作水头孔口号：

$$i_{\min}=\text{INT}(1+r^{1/m})=\text{INT}(1+165.262^{1/1.77})=18>N=15$$

（4）按式（5-36a）或式（5-36b）计算孔口最大工作水头差：

$$\Delta h_{\max}=\frac{KfSq_a^m(N-1)}{D^b}[r-(N-1)^mF_{N-1}]$$

$$=\frac{1.05\times0.948\times10^5\times18\times3.2^{1.77}(15-1)}{104.6^{4.77}}[165.262-(15-1)^{1.77}\times0.397]=5.62m$$

或 $\Delta h_{\max}=\dfrac{KfSq_a^m}{D^b}\left[r(N-1)-\dfrac{(N-0.52)^{m+1}}{m+1}\right]$

$$=\frac{1.05\times0.948\times10^5\times18\times3.2^{1.77}}{104.6^{4.77}}\left[165.262(15-1)-\frac{(15-0.52)^{2.77}}{2.77}\right]$$

$$=5.62\text{m}$$

第六节　变管径多口出流管道水头损失计算

一、概念

多口出流管道在输水过程中，其流量沿程不断减少，为节省管材，降低工程投资，可将管道分成不同管径的管段，串联成变管径管道，管径自上而下减小，见图 5-7。

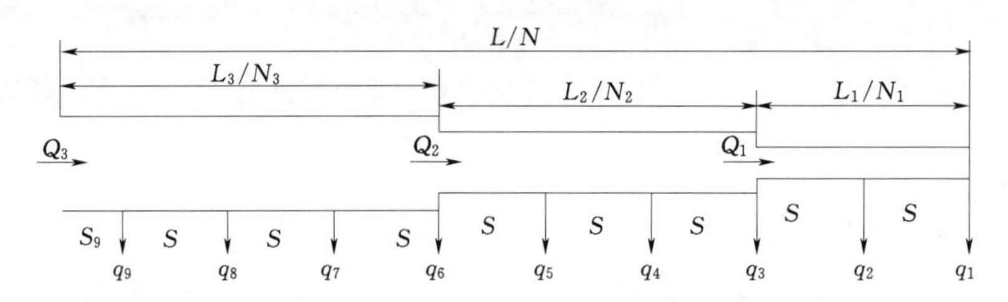

图 5-7　变管径多口出流管道示意图

二、水头损失计算方法

变径多口出水管水头损失等于各变径管段水头损失之和。

$$\Delta H=\sum\Delta H_j \tag{5-37}$$

式中　ΔH——变径多口管水头损失，m；

ΔH_j——各变径管段水头损失，m。

为了应用多口系数法计算各变径管段水头损失，将任意管段至全管末端想象成与计算管段相同直径的多出水口管，并称之为虚拟多口管。任意变径管段水头损失等于该虚拟多口出流管与计算管段末端以下虚拟多口管水头损失之差。

$$\Delta H_j=\Delta H_{jx}-\Delta H_{jm} \tag{5-38}$$

式中　ΔH_j——第 j 管段的水头损失，m；

ΔH_{jx}——第 j 虚拟管段沿程水头损失，m；

ΔH_{jm}——第 j 管段下端至管道末端虚拟管段水头损失，m。

【计算示例 5-6】

有一 PVC 等间距出水口支管，总长 $L=100$m，每个出水口流量 $q_a=500$L/h，管道进口段和出水口间距均为 5m，自下而上分为 3 段，长度分别为：$L_1=30$m，$L_2=30$m，$L_3=40$m，内径分别为 $D_1=25$mm，$D_2=35$mm，$D_3=40$mm。试求各管段水头损失和支管水头损失。

解：引进式（5-24）计算各虚拟管道沿程水头损失。各虚拟管段出水口数：$N_1=\dfrac{100}{5}$

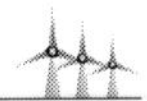

$=20$；$N_2=\dfrac{60}{5}=12$；$N_3=\dfrac{30}{5}=6$。查表 5-2，$m=1.77$，$f=0.948\times10^5$；查表 5-4，$x=1$ 各管段相应的多口系数分别为 $F_{19}=0.388$；$F_{11}=0.408$；$F_5=0.467$。取局部水头损失加大系数 $k=1.05$。

(1) 计算管段 1 水头损失。引用式（5-24）直接计算管段 1 水头损失。因为 $\dfrac{S_N}{S}=1$，则：

$$\Delta H_1=\frac{kfq_a^m S(N_1-1)^{2.77}}{D_1^m}F_{6-1}=\frac{1.05\times0.948\times10^5\times0.5^{1.77}\times5(6-1)^{2.77}}{25^{4.77}}\times0.467$$

$$=1.263\text{m}$$

引用式（5-27）直接计算管段 1 水头损失：

$$\Delta H_1=\frac{Kfq_a^m S(i-0.52)^{m+1}}{(m+1)D_1^b}=\frac{1.05\times0.948\times10^5\times0.5^{1.77}\times5(6-0.52)^{2.77}}{2.77\times25^{4.77}}=1.259\text{m}$$

(2) 计算管段 2 水头损失。按式（5-38），并引用式（5-24）计算管段 2 水头损失：

$$\Delta H_2=Kfq_a^m S\,\frac{(N_2-1)^{m+1}F_{N_2-1}-(N_1-1)^{m+1}F_{N_1-1}}{D_2^b}$$

$$=1.05\times0.948\times10^5\times0.5^{1.77}\times5\,\frac{(12-1)^{2.77}\times0.408-(6-1)^{2.77}\times0.467}{35^{4.77}}=1.715\text{m}$$

或按式（5-38），并引用式（5-27）计算管段 2 水头损失：

$$\Delta H_2=Kfq_a^m S\,\frac{(N_2-0.52)^{m+1}-(N_1-0.52)^{m+1}}{(m+1)D_2^b}$$

$$\Delta H_2=1.05\times0.948\times10^5\times0.5^{1.77}\times5\,\frac{(12-0.52)^{2.77}-(6-0.52)^{2.77}}{2.77\times35^{4.77}}=1.708$$

(3) 同理计算管段 3 水头损失：

$$\Delta H_3=Kfq_a^m S\,\frac{(N_3-1)^{m+1}F_{N_3-1}-(N_2-1)^{m+1}F_{N_2-1}}{D_2^b}$$

$$=1.05\times0.948\times10^5\times0.5^{1.77}\times5\,\frac{(20-1)^{2.77}\times0.388-(12-1)^{2.77}\times0.408}{40^{4.77}}$$

$$=3.459\text{m}$$

或 $$\Delta H_3=Kfq_a^m S\,\frac{(N_3-0.52)^{m+1}-(N_{21}-0.52)^{m+1}}{(m+1)D_3^b}$$

$$=1.05\times0.948\times10^5\times0.5^{1.77}\times5\,\frac{(20-0.52)^{2.77}-(12-0.52)^{2.77}}{2.77\times40^{4.77}}$$

$$=3.450\text{m}$$

(4) 计算支管水头损失。当按式（5-24）计算时：

$$\Delta H_{支}=\Delta H_1+\Delta H_2+\Delta H_3=1.263+1.715+3.459=6.437\text{m}$$

当按式（5-27）计算时：

$$\Delta H_{支}=\Delta H_1+\Delta H_2+\Delta H_3=1.259+1.708+3.450=6.417\text{m}$$

由上面计算示例可知，采用多口管道水头损失采用通用多口系数法［式（5-24）］和全等距多口系数法［式（5-27）］建立的全等距多口管水头损失计算公式计算结果，相差极小，这对于喷微灌工程设计是可以忽略的。因此，喷微灌工程设计时设计者可以按照自己的习惯和方便选择其中任一种方法。

第七节 水 锤 计 算

一、概述

（一）为什么要进行水锤计算

在压力管道中，由于水流外界条件变化引起管道流速变化，造成管路中压力迅速交替升降的现象，称为水锤。

由于流速和压强的迅速变化引起的水锤现象，使管网产生强烈振动、噪声和气穴，甚至管道受到破坏。因此，在压力管网设计时，应该进行水锤计算，以判定水锤引起的最高压力和最低压力是否超出允许的范围，以便采取相应安全措施，保证系统安全运行。

（二）喷微灌系统水锤发生的原因

在喷微灌系统中，水锤产生一般有下列情况：

（1）水泵启动时产生的启动水锤。

（2）关闭阀门产生的关阀水锤。

（3）停泵产生的停泵水锤，尤其是事故停泵水锤可能危险性最大。

水锤压力的大小取决于流速变化大小和变化快慢，并与水流边界条件密切相关。当喷微灌工程设计时，是否需进行水锤计算，以及选定计算工况，都需通过分析确定。根据经验，下列情况一般需进行水锤计算：

（1）输配水管道布置有易滞留空气和可能产生水柱分离的部位。

（2）阀门开闭时间小于水锤波传播的一个往返周期（水锤相时）。

（3）对于设有逆止阀（或单向阀）的上坡干管，应计算事故停泵的水锤压力；没有逆止阀（单向阀）的，应计算事故停泵水泵机组的最高反转转速。

（三）水锤防护措施

下列情况管道应采取相应的水锤防护措施：

（1）水锤压力超过管道承压能力；

（2）水泵最高转速超过额定转速 1.25 倍；

（3）管道水压力接近汽化压力；

（4）《微灌工程技术规范》（GB/T 50485—2009）的规定，“当计入水锤后的管道工作压力大于塑料管允许压力的 1.5 倍或超过其他管材试验压力时，应采取水锤防护措施。”

二、水锤计算参数

（一）水锤波传播速度

水锤波传播速度由式（5－39）计算。

$$a=\frac{1435}{\sqrt{1+\frac{K}{E}\frac{D}{e}C}} \tag{5-39}$$

式中　a——水锤波传播速度，m/s；

K——水的体积弹性模量，GPa，常温时，$K=2.025$GPa；

E——管材的纵向弹性模量，GPa，各种管材的 E 值见表 5-5；

D——管内径，m；

e——管壁厚度，m；

C——管材系数，匀质管 $c=1$，钢筋混凝土管 $c=1/(1+9.5a_0)$；

a_0——管壁环向含钢系数，$a_0=f/e$；

f——每 m 长管壁内环向钢筋的断面面积，m^2。

表 5-5　　各种管道纵向弹性模量　　单位：GPa

材　　料	E　　值	材　　料	E　　值
钢管	206	聚乙烯管	1.4～2
铸铁管	151	聚氯乙烯管	2.8～3
钢筋混凝土管	20.58	聚丙烯管	0.0000784
铝管	69.58		

注　本表数值来自《喷灌工程技术规范》(GB/T 50085—2007)。

关于式（5-39）的说明：在不同的文献中，公式分子有两种取值，有的采用“1435”，有的采用“1525”。例如，《微灌工程技术规范》（GB/T 50485—2009）中采用“1435”，而在《喷灌工程技术规范》（GB/T 50485—2009）中采用“1425”。经查证，当水温 10℃时为 1435；当水温低于 10℃时，在同样压强条件下，则此值减小，有文献建议采用 1425（吴持恭主编《水力学教材》下册，高等教育出版社，2012 年第四版）。考虑到灌溉水的温度一般高于 10℃，故本书采用前者。

（二）水锤相时

水锤波在管中来回传播一次所需的时间称为水锤相时。

$$u=\frac{2L}{a} \tag{5-40}$$

式中　u——水锤相时，s；

L——管道长度，m；

a——水锤波传播速度，m/s。

（三）管道特性常数

$$\rho=\frac{av_0}{gH_0} \tag{5-41}$$

式中　ρ——管道特性常数；

v_0——正常工作时管道流速，m/s；

H_0——正常工作时水泵扬程，m；

g——重力加速度，m/s^2。

（四）管道中水柱惰性时间常数

$$T_b=\frac{Lv_0}{gH_0} \tag{5-42}$$

式中 T_b——水锤惰性时间常数，s；

其余符号意义同前。

三、关阀水锤压力计算

下面对关闭阀门水锤计算作简要分析介绍。对于事故停泵水锤计算比较复杂，如有必要，可参考相关文献。

关闭阀门的速度和管道长度对产生的水锤性质和水锤压力大小关系极大。若以 T_s 表示关阀历时，则：

当 $T_s \leqslant u$ 时，称为瞬时关阀，其所产生的水锤称为直接水锤。

当 $T_s > u$ 时，称为缓慢关阀，其所产生的水锤称为间接水锤。

《喷灌工程技术规范》（GB/T 50085—2007）的规定，$T_s \geqslant 40\dfrac{L}{a}$时，可不验算关阀水锤压力；《微灌工程技术规范》（GB/T 50485—2009）的规定采用聚乙烯管材时，可不进行（关阀）水锤验算，其他管材当关阀历时大于水锤相长的 20 倍时，也可不验算关阀水锤。

（一）瞬时关闭管道末端（下游）阀门的水锤计算

瞬时关闭管道末端（下游）阀门，在阀门前产生的最大压力：

$$H_{max} = H_0 + \frac{a(v_0 - v_1)}{g} \tag{5-43}$$

式中 H_{max}——阀门前最大水头，m；

H_0——阀门前初始水头，m；

v_1——瞬时关阀后管道流速，m，若阀门完全关闭，$v_1 = 0$；

其余符号意义同前。

（二）缓慢关闭管道末端阀门的水锤计算

当缓慢关闭管道末端阀门时，在阀门前产生的最高压力水头按式（5-44）计算。

$$H_{max} = H_0 + \frac{H_0}{2} \times \frac{T_b}{T_s}\left[\frac{T_b}{T_s} + \sqrt{4 + \left(\frac{T_b}{T_s}\right)^2}\right] \tag{5-44}$$

（三）瞬时关闭水泵出口阀门水锤计算

瞬时关闭水泵出口阀门时，阀门后产生的压力水头计算如下。

1. 最小压力水头

$$H_{min} = H_0 - \frac{a v_0}{g} \tag{5-45}$$

2. 最大压力水头

当 $H_{min} > -10$m 时：

$$H_{max} = H_0 + \frac{a v_0}{g} \tag{5-46}$$

当 $H_{min} < -10$m 时：

$$H_{max} = 2H_0 + 10 + \frac{a}{g}\frac{v_1}{\sqrt{1 + \dfrac{\Delta H}{H_0 + 10}\left(\dfrac{v_1}{v_0}\right)^2}} \tag{5-47}$$

（四）缓慢关闭水泵出口处阀门水锤计算

缓慢关闭水泵出口处阀门，阀后产生的压力水头：

$$H_{\min}=H_0-\frac{H_0}{2}\times\frac{T_b}{T_s}\left[\frac{T_b}{T_s}+\sqrt{4+\left(\frac{T_b}{T_s}\right)^2}\right] \tag{5-48}$$

【计算示例 5－7】

某喷灌系统主干管直径 280mm，内经 D＝262.8mm，壁厚 8.6mm，流量 $Q=150\text{m}^3/\text{h}$，阀门前初始水头为 25m，管道长度 L＝250m。要求计算末端阀门 1s、关闭后流速为初始流速的 1/2 倍和 0 倍时和 5s 关闭阀门时阀门前水锤压力。

解：

（1）计算管道初始流速：

$$v_0=278\frac{4Q}{\pi D^2}=278\frac{4\times150}{3.14\times262.8^2}=0.77\text{m/s}$$

（2）计算关阀后速度：

当为初速度 1/2 倍时，　$v_1=\frac{1}{2}v_0=\frac{1}{2}\times0.77=0.39\text{m/s}$

当为初速度 0 倍时，　$v_1=0$

（3）计算水锤传播速度：

取常温时水的体积弹性模数 K＝2.025GPa；查表 5－5 聚氯乙烯管纵向弹性模量 E＝2.8GPa；管径 D＝0.263m；管壁厚度 e＝0.0086m；管材系数 c＝1，代入式（5－39）：

$$a=1435\bigg/\sqrt{1+\frac{K}{E}\frac{D}{e}c}=1435\bigg/\sqrt{1+\frac{2.025}{2.8}\times\frac{0.263}{0.0086}}=298.46\text{m/s}$$

（4）计算水锤相时，按式（5－40）计算水锤相时：

$$u=\frac{2L}{a}=\frac{2\times250}{298.46}=1.7\text{s}$$

（5）水锤压力计算。

①关阀时间 1s 小于水锤相时的瞬时水锤按式（5－43）计算阀门前产生的水锤压力：

当 $v_1=0.39$ 时，$H_{\max}=H_c+\frac{a(v_0-v_1)}{g}=25+\frac{298.46\times(0.77-0.39)}{9.81}=36.56\text{m}$

当 $v_1=0$ 时，$H_{\max}=H_c+\frac{a(v_0-v_1)}{g}=25+\frac{298.46\times0.77}{9.81}=48.43\text{m}$

②关阀时间 $T_s=5\text{s}$ 大于水锤相时 $u=1.7\text{s}$ 缓慢关闭出口阀门按式（5－42）计算水锤惰性常数：

$$T_b=\frac{Lv_0}{gH_0}=\frac{250\times0.77}{9.81\times25}=0.785$$

按式（5－44）阀门前水锤压力：

$$H_{\max}=H_c+\frac{H_c}{2}\times\frac{T_b}{T_s}\left[\frac{T_b}{T_s}+\sqrt{4+\left(\frac{T_b}{T_s}\right)^2}\right]$$

$$=25+\frac{25}{2}\times\frac{0.785}{1.7}\left[\frac{0.785}{1.7}+\sqrt{4+\left(\frac{0.785}{1.7}\right)^2}\right]=39.5\text{m}$$

上面论述和计算示例表明，关阀情况产生的水锤压力大小与管道长度、阀门启闭速度、启关阀门后的流速等因素有密切关系。阀门启闭速度越快，管道长度越大，启闭阀门后流速越大，产生的水锤压力越大。因此，在喷微灌系统运行中，控制输水干管阀门的启闭速度是防止产生过高水锤压力的关键。对于采用人工启闭阀门的喷微灌系统，只要设计合理，配置必要的安全调节设备，并遵循正确的操作程序，一般可把水锤压力控制在安全的范围内。由此可以认为，尽管有压管网水锤是不可避免的，但不是每一处喷微灌系统都必须进行水锤计算。

目前，大多数喷微灌的文献在论述喷微灌系统水力计算时，只给出直接水锤计算公式是不全面的。在喷微灌工程设计中，进行管网水锤计算时，首先应分析确定计算工况；然后，针对不利工况进行水锤计算。

第六章　工程概预算与经济技术评价

第一节　工 程 概 预 算

一、概念

工程概预算是根据不同设计阶段的深度和相应的定额、指标分阶段进行编制，是工程投资估算、设计概算和施工图预算的总称。它是基本建设工程实施前，对所需资金做出的计划，以货币形式表现的基本建设投资额的技术经济文件。根据工程造价计价的依据不同，目前我国处于工程定额计价和工程量清单计价两种计价模式并存的状态。

按照我国基本建设程序的规定，在可行性研究阶段需编制投资估算，初步设计（大型工程往往还有技术设计）阶段需编制工程总概算，在施工图设计阶段需编制施工图预算。以上各阶段概预算一般按定额计价。

对于实行招标的工程项目，发包单位应编制标底，施工企业（或厂家）应编制投标报价，一般按清单计价。

喷微灌工程建设属于农业基本建设，从立项规划到设计、施工安装都需要进行相应的投资概预算。工程概算编制是喷微灌工程设计的一项基本内容。

二、工程项目划分

为了编制基本建设计划，编制概预算，安排施工，控制工程投资，拨付工程款项的需要，通常将建设项目的组成，划分为单项工程、单位工程、分部工程及分项工程。喷微灌工程一般属于小型水利工程，可划分为水源工程、首部（首部枢纽）设备、输配水管网、田间灌水系统、电力配套和附属工程等分项。

三、工程概预算组成

按照水利工程概预算相关规定，水利工程概算费用由工程、移民和环境两部分构成。工程部分费用包括：建筑工程、机电设备及安装工程、金属结构设备及安装工程、施工临时工程和独立费用；移民和环境部分费用包括，水库移民征地补偿、水土保持工程和环境保护工程。

喷微灌工程概预算的编制，既要符合水利工程的一般要求，又要针对工程的具体情况，分析费用的组成。喷微灌工程的主要投资一般为设备和材料等项目的投资，土建工程所占的比重很小，至于移民和环境部分费用一般不存在。因此，概预算的重点应放在设备和材料的采购和安装施工上。

四、工程概预算的种类和作用及编制方法

（一）工程概预算的种类和作用

工程概预算编制是针对不同工程阶段进行的，不同工程阶段概预算种类和作用见表6-1。

表6-1　　不同工程阶段概预算种类和作用

工程阶段	概预算种类	作　用
可行性研究和任务书	投资估算	工程造价的最高限额
初步设计和技术设计	工程总概算和修正工程概算	国家控制基本建设项目投资、编制年度基本建设计划的依据；国家主管部门与建设单位签订投资包干协议的依据；招标工程编制执行概算和标底的依据；建设银行办理工程项目拨款或贷款的依据；考核工程成本、鉴别设计方案经济合理性的依据；控制施工图预算的标准
施工图设计	施工图预算	工程业主与施工单位签订合同、银行拨款结算工程费的依据；施工单位编制施工计划、加强经济核算的依据
工程实施	施工预算	施工单位内部备工备料、安排计划、签发任务、经济核算的依据，控制各项成本的基准

（二）工程概预算编制的方法

水利工程概预算编制的基本方法是单位估价法：

工程总投资＝∑（分项工程量×分项工程单价）＋独立费用＋预备费＋融资利息

第二节　工　程　定　额

一、概念

定额是根据一定时期的生产力水平和产品的质量要求，规定在产品生产中人力、物力或资金消耗的数量标准。它是国家、地方、部门或企业制定的标准，反映一定时期的生产和管理水平。

定额是编制概预算的基础，确定产品成本的依据，提高企业经济效益的重要工具，贯彻按劳分配原则的尺度和总结推广先进生产方法的手段。无论是设计、计划、生产、分配、估价、结算等工作，都必须以它为衡量工作的尺度。

合理制定并认真执行定额，对于改善企业经营管理，提高经济效益具有重要意义。

二、定额的种类

定额的种类很多，按其管理体制和执行范围、用途、费用性质、生产要素的不同，可以划分为不同类别。

在各种定额中，施工定额、预算定额、概算定额等在工程概预算中有很重要用途，建筑安装定额分类见图6-1。工程概预算定额组成见图6-2。

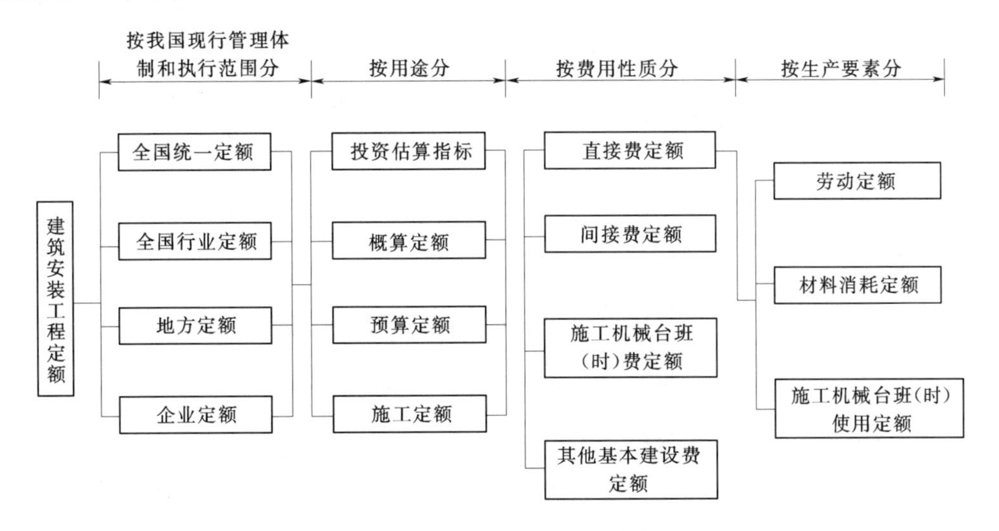

图 6－1 建筑安装工程定额分类图

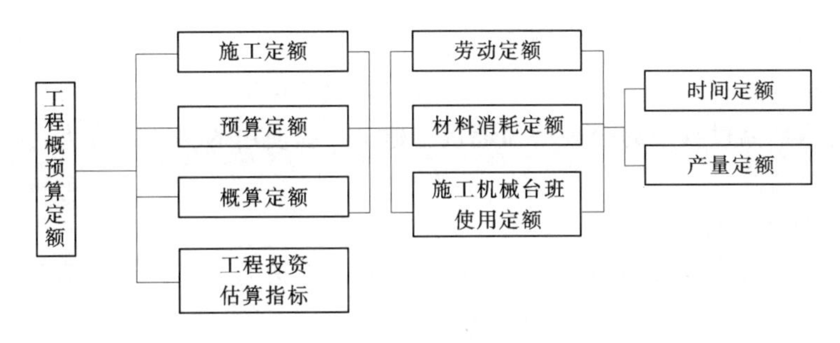

图 6－2 工程概预算定额组成图

三、施工定额

施工定额是直接应用于建筑工程施工管理的定额，是编制施工预算、实行内部经济核算的依据。根据施工定额，可直接计算出各种不同工程项目的人工、材料和机械合理使用的数量标准。施工定额由劳动定额、材料消耗定额和施工机械台班使用定额组成。

（一）劳动定额

劳动定额是在一定的施工组织和施工条件下，为完成单位合格产品所必须的劳动消耗标准。劳动定额是人工的消耗定额，因此，又称为人工定额。劳动定额按其表现形式不同又分为时间定额和产量定额。

1. 时间定额

时间定额是指某种专业、某种技术等级的工人班组或个人，在合理的劳动组织与一定的生产技术条件下，为完成单位合格产品所必须消耗的工作时间。定额时间包括准备时间与结束时间、基本生产时间、辅助生产时间、不可避免的中断时间及工人必须的休息时间。时间定额以“工日”或“工时”为单位。一个工日表示一个人工作一个工作班（每个工日工作时间按现行制度为每个人 8h)。时间定额的计算方法如下：

$$单位产品时间定额(工日)=\frac{1}{每工日产量}$$

或
$$单位产品时间定额(工日)=\frac{小组成员工日数的总和}{台班产量}$$

2. 产量定额

产量定额是指在合理劳动组织与一定生产技术条件下，某种专业、某种技术等级的工人班组或个人，在单位工日中所应完成的合格产品数量。其计算方法如下：

$$每工日产量=\frac{1}{单位产品时间定额(工日)}$$

或
$$台班产量=\frac{小组成员工日数的总和}{单位产品时间定额(工日)}$$

时间定额与产量定额互为倒数。两种形式在使用时可以任意选择。时间定额一般用作计划，产量定额常用于分配任务。目前正在使用的是 1983 年颁发的《水利水电建筑安装工程统一劳动定额》。

(二) 材料消耗定额

材料消耗定额是指在合理和节约使用材料的条件下，生产单位合格产品所必须消耗的一定品种、规格的原材料、半成品、配件等材料的数量标准。它包括合格产品上的净用量以及在生产合格产品过程中的合理的损耗量。建筑工程使用的材料可分为直接性消耗材料和周转性消耗材料。

1. 直接性消耗材料

根据工程需要直接构成实体的消耗材料，为直接性消耗材料，包括不可避免的合理损耗材料。

2. 周转性消耗材料

在建筑施工过程中，消耗的一些工具性材料，如脚手架、模板等。这类材料在施工中并不是一次消耗完，而是随着使用次数的增加而逐渐消耗，并不断得到补充，多次周转。这些材料称为周转性材料。周转性材料的消耗量是按多次使用、分次摊销的方法进行计算的。

(三) 施工机械台班 (台时) 使用定额

在合理使用机械和合理的施工组织条件下，完成单位合格产品所必须消耗的机械台班数量标准，称为机械台班使用定额（或机械台班消耗定额)。同劳动定额一样，施工机械台班（台时）使用定额也分为时间定额和产量定额。

四、预算定额

预算定额是确定一定计量单位的分项工程或构件的人工、材料和机械台班消耗量的数量标准。全国统一预算定额是由国家主管部门或其授权单位组织编制、审批并颁发执行的一种法令性指标。其内容包括人工、材料和施工机械台班（台时）三部分。是在施工定额基础上，按照平均合理水平、简明适用、严谨准确的原则编制的。一般预算定额要低于施工定额 5%～7%。

预算定额主要用于编制施工图预算、编制计划、考核成本和编制概算定额，它是供国家计划、财政等部门进行监督的基础文件，也是编制工程招标标底和投标报价的基础。

目前正在使用的是2002年颁发的《水利建筑工程预算定额》和2002年颁发的《水利水电设备安装工程预算定额》。对于中小型水利工程，由于各地区情况不同，实际条件和施工管理水平有较大差异，一般执行本地区的有关定额。

五、概算定额

概算定额是以预算定额为基础，根据通用图和标准图等资料，由预算定额适当综合扩大编制而成的。其内容包括单位概算价格、工人工资、机械台班费、主要材料耗用量及概算价格的组成等。概算定额与预算定额之间允许有5%以内的幅度差。

概算定额主要用于编制初步设计概算，也是编制投资估算指标的基础，还是设计方案选择进行技术经济比较的依据。

目前正在使用的是2002年颁发的《水利建筑工程概算定额》和2002年颁发的《水利水电设备安装工程概算定额》。喷微灌工程属于中小型水利工程，应执行本地区的有关定额。

六、定额的使用

现行定额一般由目录、总说明、分册（章）说明、定额表（子目）和有关附录组成。其中定额表（子目）是各种定额的主要组成部分。

《水利建筑工程预算定额》和《水利水电设备安装工程预算定额》各定额项目的定额表上方注明该定额项目的适用范围和工作内容，在定额表内列出了完成单位工程量所必须的人工、主要材料和主要施工机械台班消耗量，其他材料和其他机械费用费率的形式表示。使用定额应注意下列事项：

(1) 认真阅读定额的总说明和分册分章说明。对说明中指出的编制原则、依据、适用范围、使用方法，已经考虑和没有考虑的因素以及有关问题的说明等都要予以注意。

(2) 熟悉定额子目的工作内容、工序。根据工程部位、施工方法、施工机械和其他施工条件正确地选择使用定额，做到不错项、不漏项、不重项。

(3) 正确使用定额的各种附录。如，对建筑工程要掌握土壤与岩石的分级、砂浆和混凝土配合比的确定；对于安装工程要掌握安装费调整和各种装置性材料用量的确定等。

(4) 正确掌握定额修正的各种换算关系。当施工条件与定额子目录规定的条件不符时，应按定额说明和定额表附注中有关规定换算修正。使用时应注意区分修正系数，还是只在人工、材料或机械台班消耗的某一项或几项上修正。

(5) 定额项目的计算单位要和定额子目录的计量单位一致。要注意区分土方工程中的自然方、松方和压实方。

(6) 注意定额中数字表示的适用范围：凡只用一个数字，不加“以上”、“以下”、“以内”、“以外”、“小于”、“大于”等表示的，只适用于数字本身；数字后面用“以上”、“以内”、“超过”等表示的，都不包括数字本身；数字后面用“以下”、“以内”、“小于或等于”、“不大于”等表示的，都包括数字本身；数字用“×××～×××”表示的，相当于“×××以上至×××以下”。

第三节　基　础　单　价

一、人工预算单价

人工预算单价是编制预算中，计算各种生产工人人工费所采用的工资标准。根据现行《水利工程设计概（估）算编制规定》和水利部水利企业工资制度改革办法。

（一）人工预算价格的构成

（1）基本工资。是指生产工人的岗位工资和工龄工资及年有效工作天数内非作业天数的工资。

（2）辅助工资。是指在基本工资以外，以其他形式支付给职工的工资性收入，包括根据国家有关规定属于工资性质的各种津贴，主要包括地区津贴、施工津贴、夜餐津贴、节日加班津贴等。

（3）工资附加费。是指按照国家规定提取的职工福利基金、工会经费、养老保险费、医疗保险费、工伤保险费、职工失业保险基金和住房公积金等。

（二）人工预算单价的计算方法

根据水利部水总［2002］116号文件的有关规定，现行人工预算单价的计算方法如下：

（1）基本工资(元/工日)＝基本工资标准(元/月)×地区工资系数×12月÷年应工作天数×1.068

（2）辅助工资。

①地区津贴（元/工日)＝津贴标准（元/月)×12月÷年应工作天数×1.068

②施工津贴（元/工日)＝津贴标准（元/天)×365天×95%÷年应工作天数×1.068

③夜餐津贴（元/工日)＝(中班津贴标准＋夜班津贴标准)÷2×(20%～30%)

④节日加班津贴（元/工日)＝基本工资（元/工日)×3×10÷年应工作天数×35%

（3）工资附加费。

①职工福利基金（元/工日)＝[基本工资(元/工日)＋辅助工资(元/工日)]×费率标准

②工会经费（元/工日)＝[基本工资(元/工日)＋辅助工资(元/工日)]×费率标准

③养老保险费（元/工日)＝[基本工资(元/工日)＋辅助工资(元/工日)]×费率标准

④医疗保险费（元/工日)＝[基本工资(元/工日)＋辅助工资(元/工日)]×费率标准

⑤工伤保险费（元/工日)＝[基本工资(元/工日)＋辅助工资(元/工日)]×费率标准

⑥职工失业保险基金（元/工日)＝[基本工资(元/工日)＋辅助工资(元/工日)]×费率标准

⑦住房公积金（元/工日)＝[基本工资(元/工日)＋辅助工资(元/工日)]×费率标准

注：1. 1.068为年应工作天数内非工作天数的工资系数。

2. 计算夜餐津贴时，枢纽工程取30%，引水及河道工程取20%。

（三）人工预算单价的计算标准

1. 有效工作时间

（1）年应工作天数：一年365天减去公休日和法定节假日，即251工日/年。

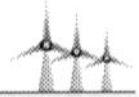

（2）日工作时间：我国标准为8工时/工日。

2. 基本工资

（1）基本工资标准。按现行《水利工程设计概（估）算编制规定》确定的工资标准见表6-2。

表6-2　基本工资标准

序号	名称	单位	枢纽工程	引水工程及河道工程
1	工长	元/月	550	385
2	高级工	元/月	500	350
3	中级工	元/月	400	280
4	初级工	元/月	270	190

（2）地区工资系数。根据劳动部有关规定，见表6-3。

表6-3　地区工资系数

序　号	工　资　区	地区工资系数
1	六类工资区	1
2	七类工资区	1.0261
3	八类工资区	1.0522
4	九类工资区	1.0783
5	十类工资区	1.1043
6	十一类工资区	1.1304

（3）辅助工资标准（见表6-4）。

表6-4　辅助工资标准

序　号	项　目	枢纽工程	引水工程及河道工程
1	地区津贴	按国家、省（自治区、直辖市）的规定	
2	施工津贴	5.3元/d	3.5～5.3元/d
3	夜餐津贴	4.5元/夜班，3.5元/中班	

注　初级工的施工津贴标准按表中数值的50%记取。

（4）工资附加费标准（见表6-5）。

表6-5　工资附加费标准

序号	项　目	费率标准/%	
		工长、高、中级工	初级工
1	职工福利基金	14	7
2	工会经费	2	1
3	养老保险费	按国家、省（自治区、直辖市）的规定	按国家、省（自治区、直辖市）的规定
4	医疗保险费	4	2

续表

序号	项　　目	费　率　标　准/%	
		工长、高、中级工	初级工
5	工伤保险费	1.5	1.5
6	职工失业保险基金	2	1
7	住房公积金	按国家、省（自治区、直辖市）的规定	按国家、省（自治区、直辖市）的规定

注　养老保险费率一般取20%以内，住房公积金费率一般取5%左右。

【计算示例6-1】

某地（六类工资区）引水工程人工预算单价的计算，见算例表6-1-1。

算例表6-1-1　　　人工预算计算计算表

地区类别：六类		定额人工等级：中级工	
序号	名称	计算式	单价/元
(1)	基本工资	280×12÷251×1.068	14.297
(2)	辅助工资	①+②+③+④	9.618
①	地区津贴	0	0
②	施工津贴	5.3×365×95%÷251×1.068	7.820
③	夜餐津贴	(3.5+4.5)÷2×30%	1.200
④	节日加班津贴	(1)×3×10÷251×35%	0.598
(3)	工资附加费	①+②+③+④+⑤+⑥+⑦	11.599
①	职工福利基金	[(1)+(2)]×14%	3.348
②	工会经费	[(1)+(2)]×2%	0.478
③	养老保险费	[(1)+(2)]×20%	4.783
④	医疗保险费	[(1)+(2)]×4%	0.957
⑤	工伤保险费	[(1)+(2)]×1.5%	0.359
⑥	职工失业保险基金	[(1)+(2)]×2%	0.478
⑦	住房公积金	[(1)+(2)]×5%	1.196
(4)	人工工日预算单价	(1)+(2)+(3)	35.514
(5)	人工工时预算单价	(4)÷8	4.439

二、材料预算价格

材料是建筑安装工人加工或施工的对象，包括直接消耗在工程中的消耗性材料、构成工程实体的装置性材料和施工中可重复使用的周期性材料。材料费是工程投资的主要组成部分。

材料预算价格是指材料由供货点到达工地分仓库或施工现场后的价格。材料预算价格包括：材料原价、材料包装费、材料运杂费、材料运输保险费、材料采购及保管费。

（1）材料原价。材料原价也称材料市场价或指定交货地点的价格，是计算材料预算价的基值，其价格一般均按市场调查价格计算。

（2）材料包装费。包装费是指为便于材料的运输或为保护材料而进行包装所发生的费用。此费用并不是对每种材料都可能发生。例如，散装材料不存在包装费；有的材料包装费已计入出厂价。

（3）材料运杂费。材料运杂费是指材料由产地或交货地点运往工地分仓库或相当于工地分仓库的材料堆放场所需要的费用，包括各种运输工具的运费、调车费、装卸费、出入库费和其他费用。

（4）材料运输保险费。材料运输保险费是指向保险公司缴纳的货物保险费用。

（5）材料采购及保管费。材料采购及保管费是指建设单位和施工单位的材料供应部门在组织材料采购、运输保管和供应过程中所需的各项费用。

①各级材料计划、采购、供应和保管部门工作人员的基本工资、辅助工资、工资附加费、办公费、差旅费和劳动保护费。

②仓库和转运站的检修费、工具用具使用费、固定资产折旧费、技术安全措施费和材料的检验、试验费等。

③材料在运输、保管过程中所发生的损耗。

现行部颁标准中采购保管费率为3%。材料预算价格的计算公式为：

材料预算价格＝(材料原价＋包装费＋运杂费)×(1＋采购及保管费)＋运输保险费

【计算示例6－2】

某工程水泥预算价格的计算，见算例表6－2－1。

算例表6－2－1　　主要材料预算价格计算表

名称及规格	原价依据	单位毛重/t	运杂费/（元/t）	价格/(元/t)				
				原价	运杂费	采购及保管费	运输保险费	预算价格
水泥42.5，20%袋装，80%散装	市场价		袋装22.0，散装10.6	296	15.68	8.88	2.96	323.52

注 1. 原价＝320×20%＋290×80%；
2. 运杂费＝(22.0×20%＋10.6×80%)＋1.5＋1.3，仓库至拌和楼由汽车运输，运费1.5元/t，进罐费1.3元/t；
3. 采购及保管费按3%计；
4. 运输保险费率按1%计。

三、施工机械台班（台时）费

施工机械台班（台时）费是指施工机械在一个台班（台时）内正常运行所损耗和分摊的各项费用之和。它是计算建筑安装工程单价中机械使用费的基础单价。

施工机械台班（台时）费由第一类费用、第二类费用和第三类费用组成。

第一类费用包括折旧费、修理及替换设备费（含大修理费、经常性修理费）和安装拆卸费，又称为不变费用或固定费用。它是由制定定额的主管部门直接以费用形式颁发，在编制台班费时一般不允许调整。

（1）折旧费。指施工机械在规定使用年限内收回原值的台时折旧摊销费用。

（2）修理及替换设备费。指机械使用过程中，为了使机械保持正常功能而进行修理所需费用、日常保养所需润滑油料费、擦拭用品费、机械保管费以及替换设备、随机使用的工具附具等所需的摊销费用。

（3）安装拆卸费。指机械进出工地的安装、拆卸、试运转和场内转移及辅助设施的摊销费用。

第二类费用也称可变费用，分为人工、动力、燃料或消耗材料，以工时数量和实物消耗量表示，其费用按国家规定的人工工资计算办法和工程所在地的物价水平分别计算。

第三类费用是指施工机械每台班（台时）所摊销的牌照税、车船使用税、养路费、保险费等。按各省（自治区、直辖市）现行规定收费标准计算。

目前正在使用的是2002年颁发的《水利工程施工机械台时费定额》。施工机械台班（台时）费计算方法：

（1）根据施工机械型号、性级等参数，查阅定额可得第一类费用。

（2）根据定额中的人工工时、燃料、动力消耗及各工程的人工工资单价、材料预算价格，计算出第二类费用。

（3）根据施工机械的实际使用情况计算出第三类费用。

（4）第一类费用、第二类费用和第三类费用之和，即为施工机械台班（台时）费。

【计算示例6-3】

$2m^3$ 液压单斗挖掘机台时费的计算，见算例表6-3-1。

算例表6-3-1　　施工机械台班（台时）费计算表　　单位：元

机械名称	一类费用	第二类费用							台班（台时）费合计
		人工	汽油	柴油	电	风	水	合计	
$2m^3$ 液压单斗挖掘机	147.3	55.62		2.8				58.42	205.72

注　1. 第一类费用根据有关文件进行调整确定；
2. 机械台时费中人工费按中级工人工工时预算单价计算。

四、施工用电、风、水预算单价

1. 施工用电价格

施工用电按用途可分为生产用电和生活用电两部分。水利水电工程概预算的电价计算范围仅指生产用电，生活用电不在此电价计算范围内。施工用电指施工机械用电、施工照明用电和其他生产用电。其来源有外购电和自发电两种形式。

施工用电的价格由基本电价、供电设施维修摊销费和电能损耗摊销费三部分组成。电价计算方法如下：

$$\text{电网供电价格}=\frac{\text{基本电价}}{(1-\text{高压输电线路损耗率})\times(1-35\text{kV 以下变配电设备及配电线路损耗率})}+\text{供电设备维修摊销费(变配电设备除外)}$$

$$\text{柴油发电机供电价格(自设水泵供冷水)}=\frac{\text{柴油发电机组(台)时总费用}+\text{水泵组(台)时总费用}}{\text{柴油发电机额定容量之和}\times K}\times\frac{1}{(1-\text{厂用电率})\times(1-\text{变配电设备及配电线路损耗率})}$$

$$+\text{供电设施维修摊销费}$$

$$\text{柴油发电机供电价格(循环冷却水)}=\frac{\text{柴油发电机组(台)时总费用}}{\text{菜油发电机额定容量之和}\times K}\times\frac{1}{(1-\text{厂用电率})\times(1-\text{变配电及配电线路损耗率})}+\text{供电设施维修摊销率}$$

式中：K 为发电机出力系数，一般取 0.8～0.85。厂用电率取 4%～6%；高压输电线路损耗取 4%～6%；变配电设备及配电线路损耗率取 5%～8%；供电设施维修摊销费取 0.02～0.03 元/(kW·h)；单位循环冷却水费取 0.03～0.05 元/(kW·h)。

若工程同时采用外购电和自发电两种形式，其电价应根据其使用比例综合计算。

【计算示例 6-4】

某水利工程施工用电，计划外购电 95%，自发电 5%。已知各基本资料如下，试计算其综合用电。

(1) 外购电：基本电价 0.4 元/(kW·h)，高压输电线路损耗 5%，变配电设备和输电线路损耗率取 8%，供电设施维修摊销费取 0.03 元/(kW·h)。

(2) 自发电：自备柴油发电机，1 台容量为 200kW（台时费为 140 元/台时），2 台容量为 400kW（台时费为 248 元/台时），3 台 3.7kW 潜水泵（台时费为 12 元/台时）供给冷却水；发电机出力系数为 0.8；厂用电率取 5%；变配电设备和输电线路损耗率取 8%；供电设施维修摊销费取 0.03 元/(kW·h)。

解：

(1) 外购电电价 $=0.4\times\frac{1}{1-5\%}\times\frac{1}{1-8\%}+0.03=0.488$ 元/(kW·h)

(2) 自发电电价：

$$\text{柴油发电机供电价格}=\frac{(140+248\times2)+12\times3}{1000\times0.8}\times\frac{1}{1-5\%}\times\frac{1}{1-8\%}+0.03=0.99\ \text{元/(kW·h)}$$

(3) 综合电价 $=0.488\times95\%+0.99\times5\%=0.51$ 元/(kW·h)

2. 施工用水价格

施工用水包括生产用水和生活用水。生活用水不计入施工用水水价之内。生产用水主要包括施工机械用水、砂石料筛洗用水、混凝土拌制养护用水、钻孔灌浆用水等。

施工用水的价格由基本水价、供水损耗和供水设施维修摊销费三部分组成，根据施工组织设计确定所配置的供水系统设备组（台）时总费用和组（台）时总有效供水量计算。

水价计算公式为：

$$\text{施工用水价}=\frac{\text{水泵组(台)时总费用}}{\text{水泵额定容量之和}\times K}\times\frac{1}{1-\text{供水损耗率}}+\text{供水设施维修摊销费}$$

式中：K 为能量利用系数，一般取 0.75～0.85；供水损耗率取 8%～12%；供水设施维修摊销费取 0.02～0.03 元/m^3。

【计算示例 6-5】

某工程施工用水设两个供水系统，均为一级供水，一个设 150D30×4 水泵 3 台，其中1台备用，包括管路损失总扬程116m，相应出水流量150m³/台时，另一系统设3台100D45×3水泵，其中1台备用，总扬程120m，相应出水流量90m³/台时，已知水泵台时费分别为92元/台时和72元/台时，供水损耗率取10%，维修摊销费取0.03元/m³，能量利用系数为0.8。试计算施工用水价格。

解：$$施工用水价格=\frac{92\times2+72\times2}{(150\times2+90\times2)\times0.8}\times\frac{1}{1-0.1}+0.03=0.98元/m^3$$

3. *施工用风价格*

施工用风是指施工过程中用于开挖土石方、振捣混凝土、基础处理、设备安装等工程施工机械所需的压缩空气。对于喷微灌工程，可采用移动式空压机供风，将其与不同施工机械配套，以空压机台时费乘以台时使用量直接计入工程单价，不再单独计算风价，相应风动机械台时费中不再计算台耗风价。

施工用风价格由基本风价、供风损耗和供风设施维修摊销费组成。根据施工组织设计所配置的空气压缩机系统设备组（台）时总费用和组（台）时总有效供风量计算。风价计算公式为：

$$施工用风价格=\frac{空气压缩机组(台)时总费用+水泵组(台)时总费用}{空气压缩机额定容量之和\times60min\times K}\times\frac{1}{1-供风损耗率}+供风设施维修摊销费$$

或

$$施工用风价格=\frac{空气压缩机组(台)时总费用}{空气压缩机额定容量之和\times60min\times K}\times\frac{1}{1-供风损耗率}+单位循环冷却水费+供风设施维修摊销费$$

式中：K为空压机能量利用系数，取0.70～0.85；供风损耗率取8%～12%；单位循环冷却水费0.005元/m³；供风设施维修摊销费0.002～0.003元/m³。

五、砂石料单价

砂石材料一般采用外购方式，计算方法与一般材料相同，但当预算价格超过70元/m³时，超过部分应在计取税金后列入规定部分的后面。

六、砂浆、混凝土材料单价

根据设计所确定的不同工程部位的砂浆、混凝土的强度等级及设计龄期，分别计算出材料单价（元/m³），再计入相应的砂浆、混凝土工程概预算单价内。

在微喷灌工程中，根据工程规模大小和实际情况的不同，在计算上述内容时应有不同侧重，具体标准可以参照有关手册和当地有关规定执行。

第四节　建筑安装工程单价

一、建筑安装工程单价的概念及构成

建筑安装工程单价，简称工程单价，由完成建筑安装工程单位工程量（如1m³、1t、

1 台套等）所消耗的直接工程费、间接费、计划利润和税金四部分构成。

在初步设计阶段使用概算定额查定人工、材料、机械台时消耗量，最终算得工程概算单价；在施工图设计阶段使用预算定额查定人工、材料、机械台时消耗量，最终算得工程预算单价。工程概算单价和工程预算单价统称为工程单价。建筑安装工程的主要项目均应计算概预算单价，据以编制工程概预算。

二、建筑安装工程单价的计算

1. 建筑工程单价计算

工程单价的编制通常采用列表法，编制工程单价有规定的表格格式。水利部现行规定的建筑工程单价计算程序见表 6－6。

表 6－6　　建筑工程单价计算程序表

序　号	名称及规格	计　算　方　法
(一)	直接工程费	(1)＋(2)＋(3)
(1)	直接费	①＋②＋③
①	人工费	∑定额劳动量(工时)×人工预算单价(元/工时)
②	材料费	∑定额材料用量×材料预算价格
③	机械使用费	∑定额机械台时×台时费
(2)	其他直接费	(1)×其他直接费率之和
(3)	现场经费	(1)×现场经费费率之和
(二)	间接费	(一)×间接费率
(三)	企业利润	[(一)＋(二)]×企业利润率
(四)	税金	[(一)＋(二)＋(三)]×税率
(五)	建筑工程单价	(一)＋(二)＋(三)＋(四)

建筑工程单价表编制方法说明如下：

(1) 按定额编号、工程名称、定额单位等分别填入表中相应栏内。其中，“名称及规格”一栏，应填写详细和具体。

(2) 将定额中的人工、材料、机械台时消耗量，以及相应的人工预算单价、材料预算价格和机械台时费分别填入表中各栏。

(3) 按“消耗量×单价”得出相应的人工费，材料费和机械使用费，相加得出直接费。

(4) 根据规定的费率标准，计算其他直接费、现场经费、间接费、企业利润、税金等，汇总即得出该工程单位产品的价格，即工程单价。

2. 安装工程单价计算

(1) 实物量形式的安装工程单价计算程序见表 6－7。

表 6-7　　实物量形式安装工程单价计算程序表

序　号	名称及规格	计　算　方　法
(一)	直接工程费	(1)+(2)+(3)
(1)	直接费	①+②+③
①	人工费	Σ定额劳动量(工时)×人工预算单价(元/工时)
②	材料费	Σ定额材料用量×材料预算价格
③	机械使用费	Σ定额机械使用量(台时)×定额台时费(元/台时)
(2)	其他直接费	(1)×其他直接费率之和
(3)	现场经费	人工费×现场经费费率之和
(二)	间接费	人工费×间接费率
(三)	企业利润	[(一)+(二)]×企业利润率
(四)	未计价装置性材料费	Σ未计价装置性材料用量×材料预算单价
(五)	税金	[(一)+(二)+(三)]×税率
(六)	建筑工程单价	(一)+(二)+(三)+(四)

注　机电、金属结构设备安装工程的现场经费和间接费都以人工费（%）作为计算基础。

(2) 费率形式的安装工程单价计算程序见表 6-8。

表 6-8　　费率形式的安装工程单价计算程序表

序　号	名称及规格	计　算　方　法
(一)	直接工程费	(1)+(2)+(3)
(1)	直接费	①+②+③+④
①	人工费	定额人工费(%)×设备原价(元)
②	材料费	定额材料费(%)×设备原价(元)
③	装置性材料费	定额装置性材料费(%)×设备原价(元)
④	机械使用费	定额机械使用费(%)×设备原价(元)
(2)	其他直接费	(1)×其他直接费率之和
(3)	现场经费	人工费×现场经费费率之和
(二)	间接费	人工费×间接费率
(三)	企业利润	[(一)+(二)]×企业利润率
(四)	未计价装置性材料费	Σ未计价装置性材料用量×材料预算单价
(五)	税金	[(一)+(二)+(三)]×税率
(六)	建筑工程单价	(一)+(二)+(三)+(四)

注　机电、金属结构设备安装工程的现场经费和间接费都以人工费（%）作为计算基础。

三、建筑工程单价的编制

(一) 土方工程单价计算

影响土方工程挖运功效的主要因素有，土的级别、取（运）土的距离、施工方法、施工条件、质量要求等。在编制土方单价时应充分考虑这些因素，合理使用定额。

（1）土方开挖、运输单价。土方开挖、运输单价是指从场地清理到将土运输至指定地点所需费用。

土方挖运单价按挖、运的不同施工工序，既可采用综合定额计算法也可采用综合单价计算法。综合定额计算法是先将选定的挖、运不同定额子目进行综合，得到挖、运综合定额，然后根据综合定额进行单价计算；综合单价计算法是按照不同施工工序选取不同的定额子目，然后计算出不同工序的分项单价，最后将各工序单价进行综合。

（2）土方填筑单价。土方填筑主要由取土、压实两大工序组成。开挖与填筑的定额单位不同，前者为自然方，后者为压实方，计算时应注意单位换算。

①料场覆盖层清除摊销费。料场覆盖层的清除费用按清除量乘以清除单价来计算。料场覆盖层清除摊销费，就是将其清除费用摊销入填筑实际土方中，即单位设计成品方应摊入的清除费用。

$$\text{覆盖层清除摊销费}=\frac{\text{覆盖层清除总费用}}{\text{设计成品方量}}=\frac{\text{清除量}\times\text{清除单价}}{\text{设计成品方量}}$$
$$=\text{清除单价}\times\text{覆盖层清除摊销率}$$

式中：清除单价按照选定的施工方法套用相应定额进行计算。

②土方压实单价。按设计提供容重要求、土质类别和不同的施工方法，选用相应的压实定额。

土方回填综合单价由若干个分项工序单价组成。计算时，压实工序以前的施工工序即开采、运输、翻晒备料等都要乘以综合折实系数，即

$$\text{综合折实系数}=\frac{(1+A)\times\text{设计干容重}}{\text{天然干容重}}$$

则：

$$\begin{aligned}\text{土方回填压实综合单价}&=\text{料场覆盖层清除单价}\times\text{摊销率}\\&+(\text{翻晒备料单价}+\text{挖运单价})\\&\times\text{综合折实系数}+\text{压实单价}\end{aligned}$$

式中：A 为综合损耗系数，按定额的规定选取。

【计算示例 6－6】

某水源工程挡水建筑物为黏土心墙坝，心墙施工采用 5km 处土料场的黏土，通过 $5m^3$ 挖载机配合 25t 自卸汽车上坝，采用 74kW 拖拉机碾压，试计算其综合概算单价。

基本资料：土质为Ⅲ类土，设计干密度为 $1.70t/m^3$，土料天然干密度为 $1.55t/m^3$，综合损耗系数 $A=6.7\%$，柴油单价 2.8 元/kg 其他条件见单价分析表。

解：根据水利部总［2002］116 号文《水利工程设计概（估）算编制规定》，查 2002《水利建筑工程概算定额》和 2002《水利工程施工机械台时费定额》，分别列表计算出 $5m^3$ 挖载机配合 25t 自卸汽车上坝的概算单价和 74kW 拖拉机碾压概算单价，然后再计算

出黏土心墙综合概算单价，见算例表 6－6－1 和表 6－6－2。

算例表 6－6－1　　**建筑工程单价表**

定额编号：10789　项目：土方挖运　定额单位：100m³（自然方）

施工方法：$5m^3$ 挖载机配合 25t 自卸汽车上坝，运距 5km，Ⅲ类土					
编号	名称及规格	单位	数量	单价/元	合计/元
1	直接工程费				1433.49
1.1	直接费				1285.64
1.1.1	人工费（初级工）	工时	2.3	3.04	6.99
1.1.2	零星材料费	人工费、机械费之和的 2%			25.21
1.1.3	机械使用费				1253.44
1.1.3.1	装载机 $5m^3$	台时	0.43	361.058	155.25
1.1.3.2	推土机 88kW	台时	0.22	105.618	23.24
1.1.3.3	自卸汽车 25t	台时	5.53	194.386	1074.95
1.2	其他直接费	其他直接费综合费率 2.5%			32.14
1.3	现场经费	现场经费费率 9%			115.71
2	间接费	间接费费率 9%			129.01
3	企业利润	企业利润率 7%			109.38
4	税金	税率 3.22%			53.83
5	单价合计				1725.71

算例表 6－6－2　　**建筑工程单价表**

定额编号：30075　项目：土方压实　定额单位：100m³（压实方）

施工方法：74kW 拖拉机碾压，设计干密度为 $1.70/(t/m^3)$					
编号	名称及规格	单位	数量	单价/元	合计/元
1	直接工程费				369.01
1.1	直接费				330.95
1.1.1	人工费（初级工）	工时	21.8	3.04	66.27
1.1.2	零星材料费	人工费、机械费之和的 10%			30.09
1.1.3	机械使用费				232.27
	拖拉机 74kW	台时	2.06	68.098	140.28
	装载机 $5m^3$	台时	0.55	85.838	47.21
	推土机 88kW	台时	1.09	13.92	15.17
	自卸汽车 25t	台时	0.55	53.828	29.61
	其他机械费	主要机械费之和的 1%			2.32
1.2	其他直接费	其他直接费综合费率 2.5%			8.27
1.3	现场经费	现场经费费率 9%			29.79
2	间接费	间接费费率 9%			33.21
3	企业利润	企业利润率 7%			28.16
4	税金	税率 3.22%			13.86
5	单价合计				441.92

黏土心墙综合单价为：

$$土方综合单价=17.26\times(1+6.7\%)\times1.7/1.55+4.44=24.64\ 元/m^3$$

（二）砌石工程单价计算

砌石工程单价按不同的工程项目、施工部位及施工方法套用相应定额。砌石工程定额中的石料数量，已经考虑了施工操作损耗和体积变化因素。

1. 定额的计量单位

定额计量单位除注明外，均按“成品”方计。砂、碎石为堆方，块石、卵石为码方，条石、料石为清料方。

2. 浆砌石砂浆单价的计算

砂浆单价应由设计砂浆的强度等级按试验所确定的材料配合比，并考虑施工损耗量确定材料预算量，乘以材料预算价格进行计算。如无试验资料，可按定额附录中的砌筑砂浆材料配合比表确定材料的预算量。

【计算示例 6－7】

某水源工程采用浆砌石挡土墙，砂浆强度等级为 M10，试计算其概算单价。

解：根据《水利工程设计概（估）算编制规定》（水利部总［2002］116 号），查 2002《水利建筑工程概算定额》和 2002《水利工程施工机械台时费定额》，列表计算浆砌石挡土墙概算单价，见算例表 6－7－1。

算例表 6－7－1　　**建筑工程单价表**

定额编号：30033　项目：浆砌块石挡土墙　定额单位：$100m^3$（砌体方）

施工方法：选石、修石、冲洗、拌制砂浆、砌筑、勾缝					
编号	名称及规格	单位	数量	单价/元	合计/元
1	直接工程费				20001.852
1.1	直接费				18266.531
1.1.1	人工费				2815.018
1.1.1.1	工长	工时	16.7	5.729	95.674
1.1.1.2	高级工	工时	0	5.363	0
1.1.1.3	中级工	工时	339.4	4.630	1571.422
1.1.1.4	初级工	工时	478.5	2.399	1147.922
1.1.2	材料费				15166.545
1.1.2.1	块石	m^3	108.0	70.000	7560.000
1.1.2.2	砌筑砂浆 M10	m^3	34.4	218.927	7531.089
1.1.2.3	其他材料费（5%）		0.5		75.455
1.1.3	机械使用费				284.969
1.1.3.1	灰浆搅拌机 $0.4m^3$	台时	6.38	21.929	139.907
1.1.3.2	胶轮车	台时	161.18	0.900	145.062
1.2	其他直接费	其他直接费综合费率 3.5%			639.329
1.3	现场经费	现场经费费率 6%			1095.992
2	间接费	间接费费率 6%			1200.111
3	企业利润	企业利润率 7%			1484.137
4	税金	税率 3.22%			730.492
5	材料价差（含税）				2304.911
6	单价合计				25721.504

（三）混凝土工程单价计算

1. 混凝土工程单价计算

混凝土工程单价一般包括混凝土拌和、混凝土运输（水平运输和垂直运输）及混凝土浇筑三部分单价。其中，前两部分在计算完直接费单价后，汇入浇筑单价中，即得到完整的混凝土工程单价。计算时要正确使用定额，现浇混凝土与预制混凝土定额工作内容不同。

2. 模板工程单价计算

模板工程单价的计算按不同的工程项目、施工部位及施工方法套用相应定额。计算时应注意模板定额的工作内容及计量单位。

【计算示例 6-8】

某输水明渠采用厚 15cm 的现浇混凝土 C15 护坡，采用 0.8m^3 混凝土搅拌机拌和，胶轮车运输，运距 50m，机械振捣，试计算其概算单价。

解： 列表计算（见算例表 6-8-1）。

算例表 6-8-1　　　　**建 筑 工 程 单 价 表**

项目：混凝土护坡 C15；定额单位：100m^3

施工方法：渠道（明渠），衬砌厚度 15cm，搅拌机拌制混凝土，胶轮车运混凝土，运距 50m					
编号	名称及规格	单位	数量	单价/元	合计/元
1	直接工程费				39774.566
1.1	直接费				36323.805
1.1.1	人工费				5096.823
1.1.1.1	工长	工时	34.100	5.729	195.359
1.1.1.2	高级工	工时	56.900	5.363	305.155
1.1.1.3	中级工	工时	564.546	4.630	2613.848
1.1.1.4	初级工	工时	826.370	2.399	1982.462
1.1.2	材料费				28028.738
1.1.2.1	水	m^3	244.000	0.500	122.000
1.1.2.3	纯混凝土 C15 二级配	m^3	137.000	201.333	27582.621
1.1.2.4	零星材料费（%）	元	0.000	0.000	47.070
1.1.2.4	其他材料费（%）	元	0.000	0.000	277.046
1.1.3	机械使用费				3198.244
1.1.3.1	混凝土搅拌机 0.8m^3	台时	10.612	54.059	573.669
1.1.3.2	振捣器插入式 1.1kW	台时	61.450	3.140	192.953
1.1.3.3	风（砂）水枪 6m^3/min	台时	61.450	33.085	2033.073
1.1.3.4	胶轮车	台时	170.762	0.900	153.685
1.1.3.5	混凝土拌制	台时	137.000	0	0
1.1.3.6	混凝土运输	台时	137.000	0	0
1.1.3.7	其他机械使用费（%）				244.863

续表

施工方法：渠道（明渠），衬砌厚度15cm，搅拌机拌制混凝土，胶轮车运混凝土，运距50m					
编号	名称及规格	单位	数量	单价/元	合计/元
1.2	其他直接费	其他直接费综合费率3.5%			1271.333
1.3	现场经费	现场经费费率6%			2179.428
2	间接费	间接费费率4%			1590.983
3	企业利润	企业利润率7%			2895.588
4	税金	税率3.22%			1425.209
5	材料价差（含税）				3642.758
6	单价合计				49329.105

四、设备安装工程单价的编制

设备安装工程包括机电设备和金属结构设备安装两部分。安装费包括设备安装费和构成工程实体的装置性材料费，以及装置性材料安装费。安装定额采用实物量和安装费率两种形式，因此安装费有两种计算方法。

（一）实物量法

以实物量形式表示的安装工程定额，其安装工程单价的计算与建筑工程单价的计算方法和步骤相同。定额中人工工时、材料、机械台时均以实物量表示。装置性材料根据设计选择的品种、规格、型号和数量，并计入规定的损耗量。此法编制的单价较准确。

1. 直接工程费

（1）直接费。

人工费＝定额劳动量(工时)×人工预算单价(元/工时)。

材料费＝定额材料用量×材料预算单价。

机械使用费＝定额机械使用量(台时)×施工机械台时费(元/台时)

（2）其他直接费＝直接费×其他直接费率之和。

（3）现场经费＝人工费×现场经费费率之和。

2. 间接费

间接费＝人工费×间接费率

3. 企业利润

企业利润＝(直接工程费＋间接费)×企业利润率

4. 未计价装置性材料费

未计价装置性材料费＝未计价装置性材料用量×材料预算价

5. 税金

税金＝(直接工程费＋间接费＋企业利润＋未计价装置性料费)×税率

6. 安装单价

单价＝直接工程费＋间接费＋企业利润＋未计价装置性材料费＋税金

（二）安装费率法

安装费率是以安装费占设备原价的百分率形式表示的定额，定额中给定了人工费、材料费和机械使用费各占设备原价的百分比。编制安装工程单价时，除人工费率外，材料费和机械费均不作调整。人工费的调整应以主管部门的规定为准。

1. 直接工程费

(1) 直接费。

人工费＝定额人工费(%)×设备原价

材料费＝定额材料费(%)×设备原价

装置性材料费＝定额装置性材料费(%)×设备原价

机械使用费＝定额机械使用费(%)×设备原价

(2) 其他直接费＝直接费×其他直接费率之和。

(3) 现场经费＝人工费×现场经费费率之和。

2. 间接费

间接费＝人工费×间接费率

3. 企业利润

企业利润＝(直接工程费＋间接费)×企业利润率

4. 税金

税金＝(直接工程费＋间接费＋企业利润)×税率

5. 安装单价

单价＝直接工程费＋间接费＋企业利润＋税金

一般在节水灌溉工程中采用的输水管道、水泵等机电设备安装工程按照水利工程来说均属于小型设备，根据各省（自治区、直辖市）现行造价的实际经验其安装费为：输水管道安装费为设备费的6%～8%，水泵等机电设备安装费为设备费的10%～15%计取也可。

【计算示例6-9】

试编制某河道工程抽水机站水泵安装工程单价。基本资料及单价编制见算例表6-9-1。

解：根据《水利工程设计概（估）算编制规定》（水利部水总［2002］116号），查水利部2002《水利水电设备安装工程概算定额》和2002《水利工程施工机械台时费定额》，列表计算（见算例表6-9-1）。

算例表6-9-1　　**安装工程单价表**

定额编号：03002　项目名称：水泵安装工程　定额单位：台

编号	名称及规格	单位	数量	单价/元	合计/元
1	直接工程费				42982.74
1.1	直接费				32040.89
1.1.1	人工费				22392.77
1.1.1.1	工长	工时	286	4.91	1404.26
1.1.1.2	高级工	工时	1374	4.56	6265.44
1.1.1.3	中级工	工时	3492	3.87	13514.04
1.1.1.4	初级工	工时	573	2.11	1209.03

续表

编号	名称及规格	单位	数量	单价/元	合计/元
1.1.2	材料费				5257.98
1.1.2.1	钢板	kg	108	3.7	399.60
1.1.2.2	型钢	kg	173	3.45	596.85
1.1.2.3	电焊条	kg	54	7	378.00
1.1.2.4	氧气	m^3	119	3	357.00
1.1.2.5	乙炔	m^3	54	12.8	691.2
1.1.2.6	汽油	kg	51	3.2	163.2
1.1.2.7	油漆	kg	29	15.6	452.4
1.1.2.8	橡胶板	kg	23	7.8	179.4
1.1.2.9	木材	m^3	0.4	1500	600.00
1.1.2.10	电	kW·h	940	0.6	564.00
1.1.2.11	其他材料费	%	20		876.33
1.1.3	机械使用费				4390.14
1.1.3.1	桥式起重机 20t	台时	54	22.08	1192.32
1.1.3.2	电焊机 20～30kVA	台时	60	9.42	565.20
1.1.3.3	车床 ϕ400～600	台时	54	20.67	1116.18
1.1.3.4	刨床 B650	台时	38	10.91	414.58
1.1.3.5	摇臂钻床 ϕ50	台时	33	15.04	496.32
1.1.3.6	其他机械费	%	16		605.54
1.2	其他直接费	其他直接费综合费率 2.7%			865.10
1.3	现场经费	现场经费费率 45%			10076.75
2	间接费	间接费费率 50%			11196.39
3	企业利润	企业利润率 7%			3792.54
4	税金	税率 3.22%			1866.69
5	单价合计				59838.36

五、其他直接费

1. 冬雨季施工增加费

计算方法：根据不同地区，按直接费的百分率计算：

西南、中南、华东区 0.5%～1.0%；

华北区 1.0%～2.5%；

西北、东北区 2.5%～4.0%。

西南、中南、华东区中，按规定不计冬季施工增加费的地区取小值，计算冬季施工增加费的地区可取大值；华北区中，内蒙古等较严寒地区可取大值，其他地区取中值或小值；西北、东北区中，陕西、甘肃等省取小值，其他地区可取中值或大值。

2. 夜间施工增加费

按直接费的百分率计算，其中建筑工程为0.5%，安装工程为0.7%。

照明线路工程费用包括在“临时设施费”中；施工附属企业系统、加工厂、车间的照明，列入相应的产品中，均不包括在本项费用之内。

3. 特殊地区施工增加费

指在高海拔和原始森林等特殊地区施工而增加的费用，其中高海拔地区的高程增加费，按规定直接进入定额；其他特殊增加费（如酷热、风沙），应按工程所在地区规定的标准计算，地方没有规定的不得计算此项费用。

4. 其他

按直接费的百分率计算。其中，建筑工程为1.0%，安装工程为1.5%。

六、现场经费

《水利工程设计概（估）算编制规定》（水利部水总［2002］116号），根据工程性质不同现场经费标准分为枢纽工程、引水工程及河道工程两部分标准。对于有些施工条件复杂、大型建筑物较多的引水工程可执行枢纽工程的费率标准。

灌溉工程属于水利工程中较小工程可执行引水工程及河道工程现场费费率见表6－9。

表6－9　　引水工程及河道工程现场经费费率表

序号	工　程　类　别	计算基础	现场经费费率/%		
			合计	临时设施费	现场管理费
一	建筑工程				
1	土方工程	直接费	4	2	2
2	石方工程	直接费	6	2	4
3	模板工程	直接费	6	3	3
4	混凝土浇筑工程	直接费	6	3	3
5	钻孔灌浆及锚固工程	直接费	7	3	4
6	疏浚工程	直接费	5	2	3
7	其他工程	直接费	5	2	3
二	机电、金属结构设备安装工程	人工费	45	20	25

工程类别划分：

（1）土石方工程。包括土石方开挖与填筑、砌石、抛石工程等。

（2）砂石备料工程。包括天然砂砾料和人工砂石料开采加工。

（3）模板工程。包括现浇各种混凝土时制作及安装的各类模板工程。

（4）混凝土浇筑工程。包括现浇和预制各种混凝土、钢筋制作安装、伸缩缝、止水、防水层、温控措施等。

（5）钻孔灌浆及锚固工程。包括各种类型的钻孔灌浆、防渗墙及锚杆（索）、喷浆（混凝土）工程等。

（6）其他工程。指除上述工程以外的工程。

（7）疏浚工程。指用挖泥船、水力冲控机组等机械疏浚江河、湖泊的工程。

七、间接费

《水利工程设计概（估）算编制规定》（水利部水总［2002］116号），根据工程性质不同间接费标准分为枢纽工程、引水工程及河道工程两部分标准。对于有些施工条件复杂、大型建筑物较多的引水工程可执行枢纽工程的费率标准。

本书中灌溉工程属于水利工程中较小工程可执行引水工程及河道工程间接费率见表6－10。

表6－10　引水工程及河道工程间接费费率表

序号	工程类别	计算基础	间按费费率/%
一	建筑工程		
1	土方工程	直接工程费	4
2	石方工程	直接工程费	6
3	模板工程	直接工程费	6
4	混凝土浇筑工程	直接工程费	4
5	钻孔灌浆及锚固工程	直接工程费	7
6	疏浚工程	直接工程费	5
7	其他工程	直接工程费	5
二	机电、金属结构设备安装工程	人工费	50

注　1. 工程类别划分同现场经费。
　　2. 若工程自采砂石料，则费率标准同枢纽工程。

八、企业利润

按直接工程费和间接费之和的7%计算。

九、税金

为了计算简便，在编制概算时，可按下列公式和税率计算：

税金＝（直接工程费＋间接费＋企业利润）×税率（若安装工程中含未计价装置性材料费，则计算税金时应计入未计价装置性材料费）

税率标准：

建设项目在市区的：3.41%；

建设项目在县城镇的：3.35%；

建设项目在市区或县城镇以外的：3.22%。

第五节　工程总概算编制

水利工程初步设计概算应根据《水利工程设计概（估）算编制规定》（水利部水总

［2002］116号）进行编制。

一、概算的编制程序

准备工作→项目划分→编制基础单价→编制工程单价→计算工程量→计算并编制各分项概算表及总概算表→编制分年度投资表、资金流量表→编写概算编制说明、进行复核、整理成果。

二、概算文件的组成

概算文件由编制说明、概算表和附件三部分组成。

1．编制说明

编制说明书是概算文件的文字叙述部分，应简明扼要。其内容包括：

（1）工程概况。

（2）投资主要指标。

（3）编制原则和依据。

（4）应说明的其他问题。

（5）主要技术经济指标表。

（6）工程概算总表。

2．设计概算表

一般情况下，水利工程设计概算表较为详尽，包括：总概算表、分部概算表、分年度投资表、资金流量表、概算各类汇总表等。喷微灌工程可以适当简略，取其一部分。编制设计概算的主要表格见表6-11～表6-17。

表6-11　　工程概算表　　单位：万元

序号	工程或费用名称	建安工程费	设备购置费	独立费用	合计	占第一至第五部分投资/%
	第一部分建筑工程					
	第二部分机电设备及安装工程					
	第三部分金属结构设备及安装工程					
	第四部分临时工程					
	第五部分独立费用					
	第一部分至第五部分合计					
	基本预备费					
	静态总投资					
	价差预备费					
	建设期融资利息					
	总投资					

表 6－12 **建筑工程概算表**

序号	工程或费用名称	单位	数量	单价/元	合计/万元
1					
2					
⋮					
n					

表 6－13 **设备及安装工程概算表**

序号	工程或费用名称	单位	数量	单价/元		合计/万元	
				设备费	安装费	设备费	安装费
1							
2							
⋮							
n							

表 6－14 **建筑工程单价汇总表** 单位：元

序号	名称	单位	单价	其中							
				人工费	材料费	机械使用费	其他直接费	现场经费	间接费	企业利润	税金
1											
2											
⋮											
n											

表 6－15 **安装工程单价汇总表** 单位：元

序号	名称	单位	单价	其中								
				人工费	材料费	机械使用费	装置性材料费	其他直接费	现场经费	间接费	企业利润	税金
1												
2												
⋮												
n												

表 6－16 **主要材料预算价格汇总表** 单位：元

序号	名称及规格	单位	预算价格	其中			
				原价	运杂费	运输保险费	采购及保管费
1							
2							
⋮							
n							

表 6-17　　汇总工、料、机、设备材料表

名　称	用　量	备　注
材料用量		
工程量		
劳动力用量		
设备用量		
机械用量		

3. 附件

附件是概算文件的重要组成部分，内容繁杂，篇幅较多，一般独立成册。附件各项基础价格及费用计算的准确程度直接影响总投资的准确性和编制质量。

三、概算的编制

(一) 分部工程概算编制

1. 第一部分建筑工程

建筑工程分主体建筑工程、交通工程、房屋建筑工程、外部供电线路工程、其他建筑工程，分别采用不同的方法编制。

2. 第二部分机电设备及安装工程

(1) 设备费。包括设备原价、运杂费、运输保险费、采购及保管费四项。

设备费=(设备原价+运杂费+运输保险费)×(1+采购及保管费率)

式中：设备费为设备原价为出厂价，对于非定型产品和非标准产品采用与厂家签订的合同价或询价；运杂费为由厂家运至工地安装现场所发生的调车费、装卸费、包装绑扎费及其他可能发生的杂费；运输保险费为工程所在地的规定计算；采购及保管费为建设单位和施工企业在负责设备的采购、保管过程中发生的各项费用。

(2) 安装工程费。安装工程概算按设计工程量乘以相应工程单价进行计算。

3. 第三部分金属结构设备及安装工程

金属结构设备及安装工程概算编制方法同第二部分机电设备及安装工程。

4. 第四部分施工临时工程

临时工程由导流工程、施工交通工程、施工场外供电线路工程、施工临时房屋建筑工程、其他施工临时工程等几部分组成，分别采用不同的方法编制。

5. 第五部分独立费用

独立费用是指建设项目发生的除建筑安装工程费用和设备费以外的费用，包括建设管理费、生产准备费、科研勘探设计费、建设及施工场地征用费和其他等五项组成。根据工程规模大小，按国家或地区的要求分别采用不同的方法进行编制。灌溉工程中一般需要罗列的独立费用如下：

(1) 建设单位管理费。①建设单位人员经常费，按照建安工作量的 1.5%计取；②工程管理经常费，按照建设单位人员经常费的 20%计取。

建设单位管理费也可以直接依据《建设单位管理费总额控制收费率表》(财建［2002］

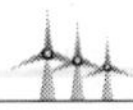

394号）计取（见表6-18）。

表6-18　　　　建设单位管理费总额控制收费率表　　　　单位：万元

工程总概算	费率（%）	算　例	
		工程总概算	建设单位管理费
1000以下	1.5	1000	1000×1.5%=15
1001～5000	1.2	5000	15+(5000-1000)×1.2%=63
5001～10000	1.0	10000	63+(10000-5000)×1.0%=113
10001～50000	0.8	50000	113+(50000-10000)×0.8%=433
50001～100000	0.5	100000	433+(10000-50000)×0.5%=683
100001～200000	0.2	200000	683+(200000-100000)×0.2%=883
200000以上	0.1	280000	883+(280000-200000)×0.1%=963

（2）工程建设监理费。按国家发展和改革委员会、建设部关于印发《建设工程监理与相关服务收费管理规定》（发改价格［2007］670号）的通知计取（见表6-19）。

表6-19　　　　建设工程监理与相关服务收费率表　　　　单位：万元

序　号	计　费　额	收　费　基　价
1	500	16.5
2	1000	30.1
3	3000	78.1
4	5000	120.8
5	8000	181.0
6	10000	218.6
7	20000	393.4
8	40000	708.2
9	60000	991.4
10	80000	1255.8
11	100000	1507.0
12	200000	2712.5
13	400000	4882.6
14	600000	6835.6
15	800000	8658.4
16	1000000	10390.1

（3）科研勘测设计费。①工程科学研究试验费，按工程建安工作量的0.2%计算；②工程勘测设计费，按照国家计委、建设部计价格［2002］10号文件规定执行（见表6-20）。

表 6-20　　**工程勘测设计收费率表**　　单位：万元

序　号	计 费 额	收 费 基 价
1	200	9.0
2	500	20.9
3	1000	38.8
4	3000	103.8
5	5000	163.9
6	8000	249.6
7	10000	304.8
8	20000	566.8
9	40000	1054.0
10	60000	1515.2
11	80000	1960.1
12	100000	2393.4
13	200000	4450.8
14	400000	8276.7
15	600000	11897.5
16	800000	15391.4
17	1000000	18793.8
18	2000000	34948.9

（4）建设及施工场地征用费。具体编制方法和计算标准参照移民和环境部分概算编制规定执行。

（5）其他。①定额编制管理费，按照国家及省（自治区、直辖市）计划（物价）部门有关规定计收；②工程质量监督费，按照国家及省（自治区、直辖市）计划（物价）部门有关规定计收；③工程保险费，按工程第一至第四部分投资合计的 0.45%～0.5%计算；④其他税费，按国家有关规定计取。

（二）工程总费用概算编制

工程总费用包括静态总投资与建设期融资利息之和。其中，静态总费用等于分部费用＋基本预报费。喷微灌工程总费用概算编制应按水利工程概预算方法列表进行。

【计算示例 6-10】

某大田规划设计为移动式喷灌系统工程，设计农田面积 2×2km²，有 4 口机井供水，单井出水量 80m³/h，单井每次开启两套喷灌系统进行轮灌。其管道布置为主管道选用 ϕ140PVC 管材，支管选用 ϕ110PVC 管材，支管布置间距 200m，给水栓布置间距 54m。移动式喷灌系统选用 76 铝管，ZY-2 喷头，喷头布置间距 18m。其概算编制，见算例表 6-10-1～算例表 6-10-3。

算例表 6-10-1　　　　工 程 概 算 表　　　　单位：元

序号	工程或费用名称	建安工程费	设备购置费	独立费用	合计	占第一至第五部分投资/%
1	第一部分建筑工程	82000.00			82000.00	9.2
2	第二部分机电设备及安装工程	11829.16	200000		211829.16	23.7
3	第三部分输水管道设备及安装工程	509490.80			509490.80	57.1
4	第四部分临时工程		50000		50000.00	5.6
5	第五部分独立费用			39038.39	39038.39	4.4
6	第一至第五部分合计				892358.35	
7	基本预备费（10%）				89235	
8	静态总投资				981593.35	
9	价差预备费					
10	建设期融资利息					
11	总投资				981593.35	

编制说明

(1) 工程概况：本工程为移动式喷灌系统。

(2) 概算定额采用：《水利工程设计概（估）算编制规定》（水利部总［2002］116号）、《水利建筑工程概算定额》（水利部［2002］)、《水利水电设备安装工程概算定额》（水利部［2002］)、《水利工程施工机械台时费定额》（水利部［2002］)。

(3) 施工地区工资类别为六类。

算例表 6-10-2　　　　建 筑 工 程 概 算 表　　　　单位：元

序号	工程或费用名称	单位	数量	单价	合计
1	管沟开挖回填	m	13200	5.00	66000.00
2	泄水井	个	8	1200.00	9600.00
3	镇墩	个	80	80.00	6400.00
	合计				82000.00

算例表 6-10-3　　　　设备及安装工程概算表　　　　单位：元

序号	费用名称	规格	单位	数量	单价	合计
	一、PVC管材管件					
1	PVC管	ϕ140(0.6MPa)	m	4008	36.88	147815.04
2		ϕ110(0.6MPa)	m	9200	22.60	207920.00
3	正三通	ϕ140	个	4	145.60	582.40
4		ϕ110	个	8	54.20	433.60
5	变径	ϕ140×110	个	8	40.08	320.64
6	异径三通	ϕ140×110	个	24	83.30	1999.20
7	弯头	ϕ140	个	24	72.00	1728.00
8	直通	ϕ110	个	4	19.65	78.60
9	法兰盘	ϕ140	个	4	57.63	230.52
10	PVC胶		kg	80	48.00	3840.00
11	小计					364948.00

续表

序号	费用名称	规格	单位	数量	单价	合计
二、首部材料						
1	异径接头	4″×5″	个	4	38.00	152.00
2	弯头	5″	个	4	42.00	168.00
3	钢管	5″	m	12	78.00	936.00
4	法兰	5″	个	16	42.00	672.00
5	压力表	1.0MPa	套	4	46.00	184.00
6	排气阀	1″	个	4	45.00	180.00
7	螺栓	ϕ16×150	套	128	2.30	294.40
8	逆止阀	5″	个	4	480.00	1920.00
9	水表	5″	个	4	620.00	2480.00
10	蝶阀	5″	个	4	335.00	1340.00
11	小计					8326.40
三、移动喷灌设施						
1	出地三通	4″×3″	个	150	115.00	17250.00
2	出地两通		个	40	113.00	4520.00
3	截阀体	3″	个	190	56.00	10640.00
4	截阀开关	3″	个	24	85.00	2040.00
5	涂塑软管	3″	根	16	280.00	4480.00
6			根	16	120.00	1920.00
7	铝直管	ϕ76	根	320	135.00	43200.00
8	铝三通管	ϕ76	根	176	145.00	25520.00
9	喷头	ZY-2	个	176	86.00	15136.00
10	立杆	1″	个	176	18.40	3238.40
11	支架	1″	个	176	18.40	3238.40
12	方便体	1″	个	176	21.60	3801.60
13	弯头	ϕ76	个	16	35.00	560.00
14	堵头	ϕ76	个	16	42.00	672.00
15	小计					136216.40
四、机电设备						
1	水泵及电机		套	4	50000	200000.00
合计						709490.80

【计算示例 6-11】

某滴灌系统工程概算编制，见算例表 6-11-1～算例表 6-11-4。

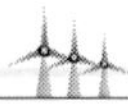

算例表 6-11-1　　**工 程 概 算 表**　　单位：元

序号	工程或费用名称	建安工程费	设备购置费	独立费用	合计	占第一至第五部分投资/%
1	第一部分建筑工程	22545.08			22545.08	4.68
2	第二部分机电设备及安装工程	11651.50	116515.00		128166.50	26.61
3	第三部分输水管道设备及安装工程	27564.13	303341.17		330905.29	68.71
4	第四部分临时工程					
5	第五部分独立费用					
6	第一至第五部分合计	61760.71	419856.17		481616.87	
7	基本预备费（10%）				48161.69	
8	静态总投资				529778.56	
9	价差预备费					
10	建设期融资利息					
11	总投资				529778.56	

编制说明

(1) 工程概况：本工程为微灌系统工程。

(2) 概算定额采用：《水利工程设计概（估）算编制规定》（水利部总［2002］116号）、《水利建筑工程概算定额》（水利部［2002］）、《水利水电设备安装工程概算定额》（水利部［2002］）、《水利工程施工机械台时费定额》（水利部［2002］）。

(3) 施工企业取费类别为六类。

算例表 6-11-2　　**建 筑 工 程 概 算 表**　　单位：元

序号	名　　称	单位	数量	单价	合计
(一)	管网土方工程				14826.43
	机机挖管沟土方	m^3	2030	3.20	6497.28
	人工挖管沟土方	m^3	226	5.32	1200.19
	人工回填	m^3	2256	3.16	7128.96
(二)	检修井（2座圆形 ϕ1.2m）	座	2	841.01	1682.03
	土方开挖	m^3	17.22	3.16	54.42
	土方回填	m^3	5.16	3.16	16.31
	圆形钢制井盖	m^3	2	244.00	488.00
	砌砖	m^2	2.62	348.74	913.70
	水泥砂浆内立面	m^2	5.16	8.25	42.57
	石子	m^3	2	83.52	167.04
(三)	排水井（5座圆形 ϕ1.2m）	座	5	821.47	4107.35
	土方开挖	m^3	43.05	3.16	136.04
	土方回填	m^3	12.90	3.16	40.76
	圆形钢制井盖	个	5	244.00	1220.00
	砌砖	m^3	6.55	348.74	2284.25
	石子	m^2	5	85.26	426.30
(四)	镇墩（400×400×400）				1929.27
	镇墩混凝土 C20	m^3	3	319.22	960.21
	模板	m^3	24	40.27	969.06
	合计				22545.08

算例表 6-11-3　　**灌溉设备及安装工程概算表**　　单位：元

序号	名　称	单位	数量	单价	安装单价	复价	安装复价
(一)	首部系统安装工程					105313.55	15797.03
1	镀锌钢管 DN50	m	30	39.50	5.93	1185.00	177.75
2	焊弯头 DN50	个	20	23.00	3.45	460.00	69.00
3	大小头 DN50×80	个	5	68.00	10.20	340.00	51.00
4	大小头 DN80×65	个	5	85.00	12.75	425.00	63.75
5	锻钢法兰盘 DN50	个	15	20.16	3.02	302.40	45.36
6	水表 DN50	个	5	360.00	54.00	1800.00	270.00
7	对夹蝶式止回阀 DN50	个	5	44.00	6.60	220.00	33.00
8	闸阀 DN50	个	5	65.00	9.75	325.00	48.75
9	进排气阀 2″	个	10	360.00	54.00	3600.00	540.00
10	压力表 0.6MPa	套	10	38.50	5.78	385.00	57.75
11	焊箍 2″	个	5	3.37	0.51	16.85	2.53
12	焊箍 1/2″	个	5	0.86	0.13	4.30	0.65
13	离心过滤器 2″	个	5	1250.00	187.50	6250.00	937.50
14	叠片手动反冲洗过滤系统	套	5	18000.00	2700.00	90000.00	13500.00
(二)	田间管网安装工程					198027.62	11767.09
1	PVC 管材 ϕ75，0.6MPa	m	2350	16.25	0.98	38187.50	2291.25
2	对夹蝶阀 DN65	个	2	137.00	8.22	274.00	16.44
3	PVC 法兰盘 ϕ75 含螺栓	个	8	48.70	2.92	389.60	23.38
4	减压阀 DN65	个	4	560.00	33.60	2240.00	134.40
5	PVC 球阀 ϕ63	个	5	30.80	1.85	154.00	9.24
6	PVC 弯头 ϕ75	个	10	16.00	0.96	160.00	9.60
7	PVC 变径 ϕ75×63		15	8.80	0.53	132.00	7.92
8	PVC 内丝 ϕ63×2″	个	15	6.90	0.41	103.50	6.21
9	PVC 螺纹球阀 ϕ32	个	173	11.20	0.67	1937.60	116.26
10	PE 管 ϕ63	m	2244	3.86	0.23	8661.84	519.71
11	PE 管 ϕ32	m	2367	2.90	0.17	6864.30	411.86
12	PE 堵头 ϕ32	个	346	6.10	0.37	2110.60	126.64
13	PE 阳螺纹三通 ϕ63×1″	个	173	3.50	0.21	605.50	36.33
14	PE 阳螺纹三通 ϕ63×2″	个	15	17.60	1.06	264.00	15.84
15	PE 阳螺纹三通 ϕ32×1″	个	173	10.60	0.64	1833.80	110.03
16	滴灌带暗扣三通 ϕ16	个	2000	1.00	0.06	2000.00	120.00
17	滴灌带旁通 ϕ16	个	600	1.00	0.06	600.00	36.00
18	滴灌带 ϕ16(1.38L，0.2mm)	m	360000	0.36	0.02	129600.00	7776.00
19	PVC 胶及其他安装辅料	批				1909.38	

算例表 6-11-4 **机电设备及安装工程概算表** 单位：元

序号	名　　称	单位	数量	单价	安装单价	复价	安装复价
1	深井泵 9.2kW175QJ20－98	套	2	3600.00	360.00	7200.00	720.00
2	深井泵 7.5kW175QJ20－70	套	3	3200.00	320.00	9600.00	960.00
3	泵管（3m/根）2″	根	195	161.00	16.10	31395.00	3139.50
4	电缆线 3×16mm^2	m	200	41.60	4.16	8320.00	832.00
5	变频控制柜 11kW	套	5	12000.00	1200.00	60000.00	6000.00
	合计						11651.50

第六节 经 济 评 价

经济评价是从经济角度考察喷微灌工程项目决策的正确性、工程质量和管理水平的高低。经济评价包括国民经济评价和财务评价，国民经济评价是从国家整体角度，采用影子价格，分析计算项目的全部费用和效益，考察项目对国民经济的净贡献，评价项目的经济合理性；财务评价是从项目财务角度，采用财务价格，分析计算项目的财务支出和收入，考察项目的盈利、清偿能力，评价项目财务可行性。水利建设项目应以国民经济评价为主，也应重视财务评价。喷微灌工程属于小型水利工程，经济评价应以《水利建设项目经济评价规范》（SL 72—94）及其他有关法规、规定的要求为依据，评价内容、深度可适当简化。

若喷微灌工程不进行国民经济评价和财务评价，则设计时应对工程灌溉成本和效益进行分析，并计算工程效益费用比和还本年限，以评价项目的经济合理性，并写入设计说明书的内容。

一、经济评价原则、方法

（一）经济评价原则

1. 实事求是、真实可靠

在调查、搜集、分析基础资料时坚持实事求是，不人为扩大或缩小，以保证数据真实可靠，评价结论可信。

2. 效益与费用计算口径对应一致

在项目经济评价或工程方案优选时，坚持效益与费用计算口径对应一致，以提高决策的科学性。

3. 以动态分析为主

经济评价应考虑资金的时间价值，以动态分析为主，辅以静态分析。

4. 以货币计量为主

在进行经济分析时，费用和效益尽可能用货币表示，不能用货币表示的，应用其他定量指标表示，确实难以定量的，予以定性描述，做到不遗漏、不重复。

（二）经济评价方法

1. 静态分析法

在对投资效益进行评价时，不考虑资金的时间价值。首先，累加工程各项投资，分析经济计算期内效益及年运行费用的多年平均值。而后，计算投资还本年限、投资效益系数等经济指标，判断工程在经济上的合理性。

投资还本年限计算公式：

$$T=\frac{K}{B-C} \tag{6-1}$$

投资效益系数计算公式：

$$e=\frac{B-C}{K} \tag{6-2}$$

式中　T——还本年限；

K——工程总投资；

B——工程多年平均增收与节支效益；

C——工程多年平均运行费用；

e——投资效益系数。

静态法概念清楚、计算简单，在做工程不同方案的粗略经济比较上，在一些短期投资项目的经济分析上，有一定控制作用。但由于没有考虑资金的时间价值，不能反映投资和效益随时间变化产生的增值。

【计算示例 6-12】

某滴灌工程总投资 392.20 万元，多年平均运行费用 220.91 万元，多年平均增产、节水、省地等效益总计 302.41 万元，试用静态法评价工程的合理性。

解：已知工程总投资 $K=392.20$ 万元，多年平均运行费用 $C=220.91$ 万元，多年平均总效益 $B=302.41$ 万元。

按式（6-1）计算投资还本年限：

$$T=\frac{K}{B-C}=\frac{392.2}{302.41-220.91}=4.81\text{ 年}$$

按式（6-2）计算投资效益系数：

$$e=\frac{B-C}{K}=\frac{302.41-220.91}{0.208}=0.208$$

计算结果说明该滴灌工程经济合理。

2. 动态分析法

在经济分析时，考虑资金的时间价值，按照一定的折算利率，把不同年份的工程投资、多年平均运行费用和多年平均效益折算成某一基准年的现值，计算投资回收年限、效益费用比和内部回收率等经济评价指标。

（1）还本年限计算公式：

$$T=\frac{\lg(B-C)-\lg(B-C-iK)}{\lg(1+i)} \tag{6-3}$$

（2）效益与费用比计算公式：

$$R=\frac{(1+i)^n-1}{(1+i)^n}\times\frac{B-C}{K} \tag{6-4}$$

式中　R——效益与费用比；

i——年折算率，%；

n——经济计算期，年；

其余符号意义同前。

【计算示例 6-13】

计算示例 6-13 某滴灌工程，若经济计算期 20 年，年折算率 12%，试用动态法对该滴灌工程进行经济评价。

解： 已知工程总投资 $K=392.20$ 万元，多年平均运行费用 $C=220.91$ 万元，多年平均总效益 $B=302.41$ 万元，经济计算期 $n=20$ 年，年折算率 $i=12\%$。

(1) 用式 (6-3) 计算还本年限：

$$T=\frac{\lg(B-C)-\lg(B-C-iK)}{\lg(1+i)}=\frac{\lg(302.41-220.91)-\lg(302.41-220.91-0.12\times 392.2)}{\lg(1+0.12)}$$

$=7.6$ 年

(2) 用式 (6-4) 计算效益费用比：

$$R=\frac{(1+i)^n-1}{(1+i)^n}\times\frac{B-C}{K}=\frac{(1+0.12)^{20}-1}{(1+0.12)^{20}}\times\frac{(302.41-220.91)}{392.20}=0.186$$

计算结果表明，动态法与上例静态法相比，还本年限增加 2.78 年，效益费用比值减少 10.6%。

二、喷微灌工程国民经济评价

喷微灌工程受益的是农民，因此一般不作财务评价，只作国民经济评价。但对于财务独立核算的农场、科技园区等单位兴建的喷微灌工程应进行财务评价。

对于喷微灌等小型水利项目，进行国民经济评价时，一般投入和产出采用现行价格或作简单调整，可不采用影子价格。但应注意，按现行价格计算项目费用和效益时，应采用同一年的不变价格，使费用与效益的价格水平保持一致。

(一) 费用计算

1. 固定资产投资

固定资产投资包括工程达到设计规模所需要由国家、企业和个人以各种方式投入主体工程和相应配套工程的全部费用。

2. 流动资金

由于运行期的第一年初工程尚无效益，需投入流动资金（周转金）购买所需的燃料、材料、备品、备件和支付工程管理人员工资等，以保证工程运行，在运行期的最后一年收回。

3. 年运行费用

年运行费用指工程运行初期和正常运行期间每年所支出的全部费用，包括燃料与动力费、维修费、管理费、水资源费、职工工资及其他费用等。运行初期的运行费用可根据工程配套程度、发挥效益面积的比例合理确定。

在工程正常运行期间，各年的运行费用一般相同。但若将设备更新费计入运行费用时，因设备更新年限长短不一，则各年运行费用不尽相同。

（1）燃料、动力费。是指工程运行中年耗电或燃油的费用。

（2）维修费。是指工程各建筑物、设施、设备的年维修费用，包括日常维修、岁修和大修费平均摊入每年的费用。大修费可按固定资产大修费率提取。

（3）管理费。是指工程管理人员工资与福利、办公费、日常观测、试验与科研费以及技术培训等费用。

（4）水资源费、水费。是指工程应向主管部门缴纳的水资源费或由其他部门供水时的水费。

（5）其他费用。是指上述费用以外，需要支出的其他费用，如保险费等。

4. 费用分摊

当喷微灌工程与其他部门共用一个水源工程时，其投资和运行费用按用水量的比例分摊。但如果缴纳水源工程供水水费，则不再分摊水源工程的费用。

（二）效益计算

喷微灌工程的总效益包括增产、节水、省地、省工等效益，应按项目修建前后的对比，计算效益增加值。运行初期的效益可根据工程配套程度、发挥效益面积的比例合理确定。

1. 增产效益

喷微灌工程的增产效益指工程向农、林、牧等提供灌溉用水增加的效益，采用系列法或频率法计算多年平均值。在缺乏水文年系列增产资料时，可将平水年的增产值近似作为多年平均值，但还应计算特别干旱年的增产效益，用以分析比较。

计算公式：

$$B=\sum_{i=1}^{n}A_i[(Y_{pi}-Y_i)D_i+(Y'_{pi}-Y'_i)D'_i] \tag{6-5}$$

式中　B——工程建成后多年平均增产值，元/年；

A_i——第 i 种作物种植面积，hm^2；

Y_{pi}——工程实施后第 i 种作物多年平均单位面积产量，kg/hm^2；

Y_i——工程实施前第 i 种作物多年平均单位面积产量，kg/hm^2；

D_i——第 i 种作物产品价格，元/kg；

Y'_{pi}——工程实施后第 i 种作物副产品（棉籽、秸秆等）多年平均单位面积产量，kg/hm^2；

Y'_i——工程实施前第 i 种作物副产品多年平均单位面积产量，kg/hm^2；

D'_i——第 i 种作物副产品价格，元/kg；

n——工程受益面积上的作物种类。

兴建喷微灌工程后，农业技术措施随之相应调整（品种改良、增施肥料、改善田间管理、薄膜或秸秆覆盖等），因此，作物产量的增加是水利、农艺等措施共同作用的结果，应对增产效益进行分摊。分摊系数根据水利、农艺等措施对增产的贡献大小而定，水利分摊系数为0.2～0.6，一般取0.4～0.5，可参考类似工程确定。考虑分摊系数的效益计算公式为：

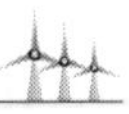

$$B = \sum_{i=1}^{n} \varepsilon_i A_i [(Y_{pi} - Y_i) D_i + (Y'_{pi} - Y'_i) D'_i] \tag{6-6}$$

式中　ε_i——第 i 种作物增产值分摊系数；

其余符号意义同前。

如果兴建工程后作物种植结构有所调整，按式（6-7）计算增产值：

$$B = \varepsilon \sum_{i=1}^{n} A[(\beta_i Y_{pi} - \alpha_i Y_i) D_i + (\beta_i Y'_{pi} - \alpha_i Y'_i) D'_i] \tag{6-7}$$

式中　A——工程受益面积，hm^2；

α_i——工程兴建前第 i 种作物种植比；ε_i；

β_i——工程兴建后第 i 种作物种植比；

ε——工程受益面积总增产值分摊系数；

其余符号意义同前。

2. 节水效益

喷微灌工程节水效果明显，特别是滴灌项目。根据《水利建设项目经济评价规范》（SL 72—2013）的规定，节水效益的计算应按扩大灌溉面积或用于城镇供水可获得的效益计算。若按扩大灌溉面积计算，则计算所扩大面积上的增产值，但应扣除相应的新增工程费用；若按城镇供水计算，则按供水的市场水价计算。

3. 省地效益

喷微灌工程较地面灌溉系统减少了渠道占地，可节省占地 3%～5%，节省的占地可恢复为具有喷灌或微灌条件的耕地，可按喷微灌工程受益面积上的平均单位面积产值乘以省地面积，扣除农业生产费用后的净收入作为省地效益。

4. 省工效益

省工效益按喷微灌工程兴建前后灌溉用工的差额乘以农业用工市场价格计算。

5. 其他效益

其他效益如节能效益，若已在年运行费用计算中体现，则不再重复计算。

（三）评价指标

1. 经济内部收益率（$EIRR$）

经济内部收益率以项目经济计算期内各年净效益现值累计等于零时的折现率表示，按式（6-8）计算。

$$\sum_{t=1}^{n} (B - C)_t (1 + EIRR)^{-t} = 0 \tag{6-8}$$

式中　$EIRR$——经济内部收益率；

B——年效益，万元；

C——年运行费用，万元；

n——经济计算期；

t——计算期各年的序号。

喷微灌项目的计算期取 20～30 年，应为工程主要设备折旧年限的最小公倍数，例如喷灌工程水泵折旧年限为 10 年，地埋塑料管道为 20 年，地面管道与金属喷头为 5 年，则计算期取为20年。如果计算期小于某种设备的折旧年限，则要计算设备残值，例如喷灌工程变电设备折旧年限为25年，则应在20年末计算设备残值。

当经济内部收益率（EIRR）不小于社会折现率（i_s）时，项目经济合理。喷微灌项目的社会折现率可取12%，对于主要为社会效益和生态环境效益的项目也可取7%。

2. 经济净现值（ENPV）

经济净现值是用社会折现率（i_s）将项目计算期内各年的净效益折算到计算期初的现值之和：

$$ENPV = \sum_{t=1}^{n}(B-C)_t(1+i_s)^{-t} \tag{6-9}$$

式中 ENPV——经济净现值，万元；

i_s——社会折现率，%；

其余符号意义同前。

当项目的经济净现值 $ENPV \geqslant 0$ 时，项目经济合理。

3. 经济效益费用比（EBCR）

经济效益费用比指项目效益现值与费用现值之比：

$$EBCR = \frac{\sum_{t=1}^{n}B_t(1+i_s)^{-t}}{\sum_{t=1}^{n}C_t(1+i_s)^{-t}} \tag{6-10}$$

式中 EBCR——经济效益费用比；

B_t——第 t 年的效益，万元；

C_t——第 t 年的费用，万元；

其余符号意义同前。

一般当经济效益费用比 $EBCR \geqslant 1.0$ 时，认为项目经济合理。根据《节水灌溉技术规范》（SL 207—98）的规定，当节水灌溉项目经济效益费用比不小于1.2（$EBCR \geqslant 1.2$）时，项目经济合理。

此外，对于比较重要的喷微灌工程项目，还应进行敏感性分析，即当投资增加10%～20%或效益减少10%～20%时，计算上述评价指标，评价项目是否仍然经济可行。

【计算示例6-14】

某地计划发展棉花滴灌377hm²，水源为地表水，首部建沉淀池，沉淀池控制面积600hm²。滴灌工程加上分摊沉淀池的费用总投资392.20万元。

解：

以下是该滴灌工程项目国民经济经济评价。

1. 年运行费用计算

算例表6-14-1是该滴灌工程年运行费用计算结果，各项费用计算说明如下。

(1) 燃料、动力费。按项目设计需6台45kW水泵，每年工作54d，每天工作20h，电费按市场价0.5元/(kW·h)计。

(2) 维修与更新设备费。工程设施日常维护与大修费按维修费率提取，运行期维修费

3.68万元；设备更新费，因各设备使用年限不一（滴灌带使用年限为1年，过滤器与地面管材、管件5年，水泵与电机12年，地埋管材管件与变配电设备20年，泵房与进水池30年），更新的时间也各有不同。

（3）管理费。73名管理人员工资、福利等。

（4）水资源费和水费。当地暂时未收取水资源费和水费。

（5）其他费用。日常行政开支、科研与观测等开支，共计10万元。

算例表6-14-1　　年运行费用计算表　　单位：万元

年序	燃料动力费	维修与更新设备费			管理费	其他费用	合计
		小计	维修费	更新设备费			
1							
2	4.86	1.23	1.23		24.5	10	40.59
3	9.72	32.61	2.45	30.16	49.00	10	101.33
4	14.58	64.00	3.68	60.32	73.5	10	162.08
5	14.58	94.16	3.68	90.48	73.5	10	192.24
6	14.58	94.16	3.68	90.48	73.5	10	192.24
⋮							
11	14.58	94.16	3.68	90.48	73.5	10	192.24
12	14.58	122.83	3.68	119.15	73.5	10	220.91
13	14.58	127.54	3.68	123.86	73.5	10	225.62
⋮							
20	14.58	94.16	3.68	90.48	73.5	10	192.24
21	14.58	94.16	3.68	90.48	73.5	10	192.24
22	14.58	122.83	3.68	119.15	73.5	10	220.91
23	14.58	122.83	3.68	119.15	73.5	10	220.91

2. 效益计算

工程边施工边受益，在建设期第二年受益面积125.7hm^2，第三年251.3hm^2，第四年全部受益。经济计算期为23年，其中建设期3年，运行期20年。

（1）增产效益。滴灌作物为棉花，面积377hm^2，增产量337.5kg/hm^2，价格10.6元/kg，总效益134.87万元，分摊系数采用0.6，滴灌增产效益80.92万元。

（2）节水效益。工程实施后可节省灌溉用水45.24万m^3。节省的水量用以提高603.2hm^2棉花的灌溉保证率，按每公顷增产150kg，每公斤10.6元计算，分摊系数取0.6，则年增加效益57.55万元。

（3）省地效益。滴灌工程土地利用率提高5%，377hm^2滴灌面积增加有效种植面积18.85hm^2，每公顷效益约为9750元，则年效益为18.38万元。

（4）其他效益。滴灌提高了肥料利用率，根据类似工程经验，滴灌比常规灌溉节肥减支434.25元/hm^2，则节肥效益为16.37万元；滴灌比常规灌溉节省动力费177.45万元/hm^2，则节能效益6.69万元；滴灌减轻农工劳动，减少承包人员。常规灌溉时，一般一人只能管理1.67～2hm^2，滴灌时可管理5～6.67hm^2，377hm^2面积可节省劳动力125人，共节约费用122.5万元。

项目实施后，上述增加效益合计，每年302.41万元。

3. 项目国民经济评价指标

项目国民经济评价指标包括：经济内部收益率；经济净现值；经济效益费用比。社会折现率取12%，工程建设期3年，各年投资分别为150万元、150万元和92.2万元；工程运行期20年。国民经济现金流量见算例表6-14-2。

分析计算表明，该项目的经济内部收益率为29%，大于社会折现率（12%）；经济净现值321.15万元（$i_s=12\%$）大于零；经济效益费用比为1.21（$i_s=121\%$），大于1.2。项目在经济上合理、可行。

算例表6-14-2　　国民经济效益费用现金流量表　　单位：万元

序号	项　目	建设期年序				运行期年序				合计
		1	2	3	4	…	20	21	22	23	
1	效益流量B	0	100.8	201.61	302.41		302.41	302.41	302.41	343.40	6391.60
1.1	灌溉效益	0	100.8	201.61	302.41		302.41	302.41	302.41	302.41	6350.61
1.2	回收固定资产余值									19.4	19.4
1.3	回收流动资金									21.59	21.59
1.4	项目间接收益										
2	费用流量C	150.00	190.59	193.53	183.67		192.24	192.24	220.91	220.91	4699.81
2.1	固定资产投资	150.00	150.00	92.20							392.20
2.2	流动资金				21.59						21.59
2.3	年运行费用		40.59	101.33	162.08		192.24	192.24	220.91	220.91	4286.02
3	净效益流量	−150.00	−89.78	8.07	118.74		110.17	110.17	81.50	122.49	1691.79
4	累计净效益流量	−150.00	−239.78	−231.71	−112.97		1377.63	1487.80	1569.30	1691.79	
备注	评价指标	经济内部收益率：29% 经济净现值（$i_s=12\%$）：321.15万元 经济效益费用比（$i_s=12.1\%$）：$EBCR=1.21$									

三、喷微灌工程灌溉成本和工程效益分析

目前，喷微灌工程项目大多未进行国民经济评价和财务评价，但对工程灌溉成本和效益进行分析，并计算工程效益费用比和还本年限，以评价项目的经济合理性。

在进行灌溉成本和工程效益分析时，应注意费用和效益口径一致的原则，并注意价格的一致性。如果效益是用水户缴纳的水费（产品是水），则费用是工程的年费用，包括工程设备折旧费和工程的年运行费用；如果效益是工程兴建后的增产收入（产品是农产品），则费用除工程的年费用和运行费用外，还包括工程兴建后农业投入的增加值。同时，总效益还应计入节水、省地、省工等效益。

（一）静态法计算

1. *灌溉成本计算*

根据《水利建设项目经济评价规范》（SL 72—2013）的规定，灌溉成本包括在一定时期内（一般为一年）生产、运行以及销售产品和提供服务所花费的全部费用。喷微灌工程项目总成本费用=折旧费+年运行费用+摊销费，以下是喷微灌工程项目各种费用的内容

和计算方法。

(1) 折旧费。根据 SL 72—2013，折旧费按各类固定资产的折旧年限采用平均年限法计算，每年折旧金额相同，按式 (6-11) 计算。

$$d=K/n \tag{6-11}$$

式中 d——年折旧费；

K——固定资产原值；

n——折旧年限，各类固定资产折旧年限见表 6-21。

表 6-21 设备使用年限与大修率

固定资产分类	折旧年限/年	年均大修费率/%	固定资产分类	折旧年限/年	年均大修费率/%
一、坝、闸建筑物			六、输配电设备		
1. 中小型坝、闸	50	1.5～1.0	1. 铁塔、水泥杆	40	0.5
2. 中小型闸涵	40	1.5	2. 电缆、木杆线路	30	1.0
3. 木结构、尼龙等半永久闸、坝	10	2.0	3. 变电设备	25	1.5
4. 泥沙淤积多的坝、闸	30	1.0～1.5	4. 配电设备	20	0.5
二、引水灌排渠道			七、水泵和喷灌机		
1. 中小型一般护砌灌排渠道	40	1.5	1. 大中型水泵	15	6.0
2. 混凝土、沥青护砌防渗渠道	30	2.0	2. 小型水泵	10	6.0
3. 塑料等非永久性防渗渠道	25	3.0	3. 大中型喷灌机	15	5.0
4. 跌水、节制闸等渠系建筑物	30	2.0	4. 小型喷灌机	10	5.0
三、水井			八、喷头		
1. 深井	20	1.0	1. 金属喷头	5	0
2. 浅井	15	1.0	2. 塑料喷头	2	0
四、房屋建筑物			九、地面移动管道		
1. 钢筋混凝土、砖石混合结构	40	1.0	1. 薄壁铝管	15	2.0
2. 永久性砖木结构	30	1.5	2. 镀锌薄壁钢管	10	2.0
3. 简易砖木结构	15	2.0	3. 塑料管	5	0
4. 临时性土木结构	5	3.0	4. 塑料软管	2	0
五、机电设备			十、地埋管道与仪器设备		
1. 小型电力排灌设备	20	2.0	1. 钢管、铸铁管	30	1.0
2. 小型机械排灌设备	10	4.0	2. 塑料管	20	1.0
3. 中小型闸阀、启闭设备	20	1.5	3. 试验观测、研究仪器设备	10	0.5

注 引自《节水灌溉工程实用手册》中国水利电力出版社，2005。

还需注意的是，有些固定资产的实际寿命往往大于折旧年限，到了折旧年限仍可继续使用1～2年，称这个剩余价值为残值。此时，在计算折旧费时应扣除残值。考虑残值的折旧费按式（6-12）计算，各类固定资产的残值按式（6-13）计算。

$$d=(K-S)/n \tag{6-12}$$

残值的计算公式为：

$$S=K(1-n/N) \tag{6-13}$$

式中 S——固定资产的残值；

N——固定资产的实际寿命；

其余符号意义同前。

（2）年运行费用。年运行费用是采用多年平均值，包括燃料、动力费、维修费、管理费、其他费用，其计算与国民经济评价部分相同。对于新建项目其各项费用的计算参考类似工程确定。但当以作物增产为主要效益时，还应包括兴建工程后农业技术措施投入增加的费用（种子、化肥、农药、农业机械台班费、水资源费等的差额）；对于每年需要更新的滴灌带，也可纳入材料费，但应注意不要与固定资产或维修费用重复计算。

（3）摊销费。摊销费是指无形资产（专利、技术、信誉等）及递延资产摊销费，由于喷微灌项目无形资产的计算与摊销（折旧）年限的确定尚无章可循，且数值较小，一般不予计算，但这样计算的灌溉成本会偏小一些。

2. 工程效益计算

当工程以增产为主要效益时，应计算工程兴建后的增产、节水和省工、省地效益。但应注意节水效益、省工效益如果在计算生产成本时考虑，则不能重复计算。增产效益、节水效益和省工、省地效益的计算方法同前，应为多年平均值。

【计算示例6-15】

某地棉花膜下滴灌项目，滴灌面积1026亩，总投资51.29万元。试以静态法进行灌溉成本和效益计算。

解：

1. 灌溉成本计算

总投资中固定资产原值32.90万元，折旧费2.83万元，包括：沉沙池等建筑工程投资11.04万元，按30年折旧；地埋管材、管件8.43万元，按20年折旧；地面管材、管件4.49万元，按4年折旧；首部设备3.72万元，按6年折旧；水泵1.75万元，按12年折旧；输变电设备2.07万元，按25年折旧；房屋建筑1.4万元，按20年折旧。滴灌带每年更新费用179.14元/亩，计入生产成本。工程兴建后年农业生产成本，种子、化肥、农药、水费、燃料动力费、人工费、滴灌带等增加114.64元/亩；新增年维修费0.66万元、管理费0.47万元、销售费1.17万元。

（1）计算项目年总费用。项目年总费用＝折旧费＋年运行费＋摊销费。暂不考虑摊销费，则：

$$\begin{aligned}\text{项目年总费用}&=2.83+(114.64\times1026/10000+0.66+1.17+0.47)\\&=2.83+14.06=16.89\ \text{万元}\end{aligned}$$

(2) 计算项目亩费用。项目亩费用=项目年总费用÷总灌溉面积，则：

亩费用=(16.89/1026)×10000=164.62 元/年

(3) 计算灌溉成本。项目灌溉成本=项目亩费用/灌溉定额。该滴灌工程灌溉定额 $250m^3$/亩，则：

单方水灌溉成本=164.62÷250=0.66 元

2. 工程效益计算

项目收入包括棉花增产的销售收入、节水收入和省地收入。地面灌溉亩产皮棉 95kg，滴灌亩产 120kg，价格 7 元/kg，滴灌棉花增产销售收入 17.96 万元；节水收入 5.37 万元（节约的水量可增加 2141 亩缺水面积的灌溉用水，亩增效益 62.7 元，分摊系数 0.4）；省地收入 1.36 万元（工程节省占地 5%，地面灌溉每亩产量 95kg，分摊系数 0.4）。销售收入共计 24.69 万元。

工程还本年限：

$$T=K/(B-C)=51.29/(24.69-14.06)=4.83\text{ 年}$$

投资效益系数：

$$e=(B-C)/K=0.207$$

（二）动态法计算

动态法与静态法的不同点在于考虑资金的时间价值。在灌溉成本的计算上，设备折旧应采用动态折旧公式计算，年运行费用仍采用多年平均值（视为等额年金）。

按动态法计算折旧费（每年等额回收）公式为：

$$d=\frac{i(1+i)^n}{(1+i)^n-1}K \tag{6-14}$$

式中 d——工程设备（设施）的折旧费；

K——设备（设施）的投资；

n——设备（设施）的折旧年限；

i——折现率。

【计算示例 6-16】

以计算示例 6-16 中地埋管材管件为例，按动态法计算折旧费，其折算率取 12%。地埋管材、管件投资 8.43 万元，折旧年限 20 年，则折旧费为：

$$d=\frac{i(1+i)^n}{(1+i)^n-1}K=\frac{0.12(1+0.12)^{20}}{(1+0.12)^{20}-1}\times 8.43=1.13\text{ 万元}$$

同理，可算得沉沙池折旧费 1.37 万元；地面管材、管件折旧费 1.47 万元；首部设备折旧费 0.91；水泵折旧费 0.28 万元；输变电设备折旧费 0.26 万元；房屋建筑折旧费 0.19 万元。折旧费合计 5.61 万元。相当于静态折旧费 2.83 万元的 2 倍左右。

将实例中年运行费用 14.06 万元视为多年平均值，则：

项目总费用=折旧费+年运行费用=5.61+14.06=19.67 万元

亩费用=19.67÷1026×10000=191.72 元/年

单方水成本=191.72÷250=0.77 元

与静态法相比，总成本费用增加 2.78 万元；亩成本费用提高 16.5%；单方水成本提高 16.7%。

当工程效益采用多年平均值（视为等额年金）时，工程还本年限与效益费用比分别用前面式（6-3）与式（6-4）计算。

例如，将实例中增产、节水、省地效益 24.69 万元视为多年平均值，则工程还本年限为：

$$T=\frac{\lg(B-C)-\lg(B-C-iK)}{\lg(1+i)}=\frac{\lg(24.69-14.06)-\lg(24.69-14.06-0.12\times51.29)}{\lg(1+0.12)}$$

$$=7.64$$

效益与费用比为：

$$R=\frac{(1+i)^n-1}{(1+i)^n}\times\frac{B-C}{K}=\frac{(1+0.12)^{21}-1}{(1+0.12)^{21}}\times\frac{24.69-14.06}{51.29}=0.188$$

与静态法相比，投资回收年限增加 2.81 年，效益费用比降低 9.2%。

第七节　技　术　评　价

为了确保工程质量，喷微灌工程建成交付使用前，应进行技术评价。它是工程验收的依据，也是衡量规划设计方案合理性的依据。这对于总结喷微灌技术应用经验，不断提高喷微灌技术水平具有非常重要的意义。技术评价包括对量化技术指标，和非量化技术指标的评判。评价的依据主要是国家、行业和地方标准，并参考国际指标。评价要从我国实际出发，以有利于我国喷微灌技术发展为原则。

一、竣工验收技术评价

喷微灌工程竣工验收技术评价，主要是评定工程施工安装质量是否达到设计的要求。目前，我国大多数喷微灌工程采用总承包，即工程设计、材料设备、施工安装均由承包人单独完成，工程设计没经严格审批。对于这种情况，竣工验收不仅要评价工程施工安装质量，还应评价设计的合理性。

喷微灌工程竣工验收技术评价时应具备下列条件：

（1）施工过程中对隐蔽工程进行了认真验收，确认符合相关技术标准。

（2）施工安装结束时进行了试压和试运行，确认系统整体工作正常。

对于一些较小的喷微灌工程竣工验收技术评价可适当简化。根据《喷灌工程技术规范》（GB/T 50085—2007）的规定，工程竣工验收“应对工程的设计、施工和工程质量做全面评价”。

（一）工程完成情况与系统整体布置以及设备配套的合理性

在工程现场对照设计图纸和其他技术文件，检查工程的完成情况是否全面达到已批准文件的要求；由上而下检查各级设备布置安装到位情况，重点检查的部位包括：

（1）水源工程是否安全可靠，不同季节取水是否有保证。

（2）首部设备种类、型号、规格配套是否合理，安装位置是否正确。

(3) 控制、调节、安全保护设备型号、规格和安装位置是否正确。

(二) 设计技术参数选择的合理性

检查设计采用的技术参数是否符合《喷灌工程技术规范》(GB/T 50085—2007) 和《微灌工程技术规范》(GB/T 50485—2009) 以及相关技术标准的规定，是否符合当地气候、土壤、作物特性和水源条件。

(三) 系统工作制度确定的合理性

检查设计采用的系统工作制度是否满足水量平衡，并保持水泵平稳、高效运行和有利于方便系统运行管理的要求。

(四) 系统各个部件连接必须牢固

重点检查首部和干管连接件的连接是否到位可靠，水泵轴松紧是否适当。

(五) 控制、调节、安全保护设备工作状况

检查首部、干管上各个控制闸阀、止逆阀、进排气阀、减压阀和支管调压阀安装位置是否正确，工作是否正常。

(六) 技术参数测试

1. 喷灌工程测试

喷灌工程主要测试喷灌均匀系数、喷灌强度和雾化指标是否达到设计指标。在田间测定场地应选取具有代表性的典型面积进行，当喷灌系统有相邻的多条支管同时喷洒时，典型面积等于喷灌系统支管的间距乘以支管上喷头的间距。当喷头采用正方形布置时，正方形的四个顶点为四个喷头；若喷头为正三角形布置时，有一个喷头位于典型面积的中心(见图 6-3)。在测定面积上，按测点的间距划成方格网，在小方格的中心布置量雨筒，使每个量雨筒代表面积相同，量雨筒的间距为 3～4m。例如，当喷头采用正方形布置，间距为 18m 时，量雨筒间距 3.6m，在典型面积上共布置 25 个量雨筒；当量雨筒间距为 3m 时，共布置 36 个量雨筒。

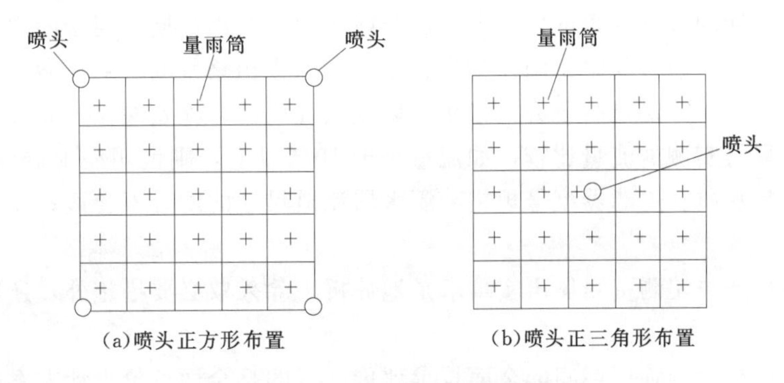

图 6-3 量雨筒布置示意图

测量时保持主干管工作压力处于设计压力，测量前在一个喷头上安装压力表，在测定喷洒水深的同时观测喷头工作压力，在测试时间内观测不少于 3 次，并做好记录。此外，用手持风速仪测定风速。田间喷洒时间 30～60min。

根据测试记录整理计算喷灌均匀系数、喷灌强度、雾化指标，并与设计指标相对照。计算方法参见第十三章相应公式。

2. 微灌工程测试

根据《微灌工程技术规范》（GB/T 50485—2009）的规定，工程竣工验收测试的主要技术指标包括轮灌组流量，灌水器平均流量和灌水均匀系数。

对于续灌方式和随机供水方式的微灌系统，选择灌区上、中、下三条支管进行测试；对于轮灌方式的微灌系统，选择中等流量的一个轮灌组的一个中间灌水小区作为测试典型支管。在所选定测试支管上、中、下各三条毛管的上、中、下三个位置灌水器作为测试典型灌水器。

将干管进口压力调至相应设计工作压力，待稳定后记录水表初读数，开始计时，测量灌水器工作压力和流量。滴头流量的测量时间不小于15min，微喷头和小灌出流器流量的测量时间不短于10min，以保证必要的测量精度。在测量过程中干管进口工作压力应保持相应设计压力。测量重复3次。每一次次测结束记录测量的干管进口压力\水表（或流量表）读数、测量时间，灌水器工作压力、水量。

根据测试记录整理计算轮灌组流量、灌水器平均流量和灌水均匀系数，并与设计指标相对照。计算方法参见第十五章相应公式。

（七）技术评价

以喷微灌工程国家和行业技术标准为依据，结合其他相关技术文件，对上述检查和测试结果进行工程技术质量评价。

二、工程运行管理的技术评价

喷微灌工程运行管理期间技术评价国家尚无明文规定，但对于重要喷微灌工程使用期间的技术评价是有必要的。因为它可真正反映出工程的全面质量，对于及时发现问题，总结经验，提高已有工程的运行效率，改进未来喷微灌工程建设质量是非常重要的。对重要喷微灌工程建议建成后每隔2～3年进行一次全面技术评价，并把它作为工程管理的重要内容。工程使用期间技术评价的内容和方法与竣工验收基本相同。对于灌水均匀度的评价除通过田间实测外，还可观察田间作物生长是否均匀作粗略判断。对于微灌系统还要对抗堵塞能力进行评价，方法是将干管进口压力调至设计压力，测定竣工验收技术评价时测定的灌水器的流量与实测的流量比较，如流量小于10%以上，则说明灌水器出现明显堵塞，应查明原因，是水质、过滤器型号规格和灌水器流道尺寸的配套不合适；还是操作管理的问题。

根据现场检查与实测资料做出实事求是地分析，除采取必要措施外，还应写出技术评价报告。

喷微灌工程在运行管理期间的全面技术评价，目的是全面评价设计方案的合理性、设备材料的质量、施工安装质量，以及运行管理水平，以总结经验，促进喷微灌技术的发展。

（一）喷灌工程技术评价

1. 水泵工作状况的稳定性

测量记录系统不同工作制度水泵运行功率，检查是否处于高效率区域，以评价轮灌组划分、水泵选择的合理性和节能效果。

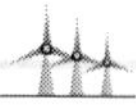

2. 各种设备的使用情况

观察各种设备和附属设施的工作有效性、损坏更换率、维修的简便性、有效使用年限。

3. 灌溉效率

在灌区上、中、下选择3条典型支管控制的面积检测植物生长状况和产量，计算每 m^3 水生产的果实重量或可利用的植物体重量。

4. 总体技术评价

综合所检测的各种技术指标和状态，对工程设计的合理性、施工质量的好坏，以及运行管理水平的高低做出评价。

(二) 微灌工程技术评价

微灌工程运行管理技术评价与喷灌工程相同，但还需增加微灌系统防堵能力。可通过追踪检测过滤器冲洗频率，或冲洗时间间隔的变化，以及观察灌水器流量变化情况，评价微灌系统的防堵能力。

第二篇

设　备

本篇介绍组成喷灌和微灌系统各种设备的基本结构、工作原理、性能特点、使用条件，以及选型配套方法。同时，对关键设备，灌水器和过滤器介绍了技术性能测试方法和评价标准，可供制造过程中质量检验和应用部门复测检验参考。

合格的设备是喷微灌工程成功的基础，设计和运行管理者只有全面充分了解喷微灌设备的基本结构、工作原理、性能特点和使用条件，才能准确选择适合不同条件使用的设备和配套方案，采用正确的运行操作管理方法，以达到预期的应用效果。

第七章 灌 水 器

灌水器是喷微灌系统的关键部件。其功能是将来自管网的压力水流转化成不同灌溉方式需要的流量和出流状态，对植物进行高效灌溉。综合国内外相关资料，喷微灌系统灌水器流量和出流状态可划分见表7-1。

表7-1　　喷微灌系统灌水器流量划分表

<table>
<tr><th>灌溉技术类型</th><th>灌水器类型</th><th>流量范围/(L/h)</th><th>出流状态</th><th colspan="2">系统类型</th></tr>
<tr><td rowspan="4">微灌</td><td>滴头</td><td>＜12(15)</td><td>滴水状、细流状</td><td rowspan="4">微灌系统</td><td>滴灌系统</td></tr>
<tr><td>小管出流器</td><td>12～250</td><td>细流状、射流状</td><td>小管出流灌溉系统</td></tr>
<tr><td>微喷头</td><td>＜250</td><td>喷洒状、喷雾状</td><td rowspan="2">微喷灌系统</td></tr>
<tr><td>微喷带</td><td>＜250/组</td><td>滴流状、喷射状</td></tr>
<tr><td rowspan="2">喷灌</td><td>喷头</td><td>＞250</td><td rowspan="2">喷洒状、喷射状</td><td colspan="2" rowspan="2">喷灌系统</td></tr>
<tr><td>喷水带</td><td>＞250/组</td></tr>
</table>

注　1. 滴头流量不大于12L/h是《微灌工程技术规范》(GB/T 50485—2009)的规定，在《农业灌溉设备滴头和滴灌管技术规范和试验方法》(GB/T 17188—2009)采用不大于24L/h的规定；

2.《微灌工程技术规范》(GB/T 50485—2009)中将小管出流灌溉与涌泉灌溉等同，是误解，涌泉器的流量一般大于250L/h，通常用于灌乔木。

本章主要介绍喷微灌系统各类灌水器的基本结构、工作原理、技术特点、主要技术参数和使用条件。本章第三节介绍灌水器的测试，包括试验方法和评价标准，目的是帮助读者加深对灌水器技术参数的了解，并为购买灌水器抽测（复测）提供参考。

第一节 喷 头

一、常用喷头主要类型与结构原理

(一) 摇臂式喷头

1. 结构与工作原理

目前我国制造的摇臂式喷头主要结构形式如图7-1和图7-2所示。由旋转密封机构、过水流道、驱动机构、换向机构等四部分组成。

图7-1是单喷管（单喷嘴）摇臂式喷头的基本结构，旋转密封机构包括空心轴套1、减磨密封圈2和空心轴3和防砂弹簧4，减磨密封圈阻止来自喷灌支管和竖管压力水外漏，并保持喷管灵活转动；空心轴3和喷体6、喷管17和喷嘴15组成过水流道，压力水流进入喷管，通过喷嘴，以水柱状喷射到空中，在空气的作用下，被粉碎成雨滴降落到植物冠层和地面，除低压喷头外，在喷管内还安装有稳流器，以降低水流的紊流程度，提高

喷头射程、改善喷洒水量分布；由摇臂调位螺钉9、弹簧座10、腰臂轴11、摇臂弹簧12、摇臂13和打击块14组成驱动机构，从喷嘴射出的水流推动摇臂离开喷管至一定距离，在摇臂弹簧力的作用下，回转敲击打击块，推动喷管转动，此时摇臂又进入水流的作用范围，再次推动喷管，这样对打击块的反复敲击推动喷管，使喷管绕竖轴转动，形成全圆或扇形的喷洒湿润面积；换向机构包括换向器7、反转钩8和限位环18，当喷管转到某一角度时，反转钩末端触到换向器的一侧，逼使喷管快速回转，重复下一周期的喷洒，从而形成扇形喷洒，因为限位环的角度可调，换向器设计成可调角度，使喷洒扇形的开度可以根据需要设定。

双喷管（双喷嘴）摇臂式喷头见图7-2。其主要结构和作用原理与图7-1基本相同，不同之处是，采用大小两个喷管和喷嘴，增加近处喷水量，提高了喷洒均匀度。

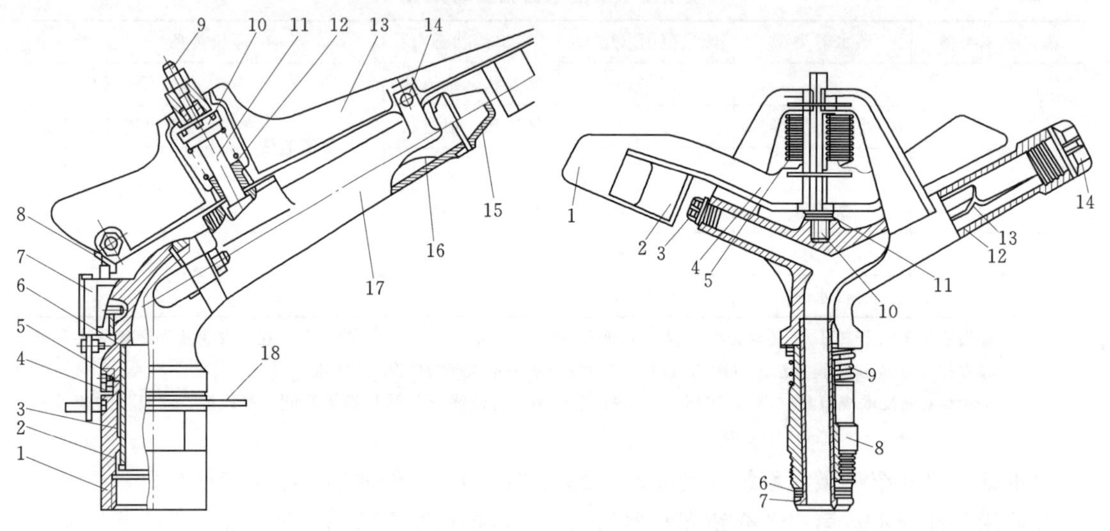

图7-1 单喷嘴带换向机构的摇臂式喷头示意图
1—空心轴套；2—减磨密封圈；3—空心轴；4—防砂弹簧；5—弹簧罩；6—喷体；7—换向器；8—反转钩；9—摇臂调位螺钉；10—弹簧座；11—摇臂轴；12—摇臂弹簧；13—摇臂；14—打击块；15—喷嘴；16—稳流器；17—喷管；18—限位环

图7-2 双喷管（双喷嘴）摇臂式喷头示意图
1—导水板；2—挡水板；3—小喷嘴；4—摇臂；5—摇臂弹簧；6—三层垫圈；7—空心轴；8—轴套；9—防砂弹簧；10—摇臂轴；11—摇臂垫圈；12—大喷管；13—整流器；14—大喷嘴

图7-1的摇臂为悬臂梁式，而图7-2的摇臂为框架式，结构简单些。图7-2没有换向机构，只能进行全圆喷洒。

2. 工作特点

摇臂式喷头是目前国内使用最为广泛的一种喷头，是管道式喷灌系统使用最为主要的灌水器。这类喷头的材料主要有铝合金、塑料和铜三种，具有下列技术特点。

（1）工作压力较低，相对射程较大，能耗较小。摇臂式喷头的使用工作压力一般为150～350kPa，工作时，水流由喷嘴成股射出，在空气的作用下碎裂成雨滴状，降落到植物冠层和地面，因而比固定漫射（散射）式喷头在相同工作压力下的射程远，单位面积相同灌水量的能耗头低。

（2）喷灌强度低。由于摇臂式喷头是转动工作，单喷头控制的喷洒面积大，与固定式

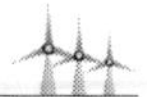

喷头比较，相同流量下的喷洒强度小得多，这有助于防止坡地水土流失，减小对幼苗、花卉等织物的打击损害。

（3）适用性强。摇臂式喷头根据实际需要，制造成不同档次工作压力、流量、射程、喷灌强度的系列产品，可适应不同地形、土壤、植物喷灌的要求。此外，还可采用不同仰角，以适应不同高度喷洒的要求。

（4）喷灌质量较高。摇臂式喷头转速稳定且易于调节，喷洒水量的分布可通过调整摇臂撞击频率保持较高的喷灌质量，一般采用多喷头组合喷洒，可以达到较高的喷灌均匀度，不仅保证灌区内不同位置植物正常生长，而且提高水的利用效率。

（5）受风冲击或振动时可能明显降低喷灌质量。摇臂式喷头在有风时，或回转面不水平（竖管倾斜安装）时，或受大的振动时，旋转速度不均匀，会降低喷洒均匀性。因此，在风速达到3级以上时应停止喷灌作业；应避免摇臂式喷头与手扶拖拉机、柴油机、水泵直联使用。为改善摇臂撞击喷管后的受力状况，经常在较大喷头的冲击部位设置橡胶垫。

几种常用摇臂式喷头外形和田间工作状况见图7-3。

图7-3 几种常用摇臂式喷头外形和田间工作状况图

（二）垂直摇臂式喷头

1. 结构与工作原理

垂直摇臂式喷头是一种中、远射程喷头，其主要结构与摇臂式喷头相近，垂直摇臂式喷头的基本结构形式见图7-4。这类喷头是利用水流通过垂直摇臂的导流器产生反作用力，获得驱动力矩的旋转式喷头。需要说明的是，垂直摇臂式喷头和摇臂式喷头虽然都是靠摇臂来驱动旋转，但其工作原理和接受能量方式是完全不同的。前者靠水流冲击和重力回位，后者靠摇臂撞击和摇臂弹簧回位。此类喷头流量大，射程远，常称之为喷枪。

2. 工作特点

与摇臂式喷头比较，垂直摇臂式喷头具有下列特点。

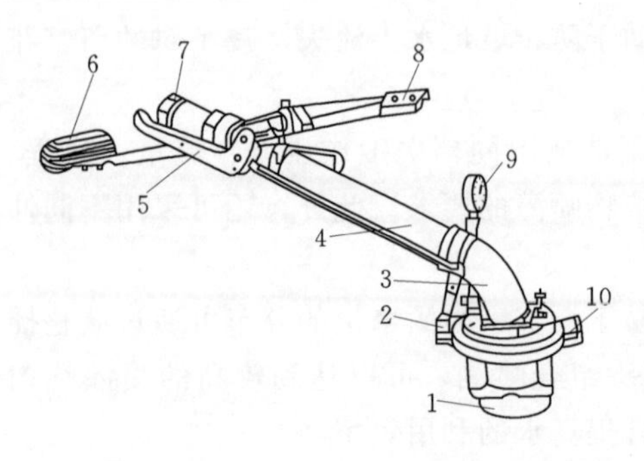

图 7-4 垂直摇臂式喷头的基本结构形式图
1—空心轴套；2—换向架；3—喷体；4—喷管；5—反转摇臂；6—摇臂；7—喷嘴；8—配重铁；9—压力表；10—挡块

(1) 工作稳定。由于垂直摇臂不直接撞击喷管，因而受力情况比摇臂式喷头好，工作更为可靠稳定。

(2) 工作效率高。垂直摇臂式喷头是一种中高压喷头，喷水量大，射程远。垂直摇臂式喷头的射程可达到 50～100m，甚至更远，如单喷头作 180°摆动扇形喷洒时，可控制的喷洒面积达 6～24 亩以上。

(3) 适用范围较宽。垂直摇臂式喷头可与移动机械，如与绞盘机结合组成绞盘式喷灌机组，也可安装在固定的立管上，用于农业、绿地、林木灌溉，还可用于矿山工地除尘。

(4) 水滴打击强度较大。垂直摇臂式喷头雨滴较大，降速较大，打击力大，如使用不当，可能损害幼苗、花卉，造成水土流失，损坏表层土壤。

两种垂直摇臂式喷头（喷枪）的结构外形和工作状况见图 7-5。

图 7-5 两种垂直摇臂式喷头（喷枪）的结构外形和工作状况图

(三) 叶轮式喷头

1. 结构与作用原理

叶轮式喷头的结构类型较多，有单喷嘴、双喷嘴的；叶轮轴有与喷管轴平行的，也有垂直布置的。一种叶轮式喷头结构见图 7-6。

叶轮式喷头实现正反转有下列三种方式：

(1) 叶轮方向不变，通过一组较复杂的换向机构改变大蜗杆的旋转方向。

(2) 通过改变副喷嘴水流冲击叶片的内缘和外缘（叶轮叶片的内外缘方向相反），直接改变叶轮的旋转方向。

(3) 通过转动副喷嘴的喷管，使副喷嘴水流冲击叶轮的左侧或右侧，从而改变叶轮的旋转方向。

2. 工作特点

叶轮式喷头有下列主要工作特点。

(1) 喷头转速均匀、驱动平稳，而且具有自锁性能，对安装要求低，适用于绞盘式喷灌机、固定远射程喷灌等场合。

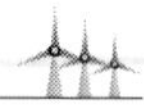

（2）叶轮转速大，需通过适当机构调整传递，使喷头达到适宜转速。叶轮式喷头是利用水流冲击叶轮获得驱动力矩的旋转式喷头，由于水的射流速度较大，叶轮转速很高，可达1000r/min 以上，而喷头工作转速仅 0.2～0.35r/min，必须要求大幅度降速。一般降速是通过两级蜗轮蜗杆（或一级蜗轮蜗杆一级棘轮变速）实现的，所以这种喷头也称为蜗轮蜗杆式喷头。

（3）工作效率高，应用范围较宽。叶轮式喷头也是一种中远射程喷头，单喷头喷洒控制面积较大，喷灌成本较低，对于大面积农田、林木等有较大的使用优势。

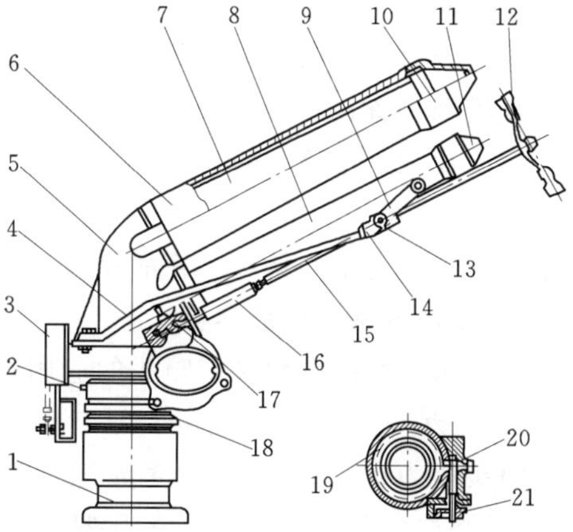

图 7－6　一种叶轮式喷头结构图

1—接座；2—定位螺钉；3—换向机构；4—推杆；5—喷体；6—主喷管；7—稳流器；8—副喷嘴；9—夹叉；10—主喷嘴；11—副喷嘴；12—叶轮；13—夹叉轴承；14—调节拉片；15—叶轮轴；16—轴接头；17—小蜗杆；18—限位销；19—大蜗轮；20—大蜗杆；21—小蜗轮

二、喷头技术参数

（一）结构参数

喷头结构参数是决定喷头水力性能的主要因素，包括进水口直径、喷嘴直径、喷射仰角等。

1. 进水口直径

进水口直径是指喷头空心轴或进水口管道的内径，单位为 mm。为减小水头损失，通过进水口直径的流速控制在 3～4m/s 范围内。一个喷头的进水口直径确定后，其过水能力和结构尺寸也大致确定了。我国目前 PY 系列喷头就以进水口公称直径来命名喷头型号，规定了 10mm、15mm、20mm、30mm、40mm、50mm、60mm、80mm 等 8 种规格。

2. 喷嘴直径

喷嘴直径是指喷嘴出水口最小的截面内径，单位为 mm。喷嘴直径反映喷头在一定工作压力下通过水流的能力。在工作压力相同的情况下，一定范围内，喷嘴直径愈大，喷头喷水量也愈大，射程也愈远，但其雾化程度相对下降；反之亦然。对于非圆形喷嘴，可用当量直径表示。

喷嘴当量直径可定义为该喷嘴通过的流量等于圆形喷嘴通过相同流量的圆形直径，可用式（7－1）计算确定。

$$d_c = 5.297 \frac{Q^{0.5}}{p^{0.25}} \tag{7-1}$$

式中　d_c——喷嘴当量直径，mm；

Q——实测喷头流量，m^3/h；

p——喷头工作压力，kPa。

3. 喷射仰角

喷射仰角是指喷头射流刚离开喷嘴时水流轴线与水平面的夹角。在一定工作压力条件下，喷头仰角对喷头射程和喷洒水量分布起决定性作用。因此，选择适宜的喷头仰角可以获得最大的射程，从而可以获得小的喷灌强度、增大喷头组合间距、有利于降低管道式喷灌系统管网投资。

目前我国常用喷头的喷射仰角多为27°～30°。为了提高抗风能力，有些喷头已采用21°～25°之间的喷射仰角。对于用于树下喷灌、大型喷灌机等场合，喷头可选用小于20°的喷射仰角。对某些特殊用途的喷灌，还可以将喷射仰角选得更小。

（二）喷头水力性能参数

喷头水力性能参数决定喷头的适用性，影响喷灌成本，是选择喷头的主要依据。

1. 压力

喷头压力有工作压力和喷嘴压力两种。工作压力是指喷头工作时，距喷头进水口20cm处测取的静水压力，单位为kPa。喷嘴压力是指喷头出口处的水流总压力（即流速水头）。喷头工作压力与喷嘴压力之差等于喷头流道的压力损失，喷头工作压力和喷嘴压力越接近，表明喷头结构设计和制造工艺越好，产品质量越高。

2. 流量

喷头流量是指单位时间内喷头喷出水的体积，单位为m^3/h或L/min。影响喷头流量的主要因素是工作压力和喷嘴直径。当喷嘴直径一定时，工作压力愈大，喷头流量愈大，反之亦然。喷头流量可用式（7-2）计算。

$$Q=3600\mu A\sqrt{2gh_p} \tag{7-2}$$

式中　Q——喷头流量，m^3/h；

μ——喷头流量系数；

g——重力加速度，$g=9.81m/s^2$；

h_p——喷头工作水头；

A——喷嘴横断面面积，m^2。

3. 射程

射程是指在无风条件下，喷头有效喷洒所能达的最大距离，又称喷洒半径，单位为m，可由实测得出。旋转式喷头射程是指在无风条件下正常工作时，对于流量大于$0.075m^3/h$旋转式喷头，量水筒中每小时收集的水深为0.25mm（对于流量不大于$0.075m^3/h$的喷头取0.13mm/h）那一点到喷头旋转中心的水平距离。旋转式喷头射程受喷头工作压力和转速影响较大，在一定工作压力范围，射程随着工作压力增加而增大，但超出某一值，压力增加只会提高雾化程度，而射程不会再增加；射程随转速的增大而减小。在实际使用时，射程受风速和风向的影响很大，风速越大，顺风向射程越大，逆风向射程越大，反之亦然。

4. 喷灌强度

喷灌强度是指单位时间内喷洒到单位面积上水的体积，或单位时间内的喷洒水深，单位为mm/h。喷头的计算喷灌强度可用式（7-3）计算。

$$\rho=\frac{1000Q}{S} \tag{7-3}$$

式中　ρ——喷头的计算喷灌强度，mm/h；

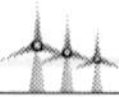

Q——喷头流量，m^3/h；

S——喷头喷洒控制面积，m^2。

由式（7-3）可知，喷头的计算喷灌强度与流量成正比，与控制面积（或射程）成反比。

5. 水滴打击强度

喷洒水滴打击强度是指喷洒作物受水面积范围内，水滴对作物或土壤的打击动能。它与喷洒水滴直径、水滴降落速度和水滴密度有关。一般用雾化指标或水滴直径大小来表征水滴打击强度。雾化指标用式（7-4）计算。

$$p_d=\frac{1000h_p}{d} \tag{7-4}$$

式中 p_d——雾化指标；

h_p——喷头工作压力，m；

d——喷嘴直径，mm。

对于相同喷嘴来说，p_d 值越大，说明其雾化程度越高，水滴直径越小，打击强度也越小。

6. 喷洒水量分布特性

表征喷洒水量分布特性的方法有径向水量分布曲线和水量分布图。径向水量分布曲线是指沿喷洒半径上单位时间内收集到的水深，也可以用多排径向水深的平均值，见图 7-7 右方和下方所示。水量分布图是指在喷灌范围内的等水深（量）线图，能准确、直观地表示喷头的特性。

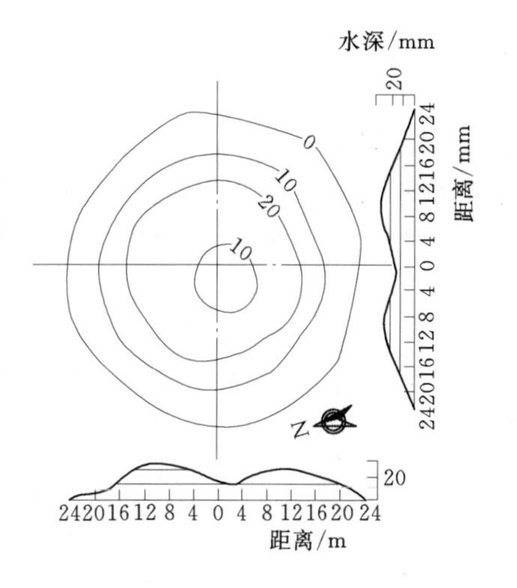

图 7-7 单喷头喷洒水量分布图

影响喷头水量分布的因素较多，例如工作压力、风、喷头类型和结构等。

（三）喷头名称型号表示方法

根据《旋转式喷头》（JB/T 7867—1997）的规定摇臂式喷头型号表示方法：

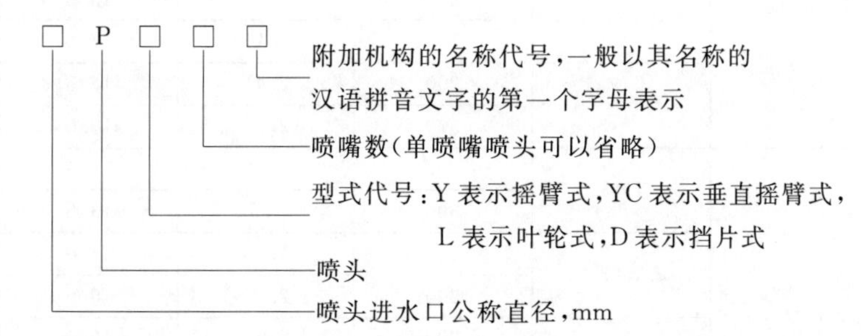

例如：进口公称直径 15mm 双喷嘴摇臂式喷头标记为 15PY2；进口公称直径 50mm 装有换向机构双喷嘴叶轮式喷头标记为 50PL2H；进口公称直径 40mm 单喷嘴垂直摇臂式喷头标记为 40PYC。但目前大多数制造商喷头型号的表示形式并不完全按照上面规定，用户需针对使用的技术要求向供应商了解清楚。

(四)喷头技术性能指标与参数

根据《旋转式喷头》(GB/T 19795—2005)的规定，旋转式喷头技术性能指标包括：额定流量；工作压力；耐压性；密封性；旋转速度均匀性；流量一致性；水量分布特性；有效喷洒直径；耐久性。

每项技术指标按《旋转式喷头》(GB/T 19795—2005)的具体要求。其测定和评价方法见本章第五节“一、喷头技术性能测试”。

在使用上，喷头技术性能参数一般包括喷嘴直径(mm)、工作压力(kP或MPa)、喷头流量(m^3/h)、喷头射程(m)，有的还包括单喷头全圆喷洒喷灌强度(mm/h)、矩形和正三角形组合喷灌强度(mm/h)等。我国喷头技术参数，见表7-2～表7-5。

表7-2 PY_1系列金属摇臂式喷头性能参数

型号	接头形式及尺寸/in	喷嘴直径/mm	工作压力/kPa	喷头流量/(m^3/h)	喷头射程/m	喷灌强度/(mm/h)
$PY_1$10	G1/2	3	100	0.31	10.0	1.00
			200	0.44	11.0	1.16
		4	100	0.56	11.0	1.47
			200	0.79	12.5	1.61
		5	100	0.87	12.5	1.77
			200	1.23	14.0	2.00
$PY_1$10Sh	G1/2	3.5×3	150	0.9	11.0	2.37
			250	1.16	12.0	2.56
		4×3	150	1	11.5	2.40
			250	1.37	13.0	2.58
		5×3	150	1.44	12.5	2.93
			250	1.86	14.0	3.02
$PY_1$15	G3/4	4	200	0.79	13.5	1.38
			300	0.96	15.0	1.36
		5	200	1.23	15.0	1.75
			300	1.51	16.5	1.76
		6	200	1.77	15.5	2.35
			300	2.11	17.0	2.38
		7	200	2.41	16.5	2.82
			300	2.96	18.0	2.92
$PY_1$15Sh	G3/4	4×3	200	1.2	12.5	2.13
			300	1.5	13.5	2.62
		5×3	200	1.65	14.0	2.68
			300	2.05	15.5	2.73
		6×3	200	2.22	15.0	3.14
			300	2.71	16.5	3.17
		7×3	200	2.85	16.0	3.54
			300	3.5	17.5	3.64

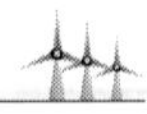

续表

型号	接头形式及尺寸/in	喷嘴直径/mm	工作压力/kPa	喷头流量/(m³/h)	喷头射程/m	喷灌强度/(mm/h)
$PY_1$20	G1	6	300	2.17	18.0	2.14
			400	2.5	19.5	2.10
		7	300	2.96	19.0	2.63
			400	3.41	20.5	2.58
		8	300	3.94	20.0	3.13
			400	4.55	22.0	3.01
		9	300	4.88	22.0	3.22
			400	5.64	23.5	3.26
$PY_1$20Sh	G1	6×4	300	3.14	17.5	3.26
			400	3.16	19.0	3.05
		7×4	300	3.92	18.5	3.65
			400	4.37	20.0	3.48
		8×4	300	4.9	19.5	4.10
			400	5.51	21.0	3.97
		9×4	300	5.84	20.5	4.12
			400	6.6	22.0	4.33
$PY_1$30	G3/2	9	300	4.88	23.0	2.94
			400	5.64	21.5	3.00
		10	300	6.02	23.5	3.18
			400	6.96	25.5	3.12
		11	300	7.3	21.5	3.88
			400	8.12	27.0	3.72
		12	300	8.69	25.5	4.25
			400	10	28.0	4.07
$PY_1$40	G2	12	300	8.69	26.5	2.94
			450	10.05	29.5	3.85
		13	300	10.3	27.0	4.83
			450	12.5	30.0	4.13
		14	300	12.8	29.5	4.68
			450	14.5	32.5	4.52
		15	300	14.7	30.5	5.05
			450	16.6	33.0	4.86
		16	300	16.7	31.5	5.38
			450	18.9	34.0	5.21
$PY_1$50	G5/2	16	400	17.8	34.0	4.92
			500	19.9	37.0	4.65
		17	400	20.2	35.6	5.12
			500	22.4	38.5	4.81
		18	400	22.6	36.5	5.42
			500	25.2	39.5	5.15
		19	400	25.2	37.5	5.72
			500	28.2	40.6	5.49
		20	400	27.9	38.5	5.99
			500	31.2	41.5	5.77

表 7-3　　ZY-1、ZY-2 型喷头性能参数

型号	接头形式及尺寸/in	喷嘴直径/mm	工作压力/kPa	喷头流量/(m³/h)	喷头射程/m	喷灌强度/(mm/h)			
						喷头间距/(m×m)			
						12×12	12×18	18×18	18×24
ZY-1	G1 内螺纹	4.0	200	0.85	13.40	5.90	3.90		
			250	0.96	14.20	6.70	4.50		
			300	1.04	14.70	7.20	4.80	3.20	
			350	1.12	15.10	7.80	5.20	3.50	
			400	1.21	15.50	8.40	5.60	3.70	
		4.5	200	1.08	13.70	7.50	5.00		
			250	1.20	14.50	8.30	5.50	3.70	
			300	1.32	15.20	9.20	6.10	4.10	
			350	1.40	15.80	9.80	6.60	4.40	
			400	1.53	16.50	10.60	7.10	4.70	
		5.0	200	1.33	14.30	9.20	6.10	4.10	
			250	1.49	15.20	10.30	6.90	4.60	
			300	1.63	16.00	11.30	7.50	5.00	
			350	1.76	16.80	12.20	8.10	5.10	4.10
			400	1.89	17.40	13.10	8.80	5.80	4.10
		5.5	200	1.61	14.60	11.30	7.40	5.00	
			250	1.80	15.50	12.60	8.30	5.50	
			300	1.97	16.60	13.80	9.10	6.10	4.60
			350	2.13	17.20	14.90	9.80	6.60	4.90
			400	2.28	17.80	15.80	10.50	7.00	5.30
		6.0	200	1.92	14.90		8.90	5.90	
			250	2.12	16.00		9.80	6.50	
			300	2.35	17.30		10.90	7.20	5.40
			350	2.54	18.00		11.70	7.80	5.90
			400	2.71	18.70		12.50	8.40	6.30
		6.5	200	2.26	15.00		10.50	7.00	
			250	2.53	16.20		11.80	7.80	
			300	2.77	17.40		12.10	8.60	6.40
			350	3.00	18.10		13.90	9.30	7.00
			400	3.20	18.80		14.90	9.90	7.40
		7.0	200	2.62	15.20		12.10	8.10	
			250	2.93	16.50		13.60	9.10	6.80
			300	3.22	17.60		15.00	9.70	7.50
			350	3.48	18.70		16.20	10.70	8.10
			400	3.72	19.40		17.20	11.50	8.60

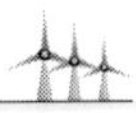

续表

型号	接头形式及尺寸/in	喷嘴直径/mm	工作压力/kPa	喷头流量/(m^3/h)	喷头射程/m	喷灌强度/(mm/h)			
						喷头间距/(m×m)			
						12×12	12×18	18×18	18×24
ZY-2	G1内螺纹	6.0	200	1.92	16.30	5.90			
			300	2.38	18.50	7.30	5.50		
			400	2.71	19.60	8.30	6.30	4.80	
		6.5	200	2.25	16.80	6.90	5.20		
			300	2.76	18.90	8.50	6.40	4.80	
			400	3.18	20.10	9.80	7.40	5.50	
		7.0	200	2.61	17.00	8.00	6.00		
			300	3.20	19.10	9.90	7.40	5.50	
			400	3.69	21.00	11.40	8.60	6.40	5.10
		7.5	200	2.99	17.50	9.20	6.90		
			300	3.67	19.80	11.30	8.50	6.40	
			400	4.23	21.20	13.00	9.80	7.30	5.90
		8.0	200	3.40	18.00	10.50	7.90		
			300	4.18	20.40	12.90	9.70	7.20	
			400	4.81	22.00	14.80	11.10	8.30	6.70
		8.5	200	3.84	18.20	8.90			
			350	5.08	22.10	11.80	8.80	7.00	
			400	5.44	22.50	12.50	9.40	7.50	
		9.0	300	5.29	21.70	12.20	9.20	7.40	
			400	6.09	23.40	14.10	10.50	8.40	6.70
		9.5	300	5.89	21.90	13.60	10.20	8.20	
			400	6.79	23.50	15.70	11.80	9.40	7.50
			500	7.58	25.80		13.10	10.50	8.40
		10.0	300	6.53	21.90	15.10	11.30	9.00	
			400	7.52	24.10		13.00	10.40	8.30
			500	8.40	26.50		14.60	11.70	9.30
		6.0×3.1	200	2.43	16.30	7.50			
			310	3.01	18.50	9.30			
			400	3.43	19.50	10.60	7.90	5.90	
		7.0×3.1	200	3.12	17.00	9.60			
			300	3.82	19.10	11.80	8.80	6.60	
			400	4.11	21.00		10.20	7.60	6.10
		8.0×4.0	200	4.26	18.00	13.10	9.90		
			300	5.23	20.40	16.10	12.10	9.10	
			400	6.03	22.00	18.60	14.00	10.50	8.40

续表

型号	接头形式及尺寸/in	喷嘴直径/mm	工作压力/kPa	喷头流量/(m^3/h)	喷头射程/m	喷灌强度/(mm/h) 喷头间距/(m×m)			
						12×12	12×18	18×18	18×24
ZY-2	G1内螺纹	9.0×4.0	300	6.34	21.70		14.70	11.00	8.80
			400	7.31	23.40		16.90	12.70	10.20
			500	8.17	24.60		18.90	14.20	11.30
		10.0×4.0	300	7.58	21.90		17.50	13.20	10.50
			400	8.74	24.10			15.20	12.10
			500	9.76	26.50			16.90	13.50

表7-4　PYC垂直摇臂式喷头性能参数

型 号	接头形式	喷嘴直径/mm	工作压力/kPa	喷头流量/(m^3/h)	喷头射程/m	喷灌强度/(mm/h)
PYC40	法兰连接	12	300～450	8.0～11.0	29.0～31.0	3.03～3.64
		14	350～450	12.5～13.0	32.0～35.0	3.88～3.38
		16	400～500	17.0～19.0	35.0～36.0	4.42～4.67
		18	400～500	21.0～23.0	37.0～42.0	4.88～4.15
		20	400～500	27.0～30.0	37.0～44.0	4.28～4.93
PYC60	法兰连接	18.0	400～500	23.0～26.0	36.0～39.3	5.65～5.44
		20.0	400～500	28.0～32.0	38.0～41.0	6.17～6.06
		22.0	500～600	38.0～42.0	44.0～47.0	6.25～6.05
		24.0	500～600	16.0～50.0	46.0～50.0	6.92～6.37
PCL40	法兰连接		300～500	8～30	29.4～44	
PCL60	法兰连接		400～600	23～50	36～50	

表7-5　PYS塑料摇臂式喷头性能参数

型 号	喷头形式及尺寸/英寸	喷嘴直径/(mm×mm)	工作压力/kPa	喷头流量/(m^3/h)	喷头射(仰角20°～30°)/m	喷灌强度/(mm/h)
PYS10	ZG1/2	2.5	200	0.31	9.8	1.03
			250	0.35	10.2	1.07
			300	0.38	10.5	1.16
	ZG1/2	3.0	200	0.45	10.3	1.35
			250	0.51	10.6	1.44
			300	0.56	11.0	1.47
	ZG1/2	3.5	200	0.62	10.8	1.69
			250	0.69	11.1	1.78
			300	0.75	11.5	1.81

续表

型号	喷头形式及尺寸/英寸	喷嘴直径 /(mm×mm)	工作压力 /kPa	喷头流量 /(m³/h)	喷头射(仰角20°～30°) /m	喷灌强度 /(mm/h)
PYS15	ZG1	4.0×2.5	200	1.12	13.0	2.11
			250	1.25	13.5	1.18
			300	1.37	14.0	2.22
	ZG1	4.5×2.5	200	1.33	13.5	2.32
			250	1.49	14.0	2.42
			300	1.63	14.5	2.47
	ZG1	5.0×3.0	200	1.71	14.5	2.59
			250	1.91	15.0	2.70
			300	2.10	15.5	2.78
	ZG1	5.5×3.0	200	2.21	15.0	3.13
			250	2.42	15.8	3.08
			300	2.61	16.5	3.15
PYS20	ZG1	6.5×3.0	250	2.88	17.5	2.99
			300	3.10	18.0	3.05
			350	3.41	19.0	3.01
	ZG1	7.0×4.0	250	3.66	18.0	3.60
			300	4.01	19.0	3.54
			350	4.33	19.5	3.62
	ZG1	7.5×3.5	250	3.86	18.5	3.59
			300	4.22	19.5	3.53
			350	4.56	20.0	3.63
	ZG1	8.0×3.5	250	4.29	19.0	3.78
			300	4.70	20.0	3.74
			350	5.08	21.0	3.67
	ZG1	8.4×4.0	250	4.50	19.0	3.96
			300	4.93	20.0	3.92
			350	5.33	21.0	3.85
	ZG1	9.0×4.0	250	5.46	20.0	4.34
			300	5.98	22.0	3.93
			350	6.46	23.0	3.89

第二节 微灌灌水器

一、灌水器水力学

(一) 水力学分析

有压灌溉水由输配水管道进入灌水器，经过灌水器流道，然后从灌水器出口以不同的出流状态进入大气，落到植物附近地面湿润土壤，对于地下滴灌和渗灌则水流由灌水器出流直接湿润土壤。在这一过程中产生的能量损失包括沿程摩擦损失和局部损失，可以示成：

$$\Delta H=f\frac{q^m}{d^b}L+\zeta\frac{v^2}{2g} \tag{7-5}$$

式中　ΔH——灌水器水头损失；

f——沿程摩擦系数；

q——灌水器流量；

d——流道直径；

L——流道长度；

m、b——指数，其值取决于流态；

ζ——局部阻力系数；

v——流速；

g——重力加速度。

如果将流速表示成流量，则式（7-5）变为：

$$\Delta H=f\frac{q^m}{d^b}L+\zeta'\frac{q^2}{d^4} \tag{7-6}$$

$$\zeta'=\zeta\frac{8}{\pi^2 g}$$

式（7-6）可以作如下分析：

（1）流道长度越大，直径越小，流经灌水器水流的能量损失越大，且直径变化对能量损失的影响远大于长度变化的影响。当灌水器流道长度较大，沿程摩擦能量损失占总能量损失主要比例时，属长流道型灌水器；当流道长度很短，局部阻力能量损失占总能量损失主要部分时，属孔口型灌水器。

（2）灌水器进口处的压力（水头）称为灌水器工作压力（水头），一部分消耗于灌水器摩阻能量损失，一部分转化成流速水头。在灌水器工作压力一定的条件下，为了获得小的流量，灌水器必须有较长的流道和较小直径。然而，小直径流道将很容易被水流挟带的泥沙和其他污物堵塞。实验表明，当灌水器流道直径小于1.0mm时，很容易被堵塞，而微灌技术要求灌水器应具有小的流量和强的抗堵能力，这就使“小流量与大流道”之间成为一对矛盾。实践上，为了获得小的流量，并保持较大的流道直径，不得不采用加工难度较大的迷宫型流道和（或）较长的流道，以协调小流量与大流道之间的矛盾。

（二）流量与工作压力的关系

灌水器流量与工作压力的关系可通过测试确定。因为测试很难将流道沿程能量损失和局部能量损失分开，故将流量与工作压力的关系按式（7-7）计算。

$$q=kh^x \tag{7-7}$$

式中　q——灌水器流量，L/h；

h——灌水器进口工作压力（水头），m或kPa；

k——系数，其数值与流量和压力的单位有关；

x——流态指数，$x=0\sim1$。

流态指数 x 是灌水器水力性能一个非常重要的参数，它表征水流状态。可以对 x 值作粗略划分，当 $x<0.5$ 时，水流处于紊流状态，灌水器具有补偿性能；$x>0.5$ 时，水流处于层流和过渡状态。x 值越小，灌水器流量随工作压力的变化越小，出流越稳定。灌水器流态指数 x 值对灌水器流量与工作压力关系曲线见图 7-8。

在使用上，一般根据灌水器的 x 值大小将灌水器划分成非压力补偿灌水器和压力补偿灌水器两类，但当 $x\leqslant 0.3$ 时，才被认定为是压力补偿灌水器。

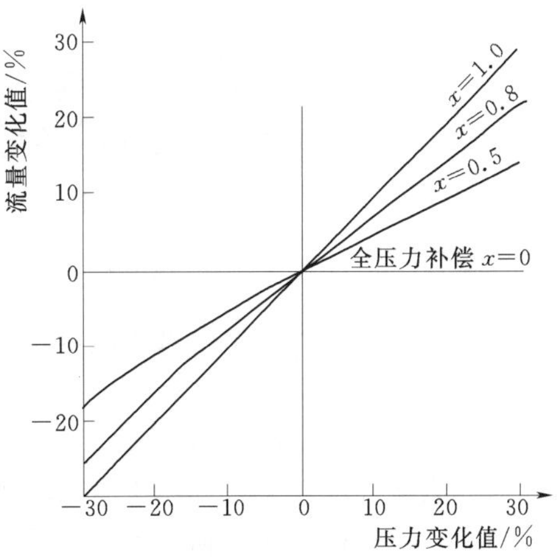

图 7-8　灌水器流态指数 x 值与流量与工作压力关系曲线图

（三）灌水器流道结构及其对水力性能的影响

流道是灌水器的核心。流道结构是否先进合理决定着灌水器水力性能的优劣。所谓灌水器结构设计，实质上就是流道设计。为了适应不同条件的需要，国内外微灌灌水器采用了各式各样结构的流道，可归纳成光滑型流道、迷宫型流道和压力补偿型流道三种类型。

1. 光滑型流道

光滑型流道类似于一条细长管，我国引进滴灌技术初期使用一种 ϕ1.2PE 塑料管插接于毛管管壁内，称为“微管滴头”的灌水器，就是一种典型的光滑型流道滴头，继而研制出一种“螺纹滴头”，也是光滑型流道滴头。两种光滑流道滴头结构外形见图 7-9。

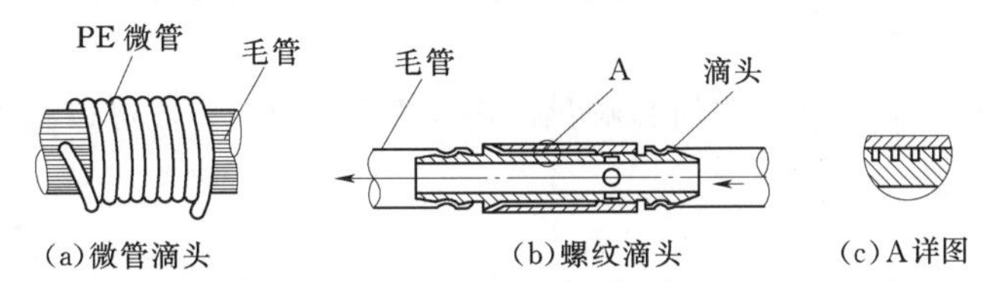

图 7-9　两种光滑流道滴头结构外形示意图

光滑型流道有下列特点：

（1）通过流道水流的摩阻能量损失主要产生于沿程摩擦损失。

（2）流道长度较大，或断面较大，或两者兼有。

（3）流速受进口压力和温度变化的影响较为敏感，出流量不稳定。

（4）抗堵能力弱。

这类滴头制造工艺简单，价格低，在滴灌技术发展初期曾经发挥过一定作用，目前已基本被后述两种流道滴头取代。

2. 迷宫型流道

迷宫型流道是一种折线流道，水在流动过程中急转弯改变流线方向，水流质点相互碰撞，形成旋涡，为紊流状态，提高了灌水器流量的稳定性。典型迷宫流道有锯齿形和梯形两种形式。两种典型迷宫流道的基本结构见图 7-10，实际滴头迷宫型流道的结构多种

多样。

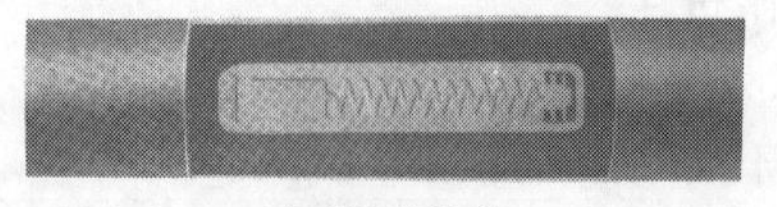
(a) 齿形迷宫流道

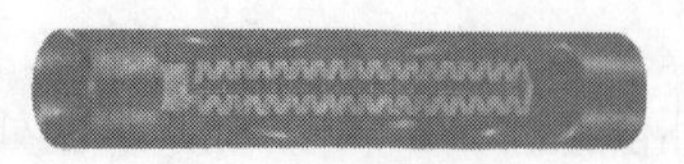
(b) 梯形迷宫流道

图 7-10 两种迷宫型流道基本结构图

迷宫型流道是光滑型流道的改进，它较好克服了微灌追求“小流量与大流道”之间的矛盾，具有下列特点：

(1) 水流的摩阻能量损失主要产生于流线拐弯水流质点相互撞击能量损失。

(2) 流道长度较小，或过水断面较大，或两者兼有。

(3) 流速对进口压力和温度变化的影响较不敏感，流量比较稳定。

(4) 较强的抗堵能力。

有实验发现，有的迷宫流道在拐角处出现局部沉积沙粒现象，需引起滴头制造者注意，加以避免。

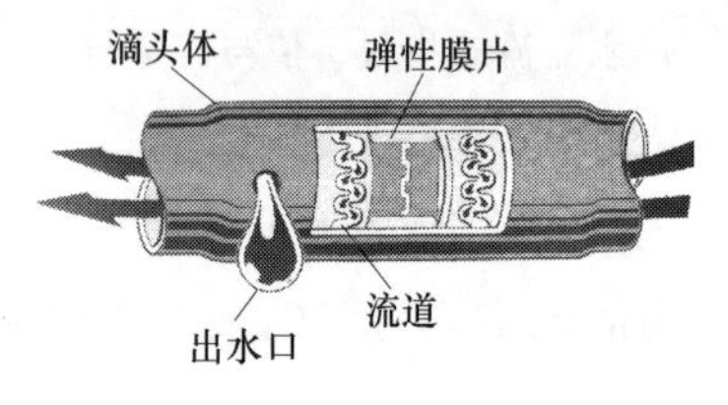

图 7-11 一种压力补偿型流道结构示意图

3. 压力补偿型流道

一种可以改变流道过水断面尺寸的流道。这类流道的结构是在迷宫型流道的进口或上面安装一块弹性膜片，当灌水器工作压力变化时，弹性膜片随压力大小变形，逼使流道过水断面尺寸作相应变化，使流量基本保持恒定，即压力增大时，流道过水断面缩小，反之亦然。一种压力补偿流道结构见图 7-11。

压力补偿型流道的最主要特点是出流量基本不受工作压力变化的影响，使用的工作压力范围大。

流道结构对灌水器水力性能的影响见图 7-12 和图 7-13，可以看出压力补偿结构流

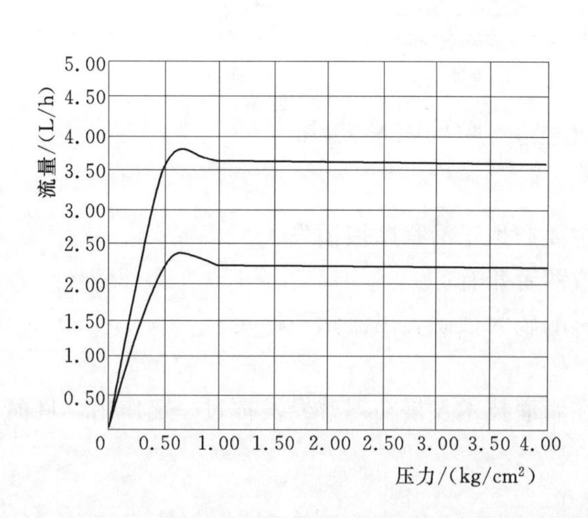

图 7-12 两种压力补偿型流道流量与压力关系曲线图

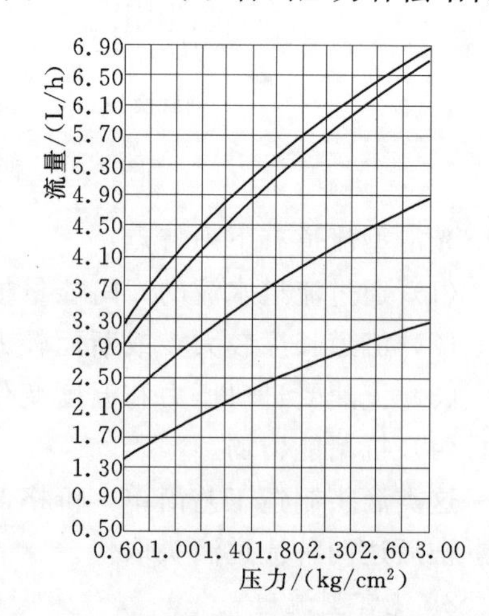

图 7-13 四种非压力补偿型流道流量与压力关系曲线图

道的灌水器在工作压力范围内流量稳定，而非压力补结构流道灌水器流量对压力变化敏感。

4. 自清洗流道

一种具有自我清洗功能的压力补偿流道，在正常工作时具有保持流量稳定的压力补偿功能，当流道内泥沙和其他污物积累到影响正常出流时，弹性膜片自动变形，增大出口，瞬时排出泥沙和污物。这种流道具有很强的抗堵功能，自清洗流道结构原理见图7-14。

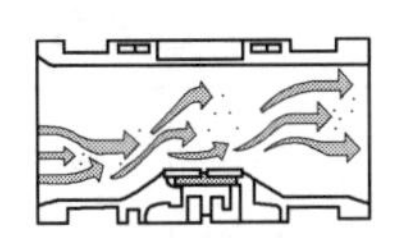

(a)正常出流状态

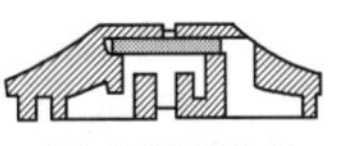

(b)自清洗状态

图7-14 自清洗流道结构原理图

二、灌水器制造精度

微灌灌水器流道（或孔口）的制造精度非常重要，公式（7-6）可知，灌水器的流量与流道（或孔口）直径反比大于4次方，如果相同型号灌水器的流道（或孔口）直径有少许偏差，就会使各个灌水器流量有明显差异，造成对田间灌水均匀度明显影响。

因为微灌灌水器一般是塑料制品，其流道（或孔口）直径（宽度）一般只有0.8～1.5mm，要直接测量其误差是有困难的。实用上利用额定工作压力条件下，灌水器流量偏差系数作为评价灌水器制造精度的指标。

灌水器制造偏差系数计算公式为：

$$C_v=\frac{S}{\overline{q}} \tag{7-8}$$

$$S=\sqrt{\frac{1}{n-1}\sum_{i=1}^{n}(q_i-\overline{q})^2} \tag{7-9}$$

$$\overline{q}=\frac{\sum_{i=1}^{n}q_i}{n} \tag{7-10}$$

式中 S——灌水器流量标准差；

q_i——所测每个灌水器流量，L/h或m^3/h；

$\overline{q}$——所测各灌水器平均流量，L/h或m^3/h；

n——所测灌水器个数，在一批产品中随机抽取20个作为测试样本。

C_v是表征灌水器制造精度的重要技术指标，国际上一般认为$C_v\leqslant 0.07$为合格产品，$C_v\leqslant 0.03$为优质产品，C_v在0.12以上的为废品。现代工业为滴头提供精良制造技术，国际上一些高水平制造商生产的滴头已达到相当高的制造精度，其偏差系数见表7-6。

我国对滴头制造精度标准作了明确规定；A类$C_v\leqslant 0.05$；B类$C_v\leqslant 0.10$。

表 7-6　国外部分制造商滴灌带滴头制造偏差系数

厂商/名称	C_v	厂商/名称	C_v
体特普/T—Tape	0.03	Chapin/Twin-Wall	0.01～0.03
耐特非姆/Steamline，TyHoom	0.03	尼尔森/Pathfinder	0.025
雨鸟/Raintape	0.02	Queen—Gil	<0.05
罗伯特/RO—DRIP	0.03	欧洲滴灌 Eurodrip	0.01～0.02
易润/Aqua—Tra××	0.02～0.04	Tiger Tape	0.049

注　引自张志新等编著《滴灌工程规划设计原理与应用》2007 中国水利水电出版社。

三、滴头与滴灌管（带）

（一）基本类型

可以从不同的角度对滴头进行分类，我们认为按安装方式划分是滴头分类的基本方法，以下按安装方式将滴头划分成五种基本类型。

1. 管上式滴头

图 7-15 是一种插装于毛管上管的滴头，称为管上式滴头。这这类滴头结构特点是流道十分短，工作压力主要消耗于进出水口局部损失，属于孔口型滴头。这类滴头有非压力补偿和压力补偿两种结构。图 7-15 是一种管上式滴头的结构外形，图 7-16 是它的结构图，主要由滴头底座和顶盖两部分组成。在顶盖进口装一小片圆形弹性膜片（一般为硅胶片）就成为具有压力补功能的滴头。

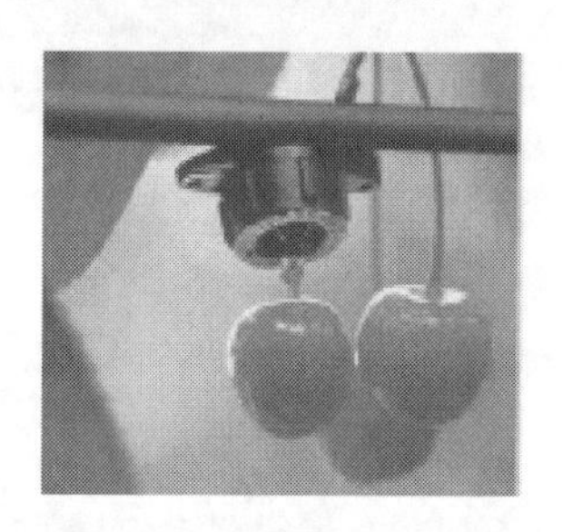

图 7-15　一种管上式滴头安装图

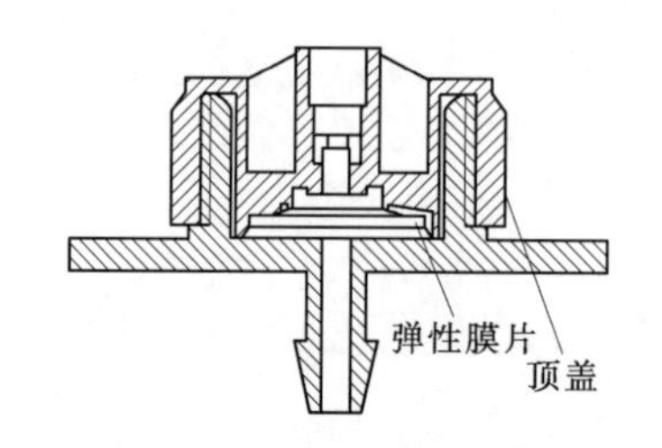

图 7-16　压力补偿管上式滴头结构图

弹性膜片的作用是将滴头流道分隔成上下两小区，弹性膜片下侧流道区过水断面比上侧流道进口过水断面大得多，水流由毛管进入滴头流经下侧流道区，然后进到上侧流道，最后从滴头出水口流出。当滴头工作压力增大时，因为弹性片下侧流速比上侧流速小得多，压力大于上侧，逼使弹性膜片变形，凸向顶盖流道进口，减小其过水断面，使流量保持稳定；反之，当滴头工作压力减小时，弹性膜片变形减小，顶盖流道进口过水断面增大，保持流量基本不变。滴头流道过水断面尺寸和弹性膜片的厚度及其弹性是影响滴头流量的补偿性能的主要因素。因此，选择高质量弹性膜片非常重要。

这类滴头在田间使用灵活，可以根据需要，将滴头安装在植物附近供水最有效的位置。对于宽间距的高大植物，如乔木等使用这类滴头具有明显优势，尤其是适合地形复杂的滴灌系统使用，但人工安装费工费时，且易脱落，在有条件的地方可在制造厂按要求间距在毛管上先装好滴头，运到田间安装，以提高工效。

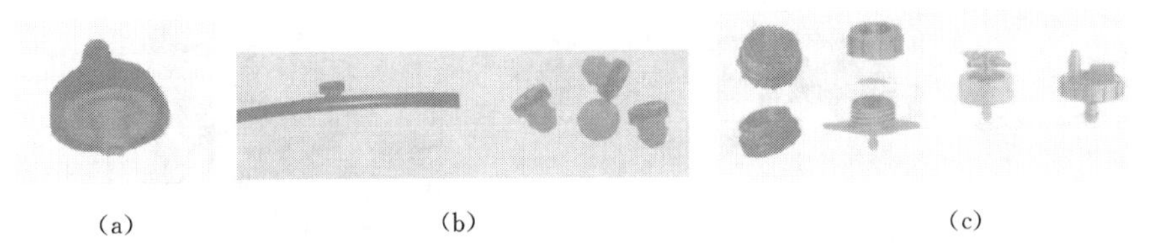

(a)　　(b)　　(c)

图 7-17　几种常见管上式滴头图片

2. 箭形滴头

一种制成箭状的滴头，简称为滴箭。图 7-18 是几种滴箭的结构形式，上部是刻有流道的滴头，下部制成尖端菱形的插棒，使用时上部插进 PE 塑料微管与供水管连接，下部插进土壤，以小流量直接湿润土壤。这类滴头结构简单，使用灵活，价格低，非常适用于宽行距植物尤其是盆栽植物。图 7-18 和图 7-19 是一种滴箭形状及组装图，图 7-20 是滴箭用于盆栽花卉的情形。

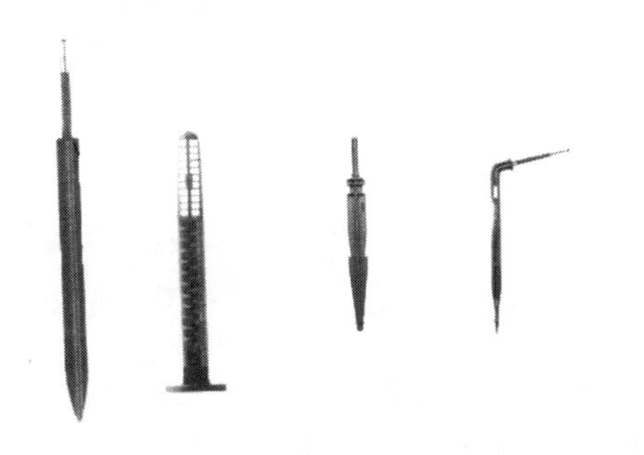

图 7-18　几种滴箭结构形式

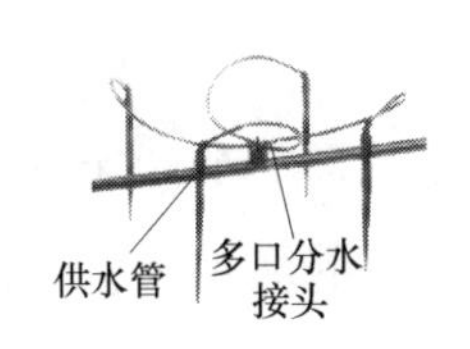

图 7-19　一种滴箭形状及组装图

图 7-20　滴箭用于盆栽花

3. 管间式滴头

图 7-21 是一种管间式滴头，滴头两端与毛管连接。这类滴头流道较长，属于长流道型滴头。它既有滴水功能，又有通水功能。这类滴头可根据田间植物株行距实地安装，使用灵活，适用于宽间距植物，但搬动时容易脱开。

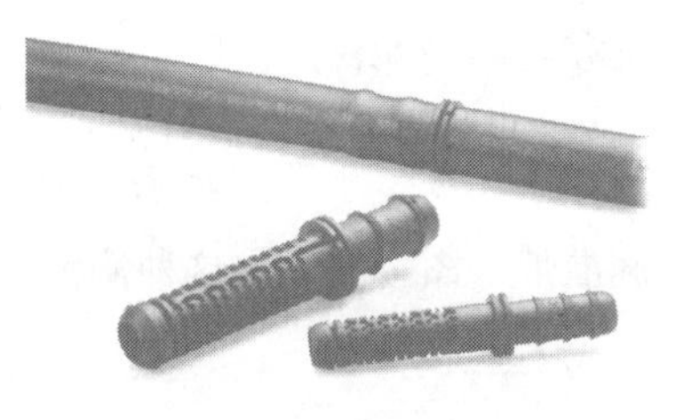

图 7-21　一种管间式滴头

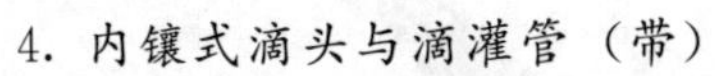

4. 内镶式滴头与滴灌管（带）

按一定间距将滴头镶嵌在毛管内，与毛管结合成整体。毛管壁较厚，不通水无内压时呈管状的，称为滴灌管；毛管壁较薄，不通水无内压时呈扁平状的，称为滴灌带。这类滴头因流道结构不同，也有非补偿型和补偿型之分。这类灌水器克服管间式滴灌管搬动时易脱落的缺点，并提高了田间安装效率。

按滴头的结构形式和镶嵌方法，可将内镶式滴头及其相应滴灌管（带）划分成以下三类。

（1）片状滴头与贴片式滴灌管(带)。两种片状滴头及贴片式滴灌管的结构形状见图 7-22。

（2）管状滴头及滴灌管。一种绕外壁迷宫型流道的圆管形滴头，按一定间距镶嵌于毛管内。两种灌水器的两种结构形式见图 7-23。

（3）条形薄片内贴滴头与滴灌带。一种贴于薄壁毛管内壁的长条形塑料薄片，两侧以

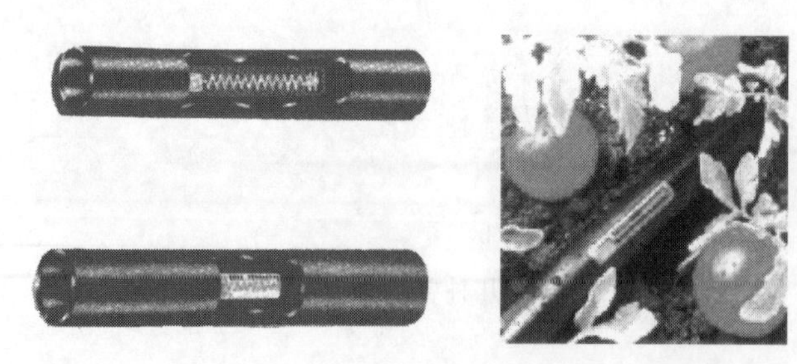

图 7-22 两种片状滴头和贴片式滴灌管及其应用

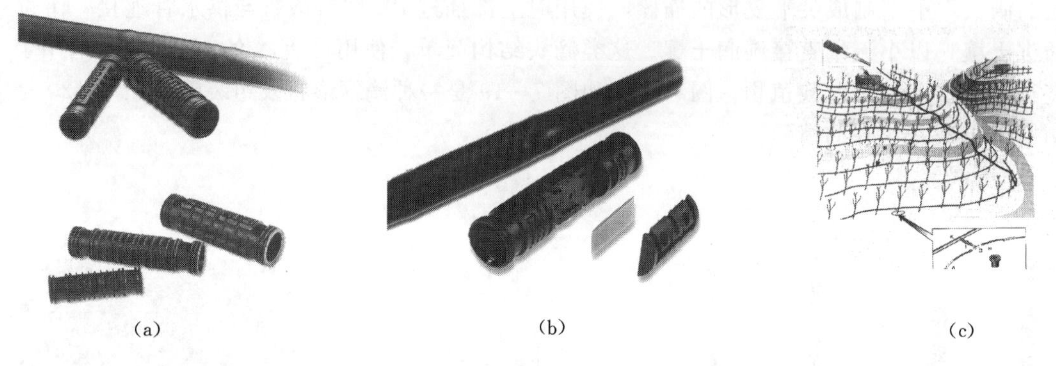

(a) (b) (c)

图 7-23 两种管状滴头及滴灌管

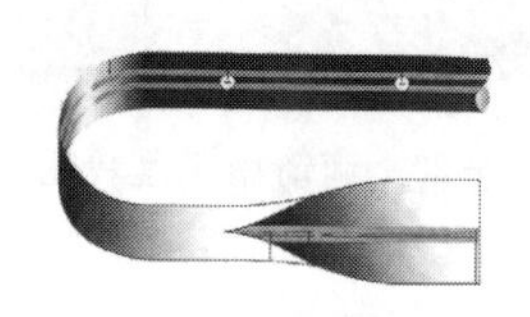

图 7-24 条形薄片滴头内贴滴灌带

一定间距制出细小进、出水口，与中间流道连通，组成滴灌带。因为这种滴灌带外壁沿滴头印有两条蓝线，故称之为滴灌“兰带”。滴灌带的结构形式见图 7-24。

5. 压边滴头及滴灌带

一种制造时以一定间距在毛管一侧压出迷宫形长流道滴头的滴灌带。这种滴头与滴灌带一次成型，制造工艺比较简单，价格低廉，是目前大田作物广泛使用的“一次性”滴灌带，称为单翼型滴灌带。图 7-25 是这种滴灌带的结构形状和滴灌带外形。

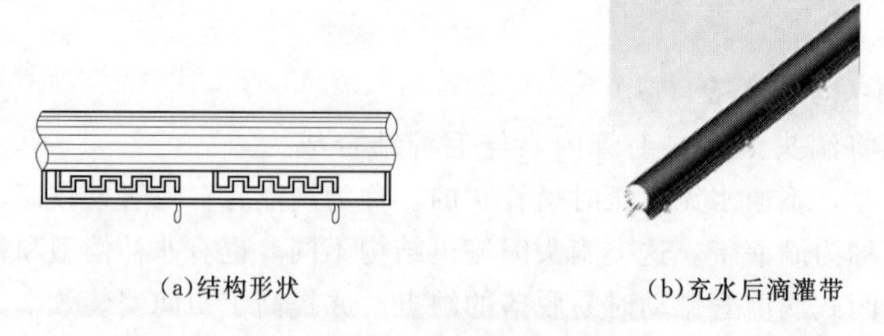

(a)结构形状 (b)充水后滴灌带

图 7-25 压边滴头滴灌带

(二) 主要技术指标和性能参数

根据《农业灌溉设备 滴头技术规范和试验方法》(GB/T 17187—1997) 和《微灌灌水器—滴头》(SL/T 67.1—94) 的规定，滴头主要技术指标见表 7-7。

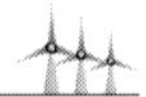

表 7－7　　　　　　　　　　　　滴头主要技术指标

<table>
<tr><th>序号</th><th colspan="2">项　　目</th><th>合格指标</th><th colspan="2">试　验　条　件</th></tr>
<tr><td>1</td><td></td><td>额定流量或公称流量/(L/h)</td><td></td><td rowspan="5">试验水温 23±2℃，通过 160～200 目筛网或制造厂推荐的过滤器过滤</td><td rowspan="4">试验压力 0.5～1.5 倍额定工作压力</td></tr>
<tr><td>2</td><td></td><td>额定工作压力或工作压力范围/kPa</td><td></td></tr>
<tr><td>3</td><td rowspan="2">水力性能</td><td>流态指数 x</td><td></td></tr>
<tr><td>4</td><td>流量系数 k</td><td></td></tr>
<tr><td>5</td><td>结构性能</td><td>制造偏差系数 C_v</td><td>$\geqslant \mid \pm 0.07 \mid$</td><td>最大与最小工作压力的中值</td></tr>
<tr><td>6</td><td></td><td>流道和孔口直径/mm</td><td></td><td></td><td></td></tr>
<tr><td>7</td><td></td><td>耐拉拔性</td><td>轴向连接时，30s 内对试件两端施加轴向拉力至最大按式（7－21）计算，无损坏，不脱离；管上插接拉力 30N 在 30s 内无损坏，不脱离</td><td>常温，按厂商提供的连接方式与配套 PE 塑料管连接</td><td></td></tr>
</table>

根据实际使用的需要，制造商向用户提供的滴头技术性能参数应包括，额定工作压力（kPa 或 m）、额定流量（m^3/h）、流态指数 x、流量系数 k（或流量与压力关系公式）和制造偏差系数 C_v，以及适用工作压力范围。对于滴灌管（带）还需包括滴灌管（带）直径（mm）、正常使用压力和最大承压能力。但是，目前许多制造商尚未能提供使用所需的全部技术参数，这无疑会影响用户对灌水器的正确使用。表 7－8 为部分滴灌灌水器技术参数供使用参考。

表 7－8　　　　　　　　　　　　部分滴头技术性能参数

<table>
<tr><th>名称/型号</th><th>结构特征与安装方式</th><th>公称流量/额定流量/(L/h)</th><th>流量系数 K/(压力单位 kPa)</th><th>流态指数 x</th><th>制造偏差系数 C_v</th><th>工作压力范围/kPa</th><th>资料来源</th></tr>
<tr><td>压力补偿式滴头</td><td>管上插接</td><td>6.0</td><td>4.504</td><td>0.0519</td><td></td><td>50～450</td><td rowspan="8">甘肃大禹 2006 年样本</td></tr>
<tr><td>压力补偿式滴头</td><td>管上插接</td><td>8.0</td><td>5.408</td><td>0.0739</td><td></td><td>50～450</td></tr>
<tr><td>压力补偿式滴头</td><td>管上插接</td><td>10.0</td><td>5.926</td><td>0.1025</td><td></td><td>50～450</td></tr>
<tr><td rowspan="5">非压力补偿滴头</td><td rowspan="5">内镶贴片</td><td>0.8</td><td>0.0796</td><td>0.5024</td><td></td><td rowspan="5">30～120</td></tr>
<tr><td>1.38</td><td>0.1398</td><td>0.4805</td><td></td></tr>
<tr><td>1.8</td><td>0.147</td><td>0.5461</td><td></td></tr>
<tr><td>2.4</td><td>0.247</td><td>0.494</td><td></td></tr>
<tr><td>3.0</td><td>0.3058</td><td>0.4773</td><td></td></tr>
<tr><td>DHD－2 压力补偿式滴头</td><td>管上插接</td><td>2.0</td><td>1.92</td><td>0.04</td><td>0.048</td><td>40～280</td><td rowspan="3">揭阳达华送测样品资料</td></tr>
<tr><td>DHD－4 压力补偿式滴头</td><td>管上插接</td><td>4.0</td><td>1.61</td><td>0.18</td><td>0.042</td><td>40～280</td></tr>
<tr><td>DHD－6 压力补偿式滴头</td><td>管上插接</td><td>6.0</td><td>3.45</td><td>0.12</td><td>0.045</td><td>40～280</td></tr>
<tr><td>压力补偿式滴头</td><td>管上插接</td><td>4.0</td><td>3.025</td><td>0.05</td><td>0.029</td><td>100～400</td><td>抚州微雨润送测样品资料</td></tr>
</table>

四、小管出流器

小管出流器是小管出流灌溉系统的关键部件。它是利用稳流器与小管组合，将来自输配水管网的压力水流变成细流状，实施小管出流灌溉的灌水器。小管出流灌溉系统基本组成见图 7-26，小管出流器工作的情形见图 7-27。

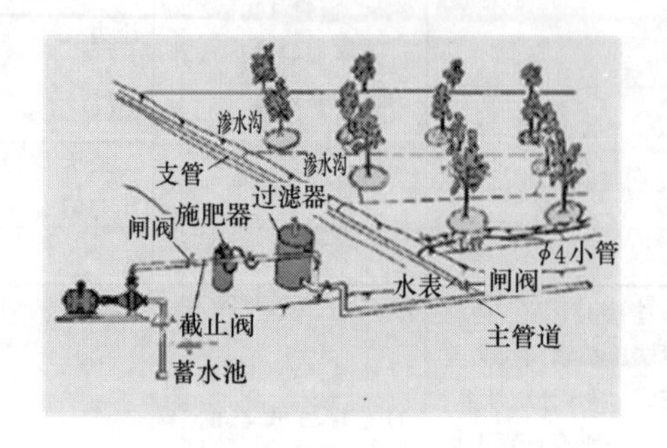

图 7-26　小管出流灌溉系统示意图 　　图 7-27　小管出流器工作的情形

（一）小管出流器的组成

小管出流器由稳流器和 ϕ4PE 小管两部分组成，见图 7-28。

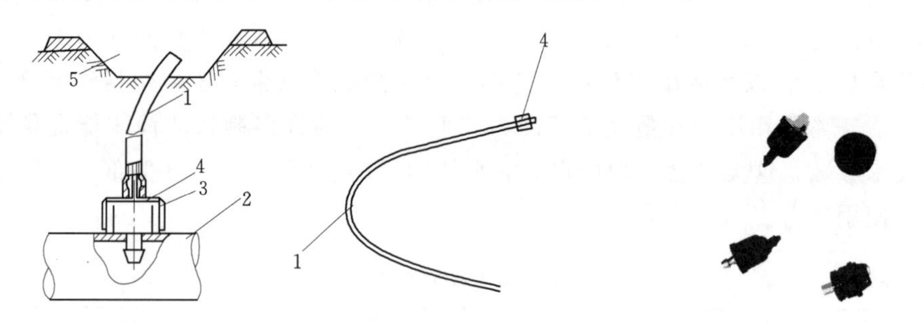

图 7-28　小管出流器基本结构图

1—ϕ4 小管；2—毛管；3—稳流器；4—弹性胶片；5—入渗沟

图 7-29　几种常见稳流器

（二）稳流器

1. 结构

稳流器是一种小型的压力补偿器，其作用是保持在一定压力范围内小管出流器流量基本恒定。稳流器的基本结构与压力补偿型滴头相似，常用几种稳流器外形见图 7-29。

2. 主要技术指标和参数

稳流器的主要技术指标和参数与压力补偿滴头相同，参见本节“三”之“（二）”。

（三）小管出流器流量与压力关系

小管出流器流量与工作压力的关系与其他微灌灌水器一样，可用式（7-7）表示。但是，因为小管出流器是由 PE 塑料小管两部分组成，其水力学特性是小管和稳流器水力学的综合。

1. 小管流量与压力关系

小管作为小管出流器的组成部分，经试验比较，认为一般情况采用 ϕ4PE 塑料小管最合适。根据实验，ϕ4PE 塑料小管流量与压力关系可用式（7-11）表示：

$$h_f=585\times10^{-6}q^{1.733}L \tag{7-11}$$

式中 q——小管出流器流量，L/h；

h_f——小管出流器沿程水头损失，m；

L——ϕ4 小管长度，m。

2. 小管出流器流量与工作压力的关系

目前，国内厂商提出的稳流器流量与工作压力关系资料都是在大气出流条件下获得的。然而，稳流器与小管组成的小管出流器工作时，压力灌溉水由毛管通过稳流器进入小管为有压出流。因此，小管出流器流量与工作水头的关系不能直接采用厂商提交的稳流器流量与压力关系式，必须加以修正。

当确定小管长度时，就可按式（7-11）计算小管水头损失 h_f。由灌水器流量与水头关系式（7-7）得小管出流器流量与水头关系式：

$$q=k(h+h_f)^x \tag{7-12}$$

式中 q——小管出流器流量，L/h；

k——稳流器流量系数；

h——稳流器工作水头，m；

h_f——ϕ4PE 管水头损失，m；

x——稳流器流态指数。

当流量小于 30L/h，小管长度小 0.5m 时，小管产生的水头损失很小，可忽略，则可根据稳流器流量系数和流态指数按式（7-7）直接计算小管出流器流量。

五、微喷头

（一）常用微喷头类型

1. 折射式

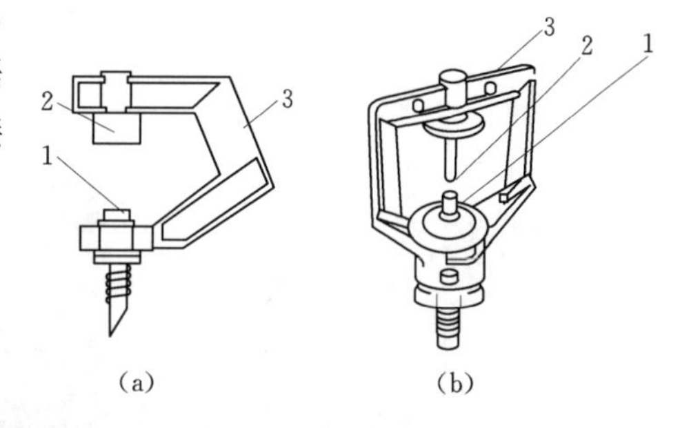

图 7-30 折射式微喷头

1—喷嘴；2—折射锥；3—支架

折射式微喷头主要由喷嘴、折射锥、支架三部分组成。压力水流经由喷嘴射出，冲击折射锥，被击成水膜，向四周喷洒，形成水滴状湿润土壤。折射式微喷头的基本结构型式见图 7-30。这类微喷头具有结构简单、没有运动部件、工作可靠、价格低的优点，但射程较小。

2. 射流旋转式

射流旋转式微喷头主要由旋转折射臂、喷嘴和支架组成。压力水流经喷体，由喷嘴成束射出，冲击折射臂，水流逼使折射臂旋转的同时，受到折射臂的反作用力，以一定的仰角向外喷洒。图 7-31 是这类微喷头的几种结构形式。其具有湿润半径较大、喷洒强度较低的优点，但运动部件要求制造精度高、易磨损，影响使用寿命。

为了适应不同场合使用的需要，微喷头除非压力补偿功能［见图 7-30 和图 7-31 (a)、(b)］和具有压力补偿功能［见图 7-31 (c)］之分外，有的还具有防滴漏功能，以适用于温室悬吊使用。常用微喷头结构外状、安装方式和应用情形见图 7-32～图 7-36。

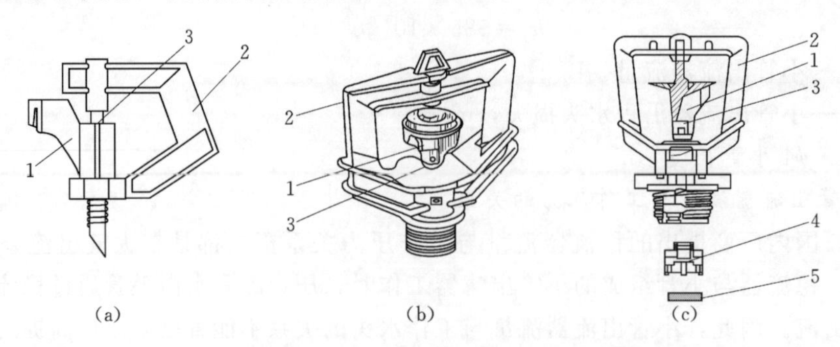

图 7-31 射流旋转式微喷头

1—旋转折射臂；2—支架；3—喷嘴；4—调压器；5—弹性膜片

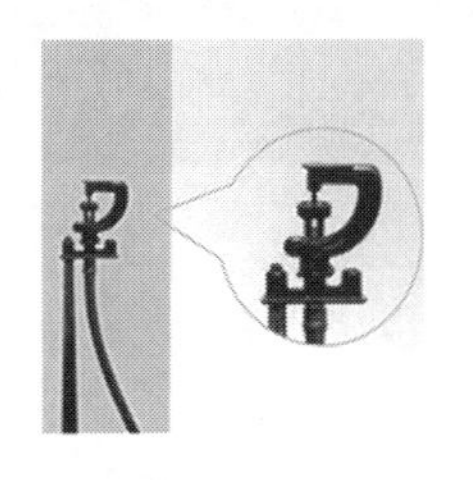
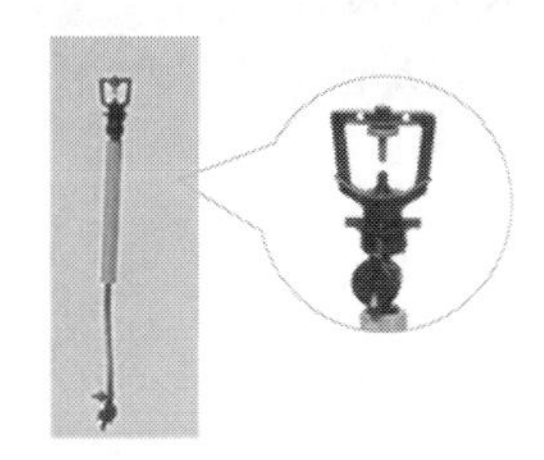
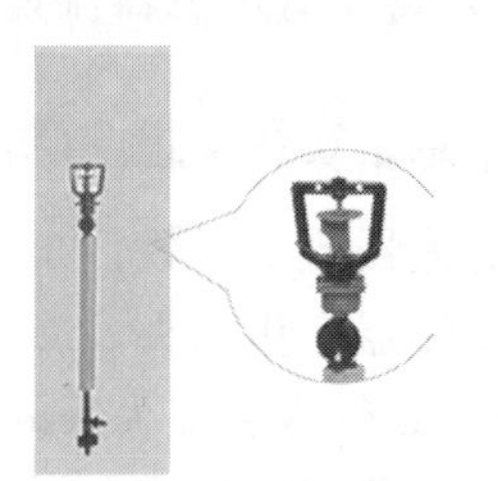

图 7-32 几种微喷头结构外形

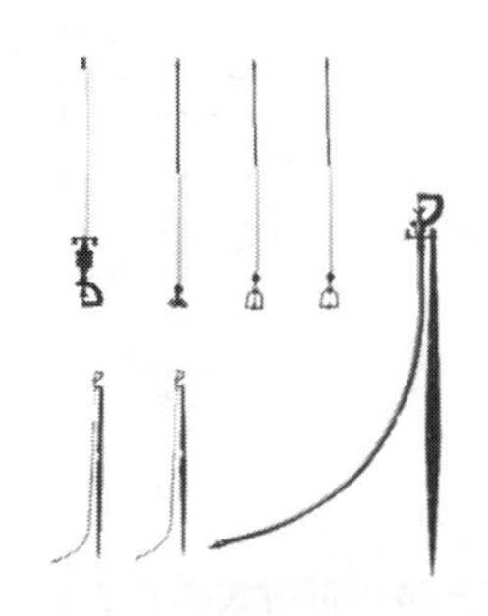
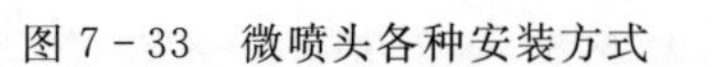

图 7-33 微喷头各种安装方式

图 7-34 微喷头工作的情形

图 7-35 微喷头用于温室

图 7-36 微喷头用于胡萝卜

（二）主要技术指标和参数

根据《农业灌溉设备 非旋转式喷头技术要求和试验方法》（GB/T 18687—2002）及《旋转式喷头试验方法》（GB 6570.3）的规定，确定的微喷头主要技术指标如表 7-9。

表 7-9　　微喷头主要技术指标

序号	项目		合格指标	测试条件	
	水力性能	额定流量/(L/h)		水温 25±5℃，过滤网 160～180 目，网孔直径小于喷孔直径 1/10	压力范围额定工作压力 0.5～1.5 倍
		工作压力范围/kPa			
1		流态指数 x			
2		流量系数 k			
3		射程 R			工作压力 25kPa
4	结构性能	制造偏差系数 C_v	<7%		
5		平均流量与额定流量的偏差率 C	非压力补偿型小于 7% 压力补偿型小于 10%		
6		耐久性	连续运行 1500h 无故障并无肉眼可见缺陷，与最初流量偏差≤|±0.1|	额定工作压力	
7		耐拉拔性	轴向连接时，30s 内对试件两端加轴向拉力至最大，无损坏，不脱离。管上插接拉力 30N 在 30s 内无损坏，不脱离	常温，按厂商提供的连接方式与配套 PE 塑料管连接	

注　微喷头射程 R 指微喷头至喷洒强度 0.13mm/h 那一点的距离。

制造商向用户提供的微喷头技术参数一般应包括额定工作压力（kPa 或 m）、额定流量（m^3/h）、额定工作压力下的射程、流量与压力关系公式（或流态指数 x 和流量系数 k）、制造偏差系数 C_v。几种微喷头技术性能参数见表 7-10。

表 7-10　　几种微喷头技术性能参数

名称/型号	喷嘴直径 /mm	工作压力 /kPa	公称流量/额定流量 /(L/h)	喷洒直径 /m	流量与压力关系公式 $q=kh^x$ （q—L/h，h—m）
RONDO 折射式微喷头	0.8	300	47	2～2.4	$q=11.16h^{0.4132}$
	1.0	300	61	2～2.4	$q=12.786h^{0.487}$
	1.2	300	91	2.5～2.8	$q=15.755h^{0.5157}$
R0NDO XL 旋转式微喷头	1.6	200	135	7.0	$q=30.86h^{0.4918}$
	1.8	200	170	7.0	$q=41.2h^{0.477}$
	2.0	200	210	7.0	$q=50.169h^{0.4807}$
	2.2	200	260	7.0	$q=63.523h^{0.4712}$
	2.4	200	305	7.0	$q=73.372h^{0.4768}$
	2.6	200	367	7.0	$q=82.559h^{0.4977}$
W1507PT 旋转式微喷头		180	61	7.3	$q=5.332P^{0.47}$
		280	75	8.4	

第三节 喷 水 带

喷水带是塑料软管上以一定间距一定排列方式打出水孔，水通过出水孔以滴流状或喷射状出流湿润土壤的灌水器。按照习惯用流量划分灌水器的概念，可把单组出水孔流量小于250L/h的喷水带称为微灌带（微喷带）；把单组出水孔流量大于250L/h的喷水带称为喷灌带。

喷水带制造工艺较为简单，使用灵活方便，造价较为低廉，适宜于蔬菜、果树、茶园和各种大田作物，尤其是分散地块使用。

一、类型与结构

（一）滴流型

单组出水孔流量小于15L/h的喷水带，呈滴流状出流，将其分属为滴水型。此类喷水带可与地膜覆盖结合使用，类似膜下滴灌。图7-37是滴流型喷水带几种使用情况。

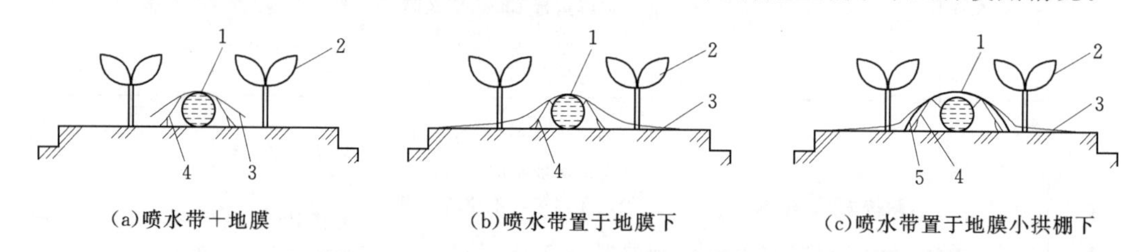

图7-37 滴流式喷水带在几种场合的适用情形

1—滴水带；2—作物；3—地膜；4—水流

这类喷水带直径一般为20～32mm，孔径0.5～1.2mm，单组出水孔2～3个，其排列形式见图7-38。

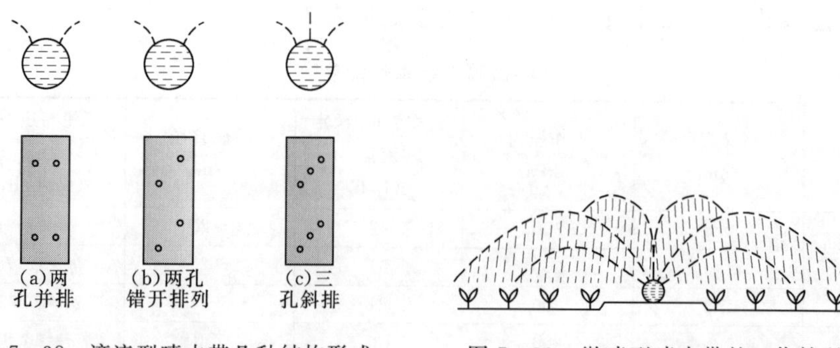

图7-38 滴流型喷水带几种结构形式

图7-39 微喷型喷水带的工作情况

（二）微喷型

单组出水孔流量大于15L/h，小于250L/h的喷水带，呈喷洒状出流，分属为微喷型，又称为微喷带。此类喷水带广泛用于露地蔬菜、果树和温室灌溉，微喷型喷水带的工作情况见图3-39。

这类喷水带直径一般为40mm，孔径0.5～0.9mm，单组出水孔3～5个，其排列形式见图7-40。根据不同条件的需要，此类喷水带有普通型、压边型和加强筋压边型三种。压边型又称为双翼型，可以使喷水带工作时不产生翻转，保持准确位置。加强筋压边型是在压边型电动的基础上，在软管上下壁纵向增制几根加强肋，以适应较高水压的需要，微喷型喷水带的结构形式见图7-40。

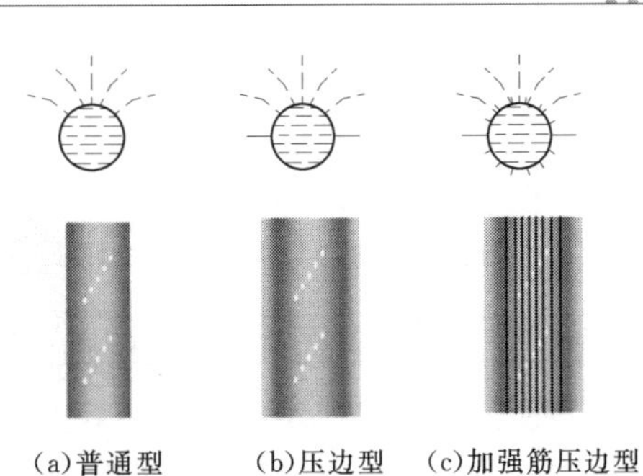
(a)普通型 (b)压边型 (c)加强筋压边型

图7-40 微喷型喷水带结构形式

(三）喷灌型

单组出水孔流量大于250L/h的喷水带，呈喷洒状出流，分属为喷灌型，又称为喷灌带。此类喷水带广泛用于露地蔬菜、茶园、果树的灌溉，喷灌型喷水带的工作状况见图7-41。

(a)喷灌带用于茶园

(b)喷灌带用于胡萝卜

(c)喷灌带外形

图7-41 喷灌型喷水带使用现场和外形

这类喷水带的结构形式与微喷型相似，只是管径和管壁厚度大一些，也有普通型、压边型（双羽型）和加强筋压边型。

二、技术指标与参数

喷水带技术标准可按2007年农业部发布《农业灌溉设备 喷水带》NY/T 1361—2007行业标准执行。根据该标准考虑实际使用需要确定喷水带主要技术参数应包括：直径，单组出水孔公称（或额定）流量、出水孔组距、工作（额定）压力、湿润宽度、100m喷水均匀系数、承压能力等。目前市场上喷水带提供的技术参数远未达到此要求。表7-11是北京市双翼环能技术公司研制的几种喷水带技术参数。

表7-11 典型喷水带主要技术参数

型号	规格 管径×厚度 /(mm×mm)	工作水头 /m	压力流量关系式	最大使用长度/m (qv=15%)	最大湿润宽度 /m	爆破压力水头 /m
单孔滴灌带	20×0.2	1—3	$q=4.91h^{0.56}$	≤80	0.6	12
双孔滴灌带	20×0.2	1—3	$q=9.81h^{0.56}$	≤50	0.8～1.0	12
双孔滴灌带	25×0.15	1—3	$q=11.19h^{0.56}$	≤70	0.8～1.0	9
三孔滴灌带	20×0.2	1—3	$q=14.73h^{0.56}$	≤40	0.8～3.0	12
3孔微喷带	40×0.3	3—5	$q=27.24h^{0.56}$	≤100	3～5	15
5孔微喷带	40×0.3	3—5	$q=27.67h^{0.56}$	≤100	3～5	15

续表

型号	规格 管径×厚度 /(mm×mm)	工作水头 /m	压力流量关系式	最大使用长度/m (qv=15%)	最大湿润宽度 /m	爆破压力水头 /m
5孔微喷带	40×0.4	3−6	$q=24.93h^{0.56}$	≤100	3～6	20
7孔微喷带	40×0.4	3−5	$q=27.95h^{0.56}$	≤100	3～5	15

第四节 园林绿地灌水器

由于园林绿地与农地比较有诸多特点，灌水器必须适应这些特点，以便使园林绿地灌溉系统满足各类不同条件绿地灌溉要求。制造商针对各种不同条件绿地的需求制造出各具特色的灌水器，并形成系列产品。

一、齿轮旋转式喷头

齿轮旋转式喷头是园林绿地灌溉最重要的灌水器。这类喷头安装位置低于地面3～50cm，故通常称为地埋旋转式喷头，喷头安装和工作的状况见图7-42。

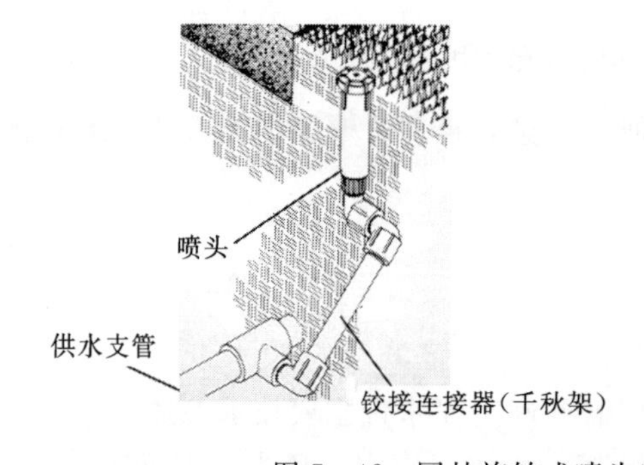

图7-42 园林旋转式喷头安装和工作状况

齿轮旋转式喷头利用一套内装齿轮和伸缩弹簧机构在水流压力作用下驱动齿轮带动喷体旋转并弹出喷头壳，实施喷洒灌溉。几种典型齿轮旋转式喷头的结构形式见图7-43。

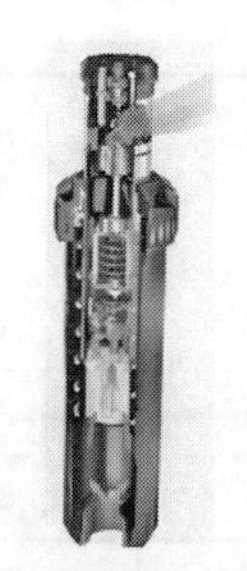

(a)雨鸟(Rain Bird)公司7005型

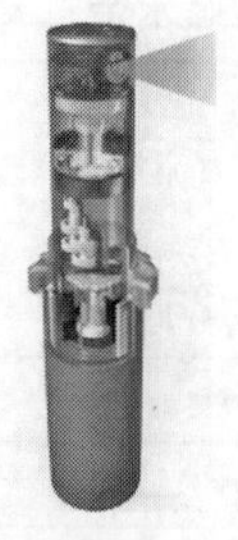

(b)亨特(Henter)公司PGP型

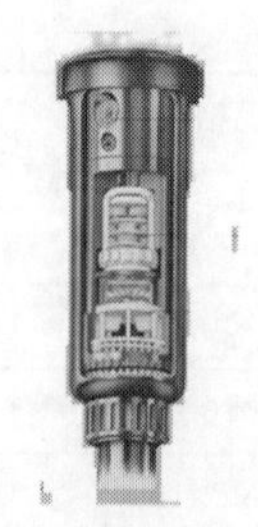

(c)托罗(Toro)公司2001型

图7-43 几种齿轮旋转式园林喷头结构形式

齿轮旋转式喷头是现代园林灌水器的代表，结构复杂，制造工艺精良，原材料讲究。根据各厂商公开的技术资料概括起来，此类喷头的结构和水力功能有如下特点。必须说明的是，不是任一型号的喷头都具备下列所有功能特点，而是在采用灌水器时，应根据绿地特点选择满足需求功能的喷头。

(1) 射程覆盖范围大，包含中、远射程喷头。不同系列喷头射程一般大于5m，最远可超过30m，能满足各种类型不同尺寸绿地的需要。

(2) 喷灌强度较低。这类喷头单嘴喷射出流，在空气作用下形成雨幕绕垂轴喷洒，控制面积内平均喷灌强度较低，满足不同坡地不同土质，尤其是较大坡地、黏质土壤的需要。

(3) 喷头的高矮和喷体弹出高度系列化，满足不同高矮植物对喷洒水流不受植物冠部阻挡的要求，停喷时喷体回缩至壳体内不妨碍绿地养护机械通行，并可防止人为损坏，不影响绿地景观。三种旋转式喷头系列见图7-44。

(a)亨特公司PGP系列　(b)雨鸟公司T-BIRD系列　(c)托罗公司1550系列

图7-44　三种喷头高度系列

(4) 一种型号喷头配有仰角、流量和射程喷嘴系列，供不同类型绿地使用选择。一种齿轮旋转式喷头的配套喷嘴系列见图7-45。

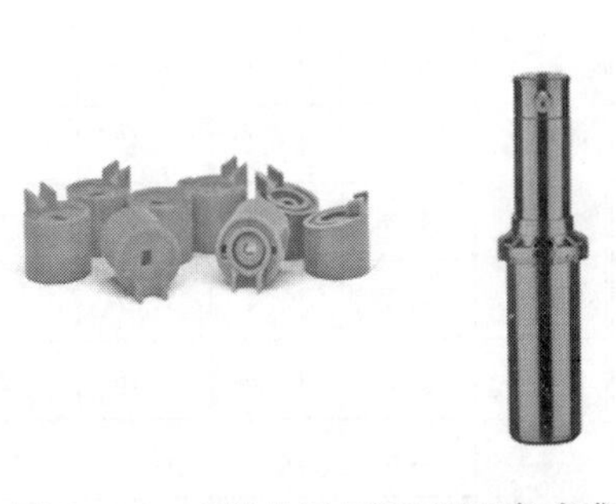

图7-45　亨特公司PGP型配套喷嘴

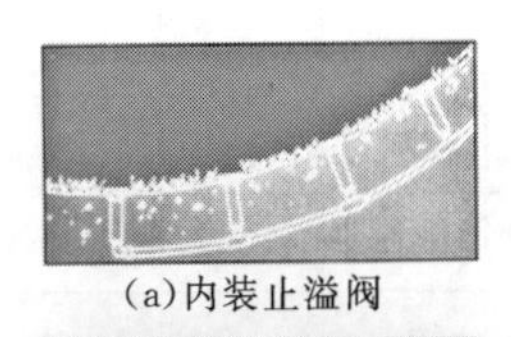

(a)内装止溢阀

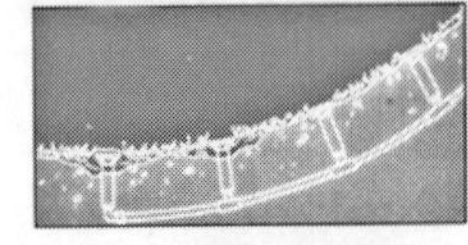

(b)未装止溢阀

图7-46　内装止溢阀与否的情形

(5) 可根据地面形状和植物高矮调节喷洒弧度和喷洒仰角，达到最佳喷洒效果。弧度调节范围一般为20°～360°。

(6) 内装止溢阀，阻止停灌瞬间低压喷头溢流损坏绿地。内装止溢阀和未装止溢阀的情况见图7-46。

喷头技术参数是喷头选择使用的依据，包括喷嘴型号、工作压力、射程、流量和组合喷灌强度（喷头间距等于射程）。几个著名园林喷头制造商产品样本上几种齿轮旋转式喷头技术参数供参考见表7-12～表7-14，实际应用时，更多资料可查阅各制造商的样本。

表7-12 美国亨特公司PGP型喷头标准喷嘴技术性能参数

喷嘴	压力/Bars	射程/m	流量/(m³/h)	喷灌强度/(mm/h)		喷嘴	压力/Bars	射程/m	流量/m³	喷灌强度/(mm/h)	
				■	▲					■	▲
1.5	2.0	8.1	0.29	7	8	4.0	2.0	11.6	0.73	11	13
	2.5	8.4	0.32	7	8		2.5	11.9	0.81	12	13
	3.0	8.8	0.35	7	9		3.0	12.2	0.90	12	14
	3.5	8.8	0.38	8	9		3.5	12.2	0.97	13	15
	4.0	8.8	0.41	9	10		4.0	12.5	1.04	13	15
	4.5	9.4	0.34	10	11		4.5	12.5	1.10	14	16
2.0	2.0	10.1	0.35	7	8	5.0	2.0	11.6	0.91	14	16
	2.5	10.1	0.39	8	9		2.5	11.9	1.02	15	17
	3.0	10.4	0.43	8	9		3.0	12.8	1.14	14	16
	3.5	10.4	0.37	9	10		3.5	12.8	1.24	15	17
	4.0	10.4	0.50	9	11		4.0	12.8	1.32	16	19
	4.5	10.4	0.53	10	11		4.5	12.8	1.41	17	20
2.5	2.0	10.4	0.43	8	9	6.0	2.0	11.9	1.09	15	18
	2.5	10.7	0.48	8	10		2.5	12.2	1.22	16	19
	3.0	10.7	0.54	9	11		3.0	13.1	1.36	16	18
	3.5	10.7	0.58	10	12		3.5	13.1	1.47	17	20
	4.0	10.7	0.62	11	13		4.0	13.4	1.57	18	20
	4.5	10.7	0.66	12	13		4.5	13.4	1.67	19	21
3.0	2.0	10.7	0.54	10	11	8.0	2.0	11.9	1.46	21	24
	2.5	11.0	0.61	10	12		2.5	12.5	1.63	21	24
	3.0	11.6	0.68	10	12		3.0	13.4	1.81	20	23
	3.5	11.9	0.74	10	12		3.5	13.7	1.95	21	24
	4.0	11.9	0.79	11	13		4.0	14.0	2.09	21	15
	4.5	11.9	0.84	12	14		4.5	14.0	2.22	23	26

表 7-13　　美国雨鸟公司 500 型喷头标准仰角技术性能参数

喷嘴	压力/MPa	射程/m	流量/(m^3/h)	喷灌强度/(mm/h)		喷嘴	压力/Bars	射程/m	流量/m^3	喷灌强度/(mm/h)	
				■	▲					■	▲
1.5	0.17	10.10	0.25	5	6	4.0	0.17	11.30	0.66	10	12
	0.20	10.20	0.28	5	6		0.20	11.60	0.71	11	12
	0.25	11.40	0.31	6	7		0.25	12.30	0.81	11	13
	0.3	10.60	0.34	6	7		0.3	12.70	0.89	11	13
	0.35	11.70	0.37	7	8		0.35	12.80	0.97	12	14
	0.4	10.60	0.40	7	8		0.4	12.80	1.04	13	15
2.0	0.17	10.70	0.34	6	7	5.0	0.17	11.90	0.84	12	14
	0.20	10.80	0.36	6	7		0.20	12.10	0.91	12	14
	0.25	11.00	0.41	7	8		0.25	12.70	1.03	13	15
	0.3	11.20	0.45	7	8		0.3	13.50	1.13	12	14
	0.35	11.30	0.49	8	9		0.35	13.70	1.23	13	15
	0.4	11.10	0.52	8	10		0.4	13.70	1.32	14	16
2.5	0.17	10.70	0.41	7	8	6.0	0.17	11.90	0.97	14	16
	0.20	10.90	0.44	7	9		0.20	12.40	1.05	14	16
	0.25	11.30	0.50	8	9		0.25	13.20	1.21	14	16
	0.3	11.30	0.56	9	10		0.3	13.90	1.34	14	16
	0.35	11.30	0.60	9	11		0.35	14.20	1.45	14	17
	0.4	11.30	0.64	10	12		0.4	14.90	1.55	15	17
3.0	0.17	11.00	0.51	8	10	8.0	0.17	110	1.34	22	26
	0.20	11.20	0.55	9	10		0.20	11.80	1.45	21	24
	0.25	11.20	0.62	9	11		0.25	13.30	1.63	19	21
	0.3	12.10	0.96	9	11		0.3	14.10	1.79	18	21
	0.35	12.20	0.74	10	12		0.35	14.90	1.93	18	20
	0.4	12.20	0.80	11	12		0.4	15.20	2.06	18	21

表 7-14　　美国托罗公司 S800 型系列喷嘴技术性能参数

喷嘴	压力/(kg/cm^2)	射程/m	流量/(m^3/h)	喷灌强度/(mm/h)		喷嘴	压力/Bars	射程/m	流量/m^3	喷灌强度/(mm/h)	
				■	▲					■	▲
0.75	2.0	8.8	0.16	2.3	2.7	3.0	2.0	11.6	0.75	5.6	6.4
	3.0	9.1	0.18	2.2	2.5		3.0	11.9	0.95	6.7	7.7
	3.5	9.4	0.20	2.3	2.6		3.5	12.5	1.04	5.4	6.2
	4.0	9.8	0.23	2.4	2.8		4.0	12.8	1.13	6.9	8.0
1.0	2.0	9.8	0.29	3.0	3.5	4.0	2.0	13.1	1.00	5.8	6.7
	3.0	10.1	0.34	3.3	3.8		3.0	14.3	1.16	5.7	6.6
	3.5	10.4	0.37	3.4	4.0		3.5	14.0	1.27	6.5	7.5
	4.0	10.7	0.41	3.6	4.1		4.0	14.9	1.34	6.0	7.0
2.0	2.0	11.3	0.55	4.3	5.0	6.0	2.0	13.7	1.34	7.1	8.2
	3.0	12.2	0.57	3.8	4.4		3.0	14.0	1.36	6.9	8.0
	3.5	12.8	0.68	4.2	4.8		3.5	14.6	1.43	6.7	7.7
	4.0	13.1	0.75	4.4	5.0		4.0	14.9	1.52	6.8	7.9
2.5	2.0	11.6	0.57	4.2	4.9	8.0	2.0	17.8	1.82	5.9	6.8
	3.0	11.9	0.64	4.5	5.2		3.0	13.7	1.93	10.3	11.9
	3.5	12.2	0.73	4.9	5.7		3.5	14.9	2.14	9.6	11.1
	4.0	12.5	0.79	5.0	5.8		4.0	15.3	2.27	9.7	11.2

注　表中喷灌强度是本书作者添加的。

二、摇臂旋转式喷头

摇臂旋转式喷头的基本结构是将摇臂式喷头装入喷头壳里，与一套拉伸弹簧组成的地埋式喷头，工作时在水流压力作用下，推动喷嘴上升至植物冠层顶部，并旋转作不同弧度喷洒。摇臂式喷头的结构形式、安装和工作状况见图 7-47。

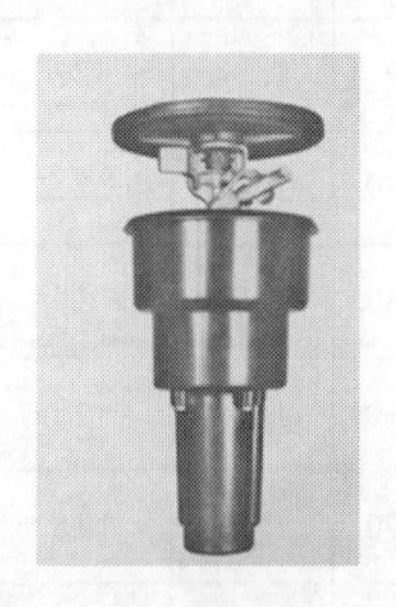

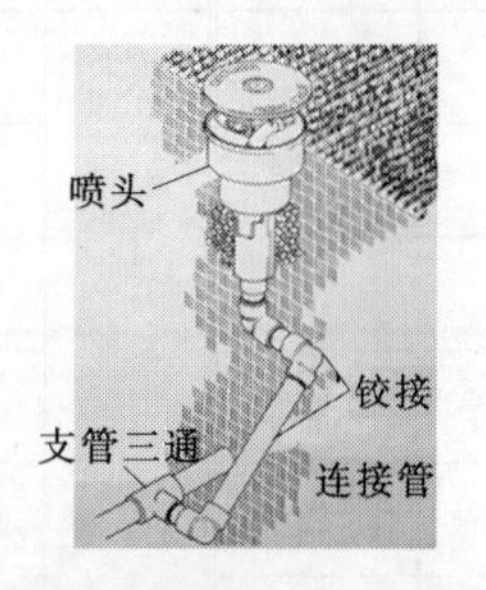

图 7-47　摇臂旋转式喷头的结构形式、安装状况和工作状

这类喷头具有齿轮旋转式喷头的功能特点，结构比较简单，价格也较低，但是喷灌均匀度较低，且体积大，运输、安装不便，目前国内使用较少。

美国雨鸟公司 MAXI-PAW™ 型地埋摇臂旋转式喷头技术参数：

（1）工作压力：0.2～0.45MPa。

（2）射程：6.7～13.7m。

（3）流量：0.36～1.86m^3/h。

（4）喷射仰角：06 号、07 号、08 号、10 号和 12 号喷嘴 23°，07LA 和 10LA 喷嘴 11°。

（5）接口：底部 1/2″和 3/4″两级内螺纹。

（6）顶部暴露直径 127mm。

（7）整体高度 263mm。

（8）升降高度 76mm。

三、散射式喷头

散射式喷头是一种非旋转喷头，此类喷头结构较为简单，射程较小，一般为 3～5m，主要用于小面积绿地或不宜采用射程较大的旋转式喷头的乔木区；喷嘴的特殊构造可根据绿地形状匹配以及增强景观美感的需要，喷出各种湿润图形（图 7-48），故又称为景观喷头；一般喷灌强度较大，若用于坡地或渗透力低的土壤可能产生地面径流；有的具有压力补偿功能（图 7-48）、低压止溢（图 7-46）和带截止阀（防止喷嘴损坏或丢失时喷水损坏绿地，见图 7-49）。

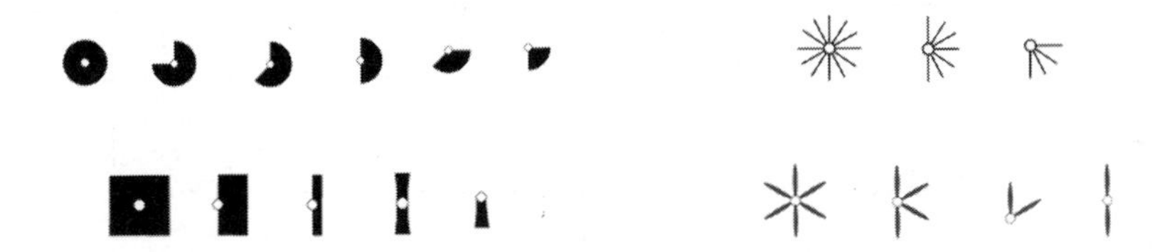

图 7-48　散射式喷头各种喷洒弧度和水流状态

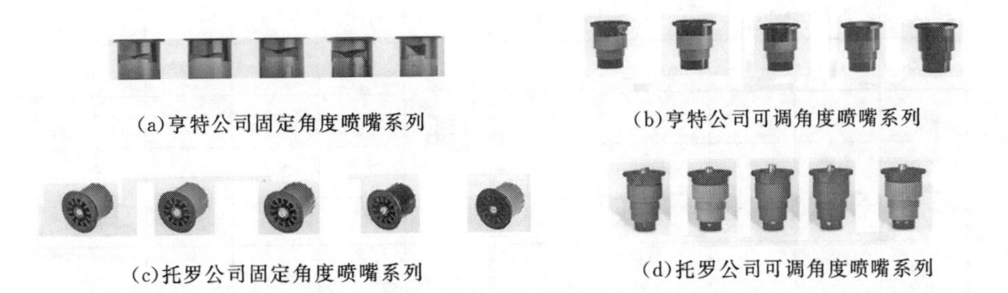

(a)亨特公司固定角度喷嘴系列　(b)亨特公司可调角度喷嘴系列

(c)托罗公司固定角度喷嘴系列　(d)托罗公司可调角度喷嘴系列

图 7-49　各种散射式喷头喷嘴系列图

散射式喷头配套喷嘴按结构和水力特点分为两类：出流水平角固定系列，如图 7-50 (a)、(c) 所示：出流水平角可调系列，如图 7-49 (b)、(d) 所示。前一类喷嘴的特点是一种型号喷嘴不同角度的喷洒强度相同。后一类喷嘴的特点是一种型号喷嘴调节出流角

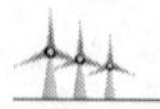

图 7-50 带止溢阀和不带止溢阀两种散射式喷头嘴嘴丢失后的情形

度时，喷洒强调随之变化。

一种适用于公园和道路两旁带止溢阀的散射式喷头，当喷嘴受损坏或丢失时，喷头可自动关闭，防止灌溉水的浪费和损坏绿地。图 7-50 是带止溢阀和不带止溢阀两种喷头喷嘴丢失后的情形。

表 7-15 和表 7-16 摘录两个园林喷头制造商产品样本上几种散射式喷头技术参数供参考，实际应用时，更多资料可查阅各制造商的样本。

表 7-15　美国亨特公司 PS 型 3.0m 射程（10A）15°喷射仰角技术性能参数

角度 /(°)	压力 /Bars	射程 /m	流量 /(m³/h)	喷灌强度 /(mm/h)	
				■	▲
45	1.0	2.1	0.04	68	79
	1.5	2.4	0.05	66	76
	2.0	2.9	0.06	53	61
	2.1	3.0	0.06	50	58
	2.5	3.5	0.06	41	47
90	1.0	2.1	0.08	68	79
	1.5	2.4	0.09	66	76
	2.0	2.9	0.11	53	61
	2.1	3.0	0.11	50	58
	2.5	3.5	0.12	41	47
120	1.0	2.1	0.10	68	79
	1.5	2，4	0.13	66	76
	2.0	2.9	0.15	53	61
	2.1	3.0	0.15	50	58
	2.5	3.5	0.17	41	47
180	1.0	2.1	0.15	68	79
	1.5	2.4	0.19	66	76
	2.0	2.9	0.22	53	61
	2.1	3.0	0.25	50	58
	2.5	3.6	0.25	41	47

角度 /(°)	压力 /Bars	射程 /m	流量 /m³	喷灌强度 /(mm/h)	
				■	▲
240	1.0	2.1	0.20	68	79
	1.5	2.4	0.25	66	76
	2.0	2.9	0.29	53	61
	2.1	3.0	0.30	50	58
	2.5	3.5	0.33	41	47
270	1.0	2.1	0.23	68	79
	1.5	2.4	0.28	66	76
	2.0	2.9	0.33	53	61
	2.1	3.0	0.34	50	58
	2.5	3.5	0.37	41	47
360	1.0	2.1	0.30	68	79
	1.5	2.4	0.38	66	76
	2.0	2.9	0.44	53	61
	2.1	3.0	0.45	50	58
	2.5	3.5	0.50	41	47

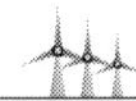

表 7-16　　美国雨鸟公司两种散射式喷头技术性能参数

喷射仰角 30°				喷射仰角 0°			
喷嘴	压力/MPa	$W \times L$ /(m×m)	流量/(m^3/h)	喷嘴	压力/MPa	射程/m	流量/m^3
	0.10	5.5×5.5	0.61		0.10	1.5	0.35
	0.15	5.8×5.8	0.69		0.15	1.5	0.35
	0.20	6.4×6.4	0.78		0.20	1.5	0.35
	0.21	7.0×7.0	0.86		0.21	1.5	0.35
	0.10	1.2×4.0	0.10		0.10	1.5	0.23
	0.15	1.2×4.3	0.11		0.15	1.5	0.23
	0.20	1.2×4.3	0.13		0.20	1.5	0.23
	0.21	1.2×4.6	0.14		0.21	1.5	0.23
	0.10	1.2×7.9	0.20		0.10	1.5	0.12
	0.15	1.2×8.5	0.23		0.15	1.5	0.12
	0.20	1.2×8.5	0.25		0.20	1.5	0.12
	0.21	1.2×9.2	0.27		0.21	1.5	0.12
	0.10	1.2×7.9	0.20		0.10	1.5	0.12
	0.15	1.2×8.5	0.23		0.15	1.5	0.12
	0.20	1.2×8.5	0.25		0.20	1.5	0.12
	0.21	1.2×9.2	0.27		0.21	1.5	0.12

四、MP 型旋转式喷头

亨特公司近年推出一种 MP 型喷头，其结构形式和工作状态见图 7-51。该喷头有以下主要特点。

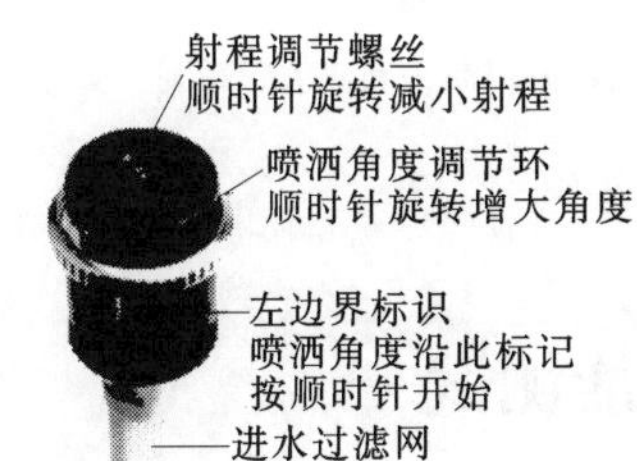

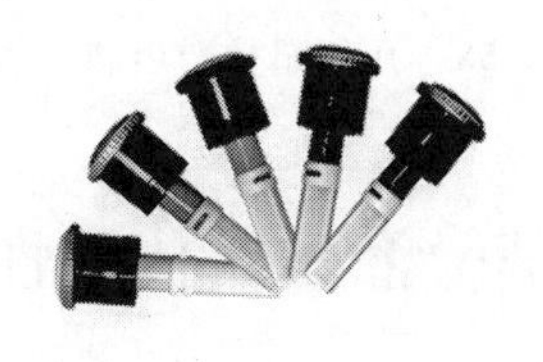

图 7-51　MP 型旋转式喷头机构形式和工作状态

(1) 采用一套水力驱动机构代替复杂的齿轮机构，结构简单，体积小，工作可靠。

(2) 射程较大，湿润半径可达 9m 以上。喷灌强度低，最大喷灌强度小于 12mm/h。

(3) 可调角度喷洒，且喷灌强度不受弧度变化影响。

(4) 可代替散射式喷头，喷洒出各种湿润图形和水流状态，增强绿地景观效果。

(5) 水滴较大，抗风性好。

五、涌泉头

涌泉头是一种低压小喷距灌水器，结构简单，适用灌木、乔木等宽距植物。两种涌泉头的结构和工作状况见图7-52，有非压力补偿功能和压力补偿功能两种型式。

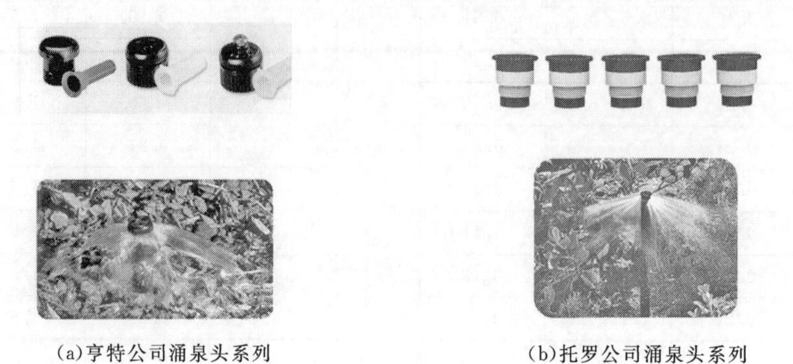

(a)亨特公司涌泉头系列　　(b)托罗公司涌泉头系列

图7-52　两种涌泉头系列及其工作状态

六、园林专用滴头和滴灌管

各国灌溉公司都推出各自的园林专用滴头和滴灌带，其结构和功能与农用滴头和滴灌管基本相同，但制造质更加考究，价格高，尤其是用于草坪时，单位面积造价比喷灌高得多，若用于乔木等宽间距植物可以有一定优势。几种园林专用滴头和滴灌管见图7-53。

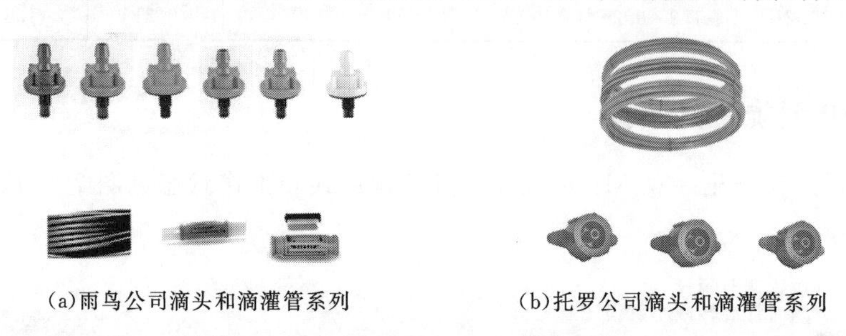

(a)雨鸟公司滴头和滴灌管系列　　(b)托罗公司滴头和滴灌管系列

图7-53　几种园林专用滴头和滴灌管

第五节　灌水器技术性能测试

灌水器技术性能的测试是评价灌水器制造质量的依据，是一项不可缺少非常重要的环节。灌水器技术测试包括生产过程检测、专业技术测试和用户抽测（复测）。生产过程检测是生产制造过程中控制制造质量必要环节，应按一定程序在制造现场抽样，或逐个测试，随时调整工艺；专业技术测试是由国家和行业认定的检测机构对产品抽样测试，确定（确认）产品技术指标，是最基本的测试；用户抽测或复测是购买方对订购产品的某些技术性能进行选择性的测试。国家和行业技术标准是所有测试的基本依据。

本节介绍各类灌水器技术性能测试的基本方法和评价标准，供制造商和用户参考。

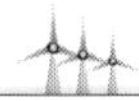

一、喷头技术性能测试

（一）测试条件

1. 试验用水

试验采用常温清水，并经网孔直径不大于 0.4mm 的网式过滤器过滤。

2. 测量仪表的准确度

测量仪表的测定值相对真值的允许偏差：

（1）压力：±2%。

（2）流量：±1%。

（3）时间：分辨率为 0.1s。

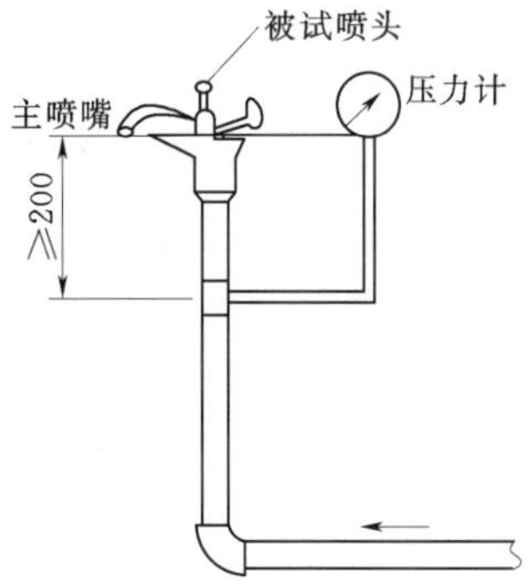

（二）测试要求

（1）新喷头试验前应在规定试验压力下持续运转至少 1h，以进行磨合。

（2）试验时，流量、压力值应同时读出。

（3）试验期间的环境温度宜为 15～30℃。

（4）压力测点应位于喷嘴（对多喷嘴喷头为主喷嘴）下方至少 200mm 处，压力表中心与喷嘴等高（见图 7-54）。测压孔和喷头之间不应安装可能产生水头损失的接头或其他装置，以避免局部变化对压力的影响。

被试喷头
主喷嘴
压力计
≥200

图 7-54　压力测点和压力计的位置（单位：mm）

（三）测试项目重要程度分类与试验样品数量

根据测试项目重要程度进行分类，并规定抽样数目见表 7-17。

表 7-17　　测试项目分类与测试样品数量

重要程度分类	序号	测试项目	样品数量	合格判定数
A类	1	喷头流量	3	0
	2	密封性能	3	0
	3	转动均匀性	3	0
	4	耐久性	2	0
B类	5	耐压性能	3	0
	6	喷头射程	2	0
	7	喷射高度	2	0
	8	水量分布特性	2	0
	9	转动稳定性	2	0

（四）测试方法与评价标准

1. 流量

喷头流量是指在常温和制造厂技术性能表中明示的试验压力下，喷头配置的特定喷嘴单位时间喷洒的水量，单位为 m^3/h。

（1）试验方法。采用涡轮流量计测量喷头在规定试验压力下的流量值，可直接从流量计的示值读出或根据流量计算仪计算。

喷头的试验压力为制造厂明示的常用运行压力。如果运行压力是一个范围，或缺少制造厂的明示，试验压力按表 7-18 确定。

表 7-18　　试 验 压 力

喷嘴当量直径/mm	试验压力/kPa	喷嘴当量直径/mm	试验压力/kPa
$d<2$	200	$7<d<20$	400
$2<d<7$	300	$d>20$	500

喷嘴当量直径的计算方法如下。

喷嘴当量直径根据表 7-19 规定的试验压力下测出的 5 个喷嘴的平均流量。

当喷嘴当量直径 d 不大于 10mm 时，喷嘴当量直径按表 7-19 确定。

表 7-19　　流量及其对应的喷嘴直径

试验压力							
200kPa		300kPa				400kPa	
流量/(m^3/h)	喷嘴当量直径/mm	流量/(m^3/h)	喷嘴当量直径/mm	流量/(m^3/h)	喷嘴当量直径/mm	流量/(m^3/h)	喷嘴当量直径/mm
0.05	1.0	0.25	2.0	1.31	4.6	4.01	7.5
0.061	1.1	0.3	2.2	1.42	4.8	4.56	8.0
0.073	1.2	0.36	2.4	1.54	5.0	5.15	8.5
0.085	1.3	0.39	2.5	1.67	5.2	5.77	9.0
0.1	1.4	0.42	2.6	1.8	5.4	6.43	9.5
0.113	1.5	0.48	2.8	1.94	5.6	7.13	10.0
0.129	1.6	0.56	3.0	2.08	5.8		
0.146	1.7	0.63	3.2	2.22	6.0		
0.163	1.8	0.71	3.4	2.37	6.2		
0.182	1.9	0.8	3.6	2.53	6.4		
		0.89	3.8	2.69	6.6		
		0.99	4.0	2.85	6.8		
		1.09	4.2	3.02	7.0		
		1.2	4.4				

当喷嘴当量直径 d 大于 10mm 时，其值按下式计算：

$$d=2\sqrt{\frac{q}{\pi c\sqrt{0.2gp}}}\times\frac{1000}{60} \tag{7-13}$$

式中　q——带有喷嘴的喷头流量，m^3/h；

c——喷嘴流量系数，取 $c=0.9$；

g——重力加速度（$9.81m/s^2$）；

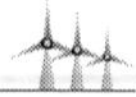

p——试验压力，kPa。

（2）评价标准。流量不大于 0.25m³/h 的喷头，在规定试验压力下喷头流量的变化量不应大于±7%；流量大于 0.25m³/h 的喷头，在规定试验压力下喷头流量的变化量不应超过±5%。

2. 密封性能

（1）喷头轴承密封性能测试。

1）试验方法。试验前，喷头应在规定试验压力（允许偏差为±10%）下运转 4h 后，按喷头正常使用条件的要求，将喷头安装在试验装置上。然后进行测试，按每次递增 100kPa 的规律，将试验压力由最小额定工作压力增加到最大额定工作压力，每递增一次保压 1min。在整个试验过程中，用接水筒收集从旋转轴承处泄漏出的水，并测量泄漏的水量。试验过程中，供水管与喷头连接螺纹处不能出现泄漏。

2）评价标准。喷头流量大于 0.25m³/h 的喷头轴承轴颈处的泄漏量不应超过规定试验压力下喷头流量的 2%；喷头流量大于 0.25m³/h 的喷头，泄漏量不应大于 0.005m³/h。

（2）喷嘴连接口密封性能的测试。

1）试验方法。将喷嘴按制造厂使用说明书的规定方式装在喷头上，不得另加密封材料。然后，把喷头安装在试验装置上，堵住喷嘴，拧紧喷嘴，使扭矩值（单位为 N·m）等于喷嘴直径值（单位为 mm）。排除系统中的空气，将试验压力由最小额定工作压力逐渐增加到最大额定工作压力，在室温下保压 10min。在整个过程中，用接水筒收集从喷嘴连接处泄漏出的水。

2）评价标准。喷嘴与喷体或喷管连接处的泄漏量，不应超过在规定试验压力下喷头流量的 0.25%。

3. 转动均匀性

（1）试验方法。将喷头安装在铅垂竖管上，在规定试验压力下运转，分别测量旋转每四分之一转所需时间。重复测量五次，计算旋转每 1/4 转的平均时间以及相对于平均值的最大偏差。

该试验适用于旋转周期小于 20s 的喷头。

（2）评价标准。喷头转动每四分之一转所需时间，相对于五次平均值的最大偏差，不应超过±12%。

4. 耐久性

（1）试验方法。试验压力在最大额定工作压力下进行。试验前测量各主要零部件尺寸，试验后检查各零部件的磨损和锈蚀情况。试验期间须有专人值班，并做好记录。试验过程中如零件损坏，应重做试验。对损坏的零件，查明原因记录在案。

喷头连续运转 4～5 天，然后停止 1～2 天，按此规律交替进行，直到喷头运转到规定时间为止。

耐久性试验前后，在相同的试验条件下，重复进行下列试验：

1）耐压性能试验。

2）喷头轴承处密封性能试验。

3）转动均匀性试验。

4）喷头流量试验。

5）水量分布特性试验。

（2）评价标准。

1）试验时间。喷头耐久试验的累计纯工作时间不得少于2000h；带换向机构的喷头，换向机构的耐久试验时间不得少于1000h。

2）耐压性能。喷头耐压应符合本节“5”的规定。

3）密封性能。喷头轴承处泄漏量，允许为本节“2”之“（1）”规定值的2倍。

4）转动均匀性。喷头转动每1/4转所需时间，相对于五次平均值的最大偏差，不应超过±20%。

5）喷头流量。喷头流量相对于耐久试验前规定试验压力下喷头流量的允许值偏差为±8%。

6）水量分布特性。在与耐久试验前相同的条件下进行试验。对所有喷头，每个喷头水量分布曲线上的任一点数值相对于制造厂提供的分布曲线上对应点数值的偏差不应大于20%。

5．耐压性能

（1）常温下耐压试验。

1）试验方法。按喷头正常使用条件的要求，将喷头安装在试验装置上，堵住喷嘴，试验中连接部位不应泄漏。试验开始时先排除系统中的残留空气，然后从规定试验压力的1/4开始，以每次递增100kPa，且每次增压保压5s的规律，将试验压力增加到2倍的最大额定工作压力，对金属喷头的保压时间为10min，塑料喷头为1h。

2）评价标准。试验中，喷头的喷体和喷管零件（不包括旋转轴承处）不得出现损坏、渗漏。

（2）高温下耐压试验。

1）试验方法。按喷头正常使用条件的要求，将喷头安装在试验装置上，堵住喷嘴，试验中连接部位不应泄漏。将整个喷头浸泡在温度为60℃的水中，并充满水排除系统中残留空气。在15s内将试验压力由零增加到最大额定工作压力后保压，金属喷头保压1h，塑料喷头保压24h。保压至规定时间后，将喷头从热水中取出，给喷头施加规定试验压力，用手在1min内使喷头转动两周，检查喷体和其连接处有无泄漏。

2）评价标准。试验后，喷头和其零件不应出现损坏或脱落，喷体及其螺纹连接处不应出现渗漏。

6．射程

喷头的射程是指喷头在正常使用条件下运转时，喷灌强度为0.25mm/h（对流量大于0.075m^3/h的喷头）或0.13mm/h（对流量小于0.075m^3/h的喷头）的那一点至喷头旋转中心的最远距离。

（1）试验方法。按方格法布置雨量筒，即在相互成90°的4个方向上每个方向布置两排雨量桶，共布置8排雨量筒，在规定试验压力下试验，计算4个方向的平均值作为喷头射程（见图7-55）。

（2）评价标准。旋转式喷头射程相对于制造厂明示值的偏差应不大于±5%。

7. 喷射高度

（1）试验方法。测量低喷射仰角喷头在规定试验压力、最大额定工作压力和最小额定工作压力正转时，喷头水流最高点至喷嘴的垂直距离。

（2）评价标准。喷头的喷射高度不应超过规定值。

8. 水量分布特性

（1）试验方法。按图 7-55 所示布置雨量筒和安装喷头。新喷头应在试验前按试验压力先连续运行 1h。喷头水量分布特性的试验时间应不小于 60min，但对换向喷头，可按喷头的实际喷洒扇形角占全圆的比例在 60min 内核减。喷头在试验期间压力的变化应不超过±4%。在试验压力下运行到规定测试时间后，关闭水泵，切断电源，同时记录试验时段长度，用量杯测定每个雨量筒的集水量。应注意的是，在试验始末阶段要采用喷头罩等方式罩住试样，以免在喷头未达到运行压力前喷洒的水量落入雨量筒中；还应注意试验时喷头旋转的起止位置，应使在试验过程中各雨量筒的受水次数相同。

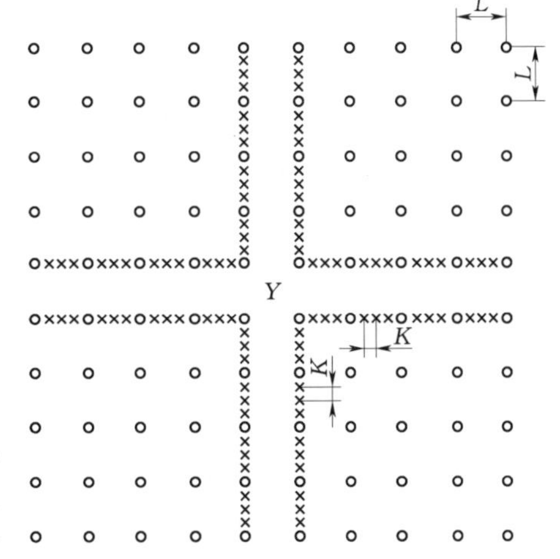

图 7-55　雨量筒方格布置法示意图

L—水量分布特性试验时雨量筒布置间距，当喷头射程大于 5m 时，取 $L=2$m，当喷头射程小于 5m 时，取 $L=1$m；K—微喷头射程测试时，量雨筒布置的间距，$K=0.5$m。

（2）资料整理。

1）根据各雨量筒的水量按式（7-14）计算点喷灌强度和式（7-15）计算平均喷灌强度。

$$h=\frac{10V}{At} \tag{7-14}$$

式中　h——点喷灌强度，mm/h；

V——雨量筒的集水量，cm^3；

A——雨量筒的开口面积，cm^2；

t——喷水时间，h。

$$\overline{h}=\frac{\sum\limits_{i=1}^{n}h_i}{n} \tag{7-15}$$

式中　$\overline{h}$——平均喷灌强度，mm/h；

n——受水雨量筒的总个数；

h_i——第 i 个雨量筒的喷灌强度，mm/h。

2）绘制水量分布曲线和水量分布图。

绘出每个测试喷头的喷洒水量分布曲线和它的平均喷灌水量分布曲线见图 7-57。

对流量大于 $0.25m^3/h$ 的测试喷头，还应绘制水量分布图，包括喷灌强度等值线图和及其平行与垂直风向的纵剖面见图 7-57。

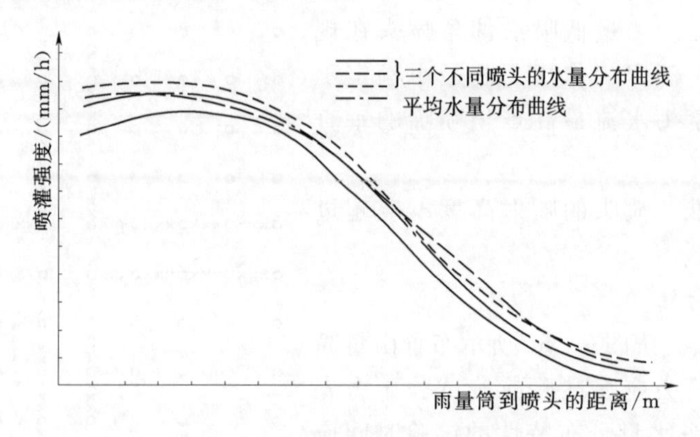

图 7-56 喷灌水量分布曲线图

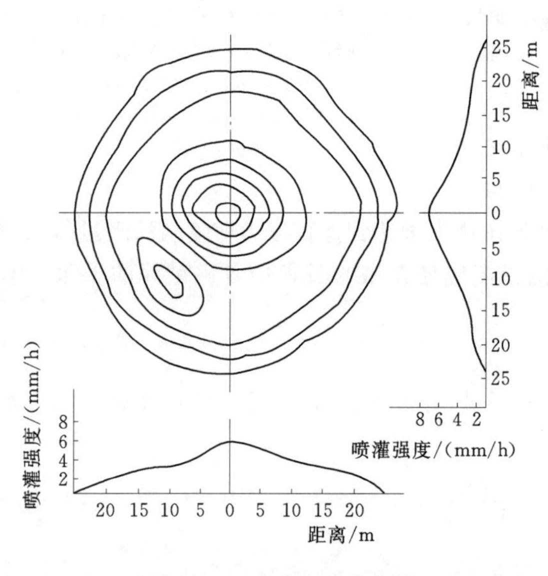

图 7-57 喷灌水量分布图

3）计算喷水量分布均匀系数。采用克里斯琴森（Christiansen）法计算喷头的水量分布均匀系数。

$$C_u = 100\left(1 - \frac{\sum |h_m - h_i|}{nh_m}\right) \tag{7-16}$$

式中 C_u——水量分布均匀系数；

n——读数的个数；

h_m——读数的算术平均值；

h_i——各个雨量筒的读数。

（3）评价标准。

1）所有喷头，水量分布曲线上的任一点数值相对于平均分布曲线上对应点数值的偏差，不应大于±0.25mm/h 或±10%；平均分布曲线上的任一点数值相对于制造厂提供的分布曲线上对应点数值的偏差，不应大于±0.25mm/h 或±10%。

2）流量大于 0.25m^3/h 的喷头水量分布图应与制造厂提供的水量分布图一致。

9. 转动稳定性

（1）试验方法。试验前，将喷头在温度为 60℃的水中浸泡 1h，然后在规定试验压力下运转 10min。按喷头正常使用条件的要求，将喷头安装在铅垂竖管上。将水压从零增加到喷头开始沿一方向平稳地旋转为止，在此压力下运转 2min（旋转周期大于 1min 的喷头，旋转两周）；随后逐渐将水压增加到最大额定工作压力，在此压力下运转 1min（旋转周期大于 1min 的喷头，旋转一周）。

将喷头旋转轴线偏离铅垂线，倾斜 10°，重复上述试验。

（2）评价标准。在最小额定工作压力和最大额定工作压力之间的整个范围内，喷头应

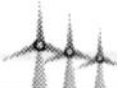

能始终正常旋转。

二、微喷头性能测试

（一）测试条件与要求

1. 试验用水

试验应在水温 25±5℃下进行，并应过滤，滤网基本尺寸应不大于喷嘴孔直径的 1/10，一般在 0.075～1.100mm(160～200 目）范围内选择。

2. 测量仪表的准确度

压力表精度级 0.4；

量水装置精度 1 级；

温度计最小刻度为 1℃；

秒表最小刻度不大于 0.1s。

3. 试验压力

微喷头的试验压力为 200kPa，或采用制造厂特别声明的喷头进口试验压力。试验压力的测压点位于喷头支架附近，比主喷嘴低 0.2m，但压力表应和主喷嘴在同一高程，如图 7-58 所示。

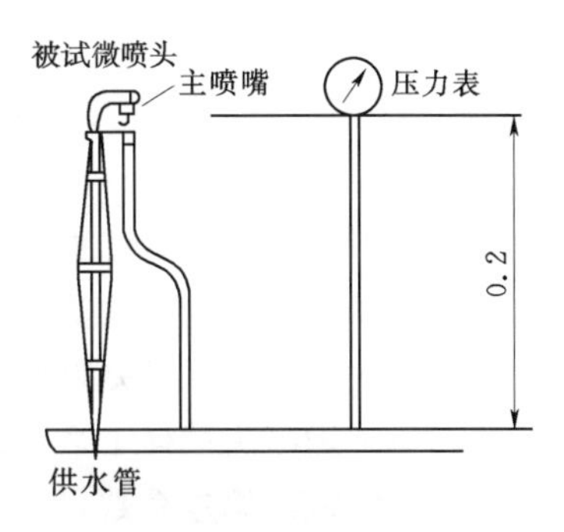

图 7-58　喷头压力测点位置图（单位：m）

（二）测试项目重要程度分类与试验样品数量

测试项目重要程度分类与试验样品数量（见表 7-20）。

表 7-20　　**测试项目分类与测试样品数量**

重要程度分类	序号	测试项目	样品数量	合格判定数
A类	1	流量均匀度	25	0
	2	耐久性	5	0
B类	3	耐拉拔试验	3	0
	4	耐水压试验	3	0
	5	压力与流量关系试验	4	0
	6	喷洒水量分布特性试验	2	0

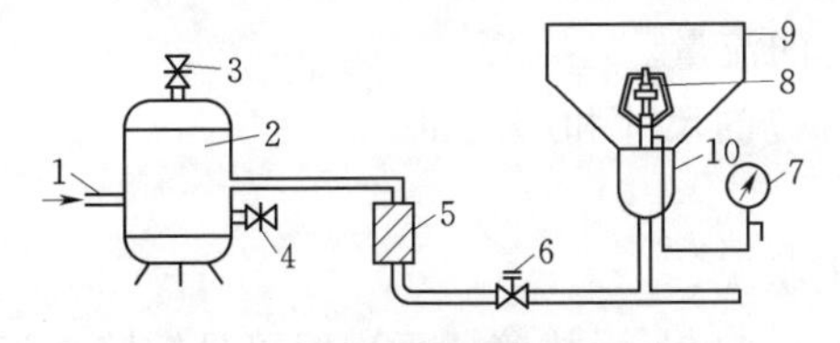

图 7-59　流量均匀性试验装置

1—进水管；2—稳压装置；3—排气阀；4—泄水阀；5—过滤器；6—调压阀；7—压力表；8—试样；9—集水罩；10—集水容器

（三）测试方法与评价标准

1. 流量均匀性

（1）试验方法。

1）将试样安装在试验装置上并用集水罩扣封（保证喷洒水量不散失）见图 7-59。

2）调节水压至试验压力（生产厂提供，未提供时按 200kPa 试验），在试验过程中压力变化应不大于 2%。

3）测量试样喷水量，试验时间不少于 2min，记录室温、水温、水压，试验时间、试样喷水量；

4）按上述步骤将25个试样逐一进行试验，并计算出各试样的流量（L/h）；

5）重复上述试验，两次测得流量之差应不大于2%，取平均值；

6）计算流量变差系数。

$$\overline{q}=\frac{\sum_{i=1}^{n}q_i}{n} \tag{7-17}$$

$$S=\sqrt{\frac{1}{n-1}\sum_{i=1}^{n}(q_i-\overline{q})^2} \tag{7-18}$$

$$C_v=\frac{S}{\overline{q}} \tag{7-19}$$

$$C=\left|\frac{\overline{q}-q_0}{q_0}\right|\times100\% \tag{7-20}$$

式中 S——微喷头流量标准偏差；

$\overline{q}$——微喷头的平均流量，L/h；

q_i——第 i 个微喷头的平均流量，L/h；

n——微喷头试样个数（25）；

C_v——流量偏差系数，%；

q_0——额定流量，L/h；

C——平均流量相对于额定流量的偏差率。

（2）评价标准。流量偏差系数 C_v 应不大于7%。平均流量相对于额定流量的偏差率 C：压力补偿型喷头应不超过10%；非压力补偿型喷头应不超过7%。

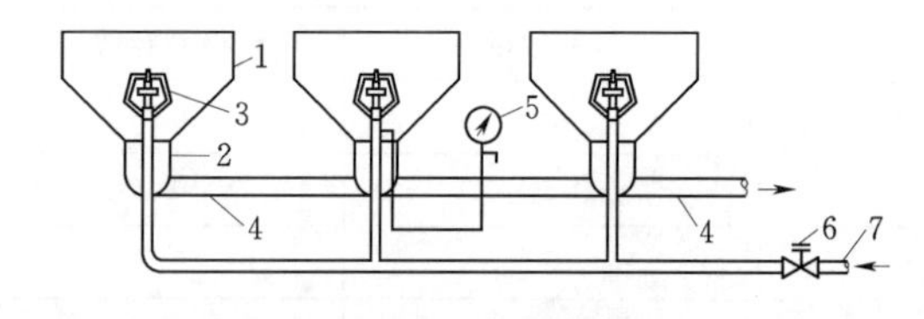

图7-60 耐久性试验装置

1—集水罩；2—集水罐；3—微喷头；4—排水管；5—压力表；7—调压阀；7—供水管

2. 耐久性

（1）试验方法。

1）测量并记录试样主要零部件可能磨损部位的尺寸，将3个试样安装在试验装置上（见图7-60），使其在额定工作压力下连续运行，直到1500h或自行停止运转为止。在运行过程中压力变化应不大于10%。

2）分别测量并记录试样运行到100～150h、1000～1100h、1500h或首次自行停止运转时的流量。

3）试验结束后，测量并计算零部件可能磨损部位的尺寸和磨损量。

4）计算试样累计工作小时数及流量变化值。

5）根据测量记录、计算结果分析总结试样磨损状况。

（2）评价标准。应能在额定工作压力下连续运行1500h无故障，无肉眼可见缺陷；流量偏差应保持在最初流量的±10%之间。

3. 耐拉拔

（1）试验方法。

1）将试样与配套的PE管按生产厂要求连接，固定于电子拉力试验机上。

2）在 30s 内逐渐给试样两端施加轴向拉力，所需拉力 F 根据微喷头与管道连接方式确定；

管端连接
$$F=1.5\{[\sigma]+k(20-t)\}\pi/4(d_e^2-d^2) \tag{7-21}$$

式中　F——纵向拉拔力，N；

$[\sigma]$——20℃时 PE 管的允许拉应力，3.2MPa；

k——温度修正系数，MPa/deg，PE 管为 0.18MPa/deg；

t——试验温度，℃；

d_e——管道公称外径，mm；

d——管道内径，mm。

管上连接
$$F=40N$$

3）保持拉力 60min。

（2）评价标准。微喷头与 PE 管连接组合体在规定拉力作用下不允许损坏和脱离。

4. 耐水压

（1）试验方法。

1）常温耐压性能试验。按制造厂推荐的组装方式，将被试喷头与试验装置相连，堵住喷嘴，确保在试验中不泄漏。排除管路中的空气，按 100kPa 的级差，逐步加大水压，每个压力点保持 5s。将水压从零逐步加大到最大工作压力 P_{max}的 2 倍，且不小于 600kPa，保持该压力 1h。

2）高温耐压性能试验。按制造厂推荐的组装方式，将被试喷头与试验装置相连，堵住喷嘴，确保所有连接部位的密封性，使其在试验过程中不出现泄漏。将喷头浸入 60℃±5℃的水中，使其内部也充满水，排除系统中的空气。在大约 15s 内，使压力从零加大到最大工作压力 P_{max}。金属喷头保持最大工作压力 1h，塑料喷头保持该压力 24h。

（2）评价标准。喷头及其零件应能承受该试验压力不出现损坏，喷体及连接部位应不出现泄漏，并且喷头应不与组合件脱开。

5. 压力与流量关系

（1）试验方法。

1）将流量均匀性试验所测的 25 个试样按流量由小到大排列，选取第 3 号、12 号、13 号、23 号作为试样。

2）由小到大调节试样的工作压力，即从额定工作压力 0.5～1.5 倍，至少均匀分布 9 个压力点，分别测量每个压力点 4 个试样的喷水量，每次试验时间应不少于 2min。记录室温、水温、水压、试验时间、试样喷水量。

3）重复上述试验，每个试样两次所测水量之差应不大于 2%，取其平均值，并计算流量（L/h）及 4 个试样在各压力点的平均流量（L/h）。

4）根据试验所得多组压力和流量进行回归分析，求得下式中 K、x 两个参数：

$$q=KH^x \tag{7-22}$$

式中　q——流量，L/h；

K——流量系数；

H——工作压力，kPa；

x——流态指数。

（2）评价标准。压力补偿微喷头最大流量 q_{max} 和最小流量 q_{min} 相对于调节范围内额定流量 q_{nom} 的偏差应不大于－15％～＋10％；非压力补偿喷头流量与压力关系与制造厂给出的数据偏差应不大于±5％。

6. 喷洒水量分布特性

（1）试验方法。

1）雨量筒按图 7－61 所示矩形摆放，间距偏差应不大于 2cm，接水口必须在同一平面内，倾斜度应不大于 1/1000。雨量筒的个数应足以覆盖整个喷洒区域。

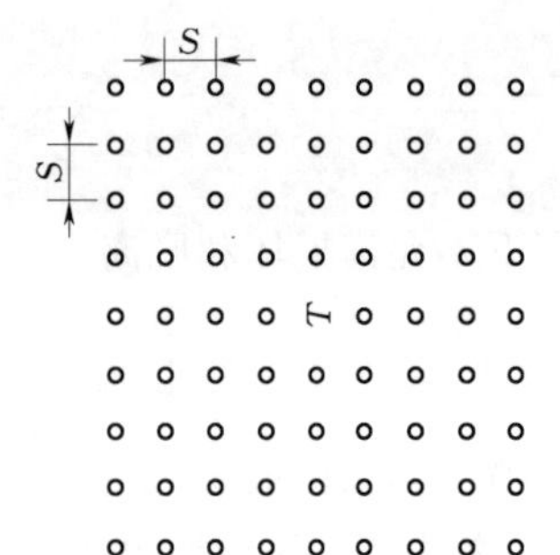

图 7－61　雨量筒布置图
T—微喷头；o—雨量筒；
S—雨量筒间距

当 $R \leqslant 1.25$m 时，$S=0.25$m；

$1.25\text{m}<R \leqslant 2.50$m 时，$S=0.50$m；

$R>2.5$m 时，$S=1.0$m。

R 为喷洒半径。

2）在压力与流量关系试验的四个试样中，先选取 12 号试样置于试验区中心（占一个雨量筒的位置），其出水口应比雨量筒上口高 20cm，上端装置一个可升降的微喷头罩。

3）降下微喷头罩，罩住微喷头，开启供水阀增压，调至额定工作压力，升起微喷头罩，喷洒 60min，降下微喷头罩，关闭供水阀。试验过程中，压力变化应不大于 2％。

4）测量各个雨量筒收集的水量并记录在平面图上，同时记录室温、水温、试验时间。

5）测量喷洒高度，即测量喷洒水最高点至雨量筒上口的垂直距离，应不大于 50cm。

6）换上 13 号试样，重复上述试验，取两个试样相应位置雨量筒所接水量的平均值（W）和喷射高度、末端水滴直径的平均值。

（2）试验结果计算分析。

1）计算点微喷强度，即

$$h_i=\frac{10W}{tA} \tag{7-23}$$

式中　h_i——点微喷灌强度（两个试样的平均值），mm/h；

W——雨量筒收集到的水的体积，cm^3；

A——雨量筒接水口面积，cm^2；

t——喷洒时间，h。

2）计算平均微喷强度，即

$$\overline{h}=\frac{\sum_{i=1}^{n} h_i}{n} \tag{7-24}$$

式中　$\overline{h}$——平均微喷强度，mm/h；

n——有水雨量筒总个数；

h_i——点微喷强度。

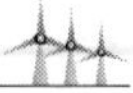

3）绘制喷洒水量分布图。在方格纸上标出所有雨量筒所在点的微喷强度，绘制微喷强度等值线，即为喷洒水量分布图7－62。

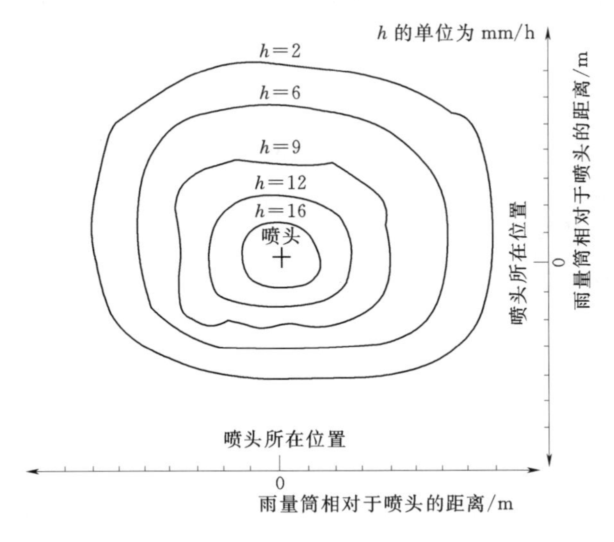

图7－62　喷洒水量分布示意图

4）绘制喷洒水量分布曲线。在喷洒水量分布图中沿互成直角的两个半径方向上，量测每个雨量筒的喷洒强度。以雨量筒到试样的距离为横坐标，相应雨量筒的喷洒强度为纵坐标，作两条曲线并根据两曲线计算绘出平均曲线（见图7－63）。

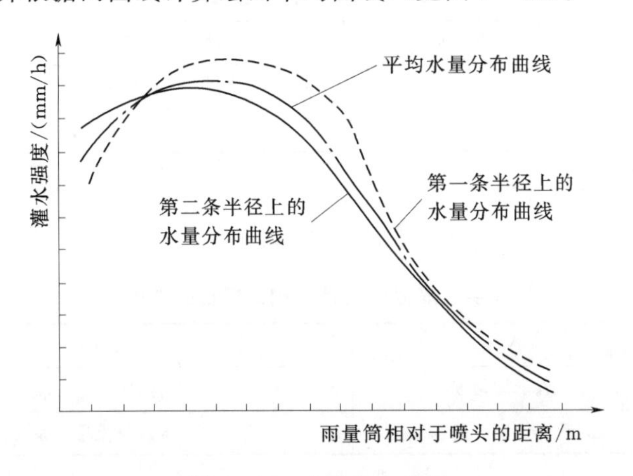

图7－63　水量分布曲线

5）确定有效喷洒直径。对流量大于75L/h的喷头，测量两条半径上放置的雨量筒微喷强度为0.25mm/h的那一点距喷头的距离；对流量等于或小于75L/h的喷头，测量两条半径上放置的雨量筒微喷强度为0.13mm/h的那一点距喷头的距离；对于扇形喷头，测量的扇形角应是除最大极限角度以外的其他任何角度。喷洒直径等于两条半径上测出距离平均值的2倍。

（3）评价标准。试验得出的喷洒图形应与制造厂提供的喷洒图形基本一致；喷洒水量分布曲线应符合生产厂提供的曲线和图，允许偏差为±15%；有效喷洒直径应符合生产厂提供的数据，允许偏差为±10%；喷射高度应不大于制造厂声明的高度。

三、滴头和滴灌管（带）性能测试

（一）试验条件

1. 试验用水

试验水温23℃±2℃，试验用水应使用公称孔径为75～100μm（160～200目）或制造厂推荐的过滤器过滤。

2. 测量仪表的准确度

测量仪表的测定值相对真值的允许偏差：

压力：±2%；

流量：±2%；

时间：分辨率为0.1s；

量筒，精度1级。

3. 试验样品

试样应由检测部门从至少有500个滴水元件的批量产品中随机抽取。所有的试样应至少有25个滴水元件。

抽出的试样不应在相邻截面截取，每个试样至少有5个相邻的滴水元件，每项试验要求的滴水元件数量见表7-21。

表7-21　试验滴水样件数目

试验项目	试验样本数/个	试验项目	试验样本数/个
耐拉拔试验	3	流量均匀性试验	25
耐水压试验	5	压力与流量关系试验	4

4. 测试项目重要程度分类

滴头、滴灌管（带）测试项目分类见表7-22。

表7-22　滴头、滴灌管（带）测试项目分类表

产品种类	A类	B类
滴头	流量均匀度	耐水压、耐拉拔、滴头流量与入口压力关系
滴灌管、带	流量均匀度、耐水压	压力与流量关系、耐拉拔

（二）滴头、滴灌管（带）的试验方法与评价标准

1. 滴头、滴灌管与滴灌带流量均匀度（制造偏差）

（1）非补偿式滴头（滴灌管与滴灌带）试验方法。

1）将25个试样按生产厂提供的配套管道及装配方法组装在试验台上。

2）调节滴头（滴灌管与滴灌带）的进口水压至额定工作压力（由生产厂提供，否则按100kPa试验）。试验过程中压力变化应不超过2%。

3）分别测量25个滴头（滴灌管与滴灌带）的出水量。试验时间应相同，并不少于2min。记录室温、水温、水压、试验时间、滴头（滴灌管与滴灌带）出水量。重复上述

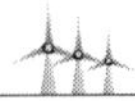

试验，两次测得水量之差不得大于2%，取平均值，并计算出各试样的流量（L/h）。

（2）补偿式滴头（滴灌管与滴灌带）试验方法。

1）调节试样中滴水元件，使其入口压力等于工作压力范围的中值，并在此工况下至少运行1h。在调节开始时，滴水元件应在最大工作压力P_{max}附近运行3次，在最小工作压力P_{min}附近运行3次，每次运行至少持续3min。最后将进口工作压力调节为调节范围的中值，保持10min。

2）按非补偿式滴头（滴灌管与滴灌带）试验方法，取试验压力为调节范围的中值对滴水元件进行试验。

（3）试验结果计算。按下列公式计算出流量偏差系数和平均流量相对于额定流量的偏差率。

$$\overline{q}=\frac{1}{n}\sum_{i=1}^{n}q_i \tag{7-25}$$

$$S=\sqrt{\frac{1}{n-1}\sum_{i=1}^{n}(q_i-\overline{q})^2} \tag{7-26}$$

$$C_v=\frac{S}{\overline{q}} \tag{7-27}$$

$$C=\left|\frac{\overline{q}-q_0}{q_0}\right|\times 100\% \tag{7-28}$$

式中　$\overline{q}$——出水口平均流量，L/h；

q_i——第i个出水口的流量，L/h；

n——出水口的个数（25个）；

C_v——出水口流量偏差系数（流量均匀性/变异系数）；

S——出水口流量标准偏差；

q_0——额定流量，L/h；

C——平均流量相对于额定流量的偏差。

（4）评价标准。

1）滴头和滴灌管（带）的平均流量相对于额定流量的偏差应不大于7%；

2）滴头和滴灌管（带）的制造偏差系数和流量偏差率应不大于7%。

2. 耐静水压

（1）试验规定水温下滴头耐静水压试验方法与评价标准。

1）把5个试样安装在配套管道（每段长度不小于10倍直径）上组成组合体，一端与压力源连接，另一端和试样的出水口均堵死，充水排尽空气。

2）把水压加到最大工作压力的0.4倍，保压5min。

3）把水压加到最大工作压力的0.8倍，再保压5min。试验过程中，除滴头出口外，滴头体或其与毛管连接处均应无渗漏现象。

4）把水压加大到额定工作压力的2倍，保压5min。试验过程中，滴头体和滴头与管道的连接处均应不损坏无泄漏，不脱离。

（2）滴灌管（带）环境温度下耐静水压。

1）试验方法。环境温度下，试验在管间式接头连接的含有 5 个单位滴灌管的管线上进行。

用入口接头将滴灌管组合体与压力水源相连，并堵上出口。给滴灌管组合体注水，在检查其中没有残留空气后，逐渐（最小 10s）增加水压，对滴灌带增至 1.2 倍最大工作压力；对滴灌管增至 1.8 倍的最大工作压力。保持压力 1h。

将压力降至额定压力并保持至少 3min。测量每个滴水元件的流量。

2）评价标准。

滴灌管（带）组合体应能承受该试验压力，滴灌管（带）、滴水元件和连接接头均不应出现损坏现象。单位滴灌管（带）不应被拉断，入口接头处不应出现泄漏，管间接头处的允许泄漏量应不超过一个滴水元件的流量。

每个滴水元件的流量相对于耐静水压试验前测定的流量偏差应不大于 10%。

（3）滴灌管（带）高温下耐静水压。

1）试验方法。试验在管间接头连接的含有 3 个单位滴灌管的管路上进行。

用入口接头将滴灌管组合体与水源相连，并堵上出口。给滴灌管组合体注水，在检查其中没有残留空气后，逐渐（最少 10s）增加水压至最大压力，对非复用型滴灌管保持该压力 24h；对复用型滴灌管保持该压力 48h。试验期间滴灌管组合体应浸没在温度为 60℃±2℃的水中。

将试验组合体从水中取出，在环境温度下放置 30min。在环境温度下给组合体施加静水压 P_n，并保持至少 3min，测定每个滴水元件的流量。

2）评价标准。

滴灌管应能承受该试验压力而不出现损坏现象。

每个滴水元件的流量相对于高温下耐静水压试验前测定的流量偏差应不大于 10%。

3. 压力与流量关系

（1）试验方法。

1）选择试样。由流量均匀性试验测定流量的试样，按流量从小到大的顺序编号，1 号滴水元件的流量应最小，25 号滴水元件的流量应最大。从编号系列滴水元件中选出 4 个，分别为 3 号、12 号、13 号和 23 号，测量它们的出口流量与入口压力的关系。

2）试验压力从 0.5 倍额定工作压力开始，到 1.5 倍额定工作压力，每阶段增压幅度不大于 50kPa，由小到大均匀分布至少 9 个压力点，分别测量每一压力点 4 个滴水元件的出水量。试验数据应在试验压力持续至少 3min 后读取，记录室温、水温、工作压力、试验时间、出水口出水量。

3）重复上述试验。两次所测每个压力点每个滴水元件的水量之差应不大于 2%。取 4 个式样同一压力下的出水量平均值，计算流量（L/h）。

如果在增压和降压过程中，入口压力超过预定压力值 10kPa 以上，则应将压力回零，重新进行试验。

（2）结果分析计算。对非补偿式滴头、滴灌管（带）可将 9 个压力点和相应流量进行回归分析，求得式（7－29）中的参数 K、x：

$$q=Kh^x \tag{7-29}$$

式中　q——流量，L/h；

K——流量系数；

h——工作压力，kPa；

x——流态指数。

将额定工作压力分别代入上式和生产厂提供的关系式，所得两个流量相对比。

对补偿式滴头、滴灌管（带），先计算出四个滴水元件的每一个压力点所对应的平均流量，以工作压力为横坐标，平均流量为纵坐标，绘制工作压力与流量关系曲线，取曲线上左右两个最小曲率半径的横坐标值，其范围即为压力补偿范围，取此2点的纵坐标（流量）值的平均值与生产厂提供的额定流量相对比。

（3）评价标准。

1）非补偿式滴头、滴灌管（带）工作压力与滴水元件流量关系式应与生产厂提供的一致，在额定工作压力下，流量偏差应不大于5%。

2）补偿式滴头、滴灌管（带）在压力补偿范围内的平均流量应与生产厂提供的额定流量一致，其偏差不应大于5%。

4. 耐拉拔

（1）滴头耐拉拔。滴头耐拉拔试验在环境温度为23℃±1℃下进行，取5段毛管，每段毛管上至少应有一个滴头。

1）管间式滴头试验方法与评价标准。在拉力试验机上，给连接滴头的两管上逐渐施加轴向拉力至拉力值为F（单位为N），F的大小用下式计算，但应不大于500N。

$$F=1.5\pi\sigma_t e(D-e) \tag{7-30}$$

式中　F——纵向拉拔力，N；

σ_t——管材的允许拉应力，MPa，PE32管为3.2MPa；

D——管道公称外径，mm；

e——管道的最小壁厚，mm。

保持拉力60min，试样组合体应不分离。

当滴头在垂直位置时，用一重物或施加力F，并保持1h，滴头应能承受拉力F而不从管道中脱出。

2）管上式滴头试验方法与评价标准，见图7-64，沿管道的垂直方向，在30s内逐渐给滴头施加40N的拉力并保持60min。滴头应能承受该压力而不从管道壁中脱出。

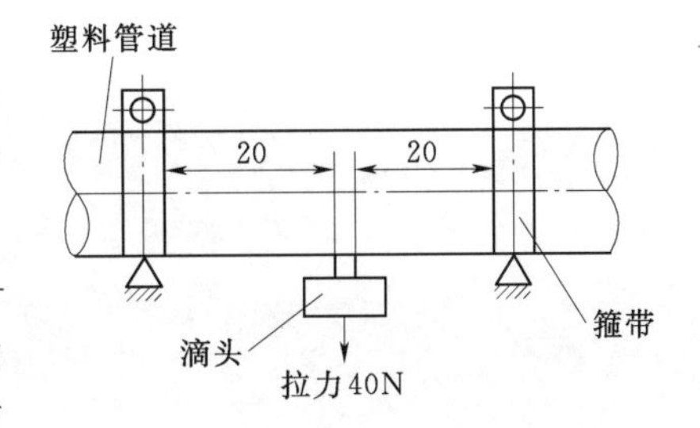

图7-64　滴头耐拉拔试验安装图（单位：mm）

（2）滴灌管（带）耐拉拔试验。

1）试验方法。在规定试验温度下，对5个单位滴灌管进行试验。如果为复用型滴灌管，在单位滴灌管上相距150mm划两条标记线。将每个单位滴灌管固定在拉力试验机的夹紧装置上，均匀地给每个单位滴灌管增加拉力（在20～30s内），通常对非复用型滴灌管拉力为160N；对复用型滴灌管拉力为180N。若产品标准中有另行规定则应采用规定的拉力值。保持该拉力15min后卸掉，并使单位滴灌管冷却至环境温度。测量标线间的距离和额定工作压力下的流量。

2）评价标准。非复用型滴灌管应能承受该试验拉力而不应出现扯碎或拉裂现象；复用型滴灌管应能承受该试验拉力而不应出现扯碎或拉裂现象。试验后试样的流量相对于试验前测定的流量的变化量应不大于±5％；试验后两条标记线之间的距离相对于试验前测定的距离的变化量应不大于5％。

四、小灌出流器性能测试

小灌出流器的性能测试项目分为流量均匀性和压力与流量关系两个参数。

流量均匀性测试时，取单位长度（1m）PE管和接头组成的灌水器作为一个滴水元件，在试验压力为50kPa的条件下，共测试25个小灌出流器。试验条件和测试方法以及数据处理等与滴头的相同。

压力与流量关系测试时，在20～120kPa的试验压力范围内进行试验，试样的选择、试验程序、试验结果的处理等与滴头的相同。

评价标准：

小灌出流器的平均流量相对于额定流量的偏差应不大于±10％；流量均匀性应不大于±10％；

小灌出流器工作压力与流量关系式应与生产厂提供的一致；在额定工作压力下，流量偏差应不大于±10％。

第八章　管　　道

第一节　塑　料　管

塑料管的特点是重量轻、易搬运、内壁光滑、输水阻力小、耐腐蚀、价格较低廉，以及施工安装方便，是节水灌溉工程普遍采用的管材。目前常用塑料管材主要有硬聚氯乙烯管、聚乙烯管等。

一、硬聚氯乙烯管

硬聚氯乙烯管是指按一定的配方比例将聚氯乙烯树脂与各种添加剂均匀混合，加热熔融，塑化后，经挤出、冷却定型而成。按结构形式分为实壁管、双壁波纹管、加筋管三种。按公称压力分为低压不大于 0.4MPa 和中高压两类。

（一）普通硬聚氯乙烯管（PVC－U）

普通硬聚氯乙烯实壁管横截面为实心圆环结构，其规格系列见表 8－1 和表 8－2。硬聚氯乙烯（PVC－U）管材长度一般为 4m、6m，也可由供需双方协商确定。

表 8－1　　低压实壁管公称压力和规格尺寸（GB/T 23241—2009）　　单位：mm

公称外径 d_n	公称压力 PN/MPa			
	0.2	0.25	0.32	0.4
	公称壁厚 e_n			
90	—	—	1.8	2.2
110	—	1.8	2.2	2.7
125	—	2.0	2.5	3.1
140	2.0	2.2	2.8	3.5
160	2.0	2.5	3.2	4.0
180	2.3	2.8	3.6	4.4
200	2.5	3.2	3.9	4.9
225	2.8	3.5	4.4	5.5
250	3.1	3.9	4.9	6.2
280	3.5	4.4	5.5	6.9
315	4.0	4.9	6.2	7.7

注　1. 公称壁厚（e_n）根据设计应力（σ_s）8.0MPa 确定。

2. 本表规格尺寸适用于低压输水灌溉工程用管。

表 8-2　　中高压实壁管公称压力和规格尺寸（GB/T 23241—2009）　　单位：mm

公称外径 d_n	公称压力 PN/MPa				
	0.63	0.8	1.0	1.25	1.6
	公称壁厚 e_n				
32	—	—	—	1.6	1.9
40	—	—	1.6	2.0	2.4
50	—	1.6	2.0	2.4	3.0
63	1.6	2.0	2.5	3.0	3.8
75	1.9	2.3	2.9	3.6	4.5
90	2.2	2.8	3.5	4.3	5.4
110	2.7	3.4	4.2	5.3	6.6
125	3.1	3.9	4.8	6.0	7.4
140	3.5	4.3	5.4	6.7	8.3
160	4.0	4.9	6.2	7.7	9.5
180	4.4	5.5	6.9	8.6	10.7
200	4.9	6.2	7.7	9.6	11.9
225	5.5	6.9	8.6	10.8	13.4
250	6.2	7.7	9.6	11.9	14.8
280	6.9	8.6	10.7	13.4	16.6
315	7.7	9.7	12.1	15.0	18.7
355	8.7	10.9	13.6	16.9	21.1
400	9.8	12.3	15.3	19.1	23.7
450	11.0	13.8	17.2	21.5	26.7
500	12.3	15.3	19.1	23.9	29.7
560	13.7	17.2	21.4	26.7	—
630	15.4	19.3	24.1	30.0	—

注　1. 公称壁厚（e_n）根据设计应力（σ_s）12.5MPa 确定。
　　2. 本表规格尺寸适用于中、高压输水灌溉用管。

（二）硬聚氯乙烯（PVC-U）双壁波纹管

硬聚氯乙烯（PVC-U）双壁波纹管是一种内壁光滑，外壁呈波纹状的结构壁管材。双壁波纹管适用于工作压力不大于 0.2MPa 的输水工程，双壁波纹管规格尺寸见表 8-3。

表 8-3　　硬聚氯乙烯（PVC-U）双壁波纹管规格尺寸（GB/T 23241—2009）　　单位：mm

公称尺寸 $d_{n/od}$	最小平均外径 $d_{em,min}$	最大平均外径 $d_{em,max}$	最小平均内径 $d_{im,min}$	最小层压壁厚 $e_{n,min}$
63	62.6	63.3	54	0.5
75	74.5	75.3	65	0.6
90	89.4	90.3	77	0.8

续表

公称尺寸 $d_{n/od}$	最小平均外径 $d_{em,min}$	最大平均外径 $d_{em,max}$	最小平均内径 $d_{im,min}$	最小层压壁厚 $e_{n,min}$
110	109.4	110.4	97	1.0
125	124.3	125.4	107	1.1
160	159.1	160.5	135	1.2

注 硬聚氯乙烯双壁波纹管的连接方式为密封圈承插式连接。

目前生产硬聚氯乙烯双壁波纹管材的厂家较少、规格不全，选用时须了解厂家所生产规格。

（三）硬聚氯乙烯（PVC－U）加筋管

硬聚氯乙烯（PVC－U）加筋管适用于工作压力不小于 0.2MPa 的输水工程。加筋管规格尺寸见表 8－4。

表 8－4　硬聚氯乙烯（PVC－U）加筋管规格尺寸（GB/T 23241—2009）　单位：mm

公称尺寸 $d_{n/od}$	最小平均内径 $d_{im,min}$	最小壁厚 e_{min}	最小承口深度 A_{min}
150	145.0	1.3	85.0
225	220.0	1.7	115.0
300	294.0	2.0	145.0

（四）其他硬聚氯乙烯管

随着管道输水灌溉技术发展，近年来出现了一些新型的硬聚氯乙烯管材，如：通过添加水泥生产的水泥硬聚氯乙烯管材，改善了管材抗老化性能，提高了强度；缠绕环向钢筋生产的加筋硬聚氯乙烯管材，提高了大口径管材的强度、减小了壁厚、降低了造价。

二、聚乙烯管

聚乙烯（PE）管因材质柔软、重量轻，抗冻胀能力强，常应用于节水灌溉工程，尤其广泛适用于高寒地区和管沟开挖难以控制的山丘区。农业灌溉常用聚乙烯（PE）管按树脂级别分为低密度聚乙烯（LDPE、LLDPE 或两者混合）和 PE63 级、PE80 级三类。

（一）低密度聚乙烯管

低密度聚乙烯又称为高压聚乙烯，相应管材又称为高压聚乙烯管。低密度聚乙烯管的公称压力和规格尺寸见表 8－5。

表 8－5　低密度聚乙烯管公称压力和规格尺寸（GB/T 23241—2009）　单位：mm

公称外径 d_n	公称压力 PN/MPa		
	0.25	0.40	0.63
	公称壁厚 e_n		
25	1.2	1.9	2.7
32	1.6	2.4	3.5

续表

公称外径 d_n	公称压力 PN/MPa		
	0.25	0.40	0.63
	公称壁厚 e_n		
40	1.9	3.0	4.3
50	2.4	3.7	5.4
63	3.0	4.7	6.8
75	3.6	5.6	8.1
90	4.3	6.7	9.7
110	5.3	8.1	11.8

（二）PE63 级聚乙烯管

PE63 级聚乙烯管规格尺寸见表 8-6。

表 8-6　　PE63 级管公称压力和规格尺寸（GB/T 23241—2009）　　单位：mm

公称外径 d_n	公称压力 PN/MPa				
	0.32	0.4	0.6	0.8	1.0
	公称壁厚 e_n				
16	—	—	—	—	2.3
20	—	—	—	2.3	2.3
25	—	—	2.3	2.3	2.3
32	—	—	2.3	2.4	2.9
40	—	2.3	2.3	3.0	3.7
50	—	2.3	2.9	3.7	4.6
63	2.3	2.5	3.6	4.7	5.8
75	2.3	2.9	4.3	5.6	6.8
90	2.8	3.5	5.1	6.7	8.2
110	3.4	4.2	6.3	8.1	10.0
125	3.9	4.8	7.1	9.2	11.4
140	4.3	5.4	8.0	10.3	12.7
160	4.9	6.2	9.1	11.8	14.6
180	5.5	6.9	10.2	13.3	16.4
200	6.2	7.7	11.4	14.7	18.2
225	6.9	8.6	12.8	16.6	20.5
250	7.7	9.6	14.2	18.4	22.7
280	8.6	10.7	15.9	20.6	25.4
315	9.7	12.1	17.9	23.2	28.6

（三）PE80 级聚乙烯管

公称压力和规格尺寸见表 8－7。

表 8－7　PE80 级管公称压力和规格尺寸（GB/T 23241—2009）　单位：mm

公称外径 d_n	公称压力 PN/MPa				
	0.4	0.6	0.8	1.0	1.25
	公称壁厚 e_n				
25	—	—	—	—	2.3
32	—	—	—	—	3.0
40	—	—	—	—	3.7
50	—	—	—	—	4.6
63	—	—	—	4.7	5.8
75	—	—	4.5	5.6	6.8
90	—	4.3	5.4	6.7	8.2
110	—	5.3	6.6	8.1	10.0
125	—	6.0	7.4	9.2	11.4
140	4.3	6.7	8.3	10.3	12.7
160	4.9	7.7	9.5	11.8	14.6
180	5.5	8.6	10.7	13.3	16.4
200	6.2	9.6	11.9	14.7	18.2
225	6.9	10.8	13.4	16.6	20.5
250	7.7	11.9	14.8	18.4	22.7
280	8.6	13.4	16.6	20.6	25.4
315	9.7	15.0	18.7	23.2	28.6

（四）加筋聚乙烯（PE）管

加筋聚乙烯（PE）管以聚乙烯树脂为主要原料，挤出成型过程中，在管壁内按均匀连续螺旋形设置受力线材，复合制成的一种新型管材。加筋聚乙烯管应用 PE63 级及以上级别树脂，受力线材为碳素弹簧钢丝。

灌溉用加筋聚乙烯（PE）管工作压力为：0.4MPa、0.6MPa、0.8MPa、1.0MPa。其规格尺寸见表 8－8。

表 8－8　加筋聚乙烯管规格尺寸（GB/T 23241—2009）　单位：mm

公 称 直 径 d_n	灌 溉 输 水 管		
	最小壁厚	钢　丝	
		最小直径	最大间距
50	2.0	—	—
63	2.2	—	—
75	2.5	0.3	9.5

续表

公称直径 d_n	灌溉输水管		
	最小壁厚	钢丝	
		最小直径	最大间距
90	2.8	0.3	8.0
110	3.0	0.3	5.8
125	3.2	0.4	8.0
160	4.2	0.4	6.8
200	4.8	0.5	7.5
250	5.7	0.5	5.8
315	6.9	0.6	6.2

聚乙烯管长度一般为6m、9m、12m，也可由供需双方商定；盘管盘架直径不应小于管材外径的18倍，盘管展开长度由供需双方商定。盘管技术规格与参数见表8-9。

表8-9　　　　盘管技术规格与参数参考值

公称外径 /mm	外径公差 /mm	壁厚及公差 /mm	工作压力 /kPa	单位长度质量 /(g/m)
ϕ12	+0.3	1.0+0.3	400	40
ϕ16	+0.3	1.2+0.3	400	60
ϕ20	+0.3	2.0+0.4	400	110
ϕ25	+0.3	2.5+0.4	400	150
ϕ32	+0.3	3.0+0.5	400	250
ϕ40	+0.4	3.5+0.5	400	400
ϕ50	+0.5	4.0+0.7	400	600
ϕ63	+0.5	5.0+0.8	400	920

三、硬塑料管材连接方式与配套管件

硬塑料管的连接方式有扩口承插式、套管式、组合锁紧式、螺纹式、法兰式、热熔焊接式等。同一连接方式中有多种连接方法，不同的连接方法的适用条件、适用范围及选用的连接件亦不同。因此，管道连接方式选择时，应根据管材的种类、规格、管道设计压力、施工环境、连接方法的适用范围、操作人员技术水平等因素综合考虑。

（一）扩口承插式

扩口承插式连接是应用最广泛的一种管道连接方式，主要有扩口加密封圈承插连接和溶剂黏合式承插连接等。

同径管道连接一般不需要连接件，只是在分流、转弯、变径等情况时才使用管件。塑料管件一般带有承口，采用溶剂黏合或加密封圈承插连接即可，见图8-1、图8-2。

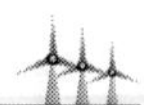

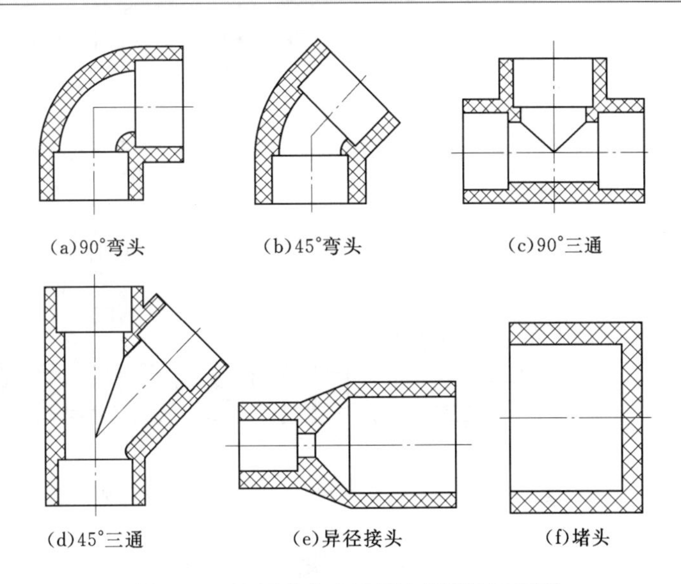

图 8-1 溶剂黏合式承插连接管件示意图

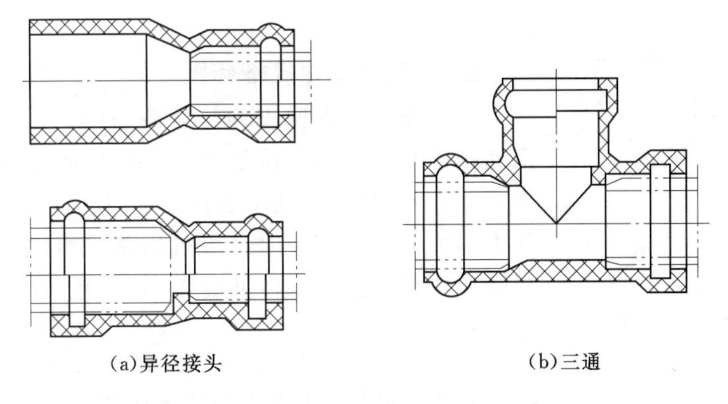

图 8-2 加密封圈承插连接管件示意图

对于双壁波纹管，可选用溶剂黏合式承插管件，连接时用专用橡胶圈密封，亦可加胶黏结。

(二) 套管式

对于无扩口直管的连接，常采用套管连接，即用一专用接头将两节管连接在一起。接头与管连接后成为一整体，不易拆卸，接头成本较低，套管式连接管件见图 8-3。

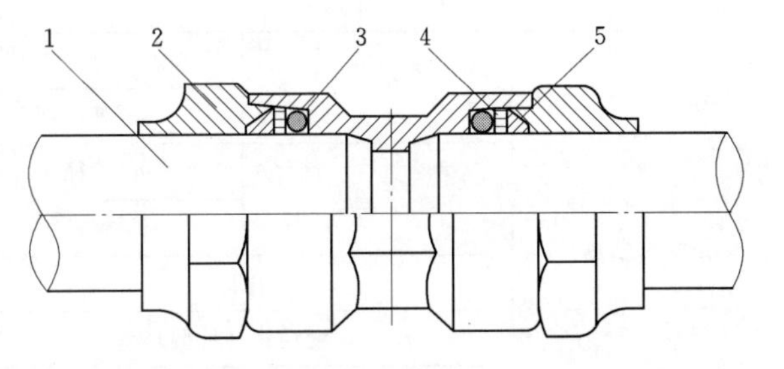

图 8-3 套管式连接管件示意图

1—塑料管；2—PVC 固定套管；3—承接口端；4—PVC 螺帽；5—平密封垫

(三) 组合锁紧式

组合式锁紧连接多用于聚乙烯等管以及设计工作压力较高的聚氯乙烯管。组合式锁紧连接见图 8-4，通过紧锁箍将管连接以承受较高压力。组合锁紧式直通、三通、变径和弯头等管件主要用于管径不大于63mm的低密度聚乙烯管材。

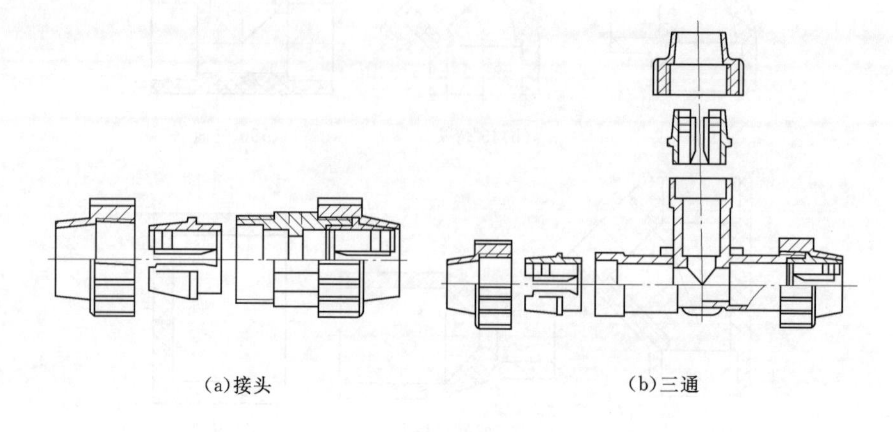

(a)接头　　(b)三通

图8-4　组合式锁紧连接示意图

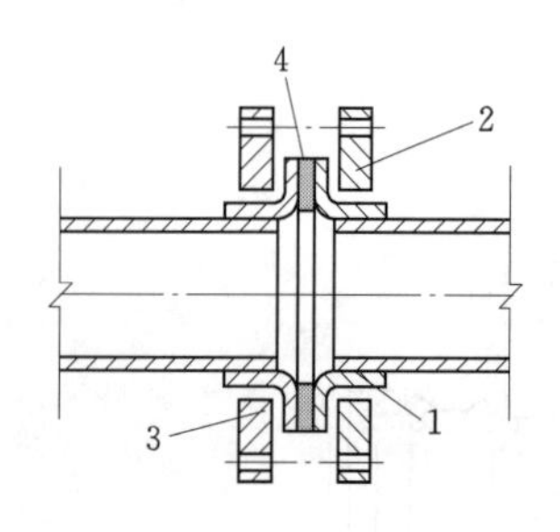

图8-5　法兰连接

1—塑料管；2—活套法兰盘；3—法兰垫环；4—垫片

对于管径大于63mm的管件，一般为法兰连接，见图8-5。

（四）塑料管件规格系列

目前灌溉工程使用的管件多为塑料管件，主要包括溶剂黏结型和弹性密封圈连接型。在灌溉系统设计压力不大于0.32MPa时，可选用建筑排水用管件；在灌溉系统设计压力不大于1.0MPa时，可选用建筑给水用管件。标准塑料管件类型与公称直径见表8-10，基本尺寸见表8-11和表8-12。

表8-10　　标准塑料管件类型与公称直径（GB/T 23241—2009）　　单位：mm

塑料管件类型			公称直径（为连接管材的公称外径）
溶剂黏结型	弯头	90°等径	20～160
		45°等径	20～160
	三通	90°等径	20～160
		45°等径	20～160
	套管		20～160
	变径管（长型）		25（20）～160（145）
	堵头		20～160
	活接头		20～63
弹性密封圈连接型	90°三通		63～225
	套管		63～225
	变径管		75（63）～225（200）

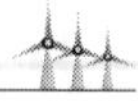

表 8-11　**溶剂黏结型承口基本尺寸（GB/T 23241—2009）**　单位：mm

承口公称直径	最小承口长度	在承口长度中点的平均内径（用于有间隙接头）	
		最 小	最 大
20	16.0	20.1	20.3
25	18.5	25.1	25.3
32	22.0	32.1	32.3
40	26.0	40.1	40.3
50	31.0	50.1	50.3
63	37.5	63.1	63.3
75	43.5	75.1	75.3
90	51.0	90.1	90.3
110	61.0	110.1	110.4
125	68.5	125.1	125.4
140	76.0	140.2	140.4
160	86.0	160.2	160.4

表 8-12　**弹性密封圈连接型承口基本尺寸（GB/T 23241—2009）**　单位：mm

管材公称外径	最小承插长度	管材公称外径	最小承插长度	管材公称外径	最小承插长度
63	64	140	81	250	105
75	67	160	86	280	112
90	70	180	90	315	118
110	75	200	94		
125	78	225	100		

四、软质管

在低压喷微灌系统中，为了降低一次性投资，或为了田间移动、存储管理方便，常选用轻便柔软易于盘卷的软质管。软管按其材质可分为薄膜塑料软管、涂塑软管、双壁加线塑料软管、涂胶软管、橡胶管、橡塑管等，聚乙烯塑料软管和涂塑软管最为常用。

（一）聚乙烯塑料软管

聚乙烯塑料软管也称聚乙烯薄膜塑料软管，在节水灌溉系统中常用线性低密度聚乙烯塑料软管（LLDPE 塑料软管），部分产品规格见表 8-13。

LLDPE 塑料软管力学性能指标一般要求：

（1）拉伸强度（纵、横向）不小于 20MPa。

（2）断裂伸长率不小于 600%。

（3）直角撕裂强度（纵、横向）不小于 10MPa。

（4）折边横拉强度不小于 20MPa。

表 8-13　　　　　　　　LLDPE 塑料软管规格（GB/T 23241—2009）

折径/mm	直径/mm	壁厚/mm		单位长度重量/(kg/m)		单位重量长度/(m/kg)		折径/mm	直径/mm	壁厚/mm		单位长度重量/(kg/m)		单位重量长度/(m/kg)	
		轻型	重型	轻型	重型	轻型	重型			轻型	重型	轻型	重型	轻型	重型
80	51	0.20	0.30	0.029	0.044	34.0	22.0	240	153	0.40	0.50	0.176	0.220	5.7	4.5
100	64	0.25	0.35	0.046	0.064	21.0	25.6	280	178		0.50		0.258		3.9
120	76	0.30	0.40	0.066	0.088	15.0	11.4	300	191		0.50		0.276		3.6
140	89	0.30	0.40	0.077	0.105	13.0	9.5	320	204		0.50		0.293		3.4
160	102	0.30	0.45	0.088	0.118	11.4	8.5	400	255		0.60		0.412		2.4
180	115	0.35	0.45	0.116	0.149	8.6	6.7	500	318		0.70		1.280		0.8
200	127	0.35	0.45	0.128	0.165	7.8	6.1	600	382		0.70		0.420		0.7

注　表中壁厚供参考，不同厂家生产的同一折径的管材壁厚不尽一致。

（二）涂塑软管

涂塑软管是用锦纶纱、维纶纱或其他强度较高的材料织成管坯，内外壁或内壁涂敷聚氯乙烯（PVC）或其他塑料制成。根据管坯材料的不同，涂塑软管分为锦纶塑料软管、维纶塑料软管等种类。涂塑软管具有质地强、耐酸碱、抗腐蚀、管身柔软、管壁较厚等特点，使用寿命可达 3～4 年。管材规格见表 8-14，产品应表面光滑平整，没有断线、抽筋、松筋、内外糟、脱胶、气孔和涂层夹杂质等缺陷；壁厚均匀，其厚薄比不得超过 4∶3。必要时还应根据表 8-15 耐压试验要求进行压力试验。

表 8-14　　　　　　　　涂塑软管规格（GB/T 23241—2009）

内径/mm		工作压力/MPa				长度/m
基本尺寸	极限偏差					
25	±1.0	0.8	0.6			200±0.20
40		0.8	0.6	0.4		
50		0.8	0.6	0.4	0.3	
65	±1.5	0.8	0.6	0.4	0.3	
75		0.8	0.6	0.4	0.3	
80		0.8	0.6	0.4	0.3	
90			0.6	0.4	0.3	
100	±2.0		0.6	0.4	0.3	
125				0.4	0.3	
150				0.4	0.3	

注　摘自 GB 9476—88。

表 8-15　　　　　涂塑软管的耐压试验压力（GB/T 23241—2009）　　　　单位：MPa

工作压力	0.3	0.4	0.6	0.8
耐压试验压力	0.9	1.3	1.8	2.5

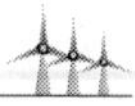

第二节　金　属　管

一、钢管及连接件

（一）焊接型钢管

焊接型钢管是由卷成管形的钢板以对缝或螺旋缝焊接而成，根据制造条件，常分为低压流体输送用焊接钢管、螺旋缝电焊钢管、直缝卷焊钢管、电焊管等。

焊接钢管是输送低压流体的管道工程常用的一种小直径管材，管材长度一般为4～10m，管件配套齐全、连接方便，其中普通钢管工作压力为1.0MPa，规格见表8-16。螺旋缝电焊钢管材管径尺寸较大，部分规格见表8-17。

表8-16　　低压流体输送用焊接、镀锌焊接钢管规格

公称直径		外径		普通钢管			加厚钢管		
mm	英寸	外径/mm	允许偏差/%	壁厚 公称尺寸/mm	壁厚 允许偏差/%	理论重量/(kg/m)	壁厚 公称尺寸/mm	壁厚 允许偏差/%	理论重量/(kg/m)
8	1/4	13.5	±0.5	2.25	+12 −15	0.62	2.75	+12 −15	0.73
10	3/8	17.0		2.25		0.82	2.75		0.97
15	1/2	21.3		2.75		1.26	3.25		1.45
20	3/4	26.8		2.75		1.63	3.50		2.01
25	1	33.5		3.25		2.42	4.00		2.91
32	1.25	42.3		3.25		3.13	4.00		3.78
40	1.5	48.0		3.50		3.84	4.25		4.58
50	2	60.0	±1.0	3.50	+12 −15	4.88	4.50	+12 −15	6.16
65	2.5	75.5		3.75		6.64	4.50		7.88
80	3	88.5		4.00		8.34	4.75		9.81
100	4	114.0		4.00		10.85	5.00		13.44
125	5	140.0		4.50		15.04	5.50		18.24
150	6	165.0		4.50		17.81	5.50		21.63

注　摘自GB 3092—82、GB 3091—82。

表8-17　　螺旋缝自动埋弧焊接钢管直径与壁厚规格　　单位：mm

公称直径	200	225	250	300	350	400	500
外径	219	245	273	325	377	426	529
壁厚	6～9	6～9	6～9	6～9	6～10	6～13	6～13

注　摘自SY500—800。

（二）无缝钢管

普通无缝钢管分为冷轧（拔）无缝钢管和热轧无缝钢管。在管道工程中，公称直径不小于 50mm 时一般采用热轧无缝钢管；公称直径小于 50mm 时一般采用冷轧（拔）无缝钢管。

钢管可采用焊接、法兰连接和螺纹连接。一般公称直径小于 50mm 者可采用螺纹连接，管件较多，易于选用；对公称直径大于等于 50mm 者，连接水表、闸阀等设备时可采用法兰连接。

二、金属薄壁管及连接件

金属薄壁管分为镀锌薄壁钢管（公称压力 1000kPa）和薄壁铝管（公称压力 800kPa）。其规格尺寸和允许偏差见表 8－18。金属薄壁管管件规格尺寸见表 8－19。

表 8－18　金属薄壁管规格尺寸和允许偏差　单位：mm

<table>
<tr><td rowspan="3">直径 D 及允许偏差</td><td>公称尺寸</td><td>32</td><td>40</td><td>50</td><td>60</td><td>65</td><td>70</td><td>75</td><td>80</td><td>90</td><td>100</td><td>105</td><td>110</td><td>120</td><td>130</td><td>150</td><td>160</td></tr>
<tr><td>镀锌薄壁钢管</td><td colspan="16">±1%D</td></tr>
<tr><td>薄壁铝（铝合金）管</td><td>—</td><td colspan="3">－0.35</td><td colspan="4">－0.45</td><td colspan="6">－0.6</td><td colspan="2">－0.8</td></tr>
<tr><td rowspan="4">厚度 S 及允许偏差</td><td rowspan="2">镀锌薄壁钢管</td><td colspan="5">0.65
0.8</td><td>0.8</td><td colspan="2">0.8
1.0</td><td colspan="3">1.0</td><td>0.1
1.2</td><td>1.2</td><td>1.2
1.5</td><td colspan="2">1.5</td></tr>
<tr><td colspan="16">＋12%S
－15%S</td></tr>
<tr><td rowspan="2">薄壁铝（铝合金）管</td><td>—</td><td colspan="3">1.0</td><td colspan="5">1.5</td><td colspan="2">2.0</td><td colspan="2">2.5</td><td colspan="3">3.0</td></tr>
<tr><td>—</td><td colspan="3">±0.12</td><td colspan="5">－0.18</td><td colspan="2">±0.22</td><td colspan="2">±0.25</td><td colspan="3">0.30</td></tr>
<tr><td colspan="2" rowspan="2">定尺长度 L 及允许偏差</td><td colspan="16">6000；5000</td></tr>
<tr><td colspan="16">＋15</td></tr>
<tr><td colspan="2">圆度</td><td colspan="16">±0.5D</td></tr>
<tr><td rowspan="2">直线度</td><td>定尺</td><td colspan="16">18</td></tr>
<tr><td>非定尺</td><td colspan="16">0.3%L</td></tr>
</table>

注　摘自 JB/T 7870—1997。

表 8－19　金属薄壁管件规格尺寸　单位：mm

快速接头	弯管	三通	四通	变径管	堵头	支架
—	32	—	—	—	—	—
—	40	—	—	—	—	—
50	50	50	50	50	50	50
60	60	60	60	60	60	60
65	65	65	65	65	65	65
70	70	70	70	70	70	70
75	75	75	75	75	75	75
80	80	80	80	80	80	80
90	90	90	90	90	90	90

续表

快速接头	弯管	三通	四通	变径管	堵头	支架
100	100	100	100	100	100	100
105	105	105	105	105	105	105
110	110	110	110	110	110	110
120	120	120	120	120	120	120
—	130	130	130	130	—	—
—	150	150	150	150	—	—
—	160	160	160	160	—	—

注　摘自 JB/T 7870—1997。

移动薄壁铝管快速接头结构见图 8-6。

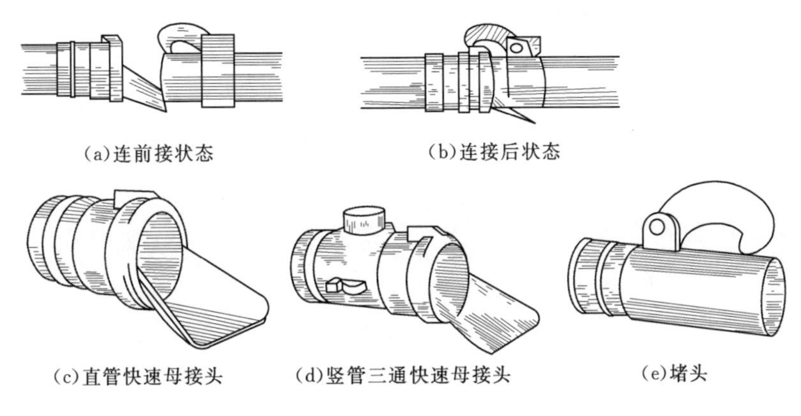

(a)连前接状态　(b)连接后状态

(c)直管快速母接头　(d)竖管三通快速母接头　(e)堵头

图 8-6　移动薄壁铝管快速接头结构图

第三节　管道及管件的选择

管网是喷微灌系统的主体，其费用可占微灌工程总投资一半以上。因此，合理选择管材和连接管件，对于保证喷微灌工程质量，降低工程造价，提高灌溉效益，具有非常重要的意义。管和管件的选择应遵循因地制宜、技术可靠、经济实用、安装维修方便的原则。

一、技术要求

(1) 符合设计工作压力要求。一般情况下，根据管道设计工作压力选择管材压力等级，选用管材的允许工作压力不应低于管道设计工作压力的 1.5 倍。当管道可能产生较大水锤压力时，管材的允许工作压力不应小于水击时的最大压力。

(2) 管材外观及耐腐蚀要求。管材外观及耐腐蚀应符合其相关产品标准的规定，同时因长期与土壤接触，还应满足耐土壤化学侵蚀要求。

(3) 管网及附属设备连接应方便可靠。连接处应满足工作压力、强度、刚度、抗弯折、抗渗漏及安全性等方面的要求。在需经常拆卸的部位应采用便于拆装的活接头。

(4) 移动管道应轻便、易快速拆卸、耐碰、耐磨、不易被扎破、抗老化性能好等。

（5）地埋暗管应能承受一定的局部沉陷应力，在农业机具和车辆等外荷载的作用下管材的径向变形率（即径向变形量与外径的比值）不应大于5%。

（6）有必要的刚度，避免运输和施工变形、损伤。

（7）满足输送特殊水质的要求。兼有输送饮用水的灌溉管道，则要求管材原料应符合安全用水要求。输送再生水灌溉时，材质成分不应与水中含有的化学成分发生反应。

（8）除满足以上要求外，还应满足技术标准规定的物理力学性能。

二、经济要求

（1）较低的管和管件价格，降低工程造价。

（2）较低的施工安装费用。包括运输费用低、安装工作效率高、施工辅助材料少等。

（3）较长的有效使用年限。

（4）较低的管理维护费用等。

第九章　给水、调控与安全设备

给水、调控与安全设备是喷微灌系统不可缺少的部件，包括管道给水（出水口）装置、流量控制与测量装置、压力调节阀、安全保护装置等。

第一节　管道给水装置

给水装置是供水管道与喷微灌输配水管道连接的设备，给水栓应坚固耐用、密封性能好、不漏水、软管安装拆卸方便。

常见给水装置为半固定式给水装置，其特点是集密封、控制给水于一体，有时密封面也设在立管上栓体与立管螺纹连接或法兰连接处，非灌溉期可以卸下，在室内保存；同一灌溉系统计划同时工作的出水口必须在开机运行前安装好栓体，否则更换灌水点时需停机；同一灌溉系统也可按轮灌组配备，通过停机轮换使用，不需每个出水口配一套。

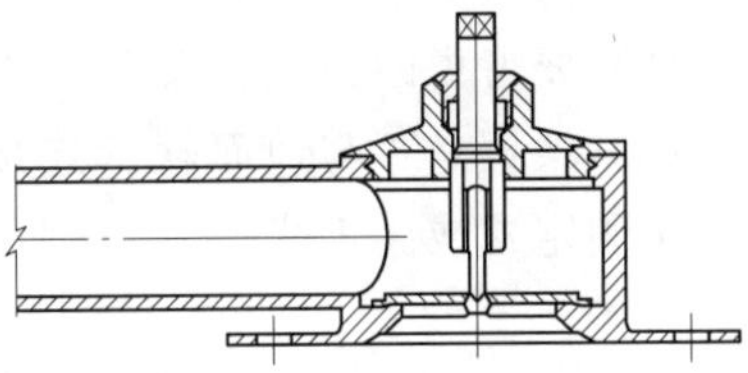

图 9－1　G3B1－H 型平板阀半固定式给水栓示意图

一、G3B1－H 型平板阀半固定式给水栓

G3B1－H 型平板阀半固定式给水栓见图 9－1，由栓壳和用灰铁铸造的顶盖组合而成。结构简单，整体性好，重量轻，造价低；外力止水，密封效果好；启闭灵活，操作方便，可以通过螺杆调控出水流量；水力性能好；易损件少，坚固耐用；易于拆卸，维修方便。

进出口内径为 53mm 的给水栓，阀门开启最大，分流比为 1 时的局部阻力系数为 1.595（含立管三通），适宜流量为 10～20m^3/h。

二、G2B1－H(G) 型平板阀半固定式给水栓

G2B1－H（G）型平板阀半固定式给水栓，由上下栓体两大部分组成，A 型材料用铸铁，B 型材料用钢管或铸铁（见图 9－2）。结构简单，制作方便，造价低；外力止水，密封压力高；操作杆与阀瓣利用活动接头连接，启闭时阀瓣只做上下运动而不磨损胶垫。A 型给水栓，出水口直径为 50～160mm 的局部阻力系数为数为 1.0～1.8。B 型给水栓，操作杆采用梯形螺纹，启闭速度快。进、出口外径为 110mm、87mm 的给水栓单口适宜流量为 36～48m^3/h。

三、给水装置的选择

选用给水装置时要注意的几点。

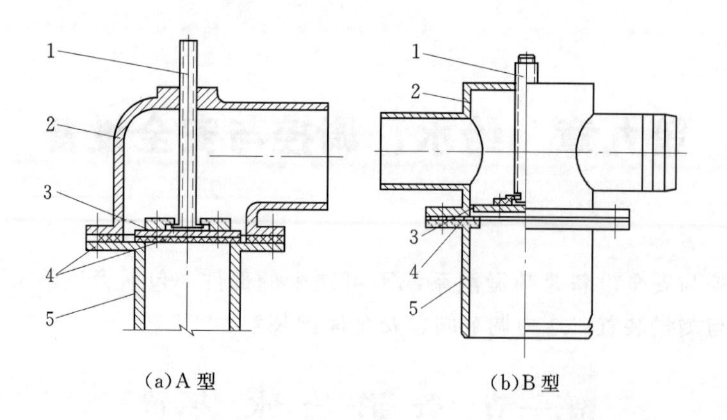

图 9-2　G2B1-H(G) 型平板阀半固定式给水栓示意图

1—操作杆；2—栓壳；3—阀瓣；4—密封胶垫；5—法兰管

(1) 应选用经过产品质量认证或质量检测并定型生产的给水装置。

(2) 根据设计出水量和工作压力，选择的规格应在适宜流量范围内、局部水头损失小且密封压力满足系统设计要求的给水装置。

(3) 要考虑耐锈蚀、操作灵活、运行管理方便等因素。

(4) 根据是否与地面软管连接适配给水栓或出水口，并根据保护难易程度选择移动式、半固定式或固定式。

第二节　流量控制设备

控制设备主要用于连通或截断（调节）上下级管道（上下管段）水流，一般安装在各级管道进口处，是管网不可缺少的组成部分。

一、闸阀

闸阀是关闭件（闸板）沿通道轴线的垂直方向移动的阀门。通过闸板的上下移动来切断或接通管路中的介质（水流）。

1. 闸阀结构组成

闸阀由阀体、阀盖、闸板、阀座圈、阀杆、上密封、阀杆螺母、螺柱、螺母、填料、垫片、手轮等部件组成，见图 9-3。

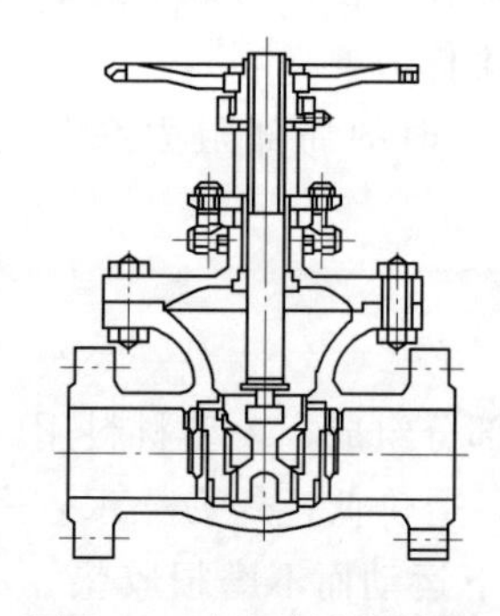

图 9-3　闸阀结构示意图

2. 闸阀特点

(1) 优点：对管道中的流体产生阻力小；阀门开启和关闭所需的力矩小；管路中介质的流向不受限制；全开时，密封面受工作介质的冲蚀比截止阀小；结构长度比较短。

(2) 缺点：外形尺寸和开启高度较大，需要较大的安装空间；在开启和关闭时，密封面有相对摩擦，磨损较大，开启和关闭时间较长。

3. 闸阀应用

闸阀是作为截止或接通流体介质使用的。在阀门全开时整个管道完全畅通，此时介质运行的压力损失最小。闸阀主要安装于管道检修处或主干管进口处。

闸阀的适用压力、温度及口径范围很广，尤其适用于中、大口径（$d_n \geqslant 50$mm）的管道。通常使用于不需要经常启闭，而且保持闸板全开或全闭的工作状况。不适用于作为调节或节流阀使用。对于高速流动的介质，闸板在局部开启状况下可以引起闸门的振动，而振动又可能损伤闸板和阀座的密封面，而节流会使闸板遭受介质的冲蚀。

4. 闸阀类型

从结构形式上看，不同类型闸阀主要区别是所采用的密封元件的形式。根据密封元件的形式，常常把闸阀分成楔式闸阀、平行式闸阀、平行双闸板闸阀等。最常用的形式是楔式闸阀和平行式闸阀。

二、球阀

球阀是用带圆形通孔的球体作启闭件，利用球体绕阀杆的轴线旋转90°实现阀门的开启和关闭。它是由旋塞阀演变而来，又称为球形旋塞阀。

1. 球闸阀结构组成

球阀由阀体、球体、阀杆、手柄（轮）组成，见图9-4。

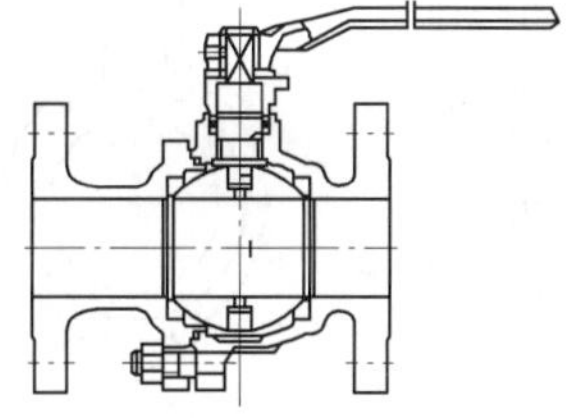

图9-4 球阀结构示意图

2. 球闸阀特点

(1) 流体阻力小。在所有阀门中其流体阻力是最低的，特别是全流量型球阀（不缩径的球阀），由于其通道直径等于管道内径，局部阻力损失只等于同等长度管道的摩擦阻力，阀门阻力实际上为零。

(2) 启闭迅速、方便。一般情况下球阀只需手柄转动90°完成全开或全关动作，容易实现快速启闭，某些结构的启闭时间仅为0.05～0.1s。球阀一般有缩径和不缩径通道两种结构。

(3) 密封性能好。球阀的阀座绝大多数都是用聚四氟乙烯等弹性材料制造的。金属与非金属材料组成的球阀密封面，密封性容易得到保证，而且对密封表面的加工精度与表面粗糙度要求也不很高。

(4) 使用寿命长。聚四氟乙烯有良好的自润滑性，与球体的摩擦磨损小。

(5) 可靠性高。

(6) 阀体内通道平整光滑更适于输送黏性流体、浆液以及固体颗粒。

(7) 球型关闭件能在位置上自动定位，并能承受关闭时的高压差。

(8) 在较大的压力和温度范围内，能实现完全双向密封。

(9) 在全开和全闭时，球体和阀座的密封面与介质隔离，因此高速通过阀门的介质不会引起密封面的侵蚀。

(10) 结构紧凑、重量轻，可以认为它是用于低温介质系统的最合理的阀门结构。

3. 球阀应用

球阀在管道上主要用于切断、分配介质，以及改变介质流动方向，设计成V形开口的球阀还具有良好的流量调节功能。完全平等的阀体内腔为介质提供了阻力很小、直通的流道。球阀不仅结构简单、密封性能好，而且在一定的公称通经范围内体积较小、重量轻、材料耗用少、安装尺寸小，并且驱动力矩小，操作简便、易实现快速启闭，易于操作和维修，适用于水、溶剂、酸和天然气等一般工作介质，而且还适用于工作条件恶劣的介质，如氧气、过氧化氢、甲烷和乙烯等。

三、蝶阀

蝶阀是通过圆盘式启闭件随阀杆往复回转 90°左右来开启、关闭和调节流体通道的。蝶阀安装于管道的直径方向。在蝶阀阀体圆柱形通道内，蝶板绕着阀杆轴线旋转，旋转角度为 0°～90°之间，旋转到 90°时，阀门呈全打开状态。

1. 蝶阀组成

蝶阀由阀体、阀杆（蜗杆）、阀板、阀体密封圈、手柄（或蜗轮）组成，见图 9－5。

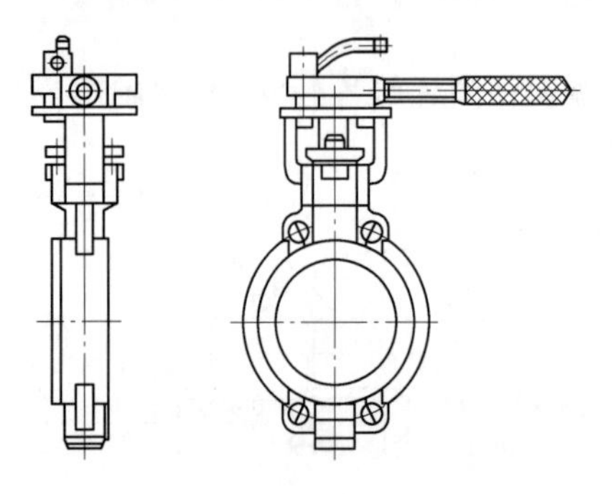

图 9－5　对夹式蝶阀结构示意图

2. 蝶阀特点

（1）蝶阀结构简单、体积小、重量轻、材料耗用省。

（2）安装尺寸小。

（3）阀门开启关闭迅速。

（4）阀板 90°往复回转，驱动力矩小。

（5）蝶板的流线型设计，使流体阻力损失小。

3. 蝶阀应用

蝶阀用于截断、接通、调节管路中的流体介质，具有良好的流体控制特性和关闭密封性能。蝶阀处于完全开启位置时，蝶板厚度是流体介质流经阀体时唯一的阻力，因此通过阀门所产生的压力降至很小，具有较好的流量控制特性。当蝶阀开启至 15°～70°之间时，又能灵敏地进行流量控制。

如果要求蝶阀作为流量控制使用，主要的是正确选择阀门的尺寸和类型。蝶阀的结构原理尤其适合制作大口径阀门，因此在大口径的调节领域，蝶阀的应用非常普遍，并逐步成为主导阀型。

4. 蝶阀类型

常用的蝶阀有对夹式蝶阀、法兰式蝶阀、焊接式蝶阀三种。对夹式蝶阀是用双头螺栓将阀门连接在两管道法兰之间；法兰式蝶阀是阀门上带有法兰，用螺栓将阀门上两端法兰连接在管道法兰上；焊接式蝶阀的两端面与管道焊接连接。

5. 蝶阀选用

（1）由于蝶阀相对于闸阀、球阀压力损失比较大，故适用于压力损失要求不严格管路系统中。

（2）由于蝶阀可以做流量调节，故在需要流量调节的管路中宜于选用。

（3）由于蝶阀结构和密封材料的限制，不宜用于高温、高压管路系统。一般工作温度在 300℃以下，公称压力在 $PN40$ 以下。

（4）由于蝶阀结构长度比较短，且又可以做成大口径，在结构长度要求短的场合或是大口径阀门（如 d_n1000 以上），宜选用蝶阀。

（5）由于蝶阀仅旋转 90°就能开启或关闭，因此宜选用在启闭要求快的场合。

第三节　压力调节阀

压力调节阀即减压阀是通过组件调节，将进口压力减至某一需要的出口压力，并依靠介质本身的能量，使出口压力自动保持稳定的阀门。

从流体力学的观点看，减压阀是一个局部阻力可以变化的节流元件，即通过改变节流面积使流速及流体的能量改变，造成不同的压力损失，从而达到减压的目的。然后依靠控制与调节系统的调节，使阀后压力的波动与弹簧力相平衡，使阀后压力在一定的误差范围内保持恒定。

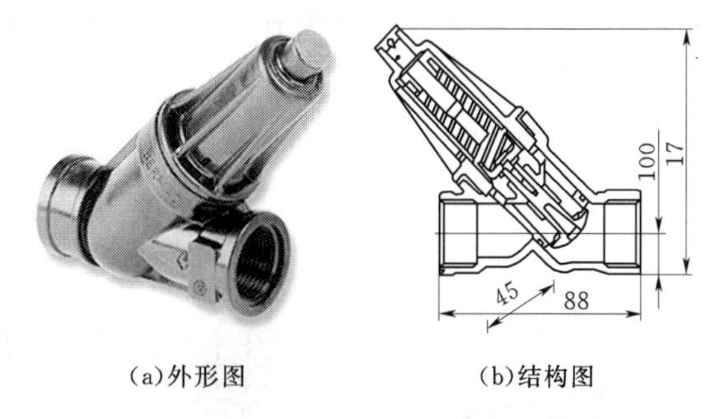

(a)外形图　　(b)结构图

图 9－6　直接作用隔膜组式减压阀的外形与结构示意图（单位：mm）

减压阀的分类方式很多，根据减压阀的动作原理分为直接作用式和间接作用式两大类。直接作用式减压阀是利用介质本身的能量来控制所需压力；间接作用式减压阀是利用外界的动力来控制所需压力。这两类相比较，直接作用式结构比简单，间接作用式结构精度较高。

一、直接作用式减压阀

（一）直接作用隔膜式减压阀

这种阀采用隔膜组作为敏感元件来带动阀瓣运动，达到减压、稳压的目的。直接作用隔膜组式减压阀的外形与结构见图 9－6，当出口侧压力增加时，隔膜向上运动，阀开度减小、流速增加，压降增大，阀后压力减小；当出口侧压力下降时，隔膜向下运动，阀门开度增大，流速减小，压降减小，阀后压力增大。于是，阀后出口压力始终保持由调节螺钉调定的恒压值。

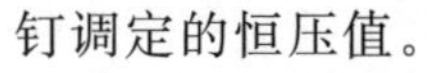

该阀门有金属阀体和塑料阀体两种，在园林灌溉中常采用金属阀门，农业灌溉系统中常采用塑料阀门。塑料阀门材质轻、安装方便。这种减压阀有$\frac{3}{4}''$、$1''$、$1\frac{1}{2}''$、$2''$四种规格。

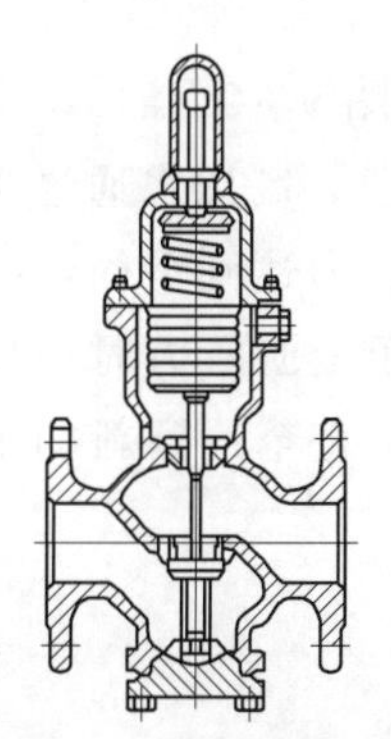
图 9－7　直接作用波纹管式减压阀示意图

（二）直接作用波纹管式减压阀

当出口侧压力增加，波纹管带动阀瓣向上运动，阀开度减小、流速增加，压降增大，阀后压力减小；当出口侧压力下降，波纹管带动阀瓣向下运动，阀门开度增大。流速减小，压降减小，阀后压力增大。阀后出口压力始终保持由调节螺钉调定的恒压值（见图 9－7）。

二、先导式减压阀

（一）先导活塞式减压阀

先导活塞式减压阀通过活塞来平衡压力，带动阀瓣运动，实现减压目的。这类减压阀体积小，活塞所允许的行程较大，但由于活塞在缸体中的摩擦力较大，因此灵敏度比隔膜式减压阀低。其制造工艺要求严格，特别是活塞、活塞环、缸体、副阀等零件。尤其适合高温流体介质。在灌溉系统中也可选用。

（二）先导隔膜式减压阀

先导隔膜式减压阀采用隔膜作为敏感元件来带动阀瓣运动，达到减压、稳压目的。隔膜式减压阀敏感度较高，因为没有活塞的摩擦力。与活塞式减压阀相比，隔膜式减压阀的行程比较小，且易损坏；一般隔膜用橡胶或聚四氟乙烯制造，因此受使用温度的限制。当温度和工作压力较高时，宜选用金属制造的隔膜式减压阀。在灌溉系统中，由于水的温度和压力相对较低，所以一般情况下可采用隔膜式减压阀式减压阀（见图 9－8）。

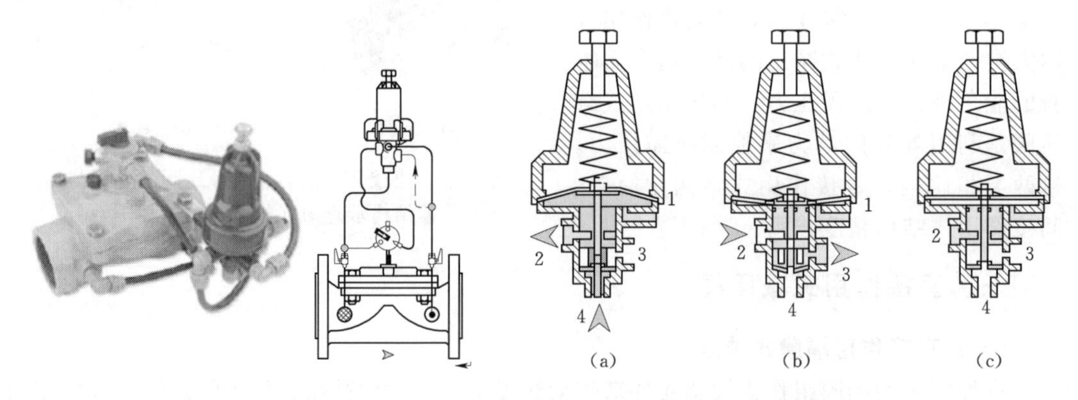

图 9－8　先导隔膜式减压阀示意图

图 9－9　导阀的工作状态

1—下游接口；2—阀门腔；3—排水口；4—上游接口

与直接作用隔膜式减压阀相比，薄膜上腔的压力不是由弹簧来控制，而是由旁路调节阀控制，其动作敏感度更高。

调压导阀的工作流程：当阀门上游水压力超过设定压力值时［见图 9－9（a）］，上游水通过导阀上接口 4 进入导阀，导阀内的导杆被推开，口 4 和口 2 接通，高压水通过接口 2 进入阀门腔，向阀门腔充水。阀门腔内压力逐渐增大，阀门上下游压力达到平衡，导杆在弹簧力作用下下移，口 4 关闭［见图 9－9（c）］。阀门下游压力高于上游压力时 3 口和 2 口接通，阀门上腔中的水由 3 口从导阀持续排出［见图 9－9（b）］，直至达到新的平衡［见图 9－9（c）］。

三、减压阀选用

选用减压阀时应注意下列几个问题。

（1）减压阀进口压力的波动应控制在进口压力给定值的 80％～105％。如超过该范围，减压阀的性能会受影响。

(2) 通常减压阀的阀后压力应小于阀前压力的0.5倍。

(3) 减压阀的每一档弹簧只在一定的出口压力范围内适用，超出范围应更换弹簧。

(4) 在灌溉系统中一般采用直接作用隔膜式减压阀或先导隔膜式减压阀。

(5) 为了操作、调整和维修方便，减压阀一般应安装在水平管道上。

第四节 安全保护装置

管网安全保护装置主要有进（排）气阀、安全阀、多功能保护装置、调压装置、逆止阀、泄水阀等。主要作用分别是破坏管道真空，排除管内空气，减小输水阻力，超压保护，调节压力，防止管道内的水回流入水源而引起水泵高速反转。

一、进（排）气阀

进（排）气阀的作用是管道充水时，管内气体从进（排）气口排出，球（平板）阀靠水的浮力上升，在内水压力作用下封闭进（排）气口，使进（排）气阀密封而不渗漏，排气过程完毕。管道停止供水时，球（平板）阀因虹吸作用和自重而下落，离开进（排）气口，空气进入管道，破坏了管道真空或使管道水的回流中断，避免了管道真空破坏或因管内水的涡流引起的机泵高速反转。

进排气阀一般安装在顺坡布置的管网首部、逆坡布置的管道网尾部、管道凸起处、管道朝水流方向下折及超过10°的变坡处。通气孔尺寸可用式（9-1）估算确定（李永顺，1998，《管道输水工程技术》）

$$d_0 = 1.05 D_0 \left(\frac{v}{v_0}\right)^{1/2} \tag{9-1}$$

式中 d_0——进（排）气阀通气孔直径，mm；

D_0——被保护管道内径，mm；

v——被保护管道内水流速度，m/s；

v_0——进（排）气阀排出空气流速，m/s，可取v_0=45m/s。

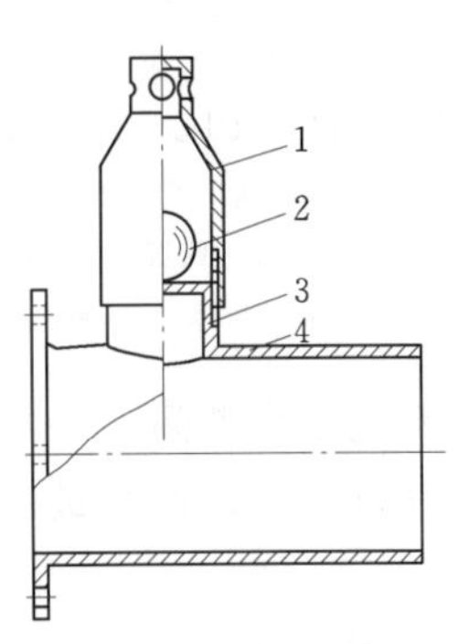

图9-10 JP3Q-H/G型球阀式进（排）气阀示意图

1—阀室；2—球阀；3—球算管；4—法兰管

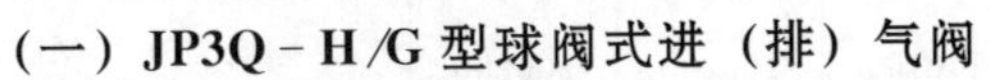

（一）JP3Q-H/G型球阀式进（排）气阀

JP3Q-H/G型球阀式进（排）气阀结构简单，制作、安装方便，造价低，规格齐全，灵敏度高，密封性能好，适用于顺坡布置的管道系统，泵与主管道的连接处，起进气止回水作用。结构形式、尺寸和性能参数见图9-10、表9-1。

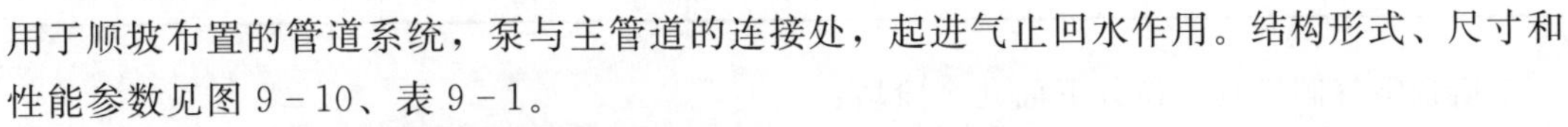

（二）JP1Q-H/G型球阀式进（排）气阀

JP1Q-H/G型球阀式进（排）气阀的特点和性能参数基本同JP3Q-H/G型球阀式进（排）气阀，多用于逆坡布置的管道系统和管路中凸起处。结构形式和尺寸见图9-11和表9-2。

表 9-1　　JP3Q-H/G 型球阀式进（排）气阀主要尺寸　　单位：mm

公称直径	D	D_1	h	D_0	d_0	L	备　注
20	50	62	140	60	20	130	D—法兰管内径；D_1—法兰管外径；h—阀室高度；D_0—阀室内径；d_0—进（排）气孔内径；L—法兰管长度
	63	75				145	
	75	87				155	
	90	102				170	
25	110	122			25	195	
	125	137				210	
32	140	152			32	225	
	160	172				245	
40	200	212			40	285	

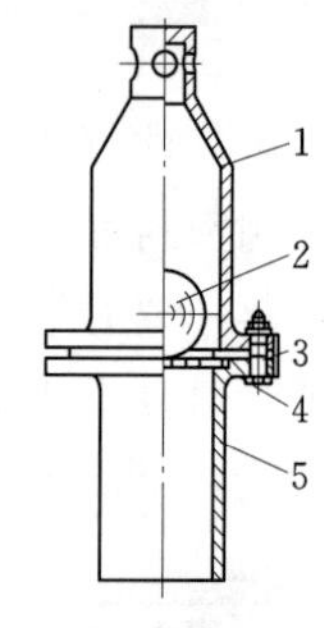

图 9-11　JP1Q-H/G 型球阀式进（排）气阀示意图
1—阀室；2—球阀；3—密封胶垫；4—球箅；5—阀座管

（三）空气阀

空气阀的工作原理主要根据阀体内浮子的升降实现对管道系统充气和排气。灌溉系统常用的空气阀有下三种。

1. 组合空气阀

组合空气阀（进、排气阀）有一个大的气流孔，在系统充水时，浮子处于开启位置，能迅速排出管道中大量的空气。系统运行期间，当少量空气逐渐积聚到一定程度时，阀内水位下降，浮子随之下降，空气从管道中排出。在系统关闭时，能使大量空气快速进入管路系统中。高速气流不能吹动阀中浮子关闭阀门，只有靠管道中水流产生的压力才能使空气阀中浮子关闭、密封阀门。系统工作期间，一旦管道中的压力低于大气压，空气阀立即向系统中补充空气，防止管道中负压产生破坏。顺利地排放空气可以防止系统压力激增或其他破坏现象的发生。

表 9-2　　JP3Q-H/G 型、JP1Q-H/G 型球阀式进（排）气阀主要性能参数

公称直径/mm		20	25	32	40	50	备　注
对应被保护管道公称直径/mm	塑料管	≤90	110125	140160	160200	200250	公称压力 0.05MPa，最大工作压力 0.25MPa，最小密封压力 0.05MPa，适用温度－10～60℃
	混凝土管	≤180	200225	250280	350	450	

组合空气阀排气工作分下面几个阶段：

（1）空气组合阀排出管道中的空气。

（2）管道中的液体进入空气组合阀中，升起浮子到密封位置。

（3）工作时，管道中的空气聚集到系统的高点（安装组合空气阀的位置），将组合空气阀中的液体挤出。

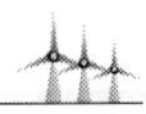

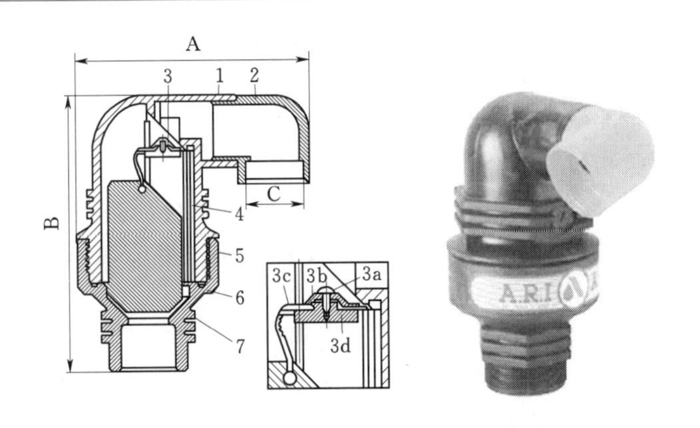

图 9-12　组合空气阀图

1—阀体；2—排水弯头；3—密封附件；3a—螺丝；3b—阀堵盖；3c—滚动密封件；3d—阀堵；4—方向杆；5—浮子；6—O 形圈；7—基座

（4）浮子下降，密封圈剥离，小的气孔打开，空气得到释放。

（5）液体进入组合空气阀中，浮子升高密封。

当系统内部压力低于大气压（负压）进气时，两个气孔立即同时打开，同时浮子也迅速移开，大量空气进入系统中。

组合空气阀通常用于以下场合：

（1）水泵后或逆止阀后。

（2）开关阀前或后。

（3）深井泵后。

（4）有水力坡度的高点。

（5）管道末端。

（6）水表前。

（7）过滤器上。

2. 自动排气阀

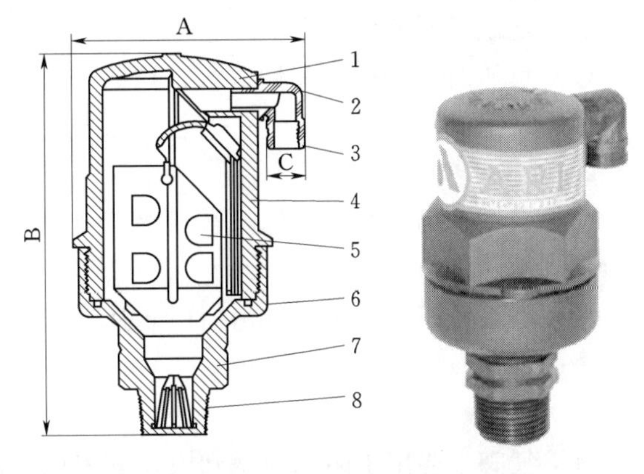

图 9-13　自动排气阀图

1—阀体；2—排水口；3—滚动密封件；4—阀堵；5—方向杆；6—浮子；7—O 形圈；8—基座

在系统有压力情况下自动排气阀可以持续排出系统中集聚的空气。在压力系统中，其工作过程如下：

（1）液体逐渐充满系统，进入自动排气阀。

（2）阀内浮子升高，推动橡胶密封件弹回密封位置。

（3）系统中的空气不断聚集到高点，进入自动排气阀，将阀中的液体挤出。

（4）浮子随阀内液面的下降而下落，拉开密封件，打开气孔，阀内空气从气孔排出。

（5）液体重新进入自动排气阀内，浮子升高，推动橡胶密封件弹回密封位置，关闭气孔。

必须注意，自动排气阀主要应用于系统工作期间排出集聚在系统高点的空气。因气流孔孔径小，其不能作为大容积真空保护阀使用；虽然在真空条件下，自动排气阀也允许空气进入系统，但这并不影响其作为真空逆止阀的使用。

自动排气阀的工作特点：

（1）能够排出多余的液体。

（2）气孔不会被杂物堵塞。

（3）可回弹密封机构的设计比直接用浮子密封对系统压力变化的灵敏度低。适用于较广的压力范围（最大可到1.6MPa），自动排气阀主要安装在主干管系统的高点。

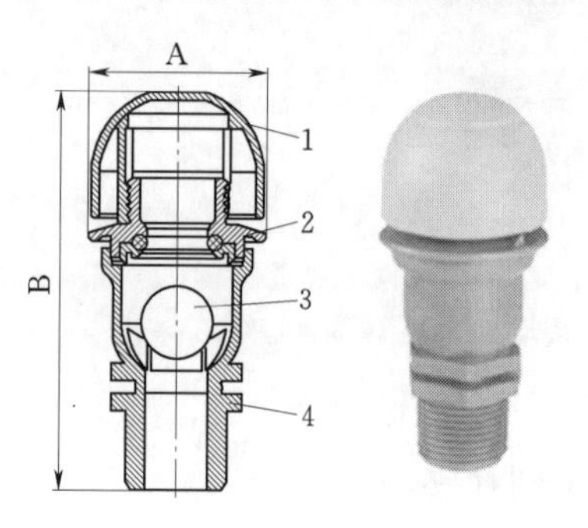

图9-14　真空阀图

1—阀体；2—阀盖；3—密封圈；4—浮子

（四）真空空气阀

1. 工作特点

（1）系统高流量排水时允许空气大量进入管道，系统高流量充水时允许空气排出。

（2）高流速的空气和混合在喷洒水中的雾气不能吹动浮子关闭，只有水的进入才能使阀门关闭、密封。

（3）系统工作期间，一旦系统压力低于大气压，真空阀迅速打开，导气进入管道中，保证系统内外压力平衡。

（4）能平稳地释放系统中的空气，防止系统压力过大和其他破坏现象的发生。

（5）负压时允许空气大量进入，可防止真空对系统产生破坏，并可防止水锤产生。

（6）系统排水时导入空气进入管道系统中。

2. 工作过程

（1）当系统局部充满气体且被压缩，排出进入系统中的空气，液体进入阀中，抬升浮子封闭真空阀。

（2）当系统压力低于大气压时（负压），浮子立即下落，打开气孔，大量空气进入管道系统中。

3. 应用

真空气阀主要用于园林灌溉和农业灌溉的田间首部。

二、安全阀

安全阀是一种压力释放装置，安装在管路较低处，起着超压保护作用。灌溉系统中常用的安全阀按其结构形式可分为弹簧式、杠杆重锤式两大类。

安全阀的工作原理是将弹簧力或重锤的重量加载于阀瓣上来控制、调节开启压力（即设定压力）。在管道系统压力小于设定压力时，安全阀密封可靠，无渗漏现象；当管道系统压力升高并超过设定压力时，阀门则立即自动开启排水，使压力下降；当管道系统压力降低到设定压力以下时，阀门及时关闭并密封如初。

安全阀的特点是结构比较简单，制造，维修方便，造价较高，启闭迅速及时，关闭后无渗漏，工作平稳，灵敏度高，使用寿命长。

弹簧式安全阀可通过更换弹簧来改变其工作压力级，同一压力级范围内可通过调压螺栓来调节开启压力。其载荷随阀门开启高度的增大而增大。

杠杆重锤式安全阀可通过更换重锤来改变其工作压力级，但在同一压力级范围内的开启压力是不变的。其载荷不随阀门开启高度变化。

安全阀在选用时，应根据所保护管路的设计工作压力确定安全阀的公称压力。由计算出的安全阀的定压值决定其调压范围，根据管道最大流量计算出安全阀的排水口直径，并在安装前校定好阀门的开启压力。弹簧式、杠杆重锤式安全阀均适用于低压管道输水灌溉系统。但弹簧式安全阀更好一些。

安全阀一般铅垂安装在管道系统的首部，操作者容易观察到并便于检查、维修；但也可安装在管道系统中任何需要保护的位置。

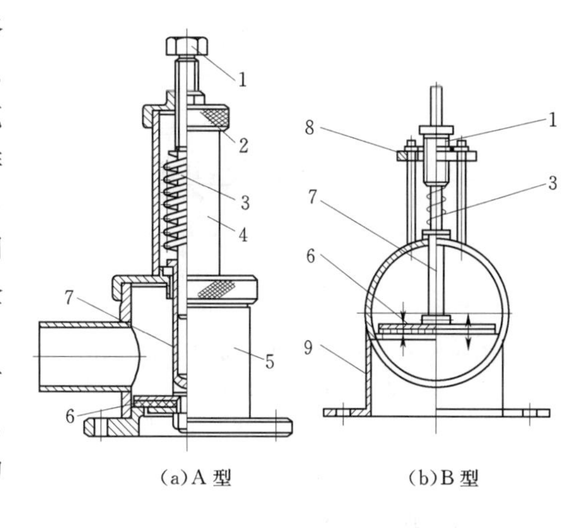

图 9-15　A3T-G 型弹簧式安全阀结构示意图

1—调压螺栓；2—压盖；3—弹簧；4—弹簧室壳；5—阀室壳；6—阀瓣；7—向导套；8—弹簧支架；9—法兰管

（一）A3T-G 型弹簧式安全阀

A3T-G 型弹簧式安全阀的主要特点是体积较小、轻便、灵敏度高，同一型号规格的安全阀可通过更换弹簧来改变其工作压力级；在某一压力级范围内，可通过调节调压螺栓来调节设定压力。结构见图 9-15，性能参数见表 9-3 和表 9-4。

（二）A1T-G 型弹簧式安全阀

A1T-G 型弹簧式安全阀的特点与 A3T-G 型相同，结构见图 9-16，性能参数见表 9-3 和表 9-15。

表 9-3　　A3T-G 型（A 型）、A1T-G 型弹簧式安全阀性能参数

公称直径/mm	50，63，75，90，110，125，140，160
公称压力/MPa	0.3～0.6
阀体强度试验压力/MPa	1.2 倍的公称压力
工作压力级/MPa	＞0.06～0.1、＞0.1～0.13、＞0.13～0.16、＞0.16～0.2、＞0.2～0.25、＞0.25～0.3、＞0.3～0.4、＞0.4～0.5、＞0.5～0.6
密封压力/MPa	0.06～0.6
适用介质	水
适用温度/℃	－15～60

表 9-4　　A3T-G 型（B 型）弹簧式安全阀性能参数

阀座直径/mm	止水阀直径/mm	弹簧直径/mm	弹簧调节长度/mm	单弹簧		双弹簧		调节螺栓长度/mm
				倔强系数/MPa	调节压力/MPa	倔强系数/MPa	调节压力/MPa	
80	96	4	0～35.5	2.56	0～0.18	4.96	0～0.35	45

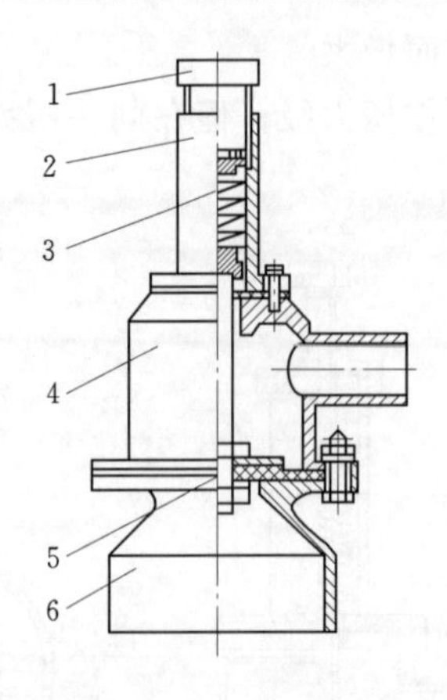

图 9-16　A1T-G 型弹簧式安全阀结构示意图
1—调压螺栓；2—弹簧室壳；3—弹簧；
4—阀瓣室；5—阀瓣；6—阀座管

图 9-17　BERNAD 735-M 型水锤消除阀图

三、水锤消除阀

为了防止水锤的发生，一般在管路系统安装防止水锤产生的水锤消除阀（器）。常用的水锤消除阀、活塞式水锤消除器有两种。

（一）水锤消除阀

1. 工作原理

BERNAD 735-M 型水锤消除阀（见图 9-17）是一种旁通式液压控制，隔膜式驱动的水力控制阀。阀门的两端的压力差是驱动阀门开启、关闭的能量来源。驱动装置分为上、下两个控制腔室，上腔室由导阀控制，通过调节导阀和泄压导阀的内置针阀来操作，下腔室通过一固定的小孔与阀体内压力相连，使阀门的关闭得到缓冲。突然停泵一般会产生巨大的压力波动。在管道较长的供水系统当中，这种压力波动往往表现出明显的低压段，继而高压段激聚出现。低压控制导阀可感应到这种最初的压力波降并自身开启，以使主阀随之开启，从而预防从系统返回的高压力波动。开启的主阀会将随之而来的高压力波排至大气。高压控制导阀会感应到同样的高压力波也会开启并使主阀保持开启状态，排放掉过余能量。一个液控的或机械的流量控制器可限制阀门开启。这一装置能有效地控制压力波动的释放并保证主阀及时关闭，避免额外系统压力损失。当系统压力恢复到高压控制导阀的设定值时，导阀本身将会关闭，导致主阀关闭，致使系统中的压力稳定在高压与低压预定值之间。

BERNAD 735-M 型水锤消除阀关闭时平稳，保证零渗漏密封的同时避免水锤发生。正常情况下，此型号阀门还起到了系统泄压阀的功能。

2. 产品特点

(1) 替代消除水锤的压力罐。节约空间、维护少。

(2) 靠系统本身可调式液压驱动，独立操作，无需外加动力，长期零渗漏密封。

(3) 阀门双腔室设计，工作时动作平缓（不引起压力波动）。

（4）体流体动力学设计，高流量低阻力，全开式无阻隔阀口。

（二）活塞式水锤消除器

1．工作原理

活塞式水锤消除器内部有一密闭的容气腔，下端为一活塞，当冲击波传入水锤消除器时，水击波作用于活塞上，活塞将向容器气腔方向运动。活塞运动的行程与容气腔内的气体压力、水击波大小有关。活塞在一定压力气体和不规则水击双重作用下，上下运动，形成一个动态平衡，从而有效地消除了不规则的水击波震荡，消除水击现象。

2．产品特点

活塞式水锤消除器能在无需阻止管道液体流动的情况下，有效地消除液体在管道传输过程中可能产生的水锤和浪涌发生的不规则水击波震荡，从而达到消除具有破坏性的冲击波，起到消除噪音，保护管网的目的。

3．安装要求

（1）水锤消除器一般安装在水泵的出口附近，在止回阀之后，配合缓闭式止回阀使用效果更佳。

（2）水锤消除器安装在液压水控阀附近，消除管道系统的关阀水锤。

四、自动泄水阀

自动泄水阀是一种自动阀门（见图9－18）。它不借助任何外力，而是利用管道中介质压力或重力来排出额定数量的液体，以防止系统内压力超过预定的安全值。当系统压力恢复正常后，阀门再自行关闭阻止介质继续流出。

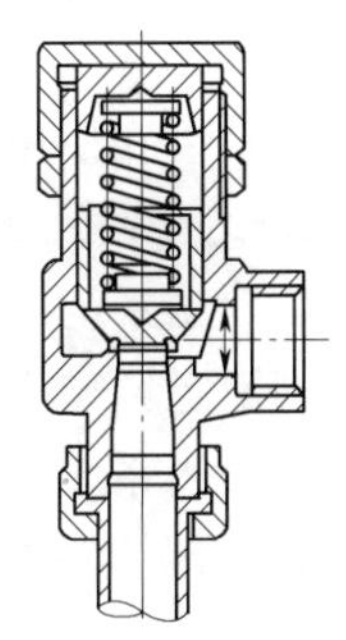

图9－18　弹簧式自动泄水阀示意图

自动泄水阀主要用于承压管路系统，作为系统超压时的保护设备。当系统压力超过设定允许值时，阀门自动开启，排放管路中的介质，防止管道内压力继续升高对系统产生破坏；当管路系统中的压力低于系统设定值时，阀门自动关闭，从而保护管路系统安全运行。按照自动泄水阀的驱动模式可分为直接作用式和先导式。

（一）直接作用式自动泄水阀

直接作用式自动泄水阀是依靠介质产生的作用力来克服阀瓣上的机械载荷，使阀门开启。作用在阀瓣上的机械载荷主要有三种：重锤、重锤加杠杆和弹簧。

自动泄水阀的密封非常重要。要保证自动泄水阀良好密封性，必须有足够高的密封压差（开启压力和工作压力差）提供足够高的密封力，从而在装置正常运行时达到密封。密封压差还应小于启闭压差，以便自动泄水阀在高于工作压力时开启。

启闭压差是设定压力与回座压力之差。从经济的观点出发，启闭压差尽可能小，以避免不必要的介质损失。但从安全阀动作的稳定性考虑，又希望有较大的启闭压差，常采取折中办法，在国际标准中，液体安全阀推荐最大启闭压差值为20％。

（二）先导式自动泄水阀

先导式自动泄水阀由主阀（自动泄水阀）和导阀（直接作用式自动泄水阀）组成，主阀依靠从导阀排出的介质来驱动或控制自动泄水阀。

主阀是真正的自动泄水阀，先导阀是用来感受受压系统的压力并使主阀开启和关闭。要保持先导式自动泄水阀的关闭力，以及操纵主阀和先导阀，能量可能来自系统介质、一个外部能源或者来自这两者。当系统压力开始超过一个整定的极限值时，先导阀或者通过除去或减少关闭力让系统介质迫使主阀开启；或者产生一个力来使主阀开启。当系统压力降低以后，先导阀重新产生关闭力，或者将开启力消除。按照这样的开启关闭模式，能够在安全阀开启之前保持一个大的关闭力。因此，先导式安全阀甚至在运行压力接近设定压力的情况下也能保持高度的密封性能（见图9-19）。

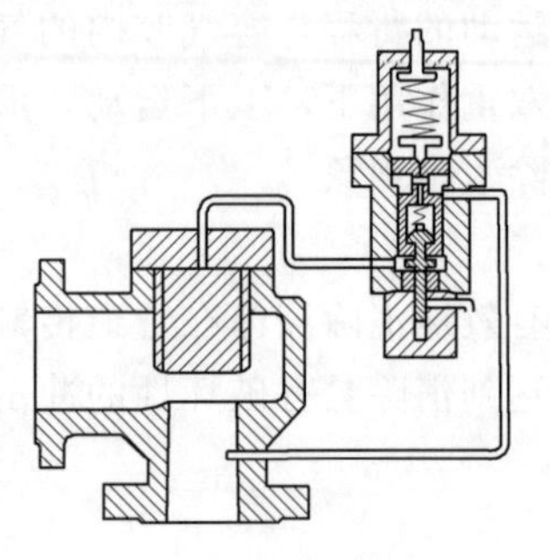

图9-19　主阀处于全开启状示意图

1. 先导式快速泄水阀特点

（1）导阀为无流动调节式。

（2）能在非常接近设定压力下无泄漏操作。

（3）采用软密封材料，密封可靠、维修简单。

（4）正常动作不受背压影响，无需波纹管。

（5）可在使用中设定开启压力，易于调节。

2. 先导式快速泄水阀工作原理

（1）当系统压力低于阀的设定压力时，介质压力经导阀上密封传入主阀压力室，作用在主阀瓣上，产生向下力，关闭主阀。

（2）当系统压力增加接近设定压力时，导阀活塞提升而上密封关闭，此时导阀下密封仍在关闭。系统压力稍有增加，下密封微启，主阀压力室内压力通过导阀排气口排出。

（3）当系统压力达到稍高于设定压力时，导阀下密封开启，主阀压力室压力迅速下降，主阀瓣被系统压力推起，排放超压，这又使导阀活塞趋于下降。此反馈作用可使主阀瓣浮于某一位置，达到调节作用。

（4）当系统超压时，主阀瓣达到全启。

（5）当系统压力降至设定压力以下，导阀下密封关闭。进一步降压至回座压力时，上密封开启，主阀压力室压力恢复，关闭主阀。

（三）自动泄水阀的选择

选用自动泄水阀涉及两个方面的问题：

（1）被保护设备或系统的工作条件。如设备的工作压力、允许超压限度、所必需的排放量、工作介质等。

（2）自动泄水阀本身的动作特性和参数指标。

（四）自动泄水阀的安装

1. 自动泄水阀安装

自动泄水阀必须垂直安装，并且最好安装在容器或管道的接头上，而不另设进口管。当必须安装进口管时，进口管的内径不应小于泄水阀的进口通径。管的长度要尽可能小，以减少管道阻力和自动泄水阀排放反作用力对容器接头的力矩。

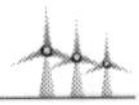

2. 排放管的安装

为了尽可能减小对自动泄压阀动作和性能的影响，装设排放管应注意下列几点：

（1）排放管内径不小于自动泄压阀的排出口径。

（2）管道应加适当的支撑，防止管道应力附加到自动泄压阀上。

（3）原则上一个自动泄水阀单独使用一根排放管道。

（4）应设置适当的排泄孔，防止雨、雪等积聚在排放管中。

（5）自动泄压阀与进口管和排放管的连接应均匀把紧，以防止对阀门产生附加应力。

第五节 测 量 装 置

为实现计划用水，按量计征水费，促进节约用水、在管道输水系统中安装测量装置是非常必要的。灌溉系统中常用的测量装置主要有测量压力和流量的装置。测量压力装置是用来量测管道系统的水流压力，了解、检查管道工作压力状况；测量流量装置主要用来测量管道水流总量和单位时间内通过的水量。

一、压力测量装置

（一）压力表

在灌溉系统中常用的压力测量装置是弹簧管压力表。有 Y 型弹簧管压力表、YX－150 型电接点压力表、Z 型弹簧管真空表等。

压力表选用时应考虑下列因素：

（1）压力测量的范围和所需要的精度。

（2）静负荷下工作值不应超过刻度值的 2/3，在波动负荷下，工作值不应超过刻度值的 1/2，最低工作值不应低于刻度值的 1/3。

设计时可由五金手册查得压力表外形尺寸、规格及性能。安装和维护应严格按照说明书要求进行。

（二）差压／压力变送器

上海光华仪表厂生产的 SBCC/SBYC 型电容式差压/压力变送器广泛用于工业生产过程检测控制系统中。SBCC 型差压变送器可配用节流装置，测量液体、气体和蒸汽的流量，也可直接用来测量差压、压力及开口或压容器内的液位。SBYC 型压力变送器可测量液体、气体和蒸汽的压力，还可测量开口容器内液体的液位。

丹麦 Danfoss 公司制造的差压传感器主要用于管道不同部位的压力差，可将信号传送到中控系统进行监测和遥控。用于灌溉工程首部枢纽可以在中控室监控泵站系统及过滤系统的压力变化情况，并能实现自动调压和自动进行过滤器冲洗与排砂等功能。

二、流量测量装置

测量总量的装置称为计量装置，测量流量的装置称为流量装置。我国目前还没有专用的农用水表，在管道灌溉系统中通常采用工业与民用水表、流量计、流速仪、电磁流量计等进行量水。

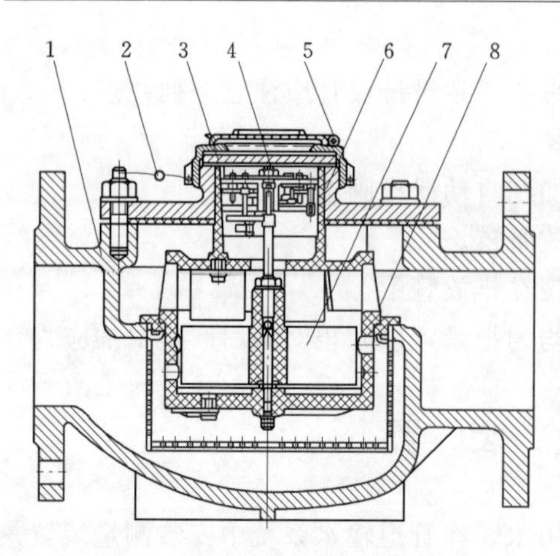

图 9-20　旋翼湿式水表结构图

1—表壳；2—铅封铜丝；3—表玻璃；4—水表指示机构；5—罩子；6—叶轮计量机构；7—叶轮；8—叶轮盒

目前在灌溉管网系统中常用的流量计量设施主要有LXS型旋翼湿式水表、LXL型水平螺翼式水表、电磁流量计和超声波流量计等。

（一）旋翼湿式水表

旋翼湿式水表是计量自来水管道和灌溉管道用水量的一种最常见的水表。它仅适用于对单向流动的清洁冷水，不能用于热水和有腐蚀性的液体的流量测量。该水表结构简单、耐用、造价低廉，所以得到了广泛的推广使用。旋翼湿式水表结构见图 9-20，型号与性能参数见表 9-5。

（二）电磁流量计

电磁流量计可对所有导电性液体进行准确的流量测量，无机械阻碍，并有各种绝缘铠装、内衬和信号转换器，可组合出适用于各种场合的流量计。IFM型电磁流量计外形见图 9-21。其规格型号与性能参数如下：

表 9-5　旋翼湿式水表型号与性能参数表

水表型号	公称口径 /mm	特性流量 ≥/(m^3/h)	最大流量	额定流量	最小流量	灵敏度 ≤/(m^3/h)	最小示值	最大示值
			m^3/h				m^3	
LXS-50	50	30	15	10	0.40	0.09	0.01	99999
LXS-80	80	70	35	22	1.10	0.30	0.01	999999
LXS-100	100	100	50	32	1.40	0.40	0.01	999999
LXS-150	150	200	100	63	2.40	0.55	0.01	999999

注　1. 特性流量指水流通过水表产生10m水柱水头损失的流量值。
2. 最大流量指水表使用的上限流量，在最大流量时，水表只能短时间使用。
3. 额定流量指水表允许长期工作的流量。
4. 最小流量指水表使用的下限流量。
5. 灵敏限指水表开始连续、均匀指示时的允许最大流量值，此时水表不计示值误差。

（1）测量误差：±0.3%～0.5%。

（2）具有IFM4080Ex防爆型，适用于危险场合。

（3）传感器型号：IFS4000。

（4）转换器型号：IFC090。

（5）电流，脉冲，状态和控制输入信号可以任意组合。

（6）防护类别：IP65/67/68。

（7）强大的通信功能：HART、Profibus、FF。

（8）选择件：MP磁棒编程，手操器。

（9）安装形式：一体式（K）或分体式（F）。

图 9-21　IFM型电磁流量计外形图

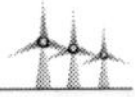

(三) 超声波流量计

超声波流量计可对非导电性液体进行准确的，无机械阻碍的流量测量，全新整体式的设计使其可适合于各种形式的安装条件。该流量计为一体式结构，传感器与管壁一体设计，使用数码式信号处理器，具有长久的稳定性，并可用于在不停水的前提下在现有管路现场安装。典型超声波流量计的性能参数见表 9-6。

表 9-6　　超声波流量计性能参数表

<table>
<tr><th>项目</th><th colspan="2">性能、参数</th></tr>
<tr><td rowspan="12">主机</td><td colspan="2">背光液晶可同时显示瞬时流量、累计流量、流速、时间、热量等数据信号输出</td></tr>
<tr><td rowspan="4">信号输出</td><td>电流信号：4～20mA 或 0～20mA 等，阻抗 0～1K，精度 0.1%</td></tr>
<tr><td>OCT 信号：正、负、净累计流量及热量累计脉冲信号或瞬时流量的频率信号</td></tr>
<tr><td>继电器：可输出近 20 种源信号（如无信号、反向流等）</td></tr>
<tr><td>声音报警：蜂鸣器可根据设置发出警报声音（如流量过大、太小等）</td></tr>
<tr><td rowspan="2">信号输入</td><td>可输入两路电流信号（如温度、压力、液位等信号）来实现</td></tr>
<tr><td>热量测试或一机两用</td></tr>
<tr><td colspan="2">自动记忆前 64 日、前 64 月、前 5 年的累计流量</td></tr>
<tr><td colspan="2">自动记忆前 64 次来电和断电时间及流量，可进行人工或自动补量</td></tr>
<tr><td colspan="2">自动记忆前 64 日流量的工作状态是否正常和出现异常状态的次数</td></tr>
<tr><td colspan="2">数据接口：标准 RS-232C 或 RS-485（兼容国内其他厂家）</td></tr>
<tr><td colspan="2">可编程批量（定量）控制器</td></tr>
<tr><td rowspan="2">电缆长度</td><td colspan="2">管材：钢、不锈钢、铸铁、铜、PVC、铝、玻璃钢、硬质金属塑料等，允许有衬里</td></tr>
<tr><td colspan="2">直管段传感器安装点最好满足：上游不小于 10D，下游不小于 5D，距泵口不小于 30D（D 指管径）</td></tr>
<tr><td>测量介质</td><td colspan="2">水、海水、工业污水、酸碱液、各种油类等能传导声波的液体</td></tr>
<tr><td>流速范围</td><td colspan="2">0～±30m/s</td></tr>
<tr><td>测量精度</td><td colspan="2">优于±1%（是国内唯一达到此精度的超声波流量计）</td></tr>
<tr><td>电源</td><td colspan="2">固定式：DC8～36V，或 AC7～30V，或 AC220V 适配器 5VA
便携式：可充电镍氢电池可连续工作 24h 以上或 AC220V</td></tr>
<tr><td>功耗</td><td colspan="2">固定式：UFL02000F1，2W，UFL02000F2，15W，UFL02000S，2W
便携式：UFL02000P，2W</td></tr>
<tr><td>重量</td><td colspan="2">固定式：UFL02000F1，2.5kg，UFL02000F2，6kg，UFL02000S，2kg
便携式：UFL02000P，2kg</td></tr>
<tr><td>固定式标准配置</td><td colspan="2">主机＋普通标准 M 型传感器（带磁性）</td></tr>
<tr><td>便携式标准配置</td><td colspan="2">主机＋普通标准 M 型传感器（带磁性）</td></tr>
</table>

第十章 过滤器与施肥设备

第一节 过 滤 器

过滤是指把灌溉水中有可能堵塞喷微灌系统的固体悬浮物去除的过程，其采用的装置统称为过滤器，它是喷微灌系统的主要组成部分之一。因为微灌系统灌水器的流道直径较小（一般为0.8～2.0mm），所以过滤器是微灌系统中必不可少的部件。对于喷灌系统，由于喷头的流道较大（一般为1.2mm以上），是否安装过滤器，视喷头流道和水质而定，多数情况下一般不需要安装过滤器。当水源为敞开式的河道、池塘等，为防止藻类、泥沙堵塞、损坏喷头，喷灌系统也可安装相应的过滤装置。常见的过滤器有筛网式过滤器、砂过滤器、叠片过滤器和旋流水砂分离器等几种形式。工程上一般采用组合式过滤器，只有少数情况可以采用单一形式的过滤器。另外，当灌溉水水质较差时还需要在过滤器上游增设初级过滤装置，又称预过滤装置。本节对上述几种过滤器的结构、原理和使用条件进行介绍，并结合工程应用的实际对组合式过滤器和预过滤装置的选择方法进行介绍。

一、筛网式过滤器

（一）基本结构

筛网过滤器是结构简单、应用普遍的一种过滤装置。它的基本构件包括筛网网芯（滤芯）和过滤器外壳两部分，其结构与工作原理见图10-1。

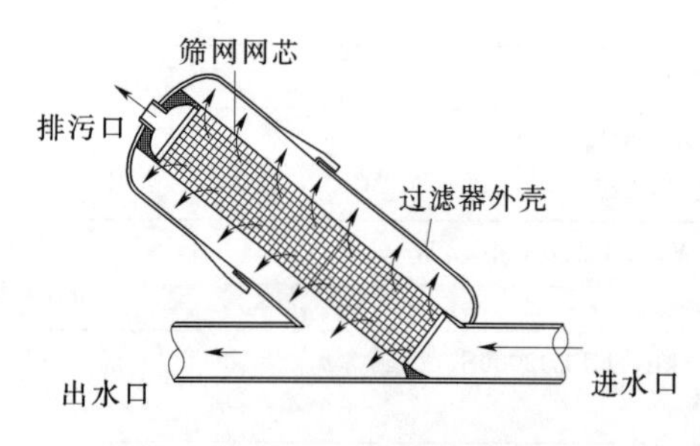

图10-1 筛式过滤器的结构与工作原理示意图

筛网滤芯是由骨架和筛网复合加工而成。骨架是笼状结构，起支撑作用，能够承受一定的侧向压力而不变形，同时两端设有密封胶圈，能够与过滤器外壳紧密配合。筛网目数一般要求在160目（孔径0.1mm）以上，筛网要平整、均匀和光滑，黏结或焊接在骨架表面。滤芯除要求耐腐蚀、密封严实外，还必须更换方便，易于清洗。过滤器外壳是容纳筛网滤芯的容器，一般由上下两部分组成，上部分通常称为压盖，下部分为主壳体。过滤器壳体上设有进水口、出水口和排污口，进水口连通滤芯的内腔，出水口设在主壳体的侧面。

按照过滤器外壳材料，过滤器分为塑料过滤器和钢制过滤器两类。小流量（$\leqslant 9m^3/h$）过滤器多采用塑料外壳，大流量过滤器（$>9m^3/h$）多采用钢制外壳。近几年来，随着塑料工业的发展，大流量塑料过滤器有逐渐取代钢制过滤器的趋势。无论是钢制或塑料过滤器，其滤芯都必须采用耐腐蚀材料制作。

（二）工作原理与特点

筛网过滤器工作原理是利用筛网的机械筛分功能，把水中颗粒粒径超过网孔孔径的固体悬浮物拦截下来，从而达到对灌溉水过滤的目的。原水从进水口流入滤芯的内腔，在穿越筛网时，水中悬浮的较大颗粒被拦截，小于网孔径的颗粒则穿越筛网随过滤后的水从出水口进入灌溉管网。筛网过滤器的过滤效果主要取决于所使用筛网孔径大小，筛网目数越大，过滤精度就越高。

筛网过滤器是一维平面过滤，它对团粒悬浮物过滤效果较佳，但对丝状物、线状颗粒、乳胶颗粒的过滤效果较差。筛网过滤器的滤芯清洗一般采用人工手洗方式，当过滤器两侧的压力增大到规定指标时，需要过滤器停止工作，打开外壳取出已堵塞的滤芯，换上备用滤芯，对堵塞的滤芯进行人工刷洗。

（三）技术参数

1. 筛网的目数

在实际使用中，常用筛网目数来表示过滤器的过滤精度，但相同目数的筛网因网丝直径的差异，网孔径是不同的。因此，应以网孔基本尺寸作为选择过滤精度的依据。网孔直径与目数的换算公式为：

$$M=1/(D+\alpha) \tag{10-1}$$

式中 M——目数；

D——网孔直径（网孔净边长），英寸；

α——网丝直径，英寸。

部分筛网结构参数及目数对照见表10-1。

表10-1　工业用金属丝编织方孔筛网结构参数及目数对照表

网孔孔径/mm	金属丝直径/mm	筛分面积百分比/%	单位面积网重量/(kg/m²)			相当英制目数(目/25.4mm)
			黄铜	锡青铜	不锈钢	
1.00	0.500	44.4	2.35	2.38	2.14	16.93
0.900	0.500	41.3	2.51	2.55	2.30	18.14
0.800	0.450	41.0	2.28	2.31	2.08	20.32
0.790	0.450	37.5	2.46	2.49	2.25	21.90
0.600	0.400	36.0	2.25	2.29	2.06	25.40
0.500	0.315	37.6	1.71	1.74	1.57	31.17
0.400	0.250	37.9	1.35	1.37	1.24	39.08
0.300	0.200	36.0	1.13	1.14	1.03	50.80
0.200	0.120	34.6	0.81	0.82	0.74	74.71
0.150	0.900	36.0	0.56	0.57	0.51	91.60
0.125	0.090	33.8	0.53	0.54	0.45	118.14
0.900	0.080	30.9	0.50	0.51	0.46	141.11
0.080	0.063	31.3	0.39	0.40	0.36	177.62
0.071	0.056	31.3	0.35	0.35	0.32	200.00

续表

网孔孔径/mm	金属丝直径/mm	筛分面积百分比/%	单位面积网重量/(kg/m²)			相当英制目数(目/25.4mm)
			黄铜	锡青铜	不锈钢	
0.063	0.050	31.1		0.32	0.28	224.78
0.050	0.040	30.9		0.25	0.23	282.22
0.040	0.036	27.7		0.24	0.22	334.21

注 引自《工业用金属丝编织方孔筛网》(GB/T 5330—2003)。

2. 过滤参数

(1) 清洁压降。在没有过滤负荷条件下过滤器进出口之间的水头损失值，称为清洁压降。一般规定清洁压降小于 30kPa，冲洗压差小于 50～70kPa。压差过大容易使滤芯发生变形。

(2) 流量。最大过滤流量为 $0.14m^3/(s \cdot m^2)$，比较适中的流量是 $0.028\sim0.068m^3/(s \cdot m^2)$ 净孔隙面积。

(3) 净孔隙面积应大于出水管的过流面积的 2.5 倍。

3. 冲洗用水量

普通筛网过滤器采用水力反冲洗的效果较差，一般是更换滤芯，人工方式对滤芯进行刷洗、冲洗，其用水量视具体情况确定。自清洗筛网过滤器的清洗流量，和厂家的产品质量有关，高质量的产品清洗时间 9s 左右，一次用水量不超过 90L。

(四) 型号名称表示方法

筛网过滤器型号名称表示方法如下：

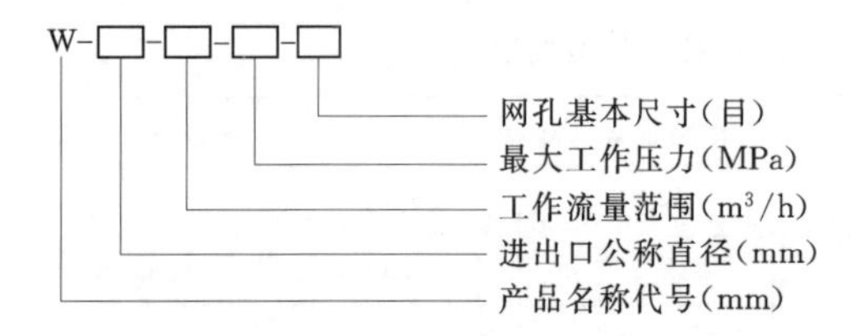

图 10-2 筛网过滤器规格型号意义图

(五) 筛网过滤器的使用条件与维护

筛网过滤器适用于水源水质较好的微灌系统，如井水、自来水及其他较清洁水源。目前，我国温室大棚滴灌大多使用小流量的筛网过滤器。筛网过滤器在大中型灌溉系统中一般安装在砂过滤器或旋流水砂分离器的下游，组合使用。

筛网过滤器维护的要点是：定期检查滤芯的工作情况，进行清洗；定期更换滤网或滤芯；灌溉结束后取出滤芯。自清洗筛网过滤器还要检查冲洗机构的状况和性能。

几种常见筛网过滤器和组合形式见图 10-3。

二、叠片式过滤器

叠片过滤器在灌溉领域已有近 30 年应用历史，其性能结构也得到了很大改进，尤其是随着全自动冲洗式和多滤芯复合式叠片过滤器的开发应用，大大提高了叠片过滤器在微灌工程的推广速度。目前叠片过滤器在国内外的应用已相当普遍，有取代砂过滤器的趋势。

(一) 基本结构

叠片式过滤器主要是由外壳、滤芯、冲洗机构组成。由一组带有微细流道的环状塑料

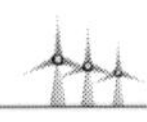

(a)金属筛网过滤网　　(b)小型塑料筛网过滤器

(c)与旋流水砂分离器配合使用的筛网过滤器

图 10-3　几种常用筛网过滤器组合形式图

片（见图 10-4）叠加成圆筒状，并固定在专用支撑架上组成滤芯，冲洗机构设在滤芯内部，由无数排射流孔组成的多孔管结构，一般情况它是滤芯的一部分。

（二）工作原理

叠加在一起的塑料片，靠其上面的沟纹交叉形成无数层和无数个微小孔口，过滤时，原水从滤芯的外面进入滤芯的微小孔口，水中的大尺寸悬浮颗粒被拦截在微小孔口的外面或叠片夹缝里，从而达到对灌溉水的过滤效果。滤后水汇入滤芯内腔中，然后进入灌溉系统管网。反冲洗时，先启动反冲洗阀门，切换水流方向，使原进水口变为出水口，洁净水进入盘片中央，松开叠片挤压环，使塑料叠片散开，然后用反向水流喷射的作用力，把盘片上的杂质颗粒冲刷掉，并随冲洗水流流出排污口。

（三）叠片过滤器性能参数

1. 过滤精度

叠片式过滤器的过滤精度主要决定于塑料片上沟槽的尺寸、形状和叠加状况等因素，通常用目数或孔径表示叠片式过滤器的过滤精度。常用的过滤精度有 20μm、55μm、90μm、130μm、200μm、400μm 等规格。

2. 过滤流量和反冲洗水量

以单个（或单元）滤芯的额定流量（m^3/h）定义过滤流量。一般单个滤芯流量 5～15m^3/h，反冲洗时间大约 9s，反冲洗耗水量 20～30L。灌溉叠片式过滤系统由许多个过滤单元（一个单元含一个滤芯）组合而成，一个大的过滤系统可包含数百个过滤单元，过滤流量可达数千立方米每小时。

3. 其他

其他参数有最小反冲压力、系统压力损失和反冲洗单元耗水量等。不同厂家的产品参

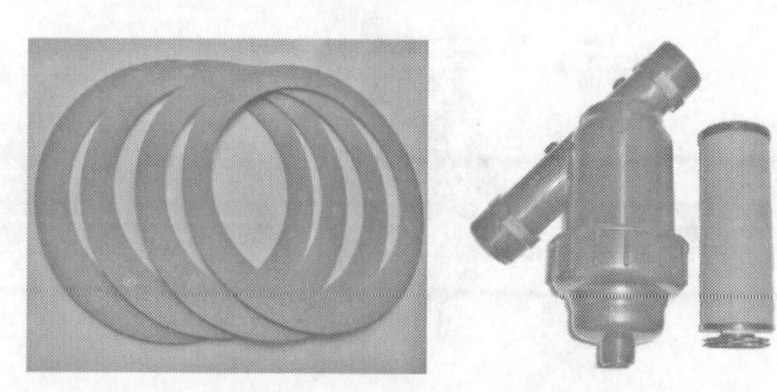

(a)人工清洗叠片过滤器

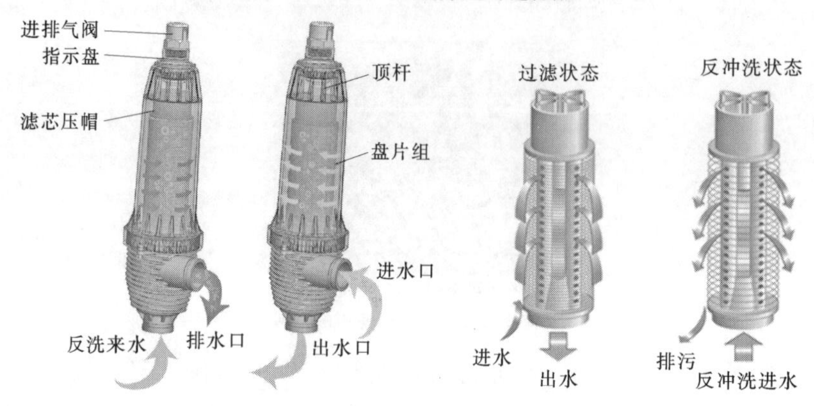

(b)自动反冲洗叠片过滤器

图10-4　叠片过滤器的结构与工作原理简图

数差别很大，设计时可以向厂家进行咨询。下面是一组名牌产品的参数值供设计者参考：

最大工作压力：1MPa；

最小反冲洗压力：280kPa；

系统压力损失：8～80kPa；

单元设计流量（m^3/h）：5（20μm规格），9（55μm规格），15（大于90μm规格）；

单元反冲洗流量：8～9m^3/h；

单元反冲洗耗水量：17～33L。

（四）型号名称

叠片过滤器的产品型号主要由过滤器目数（目）、工作流量范围（m^3/h）、最大工作压力（MPa）和进出口公称直径（mm）等组成。叠片过滤器规格型号意义见图10-5。

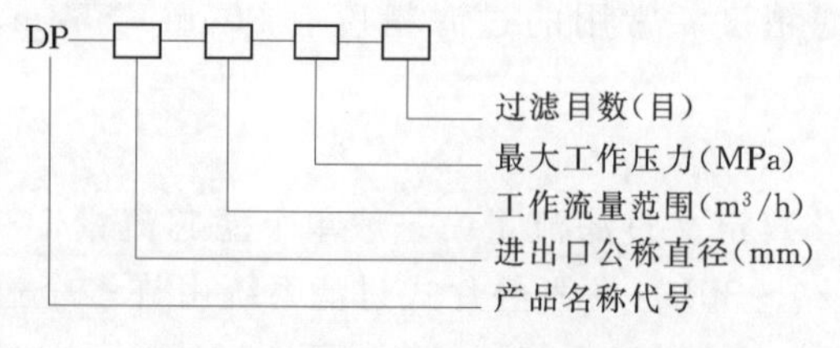

图10-5　叠片过滤器规格型号意义图

（五）叠片过滤器使用条件

叠片式与砂过滤器比较，其优点为：一是结构简单、轻便、成本较低，过滤器罐体较小，外壳和滤芯使用的原材料少，节省成本的同时方便过滤器的运输与安装；二是外壳和滤芯均采用不易锈蚀的高分子材料或不锈钢做成，制造精度高，不产生锈蚀堵塞问题；三是反冲洗用水少。但叠片过滤器存在冲洗频率高、制造精度要求高和反冲洗不彻底等不足，使用时应选择名牌厂家的产品。

叠片过滤器的过滤效果与砂过滤器类似，对无机和有机悬浮颗粒都有较好的过滤效果，一般作为主过滤器应用于水质条件较差的灌溉水源区。

随着各种新材料与控制技术的产生，叠片过滤器的应用已拓展到许多新领域，如：市政与民用废水处理、工业废水处理、纺织厂、钢铁厂、食品加工、工业用水冷却、工业水处理、海水淡化及其他制造与加工业等。

叠片式过滤器及组合使用的形式见图 10-6。

图 10-6　常用叠片式过滤器组合使用的形式图

三、砂过滤器

（一）基本结构

砂过滤器主要由外壳和滤床两部分组成，外壳多为钢制压力容器，基本过滤材料为砂石，砂石在容器内腔堆积成滤床，形成多孔介质过滤体。另外，砂过滤器还包括反冲洗机构、压力流量监控设备和进出水管等。砂过滤器的基本过滤单元为过滤罐，过滤罐结构见图 10-7、图 10-8，可以看出，其外部包括进出水口、支架和装砂孔等，罐体内部包含有布水板、滤料、滤水头、集水箱（管）和滤床支撑板等。过滤罐上面有填砂孔和检修孔等辅助设施。

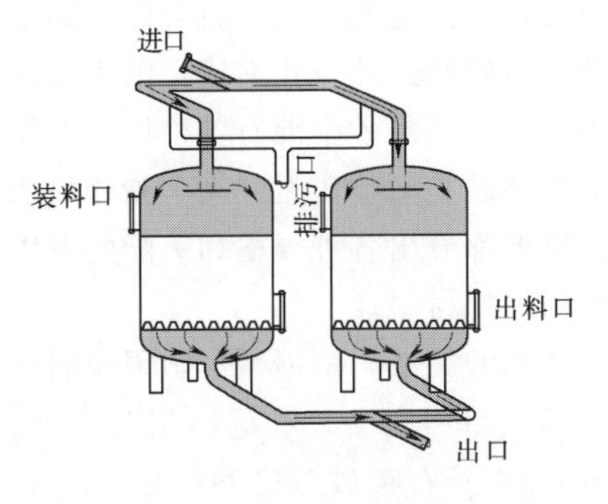

图 10-7　双罐砂过滤器结构示意图

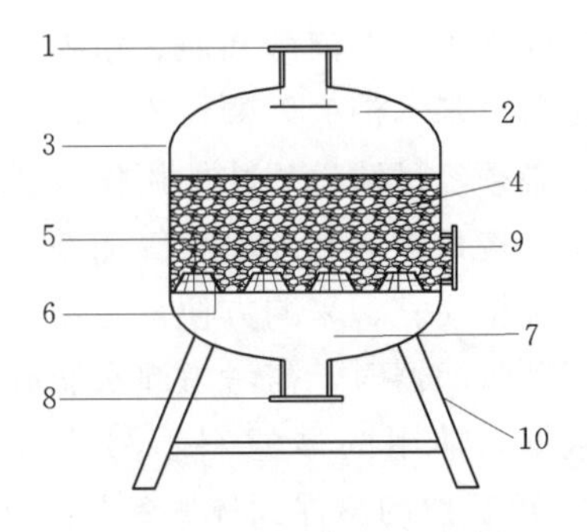

图 10-8　砂过滤罐结构示意图

1—进水口；2—布水板；3—外壳；4—滤料；5—滤头；6—滤床支撑板；7—集水箱；8—出水口；9—进出料口；10—支座

（二）类型

1. 按滤床结构分类

按砂床构造，可将砂过滤器分为有级配砂滤料过滤器和均质砂滤料过滤器两种类型。微灌工程常用的是向下流动、向上反冲洗的均质砂滤料过滤器，原因是微灌过滤器反冲洗频繁，均质滤料构造反冲洗时不会产生水力分级和表层过滤现象。

2. 按过滤罐安装方式分类

按过滤罐安装方式，可将砂过滤器分为立式和卧式两种。立式过滤器的过滤流量较小，通常为 $90m^3/h$ 以下。当需要较大的过滤流量时，则采用卧式过滤罐较为经济。

3. 按工作控制方式分类

按工作控制方式，可将砂过滤器分为手动反冲洗式和自动反冲洗式两种。手动反冲洗是过滤器工作时，靠人工操作进行滤料的清洗。自动反冲洗过滤器则是由专门的自动控制机构对过滤器实施反冲洗操作。

（三）工作原理

1. 过滤原理

水流通过一定厚度的石英砂或花岗岩碎砂堆积的滤床时，水中的悬浮颗粒被拦截下来，从而使灌溉水质变清洁，以免堵塞灌溉管道和灌水器。砂过滤器的过滤精度取决于砂石滤料粒径、滤层厚度和过滤速度等因素。

2. 反冲洗原理

砂过滤器滤料的清洗方式主要采用反冲洗，即反向水流从滤床的下部向上冲洗滤料，使滤料膨胀并形成流动状态，从而将滤床内沉积的杂质和砂石颗粒表面粘附的微小悬浮杂质随水流排到过滤器外面。多罐组合过滤器反冲洗时，由多数罐承担过滤工作，过滤后的水一部分继续供大田灌溉；另一部分水形成反向水流，用于对少数过滤罐冲洗。各个过滤罐轮流冲洗，全部冲洗一遍为一个冲洗周期，然后重新回到正常过滤状态。

（四）石英砂滤料的选择

微灌砂过滤器可用砂滤料有石英砂和花岗岩砂两种。由于花岗岩砂中常常含有铁、锰等金属元素，可能对微灌用水产生不利影响，因此，多数情况下选用石英砂作为滤料。按照石英砂的来源，有河砂和原岩粉碎砂两种类型。河砂经天然风化而成，沿水流迁徙磨损后砂的棱角已基本消失，颗粒浑圆，孔隙率较小。另外，河砂中混有各种质地的泥沙和泥土等物，必须经过清洗后才能用作过滤砂。人工石英砂是石英矿石经人工粉碎而成，具有质地纯正、棱角多、孔隙率大等优点，且能按照要求筛分出各种规格和级配的专用砂，来源较广、价格便宜、采购方便，是作为过滤用砂的理想材料。

选用砂过滤器时，需考虑灌水器流道尺寸与堵塞的关系，依据《美国国家灌溉工程手册》的数据，常用的砂滤料型号为 11 号、16 号、20 号。11 号花岗岩砂（平均粒径 $1000\mu m$）可截留的悬浮固体颗粒尺寸大于 $80\mu m$。16 号石英砂（平均粒径 $825\mu m$）可截留的悬浮固体颗粒尺寸大于 $60\mu m$；20 号石英砂（平均粒径 $550\mu m$）可截留的悬浮固体颗粒尺寸大于 $40\mu m$。

石英砂滤料主要用平均有效粒径和均匀系数两个指标来分类。平均有效粒径是指某种砂石滤料中小于这种粒径的砂样占总砂样的 9%的粒径值，例如某种滤料的有效粒径为

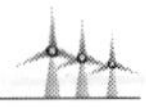

0.8mm，其意义是指其中有9%的砂样粒径小于0.8mm；均匀系数用于描述砂石滤料的粒径变化情况，以60%砂样通过筛孔的粒径与9%砂样通过筛孔的粒径的比值来表示（即d_{60}/d_9），若比值等于1，说明该滤料由同一粒径组成。用于微灌系统的砂石过滤器，滤料的均匀系数在1.5左右为宜。

滤料的优劣还取决于石英砂的化学性质和形状、粒径等物理指标，在滤料选配时还要考虑到设备的过滤效率、滤料成本等其他因素滤料需要满足以下要求：

（1）具有足够的机械强度，以防在过滤和反冲洗时滤料产生磨损和破碎现象。

（2）具有足够的化学稳定性。由于要利用微灌系统施肥和施药，以及为了防止系统堵塞要对系统进行氯处理和酸处理，要求滤料在上述工作环境下不与弱酸弱碱溶液产生化学反应而使水质恶化，引起微灌堵塞，更不能产生对植物和动物有害的物质。

（3）应尽可能地在颗粒尺寸上均匀一致并具有一定的颗粒级配和适当的孔隙率，保证均匀系数在1.5左右，并能达到一定的过滤能力。

（4）能就地取材，减少运输成本。

某厂家生产的20号石英砂滤料性能和理化指标表，分别见表10-2、表10-3，以供选择石英砂滤料时对照参考。

表10-2　　砂过滤器使用石英砂性能指标

规　格	比重γ /(g/cm³)	孔隙率m/%	球型度系数ψ	有效粒径d_9 /mm	均匀系数
20号	2.65	0.42	0.80	0.59	1.42

表10-3　　砂过滤器使用石英砂滤料的理化指标

分析项目	测试数据	分析项目	测试数据
SiO_2/%	≥99	莫式硬度	7.5
破碎率/%	<0.35	密度/(g/cm³)	2.66
磨损率/%	<0.3	堆密度/(g/cm³)	1.75
孔隙率/%	45	沸点/℃	2550
盐酸可溶性/%	0.2	熔点/℃	1480

（五）砂过滤器基本参数

1. 滤料的厚度和粒径

滤料的厚度主要考虑过滤效果和过滤阻力两个因素，砂滤层越厚过滤效果越好，但水头损失就越大。试验表明，真正起过滤作用的砂滤层是上面的厚度30cm，30cm以下的滤料所起的过滤作用很小。考虑到滤床表面出现冲刷凹坑的影响需要增加一定的安全厚度，一般滤层厚度取50cm左右。

砂石滤料颗粒粒径的选择主要根据滤料能够滤除掉的固体颗粒的粒径，在微灌系统上允许通过灌水器流道的固体悬浮颗粒粒径设计为120～80μm。设计时宜选择相应尺寸的滤料。如：16号石英砂可截留的悬浮固体颗粒尺寸是60μm，20号石英砂可截留的悬浮固体颗粒尺寸是40μm，较适合于微灌系统应用。

2. 过滤参数

（1）过滤器流量和流速。过滤器流量是指过滤器在单位时间内过滤的水量（m^3/h），有时也采用单位面积单位时间内过滤水量［$m^3/(h \cdot m^2)$］表示。流速是指通过滤层水流的平均速度（m/h）。流量直接与流速相关，流速越高流量就越大，实际应用中建议流速范围在 50～70m/h，即过流量范围为 50～70$m^3/(h \cdot m^2)$。

（2）压差。过滤器压差指标主要包括清洁压降和反冲洗压降两个指标，清洁压降是指在没有过滤负荷的条件下过滤器在额定流量下进出口之间的水头损失值，是衡量过滤器能耗大小的指标，一般不大于 30kPa。反冲洗压差是指滤层需要进行清洗时的水头损失值，它是过滤器在应用中反冲洗操作的控制指标。

3. 反冲洗参数

（1）反冲洗速度。反冲洗速度表示反冲洗强度，是指对滤床反清洗时需要的反向水流的流量或流速。它应控制在一个范围内，流量（流速）过大往往会把滤料冲出，过小又会导致冲洗强度不够无法达到预期的冲洗效果。一般情况下反冲洗速度与石英砂的型号有关，30 号和 20 号砂滤料为 24～36$m^3/(h \cdot m^2)$，16 号和 11 号砂滤料为 48～60$m^3/(h \cdot m^2)$。

（2）反冲洗时间。反冲洗时间是指清洗过滤罐所需的时间。试验表明，反冲洗时间与反冲洗速度不呈正比关系。反冲洗时间一般控制在 6min 左右。

（3）反冲洗用水量。反冲洗用水量是指过滤器反冲洗所消耗掉洁净水的数量，一般采用反冲洗所消耗的总水量和过滤的总水量的百分比表示。砂过滤器反冲洗用水量百分比为 4%～6%。

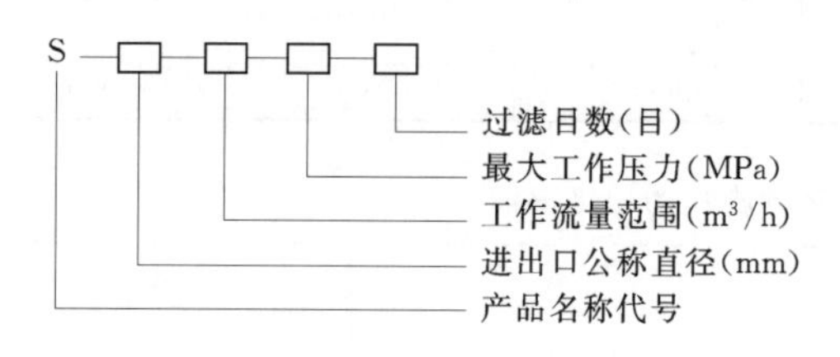

图 10-9　砂过滤器规格型号的示意图

（六）型号名称

砂过滤器的产品型号主要由过滤器目数（目）、工作流量范围（m^3/h）、最大工作压力（MPa）和进出口公称直径（mm）等组成。砂过滤器规格型号意义见图 10-5。

（七）砂过滤器的使用维护

1. 过滤器的养护

定期检查过滤器的锈蚀情况，包括过滤罐内外部的防锈涂层状况，出水管、阀门和管件等设备的锈蚀情况。检查控制和监测设备的灵敏度、准确度，定期记录、分析各仪表的读数值。一般每次灌水前后都要检查维护。

2. 滤料的维护

对于不同水源，每年需要进行 2～3 次滤料清理与补充工作，一般每两个灌溉季节滤料应更换一次，补充或替换滤料以后需反复清洗，清除掉滤料携带的杂质颗粒。当滤床表面被藻类或其他有机物覆盖时，就会产生“表层过滤”现象，大大减小过流量，降低过滤效率，灌溉季节结束后，过滤器应将水排空，否则可能引起过滤介质堵塞。

3. 过滤水质管理

由于降雨等因素影响，灌溉水源的水质有时不适合使用，此时应停止过滤器的过滤工作，以免造成过滤系统甚至灌溉系统损坏。

几种砂过滤器及其组装形式见图 10－10。

(a)立式砂过滤器

(b)立式双罐组装过滤器

(c)卧式双罐组装过滤器

图 10－10　几种砂过滤器及组装形式图

四、自清洗过滤器

自清洗过滤器是指具备自动清洗过滤介质或过滤元件功能的过滤器。它包括筛网式、叠片式和砂过滤器三种。自清洗筛网过滤器靠过滤器内部的自动清洗机构，清理掉堵塞在筛网表面的杂物。自清洗叠片式和砂过滤器则是采用自动反冲洗清洗机构，冲洗掉过滤元件或介质中的堵塞物。一般情况下每天需要清洗 3 次以上时，最好选用自清洗过滤器。下面分别对三种自清洗过滤器进行介绍。

(一) 自清洗筛网过滤器

自清洗筛网过滤器及结构分别见图 10－11 和图 10－12。过滤原理同普通手动筛网过滤器，不同的是它的清洗机构。其工作原理是：当过滤筛网被堵塞时，进水口与出水口之间的压差增加，当压差达到设定清洗值时，自动控制装置打开排污阀，同时启动筛网内部的清洗机构开始旋转和行走，吸污管在旋转行走的过程中，将筛网上的堵塞物吸入到排污管内，经排污管将堵塞物输送到排污口，由排污阀排出到过滤器外面。

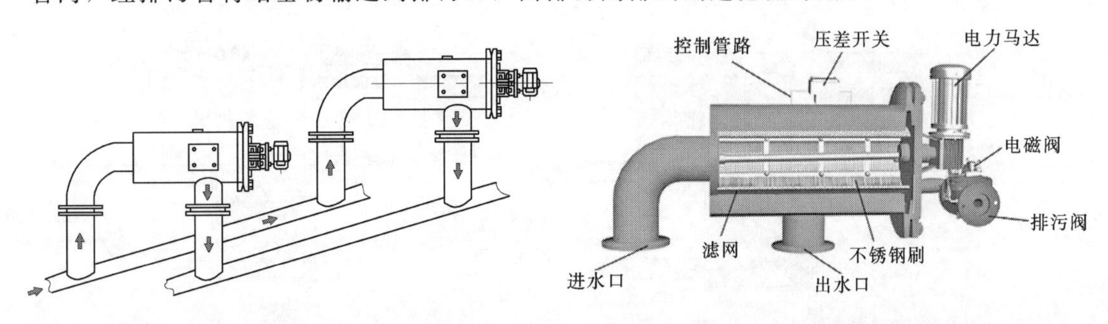

图 10－11　自清洗筛网过滤器图

图 10－12　自清洗筛网过滤器结构图

自清洗筛网过滤器的工作特点是采用吸附清洗方式，清洗用水量小，清洗时间较短，清洗过程对供水影响较小。但该过滤器属于筛网过滤，对有机物的过滤效果有限。

（二）自清洗叠片过滤器

自清洗叠片式过滤器的过滤原理与手动叠片过滤器基本相同，不同的是它的清洗功能。自清洗叠片过滤器采用的是反冲洗方式，反冲洗时切断过滤器进水，打开排污阀，由其他过滤单元过滤后的洁净水从其出水口流入滤芯内部，叠片被散开，反向水流将滤芯外面和叠片之间的堵塞物冲洗出来，通过排污口排出，其外形和结构见图 10－13。

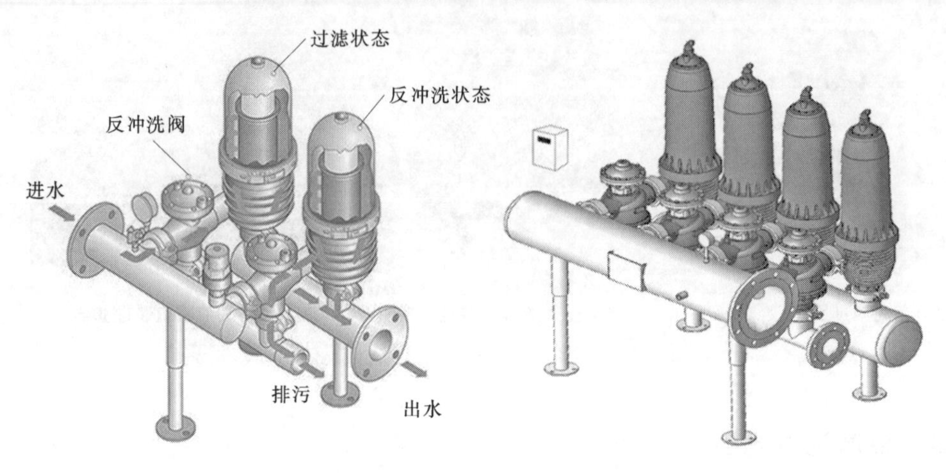

图 10－13　自清洗叠片过滤器外形和结构图

常见的冲洗控制指标有三种：①压差控制冲洗，当过滤器进出口的压差超过预定值时实施冲洗；②定时冲洗，按设置的固定时间间隔冲洗；③容积表控制冲洗，当预定的水量通过过滤器后，即对过滤器实施反冲洗。冲洗控制指标主要根据工程运行确定，必要时需进行现场试验调试。

（三）自动反冲洗砂过滤器

自动反冲洗砂过滤器，其过滤结构与手动砂过滤器基本相同，不同的是把手动操作改为靠自动控制装置来实现滤料的反冲洗。常见的冲洗控制指标与叠片过滤器相似，包括：压差控制冲洗、定时冲洗和容积表控制冲洗。双罐砂过滤器的过滤与反冲洗过程见图 10－14。过滤状态时，两台反冲洗三向阀同时打开，把原水送入过滤罐内，水流通过滤床过滤后流入灌溉管网；反冲洗时一个反冲洗三向阀正常工作；另一个三向阀切断进水口的同

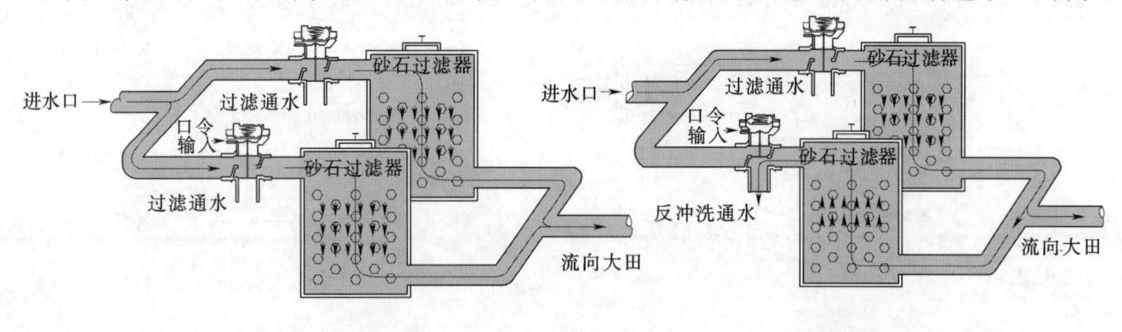

(a)过滤模式水流　(b)反冲洗模式水流

图 10－14　过滤与反冲洗过程示意图

时，打开排污口，在过滤罐内形成反向水流，对滤床进行清洗，污物通过排污口流出。上述自动反冲洗操作过程，由自动控制仪控制反冲洗三向阀实现。

五、旋流水砂分离器

(一) 基本结构与工作原理

旋流水砂分离器是一种在灌溉上使用较普遍的初级过滤设备（见图10-15）。其工作原理是：将含有砂的灌溉水以一定的流速从上部的切向进水口注入，在旋流水砂分离器内部形成强烈的旋转运动，由于砂粒与水所受的离心力及液体曳力的不同，大部分水通过向上运动的内旋流从溢流口排出，而砂粒及残余的水沿分离器内壁向下运动，汇流到底部的集污箱中，这些砂粒在定期清洗集污箱时被清除。

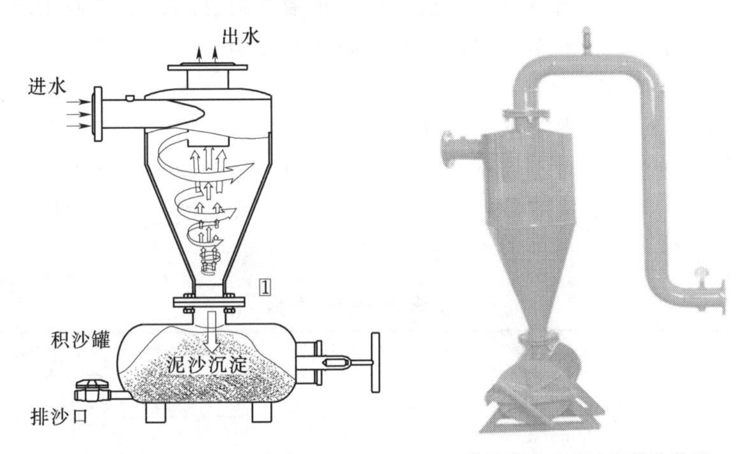

(a)旋流水砂分离器结构与工作原理　(b)一种旋流水砂分流器结构外形

图10-15　锥形水砂分离器示意图

性能优良的旋流水砂分离器能够分离清除的砂粒数量能达到200目筛网过滤器清除量的98%。但只有当被分离颗粒的比重高于水时才是有效的，对比重小的颗粒和有机物杂质不能清除。另外旋流产生的水头损失较大，耗能较高。所以它一般作为过滤系统的第一级处理设备，靠近水井和泵站安装，最适宜含泥沙量较大的井水或河水等水源。

(二) 技术性能参数与管理维护

旋流水砂分离器的技术性能参数包括最小清洁压降、最小工作流量、工作流量范围和额定工作压力等。最小清洁压降是指进口和出口之间的最小允许压差。最小工作流量是指水砂分离时需要的最小流量，流量或压差过小则不能形成有效的离心水流，达不到除砂目的。工作流量范围和额定工作压力是生产厂家必须提供的设计参数。某公司生产的水砂分离器技术参数见表10-4。

表10-4　某公司生产的水砂分离器技术参数

型　号	50	80	90
最小流量/(m^3/h)	5	9	30
最大流量/(m^3/h)	20	40	80

续表

型　号	50	80	90
进、出水口尺寸/mm	50	80	90
外形尺寸/(mm×mm)	550×750	450×1250	600×1460
重量/kg	30	55	80

旋流水砂分离器的管理维护主要是防止内部锈蚀和外部机械破坏，使用过程中注意定期排除被分离出来的泥沙颗粒杂质。

六、组合式过滤器

在微灌系统中，大多采用主过滤与次级过滤相结合的过滤系统。使用时，首先确定灌溉水源的水质，根据所选灌水器类型，选择过滤器的类型及组合方式。

（一）过滤器类型的选择

不同类型过滤器对去除灌溉水中不同污物的有效性，可根据它们对各种污物的有效过滤程度选择对应的过滤器。对于具有相同效果的不同类型过滤器，则需依据因地制宜、经济实用的原则选择。一般情况下，砂过滤器较贵，叠片或筛网过滤器较便宜。经济条件许可时可选用自清洗型过滤器（见表10－5）。

表10－5　　过滤器的类型选择

污物类型	污染程度	定量标准	旋流式水砂分离器	砂过滤器	叠片过滤器	筛网过滤器
土壤颗粒	低	≤50mg/L	A	B		C
	高	50mg/L	A	B		C
悬浮固形物	低	≤50mg/L		A	B	B
	高	>50mg/L		A	B	C
藻类	低			B	A	C
	高			A	B	C
氧化铁和锰	低	≤0.5mg/L		B	A	A
	高	>0.5mg/L		A	B	B

注　控制过滤器指田间二级过滤器。A为第一选择方案；B为第二选择方案；C为第三选择方案。

（二）组合过滤器的选择

过滤器组合应根据水质状况进行选择，下面是根据杂质颗粒的浓度及粒径大小推荐的过滤器类型及组合方式经验（见表10－6）。

（三）组合过滤器的安装顺序

正常情况下，过滤器自上游至下游的安装顺序为：旋流式水沙分离器—筛网过滤器（或砂过滤器）—叠片过滤器—筛网过滤器。自清洁筛网过滤器单独使用时需要在上游增设初级过滤设施。如果水质较差，在过滤系统的上游增加沉淀池或其他初级过滤设施。

七、拦污栅和拦污筛

喷微灌工程常在下列情况设置拦污栅，或拦污筛。

表 10-6 组合过滤系统选型参考表

水质状况			过滤器类型及组合方式
无机物	含量	<9mg/L	宜采用筛网过滤器（叠片过滤器）
	粒径	<80μm	或砂过滤器+筛网过滤器（叠片过滤器）
	含量	9～90mg/L	宜采用旋流水砂分离器+筛网过滤器（叠片过滤器）
	粒径	80～500μm	或旋流水砂分离器+砂过滤器+筛网过滤器（叠片过滤器）
	含量	>90mg/L	宜采用沉淀池+筛网过滤器（叠片过滤器）
	粒径	>500μm	或沉淀池+砂过滤器+筛网过滤器（叠片过滤器）
有机物	<9mg/L		宜采用砂过滤器+筛网过滤器（叠片过滤器）
	>9mg/L		宜采用拦污栅+砂过滤器+筛网过滤器（叠片过滤器）

（1）当微灌水源（如河流、库塘等）中含有大体积杂物（如枯枝残叶、杂草和其他漂浮物等）时，在泵站的上游设置拦污栅，防止上述杂物进入沉淀池或进水池中。拦污栅构造简单，用户可根据实际情况自行设计和制作。

（2）当微灌水源中含有高浓度的悬浮颗粒，过滤器堵塞和清洗较为频繁，此时应考虑在泵站的进水池入口或水泵进水口处增设拦污筛。拦污筛的目数在80～120目，形状大多为网箱或笼状，尺寸大小则根据使用情况进行调整。经过拦污筛可大大降低悬浮物浓度，减轻下游过滤器负荷，提高过滤器工作效率。

拦污筛要不断清洗，否则筛网容易被堵塞，造成进水不畅，影响水泵的正常工作。

第二节 施 肥 装 置

施肥装置是喷微灌系统重要的组成部件，其作用是将作物所需肥料溶液适时适量注入到工作的管网中，与灌溉水一起施灌到作物根区土壤。喷微灌系统常用的施肥装置有压差式施肥罐、文丘里施肥器、比例注肥泵和水力驱动泵等类型。

一、压差式施肥罐

压差式施肥罐是采用耐腐蚀强的材料制造的施肥设备，主要用于微灌施用可溶性化学肥料，可采用塑料或金属材料制造。压差式施肥罐要有一定的承压能力，还应有良好的密封性能。目前，施肥罐的规格有10L、16L、30L、50L、100L和150L等。

（一）基本结构

压差式施肥罐也称为旁通施肥罐，主要由储液罐及与之连接的供水软管和输液软管组成。系统工作时，供水软管和输液软管分别连接于微灌系统输水管调节阀的前后，压差式施肥罐组成结构见图10-16。其优点是结构简单，制造容易，不需外加动力设备。但缺点是施肥前后进入管网的肥料浓度变化大且无法控制；由于罐体容积有限，添加肥料次数频繁且麻烦，劳动强度大；还有就是由于输水管网设有调压阀而造成一定的水头损失。为了保证储肥罐的抗压能力，常常用金属材料制造，在施肥罐内设置一个橡胶袋，以防止内壁锈蚀，称之为改进型施肥罐。

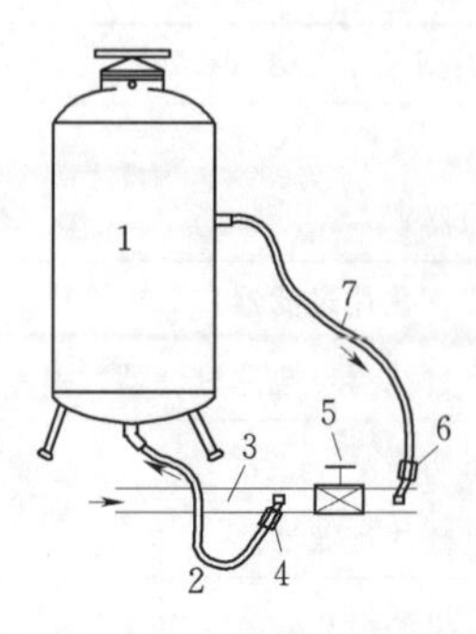

图 10-16　压差式施肥罐组成结构示意图
1—储液罐；2—进水管；3—输水管；4—阀门；5—调压阀门；6—供肥管阀门；7—供肥管

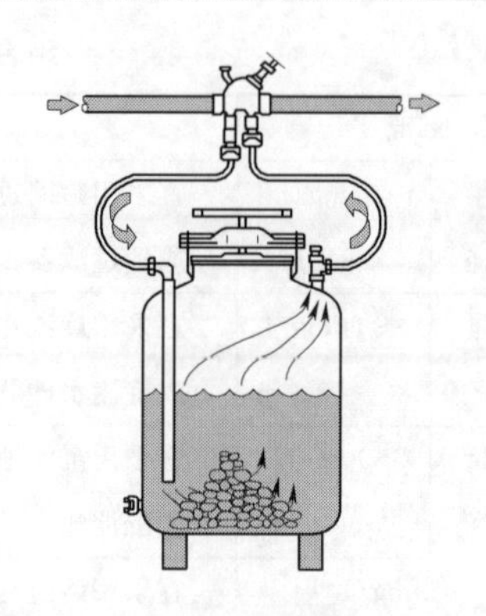

图 10-17　一种压差式施肥罐工作原理图

（二）工作原理

灌溉水由输水管 3 通过供水软管进入储液罐，与罐内化肥混合，然后，由供液软管进入到微灌供水管调节阀后，通过微灌输水管输送到田间。系统工作时，根据需要，通过调节阀门 5 的开度控制阀门前后的压差来调节肥料溶液的流量。对于改进型压差式施肥罐，将肥料溶液装入橡胶袋中，通过调节阀门 5 形成压差，微灌输水管的压力水进入施肥罐内，挤压橡胶袋外表面，从而使肥料进入输水管。

目前，压差式施肥罐尚没有国家或行业标准，厂家根据其企业标准进行生产。采购时，要注意技术指标是否满足设计要求。一种压差式施肥罐工作原理见图 10-17。

二、文丘里施肥器

（一）工作原理

文丘里注肥器工作原理是：压力灌溉水通过施肥器水流通道上的收缩段时，因流速加快产生负压，通过吸液小管将容器内的肥料液吸进，随水流带进灌管道系统。

文丘里注肥器的优点是：结构简单，没有动作部件，肥料溶液由开敞式容器吸取，产品规格和型号上变化范围大，价格便宜。缺点是：抽吸过程中水头损失大，大多数类型至少损失 1/3 的进口压力；注肥器对压力和流量的变化较敏感，灌溉管网系统运行情况的波动会较大地影响水肥混合比，从而影响施肥均匀性，甚至影响注肥器的吸肥功能。另外，每种型号的注肥器运行范围很窄，尤其是当产生抽吸作用的压力降过小或进口压力过低时，水会从主管道流入施肥罐致使肥料溶液外溢。

（二）改进型文丘里施肥器

针对文丘里施肥器的水头损失大、工作稳定性差等不足，可安装单向阀（见图 10-18）和真空破坏阀予以改善。在吸肥口处加装单向阀，当文丘里施肥器吸力不足时，防止灌溉管网中的灌溉水流向施肥罐。设置真空破坏阀，用于破坏管道内的局部真空，防止高位施肥罐内的肥液在管道内泄空时被吸出后进入管道。

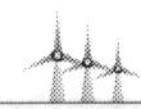

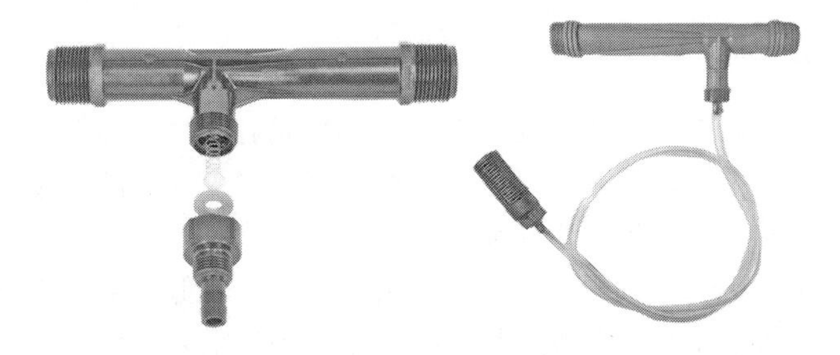

图 10-18 带单向阀的文丘里施肥器图

(三) 两段式文丘里施肥器

两段式文丘里施肥器由两部分组成（见图 10-19)：第一部分通过恒定的流量；第二部分位于第一部分的吸入点处，将肥液抽出施肥罐。此种改进可使文丘里施肥器的压力降显著降低，从而获得较大的应用范围，其不足是吸肥量较小。

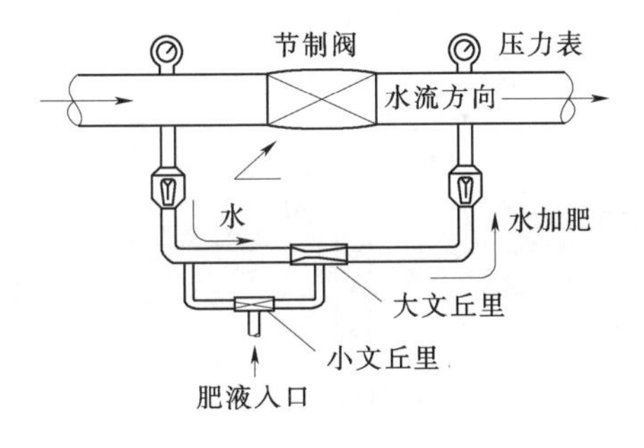

图 10-19 两段式文丘里施肥器示意图

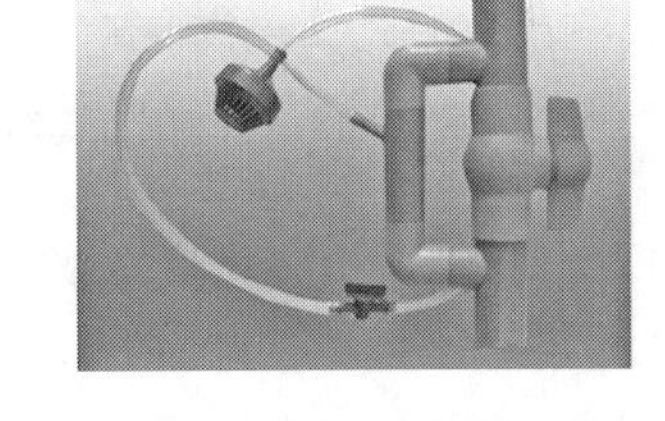

图 10-20 一种文丘里施肥器外形图

文丘里施肥器目前尚没有国家或行业标准，厂家根据其企业标准进行生产。一种文丘里施肥器外形见图 10-20。

三、比例注入泵

比例注入泵可以按照需求自动控制水肥比例，将肥液注入供水管道内，对植物实行施肥。在温室作物种植中得到较快推广使用。比例注入泵的形状及其连接方式见图 10-21。

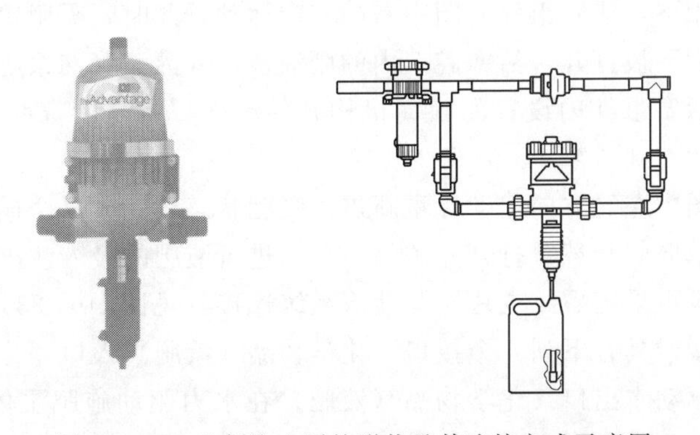

图 10-21 比例注入泵的形状及其连接方式示意图

四、水力驱动施肥泵

水力驱动施肥泵在国外得到了广泛的应用，其型式有两种，即活塞式水力驱动施肥泵和隔膜式水力驱动施肥泵。这种泵将肥液从开敞的肥料罐中注入灌溉系统，其工作原理相当复杂，它依靠水压驱动，并依据水压调节注肥量。其优点是可控制剂量和施肥时间，重量轻，易于移动，系统中无水头损失，节省劳力，运行费较低；虽对水压变动的敏感性很强，但却方便用计算机或小型控制器控制。缺点是零部件很多，装置复杂，肥料需溶解后使用，在使用过程中需持续排水。

中国水利水电科学研究院在“九五”期间研制出了一种活塞式水力驱动施肥泵（图10－22）并对样机进行了应用考核。工作原理如下。

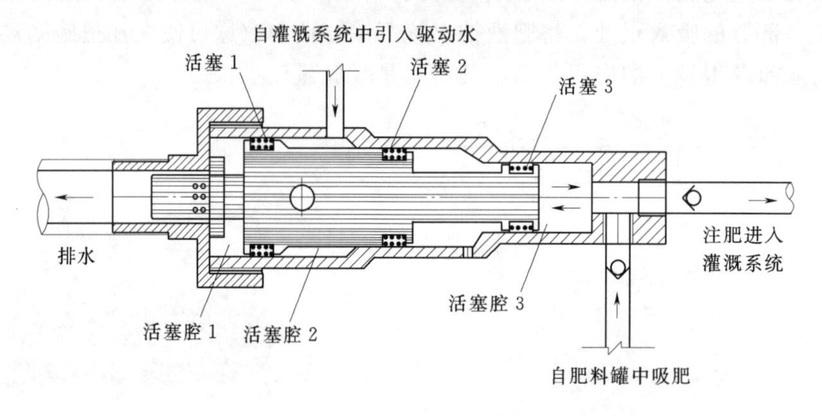

图10－22　活塞式水力驱动施肥泵工作原理示意图

（1）吸肥状态。在活塞1、活塞2之间的活塞腔2内接通压力操作水，在活塞1与活塞2的压差作用下，活塞组件向左运动。此时，吸肥单向阀打开，注肥单向阀在管道系统中压力水或大气压作用下关闭，肥料桶中的肥液被吸入活塞腔3内；活塞腔1内的上个吸注行程所用的操作水通过排水孔被排出泵体。

（2）注肥状态。待活塞组件运动到图中左端时，设置于活塞组件内的换向机构开始动作，将与活塞腔1连通的排水孔关闭，并同时与压力操作水接通，活塞腔1内开始充压力操作水，在压差作用下，活塞组件向图中右的方向运动，此时，吸肥单向阀被关闭，注肥单向阀在液肥的压力下被打开，活塞腔3内的肥液被注入灌溉管网系统。当活塞组件运动到图中右端时，在活塞组件内设置的换向机构开始动作，将与活塞腔1连通的排水孔关闭，压力操作水开始充到活塞1、活塞2间的活塞腔2内，在活塞1、活塞2的压差作用下，活塞组件又向图中左的方向运动，重新进入吸肥状态，完成一个循环过程。由此循环往复，吸肥、注肥单向阀交替被打开、关闭，自动进行液肥的吸入注出。

水力驱动施肥泵可采用螺纹或法兰与灌溉系统连接（见图10－23）。水力驱动施肥泵与灌溉系统管道连接时具有下列4个接口：化学物品（液肥）入口，化学物品（液肥）出口，驱动水入口，驱动水出口。化学物品（液肥）在水力驱动施肥泵体外注入灌溉水中，化学物品（液肥）的出口与灌溉系统管道相连，自驱动水出口排出的驱动水不能再返回到灌溉系统主管中，只能回到水源中或作低一级压力灌溉用。

具体安装和操作顺序见图10－23。将施肥泵安装在压力管道灌溉系统中，压力操作水输入管与化学物品（液肥）输出管连接在灌溉管道上，化学物品（液肥）输入管连接在肥料桶（罐）上，根据预先确定的液肥浓度，打开并调整好压力操作水阀门开度，压力水驱动泵体活塞组件开始工作，充液注液，将肥料桶（罐）的化学物品（液肥）吸入泵腔内，经过注肥单向阀，进入灌溉管道，与灌溉系统中水流混合，把化学物品（液肥）均匀地输送到灌区各部位，最后通过灌水器，把化学物品（液肥）送到植物根区土壤。

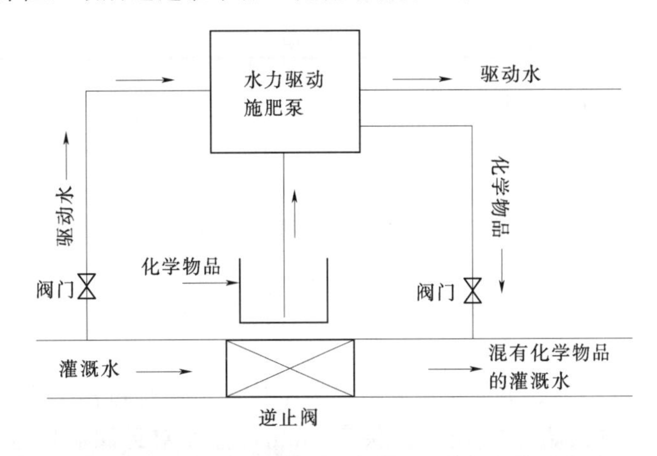

图10－23　水力驱动施肥泵在灌溉系统中安装示意图

注意事项：水力驱动施肥泵应安装在水泵出口或阀门后和过滤器之前，即肥液在进入管道前要先行过滤；施肥作业完成后应用清水对管道系统进行清洗；在肥液注入管口处与水源之间要安装逆止阀。

水力驱动施肥泵体积小、重量轻、安装容易、调试简单，工作时不需人直接参与，是灌溉系统实现自动化的重要装置。

第三节　过滤器和施肥设备技术性能测试

一、过滤器技术性能测试

（一）试验条件

1. 试验用水

试验用水应符合下列条件：

（1）经另一过滤器净化，该过滤器网孔基本尺寸比待测过滤器至少小一级。

（2）塑料壳体过滤器的静水耐压试验水温应为23±2℃，其余均为15～30℃。

（3）供水水源的压力波动不超过5%。

2. 量测仪表

水压和流量量测仪表的精度应不低于2%，秒表计时分辨率为0.1s。

（二）测试项目重要程度分类与试验样品数量

测试项目按分类与测试样品数量见表10－7。

表 10－7 测试项目分类与测试样品数量

重要程度分类	序号	测试项目	样品数量	合格判定数
A类	1	耐静水压	3	1
	2	过滤元件负荷	2	0
	3	内密封	3	0
B类	4	过流能力	1	0
	5	过滤器高温耐压性能	3	1

（三）试验方法与评价标准

1. 静水耐压试验

（1）试验方法。

1）按图 10－24 安装过滤器，并组装成试验装置，进口测压孔处装压力表。

2）关闭出口阀和排污阀，向过滤器充水并排净体内空气。

3）加压至 0.75 倍最大工作压力，开启、关闭排污阀 100 次。每次开启排污阀前，都应使进口压力达到 0.75 倍最大工作压力。

4）对金属壳体过滤器，升压至 1.6 倍最大工作压力；对塑料壳体过滤器，逐渐（不短于 30s）升压至 4 倍最大工作压力。保压 1min。若外密封圈有隆起或偏移，则保压 15min，检查并记录泄漏情况。

5）停止供压，从排污阀排水。打开壳盖检查并记录各部件是否有永久性变形、裂纹和损伤。

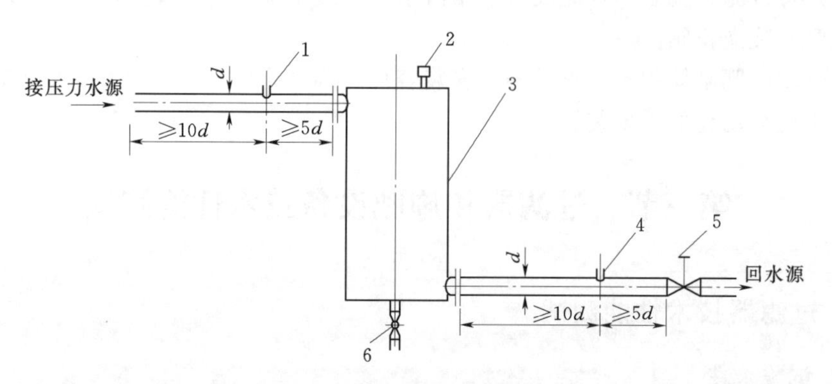

图 10－24 过滤器静水耐压试验装置图

1—进口测压孔；2—排气装置；3—过滤器；4—出口测压孔；5—出口阀门；6—排污阀

（2）评价标准。过滤器壳体、过滤器壳盖密封垫和排污阀应无泄漏迹象，无损伤和永久性变形。

（3）特殊需要的测试。有需求时，可进行过滤器高温耐压性能试验。该试验仅适用于公称尺寸不大于 150mm 的过滤器。试验方法与前述静水耐压相同，但试验用水的温度应为 60±2℃。将过滤器置于水温为 60±2℃的恒温水槽中，并将过滤器内的压力加大到公称压力，保持该压力和温度 15min。试验结束后，拆开过滤器，检查其内部零部件的损坏情况。

过滤器高温耐压性能评价标准：过滤器应能承受该压力，并无泄漏迹象；过滤器的零部件应无损坏迹象或永久变形。

2. 过滤元件负荷试验

（1）试验方法。

1）用不透水塑料（如聚乙烯、聚氯乙烯等）薄膜封住过滤元件的孔眼，使水流不能通过。

2）使未过滤的水由外向里流经过滤元件通过过滤器，塑料薄膜贴在过滤元件的外表面，使未过滤的水由里向外流经过滤元件通过过滤器，塑料薄膜贴在过滤元件的内表面。

3）可以采用其他方式封住过滤元件的孔眼，但不得增强或削弱过滤元件的抗弯折和抗扯裂性能。

4）将封住孔眼的过滤元件装在过滤器壳体内，按制造厂说明书关闭过滤器壳盖，测量关闭所需的力或转矩。

5）打开过滤器出口，在进口加压，并逐渐将压力加大到公称压力，保持该压力 5min。

6）过滤器出口的泄漏量应不大于最大推荐流量的 0.1%。试验中，该泄漏量应保持稳定或衰减。

7）对于若干个过滤元件串联的过滤器，应分别对每个过滤元件进行试验。

8）按制造厂说明书打开过滤器壳盖，测量开启所需的力或转矩。

（2）评价标准。

1）开启壳盖所需的力或转矩应不大于试验前测得的关闭壳盖所需的力或转矩的 1.5 倍。

2）目测过滤元件。过滤元件应无永久变形、弯折或扯裂现象。

3. 内密封试验

（1）试验方法。

1）用一个与过滤元件结构、尺寸均相同，但不透水的元件替代过滤元件，组装成见图 10-24 的试验装置，进口测压孔处装压力表，关闭排污阀，打开出口阀。

2）向过滤器充水，并排净体内空气，加压至公称压力，保压 15min，检查并记录有无泄漏。

3）对于内密封采用水压压紧方式的过滤器，还应进行低压内密封试验，即在充水排气后，调节进口阀，使进口压力为 10kPa，稳压 15min，检查并记录有无泄漏。

（2）评价标准。过滤器出口的泄漏量应不大于最大推荐流量的 0.05%，且试验中，泄漏量应保持稳定或衰减。

4. 过流能力试验

（1）试验方法。

1）按工作状态安装过滤器并组装成图 10-24 所示的试验装置，从测压孔引管接压差计或各装 1 块压力表，在图 10-24 所示装置进口上游设置水泵和测流仪表，关闭排污阀、出口阀。

2）向过滤器充水，排净体内空。

3）开泵，调节出口阀门开度，使流量在0.2～1.2倍最大工作流量范围内分挡增大，至少分为10个流量挡，每调整一挡流量，待仪表示数稳定后，同时测记压差（或进、出口压力）和流量值。

4）按步骤3）重复一次试验。

（2）数据计算。

1）采用压差计时，压差即为压降；当采用压力表测压时，压降应由式（10-2）计算：

$$\Delta H = H_1 - H_2 + \Delta Z \tag{10-2}$$

式中　ΔH——以水柱高表示的过滤器清洁压降，m；

H_1——进口压力表读数换算的压力水头，m；

H_2——出口压力表读数换算的压力水头，m；

ΔZ——进出口压力表表盘中心的高程差，进口压力表高于出口压力表为正值，m。

2）对全部数据进行回归分析，得出式（10-3）中之k、m值，置信度不得低于95%。

$$\Delta H = kQ^m \tag{10-3}$$

式中　Q——流量，m^3/h；

k、m——流量系数和指数。

3）按回归分析式（10-3）绘出以清洁压降ΔH为纵坐标，流量Q为横坐标的关系曲线。将试验曲线与厂家提供的标准曲线作比较，按式（10-4）求出试验曲线比标准曲线压降最大偏差百分比。

$$\alpha = \left(\frac{\Delta H}{\Delta H'} - 1\right) \times 100\% \tag{10-4}$$

式中　α——压降最大偏差百分比；

$\Delta H'$——同一流量下标准曲线的压降值，m。

（3）评价标准。过滤器的清洁压降最大偏差值应不大于10%。

二、施肥器技术性能测试

（一）水动注入泵技术性能测试

1. 试验条件

（1）试验用水。用水代替化肥和农药溶液作为注入液体。水温为5～50℃，并用装有120μm滤网或其他具有同等过滤效果的过滤器进行过滤，或者过滤效果符合制造厂的要求的过滤器。

（2）试验用测量仪器。测量值相对于真值的偏差为±2%。

2. 测试装置的连接与测试项目

水动注入泵是指仅依靠灌溉水的能量驱动活塞、涡轮等液动装置，向灌溉系统注入化肥和农药的液动泵。水动注入泵与灌溉系统的连接见图10-25和图10-26。测试项目、样本大小和合格判定数见表10-8。

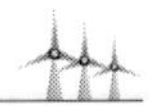

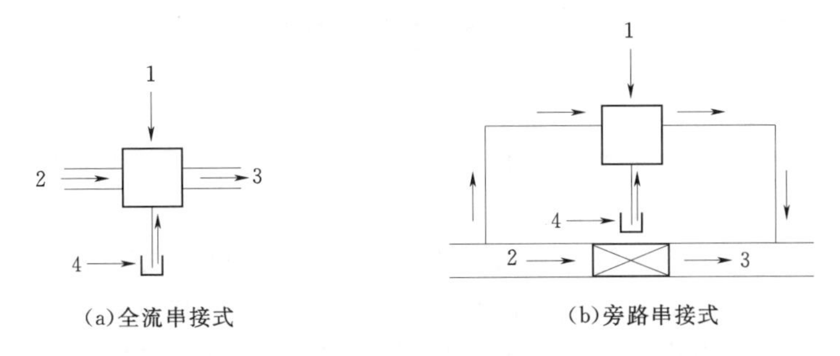

(a)全流串接式　　(b)旁路串接式

图 10-25　串接式水动注入泵

1—水动注入泵；2—灌溉水流；3—已注入化肥和农药的灌溉水；4—化肥和农药

3. 耐压试验

(1) 试验方法。将水动注入泵置于不工作状态，给正常工作条件下承受压力的水动注入泵所有零部件施加等于 1.6 倍最大工作压力，保持 5min。

(2) 评价标准。水动注入泵及其所有零部件应能承受该试验压力而不出现损坏、泄漏和永久变形。

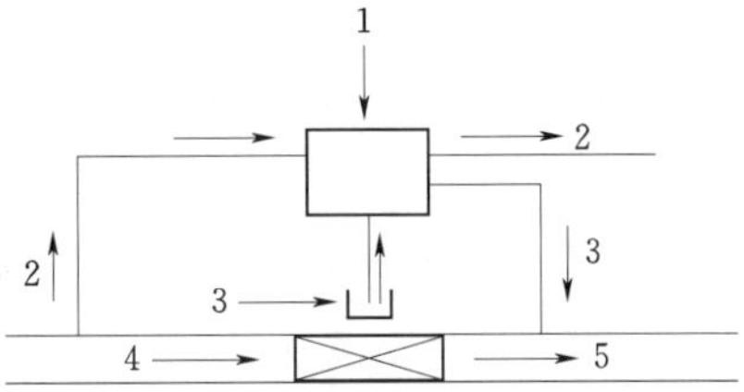

图 10-26　并接式水动注入泵图

1—入泵；2—水动注驱动水；3—化肥和农药；4—灌溉水流；5—已注入化肥和农药的灌溉水

4. 止回阀密封性试验

(1) 试验方法。将水动注入泵的进水口堵住，化肥和农药进口与大气相通。在水动注入泵的出口分别施加 25%、50%、75%和 100%的最大工作压力，每个压力点大约保压 20s。

表 10-8　　检验项目、样本大小和合格判定数

序　号	检验项目	样本大小	合格判定数
1	耐压	5	0
2	止回阀密封性	5	0
3	工作压力范围	5	0
4	防泄漏	5	0
5	注入流量	5	0
6	驱动水比率	5	0
7	耐久性	2	0

对装有用于防止反向水流成为正向水流的整体式止回阀的水动注入泵，将水动注入泵的进水口与大气相通，重复上述规定的试验。

(2) 评价标准。水动注入泵的化肥和农药旁路应不出现回泄现象；水动注入泵的进水口应不出现回泄现象。

5. 工作压力范围试验

(1) 试验方法。

1）按制造厂说明，将水动注入泵安装在试验装置上，使化肥、农药储存罐的最高水面比水动注入泵的出口中心线低0.5m。

2）在水动注入泵进口施加等于最小工作压力，保持1min，确保灌溉水流量大约等于制造厂声明的灌溉水流量范围的中间值。对并接式水动注入泵，还应确保驱动水流量大约等于制造厂声明的驱动水流量的中间值。

3）在串接式水动注入泵的进口或并接式水动注入泵的出口施加等于最大工作压力的压力，重复“2)”规定的试验一次；在串接式水动注入泵的进口或并接式水动注入泵的出口施加大约等于工作压力范围中间值的压力，重复“2)”规定的试验一次。

（2）评价标准。水动注入泵应能正常注入化肥和农药。

6. 防泄漏试验

（1）试验方法。

1）按制造厂说明，将水动注入泵安装在试验装置上，使化肥—农药储存罐内的水面比水动注入泵的出口中心线低0.5m。为使试验顺利进行，应确保化肥—农药储存罐安放的位置在整个试验中能方便地观察或测量罐内的水面。

2）使水动注入泵在其进口压力大约等于工作压力范围中间值的状态下运行2min。确保灌溉水流量大约等于制造厂声明的灌溉水流量范围的中间值；对并接式水动注入泵，还应确保驱动水流量大约等于制造厂声明的驱动水流量的中间值。

3）使水动注入泵停止运行，立即在其出口施加一个比大气压低5～10kPa的压力（负压）。保持该压力（负压）1min，并在保压期间观察化肥—农药储存罐内的水面。

对正常运行时化肥—农药储存罐内的化肥和农药溶液液面高于水动注入泵出口中心线的水动注入泵，按制造厂说明安装水动注入泵，使化肥—农药储存罐的水面位于制造厂声明的水动注入泵中心线以上的最大高度，重复该试验。

（2）评价标准。从水动注入泵停止运行到试验结束这一段时间内，化肥—农药储存罐内的水面高度应无变化。

7. 注入流量试验

（1）试验方法。

1）按制造厂说明，将水动注入泵安装在试验装置上，使化肥—农药储存罐的最高水面比水动注入泵的出口中心线低0.5m。对可调混合比的比例式水动注入泵，把混合比大约调节到制造厂声明的调节范围的中间值。

2）将驱动水流量设置在大约等于制造厂声明的流量范围的中间值，并在整个试验过程中保持该流量。

3）在水动注入泵进口分别施加最小工作压力和最大工作压力在内的5个等级差的压力。使水动注入泵在每个压力点各运行至少2min，测量水动注入泵注入的体积流量。

（2）评价标准。水动注入泵在任何一个压力点的注入流量相对于制造厂声明值的偏差均不应大于±10%。

8. 驱动水比率试验

（1）试验方法。

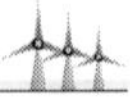

1）对驱动水被排出的水动注入泵，在注入流量试验项目的试验中，测量驱动水的体积。

2）计算驱动水比率。

（2）评价标准。驱动水比率相对于制造厂声明值的偏差应不大于±10%。

9. 耐久性

（1）试验方法。

1）按制造厂说明，将水动注入泵与试验装置相连，使化肥—农药储存罐内的水面比水动注入泵的出口中心线大约低0.5m，所有试验均用水代替化肥和农药溶液作为注入的液体。

2）确保灌溉水和注入水的温度为5～50℃，并用装有120μm滤网的过滤器或其他同等过滤效果的过滤器进行过滤，或过滤器的过滤效果符合制造厂产品样本中对最大颗粒的限制。确保灌溉水流量大约等于制造厂声明的灌溉水流量范围的中间值；对并接式水动注入泵，还应确保驱动水流量大约等于制造厂声明的驱动水流量的中间值。

3）使水动注入泵运行4个时间段，每个时间段大约运行250h，中间间歇约50h。四个时间段的累计运行时间应不少于1000h。运行时确保满足下列条件：

①运行压力为制造厂声明的工作压力范围的中间值。

②对串接式水动注入泵，灌溉水流量为制造厂声明的灌溉水流量范围的中间值；对并接式水动注入泵，驱动水流量为制造厂声明的驱动水流量范围的中间值。

③对注入流量可调式水动注入泵，注入流量为制造厂声明的注入流量范围的中间值。

4）运行1000h后，重复下列试验：

①耐压。

②止回阀密封性。

③工作压力范围。

④水动注入泵注入流量与进口压力的关系。

⑤驱动水比率。

（2）评价标准。

1）水动注入泵及其所有零部件应能承受试验压力而不出现损坏、泄漏和永久变形。

2）水动注入泵的化肥和农药旁路及进水口应不出现回泄现象。

3）水动注入泵在工作压力范围内应能正常注入化肥和农药。

4）注入流量相对于制造厂声明值的偏差应不大于±15%。

5）驱动水比率相对于制造厂声明值的偏差应不大于±20%。

（二）文丘里施肥器技术性能测试

1. 测试条件

（1）试验时用水代替化肥和农药溶液作为注入液体。水温为23±2℃，所有试验用水要进行过滤，其过滤效果符合制造厂的要求。

（2）测试仪器的测量值相对于真值的偏差为±1%。

2. 测试项目

检验项目、样本大小和合格判定数见表10-9。

表 10-9 检验项目、样本大小和合格判定数

序号	检验项目	样本大小	合格判定数
1	耐压	5	0
2	耐负压	5	0
3	性能测试	2	0

3. 耐压试验

(1) 试验方法。给文丘里施肥器施加3倍最大工作压力,保持该压力60min。

(2) 评价标准。试样应不出现损坏、变形、泄漏或其他破坏。

4. 耐负压试验

(1) 试验方法。给文丘里施肥器施加900kPa的负压,保持该压力5min。

(2) 评价标准。试样应不出现损坏、变形、泄漏或其他破坏。

5. 水力性能测试

(1) 测试方法。

1) 按实际工作安装测试装置,保持施肥罐内的液面位置不变。

2) 使文丘里施肥器在最小和最大工作压力范围内运行。分别测定供水管道流量和注入肥液的流量,以及施肥器进口和出口的压力并计算压差。测试的压力范围为制造厂声明的最小和最大工作压力之间,至少划分5个进口压力点(包括最小和最大工作压力),测量在20%、40%、60%、80%、100%压差下的管道水和注入肥的流量。

3) 在施肥器的每个进口压力下,使出口压力逐渐减小直至开始吸入肥液,记录此时的压差(本书称为起始吸液压差)。

(2) 评价标准。

1) 测得的注入量应不小于制造厂声称值的90%。

2) 实测起始压差不应超过制造厂声称的此进口压力条件下值的90%。

(三) 压差式施肥罐技术性能测定

1. 测试条件

(1) 用水代替化肥和农药溶液。水温为23℃±2℃。

(2) 测量仪器的测量值相对于真值的偏差为±1%。

2. 测试项目

检验项目、样本大小和合格判定数见表10-10。

表 10-10 检验项目、样本大小和合格判定数

序号	检验项目	样本大小	合格判定数
1	耐压	2	0
2	密封	2	0

3. 耐压试验

(1) 试验方法。给施肥罐施加3倍最大工作压力,保持该压力60min。

(2) 评价标准。试样不应出现损坏、变形、泄漏或其他破坏。

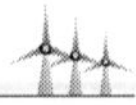

4. 密封性试验

（1）试验方法。给施肥罐分别施加25％、50％、75％和100％最大工作压力。每个压力点大约保持该压力5min。

（2）评价标准。压差式施肥罐以及进出口等处不应出现泄漏现象。

第十一章　水　　泵

第一节　灌溉常用水泵的类型

水泵是一种将原动机的机械能转化为被输送水的能量，使水的流速和压力增加的机械。水泵的种类繁多，结构各异，按其结构工作原理可分为叶片泵、容积泵和其他泵型等类型。

叶片泵是靠泵中叶轮高速旋转把能量传给液体的机械。根据叶轮的结构型式及液体从叶轮流出的方向不同，叶片泵又可分为离心泵、混流泵和轴流泵。

离心泵就是典型的叶片泵。它的工作原理是利用水泵叶轮高速旋转的离心力甩水，使水流能量增加，并通过泵壳和水泵出口流出水泵，再经过出水管进入压力管道。离心泵的工作过程是：在启动之前，先用水灌满泵壳和进水管，然后驱动电机，使叶轮和叶轮中的水做高速旋转运动。此时，水受到离心力作用被甩出叶轮，经泵壳的流道而流入水泵的出口，再由出口流入到出水管道。与此同时，水泵叶轮中心处由于水被甩出而形成真空，进水池中的水在外界大气压作用下，沿进水管流入叶轮进口。由于叶轮的不断旋转，水就源源不断地甩出和吸入，形成连续的扬水作用。离心泵的吸水高度最大值不超过10m，考虑水力损失等原因，离心泵的吸水高度一般小于8.5m。离心泵的特点是扬程高、流量小，是灌溉工程最常用的泵型。

离心泵按叶轮的吸入方式可分成单吸式和双吸式；按叶轮数目可分为单级离心泵和多级离心泵；按叶轮结构可分为开式（开敞式）、半开式（半封闭式）、闭式（封闭式）三种；按泵轴位置又可分为卧式泵和立式泵。

根据水泵特点对水源的适用性，可按水泵分为适用于地表水、地下水、有压管网三大类适用泵型。

（一）地表水适用泵型

灌溉地表水有河流、库塘、湖泊、蓄水池、渠道等，使用的泵型有普通离心泵和作业面潜水电泵。常用的普通离心泵有单级单吸离心泵、双吸泵、自吸泵等。作业面潜水电泵有QDX型单相潜水电泵、QX型潜水电泵、QY型充油式潜水电泵等，具有体积小、重量轻、结构紧凑、移动方便等特点，又称小型潜水电泵。潜水电泵的潜水电动机有干式、半干式、充油式和充水式（湿式）等四种结构。

1. 单级单吸离心泵

单级单吸离心泵是离心泵中最为简单的一种，有IS型、IB型、IH型、IR型等系列。这种泵的构造特点是只有一级叶轮，水从叶轮一侧吸入，叶轮固定在转轴的一端，支承其重量的轴承位于轴的另一端，如悬臂式离心泵。泵的转动部分包括叶轮、泵轴、轴承、联轴器等，固定部分包括泵体、轴承支架、泵的进口和出口等。这种泵常为卧式结构，如图

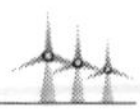

11－1所示。

目前，IS型泵是生产量最大、使用最广泛的单级单吸清水离心泵，是按照国际标准设计制造，共有29个品种，51个规格，6种口径。其技术规格范围是：流量3.6～400m³/h，扬程4～125m，泵进口直径50～200mm，配套电动机功率0.55～110kW，转速有1450r/min和2900r/min。一般，IS型泵与电动机、公用底座、联轴器组成整体成套供应。

IS型泵的型号说明如下：

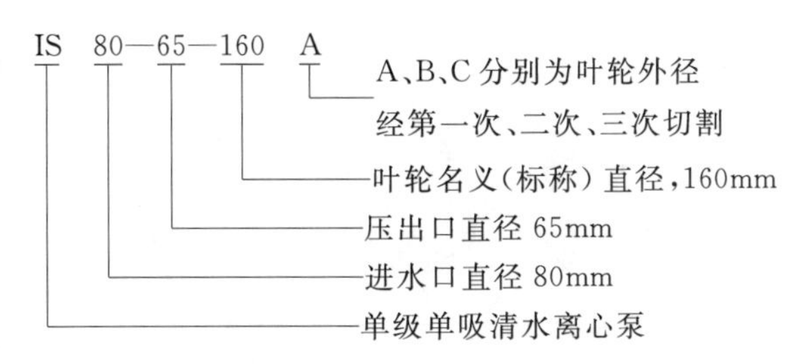

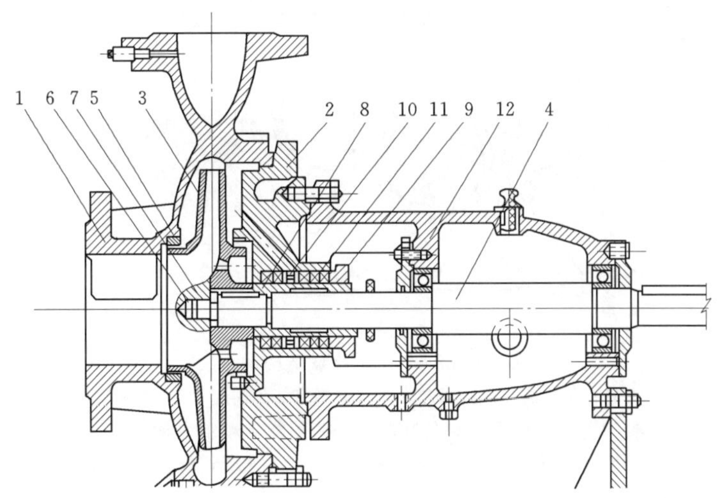

图11－1　单级单吸离心泵结构图

1—泵体；2—泵盖；3—叶轮；4—轴；5—密封环；6—叶轮螺母；7—制动垫圈；8—轴套；9—填料压盖；10—填料环；11—填料；12—悬架轴承部件

2. 双吸泵

双吸泵的结构见图11－2。双吸泵一般为单级双吸叶轮，绝大多数情况下为卧式布置。泵壳分为上下两部分，上部泵盖，下部泵体，两部分用螺栓联结，拆装极为方便。双吸叶轮无轴向推力，叶轮与泵轴由两端的轴承支撑，受力好。进出水口垂直于泵轴，呈180°布置。为防止外界空气进入水泵吸入室，用水封管将压水室的高压水引入填料密封装置，起阻气、润滑和冷却作用。双吸泵目前有Sh、S、SA等系列，其中S和SA型双吸泵在结构上对Sh型双吸泵作了适当改进，标准化程度较高。Sh型泵因轴承不同又可分为甲式和乙式两种，共有30个品种61个规格，流量126～12500m³/h，扬程9～140m。Sh型泵适用范围广，运行平稳，安装、维修方便，所以广泛用于我国大、中型农田灌溉、排水和城镇供水泵站。

Sh 型泵的型号说明如下：

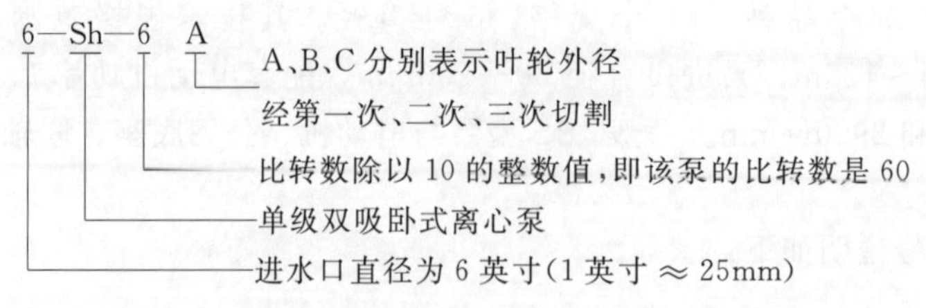

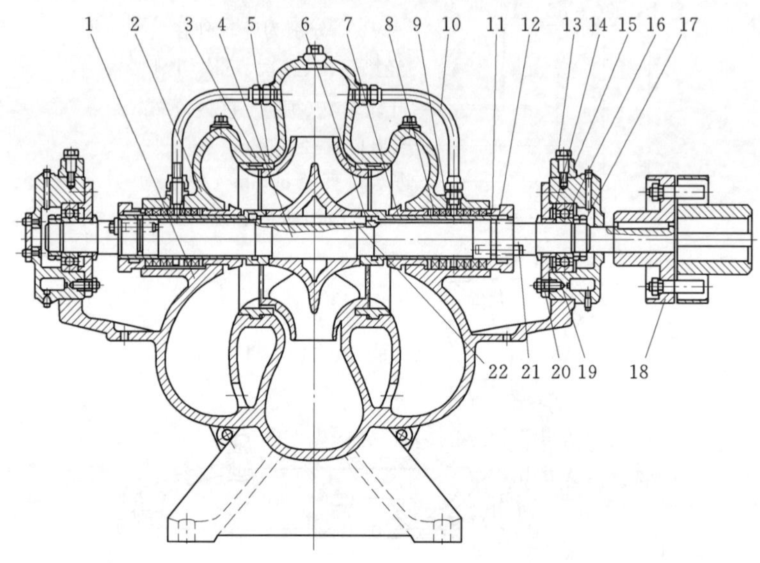

图 11－2　双吸泵结构图

1—泵体；2—泵盖；3—叶轮；4—轴；5—密封环；6—轴套；7—填料套；8—填料；9—水封环；10—水封管；11—填料压盖；12—轴套螺母；13—固定螺丝钉；14—轴承体；15—轴承体压盖；16—单列向心球轴承；17—固定螺母；18—联轴器；19—轴承挡套；20—轴承盖；21—压盖螺栓；22—键

3. 自吸泵

自吸泵是在启动前不需要给水泵灌水，经短时间运转，靠泵本身的作用，即可把水吸上来，投入正常运转的一种泵型，在我国喷灌工程中应用较多。自吸泵之所以能自吸，是由于其泵体的构造和普通离心泵不同，主要是：①泵的进口高于泵轴；②在泵的出口处设有较大的气液分离室；③一般都具有双层泵壳。自吸泵的工作过程是：平时设法使泵内存有一定量的水，泵启动后由于叶轮的旋转作用，进水管路中的空气和水充分混合，气水混合液在离心力作用下被甩到叶轮外缘，进入气液分离室。气液分离室上部的气体逸出，下部的水返回叶轮，重新和进水管路的剩余气体混合，直到把泵及进水管路内的气体全部排尽，完成自吸，正常抽水。

根据水和空气混合的部位不同，气液混合式自吸泵分为内混式和外混式，分别见图 11－3 和图 11－4。自吸泵由于泵体过流部件形状较复杂，水力阻力大，其效率比一般离心泵低 5%～7%。但由于省去阻力较大的进水底阀，所以其装置效率和一般小型离心泵相差不多。自吸泵性能和泵内储水量、泵转速、回流孔尺寸等有关。在正常情况下，一般3～5min 即应出水。但要注意的是：在启动前必须检查泵体内是否有足够的存水，否则无法完成自吸，而且极易烧坏密封部件。

目前生产的自吸泵，其型号基本与单级单吸离心泵的命名方式相同。

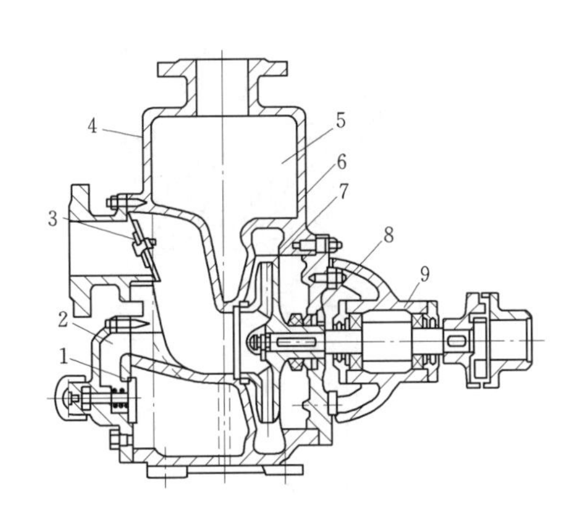

图 11-3　内混式自吸泵结构图

1—回流阀；2—回流孔；3—吸入阀；4—泵体；5—气液分离室；6—涡室；7—叶轮；8—机械密封；9—轴承体部件

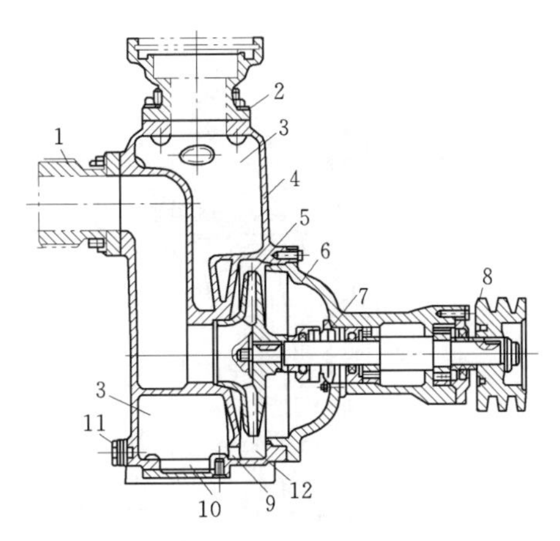

图 11-4　外混式自吸泵结构图

1—进水接头；2—出水接头；3—气水分离室；4—泵体；5—叶轮；6—轴承体；7—机械密封；8—皮带轮；9—回流孔；10—清污孔；11—放水螺塞；12—蜗壳

4. QDX 型单相潜水电泵

单相潜水电泵是单相异步电动机和离心泵的合成体，结构紧凑，轻小易移，单相电源，使用方便。电机为干式结构，内部装有热保护开关，出现过热、过载现象可自动切断电源。水泵部分位于下部，泵与电机同轴。密封有动、静封两种。动密封采用机械密封，静密封采用 O 型橡胶密封圈。QDX 型单相潜水电泵有多种型式，Ⅰ型干式潜水电泵的结构见图 11-5。

型号说明如下：

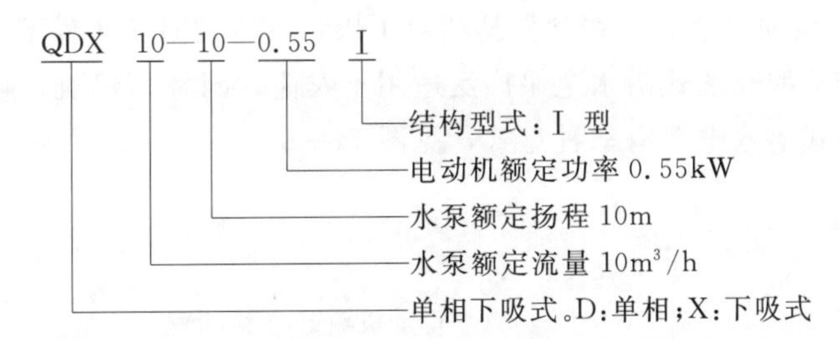

5. QX 型潜水电泵

QX 型潜水电泵与 QDX 型潜水电泵外观极为相似，流量和扬程也接近。QX 型泵的电压为 380V，电动机内部装有三相温度继电器，一旦出现过热或断相，可自动切断电源。密封也采用动、静封两种。动密封采用整体式机械密封，静密封采用 O 型橡胶密封环。QX 型潜水电泵的型号说明可参考 QDX 型。

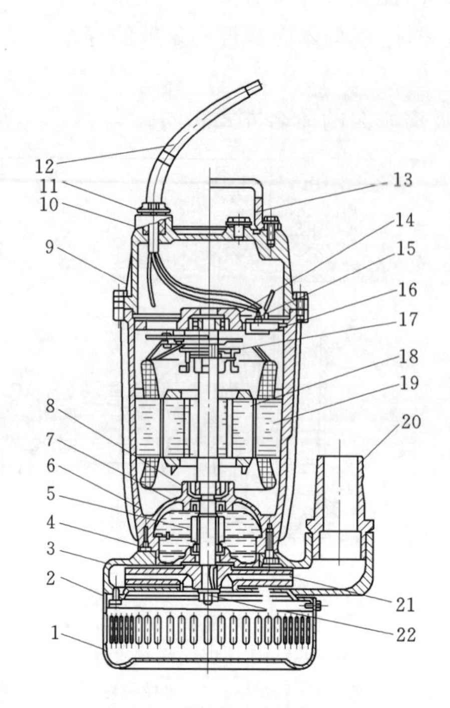

图 11-5　干式潜水电泵结构图

1—进水座；2—底盘；3—蜗壳；4—密封盖；5—机械密封；6—机壳；7—密封圈；8—轴承；9—上盖；10—电缆套；11—电缆密封压盖；12—电缆；13—提手；14—轴承；15—轴承盖；16—热自动断流器；17—离心开关；18—转子；19—转子；20—出水口；21—叶轮；22—螺母

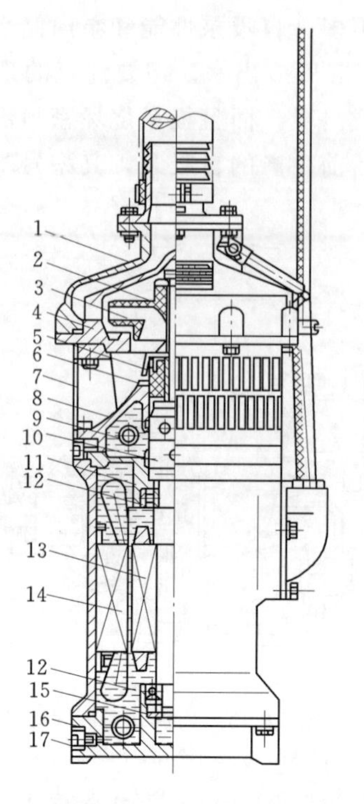

图 11-6　QY 型充油式潜水电泵结构图

1—泵体；2—泵轴；3—叶轮；4—泵座；5—甩水器；6—轴承座；7—滤网；8—进水节；9—扩张件；10—整体式密封盒；11—电机上端盖；12—滚珠轴承；13—转子；14—定子；15—止推轴承；16—电机下端盖；17—油孔

6. QY 型充油式潜水电泵

QY 型充油式潜水电泵的基本结构形式是机械密封油浸式潜水电泵。潜水电动机位于水泵的下端，电动机内部充满 N7 或 N10 机械油。电动机上下端盖处的径向滚动轴承及轴向推力轴承都靠机械油润滑。出线盒保持相对干燥，具有同时防止外部的水和内部的机械油进入的功能。QY 型充油式潜水电泵广泛适用于农业、园林、建筑、喷泉等场所作排灌使用。QY 型充油式潜水电泵有三种型式，见图 11-6。

型号说明如下

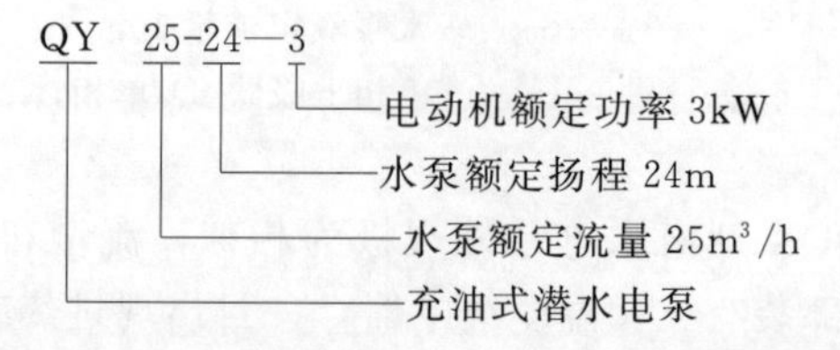

（二）地下水适用泵型

地下水有井水、泉水等。当提取地下井水时，一般选用井用潜水电泵或深井泵。

1. 井用潜水电泵

井用潜水电泵由水泵和潜水电动机组成，见图11－7。水泵和潜水电动机直接连接在一起，置于井的动水位以下工作。地面的电源通过沿扬水管防水电缆输给浸在水中的电动机，经泵输送的水由扬水管送至地面。井用潜水电泵的潜水电动机是潜水异步电动机，大多装置在水泵的下端，进水口位于电动机与水泵之间。潜水电动机采用密封式充水湿式结构，其内腔可以浸水。井用潜水电泵下井前，必须确保电机内腔注满水。受安装条件的限制，井用潜水电泵的外径有严格要求，采用立式安装，而且要求泵进水口必须在动水位1m以下，电动机下端距井底水深至少1m。

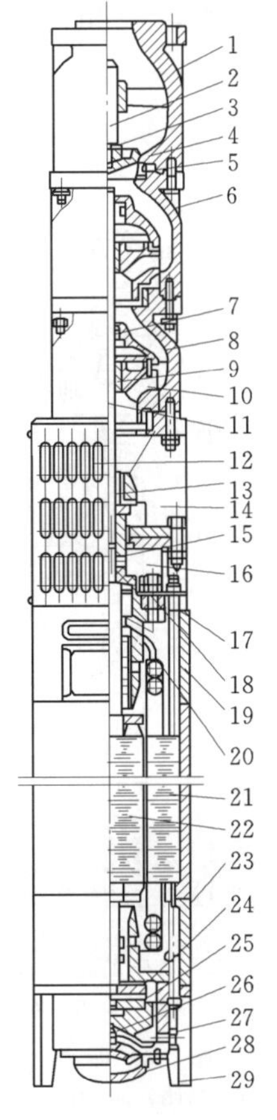

图11－7　QJ型井用潜水电泵结构图

1—止回阀体；2—阀盖部件；3—阀垫；4—阀盖；5—缓冲垫；6—上导流壳；7—橡胶轴承；8—导流壳；9—锥套；10—叶轮；11—泵轴；12—滤水网；13—橡胶轴承；14—进水节；15—套筒联轴器；16—连接座；17—注水螺栓；18—甩砂器；19—上导轴承座；20—骨架油封；21—定子；22—转子；23—下导轴承座；24—推力盘；25—止推轴承；26—调整螺栓；27—调压膜；28—调压盖；29—底座

井用潜水电泵的主要结构特点在于其最大直径受到井径的限制，因此其型号首先标出适用的井管直径，目前常用井用潜水电泵的型号说明如下：

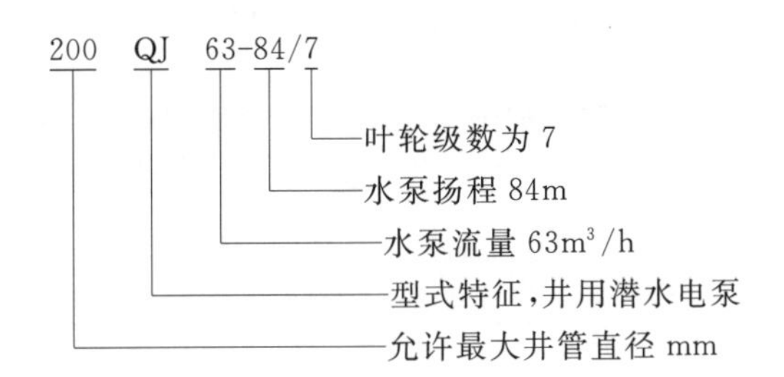

我国生产的井用潜水电泵适用井径为75～500mm，流量为2～1200m^3/h，扬程为14～330m，单级叶轮扬程为3.5～22m。按井管直径的标准有：100mm、150mm、175mm、200mm、250mm、300mm、350mm、400mm。

2. 深井泵

深井泵属多级立式离心泵，从上至下，其结构分为三部分：电动机与泵座、输水管和泵体。电动机与泵座位于井口上部，泵体淹没于井下水中，电动机通过与输水管同心的长传动轴带动叶轮旋转，因此深井泵又称为长轴深井泵。传动轴由若干根等长的长轴和两根短轴组成，并用联轴器相连。支撑传动轴和泵轴的轴承用泵抽送的清水润滑。水泵运行时，水从吸水管下方的滤网经下导流壳流道进入叶轮，逐级经过叶轮增加压力，最后通向扬水管至泵底座弯管排出。泵体内至少需要有2～3个叶轮浸入动水位以下，而进水滤网至少要比最低动水位低0.5～1.0m，而且要高出井底不少于2m。

与井用潜水电泵相同，深井泵也受井径的限制、轴向尺寸大，轴上安装多级叶轮。图 11－8 是深井泵的总体结构。我国生产使用的深井泵主要有 JC 型、JD 型和 J 型等。

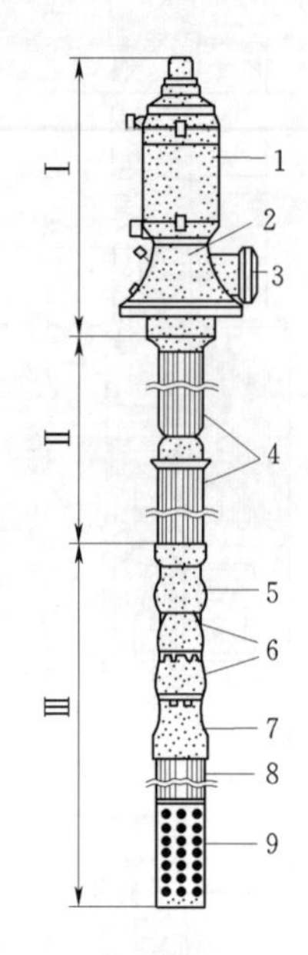

图 11－8　深井泵总体结构图

Ⅰ—电动机与泵座部分；Ⅱ—输水管部分；Ⅲ—泵体部分

1—电动机；2—泵座；3—出口；4—输水管；5—出水节；6—中节；7—进水节；8—进水管；9—滤网

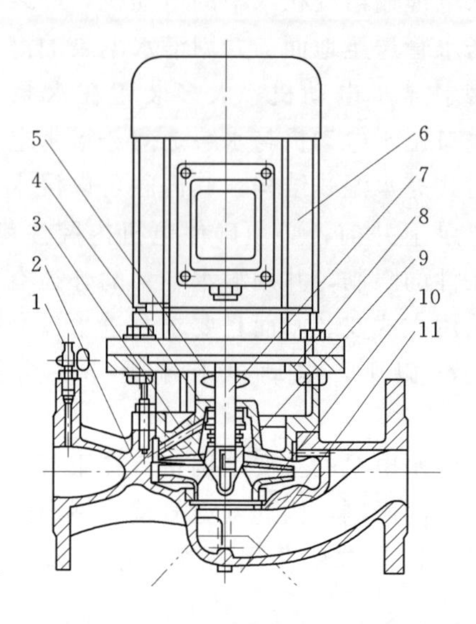

图 11－9　G 型管道泵结构图

1—放气阀；2—泵体；3—叶轮螺母；4—机构密封；5—挡水圈；6—电动机；7—电动机轴；8—盖架；9—叶轮；10—密封环；11—支撑脚

（三）有压管网适用泵型

有压管网提供的灌溉水具有一定的压力，当水压不足时，可以在管道中增设安装水泵，对管网水进行增压，以满足灌溉工程的设计要求。适合有压管网水源的水泵可选用立式单级或多级离心泵。

1. 管道泵

管道泵全称管道离心泵，直接安装在水平管道中或竖直管道中运行，泵的进口和出口在一条直线上，且多数情况下进口与出口的口径相同。

G 型管道泵是最常见的管道泵，为单级单吸离心泵，采用立式结构，机泵一体，见图 11－9。G 型管道泵避免了 IS 型泵占地面积大的缺点，大大降低了泵站土建投资，而且轴封采用机械密封，延长了使用寿命。G 型泵可输送温度不超过 85℃的清水，其流量范围 1.5～600m^3/h，扬程范围 8～125m，进出口直径 20～125mm。由于其安装方便、占地面积小等优点，目前广泛应用于工业和城市给排水、园林喷灌、管路增压、高楼给水等场合。

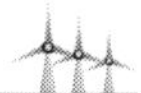

G 型泵的型号说明如下：

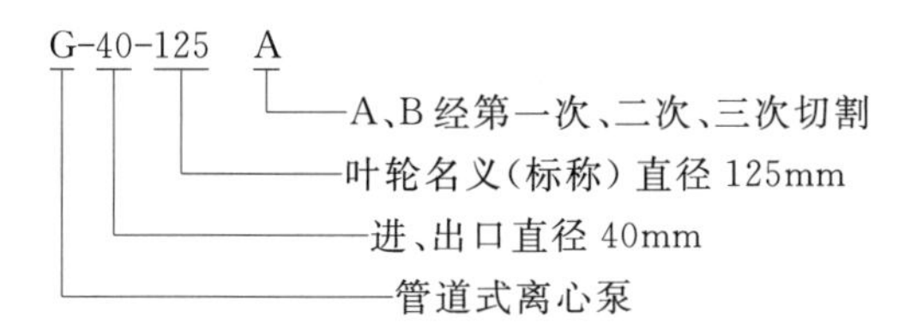

2. 立式多级泵

立式多级泵的吸入口位于泵下部，压出口位于泵上部，分段式结构见图 11-10。正常情况下，水泵进出口呈 180°水平布置，也可以呈 0°、90°方向布置。电机轴与泵轴通过爪型联轴器或弹性柱销联轴器连接，密封装置采用软填料密封或机械密封。多级叶轮产生的轴向力由平衡鼓和角接触球轴承来承担。多级管道泵的流量范围为 6.4～324m³/h，扬程范围为 18.7～312m，进口直径为 40～200mm，出口直径相同或略小于与进口直径。因电机转速不同，又可分转速 1450r/min 的 DL 型和 2900r/min 的 LG 型。其中 DL 型泵结构紧凑、噪声低、运转平稳。

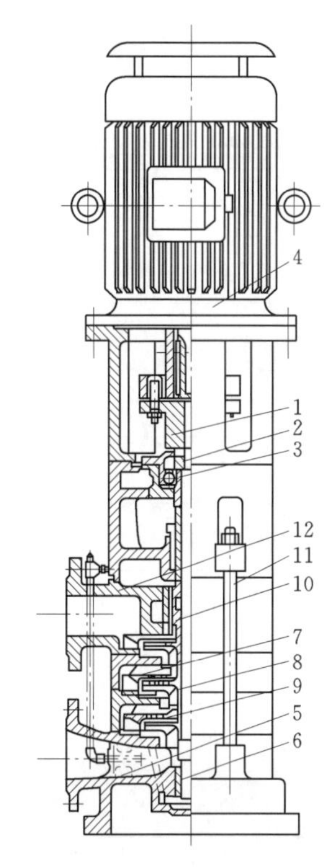

图 11-10 DL 型立式多级泵结构图

1—联轴器；2—泵轴；3—滚动轴承；4—电机；5—吸入段；6—导轴承；7—中段；8—叶轮；9—导叶；10—平衡鼓；11—拉紧螺栓；12—压出段

DL 型泵的型号说明：

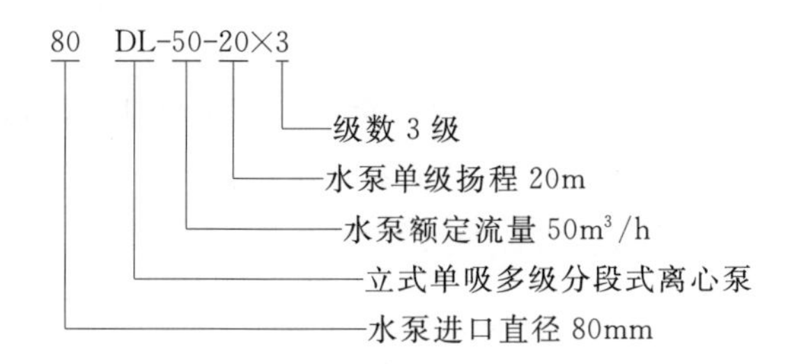

第二节 水泵工作参数

水泵和动力机选型工作是灌溉工程中重要的技术环节之一。选型时既要满足灌溉工程的设计流量和设计扬程，还要求水泵和动力机经济、高效运行，因此需要准确掌握水泵的工作参数。水泵主要工作参数包括流量、扬程、转速、轴功率、配套功率、效率、吸上真空高度等。

一、流量

水泵流量是指水泵在单位时间内抽送出去的水量（体积或重量），又称为水泵出水量，用符号 Q 表示，单位为 m^3/h、m^3/s、L/s。水泵流量与水泵口径有关，若已知水泵口径，就可以大致推算出水泵的流量。表 11-1 列举了水泵流量与水泵口径的对应关系，可供参考。

表 11-1　水泵流量与口径的关系

口径		流量/(m^3/h)
mm	英寸	
25	1	2～5
32	1.2	4～8
40	1.5	6～12
50	2	12～25
75	3	25～70
100	4	65～125
150	6	110～200
200	8	180～340
250	10	320～600
300	12	500～1000

二、扬程

水泵扬程是指水泵所抽送的单位重量的水从进口处（进口法兰）到出口处（出口法兰）能量的增值，表明水泵能够抽水的高度。一般用符号 H 表示，单位为 m。

三、转速

水泵转速是指泵轴每分钟的转数，常用符号 n 表示，单位为 r/min。水泵的转速与泵的结构、原动机及传动方式有关。

四、功率

水泵功率是指水泵在单位时间内作功的数值，常用符号 N 表示，单位为 kW（千瓦）或 hp（马力）。水泵的原动机除电动机外，还有柴油机和汽油机。水泵功率分为有效功率、轴功率和配套功率三种。

（一）有效功率

水泵有效功率是指单位时间内流过水泵的水从水泵获得的能量，也可指水泵传递给水体的净功率。通常用符号 N_u 表示，用式（11-1）计算：

$$N_u=\frac{\rho g Q H}{1000} \tag{11-1}$$

式中 N_u——有效功率，kW；

ρ——水的密度，kg/m³；

Q——水泵的流量，m³/s；

H——水泵的扬程，m。

（二）轴功率

水泵轴功率是指水泵在一定的流量和扬程下，由原动机传递到泵轴上的功率，也可称输入功率，通常用符号 N 表示。

（三）配套功率

水泵配套功率是指水泵配套原动机的额定功率，又称配用功率，常用符号 $N_{配}$ 表示。配套功率与轴功率、动力机、传动方式及工作环境有关，用式（11-2）计算：

$$N_{配}=K\frac{N}{\eta_{传}} \tag{11-2}$$

式中 K——备用系数，与动力机形式、轴功率大小及工作环境有关；

$\eta_{传}$——传动效率。

五、效率

水泵效率是指有效功率与轴功率之比，常用符号 η 表示，是表征水泵性能好坏的一项重要指标。水泵的效率愈高，表示在同样的流量、扬程条件下，消耗的电力或燃料就愈少。水泵效率可用式（11-3）计算：

$$\eta=\frac{N_u}{N}\times 100\% \tag{11-3}$$

六、允许吸上真空高度

水泵允许吸上真空高度俗称允许吸水扬程，表示水泵能够把水吸上的最大高度，常用符号 $[H_s]$ 表示，单位为 m。一般离心泵的允许吸上真空高度在 2.5～8.5m。吸水池水面与泵轴线之间的几何吸水高度必须小于允许吸上真空高度。允许吸上真空高度随着使用地点海拔的增高及水温的增加而减小。

七、汽蚀余量

水泵汽蚀余量指水泵进口处单位重量的水体所具有的超过其工作水温时汽化压力的富余能量，常用符号（NPSH）或 Δh 表示，单位为 m，是反映水泵吸水性能好坏的又一项重要指标。当水泵吸入管安装高度过大、或在低大气压（如高原地区）等工作，有可能发生汽蚀。为有效防止汽蚀的产生，必须正确确定水泵的吸水高度。

第三节 水 泵 选 型

一、水泵选型考虑的因素

水泵选型应考虑下列因素。

(1) 满足泵站的设计流量、设计扬程的需要及不同轮灌组合时的要求。

(2) 确保水泵安全、稳定地在高效区运行，而且在设计标准的各种工况下水泵机组不出现汽蚀、振动和超载等现象。

(3) 选用性能良好、高效区宽广、与泵站扬程、流量变化相适应的泵型，应优先选用国家推荐的新型产品。

(4) 根据水源条件、施工环境和建设资金，选择合适的水泵型号和泵站型式。当抽取地下水时，一般使用深井泵；当抽取地表水时，可选卧式或立式离心泵，也可以使用小型潜水电泵；对于有压管网灌溉水，可以使用立式离心泵。

(5) 当单台水泵不能满足灌溉工程设计流量或设计扬程的要求时，可以考虑采用多台水泵串联、并联运行。但串联运行时要求串联前级水泵流量不小于后级，并联运行时要求并联水泵的扬程相等或相近。

二、水泵选型方法和步骤

在喷微灌系统设计中，水泵选型一般方法和步骤如下。

(1) 根据水源条件和施工环境，选择合适的水泵类型。

(2) 根据灌溉工程设计扬程，从水泵综合型谱图或水泵站品样本的性能表上选择几种不同流量的水泵，要求所选水泵额定扬程与泵站设计扬程一致或接近。泵站设计扬程用式(11-4)计算：

$$H_{设}=H_{入}+H_{吸}+h_{损} \tag{11-4}$$

式中 $H_{设}$——泵站设计扬程，m；

$H_{入}$——灌溉工程管网入口处所需工作水头，m；

$H_{吸}$——水泵吸水高度，即水面与水泵泵轴中心线的垂直高度，m；

$h_{损}$——进水管及出水管至灌溉工程管网入口处的水头损失之和，m。

(3) 根据灌溉工程涉及流量选择水泵设计流量，从水泵综合型谱图或水泵站品样本的性能表上选择与灌溉工程设计流量相同或接近的水泵设计（额定）流量。如果单泵流量不能满足工程设计流量时可采用水泵并联，并力求满足式(11-5)：

$$Q_{设}=\sum n_iQ_i \tag{11-5}$$

式中 $Q_{设}$——泵站设计流量；

Q_i——所选泵型的单泵流量；

n_i——相应于 Q_i 的泵型的水泵台数。

(4) 按初选的泵型及台数，配置管路及附件，并绘制管路特性曲线，求出水泵的工作点，确定水泵安装高程。

(5) 根据所选水泵型号及其配套设备的特点，按照经济技术要求，合理核算建设成本和运行成本，最终确定合理泵型及台数。

三、水泵工况分析

喷微灌系统在运行过程中，水泵的工作状况不仅与其自身的特性（性能曲线）有关，还与管路的性能、灌水器工作压力等因素有关。

1. 水泵基本性能曲线

水泵在一定的转速下运行，用试验方法分别测出每一流量 Q 时的水泵扬程 H、功率 N、效率 η 和汽蚀余量 $NPSH$，绘出 $H-Q$、$N-Q$、$\eta-Q$ 和 $NPSH-Q$ 四条曲线，总称为离心泵的基本性能曲线，在 $H-Q$ 曲线上对应于最高效率点的工作参数为该水泵的最经济工作点，在该点左右部分效率较高的范围，称为水泵的高效区。

2. 管路特性曲线

水泵在运行过程中，除要求满足灌溉系统末端灌水器的工作压力 h_p、克服地形高程差 Δz 外，还要克服水源至灌水器之间的各级管道产生的水力损失之和 h_w。若喷微灌系统所需要的扬程用 $H_{需}$ 表示，则：

$$H_{需}=h_p+\Delta z+h_w \tag{11-6}$$

式中 h_p——灌水器工作水头，m；

Δz——水泵出口与计算灌水器地形高差，顺坡为“－”，逆坡为“＋”，m；

h_w——各级管道水头损失之和，m。

对于一般的灌溉系统来说，Δz 和 h_p 可以认为不变或变化较小，而 h_w 随流量的增加而增大，由式（5－6）可知，管路所需扬程 $H_{需}$ 随通过管中流量 Q 的增加而增加，实用上将这一关系绘成的曲线称为管路特性曲线。

3. 单泵工作点的确定

将水泵性能曲线和管路特性曲线绘在同一张图上，见图 11－11，得到两条曲线的交点（Q_A，H_A），此交点即单泵的工作点，代表水泵工作时真正的流量与扬程。如 Q_A 与 H_A 满足设计要求，则选择水泵是合适的；如 Q_A 与 H_A 不满足要求，则需要通过另选一台水泵、改变转速或切割叶轮外径等措施，使水泵工作点改变，直到满足要求为止。一般要求水泵在高效区运行，更为经济合理。

4. 水泵串联运行

当地形高差较大，一台水泵扬程不能满足灌溉系统设计扬程要求，或改造旧灌区原有水泵扬程不能满足要求时，需要增设水泵与原水泵进行串联运行。水泵串联运行时，经过每台水泵的流量相等，但串联系统的总扬程是各台水泵的扬程总和。串联后的总性能曲线可以用纵加法绘出，即把同一 Q 值时的各台水泵的扬程值相加，就得到该流量 Q 时的串

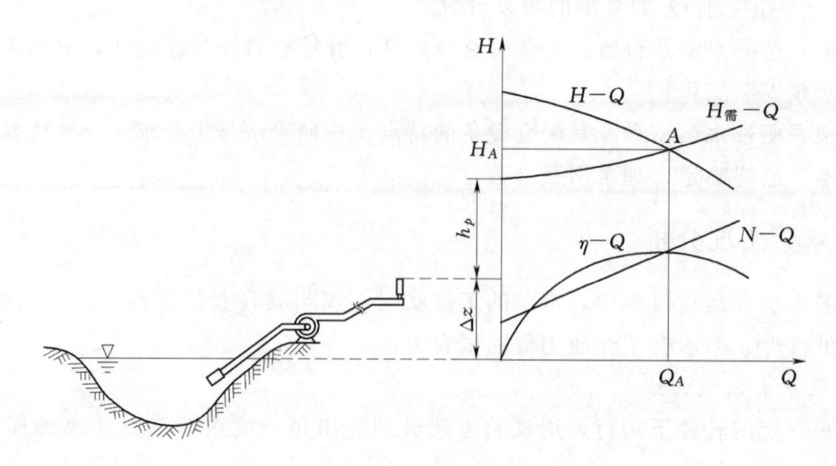

图 11-11　单泵工作点的确定曲线图

联总扬程，见图 11-12。串联系统的水泵性能曲线 $(H-Q)_{Ⅰ+Ⅱ}$ 和管路特性曲线 $H_{需}-Q$ 的交点 A，即为水泵串联运行的工作点。过 A 点作垂线分别与水泵Ⅰ和水泵Ⅱ的性能曲线的交点，分别称为水泵Ⅰ和水泵Ⅱ的各自工作点。

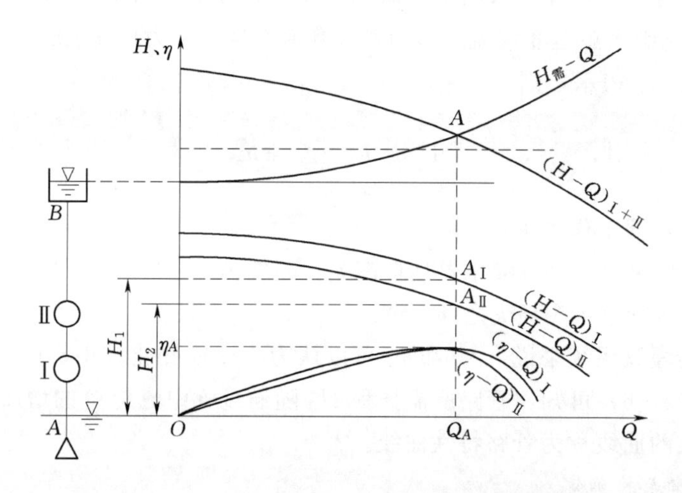

图 11-12　水泵串联运行工作点的确定曲线图

5. 水泵并联运行

两台不同型号水泵并联运行时的情况（见图 11-13）。水泵Ⅰ和水泵Ⅱ的性能曲线分别为 $(H-Q)_Ⅰ$ 和 $(H-Q)_Ⅱ$，分别减去 AC 和 BC 段的管路损失，得到两泵的折引性能曲线 $(H-Q)'_Ⅰ$ 和 $(H-Q)'_Ⅱ$，然后根据同一扬程下的流量相加的原则，得到并联水泵系统的性能曲线 $(H-Q)'_{Ⅰ+Ⅱ}$。将并联点 C 之后 CD 管段的管路特性曲线 $h_{CD}-Q$ 与净扬程相加，得到并联系统的管路特性曲线 $H_{需}-Q$。$(H-Q)'_{Ⅰ+Ⅱ}$ 曲线和 $H_{需}-Q$ 曲线交于 A 点，即为水泵并联运行的工作点。过 A 点作水平线分别与 $(H-Q)'_Ⅰ$ 和 $(H-Q)'_Ⅱ$ 交于 $A'_Ⅰ$ 和 $A'_Ⅱ$ 点，再过这两点作垂线，分别交水泵性能曲线 $(H-Q)_Ⅰ$ 和 $(H-Q)_Ⅱ$ 于 $A_Ⅰ$ 和 $A_Ⅱ$ 点，则 $A_Ⅰ$ 和 $A_Ⅱ$ 点分别为水泵Ⅰ和水泵Ⅱ的工作点。

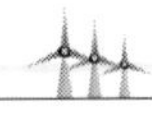

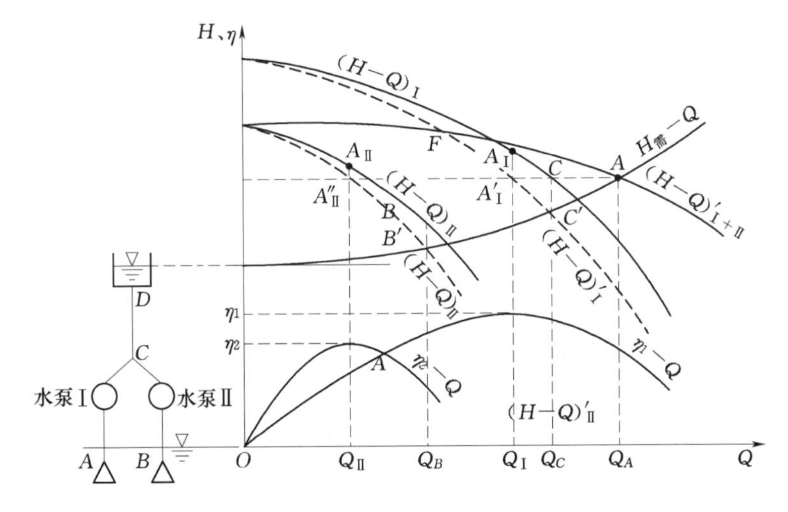

图 11-13 不同泵并联运行工作点的确定曲线图

6. 水泵工况调节

水泵在实际运用中，为满足灌溉用水需求和高效区经济运行的目的，往往需要改变流量、扬程使其工作点发生变化。采用改变水泵的性能，或者改变管路的特性，或者两者都改变的方法来改变水泵工作点的措施，称为水泵的工作点调节。调节方法较多，有变阀调节、变速调节、变径调节、变压调节、分流调节等。

四、水泵机组的配套

(一) 配套功率计算

水泵配套功率可用式 (11-2) 计算。在水泵性能表中，一般已给出各种水泵配套功率。

(二) 配套动力机的选择

喷微灌系统水泵配套动力机多采用电动机，在缺乏电能供应的地方也可采用柴油机或汽油机。

潜水电泵的电机与水泵直接联结在一起，工作时与水泵一起放入水中。

(三) 传动方式与传动设备的选择

水泵与动力机连接传动方式有直接传动和间接传动两种。直接传动是利用联轴器把水泵与动力机的轴连接起来，只能用于水泵与动力机转速相同的情况。当水泵与动力机转速不同时就必须采用间接传动。间接传动可采用皮带传动，或齿轮传动，各有优缺点，可根据实际条件选择。

(四) 附件配套

1. 水泵进出口管道直径的配套

一般水泵进口流速按 3～3.5m/s 设计，出口流速按 4m/s 以上设计。为了减小能耗，需要加大进出口管道直径，以降低进出水管的流速，一般进水管流速不大于 2m/s，出水管流速不大于 3m/s 为宜。管径计算式 (11-7)：

$$D=10.8\sqrt{\frac{Q_d}{v}} \tag{11-7}$$

式中 D——进出水管内径，mm；

Q_d——水泵设计流量，m^3/h；

v——进出水管流速，m/s。

水泵出口管道与水泵出口之间的过渡段的长度一般不小于大、小头直径差值的5～7倍。管道式喷灌系统井用泵出口一般与管网主干管连接，管道过渡段的上端与水泵出口同经，下端与主干管同经。

进水管渐变（渐细）段应做成扁心接头，大、小端上缘在一条水平线上，下缘为一斜线，以避免运行时产生窝藏气泡。出口渐变（渐扩）段可以是同心接头，大小端圆心在一条水平线上。

2. 闸阀配套

为了保证水泵机组安全、高效运行，进、出水管应配备必要的闸阀。

（1）底阀。因为离心泵、混流泵和卧式轴流泵的叶轮均安装在进水位以上，在启动前必须充水排气，常常在进水管进口处装配底阀，但水泵工作时底阀会增加能耗，应尽量不用底阀。例如，离心泵采用真空抽气启动时可以不装配底阀。

（2）出口阀门。喷微灌系统为了控制调节供水流量，在主干管进口均需装配阀门，其规格与主干管相同。必须注意，如果水泵是离心泵，启动前应关闭出口阀，启动后缓慢打开阀门直到要求的开度；停泵时先缓慢关闭出口阀直到完全关闭后关闭动力机；如果水泵是混流泵和轴流泵，启动前先打开出口阀，然后启动水泵，停泵时，则先关闭动力机，然后关闭出水阀。

（3）逆止阀。为了防止突然停泵压力水流倒流损坏水泵和附件，水泵出口处应装配逆止阀。

3. 监测仪表配套

监测仪表是了解水泵工作状况必不可少的设备，主要包括真空表和压力表，以及水表或流量表。真空表安装在水泵进口处，压力表安装在水泵出水口处，它们的配套规格应根据需要按照相关标准选用。

4. 过滤设施配套

（1）进水管进水口过滤。在含漂浮物较多的水源，如果泵站进水池没有拦污栅，进水管的进水口应装配筛网，防止漂浮物进入水泵，影响水泵正常工作，堵塞灌水器。

（2）出口过滤。当水源水质含沙量大时，水泵出口处可装配除沙过滤设备，如旋流水沙分离器等，防止灌水器堵塞，或磨损过流部件。当在水中含藻类较多，或可大量滋生藻类的水源取水时，应装配除藻过滤设备，如砂石（沙石）过滤器；对于含沙量大的水源，可安装旋流泥沙分离器。必要时，在砂石或旋流水沙分离器后再安装一级筛网过滤器。

五、灌溉常用水泵型号技术参数

灌溉常用水泵型号技术参数按适用水源类型见表11-2～表11-10。

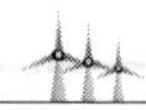

表 11-2　　　　IS型泵技术参数（地表水适用泵之一）

型号	流量 Q		扬程 H /m	转速 n/(r/min)	配套电动机		效率 η /%	允许吸上真空高度 H_s/m	叶轮直径 D/mm	重量 /kg
	m^3/h	L/s			功率 P/kW	型号				
IS50-32-125	8	2.20	22	2900	1.5	Y90S-2	60	7.2	125	32
	12.5	3.47	20							
	16	4.40	18							
IS50-32-125A	7	1.94	17		1.1	Y80S-2	58			
	11	3.06	15							
	14	3.90	13							
IS50-32-160	8	2.20	35		3	Y100L-2	55		160	37
	12.5	3.47	32							
	16	4.40	28							
IS50-32-160A	7	1.94	27		2.2	Y90L-2	53			
	11	3.06	24							
	14	3.89	22							
IS50-32-200	8	2.20	55		5.5	Y132S_1-2	44		200	41
	12.5	3.47	50							
	16	4.40	45							
IS50-32-200A	7	1.90	42		4	Y112M-2	42			
	11	3.06	38							
	14	3.00	35							
IS50-32-250	8	2.20	86		11	Y160M_1-2	35		250	72
	12.5	3.47	80							
	10	4.40	72							
IS50-32-250A	7	1.90	66		7.5	Y132S_2-2	34			
	11	3.06	61							
	14	3.00	56							
IS65-50-125	17	4.72	22		3	Y100L-2	69	7	125	34
	25	6.94	20							
	32	8.90	18							
IS65-50-125A	15	4.17	17		2.2	Y90L-2	67			
	22	6.10	15							
	28	7.78	13							
IS65-50-160	17	4.72	35		4	Y112M-2	66		160	40
	25	6.94	32							
	32	8.90	28							

续表

型号	流量 Q		扬程 H /m	转速 n/(r/min)	配套电动机		效率 η /%	允许吸上真空高度 H_s/m	叶轮直径 D/mm	重量 /kg
	m^3/h	L/s			功率 P/kW	型号				
	15	4.17	27							
IS65 - 50 - 160A	22	6.10	24		3	Y100L - 2	64			40
	28	7.78	22							
	17	4.72	55							
IS65 - 40 - 200	25	6.94	50		7.5	Y132S$_2$ - 2	58		200	
	32	8.90	45							43
	15	4.17	42							
IS65 - 40 - 200A	22	6.10	38		5.5	Y132S$_1$ - 2	56			
	28	7.78	35							
	17	4.72	86							
IS65 - 40 - 250	25	6.94	80		15	Y160M$_2$ - 2	48		250	
	32	8.90	72							74
	15	4.72	86							
IS65 - 40 - 250A	22	6.94	80		15	Y160M$_1$ - 2	46			
	28	8.90	72					7		
	17	4.72	140							
IS65 - 40 - 315	25	6.94	125	2900	30	Y200L$_1$ - 2	39		315	
	32	8.90	115							
	16	4.44	125							
IS65 - 40 - 315A	23.5	6.53	111		22	Y180M - 2	33			82
	30	8.33	102							
	15	4.17	110							
IS65 - 40 - 315B	22	6.10	97		18.5	Y160L - 2	37			
	28	7.78	90							
	31	8.61	22							
IS80 - 65 - 125	50	13.90	20		5.5	Y132S$_1$ - 2	76		125	
	64	17.80	18							36
	28	7.78	17							
IS80 - 65 - 125A	45	12.50	15		4	Y112M - 2	75			
	58	16.11	13							
	31	8.61	35							
IS80 - 65 - 160	50	13.90	32		7.5	Y132S$_2$ - 2	73	6.6	160	42
	64	17.80	28							

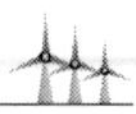

续表

<table>
<tr><th rowspan="2">型号</th><th colspan="2">流量 Q</th><th rowspan="2">扬程 H /m</th><th rowspan="2">转速 n/(r/min)</th><th colspan="2">配套电动机</th><th rowspan="2">效率 η /%</th><th rowspan="2">允许吸上真空高度 H_s/m</th><th rowspan="2">叶轮直径 D/mm</th><th rowspan="2">重量 /kg</th></tr>
<tr><th>m^3/h</th><th>L/s</th><th>功率 P/kW</th><th>型号</th></tr>
<tr><td rowspan="3">IS80-65-160A</td><td>28</td><td>7.78</td><td>27</td><td rowspan="33">2900</td><td rowspan="3">5.5</td><td rowspan="3">$Y132S_1-2$</td><td rowspan="3">72</td><td rowspan="30">6.6</td><td rowspan="3"></td><td rowspan="3">42</td></tr>
<tr><td>45</td><td>12.50</td><td>24</td></tr>
<tr><td>58</td><td>16.11</td><td>22</td></tr>
<tr><td rowspan="3">IS80-50-200</td><td>31</td><td>8.61</td><td>55</td><td rowspan="3">15</td><td rowspan="3">$Y160M_2-2$</td><td rowspan="3">69</td><td rowspan="3">200</td><td rowspan="6">45</td></tr>
<tr><td>50</td><td>13.90</td><td>50</td></tr>
<tr><td>64</td><td>17.80</td><td>45</td></tr>
<tr><td rowspan="3">IS80-50-200A</td><td>28</td><td>7.78</td><td>42</td><td rowspan="3">11</td><td rowspan="3">$Y160M_1-2$</td><td rowspan="3">67</td><td rowspan="3"></td></tr>
<tr><td>45</td><td>12.50</td><td>38</td></tr>
<tr><td>58</td><td>16.10</td><td>35</td></tr>
<tr><td rowspan="3">IS80-50-250</td><td>31</td><td>8.61</td><td>86</td><td rowspan="3">22</td><td rowspan="3">Y180M-2</td><td rowspan="3">62</td><td rowspan="3">250</td><td rowspan="6">78</td></tr>
<tr><td>50</td><td>13.90</td><td>80</td></tr>
<tr><td>64</td><td>17.80</td><td>72</td></tr>
<tr><td rowspan="3">IS80-50-250A</td><td>28</td><td>7.78</td><td>66</td><td rowspan="3">18.5</td><td rowspan="3">Y160L-2</td><td rowspan="3">60</td><td rowspan="3"></td></tr>
<tr><td>45</td><td>12.50</td><td>61</td></tr>
<tr><td>58</td><td>16.17</td><td>56</td></tr>
<tr><td rowspan="3">IS80-50-315</td><td>31</td><td>836.00</td><td>140</td><td rowspan="3">45</td><td rowspan="3">Y225M-2</td><td rowspan="3">52</td><td rowspan="3">315</td><td rowspan="9">87</td></tr>
<tr><td>50</td><td>13.90</td><td>125</td></tr>
<tr><td>64</td><td>17.80</td><td>115</td></tr>
<tr><td rowspan="3">IS80-50-315A</td><td>29.5</td><td>8.20</td><td>125</td><td rowspan="3">37</td><td rowspan="3">$Y200L_2-2$</td><td rowspan="3">51</td><td rowspan="3"></td></tr>
<tr><td>47.5</td><td>13.20</td><td>111</td></tr>
<tr><td>61</td><td>16.90</td><td>102</td></tr>
<tr><td rowspan="3">IS80-50-315B</td><td>28</td><td>7.78</td><td>110</td><td rowspan="3">30</td><td rowspan="3">$Y200L_1-2$</td><td rowspan="3">50</td><td rowspan="3"></td></tr>
<tr><td>45</td><td>12.50</td><td>97</td></tr>
<tr><td>58</td><td>16.10</td><td>90</td></tr>
<tr><td rowspan="3">IS100-80-106</td><td>65</td><td>18.10</td><td>14</td><td rowspan="3">5.5</td><td rowspan="3">$Y312S_1-2$</td><td rowspan="3">78</td><td rowspan="3">106</td><td rowspan="6">38</td></tr>
<tr><td>100</td><td>27.80</td><td>12.5</td></tr>
<tr><td>125</td><td>34.70</td><td>11</td></tr>
<tr><td rowspan="3">IS100-80-106A</td><td>58</td><td>16.10</td><td>10.5</td><td rowspan="3">4</td><td rowspan="3">Y112M-2</td><td rowspan="3">76</td><td rowspan="3"></td></tr>
<tr><td>90</td><td>25.00</td><td>9.5</td></tr>
<tr><td>112</td><td>31.10</td><td>8.7</td></tr>
<tr><td rowspan="3">IS100-80-125</td><td>65</td><td>18.10</td><td>22</td><td rowspan="3">11</td><td rowspan="3">$Y160M_1-2$</td><td rowspan="3">81</td><td rowspan="3">5.8</td><td rowspan="3">125</td><td rowspan="3">42</td></tr>
<tr><td>100</td><td>25.00</td><td>20</td></tr>
<tr><td>125</td><td>34.70</td><td>18</td></tr>
</table>

续表

型号	流量 Q		扬程 H /m	转速 n/(r/min)	配套电动机		效率 η /%	允许吸上真空高度 H_s/m	叶轮直径 D/mm	重量 /kg
	m^3/h	L/s			功率 P/kW	型号				
	58	16.10	17							
IS100－80－125A	90	25.00	15		7.5	Y132S_2－2	79			42
	112	31.10	13							
	65	18.10	35							
IS100－80－160	100	27.80	32		15	Y160M_2－2	79		160	
	125	34.70	28							60
	58	16.10	27							
IS100－80－160A	90	25.00	24		11	Y160M_1－2	77			
	112	31.10	22							
	65	18.10	55							
IS100－65－200	100	27.80	50		22	Y180M－2	76		200	
	125	34.70	45							71
	58	16.10	42							
IS100－65－200A	90	25.00	38		18.5	Y160L－2	74			
	112	31.10	35					5.8		
	65	18.10	86							
IS100－65－250	100	27.80	80	2900	37	Y200L_2－2	72		250	
	125	34.70	72							84
	58	16.10	66							
IS100－65－250A	90	25.00	61		30	Y200L_1－2	71			
	112	31.10	56							
	65	18.10	140							
IS100－65－315	100	27.80	125		75		65		315	
	125	31.70	11							
	61	16.90	125							
IS100－65－315A	95	26.40	111		55		64			100
	112	32.80	102							
	58	16.10	110							
IS100－65－315B	90	25.00	97		45		63			
	112	31.10	90							
	130	36.10	86							
IS150－100－250	200	55.60	80		75		78	4.5	250	95
	250	69.40	72							

续表

型号	流量 Q		扬程 H /m	转速 n/(r/min)	配套电动机		效率 η /%	允许吸上真空高度 H_s/m	叶轮直径 D/mm	重量 /kg
	m^3/h	L/s			功率 P/kW	型号				
IS150－100－250A	115	31.90	66	2900	22		76	4.5		95
	176	48.90	61							
	220	61.10	56							
IS150－100－315	130	36.10	140		110		74		315	115
	200	55.60	125							
	250	69.40	115							
IS150－100－315A	122	33.90	125		90		73			
	188	52.20	111							
	235	65.30	102							
IS150－100－315B	115	31.90	110		75		72			
	176	48.90	97							
	220	61.10	90							

表 11－3　　Sh 型泵技术参数（地表水适用泵之二）

型号	流量 Q		扬程 H /m	转速 n/(r/min)	配套电动机		效率 η /%	允许吸上真空高度 H_s/m	叶轮直径 D/mm
	m^3/h	L/s			轴功率 P/kW	电动机功率 P/kW			
6Sh－6	126	35	84	2950	40.0	55	72	5	251
	162	45	78		46.5		74		
	198	55	70		52.4		72		
6Sh－6A	111.6	31	67	2950	30.0		68	5	223
	144	40	62		33.8		72		
	180	50	55		38.5		70		
6Sh－9	130	36.2	52	2950	25.0	40	73.9	5	200
	170	47.2	47.6		27.6		79.8		
	220	61.2	35		31.3		67		
6Sh－9A	111.6	31	43.8	2950	18.5	30	72	5	186
	144	40	40		20.9		75		
	180	50	35		24.5		70		
8Sh－6	180	50	100	2950	71.0	100	69	4.5	282
	234	65	93.5		81.1		73.5		
	288	80	82.5		86.3		75		
8Sh－9	216	60	69	2950	55.0	75	74	5.3	233
	288	80	62.5		61.6		79.5	4.5	
	351	97.5	50		67.8		70.5	3	

续表

型号	流量Q		扬程 H /m	转速 n/(r/min)	配套电动机		效率 η /%	允许吸上真空高度 H_s/m	叶轮直径 D/mm
	m^3/h	L/s			轴功率 P/kW	电动机功率 P/kW			
8Sh－9A	180	50	54	2950	39.5	55	67	5	218
	270	75	46		44.5		76	3.7	
	324	90	37.5		46.0		72	2.8	
8Sh－13	216	60	48	2950	35.7	55	79	5	204
	288	80	42		40.2		82	3.6	
	342	95	35		42.3		77	1.8	
8Sh－13A	198	55	43	2950	30.5	40	76	5.2	193
	270	75	36		33.1		80	4.2	
	310	86	31		34.4		76	3	
10Sh－6	360	100	71	1470	99.5	135	70	6.6	460
	486	135	65.1		112.0		76.5	5.5	
	612	170	56		126.0		74	4.4	
10Sh－6A	342	95	61	1470	82.2	115	69	6	430
	468	130	54		92.0		75		
	540	150	49		102.0		72		
10Sh－9	360	100	42.5	1470	55.5	75	75	6	367
	486	135	38.5		63.0		81		
	612	170	32.5		68.0		80		
10Sh－9A	324	90	35.5	1470	42.5	75	74	6	338
	468	130	30.5		48.6		80		
	576	160	25		51.0		77		

表 11－4　　自吸泵技术参数（地表水使用泵之三）

型　号	流量/(m^3/h)	扬程/m	吸程/m	转速/(r/min)	效率/%	配　套　动　力	
						电动机/kW	柴油机/hP
50ZB－20	15	20	6.5～8	2600	>52	2.1	165F
50ZB－35	15	35	7～9	2600	>52	2.94	170F
50ZB－45	18	45	7～9	2600	>53	4.4	R175
65ZB－45	32	45	7～9	2600	>52	5.15	R180
65ZB－55D	30	55	7～9	2900	>52	8.8	S195
80ZB－45D	50	45	7	2900	>52	11	S1100
50CB－10	10	10	6	2900	>52	1.47	160F

续表

型　　号	流量/(m³/h)	扬程/m	吸程/m	转速/(r/min)	效率/%	配　套　动　力	
						电动机/kW	柴油机/hP
50CB-15	15	15	6	2900	78	1.47	160F
65CB-18	30～50	18～31	6	2900	78	1.47	160F
80CB-31	30～50	18～31	6	2900	72	2.94　4.4	170F R175
100CB-40	20～60	30～40	6	2900		4.4　5.15	R175 R180
65CB-18（手压）	15	18	7	2900	78	2.1	165F
CB80-200（手压）	50	40	7	2900		8.8	S195
NB100-80	35	9	7	1000		8.8　11	S195 S1100
GRA6-30-10A	6	15	15	2900		2.1	165F
SRB32-23-12A	20	16	16	2900		4.4	R175
SRB25-40-12A	25	20	20	2900		8.8	S195

表 11-5　　小型潜水电泵技术参数（地表水适用泵之四）

序号	型式	流量 Q/(m³/h)	扬程 H /m	转速 n/(r/min)	转速 P /kW	效率 η /%	比转数 n_s
1	QDX	1.5	7.0	2850	0.12	31.5	49
2		3.0	6.0			49.5	78
3		6.0	3.5			61.0	166
4		1.5	10.0		0.18	27.5	38
5		3.0	8.0			46.5	63
6		6.0	5.0			61.0	127
7		10.0	3.5			66.0	214
8		1.5	12.0		0.25	25.0	33
9		3.0	10.0			43.5	53
10		6.0	7.0			60.0	99
11		10.0	4.5			66.0	177
12		15.0	3.0			66.0	295
13		1.5	16.0		0.37	22.5	27
14		3.0	14.0			39.5	42
15		6.0	10.0			57.0	76
16		10.0	7.0			66.0	127
17		15.0	5.0			69.0	201
18		25.0	3.0			67.5	380

续表

序号	型式	流量 $Q/(m^3/h)$	扬程 H /m	转速 $n/(r/min)$	转速 P /kW	效率 η /%	比转数 n_s
19		3.0	18.0			36.0	35
20		6.0	14.0			53.0	59
21		10.0	10.0		0.55	64.5	97
22		15.0	7.0			69.0	156
23		25.0	4.5			70.0	281
24		3.0	24.0	2850		33.0	28
25		6.0	18.0			50.0	49
26		10.0	14.0			62.0	76
27		15.0	10.0		0.75	69.0	119
28		25.0	6.0			72.0	226
29		40.0	4.0			70.0	388
30		3.0	30.0			30.5	23
31		6.0	25.0			46.0	38
32		10.0	18.0			59.0	62
33		15.0	14.0		1.1	67.5	92
34		25.0	9.0			72.5	165
35		40.0	6.0			72.5	283
36		6.0	32.0	2820		43.0	31
37		10.0	24.0			55.0	50
38		15.0	18.0			65.0	76
39		25.0	12.0		1.5	72.5	133
40		40.0	8.0			74.5	228
41	QX	65.0	5.0			72.0	414
42		10.0	34.0			51.0	39
43		15.0	26.0			61.0	59
44		25.0	18.0		2.2	71.5	100
45		40.0	12.0			75.0	171
46		65.0	7.5			73.5	310
47		10.0	44.0			48.0	32
48		15.0	34.0	2860		57.5	48
49		25.0	24.0			69.0	80
50		40.0	16.0		3	75.0	138
51		65.0	10.0			75.5	249
52		100.0	7.0			73.5	404
53		15.0	45.0		4	54.0	39

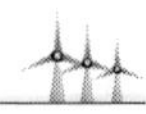

续表

序号	型式	流量 $Q/(m^3/h)$	扬程 H /m	转速 n/(r/min)	转速 P /kW	效率 η /%	比转数 n_s
54	QX	25.0	30.0	2860	4	67.0	68
55		40.0	22.0			74.5	108
56		65.0	14.0			77.0	194
57		100.0	9.0			74.0	335
58		15.0	55.0		5.5	52.0	33
59		25.0	40.0			63.5	55
60		40.0	30.0			72.5	86
61		65.0	19.0			77.0	154
62		100.0	12.0			76.0	270
63		160.0	8.0			75.0	463
64		25.0	50.0		7.5	60.0	46
65		40.0	38.0			70.5	72
66		65.0	26.0			77.0	122
67		100.0	17.0			78.5	208
68		160.0	11.0			75.0	364
69	QY	10.0	32.0	2860	2.2	49.0	41
70		15.0	26.0			58.5	59
71		25.0	17.0			68.5	104
72		40.0	12.0			71.0	171
73		65.0	7.0			69.0	326
74		100.0	4.5			69.5	563
75		160.0	3.0			70.5	965
76		15.0	34.0		3	55.0	48
77		25.0	24.0			66.0	80
78		40.0	16.0			71.0	138
79		65.0	10.0			71.5	219
80		100.0	6.0			69.5	454
81		160.0	4.0			70.5	778

表 11-6　QJ 型泵技术参数（地下水适用泵之一）

型号	流量 Q		扬程 H /m	转速 n/(r/min)	效率 η /%	电动机功率 P/kW	机组径向最大尺寸/mm
	m^3/h	L/s					
150QJ5-100/14	5	1.38	100	2850	60	3.0	136
150QJ5-150/21			150			4.0	
150QJ5-200/28			200			5.5	
150QJ5-250/35			250			7.5	
150QJ5-300/42			300			9.2	
150QJ11-50/7	10	2.78	50		63	3.0	
150QJ11-100/14			100			5.5	
150QJ11-150/21			150			9.2	
150QJ11-200/28			200			11.0	
150QJ11-250/35			250			13.0	
150QJ20-26/4	20	5.56	26		64	3.0	
150QJ20-52/8			52			5.5	
150QJ20-85/13			85			7.5	
150QJ20-104/16			104			11.0	
150QJ20-143/22			143			13.0	
150QJ32-18/3	32	8.89	18		65	3.0	
150QJ32-30/5			30			5.5	
150QJ32-54/9			54			9.2	
150QJ32-72/12			72			13.0	
150QJ32-90/15			90			15.0	
200QJ20-40/3	20	5.56	50		66	4.0	184
200QJ20-54/4			54			5.5	
200QJ20-81/6			81			9.2	
200QJ20-108/8			108			11.0	
200QJ20-121/9			121			13.0	
200QJ20-148/11			148			15.0	
200QJ20-175/13			175			18.5	
200QJ20-202/15			202			22.0	
200QJ20-243/18			243			25.0	
200QJ20-270/20			270			30.0	
200QJ32-26/2	32	8.89	26		68	4.0	
200QJ32-52/4			52			9.2	
200QJ32-78/6			78			13.0	
200QJ32-104/8			104			18.5	

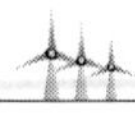

续表

型 号	流量 Q		扬程 H /m	转速 n/(r/min)	效率 η /%	电动机功率 P/kW	机组径向最大尺寸/mm
	m^3/h	L/s					
200QJ32－130/10	32	8.89	130		68	22.0	184
200QJ32－156/12			156			25.0	
200QJ32－195/15			195			30.0	
200QJ32－234/18			234			37.0	
200QJ50－26/2	50	13.89	26		72	7.5	
200QJ50－52/4			52			13.0	
200QJ50－78/6			78			18.5	
200QJ50－104/8			104			25.0	
200QJ50－130/10			130			30.0	
200QJ50－156/12			156			37.0	
200QJ80－22/2	80	22.22	22		73	9.2	
200QJ80－33/3			33			13.0	
200QJ80－55/5			55			22.0	
200QJ80－77/7			77			30.0	
200QJ80－99/9			99			37.0	
250QJ50－20/1	50	13.89	20		72	5.5	223
250QJ50－40/2			40			9.2	
250QJ50－60/3			60			15.0	
250QJ50－80/4			80			18.5	
250QJ50－100/5			100			25.0	
250QJ50－120/6			120			30.0	
250QJ50－160/8			160			37.0	
250QJ50－180/9			180			45.0	
250QJ50－220/11			220			55.0	
250QJ50－260/13			260			64.0	
250QJ50－300/15			300			75.0	
250QJ80－20/1	80	22.22	20		73	7.5	
250QJ80－40/2			40			15.0	
250QJ80－60/3			60			22.0	
250QJ80－80/4			80			30.0	
250QJ80－100/5			100			37.0	
250QJ80－120/6			120			45.0	
250QJ80－140/7			140			55.0	
250QJ80－180/9			180			64.0	

续表

型 号	流量Q m³/h	流量Q L/s	扬程 H /m	转速 n/(r/min)	效率 η /%	电动机功率 P/kW	机组径向最大尺寸/mm
250QJ80-200/1	80	22.22	200		73	75.0	
250QJ80-240/1			240			90.0	
250QJ125-16/1			16			9.2	
250QJ125-32/2			32			18.5	
250QJ125-48/3			48			30.0	
250QJ125-64/4			64			37.0	223
250QJ125-80/5	125	34.72	80		74	45.0	
250QJ125-96/6			96			55.0	
250QJ125-112/7			112			64.0	
250QJ125-128/8			128			75.0	
250QJ125-160/10			160			90.0	

表 11-7　　JC 泵技术参数（地下水适用泵之二）

型号	级数	流量Q m³/h	流量Q L/s	扬程 H /m	转速 n/(r/min)	功率 P/kW 轴功率	功率 P/kW 电动机功率	效率 η /%	机组径向最大尺寸/mm
100JC5-4.2	27～40	5	1.39	112～168		1.04～4.16	5.5～7.5	55	92
100JC11-3.8	8	10	2.78	30		1.39	5.5	60	92
	28			106		4.81	7.5		
150JC30-9.4	3～21	30	8.33	28.5～199.5		3.4～23.9	7.5～30	68.5	142
150JC50-8.5	3～11	50	13.89	25.5～93.5		4.93～18.1	7.5～30	70.5	142
	2			32	2940	9.5	15		
	3			48		14.2	18.5		
200JC80-10	4	80	22.22	64		19	22	73.5	182
	5			80		23.7	30		
	6			96		28.5	37		
200JC120-23	1	120	33.33	23		10.2	15	74	182

表 11-8　　JD 泵技术参数（地下水适用泵之三）

型号	级数	流量Q m³/h	流量Q L/s	扬程 H /m	转速 n/(r/min)	功率 P/kW 轴功率	功率 P/kW 电动机功率	效率 η /%	叶轮直径 D/mm	比转数 n_s	输水管放入井中最大长度/m
	10			30		1.41					
4JD10	15	10	2.78	45	2900	2.11	5.5	58	72		
	20			60		2.82					
	24			72		3.38					

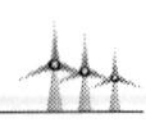

续表

型号	级数	流量 Q		扬程 H /m	转速 n/(r/min)	功率 P/kW		效率 η /%	叶轮直径 D/mm	比转数 n_s	输水管放入井中最大长度/m
		m³/h	L/s			轴功率	电动机功率				
6JD30	4	30	8.34	40	2900	4.6	7.5	71	114	140	38
	5			50		5.75					48
	6			60		6.9	11				58
	7			70		8.06					68
	8			80		9.21					78
	9			90		10.33					88
	10			100		11.5	15	66	105		98
	11			110		12.65					108
	12			115.8		14.35	22				
	13			125.5		15.6					
	14			135.2		16.76	30				
	15			145		17.95					
6JD36	4	36	10	38	2900	5.56	7.5	67	114	200	35.5
	5			47		6.94	11				45.5
	6			57		8.36					55.5
	7			66		9.75	15				65.5
	8			76		11.12					75.5
	9			85		12.5					83
	10			95		13.9	18.5	65			93
	11			104		15.29	20				103
	12			114		16.68	22				113
	13			123		18.07					120.5
	14			133		19.46					130.5
	15			142		20.85	30				140.5
	16			152		22.24					150.5
6JD56	4	56	15.6	32	2900	7.27	11	68	114	200	28
	5			40		9					40
	6			48		10.8	15				45.5
	7			56		12.6					56
	8			64		14.4	18.5				63
	9			72		16.2					72
	10			80		18	22				75.5
	11			88		19.8					88

续表

型号	级数	流量 Q		扬程 H /m	转速 n/(r/min)	功率 P/kW		效率 η /%	叶轮直径 D/mm	比转数 n_s	输水管放入井中最大长度/m
		m³/h	L/s			轴功率	电动机功率				
8JD80	8	80	22.2	32	1460	10	18.5	70	160	280	32
	10			40		12.04					36
	12			48		14.91					45
	14			56		17.5	22				56
	15			60		18.75	30				57
	17			68		21.25					57
	19			76		23.75					57
	20			80		24.2	40				57
	21			84		26.25					57
	23			92		28.75					57
10JD140	5	140	38.9	25	1460	13.25	18.5	72	195	315	24
	7			35		18.55	22				33
	8			40		21.2	30				38
	9			45		23.85					42
	10			50		26.5	40				47
	11			55		29.15					52
	12			60		31.85					57
	13			65		34.45					57
	14			70		37.1	45				57

表 11-9　　G型管道泵技术参数（压力管道泵之一）

型号	流量 Q		扬程 H/m	转速 n/(r/min)	汽蚀余量 /m	电机功率 P/kW	叶轮直径 /mm
	m³/h	L/s					
G25-15	3.6	1	15	2900	2.4	0.55	115
G25-20	3.6	1	20		2.4	0.75	128
G32-20	6	1.67	20		2.5	0.75	128
G40-15	11.4	3.17	15		2.6	1.1	123
G40-20	11.4	3.17	20		2.6	1.5	143
G40-30	11.4	3.17	30		2.6	2.2	157
G50-10	15	4.17	10		2.8	0.75	106
G50-17	18	5	17		3	1.5	128
G50-25	18	5	25		3	2.2	146
G50-30	18	5	30		3	3	156
G50-40	18	5	40		3	4	180

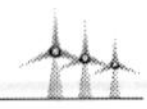

续表

型号	流量 Q		扬程 H/m	转速 n/(r/min)	汽蚀余量 /m	电机功率 P/kW	叶轮直径 /mm
	m^3/h	L/s					
G50－50	18	5	50	2900	3	5.5	200
G65－26	18	5	26		3	3	150
G65－30	25	6.94	30		3	4	168
G65－19	25	6.94	19		3	2.2	178
G65－40	25	6.94	40		3	5.5	186
G65－50	25	6.94	50		3	7.5	197
G80－21	42	11.67	21		3.5	4	138
G80－30	42	11.67	30		3.5	5.5	162
G80－40	42	11.67	40		3.5	7.5	186
G80－50	42	11.67	50		3.5	11	194

表 11－10　　DL 型立式多级泵技术参数（压力管道泵之二）

型号	级数	流量 Q		单级扬程 H /m	转速 n/(r/min)	功率 P/kW		必需汽蚀余量 NPSH/m	效率 η/%	叶轮直径 /mm
		m^3/h	L/s			轴功率	电动机功率			
25DL	2～10	4	1.11	15		0.79～3.98	1.1～5.5	2	41	117
32DL	2～10	6.5	1.81	15		1～5.02	1.5～7.5	2	53	116
40DL	2～10	12	3.33	15		1.63～8.16	2.2～11	2.3	60	115
50DL	2～8	24	6.67	20		3.74～14.95	5.5～18.5	3	70	136
65DL	2～8	36	10	20		5.41～21.64	7.5～30	3.4	72.5	136
80DL	2～8	50	13.9	20		7.26～29.05	11～37	3.8	75	138

第十二章 喷 灌 机

进入20世纪以后，世界工业迅速发展，劳动力紧张，劳动力价格不断上涨，提高劳动生产率是各国，尤其是发达国家降低生产成本，保持经济高速发展必不可少的手段，机械制造业和塑料工业已经具备为农业生产过程提供高效的各种装备的能力。20世纪50年代初美国发明水动圆形喷灌机，转动一圈可灌溉 $50hm^2$ 以上的作物，被誉为是自从拖拉机代替耕畜以来意义最大的农业机械发明。

早在20世纪20年代，俄国人首先将管子装在轮子上，制成了喷灌车。1935年美国出现滚移式喷灌机样机，1950年得到广泛推广。

20世纪70年代欧洲一些国家，如德国、法国、奥地利等先后制成推广一种耐高压、耐磨损、耐拉力、耐老化的聚乙烯输水管绞盘式喷灌机。它可以灵活地在不同地形坡度和形状耕地进行喷洒作业，也可用于矿山、建筑工地防尘喷洒。

由于圆形喷灌机是绕支轴进行圆形喷洒作业，相对于方田总是在四角留存约21%的面积喷不到水，尽管采用了地角臂装置，进行补喷，但仍不理想。1977年后，美国公司在电动圆形喷灌机的基础上，利用地埋导向跟踪装置研制出电动平移式喷灌机；美国则采用沿渠地面固定钢索导向，研制出简单可靠的电动平移式喷灌机导向装置，1980年以后，这种机型才真正具有商业价值。

上述类喷灌机均为大型喷灌机械，其共同特点是高度自动化，工作效率高，非常适合大面积种植区使用。我国20世纪80年代初在一些大型国营农场引进使用不同类型大型喷灌机，并进行了研制。随着农业现代化发展的需要，我国采用了引进与自主研制的路线发展喷灌机械，目前国产各种大型喷灌机不论在数量和质量都能满足生产的要求。

第一节 绞盘式喷灌机

一、绞盘式喷灌机的基本组成和类型

（一）绞盘式喷灌机的基本组成

绞盘式喷灌机，又称为卷盘式喷灌机，由喷头车和绞盘车两个基本部分组成。绞盘车上安装有缠绕高强度聚乙烯（PE）管的绞盘系统；喷灌车是一套装有行走轮用于安装喷枪的框架，当采用短射程喷头时框架制成悬臂桁架式，上面装配多个喷头。一种常见的绞盘式喷灌机见图12-1。

（二）绞盘式喷灌机的类型

绞盘式喷灌机工作时，喷头车边行走边喷洒，形成长条形湿润区。牵引喷头车行走的方式有利用钢索和聚乙烯管两种，故绞盘式喷灌机分为钢索牵引绞盘式喷灌机和软管牵引

绞盘式喷灌机两种类型。

二、绞盘式喷灌机的优缺点

图 12-1　一种常见的绞盘式喷灌机图

（一）绞盘式喷灌机的优点

（1）结构简单、制造容易、维修方便、价格低廉。

（2）自走式喷洒、操作方便、平稳可靠、节省劳力。

（3）机动性好、适应性强、水源供水方便。

（二）绞盘式喷灌机的缺点

（1）能耗大、运行费用偏高。

（2）远射程喷头雨滴偏大、低压喷头喷灌强度较大，不宜对幼嫩作物灌溉，不宜于在黏土耕地作业。

（3）高压水束受风影响较大，特别是风向不定时雨滴漂移严重，影响喷灌均匀度。

（4）为拖拽软管需预留有较宽的机行道，降低了土地利用率。

（5）聚乙烯管工作条件差，作业时不但要经受耐磨、耐压、耐拉、耐扎、耐老化的考验，而且卷起来也不能散开，若保养不善就会降低使用寿命。

三、软管绞盘式喷灌机

（一）软管绞盘式喷灌机的结构

软管绞盘式喷灌机典型结构见图 12-2。下面对软管绞盘式喷灌机两个主要组成部分的主要机构及其作用进行介绍。

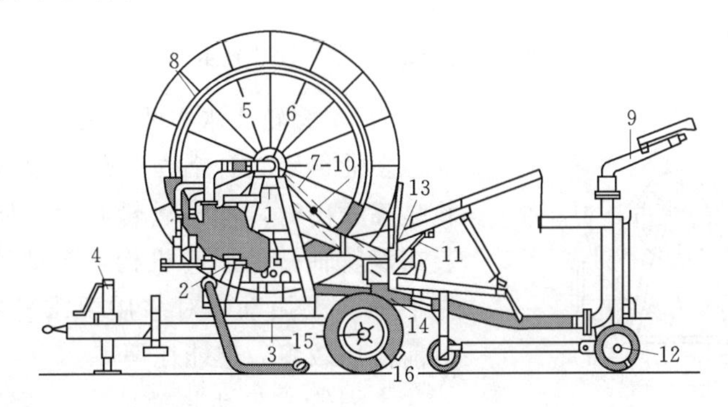

图 12-2　软管绞盘式喷灌机结构图

1—减速箱；2—棘爪；3—机架；4—前支撑；5—流量调节机构；6—轴承座；7—绞盘；8—齿圈；9—喷头；10—输水连接管；11—液压机构；12—喷头车；13—安全机构；14—导向机构；15—车轮轴；16—车轮

1. 绞盘车

绞盘车由行走底盘及安装其上面的绞盘系统构成。绞盘系统的主要机构如下。

（1）绞盘。绞盘是一块用钢板做成的滚筒，以型钢当辐条焊接加固，两端各焊一块圆形挡板，以防止聚乙烯管从两端脱出。绞盘轴支撑在底盘车架上，聚乙烯管一圈一圈地缠绕在滚筒上。

（2）聚乙烯管。聚乙烯管起着向喷头输送压力水和用于牵引喷头车的双重中作用。在绞盘式喷灌机工作过程中，聚乙烯管承受着弯曲、拉伸、压力、摩擦、日光照射、气温冷热等不利因素的影响，所以其材质具有良好的理化力学性能。

绞盘式喷灌机工作时，压力水通过绞盘上的竖管进入滚筒中心，然后经过与绞盘连接的聚乙烯管进口端输送到另一端的喷头。

（3）水力驱动装置。水力驱动装置以压力水为动力，通过传动机构驱动绞盘转动，缠绕聚乙烯管牵动喷头车，实现喷灌作业。常用的水力驱动装置有三种形式。

1）柱塞式水力驱动装置。主要由柱塞马达、控制阀、分配阀、换向机构、推杆、棘轮式绞盘等部件组成。打开控制阀，管中压力水进入柱塞缸推动柱塞往复运动，带动推杆棘爪式绞盘转动。柱塞往复一次做功的废水由一只小喷头洒在地里或由排水管排在地里。

柱塞式水力驱动装置是通过控制阀的开度控制柱塞反复频率控制转盘转速，实现喷头车的运行线速度近似一致来保证喷洒质量。但这种水力驱动装置为防止活塞杠磨损，对水质要求较严，且每反复一次废水排在绞盘车附近，影响喷洒质量。柱塞式水力驱动装置见图 12-3。

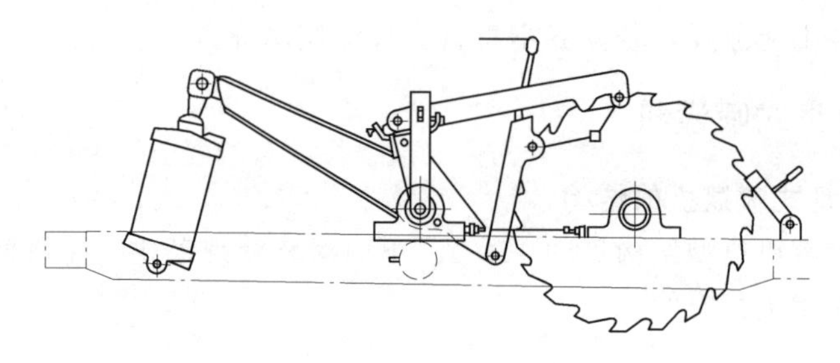

图 12-3　柱塞式水力驱动装置示意图

2）水涡轮式水力驱动装置。主要由喷嘴、偏流板、多业偏转轮、蜗壳等部件组成。当压力水从涡轮喷嘴喷出时，冲击涡轮叶片，使涡轮旋转，再经装在涡轮轴端的旋转机构，带动绞盘转动。他的工作平稳、无振动、对水质要求较宽，无废水泄漏，目前使用较多，但能耗偏高。

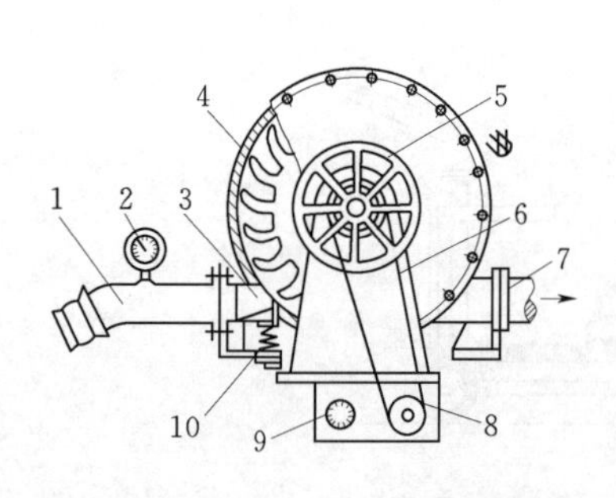

图 12-4　水涡轮式水力驱动装置示意图
1—进水管；2—压力表；3—喷嘴；4—转轮；5—手轮；6—无级变速机构；7—出水管；8—变速箱；9—花键孔；10—复位弹簧

水涡轮式驱动装置是通过压辊、摆杆、偏流板等一套机构来调节水涡轮进水口的开度，控制其流量，达到改变水涡轮转速和绞盘转速的目的，实现喷头车的运行线速度近似一致，保证喷洒质量。水涡轮式水力驱动装置见图 12-4。

3）橡皮囊式水力驱动装置。主要由换向机构、橡皮囊、泄水阀、臂杆和带内齿圈的绞盘组成。压力水通过换向机构进入橡皮囊，使囊沿轴向扩伸，推动臂杆旋转，再由臂杆上的棘爪推动绞盘上的内齿圈，实现绞盘转动。橡皮囊每伸缩 1 次，均有废水排出，具有柱塞式水力驱动装置的缺点，但对水质含砂量要求比它水力驱动装置宽一些。其操作简便。

皮囊式水力驱动装置是通过调节皮囊泄水阀的开度控制皮囊泄水量，达到控制皮囊每次排水、充水的时间，进而改变皮囊伸缩周期，达到调节绞盘转速，实现喷头车的运行线速度近似一致，保证喷洒质量。皮囊式水力驱动装置见图 12-5。

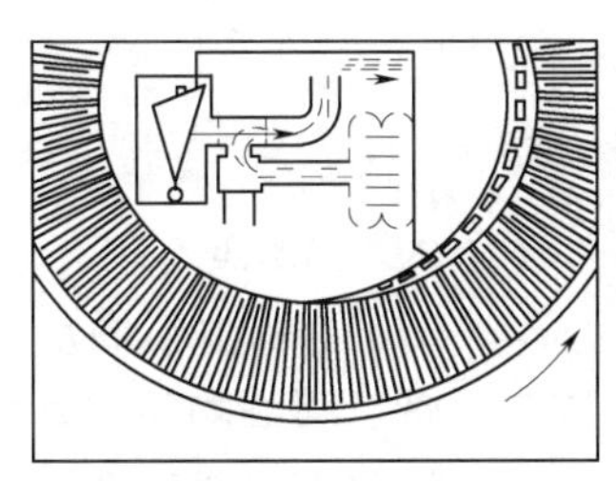
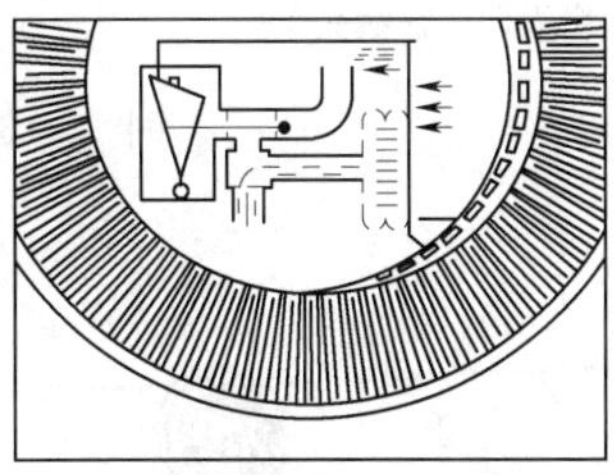

图 12-5　皮囊式水力驱动装置示意图

(4) 调速装置。调速装置的作用是可以改变绞盘的转速，使喷头保持匀速运行喷洒。因为很长的聚乙烯管逐层缠绕在绞盘滚筒上，缠绕直径逐层增大。如果绞盘转速一定，拖拽的喷头车线速度也会逐圈增大，致使喷头车在不均行速条件下喷洒作业，严重影响喷洒均匀度，所以要通过一个调速机构不断改变绞盘的转速，以便实现的均速运行。不同水力驱动装置的调速装置的调速效果有所差异，一般首末端速度变化范围不大于±10%。

(5) 导向装置。导向装置的作用是确保聚乙烯管有序地缠绕在绞盘的滚筒上，避免管子发生重叠或乱缠现象；在铺放聚乙烯管时使管子直线铺入，不使管子左右摆损伤作物。此外，导向装置还能清除管道上的泥土，常见的导向装置有链条式和螺杆式两种。

(6) 安全保护装置。安全保护装置的作用是使喷灌机在田间转移地块或喷洒作业时安全运行。按其用途，主要有绞盘车行走轮制动装置、绞盘制动装置和绞盘自动停止装置三种。

2. 喷头车

喷头车是由喷头架和行走机构组成，常见的喷头车有单喷头车和多喷头桁架车两种。

(1) 单喷头远射程喷头车。单喷头远射程喷头车是一种安装一支远射程喷枪的行走车架。其喷头架和行走装置结构简单，若在黏重质土壤作业时可将轮式行走机构换成滑橇式行走机构。这种喷头车耗钢材少，但抗风能力较差。

(2) 多喷头桁架车。多喷头桁架车是一种悬臂机构的行走架。在桁架的水流输入管上安转有多个低压喷头。这种喷头车耗能较低，抗风能力较强，但耗钢材较多。

两种喷头车的地隙均可调整，后者较高。喷头车见图 12-6。

(二) 软管牵引绞盘式喷灌机的工作方式

常用软管绞盘式喷灌机工作时，一般将绞盘固定在矩形地块中部的行机道上，再用拖拉机把喷头车拖到条地的一端。开启水源，打开喷灌机进水阀，压力水通过水力驱动装置和机械传动机构驱动绞盘转动，缠绕聚乙烯管牵动喷头车朝绞盘车方向移动。喷头车上的

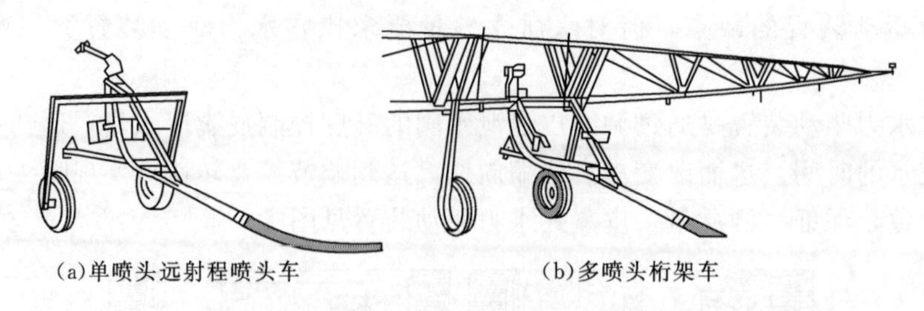

(a)单喷头远射程喷头车　　(b)多喷头桁架车

图 12-6 喷头车

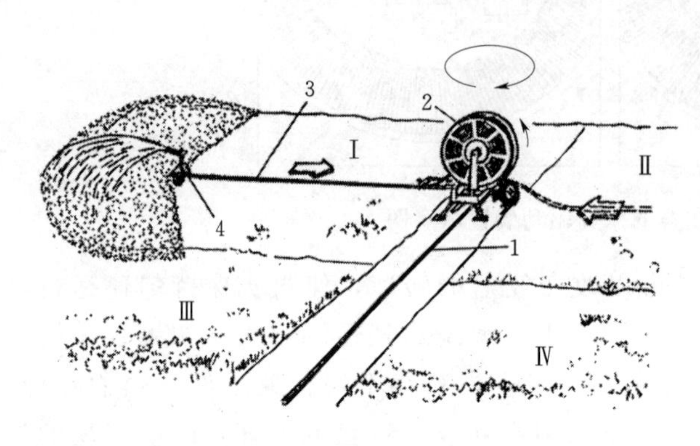

图 12-7 常见软管牵引绞盘式喷灌机田间工作方式图
1—供水干管；2—绞盘车；3—PE 半软管；
4—喷枪；Ⅰ～Ⅳ—喷灌顺序

大喷枪作 240°～300°（一般采用 270°）扇形喷洒形成一条长方形湿润带。喷洒均匀度是靠礁盘上的调速装置改变绞盘转速，保证喷头车均匀运行来实现。在喷洒作业过程中，缠绕在绞盘上的一圈圈聚乙烯管是靠绞盘上的导向装置有序排列。当喷洒作业结束时，喷头车上的顶杆就会碰撞到切断驱动绞盘转动的装置，绞盘停止转动并切断水源之后，将绞盘调转 180°用拖拉机将喷头车拉倒条地的另一端，开始又一次喷洒作业。常见软管牵引绞盘式喷灌机田间工作方式见图 12-7。

(三) 软管牵引绞盘式喷灌机的主要技术参数

几种常用软管牵引绞盘式喷灌机主要技术性能参数见表 12-1。目前国内用得较多的软管牵引绞盘式喷灌机主要是山东华泰保尔水务农业装备工程有限公司制造的软管牵引绞盘式喷灌机。

表 12-1　　几种常用软管牵引绞盘式喷灌机主要技术性能参数表

机　型	90TX	中Ⅱ型	JP90
软管长×管径/(m×mm)	(300～350) ×90	280×100	(275～350) ×90
有效喷洒长度/m	350～400	320	300～380
有效喷洒宽度/m	100	74～85	61～90
入机压力/MPa	0.5～1.0	0.63～0.90	0.5～1.1
喷头工作压力/MPa	0.35～0.60	0.50	0.35～0.60
喷嘴直径/mm	16～30	30	16～30
喷水量/(m^3/h)	17～65	65	17～65
喷头射程/m	58～62	46～52	36～53
降雨深度/mm		28	8～15
每个作业点控制面积/hm^2	7.0～8.0	4.7～5.4	5.76～7.20
配套动力/kW	22	37	22

四、钢索牵引绞盘式喷灌机

（一）钢索牵引绞盘式喷灌机的结构性能特点

常用的钢索牵引绞盘式喷灌机的机型是绞盘车和喷头车安装在一起的钢索牵引绞盘式喷灌机。它是由绞盘车、缠绕软管绞盘、缠绕钢索绞盘、水力驱动装置、软管和喷枪等主要部件组成。两种形式的钢索牵引绞盘式喷灌机的外形见图 12－8。

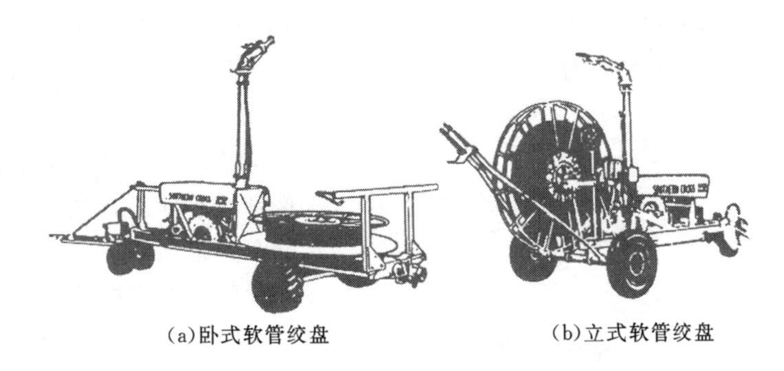

(a)卧式软管绞盘　　(b)立式软管绞盘

图 12－8　钢索牵引绞盘式喷灌机外形图

1. 绞盘车

绞盘车是由四个较大胶轮和较长的行走底盘组成的拖车。其上面装有缠绕软管绞盘、缠绕钢索绞盘、水力驱动装置、软管和喷枪。其轮胎较大可防止沉陷，但机身较长，在转弯时机动性较差。

2. 软管绞盘

缠绕软管绞盘是用于收放软管的绞盘架。一般大型机组绞盘架是卧式的，中小型机组多为立式绞盘。为了绞盘架收放软管安全、可靠，都配有与拖拉机动力输出轴相匹配的快速回收装置和摩擦片式制动器。

3. 钢索绞盘

钢索绞盘安装在软管绞盘旁边，长度较大，直径较小，它的引导系统能够保证钢索准确地贴紧绞盘缠绕，而不至于磨损和毁坏。它是通过一套机械传动机构与水力驱动装置连接，实现绞盘车的拖拽。由于钢索绞盘较宽，直径较小，因而钢索卷层较少，而且牵引索直径小，所以喷头绞盘车行走始末速度变化不大，一般情况下不需装调速装置。

4. 水力驱动装置

水力驱动装置有水涡轮式、柱塞式、橡皮囊式和反冲式四种主要形式。其作用是通过一套机械传动机构驱动钢索绞盘。

水涡轮式驱动装置优点较多，比柱塞式、皮囊式驱动装置行走速度均匀，对水中颗粒不敏感，没有废水排出。水涡轮式驱动装置有两种安装位置，一种是轴流式水涡轮将全部喷流水量都通过水涡轮，水头损失较大；另一种是安装在主供水管的旁路上，水头损失较小。

5. 软管

软管是由帆布加强、内外涂胶制成的。因为它充满了压力水在土壤上移动，必须具有很高的耐磨、耐高压和抗拉性能。在机组作业完毕后，软管从给水栓和机组上拆下，利用绞盘上的小气泵将软管里的水吹气排出，压扁缠绕在盘上，所以软管还必须富有柔性。

6. 喷枪

喷枪是绞盘式喷灌机喷洒作业主要部件。目前，大多数绞盘式喷灌机均采用垂直摇臂式喷枪。这种喷枪的特点是，射程远，喷幅宽；工作平稳，喷洒质量好；适应性强。

（二）钢索牵引绞盘式喷灌机的工作方式

钢索牵引绞盘式喷灌机工作原理见图 12-9，用拖拉机将喷头绞盘车拖到要灌溉条田的中轴线一端，在这端地头把钢索设桩锚固。这时拖拉机开始拖引喷头绞盘车沿条田中轴线驶向条田中轴线中部给水栓，边走边铺放钢索，到达给水栓处，将软管接到给水栓上，继续驶向条田的另一端，边走边铺放钢索和软管，当钢索和软管铺放完毕后，拖拉机走开，开启泵站，打开给水栓，压力水通过软管输送到绞盘车上的进水阀，压力水进入垂直摇臂式喷枪，从喷嘴射出高压远射程水束，在换向机构作用下进行 240°～300°扇形喷洒。另有一股高压水流经水力驱动装置，驱动钢索绞盘转动，缠绕钢索牵引喷头绞盘车拖拽软管向条田的另一端移动。一个喷灌行程为软管长度的 2 倍，当喷头车达到行程终点时，它的框架碰撞到锚固桩上的一个可调节套筒，拉动弹簧杆，关闭喷头绞盘车上的进水阀，绞盘车停止移动，喷枪停止喷水。然后开始下一条田作业。

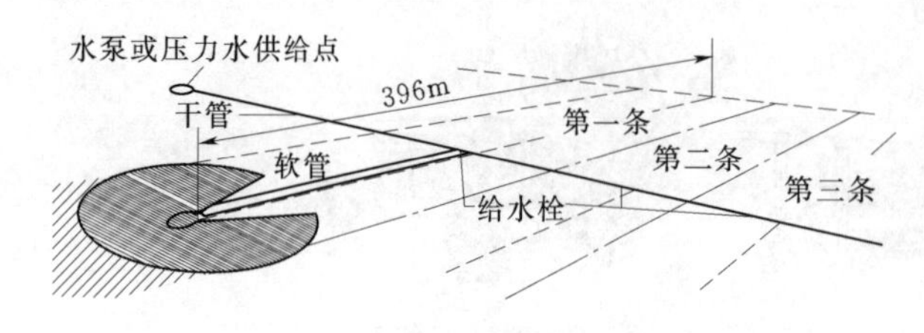

图 12-9 钢索牵引绞盘式喷灌机工作原理示意图

（三）钢索牵引绞盘式喷灌机主要技术性能参数

澳大利亚南十字公司钢索牵引绞盘式喷灌机主要技术性能参数见表 12-2。

表 12-2 澳大利亚南十字架公司钢索牵引绞盘式喷灌机主要技术性能参数表

机型	200 型	160 型	100 型	75 型	50 型	30 型
软管长度×管径/(m×mm)	400×115	200×115	200×90	150×75	100×65	100×45
喷头工作压力/MPa	0.63	0.56～0.63	0.56～0.63	0.42～0.63	0.42～0.63	0.42～0.63
喷嘴直径/mm	28～40.6	25.4～35.6	25.4～35.6	17.8～27.9	15～22.9	8.7～15.9
喷水量/(m^3/h)	64～135.3	54.7～103	45.7～103	21.2～63.3	15～37	5～18
有效喷洒宽度/m	115～144	108～132	109～132			47～64
每个作业点控制面积/hm^2	4～7.6	3～4.3	2.6～3.2	1.6～2.4	1.0～1.3	0.67～0.91
降雨深度/mm	28～40.6	25.4～35.6	26～35.6	17.8～27.9	15.2～22.9	8.7～15.6

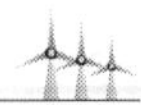

第二节 圆形喷灌机

一、圆形喷灌机的基本组成和工作方式

圆形喷灌机是由中心支座、桁架、塔架车、末端悬臂和电控同步系统等部分组成的一种自动化水平很高的大型现代灌溉设备。装有喷头的绗架支撑在若干个塔驾车上，彼此之间用柔性接头连接，工作时喷灌机绕中心轴作 360°进行喷洒作业，故又称为中心支轴喷灌机。按行走驱动力分为水力驱动、液压驱动和电力驱动圆形喷灌机。其中使用最广的是电力驱动圆形喷灌机。圆形喷灌机整机形状及其在田间工作的情形见图 12-10。电动圆形喷灌机的基本组成见图 12-11。

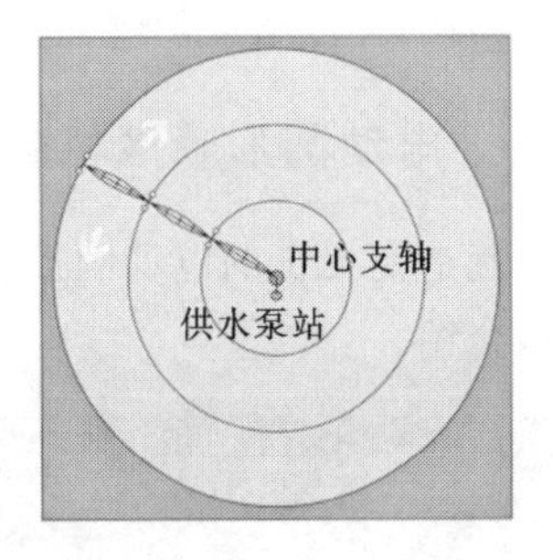

图 12-10 圆形喷灌机的整机形状和田间工作的情形图

图 12-11 电圆形喷灌机的组成图

二、圆形喷灌机基本技术参数

《圆形（中心支轴式）和平移式喷灌机》（J/T 6280—2013）对我国两种大型喷灌机执行的技术参数作了规定，见表 12-3。

表 12-3　　圆形喷灌机基本技术参数

项　目	技 术 参 数	
整机长度/m	75～515	75～500
跨距/m	30，40，50，(55)，60	
输水管规格（外径×壁厚）/(mm×mm)	114×3，133×3，(159×3)，(165×3)，168×3，(194×3.75)	
喷水量/(m^3/h)	50～240	80～350
末端压力/MPa	0.1～0.35	
电机加速器功率/kW	0.55，0.75，1.1，(1，5)	
塔架车轮转速/(r/min)	0.45～0.75	
末端悬臂长度/m	6，9，12，15，18，21，24	

注　1. 括号外为推荐值，但不排斥其他特殊机长与管径。
　　2. 引自《圆形（中心支轴式）和平移式喷灌机》(J/T 6280—2013)。

三、电动圆形喷灌机的结构

各制造商提供的电动圆形喷灌机的结构基本相同，这里以一种电动圆形喷灌机的结构作典型介绍。

（一）中心支座

中心支座是喷灌机的回转中心，也是喷灌机的进水口。它是由立柱、横梁和滑铁组成的四棱锥形框架。其中间为支撑立管和支轴弯管，支轴弯管在转动套内可以自由转动，支轴弯管与首跨输水管以球铰连接。在中心支座框架上还固定有主控制箱，在转动套上装有定点停机控制机构。集电环和照明灯等安装在支轴弯管上，见图 12-12。

图 12-12　中心支座结构图

（二）桁架

桁架是由输水管、V 形弦架和拉筋等组成。桁架包括首跨、中间跨、末跨三部分。桁架间以球绞连接，输水管采用柔性接头连接，使跨与跨之间有一定的活动范围，保证喷灌机的同步行走。桁架跨度有 50m，56m 和 62m 三种，前者适于起伏地势，后者适合平原地带。

根据实际需要，一台喷灌机上的桁架可以有两种跨度的组合。桁架上的主要零部件装配见图 12-13。50m 跨度桁架有由 8 根输水管、56m 跨度桁架有由 9 根输水管、62m 跨度桁架由 10 根输水管组成。输水管之间用法兰连接，法兰间装有密封垫。输水管分为首跨、末跨、中间跨桁架四种组合形式。

V 形弦架由横支撑、斜支撑组成 V 形三角架结构，见图 12-14。V 形弦架分短、中、长多种规格。

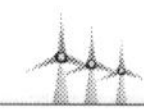

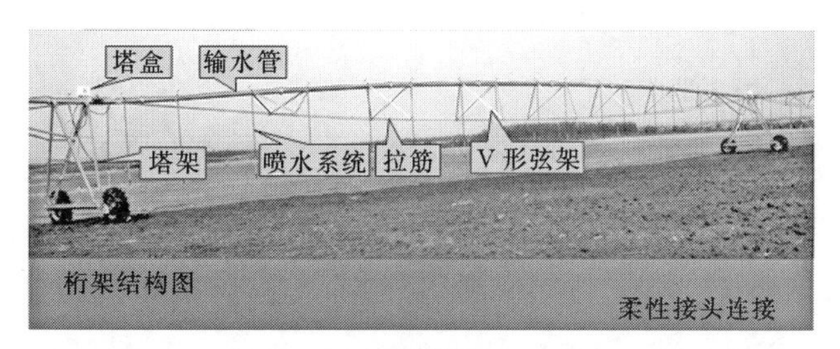

(a)桁架结构图

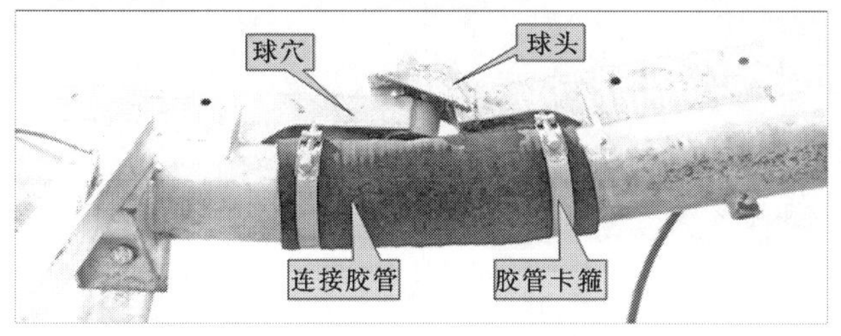

(b)输水管柔性接头连接图

图 12-13　桁架结构图

图 12-14　桁架组装图

V形弦架、输水管和拉筋采用螺栓刚性连接，构成桁架。

(三) 塔架车

塔架车由立柱、横梁、底梁等组成，用以支撑喷灌机行走。其结构见图 12-15。立柱上端用螺栓与输水管刚性连接，塔架立柱与V形弦架之间用管拉筋连接，两端用螺栓固定，其结构见图 12-16。传动部件由电机减速器、传动轴、万向节、车轮减速器等组成。

(四) 末端悬臂

末端悬臂是一根长 12～25m ϕ114 的水管，以法兰形式连接在末跨桁架的尾端，通过三角支架和五组钢丝绳将末端吊起。其上配有倒垂软管和喷头，装有放水排污阀，尾部配

图 12-15 塔架车结构图

图 12-16 管拉筋组装结构图

置远射程喷枪（按客户需要选配），以扩大灌溉面积。其结构如图 12-17。

（五）行走与传动机构

行走机构由行走轮胎、轮毂、钢圈、销轴等组合成的行走轮，每个塔架车有两个人字花纹方向相反的轮胎，轮胎规格可根据不同的土壤、作物等条件选择配置，标准轮胎型号为 14.9-24。行走轮总成分别安装在车轮减速器输出轴上。

传动机构由电机减速器、传动轴、万向节和车轮减速器组成。传动轴的一端与电机减速机输出轴连接；另一端与车轮减速机输入轴连接，外部装有防护罩，固定在底梁上，见图 12-18。

车轮减速器的功用是减速增扭，传导动力。其涡杆轴由壳体一端伸出，与万向节连接。涡轮轴伸出壳体的一端是行走轮的轴。车轮减速器安装在车轮减速器固定框架上，车轮减速器固定框架用销轴固定在底梁上，见图 12-19。

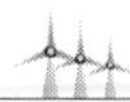

图 12－17　末端悬臂装配结构图

图 12－18　传动总成结构图

(六) 电控系统

电控系统由主控制箱、集电环、塔盒、定点停机装置、电缆等组成。该系统具有下列功能。

图 12－19　车轮减速器组装结构图

(1) 自动控制喷灌机正、反方向运行及连续或间歇运行，并通过控制喷灌机运行速度的快慢调节降雨量大小。

(2) 当喷灌机运行到达预定停机位置时，定点停机装置强制自动停机、停泵。

(3) 安全保护、过载保护、过雨量保护及水压过限保护等功能。当喷灌机在运行中塔架间不直超出规定范围时，喷灌机自动停机、停泵；当任一塔架遇到障碍电机超负荷运行时，自动停机、停

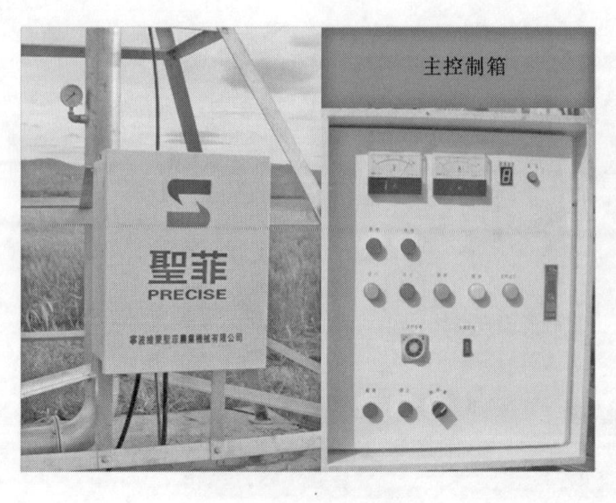

图 12-20　主控制箱

泵；当末端塔架行走轮打滑或受阻超过规定时间不行走时，喷灌机会自动停机、停泵；对电流、电压、温度和发生故障塔位实时监测报警，以及故障位置显示。

1. 主控制箱

主控制箱牢固地安装在中心支座上，通过集电环给塔盒提供电源，使电机运转。主控制箱是指挥喷灌机运行的中枢，实现系统的控制、保护和监测报警功能。通过装在主控制箱前面板上的计时器来调整喷灌机在一分钟内走、停的时间比例，调整喷灌机的运行速度，从而达到调节喷灌机降雨量的目的。主控制箱见图 12-20。

2. 集电环

集电环的作用是防止喷灌机围绕中心支座作圆周运动时，安装在中心支座上的主控制箱和各塔盒之间的连接电缆缠绕在中心支座上。其内装有相互绝缘的铜环及与铜环滑动接触的碳刷。铜环固定不动，碳刷随喷灌机转动，从而保证各线路畅通。主控制箱的 11 条控制线经过集电环输送到各塔盒。集电环见图 12-21。

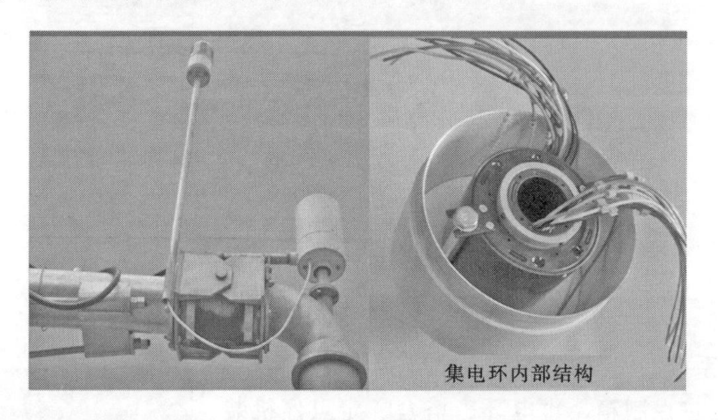

图 12-21　集电环

3. 塔盒

第 1～8 个塔盒为中间塔盒，见图 12-22。

中间塔合装有 1 个交流接触器，1 个运行微动开关、1 个调整凸轮、1 个安全微动开关、1 个热继电器和 1 套塔位故障信号发生器。交流接触器用来接通和断开该塔架驱动电机的电源，由微动开关及调整凸轮位置控制；热继电器是用在过载时切断驱动电机电源，达到过载保护的目的；塔位故障信号发生器与安全微动开关的常开触点相连，当故障发生时由于凸轮作用使安全微动开关动作，常开触点闭合，接通信号检测电路，信号发生器向主控制箱中的数控箱反馈回故障所在塔架信号。

图 12－22　中间塔盒

第 9 塔盒为次末端塔盒，除装有中间塔盒中的全部元件外，还装有一个时间继电器，控制末端塔架驱动电机的交流接触器和热继电器。

时间继电器起过雨量保护作用，其延时继开时间按塔架间传递动力所需时间确定。当末端塔架行走轮因打滑或受阻，喷灌机不走并超过预先调整好的时间时，时间继电器常闭触点断开，停机、停泵。

图 12－23　末端塔盒

所有塔盒内安装的热继电器均调整到 2.5A，保护电机过载。此热继电器应用在喷灌机上，是采用手动复位方式。当某塔架由于某种原因出现故障，造成电机过载，使热继电器动作，不再给电机供电，该塔架就滞后下来，等候安全开关动作，喷灌机自动停止运行。当故障排除后，可再次启动喷灌机，按原运行方向的反向运行一段时间后，再按原方向运行。

4. 运行灯组合

运行灯是喷灌机运行指示灯和照明灯，其结构见图 12－24。它安装在中心支座和末端悬臂上。

（七）喷洒部件

喷洒部件采用专用折射式喷头（图 12－25），末端为摇臂式喷枪。

四、运行操作

将喷灌机全部部件运抵工作现场，进行严格安装、调试，确保达到正常运行的要求，

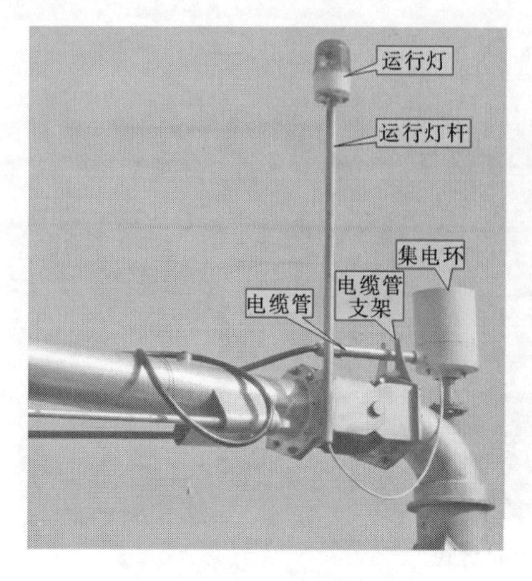

图 12-24 运行灯装配图

图 12-25 喷头组合部件

并向用户作全面技术交底（培训）后，交由用户按正确方法步骤运行操作。

1. 启动喷灌机

（1）启动水泵，打开闸阀供水，同时供电。为防止水锤，运行开始时，闸阀稍开启即可，输水管充满水后，再全部打开闸阀，所有喷头喷水正常。检查入机压力，通过控制闸阀开度调节入机压力，将压力保持在设计工作压力范围内。

（2）按照喷灌作物实时降雨量（灌水定额）的要求，调节百分率时间继电器，并按照运行方向，选定方向转换开关。

（3）将电压调到 400～420V。

（4）按启动按钮，使喷灌机运行，同时观察各相电压及电流情况是否正常。

2. 喷灌机运行中的检查

（1）入机的电压是否保持在规定范围内、频率是否正常。

（2）电机运转有否异声，电流和转动部件润滑是否正常。

（3）有无漏油、漏水现象。

（4）整机弓度是否在允许范围内，行走轮是否同迹。

（5）喷头喷水是否正常。

3. 停机后检查

（1）闸阀是否关闭。

（2）自动泄水阀是否畅通。

4. 注意事项

（1）喷灌机工作温度应在 4℃以上，风力 4 级以下。

（2）停机时，应先切断主控制箱电源，关闭闸阀，再停泵，后停发电机。

（3）喷灌机应正、反向交替运行。

（4）喷洒农药、化肥后，应冲洗管道。

（5）根据水质情况，应在泄水口、排污口或球阀处不定期进行排污、排沙，防止堵塞。

（6）喷灌机电线应可靠接地，电线外露部位应密封绝缘处理，不得有雨水、砂尘侵入。

（7）电机减速机、车轮减速机应经常检查加注润滑油，油位面保持在主轴中心点位置。

（8）轮胎应保持足够的气压 1.2～1.5kg/cm^2。

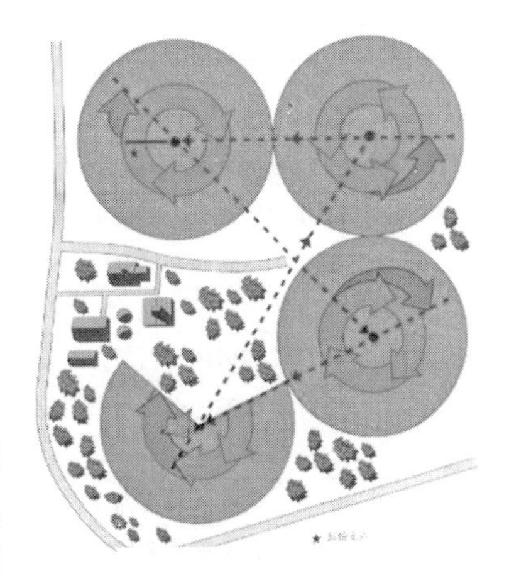

图 12-26　喷灌机拖移示意图

五、喷灌机的拖移

为了提高电动圆形喷灌机的利用率，降低单位面积上的设备投资，在农作物灌溉周期内，一台喷灌机可以灌溉若干地块。因此，当灌完一地块后，须利用拖拉机或专用拖拉机械将喷灌机拖移到另一待灌地块，喷灌机拖移见图 12-26。

（一）拖移方法

1. 拖移前的准备

（1）启动喷灌机，使各跨成一直线，将喷灌机停止在与拖移方向平行的拖移线上。

（2）卸下中心支座定位管柱。

（3）卸下各塔盒的控制杆、进水管与止逆阀的连接、主控箱的供电线。

（4）用千斤顶支起行走梁，使行走轮由工作状态转变到拖移状态。

2. 拖移

（1）用千斤顶支起行走梁，使行走轮由工作状态转变到拖移状态。喷灌机拖移连接见图 12-27。

图 12-27　喷灌机拖移连接图

（2）将拖移拉杆与拖拉机连接，将喷灌机拖移到计划位置，并恢复为工作前状态。

（二）拖移时注意事项

（1）拖移道路应平整。

（2）拖移时起步应缓慢，沿直线、恒速牵引，拖移速度 2～4km/h。

（3）拖移视线必须清晰，不清晰不得拖移。

（4）拖移过程中，前、中、后应有专人观察拖移情况，信号规定必须准确。

（5）拖移位置应准确，不得将喷灌机拖移过位。

六、喷灌机的保养与故障排除

（一）保养

1. 经常性保养

圆形喷灌机保养项目见表 12-4。配套的柴油机、发电机组、水泵、齿轮箱等部件的保养按相应的使用说明书进行。

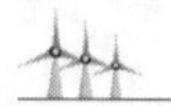

表 12-4　　　　圆形喷灌机的保养项目

保养部位与保养项目		一班	260h	长期停放
中心支座	1. 所有紧固件			*
	2. 链锁的紧固	*	*	*
	3. 供水管连接处是否漏水	*	*	*
	4. 支轴弯管和转动套的润滑		*	*
	5. 主控制箱元件		*	*
	6. 接地体的连接		*	*
输水桁架	1. 调整拉筋的调整螺母（M22）是否松动		*	
	2. 桁架连接处球头 M30 螺母是否松动		*	
	3. 法兰连接处是否漏水	*	*	*
	4. 电缆有无损伤老化			*
	5. 喷头喷水是否正常，有无堵塞	*	*	*
	6. 桁架间连接胶管是否漏水	*	*	*
	7. 泄水阀是否起作用	*	*	*
塔架车	1. 连接处的紧固情况		*	*
	2. 轮胎压力		*	*
	3. 行走轮的同迹情况		*	*
	4. 减速器的润滑情况	*	*	*
	5. 更换减速器润滑油			*

注　*为保养。

2. 长期停放和越冬管理

(1) 将喷灌机停在适当位置，清洁管道内的沉积物，排净积水，开启中心支座处的进水闸阀。

(2) 将主控制箱、塔盒、电缆、电机拆下入库保存。

(3) 将喷头、压力调节器、喷头接管卸下入库。用丝堵堵好喷头座。

(4) 将运动件、钢丝绳涂上油脂。

(5) 支起塔架底梁，使行走轮离地 100～150mm。

(6) 将柴油机牵引回机房。

(二) 喷灌机的常见故障及排除

喷灌机的机械故障均便于排除，不予叙述。这里对电控系统的常见故障及排除作简要介绍，见表 12-5。

表 12-5　　　　圆形喷灌机常见故障及排除方法

故障现象	故　障　原　因	排除方法
合上电源开关，电压表有电压指示，停止指示灯 HR 不亮	熔断器 FU1-2 熔芯损坏	更换熔芯
当方向开关 SAC 扭向正向或反向运行时，按动启动按钮 SF，运行信号灯 HG 不亮，喷灌机不运行。同时也听不到主控制箱内接通和断开的响声，电流表无指示	启动按钮 SF、停止按钮 SS 或方向开关 SAC 故障	更换按钮
	运行继电器 KA 故障	更换运行继电器 KA

续表

故障现象	故障原因	排除方法
当方向开关SAC扭向正向或反向运行时，连续、断续开关K扭向断续位置时，按动启动按钮SF，运行指示灯HG亮，同时主控制箱内有交流接触器接通的响声，但末端塔架不运行	百分率时间继电器KT1－2损坏	更换百分率时间继电器KT1－2
	末端塔架行走轮在原地打滑	解决打滑问题
	某端子板接触不良	检修端子板
	末塔交流接触器KM损坏	更换交流接触器KM
喷灌机在运行过程中自动停机	次末端塔盒内的过雨量保护时间继电器KT整定时间过小	重新调整过雨量保护时间继电器KT的整定时间
	某塔架行走出现过大角度故障；驱动电机超负荷；热继电器KH动作	根据故障显示的故障位置检修
	某塔盒内的安全微动开关与凸轮的相对位置不适合	重新调整安全微动开关与凸轮的相对位置
	百分率时间继电器KT1－2损坏。末端架行走轮打滑	更换百分率时间继电器 解决打滑问题
	某端子板接触不良	修理接触不良的端子板
	末端塔盒内的交流接触器KM损坏	更换损坏的交流接触器
故障显示无正常显示 某塔位无法输出故障信号 无法接收故障信号和显示故障信号	没有工作电压，12V开关电源不正常	更换熔芯，检修开关电源
	某塔位输入模块损坏	更换
	主板故障	更换

第三节　平移式喷灌机

平移式喷灌机是为了克服圆形喷灌机在方形地块四角漏喷的问题，在圆形喷灌机的基础上研制成功的。此类机型在19世纪初得到推广使用，大面积用于喷灌谷类、豆类、和各种经济作物，以及草皮等。平移式喷灌机有双侧驱动和单式驱动两种结构形式，喷灌机外形分别见图12－28、图12－29。

图12－28　双侧驱动平移式喷灌机

图12－29　单侧驱动平移式喷灌机

一、平移式喷灌机的基本组成与结构

电动平移式喷灌机主要由驱动车、塔架车、支撑于塔架车上装有低压折射式喷头的桁架、桁架末端悬臂、电动同步系统和导向装置等部分组成。平移式喷灌机组成见图12－30。

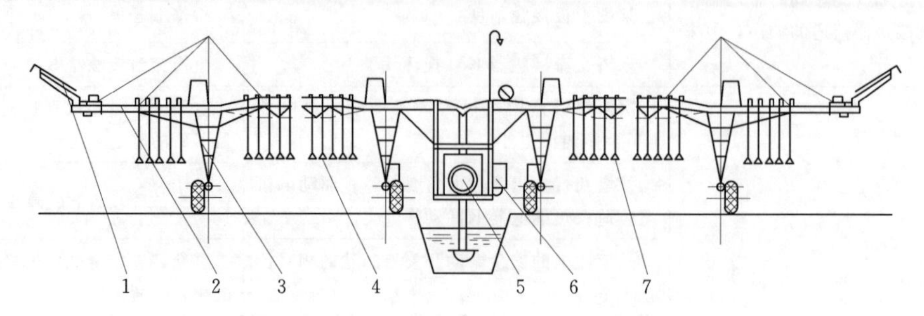

图12－30　平移式喷灌机组成示意图

1—末端喷枪；2—悬臂；3—塔架车；4—喷洒器（喷头）；5—中央塔架车；6—主枢控制车；7—桁架

（一）驱动车

平移式喷灌机驱动车，又称主塔车，是整机供水、供电的中心，又是控制中心。按驱动车在喷灌系统中的位置，分为中央驱动车和侧式驱动车两种形式。

1. 中央驱动车

中央驱动车结构见图12－31。它的两侧各与若干个塔架车联结组成双侧平移式喷灌机。

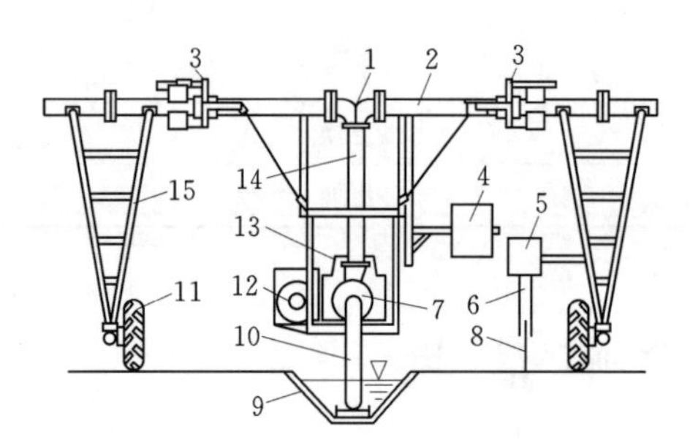

图12－31　中央驱动车结构图

1—T形管；2—中央驱动车短接头；3—柔性接头；4—中枢控制箱；5—导向装置；6—导向触杆；7—水泵；8—导向桩；9—水泥衬砌供水渠；10—带移动轮吸水管；11—行走轮；12—发电机；13—菜油机；14—出水管；15—塔架

中央驱动车由短接管、T形管、固定拉筋和方框组成一个“门跨”。横管两端用球铰连接到左、右首桁架输水管上，水管间用用柔性接头连接，与左、右首跨塔架共同组成中央驱动车。安装配套动力和供水系统的机架用4根吊柱吊挂在方框上。

2. 侧式驱动车

侧式驱动车就是驱动车只在一侧与若干塔架车连接，组成喷灌机。这类机型称为单侧平移式喷灌机。侧式驱动车又称为端式主塔车，有两轮和四轮两种形式。

两轮侧式驱动车是将配套动力、供水系统、电控系统中的中枢控制箱、导向装置、油箱等都集中安装在一个塔架车上，通过短接管、T形管与首跨桁架连接，见图12－32。

四轮侧式驱动车是将配套动力、供水系统、中枢控制箱、导向控制装置、油箱等都集中安装在由两个塔架组成的驱动台架上，通过短管与首跨桁架连接，见图12－33。

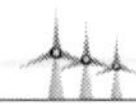

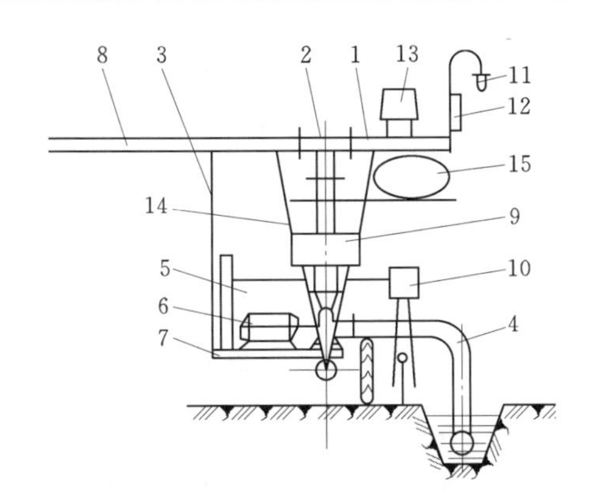

图 12-32 两轮侧式驱动车示意图

1—短管焊合；2—T 形管焊合；3—吊挂拉筋；4—供水系统；5—莱油发电机；6—电机；7—底架；8—首跨；9—中枢箱；10—导向装置；11—运行灯；12—牌板；13—塔合；14—塔架；15—油箱

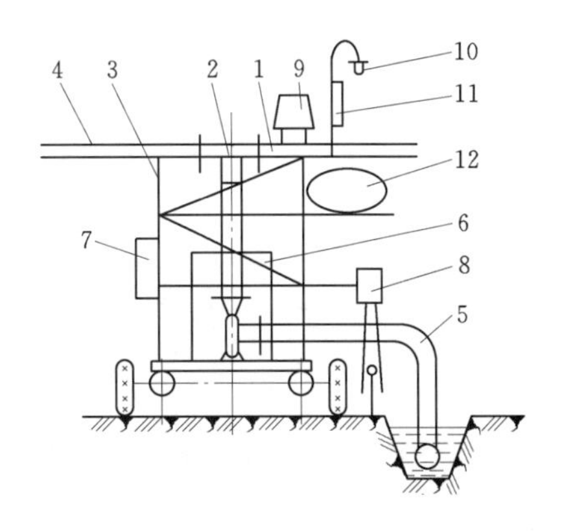

图 12-33 四轮侧式驱动车示意图

1—短管焊合；2—T 形管焊合；3—塔架车；4—首跨；5—供水系统；6—莱油机；7—中枢箱；8—导向装置；9—塔合；10—运行灯；11—牌板；12—油箱

(二) 桁架、塔架车、悬臂和喷洒部件

平移式喷灌机的桁架、塔架车、悬臂和喷洒部件与圆形喷灌机基本相同或通用。

(三) 电控系统

电控系统主要由中枢控制箱、塔盒、导向装置、同步控制机构以及电缆等组成。其电源采用柴油机带发电机或电网供电。一般大型平移式喷灌机采用柴油机水泵直联方式，由柴油机带发电机给电控系统提供电源。

1. 中枢控制箱

平移式喷灌机的中枢控制箱除了具有 2 个百分率计时器功能和启闭柴油机、水泵等设备功能外，其余与圆形喷灌机的中枢控制箱的结构基本一样。

中枢控制箱安装在在平移式喷灌机的驱动车上，是指挥喷灌机运行的中心。它为塔盒供给电源，使电机可以控制喷灌机正、反向运行；通过第一百分率时间继电器控制行走速度，调节降雨量大小；通过第二个百分率继电器控制喷灌机偏移时导向复位时间，确保整机同步平行运行。

2. 塔盒

塔盒结构与电动圆形喷灌机相同。

3. 同步控制机构

同步控制机构包括控制臂、同步钢索和球形微调机构，见图 12-34。2 根同步钢索一端与控制臂连接，另一端通过锚链与固定在水管上的卡箍相连。球形微调机构以球铰形式连接同步控制臂和塔盒的调整件，用于提高同步控制的灵活性和控制精度。

4. 导向装置

平移式喷灌机采用地面钢索导向，装在导向横梁两端，前、后导控箱分别装有一对微动开关和一对垂杆，地面架设到钢索，垂杆位于钢索两侧，见图 12-35。当垂杆不碰导向钢索时，平移式喷灌机按用户设定的百分率值直线运行。

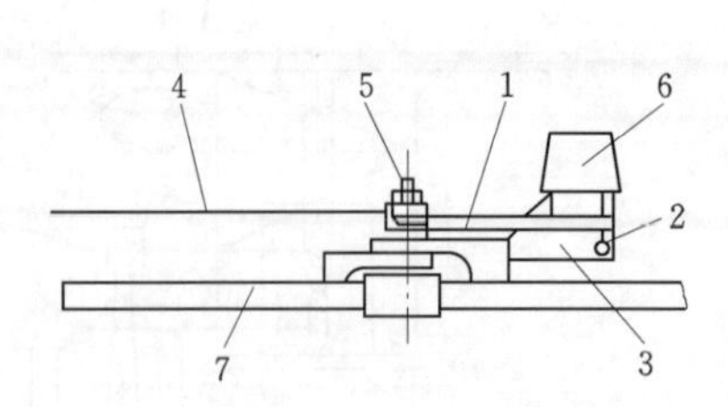

图 12-34 同步控制机构结构图

1—同步钢索控制臂；2—球形微调机构；
3—塔盒连接板；4—同步钢索；
5—球头；6—塔盒；7—桁架

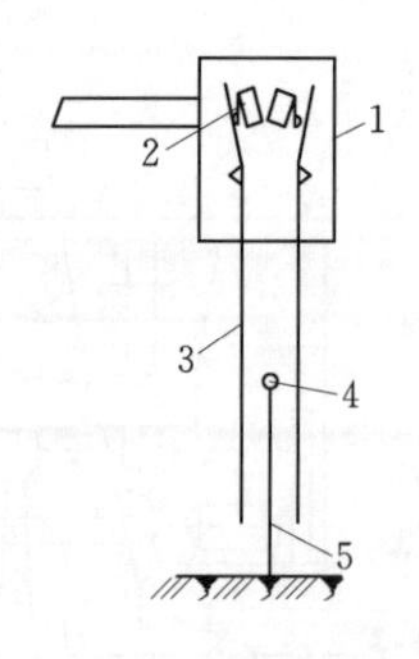

图 12-35 导控装置结构图

1—导控箱体；2—微动开关；3—垂杆；
4—钢索；5—导向索支座

当喷灌机走向偏离直线时，一侧的垂杆碰到导向索，微动开关动作，中枢控制箱的第二个百分率计时器起作用，走快的一侧按第二个百分率计时器设定值 K2%乘以第一个百分率计时器设定值 K1%之积的速度减慢运行。直到两侧系统恢复到直线，杆碰不到钢索，第二个百分率计时器不起作用时，喷灌机又保持两侧同步运行直线行走。

二、平移式喷灌机技术性能参数

沧州华雨灌溉有限公司部分平移式喷灌机技术性能参数见表 12-6。

表 12-6　　DPP 系列电动平移式喷灌机主要技术性能参数

型　号	DPP—56	DPP—80	DPP—200	DPP—200	DPP—500
系统长度/m	65	80	200	350	500
塔架数/个	1	2	4	10	14
垮距/m	50	30	40、50		
输水管规格/(mm×mm)	φ150×3	φ144×3	φ159×3		
悬臂长度/m	15	2×75	2×15		
中央垮距/m		5	6		
地隙/m	2.9	1.9	2.9		
爬坡能力/%	≥5				
喷灌机流量/(m^3/h)	50	100	200	340	400
降雨量/(mm/h)	5.5～55				
喷洒均匀度/%	≥90				
控制面积/hm^2	4～11.5	17～26	40～50	88～93	100～110

三、平移式喷灌机的操作与维护

厂商根据用户的要求将平移式喷灌机的全部部件运达安装地点，进行安装、调试，确

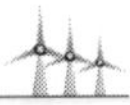

认达到正常运行要求，对用户负责人作技术交底，并对操作人员进行技术培训后，交付使用。

(一) 平移式喷灌机的运行操作

1. 使用前的检查

开机前应做好下列检查：

(1) 各部件连接是否紧固可靠。

(2) 各种部件是否有漏装、错装的情况。

(3) 电控系统接线是否正确可靠。

(4) 各塔盒、中控箱、定点停机装置的各种电器元件是否到位、完好。

(5) 各个轮胎充气是否饱满。

(6) 柴油机、发电机、水泵是否符合规定要求。

2. 喷灌机的操作

(1) 系统加电及初始化。合上后配电板上的空气开关，给中枢控制箱供电，数控箱及百分率计时器加电，数控箱前面板上的 3 块仪表开始工作，分别显示当前电压、电流及十分钟的周期计时。

将电压、电流、温度和水压的报警值设定至需要值，按下百分率计时器设置数键，将运行时间百分率整定至所需值。

将前配电板的供水泵旁通、泵压旁通开关转向“开始”侧。行驶速度开关转向“减速”侧。如使用末端喷枪，还需将将增压泵开关转向“停止”侧，将运行方向转至正向或反向位置，做好启动准备。

(2) 控制喷灌车正、反向运行。首先人工启动供水泵，水泵压力达到规定值后，按下喷灌机启动按钮，三相电源通过电缆送至各塔盒，同时，在百分率计时器的控制下，末端塔架车驱动断续通电，末端塔架车断续正、反向行驶。当夜间作业时，光控开关闭合，末端塔架车运行指示灯闪亮，表明喷灌机正在作业中。

当末端塔车与次末端塔车成一角度时，次末端塔盒内的运行微动开关动作，次末端塔架驱动电机运转，次末端塔车启动，与此过程同时，依次接通各中间塔车驱动电机，喷灌机正、反向行走。

(3) 调整和保持喷灌机运行的直线性。当平移式喷灌机运行偏离预定的航线时，喷灌机的导向拨叉与导向钢索相撞使相关的微动开关动作，接通百分率计时器同步侧的控制电路，在同步百分率和运动百分率的乘积值速度作用下，喷灌机的左、右末端塔架车的驱动电机启、闭的时间比例不同，以此调整行走方向，从而达到保持喷灌机左、右最末端塔架车同步直线行走。

(4) 安全保护。在喷灌机启动转向正常运行后，电气控制系统的安全保护功能包括定点停机保护、塔架安全行驶最大角度保护、过载保护、过雨保护和过水压保护开始起作用。

定点停机保护是当喷灌机运行到达田块端部时，喷灌机自动停车而不至于超越地界，或发生其他事故。其机构是由几个触杆微动开关和埋设在地头的停车桩组成。当主机驱动车运行终端触杆或末端 4 个塔架车终端的安全触杆微动开关中任何 1 个碰到埋设在地面的停车桩时，都会切断安全控制线路，使整机停机停水。

塔架安全行驶最大角度保护是喷灌车启动后，在运行中任意塔架车因故超前或滞后相邻塔架车一定范围或驱动电机过载时，安全控制线自动断开，切断控制电路及主回路电源，使喷灌机停止运行，并向中枢控制箱返回发生故障的塔架位置的报警信号，同时切断供水泵电源，停止供水。

过雨量保护是当末端塔架车的行走轮因打滑或受阻，喷灌机不走时间超过预定调整好的传递时间时，电控系统使末端塔车电动机断电，达到停机停水的目的。

过水压保护是当水泵供水不足时，压力接触开关断开，使末端塔架车电机断电，供水泵电路断开，喷灌机和水泵均停止运行。

（5）监控报警。喷灌机运行过程中，当有发生故障的塔架位置的报警信号返回时，或者当电压、电流超过设定值以及周围环境温度低于设定值时，电控系统都会使安装在驱动力装置上的报警灯闪亮。

（6）停机。当喷灌机停机时，先由人工停止供水泵，待输水管中的水排净后再按下前配电板左下角的喷灌机停止按钮，使喷灌机停止运行。

3．运行中的检查

喷灌机运行中需检查以下项目。

（1）有无漏油、漏水情况。

（2）柴油机、发电机，一级、二级减速器运转是否有异声，转动部件润滑情况。

（3）与无漏油、漏水情况。

（4）整机弓形是否在允许范围内，行走论是否同轨。

（5）整机运行是否偏移，导向装置是否起作用。

（6）喷头旋转是否正确。

4．停机后检查

（1）蝶阀是否关闭。

（2）自动放水阀是否畅通。

5．注意事项

（1）喷灌机工作温度为4℃以上，风力4级以下。

（2）停机时应先切断中枢控制箱电源，然后关闭蝶阀，分离离合器，水泵、柴油机停转。

（3）喷灌机应正、反向交替运行。

（4）喷灌机在喷洒农药、化肥后，应供清水清洗管道。

（二）保养

1．保养项目

平移式喷灌机应定期进行检查保养，其项目见表12-7。

配套的柴油机、水泵、发电机等部件的保养，按相应说明书规定进行。

2．检修或调试时的供电

当喷灌机检修或调试时，不希望水泵运行，也不希望喷灌机运行，但要求电源供到每个塔架车上，以便维修人员检修或调试，可采取以下步骤。

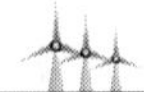

表 12-7 平移式喷灌机保养项目

保养部位	保养项目	1班	260h	长期存放
主塔架车	1. 所有紧固件	*		*
	2. 上水弯管、法兰是否漏水		*	*
	3. 中枢控制箱元件		*	*
	4. 柴油机保养		*	*
	5. 导控箱、定点停机装置元件		*	*
输水桁架	1. 拉筋调整螺母（M22）		*	
	2. 桁架连接处球头是否松动（M30）螺母		*	
	3. 法兰连接处是否漏水	*	*	*
	4. 电缆有无损伤、老化			*
	5. 喷头旋转是否正常，有无堵塞	*	*	*
	6. 桁架间连接胶管是否漏水	*	*	*
	7. 泄水阀是否起作用	*	*	*
行走塔架	1. 连接处的紧固情况			*
	2. 轮胎压力		*	*
	3. 行走轮的通迹情况		*	*
	4. 减速器的润滑情况		*	*
	5. 更换减速器润滑油	*	*	*

注 * 为保养。

（1）切断水泵的主电源，将泵压开关置于启动侧，行驶速度开关置于减速侧。

（2）检修过程中将百分率计时器设置为零，或将喷灌机启动按钮始终按下不松开。（注意：当进行大角度故障检修时，必须采用后一种供电办法。）

（三）长期停放和越冬管理

（1）将喷灌机停在适当位置。

（2）清净管道内的沉积物，排除积水。

（3）将中枢控制箱、塔盒、电缆、电机减速器、导向控制装置、定点停机装置、同步控制装置拆下，入库保存。

（4）支起塔架底梁，拆下轮胎入库，拆下电机及减速器万向节传动机构等入库。

（5）将喷头、喷头接管拆下入库，喷头座用丝堵堵好。

（6）将运动件、钢丝绳涂上油脂。

（7）将柴油机、水泵、发电机拆下入库。

（8）将导向钢索拆下入库。

（四）常见故障及排除

喷灌机的机械故障均便于排除，在此不予叙述，仅对电控系统的故障及排除方法进行介绍见表 12-8。

表 12-8　平移式喷灌机常见故障及排除

故障现象	故障原因	排除方法
当方向开关的 1ZK 旋向正、反向运行时，按动启动按钮 IQA，运行信号灯 3XD 不亮，喷灌机不运行，电流表无指示	1. 熔断器 IR 接触不良或芯子烧坏 2. 启动自动按钮 IQA、停止按钮 1TA 及 1ZK 的相应触点接触不良 3. 中间继电器 3JC、4JC 的触点接触不良或烧坏	1. 旋紧接触不良的熔断器，更换烧坏的芯子 2. 修理接触不良的相应触点 3. 可将导线换到 4JC 的闲置点或换触点
当方向开关 IZK 旋向正向或反向运行时，按启动按钮 IQA，喷灌机运行，而松开启动按钮后，喷灌机停止运行	1. 某塔架超前或滞后运行，致使该塔盒内安全开关的常闭触电点断开 2. 某塔架的行走部分出现故障，致使该塔盒内的过载热继电器 RJ 动作，使安全控制回路断开 3. 喷灌机偏移，BJS-TB 不起作用，安全微动开关 5LS、6LS 起作用	1. 按动停止检测按钮 1TA，观察毫安表指示数，每个毫安代表一个塔盒。如指示在 2mA，表示左侧次末塔盒出现了故障，重新调整安全微动开关 11LS～18LLS 或 RJ 后使喷灌机向相反方向运行一段后再按原方向运行 2. 检查故障塔架，是否因同步调整不当或行走部分出故障，1 级、2 级减速器转动是否灵活 3. 使喷灌机向相反方向运行找正，修理导控装置
当方向开关 IZK 旋向正、反位置时，按动 IQA，运行信号灯 IXD 亮，左、右末塔盒运行指示灯 3XD、4XD 显示，但两端不运行，时间超过 4 分钟运行信号灯 1XD 熄灭	1. 熔断器 OR 接触不良或烧坏，三相电源缺相 2. 某个插件接触不良，致使左侧 JC 和右侧末端 JC 线圈无电 3. 左侧末端 JC、右侧末端 JC 线圈烧损或接触不良或接线螺栓松动 4. 末端塔架行走轮在原地打滑 5. 百分率计时器 BJS-YX 损坏	1. 用万用表测 OR 是否通，否则更换 2. 用万用表 250V 交流档一端接零线，一端接在左末跨 JC 或右侧末跨 JC 线圈非接地端，判定前段插件是否接触不良或线圈是否烧坏 3. 解决打滑问题 4. 更换 BJS-YX
喷灌机在运行过程中自动停机	1. 次、末塔内过雨量保护时间继电器 1SJ、2SJ 整定时间过小 2. 某塔架行走出故障，使 RA 动作 3. 11LS～18LS 起作用 4. 百分率计时器 BJS-YX 损坏 5. 导向安全微动开关动作 6. 末端塔架行走轮打滑 7. 某接插件接触不良 8. 末塔架左侧 9JC、右侧 10JC 线圈触点损坏 9. 同步钢索断开，同步钢索校直臂不起作用 10. 某塔内的熔断器烧坏	1. 重新调整 1SJ、2SJ 保护时间 2. 用 AT 检测并调整 3. 用 AT 检测，找出 11LS～18LS 动作的塔盒重新调整 4. 更换 BJS-YX 5. 使喷灌机向反向运行，重新调整喷灌机找正 6. 用万能表检查并更换 7. 修理更换左侧末跨 9JC、右侧末跨 10JC 8. 重新更换同步钢索 9. 修理更换芯子

第四节 滚移式喷灌机

滚移式喷灌机，又称为滚轮式喷灌机，是一种将喷洒支管装在滚动轮上，代替人工移动支管进行喷洒作业的大型喷灌机械。它主要适用于灌溉谷物、棉花、蔬菜、马铃薯、花生、中草药、多年生牧草等矮秆作物。这种喷灌机于20世纪20年代问世，50年代以后得到广泛使用。

一、滚移式喷灌机的组成和工作原理

（一）组成

滚移式喷灌机由中央驱动车、带接头的喷洒支管、爪式钢制行走轮、带矫正器的摇臂式喷头、自动泄水阀和制动支杆等部分组成（图12-36）。

中央驱动车位于喷洒支管中间，喷洒支管彼此之间为刚性连接，按一定的间距安装一套带矫正器的摇臂式喷头、自动泄水阀、若干爪式钢制行走轮和制动支杆，形成多支座喷洒支管翼。由3～6kW风冷汽油机直连液压驱动装置与机械减速传动机构组成驱动系统，安装在专用的行走车架上，再与作为传动轴的喷洒支管通过链条相连接，实施田间喷洒作业。

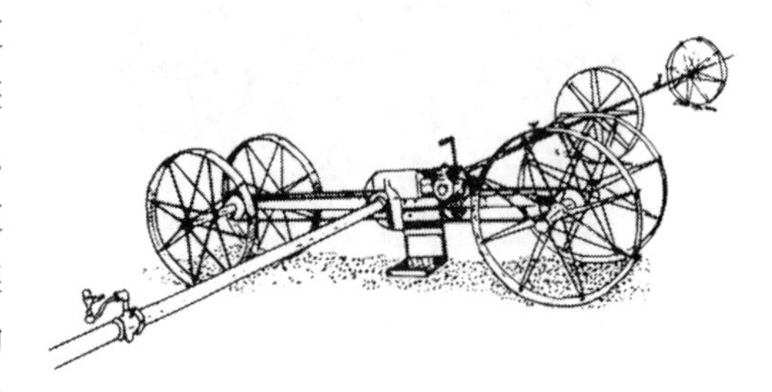

图12-36　滚移式喷灌机示意图

（二）工作原理

滚移式喷灌机的田间作业方式是行走定点喷洒。喷灌机按计划在某一作业点进行喷洒，达到要求的灌水量后，行走至下一计划作业点进行喷洒，一直到完成全部计划喷灌作业。

喷灌机工作时，通过带快速接头的软管与有压水的给水栓连接，两翼垂直于供水干管轴线。当转移下一喷洒点时，驱动车启动，转动驱动轮，使套在喷洒支管上的行走轮转动，实现整机转移工位。依此类推，直至完成整个矩形田块的喷洒作业。

二、滚移式喷灌机的结构

（一）中央驱动车

中央驱动车位于两翼多支座喷洒支管中间，主要由两对轮子用两对滑动轴承支撑着双梁结构的车架和安装在车架上的3～5kW的风冷柴油机，通过无级调速的整体式液压驱动装置与两级齿轮减速机构和两条链轮机构连接而成。滚移式喷灌车中央驱动车见图12-37，中央驱动车结构连接见图12-38。

中央驱动车轮距4.3m，形成的长底梁提高了车架的刚度和强度。当在不平地面上转换给水栓位置时，能平稳行走，并能防止因两翼喷洒支管弯曲，给驱动车带来侧滑或扭斜。确保机组滚移直线性。

装在驱动车上的3～6kW四冲程风冷汽油机和液压驱动装置是驱动车的心脏，平时用玻璃纤维保护罩盖起来。汽油机的转速通过液压驱动装置实现第一级无级减速，再通过传动比13/60和13/82的两级齿轮减速，实现与喷洒支管为驱动轴的连接。喷洒支管上的两片链轮通过两条滚子链分别与两对行走轮传动轴上的相同齿数链轮连接，构成四轮驱动车，提高了机组在黏重土壤上的通过能力。

图 12-37　滚移式喷灌机中央驱动车外形

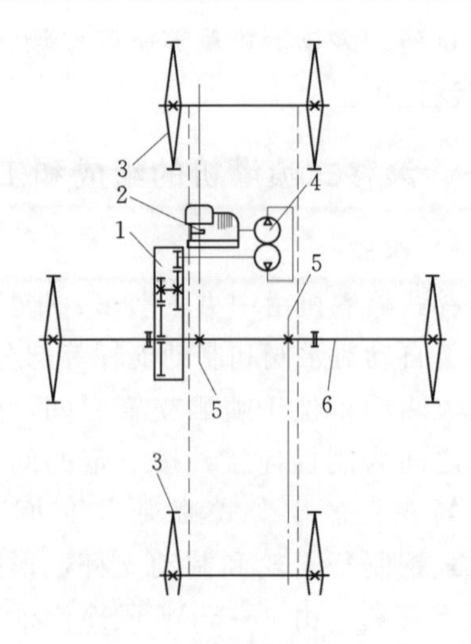

图 12-38　滚移式喷灌机中央驱动车结构图

1—两级齿轮减速机构；2—汽油机；3—行走轮；
4—整体式液压驱动装置；5—链轮机构；
6—喷洒支管

整体式液压驱动装置是将油泵、油马达、油路、油箱和控制阀集成一体，具有结构紧凑、调速范围宽（0.3～20.0m/min）、传动扭矩大、速度与负荷匹配、操作方便、维修量小等优点。

（二）喷洒支管

喷洒支管各管段之间利用管道接头作刚性连接，其上按一定间距装有喷头、泄水阀、行走轮和制动杆，在中央两侧形成喷洒翼。它是滚移式喷灌机的主体，既要输送压力水，又是行走轮的驱动轴。所以，制作喷洒支管的材质要求不但应能抗腐蚀，而且要质轻、壁薄，抗扭、抗弯的力学性能好，一般用硅铝合金制作。

管接头有两种形式，一种是带锁箍的凸缘式接头；另一种带锁箍的牙嵌式法兰接头，见图 12-39。两种接头的尺寸和连接形式相同，都可以用螺栓或锁箍连接，材质均为轻质高强度防锈硅铝合金，能够满足机组滚移时所需要的应力和转矩负荷，而且管接头偶件连接快速、操作简便。

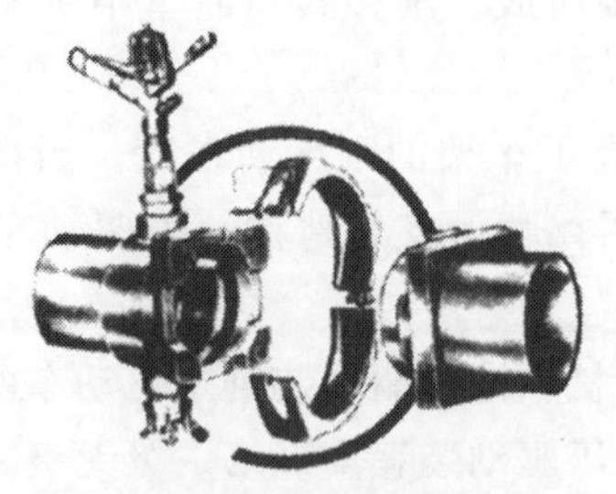

(a)带锁箍的凸缘式接头

(b)带锁箍的牙嵌式法兰接头

图 12-39　喷洒支管的管接头示意图

在阴接头上铸有1英寸喷头座，在其相反方向处又铸有1英寸泄水阀座，在接头腔内装有自泄密封圈。当喷洒支管内水压下降时，除自动泄水阀泄水外，自泄密封圈不密封，管内水环绕管接头四周放水。这种双重排水机构的特点是排水迅速、干净，节省了转换给水栓位置的辅助时间。

（三）行走轮

行走轮是喷洒支管翼的支撑，又是驱动轮，主要由轮框、轮毂、辐条、轮爪等部分组成。轮圈的结构尺寸，轮爪的形状和数目都与行走轮的滚动阻力、载荷性、运动速度等动力学特性有关，还与灌溉作物的种类、高度及土壤物理机械特性有关。

当喷灌机滚移时，特别是在黏重土壤、松软土壤或上坡滚移时，大直径行走轮的阻力矩增加，造成喷灌支管翼弯曲，其滑转率也增加，造成喷灌支管翼弯曲，反过来又降低了喷灌机的通过性能；采用直径较小的行走轮，虽机组重量减轻，滑转率减小，喷洒支管的滑转率减少，喷洒支管翼的弯曲量减小，管道的扭转角减少，降低了行走轮扭矩传递的不均匀度，提高喷灌机的通过性能，但降低了通过作物的高度。所以，选择行走轮尺寸时，应考虑各种因素，合理确定。常用的行走轮直径有1.20m、1.45m、1.62m和1.93m。轮缘宽度有140mm、130mm和120mm。行走轮分两半制造，由熱浸镀锌钢板压制有沟槽形的轮圈，刚性好、圆度好。每个轮圈有16根辐条、8个轮爪或20根辐条、10个轮爪，利用螺栓与两片半圆形冲压件组成的轮毂联结成行走轮。具有抗腐蚀、坚固不变形、附着力强、轮辙浅、滚移平稳的优点。

（四）喷头

喷头是决定滚移式喷灌机喷洒质量的关键部件。滚移式喷灌机一般采用摇臂式喷头，其型号应根据喷洒支管的直径、两翼长度，作物、土壤类型等因素合理确定，一般应保证喷洒支管内流速在经济流速范围内，组合喷洒均匀系数不低于85%。若田间给水栓间距为18m或20m时，喷灌机工作的喷头组合间距可选12m×18m，或10m×18m。据此确定喷头的工作参数，喷水量、射程、喷嘴直径，以及喷头数量。

喷头直接拧在矫正器的铸铁平衡块上，通过不锈钢弯管与喷洒支管上的竖管连接，可在竖管上的铜套内自由转动，用聚四氟乙烯片、橡胶圈、铜锁母等零件密封。根据铸铁块的重力平衡原理，让喷头自由保持与地面垂直向上状态，进行正常喷洒作业。图12-40为喷洒支管上喷头连接图。

（五）自动泄水阀

喷洒支管上的阴接头有两个上下对称的1英寸内螺纹接口，上面安装喷头，下面安装自动泄水阀，见图12-41。

自动泄水阀与喷洒支管里的密封圈在无水压的情况下能实现双重泄水，缩短喷洒支管的泄水时间，使喷灌机尽快装入下一工位的喷洒作业。

三、滚移式喷灌机的运行操作与维护管理

喷灌机投入运行前，厂商应按用户的要求，将全部部件运抵用户计划使用地点，进行安装调试，试运行，确认整机可以投入正常使用后，对用户作技术交底，并对运行操作人员进行必要的技术培训后，交付使用。以下是滚移式喷灌机运行操作与维护管理方法的简

要介绍。

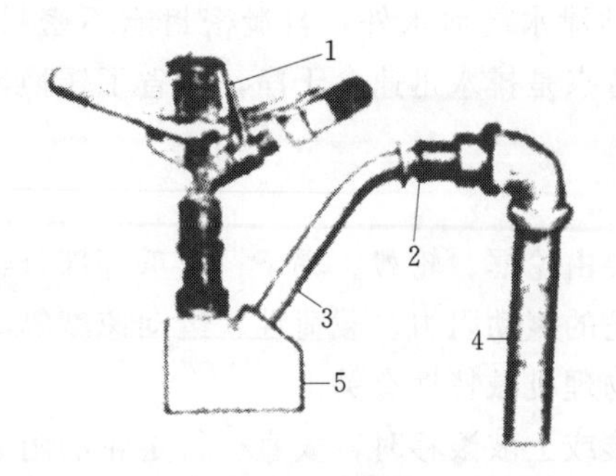

图 12-40 喷头矫正器

1—喷头；2—铜套；3—不锈钢弯管；
4—竖管；5—铸铁平衡快

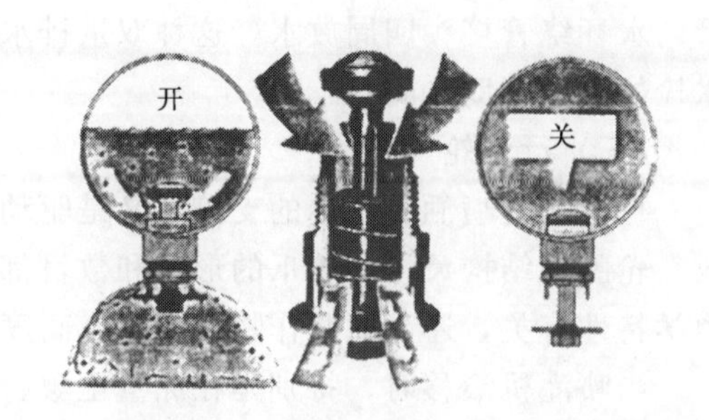

图 12-41 自动泄水阀工作原理

（一）运行方式

1. 全程喷洒作业方式

喷灌机从田块供水干管第一个给水栓开始，逐一进行喷洒作业，一直到田块末端给水栓。然后空负荷返回起始位置。

此种方式的优点是机组在干燥地面作业；缺点是，机组返回时在潮湿地面空载滚移，若两台机组共用一条供水主管，会造成机组长时间停歇或增加操作手，影响灌溉效率。

2. 分段喷洒作业方式

机组从田块第一个给水栓开始进行喷洒作业，到达中间位置，然后空负荷滚移到地头，再返回喷洒剩余的一半。这样，就可以避免机组沿潮湿田块空负荷潮滚移，见图 12-42。

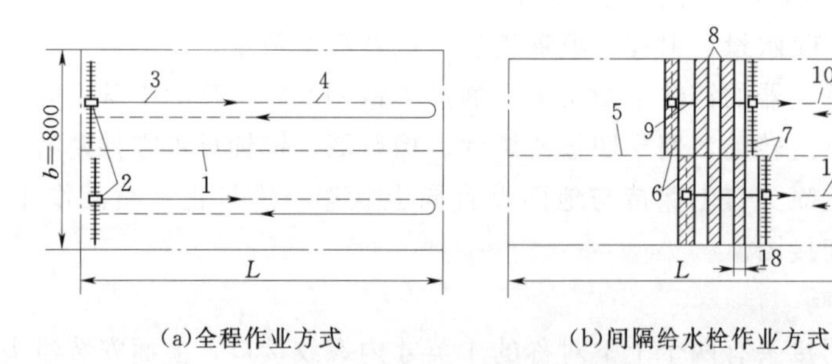

图 12-42 滚移式喷灌机运行方式示意图（单位：m）

1—给水栓；2—机组出发位置；3—机组作业行程；4—空负荷运移；5—给水栓；6—机组出发位置；
7—机组作业；8—已灌水地段；9—机组运行过地段；10—机组作业方向

3. 间隔给水栓作业方式

机组由第一个给水栓开始喷洒作业，然后空负荷滚移到第三个给水栓进行喷洒作业，再空负荷滚移到第五给水栓进行喷洒作业，直到田块最末一个给水栓。机组返回时，沿供水干管在偶数给水栓位置完成地块全部喷洒作业。这样，也就避免了从地块一端到另一端长距离空负荷长时间滚移。

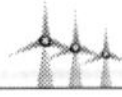

（二）运行操作

1. 运行操作前的准备

（1）操作人员必须熟悉喷灌机的技术特性。滚移式喷灌机采用的整体式液压驱动装置是一种速度与负荷的转换器，它会使你要求的滚移速度与滚移负荷相匹配。当采用低速滚移时，不但能调整喷头垂直向上，还可发出大的驱动力矩，使其能从松砂土、耕作过的松软土、黏重土、泥泞土或山坡地田地通过。但通过平整干地面或返回原起始位置时，由于负荷减小，可以提高滚移速度。

汽油机启动后须预热发动机和液压驱动装置1min；汽油机转速绝对不能低于3400转/min，以防止风扇冷却能力下降。当发现汽油机吃力时，说明机组负荷过大，应及时通过操作杆将机组的滚移速度降下来，增大驱动力矩。

（2）检查机组各连接部位紧固情况。

（3）按使用说明书要求对汽油机、液压驱动装置、操作杆调节位置、链轮中心距等进行定量调节。

（4）对驱动车上的润滑轴承、齿轮副、链轮、链条等运转部位加上润滑油。

（5）校准喷洒支管翼使其与供水主管轴线垂直。

（6）冲洗喷洒支管翼中的泥沙杂物。

2. 运行操作基本程序

（1）连接供水软管，开启给水栓向机组供水，开始喷洒作物。

（2）当达到作物灌溉要求时，关闭给水栓停止喷洒作业。

（3）让喷洒支管内的水全部排净，切不可带水开动机组。

（4）启动中央驱动车处柴油机，用操作杆控制机组滚移到下一个给水栓位置上。

（5）机组到达新给水栓位置后，接上供水软管，将喷洒支管尾端用制动支杆锁住，防止意外滚动。再打开给水栓供水。

（6）在第二个给水栓作业完毕后，再按（1）～（5）的运行操作程序轮回运行，直到田块的最后一个给水栓位置作业完成为止。

（7）最后一个给水栓位置作业完毕后，脱开供水软管，支管翼放净水，校直喷洒支管翼将制动支杆转到另一边，启动机组，返回田块第一个给水栓位置。

3. 运行操作注意事项

（1）当机组行走轮的轴管转到最后一圈时，要密切注意两侧喷灌支管的尾端，若落后于喷洒支管的中部，形成弧形，使驱动车近处的喷头垂直，靠近尾端的喷头不垂直，应首先调整尾端的喷头垂直，并用制动支杆锁住，这时中部喷头超前而不垂直。再启动汽油机，采用超低速让驱动车往后移一点，喷洒支管上的喷头就都处于垂直状态，喷洒支管上的扭曲应力也消失了。

（2）若两侧喷洒支管翼尾端超前中央驱动车，喷洒支管弯曲量超过1.5m时，会使喷灌支管翼严重挤压和扭曲，应立即停机校直。

（3）若机组在斜坡上操作，喷洒支管翼就会产生向下移动的力，这时可将驱动车的位置挪近斜坡底部，使坡上翼短，坡下翼长，就可使长支管翼产生一个上坡推力来保存体平衡。

（4）在陡坡上操作时，由制动支杆配合，最好是沿上坡方向滚动。

(5) 若两侧喷灌支管翼走偏，说明有一侧喷灌支管翼滚动阻力矩偏大，当支管弯曲量超过 1.5m 时，就应使滚动力矩小的那侧翼不动，调整负荷大的那一侧支管翼，尽快使两侧喷洒支管翼恢复到微弧状态下运行。

(6) 保持喷洒支管翼与供水干管的垂直状态，或在开机前可允许支管翼微微向后，使支管翼微微程前弓形。

(7) 当支管翼两端超前驱动车，或支管翼中有水时，切不可开车。

(8) 当支管翼走斜时，一定要及时调整。

(9) 机组返回时，制动支杆要换向，支管翼要重新调直。

(10) 定期保养驱动装置的汽油机、减速机构和滑动轴承等。

4. 冬季存放

(1) 每年冬前停灌时，首先要将将汽油机和传动部件等拆下，放入室内保护。机组存放在地理，打桩索牢，防止移动。

(2) 必须将支管翼的水排净。

(3) 可将 400m 长的喷洒支管从接头处拆卸成 3 段，以减小因昼夜温差变化大热胀冷缩的损害。

(4) 汽油机应参照厂家说明书中的要求进行保养，并放在干燥处。

(5) 保护喷头不受泥沙杂物磨损。

(6) 对传动机构加润滑油，防止锈蚀。

(三) 常见故障及排除方法

滚移式喷灌机常见故障及排除方法见表 12-9。

表 12-9　滚移式喷灌机常见故障及排除方法

故 障 现 象	排 除 方 法
汽油机故障	见汽油机使用说明
喷灌支管翼两端超前中央驱动车	1. 因行走轮在管轴上打滑，需要紧固轮毂板 2. 因行走轮在地上打滑，需要加装双轮爪
汽油机声音沉闷，掉转速	因负荷过大，需降低驱动车行驶速度，将操作杆拉向空挡，增大功率
汽油机额定功率不足	1. 润滑轴承 2. 更换润滑剂 3. 查看输出转数是否到达额定值 4. 按使用说明书保养汽油机
喷灌支管翼运行不直	参照本节“(二)”之“3”处置

第五节 小型喷灌机组

一、概述

(一) 小型喷灌机组的基本组成

我国小型喷灌机组为了适用于不同条件，有多种结构形式，但基本是由水泵组件（水

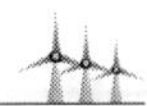

泵、柴油机或电动机、给水管道）、机架、供水管道和喷头组成。这里，所指的小型喷灌机组是配套功率小于 11kW 的中小型喷灌机。这类机组在南方各省节水灌溉和抗旱中，曾经发挥过重要作用。

（二）小型喷灌机组的特点

（1）结构简单，组配容易，单机价格低。

（2）使用灵活。目前我国已有多种形式规格的小型喷灌机组，可用于不同作物、不同大小地块、不同地面形状和地形坡度灌溉。

（3）机械效率较低。

（4）田间作业条件差，工作效率低。

图 12-43 微型高速泵手提式喷灌机示意图
1—输电线；2—微型电动机；3—增速箱与高速离心泵；4—手压泵；5—进水软管；6—滤网；7—输水管；8—喷头支架；9—喷头

二、小型喷灌机主要型式

（一）手提式喷灌机

手提式喷灌机是一种可由一个人搬移的微型喷灌设备。一台喷灌机可控制 0.25～0.50hm² 作物。用于小块面积的蔬菜、经济作物（如木耳、食用菌等）很方便，也可用于庭院绿地喷灌。

几种手提式喷灌机的配套形式见图 12-43～图 12-45。

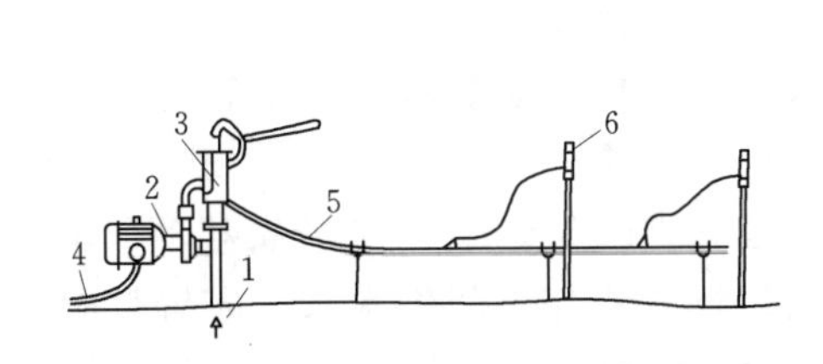

图 12-44 安装在井位上的微型喷灌机示意图
1—井或其他水源；2—微型电动机水泵机组；3—手压泵；4—电线；5—输水管；6—为喷头

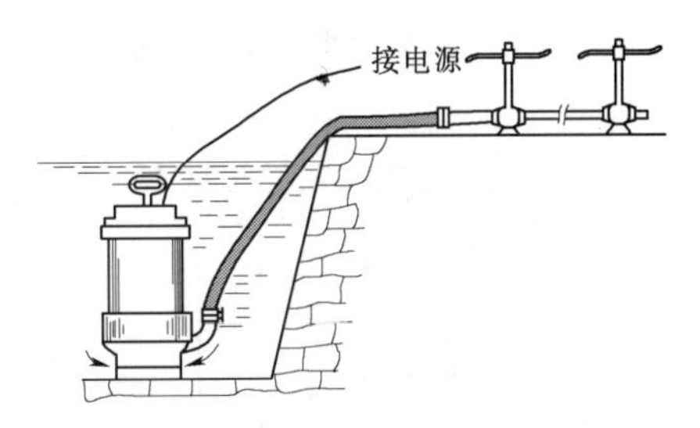

图 12-45 潜水泵式微型喷灌机示意图

（二）手抬式喷灌机

手抬式喷灌机是一种可由两人搬移的轻型喷灌机。轻型手抬式喷灌机见图 12-46，它的动力机多为 3～6 马力风冷柴油机，或 3～5kW 电动机，与水泵直联，结构紧凑，效率比较高。

根据水源和使用地区特点，配套喷头可以是一个中压喷头，也可以配多个低压喷头。前者适用于山丘区环山渠道以下地块；后者适用于地形起伏和面积不大地块。

（三）手推式喷灌机

手推车式喷灌机见图 12-47。它的配套动力一般采用 8.8kW，（12 马力）柴油机，也有配 7.5kW 或 11kW 电动机的；水泵多为体积小、重量轻、效率高、能自吸（或带有自吸装置）的离心泵。水泵和柴油机一般用三角皮带传动，水泵与电动机因转速接近多为直联，固定在装有车轮的车架上。喷头可以用竖管直联于水泵上，也可以用管道引出联结在喷头架上，也可在引出管上安装多个喷头进行组合喷洒。

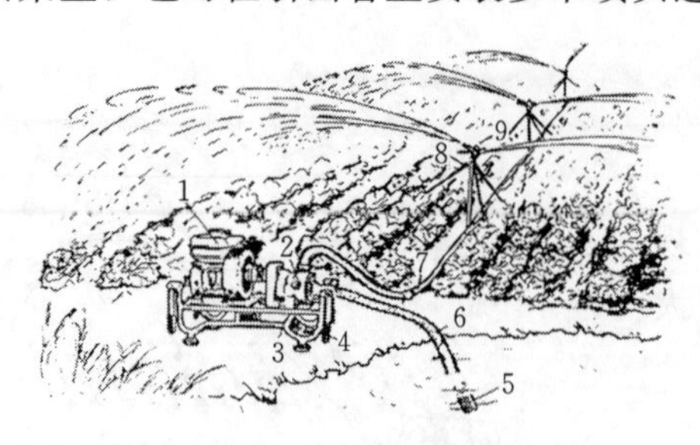

图 12-46 轻型手抬式喷灌机示意图

1—柴油机；2—自吸泵；3—机架；4—手柄；5—滤网；6—吸水软管；7—输水管；8—支架；9—喷头

图 12-47 手推车式喷灌机示意图

1—柴油机；2—自吸泵；3—机架；4—滤网；5—进水管；6—薄壁铝合金管；7—竖管；8—喷头

手推式喷灌机结构简单；投资和运行费用较低；使用灵活，技术要求不高。它适用于灌溉丘陵山区及平原的小面积地块。它的缺点是整机重量偏大，移动较困难。

三、小型喷灌机的运行方式和田间配套供水系统

小型喷灌机运行方式是沿田间供水渠（或供水支管）定点喷洒。因此，与之配套的田间供水渠（或供水支管）的规划布置形式取决于喷灌机与喷头的联结形式。

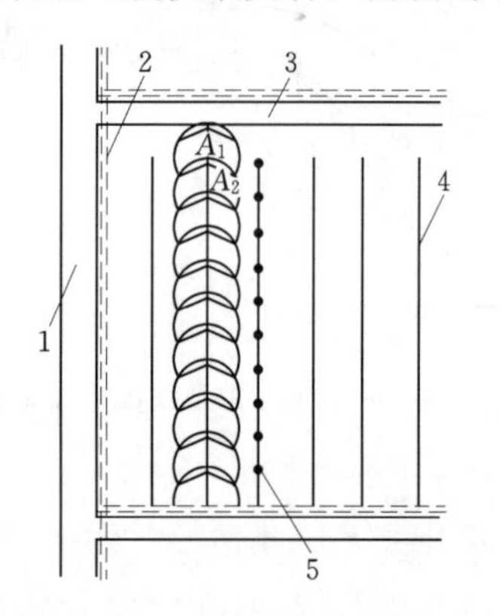

图 12-48 单喷头直联式机组运行方式与田间供水系统布置图

1—道路；2—输水渠；3—田间路；4—工作渠；5—取水池

（一）单喷头直联式机组

单喷头直联式机组就是水泵出水管与一个喷头竖管连接，进行单喷头定点喷洒，一般喷灌机组沿田间供水渠道（或供水支管），或骑渠移动。单喷头直联式机组运行方式与田间供水系统布置见图 12-48，沿供水渠（供水支管）按喷头间距设机组取水池（给水栓）。喷灌机在取上 1 个水池（给水栓）A_1 位置喷洒后移至下 1 个取水池（给水栓）A_2 位置，直至最末一个取水池（给水栓），然后转到下一供水渠（供水支管）。

一般田间供水渠（供水支管）沿耕作方向布置，长度 100～300m，取喷头的倍数，间距为喷头组合间距，应保证达到必要喷洒均匀度。

（二）单喷头管引式机组

单喷头管引式机组是从水泵出水管连接一定长度的喷头连接管，其上按喷头间距装有喷头竖管接头。沿田间供水渠（供水支管）按喷头组合间距设机组取水点（取水池或给水栓）。这类机组采用两边作业的运行方式，如图 12-49 所示。当机组在取水点 A_1 位置时，喷头由管道引出至 B_1 点进行扇形喷洒，B_1 点喷完后退至 B_2 点喷洒，待此位置各喷点依次喷完后，将喷头连同管道移至 C_1 点进行喷洒，

并依次后移直至取水点 A_1 两边都喷洒完毕，再将机组移至取水点 A_2 位置，重复上述方式进行喷洒。

(三) 多喷头管引式机组

多喷头管引式机组田间运行方式与供水系统布置见图 12－50～图 12－52。

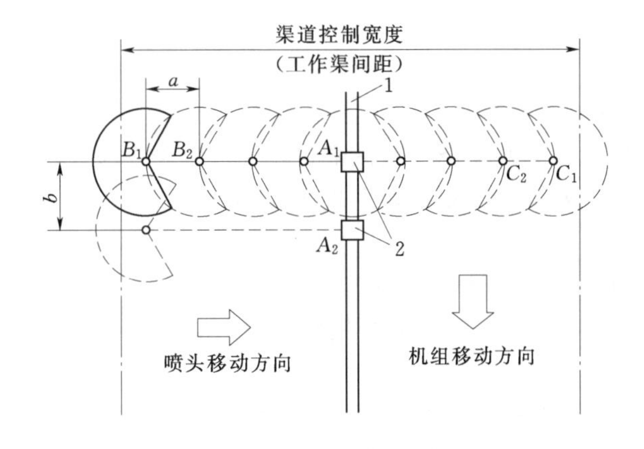

图 12－49 单喷头管引式机组田间运行示意图方式与供水系统示意图

1—供水渠（供水支管）；2—机组

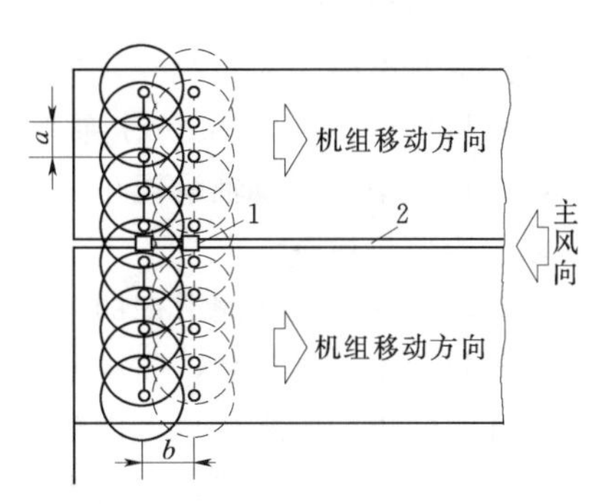

图 12－50 多喷头管引式田间运行方式与供水系统示意图之一

1—机组；2—供水渠（干管）

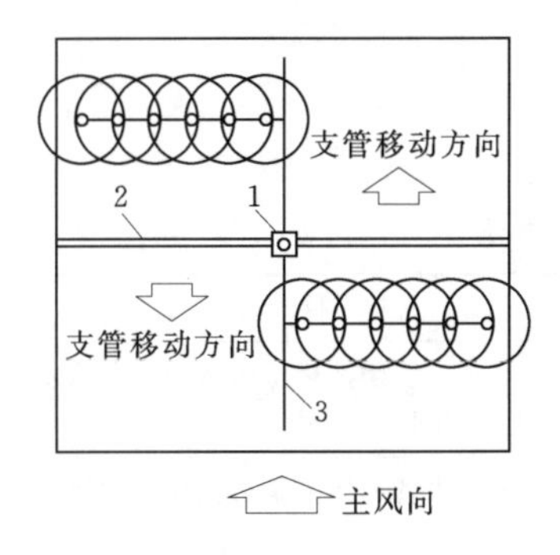

图 12－51 多喷头管引式田间运行方式与供水系统示意图之二

1—机组；2—供水渠（干管）；3—支管

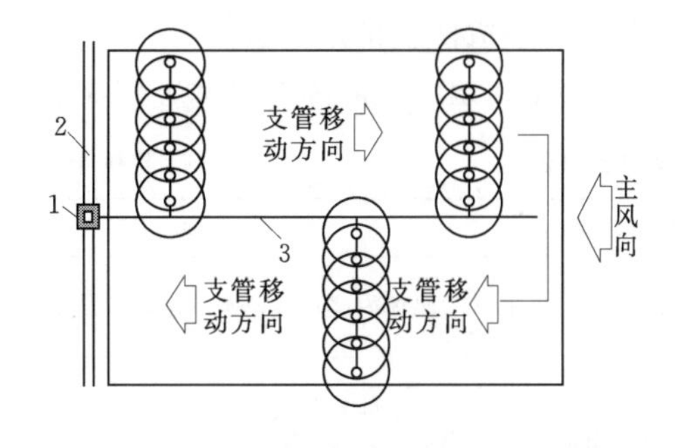

图 12－52 多喷头管引式田间运行方式与供水系统示意图之三

1—机组；2—供水渠（干管）；3—支管

四、小型喷灌机的使用维修

(一) 使用前的准备和检查

(1) 检查配套动力机各部位是否正常，油、水是否加足。若采用三角皮带传动，检查动力机轴与水泵轴是否平行，皮带轮是否对齐，皮带松紧程度是否合适；若采用直联，则检查二轴是否同心，二轴间应有 1.5～2.0mm 间隙，检查水泵转向与动力机转向是否一致。

(2) 检查自吸泵各部位是否正常，连接螺栓是否拧紧，用手转动泵轴是否旋转，检查水泵内是否有足够储水，不得无水空转。

(3) 安装进水管时应特别防止漏水、漏气，并事先检查泵壳和出水管内有无石块等杂物，以免运行时损坏机件；进水管滤网安放位置应离河沟和池底一定距离，以防泥沙杂物吸入或使水形成涡流，吸入空气。

(4) 喷头支架撑在地面，喷头竖管或支架应与水平面垂直，使喷头旋转均匀。

(5) 检查喷头转动是否灵活自如，摇臂弹簧松紧程度是否合适，换向机构是否灵活。扇形喷洒时需调整限位环的位置。

(二) 使用维修中应注意的事项

(1) 应严格遵守动力机操作规程规定的有关事项。

(2) 机组启动后如 2min 水泵尚未出水，为避免烧坏机械密封装置，应停止检查。

(3) 运行中应注意轴承温度，一般不应超过 75℃。如发现不正常杂音、振动、撞击等现象，应停机检查。

(4) 转动部件需加润滑剂的，应经常加注润滑剂，以保持良好工作状态。

(5) 每天工作结束后，需将部件泥沙洗干净，检查连接部位是否松动。冬季使用后应将水管和水泵内的剩水放尽，以防冻裂。

(6) 应定期检查保养，如发现损坏或磨损严重的零件，应进行更换。

(7) 水泵维修时，应注意机械密封的拆装和保持动静环接触面的清洁，动静环装配时千万不能装反。

(8) 喷灌机长期停用时，动力机、水泵、喷头等所有零部件应进行一次保养，清除油污包扎后入库，并放置于干燥处。

(三) 一般故障及排除方法

小型喷灌机组一般故障及排除方法见表 12-10。

表 12-10　　小型喷灌机组一般故障及排除方法

故障现象	产生原因	排除方法
水泵不出水	1. 泵体内灌水或排水不足，不能形成自吸	1. 灌足水，让柴油机低速运转，向吹水口旁边注水管加注引水
	2. 吸水部分漏气	2. 检查进水管和接头是否损坏，连接螺栓是否拧紧
	3. 吸水高度超过规定值或吸水管阻力过大	3. 降低吸水高度，减小出水管阻力
	4. 吸水管或水泵完全堵塞	4. 排除堵塞物
	5. 水泵转速不够或转向不对	5. 增加转速，纠正转向
水泵出水量不足	1. 滤网、叶轮、泵体或水管部分堵塞	1. 检查和清除堵塞物
	2. 皮带过松打滑，转速不够或电压过低，转速下降	2. 调紧皮带，增加转速，电压下降严重时应停止使用
	3. 电泵反转	3. 调整转换“倒”、顺位置
	4. 叶轮损坏	4. 更换叶轮
出水忽大忽小	柴油机运转不均匀	检查调整柴油机
水泵中途停止出水	1. 吸水管淹没深度太小，进了空气	1. 保证淹没深度，重新启动
	2. 吸水部分漏气	2. 检查并紧固接头螺丝
	3. 水位下降，吸程过高	3. 将机组位置移到低处

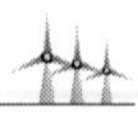

续表

故障现象	产　生　原　因	排　除　方　法
泵杂声及振动较大	1. 吸程太高，发生气蚀	1. 适当降低吸程
	2. 座脚不稳	2. 加固
	3. 轴承磨损严重	3. 更换轴承
	4. 泵轴弯曲	4. 校正或更换
	5. 泵内掉进杂物	5. 消除杂物

第三篇

工程设计与运行管理

本篇论述各种喷灌与微灌工程设计和运行管理方法。由于喷灌系统、微灌系统和园林绿地灌溉系统同属压力灌溉系统，其工程设计与运行管理方法具有许多相同特点，因而在叙述上，将排在首章的管道式喷灌工程设计进行较为全面介绍，以下各章主要介绍各自特殊的内容。在各种喷微灌工程设计的论述中，重要部分均写入计算示例。同时，对每一种类型喷微灌工程设计均写入不同条件的设计案例，以帮助读者掌握各类喷微灌工程设计理论和全面的设计内容与方法。在工程运行管理中，介绍了一般程序和方法的基础上，主要介绍微灌系统防堵和排堵方法。

运行管理是否正确有效，是喷微灌工程能否达到设计目标的最后环节。正确有效的运行管理方法，不仅运行管理人员需要很好掌握，设备制造者和设计者也应了解。

本篇“设计案例”与正文同等重要，因为“设计案例”基本体现各种类型喷微灌工程设计的主要环节，而正文仅论述不同类型喷微灌工程设计的特殊内容。此外，所有设计案例并未包括作为工程初步设计阶段的全部环节。应根据具体工程的实际需要，完成必要的设计环节，以满足施工安装和运行管理的要求。

第十三章　管道式喷灌工程设计

管道式喷灌系统是利用输水配水管网将水源提供的灌溉水加（增）压，通过管网输送分配到喷头，实施喷洒作业的灌溉工程。管道式喷灌系统可以根据灌区的实际条件和需要，做成固定式、半固定式或全移动式，但它们的设计思路和方法基本相同。

第一节　设计基本资料

灌区基本资料是灌溉工程设计与运行管理的依据和基础，搜集整理设计基本资料是设计工作十分重要的工作内容之一，必须给予高度重视，管道式喷灌系统设计应具备的基本资料一般包括下列各项。

(1) 地理位置。灌区所在行政区的位置、经纬度。

(2) 地形。灌区地势、坡度、高程和地面形状。根据灌区面积大小和使用要求，应备有1/500～1/2000地形图。

(3) 气象。灌区或灌区所在地降水、蒸发、相对湿度、气温和日照多年系列资料，多年平均、最大、最小降水量、蒸发量、气温、无霜期和冻土深度，以及风向、风力等资料。

(4) 水源。水源类型、位置，流量、年或灌溉季节可供水量、水位和水质系列资料。如为井水，需有抽水试验资料、出水流量与动水位关系、静水位资料；如为小型蓄水设施，需有集水面积、流域特征、径流系数和蓄水容积、集水区地形、地质资料等。

(5) 土壤。土壤类型、质地、干容重、孔隙率、田间持水率、入渗系数、土层厚度、土层结构等。

(6) 作物。作物种类、种植模式、生长期、面积、产量，以及需水量和需水规律试验资料等。

(7) 灌溉资料。已有灌溉设施类型、完好状况，当地灌溉习惯、经验和灌溉制度等。

(8) 其他。设备材料供应状况，经济条件，农业管理水平等。

第二节　设计标准与基本参数

一、设计标准

根据灌区作物的经济价值和水源、气象条件，通过经济技术分析确定喷灌工程设计标准。按《喷灌工程技术规范》(GB/T 50085—2007) 的规定，“以地下水为水源的喷灌工程，其灌溉设计保证率不应低于90%，其他情况下喷灌工程灌溉设计保证率不应低于85%”。

二、设计基本参数

(一) 概念

设计基本参数是指对灌溉成本和灌溉质量具有独立影响的若干技术因素值，其取值大小应通过技术经济比较分析确定。这些因素的选定，应符合下列两个条件：

(1) 对灌溉成本和灌溉质量的影响具有独立性。

(2) 非导出性，即不是由其他相关因素导出，而只由试验（实验）或经济、安全和环境要求决定。

(二) 设计基本参数的确定

根据上述两条件确定喷灌工程设计基本参数有：设计作物耗水强度 E_d；设计喷灌均匀系数 C_u；设计喷灌强度 ρ_d；设计雾化指标 W_h；设计计划土壤湿润层深度 z_d；设计灌溉水利用系数 η；设计系统日运行小时数 C。

在《喷灌工程技术规范》(GB/T 50085—2007) 中，根据规划设计和运行管理的需要，将喷灌技术参数分为基本参数、质量控制参数、设计参数和工作参数几类。其中有些不属设计时直接引用的控制因素，有些是取决于其他因素（非导出性），本书从设计的角度，选定符合“两个条件”的 7 项因素作为喷灌系统设计基本参数。至于与设计相关的参数，将在设计过程中由计算或经验确定。

1. 设计作物耗水强度 E_d

作物耗水强度因作物种类、土壤、气象而异，还与灌溉供水状况和地下水埋深有关，确定设计作物耗水强度的方法，应通过试验决定，但这往往是难于达到。在缺乏当地试验资料的情况下，可参照条件相近地区的试验资料或经验确定，也可通过估算参考作物腾发量的方法确定。

当利用田间试验资料确定设计作物耗水强度时，因为作物耗水强度随时间变化，一般采用设计典型年灌溉临界期最大月耗水量的平均日耗水量作为设计作物耗水强度，单位为 mm/d。当用计算法确定设计作物耗水强度时，一般是先估算设计参考作物腾发量，然后进行修正，求得设计作物耗水强度。估算参考作物腾发量的方法很多，其精度有所差异，到底采用哪种方法，可视所具备的资料而定，一般认为采用世界粮农组织推荐的综合法估算参考作物腾发量是目前最可靠的方法，详见本书第二章第四节。

因为作物消耗的水量包括灌溉补充根系活动层土壤的水量和自然提供的水量（降水、地下水和区外进入等，即非灌溉供水量），利用喷灌补充土壤水的强度称为喷灌强度。因此，设计喷灌作物耗水强度等于设计作物耗水强度与非灌溉供水强度之差。当灌溉临界期非灌溉供水强度等于 0 时，设计作物耗水强度即为设计喷灌耗水强度。

2. 设计喷灌均匀系数 C_u 和喷头允许最大工作压力偏差率 $[h_v]$

喷灌均匀系数是衡量喷灌质量的重要指标，其大小对灌溉水的利用率有重要影响，并影响作物的生长状况，以及灌溉成本，国际通常采用 J. E. 克里斯琴森系数表示：

$$C_u = 1 - \frac{\Delta h}{\overline{h}} \tag{13-1}$$

式中 C_u——喷灌均匀系数；

Δh——喷洒水深平均离差，mm；

$\overline{h}$——喷洒水深平均值，mm。

当测点所代表的面积相等时：

$$\overline{h}=\frac{\sum_{i=1}^{n}h_i}{n} \tag{13-2}$$

$$\Delta h=\frac{\sum_{i=1}^{n}|h_i-\overline{h}|}{n} \tag{13-3}$$

当测点所代表的面积不相等时：

$$\overline{h}=\frac{\sum_{i=1}^{n}S_ih_i}{\sum_{i=1}^{n}S_i} \tag{13-4}$$

$$\Delta h=\frac{\sum_{i=1}^{n}S_i|h_i-\overline{h}|}{\sum_{i=1}^{n}S_i} \tag{13-5}$$

式中　h_i——某测点喷洒水深，mm；

S_i——某测点所代表的面积，m^2；

n——测点数。

式（13-1）～式（13-5）是田间实测喷灌均匀度的计算公式。设计喷灌均匀系数按《喷灌工程技术规范》（GB/T 50085—2007）的规定，“定喷式喷灌系统设计喷灌均匀系数不应低于0.75，行喷式喷灌系统设计喷灌均匀系数不应低于0.85”。

目前喷灌工程设计时，设计喷灌均匀系数还不能直接引入水力计算，为了保证喷灌质量，按《喷灌工程技术规范》（GB/T 50085—2007）的规定，“任何喷头的实际工作压力不得低于设计喷头工作压力的90%”。还规定“同一条支管上任意两个喷头之间的工作压力差应在设计喷头工作压力的20%以内”，即

$$[h_v]\leqslant 0.2$$

3. 设计允许喷灌强度［ρ］

喷灌强度不应大于允许喷灌强度。《喷灌工程技术规范》（GB/T 50085—2007）规定的不同类型土壤允许喷灌强度（见表13-1）。当地面坡度大于5%时，允许喷灌强度按表13-2折减，行喷式系统的设计喷灌强度可略大于允许喷灌强。

表13-1　各种土壤允许喷灌强度［ρ］　单位：mm/h

土壤类别	允许喷灌强度	土壤类别	允许喷灌强度
砂土	20	黏壤土	10
沙壤土	15	黏土	5
壤土	12		

注　有良好覆盖时，表中数值可提高20%。

表 13-2　坡地允许喷灌强度降低值

地面坡度/%	允许喷灌强度降低值	地面坡度/%	允许喷灌强度降低值
5～8	20	13～20	60
9～12	40	>20	75

4. 设计雾化指标 W_h

喷洒水滴打击力不应损伤作物的叶、花、果实。实用上，采用喷头工作压力水头与主喷嘴直径之比表示雾化指标：

$$W_h=\frac{h_p}{d} \tag{13-6}$$

式中　W_h——喷灌雾化指标；

h_p——喷头工作压力水头，m；

d——喷头主喷嘴直径，m。

设计喷灌雾化指标应符合表 13-3 的规定。

表 13-3　不同作物适宜雾化指标

作　物　种　类	$\frac{h_p}{d}$	作　物　种　类	$\frac{h_p}{d}$
蔬菜及花卉	4000～5000	饲草料作物、草坪	2000～3000
粮食作物、经济作物及果树	3000～4000		

注　引自《喷灌工程技术规范》(GB/T 50085—2007)。

5. 设计计划土壤湿润层深度 z_d

计划土壤湿润层深度是指灌溉要求湿润的土壤深度，通常以作物主要根系活动层深度为依据确定。其大小取决于作物种类及其生育阶段，还与土层结构有关。深度是设计计划土壤湿润层决定设计灌水量大小的因素之一。不同作物设计计划土壤湿润层深度建议值见表 13-4。

表 13-4　设计计划土壤湿润层深度建议值

作　物　种　类	设计计划土壤湿润层深度/cm	作　物　种　类	设计计划土壤湿润层深度/cm
小麦、玉米、棉花、葡萄	40～60	果树	50～70
蔬菜	20～40		

注　其他作物可根据主要根系分布深度参考表中数值选用。

6. 设计喷灌水利用系数 η

实际喷灌水利用系数主要取决于喷灌均匀度、管道输水的泄漏和喷洒水漂移损失，建议管道式喷灌系统设计喷灌水利用系数 $\eta=0.75\sim0.85$。

7. 设计系统日运行小时数 C

系统日运行小时数，主要取决于水源状况和系统管理维修的要求。建议设计系统日运行小时数 $C=20\sim22$h。

第三节　喷头选择与组合间距的确定

一、喷头的选择

喷头是喷灌系统至关重要的部件，其水力性能和制造质量直接关系到喷灌质量和灌溉

成本的高低。选择喷头应考虑的因素主要是：

（1）流量、射程、喷灌强度、喷灌均匀度和雾化指标是否满足要求。

（2）机械特性是否符合相关标准。

（3）价格。

（4）制造商对质量和服务承诺。

喷头选定后，应列出技术参数，作为喷灌系统设计和运行管理的依据。

二、喷头组合形式

喷头在田间的组合可根据实际情况采用下列四种形式之一如图 13-1 所示（参考文献[25]）。

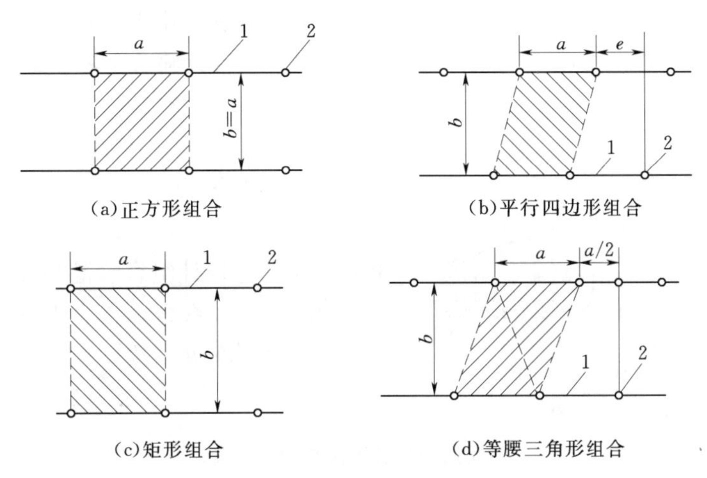

图 13-1　喷头组合形式示意图

a—喷头间距；b—支管间距；e—两相邻支管上喷头偏离值；1—支管；2—喷头

从图 13-1 中得出平行四边形组合特定处理，当 $e=\frac{a}{2}$时，则为等腰三角形组合；当 $e=\frac{a}{2}$，且平行四边形对角线等于 a 时，则为正三角形组合。

一般情况下，不论是矩形组合还是平行四边形组合，应尽可能使支管间距 b 大于喷头间距 a，以利于节省支管用量，对于半固定式和移动式喷灌系统则有利于减少移动支管次数。因此，风向比较稳定的情况下，宜使支管垂直风向，采用 $b>a$ 的布置。一般情况下，应尽量使支管与主风向的交角大于 45°。因为正三角形组合 $a>b$，不利于减少支管数量，建议一般不采用。

三、设计组合喷灌强度

（一）概念

喷头布置确定后，在设计条件下工作时的平均喷灌强度，称为设计组合喷灌强度，可用式（13-7）计算：

$$\rho_d=\frac{1000Q_d}{A} \tag{13-7}$$

式中　ρ_d——设计组合喷灌强度，mm/h；

Q_d——设计条件下同时工作各喷头流量之和，m^3/h；

A——设计条件下同时工作喷头湿润的面积，m^2。

（二）设计组合喷灌强度计算

1. 单喷头喷洒的情况

当一个喷头单独喷洒，且风速小于 1m/s 时，按式（13－8）计算设计喷灌强度：

$$\rho_s=\frac{1000q_d}{\pi R^2} \tag{13-8}$$

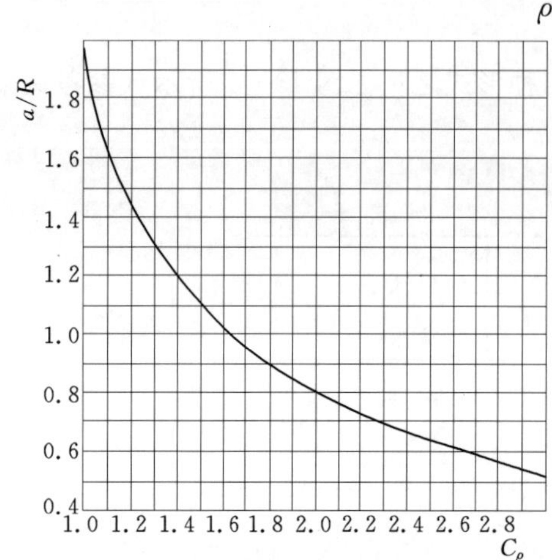

图 13－2　单支管多喷头同时全圆喷洒 $C_\rho \sim a/R$

式中　ρ_s——一个喷头单独全圆喷洒时设计喷灌强度，mm；

q_d——设计喷头流量，m^3/h；

R——设计喷头射程，m。

2. 多喷头的情况

多喷头同时全圆喷洒时，按式（13－9）计算设计组合喷灌强度：

$$\rho_d=K_W c_\rho \rho_s \tag{13-9}$$

式中　ρ_d——设计组合喷灌强度，mm/h；

K_W——风系数，查表 13－5；

c_ρ——布置系数，查表 13－6 或图 13－2（参考文献［25］）确定。

表 13－5　　不同运行情况下风系数 K_W 值

运行情况		K_W
单支管全圆喷洒		$1.15v^{0.314}$
单支管多喷头同时全圆喷洒	支管垂直风向	$1.08v^{0.194}$
	支管平行风向	$1.12v^{0.302}$
多支管多喷头同时全圆喷洒		1.00

注　1. 表中 v 为风速，m/s；
2. 单支管多喷头同时全圆喷洒，若支管与风向不平行，又不垂直，可内插确定 K_W 值；
3. 表中公式适用于 $v=1\sim5.5$m/s。

表 13－6　　不同运行情况下布置系 c_ρ 值

运行情况	c_ρ
单喷头全圆喷洒	1
单喷头扇形喷洒（扇形中心角 α°）	$\frac{360}{\alpha}$
单支管多喷头同时全圆喷洒	$\frac{\pi}{\pi-\frac{\pi}{90}\arccos\frac{a}{2R}+\frac{a}{R}\sqrt{1-\left(\frac{a}{2R}\right)^2}}$
多支管多喷头同时全圆喷洒	$\frac{\pi R^2}{ab}$

注　表中 a 为沿支管喷头间距，m；b 为支管间距，m；R 为设计喷头射程。

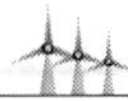

四、组合间距的确定

（一）概念

喷头组合间距的确定是在组合形式已定的条件下，通过对喷头型号、性能参数与支管间距、喷头间距的合理组合，满足喷灌质量的要求。喷灌工程设计基本参数，设计喷灌均匀系数 C_{ud}、允许喷灌强度［ρ］和雾化指标 W_h 就是保证喷灌质量的主要技术参数。其中，设计均匀系数 C_{ud} 可通过选择合适的间距射程比，$K_a=\dfrac{a}{R}$ 和 $K_b=\dfrac{b}{R}$ 予以控制，因而 K_a 和 K_b 成为设计均匀系数控制参数，以下简称为控制参数。

当喷头组合形式确定之后，满足设计均匀系数要求的间距射程比与主要取决于风向和风速。根据《喷灌工程技术规范》（GB/T 50085—2007）喷灌均匀系数不应低于 0.75 的规定，我国曾对广泛使用的 PY_1 型系列喷头，做了大量实验，总结出满足均匀系数 $C_{ud}=75\%$ 时的最大组合间距射程比，见表 13－7 和表 13－8，可供设计查用。多年喷灌工程时间表明，该成果不仅适合于 PY_1 型喷头，对其他类似喷头也可参考使用，尤其是用于改进的 PY_2 型喷头时，均匀系数 $C_u>75\%$（参考文献［25］）。

表 13－7　　PY_1 型喷头不等间距组合最大间距射程比

设计风速/(m/s)	最大间距射程比	
	垂直风向	平行风向
0.3～1.6	1	1.3
1.6～3.4	1～0.8	1.3～1.1
3.4～5.1	0.8～0.6	1.1～1

表 13－8　　PY_1 型喷头等间距组合最大间距射程比

设计风速/(m/s)	最大间距射程比	设计风速/(m/s)	最大间距射程比
0.3～1.6	1.1～1	3.4～5.1	0.9～0.7
1.6～3.4	1～0.9		

（二）方法

喷头组合间距的确定应与喷头型号规格技术参数的选择同时进行，互相适配。其方法可设计者掌握的喷头资料情况，采用如下两种方法之一。

1. 先选喷头的方法

（1）根据全区地形、土壤特和作物条件，选择一种喷头型号规格及其性能参数（名称型号、工作压力 P、喷嘴直径 d、流量 q、射程 R）。

所选喷头雾化指标应满足作物适宜雾化指标要求。所选喷头雾化指标按式（13－10）计算：

$$\frac{h_p}{d}=\frac{100P}{d} \tag{13-10}$$

式中　h_p——喷头工作水头，m；

　　d——喷嘴直径，mm；

P——所选喷头设计工作压力，kPa。

即选择$\frac{100P}{d}$不大于所灌作物适宜的雾化指标（见表13-3）的喷头。则满足要求。

（2）选择间距射程比$K_a=\frac{a}{R}$和$K_b=\frac{b}{R}$作为均匀系数的控制参数。

根据风向、风力由表13-7或表13-8查取K_a和K_b。当支管垂直风向时，K_a取不大于表13-7垂直风向列的值，K_b取不大于表13-7平行风向列的值；当支管平行风向时，K_a取不大于表13-7平行风向列的值，K_b取不大于表13-7垂直风向列的值。但通常多数灌区喷灌支管与风向有一摆角，如果摆角在±22.5°以内时，可按支管平行主风向处理；如果灌溉季节支管与主风向交角$\beta=30°$左右时，可按平行风向查得的值减0.1作为K_a的最大值，按垂直风向查得的值加0.1作为K_b的最大值；如果$\beta=60°$左右时，按垂直风向查得的值加0.1作为K_a的最大值，按平行风向查得的值减0.1作为K_b的最大值；如果$\beta\approx45°$时，可按等间距处理。

（3）计算喷头组合间距。对于不等间距组合间距：

$$a=K_aR \tag{13-11}$$

$$b=K_bR \tag{13-12}$$

式中　R——喷头射程，m；

其余符号意义同前。

对于等间距组合间距：

$$a=b=K_aR=K_bR \tag{13-13}$$

上述计算求得结果应根据管道节长度规格作适当调整，使之等于管道节长的整数倍，或管道节长度加带座短接的整数倍。我国移动式管道的规格有4m、5m、6m，其中有带竖管座和不带竖管座两种。例如，求出的a值为15.7m，则可使用两节5m和一节6m带座管，a值调整为16m。调整后的间距射程比仍不应超出表13-7和表13-8的相应值。

（4）验算设计喷灌强度。按式（13-9）计算设计组合喷灌强度ρ_d，并由表13-1和表13-2确定允许喷灌强度，若满足：

$$\rho_d\leqslant[\rho] \tag{13-14}$$

则所选喷头及其参数满足要求。否则，应重新选择喷头及其参数，重复上述步骤，直至满足要求。

【计算示例13-1】

某灌区采用移动管道式喷灌系统，支管轮灌，地面平均坡度5%，土壤为砂壤土，喷灌作物为小麦，南北行向，灌溉季节风速不大于3m/s，风向以东南为主，喷头采用矩形组合，试确定组合间距。

解：

（1）选择喷头及其性能参数。选PY_1型20喷头，喷嘴直径$d=8$mm，当工作压力$p=300$kPa时，射程$R=20$m，流量$q=3.94m^3/h$，单喷头工作喷灌强度：

$$\rho_s=\frac{1000q}{\pi R^2}=\frac{1000\times3.94}{\pi\times20^2}=3.14\text{mm/h}$$

雾化指标：

$\frac{100p}{d}=\frac{100\times300}{8}=3750>3000$（表13-3粮食作物最低雾化指标），满足要求。

（2）选择间距射程比，计算组合间距。该灌区灌溉季节主风向为东南方向，支管南北向布置，支管与风向交角$\beta\approx45°$，按等间距考虑，查表13-8，取$K_a=K_b=0.9$，则：

$$a=b=0.9\times20=18\text{m}$$

选3节6m铝管，其中一节带竖管座，正好喷头组合间距18m，满足$C_u\geqslant75\%$的要求。

（3）验算设计喷灌强度。由于支管与风向交角约为45°，采用垂直风向和平行风向内插确定风系数：

当按垂直风向时，查表13-5：　$K_W=1.08v^{0.194}=1.08\times3^{0.194}=1.34$

当按平行风向时，查表13-5：　$K_W=1.12v^{0.302}=1.12\times3^{0.302}=1.56$

支管与风向交角45°内插：　$K_W=\frac{1.34+1.56}{2}=1.45$

由表13-6单支管多喷头同时喷洒，布置系数：

$$c_\rho=\frac{\pi}{\pi-\frac{\pi}{90}\arccos\frac{a}{2R}+\frac{a}{R}\sqrt{1-\left(\frac{a}{2R}\right)^2}}$$

$$=\frac{\pi}{\pi-\frac{\pi}{90}\arccos\frac{18}{2\times20}+\frac{18}{20}\sqrt{1-\left(\frac{18}{2\times20}\right)^2}}=1.81$$

喷灌强度：

$$\rho_d=K_Wc_\rho\rho_s=1.45\times1.81\times3.14=8.24\text{mm/h}$$

由表13-1知，砂壤土允许喷灌强度为15mm/h，本灌区地面坡度3%，满足表13-2的规定。

最终确定，采用PY_1型20喷头，喷嘴直径$d=8$mm。其参数为设计工作压力$p_d=300$kPa；设计流量$q_d=3.94\text{m}^3/\text{h}$；设计射程$R_d=20$m。喷头组合间距$a=b=18$m。

经验提示：

在喷头性能表中能满足雾化指标要求的参数可以有很多组，但不是都能满足喷灌均匀度和喷灌强度的要求。因此，设计者的经验对于减少计算工作量很重要，以下几点有助于减小计算工作量：

（1）黏性土允许喷灌强度比砂性土小得多，当灌区土质比较黏重时，可选择ρ_s值较小一组的参数。

（2）高风速使喷灌强度明显增大，当灌溉季节风速较大时，选择的喷头参数应使ρ_s较小。

（3）在只有一条支管多喷同时工作时，应选使ρ_s较小的参数，而在单喷头工作时可选使ρ_s较大的参数。

（4）在地形坡度较大的灌区，应选择使ρ_s较小的参数。

2. 先选控制参数的方法

（1）选择控制参数。

1）在支管布置已定的条件下，根据风向、风速由表 13－7 和表 13－8 选定控制参数 K_a 和 K_b，并由表 13－5 和表 13－6 确定风系数 K_W 和布置系数 c_ρ。考虑到组合间距 a、b 可能调整，K_a 和 K_b 一般可选较小值。

2）根据灌区土壤质地和地面坡度，确定允许喷灌强度 $[\rho]$，计算最大喷灌强度 $\rho_{s\max}$：

$$\rho_{s\max}=\frac{[\rho]}{K_W c_\rho} \tag{13-15}$$

（2）选择喷头及其参数。

1）由喷头性能表中查取 $\frac{h_p}{d}$ 不小于喷灌作物适宜物化指标（表 13－3）的喷头型号。

2）以 $\rho_s \leqslant \rho_{s\max}$ 为条件，选取相应喷头参数：喷嘴直径 d；工作压力 h_p；设计喷头流量 q_d；设计射程 R_d。

（3）确定喷头组合间距。根据 K_a、K_b 和 R_d 计算组合间距 a 和 b，并调整为管道节长或管道节长加竖管短节的整数倍。

【计算示例 13－2】

某蔬菜种植区采用移动式喷灌系统。该区地面平坦，土壤为砂壤土，设计风速 4m/s，风向东偏南 30°，蔬菜南北种植，支管平行作物行向布置，灌区采用支管轮灌方式，试确定喷头组合间距。

解：

（1）确定控制参数。由表 13－7 查得当风速 4m/s 时，垂直风向间距射程比为 0.7，平行风向间距射程比为 1。因为支管与风向交角 90°－30°＝60°，将间距射程比调整为：

$$K_a=0.8 \quad K_b=0.9$$

查表 13－5：

垂直风向时：　$K_W(90)=1.08v^{0.194}=1.08\times4^{0.194}=1.41$

平行风向时：　$K_W(0)=1.12v^{0.302}=1.12\times4^{0.302}=1.70$

因为支管于风向交角 60°，采用内插法求风系数：

$$K_W(60)=1.41+\frac{1.70-1.41}{90}30=1.51$$

由图 13－2 查得，当 $K_a=0.8$ 时，$c_\rho=2.02$

由表 13－1 查得砂壤土允许喷灌强度 $[\rho]=15\text{mm/h}$，则组合允许最大喷灌强度：

$$\rho_{s\max}=\frac{[\rho]}{K_W c_\rho}=\frac{15}{1.7\times2.02}=4.37\text{mm/h}$$

（2）选择喷头及其参数。由表 13－3 查得蔬菜物适宜化指标为 4000，现采用揭阳市达华节水设备工程有限公司 DYT—10D 型摇臂式喷头，喷嘴直径 $d=4.0\text{mm}$，工作水头 $h_p=20\text{m}$ 时，雾化指标 $\frac{h_p}{d}=5000$，流量 $q=1.08\text{m}^3/\text{h}$，射程 $R=12.8\text{m}$，单喷头强度为：

$$\rho_s=\frac{1000q}{\pi R^2}=\frac{1000\times1.086}{\pi\times12.8^2}=2.11(\text{mm/h})<\rho_{s\max}\text{，满足要求。}$$

（3）确定组合间距：

$$a=K_aR=0.8\times12.8=10.24\text{m}$$

$$b=K_bR=0.9\times12.8=11.52\text{m}$$

支管选用两节 5m 塑料管和一节 0.3m 竖管三通为一单元，则每段支管长度：

$$a=2\times5+0.3=10.30\text{m}$$

每段分干管长度（支管间距）选用一节 5m 和一节 6m 塑料管，加一节 0.3m 三通，则：

$$b=5+6+0.3=11.30\text{m}$$

所确定的 a、b 值与计算值基本相等，满足要求。

第四节　水量平衡计算

喷灌系统设计时，水量平衡计算是针对设计典型年水文气象条件进行的。确定设计典型年的方法步骤详见第三章第二节。

第五节　管道式喷灌系统的布置

管道式喷灌系统一般由首部设备、输配水管网和田间配水管道及其上面的喷头等部分组成。管道式喷灌系统的布置应以安全、工程造价低、运行管理方便为原则。

一、首部设备的布置

管道式喷灌系统首部设备一般包括水泵机组、调控安全设备、量测仪表和电气设备等，在水质含沙量和其他污物较多时还需装设过滤设备。通常将首部设备布置在水源附近，以便于管理。但是，下列情况可以布置在与水源有一定距离处：

（1）水源附近地质条件不适合修建泵站时。

（2）水源为河道及蓄水设施，若水位变化大，灌溉季节水位较低，需要将灌溉水引至适当位置修建泵站时。

（3）灌区距水源较远，为便于管理，需要将灌溉水引至灌区附近修建泵站时。

上述情况一般需要增设引水渠道，或引水管道，有时还需安装提水装置。具体方案应根据实际情况通过技术经济比较确定。

二、输配水管道的布置

固定和半固定管道式喷灌系统输配水管道一般有两级，即干管和分干管。灌溉面积大的喷灌系统的输配管道可以有三级，即主干管、干管和分干管。输配水管道通常埋入地下，其布置应考虑下列因素：

（1）避开地质条件容易塌陷、施工困难大的地段，以及重要建筑物和特殊禁入地段。

（2）使管道总长度最小，运行管理方便。

（3）上级管道布置为下级管道连接布置创造方便条件。

（4）尽可能利用已有管道和有用的设施。

（5）分干管尽可能为支管创造适当布置位置和坡度。

移动管道式喷灌系统输配水管道一般只有一级，或两级，即干管，或分干管。有时为了节约工程投资，将输配水管道安装在地面，以便于移动。

三、支管的布置

支管和其上面的喷头是田间灌水设备，固定管道式喷灌系统支管一般与作物行向平行布置，并尽量顺着适当地形坡度，以增加支管长度。半固定和移动式喷灌系统支管的布置应尽可能使移动操作方便，移动次数少。支管、喷头间距按组合间距确定。

四、控制调节安全设备的布置

固定和半固定管道式喷灌系统控制调节安全设备包括闸阀、止逆阀、压力调节阀、减压阀、进排气阀、水锤消除阀和排、泄水阀等，应根据实际需要使用，不一定每个系统都全部必需。一般情况下列位置应安装必要的设备：

（1）主干管（或干管）进口安装控制调节闸阀和止逆阀。

（2）支管进口安装控制闸阀和压力调节阀。

（3）地面高处安装进排气阀。

（4）支管末端安装排水阀，如各级管道埋设深度小于最大冻土层深度，则主干管和干管低处需安装排水阀。

（5）如有必要，可在干管上游安装水锤消除阀或减压阀。

（6）控制面积较大的系统，应在干管适当位置安装维修（抢修）闸阀。

第六节　喷灌制度与系统工作制度的确定

一、设计灌溉制度

喷灌制度的确定方法已如第四章第一节所述，只要针对设计典型年的条件进行计算即可。

二、设计喷灌系统灌溉制度与工作制度的确定

（一）固定管道式喷灌系统工作制度的确定

固定管道式喷灌系统工作制度确定的方法，可根据灌区实际情况按照第四章第二节所述，确定设计喷灌系统工作制度，计算系统设计流量。

（二）半固定和移动管道式喷灌系工作制度的确定

不论是半固定或移动式，还是固定管道式喷灌系统，均以一条支管为基本灌水单元。在一个灌水周期内都是以一条支管为基本喷灌单元，轮流启动、移动一条或一组支管的操作方式。以下讨论其工作制度。

1. 喷灌工作区的划分

以下情况需要将喷灌区划分成若干工作区。

（1）灌区种植几种作物，且各自连片，可将每一种作物种植区作为一个喷灌工作区，

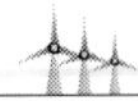

以便喷灌更好地满足各自的需水要求。

(2) 灌区为单一水源，虽种一种作物，例如小麦，但面积很大。为了及时灌溉，便于管理，可将喷灌系统划分成若干工作区。工作区数目为：

$$N_{工}=\frac{CQ_d}{10E_dA_{工}}\eta \tag{13-16}$$

式中 $N_{工}$——工作区数目；

$A_{工}$——工作区面积，hm^2；

其余符号意义同前。

(3) 灌区有多个水源，可按水源划分工作区。工作区的面积为：

$$A_{工}=\frac{CQ_{d工}}{10E_d}\eta \tag{13-17}$$

式中 $Q_{d工}$——工作区水源可供流量，m^3/h；

其余符号意义同前。

2. 喷头在一个喷点上的喷洒时间

支管在一个工作位置的喷洒时间按式（13-18）计算：

$$t_d=\frac{abm_d}{1000q_d} \tag{13-18}$$

式中 t_d——设计一个喷点喷洒时间，h；

a——喷头间距，m；

b——支管间距，m；

m_d——设计一次灌水量，mm；

q_d——设计喷头流量，m^3/h。

3. 支管一日工作位置数

支管一日工作位置数（移动的次数）用式（13-9）计算：

$$n_{工}=\frac{C}{t_d+t_y} \tag{13-19}$$

式中 $n_{工}$——支管一日工作位置数；

C——喷灌系统日工作小时数，h；

t_d——设计一个喷点喷洒时间，h；

t_y——一次移动、拆装启闭喷头的时间，h，当一组工作支管准备两套支管和喷头轮换工作时，$t_y=0$。

4. 每次同时工作的喷头数和支管组数

每次同时工作的喷头数按式（13-20）计算：

$$n_p=\frac{n_z}{n_{工}\ T_d} \tag{13-20}$$

式中 n_p——每次同时工作的喷头数；

n_z——工作区需要的喷头总数；

T_d——设计喷灌周期，d；

$n_{工}$——支管一日工作位置数。

每次同时工作的支管数为：

$$n=\frac{n_p}{N} \tag{13-21}$$

式中　N——一条支管上的喷头数；

其余符号意义同前。

第七节　管网水力计算

喷灌系统管网水力计算的任务一般是在喷灌系统布置已确定的条件下，计算确定各级管道设计流量、直径和进口工作水头，并进行必要的水锤计算。

一、支管水力计算

喷灌系统支管是一种典型多口出流管道，水力计算方法原则上与第五章第五节相同。这里，以图 5-6 作为喷灌支管水力计算简图，其中：出水口及相应间距管段（下称支管管段）的编号 N、$N-1$、…、n、…、2、1 为喷头和喷头间距管段编号；第 N 号喷头与支管进口距离为 a_N，喷头间距为 a；喷头流量为 q_N，q_{N-1}…、q_n…q_2、q_1，Q_N 为支管进口流量，Q_N、Q_{N-1}、…、Q_n…、Q_2、Q_1 为支管管段流量。

支管水力计算一般是在支管布置已确定，即支管长度已定的条件下进行，计算的任务是确定支管直径和进口工作水头。但有时也可能需要确定支管长度，例如当初定的管网需要调整时，或在布置管网时需要先知道支管的合理长度，以便有助于整体管网的合理布置时。

（一）支管设计流量计算

支管设计流量按式（13-22）计算。

$$Q_{d支}=Nq_d \tag{13-22}$$

或

$$Q_{d支}=\frac{10m_dA_{支}}{t_d} \tag{13-23}$$

式中　$Q_{d支}$——支管进口设计流量，m^3/h；

N——一条支管上喷头数目；

q_d——设计喷头流量，m^3/h；

m_d——设计灌水定额，mm；

t_d——设计一次灌水延续时间，h。

支管第 i 号喷头间距管段流量按式（13-24）近似计算。

$$Q_{i支}=iq_d \tag{13-24}$$

式中　$Q_{i支}$——支管第 i 号喷头间距管段流量，m^3/h；

i——喷头间距管道段序号（或喷头号）；

其余符号意义同前。

（二）支管直径和进口工作水头计算

国内以往确定支管直径和进口工作水头的方法一般是在完成喷灌系统管网布置和各级

管道流量已确定的条件下，根据经验由国家和行业喷灌管道技术标准系列中选择一种规格的管道，然后按式（13－25）、式（13－26）（参考文献［26］）之一计算进口工作水头。

其一：

$$h_{0支}=0.9h_d+\Delta H_{支}-\Delta z+h_{竖} \tag{13-25}$$

式中 $h_{0支}$——支管进口工作水头，m；

h_d——设计喷头工作水头，m；

$\Delta H_{支}$——支管水头损失，m；

Δz——支管首末地面高差，m；

$h_{竖}$——竖管高度，m。

以相关因素代入式（13－25）得：

$$h_{0支}=0.9h_d+a\left(N-1+\frac{a_0}{a}\right)\left[\frac{Kfq_d^mN^mF_N}{D_{支}^b}\right]-Ja\left(N-1+\frac{a_0}{a}\right)+h_{竖} \tag{13-26}$$

式中 a——喷头间距，m；

a_0——支管进口至第 N 号喷头的距离，m；

N——支管上喷头数目；

$D_{支}$——支管内径，mm；

K——局部水头损失加大系数，取 $K=1.05\sim1.10$；

F_N——孔口数为 N 时的多口系数，查表 5－4；

J——沿支管地面坡度，顺坡为“＋”，逆坡为“－”；

其余符号意义同前。

其二：

$$h_{0支}=h_d+0.75\Delta H_{支}-\Delta z+h_{竖} \tag{13-27}$$

与公式（13－25）同样的理由，式（13－27）成为：

$$h_{0支}=h_d+0.75a\left(N-1+\frac{a_0}{a}\right)\left[\frac{Kfq_d^mN^mF_N}{D_{支}^b}\right]-Ja\left(N-1+\frac{a_0}{a}\right)+h_{竖} \tag{13-28}$$

【计算示例 13－3】

某 PVC 塑料喷灌支管沿平坡地面布置，其上面装有 22 个喷头，喷头间距 15m，支管进口至第 N 号喷头距离 7.5m，设计喷头工作水头 20m，设计喷头流量 $1.2m^3/h$，支管内径选用 75mm，试计算支管进口工作水头。

解： 已知 $J=0$，$N=22$，$a=15m$，$a_0=7.5m$，$h_d=20m$，$q=1.2m^3/h$；选用竖管高度 $h_{竖}=1.2m$；查表 5－2，$f=0.984\times10^5$，$m=1.77$，$b=4.77$；查表 5－4，$F_{22}=0.384$。取局部损失加大系数 $K=1.05$。

（1）用式（13－26）计算支管进口工作水头：

$$\begin{aligned}h_{0支}&=0.9h_d+a\left(N-1+\frac{a_0}{a}\right)\left(\frac{Kfq_d^mN^mF_N}{D_{支}^b}\right)-Ja\left(N-1+\frac{a_0}{a}\right)+h_{竖}\\&=0.9\times20+15\left(22-1+\frac{7.5}{15}\right)\left(\frac{1.05\times0.984\times10^5\times1.2^{1.77}\times22^{1.77}\times0.384}{75^{4.77}}\right)+1.2\\&=23.978m\end{aligned}$$

（2）用式（13－28）计算：

$$h_{0支}=h_d+0.75a\left(N-1+\frac{a_0}{a}\right)\left(\frac{Kfq_d^mN^mF_N}{D_{支}^b}\right)-Ja\left(N-1+\frac{a_0}{a}\right)+h_{竖}$$

$$=20+0.75\times15\times\left(22-1+\frac{7.5}{15}\right)\left(\frac{1.05\times0.984\times10^5\times1.2^{1.77}\times22^{1.77}\times0.384}{75^{4.77}}\right)+1.2$$

$$=24.784\text{m}$$

计算结果表明，两公式计算值式（13-28）大于式（13-26）约5%。由于它们都是基于经验假定的基础上，无法判定那一个精度高些。这是因为它们均存在理论根据不足，与设计参数不挂钩的缺点。

（三）支管直径和进口工作水头计算的改进方法

在管网布置已确定，且喷头型号、技术参数和组合确定的情况下，确定支管直径和进口工作水头的方法步骤是，首先按式（5-28）～式（5-31）确定最大和最小工作水头喷头号，然后引用式（5-33a）～式（5-36b）求支管直径的公式。但是，只有管道沿平坡布置时可直接计算外，对于沿非平坡地面布置的支管一般需通过试算才能确定支管直径。

1. 管道坡度 $J=0$ 的情况

$$D_{支}=\left[\frac{Kfaq_d^m(N-0.52)^{1+m}}{(m+1)[h_V]h_d}\right]^{1/b}\quad N\geqslant3 \tag{13-29}$$

或

$$D_{支}=\left[\frac{Kfq_d^m a(N-1)^{m+1}F_{N-1}}{[h_V]h_d}\right]^{1/b} \tag{13-30}$$

式中　$D_{支}$——支管内径，mm；

$[h_V]$——喷头工作水头允许最大偏差率，按《喷灌工程技术规范》（GB/T 50085—2007）的规定，取 $[h_V]=0.2$；

N——支管上喷头数目，$N=\frac{L-a_0}{a}+1$；

L——支管长度，m；

F_{N-1}——$N-1$ 个出水口时的多口系数，查表 5-4；

其余符号意义同前。

由内径 $D_{支}$ 计算值查国家或行业技术标准，建议选取承压能力大于设计进口工作水头1.2倍，内径大于，且接近计算值的直径作为支管的直径。

支管进口工作水头可用式（13-31）计算。

$$h_{0支}=h_{max}+\frac{Kfq_a^m N^m}{D_{支}^b}a_0+h_{竖} \tag{13-31}$$

式中　$h_{0支}$——设计支管进口工作水头，m；

h_{max}——最大喷头工作水头，根据《喷灌工程技术规范》（GB/T 50085—2007）第4.2.5条的规定，“同一条支管上任意两个喷头之间工作压力差应在设计工作压力的20%以内”，可取 $h_{max}=1.1h_d$；

$D_{支}$——实际采用的支管内径，mm；

a_0——支管进口至第 N 号喷头的距离，m；

$h_{竖}$——竖管高度，m；

其余符号意义同前。

2. 管道坡度 $J\neq0$ 的情况

（1）支管直径的确定。引用式（5－33a）～式（5－36b），以喷头间距 a 代替孔口间距 S，在支管长度已确定的条件下，由国家或行业管道技术标准初选一种管道规格，计算喷头最大差 Δh_{max}，若 Δh_{max} 接近并小于［h_V］h_d，则满足要求，否则重选支管直径计算，直到满足要求。

（2）支管进口工作水头计算。支管直径确定之后就可按最大工作水头喷头的位置计算支管进口工作水头。多口管水力学表明，在沿程等孔口出流条件下，最大工作水头孔口只可能位于上端孔口，或下端孔口。因此，支管进口工作水头计算也只有两种情况。

1）$i_{max}=N_支$

$$h_{0支}=h_{max}+a_0\left(\frac{Kfq_a^m N_支^m}{D_支^b}-J_支\right)+h_竖 \tag{13-32}$$

式中　J——沿支管地面坡度；

其余符号意义同前。

2）$i_{max}=1$

$$h_{0支}=h_{max}+a\left(N_支-1+\frac{a_0}{a}\right)\left(\frac{Kfq_d^m N^m F_N}{D^b}-J_支\right)+h_竖 \tag{13-33}$$

式中　a——喷头间距，m；

F_N——孔口数为 N 的多口系数，由表 5－4 查得，但应选取$\frac{a_0}{a}$值的相应值；

其余符号意义同前。

当采用式（13－31）～式（13－33）计算支管进口工作水头时需要确定支管最大孔口工作水头 h_{max}。可近似取 $h_{max}=1.1h_d$。或根据多口出流管水力学分析，在等间距孔口、等孔口流量条件下，最大孔口工作水头可用式（13－34）近似计算。

$$h_{max}=(1+0.65q_v)^2h_d \tag{13-34}$$

式中　q_v——孔口最大流量变差系数；

其余符号意义同前。

【计算示例 13－4】

某蔬菜喷灌系统采用 DY1—10D 型摇臂式喷头，喷嘴直径 $d=4.0$mm，工作水头$h_d=20$m 时，雾化指标$\frac{h_d}{d}=5000$，流量 $q_d=1.086\text{m}^3/\text{h}$，射程 $R=12.8$m，组合间距 $a=18$m，支管上有 20 个喷头，支管上第 1 号喷头距支管进口 9m，沿支管地面坡度 $J=3\%$。支管为 PVC 硬塑料管，试确定支管直径和设计支管进口工作水头。

解： 已知 $h_d=20$m，$q_d=1.086\text{m}^3/\text{h}$，$a=18$m，$a_0=9$m，$N=20$，$J=0.03$。取 $K=1.05$，查表 5－2，取 $f=0.948\times10^5$，$m=1.77$，$b=4.77$。查表 5－4，$F_{11}=0.408$。

（1）设定支管直径。由《灌溉用塑料管材和管件基本参数及技术条件》（GB/T 23241—2009），初选支管外径 $d_n=63$mm，公称压力 0.63MPa，内径 $D=59.8$mm。

（2）计算支管水力坡度比。引用式（5－28）计算支管水力坡度比：

$$r=\frac{JD^b}{Kfq_d^m}=\frac{0.03\times59.8^{4.77}}{1.05\times0.948\times10^5\times1.086^{1.77}}=77.727$$

(3) 确定最大喷头工作水头的位置。引用式（5-30）计算最大工作水头喷头位置判别数：

$$M=\frac{(N-0.52)^{m+1}}{r(m+1)(N-1)}=\frac{(20-0.52)^{2.77}}{77.727\times2.77\times(20-1)}=0.913$$

$$M<1,i_{\max}=1$$

(4) 确定最小工作水头喷头的位置。引用式（5-31）计算最小工作水头喷头编号：

$$i_{\min}=INT(1+r^{1/m})=INT(1+77.727^{1/1.77})=12$$

(5) 求支管直径。因为 $r>1$，且 $i_{\max}=1$、$N>i_{\min}$，引用式（5-35a）计算支管孔口最大工作水头差：

$$\Delta h_{\max}=\frac{KfSq_a^m(i_{\min}-1)}{D^b}[r-(i_{\min}-1)^m(F_{i_{\min}}-1)]$$

$$=\frac{1.05\times0.948\times10^5\times18\times1.086^{1.77}(12-1)}{59.8^{4.77}}[77.727-(12-1)^{1.77}\times0.408]$$

$$=3.77\text{m}$$

引用式（5-35b）计算支管孔口最大工作水头差：

$$\Delta h_{\max}=\frac{KfSq_a^m}{D^b}\left[r(i_{\min}-1)-\frac{(i_{\min}-0.52)^{m+1}}{m+1}\right]$$

$$=\frac{1.05\times0.948\times10^5\times18\times1.086^{1.77}}{59.8^{4.77}}\left[77.727(12-1)-\frac{(12-0.52)^{2.77}}{2.77}\right]$$

$$=3.76\text{m}$$

用两种不同形式公式计算结果只相差 1cm，都接近且小于 $[h_V]h_d=0.2\times20=4.0$ (m)，满足要求，即支管直径采用外径 $d_n=63$mm，内径 $D=59.8$mm。

(6) 计算设计支管进口工作水头。按式（13-33）计算支管进口工作水头：

$$h_{0支}=h_{\max}+a\left(N-1+\frac{a_0}{a}\right)\left(\frac{Kfq_d^mN^mF_N}{D^b}-J\right)+h_{竖}$$

$$=1.1\times20+18\left(20-1+\frac{9}{18}\right)\left(\frac{1.05\times0.948\times10^5\times1.086^{1.77}\times20^{1.77}\times0.371}{59.8^{4.77}}-0.03\right)+1.2$$

$$=23.43\text{m}$$

在喷灌系统设计中有时候需要同时确定支管直径和长度，因为支管直径和长度是同时存在的两个未知变量，可以有多个组合，理论上希望选择一组最经济的组合，但它涉及许多因素，一般很难达到。在实际中，设计者可以根据经验估计支管承压等级，然后从国家或行业管道技术标准中选择一种管道直径，参照本节“（三）”的方法，求得满足支管允许最大工作水头差的长度作为支管布置的最大控制长度。当然，也可以根据管网协调布置的需要，先定支管长度，然后试算求得满足允许喷头最大工作水头差的直径和进口工作水头。对于控制面积大的固定式喷灌系统，合理的支管规格对于减小工程费用和灌溉成本有明显作用，应尽可能进行方案比较，确定合理的支管长度和直径组合方案。

二、干管水力计算

（一）干管设计流量计算

1. 续灌和轮灌条件下干管设计流量

在续灌和轮灌条件下干管进口设计流量等于由其同时供水的下级管道进口流量之和，即

$$Q_{d干}=\sum Q_{di} \tag{13-35}$$

式中 $Q_{d干}$——计算的干管（管段）设计流量，m^3/h；

Q_{di}——由计算的干管（管段）同时供水的下级 i 号管道设计流量，m^3/h。

或

$$Q_{d干}=\frac{10m_dA_{干}}{t_d} \tag{13-36}$$

式中 $A_{干}$——计算的干管（干管段）同时供水面积，hm^2；

m_d——毛设计灌水定额，mm；

其余符号意义同前。

2. 随机供水条件下干管和分干管设计流量的计算

随机供水条件下干管和分干管设计流量的计算按第四章第二节之“四”进行。

（二）干管直径确定

在管网布置已定的情况下，干管直径可根据经济直径、经济流速，或安全流速的理念，用式（5-8）或式（5-11），或式（5-12）估算确定。

（三）干管进口设计工作水头的确定

喷灌系统设计条件下干管进口工作水头可按式（13-37）计算：

$$H_{0干}=h_{0支}+\sum\Delta H_i-\Delta Z \tag{13-37}$$

式中 $H_{0干}$——干管进口设计工作水头，m；

$h_{0支}$——干管供水的最不利支管进口设计工作水头，m；

$\sum\Delta H_i$——由最不利支管进口至干管进口管道水头损失之和，m；

ΔZ——干管进口至最不利支管进口地面高差，m，顺坡为“+”，逆坡为“-”。

第八节 设备配套设计

喷灌系统配套设计包括各种设备及附属设施类型规格、尺寸的选择，以及相对安装位置的确定。因灌区条件、系统形式及水源的不同，设备配套可以有较大差异。本节讨论的是针对一般情况，设计时可根据具体条件采用适宜的配套方案，力求达到安全、高效、经济、运行管理方便。

一、水泵选型与配套

水泵选型与配套见第十一章第三节。

二、管网配套

（一）管道规格的确定

各级输配水管道的规格根据选定的管材和水力计算，按国家和行业技术标准的规定选取，参照相关行业的规定，干管承压级别应不低于计算工作压力1.5倍。

（二）竖管配套

喷头与支管连接的垂直连接管，称为竖管。竖管一般采用与喷头进口同经的钢管或合金管，高度以植物不妨碍喷头正常喷射水流为原则，一般为0.5～2.0m，各类农作物高度供参考值见表13-9。

表13-9　农作物茎干高度参考值

作物名称	茎干（树干）高度/cm	作物名称	茎干（树干）高度/cm	作物名称	茎干（树干）高度/cm
小麦	70～110	亚麻	55～60	西红柿	50～70
玉米	190～210	大麻	130～240	黄瓜	100～150
黑麦	100～165	甘蔗	250～300	菜豆	70～90
大麦	50～90	茶树	60～80	棉花	120～150
燕麦	40～80	甜菜	20～40	向日葵	180～200

注　引自周世峰主编《喷灌工程学》。

当竖管高度超过2m或使用大喷头时，应增设竖管支架，或搭架竖管支架，以保持竖管稳定。

（三）管道连接件配套

1. 接头的使用

各种管材都有一定的规格长度，例如铝管和铝合金管每节长度有4m和6m两种，PVC硬管每节长度一般6m。安装方法有插接和接头连接两种。接头连接是採用专用连接管件连接成设计长度的管道，各厂商的管材与连接件均配套供应。各种管材的配套连接件形式详见第八章。

2. 伸缩节和柔性接头的使用

250mm以上硬塑料管，应每隔约100～150m装配一伸缩节，以减小因热胀冷缩产生的轴向应力。

通过容易发生不均匀沉陷地基的脆性管道（如混凝土管）和大管径（直径200mm以上）的硬塑料管应装配柔性接头，以防止因地基不均匀沉陷破坏管道。柔性接头的间距不大于100m。

（四）调控、安全保护设备配套

管网调控、安全保护设备包括调节闸阀、进排气阀、压力调节阀、排水阀和泄水阀、水锤消除器（阀）。

1. 调节闸阀

调节闸阀是用来调节控制各级管道流量，有闸阀、蝴蝶阀、球阀等，主要安装在各级管道进口处。喷微灌系统调控阀多是人工启闭，闸阀和蝴蝶阀启闭速度缓慢，过流开度调节容易，破坏性水锤发生的机会少，主要安装于干管和分干管进口处；球阀启闭快速，主要安装在支管进口。调控阀的规格应不小于管道直径。

2. 进排气阀

进排气阀的作用是消除管道局部形成高压气体和真空，保持水流正常流动、减少管道震动，甚至破裂。进排气阀一般安装于管网高处和干管局部高处。

顺坡布置的管道，进排气阀安装在首部；逆坡布置的管道，进排气阀安装在尾部和管道凸起处、管道朝水流方向下折及超过10°的变坡处。

进（排）气阀规格可按式（9-1）计算选择。

3. 压力调节阀

压力调节阀的作用是通过调节，将管道进口压力减至某一需要的进口压力，并保持稳定的流量，一般安装在支管进口。

4. 排水阀和泄水阀

排水阀是用于排除管网冲洗水，或管网积水，一般安装在管道末端。泄水阀主要用于排泄管道内局部积水，一般安装在管道局部低处。

5. 水锤消除器（阀）

水锤消除阀用于消除水锤压力，防止水锤对管道的破坏，一般安装在管网首部。

三、附属设施工程配套

喷灌系统附属工程设施包括水源和泵站及管道附属设施工程。其中管道设施工程主要是，镇墩与支墩、阀门井等。水源和泵站附属工程的组成与结构取决于水源类型，其设计可参考相关书籍，按照国家和行业技术标准进行，本书不作详细介绍。

（一）镇墩与支墩

管道的转弯处，以及管坡较大（大于3%）的较长管道（长度30m以上）应修建镇墩，用于承受来自不同方向的推力，防止管道移动。图13-3～图13-5是管道不同方向转弯时的镇墩结构实例，可供设计参考。

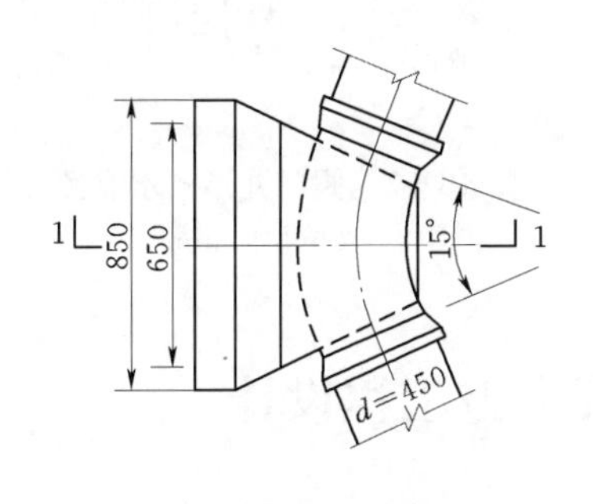

(a)水平方向弯管支墩

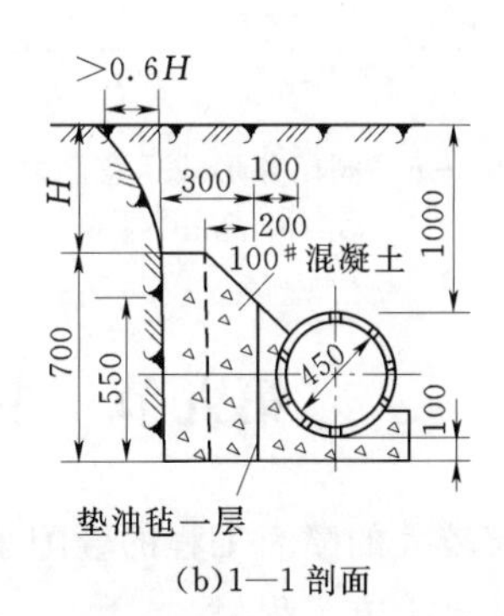

(b)1—1剖面

图13-3 水平方向弯管镇墩示意图（单位：mm）

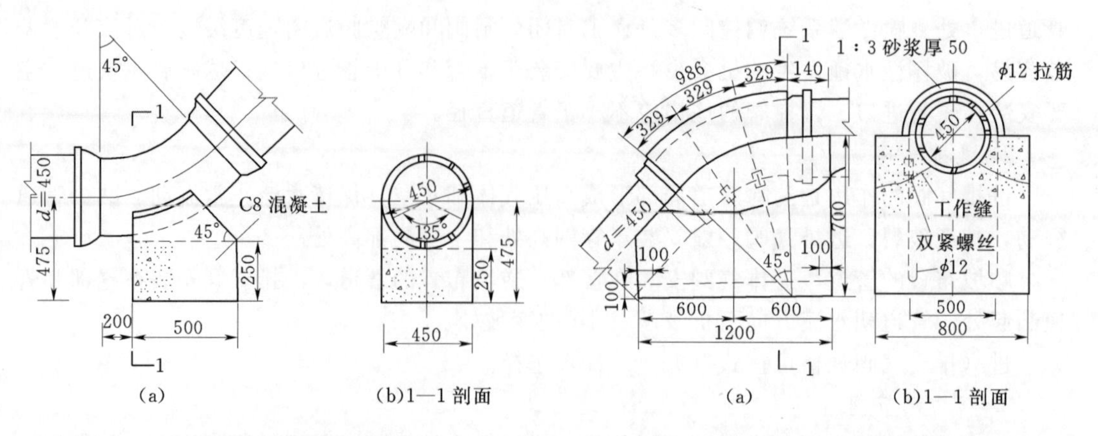

图 13-4　垂直向下弯管镇墩示意图（单位：mm）

图 13-5　垂直向上弯管镇墩示意图（单位：mm）

经过沟壑、低地的管段应修建支墩，承受垂直压力，保持管道平稳。支墩的结构尺寸视管道直径而定，应足以固定管道，间距为 5～10 倍管径。支墩与管道的接触面应装滑动垫片，以允许管段沿轴线方向滑动。支墩底面应埋入冻土层以下，并置于结实土层上。

（二）阀门井

固定管道式喷灌系统的管道一般埋入地下，管道上各类阀门需修建阀门井。两种阀门井的结构见图 13-6 和图 13-7，可供设计参考。

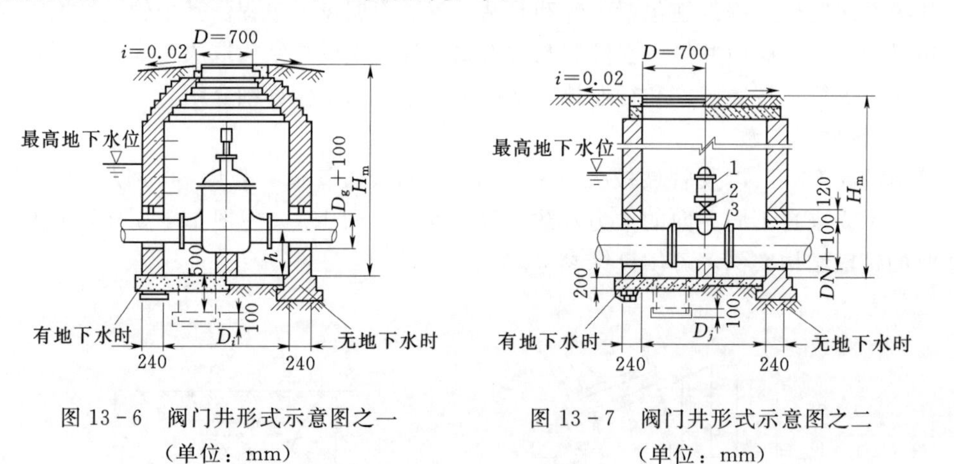

图 13-6　阀门井形式示意图之一（单位：mm）

图 13-7　阀门井形式示意图之二（单位：mm）

第九节　主要干管土方工程设计

对于规模较大的喷灌工程的输配水干管应进行管道工程结构设计，绘制管沟纵横断面设计图，并计算土方工程量。

管道工程结构设计应注意下列问题：

(1) 管道埋设深度一般不小于 0.4m，防止机动车通过时受压损坏。

(2) 在北方冬天冻土地区，管道应埋设于最大冻土层以下，如埋设有困难的，应设置排水装置，冬前排除管道内存水，防止管道冻裂。

(3) 管沟底高程应低于管道下侧面 10～20cm，供施工时铺垫沙或细土。

(4) 沿管道节点，如安全、控制、调节闸阀等的位置，应按节点设备的外形尺寸增加必要的空间，以方便设备组装。

管道纵断面设计见图 13-8。

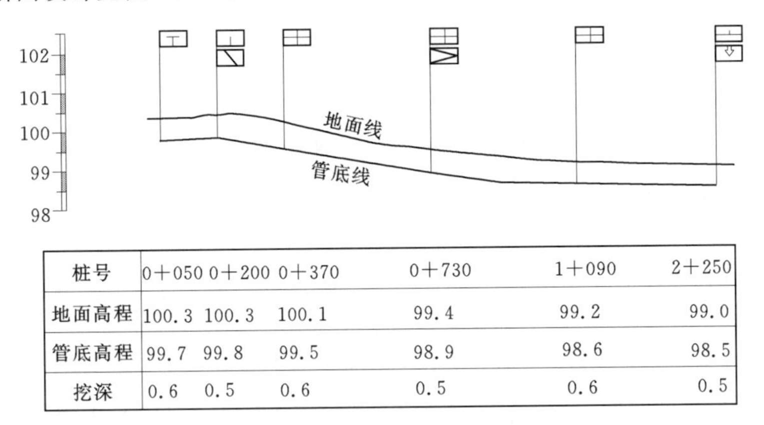

桩号	0+050	0+200	0+370	0+730	1+090	2+250
地面高程	100.3	100.3	100.1	99.4	99.2	99.0
管底高程	99.7	99.8	99.5	98.9	98.6	98.5
挖深	0.6	0.5	0.6	0.5	0.6	0.5

图 13-8 管道纵横断面设计示意图

第十节 设 备 材 料 计 划

根据设计列表统计所需的全部设备材料，统计表内容应包括设备材料名称、型号、技术规格、单位、设计数量、订购数量、单价、复价等。其中，订购数量主要是考虑到一些小件在安装过程中可能有丢失损坏，为保证安装顺利进行，应备有一些余量。对于管材订购长度比设计长度也需略有增加，以满足实际需要。

第十一节 投资概预算与经济评价

投资概预算与经评价方法详见第六章。

第十二节 施工安装和运行管理建议

为了保证喷灌工程达到设计目标，应从设计的角度对工程的施工安装和运行管理提出建议，尤其是施工安装应注意的问题。

第十三节 设 计 成 果

设计完成应提交的成果包括：

（1）设计说明书；

（2）设计图纸：喷灌系统平面布置图，标明各种设备的位置；首部设备和重要节点（安全、调节、控制闸阀，交叉点）组装连接大样图，以及必要的说明。

第十四节　固定管道式喷灌系统设计案例

一、基本资料

1. 地理位置

浙江省某蔬菜种植区位于宁波市奉化地区，地处北纬29°25′，东经121°03′。该区地形平坦，地面坡度约为0%。

2. 地形

该蔬菜种植区地势平坦，地形西高东低，坡度约2.5%。

3. 气象

奉化地区属亚热带季风性气候，四季分明，温和湿润，年均气温16.3℃，降水量1350～1600mm，日照时数1850h，无霜期232d。灾害天气为台风、干旱和寒潮，5月、6月为多雨季节，常出现洪涝灾害，7～9月为干旱季节，伏旱是经常性的现象，蔬菜必须通过灌溉补充土壤水，保证正常生长，此期间一般风速为2～3m/s，风向东偏南30°。

4. 水源

该蔬菜种植区灌溉水源为水库，通过一条2.5km的引渠将灌溉所需水引至本菜区。水源充足，水量可满足需要，水中杂草较多，泥沙含量为0.2%～0.5%。

5. 土壤

灌区土壤为砂壤土，干容重1.45g/cm^3；田间持水率19%（重量比）。

6. 作物

本种植区种植蔬菜面积20hm^2（300亩），东西宽508m（包括1条8m宽南北向田间管理道路），南北长400m，参见案例图13-14-1。蔬菜主要品种有大白菜、包菜、芹菜、胡萝卜等，行栽方向为南北向。7月、8月是当地主要灌溉季节。

二、设计标准与基本参数

（一）设计标准

本区属亚热带季风气候，雨量充沛，灌溉水源为水库水，决定喷灌工程设计保证率采用85%。

（二）设计基本参数

1. 设计作物喷灌耗水强度 E_d

参照邻近地区资料，结合本地蔬菜灌溉经验，8月为灌溉临界期，蔬菜平均耗水强度7.5mm/d，扣除有效降雨强度2.2mm/d，设计喷灌耗水强度 E_d＝5.3mm/d。

2. 设计均匀系数 C_u 与允许喷头最大工作水头偏差率

根据《喷灌工程技术规范》（GB/T 50085—2007）的规定，本喷灌系统设计均匀系数

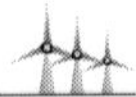

取 $C_{ud}=0.75$。相应的，取支管允许喷头最大工作水头偏差率：

$$[h_v]=0.2$$

3. 设计允许喷灌强度 $[\rho]$

根据本灌区地形和土壤条件，见表 13-1 和表 13-2，采用设计允许喷灌强度 $[\rho]=15\text{mm/h}$。

4. 设计喷灌雾化指标 W_h

根据《喷灌工程技术规范》（GB/T 50085—2007）的规定，本喷灌系统蔬菜设计喷灌雾化指标取 $W_h=\dfrac{h_p}{d}=4000$。

5. 设计计划土壤湿润层深度 z_d

本区作物为蔬菜，参考表 13-4，取设计喷灌土壤湿润层深度 $z_d=0.3\text{m}$。

6. 设计系统日运行小时数 C_d

取设计系统日运行小时数 $C_d=20\text{h}$。

三、喷头选择与组合间距的确定

1. 选择喷头及其性能参数

选 PY_1S20 喷头，喷嘴直径 $d=6\text{mm}$，当工作压力 $p=300\text{kPa}$ 时，射程 $R=18\text{m}$，流量 $q=2.22\text{m}^3/\text{h}$，单喷头工作喷灌强度：

$$\rho_s=\frac{1000q}{\pi R^2}=\frac{1000\times2.22}{\pi\times18^2}=2.18\text{mm/h}$$

雾化指标：

$\dfrac{100p}{d}=\dfrac{100\times300}{6}=5000>4000$（表 13-3 基本设计参数规定的蔬菜雾化指标），满足要求。

2. 确定间距射程比，计算组合间距

该灌区灌溉季节主风向为东南方向，支管沿蔬菜行向南北布置，与风向交角 $\beta=30°$。按等间距考虑，查表 13-8，取 $K_a=K_b=0.9$，则：

$$a=b=0.9\times18=16.2(\text{m})$$

选 1 节 6m 带竖管座，两节 5mPVC-U 塑料管，喷头组合间距 16m，可满足 $C_u\geqslant75\%$ 的要求。

3. 验算设计喷灌强度

由于支管与风向交角约为 30°，采用垂直风向和平行风向内插确定风系数：

当按垂直风向时，查表 13-5　$K_W=1.08v^{0.194}=1.08\times3^{0.194}=1.34$

当按平行风向时，查表 13-5　$K_W=1.12v^{0.302}=1.12\times3^{0.302}=1.56$

支管与风向交角 30°内插　$K_W=1.56-30\times\dfrac{1.56-1.34}{90}=1.49$

由表 13-6 单支管多喷头同时喷洒，布置系数：

$$C_\rho=\frac{\pi}{\pi-\dfrac{\pi}{90}\arccos\dfrac{a}{2R}+\dfrac{a}{R}\sqrt{1-\left(\dfrac{a}{2R}\right)^2}}$$

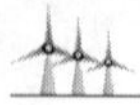

$$=\frac{\pi}{\pi-\frac{\pi}{90}\arccos\frac{16}{2\times18}+\frac{16}{18}\sqrt{1-\left(\frac{16}{2\times18}\right)^2}}=1.82$$

设计喷灌强度：

$$\rho_d=K_W C_\rho \rho_s=1.49\times1.82\times2.18=5.91\text{mm/h}$$

由表13-1知，平地砂壤土允许喷灌强度为15mm/h，本灌区地面坡度2.5%，根据表13-2，取允许喷灌强度降低10%，则允许喷灌强度 $[\rho]=15(1-0.1)=13.5\text{mm/h}>\rho_d=5.91\text{mm/h}$，满足要求。

最终确定，采用 PY_1S20 喷头，喷嘴直径 $d=6\text{mm}$，设计工作压力 $p_d=300\text{kPa}$；设计流量 $q_d=2.22\text{m}^3/\text{h}$；设计射程 $R_d=18\text{m}$。喷头组合间距 $a=b=16\text{m}$。

四、喷灌系统布置

1. 首部与管网布置

根据种植区具体情况，喷灌系统采用案例图13-14-1布置方案。在原有供水渠道修建1抽水前池，前池进口设栏污栅。喷灌系统首部设于前池处，从首部起，沿种植区北边缘向东布置1条主干管至中间田间道路右侧，向南拐，将种植区分成东西两两部分。沿主干管东西方向布置两对分干管，再沿分干管两侧南北双向沿蔬菜行向布置喷灌支管。分干管间距200m，主干管OA段长度258m，AB段长度100m，BC段长度200m。西边分干1和分干3长度各为258m，东边分干管分干2和分干4长度各为250m，1条分干管两侧南北布置17对支管。

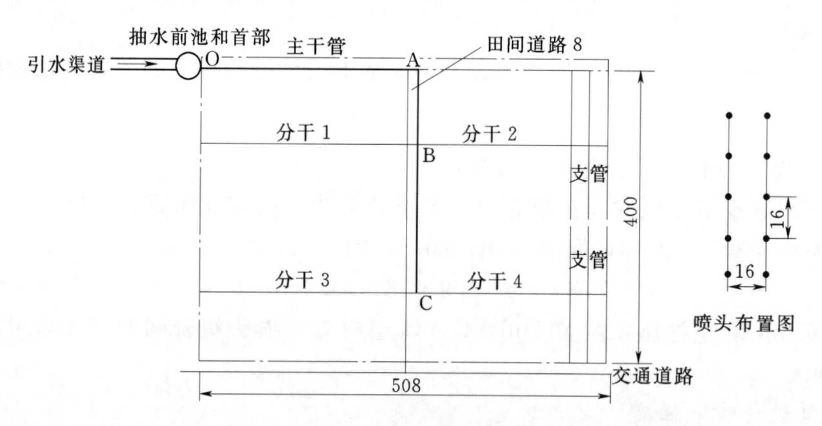

案例图13-14-1　喷灌系统布置图（单位：m）

根据上面计算和灌区实际尺寸协调，确定分干管内则支管93m，外侧支管长度100m，布置7个喷头，内侧支管布置6个喷头，两侧支管总长193m，共布置13个喷头，喷头平均间距 $a=16\text{m}$，支管进口至上端首个喷头的距离 $a_0=8\text{m}$。支管间距 $b=15.63\text{m}$。全灌区共有支管 $17\times4\times2=136$ 条。

因为实际采用的喷头组合间距稍小于上面计算的组合间距，满足设计基本参数的要求。

2. 加压、控制安全设备布置

首部安装离心泵 1 台、逆止阀 1 个干管进口安装蝴蝶阀和进排气阀各一个，以调控流量，保持系统安全稳定运行；主干管与 1 分干、2 分干交叉点下侧安装 1 个蝴蝶阀，为事故检修阀。分干管进口各安装 1 个闸阀，调控流量和为下级管道事故时关闭维修，末端各安装 1 个排水阀，为维修和停灌时排空管网余水之用。支管进口各安装 1 个球阀和压力调节阀，保证系统喷洒质量。干管末端布置 1″球阀 1 个，以备排空系统余水。

五、系统灌溉制度与工作制度的确定

1. 灌溉制度

(1) 计算设计灌水定额。由基本资料和设计基本参数：本蔬菜种植区土壤为砂壤土，干容重 $\gamma=1.45g/cm^3$；田间持水率 19%（重量比）；取土壤适宜土壤含水率上限为田间持水率 85%，下限为田间持水率 65%，则适宜土壤含水率上限 $\theta'_{max}=19\%\times0.85=16.2\%$，适宜土壤含水率下限 $\theta'_{min}=19\%\times0.65=12.4\%$；设计计划土壤湿润层深度 $z_d=0.3m$；取灌溉水利用率 $\eta=0.8$，土壤湿润比 $p=100\%$。用式（4-2）计算设计喷灌定额：

$$m_d=0.1\gamma z_d p(\beta'_{max}-\beta'_{min})/\eta=0.1\times1.45\times0.3\times100(16.2-12.4)/0.8=20.7mm$$

(2) 灌水时间间隔（周期）。设计灌水时间间隔（周期）按式（4-4）计算确定：

$$T_d=\frac{m_d}{E_d}\eta=\frac{20.7}{5.3}\times0.8=3d$$

(3) 计算一次灌水延续时间。设计喷灌一次灌水延续时间，即支管在一个工作位置的喷洒时间用式（13-18）计算：

$$t_d=\frac{abm_d}{1000q_d}=\frac{16\times16\times20.7}{1000\times2.22}=2.4h$$

2. 系统工作制度

采用轮灌工作制度。按式（4-10）计算最大轮灌组数，即支管最大工作位置数：

$$N_{max}=\frac{CT_d}{t_d}=\frac{20\times3}{2.4}=25$$

以 1 条支管为基本工作单元，则全区 4 条分干管共有 136 个基本喷灌单元，取 1 个轮灌组 8 条支管，则实际轮灌组数为：

$$N_{d轮}=\frac{136}{8}=17(组)<N_{max}=25\text{ 组}$$

内侧支管进口流量为：

$$Q_{d内支}=6\times2.22=13.32m^3/h$$

外侧支管进口流量为：

$$Q_{d支}=N_{支}\ q_d=7\times2.22=15.54m^3/h$$

系统设计流量取内外侧支管各 4 条支管流量之和：

$$Q_d=4Q_{d内支}+4Q_{d外支}=4\times13.32+4\times15.54=115.42m^3/h$$

按照节约工程费用的原则划分轮灌组，4 条分干管同时工作组成 1 组，每条分干管同时上下启动两条支管工作，各由一端对向轮流工作至中心完成一遍喷灌。

六、水力计算

1. 支管水力计算

（1）确定支管直径。因为支管沿平坡地面布置，$J_{支}=0$。支管孔口数 $N_{支}=7$，孔口流量 $q_d=2.22m^3/h$，允许工作水头偏差率 $[h_v]=0.2$，设计工作水头 h_d＝喷头工作水头＋竖管高度＋竖管水头损失。竖管高取1.2m，竖管水头损失取竖管高度0.2倍，则支管孔口设计工作水头 $h_d=30+1.2\times0.2=30.24m$。支管采用PVC－U塑料管，查表5－1，$f=0.948\times10^5$，$m=1.77$，$b=4.77$。取局部损失加大系数 $K=1.10$。

以分干管外侧支管位代表，按式（13－29）计算支管内径。

$$D_{支}=\left[\frac{Kfaq_d^m(N_{支}-0.52)^{1+m}}{(m+1)[h_V]h_d}\right]^{1/b}=\left[\frac{1.1\times0.948\times10^5\times16\times2.22^{1.77}\times(7-0.52)^{2.77}}{2.77\times0.2\times31.4}\right]^{1/4.77}$$

$=44.1mm$

查《灌溉用塑料管材和管件基本参数及技术条件》（GB/T 23241—2009），选取PVC－U管，承压力0.63MPa，外径 $d_n=50mm$，内径 $D_{支}=46.8mm$。

（2）计算支管进口工作水头。按式（13－34）计算支管最大孔口工作水头：

$$h_{max}=(1+0.65q_v)^2h_d=(1+0.65\times0.1)^2\times30.24=34.3m$$

按式（13－31）计算支管进口工作水头，注意到竖管高度已包括在孔口设计工作水头中，且 $J_{支}=0$，$a_0=0$，则：

$$h_{0支}=h_{max}=34.3m$$

2. 分干管水力计算

（1）确定计算工况。左侧分干管长度258m，右侧分干管长度250m。当分干管两侧支管由两端起，各运行到第9条时，此时分干管上段流量等于2条支管流量，为最不利工况，以此为计算工况。以第9对支管为界将分干管分为上、下两段，各有8个管段，长度除西部分干管长度因穿路增加8m，分干计算长度为，$L_{分干1上}=L_{分干3上}=125+8=133m$；东部分干计算长度：

$$L_{分干2上}=L_{分干4上}=125m$$

（2）确定分干管直径。分干管上段设计流量：

$$Q_{d分上}=13q_d=13\times2.22=28.86m^3/h$$

按式（5－8）估算分干管直径。取流速 $v=0.8m/s=2880m/h$。

$$D_{分干上}=1000\sqrt{\frac{4\times28.86}{\pi\times2880}}=113mm$$

查《灌溉用塑料管材和管件基本参数及技术条件》（GB/T 23241—2009），选取PVC－U管，承压力0.63MPa，外径 $d_n=125mm$，内径 $D_{分干上}=117.8mm$。

（3）计算分干管水头损失。因西侧分干1、分干3比东侧分干2、分干4长8m，以其进行水力计算。按式（5－6）计算分干管水头损失，取局部损失加大系数 $k=1.05$：

$$\Delta H_{分干上}=kf\frac{Q_{d分干上}^m}{D_{分干上}^b}L_{分干上}=1.05\times0.948\times10^5\frac{28.86^{1.77}}{117.8^{4.77}}\times133=0.67m$$

（4）计算分干管进口工作水头。按分干1、分干3计算进口工作水头，$J_{分干}=$

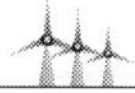

-0.025。

$$H_{0分干}=h_{0支}+\Delta H_{分干上}-J_{分干}L_{分干}=34.3+0.67+0.025\times133=38.3\text{m}$$

3. 主干管水力计算

干管 $J_{干AC}=0$，$J_{干OA}=0.025$，水头损失和进口工作水头计算方法同分干管，结果见案例表 13-14-1。

案例表 13-14-1　　主干管水力计算结果

管段	长度 /m	采用承压力 /MPa	外径 d_n /mm	内径 $D_{干段}$ /mm	流量 $Q_{d干段}$ /(m^3/h)	水头损失 ΔH_i/m	进口工作水头 H_0 /m
BC	200	0.8	160	148.8	57.72	1.13	39.4
AB	100	0.8	200	185.4	115.44	0.68	39.0
OA	258	0.8	200	185.4	115.44	1.74	40.0

七、水锤计算

1. 确定计算工况

本系统采用人力操作，正常运行的启闭闸阀速度不至于产生超过管道承压能力的破坏性水锤。而且，灌区地势平坦，基本不存在局部凹凸现象，管道局部出现真空可能性极小，最有可能出现的破坏性工况是停电停泵事故。因为水泵出口装设了逆止阀，因此，水锤计算针对有逆止阀停泵事故进行。

2. 计算水锤波传播速度

常温时水的体积弹性模量 $K=2.025\text{GPa}$；查表 5-5，取 PVC-U 管材纵向弹性模量 $E=2.8\text{GPa}$；主干管内径 $D=185.4\text{mm}$；管壁厚度 $e=7.3\text{mm}$；管材系数 $C=1$。由式（5-39）计算水锤波传播速度：

$$a=\frac{1435}{\sqrt{1+\dfrac{K}{E}\dfrac{D}{e}C}}=\frac{1435}{\sqrt{1+\dfrac{2.025}{2.8}\times\dfrac{185.4}{7.3}\times1}}=326.07\text{m/s}$$

3. 计算水锤压力

主干管初始流速 $v_0=\dfrac{4Q_{OA}}{\pi D^2}=\dfrac{4\times115.4/3600}{\pi\times(185.4/1000)^2}=1.19\text{m/s}$，因为事故停电停泵是突然，逆止阀迅速关闭，阀后流速由初始流速骤变为 $v_1=0$，阀后初始压力 $H_0=36.7\text{m}$。用式（5-45）计算最小水锤压力：

$$H_{min}=H_0-\frac{av_0}{g}=36.7-\frac{326.07\times1.19}{9.81}=-2.85\text{m}$$

因为 $H_{min}>-10\text{m}$，用式（5-46）计算最大水锤压力：

$$H_{max}=H_0+\frac{av_0}{g}=36.7+\frac{326.07\times1.19}{9.81}=76.3\text{m}$$

计算表明，停电事故水锤压力小于于主管道承压能力 0.8MPa，若发生停电事故时主管道仍然是安全的。

八、设备配套设计

1. 水泵选型

(1) 计算水泵设计流量。输水干管进口流量即为水泵设计流量，$Q_{d泵}=115.44m^3/h$。

(2) 计算水泵扬程。本系统水泵设计扬程 H_d 为输水干管进口设计工作水头 $H_{0干}=36.7m$＋抽水前池抽水最低水位深度 1.5m＋首部设备局部损失之和。首部设备局部损失按输水干管进口工作水头 20%考虑，故水泵扬程为：

$$H_d=1.2\times36.7=44m$$

(3) 选择水泵型号。选择 IS125-100-400，功率 30kW，汽蚀余量 3m。$Q=120m^3/h$；$H=48.5m$。

2. 选择主干管进口阀门型号

主干管直径 200mm，进口阀门选用 8″蝴蝶阀与其配套。

3. 选择进排气阀规格

主干管内径 $D_{主干}=213.2mm$，流速 $v=0.97m/s$,取进排气速度 $v_0=45m/s$，按式（9-1）计算排气阀通气孔直径 d_0。

$$d_0=1.05D_{干}\left(\frac{v}{v_0}\right)^{\frac{1}{2}}=1.05\times185.4\times\left(\frac{1.28}{45}\right)^{\frac{1}{2}}=32.8mm$$

选取 $d_0=32mm$ 进排气阀。

4. 选择调控阀规格

主干管末端装一个 25mm 排水塑料球阀；支管进口安装 1 个 2″调控塑料球阀。

九、土建工程设计

无冬季冰冻，所以管沟开挖断面设计为宽 0.4m，深 0.6m；水源为水库水配置离心泵，需要建设 $20m^2$ 的泵房，从 1.5km 外拉高压线建变电站到泵房处。

十、材料设备统计

喷灌系统基本材料设备统计见案例表 13-14-2。

案例表 13-14-2　　基本材料设备统计表

序号	名　称	规　格	单位	数量
1	PVC-U 塑料管	PVCϕ200/0.8	m	368
2		PVCϕ160/0.8	m	200
3		PVCϕ110/0.63	m	1016
4		PVCϕ50/0.63	m	13600
5	热镀锌钢管	DN20/1.2m（两头 3/4″丝）	支	952

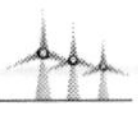

续表

序号	名　称	规　格	单位	数量
6	PVC 塑料管件	PVC 铜内丝三通 50×3/4″×50	个	952
7		PVC 直通 ϕ200	个	4
8		PVC 直通 ϕ160	个	2
9		PVC 直通 ϕ110	个	5
10		PVC 直通 ϕ50	个	30
11		PVC 三通 ϕ200×110×200	个	2
12		PVC 三通 ϕ160×110×160	个	2
13		PVC 三通 ϕ110×50×110	个	136
14		PVC 直通 ϕ200×160 变径	个	1
15		PVC 直通 ϕ160×110 变径	个	1
16		PVC 直通 ϕ110×50 变径	个	51
17		PVC90 度弯头 ϕ200	个	4
18		PVC90 度弯头 ϕ50	个	136
19	PVC 塑料球阀	PVCϕ50 球阀	个	136
20		PVCϕ25 球阀	个	1
21	阀门箱	VB1220	个	68
22	喷头	PYS20	个	952
23	砂石过滤器	8″	套	1
24	蝴蝶阀	涡轮蝶阀 6″	个	1
25		涡轮蝶阀 8″	个	1
26	水表	8″	台	1
27	逆止阀	8″	台	1
28	排气阀	1″	个	1
29	压力表	0.6MPa（含表阀）	个	138

十一、初步设计概算

（一）编制说明

1. 工程概况

工程主要内容包括：泵房工程；田间土建工程；灌溉设备及安装工程；水源输变电设备及安装工程；临时工程。

2. 投资主要指标

工程建设总投资 53.45 万元；建筑工程费 5.1 万元（其中泵房工程费 2.24 万元；田间建筑工程 2.86 万元）；机电设备及安装工程费 40.05 万元（其中灌溉设备及安装费 30.8 万元，输变电工程 9.25 万元）；临时工程费 1.11 万元；独立费用 4.64 万元，基本预备费 2.55 万元。

3. 编制依据

（1）水利部水总［2002］116号文颁发的《水利工程设计概（估）算编制规定》。

（2）水利部水总［2002］116号文颁发的《水利建筑工程概算定额》。

（3）水利部水总［2002］116号文颁发的《水利工程施工机械台时费定额》。

（4）概算编制价格水平年为2009年7月。

（5）计价格［2002］1980号文国家计委关于印发《招标代理服务收费管理暂行办法》的通知。

（6）发改价格［2007］670号文国家发展改革委员会、建设部关于印发《建设工程监理与相关服务收费管理规定》的通知。

（7）设计工程量、图纸及施工组织设计方案。

4. 基础价格

（1）人工预算单价。按［2002］116号文计算，设计案例项目区位于宁波市奉化地区，为六类工资区，地区工资系数为1，地区津贴为0。人工预算单价：工长5.48元/工时；高级工5.13元/工时；中级工为4.44元/工时；初级工为2.99元/工时；机械工为5.21元/工时。

（2）材料预算价格。

1）主要材料的预算价格：主要依据宁波工程造价管理站发布的2009年第三季度地区材料价格信息和当地市场价格综合分析计算，见案例表13-14-3。

案例表13-14-3　　主要材料预算价格表

序　号	材　料　名　称	单位	材料预算价格/元
1	柴油	t	6750
2	汽油	t	7940
3	碎石	m^3	58.45
4	砂	m^3	50.78
5	水泥	t	434

2）次要材料预算价格：按项目地区现行市场价格计取。

3）电、风、水价格：电价0.6元/(kW·h)，风价0.13元/m^3，水价0.5元/m^3。

5. 工程单价

按《水利建筑工程概算定额》（水利部水总［2002］116号）计算。

（1）其他直接费。按直接费的百分率计算，建筑工程为1.25%。

（2）现场经费、间接费。根据新水建管［2005］108号文的规定，现场经费费率见案例表13-14-4、间接费率见案例表13-14-5。

案例表13-14-4　　现场经费费率表

序　号	工　程　类　别	计　算　基　础	费　率/%
1	土方工程	直接费	4
2	石方工程	直接费	6
3	混凝土工程	直接费	6
4	模板工程	直接费	6

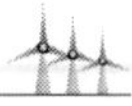

案例表 13-14-5　　间接费费率表

序号	工程类别	计算基础	费率/%
1	土方工程	直接工程费	4
2	石方工程	直接工程费	6
3	混凝土工程	直接工程费	4
4	模板工程	直接工程费	6

(3) 企业利润。按直接工程费、间接费之和的7%计。

(4) 税金。按直接工程费、间接费、企业利润三项之和的3.35%计。

6. 建筑工程概算

主体建筑工程按工程量乘以工程单价计算。

7. 施工临时工程概算

(1) 施工仓库按150元/m^2计算。

(2) 办公、生活及文化福利建筑费按工程第一至第四部分建安工程费之和的2.5%计算。

(3) 其他施工临时工程：按工程第一至第四部分建安工程费（不包括其他施工临时工程）之和的2%计算。

8. 独立费用

(1) 建设管理费。依据《建设单位管理费总额控制收费率表》（财建［2002］394号），1000万元以下按建安工作量的1.5%计取。

(2) 工程建设监理费。按国家发展和改革委员会、建设部关于印发《建设工程监理与相关服务收费管理规定》（发改价格［2007］670号）的通知计取。500万元以下工程按照下式计算：

工程建设监理费＝16.5/500×(建筑工程费＋机电设备及安装工程费＋临时工程费)×0.9＝1.23万元

(3) 科研勘察设计费。按建设部发布2002《工程勘察设计收费管理规定》计算，按照建安工作量的4%计取。

(4) 工程占地补偿费。本工程泵房（$20m^2 \times 5 = 100m^2 = 0.15$亩）占地均为项目区内耕地，本次项目耕地产值计算依据《大中型水利水电工程建设征地补偿和移民安置条例》计算征用耕地的土地补偿费，按该耕地被征前3年平均年产值的16倍计，每个需要安置的农业人口的安置补助费，按该耕地被征前3年平均年产值的4倍计。以被征耕地平均亩产值1000元计算，则每亩耕地土地补偿费和安置补助费合计为20倍，总价值20000元/亩，则本工程占地补偿投资为：20000元/亩×0.15亩＝0.3万元。

(5) 招标代理服务费。按国家发展和改革委员会关于印发《招标代理服务费管理暂行办法》（计价格［2002］1980号文）的通知，100万元以下按照中标金额的1.5%计取。本工程不计取。

9. 基本预备费

按第一至第五部分合计的5%计入。

10. 其他应说明的问题

工程设计概算按小（2）型工程取费。

（二）工程概算表

1. 工程概算总表

工程概算总表见案例表 13-14-6。

案例表 13-14-6　　概　算　总　表

序号	工　程　名　称	建筑工程费	设备费	安装工程费	其他费用	总价值	占总投资百分比/%
	第一部分：建筑工程					5.10	9.54
一	泵房工程（1座）	2.24				2.24	4.19
二	田间土建工程	2.86				2.86	5.35
	第二部分：机电设备及安装工程					40.05	74.92
三	节水灌溉设备及安装工程		28.71	2.09		30.80	57.62
四	输变电设备及安装工程		8.41	0.84		9.25	17.30
	第三部分：金属结构安装工程						
	第四部分：临时工程				1.11	1.11	2.08
	第五部分：独立费用				4.64	4.64	8.70
	第一至第五部分合计	5.10	37.12	2.93	5.76	50.91	95.24
	基本预备费　5%					2.55	4.76
	静态总投资					53.45	100.00
	价差预备费						
	建设期融资利息						
	工程总投资					53.45	100.00

2. 工程分部概算表

（1）建筑工程概算表见案例表 13-14-7。

案例表 13-14-7　　建筑工程概算表

序号	工程或费用名称	单位	数量	概算价值/元 单价	概算价值/元 总值
一	泵房工程				22400.00
	机井泵房（砖混结构）	m^2	20	1120.00	22400.00
二	田间土建工程				28607.96
（一）	管网土方工程				23102.96
	人工挖管沟土方	m^3	3644	3.17	11551.48
	人工回填土方	m^3	3644	3.17	11551.48
（二）	镇墩（400×400×400）	个	10	40.23	402.26
	镇墩混凝土 C20	m^3	0.640	312.53	200.02
	模板	m^3	5.120	39.50	202.24

续表

序号	工程或费用名称	单位	数量	概算价值/元	
				单价	总值
（三）	阀门箱井基座工程（方形 0.5×0.6×0.4m）	座	68	22.00	1496.00
	土方开挖	m^3	14.28	3.17	45.27
	土方回填	m^3	0.07	3.17	0.22
	砌砖	m^3	3.40	342.23	1163.58
	石子	m^3	3	84.37	286.86
（四）	排水井（圆形 ϕ1.2m）	座	1	3310.44	3310.44
	土方开挖	m^3	8.61	3.17	27.29
	土方回填	m^3	2.58	3.17	8.18
	圆形钢制井盖	个	1	244.00	244.00
	砌砖	m^3	8.61	342.23	2946.60
	石子	m^2	1	84.37	84.37
（五）	过路设施				296.37
	土方开挖	m^3	29	3.17	91.93
	土方回填	m^3	29	3.17	91.93
	镇墩 C20	m^3	0.36	312.53	112.51
	合计				51007.96

（2）机电设备安装工程概算表见案例表 13-14-8。

案例表 13-14-8　　机电设备安装工程概算表

序号	项目名称及规格	单位	数量	单价/元		合计/元	
				设备	安装费	设备	安装费
三	喷灌工程					287143.02	20886.84
1	PVCϕ200/0.8	m	368	87.99	5.28	32380.32	1943.04
2	PVCϕ160/0.8	m	200	55.61	3.34	11122.00	668.00
3	PVCϕ110/0.63	m	1016	21.42	1.29	21762.72	1310.64
4	PVCϕ50/0.63	m	13600	7.13	0.43	96968.00	5848.00
5	热镀锌钢管 DN20/1.2m（两头 3/4″丝）	支	952	20.00	1.20	19040.00	1142.40
6	PVC 铜内丝三通 50×3/4″×50	个	952	7.20	0.43	6854.40	409.36
7	PVC 直通 ϕ200	个	4	92.92	5.58	371.68	22.32
8	PVC 直通 ϕ160	个	2	46.30	2.78	92.60	5.56
9	PVC 直通 ϕ110	个	5	15.72	0.94	78.60	4.70
10	PVC 直通 ϕ50	个	30	2.11	0.13	63.30	3.90
11	PVC 三通 ϕ200×110×200	个	2	160.84	9.65	321.68	19.30
12	PVC 三通 ϕ160×110×160	个	2	108.36	6.50	216.72	13.00
13	PVC 三通 ϕ110×50×110	个	136	23.61	1.42	3210.96	193.12
14	PVC 直通 ϕ200×160 变径	个	1	93.53	5.61	93.53	5.61

续表

序号	项目名称及规格	单位	数量	单价/元		合计/元	
				设备	安装费	设备	安装费
15	PVC 直通 ϕ160×110 变径	个	1	42.94	2.58	42.94	2.58
16	PVC 直通 ϕ110×50 变径	个	51	11.67	0.70	595.17	35.70
17	PVC90 度弯头 ϕ200	个	4	173.88	10.43	695.52	41.72
18	PVC90 度弯头 ϕ50	个	136	3.27	0.20	444.72	27.20
19	PVCϕ50 球阀	个	136	16.28	0.98	2214.08	133.28
20	PVCϕ25 球阀	个	1	5.28	0.53	5.28	0.53
21	阀门箱 VB1220	个	68	195.00	19.50	13260.00	1326.00
22	PYS20 喷头	个	952	35.00	3.50	33320.00	3332.00
23	砂石过滤器 8″	套	1	37000.00	3700.00	37000.00	3700.00
24	涡轮蝶阀 6″	个	1	397.20	39.72	397.20	39.72
25	涡轮蝶阀 8″	个	1	636.60	63.66	636.60	63.66
26	水表 8″	台	1	1080.00	108.00	1080.00	108.00
27	逆止阀 8″	台	1	211.00	21.10	211.00	21.10
28	排气阀 1″	个	1	110.00	11.00	110.00	11.00
29	压力表 0.6MPa（含表阀）	个	138	33.00	3.30	4554.00	455.40
四	输变电工程					84096.00	8409.60
1	S9-50kVA　变压器	套	1	8600.00	860.00	8600.00	860.00
2	计量箱	个	1	360.00	36.00	360.00	36.00
3	照明配电箱 XRM-3-07	个	1	450.00	45.00	450.00	45.00
4	照明设备	套	1	86.00	8.60	86.00	8.60
5	水泵降压动柜－30kW	套	1	1800.00	180.00	1800.00	180.00
6	10kV 输电线路架设	km	1.5	42000.00	4200.00	63000.00	6300.00
7	离心泵 IS125-100-400-30kW	套	1	9800.00	980.00	9800.00	980.00
	合计						400535.46

（3）临时工程概算见案例表 13-14-9。

案例表 13-14-9　　　　临时工程分部概算表

编号	工程或费用名称	单位	数量	单价/万元	合计/万元
	第四部分：临时工程				
一	施工房屋建设工程				0.95
（一）	仓库	m^2	50	0.02	0.75
（二）	办公、生活及文化福利建筑		0.025	8.03	0.20
二	其他施工临时工程		0.02	8.03	0.16
	合　计				1.11

（4）独立费用概算见案例表 13-14-10。

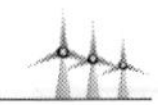

案例表 13-14-10 独立费用概算表

序号	费用名称	计算公式	金额/万元
(一)	建设单位管理费		0.83
1	建设单位人员经常费(人/年)	按建安工作量的1.5%计	0.69
2	工程管理经常费	1×20%	0.13
(二)	工程建设监理费		1.37
(三)	勘测设计费	按建安工作量的4%计	1.85
(四)	建设及施工场地征用费		0.30
(五)	其他		0.29
1	工程保险费	按建安工作量的0.5%计	0.23
2	定额测定费	按建安工作量的0.13%计	0.06
	合计		4.64

3. 工程概算附表

工程概算附表见案例表13-14-11～案例表13-14-28。

案例表 13-14-11 工程量、劳力、材料分析统计表

序号	项目名称	土方开挖/m^3	砌砖/m^3	砌石/m^3	混凝土/m^3	钢材/t	管材/m	木材/m^3	水泥/t	柴油/t	劳力/工日	砂子/m^3	砾石/m^3	块石/m^3
1	井房工程(1座)	56	19		9.5			0.12	3		38	5	3	0
2	田间土建工程	29	12		1				0		6	1	1	0
3	节水灌溉系统						15184				1528			
	合计	85	31	0	10.5	0	15184	0.12	3	0	1572	6	4	0

案例表 13-14-12 主要材料预算价格表

序号	名称	单位	运输工具	出厂价/元	单位毛重/t	运输单价/(元/t)	运费/元	采管费3%/元	合计/元
1	钢筋	t	汽车	4375	1	0.4	0.40	131.26	4506.66
2	木材	m^3	汽车	1950	1	0.4	0.32	58.51	2008.83
3	水泥	t	汽车	421	1	0.4	0.40	12.64	434.04
4	石子	m^3	汽车	40	1.65	6.15	16.74	1.70	58.45
5	块石	m^3	汽车	40	1.65	6.15	16.74	1.70	58.45
6	砂子	m^3	汽车	35	1.55	6.15	14.30	1.48	50.78

案例表 13-14-13

施工机械台班费计算表

定额号	机械名称及规格	台班费	第一类费用	人工		柴油		汽油		电		风		水		
				工日	41.04	kg	6750	kg	7940	kW·h	0.6	m^3	0.13	m^3	0.5	
				第二类费用												
				人工费		柴油		汽油		电		风		水		小计
				工日	47.95	kg	6.79	kg	7.72	kW·h	0.71	m^3	0.13	m^3	0.44	
		元/台班	元	数量	金额	数量	金额	数量	金额	数量	金额	数量	金额	数量	金额	元
7029	移动式柴油发电机 40kW	445.90	51.43	1.5	61.564	49	332.91									394.47
1001	油动单斗挖掘机 $1m^3$	1423.73	600.42	2.00	82.085	109.10	741.23		0.00							823.31
2002	混凝土搅拌机（出料 $0.4m^3$）	104.84	38.00	1	41.043					43	25.80					66.84
2027	插入式振动器 1.1kW	16.27	12.97		0					5.5	3.30					3.30
2037	风（砂）水枪 $6m^3/min$	231.55	89.67		0							1012.5	131.625	20.5	10.25	141.88
3001	载重汽车 5t	653.65	334.65	1	41.043			36	277.96							319.00
3036	胶轮车	7.20	7.20		0											0.00
8064	交流电焊机 25kVA	80.29	34.45	1	41.043					8	4.80					45.84
8081	钢筋弯曲机 6-40	72.67	13.63	1	41.043					30	18.00					59.04
8082	钢筋切断机 20kW	160.09	60.00	2	82.085					30	18.00					100.09
4049	汽车起重机 5t	669.86	363.87	2	82.085			29	223.91							305.99

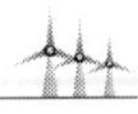

案例表 13-14-14　　人工预算单价计算表

工　长　工　资			
序号	名　　称	计　算　公　式	金额/(元/工日)
一	基本工资	385 元×1×12 月×1.068÷251	19.66
二	辅助工资		9.84
1	地区津贴	(津贴标准×地区系数)×12×1.068/251	0.00
2	施工津贴	5.3 元×365×95%×1.068÷251	7.82
3	夜班津贴	(4.5+3.5)/2×30%	1.20
4	节假日加班津贴	基本工资×3×10÷251×35%	0.82
	一、二小计		29.50
三	津贴工资		14.31
1	职工福利基金	(基本+基本辅助)×14%	4.13
2	工会经费	(基本+基本辅助)×2%	0.59
3	养老保险费	(基本+基本辅助)×20%	5.90
4	医疗保险费	(基本+基本辅助)×4%	1.18
5	工伤保险费	(基本+基本辅助)×1.5%	0.44
6	职工失业保险费	(基本+基本辅助)×2%	0.59
7	住房公积金	(基本+基本辅助)×5%	1.48
四	人工工日预算单价		43.81
五	人工工时预算单价		5.48

案例表 13-14-15　　人工预算单价计算表

高级工工资			
序号	名　　称	计　算　公　式	金额/(元/工日)
一	基本工资	350 元×1×12 月×1.068÷251	17.87
二	辅助工资		9.77
1	地区津贴	(津贴标准×地区系数)×12×1.068/251	0.00
2	施工津贴	5.3 元×365×95%×1.068÷251	7.82
3	夜班津贴	(4.5+3.5)/2×30%	1.20
4	节假日加班津贴	基本工资×3×10÷251×35%	0.75
	一、二小计		27.64
三	津贴工资		13.40
1	职工福利基金	(基本+基本辅助)×14%	3.87
2	工会经费	(基本+基本辅助)×2%	0.55
3	养老保险费	(基本+基本辅助)×20%	5.53
4	医疗保险费	(基本+基本辅助)×4%	1.11
5	工伤保险费	(基本+基本辅助)×1.5%	0.41
6	职工失业保险费	(基本+基本辅助)×2%	0.55
7	住房公积金	(基本+基本辅助)×5%	1.38
四	人工工日预算单价		41.04
五	人工工时预算单价		5.13

案例表 13-14-16　　人工预算单价计算表

中级工工资

序号	名　　称	计 算 公 式	金额/(元/工日)
一	基本工资	280元×1×12月×1.068÷251	14.30
二	辅助工资		9.62
1	地区津贴	(津贴标准×地区系数)×12×1.068/251	0.00
2	施工津贴	5.3元×365×95%×1.068÷251	7.82
3	夜班津贴	(4.5+3.5)/2×30%	1.20
4	节假日加班津贴	基本工资×3×10÷251×35%	0.60
	一、二小计		23.91
三	津贴工资		11.60
7	职工福利基金	(基本+基本辅助)×14%	3.35
8	工会经费	(基本+基本辅助)×2%	0.48
9	养老保险费	(基本+基本辅助)×20%	4.78
10	医疗保险费	(基本+基本辅助)×4%	0.96
11	工伤保险费	(基本+基本辅助)×1.5%	0.36
12	职工失业保险费	(基本+基本辅助)×2%	0.48
13	住房公积金	(基本+基本辅助)×5%	1.20
四	人工工日预算单价		35.51
五	人工工时预算单价		4.44

案例表 13-14-17　　人工预算单价计算表

初级工工资

序号	名　　称	计 算 公 式	金额/(元/工日)
一	基本工资	190元×1×12月×1.068÷251	9.70
二	辅助工资		9.43
2	地区津贴	(津贴标准×地区系数)×12×1.068/251	0.00
3	施工津贴	5.3元×365×95%×1.068÷251	7.82
4	夜班津贴	(4.5+3.5)/2×30%	1.20
5	节假日加班津贴	基本工资×3×10÷251×35%	0.41
	一、二小计		19.13
三	津贴工资		4.78
7	职工福利基金	(基本+基本辅助)×7%	1.34
8	工会经费	(基本+基本辅助)×1%	0.19
9	养老保险费	(基本+基本辅助)×10%	1.91
10	医疗保险费	(基本+基本辅助)×2%	0.38
11	工伤保险费	(基本+基本辅助)×1.5%	0.29
12	职工失业保险费	(基本+基本辅助)×1%	0.19
13	住房公积金	(基本+基本辅助)×2.5%	0.48
四	人工工日预算单价		23.91
五	人工工时预算单价		2.99

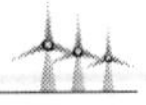

案例表 13-14-18　　　　泵房建筑工程概算表

20m² 泵房建设工程：砖混结构，层高 2.7m							
序号	名　　称	工程量		工程费		其中	
		单位	数量	单价/元	复价/元	人工费/元	材料费/元
一	结构工程						
1	平整场地（m²）	m²	35	4.76	166.60	166.60	
2	挖土方、其他结构带形基础挖土方砖基础灰土垫层槽深（m）1.5 以内	m³	55.6	3.18	176.81	176.81	
3	基础垫层 C10	m³	4	138.00	552.00	172.00	380.00
4	圈梁基础 C20	m³	0.86	312.53	268.77	83.87	184.90
5	砖墙、砌块墙及砖柱、机砖外墙 240mm	m³	18.29	342.23	6259.41	2509.96	3749.45
6	砖墙、砌块墙及砖柱、小型砌体	m³	0.5	342.23	171.12	63.62	107.50
7	现场预制钢筋混凝土、现场搅拌混凝土、小型构件钢筋混凝土 C20	m³	0.3	312.53	93.76	29.26	64.50
8	保护层、防水砂浆和找平层、水泥砂浆保护层内立面	m²	52.8	8.27	436.78	87.24	349.54
9	保护层、防水砂浆和找平层、水泥砂浆找平层外立面	m²	52.8	9.78	516.38	182.69	333.70
10	顶棚现浇混凝土 C25	m³	4.3	325.00	1397.50	83.87	1313.63
11	屋顶 SBS 改性沥青油毡（2mm）	m²	35	46.87	1640.45	436.10	1204.35
12	模板工程	m²	47	39.50	1856.38	549.78	1306.60
13	脚手架、单层建筑檐高（6m）以下	m²	24	59.00	1416.00	384.00	1032.00
14	垂直运输使用费、建筑物、单层建筑混合结构建筑面积（300m²）以内	m²	24	11.61	278.64	278.64	
15	水电费、公共建筑工程、其他结构檐高（25m 以下）	m²	24	6.46	155.04		155.04
二	装饰工程						
1	［装］塑钢窗	m²	1.8	232.19	417.94	21.94	396.00
2	［装］防盗门	m²	2.52	535.00	1348.20	340.20	1008.00
3	［装］外墙装修 装饰抹灰 水泥砂浆勾缝	m²	63.8	13.50	861.30	446.60	414.70
4	［装］内墙装修 装饰抹灰 水泥砂浆勾缝	m²	74.45	13.50	1005.08	521.15	483.93
5	［装］层内立面腻子及涂料粉刷	m²	52.8	22.00	1161.60	528.00	633.60
6	［装］层外立面涂料粉刷	m²	63.8	18.00	1148.40	255.20	893.20
7	［装］房心回填土厚度（60cm）以内	m²	22.56	2.50	56.40	56.40	
8	［装］混凝土地面厚度（10cm）	m²	2.4	39.12	93.89	41.09	52.80
9	［装］台阶、坡道、散水 散水混凝土 C15	m²	26.08	35.33	921.41	478.05	443.36
	合计				22399.84	7893.06	14506.78
	工程投资						22399.84
	平米价						1120.00

案例表 13-14-19　　**建筑工程单价表**

序号	名　称	单位	数量	定额编号	备　注	单价/元
1	机挖管沟土方	m^3	1	10556	$1m^3$ 挖掘机挖，Ⅰ～Ⅱ类土	2.18
2	机械回填土方	m^3	1	10891	机械回填夯实	5.27
3	人工挖管沟土方	m^3	1	10021	人工挖沟槽土方，Ⅰ～Ⅱ类土，上口宽不大于 1m	3.17
4	土方回填	m^3	1	10464	建筑物回填土石，松填不夯实	3.17
5	镇墩混凝土 C20	m^3	1	40096	1.1kW 振动器振捣	312.53
6	水泥砂浆抹面	m^2	1	30069	人工抹面，平均厚度 2cm 立面	8.25
7	模板	m^2	1	50001		39.50
8	碎石	m^3	1	30001	人工铺筑砂石垫层，碎石垫层	84.37
9	砖砌	m^3	1	30065	清基准备、拌运砂浆、砌筑及清理表面、勾缝	342.23

案例表 13-14-20　　**机挖管沟方**

定额编号：10556　定额单位：$100m^3$

施工方法：$1m^3$ 挖掘机挖，Ⅰ～Ⅱ类土

编号	项　目　名　称	单位	数量	单价/元	合价/元
一	直接工程费				189.19
（一）	直接费				179.75
1	人工费				12.85
	初级工	工时	4.3	2.99	12.85
2	材料费				8.56
	零星材料费	%	5		8.56
3	机械使用费				158.34
	单斗挖掘机液压 $1m^3$	台时	0.89	177.91	158.34
（二）	其他直接费	%	1.25		2.25
（三）	现场经费	%	4		7.19
二	间接费	%	4		7.57
三	企业利润	%	7		13.77
四	税金	%	3.35		7.05
	合计				217.58

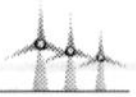

案例表 13-14-21　　　　机械回填土方

定额编号：10891　定额单位：$100m^3$

施工方法：$1m^3$ 挖掘机挖，Ⅰ～Ⅱ类土，回填夯实

编号	项目名称	单位	数量	单价/元	合价/元
一	直接工程费				461.68
(一)	直接费				438.65
1	人工费				12.85
	初级工	工时	4.3	2.99	12.85
2	材料费				8.56
	零星材料费	%	5	0	8.56
3	机械使用费				417.24
	单斗挖掘机 液压 $1m^3$	台时	0.89	177.91	158.34
	蛙式打夯机	台班	0.60	96.17	57.70
	推土机 74kW	台班	0.38	529.48	201.20
(二)	其他直接费	%	1.25		5.48
(三)	现场经费	%	4		17.55
二	间接费	%	4		14.77
三	企业利润	%	7		33.35
四	税金	%	3.35		17.08
	合计				526.89

案例表 13-14-22　　　　人工挖管沟土方

定额编号：10021　定额单位：$100m^3$

施工方法：人工挖沟槽土方，Ⅰ～Ⅱ类土，上口宽不小于 1m

编号	项目名称	单位	数量	单价/元	合价/元
一	直接工程费				275.95
(一)	直接费				262.19
1	人工费				242.77
	工长	工时	1.6	5.48	8.76
	初级工	工时	78.3	2.99	234.01
2	材料费				19.42
	零星材料费	%	8	0	19.42
(二)	其他直接费	%	1.25		3.28
(三)	现场经费	%	4		10.49
二	间接费	%	4		11.04
三	企业利润	%	7		20.09
四	税金	%	3.35		10.29
	合计				317.37

案例表 13-14-23　　　　**土　方　回　填**

定额编号：10464×1.03　定额单位：100m³

施工方法：建筑物回填土石，松填不夯实

编号	项　目　名　称	单位	数量	单价/元	合价/元
一	直接工程费				276.00
(一)	直接费				262.23
1	人工费				249.74
	工长	工时	1.648	5.48	9.02
	初级工	工时	80.546	2.99	240.72
2	材料费				12.49
	零星材料费	%	5	0	12.49
(二)	其他直接费	%	1.25		3.28
(三)	现场经费	%	4		10.49
二	间接费	%	4		11.04
三	企业利润	%	7		20.09
四	税金	%	3.35		10.29
	合计				317.42

案例表 13-14-24　　　　**水 泥 砂 浆 抹 面**

定额编号：30069　定额单位：100m²

施工方法：人工抹面，平均厚度 2cm 立面

编号	项　目　名　称	单位	数量	单价/元	合价/元
一	直接工程费				700.18
(一)	直接费				652.85
1	人工费				384.86
	工长	工时	1.9	5.48	12.12
	中级工	工时	42.6	4.44	221.95
	初级工	工时	50.6	2.99	150.79
2	材料费				256.70
	砌筑砂浆 M7.5	m³	2.3	103.34	237.68
	其他材料费	%	8	0	19.01
3	机械使用费				11.30
	胶轮车	台时	5.76	0.9	5.18
	灰浆搅拌机	台时	0.42	14.56	6.12
(二)	其他直接费	%	1.25		8.16
(三)	现场经费	%	6		39.17
二	间接费	%	4		28.01
三	企业利润	%	7		50.97
四	价差	元	0		19.08
五	税金	%	3.35		26.74
	合计				824.98

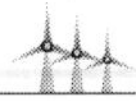

案例表 13-14-25　　　　镇 墩 混 凝 土 C20

定额编号：40096　定额单位：$100m^3$					
施工方法：1.1kW 振动器振捣					
编号	项　目　名　称	单位	数量	单价/元	合价/元
一	直接工程费				27174.33
(一)	直接费				25337.37
1	人工费				1494.75
	工长	工时	11.4	5.48	62.43
	高级工	工时	19	5.13	97.48
	中级工	工时	198.1	4.44	879.39
	初级工	工时	152.4	2.99	455.46
2	材料费				22908.03
	水	m^3	125	0.44	55.00
	混凝土 C20 2 级配	m^3	105	213.37	22403.85
	其他材料费	%	2	0	449.18
3	机械使用费				934.59
	振捣器 插入式 1.1kW	台时	21.42	2.03	43.56
	风（砂）水枪 $6m^3/min$	台时	27.85	28.94313	806.07
	其他机械费	%	10	0	84.96
(二)	其他直接费	%	1.25		316.72
(三)	现场经费	%	6		1520.24
二	间接费	%	4		1086.97
三	企业利润	%	7		1978.29
五	税金	%	3.35		1013.03
	合计				31252.62

案例表 13-14-26　　　　模　　板

定额编号：50001，50062　定额单位：$100m^2$					
施工方法：					
编号	项　目　名　称	单位	数量	单价/元	合价/元
一	直接工程费				3369.52
(一)	直接费				3141.75
1	人工费				873.59
	工长	工时	15.8	5.48	86.52
	高级工	工时	53.3	5.13	273.45
	中级工	工时	87.9	4.44	390.20
	初级工	工时	41.3	2.99	123.43

续表

编号	项　目　名　称	单位	数量	单价/元	合价/元
2	材料费				1678.27
	型钢	kg	44	3.8	167.20
	组合钢模板	kg	81	5	405.00
	卡扣件	kg	26	6	156.00
	铁件	kg	126	5	630.00
	电焊条	kg	2.6	6.6	17.16
	预制混凝土柱	m^3	0.3	900	270.00
	其他材料费	%	2	0	32.91
3	机械使用费				589.89
	载重汽车 5t	台时	0.37	81.71	30.23
	汽车起重机 5t	台时	5.84	83.73	489.00
	电焊机交流 25kVA	台时	2.78	10.04	27.90
	钢筋切断机 20kW	台时	0.07	20.01	1.40
	其他机械费	%	5	0	27.43
(二)	其他直接费	%	1.25		39.27
(三)	现场经费	%	6		188.50
二	间接费	%	6		202.17
三	企业利润	%	7		250.02
四	税金	%	3.35		128.03
	合计				3949.74

案例表 13-14-27　　碎　　石

定额编号：30001　定额单位：$100m^3$

施工方法：人工铺筑碎石垫层

编号	项　目　名　称	单位	数量	单价/元	合价/元
一	直接工程费				7197.42
(一)	直接费				6710.89
1	人工费				1542.37
	工长	工时	10.2	5.48	55.85
	初级工	工时	497.4	2.99	1486.52
2	材料费				5168.51
	碎（卵）石	m^3	102	50.17	5117.34
	其他材料费	%	1	0	51.17
(二)	其他直接费	%	1.25		83.89
(三)	现场经费	%	6		402.65
二	间接费	%	6		431.85
三	企业利润	%	7		534.05
四	税金	%	3.35		273.47
	合计				8436.79

案例表 13-14-28　　砖砌（水井）

定额编号：30065					
工作内容：清基准备、拌运砂浆、砌筑及清理表面、勾缝　定额单位：100m³ 砌体方					
编号	名　称	单位	数量	单价/元	合计/元
一	直接工程费	元			29757
(一)	直接费	元			27746
1	人工费	元			4707
	技工	工日	59.08	43.81	2588
	普工	工日	88.62	23.91	2119
2	材料费	元			22965
	青（红）砖	千块	52.40	367.91	19278
	砂浆	m³	23.60	146.59	3460
	其他材料费	元	22738	1.0%	227
3	机械费	元			73
	砂浆搅拌机 0.4m³	台班	1.25	104.84	1
	胶轮车	台班	10.00	7.20	72
(二)	其他直接费	元		1.25%	347
(三)	现场经费	元		6.00%	1665
二	间接费	元		4.00%	1190
三	计划利润	元		7.00%	2166
四	税金	元		3.35%	1109
	合计	元			34223

第十五节　半固定管道式喷灌系统设计案例

一、基本资料

（1）地理位置。项目区位于华北地区，地处北纬36°25′，东经112°03′。

（2）地形。该耕作区地势平坦，地面平均坡度约为0%。

（3）气象。该地区气候属于暖温带大陆性季风气候，四季分明，多年平均气温13.2℃，最大冻土层深度56cm；多年平均降雨量550mm，分布不均，7～9月降雨量占全年雨量65%以上；多年平均蒸发1500mm，春夏干旱，4～6月是主要灌溉季节，此期间风速2～4m/s，主要风向北偏东45°。

（4）水源。该区地下水丰富，灌溉水源采用深井提水。据抽水试验，动水位埋深25m时单井出水量90m³/h，22m时单井出水量60m³/h。

（5）土壤。灌区土壤为沙壤土，干容重1.45g/cm³、田间持水率20%（重量比）、入渗率12mm//h、土层厚度大于2m、结构均匀。

(6) 作物。本区为粮食作物种植区，一年冬小麦和玉米两茬。计划喷灌面积 20hm^2 (300 亩)，东西宽 500m，南北长 408m (包括 1 条 8m 宽的东西向田间管理道路)，参见案例图 13-16-1。作物播种方向为南北向。

二、设计标准与基本参数

(一) 设计标准

本区属季风气候区，采用地下水灌溉，深井出水量稳定。根据《喷灌工程技术规范》(GB/T 50085—2007) 的规定，决定喷灌工程设计保证率采用 85%。

(二) 设计基本参数

(1) 设计作物喷灌耗水强度 E_d。参照邻近地区资料，结合本地灌溉经验，4 月、5 月为灌溉临界期，冬小麦平均耗水强度 5.5mm/d，扣除有效降雨强度 1.2mm/d，取设计喷灌耗水强度 4.3mm/d。

(2) 设计均匀系数 C_u 与喷头允许最大工作水头偏差率 $[h_v]$。根据《喷灌工程技术规范》(GB/T 50085—2007) 的规定，喷灌系统设计均匀系数取 $C_u=0.75$。相应的，取支管上喷头允许最大工作水头偏差率：

$$[h_v]=0.2$$

(3) 设计允许喷灌强度 $[\rho]$。根据本灌区地形和土壤条件，设计允许喷灌强度采用 $[\rho]=15\text{mm/h}$。

(4) 设计喷灌雾化指标 W_h。根据《喷灌工程技术规范》(GB/T 50085—2007) 的规定，见表 13-2，喷灌系统小麦设计喷灌雾化指标取 $W_h=\dfrac{h_p}{d}=3500$。

(5) 设计计划土壤湿润层深度 z_d。根据冬小麦主要根系活动层深度，取设计喷灌土壤湿润层深度 $z_d=0.6\text{m}$。

(6) 设计系统日运行小时数 C。取设计系统日运行小时数 $C=20$。

三、喷头选择与组合间距的确定

1. 选择喷头及其性能参数

选 $PY_1$20 金属喷头，喷嘴直径 8mm，当工作压力 $p=300\text{kPa}$ 时，射程 $R=20\text{m}$，流量 $q=3.13\text{m}^3/\text{h}$，单喷头工作喷灌强度：

$$\rho_s=\frac{1000q}{\pi R^2}=\frac{1000\times3.13}{\pi\times20^2}=2.49\text{mm/h}$$

雾化指标：

$W_h=\dfrac{100p}{d}=\dfrac{100\times300}{8}=3750>3500$ (基本设计参数规定的小麦雾化指标)，满足要求。

2. 确定间距射程比，计算组合间距

该灌区灌溉季节主风向为北偏东 45°，支管沿小麦行向南北布置，与风向交角 $\beta=45°$。按等间距考虑，查表 13-8，取 $K_a=K_b=0.9$，则：

$$a=b=K_aR=K_bR=0.9\times20=18\text{m}$$

选3节6m，其中1节带竖管座铝合金管为支管，可满足$C_u\geqslant75\%$的要求。支管长度由系统整体布置决定。

3. 验算设计喷灌强度

由于支管与风向交角约为45°，风速按3m/s计，采用垂直风向和平行风向内插确定风系数：

当按垂直风向时，查表13-5　　$K_W=1.08v^{0.194}=1.08\times3^{0.194}=1.34$

当按平行风向时，查表13-5　　$K_W=1.12v^{0.302}=1.12\times3^{0.302}=1.56$

支管与风向交角45°内插　　$K_W=\dfrac{1.56+1.34}{2}=1.45$

由表13-6单支管多喷头同时喷洒，布置系数：

$$C_\rho=\frac{\pi}{\pi-\dfrac{\pi}{90}\arccos\dfrac{a}{2R}+\dfrac{a}{R}\sqrt{1-\left(\dfrac{a}{2R}\right)^2}}$$

$$=\frac{\pi}{\pi-\dfrac{\pi}{90}\arccos\dfrac{18}{2\times20}+\dfrac{18}{20}\sqrt{1-\left(\dfrac{18}{2\times20}\right)^2}}=1.74$$

喷灌强度：

$\rho_d=K_WC_\rho\rho_s=1.45\times1.74\times2.49=6.28\text{mm/h}<$平地砂壤土设计允许喷灌强度为15mm/h，满足要求。

确定采用PY_120金属喷头，喷嘴直径$d=8\text{mm}$。其参数为设计工作压力$p_d=300\text{kPa}$，设计流量$q_d=3.13\text{m}^3/\text{h}$；设计射程$R_d=20\text{m}$。喷头组合间距$a=b=18\text{m}$。

四、系统选型与工作区划分

（1）系统选型。为了节省工程费用，并根据实际条件，决定本区喷灌系统采用半固定式，水源、首部和输配水管道为固定，支管移动轮灌。

（2）喷灌工作区划分。为了便于管理操作，决定将整个喷灌区分成A、B、C、D共4个工作区，每个工作区面积$A_{工}=5\text{hm}^2$。其工作区划分见案例图13-15-1。

五、喷灌系统布置

半固定式喷灌系统布置见案例图13-15-1，全区布置两套喷灌系统，分别控制北边A、B两工作区和南边C、D两个工作区。其组成组置分述如下。

（1）水源井和首部布置。全区布置两眼水源井，分别位于A、B和C、D工作区界线中点，各给两工作区供水。每个水源井设1套喷灌系统首部设备，包括1台深井电泵，1个调控闸阀，及1个进排气阀。

（2）固定输配水管道布置。1个工作区水源布置1条干管与水源首部连接，干管由水源井至工作区中点，长度125m，末端两侧布置两条分干管，长度各100m。

（3）支管、喷头布置。分干管两侧双向布置支管，采用移动工作方式。沿两条分干管布置12个支管工作位。两侧支管从分干管两端工作位起，沿分干管逐位相对移动。第1

次和末次移动 19m，中间每次移动 18m。每个支管工作位安装 1 个给水栓，1 对分干管各有 12 给水栓。全灌区给水栓数为 4×12=48 个。

分干管两侧 1 对支管布置 15 个喷头，左侧 8 个，右侧 7 个。喷头间距 18m。

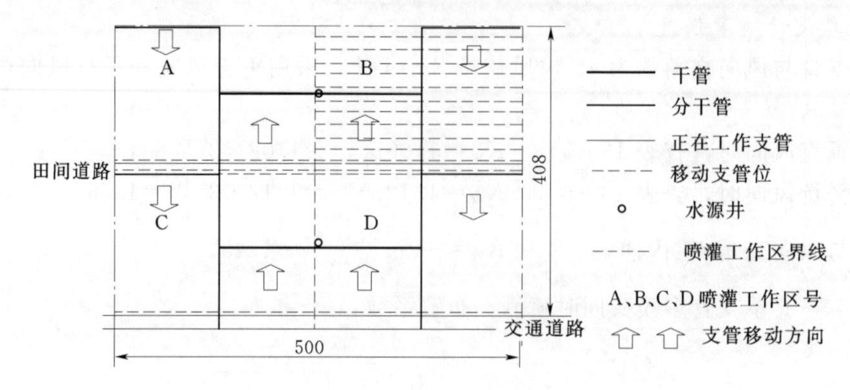

案例图 13-15-1　半固定管道式喷灌系统布置图（单位：m）

（4）安全调控设备布置。干管进口处布置 1 个阀门和 1 个进排气阀，分别起调控水流和保证系统安全运行之用。干管下端各布置 1 个 1″球阀，以备输配水管道维修、过冬排空余水之用。

六、系统灌溉制度与工作制度的确定

1. 灌溉制度

（1）计算设计灌水定额。由基本资料和设计基本参数：本种植区土壤为砂壤土，干容重 $\gamma=1.45\text{g/cm}^3$；田间持水率 20%（重量比）；取土壤适宜土壤含水率上限为田间持水率 80%，下限为田间持水率 60%，则适宜土壤含水率上限 $\theta'_{\max}=20\%\times0.80=16\%$，适宜土壤含水率下限 $\theta'_{\min}=20\%\times0.6=12\%$；设计计划土壤湿润层深度 0.6m；取灌溉水利用率 $\eta=0.8$，土壤湿润比 $p=100\%$，用式（4-3）计算设计喷灌定额：

$$m_d=0.1\gamma z_d(\beta'_{\max}-\beta'_{\min})/\eta=0.1\times1.45\times0.6\times100(16-12)/0.8=43.5\text{mm}$$

（3）灌水时间间隔（周期）。设计灌水时间间隔（周期）按式（4-4）计算确定：

$$T_d=\frac{m_d}{E_d}\eta=\frac{43.5}{4.3}\times0.8=8\text{d}$$

（4）计算一次灌水延续时间。设计喷灌一次灌水延续时间用式（13-18）计算：

$$t_d=\frac{abm_d}{1000q_d}=\frac{18\times18\times43.5}{1000\times3.13}=4.5\text{h}$$

2. 系统工作制度

（1）计算灌溉周期支管最大工作位置数和可移动次数。引用式（4-10）计算 1 个灌溉周期支管最大工作位置数：

$$N_{\max}=\frac{CT_d}{t_d}=\frac{20\times8}{4.5}=35.6$$

（2）确定灌水周期支管实际工作位置数和移动次数。1 条分干管 1 次启动 1 条支管，1 对分干管启动 2 条支管，移动 11 次，即完成 12 个工位的喷灌，完成全区喷灌 1 遍的任

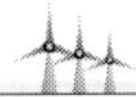

务。显然，相当于全区实际轮灌组为 12 个$<N_{max}=35$。

(3) 计算支管日工作的位置数。计划 1 个工作区配备 4 套支管和喷头，1 条分干管两侧个 2 套，轮流移动运行。分干管两侧支管 1 日工作位置数：

$$n_{工}=\frac{C}{t_d}=\frac{20}{4.5}=4.4 \qquad 取\ n_{工}\approx 4$$

1 条分干管有 24 个支管工作位，6 天灌完 1 遍水，满足小于设计灌溉周期的要求。

(4) 计算水源井供水流量。喷灌系统工作时，1 个水源井同时供应两个工作区两条支管流量，则水源井供水流量为：

$$Q_{d井}=2(8+7)q_d=2\times(8+7)\times 3.13=93.9\text{m}$$

七、水力计算

1. 支管水力计算

(1) 确定支管直径。因为支管沿平坡地面布置，$J_{支}=0$。支管孔口数 $N_{支}=8$，孔口流量 $q_d=3.13\text{m}^3/\text{h}$，允许工作水头偏差率 $[h_v]=0.2$，设计工作水头 $h_d=$喷头工作水头+竖管高度+竖管水头损失$=30+1.05\times 1.3=31.4\text{m}$。支管采用铝管，查表 5-1，$f=0.861\times 10^5$，$m=1.74$，$a=18$，$b=4.74$。取局部损失加大系数 $K=1.05$，按式 (13-29) 计算支管内径。

$$D_{支}=\left[\frac{Kfaq_d^m(N-0.52)^{1+m}}{(m+1)[h_v]h_d}\right]^{\frac{1}{b}}=\left[\frac{1.05\times 0.861\times 10^5\times 18\times 3.13^{1.74}(8-0.52)^{2.74}}{2.74\times 0.2\times 31.4}\right]^{\frac{1}{4.74}}$$

$$=54.6\text{mm}$$

选用承压能力 0.8MPa，外径 $d_n=60\text{mm}$，内径 $D_{支}=58\text{mm}$ 铝合金管作支管，单支长度 6m。

(2) 计算支管进口工作水头。按式 (13-34) 计算支管最大孔口工作水头：

$$h_{max}=(1+0.65q_v)^2h_d=(1+0.65\times 0.1)^2 31.4=32.4\text{m}$$

以分干管左侧支管计算，最大工作水头孔口位于支管上端 8 号位（孔口编号逆流排序），因为 $J_{支}=0$，且此孔口距支管进口 0m，故支管进口工作水头为：

$$H_{0支}=h_{max}=32.4\text{m}$$

2. 分干管水力计算

分干管采用 PVC-U 塑料管，长度 100m，共有 6 个支管工作位，最不利工况是末端支管，在末端工作位工作时，以此进行分干管水力计算。

(1) 确定分干管直径。当末端左侧支管工作时，分干管段设计流量 $Q_{d分左}=8q_d=8\times 3.13=25.04(\text{m}^3/\text{h})$；当末端右侧支管工作时，分干管段设计流量 $Q_{d分右}=7q_d=7\times 3.13=21.91(\text{m}^3/\text{h})$。取流速 $v=0.8\text{m/s}=2880\text{m/h}$，估算分干管直径：

$$D_{分干}=1000\sqrt{\frac{4Q_{d分左}}{\pi v}}=1000\sqrt{\frac{4\times 25.04}{\pi\times 2880}}=105\text{mm}$$

查《灌溉用塑料管材和管件基本参数及技术条件》(GB/T 23241—2009) 的规定，选取 PVC-U 管，承压力 0.63MPa，外径 $d_n=110\text{mm}$，内径 $D_{分干}=104.6\text{mm}$。

(2) 计算分干管水头损失。按式 (5-6) 计算分干管水头损失：

$$\Delta H_{分干}=kf\frac{Q_{d分干}^{m}}{D_{分干}^{b}}L_{分干}=1.05\times0.948\times10^{5}\ \frac{25.04^{1.77}}{104.6^{4.77}}\times100=0.69\text{m}$$

（3）计算分干管进口工作水头：

$$H_{0分干}=h_{0支}+\Delta H_{分干}=32.4+0.69=33.09\text{m}$$

3. 干管水力计算

干管长度125m，设计流量$Q_{d干}=Q_{d分左}+Q_{d分右}=25.05+21.91=46.95\text{m}^3/\text{h}$。干管直径采用与分干管相同规格。水头损失为：

$$\Delta H_{干}=1.05\times0.948\times10^{5}\times\frac{46.95^{1.77}}{104.6^{4.77}}\times125=2.63\text{m}$$

干管进口设计工作水头为：

$$H_{0干}=33.09+2.03=35.12\text{m}$$

计算结果，干管进口工作压力的1.5倍小于管材承压能力，满足要求。

八、设备配套设计

1. 水泵选型

（1）计算水泵设计流量。1眼井供两条支管用水，水泵最大设计流量为：

$$Q_{d泵}=Q_{d井}=93.9\text{m}^3/\text{h}$$

（2）计算水泵扬程。系统水泵设计扬程H_d包括：干管进口设计工作水头$H_{0干}=35.12\text{m}$；水源井动水位与地面高差，由基本资料知，动水位埋深25m时，单井出水量90m³/h，22m时单井出水量60m³/h，设计要求井供水量93.9m³/h，近似取动水位埋深25.5m；水泵竖管水头损失按干管进口工作水头15%计算，$h_{吸}=0.15\times35.12=5.27$（m）；由于该井水质清净，喷灌系统首部不必要安装过滤器，其他局部损失按干管进口工作水头5%计：

$$h_{其他}=0.05\times35.12=1.76\text{m}$$

水泵设计扬程为：

$$H_d=H_{o干}+\Delta z+h_{吸}+h_{其他}=35.12+25.5+5.27+1.76=67.65\text{m}$$

（3）选择水泵型号。选择200JC80－10，5级型深井泵，轴功率28.5kW，电机功率30kW。

2. 选择给水栓形式规格

因为支管为外径60mm铝管，分干管为外径110mm塑料管，可采用60mm出口给水栓与之配套。

3. 选择干管进口阀门型号

干管直径110mm，进口阀门选用3.5″契形闸阀与其配套。

4. 选择进排气阀型号

干管内径$D_{干}=104.6\text{mm}$，流速$v=\dfrac{4\times25.04}{3600\times\pi\times0.1046^2}=0.81\text{m/s}$，取进排气速度$v_0=45\text{m/s}$，按式（8－1）计算机排气阀通气孔直径$d_0$：

$$d_0=1.05D_{干}\left(\frac{v}{v_0}\right)^{\frac{1}{2}}=1.05\times104.6\left(\frac{0.81}{45}\right)^{\frac{1}{2}}=14.8\text{mm}$$

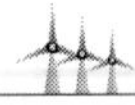

选取 d_0＝20mm 进排气阀。

5. 选择干管末端排水球阀规格

选定干管末端排水球阀未 1″塑料球阀。

九、附属设施配套设计

按照系统工作安全稳定的需要，决定在两首部各修建一个工作井，安装干管三通和干管进口阀门；在 4 个干管与分干管连接点各修建 1 个阀门井。

十、材料设备计划

本系统所需材料设备统计见案例表 13－15－1。

案例表 13－15－1　　材料设备费用表

序号	名称	规　　格	单位	计算数量		单价/元	复价/元	
				计算	采购		计算	采购
1	PVC－U 管材	ϕ110	m	1300				
2	铝管	60/0.8×6	根	667				
3	钢管	G1″/1.2	根	120				
4	喷头	$PY_1$20－G1″	只	120				
5	快速接头	ϕ60	只	120				
6	给水栓	ϕ60	只	48				
7	契形闸阀	3″	只	4				
8	进排气阀	20mm	只	4				
9	塑料球阀	1″	只	4				
10	水泵	200JC80－10	台	2				
11	总费用							

注　①序号 2，管径（mm）/承压能力（MPa）×长度（m）。

第十四章 机组式喷灌工程设计

机组式喷灌工程设计，原则上应完成上述第十三章管道式喷灌系统工程设计的全部内容。由于机组式喷灌系统的工作主体是可移动的喷灌机组，不同类型机组的构成和田间作业方式不同，其工程设计主要是供水系统的设计。本章介绍当前常用的绞盘式喷灌机和圆形喷灌机灌溉系统工程的设计，其他各种机组的工程设计只要掌握第十二章介绍的各类机组特点，参照第十三章和本章的介绍即可进行设计。

第一节 绞盘式喷灌机灌溉工程设计

一、设计喷灌耗水强度和设计喷灌定额

（一）设计喷灌耗水强度

设计喷灌耗水强度应根据灌区作物、土壤和气象条件，采用试验、计算，或经验等方法确定，详见第二章第四节。

（二）设计灌溉制度的确定

确定设计灌溉制度的方法按第四章第一节进行。

二、机型选择

机组选型的中心问题是使所选机型，与灌区条件相匹配，以达到高效、节水、经济的目标。各种类型喷灌机适用条件已于第一章和第十二章介绍，当确定采用绞盘式喷灌机后，选择机型规格时，应考虑的主要因素：

(1) 水源 机组喷灌流量应不大于水源可供流量，且灌溉季节水源可供水量应能满足喷灌用水量的需求。

(2) 土壤 砂性土壤可选择喷灌强度高一些的机型，而黏性土应选喷灌强度低一些的机型。

(3) 作物 牧草、粮食、树木等耐打击作物可选择喷嘴大一些的机型，蔬菜等抗打击力差的作物应选择喷嘴小一些的机型。

(4) 灌区地块面积和形状面积大，工作条田长的灌区，宜选择大尺寸的机型，而面积小，工作条田短的灌区宜选择小尺寸的机型。

机型选定后列出所选机组型号和技术性能参数。因为满足灌区条件的机型可以不止一种，一般需要经过比较才能做出合理的选择。

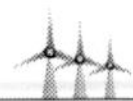

三、运行工作制度的确定

（一）机组移动（供水 PE 软管回卷）速度

机组移动速度按式（14-1）～式（14-3）计算：

$$v=\frac{1000Q_d}{Bm_d} \tag{14-1}$$

对于单喷头（喷枪）机组　　$B=2kR$　　（14-2）

对于多喷头桁架机组　　$B=l+2kR$　　（14-3）

式中　v——机组移动速度，m/h；

Q_d——软管设计流量，m^3/h；

B——工作条田轴线间距（工作条田宽度），m；

m_d——灌水定额，mm；

R——喷头射程，m；

k——系数，与风力有关，可参考表 14-1 确定；

l——桁架长度，m。

单喷头（喷枪）机组条田轴线间距可参考表 14-1 确定。

表 14-1　　工作条田轴线间距

喷洒直径/m	风力/(m/s)						
	>5.4		2～4.5		<2		无风
	工作条田轴线间距占喷洒直径倍数						
	0.50	0.55	0.60	0.65	0.70	0.75	0.80
61.0	30	34	37	40	43	46	49
76.2	38	42	46	49	53	57	61
91.4	40	50	55	59	64	69	73
106.7	53	59	64	69	75	80	85
121.9	61	67	73	79	85	91	98
137.2	69	76	82	89	96	103	110
152.4	76	84	91	99	107	114	122
167.6	84	92	101	109	117	126	134
182.9	91	101	110	119	128		

（二）工作条田所需灌水时间

一条工作条田所需灌水时间：

$$t=\frac{2L}{v} \tag{14-4}$$

式中　t——一条工作条田所需灌水时间，h；

L——供水管长度，m。

（三）轮灌周期

轮灌周期按式（14-5）计算：

$$T_d=\frac{m_d}{E_d}\eta \tag{14-5}$$

式中　T_d——设计轮灌周期，d；

E_d——设计作物耗水强度，mm/d；

η——灌溉水利用系数，取 $\eta=0.75\sim0.85$；

其余符号意义同前。

（四）1台机组承担的工作条田数与灌水面积

1. 1台机组承担的工作条田数

轮灌周期内，1台机组承担的工作条田数为：

$$n=\frac{K_tCT_d}{t} \tag{14-6}$$

式中　n——1台机组承担的工作条田数；

K_t——机组工作时间有效系数（考虑机组转移等消耗的时间），可取 $K_t=0.85\sim0.95$；

C——机组日工作小时数，h；

其余符号意义同前。

2. 1台机组承担的灌水面积

1台机组承担的灌水面积为：

$$A_g=\frac{BL'n}{10000} \tag{14-7}$$

式中　A_g——1台机组承担的灌溉面积，hm^2；

L'——工作条田长度，m；

其余符号意义同前。

四、灌区划分的工作条田数和所需机组台数

灌区划分的工作条田数目为：

$$N_0=\frac{A_d}{BL'} \tag{14-8}$$

灌区所需机组台数为：

$$N_g=\frac{A_d}{A_g} \tag{14-9}$$

或

$$N_g=\frac{N_0}{n} \tag{14-10}$$

式中　N_g——灌区工作条田数目；

A_d——灌区设计面积，hm^2；

其余符号意义同前。

五、田间供水系统布置

田间供水系统布置主要取决于喷灌机的运行方式，绞盘式喷灌机的运行方式见图 12-

7。据此，绞盘式喷灌机灌溉工程田间供水系统布置的方法是，将灌溉地块按机组工作有效湿润宽度划分工作条田；根据水源类型和位置布置供水管道和给水栓，对于钢索绞盘式喷灌机还需布置锚固桩，绞盘式喷灌机灌溉工程供水系统布置见图14-1。

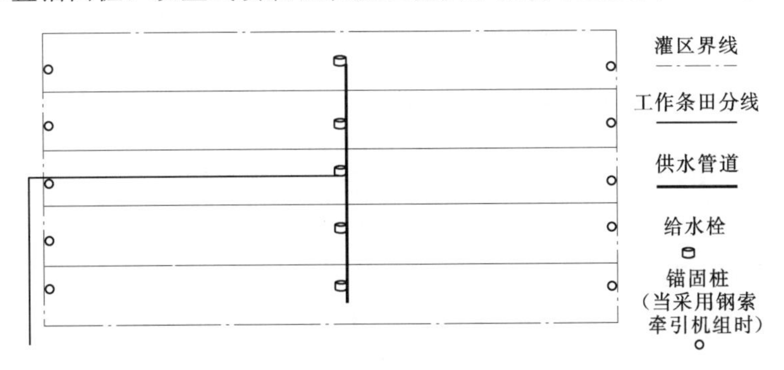

图14-1　绞盘式喷灌机灌溉工程供水系统布置示意图

【计算示例14-1】

黑龙江某玉米种植区计划采用卷盘式喷灌机灌溉。该区面积2015亩（134.4hm^2），地面平坦，土壤为沙壤土。该种植区形状为矩形，东西长2100m，南北宽640m。该区玉米灌溉期耗水强度5.5mm/d。计划采用山东华泰保尔水务农业装备工程有限公司制造的“雨星”65-300TXPlus型单喷枪绞盘式喷灌机，试计算需购喷灌机数目。

解：

1. 所采用喷灌机技术参数

华泰保尔公司“雨星”65-300TXPlus型单喷枪绞盘式喷灌机技术参数见算例表14-1-1。

算例表14-1-1　“雨星”65-300TXPlus型单喷枪绞盘式喷灌机技术参数

喷嘴直径 d /mm	喷嘴压力 P /MPa	流量 Q_d /(m^3/h)	喷头射程 R/m	有效喷洒宽度 B/m	入机PE管直径 D/mm	入机PE管长度 L/m	连接压力 P_r/MPa
16	0.30	17	32	54	65	300	0.55

2. 计算设计灌水定额

引入式（4-1）计算设计灌水定额。取设计喷灌土壤湿润层深度 z_d=0.4m，土壤干容重 γ=1.40g/cm^3，按重量比计算的适宜土壤含水率上限 β'_{max}=22%，按重量比计算的适宜土壤含水率下限 β'_{min}=17%，土壤湿润比 p=100%灌溉水利用系数 η=0.85，则设计灌水定额：

$$m_d=0.1\gamma z_d p(\beta'_{max}-\beta'_{min})/\eta=0.1\times1.4\times0.4\times100(22-17)/0.85=32.9$$

3. 工作条田划分

由算例表14-1-1知，喷头有效喷洒宽度 B=54m。灌区为矩形，东西长2100m，南北宽640m。决定工作条田采用南北向长度 L'=640m，东西宽同有效喷洒宽度54m，则全灌区条田数为：

$$N_0=\frac{2100}{54}=39$$

4．确定机组运行制度

（1）计算机组移动（PE管回卷）速度 V_0。由算例表14-1-1知，设计喷头流量 $Q_p=17\mathrm{m}^3/\mathrm{h}$，由式（14-1）计算机组移动速度：

$$v=\frac{1000Q_d}{m_dB}=\frac{1000\times17}{29.4\times54}=10.7\mathrm{m/h}$$

（2）按式（14-4）计算工作条田喷洒时间 t

$$t=\frac{2L}{v}=\frac{L'-B}{v}=\frac{640-54}{10.7}=54.8\mathrm{h}$$

$$t=55\mathrm{h}$$

（3）计算灌水周期 T_d

$$T_d=\frac{m_d}{E_d}\eta=\frac{32.9}{5.5}0.85=5\mathrm{d}$$

（4）取喷灌机日工作23h，机组工作实际间有效系数 $K_t=0.95$，则1台喷灌机承担的工作条田数为：

$$n=\frac{K_tCT}{t}=\frac{0.95\times23\times5}{55}=2$$

5．全灌区需购喷灌机数目

全灌区需购喷灌机数目为：

$$N=\frac{N_0}{n}=\frac{39}{2}=19.5\qquad 取\ n=20$$

第二节　圆形喷灌机灌溉工程设计

一、工作田块的规划

一台圆形喷灌机在一个灌水周期里喷灌的面积组成一个工作田块。一个灌区可以由一个或几个工作田块组成，圆形喷灌工作田块规划应考虑下列因素。

（1）灌区面积大小与形状。当灌区面积较大，一台喷灌机不能满足全区喷灌需要时，应根据可能采用的机型将全区划分成若干工作田块。在灌区平面形状不规则的情况下，可根据实际情况，不必强调工作田块面积一致，使机型与灌区面积大小和形状相匹配，以提高土地利用率。

（2）提高机组利用率，节约工程投资。在灌水周期允许的条件下，尽可能一台机组用于多个工作位置灌溉的面积组成工作田块。为此，在规划工作田块时应同时规划喷灌机拖移路线，以保证喷灌机顺利快速转移。但是，圆形喷灌机是大型机械，转移位置难度较大，且易于损坏，只有特殊情况下才采用“一机多位”的规划。

（3）作物播种计划。大的灌区往往播种的作物不止一种，而不同作物的生长期、灌溉制度不同，耕作管理制度不同。一个工作区最好是单一作物，使喷灌机操作管理与农事活动得到配合，以提高劳动生产率。

（4）为机组搬运、运行管理创造方便条件。

二、喷灌机工作位的组合

圆形喷灌机工作位的组合有两种方式：正方形组合，见图 14－2（a）；正三角形组合，见图 14－2（b）。

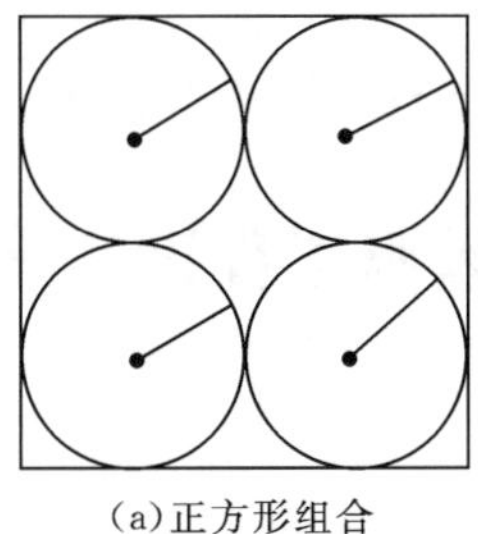

(a)正方形组合

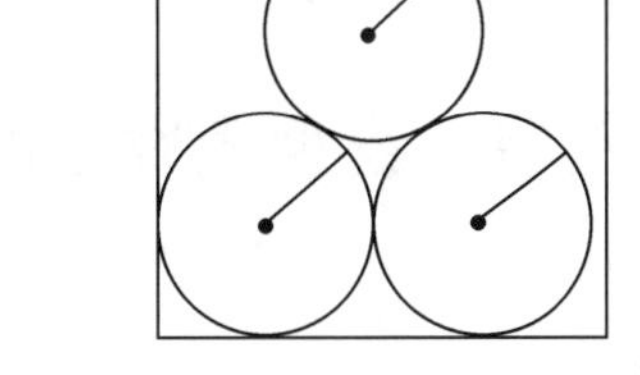

(b)正三角形组合

图 14－2　圆形喷灌机工作位组合方式示意图

由于圆形喷灌机工作方式是绕中心支轴旋转喷洒，形成一个圆形湿润区，各湿润区之间存在漏喷干地，正方形组合漏喷率为 21.46%，正三角形组合漏喷率为 9.33%。因此，采用正三角形组合有利于提高土地利用率。如果采用安装角喷功能的末端悬臂机组，可以减小漏喷面积，但成本会显著增加。

三、田间供水系统布置

圆形喷灌机田间供水系统的布置取决于水源的类型，以及水源与喷灌机的相对位置，通常可遇到下列情况。

（1）以地下水为水源，水源井位于中心支轴处，且一眼井流量能满足一台喷灌机的需要。当水源井位于中心支轴处或灌区水文地质条件允许在喷灌机支轴附近打井，且水源井有足够涌水量时，只要用连接管将水泵管与首跨输水管连接即可。

（2）以地下水为水源，水源井分布于灌区不同部位，用水量大小不一。对于大灌区，常常因水文地质条件的差异，水源井分布于灌区不同位置，且涌水量大小不一。在此情况下需修建供水管网把各个水源井连接起来，以便余缺互济，满足各喷灌机的流量需求。如果全区水源井出水流量之和还不能满足喷灌需要，还需修建调蓄水池存蓄非喷灌时间井水补足喷灌用水量。

（3）以外来水为喷灌水源。当喷灌用水取自灌区外水源，如来自水库、河流、塘坝等。在此情况下，则需修建灌区供水管网，将水源水输送分配到各喷灌点。

四、机组选型

在确定采用圆形喷灌机后，应考虑下列主要因素选择机组型号规格。

（1）土壤类型。砂性土入渗能力强，可选喷洒强度大的机组，而黏性土入渗能力弱，应选喷灌强度小的机组。

（2）作物种类。高秆作物宜选用安装摇臂式喷头的机组，而矮秆作物宜选用装折射式喷头机组。

（3）水源。机组需水流量应与水源能提供的流量相匹配。

（4）灌溉面积。大机组可以提高灌溉效率和土地利用率，所以，在灌区面积和工作区规划协调的条件下，选用大机组是经济的。

（5）机组性能。机组运行稳定可靠和耐久，高的喷洒均匀度，以及爬坡能力等是选购机组要考察的首要条件。性能良好的机组价格会高一些，但最终会降低灌溉成本。

田间供水水系统的设计方法与上述绞盘式喷灌机系统基本相同。

第三节　绞盘式喷灌机灌溉工程设计案例

一、基本资料

河北某粮食种植区500hm^2，东西宽2000m，南北长2500m，计划采用绞盘式喷灌机灌溉，要求设计绞盘式喷灌机灌溉系统。

（1）地理位置和地形。项目区位于河北省中部，距石家庄市区约80km，北纬38°40′，东经116′20′。

（2）气候。该区地处中纬度欧亚大陆东缘，属暖温带大陆性季风气候型。太阳辐射的季节性变化显著，地面高低气压活动频繁，四季分明。多年平均降水量为650mm，分布不均，70%以上降水集中在6～9月。冬季降雪量偏多，总雪量为10.0～19.2mm。春季降水偏少，总雨量为11.0～41.7mm。夏季降雨量为145.2～516.4mm。多年平均蒸发量达1600mm，春季气温回升快，雨量小，蒸发量大，是作物主要灌溉季节。此期间多刮西北风，风速3～4m/s。冬季最大冻土层深度0.7m。

（3）土壤。全区土壤为中壤土，干容重1.52g/cm^3，田间持水率22%（重量比），入渗率12mm/h，土层厚度1.5m以上，层次均匀。

（4）作物。本区为冬小麦与夏玉米倒茬种植。冬小麦10月上旬播种，次年3月初开始返青，4月、5月为生长旺期。正处于当地干旱季节，水肥需求迫切，灌溉补充土壤水分是保证小麦高产稳产必不可少的措施。5月中小麦收割后，播种玉米。玉米生长期正处于当地雨季，但伏旱是常遇的天气，此时需通过灌溉，保证土壤足够水分供应。

（5）水源与已有灌溉条件。本种植区地下水含量丰富，水质良好，适于灌溉。据已有水井抽水资料，单井出水量在动水位埋深35m时，出水量70m^3/h。以往全区靠引用外来水灌溉，但目前外来水不能保证，需打井抽取地下水灌溉。

二、设计标准与基本参数

（一）设计标准

本区属暖温带大陆性季风气候型，降雨时空分布不均，灌溉是小麦高产稳产的基本条件。灌溉水源为地下水，应在满足基本需要的情况下控制开采。因此，决定本喷灌工程设计保证率为75%。

（二）设计基本参数

（1）设计作物耗水强度E_d。参照邻近地区资料，结合本地灌溉经验，4月为本区小

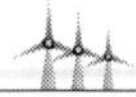

麦灌溉临界期，小麦平均耗水强度 6.0mm/d，扣除有效降雨强度 1.5mm/d，设计喷灌耗水强度 $E_d=4.5$mm/d。

（2）设计均匀系数 C_u 与允许喷头最大工作水头偏差率 $[h_v]$。根据《喷灌工程技术规范》（GB/T 50085—2007）的规定，“定喷式喷灌系统喷灌均匀系数不应低于 0.75，行喷式喷灌系统不应低于 0.85”。本喷灌系统设计均匀系数取 0.85。允许喷头最大工作水头偏差率 $[h]=0.2$。

（3）设计允许喷灌强度 $[\rho]$。本灌区土壤为中壤土，土壤入渗强度 12mm/h，取设计喷灌强度 $[\rho]=10$mm/h。

（4）设计计划土壤湿润层深度 z_d。本区作物为小麦、玉米，取设计喷灌土壤湿润层深度 $z_d=0.4$m。

（5）设计系统日运行小时数 C。取设计系统日运行小时数 $C=20$。

三、设计灌水定额与灌水周期的确定

1. 计算设计灌水定额

根据设计基本资料，种植区土壤为中壤土，干容重 $\gamma=1.52\text{g/cm}^3$；田间持水率 22%（重量比）。由设计基本参数，设计土壤湿润层深度 $z_d=0.4$m。取适宜土壤含水率上限为田间持水率 90%，则适宜土壤含水率上限 $\beta'_{max}=0.9\times22\%=19.8\%$（重量比）；取适宜土壤含水率下限为田间持水率 60%，则适宜土壤含水率下限 $\beta'_{min}=0.6\times22\%=13.2\%$（重量比）；取灌溉水利用系数 $\eta=0.85$。按式（4-2）计算设计灌水定额：

$$m_d=0.1\gamma z_d p(\beta'_{max}-\beta'_{min})/\eta=0.1\times1.52\times0.4\times100(19.8-13.2)/0.85=47.2\text{mm}$$

2. 计算设计灌水周期

由设计基本参数，设计作物喷灌耗水强度 $E_d=4.5$mm/d，用式（4-3）计算灌水周期：

$$T_d=\frac{m_d}{E_d}\eta=\frac{47.2}{4.5}0.85=9\text{d}$$

四、机型选择

经比较，决定采用山东华泰保尔公司“雨星”65-300TXPlus 型单喷枪绞盘式喷灌机技术参数见案例表 14-3-1。

案例表 14-3-1　“雨星”65-300TXPlus 型单喷枪绞盘式喷灌机技术参数

喷嘴直径 d /mm	喷嘴压力 P/MPa	流量 Q_d/(m³/h)	喷头射程 R/m	有效喷洒宽度 B/m	入机 PE 管直径 D/mm	入机 PE 管长度 L/m	连接压力 P_r/MPa
16	0.30	17	32	54	65	300	0.55

五、作业区与条田划分

1. 作业区划分

由于项目区面积较大，为方便管理，将全灌区划分成 4 个作业区。灌区面积 500hm²，东西宽2000m，南北长2500m，每个作业区南北长$L'=\frac{2500}{4}=625$m（条田长度），可以与所选机组PE管相适配。

2. 条田划分

本区风速3～4m/s，参考表14-1，取风系数$k=0.64$，按式（14-2）计算条田宽度（喷灌机行走轴线间距）：

$$B=2kR=2\times0.64\times32=41\text{m}$$

则作业区条田数为：

$$n_{作业区条}=\frac{2000}{41}=48.8$$

为了便于运行管理的组织，取作业区条田数$n_{作业区条}=48$。

则全区工作条田总数为：

$$N_{条}=4n_{作业区条}=4\times48=192$$

条田宽度为：

$$B=\frac{2000}{48}=41.7\text{m}$$

条田面积为：

$$A_{条}=\frac{BL'}{10000}=\frac{41.7\times625}{10000}=2.613\text{hm}^2$$

作业区条田划分见案例图14-3-1。

六、作业区供水系统设计

（一）确定机组运行参数

1. 计算机组移动（PE管回卷）速度

按式（14-1）计算机组移动速度：

$$v=\frac{1000Q_p}{m_dB}=\frac{1000\times17}{47.2\times41.7}=8.64\text{m/h}$$

2. 计算工作条田喷洒时间

$$t=\frac{L'-B}{v}=\frac{625-41.7}{8.64}=67.5\text{h}$$

3. 计算一台机组可承担的工作条田数和一个作业区需要的机组台数

按式（14-6）计算一台机组可承担的工作条田数，取时间有效系数$K_t=0.9$，一台机组可承担的工作条田数为：

$$n=\frac{K_tCT}{t}=\frac{0.9\times20\times10.5}{67.5}=2.8$$

取一台机组承担的条田数$n=3$，将机组日工作时间调整为：

$$c=\frac{nt}{K_tT}=\frac{3\times67.5}{0.9\times10.5}=21.4\text{h}$$

4. 计算作业区需要的机组台数

作业区需要的机组数：

$$N_{作业区机组}=\frac{n_{作业区条}}{n}=\frac{48}{3}=16\text{ 台}$$

5. 计算一个作业区需建水源井数

1 个水源井供水流量 70m³/h，可供机组数 4 台，则一个作业区需修建水源井数：

$$N_{作业区井}=\frac{N_{作业区机组}}{4}=\frac{16}{4}=4\text{ 眼}$$

6. 计算 1 眼水源井控制条田数

1 眼水源井控制条田数：

$$n_{井条田}=\frac{48}{4}=12$$

7. 布置作业区供水系统

以 1 眼水源井供水的条田数为 1 供水工作单元（以下简称工作单元），1 个作业区有工作单元 4 个。对 1 工作单元供水系统作典型布置（案例图 14-3-1），其余与此相同。

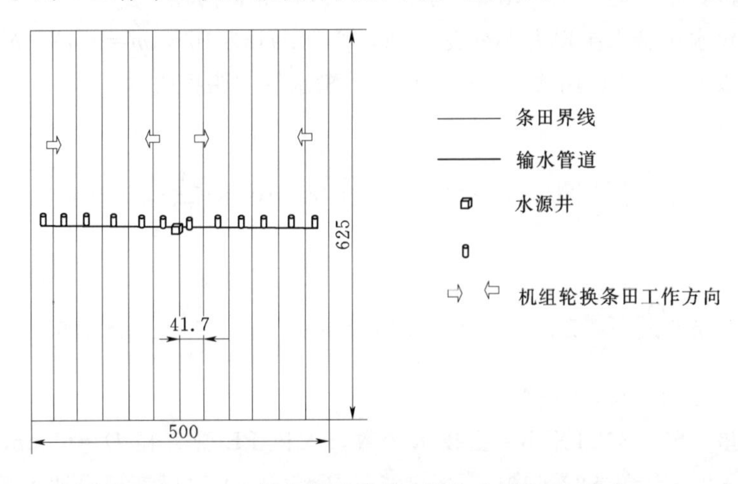

案例图 14-3-1　供水单元供水系统典型布置图（单位：m）

水源井位于工作单元中心，东西向布置两条输水管，在每 1 条田中心布置 1 个给水栓与输水管连接，向机组供水。东西输水管等长：

$$L_{东、西}=5.5B=5.5\times41.7=229.4\text{m}$$

8. 确定工作单元机组运行机制

每个工作单元 12 块条田，水源井两侧东西各 6 块，各有两台机组同时工作。各自从两边条田开始喷洒作业，完成一块条田后，相对转到相邻内侧下一条田，直至完成 3 块条田，即完成一个灌溉周期的喷灌。

9. 调控安全设备布置

沿输水管每块条田中心点布置 1 个给水栓，给水栓与输水管三通连接；输水管与井灌管用1个三通连接；三通前安装1个逆止阀和1个进排气阀。

10. 输水管水力计算

(1) 确定计算长度和设计流量。根据工作单元机组运行机制，将输水管分成上下两段计算。上段由水源井至第3块条田给水栓，长度$L_{输水上}=2.5B=2.5\times41.7=104.3$m，设计流量$Q_{输上}=2\times17=34m^3/h$；下段由第3块条田至第6块条田给水栓，长度$L_{输水下}=3B=3\times41.7=125.1$m，设计流量$Q_{输下}=17m^3/h$。

(2) 选择管材和管径。经比较，决定输水管采用PVC-U塑料管材。取流速$v=0.8m/s$，用式（5-8）估算管道内经。

上段：
$$D_{输水上}=\sqrt{\frac{4Q_{输水上}}{\pi v}}=\sqrt{\frac{4\times34}{\pi\times0.8\times3600}}=0.123m=123mm$$

下段：
$$D_{输水下}=\sqrt{\frac{4Q_{输水下}}{\pi v}}=\sqrt{\frac{4\times17}{\pi\times0.8\times3600}}=0.087m=87mm$$

查《灌溉用塑料管材和管件基本参数及技术条件》(GB/T 23241—2009) 的规定，选取输水管规格；

输水管上段，承压能力1.25MPa，外径$d_n=125$mm，内径$D_{输水管上}=113$mm；

输水管下段，承压能力1.0MPa，外径$d_n=110$mm，内径$D_{输水管下}=101.6$mm。

(3) 计算输水干管水头损失。查表1-2，$f=0.948\times10^5$，$m=1.77$，$b=4.77$。取局部损失加大系数$k=1.05$。用式（5-4）计算干输水管水头损失。

输水管上段：

$$\Delta H_{输水上}=kf\frac{Q^m_{输水管上}}{D^b_{输水管上}}L_{输水管上}=1.05\times0.948\times10^5\times\frac{34^{1.77}}{113^{4.77}}\times104.3=0.88m$$

输水管下段：

$$\Delta H_{输水下}=kf\frac{Q^m_{输水管下}}{D^b_{输水管下}}L_{输水管下}=1.05\times0.948\times10^5\times\frac{17^{1.77}}{101.6^{4.77}}\times125.1=0.50m$$

11. 计算入机PE管水头损失

根据“雨星”65-300TXPlus型技术参数，入机PE管直径$D=65$mm，长度$L_入=300$m。查表5-2，$f=0.898\times10^5$，$m=1.75$，$b=4.74$。取局部损失加大系数$k=1.05$，用式（5-4）计算入机PE管水头损失：

$$\Delta H_{PE}=kf\frac{Q^{1.75}_{机组}}{D^{4.75}}L_入=1.05\times0.898\times10^5\times\frac{17^{1.75}}{65^{4.75}}\times300=9.85m$$

12. 计算输给水栓出口工作水头

给水栓出口（PE管进口）工作水头等于入机工作水头与PE管水头损失之和：

$$H_{0给水栓}=h_{0入机}+\Delta H_{PE}=55+9.85=64.85$$

13. 计算输水管进口工作水头

轮灌周期末两台机组工作到第3和第4块条田时为最不利工况，此时输水管进口工作水头为：

$$H_0=H_{0给水栓}+\Delta H_{输水管上}=64.85+0.88=65.73m$$

七、设备配套设计

1. 水泵选型

(1) 计算水泵扬程。水泵扬程包括：输水管进口水头 $H_0=65.73$m；井管水头损失 $\Delta H_{井管}$ 按 3m 计；动水位埋深 $h_{动}=35$m。计算如下：

$$H_{扬}=H_0+\Delta H_{井管}+h_{动}=65.75+35+3=163.75\text{m}$$

(2) 选择水泵型号。采用井泵 IS65－40－315，配套 $P=30$kW。

2. 调控安全设备规格选配

(1) 逆止阀。采用 4″逆止阀。

(2) 进排气阀。连接管内径 $D=100$mm，流速 $v=\dfrac{4\times17}{3600\times\pi\times0.1^2}=0.6$m/s，取进排气速度 $v_0=45$m/s，按式 (9－1) 计算机排气阀通气孔直径 d_0。

$$d_0=1.05D\left(\frac{v}{v_0}\right)^{\frac{1}{2}}=1.05\times100\left(\frac{0.6}{45}\right)^{\frac{1}{2}}=12\text{mm}$$

(3) 给水栓和三通。给水栓采用 65mm G1Y1 型平板阀移动式。输水管下段连接三通为 110×65×110；输水管上段连接三通为 125×65×125。

八、材料设备费用计划

全系统工程所需材料设备费用见案例表 14－3－2。

案例表 14－3－2　　材料设备费用表

序号	名称	规格	单位	计算数量		单价/元	复价/元	
				计算	采购		计算	采购
1	PVC－U 管材	125/1.25	m	3337.6				
2		110/1.0	m	4003.2				
3	PE 入机管	ϕ63	300m/条	64				
4	塑料三通	125×63×125	个	115				
5		110×65×110	个	99				
6	给水栓	G1Y1 型	个	198				
7	逆止阀	4″	个	16				
8	进排气阀	$d_0=12$mm	个	16				
9	水泵	IS65－40－315	台	25				
10	绞盘式喷灌机	"雨星" 65－300Txplus	台	64				
11	总费用							

注　1. 序号 1、2，管径 mm/承压能力 MPa；
　　2. 序号 8，d_0 通气口直径。

九、工程费用概算

(略)

第四节　圆形喷灌机灌溉工程设计案例

一、基本资料

内蒙古自治区某马铃薯种植区 1000hm²，灌溉水源与电力供应充足，计划采用圆形喷灌机灌溉，要求设计该圆形喷灌机灌溉工程。

1. 地理位置

项目区位于内蒙古自治区中部，距呼和浩特市区约 80km，北纬 37°30′，东经 126°50′。

2. 地形

该种植区面积 1000hm²，为山前冲积平原的一部分，地势平坦，地面坡度约为 0%。平面形状呈矩形，东西宽 2500m，南北长 4000m。

3. 气候

本区属典型大陆性气候，四季分明，春季多风少雨，秋季短促凉爽，冬季漫长干冷。年平均气温 8℃。冷热变化剧烈，大部分地区夏季平均气温在 25℃以上，而冬季平均气温在零下 15℃以下，昼夜温差平均在 4～16℃之间，尤其是秋季的温差更大，常常是早凉午热夜冷。年平均降水量为 395mm，年内降水量分配不均匀，主要集中在 7～8 月。大风天气多出在春季，主要风向是偏西风和东北风，年平均风速为 3.5m/s。多年平均水面面蒸发量达 1750mm，超出年均降水量的 4 倍，常年春夏干旱，是农作物主要灌溉期。

4. 土壤

项目区土壤肥沃，为砂壤土，干容重 1.45g/cm³，田间持水率 23%（重量比），入渗率 12mm/h，土层厚度 1.5m 以上，层次均匀。

5. 作物

项目区种植马铃薯，是当地主导产业。当地马铃薯生长期 4～8 月，经历播种、现蕾、开花、盛花、收获各个阶段。根据近年来当地采用喷灌的经验，除收获期外，每个阶段需灌一次水，可促进优质高产。

6. 水源与灌溉条件

本种植区灌溉水源有水库来水，也有地下水，水质良好，适于灌溉。以往是由一输水渠道引自上部水库水进行地面灌溉。经测量，灌溉期水库水面高于管区地面 59.2m。

二、设计标准与基本参数

（一）设计标准

本区属典型的大陆性气候，降雨少，蒸发量大，灌溉是马铃薯优质高产的重要措施，而且马铃薯业是当地的支柱产业，提高灌溉保证率很有必要，根据灌溉水源充沛的条件，决定本喷灌工程设计保证率采用 85%。

（二）设计基本参数

(1) 设计作物喷灌耗水强度 E_d。参照邻近地区资料，结合本地马铃薯灌溉经验，5

月为本区马铃薯灌溉临界期，平均耗水强度 6.0mm/d，扣除有效降雨强度 1.0mm/d，取设计喷灌耗水强度 $E_d=5.0$mm/d。

(2) 设计均匀系数 C_{ud} 与允许喷头最大工作水头偏差率。根据《喷灌工程技术规范》(GB/T 50085—2007) 的规定，"定喷式喷灌系统喷灌均匀系数不应低于 0.75，行喷式喷灌系统不应低于 0.85"，本喷灌系统设计均匀系数取 0.85。

(3) 设计喷灌强度 ρ_d。本灌区土壤为砂壤土，地面坡度 0%，取设计喷灌强度 $\rho_d=12$mm/h。

(4) 设计计划土壤湿润层深度 z_d。本区作物为马铃薯，取设计喷灌土壤湿润层深度 $z_d=0.35$m。

(5) 设计系统日运行小时数 C_d。取设计系统日运行小时数 $C_d=20$h。

三、设计灌水定额与灌水周期的确定

(1) 计算设计灌水定额。根据设计基本资料：种植区土壤为砂壤土，干容重 $\gamma=1.45\text{g/cm}^3$；田间持水率 23%（重量比）；设计土壤湿润层深度 $z_d=0.35$m。取适宜土壤含水率上限为田间持水率 90%，则适宜土壤含水率上限 $\beta'_{max}=0.9\times23\%=20.7\%$（重量比）；取适宜土壤含水率下限为田间持水率 60%，则适宜土壤含水率下限 $\beta'_{min}=0.6\times23\%=13.8\%$（重量比）；取灌溉水利用系数 $\eta=0.85$。按式 (4-2) 计算设计灌水定额；

$$m_d=0.1\gamma z_d p(\beta'_{max}-\beta'_{min})/\eta=0.1\times1.45\times0.35\times100(20.7-13.8)/0.85=41.2\text{mm}$$

(2) 计算设计灌水周期。由设计基本参数，设计作物耗水强度 $E_d=5$mm/d，用式 (4-3) 计算灌水周期：

$$T=\frac{m_d}{E_d}\eta=\frac{41.2}{5}0.85=7\text{d}$$

四、机型选择

经比较，决定采用宁波维蒙圣菲农业机械有限公司制造的 DYP-238 型电动圆形喷灌机，其相关主要性能技术参数见案例表 14-4-1。

案例表 14-4-1　　DYP-238 型电动圆形喷灌机主要相关技术参数

系统长度/m	塔架数	喷灌机最大流量/(m^3/h)	桁架通过高度/m	每圈运行最快时间/h	末端最小工作压力/MPa	末端悬臂长度/m	降雨量/mm
238	4	135	2.6	8.5	0.15	6～25	5.15～52.1

五、系统工作制度确定

(1) 计算喷灌机运行一圈的时间。取喷灌机有效喷洒喷湿润半径 $R=250$m，入机设计流量 $Q_d=135\text{m}^3$/h，设计灌水定额 $m_d=41.2$mm，灌机运行一圈的时间 t 计算如下：

$$t=\frac{\pi R^2 m_d}{Q_d}=\frac{\pi\times250^2\times41.2}{1000\times135}=60\text{h}$$

(2) 计算一台喷灌机工作点数。由设计基本参数，设计系统工作时间 $C_d=20$h；灌水

周期 T=7d。1台喷灌机在1个灌水周期内工作位数为：

$$n_{工}=\frac{C_d T}{t}=\frac{20\times 7}{60}=2.3$$

超过1跨的圆形喷灌机转移难度较大，安全不宜保证，不提倡采用“一机多位”的工作方式。但是，为了节约工程费用，在采用转移有效安全措施的条件下，可考虑在灌水周期内采用“一机多位”的工作方式，本设计取 $n_{工}=2$。

六、灌溉系统布置

(1) 确定喷灌机工作位组合形式。根据灌区实际情况，决定喷灌机工作位采用正方形组合。

(2) 计算全区喷灌机工作位数。灌区面积 $1000hm^2$，东西宽 2500m，南北长 4000m。喷灌机有效喷灌湿润半径 R=250m，即喷洒湿润直径 D=500m，东西向布置5个工作位，南北向布置8个工作位，形成8行5列排列。

全灌区工作位数为：

$$N_{工}=8\times 5=40$$

(3) 计算工作田块数与喷灌机数。因为1台喷灌机在一个灌水周期内有2个作业位，根据工作位的排列组合，确定南北两个工作位的喷洒湿润范围组成一个工作田块，其排列和编号见案例图14-4-1。

每个作业田块的面积为：

$$A_{田}=\frac{2\times 500\times 500}{10000}=50hm^2$$

全灌区工作田块数为：

$$N_{田}=\frac{N_{工}}{n_{工}}=\frac{40}{2}=20$$

全灌区需购圆形喷灌机20台。

(4) 输配水管网布置。实地查勘表明，本灌区由上游一水库提供灌溉用水，引水量只占水库蓄水量的很小部分，水库距灌区2.5km，灌溉期水位比灌区高59.2m。决定从水库至灌区布置一压力引水主管至灌区沿西边界线连接4条东西向布置的输配水干管。由输配水干管引出支管连接机组支管。

灌区内灌溉系统布置见案例图14-4-1。由灌区西界线4个工作田块中点起，向东布置4条干管。由干管两侧引出支管与机组供水立管连接，共有40条支管。各管段长度如下。

引水主管：$L_{引OA}$=2500m；$L_{引AB}=L_{引BC}=L_{引CD}$=1000m

干管：$L_{干}$=2500−250=2250m，干管进口至第1条支管距离 B_0=250m

支管：$L_{支}$=250m，支管间距 B=500m

七、水力计算

由于本灌溉系统输配水管网利用水库与灌区有59.2m的落差，水力计算应充分利用这一有利条件，合理确定各级管道直径和进口（连接节点）工作水头。计算步骤是首先确

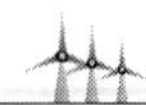

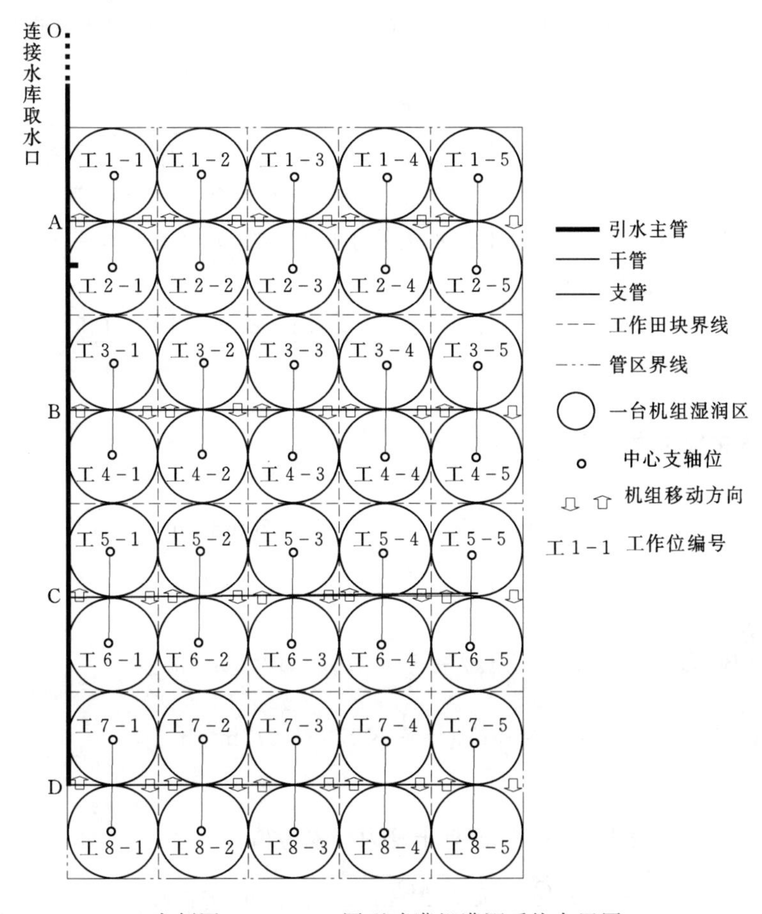

案例图 14-4-1　圆型喷灌机灌溉系统布置图

定入机需要的工作水头，然后由水库起逐级逐段计算管道直径和进口工作水头。当自压水头低于要求工作水头时，则需增设增压水泵，保证系统和机组正常工作。

（一）机组支管水力计算

1. 确定技术参数

（1）机组支管长度。机组长度 $L=138\text{m}$，取末端悬臂长度 $L'=10\text{m}$，则机组支管长度 $L_{机支}=L+L'=238\text{m}+10\text{m}=248\text{m}$，可保证喷洒湿润半径 250m。

（2）喷头型号规格。采用 Nelsn 公司 D3000 喷头，工作压力 $P=0.2\text{MPa}$ 时，流量 $q=2.507\text{m}^3/\text{h}$。

2. 计算机组支管水头损失和进口工作水头

机组支管采用外径 $d_n=140\text{mm}$，厚度 $e=3.0\text{mm}$，钢管内径 $D=134\text{mm}$。查表 5-2，$f=6.25\times10^5$，$m=1.9$，$b=5.10$。取 $K=1.1$，引用式（5-27）计算机组支管水头损失：

$$\Delta H_{机组支}=\frac{Kfq_d^mS(n_{头}-0.52)^{m+1}}{(1+m)D^b}=\frac{1.1\times6.25\times10^5\times2.507^{1.9}\times4.68\times(54-0.52)^{1.9+1}}{(1+1.9)\times134^{5.1}}$$

$$=9.27\text{m}$$

机组支管末端最小工作水头 $h_{min机组支}=102\times0.15=15.3m$，机组支管进口工作水头为

$$h_{0机组支}=h_{min机组支}+\Delta H_{机组支}=15.3+9.27=24.57m$$

3. 入机（机组立管进口）工作水头计算

机组立管是连接供水管网支管和机组支管的垂直管段，其作用是将来自输配水管道的灌溉水输送到机组支管，是机组系统的组成部分。其长度等于机组支管的高度 2.6m，直径与机组支管相同。机组立管进口工作水头等于机组支管进口工作水头与其水头损失和机组立管的高度之和。计算如下：

$$h_{0立}=h_{0机组支}+\frac{KfQ^{m}_{机组支}}{D^{b}}L_{立}+h_{立}=24.57+\frac{1.1\times6.25\times10^{5}\times135^{1.9}}{134^{5.1}}2.6+2.6$$
$$=27.47m$$

（二）供水主管水力计算

1. 计算流量

供水主管 OA 段　　$Q_{OA}=N_{田}\ Q_{机}=20\times135=2700m^{3}/h$

供水主管 AB 段　　$Q_{AB}=\frac{3}{4}Q_{OA}=\frac{3}{4}\times2700=2025m^{3}/h$

供水主管 BC 段　　$Q_{BC}=\frac{2}{4}Q_{OA}=\frac{2}{4}\times2700=1350m^{3}/h$

供水主管 CD 段　　$Q_{CD}=\frac{1}{4}Q_{OA}=\frac{1}{4}\times2700=675m^{3}/h$

2. 确定直径

取流速 2.5m/s，按式（5-8）计算干管内径参考值。

$$D=\sqrt{\frac{4Q}{\pi v}}=\sqrt{\frac{4Q_{i}}{3600\pi\times2.5}}=0.012\ \sqrt{Q_{i}}\ (m)$$

计算结果对照《灌溉用塑料管材和管件基本参数及技术条件》（GB/T 23241—2009）PVC-U 管，选定各管段直径采用值，见案例表 14-4-2。

案例表 14-4-2　　　　供水主管直径计算结果

管　段	OA	AB	BC	CD
流量 $Q/(m^{3}/h)$	2700	2025	1350	675
内径估算值/mm	624	540	441	312
采用直径规格	630/581.8/1.0	560/517.2/1.0	450/422.4/0.8	315/299.6/0.63

注　采用直径规格，外径（mm）/内径（mm）/承压能力（MPa）。

3. 水头损失与进口工水头计算

引水主管采用 PVC-U 管材，按式（5-4）计算引水主管水头损失，查表 5-2，$f=0.948\times10^{5}$；$m=1.77$；$b=4.77$，取 $K=1.1$，得到引水主管各段水头损失计算公式：

$$\Delta H=1.0428\times10^{5}\ \frac{Q^{1.77}}{D^{4.77}}L$$

供水主管各管段下端与干管连接点工作水头等于该管段上端工作水头与该管段水头损失之差。计算结果见案例表 14-4-3。

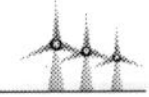

案例表 14-4-3　　**引水主管各段段直径**

管　　段	OA	AB	BC	CD
流量 Q/(m³/h)	2700	2025	1350	675
内经/mm	581.8	517.2	422.4	299.6
长度/m	2500	1000	1000	1000
水头损失/m	20.03	8.44	10.82	16.33
管段下端工作水头/m	39.17	30.73	19.91	3.58

注　OA 管段末工作水头为水库水位与管区地面高差 59.2m 与 OA 管段水头损失之差。

（三）干管水力计算

干管采用 PVC-U 管材，水力计算的任务是确定各管段直径和与支管连接点的工作水头。干管长度 $L_{干}=2250$m，5 个出水口，出口流量 $Q_{支}=135\text{m}^3/\text{h}$，用案例图 14-4-2 表示干管水力计算见案例图 14-4-2。

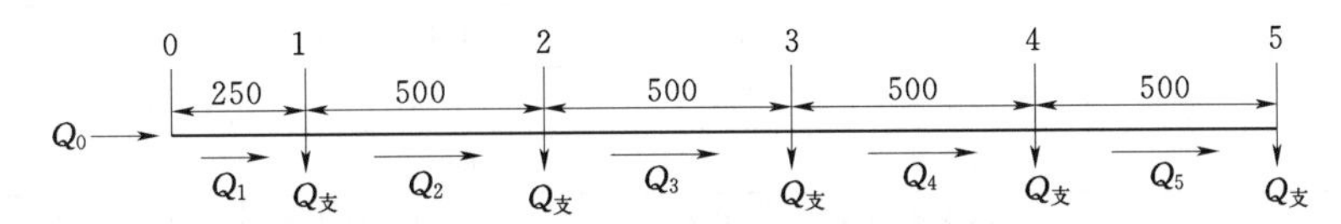

案例图 14-4-2　干管水力计算图（单位：m）

干管各段流量为 $Q_i=Q_{支}(5-i+1)$（i 为管段序号），计算结果见案例表 14-4-3。

取干管流速 $v=1.5$m/s，按式（5-8）估算干管内经。

$$D=\sqrt{\frac{4Q}{\pi v}}=\sqrt{\frac{4Q_i}{3600\pi\times1.5}}=0.015\sqrt{Q_i}\ (\text{m})$$

干管各段水头损失和与支管连接点水头计算方法同引水主管，结果见案例表14-4-4。

案例表 14-4-4　　**干管各段水力计算结果**

管段序号 i		1	2	3	4	5
流量 Q_i/(m³/h)		675	540	405	270	135
估算直径/mm		390	349	302	246	174
采用直径规格		400/380.4/0.63	355/337.6/0.63	315/299.6/0.63	280/266.2/0.63	200/190.2/0.63
管段长度/m		250	500	500	500	500
水头损失/m		1.31	3.11	3.31	2.83	4.13
支管连接点工作水头/m	A干	37.86	34.75	31.44	28.61	24.48
	B干	29.42	26.31	23.00	20.17	15.86
	C干	18.60	15.49	12.18	9.35	5.22
	D干	2.27	—	—	—	—

注　A干、B干、C干、D干分别代表节点 A、B、C、D 引出干管名称；采用直径规格外径（mm）/内经（mm）/承压能力（MPa）。

（四）支管水力计算

1．确定支管直径

支管设计流量 $Q_{支}=135m^3/h$，长度 $L_{支}=250m$，采用承压能力 0.63MPa PVC－U 塑料管，外径 $d_n=200mm$，内径 $D_{支}=190.2mm$。

2．计算支管水头损失

$$\Delta H_{支}=1.1\times 0.948\times 10^5\times \frac{135^{1.77}}{190.2^{4.77}}\times 250=2.07m$$

3．计算支管末端可提供的水头

水库与灌区高差形成的水头 59.2m 经各级输配水管道到达支管末端可提供的水头因支管位置不同而不同。其值等于支管进口自压剩余水头与支管水头损失之差，见案例表 14－4－5。

案例表 14－4－5　　支管末端自压剩余水头与入机需增压水头　　单位：m

干管名称			A	B	C	D
支管	1	上端水头	37.86	29.42	18.60	2.27
		下端水头	35.79	27.35	16.53	0.20
		增压水头	—	0.10	10.92	*42.7
	2	上端水头	34.75	26.31	15.49	
		下端水头	32.68	24.24	13.42	
		增压水头	—	3.21	14.03	
	3	上端水头	28.44	20.00	9.18	
		下端水头	26.37	17.93	7.11	
		增压水头	1.08	9.52	20.34	
	4	上端水头	25.61	17.17	6.35	
		下端水头	23.54	15.10	4.28	
		增压水头	3.91	12.35	23.17	
	5	上端水头	21.44	12.68	2.22	
		下端水头	19.37	10.61	0.15	
		增压水头	8.08	16.84	27.30	

注　“—”表示支管下端剩余水头大于机组需求的入机工作水头 27.45m；“*”表示 D 干进口要求的增压水头值。

4．确定支管末端增压水头

机组支管水力计算结果，为保证喷灌机正常工作，设计条件下立管进口工作水头 $h_{0立}=27.45m$，若支管末端水头低于此值，则需增压。计算结果见案例表 14－4－5。

由案例表 14－4－5 知，D 干管 1 号支管上端自压剩余水头只有 2.27m，不足予维持以下各管段和喷灌机正常工作，决定在干管进口采取增压措施。增压水头等于机组立管进口水头与支管水头损失、1 号支管至 5 号支管之间干管段水头损失之和减 1 号支管上端自压剩余水头，即 27.45＋2.07＋4.13＋2.83＋3.31＋3.11－0.2＝42.7m，如案例表 14－4－4 中“*”号所示。

八、增压水泵选型

为了保证喷灌系统正常工作，应在需要增压的位置安装增压水泵，保证管道和喷灌机

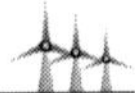

正常工作需要的工作水头。根据案例表 14－4－5 确定，增压位置除 D 干管设于干管进口外，其余设于支管出口（机组立管进口）。因为干 A3 号支管下端需增压水头只有 1.08m 不安增压泵。增压水泵选型见案例表 14－4－6。

案例表 14－4－6　　　增 压 水 泵 选 型

干管名称			A	B	C	D
支管	1	增压水头/m		0.10	10.92	*43.93
		流量/(m^3/h)		135	135	675
		水泵型号			TD125－14/4	TD125－28/4
	2	增压水头/m		3.21	14.03	
		流量/(m^3/h)		135	135	
		水泵型号		TD125－11/4	TD125－18/4	TD125－28/4
	3	增压水头/m		9.52	20.34	
		流量/(m^3/h)		135	135	
		水泵型号		TD125－11/4	TD125－18/4	TD125－28/4
	4	增压水头/m	3.91	12.35	23.17	
		流量/(m^3/h)	135	135	135	
		水泵型号	TD125－11/4	TD125－14/4	TD125－22/4	TD125－28/4
	5	增压水头/m	8.08	16.84	27.30	
		流量/(m^3/h)	135	135	135	
		水泵型号	TD125－11/4	TD125－18/4	TD125－28/4	TD125－28/4

注　* 表示增压泵装于 D 干进口，其余增压泵安装于支管进口。

九、调控安全设备规格选配

1. 引水管进口闸阀和进排气阀

引水管进口闸阀采用 22″契形闸阀，进排气阀确定如下：

引水主管内径 $D_{引}=581.8$mm，流量 $Q_{引}=2700\text{m}^3/\text{h}$，流速为，$v=\dfrac{4\times2700}{3600\times\pi\times0.5818^2}=2.82$m/s，取进排气速度 $v_0=45$m/s，按式（8－1）计算机排气阀通气孔直径 d_0。

$$d_0=1.05D_{引}\left(\frac{v}{v_0}\right)^{\frac{1}{2}}=1.05\times581.8\times\left(\frac{2.82}{45}\right)^{\frac{1}{2}}=152.9\text{mm}$$

取 $d_0=150$mm。

2. 增压水泵出口蝴蝶阀

D 干管进口增压水泵出口安装 15″电动启闭蝴蝶阀 1 座；全系支管各安装 8″蝴蝶阀 1 个，全灌区共有 40 个。

3. 压力控制措施

由于引水主管和 D 干进口阀门较大，需采用电动方式启闭，支管末端阀门采用人工启闭，启闭时应控制速度，以保证系统安全运行。

为了准确控制增压水泵下游压力，在每座（个）蝴蝶阀后的安装压力表 1 只，全系统共有压力表 41 只。

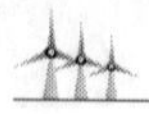

十、材料设备计划

本灌区所需材料设备统计见案例表 14-4-7。

案例表 14-4-7　　材料设备统计表

序号	名称	规格	单位	计算数量		单价/元	复价/元	
				计算	采购		计算	采购
1	PVC-U管材	630/581.8/1.0	m	4500				
2		560/517.2/1.0	m	1000				
3		450/422.4/0.8	m	1000				
4		400/380.4/0.63	m	250				
5		355/337.6/0.63	m	2000				
6		315/299.6/0.63	m	3000				
7		280/266.2/0.63	m	12000				
8	PVC-U异径接头	560×450	个	1				
9		450×315		1				
10	PVC-U三通	560×400×560	个	4				
11		200×200×200		4				
12	PVC-四通	355×200×355×200	个	5				
13		315×200×315×200		5				
14		280×200×280×200		4				
15		200×200×200×200		4				
16	90°弯头	200×200	个	1				
17		200×140		1				
18	楔形闸阀	22″	座	1				
19	蝴蝶阀	15″	座	1				
20		8″	个	40				
21	进排气阀	d_0=150mm	个	1				
22	压力表		只	41				
23	管道泵	TD125-11/4	台	4				
24		TD125-14/4		2				
25		TD125-18/4		3				
26		TD125-22/4		1				
27		TD125-28/4		2				
28		TD250-54/4		1				
29	喷灌机	DYP-238型	台	20				
30	总费用							

注　1. 序号1，管道内经（mm）/外径（mm）/承压能力（MPa）；
2. 序号21，d_{0w}为通气口直径。

十一、工程费用概算

（略）

第十五章　微 灌 系 统 设 计

第一节　概　　述

微灌系统按使用的灌水器型式分为滴灌系统、微喷灌系统、小管出流灌溉系统。由于它们各具特点，适用对象不完全相同。滴灌广泛用于各种树木（果树、乔木等）、棉花、蔬菜、葡萄、花卉、保护地和温室作物等；微喷灌主要用于蔬菜和需要调节温度、湿度的温室作物；小管出流灌溉主要用于果树、乔木，尤其是山丘地果园节水灌溉。

微灌系统属于压力管道灌溉系统，其工程设计方法步骤与管道式喷灌系统“大同小异”。为明了起见，列出微灌工程设计的内容：

（1）基本资料收集整理。

（2）设计标准和基本参数的确定。

（3）水量平衡计算。

（4）系统布置。

（5）灌水小区设计。

（6）管网水力计算。

（7）设备配套设计。

（8）主要管道工程和附属结构物设计。

（9）设备材料计划与工程费用概预算。

（10）效益评价。

上述设计内容是否需全部进行，需根据实际要求而定，对于面积较小、条件较简单的微灌系统可适当简化；设计工作程序可根据情况适当调整，例如多数情况是在系统作初步总体布置后，进行灌水小区设计，在此基础上，结合系统工作制度进行协调，对系统布置作全面调整，以达到系统高效运行的要求。

微灌系统设计内容中，许多与固定管道式喷灌工程相同，本章主要详细讨论与喷灌工程设计不同的内容，读者可通过本章介绍的各类微灌工程设计案例全面了解掌握不同条件不同作物微灌工程设计的内容、方法步骤。

第二节　设计标准和基本设计参数

一、设计标准

微灌系统设计标准按《微灌工程技术规范》（GB/T 50485—2009）的规定，“微灌工程设计保证率应根据自然条件和经济条件而定，不应低于85%”。对于重要的、经济价值高的作物微灌系统可适当提高设计保证率，例如新疆《大田膜下滴灌工程规划设计规范》（DB 65/T3055—2010）的规定，“大田膜下滴灌工程灌溉设计保证率不应低于90%”。

二、设计基本参数

根据本书第十三章第二节设计基本参数的定义和选择条件，本书确定微灌工程设计基本参数共5项：设计土壤湿润比 P_d；设计作物耗水强度，或称为设计作物耗水率 E_d；微灌设计均匀系数 C_u 与灌水小区允许最大流量偏差率 $[q_v]$；设计计划土壤湿润层深度 z_d；设计灌溉水利用系数 η；设计系统日工作小时数 C。

（一）设计土壤湿润比 P_d

设计土壤湿润比是指设计条件下，满足作物耗水要求微灌湿润根系活动层土壤体积占根系活动层土体的百分数，应根据当地自然条件、植物种类、种植方式及微灌型式，并结合试验资料确定。在无实测资料时，可按《微灌工程技术规范》（GB/T 50485—2009）的规定对不同作物规定的微灌设计土壤湿润比（表15-1）选取。

表15-1　微灌设计土壤湿润比　%

作物	滴灌、涌泉灌	微喷灌	作物	滴灌、涌泉灌	微喷灌
果树、乔木	25～40	40～60	蔬菜	60～90	70～100
葡萄、瓜类	30～50	40～70	粮，棉，油等植物	60～90	—
草、灌木	—	100	—	—	—

注　1. 干旱地区宜取上限值；
2. 涌泉灌实际为小管出流灌。

（二）设计作物耗水强度 E_d

微灌设计作物耗水强度应通过实地试验或计算确定（见第二章第四节），或根据《微灌工程技术规范》（GB/T 50485—2009）的规定（表15-2）确定。

表15-2　设计植物耗水强度　单位：mm/d

作　　物	滴灌	微喷灌	作　　物	滴灌	微喷灌
葡萄、树、瓜类	3～7	4～8	蔬菜（露地）	4～7	5～8
粮、棉、油等植物	4～7	—	蔬菜（保护地）	2～4	

注　1. 干旱地区宜取上限值；
2. 对于在灌溉季节敞开棚膜的保护地，应按露地选取设计耗水强度值。

（三）灌水均匀系数 C_u 与设计灌水小区灌水器允许最大流量偏差率 $[q_v]$

微灌均匀系数由实则资料，用式（15-1）和式（15-2）计算：

$$C_u=1-\frac{\overline{\Delta q}}{\overline{q}} \tag{15-1}$$

$$\overline{\Delta q}=\frac{1}{n}\sum_{i=1}^{n}|q_i-\overline{q}| \tag{15-2}$$

式中　C_u——微灌均匀系数；

$\overline{\Delta q}$——灌水器流量平均偏差，L/h；

q_i——田间实测各灌水器流量，L/h；

$\overline{q}$——田间实测各灌水器流量平均值，L/h；

n——所测灌水器个数。

式（15－1）和式（15－2）所表达的是田间实测结果，它是评价田间灌水质量的重要指标。根据我国微灌技术应用实践经验，建议微灌工程设计均匀系数 $C_u \geqslant 0.90$。因为影响均匀系数的因素很多，微灌系统设计时很难准确估计实际微灌均匀度，这里所指设计时确定的均匀系数值只是一个“期望数”，目前还不能直接引入水力计算。

由于灌水器流量偏差率是微灌均匀度的主要影响因素，我国微灌工程设计水力计算采用与微灌均匀系数相关的灌水器流量偏差率作为设计参数进行计算。灌水小区灌水器流量偏差率和工作水头偏差率定义如下：

$$q_v=\frac{q_{max}-q_{min}}{q_d}\times 100 \qquad (15-3)$$

$$h_v=\frac{h_{max}-h_{min}}{h_d}\times 100 \qquad (15-4)$$

式中　q_v——设计灌水器流量偏差率，%；

q_{max}——设计最大灌水器流量，L/h；

q_{min}——设计最小灌水器流量，L/h；

q_d——设计灌水器流量，L/h；

h_v——设计灌水器工作水头偏差率，%；

h_{max}——设计最大灌水器工作水头，m；

h_{min}——设计最小灌水器工作水头，m；

h_d——设计灌水器工作水头，m。

需要说明，C_u 与 q_v 没有严格的数学关系，国外有资料提供了 C_u 与 q_v 概略的统计学关系（参考文献［32］）：

C_u	0.98	0.95	0.92
q_v	0.1	0.2	0.3

尽管这些数据很粗略，但在缺乏资料的情况下，仍可供设计时参考。

根据灌水器流量与工作水头的关系，由式（15－3）和式（15－4）张国祥导出设计灌水器出流量偏差率与工作水头偏差率关系式（15－5）。

$$h_v=\frac{q_v}{x}\left(1+0.15\,\frac{1-x}{x}q_v\right) \qquad (15-5)$$

式中　x——灌水器流态指数；

其余符号意义同前。

根据《微灌工程技术规范》（GB/T 50485—2009）的规定，设计灌水小区允许灌水器流量最大偏差率 $[q_v]\leqslant 20\%$。据此可由式（15－5）计算不同流态指数设计灌水器允许最大工作水头偏差率 $[h_v]$。

必须指出：式（15－1）和式（15－2）是根据田间实测资料计算公式，其结果既体现田间灌溉系统摩阻能量损失和地形变化引起的灌水器工作水头偏差（又称为水力偏差），而且包含各灌水器因制造加工精度引起的流道或孔口过水断面误差导致各灌水器流量的差异（称为制造偏差），以及灌水器堵塞状况对流量的影响，而式（15-3）～式（15-5）只体现水力偏差。因此，式（15-3）～式（15-5）只是水力计算指标。国外有文献提出一种考虑灌水器制造偏差的灌水均匀度的计算式（参考文献［32］）：

$$E_u=\left(1-1.27\frac{C_v}{\sqrt{n}}\right)\frac{q_{\min}}{q_a} \tag{15-6}$$

式中 E_u——考虑灌水器制造精度的微灌均匀系数；

C_v——灌水器制造偏差系数，详见式（7-8）～式（7-10）；

n——一株作物灌水器数；

$q_{\min}$——最小灌水器流量，L/h；

q_a——平均灌水器流量，L/h。

实践表明，灌水器制造精度对微灌均匀度有明显影响作用，当 C_v 较大时，可用式（15-6）校核，以检验微灌系统是否达到要求的均匀度指标。

【计算示例 15-1】

某滴灌系统设计采用内镶式滴灌管，滴头流态指数 $x=0.56$，试计算灌水小区设计允许滴头流量最大偏差率 $[q_v]=20\%$ 和 $[q_v]=10\%$ 时，设计允许灌水器工作水头最大偏差率 $[h_v]$。

解： 按式（15-5）计算。

（1）$[q_v]=20\%$ 时：

$$[h_v]=\frac{[q_v]}{x}\left(1+0.15\frac{1-x}{x}[q_v]\right)=\frac{0.2}{0.56}\left(1+0.15\frac{1-0.56}{0.56}\times0.2\right)=0.37$$

（2）$[q_v]=10\%$ 时：

$$[h_v]=\frac{0.1}{0.56}\left(1+0.15\frac{1-0.56}{0.56}\times0.1\right)=0.18$$

（四）设计计划土壤湿润层深度 z_d

微灌设计土壤计划湿润层深度是指设计条件下微灌湿润作物根系活动层土壤最大深度。其值因作物种类和土壤结构而异，它决定了灌水定额的大小，设计时应进行实地调查确定。对于土层结构均匀，不同作物微灌设计土壤计划湿润层深度可参考表 15-3 确定。

表 15-3 不同作物微灌设计计划土壤湿润层深度参考值 单位：m

果树、乔木	葡萄	棉花	蔬菜	保护地蔬菜	草坪草
0.7～1.2	0.5～0.7	0.3～0.6	0.3～0.5	0.2～0.4	0.15～0.2

（五）设计灌溉水利用系数

根据《微灌工程技术规范》（GB/T 50485—2009）的规定，微灌工程设计灌溉水利用系数，滴灌不应低于 0.9，微喷灌、小管出流灌不应低于 0.85。

（六）设计系统日工作小时数 C

根据《微灌工程技术规范》（GB/T 50485—2009）的规定，设计微灌系统日工作小时数不应大于 22。

第三节 灌水小区设计

一、概述

微灌系统灌水小区是指微灌系统最末一个控制阀门以下的灌水系统，通常包括一条支管及其以下的毛管和灌水器，它是微灌系统运行的基本灌溉单元。

(一) 支、毛管布置形式

微灌毛管一般沿作物行向布置，支管与毛管垂直连接。灌区地形坡度方向和大小、植物种植方向是决定支、毛管布置的关键因素，在山丘陡坡灌区，作物一般沿等高种植，因而毛管平行地形等高线布置，支管垂直于等高线布置。多数情况是支、毛管与地形坡向有某一角度交叉。图15-1是常见的几种支、毛管布置形式，其中图15-1 (a) 和 (b) 多用于较陡坡度地面，(c) 多用于坡度较平缓的地面。

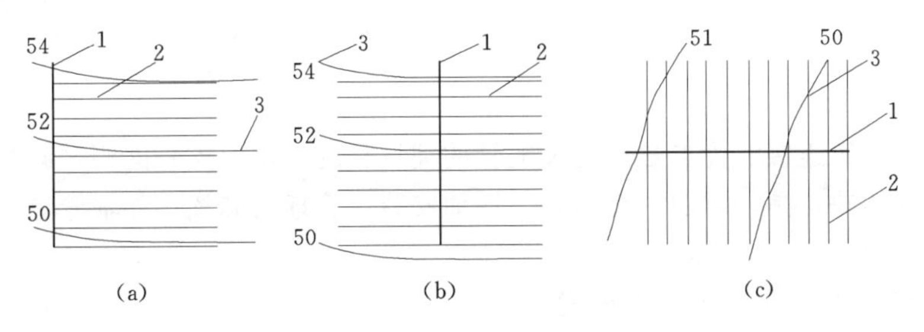

图15-1 常见支、毛管布置图

1—干管；2—支管；3—等高线

(二) 毛管与支管的组装连接方式

我国在应用微灌技术中，各地为节省工程造价，并保证要求的灌水均匀度，出现下列三种毛管与支管的连接形式：

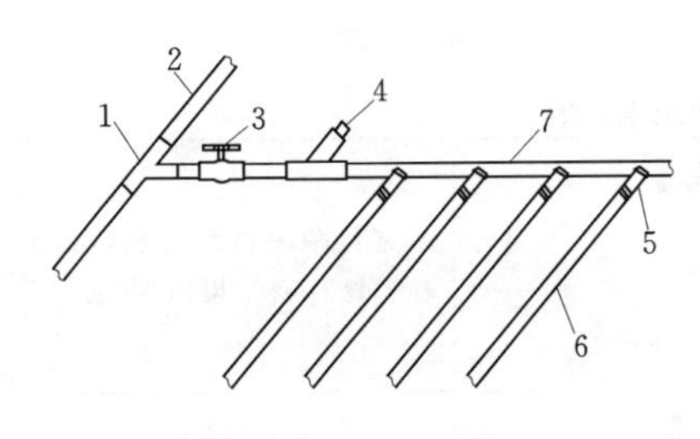

图15-2 毛管非调压连接示意图

1—干管三通；2—干管；3—球阀；4—调压阀；5—旁通；6—毛管；7—支管

(1) 毛管进口无调压连接。毛管进口端用非调压普通旁通插接于支管侧面或采用非调压三通连接于支管上面，支管进口端安装控制球阀和压力调节阀，是目前普遍采用的连接方式（图15-2）。

毛管进口无调压连接的优点是，旁通价格较低；安装较简便；支管直径较小。缺点是，毛管铺设长度较小；支管间距较小；可能增加单位面积支管的用材量。

(2) 毛管进口调压连接。为克服毛管进口无调压连接毛管长度较短的缺点，近年一些企业研制了一种调压旁通或调压三通（又为稳流旁通或稳流三通）代替普通旁通或普通三通。支管进口端只安装一个控制球阀（图15-3）。

毛管进口调压连接的优点是，延长毛管的铺设长度，增大支管间距；支管进口免装价格较贵的调压阀；支、毛管水力计算较简单。缺点是，支管直径较大；旁通价格较高，调压性能不稳定。

(3) 毛管分组调压连接。将一条支管控制的毛管分成若干组，一组毛管用三通与一条支管辅管连接，辅管进口安装调压阀（或用于调节压力的闸阀）。支管进口端安装控制球阀（图 15-4）。

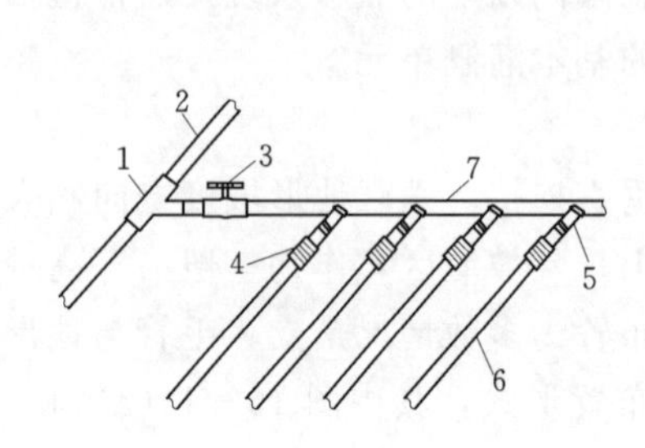

图 15-3　毛管调压连接示意图

1—干管三通；2—干管；3—球阀；4—调压阀；5—旁通；6—毛管；7—支管

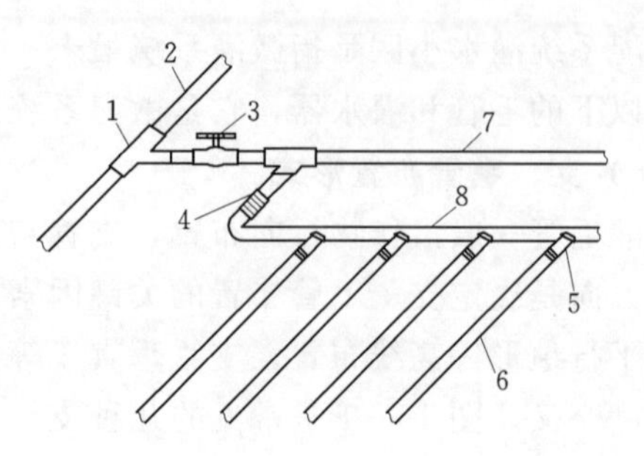

图 15-4　毛管分组调压连接示意图

1—干管三通；2—干管；3—球阀；4—调压阀；5—旁通；6—毛管；7—支管；8—辅管

毛管分组调压连接的优点是，延长毛管的铺设长度，增大支管间距，减少支管费用和对作物的损坏；缺点是，增加一级辅管，增加安装、管理的麻烦；如辅管进口采用闸阀调压，则不易调控。

(三) 毛管与灌水器布置基本形式

毛管与灌水器布置基本形式见表 15-4。

表 15-4　　毛管与灌水器布置基本形式

序号	布置形式	简　图	适　用　条　件
1	单行直线毛管布置	毛管＋滴头	大田作物，如棉花、玉米、蔬菜等
2	双行直线毛管布置	毛管＋滴头	宽行距窄株距作物，如葡萄、矮株密植果树等
3	一条毛管控制两行树	绕树毛管＋滴头	高大作物，如成年果树等
4	一条毛管控制一行树	绕树毛管＋滴头	高大作物，如成年果树等

续表

序号	布置形式	简图	适用条件
5	一行毛管控制一行树	毛管＋小管出流器（或微喷头）	高大植物，如成年果树、乔木等
6	一条毛管控制两行树	毛管＋小管出流器（或微喷头）	高大植物，如成年果树、乔木等

(四) 毛管与灌水器布置基本形式在大田作物滴灌的应用

表15-4概括了毛管与管水器布置的基本形式，在实际设计时应根据作物、土壤、地形、种植特点确定具体布置形式，既满足作物水分需求，又节约灌溉成本，便于操作管理。新疆生产建设兵团在棉花膜下滴灌中，形成几种棉花种植与滴灌带布置相互适配的模式，实现机械覆膜、铺管、播种结合一次完成的技术，解决了棉花大面积使用滴灌技术的关键问题。棉花膜下滴灌技术已大面积推广应用到玉米等大田作物。图15-5是几种棉花种植模式与膜下滴灌管布置结合的典型形式，表15-5是不同栽培模式滴管带的间距，供设计时参考。

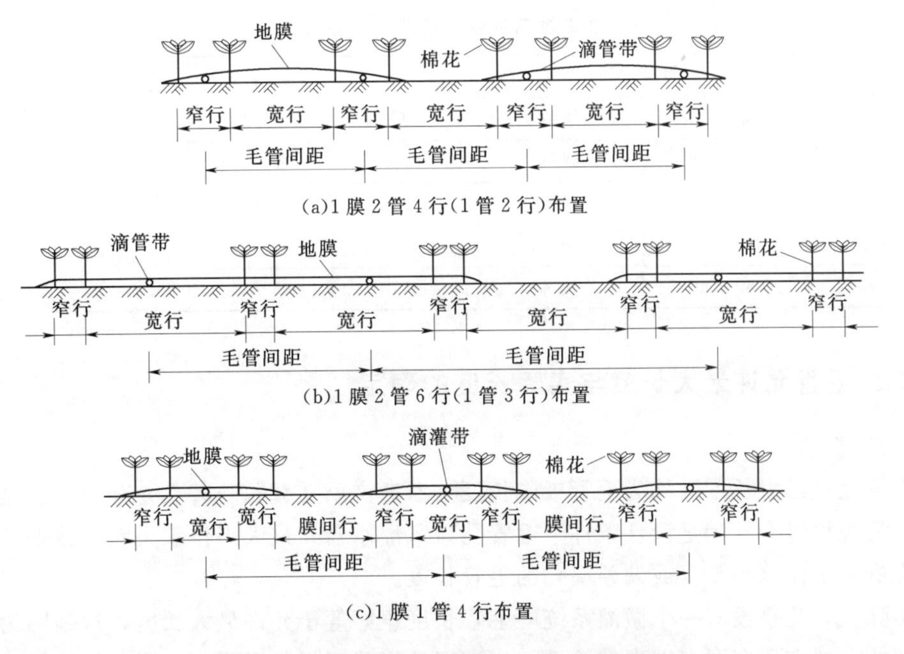

(a)1膜2管4行(1管2行)布置

(b)1膜2管6行(1管3行)布置

(c)1膜1管4行布置

图15-5　几种棉花种植模式与膜下滴灌滴灌带布置结合的典型形式示意图

表 15-5　棉花膜下滴灌毛管和滴头间距参考值

土壤质地	棉花种植形式/cm		毛管间距/cm	滴头间距/cm	一条毛管灌溉的棉花行数
	宽窄行	株距			
沙土	30+60	9～10	90	30～40	1管2行
沙土	30+50		80	30～40	1管2行
沙土	10+66+10+66		76	30～40	1管2行
壤土～黏土	20+40+20+60		140	40～50	1管4行
壤土～黏土	10+66+10+66		152	40～50	1管4行

条种作物采用宽窄行间距种植模式与滴灌管（毛管+滴头）布置相适配是减小毛管和滴头用量的有效形式。图 15-6 是新疆生产建设兵团加工番茄膜下滴灌采用的一种种植模式与滴灌带布置的适配形式，表 15-6 是加工番茄滴灌毛管、滴头间距参考值。

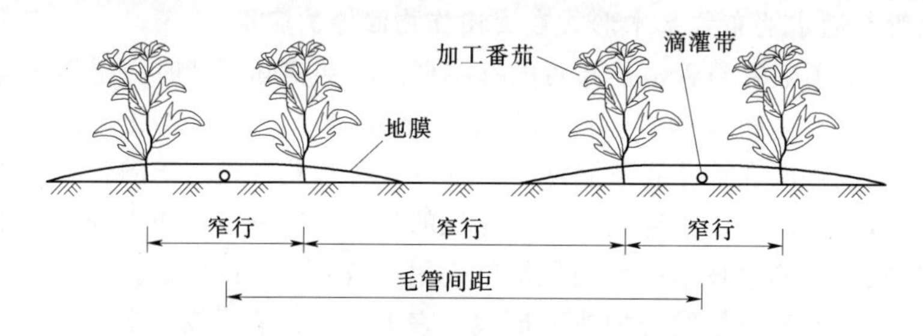

图 15-6　加工番茄膜下滴灌 1 膜 1 管 2 行布置图

表 15-6　加工番茄毛管和滴头间距参考值

土壤质地	栽培模式/cm		毛管间距/m	滴头间距/cm	一条毛管灌溉的棉花行数
	宽窄行	株距			
沙土	40+90	35～40	1.3	35～40	1膜1管2行
沙土	40+70	35～40	1.1	35～40	
壤土～黏土	50+80	35～40	1.3	40～50	
壤土～黏土	50+90	35～40	1.4	45～50	

二、毛管允许最大长度与实际长度的确定

(一) 概念

毛管允许最大长度又称为毛管极限长度（参考文献 [32]、[33]、[35]）。它是毛管规格与支管规格组合，满足设计条件下毛管孔口（灌水器）最大工作水头差（或偏差率）等于允许最大工作水头差（或偏差率）的毛管长度。

实际上，几乎没有一个微灌系统的毛管长度正好等于允许最大长度，这是因为微灌系统管网的布置需要照顾多因素的关系，如灌区的形状、作物面积、地形、轮灌组的划分等等。因此，毛管允许最大长度只是管网布置时毛管长度的一个限制值，也即微灌系统毛管实际长度应小于允许最大长度。

毛管是一种典型多口出流管道，第五章多口管水力计算公式是本章相关计算公式建立的基础。因此，毛管孔口（灌水器）及其间距管段的编号也按图5-6采用逆流排序方式。

(二) 灌水小区毛管孔口（灌水器）允许最大工作水头差在支、毛管的分配

一般情况下，一个灌水小区内灌水器最大工作水头差是由于水流通过支管和毛管时产生摩阻能量损失和地面高差造成。因而设计时，灌水小区允许毛管孔口（灌水器）最大工作水头差在支、毛管中存在优化分配的问题。理论上讲，灌水小区允许毛管孔口（灌水器）最大工作水头差在支、毛管之间的优化分配比例，是指在满足微灌设计均匀度要求的前提下，达到微灌成本最低时，支管和毛管各自孔口最大工作水头差占灌水小区允许毛管孔口（灌水器）最大工作水头差的百分比。这将涉及地形、管材的价格、动力价格、投资利率等多因素，而这些因素是因时、因地变化，要准确确定是很困难的。

若以 $\beta_{毛}$ 表示灌水小区允许最大毛管孔口（灌水器）工作水头差分配给毛管的比例，而以 $\beta_{支}$ 表示分配给支管的比例，则：

$$\beta_{支}=1-\beta_{毛} \tag{15-7}$$

国外有人研究提出，在平坡地面，$\beta_{毛}=0.55$，$\beta_{支}=0.45$。国内一些学者对不同地面坡度灌水小区毛管孔口（灌水器）最大工作水头差在支、毛管优化分配比例作了研究，导出相应计算公式，但这些公式用于不同条件下，也只是近似的，而且毛管实际布置长度一般不等于允许最大长度，它必须服从于系统管网整体布置协调关系予以确定。因此，在实用上可以取 $\beta_{毛}=\beta_{支}=0.5$ 作为计算毛管允许最大长度的初步分配比例。

在毛管进口采用调压的条件下，理论上可以认为 $\beta_{毛}=1$，即灌水小区内毛管孔口（灌水器）最大工作水头差全部分配给毛管。但必须注意，此种设备的调压功能和制造精度必须达到足够精度要求。否则，灌水质量将得不到保证。

设计毛管孔口（灌水器）允许最大工作水头差按式（15-8）计算确定。

$$[\Delta h_{毛}]=\beta_{毛}[h_v]h_d \tag{15-8}$$

式中 $[\Delta h_{毛}]$——设计毛管孔口（灌水器）允许最大工作水头差，m；

h_d——设计毛管孔口（灌水器）工作水头，m；

其余符号意义同前。

设计支管出水口（以下称为支管孔口）允许最大工作水头差按式（15-9）或式（15-10）计算：

$$[\Delta h_{支}]=\beta_{支}[h_v]h_d \tag{15-9}$$

$$[\Delta h_{支}]=(1-\beta_{毛})[h_v]h_d \tag{15-10}$$

式中 $[\Delta h_{支}]$——设计支管孔口允许最大工作水头偏差，m；

$[h_v]$——设计灌水小区毛管孔口（灌水器）允许最大工作水头偏差率；

其余符号意义同前。

(三) 毛管允许最大孔口（灌水器）数与允许最大长度计算

1. 毛管允许最大孔口数

微灌系统毛管允许最大孔口（灌水器）数是指毛管孔口（灌水器）最大工作水头差等于毛管孔口（灌水器）允许最大工作水头差的孔口（灌水器）数，又称为毛管极限孔数（参考文献［32］～［36］等）。原则上，若以毛管孔口（灌水器）允许最大工作水头差

$[\Delta h_{毛}]$ 代替式（5-33a）～式（5-36b）之 Δh_{max}，并将其中各因素代以相应的毛管因素，便可确定毛管允许最大孔口（灌水器）数。但是，利用这些公式确定毛管允许最大孔口（灌水器）数时，除平坡布置的毛管可直接计算确定外，其余均必须通过试算确定。由于大多数毛管平行或大致平行地形等高线布置，所以实际设计常常可用公式直接计算毛管允许最大孔口（灌水器）数。

在引入式（5-33a）～式（5-36b）确定毛管允许最大孔口（灌水器）数时，可根据沿毛管水力坡度比 $r_{毛}$ 分两种情况处理。

（1）$r_{毛}\leqslant 1$，毛管最大工作水头孔口（灌水器）位于上端第 N 号孔口（灌水器），$i_{max毛}=N_{毛}$；毛管最大工作水头孔口（灌水器）位于下端第1号孔口（灌水器），$i_{min毛}=1$。

引入式（5-33b），又因为毛管为PE（聚乙烯）管，流量单位L/h，查表（5-2），$m=1.75$，$b=4.75$，$f=0.505\times 10^5$，并取 $K=1.1$，则可得到确定毛管允许最大孔口（灌水器）数的公式：

$$[\Delta h_{毛}]=\frac{0.556S_{毛}\ q_d^{1.75}}{D^{4.75}}\left[\frac{(N_{m毛}-0.52)^{2.75}}{2.75}-r_{毛}(N_{m毛}-1)\right] \tag{15-11}$$

式中 $S_{毛}$——毛管孔口（灌水器）间距，m；

q_d——毛管孔口（灌水器）流量，L/h；

D——毛管内经，mm；

$N_{m毛}$——毛管允许最大孔口（灌水器）数；

其余符号意义同前。

当 $J_{毛}=0$ 时，$r_{毛}=0$，由式（5-33b）得到计算毛管允许最大孔口（灌水器）数的公式：

$$N_{m毛}=INT\left[\left(\frac{4.95[\Delta h_{毛}]D^{4.75}}{S_{毛}\ q_d^{1.75}}\right)^{0.364}+0.52\right] \tag{15-12}$$

（2）$r_{毛}>1$ 的情况。引进张国祥提出的确定毛管允许最大孔口（灌水器）数的试算公式，按照本书整体思路得到表达形式稍有相异的计算公式。

1）毛管第1号孔口（灌水器）与最小工作水头孔口（灌水器）$i_{min毛}$ 号工作水头差与允许最大工作水头差之比 ϕ：

$$\phi=\frac{0.556S_{毛}\ q_d^{1.75}}{[\Delta h_{毛}]D^{4.75}}\left[\frac{r_{毛}(i_{min毛}-1)-(i_{min毛}-0.52)^{2.75}}{2.75}\right] \tag{15-13}$$

2）确定工作水头 $h_z\geqslant$末端第1号孔口（灌水器）工作水头的孔口（灌水器）号 z：

$$\frac{(z-0.52)^{2.75}}{2.75r_{毛}(z-1)}=1 \tag{15-14}$$

设定整数 z 值代入公式左边计算，若结果大于接近1时为 z 的确定数。

3）按式（15-15）z 号孔口（灌水器）与最小工作水头孔口（灌水器）之间工作水头偏差率与允许最大偏差率之比 ϕ_1：

$$\phi_1=\frac{0.556S_{毛}\ q_d^{1.75}}{D^{4.75}[h_{v毛}]}\left[\frac{(z-0.52)^{2.75}-(i_{min毛}-0.52)^{2.75}}{2.75}-r_{毛}(z-i_{min毛})\right] \tag{15-15}$$

根据 ϕ 和 ϕ_1 的数值，确定毛管允许最大孔口（灌水器）数的公式：

1）$r_{毛}>1$，且 $\phi_1\leqslant 1$ 时，$i_{max毛}=N_{m毛}$：

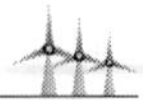

$$[\Delta h_{毛}]=\frac{0.556S_{毛}\ q_d^{1.75}}{D^{4.75}}\left[\frac{(N_{m毛}-0.52)^{2.75}-(i_{min毛}-0.52)^{2.75}}{2.75}-r_{毛}(N_{m毛}-i_{min毛})\right] \tag{15-16}$$

2）$r_{毛}>1$，且 $\phi_1>1$、$\phi\leqslant1$ 时，$i_{max毛}=1$，毛管允许最大孔口（灌水器）数由最小工作水头孔口（灌水器）与末端第1号孔口（灌水器）之间的工作水头偏差（或偏差率）控制。

$$N_{m毛}=z-1 \tag{15-17}$$

3）$r_{毛}>1$，且 $\phi>1$ 时，$i_{max毛}=1$，$N_{m毛}<i_{min毛}$：

$$[\Delta h_{毛}]=\frac{0.556S_{毛}\ q_d^{1.75}}{D^{4.75}}\left[\frac{(N_{m毛}-0.52)^{2.75}}{2.75}-r_{毛}(N_{m毛}-1)\right] \tag{15-18}$$

试算确定毛管允许最大孔口（灌水器）数的步骤如下。

1）计算 $r_{毛}$。引入式（5－28）得到毛管水力坡度比计算公式：

$$r_{毛}=\frac{J_{毛}\ D^{4.75}}{0.556q_d^{1.75}} \tag{15-19}$$

2）确定毛管最小工作水头位置。引入式（5－31）得到计算毛管最小工作水头孔口（灌水器）的编号：

$$i_{min毛}=INT(1+r_{毛}^{0.571}) \tag{15-20}$$

3）按式（15－13）计算 ϕ 和式（15－14）、式（15－15）计算 ϕ_1；

4）在 $r_{毛}>1$ 的条件下，根据 ϕ 和 ϕ_1 数值由式（15－16）～式（15－18）中选择一组合适的公式进行试算，除第2）种情况用式（15－17）直接求算 $N_{m毛}$ 外，其余两种情况均需设定几种 $N_{m毛}$ 的整数值代入公式"＝"号右边计算，取结果最接近"＝"号左边 $[\Delta h_{毛}]$ 的 $N_{m毛}$ 为毛管允许最大孔口（灌水器）数。

2. 毛管允许最大长度计算

当确定了毛管允许最大孔口（灌水器）数，则毛管允许最大长度可按式（15－21）计算：

$$L_{m毛}=S_{毛}(N_{m毛}-1)+S_{N毛} \tag{15-21}$$

式中　$L_{m毛}$——毛管允许最大长度，m；

$S_{N毛}$——毛管进口至第 $N_{毛}$ 号孔口（灌水器）的距离，m；

其余符号意义同前。

【计算示例 15－2】

某蔬菜地滴灌系统，计划选用内镶片式滴头滴灌带，内径16mm，设计工作水头10m时，滴头流量2.2L/h，滴头间距0.5m，第末号滴头距毛管进口0.25m，毛管滴头允许最大工作水头差1.2m。试计算沿滴灌管地面坡度0%、1.5%、－1.5%时毛管允许最大长度。

解：根据所提供资料，已知：$D=16$mm，$h_d=10$m，$q_d=2.2$L/h，$[\Delta h_{毛}]=1.2$m，$S_{毛}=0.5$m，$S_{N毛}=0.25$m。

1. 计算毛管沿地面坡度0%布置时允许最大长度

按式（15－12）计算允许毛管最大孔口数：

$$N_{m毛}=\mathrm{INT}\left[\left(\frac{4.95[\Delta h_毛]D^{4.75}}{S_毛\ q_d^{1.75}}\right)^{0.364}+0.52\right]=\mathrm{INT}\left[\left(\frac{4.95\times1.2\times16^{4.75}}{0.5\times2.2^{1.75}}\right)^{0.364}+0.52\right]=180$$

按式（15-21）计算允许毛管最大长度：

$$L_{m毛}=S_毛(N_{m毛}-1)+S_{N毛}=0.5(180-1)+0.25=89.75\mathrm{m}$$

2. 计算毛管沿地面坡度1.5%布置时允许最大长度

（1）按式（15-19）计算 $r_毛$：

$$r_毛=\frac{J_毛\ D^b}{0.556q_d^{1.75}}=\frac{0.015\times16^{4.75}}{0.556\times2.2^{1.75}}=3559.2$$

（2）按公式（15-20）确定 $i_{\min毛}$：

$$i_{\min毛}=\mathrm{INT}(1+r_毛^{0.571})=\mathrm{INT}(1+3559.2^{0.571})=107$$

（3）按式（5-13）计算 ϕ 和式（15-14）、式（15-15）计算 z、ϕ_1：

$$\phi=\frac{0.556S_毛\ q_d^{1.75}}{[\Delta h_毛]D^{4.75}}\left[\frac{r_毛(i_{\min毛}-1)-(i_{\min毛}-0.52)^{2.75}}{2.75}\right]$$

$$=\frac{0.556\times0.5\times2.2^{1.75}}{1.2\times16^{4.75}}\left[\frac{3559.2(107-1)-(107-0.52)^{2.75}}{2.75}\right]=9.25\times10^{-4}$$

$$\frac{(z-0.52)^{2.75}}{2.75r_毛(z-1)}=\frac{(z-0.52)^{2.75}}{2.75\times3559.2(z-1)}=1$$

以 $z=190$ 代入等号左边计算结果为0.991，以 $z=191$ 代入等号左边计算结果为1，故采用 $z=191$。

$$\phi_1=\frac{0.556S_毛\ q_d^{1.75}}{D^{4.75}[h_{v毛}]}\left[\frac{(z-0.52)^{2.75}-(i_{\min毛}-0.52)^{2.75}}{2.75}-r_毛(z-i_{\min毛})\right]$$

$$=\frac{0.556\times0.5\times2.2^{1.75}}{16^{4.75}\times1.2}\left[\frac{(191-0.52)^{2.75}-(107-0.52)^{2.75}}{2.75}-3559.2(191-107)\right]$$

$$=0.508$$

（4）因为 $r_毛>1$，且 $\phi_1<1$，则 $i_{\max毛}=N_{m毛}$，选用式（15-16）试算确定 $N_{m毛}$：

$$\Delta h_{\max毛}=\frac{0.556S_毛\ q_d^{1.75}}{D^{4.75}}\left[\frac{(N_{m毛}-0.52)^{2.75}-(i_{\min毛}-0.52)^{2.75}}{2.75}-r(N_{m毛}-i_{\min毛})\right]$$

$$=\frac{0.556\times0.5\times2.2^{1.75}}{16^{4.75}}\left[\frac{(231-0.52)^{2.75}-(107-0.52)^{2.75}}{2.75}-3559.2(231-107)\right]$$

$$=1.190\mathrm{m}$$

当设 $N_{m毛}=232$ 时，公式等号右边计算结果为1.211m；当设 $N_{m毛}=231$ 时，公式等号右边计算结果为1.19m。取公式等号右边计算结果最接近毛管滴头允许最大工作水头差 $[\Delta h_毛]=1.2\mathrm{m}$ 的 $N_{m毛}=231$ 为毛管允许最大滴头数。

故毛管允许最大长度 $L_{m毛}=S_毛(N_{m毛}-1)+S_{N毛}=0.5(231-1)+0.25=115.25\mathrm{m}$。

3. 计算毛管沿地面坡度3%布置时允许最大长度

（1）按式（15-19）计算 $r_毛$：

$$r_毛=\frac{J_毛\ D^b}{0.556q_d^{1.75}}=\frac{0.03\times16^{4.75}}{0.556\times2.2^{1.75}}=7118.3$$

（2）按式（15-19）确定 $i_{\min毛}$：

$$i_{\min毛}=\mathrm{INT}(1+r_毛^{0.571})=\mathrm{INT}(1+7118.3^{0.571})=159$$

(3) 按式 (5-13) 计算 ϕ 和式 (15-14)、式 (15-15) 计算 ϕ_1：

$$\phi=\frac{0.556S_{毛}\ q_d^{1.75}}{[\Delta h_{毛}]D^{4.75}}\left[\frac{r_{毛}(i_{min毛}-1)-(i_{min毛}-0.52)^{2.75}}{2.75}\right]$$

$$=\frac{0.556\times0.5\times2.2^{1.75}}{1.2\times16^{4.75}}\left[\frac{7118.3\times(159-1)-(159-0.52)^{2.75}}{2.75}\right]=1.823\times10^{-3}$$

$$\frac{(z-0.52)^{2.75}}{2.75r_{毛}(z-1)}=\frac{(z-0.52)^{2.75}}{2.75\times7118.3(z-1)}=1$$

以 $z=283$ 代入等号左边计算结果为 0.996，以 $z=284$ 代入等号左边计算结果为 1.002，故采用 $z=284$。

$$\phi_1=\frac{0.556S_{毛}\ q_d^{1.75}}{D^{4.75}[h_{v毛}]}\left[\frac{(z-0.52)^{2.75}-(i_{min毛}-0.52)^{2.75}}{2.75}-r_{毛}(z-i_{min毛})\right]$$

$$=\frac{0.556\times0.5\times2.2^{1.75}}{16^{4.75}\times1.2}\left[\frac{(284-0.52)^{2.75}-(159-0.52)^{2.75}}{2.75}-7118.3(284-159)\right]=1.52$$

(4) 因为 $r_{毛}>1$，且 $\phi_1>1$、$\phi<1$，则 $i_{max毛}=1$，选用式 (15-11) 试算确定 $N_{m毛}$：

$$N_{m毛}=z-1=284-1=283$$

故毛管允许最大长度 $L_{m毛}=S_{毛}(N_{m毛}-1)+S_{N毛}=0.5(283-1)+0.25=141.25$m。

4. 计算毛管沿地面坡度-1.5%布置时允许最大长度

(1) 按式 (15-18) 计算毛管水力坡度比 $r_{毛}$：

$$r_{毛}=\frac{J_{毛}\ D^b}{0.556q_d^{1.75}}=\frac{-0.015\times16^{4.75}}{0.556\times2.2^{1.75}}=-3559.2$$

(2) 判定毛管最大、最小工作水头滴头编号 i_{max}、$i_{min毛}$。因为 $J_{毛}<0$ 故 $i_{max毛}=N_{m毛}$，$i_{min毛}=1$。

(3) 求式 (15-11) 等号右边值 $\Delta h_{max毛}$：

$$\Delta h_{max毛}=\frac{0.556S_{毛}\ q_d^{1.75}}{D^{4.75}}\left[\frac{(N_{m毛}-0.52)^{2.75}}{2.75}-r_{毛}(N_{m毛}-1)\right]$$

$$=\frac{0.556\times0.5\times2.2^{1.75}}{16^{4.75}}\left[\frac{(114-0.52)^{2.75}}{2.75}+3559.2(114-1)\right]=1.191\text{m}$$

当设 $N_{m毛}=115$ 时，公式等号右边计算结果为 1.206m，当 $N_{m毛}=114$ 时，公式等号右边计算结果为 1.196m，采用公式等右边计算结果最接近毛管滴头允许水头差 $[\Delta h_{毛}]=1.2$m 的 $N_{m毛}=115$ 为毛管允许最大滴头数

故毛管允许最大长度 $L_{m毛}=S_{毛}(N_{m毛}-1)+S_{N毛}=0.5(115-1)+0.25=57.25$m。

计算结果分析：

4 种坡度计算结果见表 15-7。

表 15-7　　4 种坡度毛管允许最大长度计算结果

序号	$J_{毛}$/%	$r_{毛}$	$N_{m毛}$	L_m/m
1	0	0	180	89.75
2	1.5	3559.2	231	115.25
3	3	7118.3	283	141.25
4	-1.5	-3559.2	115	57.25

由表15－7可知：

(1) 毛管允许最大长度随着沿毛管地面坡度的增大而增大，在地形、作物种植和、施工安装允许的情况下，采用某种适当的毛管坡度增大毛管铺设长度，增大支管间距，有利于减小单位面积支管的用量。

(2) 逆坡铺设的毛管允许最大长度减小，应尽量避免沿较大地面坡度逆坡铺设毛管。

(四) 毛管实际长度的确定

在微灌系统设计时，可采用以下两种方法之一确定毛管实际长度。细心的读者会发现，此两种方基本思路均以把灌水小区毛管孔口（灌水器）最大工作水头差限制在允许最大工作水头差范围以内，而且均以“多口系数修正”为计算基础。本书平行介绍由国际普遍采用克里斯琴森提出的多口系数公式和由张国祥提出的多口系数公式导出计算毛管孔口（灌水器）最大工作水头差在确定毛管孔口（灌水器）最大工作水头差的应用，目的是供读者按自己的习惯有所选择。但需要指出，作为节省计算工作量和提升设计质量的效果选择，设计者的经验十分重要。

1. 利用毛管最大允许长度确定实际长度的方法

当确定了毛管允许最大长度后，则微灌系统灌水小区毛管的长度均应限制在允许最大长度之内，以确保系统工作时满足设计基本参数确定的毛管孔口（灌水器）允许的最大工作水头差。

2. 直接确定毛管实际长度的方法

上述当毛管非0坡度铺设时，试算确定毛管允许最大长度比较麻烦的，而毛管允许最大长度，只不过是满足毛管孔口（灌水器）允许最大工作水头差的限制数，而实际微灌系统布置常常需要根据地形和地面平面形状、作物种类及其种植模式、轮灌组划分等因素确定与整体管网相协调的支、毛管布置方案。因此，实际微灌系统几乎找不到毛管长度等于允许最大长度的例子。

因此，在实际设计中，常常可根据微灌系统整体协调布置的需要直接确定毛管长度。其方法是按照系统管网协调布置初步确定支、毛管规格。然后，进行灌水小区毛管孔口（灌水器）最大工作水头差验算是否满足允许最大工作水头差的要求。

(1) 计算毛管孔口（灌水器）数$N_毛$：

$$N_毛=\mathrm{INT}\left(\frac{L_毛}{S_毛}+0.5\right) \tag{15-22}$$

式中　$N_毛$——毛管孔口（灌水器）数；

$L_毛$——毛管长度，m；

其余符号意义同前。

(2) 用式(15－19)计算毛管水力坡度比$r_毛$。

(3) 判定毛管最大工作水头孔口（灌水器）编号。引进式(5－30a)或式(5－30b)得到计算毛管最大工作水头孔口（灌水器）位置判别数公式：

$$M_毛=\frac{F_{N\max毛\ \ -1}}{r_毛}(N_毛-1)^{1.75} \tag{15-23a}$$

或

$$M_毛=\frac{(N_毛-0.52)^{2.75}}{2.75r_毛(N_毛-1)} \tag{15-23b}$$

当 $M_毛 \geqslant 1$ 时： $i_{max毛} = N_毛$

当 $M_毛 < 1$ 时： $i_{max毛} = 1$

式中 $M_毛$——毛管最大工作水头孔口（灌水器）位置判别数；

其余符号意义同前。

(4) 用式（15-20）确定毛管最小工作水头位置。

(5) 根据 $r_毛$ 和 $i_{max毛}$、i_{min} 的位置（编号）引进式（5-33a）～式（5-36b）计算毛管孔口（灌水器）最大工作水头差：

当 $r_毛 \leqslant 1$ 时，

$$\Delta h_{max毛} = \frac{0.556 S_毛\ q_d^{1.75}(N_毛 - 1)}{D^{4.75}}[(N_毛 - 1)^{1.75} F_{N毛-1} - r_毛] \tag{15-24a}$$

或
$$\Delta h_{max毛} = \frac{0.556 S_毛\ q_d^{1.75}}{D^{4.75}}\left[\frac{(N_毛 - 0.52)^{2.75}}{2.75} - r_毛(N_毛 - 1)\right] \tag{15-24b}$$

当 $r_毛 > 1$，且 $i_{max毛} = N_毛$、$i_{min毛} < N_毛$ 时：

$$\Delta h_{max毛} = \frac{0.556 S_毛\ q_d^{1.75}}{D^{4.75}}[(N_毛 - 1)^{2.75} F_{N毛-1} - (i_{min毛} - 1)^{2.75} F_{i_{min毛}-1} - r_毛(N_毛 - i_{min毛})] \tag{15-25a}$$

或
$$\Delta h_{max毛} = \frac{0.556 S_毛\ q_d^{1.75}}{D^{4.75}}\left[\frac{(N_毛 - 0.52)^{2.75} - (i_{min毛} - 0.52)^{2.75}}{2.75} - r_毛(N_毛 - i_{min毛})\right] \tag{15-25b}$$

当 $r_毛 > 1$，且 $i_{max毛} = 1$、$i_{min毛} \leqslant N_毛$ 时：

$$\Delta h_{max毛} = \frac{0.556 S_毛\ q_d^{1.75}(i_{min毛} - 1)}{D^{4.75}}[r_毛 - (i_{min毛} - 1)^{1.75} F_{i_{min毛}-1}] \tag{15-26a}$$

或
$$\Delta h_{max毛} = \frac{0.556 S_毛\ q_d^{1.75}}{D^{4.75}}\left[r_毛(i_{min毛} - 1) - \frac{(i_{min毛} - 0.52)^{2.75}}{2.75}\right] \tag{15-26b}$$

当 $r_毛 > 1$，且 $i_{max毛} = 1$、$i_{min毛} > N_毛$ 时：

$$\Delta h_{max毛} = \frac{0.556 S_毛\ q_d^{1.75}(N_毛 - 1)}{D^{4.75}}[r_毛 - (N_毛 - 1)^{1.75} F_{N毛-1}] \tag{15-27a}$$

或
$$\Delta h_{max毛} = \frac{0.556 S_毛\ q_d^{1.75}}{D^{4.75}}\left[r_毛(N_毛 - 1) - \frac{(N_毛 - 0.52)^{2.75}}{2.75}\right] \tag{15-27b}$$

以上式中 $\Delta h_{max毛}$——毛管孔口（灌水器）最大工作水头差，m；

$F_{N毛-1}$——孔口（灌水器）数为 $N_毛 - 1$ 时（$X=1$）的多口系数；

$F_{imin毛-1}$——孔口（灌水器）数为 $i_{min毛} - 1$ 时（$X=1$）的多口系数；

其余符号意义同前。

(6) 根据计算结果 $\Delta h_{max毛}$ 是否接近允许 [$\Delta h_毛$]，若“是”，则确认初定的布置方案满足要求。否则，对初定方案作适当调整，达到满足要求。

正如上面所说，灌水小区孔口（灌水器）最大允许水头差支、毛管之间初定的分配比例一般不可能是“最优”的方案。因此，只要初步确定的灌水小区布置方案与要求差距不很大，即可接受。

【计算示例 15-3】

某棉花种植区滴灌系统，计划选用内镶片式滴头滴灌带，内径 16mm，设计工作水头 10m 时，滴头流量 2.2L/h，滴头间距 0.5m，第末号滴头距毛管进口 0.25m，毛管滴头允许最大工作水头差 1.2m。滴灌系统初步布置确定，毛管沿棉花行向地面坡度 1%布置，长度 107.75m，试验算毛管长度是否铆足要求。

解： 根据所提供的条件，已知：$D=16\text{mm}$，$h_d=10\text{m}$，$q_d=2.2\text{L/h}$，$[\Delta h_{毛}]=1.2\text{m}$，$S_{毛}=0.5\text{m}$，$S_{N毛}=0.25\text{m}$，$L_{毛}=107.75\text{m}$。

(1) 按式 (15-22) 计算毛管孔口（灌水器）数 $N_{毛}$：

$$N_{毛}=\text{INT}\left(\frac{L_{毛}}{S_{毛}}+0.5\right)=\text{INT}\left(\frac{107.75}{0.5}+0.5\right)=216$$

(2) 用式 (15-19) 计算水力坡度比 $r_{毛}$。

$$r_{毛}=\frac{J_{毛}\ D^{4.75}}{0.556q_d^{1.75}}=\frac{0.01\times16^{4.75}}{0.556\times2.2^{1.75}}=2372.8$$

(3) 按式 (15-23a) 或式 (15-23b) 得到计算毛管最大工作水头孔口（灌水器）位置判别数公式：

$$M_{毛}=\frac{F_{N\max毛\ -1}}{r_{毛}}(N_{毛}-1)^{1.75}=\frac{0.363}{2372.8}\times215^{1.75}=1.85$$

或

$$M_{毛}=\frac{(N_{毛}-0.52)^{2.75}}{2.75r_{毛}(N_{毛}-1)}=\frac{(216-0.52)^{2.75}}{2.75\times2372.8\times215}=1.86$$

因为 $M_{毛}\geqslant1$，$i_{\max毛}=216$。

(4) 用式 (15-20) 确定毛管最小工作水头位置。

$$i_{\min毛}=\text{INT}(1+r_{毛}^{0.571})=\text{INT}(1+2372.8^{0.571})=85$$

(5) 因为 $r_{毛}>1$，$i_{\max毛}=216$、$i_{\min毛}=85$，采用式 (15-25a) 或式 (15-25b) 计算毛管孔口（灌水器）最大工作水头差：

$$\begin{aligned}\Delta h_{\max毛}&=\frac{0.556S_{毛}\ q_d^{1.75}}{D^{4.75}}\left[(N_{毛}-1)^{2.75}F_{N毛-1}-(i_{\min毛}-1)^{2.75}F_{i_{\min毛}-1}-r_{毛}(N_{毛}-i_{\min毛})\right]\\&=\frac{0.556\times0.5\times2.2^{1.75}}{16^{4.75}}\left[(216-1)^{2.75}0.363-(85-1)^{2.75}0.366-2372.8(216-85)\right]\\&=1.179\text{m}\end{aligned}$$

或

$$\begin{aligned}\Delta h_{\max毛}&=\frac{0.556S_{毛}\ q_d^{1.75}}{D^{4.75}}\left[\frac{(N_{毛}-0.52)^{2.75}-(i_{\min毛}-0.52)^{2.75}}{2.75}-r_{毛}(N_{毛}-i_{\min毛})\right]\\&=\frac{0.556\times0.5\times2.2^{1.75}}{\text{D}^{4.75}}\left[\frac{(216-0.52)^{2.75}-(85-0.52)^{2.75}}{2.75}-2372.8(216-85)\right]\\&=1.194\text{m}\end{aligned}$$

计算表明，$\Delta h_{\max毛}$ 初步布置方案毛管长度 107.75m$\Delta h_{\max毛}$ 接近 $[\Delta h_{毛}]=1.2\text{m}$，满足要求。

三、支管间距的确定

在微灌系统设计中，可能遇到支管单侧连接毛管和双侧连接毛管的情况，即所谓毛管单向布置和双向布置两种方式。前者适用于沿毛管地形坡度较大，后者适用于沿毛管地形坡度为 0 或地形坡度较小的情况，采用双向毛管布置有利于增大支管间距，节约管网投

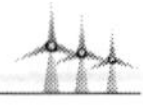

资，已受到设计者的关注。

毛管当向布置情况下支管间距的计算：

当毛管单向布置时，支管间距 $B_{支}$ 按式（15-28）计算：

$$B_{支}=S_{毛}\ N_{毛} \tag{15-28}$$

当毛管双向布置时：

$$B_{支}=S_{毛}(N_{毛顺}+N_{毛逆}) \tag{15-29}$$

式中　$N_{毛顺}$——顺坡毛管孔口（灌水器数）；

$N_{毛逆}$——逆坡毛管孔口（灌水器）数。

若支管两侧毛管长度相等，即 $N_{毛顺}=N_{毛逆}=N_{毛}$ 时：

$$B_{支}=2N_{毛}\ S_{毛} \tag{15-30}$$

四、支管水力计算

支管水力计算的任务是支、毛管布置确定的条件下，确定支管直径和进口工作水头。

（一）确定支管直径

1. 计算支管允许最大孔口水头差

$$[\Delta h_{支}]=[\Delta h]-\Delta h_{max毛} \tag{15-31}$$

式中　$[\Delta h_{支}]$——支管孔口允许最大水头差，m；

$[\Delta h]$——灌水小区毛管孔口（灌水器）允许最大工作水头差，m；

$\Delta h_{max毛}$——毛管孔口（灌水器）最大水头差，m。

2. 确定支管内径

确定支管直径，除支管沿平坡地面布置可直接计算确定外，沿非 0 地面坡度布置均需通过试算确定。

引用式（5-33a）或式（5-36b），并因为支管通常也是聚乙烯（PE）管，采用上述计算毛管毛管孔口（灌水器）最大工作水头差相同的方法处理公式中系数和因素的指数值，可得到试算确定支管内径 $D_{支}$（mm）的公式。

（1）$r\leqslant 1$ 时：

$$[\Delta h_{支}]=\frac{0.556S_{支}\ q_{d支口}^{1.75}}{D_{支}^{4.75}}[(N_{支}-1)^{2.75}F_{N支-1}-r_{支}(N_{支}-1)] \tag{15-32a}$$

或

$$[\Delta h_{支}]=\frac{0.556S_{支}\ q_{d支口}^{1.75}}{D_{支}^{4.75}}\left[\frac{(N_{支}-0.52)^{2.75}}{2.75}-r_{支}(N_{支}-1)\right] \tag{5-32b}$$

当支管平坡布置时，$r_{支}=0$，得到直接计算支管内径 $D_{支}$（mm）的公式：

$$D_{支}=\left[\frac{0.556S_{支}\ q_{d支口}^{1.75}(N_{支}-1)^{2.75}F_{N_{支}-1}}{[\Delta h_{支}]}\right]^{\frac{1}{4.75}} \tag{15-33a}$$

或

$$D_{支}=\left[\frac{0.556S_{支}\ q_{d支口}^{1.75}(N_{支}-0.52)^{2.751}}{2.75[\Delta h_{支}]}\right]^{\frac{1}{4.75}} \tag{15-33b}$$

（2）当 $r_{支}>1$，且 $i_{max支}=N_{支}$、$i_{min支}<N_{支}$ 时：

$$[\Delta h_{支}]=\frac{0.556S_{支}\ q_{d支口}^{1.75}}{D_{支}^{4.75}}[(N_{支}-1)^{2.75}F_{N支-1}-(i_{min支}-1)^{2.75}F_{i_{min支}-1}-r_{支}(N_{支}-i_{min支})] \tag{15-34a}$$

或　$$[\Delta h_{支}]=\frac{0.556S_{支}\ q_{d支口}^{1.75}}{D_{支}^{4.75}}\left[\frac{(N_{支}-0.52)^{2.75}-(i_{min支}-0.52)^{2.75}}{2.75}-r_{支}(N_{支}-i_{min支})\right] \quad (15-34b)$$

(3) 当 $r_{支}>1$，且 $i_{max支}=1$、$i_{min支}\leqslant N_{支}$ 时：

$$[\Delta h_{支}]=\frac{0.556S_{支}\ q_{d支口}^{1.75}(i_{min支}-1)}{D_{支}^{4.75}}[r_{支}-(i_{min支}-1)^{1.75}F_{i_{min支}-1}] \quad (15-35a)$$

或　$$[\Delta h_{支}]=\frac{0.556S_{支}\ q_{d支口}^{1.75}}{D_{支}^{4.75}}\left[r_{支}(i_{min支}-1)-\frac{(i_{min支}-0.52)^{2.75}}{2.75}\right] \quad (15-35b)$$

(4) 当 $r_{支}>1$，且 $i_{max支}=1$、$i_{min毛}>N_{支}$：

$$[\Delta h_{支}]=\frac{0.556S_{支}\ q_{d支口}^{1.75}(N_{支}-1)}{D_{支}^{4.75}}[r_{支}-(N_{支}-1)^{1.75}F_{N支-1}] \quad (15-36a)$$

或　$$[\Delta h_{支}]=\frac{0.556S_{支}\ q_{d支口}^{1.75}}{D_{支}^{4.75}}\left[r_{支}(N_{支}-1)-\frac{(N_{支}-0.52)^{2.75}}{2.75}\right] \quad (15-36b)$$

式中　$[\Delta h_{支}]$——支管孔口允许工作水头差，m；

$D_{支}$——支管内径，mm；

$S_{支}$——支管孔口间距，m；

$q_{d支口}$——支管孔口流量，L/h；

$r_{支}$——支管水力坡度比；

$N_{支}$——支管孔口数；

$F_{N毛-1}$——支管孔口数为 $N_{毛}-1$（$X=1$）时的多口系数；

$F_{i_{min毛}-1}$——支管孔口数为 $i_{min毛}-1$（$X=1$）时的多口系数。

试算确定支管直径的步骤如下。

(1) 计算支管孔口数 $N_{毛}$：

$$N_{支}=\text{INT}\left(\frac{L_{支}}{S_{支}}+0.5\right) \quad (15-37)$$

式中　$N_{支}$——支管孔口数；

$L_{支}$——支管长度，m；

其余符号意义同前。

(2) 估计支管需要的承压级，由国家或行业技术标准选择一种管径（内径 $D_{支}$）作为试算初设值。

(3) 计算支管孔口流量 $q_{d支口}$。

毛管单向布置时：

$$q_{d支口}=N_{毛}\ q_{d} \quad (15-38)$$

毛管双向布置，且长度相等时：

$$q_{d支口}=2N_{毛}\ q_{d} \quad (15-39)$$

毛管双向布置，长度不等时：

$$q_{d支口}=(N_{毛逆}+N_{毛顺})q_{d} \quad (15-40)$$

式中　$N_{毛逆}$——逆坡毛管孔口（灌水器）数；

$N_{毛顺}$——顺坡毛管孔口（灌水器）数；

其余符号意义同前。

(4) 引用式（5-28）计算支管水力坡度比 $r_{支}$：

$$r_{支}=\frac{J_{支}\ D_{支}^{4.75}}{0.556q_{d支口}^{1.75}} \tag{15-41}$$

式中　$J_{支}$——沿支管地面坡度；

其余符号意义同前。

(5) 引进式（5-31）计算支管最小工作水头孔口号 $i_{min支}$：

$$i_{min支}=\text{INT}(1+r_{支}^{0.571}) \tag{15-42}$$

(6) 引进式（5-30a）或式（5-30b）计算毛管最大工作水头孔口（灌水器）位置判别数 $M_{支}$，判定支管最大工作水头孔口位置：

$$M_{支}=\frac{F_{N\max支-1}}{r_{支}}(N_{支}-1)^{1.75} \tag{15-43a}$$

或

$$M_{支}=\frac{(N_{支}-0.52)^{2.75}}{2.75r_{支}(N_{支}-1)} \tag{15-43b}$$

当 $M_{支}\geqslant 1$ 时　　　　$i_{max支}=N_{支}$

当 $M_{毛}<1$ 时　　　　$i_{max毛}=1$

式中　$i_{max支}$——支管最大工作水头孔口号；

其余符号意义同前。

(7) 根据 $r_{支}$ 和 $i_{max支}$、$i_{min支}$ 由式（15-32a）～式（15-36b）选择合适的公式计算“等号右边支管孔口最大工作水头差 $\Delta h_{max支}$。若结果小于接近等号左边 $[\Delta h_{支}]$ 值，则所选支管直径为确定值。否则，重选支管直径，由（2）和（4）～(7) 重新计算，直到满足要求。

（二）计算支管进口工作水头

支管进口工作水头的准确确定既是田间灌水质量的保证，也是合理推求系统工作压力的基础。支管进口工作水头等于灌水小区最大毛管孔口（灌水器）工作水头与该孔口（灌水器）至支管进口水头差之和。显然，灌水小区内最大毛管工作水头孔口（灌水器）必然位于最大流量毛管上。因此，支管进口工作水头可用式（15-44）计算：

$$\begin{aligned}H_{0支}=&h_{max}+\Delta H_{N_{毛}\to i_{max毛}}+\Delta H_{N毛}-J_{毛}\ S_{毛}\left(N_{毛}-i_{max毛}+\frac{S_{N毛}}{S_{毛}}\right)\\&+\Delta H_{N_{支}\to i_{max支}}+\Delta H_{N_{支}}-J_{支}\ S_{支}\left(N_{支}-i_{max支}+\frac{S_{N支}}{S_{支}}\right)\end{aligned} \tag{15-44}$$

式中　h_{max}——灌水小区内最大孔口（灌水器）工作水头，m；

$\Delta H_{N_{毛}\to i_{max毛}}$——毛管第 $N_{毛}$ 号孔口（灌水器）至 $i_{max毛}$ 号孔口（灌水器）水头损失，m；

$\Delta H_{N毛}$——毛管第 $N_{毛}$ 管段（上端管段）水头损失，m；

$\Delta H_{N_{支}\to i_{max支}}$——支管第 $N_{支}$ 号孔口至 $i_{max支}$ 号孔口水头损失，m；

$\Delta H_{N_{支}}$——支管第 $N_{支}$ 管段（上端管段）水头损失，m；

其余符号意义同前。

支管进口工作水头可按下列步骤计算确定。

(1) 确定灌水小区毛管孔口（灌水器）最大工作水头 h_{max}。

1) 计算支管孔口、毛管孔口（灌水器）和灌水小区孔口（灌水器）最大工作水头偏差率：

$$h_{v支}=\frac{\Delta h_{max支}}{h_d} \tag{15-45}$$

$$h_{v毛}=\frac{\Delta h_{max毛}}{h_d} \tag{15-46}$$

$$h_v=h_{v毛}+h_{v支} \tag{15-47}$$

式中 $h_{v支}$、$h_{v毛}$、h_v——支管孔口最大工作水头偏差率、毛管孔口（灌水器）最大工作水头偏差率和灌水小区毛管孔口（灌水器）最大工作水头偏差率；

h_d——设计毛管孔口（灌水器）工作水头，m；

其余符号意义同前。

2）计算计算毛管孔口（灌水器）、灌水小区孔口（灌水器）和支管孔口最大流量偏差率（张国祥，参考文献 [35]）：

$$q_{v毛}=\frac{\sqrt{1+0.6(1-x)h_{v毛}}-1}{0.3}\times\frac{x}{1-x} \quad x\neq 1 \tag{15-48}$$

$$q_v=\frac{\sqrt{1+0.6(1-x)h_v}-1}{0.3}\times\frac{x}{1-x} \quad x\neq 1 \tag{15-49}$$

则

$$q_{v支}=q_v-q_{v毛} \tag{15-50}$$

式中 $q_{v毛}$——毛管孔口（灌水器）流量偏差率；

q_v——灌水小区毛管孔口（灌水器）流量偏差率；

$q_{v支}$——支管孔口流量偏差率；

x——灌水器流态指数；

其余符号意义同前。

3）计算灌水小区毛管最大孔口（灌水器）工作水头。因为支管孔口流量存在偏差，必然存在最大流量的毛管，其最大工作水头孔口（灌水器）就是灌水小区最大工作水头的毛管孔口（灌水器）。该毛管平均流量和灌水小区毛管孔口（灌水器）最大工作水头分别用式（15-51）和式（15-52）表达（张国祥，参考文献 [35]）。

$$q_{amax}=(1+0.65q_{v支})q_d \tag{15-51}$$

$$h_{max}=(1+0.65q_{v毛})^{\frac{1}{x}}(1+0.65q_{v支})^{\frac{1}{x}}h_d \tag{15-52}$$

式中 q_{amax}——灌水小区内最大流量毛管孔口（灌水器）平均流量，L/h；

h_{max}——灌水小区毛管孔口（灌水器）最大工作水头，m；

其余符号意义同前。

(2) 计算支管进口工作水头 $H_{0支}$。

1）当灌水小区最大工作水头位于支管 $N_支$ 号孔口之毛管上的第 $N_毛$ 号孔口：

$$H_{0支}=h_{max}+\frac{0.556S_{N_毛}N_毛^{1.75}q_{amax}^{1.75}}{D^{4.75}}-J_毛 S_{N_毛}+\frac{0.556S_{N_支}N_支^{1.75}q_{d支口}^{1.75}}{D_支^{4.75}}-J_支 S_{N_支} \tag{15-53}$$

2）当灌水小区最大工作水头位于支管 $N_支$ 号孔口之毛管上的第 1 号灌水器：

$$H_{0支}=h_{\max}+\frac{0.556S_{毛}\ q_{a\max}^{1.75}}{D^{4.75}}\left[\frac{(N_{毛}-0.52)^{2.75!}}{2.75}+N_{毛}^{1.75}\frac{S_{N_{毛}}}{S_{毛}}\right]-S_{毛}\ J_{毛}\left(N_{毛}-1+\frac{S_{N_{毛}}}{S_{毛}}\right)$$

$$+\frac{0.556S_{N_{支}}\ N_{支}^{1.75}\ q_{d支口}^{1.75}}{D_{支}^{4.75}}-J_{支}\ S_{N_{支}} \quad (15-54)$$

3）当灌水小区最大工作水头位于支管1号孔口毛管上的第 $N_{毛}$ 号孔口（灌水器）：

$$H_{0支}=h_{\max}+\frac{0.556S_{N_{毛}}\ N_{毛}^{1.75}\ q_{a\max}^{1.75}}{D^{4.75}}-J_{毛}\ S_{N_{毛}}$$

$$+\frac{0.556S_{支}\ q_{d支口}^{1.76}}{D_{支}^{4.75}}\left[\frac{(N_{支}-0.52)^{2.75}}{2.75}+N_{支}^{1.75}\frac{S_{N_{支}}}{S_{支}}\right]-J_{支}\ S_{支}\left(N_{支}-1+\frac{S_{N_{支}}}{S_{支}}\right)$$

(15-55)

4）当灌水小区最大工作水头位于支管1号孔口毛管上的第1号孔口（灌水器）：

$$H_{0支}=h_{\max}+\frac{0.556S_{毛}\ q_{a\max}^{1.75}}{D^{4.75}}\left[\frac{(N_{毛}-0.52)^{2.75}}{2.75}+N_{毛}^{1.75}\frac{S_{N_{毛}}}{S_{N}}\right]-J_{毛}\ S_{毛}\left(N_{毛}-1+\frac{S_{N_{毛}}}{S_{毛}}\right)$$

$$+\frac{0.556S_{支}\ q_{d支口}^{1.75}}{D_{支}^{4.75}}\left[\frac{(N_{支}-0.52)^{2.75}}{2.75}+N_{支}^{1.75}\frac{S_{N_{支}}}{S_{支}}\right]-J_{支}\ S_{支}\left(N_{支}-1+\frac{S_{N_{支}}}{S_{支}}\right) \quad (15-56)$$

以上式中 $H_{0支}$——支管进口工作水头，m；

$S_{N_{毛}}$——毛管进口至第 $N_{毛}$ 号孔口（灌水器）的距离，m；

$N_{支}$——支管上端首个孔口编号（支管孔口数）；

$S_{支}$——支管孔口间距，m；

$S_{N_{支}}$——支管进口至 $N_{支}$ 号孔口的距离，m；

$J_{毛}$——沿毛管地面坡度；

其余符号意义同前。

【计算示例15-4】

某滴灌系统采用内径12mm滴灌管，滴头流量与压力关系公式 $q=0.25h^{0.5}$，设计滴头工作水头10m，设计滴头流量0.791L/h，滴头间距0.3m，毛管上端管段长0.15m。经计算和实际布置，灌水小区允许最大滴头水头差2.2m，沿毛管地面坡度1.5%，支管沿平坡地面布置，毛管长度90.15m，滴头数301个。支管长度148.5m，单侧布置50条毛管，毛管间距3m，支管进口与上端孔口距离1.5m。试确定支管直径和进口工作水头。

解： 由所给资料知：支、毛孔口按逆流方向排序，$D_{毛}=12$mm，$x=0.5$，$h_d=10$m，$q_d=0.791$L/h，$S_{毛}=0.3$m，$S_{N_{毛}}=0.15$m，$N_{毛}=301$，$J_{毛}=0.015$；$N_{支}=50$，$S_{支}=3$m，$S_{N_{支}}=1.5$m；$[\Delta h]=2.2$m。

1. 计算毛管水力坡度比

用式（15-19）计算毛管水力坡度比：

$$r_{毛}=\frac{J_{毛}\ D_{毛}^{4.75}}{0.556q_d^{1.75}}=\frac{0.015\times12^{4.75}}{0.556\times0.791^{1.75}}=5436.489$$

2. 确定毛管最大、最小工作水头滴头位置

引用式（15-23b）计算毛管最大工作水头滴头位置判别数：

$$M_{毛}=\frac{(N_{毛}-0.52)^{2.75}}{2.75r_{毛}(N_{毛}-1)}=\frac{(301-0.52)^{2.75}}{2.75\times5436.489(301-1)}=1.453$$

因为 $M_{毛}>1$，故 $i_{max毛}=N_{毛}=301$。

引用式（15-20）确定毛管最小工作水头滴头编号：

$$i_{min毛}=\text{INT}(1+r_{毛}^{0.571})=\text{INT}(1+5463.469^{0.571})=137$$

3. 计算毛管滴头最大工作水头差与偏差率

因为 $r_{毛}>1$，且 $i_{max毛}=N_{毛}=301$，引用式（15-25b）计算滴头最大工作水头差：

$$\Delta h_{max毛}=\frac{0.556S_{毛}\ q_d^{1.75}}{D^{4.75}}\left[\frac{(N_{毛}-0.52)^{2.75}-(i_{min毛}-0.52)^{2.75}}{2.75}-r_{毛}(N_{毛}-i_{min毛})\right]$$

$$=\frac{1.1\times0.505\times0.3\times0.791^{1.75}}{12^{4.75}}\left[\frac{(301-0.52)^{2.75}-(137-0.52)^{2.75}}{2.75}-5436.489(301-137)\right]$$

$$=0.999\text{m}$$

$$h_{v毛}=\frac{\Delta h_{max毛}}{h_d}=\frac{0.999}{10}=0.1$$

4. 计算支管孔口允许最大工作水头差

$$[\Delta h_{支}]=[\Delta h]-\Delta h_{max毛}=2.2-0.999=1.2\text{m}$$

5. 确定支管直径

查表 5-4，$F_{49}=0.371$，取 $K=1.10$。因为 $J_{支}=0$，由式（15-33a）或式（15-33b）直接计算支管内径：

$$D_{支}=\left[\frac{0.556S_{支}\ N_{毛}^{1.75}\ q_d^{1.75}(N_{支}-1)^{2.75}F_{N_{支}-1}}{[\Delta h_{支}]}\right]^{\frac{1}{4.75}}$$

$$=\left[\frac{0.556\times3\times301^{1.75}\times0.791^{1.75}(50-1)^{2.75}\times0.371}{1.2}\right]^{\frac{1}{4.75}}=62.5\text{mm}$$

或 $$D_{支}=\left[\frac{0.556S_{支}\ N_{毛}^{1.76}\ q_d^{1.75}(N_{支}-0.52)^{2.75}}{2.75[\Delta h_{支}]}\right]^{\frac{1}{4.75}}$$

$$=\left[\frac{1.1\times0.505\times3\times301^{1.75}\times0.791^{1.75}(50-0.52)^{2.75}}{2.75\times1.2}\right]^{\frac{1}{4.75}}=62.5\text{mm}$$

查《灌溉用塑料管材和管件机泵参数及技术条件》（GB/T 2324—2009），承压标准 0.25MPa，外径 $d_n=75$mm，内径 $D_{支}=67.8$mm。

6. 计算支管孔口最大工作水头差和偏差率

因为 $J_{支}=0$，$r_{支}=0$，引用式（5-33a）或式（5-33b）计算支管孔口最大工作水头差：

$$\Delta h_{max支}=\frac{0.556S_{支}\ N_{毛}^{1.75}\ q_d^{1.75}(N_{支}-1)^{2.75}F_{N_{支}-1}}{D^{4.75}}$$

$$=\frac{0.556\times3\times301^{1.75}\times0.791^{1.75}(50-1)^{2.75}\times0.371}{67.8^{4.75}}=0.795\text{m}$$

或 $$\Delta h_{max支}=\frac{0.556S_{支}\ N^{1.75}q_a^{1.75}(N_{支}-0.52)^{2.75}}{2.75D^b}$$

$$=\frac{1.1\times0.505\times3\times301^{1.75}\times0.791^{1.75}(50-0.52)^{2.75}}{2.75\times67.8^{4.75}}=0.8\text{m}$$

$$h_{v支}=\frac{\Delta h_{max支}}{h_d}=\frac{0.8}{10}=0.08$$

7. 计算灌水小区工作水头偏差率

灌水小区滴头最大工作水头偏差率：

$$h_v=h_{v毛}+h_{V支}=0.1+0.08=0.18$$

8. 计算毛管滴头流量偏差率和支管孔口流量偏差率

（1）用式（15－48）计算毛管滴头流量偏差率：

$$q_{v毛}=\frac{\sqrt{1+0.6(1-x)h_{v毛}}-1}{0.3}\times\frac{x}{1-x}=\frac{\sqrt{1+0.6(1-0.5)\times0.1}-1}{0.3}\times\frac{0.5}{1-0.5}=0.0496$$

（2）用式（15－48）计算灌水小区滴头流量偏差率：

$$q_v=\frac{\sqrt{1+0.6(1-x)h_v}-1}{0.3}\times\frac{x}{1-x}=\frac{\sqrt{1+0.6(1-0.5)\times0.18}-1}{0.3}\times\frac{0.5}{1-0.5}=0.0888$$

（3）用式（15－50）计算支管孔口流量偏差率：

$$q_{v支}=q_v-q_{v毛}=0.0888-0.0496=0.0392$$

9. 计算灌水小区最大流量毛管滴头平均流量和最大滴头工作水头

（1）用式（15－51）计算灌水小区最大流量滴头平均流量：

$$q_{a\max}=(1+0.65q_{v支})q_d=(1+0.65\times0.0392)\times0.791=0.811\text{L/h}$$

（2）用公式（15－52）计算灌水小区最大滴头工作水头：

$$\begin{aligned}h_{\max}&=(1+0.65q_{v毛})^{1/x}(1+0.65q_{v支})^{1/x}h_d\\&=(1+0.65\times0.0496)^{\frac{1}{0.5}}\times(1+0.65\times0.0392)^{\frac{1}{0.5}}\times10=11.21\text{m}\end{aligned}$$

10. 计算支管进口工作水头

因为灌水小区最大工作水头滴头为 $N_{支}$ 号支管的 $N_{毛}$ 号滴头，由公式（15－53）计算支管进口工作水头：

$$\begin{aligned}H_{0支}&=h_{\max}+\frac{KfS_{N_毛}N_{毛}^m\ q_{a\max}^m}{D^b}-J_{毛}\ S_{N_毛}+\frac{KfS_{N_支}N_{支}^m\ q_{d支口}^m}{D_{支}^b}-J_{支}\ S_{N_支}\\&=h_{\max}+\frac{KfS_{N_毛}(N_{毛}\ q_{a\max})^{1.75}}{D^{4.75}}-J_{毛}\ S_{N_毛}+\frac{KfS_{N_支}(N_{支}\ N_{毛}\ q_d)^{1.75}}{D_{支}^{4.75}}-J_{支}\ S_{N_支}\\&=11.21+\frac{1.1\times0.505\times0.15(301\times0.811)^{1.75}}{12^{4.75}}-0.015\times0.15\\&\quad+\frac{1.1\times0.505\times1.5(50\times301\times0.791)^{1.75}}{67.8^{4.75}}=11.24\text{m}\end{aligned}$$

五、毛管双向布置条件下支、毛管设计

（一）支管两侧毛管长度的确定

当毛管双向布置时，两侧毛管长度除满足允许最大长度要求外，还需满足：①两侧毛管孔口（灌水器）最大工作水头差相等；②两侧毛管进口工作水头相等。目的是保证两侧毛管具有相同的孔口（灌水器）流量偏差率，且均衡支管两则毛管进口工作水头。以下根据此两点要求，确定支管两侧毛管合理孔口（灌水器）数和长度。

为了满足上述两点要求，对于毛管沿平坡地面布置的情况，两侧毛管孔口（灌水器）数不大于允许最大孔口数，且相等即可满足；对于毛管沿非 0 地面坡度布置的情况，必须

经过计算分析，确定满足要求的两侧毛管孔口（灌水器）数和长度。下面论述毛管沿非0地面坡度毛管双向布置时，确定支管两侧毛管合理孔口数和长度的方法。

1. 计算两侧毛管水力坡度比

毛管双向布置时，因为顺坡毛管坡度为"+"，逆坡毛管坡度为"-"。引用式（5-28）计算两侧毛管水力坡度比，顺坡毛管为正值，逆坡毛管为负值，分别为$r_{毛顺}$和$r_{毛逆}$，且绝对值相等。

2. 初步确定两侧毛管总孔口（灌水器）数的分配

当根据灌区实际条件确定了支管间距和两则毛管总孔口（灌水器）数$N_{毛总}$后，参照两侧毛管允许最大孔口（灌水器）数初步选定逆坡毛管孔口（灌水器）数$N_{毛逆}$，则顺坡毛管孔口（灌水器）数为$N_{毛顺}=N_{毛总}-N_{毛逆}$。

3. 试算确定两侧毛管合理孔口（灌水器）数

以两侧毛管孔口（灌水器）最大工作水头差相等为条件，引用式（5-33a）～式（5-36b），导出两侧毛管合理孔口数$N_{毛顺}$、$N_{毛逆}$的试算公式（张国祥，参考文献［35］）：

（1）当$r_{毛顺}>1$，且$i_{max毛顺}=N_{毛顺}$时：

$$T=\frac{(N_{毛顺}-0.52)^{2.75}-(i_{min顺}-0.52)^{2.75}-2.75r_{毛顺}(N_{毛顺}-i_{min顺})}{(N_{毛逆}-0.52)^{2.75}-2.75r_{毛逆}(N_{毛逆}-1)} \tag{15-57}$$

（2）当$r_{毛顺}>1$，且$i_{max顺}=1$，$i_{min毛顺}\leqslant N_{毛顺}$时：

$$T=\frac{2.75r_{毛顺}(i_{min毛顺}-1)-(i_{min毛顺}-0.52)^{2.75}}{(N_{毛逆}-0.52)^{2.75}-2.75r_{毛逆}(N_{毛逆}-1)} \tag{15-58}$$

（3）当$r_{毛顺}>1$，且$i_{max顺}=1$，$i_{min顺}>N_{毛顺}$时：

$$T=\frac{2.75r_{毛顺}(N_{毛顺}-1)-(N_{毛顺}-0.52)^{2.75}}{(N_{毛逆}-0.52)^{2.75}-2.75r_{毛逆}(N_{毛逆}-1)} \tag{15-59}$$

（4）当$1\geqslant r_{毛顺}>0$时：

$$T=\frac{(N_{毛顺}-0.52)^{2.75}-2.75r_{毛顺}(N_{毛顺}-1)}{(N_{毛逆}-0.52)^{2.75}-2.75r_{毛逆}(N_{毛逆}-1)} \tag{15-60}$$

以上式中　T——顺坡毛管孔口（灌水器）最大工作水头差与逆坡毛管孔口（灌水器）最大工作水头差之比；

$i_{max顺}$——顺坡毛管最大水头孔口号；

$i_{min顺}$——顺坡毛管最小工作水头孔口号；

其余符号意义同前。

试算步骤如下：

①设定一个$N_{毛逆}$值，计算$N_{毛顺}=N_{毛总}-N_{毛逆}$。

②由式（5-30a）或式（5-30b）判定顺坡毛管最大工作水头孔口（灌水器）的位置，按式（5-31）求得顺坡毛管最小工作水头孔口（灌水器）号。

③根据顺坡毛管最大、最小工作水头孔口（灌水器）位置条件选择求T值公式，若T接近1，则所设$N_{毛逆}$和$N_{毛顺}$为合理值。否则，重设$N_{毛逆}$，重新计算，直至满足要求。

4. 确定支管两侧毛管长度

以两侧毛管进口工作水头相等为条件，建立计算公式。

（1）按顺坡毛管$r_{毛}$和最大、最小工作水头孔口（灌水器）位置，引用式（5-33a）～

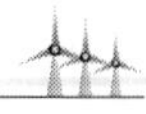

式（5-36b）相应条件的一个，分别计算两侧毛管孔口（灌水器）孔口最大工作水头差 $\Delta h_{max毛逆}$、$\Delta h_{max毛顺}$ 与最大工作水头偏差率 $h_{v毛逆}$、$h_{v毛顺}$。

（2）按式（15-48）计算两侧毛管流量偏差率 $q_{v毛逆}$ 和 $q_{v毛顺}$。

（3）按式（15-61）和式（15-62）分别计算两侧毛管孔口（灌水器）最大工作水头（参考文献［35］）。

$$h_{max毛逆}=(1+0.65q_{v毛逆})^{\frac{1}{x}}h_d \tag{15-61}$$

$$h_{max毛顺}=(1+0.65q_{v毛顺})^{\frac{1}{x}}h_d \tag{15-62}$$

式中　$h_{max毛逆}$——逆坡毛管孔口（灌水器）最大工作水头，m；

$h_{max毛须}$——顺坡毛管孔口（灌水器）最大工作水头，m；

其余符号意义同前。

（4）计算两侧毛管上端孔口（灌水器）工作水头。

1）因为逆坡毛管最大工水头孔口（灌水器）为 $N_{毛逆}$ 号，故最大工作水头即为上端孔口工作水头 $h_{N_{毛逆}}$：

$$h_{N毛逆}=h_{max毛逆} \tag{15-63}$$

2）因为顺坡毛管最大工作水头孔口（灌水器）可为首号，也可为末号：

当 $i_{max毛顺}=N_{毛顺}$ 时：

$$h_{N毛顺}=h_{max毛顺} \tag{15-64}$$

当 $i_{max毛顺}=1$ 时：

$$h_{N毛顺}=h_{max毛顺}+\frac{0.556S_{毛}\ q_d^{1.75}(N_{毛顺}-0.52)^{2.75}}{2.75D^{4.75}}-J_{毛顺}S_{毛}(N_{毛顺}-1) \tag{15-65}$$

以上式中　$h_{N毛顺}$——顺坡毛管 $N_{毛顺}$ 号孔口（灌水器）工作水头，m；

$J_{毛顺}$——沿顺坡毛管地面坡度；

其余符号意义同前。

（5）确定支管两侧毛管合理长度。以支管两侧毛管进口工作水头相等为条件，导出计算两侧毛管长度式（15-66）（参考文献［35］）。

$$\alpha=\frac{D^{4.75}(h_{N_{毛逆}}-h_{N_{毛顺}}-J_{逆}\ S_{毛})+0.505kS_{毛}\ q_d^{1.75}(N_{毛逆}^{1.75}-N_{毛顺}^{1.75})+0.505S_{毛}(N_{毛逆}q_d)^{1.75}}{fS_{毛}\ q_d^{1.75}(N_{毛顺}^{1.75}+N_{毛逆}^{1.75})} \tag{15-66}$$

式中　α——顺坡毛管上端管段长度与孔口（灌水器）间距之比；

k——局部损失系数，$k=K-1=0.05\sim0.1$（K 为局部损失加大系数取 1.05～1.10）；

其余符号意义同前。

$$S_{N毛顺}=\alpha S_{毛} \tag{15-67}$$

$$S_{N毛逆}=(1-\alpha)S_{毛} \tag{15-68}$$

则

$$L_{毛顺}=S_{毛}(N_{毛顺}-1)+S_{N毛顺} \tag{15-69}$$

$$L_{毛逆}=S_{毛}(N_{毛逆}-1)+S_{N毛逆} \tag{15-70}$$

实际计算表明：

（1）在 $r_{毛顺}>1$，且 $i_{max毛顺}=1$ 时，可能出现 $\alpha>1$，说明此时不可能同时实现上述两条件。这种情况常发生于坡度较大的情况，应采取适当处理，如改用毛管单向顺坡布置，或照顾毛管进口水头相等的条件确定两侧毛管长度。

(2) 对于毛管孔口设计流量和间距较小的滴灌系统，若顺、逆坡毛管上游首号孔口工作水头相差较小（可考虑小于设计工作水头10%）时，两侧毛管上端管段长度可近似直接取为毛管间距1/2（张国祥，参考文献[35]）。

(3) 在沿毛管地面坡度不大于1%的情况，可以按平坡毛管处理支管两侧毛管长度。

【计算示例 15-4】

某滴灌系统，毛管采用双向布置，已知 $D_{毛}=16\text{mm}$，$S_{毛}=0.5\text{m}$，$J_{毛顺}=2\%$，$J_{毛逆}=2\%$，$N_{毛总}=300$，$h_d=10\text{m}$，$q_d=2.2\text{L/h}$，$x=0.5$，试确定支管两侧毛管合理长度。

解：

(1) 计算毛管水力坡度比：

$$r_{毛顺}=\frac{J_{毛顺}D^{1.75}}{0.556q_d^{1.75}}=\frac{0.02\times16^{4.75}}{1.1\times0.505\times2.2^{1.75}}=4749.809$$

$$r_{毛逆}=-4749.809$$

(2) 确定支管两侧合理滴头数

1）设逆坡毛管滴头数 $N_{毛逆}=73$。则顺坡毛管滴头数 $N_{毛顺}=N_{毛总}-N_{毛逆}=300-73=227$

2）确定顺坡毛管上最大、最小工作水头滴头的位置。引用式（5-30b）确定顺坡毛管最大工作水头滴头位置：

$$M_{毛顺}=\frac{(N_{毛顺}-0.52)^{2.75}}{2.75(N_{毛顺}-1)r_{毛顺}}=\frac{(227-0.52)^{2.75}}{2.75(227-1)\times4749.809}=1.0144>1$$

$$i_{\max毛顺}=N_{毛顺}=227$$

引用式（5-31）计算顺坡毛管水力坡度比：

$$i_{\min毛顺}=\text{INT}(1+r_{毛顺}^{\frac{1}{1.75}})=\text{INT}(1+4749.809^{\frac{1}{1.75}})=127$$

(3) 计算两侧毛管上灌水器工作水头最大差之比：

按式（15-60）计算顺、逆坡毛管滴头工作水头最大差之比：

$$T=\frac{(N_{毛顺}-0.52)^{2.75}-(i_{\min毛顺}-0.52)^{2.75}-2.75r_{毛顺}(N_{毛顺}-i_{\min顺})}{(N_{毛逆}-0.52)^{2.75}-2.75r_{毛逆}(N_{毛逆}-1)}$$

$$=\frac{(227-0.52)^{2.75}-(127-0.52)^{2.75}-2.75\times4749.809(227-127)}{(73-0.52)^{2.75}+2.75\times4749.809(73-1)}$$

$$=1.013$$

计算结果表明，当 $N_{毛逆}=74$ 时，$T=0.977$；当 $N_{毛逆}=73$ 时，$T=1.015$。故支管两侧毛管合理滴头数为 $N_{毛逆}=73$，$N_{毛顺}=227$。

(4) 确定支管间距：

$$B_{支}=S_{毛}\ N_{毛总}=0.5\times300=150\text{m}$$

(5) 确定两侧毛管长度：

1）计算顺坡毛管上端滴头工作水头 $h_{N毛顺}$。由式（5-34）计算顺坡毛管滴头最大工作水头差：

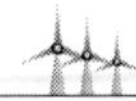

$$\Delta h_{\max毛顺}=\frac{0.556S_{毛}\ q_d^{1.75}}{D^{4.75}}\left[\frac{(N_{毛顺}-0.52)^{2.75}-(i_{\min毛顺}-0.52)^{2.75}}{2.75}-r_{毛顺}(N_{毛顺}-i_{\min毛顺})\right]$$

$$=\frac{1.1\times0.505\times0.5\times2.2^{1.75}}{16^{4.75}}\left[\frac{(227-0.52)^{2.75}-(127-0.52)^{2.75}}{2.75}-4749.809(227-127)\right]$$

$$=0.83\text{m}$$

2）计算顺坡毛管滴头工作水头偏差率：

$$h_{v毛顺}\frac{\Delta h_{\max毛顺}}{h_d}=\frac{0.83}{10}=0.083$$

按式（15-48）计算顺坡毛管滴头流量偏差率：

$$q_{v毛顺}=\frac{\sqrt{1+0.6(1-x)h_{v毛顺}}-1}{0.3}\times\frac{x}{1-x}=\frac{\sqrt{1+0.6(1-0.5)\times0.083}-1}{0.3}\times\frac{0.5}{1-0.5}$$

$$=0.0412$$

按式（15-52）计算顺坡毛管最大滴头工作水头：

$$h_{\max毛顺}=(1+0.65q_{v毛顺})^{1/x}h_d=(1+0.65\times0.0412)^{\frac{1}{0.5}}\times10=10.543\text{m}$$

因为 $i_{\max毛顺}=N_{毛顺}$，故 $h_{N毛顺}=h_{\max毛顺}=10.543\text{m}$

3）计算逆坡毛管上端滴头工作水头 $h_{N毛逆}$。引用式（5-33b）计算逆坡毛管最大滴头工作水头：

$$\Delta h_{\max毛逆}=\frac{0.556S_{毛}\ q_d^{1.75}}{D^{4.75}}\left[\frac{(N_{毛逆}-0.52)^{2.75}}{2.75}-r_{毛逆}(N_{毛逆}-1)\right]$$

$$=\frac{1.1\times0.505\times0.5\times2.2^{1.75}}{16^{4.75}}\left[\frac{(73-0.52)^{2.75}}{2.75}+4749.809(73-1)\right]=0.82\text{m}$$

逆坡毛管滴头工作水头偏差率：

$$h_{v逆}=\frac{\Delta h_{\max毛逆}}{h_d}=\frac{0.82}{10}=0.082$$

按式（15-48）计算逆坡毛管滴头流量偏差率：

$$q_{v毛逆}=\frac{\sqrt{1+0.6(1-x)h_{v毛逆}}-1}{0.3}\times\frac{x}{1-x}=\frac{\sqrt{1+0.6(1-0.5)\times0.082}-1}{0.3}\times\frac{0.5}{1-0.5}$$

$$=0.0408$$

按式（15-61）计算逆坡毛管最大滴头工作水头：

$$h_{\max毛逆}=(1+0.65q_{v毛逆})^{\frac{1}{x}}h_d=(1+0.65\times0.0408)^{\frac{1}{0.5}}\times10=10.537\text{m}$$

因为 $i_{\max毛逆}=N_{毛逆}$，故 $h_{N_{毛逆}}=10.537\text{m}$

4）按式（15-41）计算顺坡毛管上端管段长度与滴头间距之比 α，取 $k=0.1$：

$$\alpha=\frac{16^{4.75}(10.537-10.543+0.02\times0.5)+0.1\times0.505\times0.5\times2.2^{1.75}(73^{1.75}-227^{1.75})}{0.505\times0.5\times2.2^{1.75}(227^{1.75}+73^{1.75})}$$

$$+\frac{0.505\times0.5\times2.2^{1.75}\times73^{1.75}}{0.505\times0.5\times2.2^{1.75}(227^{1.75}+73^{1.75})}=0.183$$

$$S_{N毛顺}=\alpha S_{毛}=0.183\times0.5=0.092\text{m}$$

$$S_{N毛逆}=(1-\alpha)S_{毛}=(1-0.183)\times0.5=0.408\text{m}$$

支管两侧毛管长度分别为：

$$L_{毛顺}=S_{毛}(N_{毛顺}-1)+S_{N_{毛顺}}=0.5(227-1)+0.092=113.082\text{m}$$

$$L_{毛逆}=S_{毛}(N_{毛逆}-1)+S_{N毛逆}=0.5(73-1)+0.408=36.408\text{m}$$

(二) 支管直径和进口工作水头的确定

毛管双向布置支管直径和进口工作水的确定方法，原则上与单向布置毛管相同，但支管孔口流量为两侧毛管流量之和。

第四节 棉花滴灌工程设计案例

一、基本资料

1. 地理位置及概况

项目区在新疆某地，地处天山北麓，准噶尔盆地南缘，东经 85°，北纬 44°，距石河子市 15km。这里交通便利，并配有专用动力电源。

项目区地处海拔 592.00～589.00m 之间，总面积 39.6hm^2（594 亩），由四块长×宽＝611m×162m 的条田组成，条田之间有 4m 宽的林带相隔。地势南高北低，坡降为 5‰，最南端为道路，见案例图 15-4-2。

2. 气候条件

项目区气候属典型内陆大陆性气候，冬夏两季长，春秋两季短，多年平均最大腾发量月份为 7 月。年平均降水量 121.8mm，蒸发量 1970.2mm。该团最高日照数为 3136.7h/年，最低日照数为 2385.5h/年。常年以西北风为主，一般风速小于 5m/s。

3. 土壤

项目区土壤为砂土，地面以下 0.6m 内土壤平均干容重 1.5g/cm^3，田间持水量为 20%（重量比）。

4. 作物及种植

种植作物为棉花，通过大量田间试验和实践，总结出一套行之有效的种植模式，实现了播种、覆膜、铺管一次完成的机械作业，棉花采用“宽窄行距，一膜四行”的种植模式，宽行距为 66cm，窄行距为 10cm。根据近几年棉花膜下滴灌工程运行经验，设计采用 7 月棉花耗水强度 5.74mm/d 较为适宜。

5. 灌溉水源

灌溉水源为井水，动水位 45m 时，出流量 120m^3/h，水质良好，井水含砂量 200mg/L，水中无有机质，离子含量极少。

二、滴灌系统设计基本参数

滴灌系统采用膜下滴灌的形式，根据多年棉花膜下滴灌实践经验确定本区滴灌系统设计基本参数。

1. 设计滴灌土壤湿润比

案例图 15-4-1 是新疆棉花膜下滴灌实践中总结的高效布置模式，据此确定本区滴灌土壤湿润比。

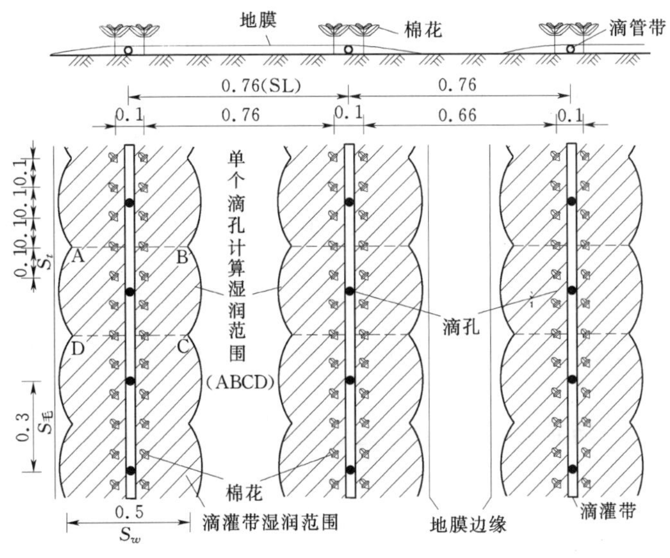

案例图 15-4-1　滴灌带与作物布置简图（单位：m）

本设计选用 WDF16/1.8-100 型滴灌管，一膜两管四行布置（案例图 15-4-1），铺设间距 $S_L=0.76$m，毛管内径 $d=16$mm，滴头间距 $S_{毛}=0.3$m，在 2～10m 水头范围内，压力-流量关系式为 $q=0.452h^{0.6}$，毛管单行直线布置，滴灌湿润区宽度 $S_w=0.5$m，滴灌管间距 $S_L=0.76$m，可计算设计滴灌土壤湿润比：

$$p_d=\frac{S_w}{S_L}\times100\%=\frac{0.5}{0.76}\times100\%=65.8\%$$

2. 设计滴灌耗水强度

根据基本资料，本区作物耗水基本由灌溉提供，采用棉花耗水高峰期 7 月耗水强度为设计滴灌耗水强度，即

$$E_d=5.74\text{mm/d}$$

3. 设计滴灌均匀系数与滴头允许流量偏差系数

根据新疆棉花膜下滴灌经验，采用设计滴灌均匀系数 $C_{ud}=0.85$，取相应滴头允许流量偏差系数 $[q_v]=20\%$。则水力设计滴头工作水头偏差率为：

$$[h_v]=\frac{1}{x}q_v\left(1+0.15\times\frac{1-x}{x}q_v\right)=\frac{1}{0.6}\times0.2\left(1+0.15\times\frac{1-0.6}{0.6}\times0.2\right)=0.34$$

4. 设计计划土壤湿润层深度

根据田间调查，棉花生长旺期 7 月主要根系分布深度，取设计滴灌计划土壤湿润层：

$$z_d=0.5\text{m}$$

5. 设计系统日工作小时数

根据当地棉花实际管理情况，取设计系统日工作小时数 $C_d=22$h。

三、水量平衡计算

系统规模已定，$A=39.6\text{hm}^2$，日运行时间 $C_d=22$h，取滴灌水利用系数 $\eta=0.9$（从系统首部至田间作物），$E_d=5.74$mm/d，由下式计算系统设计流量：

$$Q_d=\frac{10E_dA}{\eta C}=\frac{10\times5.74\times39.6}{0.9\times22}=114.8\text{m}^3/\text{h}$$

水源可供水流量 120m³/h，满足要求。

四、系统布置

本工程布置如案例图 15-4-2，包括四部分：水源工程、首部枢纽、输配水管网、灌水器（滴灌带）。

1. 水源工程

本滴灌系统水源工程为深井，动水位 45m 时，出水量 120m³/h，可满足滴灌需求。

2. 首部枢纽

为便于运行管理，滴灌系统首部位置定于水井所在位置，见案例图 15-4-2。

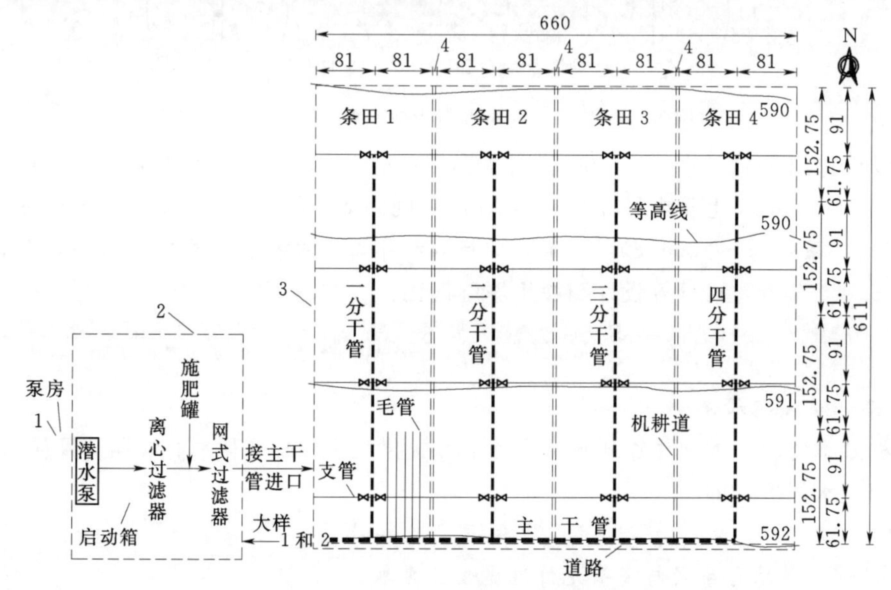

案例图 15-4-2 工程系统规划布置简图（单位：m）

1—水源工程（机井）；2—首部枢纽；3—输配水管网（含毛管及灌水器）

3. 输配水管网

管网由主干管、分干管、支管、毛管四级管道构成，支管进口调压，一条支管与其控制的毛管构成一个灌水小区。毛管采用与灌水器结合为一体的单翼迷宫式滴灌带，沿作物种植向南北方向直线布置。支管垂直于毛管布置，间距是由毛管的实际铺设长度决定。主干管、分干管采用 PVC-U 管，埋设在地下，毛管、支管、分干管、主干管依次成正交布置。

五、灌水小区设计

（一）确定支管和滴灌带布置组装形式

根据本区地形和棉花栽培模式，滴灌带沿棉花行向顺地面坡度 5‰布置，支管与滴管带垂直相交，沿平坡地面布置。滴灌带在支管两侧双向布置（以下称滴灌带为毛管），因而支管两侧毛管为顺坡布置和逆坡布置两种形式。支管进口安装 1 个球阀和 1 个压力调节

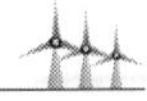

器，一条支管及其控制的毛管和连接控制部件组成一个相对独立的灌水小区。

（二）灌水小区滴头允许最大工作水头在支管与毛管的分配

根据国内外经验，灌水小区允许滴头最大工作水头偏差分配给毛管的比例 $\beta_{毛}=0.55$，分配给支管比例 $\beta_{支}=0.45$。

由基本设计参数知，本区允许滴头工作水头偏差率 $[h_v]=0.34$。

取设计滴头流量 $q_d=1.1\text{L/h}$，由滴头与流量关系式算得设计滴头工作水头 $h_d=4.4\text{m}$。

灌水小区允许滴头工作水头最大差：

$$[\Delta h]=[h_v]h_d=0.34\times4.4=1.5\text{m}$$

毛管允许滴头工作水头最大差：

$$[\Delta h_{毛}]=\beta_{毛}[\Delta h]=0.55\times1.5=0.825\text{m}$$

（三）支管间距与毛管长度的确定

1. 确定支管间距与毛管总滴头数

按照上述系统布置，毛管沿棉花种植方向“一膜两管四行”，直线双向布置。条田长度611m，布置4条支管。条田宽度162m，每个条田布置1条分干管，如案例图15-4-2所示。支管间距 $B_{支}=611/4=152.75\text{m}$，滴头总滴头数为 INT(152.75/0.3)＝509个。顺、逆坡毛管长度，即支管的具体位置需计算确定。灌水小区布置见案例图15-4-3。

2. 计算毛管水力坡度比

引用式（5-28）计算支管两侧毛管水力坡度比：

$$r_{毛顺}=\frac{J_{毛顺}D_{毛}^{4.75}}{Kfq_d^{1.75}}=\frac{0.005\times16^{4.75}}{1.1\times0.505\times1.1^{1.75}}=3994.1$$

$$r_{毛逆}=-3994.1$$

3. 支管两侧毛管长度的确定

（1）设定逆坡毛管滴头数 $N_{毛逆}=201$。

则顺坡毛管滴头数 $N_{毛顺}=N_{毛总}-N_{毛逆}=509-201=308$

（2）确定顺坡毛管最大、最小工作水头滴头的位置。

用式（15-23b）计算顺坡毛管最大工作水头滴头位置判别数：

$$M_{毛顺}=\frac{(N_{毛顺}-0.52)^{2.75}}{2.75(N_{毛顺}-1)r_{毛顺}}=\frac{(308-0.52)^{2.75}}{2.75(308-1)\times3994.1}=2.06>1$$

$$i_{max毛顺}=N_{毛顺}=308$$

用公式（15-20）确定顺坡毛管最小工作水头滴头位置：

$$i_{min毛顺}=\text{INT}(1+r_{毛顺}^{0.571})=\text{INT}(1+3994.1^{0.571})=115$$

（3）计算两侧毛管上灌水器工作水头最大差之比：

按公式（15-57）计算顺、逆坡毛管上滴头工作水头最大偏差之比：

$$T=\frac{(N_{毛顺}-0.52)^{2.75}-(i_{min顺}-0.52)^{2.75}-r_{毛顺}2.75(N_{毛顺}-i_{min顺})}{(N_{毛逆}-0.52)^{2.75}-2.75r_{毛逆}(N_{毛逆}-1)}$$

$$=\frac{(308-0.52)^{2.75}-(115-0.52)^{2.75}-2.75\times3994.1\times(308-115)}{(201-0.52)^{2.75}+2.75\times3994.1\times(201-1)}=1.0068$$

上式试算结果，取 $N_{毛逆}=201$ 时，$T\approx1$，故逆坡毛管合理滴头数为201个，顺坡毛管合理滴头数为308个。

(4) 检验支管两侧毛管滴头数是否满足允许最大工作水头差的要求。引用式(15-25b)计算逆坡毛管滴头最大工作水头:

$$\Delta h_{max毛逆}=\frac{0.556S_{毛}\ q_a^{1.75}}{D^{4.75}}\left[\frac{(N_{毛逆}-0.52)^{2.75}}{2.75}-r_{毛逆}(N_{毛逆}-1)\right]$$

$$=\frac{1.1\times0.505\times0.3\times1.1^{1.75}}{16^{4.75}}\left[\frac{(201-0.52)^{2.75}}{2.75}+3994.1(201-1)\right]$$

$$=0.592\text{m}$$

$$\Delta h_{max毛逆}=0.592<[\Delta h_{毛}]=0.825$$

因为支管两侧毛管滴头最大工作水头差相等,故两侧毛管滴头数均满足要求。

4. 支管两侧毛管长度

1) 计算顺坡毛管上端滴头工作水头 $h_{N毛顺}$。引用式(15-25b)计算顺坡毛管滴头最大工作水头差:

$$\Delta h_{max毛顺}=\frac{0.556S_{毛}\ q_d^{1.75}}{D^{4.75}}\left[\frac{(N_{毛顺}-0.52)^{2.75}-(i_{min毛顺}-0.52)^{2.75}}{2.75}-r_{毛顺}(N_{毛顺}-i_{min毛顺})\right]$$

$$=\frac{1.1\times0.505\times0.3\times1.1^{1.75}}{16^{4.75}}\left[\frac{(308-0.52)^{2.75}-(115-0.52)^{2.75}}{2.75}-3994.1(308-114)\right]$$

$$=0.594\text{m}$$

顺坡毛管滴头工作水头偏差率:

$$h_{v毛顺}=\frac{\Delta h_{max毛}}{h_d}=\frac{0.594}{4.4}=0.135$$

按式(15-48)计算顺坡毛管滴头流量偏差率:

$$q_{v毛顺}=\frac{\sqrt{1+0.6(1-x)h_{v毛顺}}-1}{0.3}\times\frac{x}{1-x}=\frac{\sqrt{1+0.6(1-0.6)\times0.135}-1}{0.3}\times\frac{0.6}{1-0.6}=0.0804$$

按式(15-62)计算顺坡毛管最大滴头工作水头:

$$h_{max毛顺}=(1+0.65q_{v毛顺})^{\frac{1}{x}}h_d=(1+0.65\times0.0804)^{\frac{1}{0.6}}\times4.4=4.79\text{m}$$

因为 $i_{max毛顺}=N_{毛顺}$,故 $h_{N毛顺}=h_{max毛顺}=4.79\text{m}$

2) 计算逆坡毛管上端滴头工作水头 $h_{N毛逆}$。引用式(15-24b)计算逆坡毛管最大滴头工作水头:

$$\Delta h_{max毛逆}=\frac{0.556_{毛}\ q_d^{1.75}}{D^{4.75}}\left[\frac{(N_{毛逆}-0.52)^{2.75}}{2.75}-r_{毛逆}(N_{毛逆}-1)\right]$$

$$=\frac{0.556\times0.3\times1.1^{1.75}}{16^{4.75}}\left[\frac{(201-0.52)^{2.75}}{2.75}+3994.1(201-1)\right]$$

$$=0.592\text{m}$$

逆坡毛管滴头工作水头偏差率:

$$h_{v逆}=\frac{\Delta h_{max逆}}{h_d}=\frac{0.592}{4.4}=0.135$$

按式(15-48)计算逆坡毛管滴头流量偏差率:

$$q_{v毛逆}=\frac{\sqrt{1+0.6(1-x)h_{v毛逆}}-1}{0.3}\times\frac{x}{1-x}$$

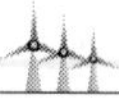

$$=\frac{\sqrt{1+0.6(1-0.6)\times 0.135}-1}{0.3}\times\frac{0.6}{1-0.6}=0.0804$$

按式（15－61）计算逆坡毛管最大滴头工作水头：

$$h_{max毛逆}=(1+0.65\times 0.0804)^{\frac{1}{0.6}}\times 4.4=4.7899\text{m}$$

因为 $i_{max}=N_{毛逆}$，故：

$$h_{N毛逆}=h_{max逆}=4.7899\text{m}$$

3）按式（15－66）计算顺坡毛管上端管段长度与滴头间距之比 α（取 $k=0.1$）：

$$\alpha=\frac{D^{4.75}(h_{N_{毛逆}}-h_{N_{毛顺}}-J_{逆}\ S_{毛})+0.505kS_{毛}\ q_d^{1.75}(N_{毛逆}^m-N_{毛顺}^m)+0.505S_{毛}(N_{毛逆}q_d)^m}{0.505S_{毛}\ q_d^m(N_{毛顺}^m+N_{毛逆}^m)}$$

$$=\frac{16^{4.75}(4.7899-4.79+0.005\times 0.3)+0.1\times 0.505\times 0.3\times 1.1^{1.75}(201^{1.75}-308^{1.75})}{0.505\times 0.3\times 1.1^{1.75}(308^{1.75}+201^{1.75})}$$

$$+\frac{0.505\times 0.3\times 201^{1.75}\times 1.1^{1.75}}{0.505\times 0.3\times 1.1^{1.75}(308^{1.75}+201^{1.75})}=0.409$$

$$S_{毛顺}=\alpha S_{毛}=0.409\times 0.3=0.123\text{m}$$

$$S_{毛逆}=(1-\alpha)S_{毛}=(1-0.409)\times 0.3=0.177\text{m}$$

上面计算表明，顺、逆坡毛管进口段长度只差 5.4cm，故近似取 $S_{N毛顺}=S_{毛逆}=0.5S_{毛}=0.5\times 0.3=0.15(\text{m})$，即支管位于毛管间距中点。

4）支管两侧毛管长度计算如下：

$$L_{毛顺}=S_{毛}(N_{毛顺}-1)+S_{N毛顺}=0.3\times(308-1)+0.15=92.25\text{m}$$

$$L_{毛逆}=S_{毛}(N_{毛逆}-1)+S_{N毛逆}=0.3\times(201-1)+0.15=60.15\text{m}$$

（四）灌水小区布置

支管长度 $L_{支}=81-0.38=80.62\text{m}$，支管孔口间距（毛管间距）为 0.76m，支管孔口数（毛管对数）$N_{支}=\frac{81}{0.76}=106$。两侧毛管长度根据支管实际间距略有调整，逆坡毛管长度取 61.75m，顺坡毛管长度为 91m，见案例图 15－4－3。

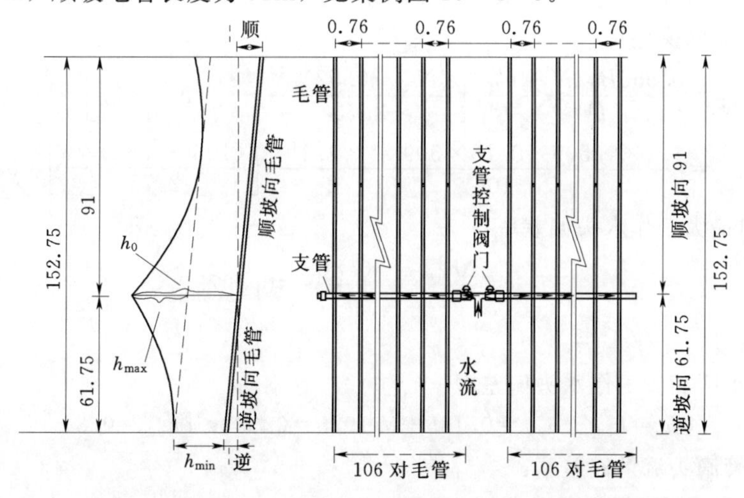

案例图 15－4－3　支管、毛管布置示意图（单位：m）

(五) 毛管进口工作水头的确定

顺坡毛管进口工作水头：

$$h_{0毛顺}=h_{N毛顺}+J_{毛顺}S_{毛顺}=4.79+0.005\times0.15=4.791\text{m}$$

逆坡毛管进口工作水头：

$$h_{0毛逆}=h_{N毛逆}+J_{毛逆}S_{N毛逆}=4.7899-0.005\times0.15=4.789\text{m}$$

计算表明，逆坡毛管进口工作水头比顺坡毛管进口工作水头只高2mm。

(六) 支管直径与进口工作水头的确定

1. 支管允许孔口最大水头差

因为顺坡毛管滴头最大工作水头差比逆坡毛管滴头最大工作水头差稍大，取顺坡毛管滴头最大工作水头差作为毛管最大工作水头差，$\Delta h_{max毛}=\Delta h_{max毛顺}=0.594\text{m}$。则支管孔口允许最大工作水头差：

$$[\Delta h_{支}]=h_d[\Delta h_v]-\Delta h_{max毛}=4.4\times0.34-0.594=0.902\text{m}$$

2. 支管直径

支管孔口数（一条支管上毛管对数）$N_{支}=\text{INT}(81/0.76)=106$；支管孔口间距 $S_{支}=0.76\text{m}$；一对毛管总滴头数 $N_{毛总}=509$。支管沿平坡方向布置，按式（15-33b）计算确定支管直径：

$$D_{支}=\left[\frac{0.556S_{支}\ N_{毛}^{1.75}\ q_{d支口}^{1.75}(N_{支}-0.52)^{2.75}}{(m+1)[\Delta h_{支}]}\right]^{\frac{1}{4.75}}$$

$$=\left[\frac{0.556\times0.76\times509^{1.75}\times1.1^{1.75}(106-0.52)^{2.75}}{2.75\times0.902}\right]^{\frac{1}{4.75}}=105.2\text{mm}$$

支管采用承压能力0.25MPa聚乙烯管，外径 $d_n=110\text{mm}$，壁厚2mm，内径 $D_{支}=106\text{mm}$。

3. 确定支管进口工作水头

(1) 计算支管水力坡度比。因为支管沿平坡布置，$J_{支}=0$，$r_{支}=0$。

(2) 计算支管孔口最大工作水头差和偏差率。因为 $r_{支}=0$，引进式（5-33b）计算支管孔口最大工作水头差：

$$\Delta h_{max支}=\frac{0.556B_{支}\ N_{毛总}^{1.75}q_d^{1.75}}{D^{4.75}}\left[\frac{(N_{支}-0.52)^{2.75}}{2.75}-r_{支}(N_{支}-1)\right]$$

$$=\frac{1.1\times0.505\times0.76\times509^{1.76}\times1.1^{1.75}}{106^{4.75}}\left[\frac{(106-0.52)^{2.75}}{2.75}\right]=0.869\text{m}$$

支管孔口最大工作水头偏差率：

$$h_{v支}=\frac{\Delta h_{max支}}{h_d}=\frac{0.869}{4.4}=0.1975$$

(3) 支管进口工作水头。

1) 灌水小区滴头工作水头偏差率：

$$h_v=h_{v毛}+h_{v支}=0.135+0.1975=0.332<[h_v]=0.34$$

2) 取毛管滴头流量偏差率：

$$q_{v毛}=q_{v毛顺}=0.0804$$

3) 按式（15-49）计算灌水小区滴头流量偏差率：

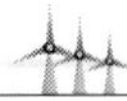

$$q_v=\frac{\sqrt{1+0.6(1-x)h_v}-1}{0.3}\times\frac{x}{1-x}=\frac{\sqrt{1+0.6(1-0.6)\times0.332}-1}{0.3}\times\frac{0.6}{1-0.6}=0.1954$$

4）支管孔口流量偏差率：

$$q_{v支}=q_v-q_{v毛}=0.1954-0.0804=0.115$$

5）按式（15-51）计算灌水小区最大流量毛管平均滴头流量：

$$q_{a\max}=(1+0.65q_{v支})q_d=(1+0.65\times0.115)\times1.1=1.182\text{L/h}$$

6）按式（15-52）计算灌水小区滴头最大工作水头：

$$\begin{aligned}h_{\max}&=(1+0.65q_{v毛})^{\frac{1}{x}}(1+0.65q_{v支})^{\frac{1}{x}}h_d\\&=(1+0.65\times0.0804)^{\frac{1}{0.6}}\times(1+0.65\times0.115)^{\frac{1}{0.6}}\times4.4=5.4014\end{aligned}$$

7）按式（15-53）计算支管进口工作水头：

$$\begin{aligned}H_{0支}&=h_{\max}+\frac{0.556S_{N_{毛顺}}(N_{毛总}q_{a\max})^{1.75}}{D^{4.75}}-J_{毛顺}S_{N_{毛顺}}+\frac{N_{支}^{1.75}\,q_{d支口}^{1.75}}{D_{支}^{1.75}}-J_{支}\,S_{N_{支}}\\&=5.4014+\frac{0.556\times0.15(509\times1.182)^{1.75}}{16^{4.75}}-0.005\times0.15\\&\quad+\frac{1.1\times0.505\times0.38(106\times509\times1.1)^{1.75}}{104^{4.75}}=5.425\text{m}\end{aligned}$$

六、系统灌溉制度与工作制度的确定

（一）灌溉制度

1. 确定设计灌水定额

根据基本资料，本区土壤容重 $r=1.5\text{g/cm}^3$，田间持水率为 20%（重量比）。取棉花适宜土壤含水率上限为田间持水率 90%，下限为田间持水率 65%，则按重量比计算的适宜土壤含水率上限 $\theta'_{\max}=0.2\times90\%=18\%$，下限 $\theta'_{\min}=0.2\times65\%=13\%$。取灌溉水利用系数 $\eta=0.9$，设计计划湿润层深度 $z_d=0.5\text{m}$，土壤湿润比 $p=65.8\%$。按式（4-2）计算设计灌水定额：

$$m_d=0.1rz_dp(\beta'_{\max}-\beta'_{\min})/\eta=0.1\times1.5\times0.5\times65.8(18-13)/0.9=27.4\text{mm}$$

2. 设计灌水时间间隔

本区为干旱区棉花生长需水全靠灌溉，有效雨量 $p_0=0$，设计棉花耗水强度 $E_d=5.74\text{mm/h}$。按式（4-4）计算设计灌水时间间隔：

$$T=\frac{m_d\eta}{E_d}=\frac{27.4\times0.9}{5.74}=4.3\text{d}$$

取设计灌水时间间隔 $T=4d$，则设计灌水定额调整为 $m_d=TE_d/\eta=4\times5.74/0.9=25.5\text{mm}$。

3. 设计一次灌水延续时间

由设计灌水定额 $m_d=25.5\text{mm}$，棉花株距 $S_e=0.3\text{m}$，毛管间距 $S_l=0.76\text{m}$，设计滴头流量 $q_d=1.1\text{L/h}$，按式（4-5）计算滴灌一次灌水延续时间：

$$t=\frac{m_dS_{毛}\,S_{支}}{q_d}=\frac{25.5\times0.3\times0.76}{1.1}=5.3\text{h}$$

(二) 系统工作制度的确定

本滴灌系统采用轮灌工作制度。

1. 确定轮灌组数

由设计系统日工作小时数 $C=22$，设计灌水时间间隔 $T=4\text{d}$，设计一次灌水延续时间 $t=5.3\text{h}$，按式（4-10）计算最大轮灌组数：

$$N_{\max}=\frac{CT}{t}=\frac{22\times4}{5.3}=16.6$$

由案例图 15-4-1 和案例图 15-4-2 可得到整个系统共布置 32 条支管（32 个灌水小区），正好分成 16 个轮灌组，每个轮灌组 2 条支管，每组供水流量：

$$Q_{轮}=2N_{支}\ N_{毛总}\,q_d=2\times106\times509\times1.1=118699\text{L/h}$$

取 $Q_{轮}=118.7\text{m}^3/\text{h}$ 小于水源可供水量 $120\text{m}^3/\text{h}$，满足要求。

2. 轮灌组划分

根据案例图 15-4-2 滴灌系统布置方案，以减小主干管和分干管直径，并方便操作管理为原则，决定一次运行间隔的 2 条分干管的各 1 条支管。则

分干管设计流量 $Q_{d分干}=\dfrac{118.7}{2}=59.35\text{m}^3/\text{h}$；

主干管进口设计流量 $Q_{d主干}=118.7\text{m}^3/\text{h}$。

七、水力计算

(一) 分干管水力计算

1. 分干管直径的选择

分干管采用 PVC-U 塑料管，按式（5-8）估算管径：

$$D_{分干}=\sqrt{\frac{4Q_{分干}}{\pi v}}$$

$Q_{分干}$ 单位取 m^3/h，$D_{分干}$ 单位取 mm 时，则：

$$D_{分干}=1000\sqrt{\frac{4Q_{分干}}{3600\pi v}}=18.8\sqrt{\frac{Q_{分干}}{v}}$$

考虑到当前 PVC-U 管材价格因数，取分干管流速 $v_{分干}=1.5\text{m/s}$，则：

$$D_{分干}=18.8\sqrt{\frac{59.35}{1.5}}=118.3\text{mm}$$

查《灌溉用塑料管材和管件基本参数及技术条件》（GB/T 23241—2009），选择承压能力 0.25MPa 外径 110mm，内径 106.4mm 为分干管直径。

2. 分干管水头损失计算

由案例图 15-4-2，分干管长度 $L_{分干管}=611-91=520\text{m}$，由式（5-6），以及表 5-2，$f=0.948\times10^5$，$m=1.77$，$b=4.77$。取 $k=1.1$，得到设计分干管水头损失：

$$\Delta H_{分干}=Kf\frac{Q_{分干}^{1.77}}{D_{分干}^{4.77}}L_{分干}=1.1\times0.948\times10^5\ \frac{59.35^{1.77}}{106.4^{4.77}}\times520=16.0\text{m}$$

3. 分干管进口工作水头计算

分干管进口最大工作水头等于支管进口工作水头＋分干管最大水头损失－分干管两端

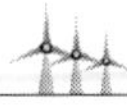

地面高差：

$$H_{0分干}=H_{0支}+\Delta H_{分干}-J_{分干}L_{分干}=5.425+16.019-0.005\times520=18.84\text{m}$$

（二）主干管水力计算

主干管采用PVC-U塑料管，分两段计算。根据轮灌组划分，当二分干、四分干工作时主干管进口工作水头最大，为最不利工况。以此划分主干管上、下计算长度的依据，二分干管进口为主干管上、下段的分界点。因而，主干管下段计算长度 $L_{主干下}=4\times81+2\times4=332(\text{m})$；上段连接首部枢纽和上游两条分干管，计算长度为 $L_{主干上}=3\times81+20+4=267(\text{m})$（式中20m为首部枢纽与首条分干管的距离）。

1. 主干下段水力计算

1）主干下段管径。因为主干下段直接连接末号分干，系统工作时均只通过一条支管流量，故采用与分干管相同管径。即 $D_{主干下}=106.4\text{mm}$，外径 $d_{n主干下}=110\text{mm}$。

2）主干下段水头损失。与分干同样的方法计算主干下段水头损失：

$$\Delta H_{主干下}=Kf\frac{Q_{主干下}^{1.77}}{D_{主干下}^{4.77}}L_{主干下}=1.05\times0.948\times10^5\frac{59.35^{1.77}}{106.4^{4.77}}\times332=9.763\text{m}$$

2. 主干上段水力计算

滴灌系统末号轮灌组工作时，主干上段通过两条支管流量，$Q_{d主干上}=118.7\text{m}^3/\text{h}$。

1）主干上段管径。同分干管方法估计主干上段直径：

$$D_{主干上}=18.8\sqrt{\frac{Q_{分干}}{v}}=18.8\times\sqrt{\frac{118.7}{1.5}}=167\text{m}$$

查《灌溉用塑料管材和管件基本参数及技术条件》（GB/T 23241—2009），选择公称压力0.32MPa外径160mm，内径153.6mm为主干管上段直径。

2）主干上段水头损失。与分干同样的方法计算主干上段水头损失：

$$\Delta H_{主干上}=Kf\frac{Q_{d主干上}^{1.77}}{D_{主干管}^{4.77}}L_{主干上}=1.05\times0.948\times10^5\frac{118.7^{1.77}}{153.6^{4.77}}\times267=4.647\text{m}$$

3. 主干管进口工作水头计算

因为沿主干管地面坡度为0，主干管进口工作水头等于分干管进口工作水头与主干管最大水头损失之和：

$$H_{0主干}=H_{0分干}+\Delta H_{主干下}+\Delta H_{主干上}=18.87+9.76+4.65=33.28\text{m}$$

（三）水锤计算

本灌区地面平坦，系统正常工作时管网水流平稳，根据设计系统工作制度，产生危险水锤只有两种情况：一种是断电或水泵故障停泵出现水流回流，但泵管出口安装有止逆阀，可阻止水泵倒转；另一种是启闭主干管进口闸阀时，阀门前后产生的正负水锤，但因本系统采用人工操作，流速变化缓慢，不会因水锤超出管道承压能力，导致爆管。此外，本系统高处的首部和分干管进口安装有进排气阀，可防止断流真空，因此不必要进行水锤计算。

八、首部枢纽配套设计

1. 过滤器

本系统灌溉水源为井水，所含杂质主要为砂粒，结合选用的单翼迷宫式滴灌带对水质的要求，选用“离心＋网式（120目）”过滤器。在设计条件下，取最大水头损失为10m。

2. 施肥罐

选用150L的压差式施肥罐。

3. 控制量测设施与保护装置

在网式过滤器与离心过滤器之间装设施肥阀和相应的闸阀，网式过滤器后设置水表，井口与过滤器之间安装6″逆止阀，过滤器进出口安装压力表，首部枢纽连接管最高处安装进排气阀。

4. 水泵与动力选型

本系统选用潜水电泵，在设计条件下主干管进口工作水头为33.28m，首部水头损失10m，泵管水头损失3m，动水位距地面45m，求得水泵扬程：

$$H_{扬}=33.28+10+3+45=91.28\text{m}$$

设计条件下所需供水流量等于轮灌组流量：

$$Q_{泵}=118.7\text{m}^3/\text{h}$$

选择水泵型号250QJ125－96/6，电机功率55.0kW。

九、管网安全保护设备配套设计

根据实际情况，对管网安全保护设备设计如下。

（1）主干管进口安装1个5″的调控闸阀。

（2）每条分干管进口安装1个4″闸阀和1个进排气阀，全系统共布置4套，进排气阀的规格：分干管内径$D_0=D_{分干}=106.4\text{mm}$，流速$v=\dfrac{4\times59.35/3600}{\pi\times0.1064^2}=1.854\text{m/s}$，进排气阀排气速度取$v_0=45\text{m/s}$，进排气阀通气孔直径为：

$$d_0=1.05D_0\left(\frac{v}{v_0}\right)^{\frac{1}{2}}=1.05\times106.4\left(\frac{1.854}{45}\right)^{\frac{1}{2}}=22.7\text{mm}$$

取通气孔直径1″。

（3）每条支管进口安装1个4″球阀和1个4″压力调节阀，全系统共安装32套。

（4）每条支管末端安装1个2″排水球阀，全系统共32个。

十、附属设施设计

（一）土建结构物

水源井为已建设施，首部枢纽需建工作房一座。面积20m²。以下位置需修建镇墩：主干管进口处1个；分干管与主干管交叉处4个；支管与分干管交叉处16个。

（二）供电设施

首部变压站1套，包括55kW变压器和附属电气设备及架设设备1套。

十一、基本材料设备统计

工程基本材料设备见案例表15－4－1。

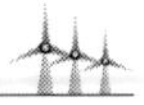

案例表 15-4-1　　材料设备统计表

序号	名　称	规　格	单位	数量
1	PVC-U 管材	110-106.4/0.25	m	2412
2		160-153.6/0.32	m	267
3	低密度 PE 管材	90-81.4/0.25	m	2580
4	滴灌带	WDF16/1.8-100	万 m	57.3
5	PVC 三通	160×110×160	个	2
6		110×110×110	个	1
7	PVC 弯头	ϕ110	个	2
8	PE 直通	ϕ110	个	12
9	PE 接头	ϕ110	个	32
10	PE 三通	ϕ16	个	1696
11	PE 接头	ϕ16	个	3392
12	水泵	250QJ125-96/6	台	1
13	止逆阀	6″	个	1
14	进排气阀	$D_0=1''$	个	5
15	闸阀	5″	个	1
16		4″	个	4
17	球阀	4″	个	32
18		2″	个	32
19	压力调节阀	4″	个	32
20	变压器	55kW	台	1

注　序号 1～3，外径（mm）－内经（mm）/承压力（MPa）。

十二、工程费用概算

（略）

第五节　日光温室蔬菜滴灌工程设计案例

一、基本资料

华北某地日光温室蔬菜种植区拟采用滴灌。该区地势平坦，面积为 121 亩，东西长 316m，南北宽 255m，共建有日光温室 80 栋，东西向 20 排，南北向 4 列，每列 20 栋。每栋温室净种植面积东西长 74m，每栋温室靠通道端建有 2m 宽管理小屋；室内南北种植宽 7.5m，靠后墙留有 0.5m 管理通道。一栋温室室内面积为 $74(7.5+0.5)=592\text{m}^2=$ 0.89（亩），净种植面积 0.83 亩（555m^2）。项目区全部种植蔬菜，南北向种植，行距 0.5m，株距 0.3m。温室区中间建有一南北管理道路，把温室区分成东西两部分。东西两部分各有两列温室，由一条宽 2m 的田间小道隔开，温室区布置参见案例图 15-5-1。

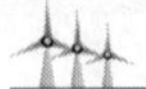

该地区多年平均降水量 648mm，降水量年内分配不均，年际间变幅也较大，平均年蒸发量 950mm。冻土层深度 80～120cm。土壤为砂壤土，容重 1.45g/cm^3，田间持水率为 20%（重量比）。

项目区北边中央有 1 眼水源井，已陈旧老化，经过更新。机井更新后井深 80m，单井最大出水量为 40m^3/h，动水位 25m。

二、基本设计参数

1. 设计滴灌土壤湿润比

根据当地实践经验，在日光温室条件下蔬菜设计滴灌土壤湿润比取 p_d =80%。

2. 设计滴灌耗水强度

采用蔬菜耗水高峰期 7 月份耗水强度为设计滴灌耗水强度：

$$E_d = 5.0\text{mm/d}$$

3. 设计滴灌均匀系数

取设计“期望”滴灌均匀系数 C_u =0.95，以一栋温室为一个灌水小区，设计滴头流量偏差率 $[q_v]$ =0.1。

4. 设计计划土壤湿润层深度

根据田间调查，取设计滴灌计划土壤湿润层深度：

$$z_d = 0.3\text{m}$$

三、滴灌系统整体布置

根据温室区实际条件，为保证蔬菜及时供水、方便操作管理、节省费用等，对全区滴灌系统布置如案例图 15-5-1。

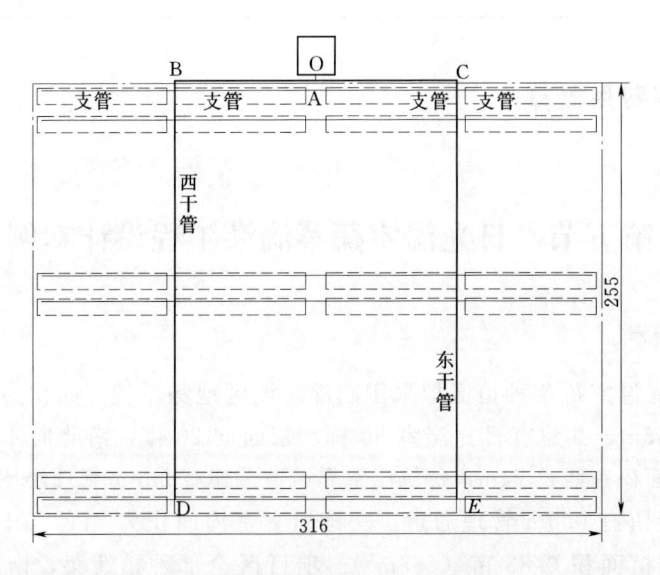

案例图 15-5-1 温室区滴灌系统布置示意图（单位：m）

系统首部枢纽设于温室区北边界水源井处。由首部装一连接出水管段，与干管连接，输配管网含干管和支管两级管道。沿温室区北边东西向各布置1条干管与首部枢纽出水管连接。两条干管各自沿灌区北边界线布置，至东、西分区南北小道沿温室边缘向南拐至最末一排温室北边缘。干管内上双向布置支管，一条干管有20对支管。支管沿温室种植地块北边布置，间距等于温室之间外空间宽度与温室宽度之和，为13m。支管由一引水管段与干管连接。沿支管向南单侧布置毛管，间距1.0m，长度7.5m，一条支管共布置74条毛管。各级管道长度如下：

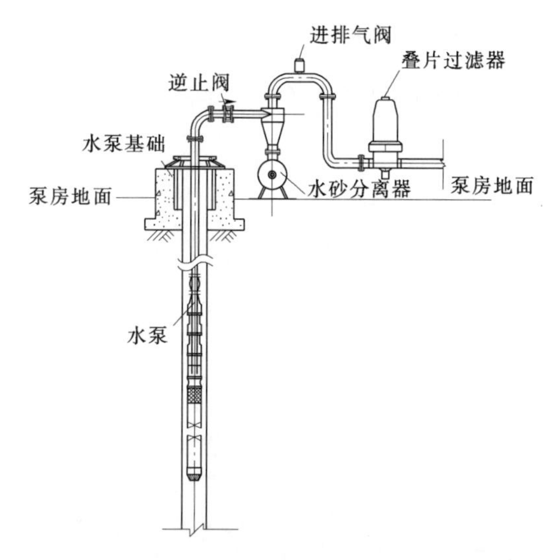

案例图15-5-2 首部枢纽布置示意图

干管AB和AC段，$L_{AB、AC}=2+74+2=78m$；

干管BD和CE段各控制20对支管，$L_{BD、CE}=13(20-1)=247m$；

支管长度和孔口数，$L_支=73.5m$，$N_支=74$，引管长度一侧2m，一侧7m；

毛管长度，$L_毛=7.5m$，滴头数$N_毛=\frac{7.5}{0.3}=25$。

水泵与首部连接段安装1个逆止阀，东西干管进口各安装1个闸阀，水源井安装井用潜水泵1台，井管出口安装旋流水沙分离器和叠片式过滤器各1台。系统首部枢纽组装见案例图15-5-2。

四、灌水器选择

根据实际条件选择直径12mm内镶片式滴头滴灌带作为本区日光温室灌水器。该滴管带滴头间距0.3m，滴头流量与工作水头关系公式$q=0.5h^{0.48}$，滴头间距$S_毛=0.3m$。取设计滴头工作水头$h_d=5m$，设计滴头流量$q_d=1.08L/h$。

五、温室内滴灌系统设计

1. 温室内滴灌系统布置

一栋温室为一个滴灌小区，室内滴灌系统布置见案例图15-5-3。沿种植行北端东西向布置一条支管，支管长74m；由支管引出毛管（滴灌带），长7.5m，一条毛管控制两行蔬菜，间距1.0m，支管孔口数$N_支=\frac{74}{1}=74$；一条毛管滴头数$N_毛=\frac{7.5}{0.3}=25$；支管进口端安装1个球阀、1个过滤器和1个比例注肥泵，组成温室灌水工作首部（滴灌系统二级首部枢纽，或称为灌水小区首部枢纽），其系统布置见案例图15-5-3。

2. 滴灌湿润比计算

根据实地对所选用的滴头工作状况观测，单滴头土壤湿润直径0.8m。按上述毛管布置，实际滴灌土壤湿润比：

$p=\frac{0.3\times0.8}{0.3\times1}\times100\%=80\%$，满足设计滴灌土壤湿润比的要求。

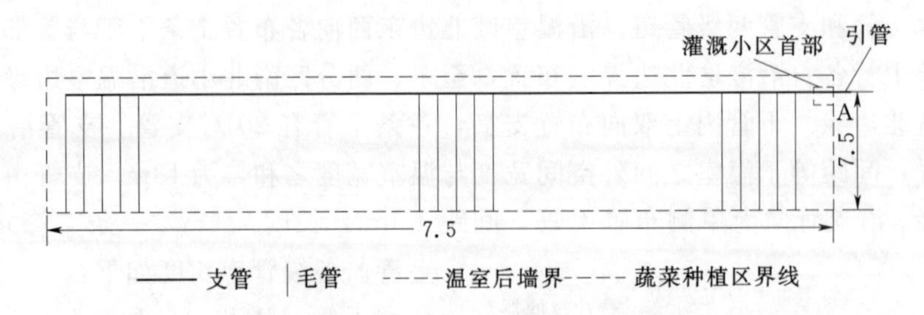

案例图 15-5-3 温室内（灌水小区）滴灌系统布置图（单位：m）

3. 灌水小区允许滴头最大工作水头差

按式（15-5）计算灌水小区允许滴头最大工作水头偏差率：

$$[h_v]=\frac{q_v}{x}\left(1+0.15\frac{1-x}{x}q_v\right)=\frac{0.1}{0.48}\left(1+0.15\frac{1-0.48}{0.48}\times 0.1\right)=0.212$$

灌水小区允许滴头最大工作水头差：

$$[\Delta h]=[h_v]h_d=0.212\times 5=1.06\text{m}$$

4. 毛管滴头实际最大工作水头差计算

因为地面为0坡度，水力坡度比 $r_{毛}=0$，用式（15-11）计算毛管滴头最大工作水头差：

$$\Delta h_{\max 毛}=\frac{0.556S_{毛}\ q_d^{1.75}}{D^{4.75}}\left[\frac{(N_{毛}-0.52)^{2.75}}{2.75}-r_{毛}(N_{毛}-1)\right]$$

$$=\frac{0.556\times 0.3\times 1.08^{1.75}}{12^{4.75}}\left[\frac{(25-0.52)^{2.75}}{2.75}\right]=0.003\text{m}$$

5. 支管直径的确定

支管允许孔口最大水头差：

$$[\Delta h_{支}]=[\Delta h_d]-\Delta h_{毛}=1.06-0.003=1.057$$

支管孔口数 $N_{支}=74$，间距 $S_{支}=1\text{m}$，毛管滴头数 $N_{毛}=25$，按式（15-33b）计算支管内经：

$$D_{支}=\left[\frac{0.556S_{支}\ N_{毛}^{1.75}\ q_d^{1.75}(N_{支}-0.52)^{2.75}}{2.75[\Delta h_{支}]}\right]^{\frac{1}{4.75}}$$

$$=\left[\frac{0.556\times 1\times 25^{1.75}\times 1.08^{1.75}\times(74-0.52)^{2.75}}{2.75\times 1.057}\right]^{\frac{1}{4.75}}=28.6\text{mm}$$

查《灌溉用塑料管材和管件基本参数及技术条件》（GB/T 23241—2009），选用低密度聚乙烯管，承压力0.25MPa，公称外径 $d_n=32\text{mm}$，内径 $D_{支}=29\text{mm}$。

6. 支管进口工作水头的确定

（1）计算灌水小区滴头最大工作水头 $h_{\max}$。毛管滴头最大水头偏差率：

$$h_{v毛}=\frac{\Delta h_{\max 毛}}{h_d}=\frac{0.003}{5}=0.0006$$

（2）因支管坡度 $J_{支}=0$，$r_{支}=0$，引用式（5-33b）求支管孔口最大水头偏差率：

$$h_{v支}=\frac{\Delta h_{\max 支}}{h_d}=\frac{0.556S_{支}\ q_{d支口}^{m}(N_{支}-0.52)^{2.75}}{2.75D_{支}\ h_d}$$

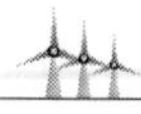

$$=\frac{0.556\times1(25\times1.08)^{1.75}(74-0.52)^{2.75}}{2.75\times29^{4.75}\times5}=0.198$$

(3) 灌水小区内滴头水头偏差率：

$$h_v=h_{v毛}+h_{v支}=0.0006+0.198=0.1986<[h_v]=0.212$$

(4) 按式（15－48）计算毛管滴头流量偏差率：

$$q_{v毛}=\frac{\sqrt{1+0.6(1-x)h_{v毛}}-1}{0.3}\times\frac{x}{1-x}$$

$$=\frac{\sqrt{1+0.6\times(1-0.48)\times0.0006}-1}{0.3}\times\frac{0.48}{1-0.48}=0.00029$$

(5) 按式（15－49）计算灌水小区滴头流量偏差率：

$$q_v=\frac{\sqrt{1+0.6(1-x)h_v}-1}{0.3}\times\frac{x}{1-x}$$

$$=\frac{\sqrt{1+0.6(1-0.48)\times0.1986}-1}{0.3}\times\frac{0.48}{1-0.48}=0.0939$$

(6)支管孔口最大流量偏差率：

$$q_{v支}=q_v-q_{v毛}=0.0939-0.00029=0.0936$$

由式（15－52）计算灌水小区最大滴头工作水头：

$$h_{max}=(1+0.65q_{v毛})^{\frac{1}{x}}(1+0.65q_{v支})^{\frac{1}{x}}h_d$$

$$=(1+0.65\times0.00029)^{\frac{1}{0.48}}(1+0.65\times0.0936)^{\frac{1}{0.48}}\times5=5.657\text{m}$$

7. 计算支管进口工作水头

因为温室区地面坡度等于0，灌水小区最大工作水头滴头位于支管上端首号（$N_{支}$号）毛管的首号（$N_{毛}$号）滴头。

由式（15－51）计算 $N_{支}$号（最大流量）毛管平均滴头流量：

$$q_{amax}=(1+0.65q_{v支})q_d=(1+0.65\times0.0936)1.08=1.146\text{L/h}$$

由式（15－53）计算支管进口工作水头：

$$H_{0支}=h_{max}+\frac{0.556S_{N_{毛}}(N_{毛}\ q_{amax})^{1.75}}{D^{1.75}}-J_{毛}\ S_{N_{毛}}+\frac{0.556S_{N_{支}}(N_{支}\ N_{毛}\ q_d)^{1.75}}{D_{支}^{1.75}}-J_{支}\ S_{N_{支}}$$

$$=5.657+\frac{0.556\times0.15(25\times1.08)^{1.75}}{12^{4.75}}+\frac{0.556\times1(74\times25\times1.08)^{1.75}}{29^{4.75}}=5.695\text{m}$$

考虑灌水小区首部水头损失5m，则支管进口工作水头为 $H_{0支}=10.695$m。

六、确定系统灌溉制度与工作制度

1. 灌溉制度

(1) 计算设计灌水定额。由基本资料：本区土壤为砂壤土，容种重 $\gamma=1.45\text{g/cm}^3$；田间持水率20%（重量比），取适宜土壤含水率上限为田间持水率90%，则适宜土壤含水率上限 $\theta'_{max}=0.9\times20=18\%$，下限为田间持水率65%，则适宜土壤含水率下限 $\theta'_{min}=0.65\times20\%=13\%$。由设计基本参数：设计土壤湿润比 $p_d=80\%$；设计土壤湿润层深度

$z_d=0.3\text{m}$。取灌溉水利系数 $\eta=0.85$，由式（4-2）计算灌水定额：

$$m_d=0.1\gamma z p_d(\beta'_{\max}-\beta'_{\min})/\eta=0.1\times1.45\times0.3\times80(18-13)/0.85=20.5\text{mm}$$

（2）设计灌水周期。由基本设计参数温室蔬菜耗水强度 $E_d=5\text{mm/h}$。按式（4-4）计算设计灌水时间间隔：

$$\frac{m_d\eta}{E_d}=\frac{20.5\times0.85}{5}=3.5\text{d}$$

（3）设计一次灌水延续时间。由设计灌水定额 $m_d=20.5\text{mm}$，滴头间距 $S_毛=0.3\text{m}$，毛管间距 $S_l=1.0\text{m}$，设计滴头流量 $q_d=1.08\text{L/h}$，按式（4-5）计算滴灌一次灌水延续时间：

$$t_d=\frac{m_d S_毛\ S_支}{q_d}=\frac{20.5\times0.3\times1}{1.08}=5.7\text{h}$$

取 $t_d=6\text{h}$。

2. 系统工作制度

蔬菜是一种对水分敏感的作物，也是价格较高的农产品，生长过程中一旦缺水将造成大的经济损失。本温室区采用按室承包给农户的运作管理方式，农事操作难于统一计划。因此，确定本温室区滴灌系统采用随机供水工作制度。

七、计算系统与各级管道流量

1. 支管进口设计流量

支管是滴灌系统基本工作单元，其进口设计流量是计算系统设计流量的基础。支管进口流量即为基本取水口流量，计算如下：

$$Q_{d支口}=N_支\ N_毛\ q_d=74\times25\times1.08=1998\text{L/h}$$

2. 系统设计流量

（1）计算取水口用水概率：

取水口利用率 $r=\frac{t'}{t}=\frac{16}{24}=0.667$，设计灌水定额 $m_d=20.5\text{mm}$，取水口控制面积$A=74\times7.5/10000=0.0555\text{hm}^2$，取水口设计流量 $Q_{d口}=1.998\text{m}^3/\text{h}$，灌水周期 $T_d=3.5\text{d}$。按式（4-17）计算取水口用水概率：

$$p=\frac{0.417m_dA}{rQ_{d口}T_d}=\frac{0.417\times20.5\times0.0555}{0.667\times1.998\times3.5}=0.102$$

则取水口不开启的概率：

$$p'=1-p=1-0.102=0.898$$

（2）计算取水口可能开启的最大数目。由全区取水口数 $n=80$，取水口设计流量 $Q_{d口}=1.998\text{m}^3/\text{h}$，取系统流量设计保证率 $P=0.9$，查表4-1，得随机变量 $U=1.285$。由式（4-21）计算取水口可能开启的最大数目：

$$X=np+U\sqrt{npp'}=80\times0.102+1.285\sqrt{80\times0.102\times0.898}=11.64$$

取取水口可能开启的最大数目 $X=12$。

（3）计算系统设计流量。按式（4-22）计算系统设计流量：

$$Q_d=XQ_{d口}=12\times1.998=23.976\text{m}^3/\text{h}$$

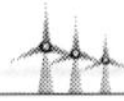

3. 干管设计流量计算

由案例图 15-5-1 计算干管节点流量，并以管段上节点流量作为该管段设计流量。取干管流量设计保证率 $P=0.95$，随机变量 $U=1.645$。计算取水口可能开启的最大数：

$$X_k=n_kp+U\sqrt{n_kpp'}=40\times0.102+1.285\sqrt{40\times0.102\times0.898}=6.54$$

因为本项目区支管取水口成对排列，考虑以下计算方便，取干管取水口同时工作可能的最大数目为 4 对，即 $X_k=8$。

干管设计来量 $Q_{d干}=8Q_{d口}=8\times1.998=15.984\text{m}^3$

八、干管水力计算

1. 确定管径

按经验公式估算干管内径：

$$D_{干}=13\sqrt{Q_{干}}=13\sqrt{15.984}=52$$

查《灌溉用塑料管材和管件基本参数及技术条件》(GB/T 2341—2009)，选定承压力 0.63MPa，外径 $d_n=63\text{mm}$，内径 $D_{干AB、AC}=49.4\text{mm}$ 聚乙烯管。

2. 计算水头损失

东、西干管流量、长度相同。当 4 对支管取水口集中在下端同时工作时为最不利工况。此时，下端 3 个间距段为多口出流状态。多口系数 $F_3=0.546$ ($X=1$)，取局部损失加大系数 $K=1.05$，沿程摩擦系数 $f=0.898\times10^5$，干管水头损失计算如下：

$$\begin{aligned}\Delta H_{干}&=Kf\frac{(6Q_{d口})^{1.75}\times3\times13F_3+Q_{d干}^{1.75}(L_{AD、AF}-3\times13)}{49.4^{4.75}}\\&=1.05\times0.898\times10^5\frac{(6\times1.998)^{1.75}\times3\times13\times0.546+15.984^{1.75}(78+247-3\times13)}{49.4^{4.75}}\\&=32.45\text{m}\end{aligned}$$

3. 计算干管进口工作水头

东、西干管进口 A 的工作水头等于支管进口工作水头加干管水头损失：

$$H_A=H_{0支}+\Delta H_{干}=5.695+32.45=38.15\text{m}$$

九、设备配套组装设计

1. 首部连接管段配套设计

系统首部与干管连接管段 OA 采用承压能力 0.63MPa，外径 90mm 聚乙烯 (PE) 管。

2. 水泵选型

(1) 确定流量。系统设计流量即为水泵流量，$Q_d=23.976\text{m}^3/\text{h}$。

(2) 计算水泵扬程。水泵扬程包括：干管进口工作水头 $H_A=38.15\text{m}$；连接管及其上面的逆止阀、进排气阀、过滤器的水头损失，取 $\Delta H_j=12\text{m}$；水泵扬水管水头损失 $\Delta H_y=4\text{m}$；井管动水位与地面高差 $\Delta z=25\text{m}$。则水泵扬程：

$$H_{泵}=H_A+\Delta h_j+\Delta H_j+\Delta z=38.15+12+4+25=79.15\text{m}$$

(3) 选择水泵。经比较，决定采用 200QJ32-78/12。

3. 调控安全设备配套设计

系统调控安全设备的布置见案例图15-5-2。其配套型号规格分述如下。

(1) 连接管与止逆阀配套选型。连接管OA长度5m，采用聚乙烯塑料管，配套规格为承压能力0.63MPa，外径d_n=90mm，内径D=70.6mm；与之配套的止逆阀选用进出口3″。

(2) 进排气阀规格的确定。干管内径$D_干$=70.6mm，流速$v=\frac{4\times 23.976}{3600\times\pi\times 0.0706^2}=1.7$m/s，取进排气速度$v_0$=45m/s，按式(8-1)计算进排气阀通气孔直径d_0。

$$d_0=1.05D\left(\frac{v}{v_o}\right)^{\frac{1}{2}}=1.05\times 70.6\left(\frac{1.7}{45}\right)^{\frac{1}{2}}=14.4\text{mm}$$

选取d_0=20mm进排气阀。

4. 过滤器选型与配套

因为水源井水质含沙量较大，决定首部安装1个3″水砂分离器和1个3″碟片式过滤器。

5. 温室灌水首部设备配套设计

支管公称外径d_n=32mm，内径$D_支$=29mm，进口选用1.5″塑料球阀和压力调节器与之配套；压力调节器后安装1台比例肥料注入泵及1个50公升肥液桶与之配套；注肥泵出口装1.5″碟片式过滤器。

十、材料设备计划

所需材料设备和费用计划统计见案例表15-5-1。

案例表15-5-1　　　　材料设备统计表

序号	名　称	规　格	单　位	数　量
1	低密度聚乙烯管材	90/0.63	m	5
2		63/0.63	m	650
3		40/0.25	m	6160
4	滴灌带	ϕ12—0.3	m	44400
5	低密度聚乙烯管件	ϕ63直通	个	6
6		ϕ50直通	个	10
7		63×90×63三通	个	1
8		63×90°弯头	个	2
9		ϕ63×40×63×40四通	个	40
10		ϕ12旁通	个	1480
11	塑料球阀	1.5″	个	80
12	进排气阀	d_0=20	个	1
13	止逆阀	3″	个	1
14	旋流水砂分离器	3″	个	1

续表

序号	名　称	规　格	单　位	数　量
15	碟片式过滤器	3″	个	1
16		1.5″	个	80
17	比例注肥器		个	80
18	肥液桶	50公升	个	80
19	水泵	200Qj32-78/12	台	1
20	压力表		块	80

注　1. 序号1～4，外径mm/承压力MPa；
2. 序号4，直径mm—滴头间距m；
3. 序号12，d_0通气口直径mm。

十一、工程费用概算

（略）

第六节　果树小管出流灌溉工程设计案例

一、基本资料

1. 位置

项目区张家庄果园位于北京市北部山地，距密云县城约25km。

2. 气象

全年平均气温10～12℃，1月气温－10～－6℃，7月气温24～25℃；全年无霜期140～190d，最大冻土层深度0.8m；多年平均降水量600mm，75%降水量集中在6～9月，3～5月干旱少雨；多年平均蒸发量1500mm，3～6月随着气温逐渐增高，蒸发量增大，是果树灌溉主要季节。项目区具备近20年降雨和水面蒸发系列资料。

3. 作物

张家庄果园为山坡地果园，面积22.55hm^2（约合338亩），种植苹果树，树龄5年，正处盛果期。苹果树株距4m，行距5m，基本沿等高线栽种。

4. 地形

项目区果园北部宽500m，南部宽600m，北边界与南边界水平距离410m，地面坡度约5%，呈非正梯形状。果园西边有一南北向溪流，当地称之为龙泉河。设计区地形图为1/500，见案例图15-6-3。

5. 土壤

该果园土壤为中等透水性的砂壤土，土层厚度80～100cm，保水、保肥力较好。根据实地调查和测定，土壤干容重1.4g/cm^3，孔隙率45%，入渗率30mm/h。

6. 水源

龙泉溪是该果园灌溉水源，在距果园约200m处有一调蓄容积8.0万m^3的塘坝，当地称其为龙泉水库。据调查，龙泉溪水源为雨季当地降水径流，每年灌溉季节前可蓄满塘坝，水质良好，但灌溉引水中含有一定砂粒和有机杂质。塘坝正常水位 220.5m，死水位 213.2m，死水位高于取水口 1m。

7. 灌溉条件

该果园以往利用一条砌石渠道由龙泉塘坝引水至果园进行漫灌，由于输水渗漏大，不仅灌水效率低，且造成水土流失，一年只能浇 1～2 次水，苹果产量低而不稳。砌石渠道沿程地面坡度 20%。

为了提高苹果产量和品质，增加经济效益，决定采用小管出流灌溉技术。

二、设计标准与基本设计参数的确定

1. 设计标准

根据当地自然和经济条件，经过分析，决定该果园小管出流灌溉系统采用 85%保证率作为设计标准。

2. 设计基本参数

根据《微灌工程技术规范》（GB/T 50485—2009）的规定，考虑当地实际条件，确定本果园小管出流灌溉工程基本设计参数如下：

（1）设计果树耗水强度 E_d=4.0mm/d。

（2）设计土壤湿润比 P=30%。

（3）设计（期望）灌水均匀系数 C_u=0.95，设计灌水小区允许灌水器最大流量偏差率 $[q_v]$=20%。

（4）设计土壤湿润层深度 Z_d=0.6m。

（5）设计灌溉水利用系数 η=0.85。

（6）设计灌溉系统日工作小时数 C=20h。

三、水量平衡计算

由设计基本资料知，本果园灌溉水源为当地降水径流，通过塘坝调蓄供水，且塘坝已建成。因此，水量平衡计算的任务是校核已有塘坝容积能否满小管出流灌溉供水要求。本项目设计条件下水量平衡计算根据下列条件：

（1）主要灌溉季节为 4 月 1 日至 8 月 20 日，共计 142d。

（2）灌溉季节设计果树微灌平均耗水强度取 $E_{d平均}$=3.0mm/d。

（3）灌溉果园面积 A=22.55hm²。

（3）灌溉季节塘坝复蓄系数 k_0=1.8。

（4）塘坝蓄水利用率 η_0=0.8。

（5）灌溉水利用率 η=0.85。

引入式（3-6）计算小管出流灌溉所需塘坝调蓄容积：

$$V=\frac{\sum_{i=1}^{n} t_i 10AE_i}{\eta\eta_0 k_0}=\frac{10AE_{d平均}T}{\eta\eta_0 k_0}=\frac{10\times 22.55\times 3\times 142}{0.85\times 0.8\times 1.8}=78483\ \text{m}^3$$ 小于实际可用库容

8.0 万 m^3。

计算结果表明，龙泉溪塘坝调蓄容积满足小管出流灌溉系统用水需求。

四、稳流器的选择

经比较分析，选用揭阳市达华公司公称流量 28L/h 稳流器作为小管出流器接头。其技术性能参数案例表 15-6-1。

案例表 15-6-1　　公称流量 28L/h 稳流器技术性能参数

公称流量 (L/h)	流量系数 k	流态指数 x	工作水头范围/m	
			h_{min}	h_{max}
28	23.16	0.052	5	40

取设计稳流器工作水头 10m，则设计稳流器流量：

$$q_d = kh_d^x = 23.16 \times 10^{0.052} = 26.1\text{L/h}$$

五、设计灌溉制度的确定

1. 计算设计灌水定额

由设计基本资料，土壤孔隙率为土壤体积 45%，计划土壤湿润层深度 $z_d=0.6$m，土壤湿润比 $p=30\%$；取土壤适宜含水量上限为孔隙率 90%，则按体积比的适宜土壤含水率 $\beta_{max}=0.9\times45\%=40.5\%$；土壤适宜含水量下限为孔隙比 65%，则按体积比计的土壤适宜含水率下限为 $\beta_{min}=0.65\times45\%=29.3\%$。取灌溉水利用系数 $\eta=0.85$，按式（4-1）计算设计灌水定额：

$$m_d = 0.1 z_d p(\beta_{max}-\beta_{min})/\eta = 0.1\times0.6\times30(40.5-29.3)/0.85 = 23.7\text{mm}$$

2. 确定设计灌水周期

设计灌水周期由下式计算确定：

$$T_d = \frac{m_d}{E_d}\eta = \frac{23.7}{4}\times0.85 = 5\text{d}$$

3. 计算设计一次灌水延续时间

由基本资料：果树株距 $S_r=4$m，行距 $S_l=5$m。每株果树安装 2 个出流器，$n_a=2$。用式（4-6）计算设计一次灌水延续时间 t_d：

$$t_d = \frac{m_d S_r S_t}{n_a q_d} = \frac{23.7\times4\times5}{2\times23.05} = 10\text{h}$$

六、毛管与出流器布置

因为毛管沿果树单行直线布置，毛管间距与树行的间距相同，为 5m，入渗沟与树干的距离取 2/3×2m=1.3m，即入渗沟直径为 2.6m。为了安装方便，并减少安装时挖沟对果树根系的损害，毛管安装在树行中间，两侧连接小管出流器，给两行果树供水。小管出流器为压力补偿型灌水器，进口端稳流器是一种具有压力补偿功能与毛管连接的接头。因此，出流器的长度应不小于 2.5－1.3＋0.1＝1.3m，考虑一定的弯曲长度，决定出流器小管的长度采用1.5m。毛管与小管出流器连接结构和安装如案例图15-6-1所示。

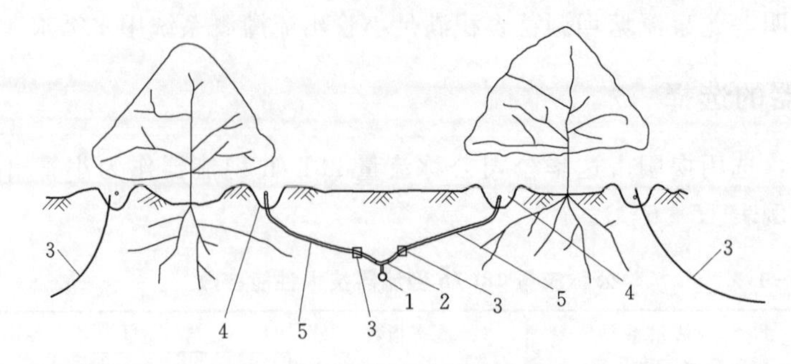

案例图15-6-1 毛管与小管出流器连接结构与安装示意图

1—毛管；2—三通；3—稳流器；4—绕树入渗沟；5—小管

七、设计出流器水力参数与入渗沟尺寸确定

1. 出流器水力参数

由小管长度 L=1.5m和设计流量 q_d=23L/h。按式（7-11）计算小管水头损失：

$$h_f=585\times10^{-6}q_d^{1.733}L=585\times10^{-6}\times2.05^{1.733}\times1.5=0.2\text{m}$$

计算表明小水头损失只有灌水器设计工作水头约2%，可以忽略其对灌水器流量的影响，近似以稳流器流量作为灌水器流量。

由案例表15-6-1，该稳流器工作范围为5～40m，忽略小管水头损失，确定小管出流器设计水力参数如案例表15-6-2。

案例表15-6-2　　设计小管出流器水力参数

工作水头 h_d/m	流量 q_d/(L/h)	最小工作水头 $h_{\min}$/m	最大工作水头 h_{ma}/m	允许最大工作水头偏差 $\Delta h_{\max}$/m
10	26.1	5	40	35

2. 入渗沟尺寸

根据毛管与出流器布置，确定入渗沟环树半径为1.3m，横断面结构尺寸见案例图15-6-2。沟底宽度 b_0=10cm；沟深 h=15cm；沟的长度 $L_0=2\pi\times1.3=8.2$m。

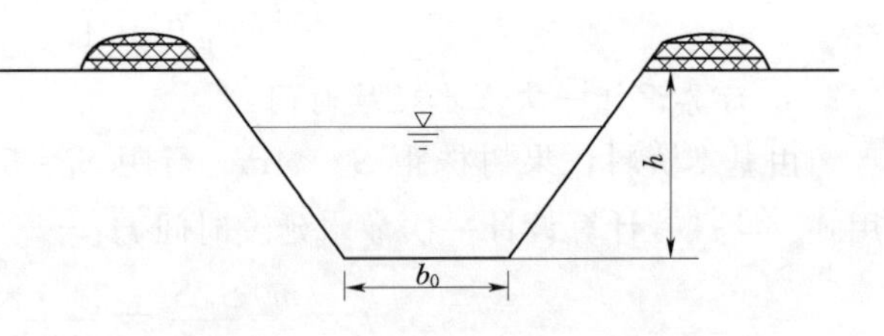

案例图15-6-2 入渗沟结构示意图

八、毛管最大长度计算

1. 支管与毛管水头偏差的分配

考虑到毛管平坡布置，支管顺坡布置，为适当增大毛管长度，取毛管允许水头偏差［$\Delta h_毛$］=20m，则支管允许水头偏差［$\Delta h_支$］=35－20=15m。

2. 毛管最大出水口数和最大长度

(1) 选择毛管直径。根据《灌溉用塑料管材和管件基本参数及技术2条件》（GB/T

23241—2009）的规定，选用承压能力 0.4MPa 聚乙烯塑料管外径 16mm，内径 13.6mm 作为毛管。

（2）计算水力坡度比。由于毛管平坡布置，即 $J_毛=0$，$r_毛=0$。

（3）计算毛管最大出流器对数。由毛管允许灌水器最大工作水头偏差 $[\Delta h_毛]=20$m，按式（15-12）计算毛管最大出水器对数：

$$N_{m毛}=\mathrm{INT}\left[\left(\frac{4.95[\Delta h_毛]D^{4.75}}{S_毛(2q_d)^{1.75}}\right)^{0.364}+0.52\right]=\mathrm{INT}\left[\left(\frac{4.95\times20\times13.6^{4.75}}{4(2\times26.1)^{1.75}}\right)^{0.364}+0.52\right]=24$$

（4）毛管最大长度计算。由下式计算毛管最大长度：

$$L_{m毛}=S_毛(N_{m毛}-1)+S_{N毛}=4(24-1)+2=90\text{m}$$

九、系统布置

1. 总体布置

根据本果园实际情况，从经济和管理两方面考虑，确定小管出流灌溉系统的布置方案，系统首部枢纽设于果园北边界外中点，由龙泉水库取水口经过 PVC-U 供水管，将灌溉水引入首部枢纽，进行增压、注肥、过滤，然后进入管网。系统管网包括主干管、分干管、支管和毛管四级。

2. 管网布置

供水管取水口位于水库东岸砌石坝后水库静水位下 1m 处，从取水口起，基本垂直地形等高线至灌区西北角，然后沿灌区北界线至中点与首部枢纽连接，垂直段 200m，水平段长 285m；主干管垂直于地形等高线，长度 302m，两侧布置 4 对分干管；分干管间距 102m，因灌区地面形状的影响，长度 200～250m；分干管单侧垂直于等高线等长度布置支管，全区共有 18 条支管，长度 100m；支管两侧双向分出毛管，沿树行水平方向布置，间距等于果树行距 5m，平均长度为分干管中点间距 1/2 减 0.5 倍果树株距，等于 54.65～65.19m，均小于毛管允许最大长度。系统布置见案例表 15-6-3。

案例表 15-6-3　　系统轮灌组划分与流量

轮灌组序号	毛管			支管				分干管				干管			供水主管	
	长度/m	孔（出流器对）数	流量/(L/h)	名称	长度/m	分水孔数	流量/(L/h)	名称	管段名称	长度/m	流量/(m³/h)	管段名称	长度/m	流量/(m³/h)	长度/m	流量/(m³/h)
1	56.75	15	783.0	支8-3	100	21	32886	分干8	DX	278.75	32.89	CD	102	32.98	200+385	63.67
	54.65	14	730.8	支6-3	100	21	30693	分干6	CR	255.85	30.69	OC	216	63.67		
2	56.75	15	783.0	支8-2	100	21	32886	分干8	DW	161.25	32.89	CD	102	32.98	200+385	63.67
	54.65	14	730.8	支6-2	100	21	30693	分干6	CQ	142.55	30.69	OC	216	63.67		
3	56.75	15	783.0	支8-1	100	21	32886	分干8	DV	42.73	32.89	CD	102	32.98	200+385	63.67
	54.65	14	730.8	支6-1	100	21	30693	分干6	CP	29.65	30.69	OC	216	63.67		
4	56.75	15	783.0	支7-1	100	21	32886	分干7	DT	73.75	32.89	CD	102	32.98	200+385	63.67
	54.65	14	730.8	支5-1	100	21	30693	分干5	CM	80.05	30.69	OC	216	63.67		

续表

轮灌组序号	毛管			支管				分干管				干管			供水主管	
	长度/m	孔（出流器对）数	流量/(L/h)	名称	长度/m	分水孔数	流量/(L/h)	名称	管段名称	长度/m	流量/(m^3/h)	管段名称	长度/m	流量/(m^3/h)	长度/m	流量/(m^3/h)
5	56.75	15	783.0	支7-2	100	21	32886	分干7	DU	191.25	32.89	CD	102	32.98	200+385	63.67
	54.65	14	730.8	支5-2	100	21	30693	分干5	CN	193.35	30.69	OC	216	63.67		
6	65.19	17	887.4	支3-2	100	21	37271	分干3	BJ	182.81	37.27	AB	102	37.27	200+385	72.35
	62.06	16	835.2	支1-2	100	21	35078	分干1	AF	185.94	35.08	OA	12	72.35		
7	65.19	17	887.4	支3-1	100	21	37271	分干3	BI	48.43	37.27	AB	102	37.27	200+385	72.35
	62.06	16	835.2	支1-1	100	21	35078	分干1	AE	57.82	35.08	OA	12	72.35		
8	65.19	17	887.4	支4-1	100	21	37271	分干4	BK	85.93	37.27	AB	102	37.27	200+385	72.35
	62.06	16	835.2	支2-1	100	21	35078	分干2	AG	70.32	35.08	OA	12	72.35		
9	65.19	17	887.4	支4-2	100	21	37271	分干4	BL	220.31	37.27	AB	102	37.27	200+385	72.35
	62.06	16	835.2	支2-2	100	21	35078	分干2	AH	198.44	35.08	OA	12	72.35		

注 管段长度是指不同轮灌组工作时工作流量通过的路程距离；供水主管流量即为系统流量。

3. 安全调节设备布置

本果园小管出流灌溉系统为山丘型微灌系统，地面坡度陡，且灌溉水源来自河道上游水库，为系统提供一定工作压力，安全调节设备显得尤为重要。根据管网布置情况决定：供水管进口和首部枢纽进口各设置胡蝶阀1套，以调控来自水库流量和压力；供水管上端和干管与首部枢纽连接处各设置进排气阀1个，以保证系统正常工作；每条分干管进口各安装闸阀1个；每条支管进口安装1个闸阀和1个压力调节阀，支管末端安装排水阀1个。

4. 首部枢纽的组合

由于水源为水库水，含有一定数量的泥沙和有机杂物，决定采用组合过滤系统，包括1个砂粒离心分离器，1对具有反冲洗功能的砂过滤器和一对与之配套的筛网式过滤器；施肥装置采用压差式施肥器；此外过滤系统前后和施肥器进水管各安装测压表1个。首部枢纽设备连接方式见案例图15-6-3。

十、系统工作制度与流量

1. 确定系统工作制度

根据当地实际条件和果树管理水平，决定本系统采用轮灌工作制度。

2. 计算轮灌组数

由系统日工作小时数 $C=20\text{h}$，设计灌水周期 $T_d=5\text{d}$，设计一次灌水延续时间 $t_d=9\text{h}$，按式（4-10）计算最大轮灌组数：

$$N_{\max}=\frac{CT_d}{t_d}=\frac{20\times5}{10}=10$$

根据系统布置情况，决定设计轮灌组数 $N_d=9$，每组两条支管。本系统采用人工操作，

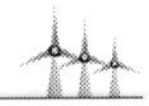

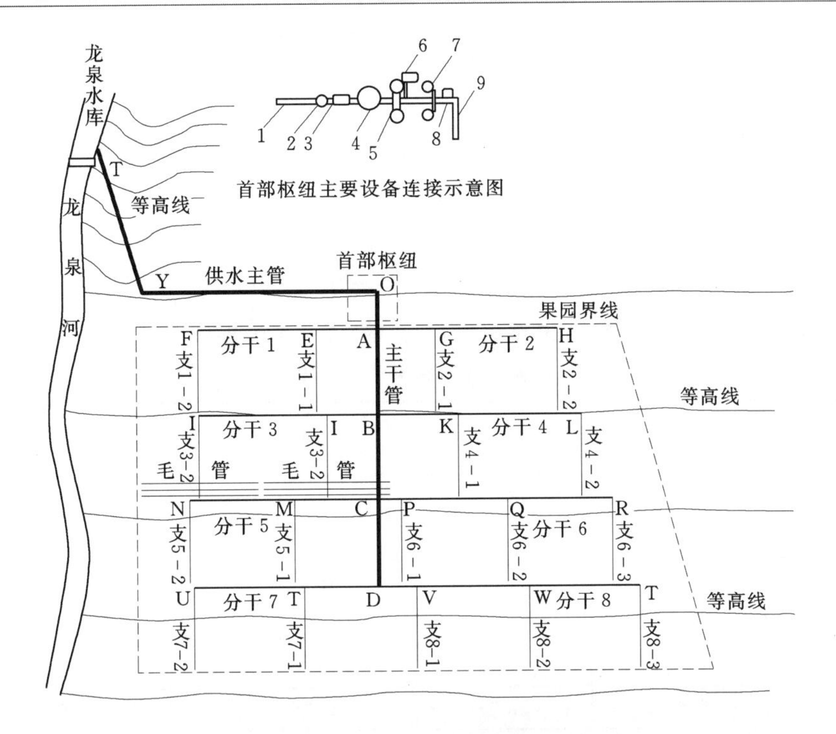

案例图 15-6-3　小管出流灌溉系统布置图

1—供水主管；2—闸阀；3—增压管道泵；4—离心砂粒分离器；5—砂过滤器；6—肥料注入装置；7—筛网过滤器；8—空气阀；9—主干管

按经济和方便操作管理原则，划分轮灌组。系统轮灌组划分级排序见案例表 15-6-3。

3. 系统流量和各级管道流量

设计条件下，系统各轮灌组工作时，各级管道流量见案例表 15-6-3。

十一、支、毛管水力计算

1. 毛管水力计算

本系统毛管水力计算的任务是计算毛管实际布置方案在设计条件下，最大、最小工作水头孔口位置、孔口最大工作水头差和最大工作水头偏差率。由于各灌水小区毛管长度不完全相等，计算结果不完全相同，以下列出计算步骤。

(1) 计算毛管水力坡度比。因为毛管平坡布置，$J_{毛}=0$，毛管水力坡度 $r_{毛}=0$。

(2) 确定毛管最大、最小工作水头孔口位置。

因为 $J_{毛}=0$。

最大工作水头孔口位于上端 N 号，即 $i_{\max}=N_{毛}$。

最小工作水头孔口位于末端 1 号，即 $i_{\min}=1$。

(3) 计算毛管孔口最大工作水头差 $\Delta h_{\max毛}$ 和最大工作水头偏差率 h_v。引用式 (15-24b) 计算毛管孔口最大工作水头差：

$$\Delta h_{\max毛}=\frac{0.556S_{毛}(2q_d)^{1.75}}{D^b}\left[\frac{(N_{毛}-0.52)^{2.75}}{2.75}-r_{毛}(N_{毛}-1)\right]$$

$$=\frac{0.556\times4\times(2\times26.1)^{1.75}}{13.6^{4.75}}\left[\frac{(N_{毛}-0.52)^{2.75}}{2.75}\right]$$

$$=3.38\times10^{-3}(N_{毛}-0.52)^{2.75}\text{m}$$

孔口最大工作水头偏差率为：

$$h_{v毛}=\frac{\Delta h_{max毛}}{h_d}=\frac{\Delta h_{max毛}}{10}$$

将各条毛管 $N_{毛}$ 值代入上面公式，求得相应 Δh_{max} 和 $h_{v毛}$，见案例表 15-6-4。

案例表 15-6-4　　毛管孔口最大工作水头差和最大工作水头偏差率计算结果（$h_d=10m$）

轮灌组号	支管名称	毛管长度/m	孔口数	$\Delta h_{max毛}$/m	$h_{v毛}$
1	支 8-3	56.75	15	5.26	0.526
	支 6-3	54.65	14	4.32	0.432
2	支 8-2	56.75	15	5.26	0.526
	支 6-2	54.65	14	4.32	0.432
3	支 8-1	56.75	15	5.26	0.526
	支 6-1	54.65	14	4.32	0.432
4	支 7-1	56.75	15	5.26	0.526
	支 5-1	54.65	14	4.32	0.432
5	支 7-2	56.75	15	5.26	0.526
	支 5-2	54.65	14	4.32	0.432
6	支 3-2	65.19	17	7.51	0.751
	支 1-2	62.06	16	6.32	0.632
7	支 3-1	65.19	17	7.51	0.751
	支 1-1	62.06	16	6.32	0.632
8	支 4-1	65.19	17	7.51	0.751
	支 2-1	62.06	16	6.32	0.632
9	支 4-2	65.19	17	7.51	0.751
	支 2-2	62.06	16	6.32	0.632

2. 支管水力计算

本系统支管水力计算的任务是确定支管直径和进口工作水头。

(1) 确定支管直径。因为本系统各条支管控制的毛管对数有差异，流量有差异。为了设计和施工安装的方便，决定全系统采用相同直径支管。因此，选取流量最大支管的支 4-2 进行计算。

查《灌溉用塑料管材和管件基本技术参数及技术条件》(GB/T 23241—2009)，选择聚乙烯管 PE63 级，承压能力 0.6MPa 级，外径 $d_n=50$mm，厚度 $e=2.9$mm，内径 $D_{支}=44.2$mm。以下对流量最大的支 4-2 号支管进行校核，以确认是否满足允许最大水头损失

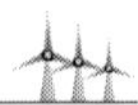

要求。

1）确定支管孔口允许最大工作水头差。灌水小区出流器允许最大工作水头差 $[\Delta h]=35\text{m}$，则支管孔口允许最大水头差 $[\Delta h_{支}]$：

$$[\Delta h_{支}]=[\Delta h]-\Delta h_{\max毛}=35-7.51=27.49\text{m}$$

2）引用式（5-41）计算支管水力坡度比：

$$r_{支}=\frac{J_{支}D_{支}^{4.75}}{0.556(4N_{毛}q_d)^{1.75}}=\frac{0.05\times44.2^{4.75}}{0.556(4\times17\times26.1)^{1.75}}=12.12$$

3）引用式（5-43b）确定支管最大工作水头孔口位置：

$$M_{支}=\frac{(N_{支}-0.52)^{2.75}}{2.75(N_{支}-1)r_{支}}=\frac{(21-0.52)^{2.75}}{2.75(21-1)\times12.12}=6.057$$

因为 $M_{支}>1$，故支管最大工作水头孔口号 $i_{\max支}=N_{支}$

4）引用式（15-42）确定支管最小工水头孔口位置：

$$i_{\min毛}=\text{INT}(1+r_{支}^{0.571})=\text{INT}(1+12.12^{0.571})=5$$

5）引入式（5-34b）计算支管孔口最大工作水头差：

$$\Delta h_{\max支}=\frac{0.556B_{支}(4\text{N}_{毛}q_d)^{1.75}}{D_{支}^{4.75}}\left[\frac{(N_{支}-0.52)^{2.75}-(i_{\min支}-0.52)^{2.75}}{2.75}-r_{支}(N_{支}-i_{\min支})\right]$$

$$=\frac{0.556\times5(4\times17\times23.05)^{1.75}}{45.4^{4.75}}\left[\frac{(21-0.52)^{2.75}-(5-0.52)^{2.75}}{2.75}-12.12(21-6)\right]$$

$$=25.82\text{m}$$

计算结果 $\Delta h_{\max支}=25.82\text{m}<[\Delta h_{支}]=27.49\text{m}$，满足要求。

（2）支管进口工作水头计算。因为各支管控制的毛管长度不同，流量有差异，而全部支管采用统一管径，将导致支管进口工作水头有所不同。因此，应对各条支管进口工作水头进行计算，为支管进口配套压力调节器和运行管理提供依据。

1）计算支管水力坡度比：

$$r_{支}=\frac{J_{支}D_{支}^{b}}{0.556(4N_{毛}q_d)^{1.75}}=\frac{0.05\times44.2^{4.75}}{0.556(4\times N_{毛}\times23.05)^{1.75}}=\frac{1725.54}{N_{毛}^{1.75}}$$

最大流量支管 $N_{毛}=17$，$r_{支}=12.12$。最小流量支管 $N_{毛}=14$，则 $r_{支}=17.03$。即全系统 $r_{支}=12.12\sim17.03$。

2）确定支管最大工作水头孔口位置：

$$M_{支}=\frac{(N_{支}-0.52)^{2.75}}{2.75(N_{支}-1)r_{支}}=\frac{(21-0.52)^{2.75}}{2.75(21-1)r_{支}}=\frac{73.417}{r_{支}}$$

最大流量支管 $r_{支}=12.12$，$M_{支}=6.06>1$；最小流量支管 $r_{支}=17.03$，$M_{支}=4.31>1$。故全系统 $M_{支}>1$，$i_{\max支}=N_{支}$。

3）确定支管最小工水头孔口位置：

$$i_{\min支}=\text{INT}(1+r_{支}^{0.571})$$

最大流量支管 $r_{支}=12.12$，$i_{\min支}=5$；最小流量支管 $r_{支}=17.03$，$i_{\min支}=6$。

4）计算支管孔口最大工作水头差。因为全系统 $r_{支}>1$，且 $i_{\max支}=N_{支}=21$，$i_{\min支}<N_{支}=21$，引入式（5-34b）计算支管孔口最大工作水头差：

$$\Delta h_{\max支}=\frac{0.556S_{支}(4N_{毛}q_d)^{1.75}}{D_{支}^{4.75}}\left[\frac{(N_{支}-0.52)^{2.75}-(i_{\min支}-0.52)^{2.75}}{2.75}-r_{支}(N_{支}-i_{\min支})\right]$$

$$=\frac{0.556(4\times N_{毛}\times 23.05)^{1.75}}{44.2^{4.75}}\left[\frac{(21-0.52)^{2.75}-(i_{\min支}-0.52)^{2.75}}{2.75}-r_{支}(21-i_{\min支})\right]$$

$$=5.268\times 10^{-5}N_{毛}^{1.75}[4037.917-(i_{\min支}-0.52)^{2.75}-2.75r_{支}(21-i_{\min支})]$$

5）计算支管孔口最大工作水头偏差率：

$$h_{v支}=\frac{\Delta h_{\max支}}{h_d}=\frac{\Delta h_{\max支}}{10}$$

6）计算灌水小区毛管孔口最大工作水头偏差率：

$$h_v=h_{v毛}+h_{v支}$$

7）引用式（15－48）和式（15－49）分别计算毛管和灌水小区出流器流量偏差率：

$$q_{v毛}=\frac{\sqrt{1+0.6(1-x)h_{v毛}}-1}{0.3}\times\frac{x}{1-x}$$

$$=\frac{\sqrt{1+0.6(1-0.052)h_{v毛}}-1}{0.3}\times\frac{0.052}{1-0.052}=0.183(\sqrt{1+0.569h_{v毛}}-1)$$

$$q_v=\frac{\sqrt{1+0.6(1-x)h_v}-1}{0.3}\times\frac{x}{1-x}=0.183(\sqrt{1+0.569h_v}-1)$$

8）计算支管水头损失引起的毛管孔口流量偏差：

$$q_{v支}=q_v-q_{v毛}$$

9）由式（15－61）和式（15－62）分别计算灌水小区最大毛管平均孔口流量和出水器最大工作水头：

$$q_{a\max}=(1+0.65q_{v支})(2q_d)=(1+0.65q_{v支})\times 52.2$$

$$h_{\max}=(1+0.65q_{v毛})^{\frac{1}{x}}(1+0.65q_{v支})^{\frac{1}{x}}h_d=(1+0.65q_{v毛})^{\frac{1}{0.052}}(1+0.65q_{v支})^{\frac{1}{0.052}}\times 10$$

10）因为灌水小区最大工作水头位于支管 $N_{支}$ 号孔口毛管上的第 $N_{毛}$ 号孔口，按公式（15－53）计算支管进口工作水头：

$$H_{0支}=h_{\max}+\frac{0.556S_{N_{毛}}(N_{毛}\ q_{a\max})^{1.75}}{D^{4.75}}-J_{毛}\ S_{N_{毛}}+\frac{0.556S_{N_{支}}(N_{支}\ N_{毛}\ q_d)^{1.75}}{D_{支}^{4.75}}-J_{支}\ S_{N_{支}}$$

$$=h_{\max}+\frac{0.556\times 2(N_{毛}\ q_{a\max})^{1.75}}{13.6^{4.75}}+\frac{0.556\times 2.5(4\times 21\times N_{毛}\times 23.05)^{1.75}}{45.4^{4.75}}-0.05\times 2.5$$

$$=h_{\max}+4.59\times 10^{-6}(N_{毛}\ q_{a\max})^{1.75}+0.0149N_{毛}^{1.75}-0.125$$

上列计算结果见案例表 15－6－5。

案例表 15－6－5　　支管进口工作水头计算结果

轮灌组号	支管名称	$N_{毛}$	$r_{支}$	$i_{\min支}$	$\Delta h_{\max支}$ /m	$h_{v支}$	$h_{v毛}$	h_v	$q_{v毛}$	q_v	$q_{v支}$	$q_{a\max}$ /(L/h)	$h_{\max}$ /m	$H_{0支}$ /m
1	支 8－3	15	15.09	5	19.95	1.995	0.526	2.521	0.026	0.103	0.077	54.81	35.31	37.47
	支 6－3	14	17.03	6	17.33	1.723	0.432	2.155	0.021	0.090	0.069	54.54	30.18	32.07
2	支 8－2	15	15.09	5	19.95	1.995	0.526	2.521	0.026	0.103	0.077	54.81	35.31	37.47
	支 6－2	14	17.03	6	17.23	1.723	0.432	2.155	0.021	0.090	0.069	54.54	30.18	32.07

续表

轮灌组号	支管名称	$N_{毛}$	$r_{支}$	$i_{min支}$	$\Delta h_{max支}$ /m	$h_{v支}$	$h_{v毛}$	h_v	$q_{v毛}$	q_v	$q_{v支}$	q_{amax} /(L/h)	h_{max} /m	$H_{0支}$ /m
3	支 8－1	15	15.09	5	19.95	1.995	0.526	2.521	0.026	0.103	0.077	54.81	35.31	37.47
	支 6－1	14	17.03	6	17.23	1.723	0.432	2.155	0.021	0.090	0.069	54.54	30.18	32.07
4	支 7－1	15	15.09	5	19.95	1.995	0.526	2.521	0.026	0.103	0.077	54.81	35.31	37.47
	支 5－1	14	17.03	6	17.23	1.723	0.432	2.155	0.021	0.090	0.069	54.54	30.18	32.07
5	支 7－2	15	15.09	5	19.95	1.995	0.526	2.521	0.026	0.103	0.077	54.81	35.31	37.47
	支 5－2	14	17.03	6	17.23	1.723	0.432	2.155	0.021	0.090	0.069	54.54	30.18	32.07
6	支 3－2	17	12.12	5	25.81	2.581	0.751	3.332	0.036	0.128	0.692	54.81	47.67	50.40
	支 1－2	16	13.48	5	22.81	2.281	0.632	2.913	0.030	0.115	0.085	54.54	40.78	43.22
7	支 3－1	17	12.12	5	25.81	2.581	0.751	3.332	0.036	0.128	0.092	54.81	47.67	50.40
	支 1－1	16	13.48	5	22.81	2.281	0.632	2.913	0.030	0.115	0.085	54.54	40.78	43.22
8	支 4－1	17	12.12	5	25.81	2.581	0.751	3.332	0.036	0.128	0.092	54.81	47.07	50.40
	支 2－1	16	13.48	5	22.81	2.281	0.632	2.913	0.030	0.115	0.085	54.54	40.78	43.22
9	支 4－2	17	12.12	5	25.81	2.581	0.751	3.332	0.036	0.128	0.092	54.81	47.67	50.40
	支 2－2	16	13.48	5	22.81	2.281	0.632	2.913	0.030	0.115	0.085	54.54	40.78	43.22

计算表明，各支管孔口工作压力和进口压力均小于所选管材承压能力 0.4MPa，满足要求。

十二、干管和分干管水力计算

（一）分干管水力计算

1. 分干管直径的确定

根据对分干管水头损失量的初步估计，结合支管进口工作水头大小，查《灌溉管材和管件基本参数及技术条件》（GB/T 23241—2009），采用 PVC－U 塑料管 0.63MPa 承压能力，外径 $d_n=90$mm，厚度 $e=2.2$mm，内径 $D_{分干}=85.6$mm。

2. 分干管水头损失和进口工作水头计算

按照系统工作制度确定的轮管组，每个轮灌组工作时启动两条分干管的 1 条支管，因而分干管流量等于 1 条工作支管的流量。因此，分干管最大水头损失产生于末端支管工作时，设计流量等于末端支管流量，$Q_{分干}=4N_{支}\ N_{毛}\ q_d=4\times 21_{毛}\times 26.1=2192.4N_{毛}$。

引用式（5－6）计算分干管水头损失。查表 5－2，$f=0.948\times 10^5$，$m=1.77$、$b=4.77$，并取局部水头损失加大系数 $k=1.05$。得到分干管水头损失计算公式：

$$\Delta H_{分干}=0.9954\times 10^5\ \frac{Q_{分干}^{1.77}}{D_{分干}^{4.77}}L_{分干}=6.027\times 10^{-5}Q_{分干}^{1.77}L_{分干}$$

因为分干管沿平坡地面布置，进口工作水头等于分干管水头损失与支管进口工作水头之和，计算结果见案例表 15－6－6。

案例表 15-6-6　　分干管水头损失计算结果表

分干管名称	内径 $D_{分干}$ /mm	计算长度 $L_{分干}$ /m	流量 $Q_{分干}$ /(m^3/h)	水头损失 $\Delta H_{分干}$ /m	支管进口工作水头 $H_{0支}$ /m	分干管进口工水头 $H_{0分干}$ /m
分干 8	71.2	278.75	32.89	8.14	37.47	45.61
分干 7		191.25	32.89	5.58	37.47	43.05
分干 6		255.85	30.69	6.61	32.07	38.68
分干 5		193.35	32.27	4.99	32.07	37.06
分干 4		220.35	37.27	8.03	50.40	58.43
分干 3		182.81	37.37	6.33	50.40	56.73
分干 2		198.44	35.08	6.49	43.22	49.71
分干 1		185.94	35.08	6.08	43.22	49.30

（二）干管水力计算

1. 确定计算工况和流量

分干管水力计算表明，轮灌组 4 工作时将使干管进口产生最大工作水头，此时分干管 4 进口工作水头 53.89m，为全系统分干管进口工作水头最大者，而且干管沿地形坡度 5% 布置，即 $J_{干}=0.05$，故以此工况对干管进行水力计算。此时，干管将存在两种流量段，AB 和 OA。设计流量分别为：

AB 段　　$Q_{干AB}=37.27m^3/h$

OA 段　　$Q_{干OA}=72.35m^3/h$

2. 确定直径

引入经验式（5-8）估算干管内径，取流速 $v=2m/s$，Q 以 m^3/h 计，D 以 mm 计，则

$$D=1000\sqrt{\frac{4Q_{分干}}{3600\pi\times2}}=13.3\sqrt{Q_{分干}}$$

AB 段　$D_{干AB}=15.4\sqrt{32.98}=81mm$

查《灌溉管材和管件基本参数及技术条件》（GB/T 23241—2009），采用 PVC-U 塑料管选择干管直径：

AB 段　0.8MPa 压力级，外径 $d_n=90mm$，壁厚 $e=2.8mm$，内径 $D_{干CD}=84.4mm$；因为 OA 段长度只有 12m，采用与 AB 段相同规格管径。

3. 计算水头损失和进口工作水头

采用分干管相同计算方法计算干管水头损失。

AB 段：

$$\Delta H_{干AB}=6.447\times10^{-5}Q_{干AB}^{1.77}L_{干AB}=6.447\times10^{-5}37.27^{1.77}\times102=3.97m$$

OA 段：

$$\Delta H_{干OA}=6.447\times10^{-5}Q_{干OA}^{1.77}L_{干OA}=6.447\times10^{-5}72.35^{1.77}\times12=1.51m$$

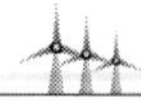

干管进口工作水头：

$$H_{0干}=H_{0分干4}+\Delta H_{干AB}+\Delta H_{OA}-J_{干}(L_{干AB}+L_{干OA})$$

$$=58.43+3.97+1.51-0.05\times114=52.58\text{m}$$

（三）供水管水力计算

供水管由斜坡段 TY 和水平段 YO 组成。其中水平段长度 $L_{供YO}=285\text{m}$，斜坡段长度 $L_{供TY}=200\text{m}$，地面坡度 15%。

1. 确定计算工况和流量

本系统供水管的任务是输送各轮灌组所需流量和利用地形高差提供工作水头，而轮灌组 1 工作时，系统工作水头最大，且沿供水管地形高差远小于系统需要，因此供水管水力计算最不利工况为轮灌组 1 工作时，以此作为设计计算工况。

供水管设计流量：

$$Q_{d供}=72.35\text{m}^3/\text{h}$$

2. 选择直径

为了给系统提供尽量大的水头，并保证安全工作，由《灌溉管材和管件基本参数及技术条件》（GB/T 23241—2009），选用 PVC－U 塑料管 0.63MPa 压力级，外径 $d_n=125\text{mm}$，壁厚 $e=3.1\text{mm}$，内径 $D_{支}=118.8\text{mm}$。

3. 水头损失计算

供水管水头损失为：

$$\Delta H_{供TO}=Kf\frac{Q_{供}^{1.77}}{D_{供}^{4.77}}L_{供TO}=1.05\times0.948\times10^5\frac{72.35^{1.77}}{118.8^{4.77}}(200+285)=11.97\text{m}$$

4. 出口工作水头计算

当水库处于死水位时，供水管进口埋深 1m，向首部枢纽提供最低水头为；

$$H_{0供出口}=1+J_{供TY}L_{供TY}-\Delta H_{供TO}=1+0.15\times200-9.25=19.03\text{m}$$

当水库处于正常水位时，供水管出口向首部枢纽提供最高水头为：

$$H_{0供出口}=19.03+(220.5-213.2)=25.33\text{m}$$

十三、增压泵扬程计算与选型

1. 增压泵扬程计算

系统运行最不利工况是水库处于死水位时，以此作为水泵扬程计算工况。取首部枢纽水头损失 10m，则增压泵设计扬程为：

$$H_{增扬}=H_{0干}+\Delta H_{首}-H_{0供出口}=58.21+10-19.03=49.18\text{m}$$

2. 增压泵选型

选择 2 台压力管道泵 G480－50 为系统增压泵，其流量 42m³/h，扬程 50m，电机功率 11kW。

十四、水锤计算

1. 计算水锤传播速度

按瞬时关闭阀门为条件计算干管和供水管水锤压力。取水的弹性模量 $K=2.025\text{GPa}$，PVC－U 管材纵向弹性模量 $E=3$，管材系数 $c=1$。按式（5－39）计算水锤传播速度：

干管（全管内径近似按 84.4mm 计算）：

$$a_{干}=\frac{1435}{\sqrt{1+\frac{K}{E}\frac{D_{干}}{e}c}}=1435/\sqrt{1+\frac{2.025}{3}\times\frac{84.4}{2.8}\times 1}=310.6\text{m/s}$$

供水管：

$$a_{供}=1435/\sqrt{1+\frac{K}{E}\frac{D_{供}}{e}c}=1435/\sqrt{1+\frac{2.025}{3}\times\frac{118.8}{3.1}}=276.8\text{m/s}$$

2. 计算水锤时相

按式（5－40）计算水锤相时：

干管：

$$u_{干}=\frac{2L_{干OD}}{a_{干}}=\frac{2\times 367.86}{310.6}=2.37\text{s}$$

供水管

$$u_{供}=\frac{2L_{供T0}}{a_{供}}=\frac{2\times 430}{276.8}=3.1\text{s}$$

计算表明，因为本系统采用人工操作，在正常情况下启闭门时间不会低于 10s，因此不会发生直接水锤。

3. 计算水锤压力

（1）干管水锤。本系统干管水锤可能产生于两种情况，一种是正常关闭进口阀门时，一种是增压泵故障停转。前者只会产生间接水锤，后者因为有两台水泵同时工作，一般不可能两台水泵同时停转，只有在停电时才可能同时停泵，但由于上游自流供水继续来水推动水泵缓慢转动，仍有小流量通过水泵，因此干管无需进行水锤校核。

（2）供水管水锤。供水管水锤也可能产生于首部枢纽进口阀门关闭和增压泵故障停转时两种情况。以下对前一种情况进行水锤压力计算。

关阀前供水管流量为最大轮灌组流量 $Q_{供}=72.35\text{m}^3/\text{h}=0.0201\text{m}^3/\text{s}$，内径 $D_{供}=118.8\text{mm}=0.1188\text{m}$，流速为：

$$v_0=\frac{4Q_{供}}{\pi D_{供}}=\frac{4\times 0.0201}{\pi\times 0.118}=0.217\text{m/s}$$

按式（5－42）计算水锤惰性时间常数：

水库处于死水位时：

$$T_b=\frac{L_{供TO}v_0}{gH_{0供出口}}=\frac{485\times0.217}{9.81\times19.03}=0.56s$$

水库处于正常水位时：

$$T_b=\frac{L_{供TO}v_0}{gH_{0供出口}}=\frac{485\times0.217}{9.81\times25.03}=0.42$$

（3）计算水锤压力。设关闭阀门的时间 $T_s=15s$，按式（5－44）计算供水管水锤压力：

水库处于死水位时：

$$H_{max}=H_c+\frac{H_c}{2}\times\frac{T_b}{T_s}\left[\frac{T_b}{T_s}+\sqrt{4+\left(\frac{T_b}{T_s}\right)^2}\right]$$

$$=19.03+\frac{25.33}{2}\times\frac{0.42}{15}\left[\frac{0.42}{15}+\sqrt{4+\left(\frac{0.42}{15}\right)^2}\right]=26.05m$$

水库处于正常水位时：

$$H_{max}=25.33+\frac{25.33}{2}\times\frac{0.42}{15}\left[\frac{0.42}{15}+\sqrt{4+\left(\frac{0.42}{15}\right)^2}\right]=26.05m$$

计算表明，不论水库处于死水位还是处于正常水位，水锤压力均小于管道承压能力0.63MPa，不需采用防止水锤破坏措施。

十五、系统设备配套设计

上面系统布置已确定了系统各种设备布置方案，这里的任务是确定各种设备的配套规格。

1．首部过滤器

①砂粒离心分离器采用12″；②2个筛网过滤器6″100目；③肥料罐500L。

2．安全调节设备

①供水管上端进排气阀1个4″；②水泵后进排气2″各1个，共2个；③干管D处3.5″闸阀1个；④支管进口1.5″球阀＋1.5″压力调节阀各1套共18套；⑤支管末端各1个1.5″球阀1个。

十六、材料设备计划

（略）

十七、工程费用概算

（略）

十八、设计总图

小管出流灌溉设计见图15－7。

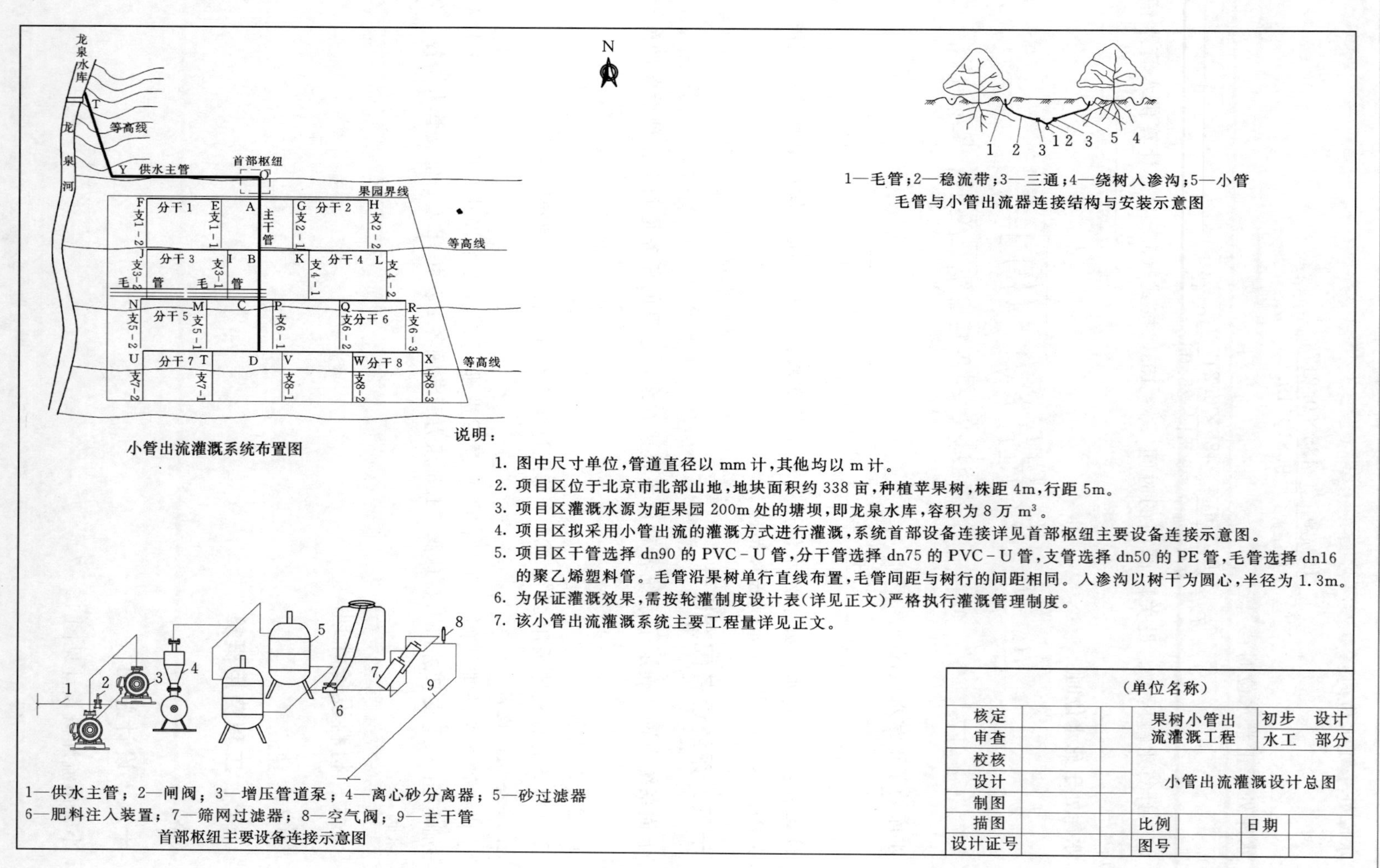

图 15-7　小管出流灌溉设计总图

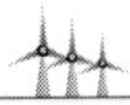

第七节　蔬菜微喷灌工程设计案例

一、基本资料

1. 地理位置

项目区位于厦门市东北，距市区约25km。

2. 气候

项目区属于亚热带海洋气候，温和多雨，夏无酷暑，冬无严寒。年平均气温20.8℃，最高的7月、8月，月平均气温28.3℃，最低的2月，月平均气温12.5℃。平均年降水量1181.0mm，5～10月为雨季，平均年降水天数为129天。常风向为东北方向（9～3月），东南风次之（4～8月），6～10月为台风季节，7～9月台风对生产影响较大 。潮汐属正规半日潮型，平均高潮位5.46m，平均低潮位1.41m，平均潮差3.99m。

3. 作物

项目区种植胡萝卜，总面积20hm²（300亩），南北长500m，东西宽400m。据调查，采用微喷灌胡萝卜产量高，质量好，一般可达70000kg/hm²（4650kg/亩）以上，个大而均匀，受到收购商欢迎。地面漫灌的胡萝卜，产量超不过40000kg/hm²（2650kg/亩），且大小不均，价格低。

当地胡萝卜种植方式为畦播，中秋播种，来年2月、3月开始收获，至4月结束。此期间当地正处于旱季，降雨甚少，必须经常灌水，保证胡萝卜正常生长。

4. 地形

项目区地面形状基本为矩形，东西350m，南北571m。地面基本平坦。

5. 土壤

项目区土壤为中等透水性的粘壤土，土层厚度80～100cm，保水、保肥力良好。根据实地调查和测定，土壤干容重1.55g/cm³，孔隙率45%，入渗率25mm/h，田间持水率为30%。

6. 水源与灌溉条件

当地地下水埋藏浅，一般为1～2m，水质良好，适于灌溉。过去蔬菜基本是分散经营，几十亩地挖一个小水池集蓄地下水灌溉，效率低，胡萝卜浇水不及时，且水池占地面积大。现采用集体经营统一规划，以提高灌溉效率，节约水池占地面积，提高土地利用率。据实测，静水位以下，动水位下降值与单位池壁面积出水量的关系如下：

动水位下降值（m）	0.5	1.0	1.5	2.0	2.5	3.0	3.5
池壁出水量［m³/(h·m²)］	0.6	1.5	2.2	2.8	3.5	4.2	5.2

二、设计标准与基本设计参数的确定

1. 设计标准

根据当地自然和经济条件，经分析，决定该胡萝卜种植区采用微喷灌，以增加产量，提高质量，提高经济效益。微喷灌系统采用85%保证率作为设计标准。

2. 设计基本参数的确定

根据《微灌工程技术规范》(GB/T 50485—2009) 的规定，考虑当地实际条件，确定本种植区微喷灌系统设计基本参数如下：

(1) 设计胡萝卜微喷灌耗水强度 $E_d=4.5$mm/d。

(2) 设计土壤湿润比 $P=100\%$。

(3) 设计（期望）灌水均匀系数 $C_u=0.95$，设计灌水小区微喷头允许最大流量偏差率 $[q_v]=20\%$。

(4) 设计土壤湿润层深度 $z_d=0.4$m。

(5) 设计灌溉水利用系数 $\eta=0.85$。

(6) 设计灌溉系统日工作小时数 $C=16$h。

三、种植区划分

本种植区总面积 20hm²，南北长 500m，东西宽 400m。到为了便于管理、节约微喷灌工程费用，决定将全区划分为 3 个种植分区，种植分区之间设一条 5m 宽田间道路，种植区东西两侧各设一条 8m 宽交通道。每个种植分区东西净长 400－2×8＝384m，南北净宽＝(500－2×5)/3＝163(m)，合面积 6.27hm² (94 亩)。区划图见案例图 15-7-1。

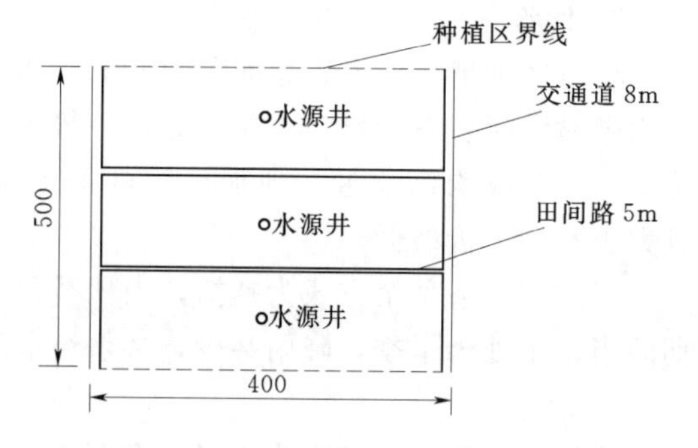

案例图 15-7-1　种植区规划图（单位：m）

四、水源工程规划

根据设计基本资料，当地地下水埋深小，水量充沛，水质适合灌溉，并考虑当地灌溉习惯，同时为了提高灌溉效率和土地利用率，决定填平废除原有小水池，在每一种植分区中心修建一个大口水井，汇集提取地下水独立灌溉。

五、微喷头的选择

经比较分析，选用“RONDO XL”旋转式微喷头，水力性能如下：

喷嘴直径 d /mm	工作压力 /kPa	公称流量 /(L/h)	喷洒半径（高度 25cm） /m	流量压力关系 q/(L/h) h/m
2.0	200	210	7.0	$q=50.169h^{0.481}$

从节约灌溉成本考虑，采用设计工作水头 $h_d=15$m，该微喷头设计流量：

$$q_d=50.169h_d^{0.481}=50.169\times15^{0.481}=184.6\text{L/h}$$

六、毛管允许最大长度计算

1. 计算灌水小区微喷头最大工作水头差

按基本设计参数，微喷头允许最大流量偏差率 $[q_v]=0.2$，由式 (15-5) 计算灌水小区微喷头最大工作水头偏差率：

$$[h_v]=\frac{[q_v]}{x}\left(1+0.15\frac{1-x}{x}[q_v]\right)=\frac{0.2}{0.481}\left(1+0.15\frac{1-0.481}{0.481}0.2\right)=0.43$$

灌水小区微喷头允许最大工作水头差为：

$$[\Delta h]=[h_v]h_d=0.43\times15=6.45\text{m}$$

2. 灌水小区允许压力差在支、毛管的分配

灌水小区允许最大压力差在支、毛管的分配采用 1∶1，即 $\beta_{支}=\beta_{毛}=0.5$，则毛管允许最大孔口最大工作水头差为：

$$[\Delta h_{毛}]=\beta_{毛}[\Delta h]=0.5\times6.45=3.23\text{m}$$

3. 选择毛管直径

查《灌溉用塑料管材和管件基本参数及技术条件》（GB/T 23241—2009），采用低密度聚乙烯管承压力 0.4MPa 外径 $d_n=25$mm，内径 $D_{毛}=21.2$mm。

4. 计算毛管最大孔口数

计算条件：沿毛管地面坡度 $J_{毛}=0$；毛管内径 $D_{毛}=21.2$mm；毛管孔口间距 $S_{毛}=7$m；设计毛管孔口（微喷头）流量 $q_d=184.6$L/h；毛管孔口允许最大工作水头差 $[\Delta h_{毛}]=3.23$m。

（1）计算毛管水力坡度比。由式（5－28）计算毛管水力坡度比：

$$r_{毛}=\frac{J_{毛}\ D_{毛}^{4.75}}{0.556q_d^{1.75}}=0$$

（2）计算毛管最大孔口数。由式（15－12）计算毛管最大孔口数：

$$N_{m毛}=\text{INT}\left[\left(\frac{4.95[\Delta h_{毛}]D^{4.75}}{S_{毛}\ q_d^{1.75}}\right)^{0.364}+0.52\right]$$

$$=\text{INT}\left[\left(\frac{4.95\times3.23\times21.2^{4.75}}{7\times184.6^{1.75}}\right)^{0.364}+0.52\right]=10$$

（3）计算毛管最大长度：

$$L_{m毛}=S_{毛}(N_{m毛}-1)+0.5S_{毛}=7(10-1)+0.5\times7=66.5\text{m}$$

七、系统布置

如上所述，项目区分成 3 个种植分区，且面积、形状、水源井布置相同，因此只要以一分区为代表进行设计即可。种植分区微喷灌系统布置见案例图 15－7－2。首部枢纽设于水源井上面，内设一个 80 目筛网过滤器和一套肥料注入装置，以及一个逆止阀和一个控制阀门；从首部枢纽开始，东西向各布置 1 条干管，干管两侧南北向各布置 2 对支管，支管两侧东西向布置毛管，喷头间距 7m，采用矩形组合布置。干管、支管、毛管实际布置参数计算如下：

毛管长度：$L_{毛}=\frac{192}{2\times2}-\frac{7}{2}=44.5$m

支管间距：$B_{支}=\frac{192}{2}=96$m

支管长度：$L_{支}=\frac{163}{2}-\frac{7}{2}=78$m

一条支管毛管对数：$N_{支}=\frac{78}{7}=11$

支管孔口间距：$S_{支}=\frac{78}{11}=7\text{m}$

一条毛管喷头数：$N_{毛}=\frac{44.5}{7}+0.5=7$

干管长度：$L_{干}=192-\frac{192}{4}=144\text{m}$

每个种植分区微喷灌系统布置见案例图 15-7-2。

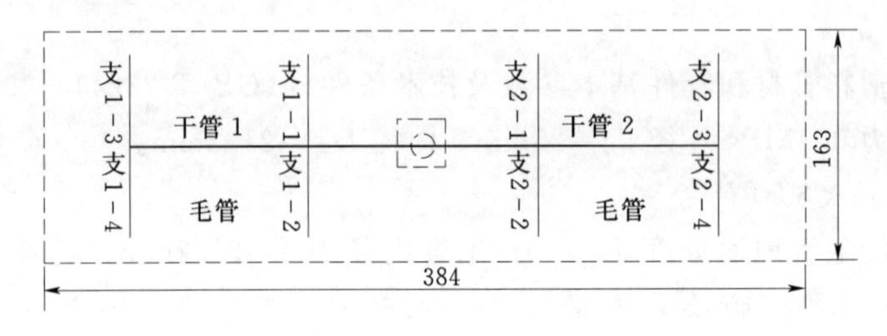

案例图 15-7-2　微喷灌系统布置图（单位：m）

八、喷洒强度计算

$$\rho=\frac{q_d}{S_{毛}\ S_{支}}=\frac{184.6}{7\times 7}=3.8\text{mm/h} \text{ 小于土壤入渗强度 } 25\text{mm/h}$$

九、设计灌溉制度的确定

1. 计算设计灌水定额

由基本资料，土壤孔隙率占土壤体积 45%，计划土壤湿润层深度 $z_d=0.4\text{m}$，土壤湿润比 $p=100\%$；取土壤适宜含水量上限为孔隙率 80%，则按体积比的适宜土壤含水率 $\beta_{max}=0.8\times 45\%=36\%$；土壤适宜含水量下限为孔隙率 70%，则土壤适宜含水率下限为 $\beta_{min}=0.70\times 45\%=31.5\%$。按式（4-1）计算设计灌水定额：

$$m_d=0.1zp(\beta_{max}-\beta_{min})/\eta=0.1\times 0.4\times 100(36-31.5)/0.85=21.2\text{mm}$$

2. 确定设计灌水周期的

设计灌水周期由下式计算确定：

$$T_d=\frac{m_d}{E_d}\eta=\frac{21.2}{4.5}\times 0.85=4\text{d}$$

3. 计算一次灌水延续时间

设计一次灌水延续时间计算如下：

$$t_d=\frac{m_d}{\rho_d}=\frac{21.2}{3.7}=5.7\text{h}$$

十、支管、毛管水力计算

1. 毛管水力计算

(1) 计算毛管水力坡度比。毛管平坡布置，$J_{毛}=0$，水力坡度比 $r_{毛}=0$。

(2) 确定毛管最大、最小工作水头孔口位置，因为 $J_{毛}=0$：

最大工作水头孔口位于上端首号 $i_{\max}=N_{毛}$；

最小工作水头孔口位于末端号 $i_{\min}=1$。

(3) 计算毛管孔口最大工作水头差 $\Delta h_{\max毛}$ 和最大工作水头偏差率 h_v。

引用式（15-24b）计算毛管孔口最大工作水头差：

$$\Delta h_{\max毛}=\frac{0.556S_{毛}\ q_d^m}{D^{4.75}}\left[\frac{(N_{毛}-0.52)^{2.75}}{2.75}-r_{毛}(N_{毛}-1)\right]$$

$$=\frac{0.556\times7\times184.6^{1.75}}{21.4^{4.75}}\left[\frac{(7-0.52)^{2.75}}{2.75}\right]=1.07\text{m}$$

毛管孔口最大工作水头偏差率为：

$$h_{v毛}=\frac{\Delta h_{\max毛}}{h_d}=\frac{1.07}{15}=0.0713$$

2. 支管水力计算

(1) 确定支管直径。

①灌水小区毛管孔口允许最大工作水头差 $[\Delta h]=6.45\text{m}$，则支管孔口允许最大工作水头差：

$$[\Delta h_{支}]=[\Delta h]-\Delta h_{\max毛}=6.45-1.07=5.38\text{m}$$

②由基本资料，支管坡度 $J_{支}=0$，按公式（15-33b）计算支管直径。

$$D_{支}=\left[\frac{0.556S_{支}\ N_{毛}^{1.75}\ q_{d支口}^{1.75}(N_{支}-0.52)^{2.75}}{2.75[\Delta h_{支}]}\right]^{\frac{1}{4.75}}$$

$$=\left[\frac{0.556\times7(2\times7\times184.6)^{1.75}(11-0.52)^{2.75}}{2.75\times5.38}\right]^{\frac{1}{4.75}}=53.18\text{mm}$$

查《灌溉用塑料管材和管件基本参数及技术条件》(GB/T 23241—2009)，采用低密度聚乙烯管承压力 0.4MPa 外径 $d_n=63\text{mm}$，内径 $D_{支}=53.6\text{mm}$。

(2) 计算支管进口工作水头。

1) 计算支管水力坡度比 $r_{支}$：

$$J_{支}=0 \qquad r_{支}=0$$

2) 确定支管最大工作水头孔口位置。$J_{支}=0$，支管最大工作水头孔口号 $i_{\max支}=N_{支}=11$；最小工作水头孔口号 $i_{\min支}=1$ 。

3) 计算支管孔口最大工作水头差。引进式（5-33b）计算支管孔口最大工作水头差：

$$\Delta h_{max支}=\frac{0.556S_{支}(2N_{毛}\ q_d)^{1.75}}{D_{支}^{4.75}}\left[\frac{(N_{支}-0.52)^{2.75}}{2.75}-r_{支}(N_{支}-1)\right]$$

$$=\frac{0.556\times7(2\times7\times184.6)^{1.75}}{53.6^{4.75}}\left[\frac{(11-0.52)^{2.75}}{2.75}\right]=5.26\text{m}$$

4）计算支管孔口最大工作水头偏差率：

$$h_{v支}=\frac{\Delta h_{max支}}{h_d}=\frac{5.26}{15}=0.351$$

5）计算灌水小区毛管孔口最大工作水头偏差率：

$$h_v=h_{v毛}+h_{v支}=0.071+0.351=0.422$$

6）计算毛管和灌水小区微喷头流量偏差率。按式（15－48）和式（15－49）分别计算毛管和灌水小区出流器流量偏差率：

$$q_{v毛}=\frac{\sqrt{1+0.6(1-x)h_{v毛}}-1}{0.3}\times\frac{x}{1-x}=\frac{\sqrt{1+0.6(1-0.481)0.0713}-1}{0.3}\times\frac{0.481}{1-0.481}=0.034$$

$$q_v=\frac{\sqrt{1+0.6(1-x)h_v}-1}{0.3}\times\frac{x}{1-x}=\frac{\sqrt{1+0.6(1-0.481)0.422}-1}{0.3}\times\frac{0.481}{1-0.481}=0.197$$

7)计算支管水头损失引起的支管孔口流量偏差：

$$q_{v支}=q_v-q_{v毛}=0.197-0.034=0.163$$

8）计算灌水小区最大毛管孔口平均流量和最大孔口工作水头。由式（15－51）和式（15－52）分别计算灌水小区最大毛管平均流量和最大出水器工作水头：

$$q_{amax}=(1+0.65q_{v支})q_d=(1+0.65\times0.163)184.16=204.16\text{L/h}$$

$$h_{max}=(1+0.65q_{v毛})^{\frac{1}{x}}(1+0.65q_{v支})^{\frac{1}{x}}h_d$$

$$=(1+0.65\times0.034)^{\frac{1}{0.481}}\times(1+0.65\times0.163)^{\frac{1}{0.481}}\times15=19.25\text{m}$$

9）计算支管进口工作水头。因为灌水小区最大工作水头位于支管 $N_{支}$ 号孔口毛管上的第 $N_{毛}$ 号孔口，按式（15－53）计算支管进口工作水头：

$$H_{0支}=h_{max}+\frac{0.556S_{N_{毛}}(N_{毛}\ q_{amax})^{1.75}}{D_{毛}^{4.75}}-J_{毛}\ S_{N_{毛}}+\frac{0.556S_{N_{支}}(2N_{支}\ N_{毛}\ q_d)^{1.75}}{D_{支}^{4.75}}-J_{支}\ S_{N_{支}}$$

$$=19.25+\frac{0.556\times7(7\times204.16)^{1.75}}{21.4^{4.75}}+\frac{0.556\times7(2\times11\times7\times184.6)^{1.75}}{53.6^{4.75}}=21.35\text{m}$$

十一、系统工作制度与流量的确定

1. 确定系统工作方式

根据实际条件和当地管理水平，决定本系统采用轮灌方式。

2. 计算轮灌组数

由系统日工作小时数 $C=16\text{h}$，设计灌水周期 $T_d=4\text{d}$，设计一次灌水延续时间 $t_d=5.7\text{h}$，按式（4－10）计算轮灌组数：

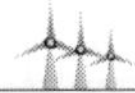

$$N_{\max}=\frac{CT_d}{t_d}=\frac{16\times4}{5.7}=11$$

根据本系统布置实际情况，决定分成8个轮灌组，即一条支管（一个灌水小区）为一组。

3. 计算系统流量和各级管道流量

设计条件下，各轮灌组工作时，系统和干管流量均为：

$$Q_d=N_{支}\ N_{毛}\ q_d=11\times7\times184.6=14214.2\text{L/h}$$

十二、干管水力计算

1. 选择管材和直径

采用低压聚乙烯管材作干管，查《灌溉用塑料管材和管件基本参数及技术条件》(GB/T 23241—2009)，采用低密度聚乙烯管承压力0.63MPa外径 $d_n=75$mm，内径 $D_{干}=58.8$mm。

2. 计算水头损失

干管设计流量 $Q_d=14.21\text{m}^3/\text{h}$，长度 $L=144$m，查表4－2，$f=0.898\times10^5$，$m=1.75$，$b=4.75$。并取局部损失加大系数 $k=1.05$，按式（5－4）计算干管水头损失：

$$\Delta H_{干}=kf\frac{Q^m}{D^b}L_{干}=1.05\times0.898\times10^5\ \frac{14.21^{1.75}}{58.8^{4.75}}144=5.56\text{m}$$

3. 计算干管进口工作水头

设计干管进口工作水头等于支管进口工作水头与干管水头损失之和：

$$H_{0干}=H_{0支}+\Delta H_{干}=21.47+5.56=27.03\text{m}$$

$H_{0干}$的1.5倍小于选用管材乘，承压能力0.63MPa，满足要求。

十三、水源工程设计

取大口井直径 $d=3$m，地下水静水位埋深 $h_0=1.5$m，下降值 $\Delta h=1.5$m时出水量 $q=2.2\text{m}^3/(\text{h}\cdot\text{m}^2)$。按水量平衡原理，计算大口井最小深度如下：

$$H_{\min}=h_0+\Delta h+\frac{Q_d}{\pi dq}=1.5+1.5+\frac{14.21}{\pi\times3\times1.5}=4\text{m}$$

考虑井底淤积厚度及水泵低阀淹没深度，增加深度 $\Delta H=1.0$m，则水井深度：

$$H=H_{\min}+\Delta H=4+1.0=5.0\text{m}$$

十四、选择水泵型号

1. 计算水泵扬程

水泵扬程包括：干管进口工作水头 $H_{0干}=27.03$m；首部枢纽与干管连接段管道水头损失 $\Delta H_{连}$取0.5m；过滤器和肥料注入装置水头损失 $\Delta H_{首部}$取5m；水泵吸水管水头损失 $\Delta H_{吸}$取0.5m；动水位与地面高差 $\Delta z=1.5+1.5=3$m。计算如下：

$$H_d=H_{0干}+\Delta H_{连}+\Delta H_{首}+\Delta H_{吸}+\Delta z=27.03+0.5+5+0.5+3=36.03\text{m}$$

2. 水泵选型

根据设计条件下系统流量和扬程的要求，选用潜水电泵QX，流量 $Q=15\text{m}^3/\text{h}$，扬程

$H=45\mathrm{m}$。

十五、水锤计算

本种植区划分成3个分区，各自建立灌溉系统，独立运行，并采用人工操作，考虑到系统较小，在一般情况下，不易发生破坏性水锤。因此，本设计不进行水锤计算。

十六、基本设备材料统计与投资概算

（略）

第八节 日光温室“水肥气热一体化”滴灌系统设计案例

“水肥气热一体化”滴灌系统是针对保护地作物实施的一种调控生长环境的技术，目的是获得更高的产量、更好的品质和更大的经济效益。

“水肥气热一体化”滴灌系统中，“水”指的是灌溉系统，“肥”指的是精准配方自动施肥系统，“气”指的是施气系统，“热”指的是调温系统。其中，“气”和“肥”将随着“水”按不同浓度要求定时输送到植物根部，本系统中拟定采用的“热”为可单独控制系统，因此“水”为本次设计的主要对象，设计以《微灌工程技术规范》（GB/T 50485—2009）为主要依据。“肥”、“气”和“热”等部分的设计将在“系统设计”中分别详细说明。

一、基本资料

1. 地理位置

项目区位于北京市通州区潞城镇，占地面积53亩，距通燕高速和北京东六环高速出入口约5km。

2. 气候条件

项目区为典型的暖温带半湿润大陆性季风气候，四季分明。夏季炎热多雨，冬季寒冷干燥，春、秋短促。年平均气温11.5℃，多年平均降水量为516.4mm。年平均无霜期209d，年平均日照总时数2772h，太阳辐射量为565kJ/cm^2。日照充足，多年最大冻土层深度为0.8m。平均风速2.60m/s，风向变化显著。

3. 种植情况

项目区地势平坦，地块呈矩形，东西宽177m，南北长201m，面积约53亩。一条3m宽的田间生产道路纵贯园区，连接所有日光温室，生产管理及交通运输极为方便。项目区日光温室布置见案例图15-8-1。

项目区现有日光温室20栋，温室外墙长70m，宽8m，温室内全部种植草莓。日光温室草莓一般在8月中下旬定植，第二年1月中旬至5月底采收。6～8月，空棚期间，日光温室内拟种植叶菜。

日光温室草莓种植模式见案例图15-8-2，为小垄双行种植，采用20cm高的控根容器内填草炭、珍珠岩和蛭石混合而成的基质起垄，垄宽30cm，垄间间隔45cm，每垄上种植两行草莓，行距20cm，株距18cm。种植叶菜时，每垄上种植一行，株距15cm。

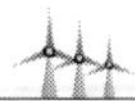

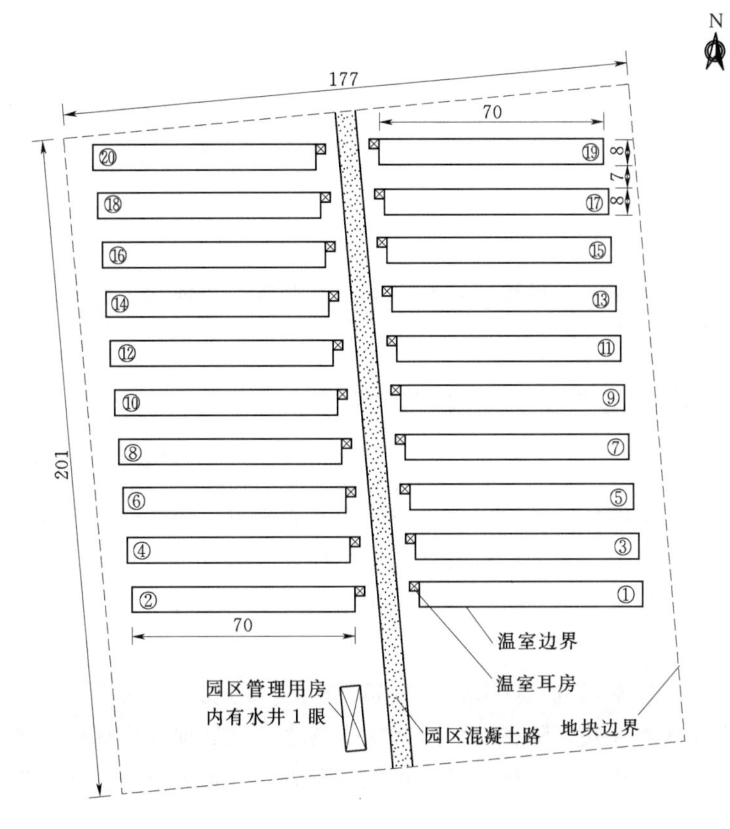

案例图 15-8-1　项目区日光温室布置图（单位：m）

①～⑳表示温室编号

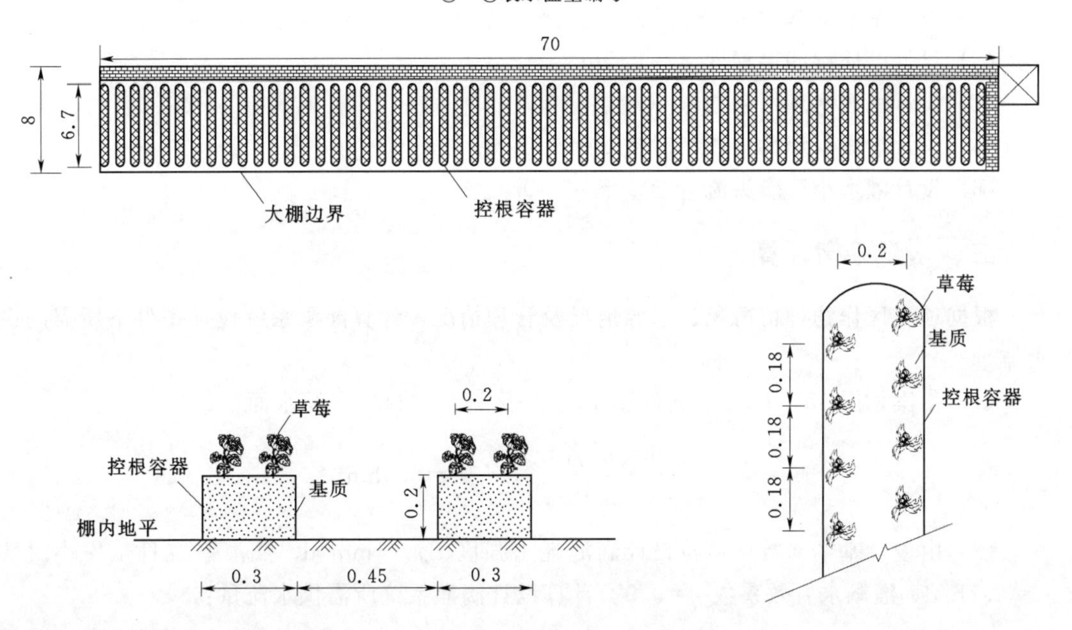

案例图 15-8-2　草莓种植模式示意图（单位：m）

4. 灌溉条件

项目区南侧管理房内现有机井 1 眼，井深约 50m，出水量约 $20m^3/h$，动水位 25m，使用中发现小颗粒砂石较多，抽水化验结果显示项目区水质满足《农田灌溉水质标准》（GB 5084—2005）要求。但铁、锰含量比饮用水水质标准要求高出 17 倍，易造成管道内铁元素氧化沉淀，堵塞灌水器。

5. 运行管理

项目区日光温室为企业管理模式，在配套“水肥气热一体化”滴灌系统后，企业将安排专人对该系统进行管理和维护。

二、设计标准与基本设计参数的确定

1. 设计标准

项目区叶菜仅在空棚期间种植，生长季较短，管理较为粗放，不作为设计依据。草莓生长季较长，产品经济效益较大，对管理要求严格，故以草莓为主要设计对象。根据当地自然和经济条件，经分析确定项目区滴灌系统采用 90%保证率作为设计标准。

2. 设计基本参数

根据《微灌工程技术规范》（GB/T 50485—2009）的规定，项目区暂无实测资料，根据当地实际条件和灌水经验，除在定植时浇 1 次透水，此后地表应保持“湿而不涝，干而不旱”的状态，故本工程设计采用高频小量的灌溉方式，每天早晚各灌 1 次，本工程滴灌系统设计基本参数如下：

（1）草莓滴灌耗水强度 $E_d=4mm/d$。

（2）设计基质湿润比 $p=80\%$。

（3）设计基质湿润层深度 $z_d=0.2m$。

（4）设计灌溉水利用系数 $\eta=0.9$。

（5）设计灌溉系统日工作小时数 $C=2.7h/d$。

（6）设计灌水小区滴头流量偏差率 $q_v=0.1$。

三、水量平衡计算

根据项目区作物种植情况、水源情况及管理情况，计算灌溉系统设计条件下所需的供水流量。

（1）由案例图 15-8-1 和案例图 15-8-2 计算项目区净灌水面积：

$$A=\frac{20\times6.7(70-1.3)}{10000}=0.9hm^2$$

（2）由设计基本参数，草莓设计滴灌耗水强度 $E_d=4mm/d$，滴灌系统日工作小时数 $C=2.7h/d$，灌溉水有效系数 $\eta=0.9$。计算设计滴灌系统所需供水流量：

$$Q_d=\frac{10E_dA}{C\eta}=\frac{10\times4\times0.9}{2.7\times0.9}=14.8m^3/h$$

由基本情况知，项目区有1眼50m深的机井，动水位25m时，出水量$20m^3/h$，可满足灌溉供水要求。

四、灌水器选择

考虑到项目区倒茬前后种植的作物不同，种植模式不同，为保证灌溉效果，灌水器拟选择出水量为2L/h的滴头（工作压力为0.1MPa，滴头流态指数$x=0.4788$），配套一出四分水器和滴箭。滴头上安装一出四分水器，分水器另一端接分流管，分流管末端接滴箭，滴箭头插到作物根部。灌水器组装连接方式见案例图15-8-3。

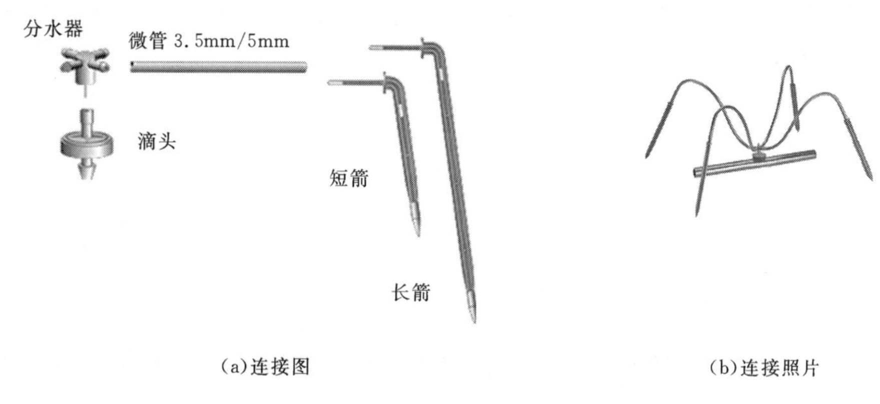

案例图15-8-3　灌水器组装连接方式图

五、系统设计

1. 系统总体方案设计

根据本项目设计目标实际条件，采用“水肥气热一体化”滴灌系统。它是一种以滴灌系统为主体，连接水质净化系统、施肥系统、施气系统和调温系统，形成根据温室内外环境条件的变化，为作物生长创造最适宜的水分、养分、空气和温度的综合系统。其设备连接方式见案例图15-8-4。

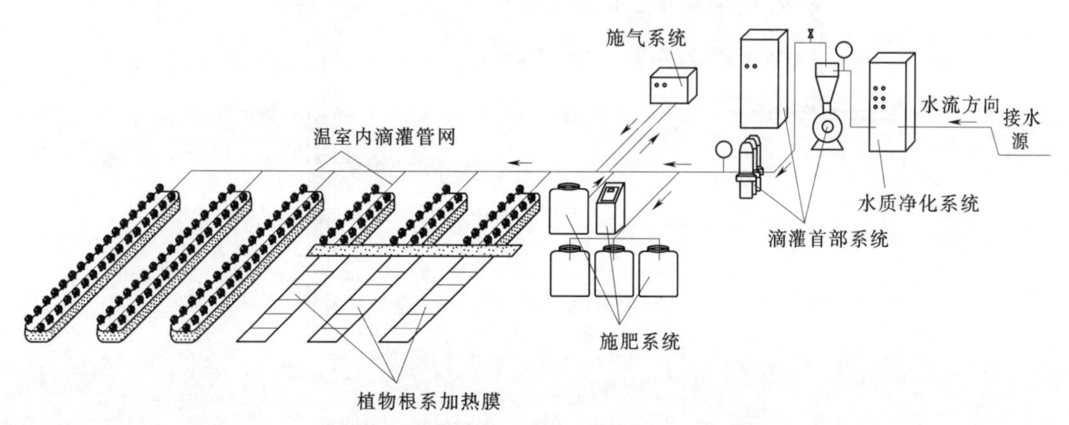

案例图15-8-4　“水肥气热一体化”滴灌系统设备连接组装示意图

2. 首部工程设计

系统首部是该"水肥气热一体化"滴灌系统的核心，包括水源工程、首部枢纽、控制系统等。

(1) 水源工程。项目区现有机井1眼，井深50m，出水量约20m³/h，动水位25m。配套抽水加压潜水泵1套。

(2) 首部水质净化系统。经分析确定，本设计利用臭氧的超氧化能力，在锰砂的催化下，起到氧化二价铁锰的作用，经锰砂过滤器除去超标的铁锰，净化水质。

系统首部设二级铁锰过滤，将原水提升至地面后，经管道输送至铁锰过滤罐，在锰砂催化下经臭氧氧化，再通过过滤器，有效地去除水中的铁锰离子，然后进入灌溉系统。工艺流程见案例图15-8-5。

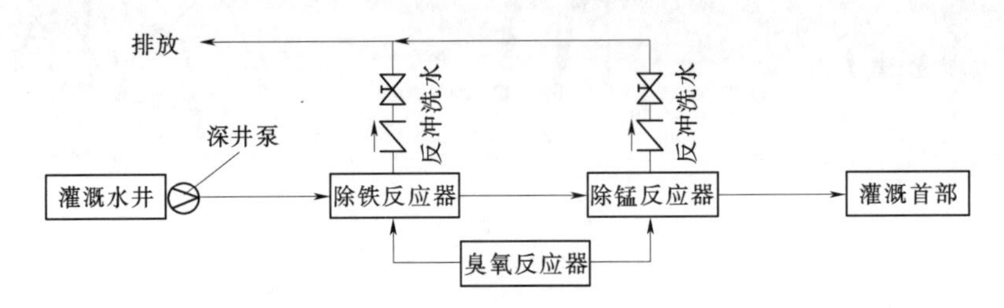

案例图15-8-5 去除铁锰离子工艺流程简图

(3) 滴灌首部设备。滴灌系统首部设备包括：逆止阀、压力表、离心过滤器、空气阀、叠片过滤器、水表、蝶阀等。其作用是从水源井取水加压，经过滤处理后输送进管网，担负着整个灌溉系统的加压、供水、过滤、量测和调节任务，是全系统的控制调配中心。其设备组装见案例图15-8-6。

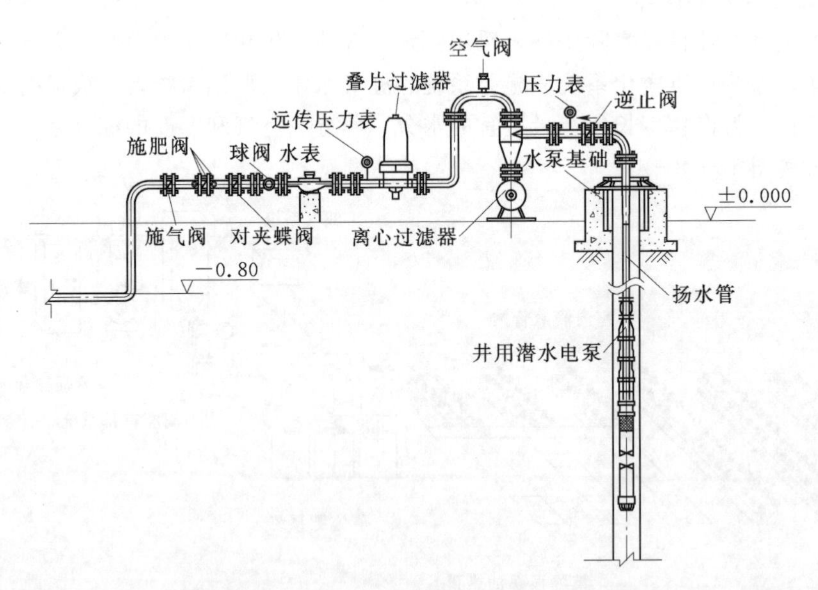

案例图15-8-6 滴灌系统首部设备组装图

根据首部组装设计，井房净空尺寸为4m×8m，采用地面式砖混结构，外墙为

240mm。屋面为现浇钢筋混凝土，排水方式为自由式排水。井房内地面为水泥地面。为防止井房内积水流入井内，井口高出井房地面0.3m。考虑到泵的检修问题，在井房的屋面上布置一个提升孔，方便水泵的检修。井房室内地面与踢脚均选用水泥材质；内墙面设计为石灰砂浆15mm厚刷白。外墙面设计为清水墙刷白，挑檐使用蓝色涂料粉刷。

(4) 控制系统。本工程自动控制系统由井房内自动控制和轮灌自动控制两部分组成。

井房内自动控制的功能：根据灌溉制度要求的水泵开启及关闭时间编程，通过控制器按程序定时启动与关闭水泵。本工程采用变频器控制潜水泵，可根据灌溉管道干管出水压力的变化自动调整潜水泵的转速，进而调整潜水泵的出水流量，实现恒压供水，避免潜水泵出水压力大于需用水压和供水压力过低，实现灌溉系统的节水节能，并且能够实现潜水泵的软启动和软停止，减少水锤对管道和水泵的破坏，延长设备的寿命。在井房内设置一台变频动力箱，落地安装。变频动力箱内安装配电设备和变频器等。同时，在井房内出水干管上设置远传压力表。

轮灌组自动控制的功能：根据灌溉开始时间、灌水延续时间、轮灌制度等基本参数编制程序，并将程序存入控制器。控制器按设定的程序向电磁阀发出信号，开启阀门进行灌溉。

自动反冲洗过滤器组的功能是当过滤器的滤芯过脏时，控制器根据压差感应器的信号反馈，对电磁阀发出指令，将连接过滤器上的反冲洗阀门打开，水流逆转，将吸附在滤芯上的污物冲洗干净。

井房低压配电系统采用TT接地系统方式，井房电气设备的保护接地电阻$R\leqslant 4\Omega$，电气设备的保护接地装置尽量利用金属井壁等自然接地体，同时在井房外围设置人工接地体。利用井房内可导电金属物、PE保护线、进出建筑物的金属管道及接地母线等做等电位联结。

由于井房地处旷野，为保证安全，可按照第三类防雷建筑物设置防雷措施，沿井房屋顶周边敷设一圈避雷带，避雷带通过避雷引下线与防雷接地装置可靠连接，防雷接地装置和电气保护接地装置共用。

3. 管网设计

根据项目区实际情况布置管网，分为4级管道，即干管、分干管和温室内支管、毛管。干管和分干管埋于地下0.8m。干管选用dn63的PVC-U管，从机井引水，向分干管分水；分干管选用dn63的PVC-U管，向温室分水，由一根dn40的PVC-U连接管伸入到温室与温室内首部连接，支管与温室内首部连接，沿温室种植地边布置。滴灌系统输水管网布置见案例图15-8-7。

在每条支管的低洼处设1个泄水井，用来在冬季及非灌溉时期排空管道内积水。泄水井采用树脂检查井，井盖采用树脂承重井盖，井底铺设厚100mm卵石垫层。泄水井井口直径为600mm，井桶直径为1.2m，井深1.2m。

4. 温室内首部

在每栋大棚内的支管进口处安装一套棚内首部，由水表、筛网过滤器、压力调节器等组成，棚内首部安装见案例图15-8-8。

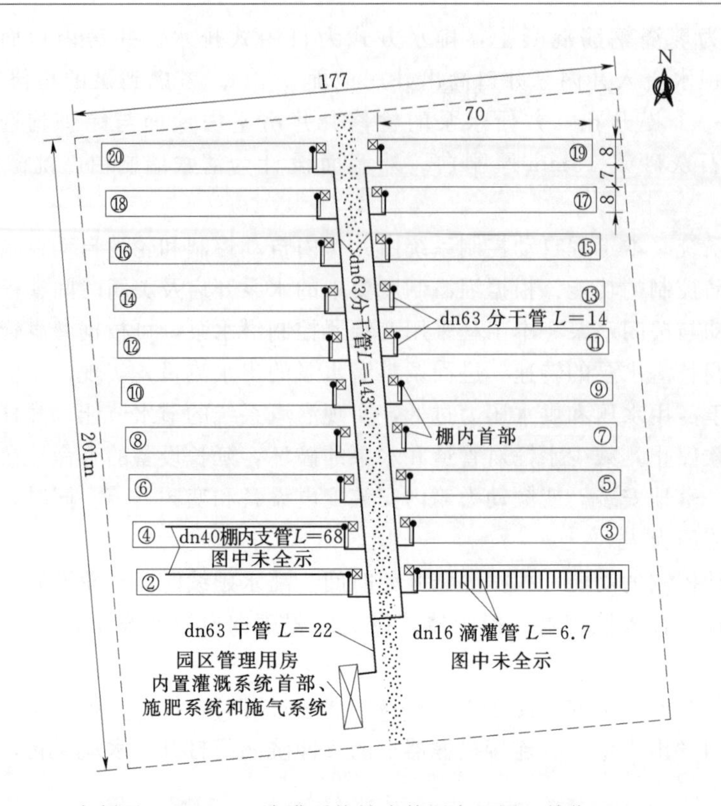

案例图 15-8-7 滴灌系统输水管网布置图（单位：m）

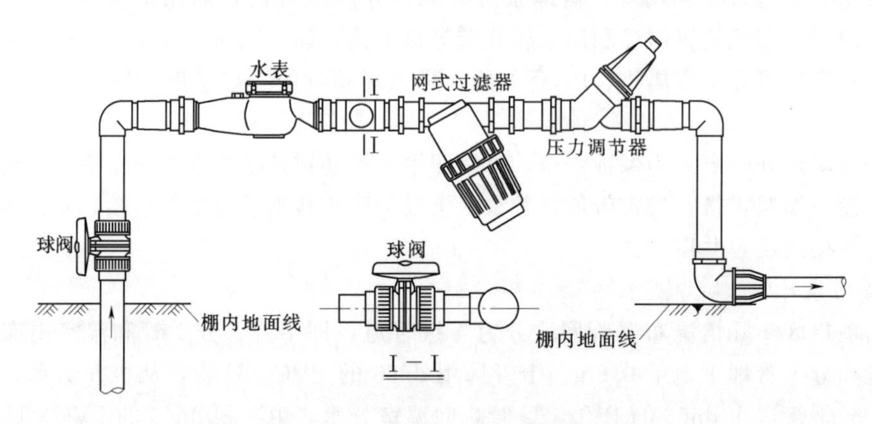

案例图 15-8-8 棚内首部安装示意图

支管入口安装压力调节器，一条支管为一个灌水小区，可以有效地保证灌水小区内的灌水器流量偏差率达到规范要求范围内。

5. 温室内灌水小区

温室内支管、毛管和灌水器组成一个灌水小区，是滴灌系统基本灌水单元。支管采用 dn40PE 管，沿种植地块长方向铺设在地表，毛管采用 dn16PE 塑料管，沿作物种植方向垂直支管铺设，每垄草莓铺设一条毛管，每隔 0.36m 安装一个组灌水器。将分水器的四个滴箭分别插入到四株植物根部。灌水小区布置见案例图 15-8-9。

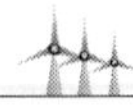

dn40 棚内支管 L=68m

棚内首部

接分干管

dn16 滴灌管 L=6.7m

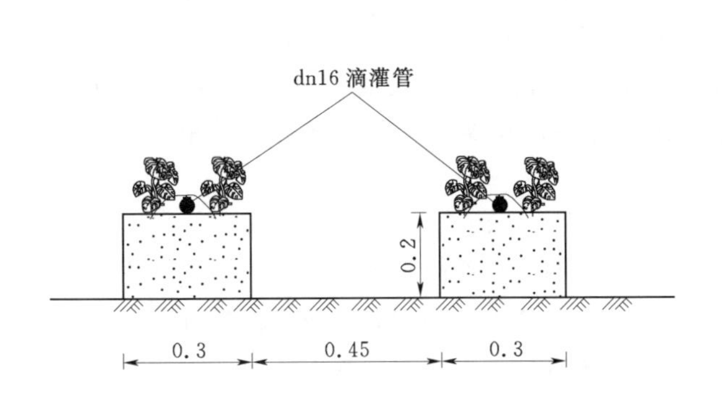

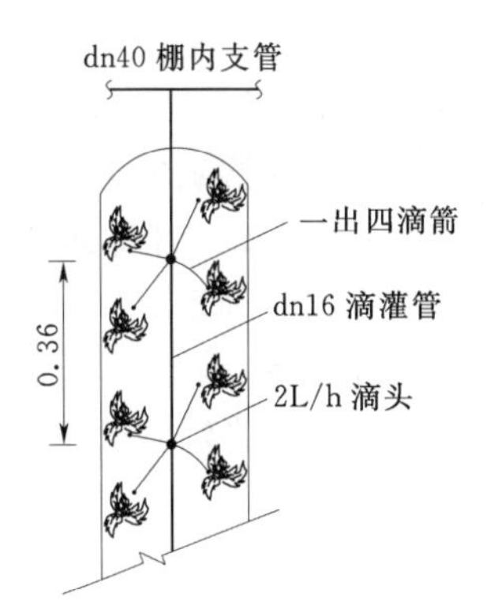

案例图 15-8-9 棚内管网布置方案示意图（单位：m）

6. 施肥系统

施肥系统置于管理房内，与滴灌系统首部设备连接，在灌溉过程中将配肥桶中的肥料注入滴灌系统，随管网输送到田间。

施肥系统由 3 个液肥桶和 1 个混合桶组成，控制器发出指令，把液肥按不同配比输入到混合桶中，并加水稀释到一定浓度，待用。（具体配肥方法在“计算肥料浓度”中详细说明）。施肥系统工艺流程见案例图 15-8-10。

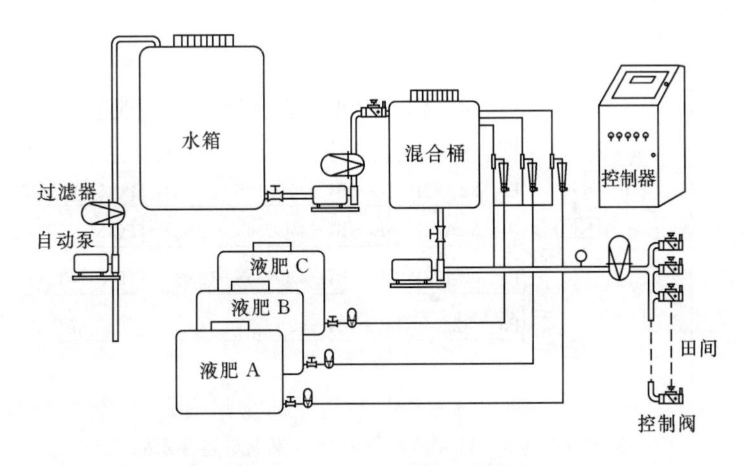

案例图 15-8-10 施肥系统流程图

该施肥系统的应用特点主要有：

（1）节省肥料：根据需要配方施肥，没有浪费。

（2）保护环境：没有肥料污染土壤。

（3）精准配肥：在不同作物的不同生长时期可施配不同成分的肥料。

(4) 水溶性好：不易堵塞滴灌管。

7. 施气系统

土壤中氧气含量高低决定着作物根系对水分、养分的吸收。若土壤透气性差，含氧量不足会导致土壤中微生物活动减弱，作物根系吸收水肥能力降低，导致作物病虫害加剧，产量降低，品质下降。利用微纳米气泡发生装置对灌溉用水进行曝气处理，提高水体空气含量，并最终通过地下滴灌输送到作物根部，大幅度提高土壤中氧气的含量，增加土壤透气性。

本工程拟选用 TL－HP50－A 型微纳米气泡快速发生装置，进水量为 $5m^3/h$，功率 3.2kW，空气源溶氧值为 10mg/L。该微纳米气泡快速发生装置的外形尺寸为 650mm×620mm×1200mm，可将其摆放在灌溉系统井房内，与灌溉系统首部主管道相连，将微纳米气泡水注入灌溉系统。

8. 调温系统

因项目区日光温室保温效果较好，在建设初期未采取温室加热措施。但近年来北京地区雾霾天气日趋严重，一定程度上影响了日光温室的采光和积温，故本次设计在垄下铺设植物根系加热膜，在连续雾霾或极寒天气自动开启，防止低温冻害。

本工程拟在每垄基质下铺设 0.3m 宽、6.4m 长植物根系加热膜一片，加热膜下衬保温板，每个棚铺设 90 垄，分为 6 个组，分别安装温控器以监测并自动调控植物根系温度。每个温控器控制 15 垄植物根系加热膜的开关，功率为 5.4kW。各棚 6 个加热组同时工作时，功率为 32.4kW。在用电高峰期，项目区最大用电功率可达 350kW（包括其他设备用电）。该加热膜电路连接见案例图 15－8－11。

用电能耗较大，故考虑采用光伏发电统，夏秋两季积蓄的多余电量可并入国家电网，冬春两季可从国家电网中再按需使用，一方面减轻了项目区的运行成本；另一方面节约了能源。

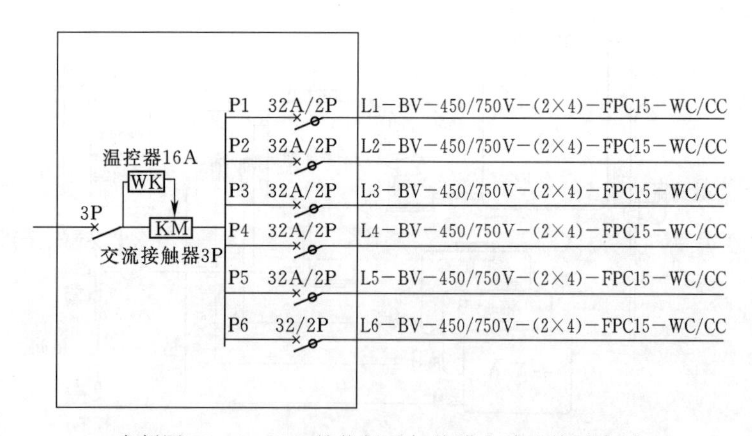

案例图 15－8－11　植物根系加热膜电路连接示意图

六、滴灌系统灌溉制度与工作制度的拟定

1. 滴灌灌溉制度

日光温室内无土栽培种植草莓，由设计基本参数知，滴灌水利用系数 $\eta=0.9$。参照《微灌工程技术规范》，设计耗水强度 $E_d=4mm/d$，设计计划湿润层深度 $z_d=0.2m$，设计

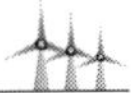

基质湿润比 $p=80\%$。实测基质容重 $\gamma=0.21\text{g/cm}^3$，田间持水率为20%，取基质适宜含水率的上下限分别为80%和50%（则按重量比计算基质适宜含水率上限 $\beta'_{max}=0.2\times 80\%=16\%$，下限 $\beta'_{min}=0.2\times 50\%=10\%$）。分别计算设计灌水定额 m_d 和设计灌水周期 T。

$$m_d=0.1\gamma z_d p(\beta'_{max}-\beta'_{min})=0.1\times 0.21\times 0.2\times 80(16-10)/0.9=2.24\text{mm}$$

$$T=\frac{m_d}{E_d}\eta=\frac{2.24}{4}0.9=0.504\text{d}$$

经计算，设计灌水定额为2.24mm，设计灌水周期为0.504d，实际灌水周期取0.5d，则实际设计灌水定额为 $m_d=0.5\times 4=2.0\text{mm}$。

2. 系统工作制度

（1）计算一次滴灌延续时间。滴灌系统选择的滴头流量 $q_d=2L/h$，滴头间距为 $S_l=0.36\text{m}$，小垄双行种植，垄距为0.75m，每垄布置一条毛管，则毛管间距为 $S_e=0.75\text{m}$。一次灌水延续时间 t 计算如下：

$$t=\frac{m_d S_e S_l}{q_d}=\frac{2\times 0.75\times 0.36}{2}=0.27\text{h}$$

取设计一次滴灌延续时间 $t=0.27\text{h}=17\text{min}$。

（2）拟定滴灌工作制度。本滴灌系统拟采用轮灌工作制度，按下式计算最大轮灌组数 N_{max}。

$$N_{max}=\text{INT}\left(\frac{CT}{t}\right)=\text{INT}\left(\frac{2.7\times 0.504}{0.27}\right)=5\text{组}$$

根据以上计算结果，确定将项目区20栋温室，分成5个轮灌组，每个轮灌组包括4栋温室。每天早晚各灌一次，一次灌水延续时间为0.27h=17min，5个轮灌组滴灌一次需1.35h，灌水周期0.5d，正好每个轮灌组一天滴灌2次，满足设计条件下（夏季）草莓耗水要求。全部温室轮灌顺序安排见案例表15-8-1。

案例表15-8-1　　轮灌制度设计表

轮灌顺序	轮灌开始时间/(h：min)	轮灌结束时间/(h：min)	编组顺序	灌水小区	灌水小区流量/(m³/h)
每天第1次	8：00	8：17	1	1、2、3、4	13.68
	8：17	8：34	2	5、6、7、8	13.68
	8：34	8：51	3	9、10、11、12	13.68
	8：51	9：08	4	13、14、15、16	13.68
	9：08	9：25	5	17、18、19、20	13.68
每天第2次	17：00	17：17	1	1、2、3、4	13.68
	17：17	17：34	2	5、6、7、8	13.68
	17：34	17：51	3	9、10、11、12	13.68
	17：51	18：08	4	13、14、15、16	13.68
	18：08	18：25	5	17、18、19、20	13.68

考虑到各轮灌组一次灌水延续时间较短，开关阀门较为繁琐，且一旦人工操作失误，可能会损坏灌溉设备，故本工程决定在各温室首部安装电磁阀，按既定程序自动运行管理灌溉系统。

七、管网水力计算

本系统滴灌工程管网布置见案例图 15-8-12。该地块地形平坦，各轮灌组系统流量相同，因此只需选择管线最长的 1 个轮灌组进行水力计算。

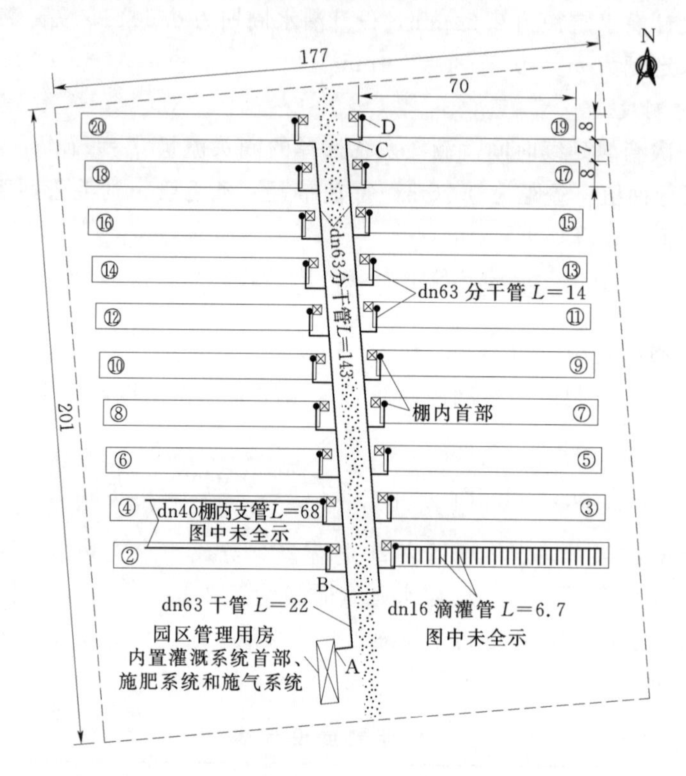

案例图 15-8-12 滴灌工程管网布置图（单位：m）

1. 灌水小区支毛管水力计算

（1）确定支、毛管规格。每栋温室为 1 个灌水小区，靠墙布置 1 条支管，垂直支管引出毛管。支管与干管连接，灌溉水由干管通过电磁阀进入支管，输配到毛管及其上面的滴头。支管长度 67.9m，支管选择 dn40 PE 管，壁厚为 2.3mm，内径为 35.4mm。该支管上布置 90 条毛管，毛管选择 dn16 低密度乙烯管，壁厚 1.2mm，内径为 13.6mm，每条毛管长度为 6.7m。每条毛管上按等距安装 18 个滴头，毛管间距为 0.75m，滴头间距为 0.36m。支管上端首号孔口距进口 0.4m，毛管上端首号孔口距进口 0.18m。

（2）计算灌水小区滴头允许最大工作水头差。由设计基本参数，灌水小区滴头允许流量偏差率 $q_v=0.1$，滴头流态指数 $x=0.4788$，设计滴头工作水头 $h_d=10\text{m}$。由下式计算灌水小区滴头允许工作水头偏差率 $[h_v]$：

$$[h_v]=\frac{q_v}{x}\left(1+0.15\times\frac{1-x}{x}q_v\right)=\frac{0.1}{0.4788}\left(1+0.15\times\frac{1-0.4788}{0.4788}0.1\right)=0.212$$

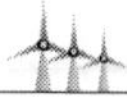

灌水小区滴头允许最大工作水头差 $[\Delta h]$：

$$[\Delta h]=[h_v]h_d=0.212\times 10=2.12\text{m}$$

(3) 灌水小区滴头允许工作水头差校核。项目区地面平坦，支管孔口和毛管滴头采用逆流排列时，支管最大工作水头孔口为上端 $N_{支}$ 号孔口，最小工作水头孔口为下端 1 号孔口；毛管最大工作水头滴头为上端 $N_{毛}$ 号滴头，最小工作水头滴头为下端 1 号滴头。则灌水小区滴头工作水头最大差按下式计算：

$$\begin{aligned}\Delta h_{\max}&=\Delta h_{\max毛}+\Delta h_{\max支}\\&=\frac{0.556S_l q_d^{1.75}(N_{毛}-1)^{2.75}}{D_{毛}^{4.75}}F_{N_{毛}-1}+\frac{0.556(N_{毛}\ q_d)^{1.75}(N_{支}-1)^{2.75}}{D_{支}^{4.75}}F_{N_{支}-1}\\&=\frac{0.556\times 0.36\times 2^{1.75}(18-1)^{2.75}}{13.6^{4.75}}0.375+\frac{0.556(18\times 2)^{1.75}(90-1)^{2.75}}{35.4^{4.75}}0.365\\&=0.0025+0.1237=0.1262\text{m}\end{aligned}$$

$\Delta h_{\max}\leqslant[\Delta h]$，则满足要求。

(4)计算支管进口工作水头：

1)按下式计算毛管(灌水器)最大工作水头偏差率 $h_{v毛}$：

$$h_{v毛}=\frac{\Delta h_{\max毛}}{h_d}=\frac{0.0027}{10}=0.0003$$

2) 按下式计算灌水小区滴头最大工作水头偏差率 h_v：

$$h_v=\frac{\Delta h_{\max}}{h_d}=\frac{0.1262}{10}=0.0126$$

3) 由下式计算支管孔口最大工作水头偏差率 h_v：

$$h_{v支}=h_v-h_{v毛}=0.0126-0.0003=0.0123$$

4) 按下式计算毛管滴头最大流量偏差率 $q_{v毛}$：

$$\begin{aligned}q_{v毛}&=\frac{\sqrt{1+0.6(1-x)h_{v毛}}-1}{0.3}\times\frac{x}{1-x}\\&=\frac{\sqrt{1+0.6(1-0.5)0.0003}-1}{0.3}\times\frac{0.5}{1-0.5}\\&=0.0002\end{aligned}$$

5) 按下式计算灌水小区滴头最大流量偏差率 q_v：

$$\begin{aligned}q_v&=\frac{\sqrt{1+0.6(1-x)h_v}-1}{0.3}\times\frac{x}{1-x}\\&=\frac{\sqrt{1+0.6(1-0.5)\times 0.0126}-1}{0.3}\times\frac{0.5}{1-0.5}\\&=0.0063\end{aligned}$$

6) 按下式计算支管孔口最大流量偏差率 $q_{v支}$：

$$q_{v支}=q_v-q_{v毛}=0.0063-0.0002=0.0061$$

7）按下式计算灌水小区最大流量毛管滴头平均流量 $q_{a\max}$：

$$q_{a\max}=(1+0.65q_{v支})q_d=(1+0.65\times0.0061)2=2.008\text{L}$$

8）按下式计算灌水小区滴头最大工作水头 $h_{\max}$：

$$h_{\max}=(1+0.65q_{v毛})^{\frac{1}{x}}(1+0.65q_{v支})^{\frac{1}{x}}h_d$$

$$=(1+0.65\times0.0002)^{\frac{1}{0.5}}(1+0.65\times0.0061)^{\frac{1}{0.5}}\times10=10.08\text{m}$$

9）因为灌水小区最大工作水头滴头为第 $N_{支号}$ 毛管的第 $N_毛$ 号滴头，按下式计算支管进口工作水头 $H_{0支}$：

$$H_{0支}=h_{\max}+\frac{0.556S_{N_毛}N_毛^{1.75}q_{a\max}^{1.75}}{D^{4.75}}+\frac{0.556S_{N_支}N_支^{1.75}q_{d支口}^{1.75}}{D_支^{4.75}}$$

$$=10.08+\frac{0.556\times0.36\times18^{1.75}\times2.008^{1.75}}{13.4^{4.75}}+\frac{0.556\times0.75\times90^{1.75}\times18\times2^{1.75}}{35.4^{4.75}}$$

$$=10.08\text{m}$$

2. 分干管水力计算

（1）确定二级分干管直径。采用中高压实壁（PVC-U）管作分干管，查《灌溉用塑料管材和管件基本参数及技术条件》（GB/T 23241—2009），采用公称压力 0.63MPa 外径 $d_{n分干2}=63$mm，厚度 $e=1.6$mm，内径 $D_{分干2}=59.8$mm。

（2）计算二级分干管水头损失。二级分干管（C—D 管段）设计流量 $Q_{d分2}=3.42\text{m}^3/\text{h}$，长度 $L_{分干2}=14$m，查表 5-2，$f=0.948\times10^5$，$m=1.77$，$b=4.77$。并取局部损失加大系数 $k=1.05$，按式（5-4）计算干管水头损失：

$$\Delta H_{分干2}=kf\frac{Q_{d分2}^m}{D_{分干2}^b}L_{分干2}=1.05\times0.948\times10^5\ \frac{3.42^{1.77}}{59.8^{4.77}}\times14=0.04\text{m}$$

（3）计算二级分干管进口工作水头。设计二级分干管（C—D 管段）进口工作水头等于支管进口工作水头、棚内首部水头损失与分干管（C—D 管段）水头损失之和。

$$H_{0分干2}=H_{0支}+H_{棚首}+\Delta H_{分干2}=10.08+6+0.04=16.12\text{m}$$

$H_{0分干2}$的 1.5 倍小于选用管材承压能力 0.63MPa，满足要求。

（4）确定一级分干管直径。仍采用中高压实壁（PVC-U）管作一级分干管，公称压力 0.63MPa 外径 $d_{n分干1}=63$mm，厚度 $e=1.6$mm，内径 $D_{分干1}=59.8$mm。

（5）计算一级分干管水头损失。一级分干管（B—C 管段）设计流量 $Q_{d分1}=6.84\text{m}^3/\text{h}$，长度 $L_{分干1}=153$m，查表 5-2，$f=0.948\times10^5$，$m=1.77$，$b=4.77$。并取局部损失加大系数 $k=1.05$，按式（5-4）计算干管水头损失：

$$\Delta H_{分干1}=kf\frac{Q_{d分1}^m}{D_{分干1}^b}L_{分干1}=1.05\times0.948\times10^5\times\frac{6.84^{1.77}}{59.8^{4.77}}\times153=1.53\text{m}$$

（6）计算一级分干管进口工作水头。设计一级分干管（B—C 管段）进口工作水头等于二级分干管（C—D 管段）进口工作水头与一级分干管（B—C 管段）水头损失之和。

$$H_{0分干1}=H_{分干2}+\Delta H_{分干1}=16.12+1.53=17.65\text{m}$$

$H_{0分干1}$的 1.5 倍小于选用管材承压能力 0.63MPa，满足要求。

3. 干管水力计算

（1）确定干管直径。仍采用公称压力 0.63MPa、外径 $d_{n干}=63mm$、内径 $D_{干}=59.8mm$ 的 PVC－U 中高压实壁管作干管。

（2）计算干管水头损失。干管（A—B 管段）设计流量 $Q_d=13.68m^3/h$，长度 $L_{干}=22m$，查表 5-2，$f=0.948\times10^5$，$m=1.77$，$b=4.77$。并取局部损失加大系数 $k=1.05$，按式（5-4）计算干管水头损失：

$$\Delta H_{干}=kf\frac{Q^m}{D^b}L_{干}=1.05\times0.948\times10^5\times\frac{13.68^{1.77}}{59.8^{4.77}}\times22=0.75m$$

（3）计算干管进口工作水头。设计干管（A—B 管段）进口工作水头等于支管进口工作水头与干管水头损失之和。

$$H_{0干}=H_{0分干1}+\Delta H_{干}=17.65+0.75=18.40m$$

$H_{0干}$ 的 1.5 倍小于选用管材承压能力 0.63MPa，满足要求。

八、系统施肥制度的拟定

1. 确定草莓施肥种类

根据草莓营养特点和肥料利用率，以每栋日光温室 1000kg 产量计算，整个生长期约需施氮肥 10kg/栋，磷肥 4kg/栋，钾肥 13kg/栋、钙肥 6kg/栋和镁肥 4kg/栋。项目区共有 20 栋日光温室，共需配置硝酸钙 560kg，硝酸钾 600kg，硫酸镁 500kg，磷酸二氢铵 200kg 以及少量微量元素（肥料总量可根据实际用肥情况适当调整）。

2. 计算肥料浓度

取硝酸钙 125g，螯合铁 12g，溶解在 1L 水中，配成 A 液。取硫酸镁 37g，磷酸二氢铵 28g，硝酸钾 41g，硼酸 0.6g，硫酸锰 0.4g，硫酸铜 0.004g，硫酸锌 0.004g，溶解在 1L 水中，配成 B 液。分别取 10L A 液和 10L B 液混合成母液，使用时先稀释，草莓植株生长时进行施用，开花前营养液的 EC 值要保持在 1.0ms/cm；开花后营养液的 EC 值要保持在 1.5～2.0ms/cm（视实际情况而定）。营养液 pH 值用硫酸调至 6.8 左右。项目区 20 个棚，每次施肥总量约 3240L，分别按不同生长时期进行配比后随滴灌施入基质。

3. 计算一次施肥延续时间

每隔 3 天向基质中补充一次稀释好的营养液，每株每次补液 50mL，即每次施肥 6min。

九、确定基质调温制度

1. 确定草莓根系活动层基质最适温度上、下限

根据实验结果确定，草莓根系活动层基质温度在 18～22℃时，植株生长状态最好，则本项目将草莓根系活动层基质最适温度上、下限分别定为 22℃和 18℃。

2. 确定基质调温起始时间

基质调温系统中含智能温控器，在草莓根系活动层温度低于设定值 18℃时，便会自动开启。

3. 计算基质一次加温延续时间和加温时间间隔

根据实验结果确定，基质一次加温延续时间约 20min，其加温时间间隔与棚内外温差

有关，棚外温度越低，加温时间间隔越短，极端条件下，为持续加热工况。

十、配套设备选型

1. 水泵选型

(1) 确定所需水泵扬程。水泵扬程包括：干管进口工作水头 $H_{0干}=18.40\text{m}$；首部枢纽与干管连接段管道水头损失 $\Delta H_{连}$ 取 0.5m；过滤器和肥料注入装置水头损失 $\Delta H_{首部}$ 取 5m；水泵吸水管水头损失 $\Delta H_{吸}$ 取 3m；动水位与地面高差 $\Delta z=25\text{m}$。计算如下：

$$H_d=H_{0干}+\Delta H_{连}+\Delta H_{首}+\Delta H_{吸}+\Delta z=18.40+0.5+5+3+25=51.90\text{m}$$

(2) 水泵选型。根据设计条件下系统流量和扬程的要求，选用潜水电泵 175QJ15-55/4，流量 $Q=15\text{m}^3/\text{h}$，扬程 $H=55\text{m}$，功率为 5.5kW。

2. 纳米气泡发生器选型

灌溉系统流量为 $13.68\text{m}^3/\text{h}$，选用的微纳米气泡快速发生装置进水量为 $5\text{m}^3/\text{h}$，型号为 TL-HP50-A 型，功率 3.2kW，空气源溶氧值为 10mg/L。该微纳米气泡快速发生装置的外形尺寸为 650mm×620mm×1200mm。

3. 加热设备选型

根据项目区现状条件，采用较为经济实用的植物根系加热膜，选择 0.3m 宽的植物根系加热膜，沿作物垄长方向铺设。该加热膜耗电量为每延米 60W/h。

4. 安全调节设备选型

根据实际情况，对管网安全保护设备设计如下：

(1) 供水管上端进排气阀 1 个 3/4″。

(2) 水泵后进排气 3/4″1 个。

(3) 井房首部 2″闸阀 1 个。

(4) 支管进口 1.5″球阀+1.5″压力调节阀各 1 套共 20 套。

十一、水锤分析

本灌区地面平坦，系统正常工作时管网水流平稳。根据设计系统工作制度，产生危险水锤只有两种情况：一种是断电或水泵故障停泵出现水流回流，但泵管出口安装有止逆阀，可阻止水泵倒转；另一种是启闭主干管进口闸阀时，阀门前后产生的正负水锤，但本工程在灌溉首部增加了一套变频器，该变频器控制潜水泵，可根据灌溉管道干管出水压力的变化自动调整潜水泵的转速，进而调整潜水泵的出水流量实现恒压供水，避免潜水泵出水压力大于需用水压的工况和供水压力过低的工况，实现灌溉系统的节水节能，并且能够实现潜水泵的软启动和软停止，减少水锤对管道和水泵的破坏作用，延长设备的寿命。此外，本系统高处的首部和分干管进口安装有进排气阀，可防止断流真空。因此不必要进行水锤计算。

十二、基本设备材料统计

工程基本设备材料统计结果见案例表 15-8-2。

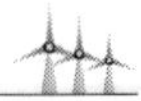

案例表 15-8-2　日光温室“水肥气热一体化”滴灌系统设备材料用量统计表

序号	名称	规格	单位	数量
一	灌溉系统			
1	井房首部			
(1)	水泵及扬水管		台套	1
(2)	对夹型止回阀	H77X-10 DN50	个	1
(3)	压力表	Y-60 0-1.0MPa	个	1
(4)	离心过滤器	LX-50	个	1
(5)	空气阀	DN20 1.0MPa	个	1
(6)	叠片过滤器	2″螺纹连接 过滤精度 120 目	套	1
(7)	水表	LXS-50	块	1
(8)	法兰（钢）	DN50	片	20
(9)	对夹蝶阀（钢）	D71X-10 DN50	个	1
(10)	球阀（钢）	DN50	个	1
(11)	机井首部钢管	DN50	m	8
2	田间管网			
(1)	PVC-U 管	dn63	m	525
(2)	PVC-U 管	dn25	m	2
(3)	PVC-U 弯头	dn63	个	42
(4)	PVC-U 正三通	dn63	个	21
(5)	PVC-U 异径接头	dn63×25	个	2
(6)	泄水井	ϕ800	座	2
(7)	泄水阀	dn25	个	2
(8)	管道土方开挖		m^3	368
(9)	管道土方回填		m^3	311
3	棚内首部			
(1)	水表	LXS-40	块	20
(2)	施肥阀	1.5″	个	20
(3)	施肥罐	10L	个	20
(4)	网式过滤器	1.5″阳螺纹连接	个	20
(5)	直动式压力调节器	1.5″阳螺纹连接	个	20
(6)	球阀	dn40	个	60
(7)	球阀	dn32	个	60
(8)	90°弯头	dn40	个	40

续表

序号	名称	规格	单位	数量
(9)	PVC-U异径接头	dn50×40	个	40
(10)	内螺纹接头	dn50×1.5″	个	100
(11)	外螺纹接头	dn50×1.5″	个	100
(12)	三通	dn50×32	个	100
(13)	内螺纹接头	dn40×1.25″	个	40
(14)	外螺纹直接头	dn40×1.25″	个	40
(15)	正三通	dn40	个	20
(16)	PVC-U管	dn40，1.0MPa	m	20
4	棚内管网			
(1)	PE支管	dn40，0.4MPa	m	1428
(2)	滴灌管	dn16	m	12663
(3)	PE堵头	dn16	个	1800
(4)	PE堵头	dn40	个	20
(5)	PE旁通	dn16	个	1800
(6)	滴头	2L	个	32400
(7)	滴箭套装	一出四	套	32400
二	施肥系统			
(1)	精准配方自动施肥系统		套	1
三	施气系统			
(1)	微纳米气泡发生装置	$5m^3/h$	套	1
四	调温系统			
(1)	植物根系加热膜	宽0.3m	m	12663
(2)	温控器		个	120
(3)	保温板	宽0.3m	m	12663
五	水处理系统			
(1)	除铁反应器		套	1
(2)	除锰反应器		套	1
(3)	臭氧发生器	20g/h	套	1

十三、工程设计总图

工程设计总图见案例图15-8-13和案例图15-8-14。

十四、设备材料统计与费用概算

(略)

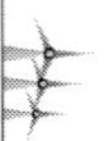

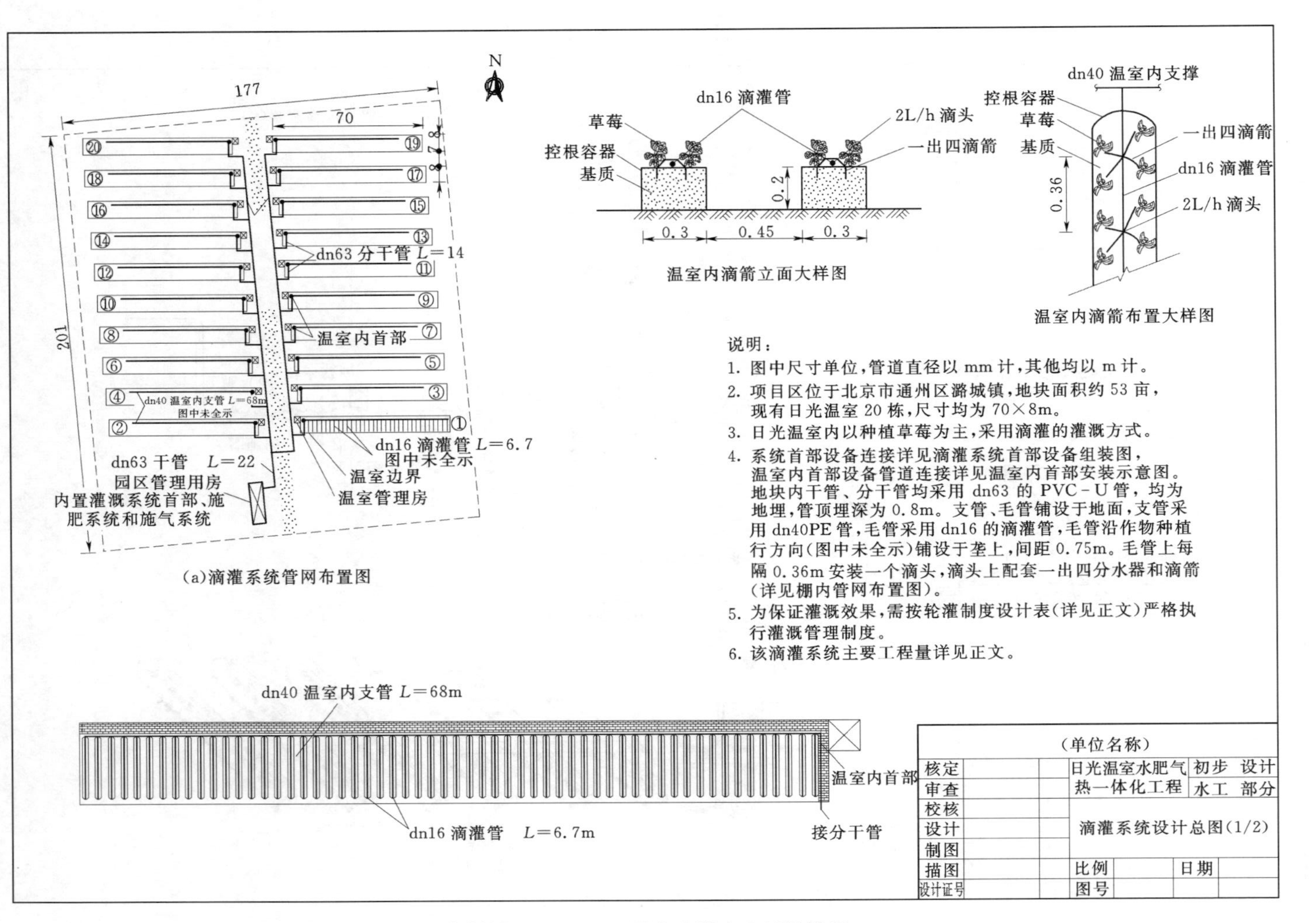

案例图 15-8-13　温室内灌水小区设计图

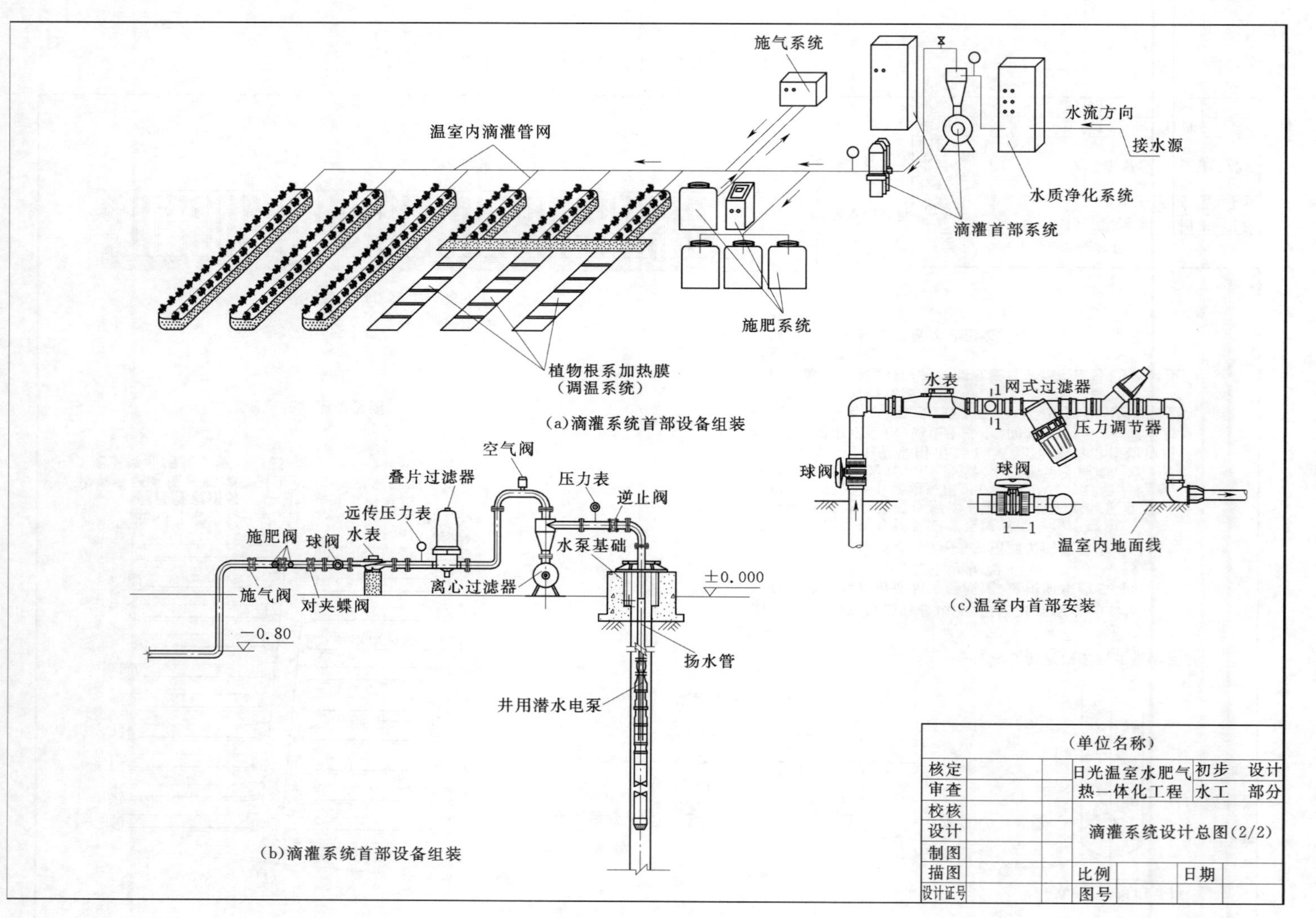

案例图 15-8-14 工程设计总图

第十六章　园林绿地灌溉工程设计

第一节　概　　述

一、园林绿地灌溉系统的特点

园林绿地是以美化改善人的生活环境和活动空间为目的而建设的各种场合，主要分布于城镇区域，包括公共绿地、居住区绿地、单位附属绿地、城市风景绿地和道路两旁绿地，以及运动场绿地等。园林绿地灌溉是绿地植物所必需的养护措施，园林绿地与农田相比，具有诸多的特点。

（1）地面形状多变。不同的绿地区（片），从大片平坦地面到高低错落的山丘、谷壑，以及各种形状的区域（片、块）平面构成美丽的景观。通常，城市公共绿地、居住区绿地、单位附属绿地等多为比较平坦地面，而风景绿地的地形则相当复杂多变，除有各种形状高低错落地形外，还有池塘、河溪、行道等。区（片）图形既有各种规则的几何图形，也有各种不规则图形，平坦的长条绿地是道路绿地常见的地面形状。

（2）植物种类繁多。同一片绿地各种不同植物有序交替混种是常见现象，既有排列有序的大片乔木林和大片草坪上零散的乔木，也有或成片、或分散的灌木群（片），不同种类的灌木常常组成各种几何图形点缀于草地或组成各类建筑物的绿篱，通常草坪草是各种绿地的基础“底色”。

（3）单片（块）绿地面积大小相差悬殊。大片的面积可以达到几万平方米，甚至更大；小片的，面积可能只有几平方米、几十平方米至几百平方米。

（4）许多绿地紧邻或包围各种建筑物，或者是建筑区的组成部分，而且形状多变；有些绿地为增强景观效果，还点缀一些雕塑造型物。此外，屋顶绿化正逐渐成为城市建筑物的组成部分。

二、园林绿地灌溉系统的要求

由于上述园林绿地的诸多特点，其灌溉系统应达到如下要求。

（1）根据不同植物的需水特性，以最有效的方式适时适量补充植物根系吸水区土壤必需的水分，保持植物正常生长。

（2）灌水器工作时，对不同坡度、不同土壤、不同植物绿地，应有适当的灌水强度，不产生地面径流，不造成水土流失，不破坏土壤结构，不损害植物。

（3）灌水器选用和布置，以及工作方式和灌水量应适合各类绿地的特点，工作时不妨碍人们的活动，不对建筑物、雕塑物造成损害。

(4) 灌溉设备不应妨碍绿地的养护操作，也不影响绿地景观。

(5) 当以市政管网水为灌溉水源时，灌溉系统工作时不得影响居民和其他用水，并严防灌溉管道水倒流污染自来水。

(6) 当以再生水为灌溉水源时，水质应达到园林绿地灌溉水质的要求。

(7) 保持高的灌溉用水效率、运行安全、稳定，管理方便，节约灌溉费用。

三、园林绿地灌溉工程设计的内容

广义上，园林绿地灌溉系统属于管道式灌溉系统，工程设计内容和方法与上述管道式喷灌和微灌工程基本相同。但是，由于园林绿地诸多特点对灌溉系统的特殊要求，因而，灌溉工程的设计内容方法也有许多特点，本节主要讨论其特殊点，对于全面的设计内容方法将在设计案例得以体现。

第二节　设计基本资料收集分析

园林绿地灌溉工程设计所需基本资料与农业灌溉工程基本相同。但基于园林绿地的特点对灌溉系统的要求，对设计绿地现场应进行详细的现场查勘，并根据绿地面积大小测绘出比例尺 1/100～1/1000 地形（包括植物种植的各种地物）现状图。如果设计区是待建绿地，可向委托方索要绿地规划设计图，并根据设计需要进行现场查勘补充。不论是现状图，还是绿地规划设计图，均应有下列内容：

(1) 设计区范围界线和面积，地形高程（可用相对高程），特殊区域，如高地、洼地、池塘、湖泊、河溪形状和界线等。

(2) 各种植物名称、分布范围、种植模式、位置，种植区的形状、尺寸。

(3) 绿地内和周边各种建筑物和雕塑物的位置、尺寸和材料。

(4) 人行道、车行道、停车场、电线杆等公共设施、阶梯和其他标志物的位置、尺寸。

(5) 自然坡、凹地和人工造型地面的位置尺寸。

(6) 市政管道及其阀门位置、尺寸、压力、流量。

(7) 已有灌溉设施的类型、位置、尺寸。

(8) 灌溉水源的类型、位置，可供水流量（水量）和压力。

(9) 对于面积大、种植较为复杂的绿地，根据工程设计的需要，将不同植物群（片、块）进行分区，并编号，或定名。

(9) 其他与设计相关的情况。

第三节　设计标准和基本参数的确定

一、设计标准

根据《园林绿地灌溉工程技术规程》（CECS 243：2008）的规定，“园林灌溉工程设计保证率不应低于 75%”的规定，一般情况下，可采用 75%～85%的设计保证率作为设计标准，水源充足地区可用高值，水源紧张地区用低值。

二、设计基本参数

1. 设计植物耗水强度

设计植物耗水强度取决于设计地区的气候条件、植物种类、水源等因素，应通过试验确定。在无试验资料的地区，也可通过计算确定，见第二章第四节。表 16-1 是《园林绿地灌溉工程技术规程》(CECS 243：2008) 提供的不同园林绿地植物设计耗水强度参考值。

表 16-1 园林绿的植物设计耗水强度参考值 单位：mm/d

植物类别	乔木	灌木	冷季草	暖季草
设计耗水强度	4～6	4～7	5～8	3～5

2. 设计灌水均匀系数

喷灌均匀系数按式（13-1）表示，《园林绿地灌溉工程技术规程》(CECS 243：2008) 规定，园林绿地喷灌设计均匀系数应不低于 75%。

3. 设计喷灌强度

园林绿地设计喷灌强度可按《喷灌工程技术规范》(GB/T 50058—2007) 提供允许喷灌强度值执行，见表 16-2 和表 16-3。

表 16-2 各类土壤的允许喷灌强度

单位：mm/h

土壤类别	允许喷灌强度
砂土	20
砂壤土	15
壤土	12
壤黏土	10
黏土	8

表 16-3 坡地允许喷灌强度降低值

%

地面坡度	允许喷灌强度降低值
5～8	20
9～12	40
13～29	60
＞20	75

4. 设计土壤湿润深度

设计土壤计划湿润深度因植物种类而异，《园林绿地灌溉工程技术规程》(CECS 243：2008) 提供了不同绿地植物设计喷灌土壤湿润深度参考值，见表 16-4。

表 16-4 不同植物喷灌土壤湿润深度参考值 单位：m

植物类别	草　坪	灌　木	乔　木
计划土壤湿润深度	0.2～0.3	0.5～0.7	0.6～0.8

5. 设计喷灌系统日工作小时数

根据《园林绿地灌溉工程技术规程》(CECS 243：2008) 的规定，设计喷灌系统日工作小时数可取 8～22h，考虑不影响公众活动，景观区喷灌系统工作小时取小 8～14h，绿化地带可以最大取 22h。

第四节　水量平衡计算

园林灌溉系统设计水量平衡计算的方法与农业喷灌系统设计无原则区别，见第三章第二节。但必须注意的是，在使用市政管网作为绿地灌溉水源的情况下，灌溉取水的数量和取水时间不应影响生活和城市正常用水，在用水高峰季节或时段，如供水流量不足，可采取错峰取水灌溉，或修建蓄水池进行调蓄灌溉，以解决用水矛盾。

对于多种植物混种的绿地，如各种植物耗水特点存在显著差异，则需分别计算设计灌溉临界期的灌溉流量和灌水定额、灌水延续时间和灌水周期，并以各种植物面积比例计算的加权平均值确定灌溉系统设计流量。

第五节　灌水器的选择与布置

一、喷头的组合与喷灌强度计算

（一）单喷头喷洒时水量分布

园林绿地喷头的水力特性，国内尚无可靠测试资料，国外公司提供单喷头喷洒水量概化分布图（图 16－1）表明，单喷头喷洒水量大致成三角形分布，喷头处为三角形顶点，水量最多，两侧逐渐减少，至射程端点为零。（见图 16－2），从喷头处到 60％射程范围内，植物获得维持正常生长的水量，而 60％射程以外得到的水量不足以维持植物正常生长。

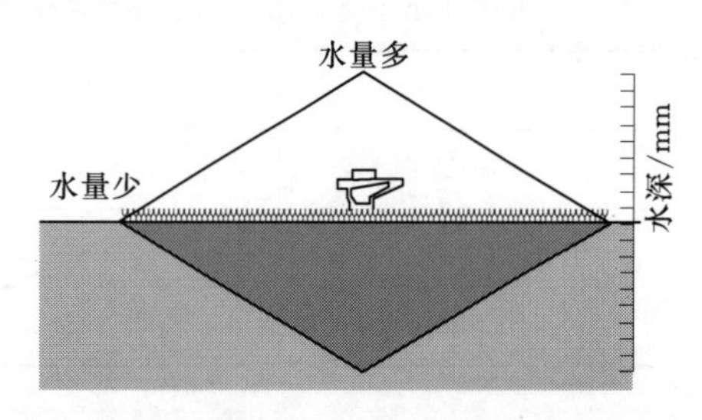

图 16－1　单喷头喷洒水量分布概化图

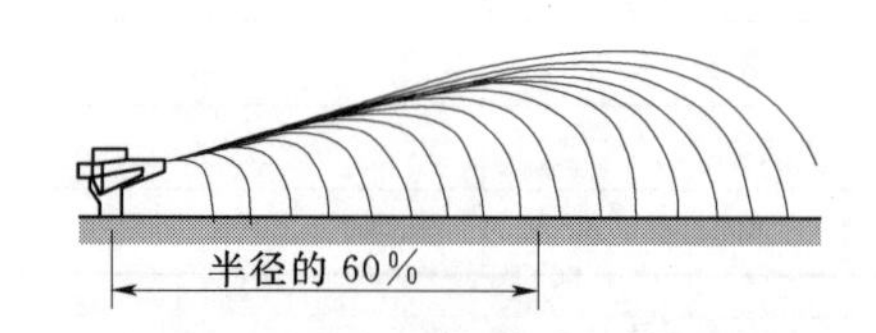

图 16－2　单喷头工作示意图

单喷头全园喷洒喷灌强度可按式（13－8）计算。

（二）喷头的组合形式与平均喷灌强度

为了保证绿地内各部位植物获得足够水量，并满足允许喷洒强度和喷灌均匀度的要求，必须对喷头进行合理组合，使喷洒水量有必要的叠加，达到设计要求的均匀度，满足植物对水量的需求。以下是园林绿地喷灌系统设计的喷头组合基本形式。

1. 正方形组合

喷头正方形组合见图 16－3。它的四条边喷头的距离相等，而两条对角线端两个喷头的距离约为四边喷头距离的 1.4 倍。这就意味着正方形的中心有某一定面积植物可能得不到足够的水量。

当多喷头同时工作时，正方形组合平均喷灌强度按式（16－1）计算。

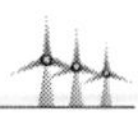

$$\rho=\frac{1000q}{a^2} \tag{16-1}$$

式中　ρ——平均喷洒强度，mm/h；

q——喷头流量，m^3/h；

a——喷头间距，m。

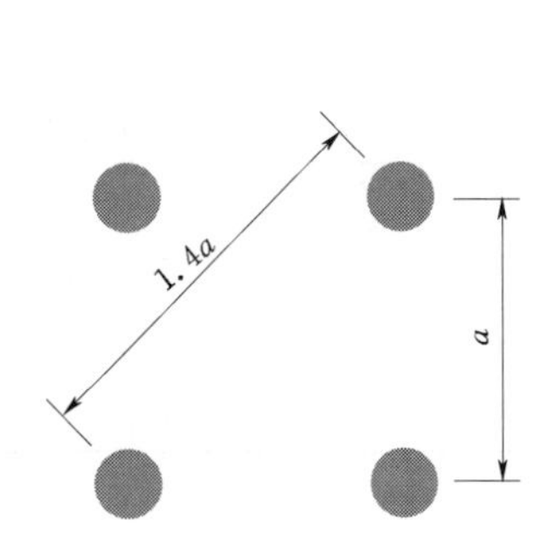

图 16-3　喷头正方形组合图

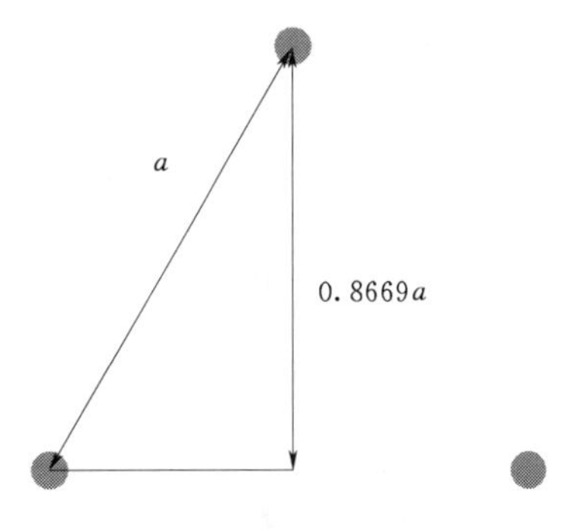

图 16-4　喷头正三角形组合图

2. 正三角形组合

喷头正三角形组合见图 16-4。可以看出，在组合平面内喷头的距离都相等，绿地的全部植物都能获得足够的喷洒水量，同时这种布置形式具有较好的抗风能力。

正三角形组合平均喷灌强度计算公式，由式（13-7）得到，

$$\rho=\frac{1000q}{0.866a^2} \tag{16-2}$$

3. 变形正方形与正三角形组合布置

在实际设计中常常由于地面形状的不规则变化，喷头的布置不可能严格保持规则的正方形组合，或正三角形组合，而必须调整组合间距，以适应地面的实际形状，造成正方形，或正三角形的“变形布置”。此种情况计算喷灌强度最方便的方法是采用同时湿润的灌水面积除以喷洒总流量。本书称之为全面积法：

$$\rho=\frac{1000\sum q_i}{A} \tag{16-3}$$

式中　ρ——喷灌强度，mm/h；

$\sum q_i$——湿润面积上同时喷洒各个喷头流量之和，m^3/h；

A——喷灌湿润面积，m^2。

（三）喷头间距

喷头间距是十分重要的技术数据，它直接影响绿地的灌水质量，也影响喷灌系统的工程造价。当喷头型号和技术参数已确定的情况下，设计喷灌均匀系数便是确定喷头间距的关键因素。上述单喷头喷洒水量分布表明，喷头射程的 60%范围内植物能获得正常生长的喷洒水量。因此，国外一般采用喷头射程作为喷头间距，以保证绿地的各部位均能获得足够的喷洒水量。根据对美国几家公司几种中射程旋转式喷头水力性能模拟研究结果表明，在无风条件下 1.2 倍射程的喷头间距可达到不低于 75%的均匀度。

满足喷灌设计基本参数要求的喷头组合间距与喷头的型号和采用的技术参数、风向和

风力有关，第十三章第三节“喷头选择与组合间距的确定”原则上也适用于园林绿地喷头。国外一些文献推荐的喷头间距见表16-5，可供设计参考。

表16-5　喷头间距推荐值

风速/(km/h)	最大间距（喷头射程倍数）	
	三角形组合	矩形组合
0～5	1.2	平行风向　1.2
		垂直风向　1.0
6～11	1.1	平行风向　1.2
		垂直风向　0.9
12～19	1.0	平行风向　1.2
		垂直风向　0.8

二、灌水器选择与布置

灌水器选择的任务是根据设计绿地的特点采用合适的灌水器，使灌溉系统适时适量供给植物健康生长所需要的水分，并达到水的利用率高、不损坏绿地和植物、工程费用低、运行效率高、管理方便等。

伸缩旋转式喷头、伸缩散射式喷头和涌泉头是园林绿地灌溉系统使用的主要灌水器。在许多情况下配合使用各种滴灌管、管上滴头或微喷头，以及根部灌水器可以达到更佳的效果。

园林绿地灌溉工程设计时，灌水器的选择和布置通常根据设计区绿地的条件同时配合进行，以下是园林绿地灌溉工程设计时灌水器选型与布置需考虑的主要条件。

（一）根据绿地特点选择、布置灌水器

1. 开阔平坦且无明显遮挡物的草坪

对于面积较大，地形相对平坦无遮挡的草坪或地被植物，适合选用地埋伸缩旋转式喷头。因为这类喷头射程大，喷洒强度小，有利于增大支管间距和长度，降低工程投资，减少灌溉成本；埋于地面以下的喷头可减少人为对喷头损坏，并可使喷灌设备不妨碍草坪养护操作、不影响景观。

喷头布置可采用正三角形或正方形组合，绿地中间喷头采用全园喷洒的工作方式。对于矩形绿地，边线处喷头采用向里180°弧形旋转喷洒，边线交角处喷头采用向里90°旋转喷洒；对于曲线边绿地，则边线处喷头采用与边线弧度相同的向里喷洒角度。

2. 造型多样的绿地

现代园林要求具有景观效果，一般绿地造型比较多样化，绿地不再局限于规整的几何图形。此类绿地，均适合使用地埋伸缩旋转射线喷头（亨特的MP系列喷头）。因为这类喷头的喷洒半径在4～9m，在不规整的绿地，可以通过使用MP系类不同射程的喷嘴，保证绿地的覆盖率及灌溉均匀度。

这类喷头的另一重要特点是，多数具有可调喷洒角度结构，而且不论采用何种喷洒角度、何种喷洒半径的喷嘴均能保持相同的且较低的喷灌强度。因此，绿地周边喷头喷灌强度与中间喷头的灌水量保持一致。

3. 面积较大的乔、灌、草混种绿地

大部分的公共绿地、居住区绿地和办公区绿地都是乔木、灌木、草混种。其中树木群可能对较大射程喷头的喷洒水流造成遮挡。这类绿地一般宜选择射程较小的地埋伸缩散射式喷头，灌木片也可选用灌木散射喷头；如果各类树木群间距较大或分散，则可选用地埋伸缩旋转式喷头。对于矮株灌木片可采用伸缩喷头，弹起高度取决于灌木高度，还可把申缩散射式或旋转式喷头安装在竖管上，进行树冠喷洒；分散的乔、灌木也可采用涌泉头或滴灌。此类绿地喷头布置常常采用不同组合混合布置，混合布置的例子见图 16-5。

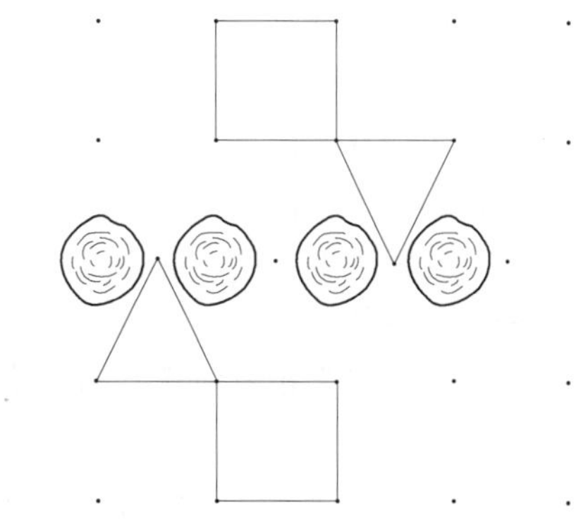

图 16-5 混种绿地喷头混合布置的例子示意图

当树木使用涌泉头灌水时，一株大的乔木布置 1～2 个涌泉头。其位置与树干的距离为树冠半径 2/3，对称分布；对于灌木群，则视情况，每个涌泉头控制 2～3m^2 灌木树。当使用滴头灌溉树木时，一株乔木可用 3～5 个滴头，绕树干等距离布置，滴头与树干的距离也等于树冠半径 2/3；对于灌木群，则视种植片的形状和尺寸与滴头流量大小，按一个滴头控制 0.3～0.5m^2 灌木布置。

4. 有明显坡度和高低错落地形的绿地

对于有明显坡度和高低错落的绿地，相对底处应选用具有低喷灌强度以及低压止溢功能的喷头，以防止停灌瞬间低压溢流，造成积水或冲刷绿地。

5. 风力较大地区的绿地

如果绿地灌溉期间经常出现较大风力，宜选用低仰角喷头，而且喷头间距应视风向和风力进行适当调整，以减小风对喷灌均匀度的影响。

6. 多种形状的小块和长条形绿地

许多公园绿地和办公区、居住区绿地常修建有各种形状的小块绿地；城镇沿街和道路两侧多有长条形绿地，可使用喷洒图形与之匹配的低压埋藏散射式喷头，也可选用微喷头、滴灌管及滴灌毯等；绿篱和攀墙植物可选用滴头或涌泉头。

7. 树池

树池里一般种植着乔木或者比较名贵的灌木，宜采用涌泉灌或者根部灌水器。

8. 不同土壤类型、不同地形和不同植物的绿地

对于入渗率大的轻质土壤，且地面坡度小的绿地，可选用喷灌强度大的喷头；而对于入渗率小的黏质土壤，且地面坡度大的绿地，应选用喷灌强度小的喷头，以防止喷灌时产生地面径流；对于抗打击力差的植物，如花卉等，应选用雾化指标高的喷头或微喷头。

注：布置喷头时应先布置边角，然后布置边线中间，再后布置绿地中间。绿地边线的喷头位置一般应距离边界线约 20～30cm。

(二) 喷头水力参数的确定

在喷头制造商样本中，每一种型号的园林喷头均配有一个喷嘴系列，而且每一号喷嘴在不同工作压力下会有相应的射程、流量和不同组合喷灌强度。因此，当选定喷头型号之

后，还必须选择合适的喷嘴和工作压力及其相应射程和流量等水力参数。合适的喷头水力参数受许多因素的影响，需在设计过程中比较确定。以下条件可作为初选喷头水力性能参数时应考虑的因素：

(1) 水源流量充足、压力高时，选择大喷嘴、远射程，以降低工程费用。

(2) 入渗率大的轻质土壤，可选组合喷灌强度大的水力性能参数，反之，选择组合喷灌强度低的水力性能参数。

(3) 地面坡度大的，应选择组合喷灌强度小的水力性能参数；反之，选择组合喷灌强度大的水力性能参数。

(4) 不耐打击植物应选择直径小、工作压力大的喷嘴，或微喷头。

第六节　园林绿地灌溉系统布置

一、阀门与支管布置

绿地灌溉系统中，阀门及其控制的支管构成基本工作单元，它独立地控制支管上的灌水器。为了保证植物在相同的灌水时间内获得相同的水量，并节约灌溉用水量，一个阀门控制的支管及其上面的灌水器必须是具有相同水力参数、与植物灌水深度（灌水量）需求接近的喷头、微喷头或滴灌管（滴头）。在实际设计时，可根据实际情况，将基本工作单元冠以灌水分区、灌水小区的称呼，并予以编号。

灌水器、支管、阀门三者型号、规格选择与布置应同时考虑，相互协调，达到满足设计灌水均匀度的要求。因此，阀门、支管布置的原则是水流路线最短，水头损失最小。在选择布置方案时，图 16-6 是可以优先采用的方案，而图 16-7 只能是在特殊情况下采用的支管布置方案。

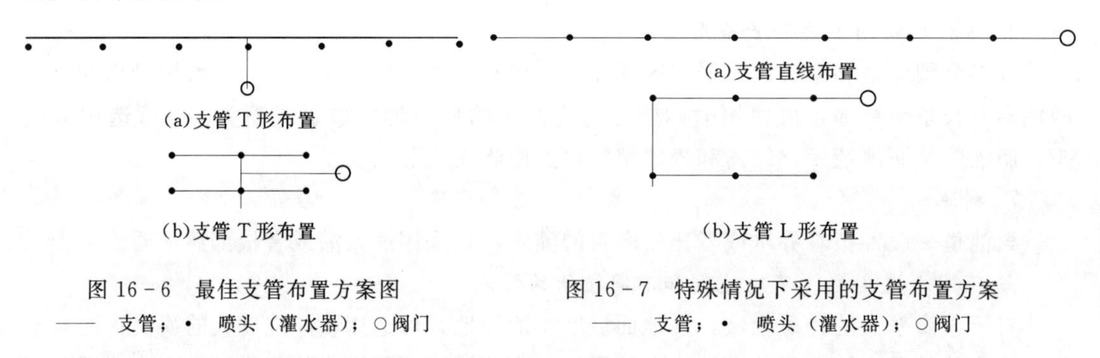

图 16-6　最佳支管布置方案图
—— 支管；• 喷头（灌水器）；○阀门

图 16-7　特殊情况下采用的支管布置方案
—— 支管；• 喷头（灌水器）；○阀门

二、首部布置

园林绿地灌溉系统首部位置的确定取决于水源类型及其取水条件。以下是几种常见的情况。

1. 以河流、湖泊、池塘为水源

对于以河流、湖泊、池塘为灌溉水源的绿地灌溉系统，通常是灌溉绿地与水源有一定距离。如果水源地有较好的取水条件（水位变化不大、岸边地质稳定等），且便于管理，

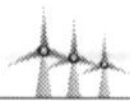

则灌溉系统首部选择在水源地可能是合理的方案。否则，选在靠近绿地处可能更为合理。因为河、湖、池塘水一般含有较多的泥沙、漂浮物和藻类，系统首部除安装取水增压水泵及其相应的配套设备外，还需安装必要的过滤器。过滤器的选型视水质而定，一般可选自动反冲洗组合砂过滤器，或自动反冲洗筛网式过滤器。

2. 以地下水井为水源

对于以地下水井为灌溉水源的绿地，一般灌溉绿地与水源靠近，系统首部安装在水源处，当井水较为干净时，喷灌可不必设置过滤器。如水的含沙较大，则需安装过滤器，与抽水增压水泵及配套电气设施组成灌溉系统的首部。如灌水器为滴头则必须安过滤器。

3. 以市政管网为水源

对于以市政管网为水源的绿地，灌溉系统与之连接时应注意：

(1) 灌溉取水点应位于隐蔽部位，并做成地下结构物。

(2) 取水点位置应方便灌溉输水干管的铺设和管理维修，避免或减少输水干管与道路交叉。

(3) 灌溉取水流量一般不应超过连接的市政管道设计流量 30%。

(4) 灌溉干管进口处除安装控制阀门外，还须安装逆止阀，防止灌溉水倒流，污染自来水。

(5) 如果水压达不到灌溉要求，还需安装管道泵增压。在不允许安装管道增压泵的情况下，应修建储水调蓄设施。

三、输配水管网布置

灌溉系统中连接水源与田间阀门的管网，即为输配水管网，其任务是将灌溉水输送到控制阀门分配给支管。如上所述，园林绿地面积大小、植物种类和种植模式多种多样，支管布置方案不同，输配水管道应根据实际需要配备。通常，园林灌溉系统输配水管网可以配备两极（主管和干管），但较多的，只有一级干管连接首部和阀门（支管），甚至是支管直接与水源连接取水（多出现于以市政管网为水源时）。输配水管道布置需应注意避开固定建筑物、容易塌陷地带和重要道路，并尽可能走最短路线，并选择维修管理方便的位置。

第七节　植物灌溉制度与系统工作制度的确定

一、植物灌溉制度

1. 设计植物一次灌水量的计算

设计植物一次灌水量可以根据绿地水源和管理条件采用两种计算思路。

(1) 多数绿地采用一次灌水提供湿润植物主要根系活动层足够水量的思路，设计植物一次灌水量按式 (4-1) 计算。

(2) 当灌溉水源流量相对于绿地需水流量充沛，且管理条件允许时，可采用每天 1 次灌水，灌水量满足当天植物耗水量的需要。设计植物 1 次灌水量按式 (16-4) 计算：

$$m_d=\frac{E_d T}{\eta} \tag{16-4}$$

式中　m_d——设计植物一次灌水量，mm；

E_d——设计植物耗水强度，mm；

T——灌水时间间隔为1，d；

η——灌溉水利用系数。

2. 设计灌水周期的确定

园林绿地设计灌水周期按式（4-3）或式（4-4）计算。

二、系统工作制度

园林绿地灌溉系统的工作制度主要有续灌和轮灌两种。一般面积小、植物单一的绿地常常采用续灌的工作制度，而大多数则是采用轮灌工作制度。本节针对园林绿地特点及其对灌溉系统的要求，讨论园林绿地灌溉系统轮灌组的划分与流量计算。

（一）支管与控制阀门设计流量计算

1. 支管段流量

支管管段设计流量按式（16-5）计算：

$$Q_{支段}=N_P q_d \tag{16-5}$$

式中　$Q_{支段}$——支管设计流量，m^3/h；

N_P——支管段上的灌水器数：

q_d——灌水器设计流量，m^3/h。

2. 控制阀门（基本灌水单元）流量

控制阀门（基本灌水单元）设计流量按式（16-6）计算：

$$Q_{d单元}=N_{单元} q_d \tag{16-6}$$

式中　$Q_{d单元}$——控制阀门（基本灌水单元）设计流量，m^3/h；

$N_{单元}$——基本单元内的灌水器（喷头）数；

其余符号意义同前。

（二）控制阀门1次灌水工作时间计算

设计控制阀门1次灌水工作时间，即设计基本灌水单元1次灌水时间，按式（16-7）计算：

$$t=\frac{m_d A_p}{1000\sum q_d} \tag{16-7}$$

式中　t——设计阀门一次灌水工作时间，h；

m_d——设计植物一次灌水量，mm；

A_p——基本灌水单元的湿润面积，m^2；

$\sum q_d$——基本单元设计灌水器流量之和，m^3/h。

三、轮灌组的划分

一个轮灌组可由一个控制阀门（基本灌水单元）或几个控制阀门（基本灌水单元）组

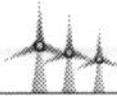

成。划分轮灌组时应考虑以下因素。

（1）最大轮灌组的流量不能大于灌溉临界期水源可供水流量，用式（16－8）可表达为：

$$Q_{\max}=\sum_{1}^{n}Q_{i\text{单元}}\leqslant Q_{\text{供}} \qquad (16-8)$$

式中　$Q_{\max}$——最大轮灌组流量，m^3/h；

n——一个轮灌组基本灌水单元数；

$Q_{i\text{单元}}$——轮灌组内第 i 号基本灌水单元设计流量，m^3/h；

$Q_{\text{供}}$——灌溉临界期水源可供水流量，m^3/h。

（2）同一轮灌组控制面积的植物一次灌水量相同或接近，灌水器型号相同。

（3）在设计灌水周期内应能灌完全部绿地，即：

$$\sum_{1}^{N}t_i\leqslant CT \qquad (16-9)$$

式中　N——轮灌组数目；

t_i——每个轮灌组工作时间，即支管工作时间，h；

C——系统日工作小时数，h；

T——设计喷灌周期，d。

（4）各轮灌组的流量应尽可能接近。

（5）轮灌组工作顺序便于操作管理，且与管网布置相协调。

对于面积大、种植植物种类繁多、各种植物灌水周期差异大的绿地，可按植物种类或灌水周期划分成若干轮灌工作区，分别进行轮灌。

上述表明，园林绿地灌溉系统的特点决定了运行管理的复杂性，采用人工操作很难达到满意的效果，采用自动化控制运行是解决这一难题的有效措施。同时，采用自动变频恒压泵站，可以使轮灌组划分的设计更为灵活方便，不必局限于各轮灌组的流量接近的要求。

四、灌溉系统工作制度表的制定

将灌溉系统设计轮灌组划分结果汇编成工作制度表，供设计使用和运行管理参考。

第八节　园林灌溉工程设计案例

山东省某商业中心广场绿地面积 1.8 hm^2，为改善绿地植物生长条件，决定建设高标准的灌溉系统。以下是该灌溉系统工程设计全部内容。

一、基本资料

1. 位置

项目区位于山东省某市西北区，地处北纬 36°41′，东经 118°56′。

2. 地形

该商业中心广场地面平坦，除专用绿地外，其余地面为铺装结构。广场西北部绿地 A 区为人工堆筑锥形高地，坡度 12.5%，其余绿地坡度 0%（见案例图 16－8－1）。

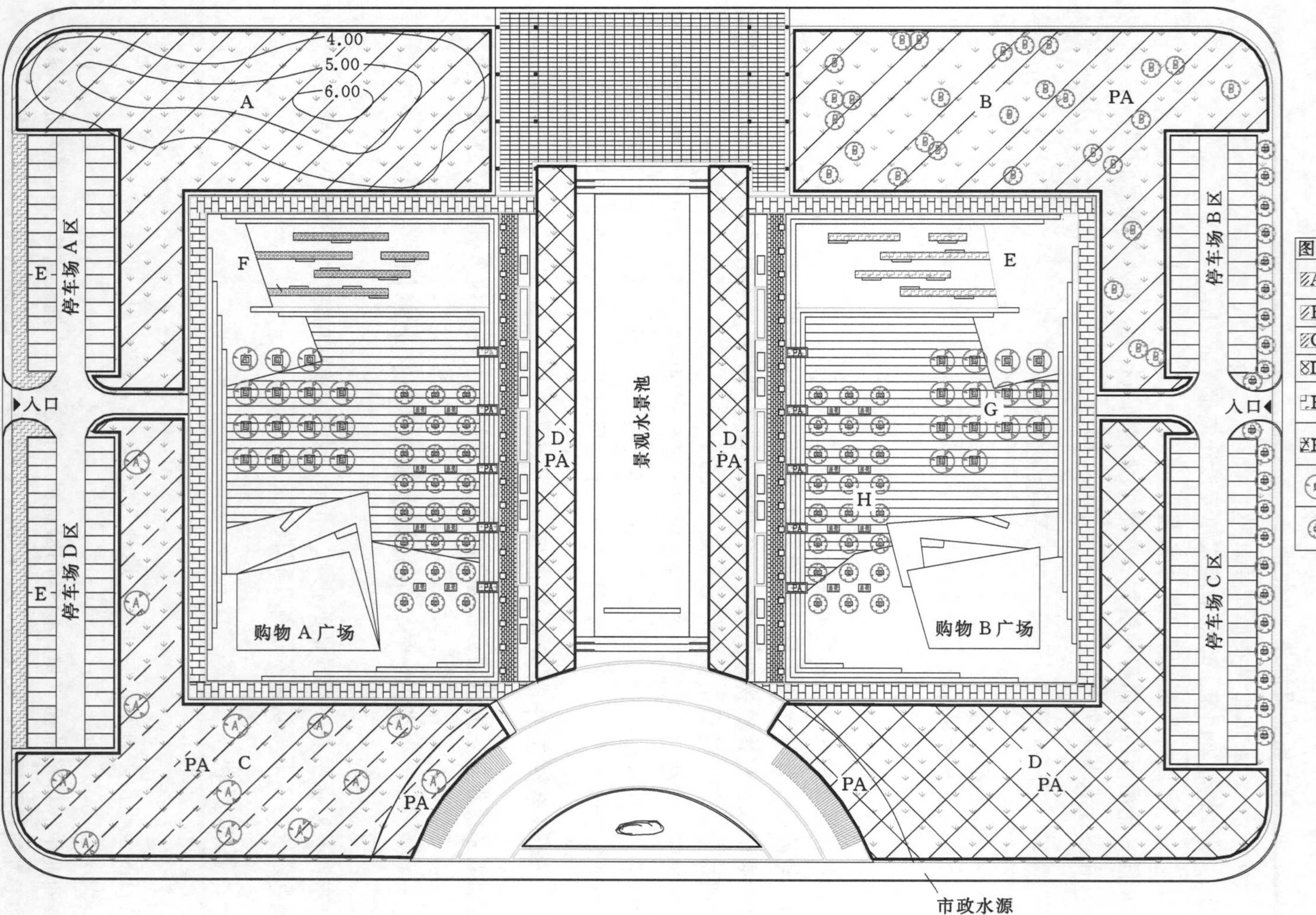

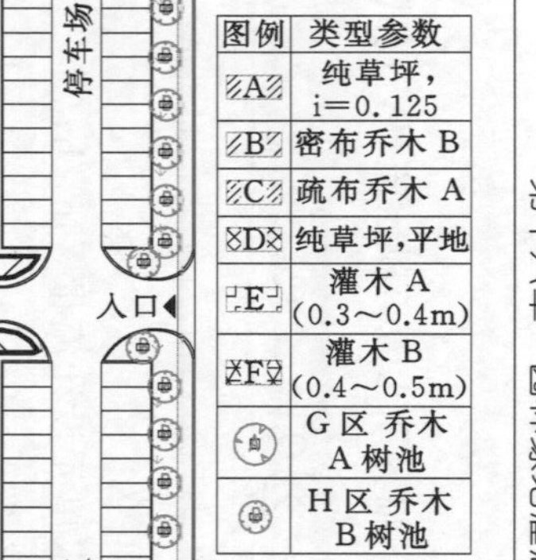

案例图 16-8-1　绿化区域种植分布图

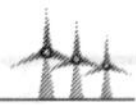

3. 土壤

绿地土壤为砂壤土，田间持水率28%，保水性能和抗旱能力较强；土壤容重1.5g/cm³；土壤入渗率30mm/h。

4. 植物

绿化区域种植见案例图16－8－1。其中：纯草坪的A区，面积3959m²；纯草坪的D区，面积5351m²；草、木混栽（密栽乔木B）的B区，面积3983m²；草、木混栽（稀栽乔木A）的C区，面积3837m²；条形种植灌木A的E区，面积533m²；条形种植灌木B的F区，面积143m²；树池种植乔木A的G区，面积43m²；树池种植乔木B的H区，面积145m²。

5. 气候

项目区地处暖温带，为四季分明大陆性季风季候，夏热冬冷。年平均气温14.7℃，年平均降水量671.1mm，年日照时数2616.8h。最冷月为1月，月平均气温为－0.4℃，最热月为7月，月平均气温为27.5℃。霜冻一般开始于11月中旬前后，结束于次年3月下旬至4月上旬，年无霜期235d，最大冻土深度为0.6m。主导风向为西南、东北，其次是偏东、偏北和偏南，年均风速3.2m/s。年平均降水量671.1mm，夏季降水量平均在450mm左右，占全年降水量的65%以上，仅7月降水天数平均在15d左右，日降水量不小于50mm的暴雨日数集中在7月、8月，占全年暴雨日数的65%左右。春季（3～5月）气温回升快，日较差大，天气干燥、风多且大、降水少、蒸发量大，土壤失墒快，春旱严重。

6. 水源

水源为市政管网供水，可提供灌溉流量为50m³/h，出水口压力达到3.5MPa。需要错峰供水，城市用水高峰期间允许绿地用水时间为14：00～16：00和20：00至次日6：00

7. 其他

根据客户要求，控制系统使用全自动控制器系统。

二、设计基本参数

根据项目区自然、水源条件，以及该商业中心的实际需求，经分析确定本绿地灌溉系统设计基本参数如下。

1. 设计植物耗水强度与灌溉耗水强度

根据当地气候条件和该商业中心绿地灌溉以市政管网为水源，具有稳定的供水流量，确定旱季的5月为灌溉临界期，按照《园林绿地灌溉工程技术规程》（CECS 243：2008）提供的园林绿地灌溉工程设计植物耗水强度参考值，确定设计植物灌溉耗水强度如下：

乔木A	乔木B	灌木A	灌木B	草坪
6.0mm/d	5.0mm/d	6.0mm/d	5.0mm/d	4.0mm/d

2. 设计喷灌强度

按《喷灌工程技术规范》（GB/T 50085—2007）各类土壤允许喷灌强度和不同地面坡度允许喷灌强度降低值的规定，取设计喷灌强度：绿地A区10mm/h；其他绿地区15mm/h。

3. 设计喷头工作水头允许最大偏差率

按《园林绿地喷灌工程技术规程》（CECS 243：2008）的规定，取支管喷头工作水头允许最大偏差 $[h_v]=0.2$

4. 设计灌溉水利用系数

按《园林绿地喷灌工程技术规程》（CECS 243：2008）的规定，取喷灌和涌泉灌0.85，滴灌和根部灌0.9。

5. 设计系统日工作时间

根据灌溉水源允许供水时间，并考虑管理方便，确定每日灌溉系统工作时间为20:00至次日6：00，为10h。

三、灌水器的选择与布置

1. 灌水器选择

根据项目区绿地各种植区植物种类、土壤类型、允许喷灌强度和地面尺寸、形状等条件，本设计采用以喷灌为主，滴灌、树根灌和涌泉灌配合的设计方案，对各绿地区选择灌水器：草坪区（A、B、C、D）选用地埋式喷头，绿篱（E、F）采用滴灌管，树池（G、H）采用涌泉头和根部灌水器。大面积草坪密集种植乔木的区域选择中小射程旋转射线喷头，大面积草坪选用了旋转喷头，有坡度的草坪采用了喷嘴较小的喷头。选用美国Hunter公司灌水器，各绿地区灌水器的具体名称、型号、水力参数见案例表16-8-1。

2. 灌水器布置

喷头采用正方形组合布置，间距等于喷头射程；条形灌木地（绿篱）每排布置1条滴灌管；树池灌木每株对称布置2个根部灌水器或涌泉灌水器。喷头布置时先布置边角，在布置中间；对有明显坡度的A区，同一排喷头沿尽可能小的坡度方向布置，以减小同一条支管上的喷头工作压力差。G区和H区每个树池分别绕树对称布置2个根部灌水器和2个涌泉器。全区绿地灌水器布置和结果见案例图16-8-2和案例表16-8-1。

案例表16-8-1　　灌水器选择与布置结果表

绿地区号	灌水器型号	工作压力/Bar	射程/m	流量/(L/h)	布置间距/m	数量	单位
A	PROS-04-MP3000（90°）	2.75	9.1	413	9	62	个
	PROS-04-MP3000（360°）	2.75	9.1	825	9		个
B	PROS-04-MP2000（90°）	2.75	5.8	168	6	139	个
	PROS-04-MP2000（360°）	2.75	5.8	333	6		个
C	PGP-ULTRA-4.0	3.0	12.2	900	12	68	个
D			12.2			94	个
E	PLD-04滴灌管	2	—	2.27	0.5	3880	m
F			—			1246	m
G	RZWS根部灌水器	2	—	230	—	58	个
H	PROS-04-PCN涌泉喷头	2	—	230	—	190	个

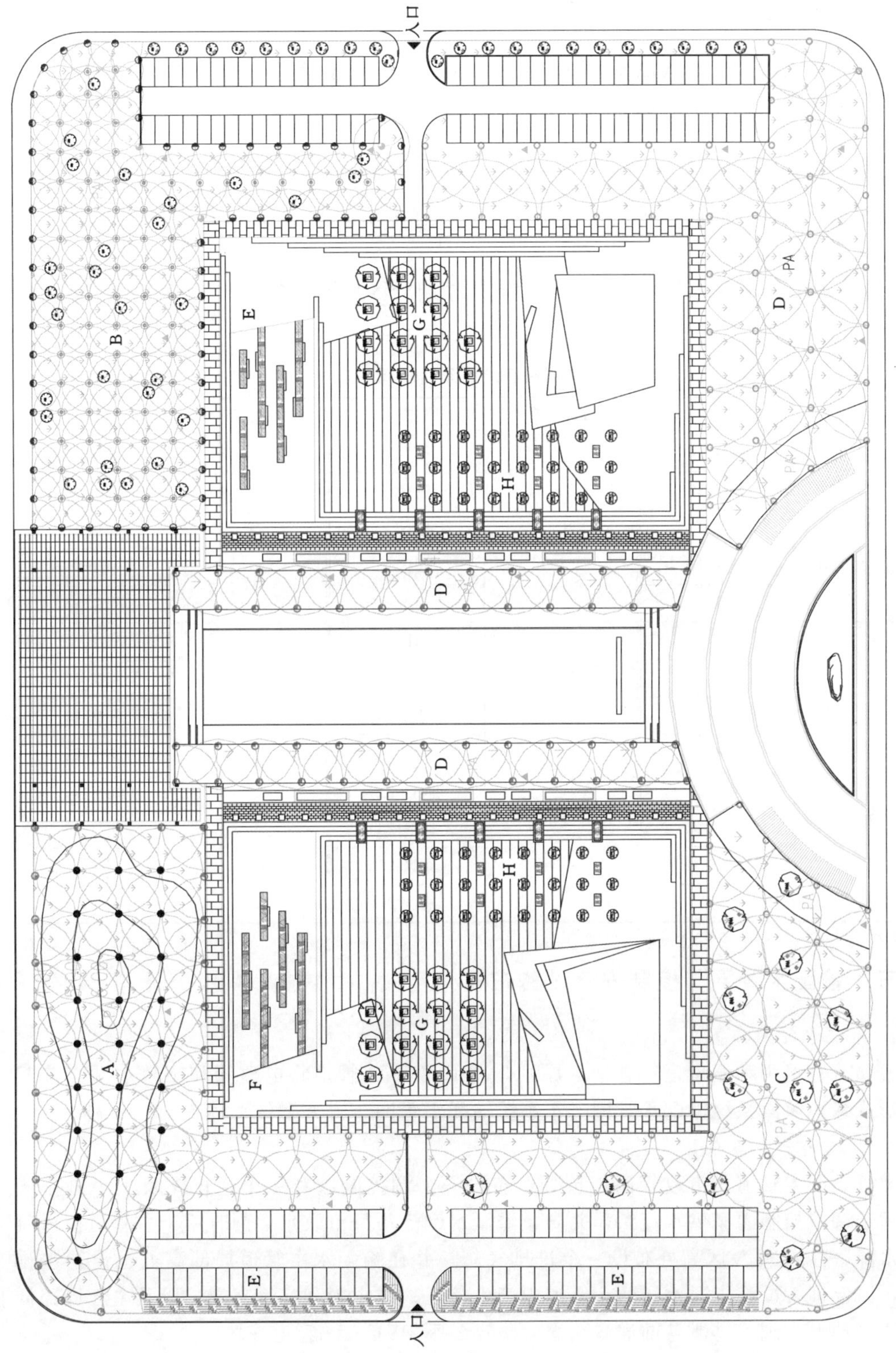

案例图 16-8-2　灌水器布置图

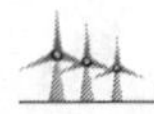

四、支管布置与阀门控制分区

支管作为连接喷头和其他灌水器的末级配水管道，根据设计参数的要求，一阀门控制同型号的灌水器，且灌水器最大工作水头偏差率不大于20%，支管沿等高线或沿尽可能小的地面坡度布置。

阀门作为控制灌水的设备，一个阀门控制的区域称为灌水分区，简称分区。按照同一分区喷头型号相同、阀门尽可能使控制的支管对称配水的要求布置阀门。阀门采用电磁阀，其规格选用1.5″。

支管和阀门布置见案例图16-8-3。阀门控制分区见案例图16-8-4和案例表18-8-2。

案例表16-8-2　　　　阀门控制分区分结果表

绿地区号	分区号	绿地区号	分区号	绿地区号	分区号
A	阀区 14	C	阀区 2	E	阀区 6
	阀区 15		阀区 3		阀区 34
	阀区 16		阀区 4	F	阀区 18
	阀区 17		阀区 7	G	阀区 8
	阀区 19		阀区 5		阀区 24
B	阀区 30	D	阀区 1	H	阀区 9
	阀区 31		阀区 12		阀区 10
	阀区 33		阀区 13		阀区 11
	阀区 35		阀区 20		阀区 22
	阀区 36		阀区 21		阀区 25
			阀区 23		阀区 26
			阀区 28		阀区 27
			阀区 29		阀区 32

五、输配水管网与控制安全设备布置

1. 输配水管网布置

遵循节省费用和便于运行管理的原则，用PVC-U管道将电磁阀和市政水源点连起来，形成绿地灌溉系统输配水管网。本系统输配水管网布置方案见案例图16-8-3。

2. 调控安全设备布置

灌溉系统主管道与市政管网连接处，布设一个调控闸阀和1个逆止阀及1个进排气阀，用于调节控制灌溉供水流量，并防止灌溉水倒流污染市政水，同时用于主管道检修时切断水源；在绿地A区高处布设一个进排气阀，并在输配水主管道局部高处也设置进排气阀，以保证管道稳定通水，防止管道内产生负压；在主管和支管末端，以及主管局部低处设置自动泄水阀，排泄冬前灌溉余水，防止冬季PVC-U管道冻坏。

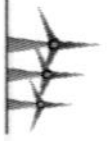

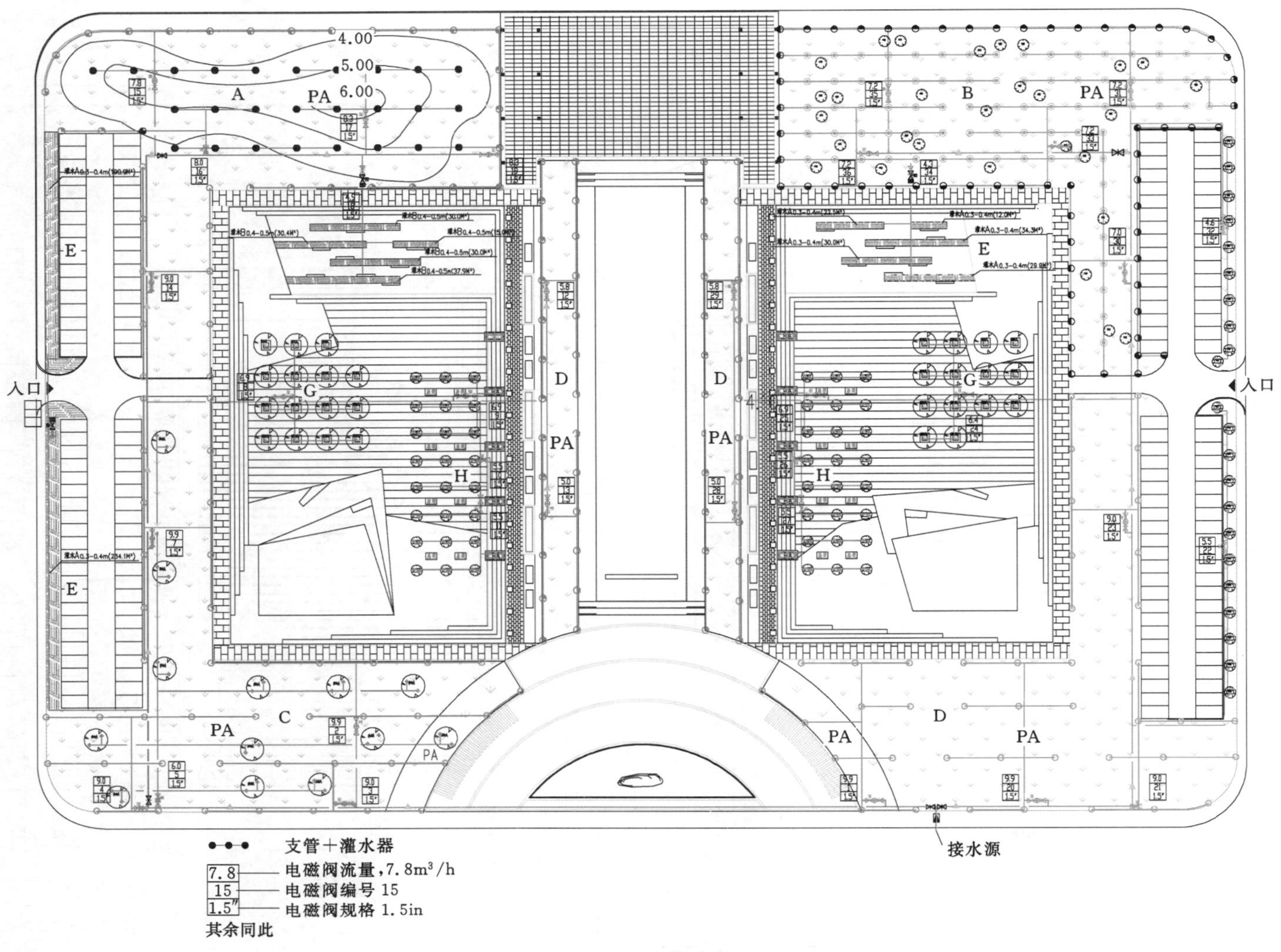

案例图16-8-3　管道及阀门布置图

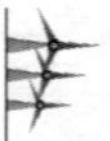

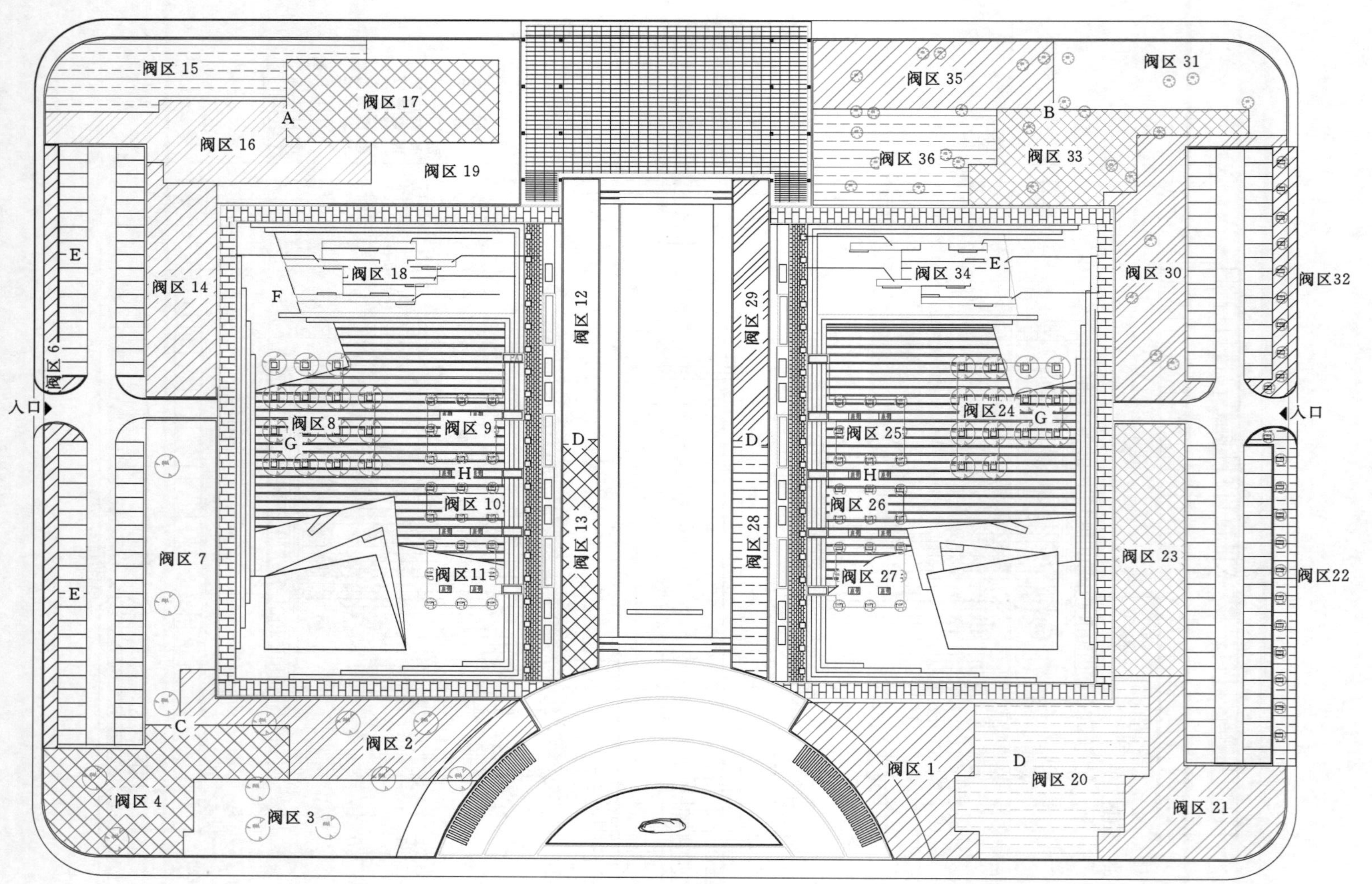

案例图 16-8-4　轮灌区分区图

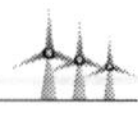

六、绿地灌水强度计算

根据绿地实际情况和灌水器的布置特点，决定按绿地分区采用全面积法式（16－3）计算绿地灌水强度：

$$\rho=\frac{1000\sum q_d}{A}$$

公式　ρ——设计喷灌强度，mm/h；

$\sum q_d$——分区设计灌水器流量之和，m^3/h；

A——分区湿润面积，m^2。

各分区灌水强度计算见案例表16－8－3。

案例表16－8－3　　　　灌水强度计算表

<table>
<tr><th rowspan="2">绿地区号</th><th rowspan="2">分区号</th><th rowspan="2">喷头型号</th><th rowspan="2">单喷头流量/(m³/h)</th><th colspan="2">灌水器</th><th rowspan="2">分区流量/(m³/h)</th><th rowspan="2">分区湿润面积/m²</th><th rowspan="2">区域灌水强度/(mm/h)</th></tr>
<tr><th>数量</th><th>单位</th></tr>
<tr><td rowspan="9">A</td><td>阀区14</td><td>PGP－ULTRA－4.0</td><td>0.90</td><td>10</td><td>个</td><td>9.0</td><td>721</td><td>12.5</td></tr>
<tr><td rowspan="2">阀区15</td><td>PROS－04－MP3000（90°）</td><td>0.413</td><td>9</td><td>个</td><td rowspan="2">7.8</td><td rowspan="2">792</td><td rowspan="2">9.9</td></tr>
<tr><td>PROS－04－MP3000（360°）</td><td>0.825</td><td>5</td><td>个</td></tr>
<tr><td rowspan="3">阀区16</td><td>PROS－04－MP3000（90°）</td><td>0.413</td><td>2</td><td>个</td><td rowspan="3">8.0</td><td rowspan="3">828</td><td rowspan="3">9.7</td></tr>
<tr><td>PROS－04－MP3000（270°）</td><td>0.619</td><td>1</td><td>个</td></tr>
<tr><td>PROS－04－MP3000（360°）</td><td>0.825</td><td>8</td><td>个</td></tr>
<tr><td>阀区17</td><td>PROS－04－MP3000（360°）</td><td>0.825</td><td>10</td><td>个</td><td>8.3</td><td>81</td><td>10.2</td></tr>
<tr><td rowspan="2">阀区19</td><td>PROS－04－MP3000（90°）</td><td>0.413</td><td>14</td><td>个</td><td rowspan="2">8.3</td><td rowspan="2">808</td><td rowspan="2">10.2</td></tr>
<tr><td>PROS－04－MP3000（360°）</td><td>0.825</td><td>3</td><td>个</td></tr>
<tr><td rowspan="11">B</td><td rowspan="3">阀区30</td><td>PROS－04－MP2000（90°）</td><td>0.168</td><td>21</td><td>个</td><td rowspan="3">7.3</td><td rowspan="3">898</td><td rowspan="3">8.1</td></tr>
<tr><td>PROS－04－MP2000（270°）</td><td>0.249</td><td>3</td><td>个</td></tr>
<tr><td>PROS－04－MP2000（360°）</td><td>0.333</td><td>9</td><td>个</td></tr>
<tr><td rowspan="2">阀区36</td><td>PROS－04－MP2000（90°）</td><td>0.168</td><td>9</td><td>个</td><td rowspan="2">7.2</td><td rowspan="2">772</td><td rowspan="2">9.3</td></tr>
<tr><td>PROS－04－MP2000（360°）</td><td>0.333</td><td>17</td><td>个</td></tr>
<tr><td rowspan="2">阀区33</td><td>PROS－04－MP2000（90°）</td><td>0.168</td><td>5</td><td>个</td><td rowspan="2">7.5</td><td rowspan="2">796</td><td rowspan="2">9.4</td></tr>
<tr><td>PROS－04－MP2000（360°）</td><td>0.333</td><td>20</td><td>个</td></tr>
<tr><td rowspan="2">阀区31</td><td>PROS－04－MP2000（90°）</td><td>0.168</td><td>11</td><td>个</td><td rowspan="2">7.2</td><td rowspan="2">752</td><td rowspan="2">9.6</td></tr>
<tr><td>PROS－04－MP2000（360°）</td><td>0.333</td><td>16</td><td>个</td></tr>
<tr><td rowspan="2">阀区35</td><td>PROS－04－MP2000（90°）</td><td>0.168</td><td>11</td><td>个</td><td rowspan="2">7.2</td><td rowspan="2">765</td><td rowspan="2">9.4</td></tr>
<tr><td>PROS－04－MP2000（360°）</td><td>0.333</td><td>16</td><td>个</td></tr>
<tr><td rowspan="3">C</td><td>阀区2</td><td>PGP－ULTRA－4.0</td><td>0.90</td><td>11</td><td>个</td><td>9.9</td><td>1018</td><td>9.7</td></tr>
<tr><td>阀区3</td><td>PGP－ULTRA－4.0</td><td>0.90</td><td>10</td><td>个</td><td>9.0</td><td>917</td><td>9.8</td></tr>
<tr><td>阀区4</td><td>PGP－ULTRA－4.0</td><td>0.90</td><td>10</td><td>个</td><td>9.0</td><td>990</td><td>9.1</td></tr>
</table>

续表

绿地区号	分区号	喷头型号	单喷头流量 /(m³/h)	灌水器		分区流量 /(m³/h)	分区湿润面积 /m²	区域灌水强度 /(mm/h)
				数量	单位			
C	阀区 7	PGP-ULTRA-4.0	0.90	11	个	9.9	893	11.1
	阀区 5	PROS-04-PCN 涌泉喷头	0.23	26	个	6.0	95	62.9
	阀区 1	PGP-ULTRA-4.0	0.90	11	个	9.9	881	11.2
	阀区 12	PROS-04-MP3000 (90°)	0.413	14	个	5.8	436	13.3
	阀区 13	PROS-04-MP3000 (90°)	0.413	12	个	5.0	376	13.2
	阀区 20	PGP-ULTRA-4.0	0.90	11	个	9.9	1214	8.2
	阀区 21	PGP-ULTRA-4.0	0.90	10	个	9.0	830	10.8
	阀区 23	PGP-ULTRA-4.0	0.90	10	个	9.0	810	11.1
	阀区 28	PROS-04-MP3000 (90°)	0.413	12	个	5.0	375	13.2
	阀区 29	PROS-04-MP3000 (90°)	0.413	14	个	5.8	439	13.2
E	阀区 6	PLD-04 滴灌管	0.00227	1800	个	4.0	404	10.1
	阀区 34	PLD-04 滴灌管	0.00227	844	个	1.9	129	14.9
F	阀区 18	PLD-04 滴灌管	0.00227	760	个	1.7	143	12.1
G	阀区 8	RZWS 根部灌水器	0.23	30	个	6.9	100	69.0
	阀区 24	RZWS 根部灌水器	0.23	28	个	6.4	105	61.3
H	阀区 9	PROS-04-PCN 涌泉喷头	0.23	30	个	6.9	115	60.0
	阀区 10	PROS-04-PCN 涌泉喷头	0.23	24	个	5.5	95	58.1
	11	PROS-04-PCN 涌泉喷头	0.24	24	个	5.5	85	64.9
	22	PROS-04-PCN 涌泉喷头	0.23	24	个	5.5	75	73.6
	25	PROS-04-PCN 涌泉喷头	0.23	30	个	6.9	115	60.0
	26	PROS-04-PCN 涌泉喷头	0.23	24	个	5.5	95	58.1
	27	PROS-04-PCN 涌泉喷头	0.23	24	个	5.5	85	64.9
	32	PROS-04-PCN 涌泉喷头	0.23	20	个	4.6	60	76.7

表 16-8-3 计算结果表明，实际喷灌强度满足设计参数，绿地 A 区小于 10mm/h、其他喷灌区域区小于 15mm/h 的要求。滴灌、涌泉灌及根部灌水区均为集中供水，通过控制灌水时间调节灌区强度。

七、系统灌溉制度与工作制度的确定

1. 灌溉制度

由设计基本资料知，该绿地灌溉水源为市政管网供水，允许的供水流量和供水时间相对于灌溉所需水量是充分的。为了给绿地植物创造更为良好的水分条件，决定采用每日灌水量等于绿地日耗水量的灌溉制度。

2. 工作制度

根据已定的灌溉制度，决定在设计系统日工作时间内实行轮灌的工作制度。本系统轮

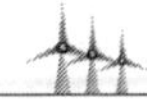

灌组划分考虑以下因素：

（1）所有轮灌组的工作时间之和不超出设计参数规定的系统日时间范围 10h。

（2）任一轮灌组的流量不大于市政管网提供灌溉允许流量 $50m^3/h$。

（3）同一轮灌区内的植物耗水强度相同，灌水器型号和灌水强度相同。

按阀门区轮灌，全区绿地划分成 18 个轮灌组，见案例表 16-8-5 阀门区。

八、水量供需平衡分析

由于本绿地灌溉系统采用日工时间内轮灌工制度，水量平衡计算的目的是校核系统工作时间内水源供水量是否满足绿地日耗水量的要求。

1. 计算各绿地区设计一次灌水量

按已确定的系统工作制度，绿地各分区设计一次灌水量按式（16-4）计算：

$$m_d=\frac{E_dT}{\eta}$$

式中　m_d——分区一次灌水量，mm；

E_d——分区设计植物灌溉耗水强度，mm/d；

T——分区植物灌水间隔时间 1d；

η——灌溉水利用系数。

全区绿地设计 1 次灌水量计算见表 16-8-4。

案例表 16-8-4　　　　绿地设计一次灌水量计算表

绿地区号	植物种类与种植方式	设计植物灌溉耗水强度 /(mm/d)	灌溉方式	灌溉水利用系数	设计 1 次灌水量 /mm
A	纯草坪，$i=0.125$	4.0	喷灌	0.85	4.7
B	草坪上密集种植乔木 B	4.5	喷灌	0.85	5.3
C	草坪上稀疏种植乔木 A	草坪 4.0	喷灌	0.85	4.7
		乔木 A 6.0	喷灌	0.85	7.1
D	纯草坪，平地	4.0	喷灌	0.85	4.7
E	灌木 A（0.3～0.4m）	6.0	滴灌	0.90	6.7
F	灌木 B（0.4～0.5m）	5.0	滴灌	0.90	5.6
G	树池种植乔木 A	6.0	树根灌	0.90	6.7
H	树池种植乔木 B	5.0	涌泉灌	0.85	5.9

案例表 16-8-4 中计算说明如下。

A 区、D 区、E 区、F 区、G 区、H 区均为单一植物，直接使用植物设计净灌水强度计算绿地设计一次灌水深度。B 区、D 区为两种植物混合区域，根据植物的种植面积，计算平均净灌水深度。

B 区域是乔木和草坪的混合绿化，由于乔木是密集种植，故使用灌水面积均分计算设计植物灌溉耗水强度。

D 区域是乔木和草坪的混合绿化，由于乔木是稀疏种植的，故大面积使用草坪的设计灌水强度计算，乔木需要另外补充给水。

2. 计算绿地一次灌水时间

按已定的绿地轮灌制度，全部绿地一次灌水时间等于全部轮灌组一次灌水时间之和。轮灌组一次灌水即分区一次灌水时间按式（16-7）计算：

$$t=\frac{m_d A_p}{1000\sum q_d}\times 60$$

式中　t——轮灌组设计一次灌水工作时间，min；

m_d——设计植物一次灌水量，mm；

A_P——基本灌水单元的湿润面积，m^2；

$\sum q_d$——轮灌组设计灌水器流量之和，m^3/h；

η——灌溉水利用系数。

各阀区灌水时间见案例表16-8-5。

案例表16-8-5　　　各阀区灌水时间表

分区编号	设计灌水深度/mm	灌水强度/(mm/h)	灌水时间/min	分区编号	设计灌水深度/mm	灌水强度/(mm/h)	灌水时间/min
阀区1	4.7	11.2	25.1	阀区19	4.7	10.2	27.6
阀区2	4.7	9.7	29.0	阀区20	4.7	8.2	34.6
阀区3	4.7	9.8	28.7	阀区21	4.7	10.8	26.0
阀区4	4.7	9.1	31.0	阀区22	5.9	73.6	4.8
阀区5	7.1	62.9	2.3	阀区23	4.7	11.1	25.4
阀区6	6.7	10.1	39.7	阀区24	6.7	61.3	6.6
阀区7	4.7	11.1	25.4	阀区25	5.9	60.0	5.9
阀区8	6.7	69.0	5.8	阀区26	5.9	58.1	6.1
阀区9	5.9	60.0	5.9	阀区27	5.9	64.9	5.5
阀区10	5.9	58.1	6.1	阀区28	4.7	13.2	21.3
阀区11	5.9	64.9	5.5	阀区29	4.7	13.2	21.4
阀区12	4.7	13.3	21.3	阀区30	5.3	8.1	39.3
阀区13	4.7	13.2	21.4	阀区31	5.3	9.5	33.3
阀区14	4.7	12.5	22.6	阀区32	5.9	76.7	4.6
阀区15	4.7	9.9	28.5	阀区33	5.3	9.4	33.8
阀区16	4.7	9.7	29.0	阀区34	6.7	14.9	27.1
阀区17	4.7	10.2	27.7	阀区35	5.3	9.4	33.9
阀区18	5.6	12.1	27.9	阀区36	5.3	9.3	34.2
灌水总时间							774.2

由表16-8-5可见，每个阀区单独开启需要的时间为774.2min，约13h，比设计要求时间长，需要调整灌溉制度。采用两个或两个以上阀区同时灌溉的方式，保证在要求的10h内完成灌溉。

全区绿地一次灌水时间（min）＝∑各个区域灌水时间（min），本设计轮灌区灌溉工作时间计算如案例表16-8-6。

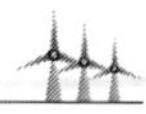

案例表 16-8-6　　　　轮灌区灌水时间计算表

轮灌区编号	分区编号	分区流量 /(m³/h)	轮灌区总流量 /(m³/h)	阀区域灌水时间 /min	轮灌区灌水时间 /min
1	阀区 1	9.9	11.8	25.1	27.1
	阀区 34	1.9		27.1	
2	阀区 2	9.9	14.5	29.0	29.0
	阀区 32	4.6		4.6	
3	阀区 3	9.0	14.5	28.7	28.7
	阀区 22	5.5		4.8	
4	阀区 4	9.0	14.5	31.0	31.0
	阀区 26	5.5		6.1	
5	阀区 5	6.0	13.2	2.3	33.9
	阀区 35	7.2		33.9	
6	阀区 6	4.1	14.0	39.7	39.7
	阀区 20	9.9		34.6	
7	阀区 7	9.9	14.9	25.4	25.4
	阀区 28	5.0		21.3	
8	阀区 8	6.9	14.1	5.8	34.2
	阀区 36	7.2		34.2	
9	阀区 9	6.9	14.1	5.9	33.3
	阀区 31	7.2		33.3	
10	阀区 10	5.5	13.0	6.1	33.8
	阀区 33	7.5		33.8	
11	阀区 11	5.5	14.5	5.5	26.0
	阀区 21	9.0		26.0	
12	阀区 12	5.8	13.1	21.3	39.3
	阀区 30	7.3		39.3	
13	阀区 13	5.0	14.0	21.4	25.4
	阀区 23	9.0		25.4	
14	阀区 14	9.0	14.5	22.6	22.6
	阀区 27	5.5		5.5	
15	阀区 15	7.8	14.7	28.5	28.5
	阀区 25	6.9		5.9	

续表

<table>
<tr><th>轮灌区编号</th><th>分区编号</th><th>分区流量
/(m³/h)</th><th>轮灌区总流量
/(m³/h)</th><th>阀区域灌水时间
/min</th><th>轮灌区灌水时间
/min</th></tr>
<tr><td rowspan="2">16</td><td>阀区 16</td><td>8.0</td><td rowspan="2">14.5</td><td>29.0</td><td rowspan="2">29.0</td></tr>
<tr><td>阀区 24</td><td>6.4</td><td>6.6</td></tr>
<tr><td rowspan="2">17</td><td>阀区 17</td><td>8.3</td><td rowspan="2">14.0</td><td>27.7</td><td rowspan="2">27.7</td></tr>
<tr><td>阀区 29</td><td>5.8</td><td>21.4</td></tr>
<tr><td rowspan="2">18</td><td>阀区 18</td><td>1.7</td><td rowspan="2">10.0</td><td>27.9</td><td rowspan="2">27.9</td></tr>
<tr><td>阀区 19</td><td>8.3</td><td>27.6</td></tr>
<tr><td colspan="3">轮灌区最大流量</td><td>14.9</td><td>灌溉总时间</td><td>542.5</td></tr>
</table>

表 16－8－6 计算说明：

（1）轮灌组灌水时间采用组成轮灌组分区灌水时间的长者计算灌溉总时间；

（2）在轮灌组划分中，需要考虑阀区灌水时间、灌水量、管网优化等多个因素。本项目采用市政水源，主要考虑了水量均衡因素优化管网定制轮灌组表。

3. 水量平衡分析

案例表计算结果表明：

（1）全区绿地一次灌水时间 9h，小于设计基本参数确定的系统日工时间 10h；

（2）最大轮灌组流量为 14.9m^3/h，小于市政管网提供的灌溉水源流量 50m^3/h。

因此，本系统灌溉水源提供的水量无论是时间，还是流量都充分满足绿地灌溉的需要。

九、管网水力计算

1. 支管水力计算

支管沿程等间距安装许多喷头或其他类型灌水器，属于多口出流管道。根据设计基本参数的规定，支管孔口（喷头或其他灌水器）最大允许工作水头偏差率 $[h_v]=20\%$。因此，本系统支管水力计算的任务是按照已布置好的支管设计出满足设计基本参数要求的管径。为了简便，本设计采用根据经验先选择一种支管管径，按后按多口管水力计算方法计算孔口最大工作水头偏差不大于允许最大偏差率即满足要求。显然，如果系统中最不利支管（长度、流量最大者）满足此要求，则全系统支管均满足要求。

由于本系统支管比较短，并考虑到，最大喷头工作压力为 3.0bar，根据经验，选择承压能力不低于 4.0bar，直径 De32 PVC－U 管作为支管，可满足要求。

2. 主管道水力计算

连接水源与控制阀门的管道为主管道。其作用是将灌溉水有水源输送分配到支管，水利计算的任务是在系统布置和工作制度确定的条件下，确定管道直径、水头损失和进口工作水头。

（1）确定管段计算长度和流量。本设计主管网布置见案例图 16－8－5，根据系统工作制度确定主管道计算管段长度和流量见案例表 16－8－7。

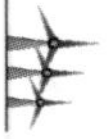

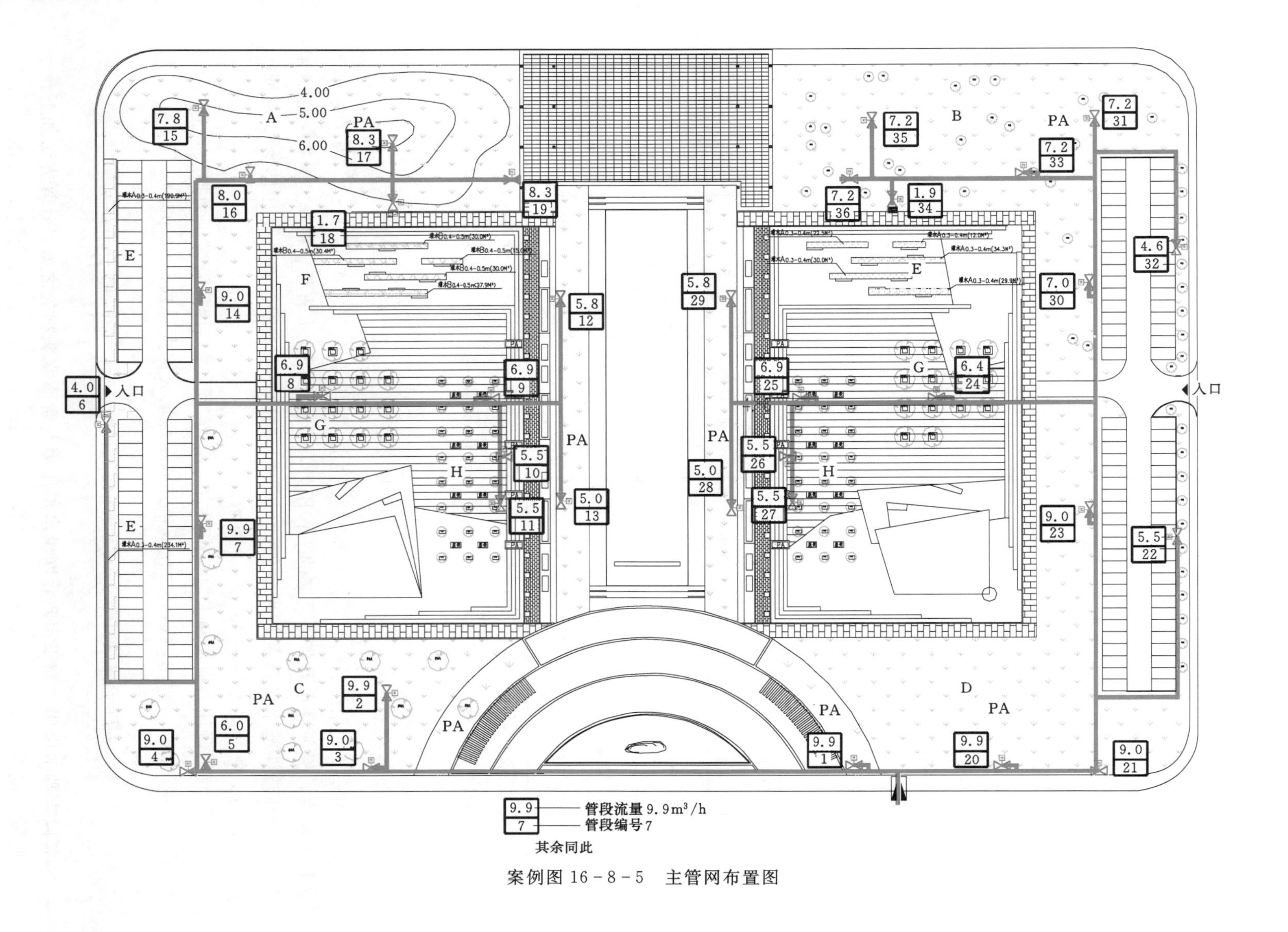

案例图 16-8-5　主管网布置图

案例表 16-8-7　　主管道计算管段长度和流量

管段编号	管段长度/m	管段过流量/(m³/h)	管段编号	管段长度/m	管段过流量/(m³/h)
0-1	7	9.9	0-19	398	8.3
0-2	145	9.9	0-20	34	9.9
0-3	125	9.0	0-21	49	9.0
0-4	173	9.0	0-22	128	5.5
0-5	170	6.0	0-23	116	9.0
0-6	280	4.0	0-24	182	6.4
0-7	235	9.9	0-25	215	6.9
0-8	296	6.9	0-26	229	5.5
0-9	336	6.9	0-27	240	5.5
0-10	351	5.5	0-28	256	5.0
0-11	362	5.5	0-29	256	5.8
0-12	377	5.8	0-30	173	7.3
0-13	376	5.0	0-31	213	7.2
0-14	292	9.0	0-32	249	4.6
0-15	340	7.8	0-33	216	7.5
0-16	334	8.0	0-34	253	1.9
0-17	377	8.3	0-35	279	7.2
0-18	373	1.7	0-36	272	7.2

注　管段编号以水源位置 0 与阀门编号与编号组成，如 0-1，指水源井到 1 号阀门之间管段。

(2) 确定管段直径。用经验式 (5-12) 估算管道内经。因为个管段流量 $Q<120\text{m}^3/\text{h}$，估算公式为：

$$D=13\sqrt{Q}$$

由于本系统使用的是市政管网水源直接供水，水压比较低（0.38MPa)，为了减少系统压力损失，保证灌水器获得足够的工作压力，管段采用较大直径。根据经验查《灌溉用塑料管材和灌件基本参数及技术条件》（GB/T 23241—2009），选择承压能力 0.63MPa PVC-U 管，管径见案例表 16-8-8 所示。

(3) 计算管段压力损失和末端工作压力。用式 (5-6) 计算管段压力损失，查表 5-2，$f=0.948\times10^5$，$m=1.77$，$b=4.77$，并取局部损失加大系数 $k=1.05$：

$$\Delta H=kf\frac{Q^m}{D^b}L=1.05\times0.948\times10^5\ \frac{Q^{1.77}}{D^{4.77}}L=99540\ \frac{Q^{1.77}}{D^{4.77}}L$$

管段末端工作压力等于市政管网供水点压力与管段水头损失之差，计算方法如下：

管段末端压力（m）＝水源压力 3.5Bar×10.194m/Bar－管段压力损失（m）。

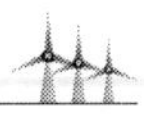

案例表 16-8-8　　　　主管道水力计算表

轮灌区编号	分区编号	管段长度/m	分区流量/(m^3/h)	总流量/(m^3/h)	估算内径/mm	选用管道/mm		阀区水损/m	总水损/m	平均流速/(m/s)
						内径	外径			
1	0-1	12	9.9	11.8	40.90	57	63	0.29	9.6	1.08
	0-34	260	1.9		17.99	28.4	32	9.56		0.84
2	0-2	144	9.9	14.5	40.90	57	63	3.49	13.7	1.08
	0-32	251	4.6		27.88	36.2	40	13.67		1.24
3	0-3	130	9.0	14.5	39.00	45.2	50	8.05	9.8	1.56
	0-22	130	5.5		30.54	36.2	40	9.78		1.49
4	0-4	172	9.0	14.5	39.00	57	63	3.52	6.4	0.98
	0-26	245	5.5		30.54	45.2	50	6.39		0.96
5	0-5	173	6.0	13.2	31.79	45.2	50	5.20	5.2	1.04
	0-35	275	7.2		34.82	57	63	3.77		0.78
6	0-6	280	4.1	14.0	26.28	36.2	50	12.36	12.4	1.10
	0-20	32	9.9		40.90	57	63	0.78		1.08
7	0-7	235	9.9	14.9	40.90	57	63	5.70	5.7	1.08
	0-28	256	5.0		28.94	45.2	50	5.52		0.86
8	0-8	293	6.9	14.1	34.15	45.2	50	11.34	11.3	1.20
	0—36	268	7.2		34.82	57	63	3.67		0.78
9	0-9	336	6.9	14.1	34.15	45.2	50	13.00	13.0	1.20
	0-31	215	7.2		34.82	57	63	2.95		0.78
10	0-10	355	5.5	13.0	30.54	45.2	50	9.26	9.3	0.96
	0-33	222	7.5		35.60	57	63	3.29		0.82
11	0-11	362	5.5	14.5	30.54	45.2	50	9.44	9.4	0.96
	0-21	53	9.0		39.00	45.2	50	3.28		1.56
12	0-12	378	5.8	13.1	31.26	57	63	3.54	3.5	0.63
	0-30	179	7.3		35.06	57	63	2.51		0.79
13	0-13	377	5.0	14.0	28.94	57	63	2.69	2.7	0.54
	0-23	122	9.0		39.00	57	63	2.50		0.98
14	0-14	293	9.0	14.5	39.00	57	63	6.00	6.6	0.98
	0-27	252	5.5		30.54	45.2	50	6.57		0.96
15	0-15	339	7.8	14.5	36.40	57	63	5.44	8.6	0.85
	0-25	223	6.9		34.15	45.2	50	8.63		1.20
16	0-16	337	8.0	14.5	36.87	57	63	5.66	6.5	0.88
	0-24	189	6.4		32.99	45.2	50	6.47		1.12
17	0-17	376	8.3	14.0	37.34	57	63	6.60	6.6	0.90
	0-29	256	5.8		31.26	57	63	2.40		0.63
18	0-18	373	1.7	10.0	17.08	28.7	32	10.83	10.8	0.74
	0-19	398	8.3		37.36	57	63	7.00		0.90

案例表16-8-8的说明：管段采用管径以估算管径为参考，并考虑管段长度和流量大小，以及灌水器设计工作压力，调整管段压力损失，使管段末端（阀门进口）压力满足灌水器工作压力的要求等因素，初步确定管道管径。再根据初步确定的管径及整个灌溉系统管网组成进行调整。最终管网的主管道水力计算见案例表16-8-9。

案例表16-8-9　　主管道水力计算表

轮灌区编号	管段编号	水源压力 /m	管段长度 /m			分区流量 /(m^3/h)	水损 /m			总水损 /m	阀区处压力 /m	设计工作压力 /m
			De75	De63	De50		De75	De63	De50			
1	0-1	35.68	7	0	5	9.9	0.07	0	0.37	0.44	35.24	30.58
	0-34	35.68	0	174	86	1.9	0	0.23	0.34	0.58	35.10	21.41
2	0-2	35.68	124	0	20	9.9	1.31	0	1.47	2.78	32.90	30.58
	0-32	35.68	0	174	77	4.6	0	1.09	1.45	2.54	33.14	20.39
3	0-3	35.68	125	0	5	9.0	1.12	0	0.31	1.43	34.25	30.58
	0-22	35.68	0	69	61	5.5	0	0.60	1.59	2.19	33.49	20.39
4	0-4	35.68	170	0	2	9.0	1.52	0	0.12	1.65	34.03	30.58
	0-26	35.68	0	144	101	5.5	0	1.24	2.63	3.88	31.80	20.39
5	0-5	35.68	168	0	5	6.0	0.73	0	0.15	0.88	34.80	20.39
	0-35	35.68	0	174	101	7.2	0	2.39	4.19	6.58	29.10	28.03
6	0-6	35.68	193	0	87	4.1	0.43	0	1.33	1.76	33.92	21.41
	0-20	35.68	0	27	5	9.9	0	0.65	0.37	1.02	34.66	30.58
7	0-7	35.68	193	37	5	9.9	2.05	0.90	0.37	3.31	32.37	30.58
	0-28	35.68	0	144	112	5.0	0	1.03	2.41	3.44	32.24	28.03
8	0-8	35.68	193	70	30	6.9	1.08	0.90	1.16	3.14	32.54	20.39
	0-36	35.68	0	174	94	7.2	0	2.39	3.90	6.28	29.40	28.03
9	0-9	35.68	193	70	73	6.9	1.08	0.90	2.83	4.80	30.88	20.39
	0-31	35.68	0	174	41	7.2	0	2.39	1.70	4.09	31.59	28.03
10	0-10	35.68	193	70	92	5.5	0.73	0.60	2.40	3.73	31.95	20.39
	0-33	35.68	0	174	48	7.5	0	2.58	2.15	4.73	30.95	28.03
11	0-11	35.68	193	70	99	5.5	0.73	0.60	2.58	3.91	31.77	20.39
	0-21	35.68	0	51	2	9.0	0	1.04	0.12	1.17	34.51	30.58
12	0-12	35.68	193	70	115	5.8	0.79	0.66	3.26	4.70	30.98	28.03
	0-30	35.68	0	174	5	7.3	0	2.44	0.21	2.66	33.02	28.03
13	0-13	35.68	193	70	114	5.0	0.60	0.50	2.46	3.56	32.12	28.03
	0-23	35.68	0	117	5	9.0	0	2.40	0.31	2.71	32.97	30.58
14	0-14	35.68	193	100	0	9.0	1.73	2.05	0	3.78	31.90	30.58
	0-27	35.68	0	144	108	5.5	0	1.24	2.82	4.06	31.62	20.39
15	0-15	35.68	193	128	18	7.8	1.35	2.06	0.87	4.28	31.40	28.03
	0-25	35.68	0	144	79	6.9	0	1.84	3.06	4.90	30.78	20.39

续表

轮灌区编号	管段编号	水源压力/m	管段长度/m			分区流量/(m^3/h)	水损/m			总水损/m	阀区处压力/m	设计工作压力/m
			De75	De63	De50		De75	De63	De50			
16	0-16	35.68	193	139	5	8.0	1.42	2.33	0.25	4.01	31.67	28.03
	0-24	35.68	0	144	45	6.4	0	1.63	1.54	3.17	32.51	20.39
17	0-17	35.68	193	174	9	8.3	1.48	3.06	0.48	5.02	30.66	28.03
	0-29	35.68	0	144	112	5.8	0	1.35	3.17	4.52	31.16	28.03
18	0-18	35.68	0	0	6	1.7	0	0	0.02	6.40	29.28	21.41
			193	174	0	10.0	2.08	4.30	0			
	0-19	35.68	0	31	0	8.3	0	0.55	0	6.92	28.76	28.03
			193	174	0	10.0	2.08	4.30	0			

案例表16-8-9的说明：所有管段末端（阀门进口）压力均满足其控制灌水器设计工作压力的需要。

十、附属设施设计

1. 首部工程设施

首部工程设施包括市政管道与灌溉主管的连接及上面的控制阀门、逆止阀、进排气阀的连接，首部混凝土基础与地下工作井，其结构见案例图16-8-6。

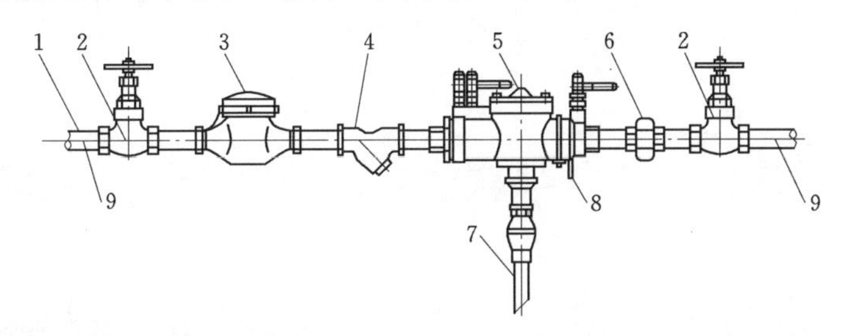

案例图16-8-6　水表井组成图

1—给水管；2—铜质截止阀（或闸阀）；3—水表；4—Y形过滤器；5—倒流防阻器；6—活接头；7—排水管；8—托架；9—托勾或托架

2. 电磁阀阀门箱

电磁阀常用的阀门箱型号为910、1419-12及1320-12三种，它们各自的规格见表16-8-10。

案例表16-8-10　　电磁阀阀门箱型号规格表

型　号	规　格
阀门箱910	底33cm，高26cm，顶25.4cm
阀门箱1419-12	底53.6cm×40.3cm，高30cm，顶43.2cm×29.8cm
阀门箱1320-12	底65.4cm×47.6cm，高30cm，顶54.6cm×38.1cm

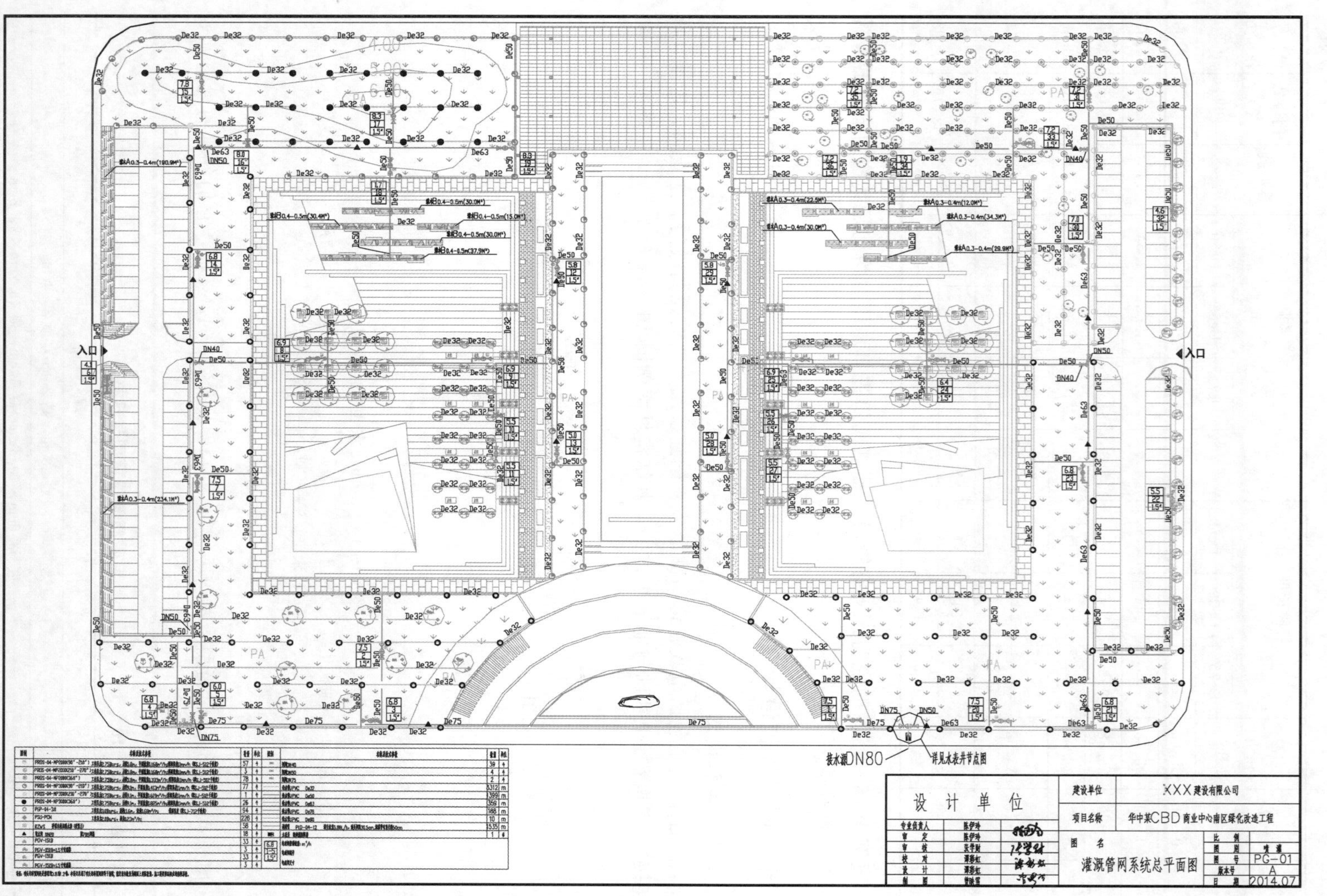

案例图 16-8-7　灌溉系统总平面图

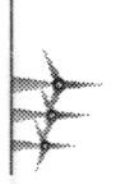

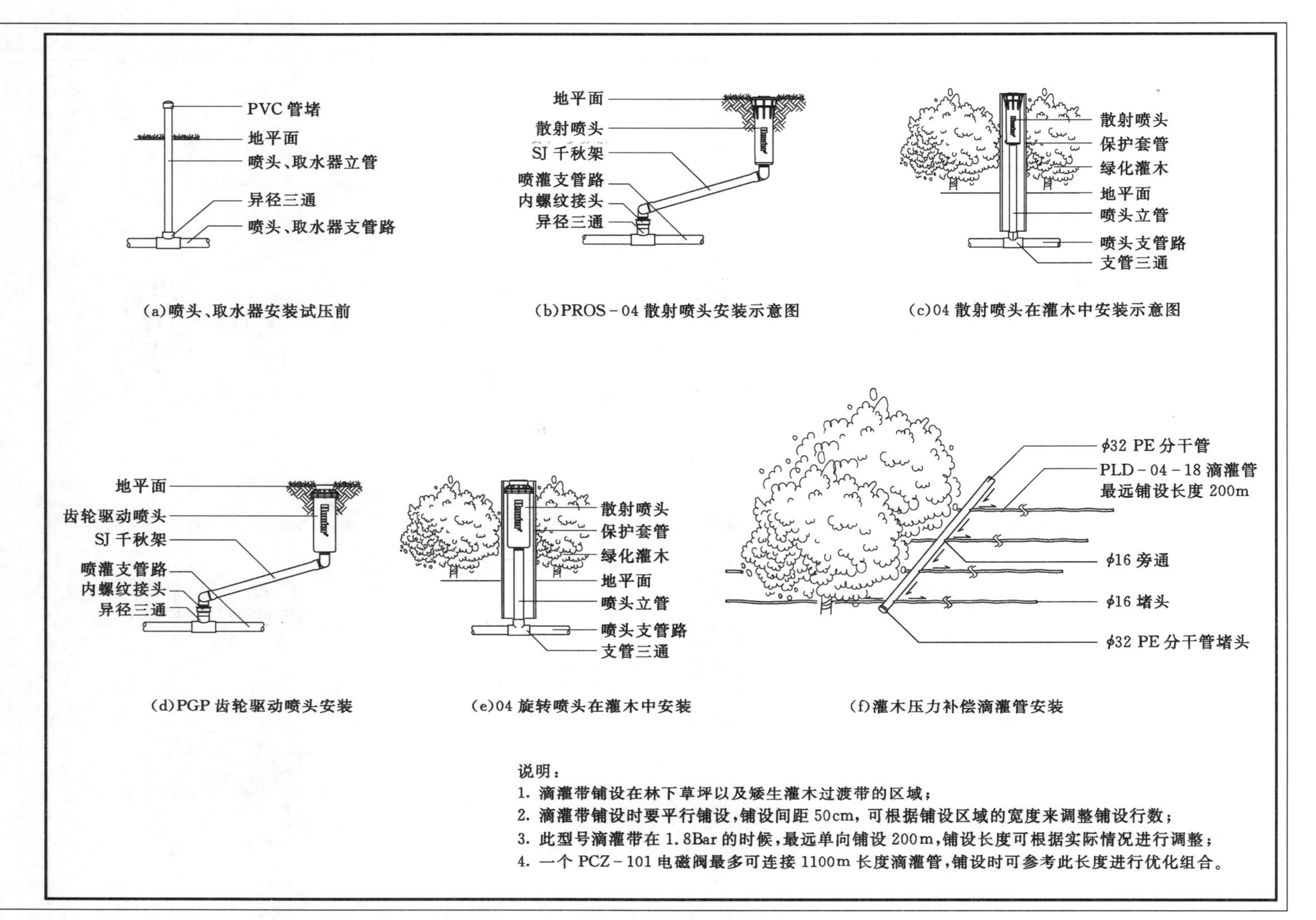

说明：

1. 滴灌带铺设在林下草坪以及矮生灌木过渡带的区域；
2. 滴灌带铺设时要平行铺设，铺设间距 50cm，可根据铺设区域的宽度来调整铺设行数；
3. 此型号滴灌带在 1.8Bar 的时候，最远单向铺设 200m，铺设长度可根据实际情况进行调整；
4. 一个 PCZ－101 电磁阀最多可连接 1100m 长度滴灌管，铺设时可参考此长度进行优化组合。

案例图 16－8－8　重要部位结构大样图之一

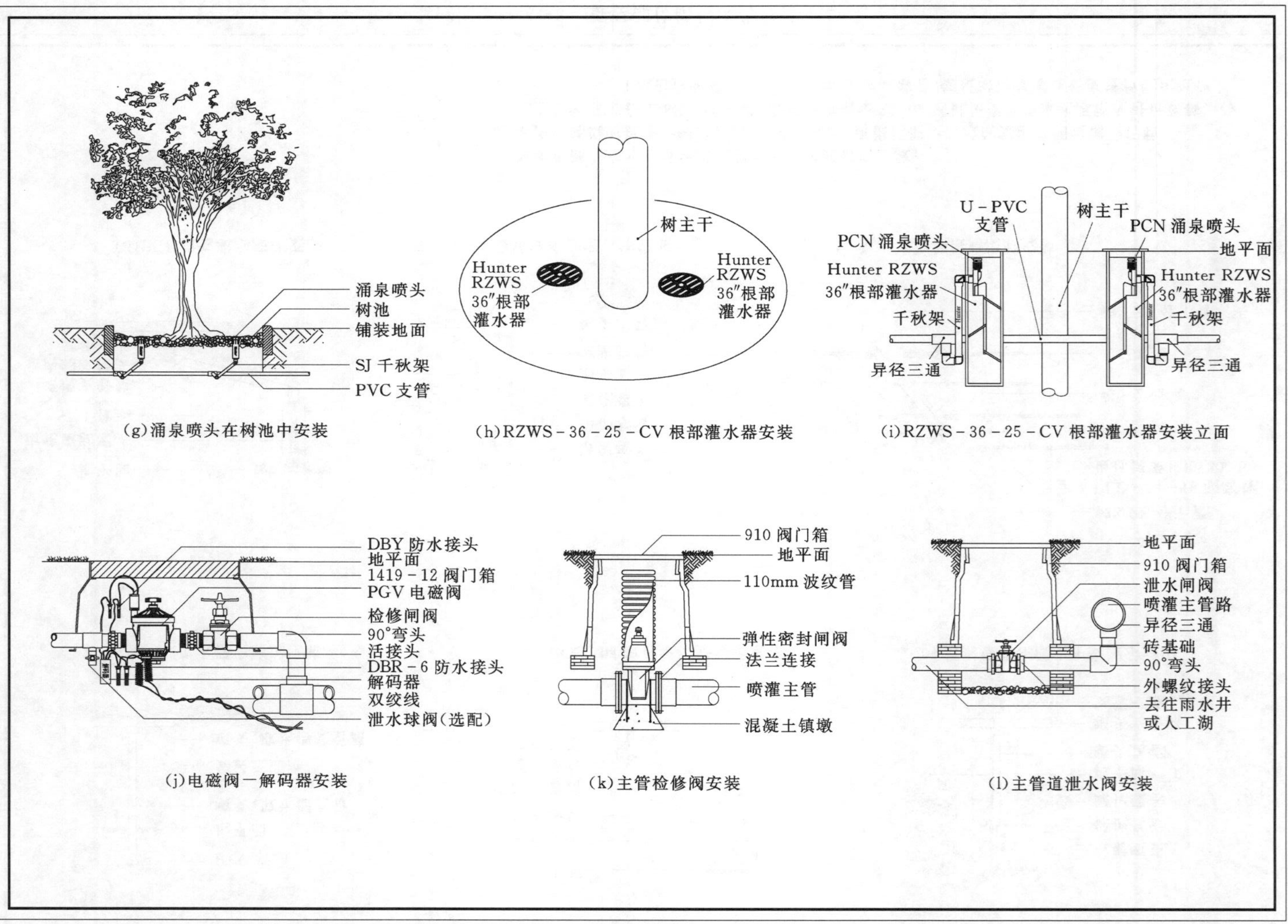

案例图 16-8-9　重要部位结构大样图之二

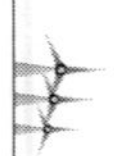

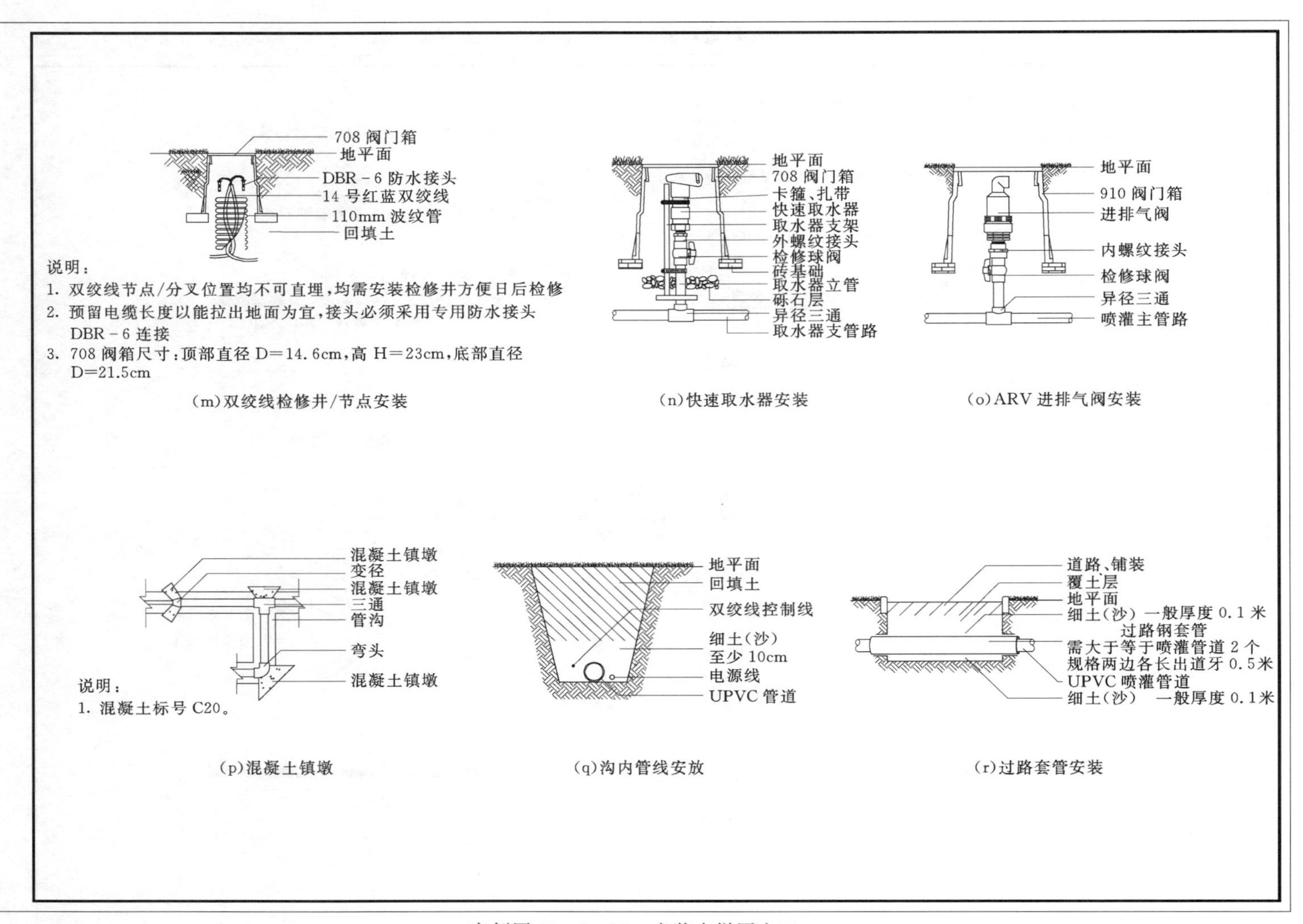

案例图 16-8-10　安装大样图之三

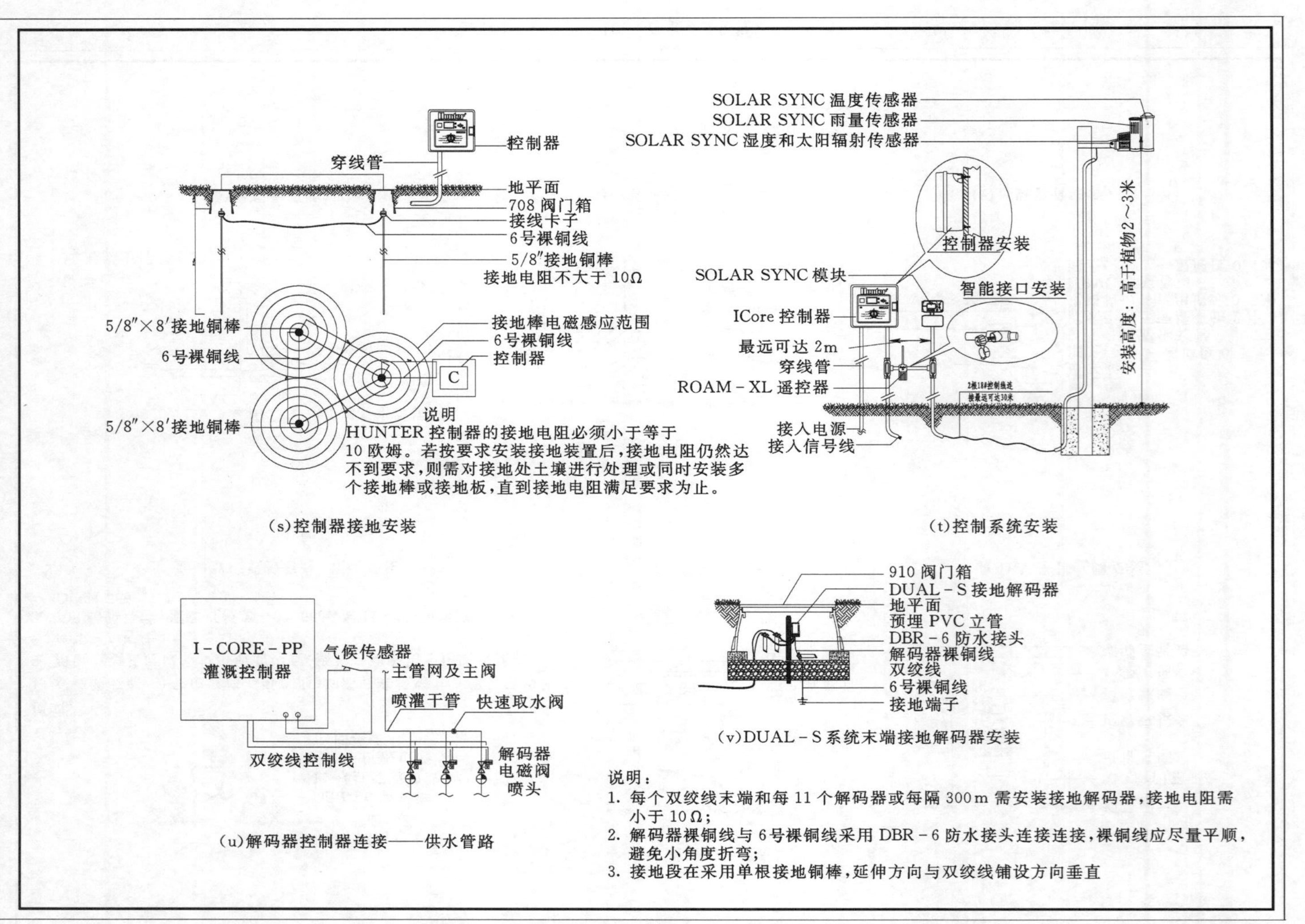

案例图 16－8－11　重要细部位结构大样图之四

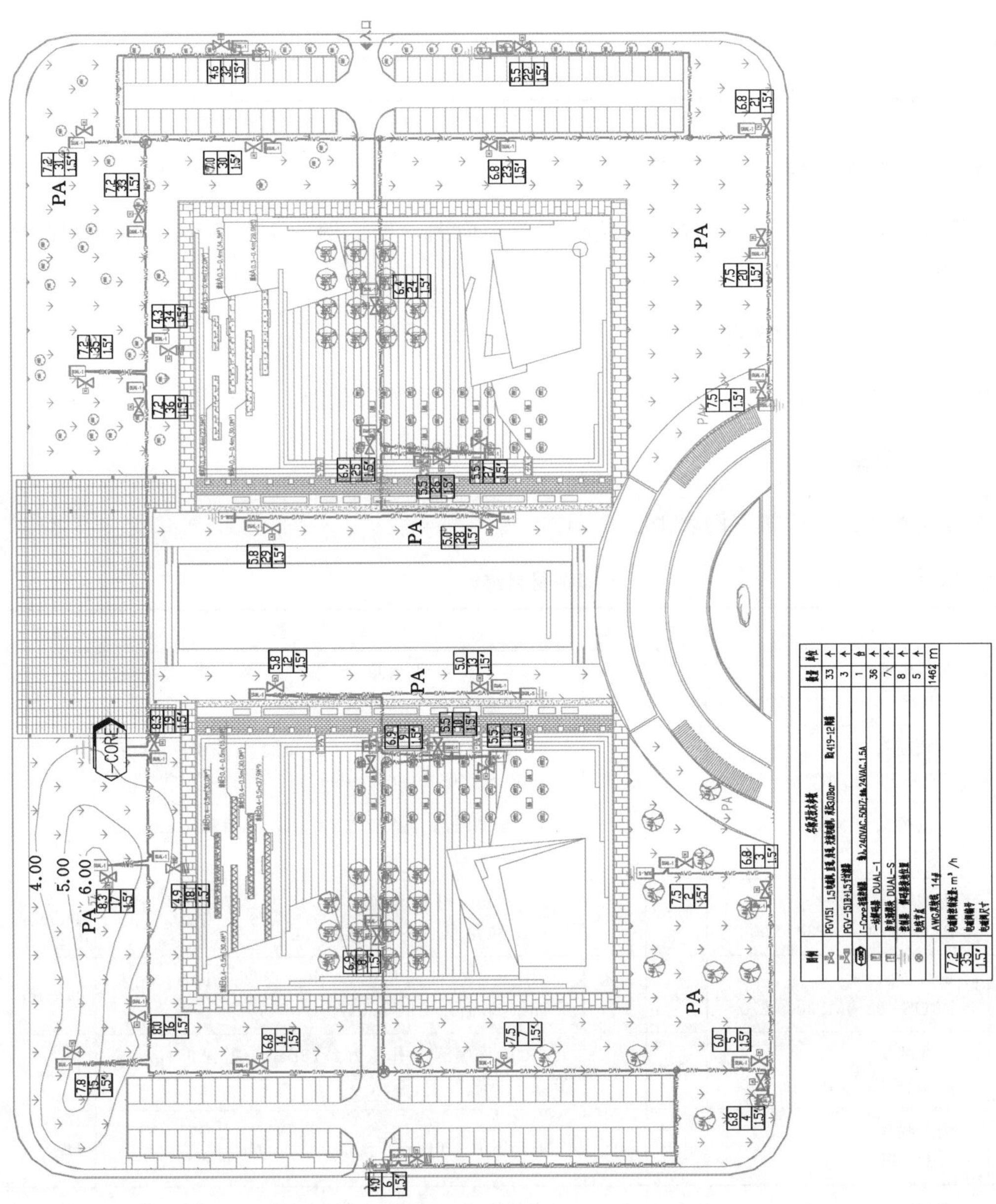

案例图 16－8－12　自动控制电路总平面图

3. 泄水阀阀门箱

泄水阀的常用阀门箱为708及910两种，它们各自的规格表16－8－11。

案例表16－8－11　　泄水阀阀门箱型号规格表

型　号	规　格
阀门箱708	底20.5cm，高23cm，顶14.6cm
阀门箱910	底33cm，高26cm，顶25.4cm

十一、灌溉工程设计总图

灌溉系统设计总图包括：灌溉系统布置总平面图，见案例图16－8－7；重要细部结构见案例图16－8－8图。

十二、自动控制电路设计

根据甲方要求，本系统采用自动控制，电路设计图如案例图16－8－12。

十三、设备材料

项目设备材料统计如案例表16－8－12。

案例表16－8－12　　设备材料统计

序号	名　称　型　号	数量	单位	规　格　参　数	品牌
1	射线喷头 PROS－04－MP2000 90	57	个	90°～210°可调角度 工作压力2.75Bars，射程6.1m，流量0.09～0.195m^3/h	Hunter
2	射线喷头 PROS－04－MP2000 270	3	个	210°～270°可调角度 工作压力2.75Bars，射程6.1m，流量0.19～0.249m^3/h	Hunter
3	射线喷头 PROS－04－MP2000 360	78	个	360°全圆喷洒 工作压力2.75Bars，射程6.1m，流量0.333m^3/h	Hunter
4	射线喷头 PROS－04－MP3000 90	77	个	90°～210°可调角度 工作压力2.75Bars，射程9.1m，流量0.195～0.481m^3/h	Hunter
5	射线喷头 PROS－04－MP3000 270	1	个	210°～270°可调角度 工作压力2.75Bars，射程9.1m，流量0.481～0.619m^3/h	Hunter
6	射线喷头 PROS－04－MP3000 360	26	个	360°全圆喷洒 工作压力2.75Bars，射程9.1m，流量0.825m^3/h	Hunter
7	涌泉喷头 PSU－PCN－10	226	个	工作压力2.0Bars，流量0.23m^3/h	Hunter
8	旋转喷头 PGP－04－ultra	94	个	工作压力3.5Bars，射程8.8～14.6m，流量0.16～2.70m^3/h，角度可调	Hunter
9	根部灌水器RZWS	58	个	工作压力范围1.0～4.8bar，流量0.23m^3/h	Hunter
10	千秋架SJ－512	468	个	1/2″接口，管体长度30cm	Hunter
11	千秋架SJ－712	94	个	3/4″接口，管体长度30cm	Hunter

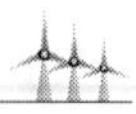

续表

序号	名 称 型 号	数量	单位	规 格 参 数	品牌
12	滴灌管 PLD-06-18-250	21	卷	流量：2.27L/h；滴头间距：45.7cm；长度：250英尺（76m）1卷（或者1000英尺；300m1卷）	Hunter
13	取水阀 Q-40	18	套	塑料3/4″接口	国产
14	电磁阀 PGV151B	36	个	1.5寸电磁阀，直通，角通，承压10.3Bars	Hunter
15	滴灌首部 PCZ	3	个	滴灌支管首部	AZUD
16	控制器 IC-DUAL48M-PL	1	个	48站塑料外壳商用解码器控制器	Hunter
17	解码器 DUAL-1	36	个	单站解码器	Hunter
18	防雷器 DUAL-S	7	个	用于DUAL系统的防电涌模块	Hunter
19	传感器 Solar Sync	1	个	气候传感器	Hunter
20	接地铜棒 18200	24	个	接地铜棒，每个接地3根铜棒	Hunter
21	接地铜卡 182005	24	个	接地铜卡口，每个接地3个接地铜卡口	Hunter
22	裸铜线 6AWG	160	m	接地裸铜线，每个接地20m	Hunter
23	遥控器 ROAM-XL-KIT	1	套	遥控器总成，遥控距离无障碍3km	Hunter
24	压力调节器 ACCU-SYNC-ADJ	14	个	压力可调型压力调节器，1.5～7.0bar可调	Hunter
25	14号双绞线	1462	m	解码器控制电线	Paige
26	防水接头 DBY-6	79	个	防水接头 解码器与电磁阀连接接头	3m
27	防水接头 DBR-6	79	个	防水接头 解码器与双绞线连接接头	3m
28	进排气阀 ARV-2-BP	1	个	2英寸进排气阀	国产
29	阀门箱 708	42	个	底20.5cm，高23cm，顶14.6cm	绿友
30	阀门箱 910	6	个	底33cm，高26cm，顶25.4cm	绿友
31	阀门箱 1419-12	39	个	底53.6cm×40.3cm 高30cm 顶43.2cm×29.8cm	绿友
32	PVC-U给水管 De20 (2.0MPa)	380	m	每个散射喷头安装时立管0.8m	国产
33	PVC-U给水管 De25 (1.6MPa)	120	m	支管，每个旋转喷头安装时立管0.8m	国产
34	PVC-U给水管 De32 (1.0MPa)	3312	m	支管	国产
35	PVC-U给水管 De50 (1.0MPa)	1300	m	干管	国产
36	PVC-U给水管 De63 (1.0MPa)	359	m	干管	国产
37	PVC-U给水管 De75 (1.0MPa)	188	m	主管	国产
38	PVC-U给水管 De90 (1.0MPa)	10	m	主管	国产

续表

序号	名称型号	数量	单位	规格参数	品牌
39	PVC-U管件	1	批	取管材费用25%	国产
40	闸阀 DN40	39	个	检修闸阀	国产
41	闸阀 DN50	4	个	检修闸阀	国产
42	闸阀 DN75	2	个	检修闸阀	国产
43	水表井 DN80	1	套	配倒流防阻器	国产

第十七章　喷微灌系统自动化控制设计

第一节　概　　述

一、喷微灌系统自动化控制的意义

自动化控制是智能灌溉系统的重要组成部分。如果说灌水器的选择是解决灌水的空间分布，那么自动化控制就是解决灌水的时间分布；如果说灌水器是系统的最终执行机构，那么自动化控制就是它的管理机构，它负责给整个灌溉系统下达工作指令，并对整个系统的运行进行监控，做到适时、适量灌溉。自动化控制的主要意义归纳如下。

1. 精准性

自动化控制可以实现对整个灌溉系统每组灌水单元精确启闭控制，从运行时间上保证整个区域的灌水均匀性。对于一个大型项目的灌溉系统，系统工作流量和轮灌制度是经过严格计算的，让操作人员去按照规定好的轮灌制度去严格执行会非常的困难，同时会大大增加日常管理的费用，而且可能因为人为的疏忽或一些突发的状况，而影响到整个系统的运行计划。对于一个复合种植的多层植物群落，其灌水制度更是复杂，各种植物对灌水频率和湿润深度的要求截然不同，必须采用不同的灌水分区和不同类型的灌水器，要求采用不同的灌水管理制度，若采用人工管理是很难实现的，而采用自动控制系统则可以很容易地实现精准灌溉。

采用自动控制系统只要预先设定好灌水的程序，无论是否有人去操作，或是在多么恶劣的天气，它都会按照设定好的时间不间断的执行下去。对于以市政管网为水源的灌溉系统，需要错开城市用水高峰取水时，采用自动控制系统就可简单实现；在炎热干燥的季节，避开白天水分蒸发量大的时段，夜晚灌水可比白天灌水少消耗10%以上的灌水量，采用自动灌溉系统同样可以很容易实现。

2. 高效性

对于一个大型的灌溉区域，由于区域跨度大，人工管理效率低，要满足整个区域的灌水，需要大量的人工协作劳动启闭灌水。而如果采用自动化控制，不仅不需要每天大量人工去手动启闭阀门，可通过田间控制器对一定区域下的所有灌水单元进行操作，或者可以让所有灌水单元在设定好的程序下自动运行，甚至可以通过一台计算机实现整个区域或者更大区域的灌溉管理和监控，大大节省了人力的开支。

3. 节水性

自动化控制不仅体现在时间的精准控制上，更重要的是可以连接各种类型的传感器，不仅可以保证在极端气候条件下，如大风或降雨的时候，自动停止灌溉，避免无效喷洒所造成水的浪费。另外，还可以连接智能型的传感器根据当天的气象条件计算蒸发蒸腾量或是直接感知土壤的含水量，自动生成灌水程序，而不需要人工凭借自己的经验去判断每天灌水的时间和灌水量，真正做到植物需要多少水就灌多少水，显著节约灌溉用水量。

4. 方便性

利用田间控制器管理一定区域下的灌水操作，只需进行简单的编程或是一键开启操作就可以完成这个区域的日常灌水，这种集约化管理方式为管理者提供了方便。

为更方便使用者平时的管理，有些控制器支持加装手持无线遥控装置，可通过手持遥控器在现场任意地点开启或关闭指定阀门，大大方便了管理者的日常管理工作。

5. 先进智能性

除了上述所提到的智能性传感器所带来的科学化管理，即完全根据当天的气象条件或土壤含水条件实现日常灌水外，管理人员还可简单地从控制器或中央计算机上获取需要的管理资料，如灌水制度、工作日志 、日/季度/年用水量、气象资料等。另外，现阶段比较先进的控制系统还支持远程遥控技术，如利用现有的手机网络、电脑局域网等实现远程的管理和监控，完全不受地域的限制。

6. 安全性

人工管理的方式存在着大量的人工管理活动，例如一些道路隔离带，人工的灌水操作存在着很大的安全隐患。另外，人工灌水时常会忘记盖阀门井盖，如果是在游客较多的公园或广场，游客一不注意就有可能出现危险。如果采用自动控制系统，所有管路设施以及控制设施全部隐蔽安装在地下，除正常的维修保养外，不会有其他人工的管理活动。

总之，自动化控制有着多方面的优越性。随着社会经济的不断发展，人工费用越来越贵，管理水平要求越来越高，自动化控制的优势越显突出。采取自动化也许初期投入较高，但从长远来看，无论是节水，还是从节省人工等方面，都是一个更加合理的选择。

二、灌溉系统自动控制的类型、组成与工作原理

随着灌溉行业的不断发展，为更好地适应不同项目的控制方式，灌溉系统的控制方式也发展成多种多样。其分类方法也有多种多样，如按照安装场所可分为室外型和室内型；按照电源类型可分为干电池型和交流控制器型；按照与电磁阀的连接方式，又可分为有线型和无线型。为方便大家了解学习，按照自动化程度来进行分类，大致分类如下。

1. 半自动控制系统

半自动控制系统是通过控制器对灌水时间和灌水周期等预先编好程序，系统中的各个站点按照预先编好的程序自动执行下去。与手动控制系统相比较，半自动控制系统取代了人工在现场开启阀门的过程，将所有的阀门集中起来，通过一台或几台控制器进行管理，大大提高了灌水的效率和时间的准确性，也能实现一些以前人工管理无法实现的轮灌制度或灌水管理方法。

半自动控制系统既然脱离不了人为的干预，那就要求管理者不仅有着很强的专业知识和技能，能够合理的计划每天/周/月/季度的灌水程序，也要求管理者在管理当中不断地观察和总结，能够根据天气、植物表现、土壤状态等实际情况调整灌溉程序。

这样的系统，往往会配有一些简单的开关型传感器，以实现在一些极端的天气条件下，如下雨、霜冻、大风、流量过大时，控制系统能做出反应，不会依旧按照原来的程序

执行下去，避免出现无效灌水，大大减小水的浪费。

2. 半自动智能控制系统

半自动智能控制系统与半自动控制系统相似，同样还是需要人为干预，通过人工设定灌溉程序，不能完全依靠控制器传感器反馈自行灌水。不同的是，半自动控制系统所连接的传感器是开关式的传感器，只有开关信号，没有数据信号，只是在外界环境条件超出控制器的设定值时，发出关闭信号，将系统关闭；半自动智能控制系统连接的是带有数字信号的传感器，可以一定程度上对灌溉程序进行调整，它改变的不是程序的绝对数值，而是改变灌溉程序的相对数值。

由此可见，这样的控制系统仍然需要人工输入各个站点的灌溉程序，而传感器会根据每天的气象变化，自动调节灌溉程序的灌水比例。在日常的管理当中，天气环境条件并不是一成不变的，无论是温度、湿度、太阳辐射和风力，还是植物在不同季节的需水状况，都是随时发生着变化，如果控制系统没有连接带有数字信号的传感器，灌溉程序不会根据外界环境的变化发生变化，除非人工去改变程序。而连接带有数字信号的传感器，会根据外界环境的变化自动调节当天的灌溉程序，系统的节水性会有很大的提高。

3. 全自动控制系统

全自动灌溉系统不需要管理人员直接参与，而通过在控制器预先输入好各个站点的植物数据、土壤数据、环境数据等因子，并结合实时测量的外界环境数据，自动为每个站点计算出灌溉程序，进行自动灌水。

对于半自动控制系统，需要人工去设置灌溉程序，这种情况下，不仅要求灌水管理人员有着专业的管理水平，而且要求管理人员有着很强的责任心。灌水时间的设定也完全依赖管理者的经验，管理者水平的参差不齐，也一定程度上造成了水的浪费。而全自动的控制系统不需要人为设定灌溉程序，控制器完全是根据实际的植物蒸发蒸腾量或是土壤的实测含水量，进行生成灌溉程序进行自动灌溉。

除了可以做到根据气象条件和土壤条件反馈生成灌溉程序，整个系统还可连接有多种智能传感器，如流量传感器、压力传感器、温湿度传感器、水位传感器等等，从系统水源泵站的恒压供水，到灌溉程序的制定，到各种预警信号的处理，全部自动运行。

4. 中央计算机控制系统

对于较大的系统来说，可能会有多个控制器，这些控制器都是相互独立的。在日常管理当中即使不进行灌水检查或补水工作，管理人员每天轮流走一遍控制器也会花费很长时间。但是，如果所有控制器由一台计算机统一管理起来，不仅使管理更加方便，更重要的是有效地减少了日常维护的劳动力成本开支。一套中央计算机系统最大可支持连接上万台田间控制器。

对于一些管理水平较高的灌溉系统，中央计算机控制系统是个不错的选择。通过计算机不仅可以编制每个控制器站点（电磁阀）的灌水时间、灌水日期以及如何运行等多方面应用程序，同时可以通过计算机的灌水管理窗口监视每个控制器正在运行的站点（电磁阀），实现实时监测，也可通过管理窗口查询过去每天的灌水制度或是进行每天或每个季度用水量分析，真正做到足不出户，运筹帷幄。同时，系统也可连接气象站等传感装置，实时监测当地的各项气象资料，反馈给计算机后，结合站点的植物类型、土壤类型等由计算机指导各个站点的灌水程序，也可通过计算机轻松地获取每天的各项气象数据。

计算机与田间分控箱有多种多样的通讯方式，实现在各种现场的正常通信。常用的通信方式有信号电缆通信、无线电通信、固定电话通信、手机网络通信和计算机局域网通信等。

中央计算机系统控制功能的实现是采用中央计算机管理、分控箱管理和无线遥控系统管理结合的形式，管理层次明显，灵活性高。简单地说，就是在灌区中安装灌溉控制分控箱，日常管理中通过中央计算机操作是主要的管理方式，也可直接通过控制器或手持遥控器进行现场的辅助操作管理。即使是在计算机出现故障或是控制器与计算机的通信出现故障的时候，还是可以通过田间的控制器和手持无线遥控器执行灌水作业。像这样的计算机管理系统，不需要计算机24h运行灌溉软件，而且离开了计算机系统也会正常进行灌水工作，仅仅需要定期的同步数据。这也就充分体现出了多层次计算机管理系统的优越性和灵活性，也体现了管理者分工合作、协调管理的理念，符合科学的劳动分工原则。

三、控制系统的传输方式

所谓控制系统的传输方式，即控制器与电磁阀之间的连接形式。现阶段市面上有着多种多样的传输方式，它们也都有着各自的优缺点。随着现场条件的不同，项目特点的不同，可以选择一款最为适合的连接形式。

1. 时间控制阀控制

这种控制系统不是我们常说的那种集中式的控制方式，把所有电磁阀都集中到一个控制器上进行编程管理，而是在每个电磁阀上安装一个简易的时间定时控制设备，无需再另外铺设电缆，通过对每个时间控制器的编程，即可实现灌溉系统的简单自动化控制，见图17－1。这种安装方式不仅给施工带来了便捷，在后期维护上也非常的方便，不用担心线缆出现的问题。同时，对于一些老旧的手动控制的灌溉系统的升级改造，使用这种控制方式可以非常方便地将原来的系统升级成为简单的自动控制系统，同样也适合一些小型庭院的灌溉控制。

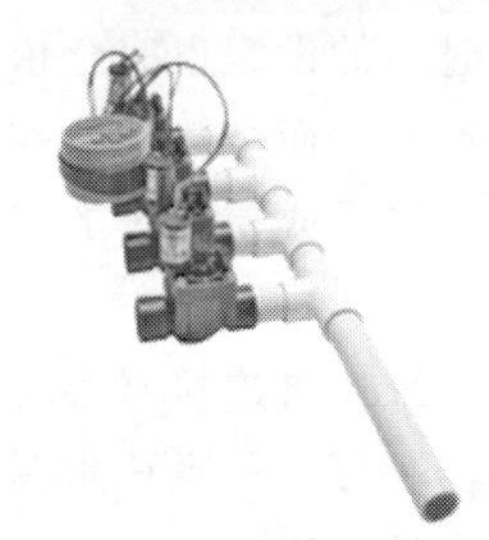

图17－1　时间控制阀

这种设备都不需要外接220V交流电源，只要安装一块9V碱性电池，即可满足一年甚至更长时间的使用，有些品牌的此类控制器还可以配装太阳能电池板。其安装无需更多的安装空间或载体，安装时直接将设备卡在电磁阀的电磁头上，连接一些简单的开关式传感器，如降雨传感器、风力传感器、霜冻传感器，或是土壤湿度等开关式传感器，可以实现在极端天气条件下，系统自动关闭。

为了让使用者在管理当中更加方便，现在可以通过一个遥控器即可对每个电池控制器进行编程，管理者无需在通过调节安装在井里的控制器去改变程序。这类时间控制阀的缺点还是显而易见的，它无法实现集中的控制管理，每个电磁阀都是个体的，在想调整程序或是总体统筹的时候，操作起来非常麻烦，这也说明这样的控制系统不太适合于大型的灌溉项目，或是管理水平要求较高的灌溉项目。

2. 传统有线控制

有线控制系统是通过控制器对多个电磁阀进行集中控制的控制方式。它可通过控制器

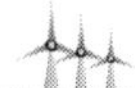

对每个电磁阀进行日常灌水程序的编程，实现自动灌溉，也可在控制器上操作进行手动开启指定站点。控制器到每个电磁阀均需连接控制线，通过控制器给电磁阀传输低压电信号，实现电磁阀的开启和关闭。安装控制器的位置需接入220V交流电源，见图17-2。

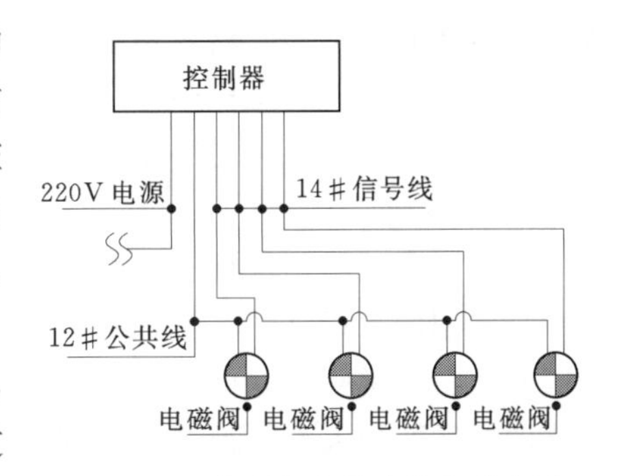

图17-2　控制器有线连接的形式图

控制器发送的信号和命令通过布设的控制线，将其传输到执行机构，即电磁阀的电磁头上，通过连接在电磁头上的一根对应的控制线和一根公共线通过电磁阀完成对管道水流的控制。由此看来，在这样的通信方式下，控制器到每个电磁阀均需铺设一根电缆，有几个电磁阀要连接到控制器上，就需要有几根控制线铺设到控制器上。

如果系统的站点较多，就会有一大捆线敷设到控制器的位置，不仅电缆的敷设量大，而且不易于施工和日后的检修工作。由此看来，这样的系统不太适合大型的有线控制系统。

3. 解码器有线控制

控制器与电磁阀的控制元件、电磁头之间采用两根通过加载识别码的导线连接。这两根导线把所有需要连接的电磁阀全部接起来，通过加载的识别码区分各自属于自己电磁头的信号，也就是控制器与所有电磁阀仅需一根2芯专用线缆，电磁阀与线缆间需另外增加为电磁阀编码的解码器。解码器的种类很多，有单站点的解码器，也有可以同时为多个电磁阀分配地址码的多站解码器，可连接多个电磁阀。就通讯方式而言，有仅为电磁阀分配地址码的单向通信解码器，也有着除了为电磁阀编码和接收地址信号，还能够将站点的数据信号反馈给控制器的双向通信解码器，如电磁阀的压力、流量、或其他传感数据等。解码器有线连接见图17-3。

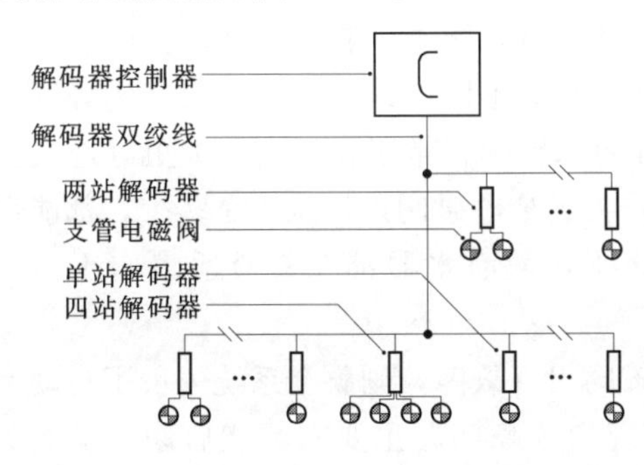

图17-3　解码控制器有线连接的形式图

解码器控制系统相对于原有的传统式有线控制系统，将多根线缆转变为一根线缆，所有的电磁阀都通过解码器连接在这一根线缆上，不仅在线缆施工中为施工方提供极大的便利，而且在控制的站点数和线缆的敷设距离上，也有了很大的提升。与此同时，这种系统的扩容性也是非常的强，如果是想增加站点，仅需在线缆上增加站点或是连接上相应的解码器即可，无需再另外敷设一根线缆到控制器的位置。

第二节　喷微灌系统自动化设计

一、自动控制组件、材料（种类、结构原理、技术规格、参数）

一个完整的灌溉控制系统，需要有最终执行灌溉的电磁阀，需要有发出指令的控制器，也需要有各类传感器，以及其他附属的设施。灌溉控制系统的核心机构当然是控制器，它不仅负责将灌溉程序指令发送给电磁阀，同时还需要处理和计算从各种传感器获得的各项数据，确定最佳的灌溉程序。

1. 电磁阀

灌溉控制系统的执行阀门种类很多，常见的有水动阀、电磁阀等。在园林灌溉控制系统中最常用的执行阀门为电磁阀。电磁阀一般为隔膜阀，电磁阀腔内由一种特质的橡胶隔膜隔开，将电磁阀内腔分为上下腔，并通过一个小孔相互连通。电磁阀内橡胶隔膜的上部与水的接触面积大，下部与水的接触面积小。如果隔膜上下的压强（单位面积上的水压力）相等，由于隔膜上面接触水面的面积大于下面，导致加在隔膜上部的水压力大于隔膜下面的水压力，隔膜被压在阀座上，阀门处于关闭状态。电磁阀的上腔通过小孔与电磁阀管道下游相连，由电磁头控制着小孔开闭。当电磁头控制的小孔打开时，上腔的水泄入到管道中，由于隔膜上下压强的不相等，隔膜下面压力大于上面压力，水靠自身压力顶起隔膜，水流由电磁阀通过，电磁阀处于开启状态。相反，当电磁头关闭时，由于电磁阀隔膜上下腔由小孔连通，慢慢上下腔压强会趋于相等，隔膜上边压力又大于下边，阀门关闭。由此可以看出，电磁阀的开关过程完全决定于电磁头内电磁线圈控制金属塞的上下运动。金属塞控制的是阀门上游和下游之间的通道，而真正控制阀门启闭的是水压，因此在管道中水压或流量不足时，电磁阀是无法正常工作的。由于各个厂家电磁阀结构略有不同，具体电磁阀最低运行参数，需参考各个厂家的产品说明书确定。电磁阀电磁头一般分为交流电磁头和直流电磁头，功能基本相同，只是接入电源的类型有所不同。交流电磁头常见的启动电压为24V，直流电磁头常见启动电压为9～12V。电磁阀结构见图17-4。

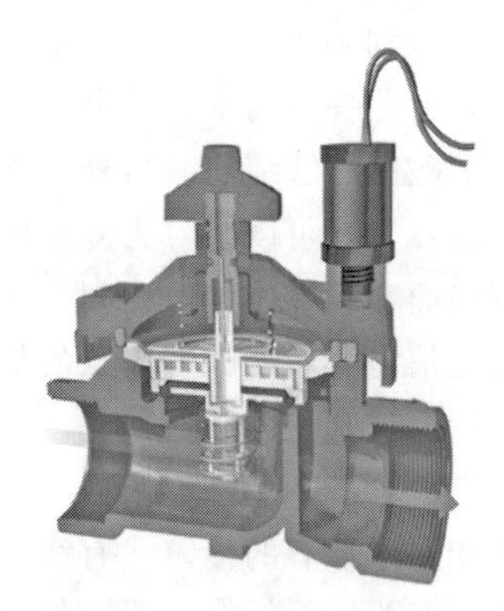

图17-4　电磁阀结构图

在一个复杂的园林灌溉系统中，有着丰富多样的灌水器类型，而每种灌水器也有着不同的最适工作压力，优势管道的供给压力高于设计灌水器的正常工作压力。为更好地发挥灌溉系统的节水效果，电磁阀上可加装压力调节器，无论电磁阀入口压力是多少，都能保证电磁阀出口的压力调节到我们所需要的压力水平，使灌水器都在其最适工作压力下运行。

电磁阀是自动控制系统的关键设备。如果电磁阀出现故障，则整个系统失去了自动运行的作用，甚至无法完成灌溉的过程。电磁阀出现的故障问题主要有不能启动、不能关闭、漏水等等。

2. 控制器

控制器是自动化灌溉的核心组成部分。执行灌水的电磁阀开闭信号完全是由控制器发出，传感器信号也完全由控制器进行处理。

控制器种类繁多，有小到2站的控制器，也有大到几百站的控制器；有固定站点的控制器，也有根据实际需要加装站点模块的模块式控制器。当然他们的区别还不仅是在连接站点的数量上，更多的是在于内部灌水程序的复杂程度上，用户可根据项目的情况选择一

款最适合的控制器。像这样集中的控制方式可以给管理者日常管理带来很大的方便，仅在安装控制器的位置就可以对全局进行统筹安排或执行灌水操作，避免了以前管理人员在各个控制阀门之间的来回奔波，大大节省了操作的时间和人力资源的投入，提高了管理的工作效率。控制器不仅可以精确地设置灌溉制度，合理准确地安排每一组阀门的每一次灌水，而且无论刮风下雨、冬寒夏暑还是因各种原因管理人员不能正常到岗，只要控制器不断电，它就会每天毫无间断的将灌水程序执行下去。

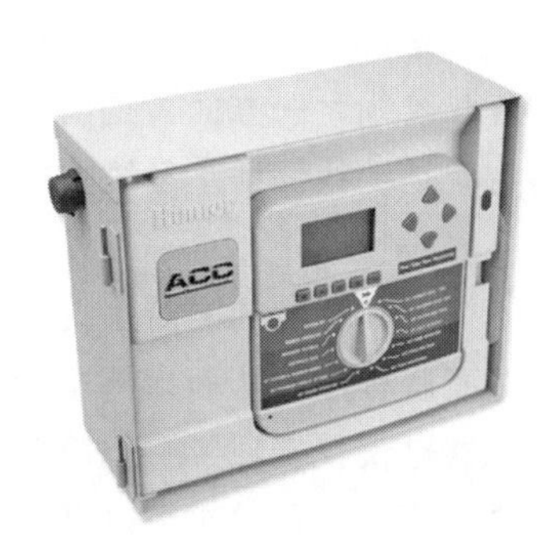

图 17-5　一种控制器外形图

3. 控制线缆

在灌溉的自动控制中，控制线缆是不可缺少的主要电控材料。控制线缆的选型和规划不仅决定着整个系统能否正常运行，也决定了整个系统的工程造价。了解各种控制系统的特点和对线缆的使用要求，更好地做好控制系统的设计是十分必要的。

(1) 控制电缆的构造。控制电缆有下列三部分组成。

1) 缆芯。是导电的主芯线，用于导通电流传递电信号。通常采用高导电率的实芯铜材料，以减少电能的损耗和发热量。控制电缆的缆芯形状多为圆形，有单股和多股之分。缆芯的尺寸也决定了电流允许过流量的大小和线缆的敷设距离。

2) 绝缘层。是控制线缆的绝缘层，使缆芯与缆芯之间以及缆芯和大地之间保持绝缘，保证了线缆在长期工作条件下不降低原有的信号强度。绝缘层通常采用橡胶、聚乙烯或聚氯乙烯等材料制成。绝缘层有分相绝缘层和统包绝缘层两种。分相绝缘层是为区分相位，采用不同颜色的线芯包绕缆芯。一般传统的交流电控制器，不需要区分线缆的相位，而采用直流电通讯的控制器，或是解码器控制系统，则需要采用分相绝缘层包裹的线缆。

3) 保护层。保护层又称保护套，用于保护缆芯及绝缘不受机械拉力和外界机械损伤，一般采用塑料和橡胶制成。

(2) 控制电缆的选型。控制电缆是连接控制器和电磁阀的导线。绿地灌溉系统使用的控制器和电磁阀通常是在低电压（24V）和低电流（小于 1.0A）状态下工作，这样的低压线缆，一方面，耗电量非常小，不会给系统运营增加大多的压力；另一方面，园林灌溉项目大多安装在游人可以活动的区域，这也能够保证系统对人的安全性，不会因为漏电造成人员的伤亡。

控制电缆绝缘材料和芯数的选择，取决于敷设方法和电磁阀在灌区的分布情况。因为控制器发出的额定电压值为 24V，如果线路过长，线芯不够粗，就会使沿程电压损失过大，达不到开启电磁阀要求的最小启动电压值，系统无法正常工作。因此，选择合适的线径在电控设计中非常的重要。园林灌溉中使用的电缆，大多是由专业生产灌溉线缆的厂家进行定制生产，品类也是相当的多，如何为系统选择一款合适的电缆，在经过计算的同时，还需要咨询相应的控制器生产厂家，看他们对线缆有无特殊的要求。对于传统的连接方式，没有相线的区分，大多是对线径有要求，线径决定了线缆的敷设距离，具体采用哪种线径的线缆，可根据项目的特性进行选择；对于解码器控制系统，除了线径的要求外，各个厂家都有着他们自己的技术指标和要求，例如HUNTER的解码器控制系统要求采用红蓝双绞线，一方面，是两根绞线的红蓝标识与解码器的电源进线颜色一一对应；另一方面，就是绞线保证了系统更好的抗雷击性、信号的屏蔽性和线缆的延展性。

4. 传感器

在一套智能的灌溉系统中，传感器占起着非常重要的作用。虽然我们在控制器上可以设置灌溉程序，从而指挥电磁阀的动作。但控制器只会像一个机器那样，不断地执行下去，这也仅仅实现了一个简单的自动控制过程，这个系统并没有感知，它不知道现在是否需要灌溉，现在是否可以进行灌溉，甚至是应该灌多少水才合适。比如说，外边正在下着雨，喷头还在按照程序的设置进行自动喷洒。这样的情况也是时而发生，其问题就出在没有安装传感器，而且管理人员在管理当中出现了疏漏。如果在这个系统上安装一个简单的降雨传感器，在下雨的时候系统就会自动的关闭，不再进行喷洒作业。

传感器的种类很多，大体可以分为两类。一类是简单的开关型传感器，就是告诉控制器在什么情况下不能再进行工作。现在常见的有降雨传感器（见图17-6）、风力传感器、霜冻传感器、流量传感器和土壤湿度传感器等。这类传感器有一个共性，它没有数据信号，只是一个简单的开关装置，只有通、断两种状态，在外界条件到达设定值时，关闭系统。比如现场风刮的比较大，喷灌已经无法均匀的喷洒，所以风力传感器会将电路断开，不让系统进行无效喷洒。另外一类是带有数据型的智能传感器，它的作用一方面体现在计量上，如流量传感器、压力传感器、气象传感器等，它能记录系统运行的数据或是周围的环境数据；另一方面体现在它的指挥灌溉上，调节灌溉程序。以往都是管理人员决定每天的灌水时间，然后输入控制器，其实这种方式并不十分科学，它完全依赖于管理人员的感官判断，如果仅从植物的表象或是土壤表层的湿润程度来判断，这种灌水往往是滞后的。智能传感器正是解决这样的问题，它可以尽量缩小人为主观判断的误差，以真实的测量数据指挥控制器的工作，常见的有ET气象传感器、土壤湿度传感器、太阳辐射传感器等等。比如说HUNTER公司的ET智能传感器（图17-7），在系统建立初期，需要管理者输入每个站点的植物类型、成熟度、土壤类型、坡度、遮阴状况、灌水器类型等数据。使用当中，ET气象传感器会实时监测当天的期限条件，如温度、湿度、太阳辐射、风力和降雨，通过这些数据去计算当天的蒸发蒸腾量，从而为每个站点计算出当天的灌水运行时间，自动进行灌溉。这样，灌水完全是根据植物的需水量进行灌水，由控制器自动控制，无需人工再对其操作，充分缩减了人力资源也节约了水资源。

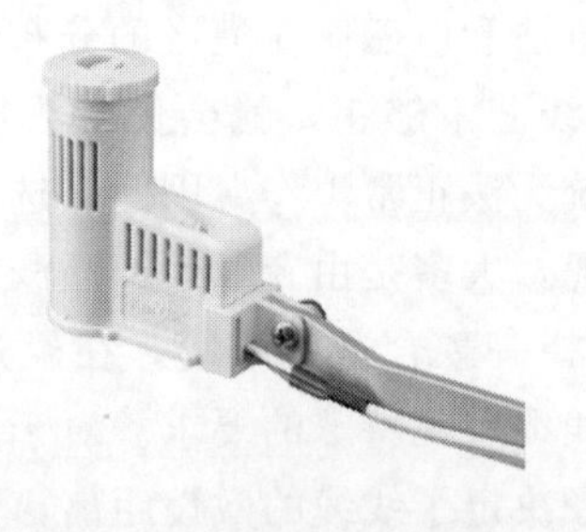

图17-6　降雨传感器图

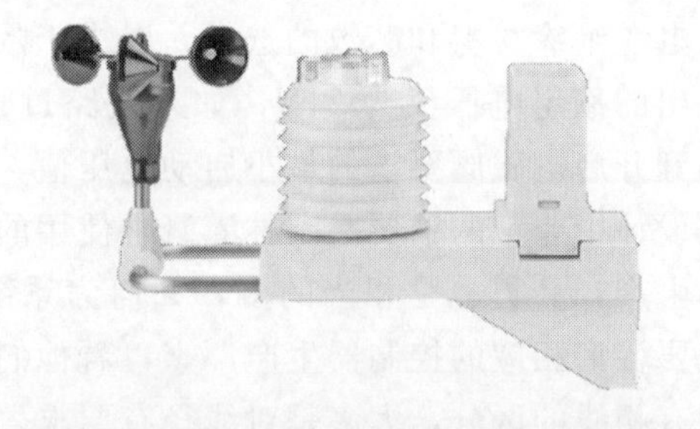

图17-7　HUNTER的ET智能传感器图

5. 遥控器

随着灌溉技术的不断发展，管理水平也有了空前的进步。灌水管理人员已经从地头上解放出来，不用再扯着管子在地里浇水，或是拿着扳手一个挨着一个地开关阀门，而是把这些基础的灌水工作都交给了机器，当然也不能完全依靠机器去管理，管理人员还得时不时监督这台机器的运行状态或执行情况。所谓运行状态就是及时对一些故障点的发现和检修，执行状况就是观察植物的生长状况和土壤湿润情况。在巡查期间，免不了需要一些补充灌水，或是辅助其他养护手段在特定情况下的临水灌水，在这样的情况下，管理者可通过系统配备的手持遥控器（图 17－8）去指挥控制器，从而实现临时灌水。

图 17－8 HUNTER 手持遥控器图

遥控器是由发射器和接收器组成的，接收器安装在控制器上，接收指令，发射器则是由管理人员手持，在场地中进行操作。为适合于不同规模项目的使用，遥控器的遥控距离也有不同的选择，常见的有最大距离 300m 和 3km 两种规格。这类无线遥控设备均属于微功率的无线电设备，发射功率很小，发射频率等技术参数符合国家相应规定，无需向无线电管理部门申请频率。

二、自动控制方案选择原则

1. 经济性

在灌溉控制系统的选择上，不能一味地追求系统的先进性，而忽略了经济性。经济性是控制系统一个非常重要的指标，也是投资者衡量是否采用自动化灌溉的重要因素。系统的投资当然不能超过了系统在使用年限内，能够节省的水电费、养护人工费、生态效益及各方面附加值。这就要求我们在选择控制方案的时候，要充分考虑项目诸多方面的特性。例如，一个别墅小院的自动化控制，往往绿化面积不是特别的大，而且水源也不能提供特别大的流量，这样的系统在选择控制系统的时候，应该选择一款简单的小型控制器，能够实现平时的自动定时灌溉。最好再连接上一款开关式的雨量传感器，能够保证当人不在家的时候，外边下起雨，系统可以自动关闭，停止运行。这样的系统不适合安装大容量的解码器控制器或是中央计算机控制系统，传感器也没有必要选择精度太高的大型气象站。若是一个大型的园区项目，管理程序比较复杂，则上述的控制系统会更为适合，可以实现整个园区的集中控制与检测管理，而且大型控制器或计算机的投入也不会对系统总体造价有太大的影响。

2. 科学性

控制系统的选择必须满足科学管理的原则。自动化控制一方面大大节约了日常的人员投入和水电费用投入，同时也可做到减小人为的判断误差和管理疏漏。控制类型的选择要与后期养护管理相结合，切不能一概而论。例如，同样面积的两种绿地，一个是城市广场，较为简单和开阔，由大面积的地被或模纹色块以及规则的乔木列植为主；另一个是小区绿化，较为复杂和幽闭，以乔灌草复合的植物群落为主。前者灌溉系统设计较为简单，以大片的喷洒为主，而且管理视野比较好，可以采用较为集中的大型控制系统，以实现短时间的大范围灌溉，与自动化机械养护相结合。后者灌溉系统设计较为复杂，以喷灌和微灌相结合的复合灌溉方式，而且管理人员的管理视野不好，无法实现全局的总览和监督，更适合采用分区片的管理方式，可以实施小范围的区域管理，与人工精细养护相结合。

3. 适用性

控制系统方案的设计与系统管网的设计是相辅相成的。在选择控制系统时，要充分考虑到系统可提供的最大流量、压力等级、轮灌制度及特殊养护措施。例如，如果在管网设计时，为满足轮灌周期，计划是同时开启4组阀门进行灌溉，则在选择控制时，就需要选择输出功率较大的控制器，能够满足至少可以开启4组阀门的能力。

适应性除了体现在控制系统对管网设计的适应性外，同时还需充分考虑对现场的管理措施和环境条件因子的适应性。例如，滴灌系统要求控制器控制程序能够设置较长的灌水延续时间；温室的增湿系统要求控制器能够满足每天多次的频繁启动，而对灌水延续时间没有太多要求；在一些较为黏重的土质条件下或是坡地绿化区，土壤允许入渗的灌溉强度低，不允许单次长时间的喷洒，否则会形成地表径流，这样的条件一般要求具有“循环＋入渗”功能的控制器，可以将一次的灌水时间拆分为若干次，少量频繁的启动。

4. 可实施性

控制系统的选择要充分考虑到电控项目施工的方便性，施工的难易程度直接影响了系统的造价、施工进度和可实施性。控制系统有多种多样的连接方式，完全可以根据现场的条件进行选择。比如，老旧系统的手动系统升级，这种项目地上的景观、小品、铺装和构筑物都已建成，而且是在使用中的绿地，不好再重新敷设线缆和拉电源，不适合进行大土方量的施工，不适合采用有线连接的控制方式，可以选择无线干电池的控制方式，只在阀门井位置进行改造升级。同样铺装较多，地块较为零散的绿地，无线控制系统也都是一个很好的选择。

5. 可扩容性

在选择园林绿地灌溉自动化控制方案时会遇到各种不同的情况，有的是有了整体的规划后，然后分几年进行；有的是建成后，又进行扩建或改造升级。在遇到这样类似的情况时，都要求控制系统有很好的扩容性或可升级性。一方面，要求控制系统可以较为方便灵活的增加站点，如采用一些模块式的控制器，可以通过加装模块来增加控制器站点，也可以采用容量较大的解码器控制系统，可以在原有线缆上分叉，新增解码器实现增加站点的功能。另一方面，新增加的区域有时需要另外增加控制器，要求该控制器可以并入到原有的控制系统，统一协调管理。对于将来有可能会升级改造的系统，也要预先考虑到控制系统的可升级性，主要体现在控制器的兼容性，是否配备可升级的端口。

6. 可操作性

无论是什么样的控制系统，都离不开管理人员平时的操作和维护。管理人员水平的参差不齐，也造成了同样系统在安装后的使用情况大不相同。有些系统安装上就交给农民去用，或交给普通工人去用，这样就不能选择操作起来太复杂的控制系统，可以采用一些简单的时间控制器、遥控系统，以及智能的传感器等；有些系统是用在科研或是示范项目

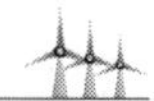

上，无论管理人员的专业性，还是其学历和学习能力，都是比较高的，这样的系统适合安装一些管理灌水程序复杂和可以监测各项数据以供研究的系统，甚至是中央计算机操作系统。

三、喷微灌自动控制设计方法步骤

喷微灌自动控制系统设计作为喷微灌工程设计的一部分，是在喷微灌系统设计完成的基础上进行的。设计内容包括：控制单元的划分、控制系统的选择、电缆布置与规格的确定。

1. 控制单元的划分

喷微灌自动控制系统的控制单元是指一个控制器控制的一组控制设备（电磁阀）和传感设备相对独立工作的区域。对于项目规模大，灌溉工程分散，且各灌溉区域条件差异较大的项目，可将每个灌溉区域划为一个控制单元；对于项目规模小，条件相对单一的灌溉工程，可采用一个控制器控制全部电磁阀和传感设备，自成独立工作区。

2. 自动控制系统的选择

目前灌溉市场提供了各种类型功能各异的自动灌溉控制产品，在进行喷微灌自动控制设计时应该按照系统的实际需要选择适宜的控制系统。选择产品时需要注意下列几点。

（1）根据项目规模和控制要求因地制宜选择控制系统类型。规模小的项目，控制要求简单，可选择简单的定时控制系统；规模较大控制较复杂的项目，可能既需要本地控制又需要满足远程控制要求，可选择中央计算机控制系统。

（2）根据控制任务选择功能合适的控制器。目前大多数控制器生产厂家都拥有不同型号系列化的控制产品，用户应该根据项目控制任务的复杂程度和控制任务的要求，项目需要的控制设备和传感设备的多少，选择合适的控制器和系统配置。

（3）按照经济适用的原则选择控制系统。不同的控制系统构成和不同的控制产品决定控制项目的成本高低，应在满足项目控制功能和规模要求的条件下，选择最经济的控制系统。例如，对于一个规模较大的草坪灌溉项目，可以选择电缆直接连接控制灌溉阀门，也可以选择远程田间控制单元现场控制灌溉阀门。远程田间控制单元可以选择有线连接也可以选择无线连接，这就需要对各种不同控制模式下系统构成的成本进行比较，选择最经济的一种。

3. 控制器与中央计算机位置的确定

确定控制器和中央计算机位置时，考虑的主要因素是便于管理和节约投资，以及系统的功能等因素。对于中央计算机，一般需要安置在工作房里，最好与灌溉管理办公室结合，以便于操作管理，并可节省单独修建工作房费用；同时，要求安放计算机的地点应有上网条件，有线网络或 WiFi，以方便以后的在线技术支持与软件更新升级。

确定控制器的位置时，较大项目在不同区域可能有许多控制器。控制器位置的选择有一些主要的考虑因素：为减少电磁阀田间电缆的长度，控制器位于控制电磁阀中心位置或较近位置比较好；同时，设计者应该牢记设计要满足设备安装、维护和运行方便等。如果有可能控制器最好安装能看见喷头运行状况的位置上，这样对于安装和以后正常维护的测试都很方便。控制器设计如果在户外，最好安装在有防雨或喷头喷洒不到的位置，这不仅保护电器设备和控制器，同时在手动操作时保证操作者不会被淋湿。另外，为了保证供电电源的稳定性，避免干扰，控制器应该有独立的电源，不应与泵站或其他较大功率设备共用同一个电源。

4. 电缆布置与规格确定

当控制器位置确定之后，设计的下一步工作是用电缆将一个控制单元内的各个电磁阀与控制器连接起来。因为铺设电缆需要挖沟埋入地下，因此，电缆布置一方面应选择最短的路线；另一方面应避免通过挖沟铺设困难地带和固定建筑物的位置。

自动控制电缆应设计成隐蔽状态，因为是低压电可以直接埋入地下。对于较大的灌溉项目，一般很少用线径小于 2.5mm^2（14 号）的电缆，有些虽说能满足输电要求，但是当使用机械或有几根线同时布线时，可能会因其强度不够而损坏。

对于控制器的实际安装，可以根据电源位置和与外部控制线连接位置等因素确定。在控制器和电磁头之间有控制线连接，每个控制阀门都有两条接线，即一条控制线和一条公用线（或零线），零线可以单独或所有阀门公用，并且可以完全形成回路回到控制器上。电磁阀公用线不能与主阀或泵站线路供用，否则控制器操作会出现问题。

对于控制站只控制一个电磁头的电缆规格按式（17－1）计算确定。

$$R=\frac{1000V_0}{2LI} \tag{17-1}$$

式中　R——每 1000m 电线允许最大的电阻值，Ω；

V_0——允许电压差，V；

L——单向导线长度，m；

I——通过电线的峰值电流，A。

根据电线允许最大电阻 R 计算值，查表 17－1 选择电缆规格（横截面面积）。

表 17－1　　导线规格速查表

导线规格/mm^2	0.5	1.0	1.5	2.5	4.0	6.0
20℃时电阻率/（Ω/1000m）	38.4	18.7	13.6	7.4	4.6	3.1

【计算示例 17－1】

某控制器每站控制一个电磁阀，最长距离电磁阀为 600m，控制器输出电压 24V，电磁阀最小工作电压 20V，启动电流 370mA（0.37A），是选择电缆规格。

解：已知 $L=600$m，$V_0=20-20=4$V，$I=0.27$A。按公式计算每 1000m 电线最大电阻：

$$R=\frac{1000V_0}{2LI}=\frac{1000\times4}{2\times600\times0.37}=9.0(\Omega/1000\text{m})$$

计算可知，单向电线的最大电阻不能超过 9Ω/km，由表 17－1。选择相应的电线型号。由于 1.5mm^{2}电线电阻值大于 9Ω/km，故选择 2.5mm 的电线。

一般国外厂家 24V 电磁阀的线径确定简单快速，特别对每个控制站控制一个电磁阀的控制器。要指出的是对于有些电磁阀是高效低消耗电磁头，相对来说线径要小。如果电磁头效率低，则需要更大的启动电流，线径也需要较大，这样将加大投资和成本。同样的线径条件下，耗电小的电磁头，输电线可以更长，更为经济。

选择线径时，首先应以阀门电路“最不利”的情况作为第一选线情况，这是因为该线路电流荷载最大。“最不利”阀门电路需要电缆截面积最大，又因为其中一根线是公用线，若线路满足“最不利”条件下电路的线径，其公用线径必须满足所有其他阀门的公用线径。

对于解码器型控制器，电缆的规格选型与布置则较为简便。其“两线”主回路，一般沿系统主管线布设，其规格不同品牌的要求略有差异，但通常多为美标 AWG14 号或 12 号两芯彩色标识电缆，如红蓝。解码器系统主控制电缆的最大铺设距离，不同型号的控制器有不同的要求，如 HUNTER 的 ACC99D，采用 AWG14 号双绞线，最大距离为 3km；而采用 AWG12 号双绞线，最大距离可达 4.5km。

5. 计算机与控制器之间通讯方式的选择

采用中央计算机控制系统时，计算机与控制器之间的通信方式有很多选择，但归纳起来可分为有线和无线两大类型。其中目前最常用的是通信电缆有线连接、GPRS 或无线电无线连接等。

通信电缆连接 如果现场控制器与放置中央计算机的办公室距离较近、没有影响通信电缆铺设的障碍，则采用通信电缆的连接方式是最佳选择。这种通信方式不涉及第三方，不产生使用费用，不受无线信号质量的影响。如 HUNTER 的 GCBL 通信电缆，计算机与控制器之间、控制器与控制器之间的最大距离为 3km。

GPRS 无线连接 控制器可安装在任何有手机网络覆盖的地方，放置计算机的地点只要可以连接互联网即可。这种通信方式不受距离的限制，设计、安装与管理灵活方便，但需要根据通信流量向 GPRS 服务提供商付费。

无线电连接 控制器可安装在无线电能够覆盖的任何地点，不受电缆连接的限制，无需向第三方付费。但采用的无线电通信频率，应事先得到政府相关部门的批准，同时，无线电通信距离有一定要求，也会受到现场各种杂波的干扰。目前，有的厂家可提供无需政府认证批准的公用频率无线电通信设备。如果采用无线电通信，应该进行现场测试，以确认无线电通信的距离及其可靠性。

第三节　绿地喷微灌系统自动控制设计案例

喷微灌自动控制系统设计涉及到的技术问题较多，本节通过一个案例说明自动控制系统设计的方法。

一、基本情况

某绿地灌溉系统如案例图 17-3-1 所示。全区 4 个绿化区灌水器布置如下。

A 区：使用了 PGP 喷头，这是因为后院是 12m 宽的种植区，这个宽度数值基本决定了应当采用这种灌水器。

B 区：是一块灌木小型绿地，宽度约 3m，选择 Pro-Spray 散射式喷头。

C 区：是一小块草坪绿地，宽度 8m 左右，适合采用 MP 型旋转射线喷头。

D 区：采用了微喷和滴灌两种以上的灌水方式。这就要求它的田间首部需要采用亨特公司专用的微灌控制首部套件。

E 区：是一些小灌木和花卉植物，采用内镶式压力补偿滴灌管灌溉。

二、选择自动控制系统的类型

根据实际需要，为减少电缆成本，方便施工或布线的扩展，本灌溉系统自动控制采用解码器有线控制系统。

三、确定控制器与传感器的位置

F 位置是控制器和传感器的安装位置。根据这个实例的灌溉要求和电磁阀的数量，采用 I-Core 控制器。这种型号的控制器可以连接亨特的气候传感器 Solar-Sync ，有了接收太阳辐射、温度、湿度以及降雨的 Solar-Sync 传感器，普通的控制器就成为了智能控制器。安装智能控制系统后，灌水时间不再是由人为确定，也不再是按定时开机、关机进行。而是根据当天的气候参数情况，自动分析出当天、当地的植物耗水数值，再根据此分析，调整灌水时间长度比例，从而达到节约灌溉用水的目的。

G 位置是流量传感器安装位置。管道系统安装了流量传感器后，可以知道管道的流量是否在正常数值之内，如果流量过大，传感器会给控制器一个信号，让它自动中断灌溉，并发出报警信号，让操作人员去检查管道，看看是否存在管道泄漏。它的使用减小了因为管道故障导致的水的浪费现象。

H 位置是气候传感器的安装位置。它把现场实时的气象参数发送给的控制器，使控制器根据收到的气象数据分析植物的耗水量，并做出调整灌水时间的命令。

四、布置电缆与确定电缆规格

虽然它只是一套高档别墅的灌溉系统，但是灌溉系统根据植物品种、分布情况采用了多种灌溉方式，每种灌溉类型或分区应当采用不同的灌溉工作时间，故对控制系统要求相对较高。这个实例确定采用“两线制”双绞线控制系统电路图。

本系统电缆规格计算确定同“【计算示例 17－1】”。

五、自动控制系统设计图与材料设计统计

自动控制系统设计最终布置图见案例图 17－3－1～案例图 17－3－3。基本材料设备统计见案例表 17－3－1。

案例表 17－3－1　　自动控制系统基本材料设备统计表

序号	名称	型号	规格	数量	单位
1	控制器	I－Core	DUAL48M	1	台
2	气候传感器	Solar Sync	WSS	1	台
3	流量传感器	Flow-Clik	FCT200	1	个

续表

序号	名称	型号	规格	数量	单位
4	解码器	DUAL-1	1站	1	个
5	解码器	DUAL-2	2站	11	个
6	防雷器	DUAL-S		2	个
7	双绞线	AWG	14号	500	m
8	防水接头	3M	DBRY-6	32	个
9	防水接头	3M	DBY	46	个

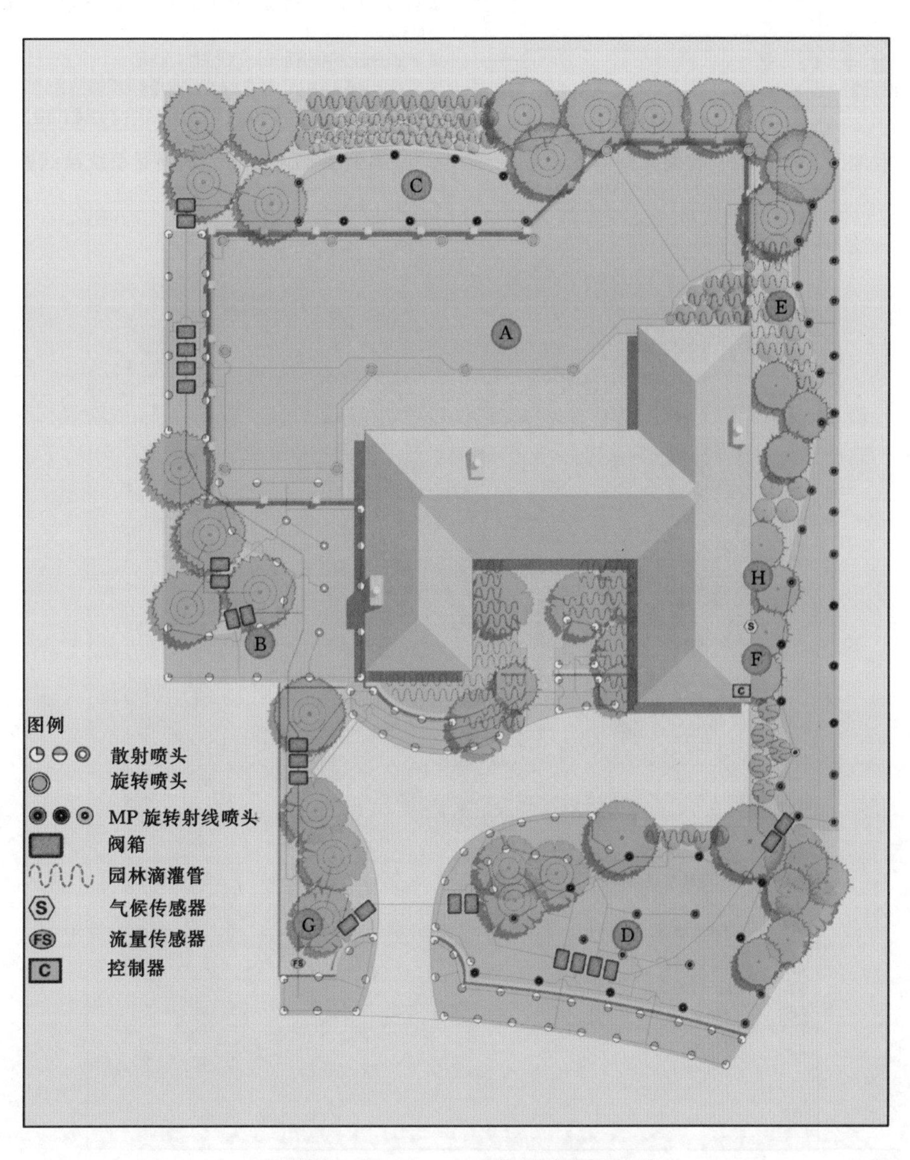

案例图17-3-1　自动控制系统设计图

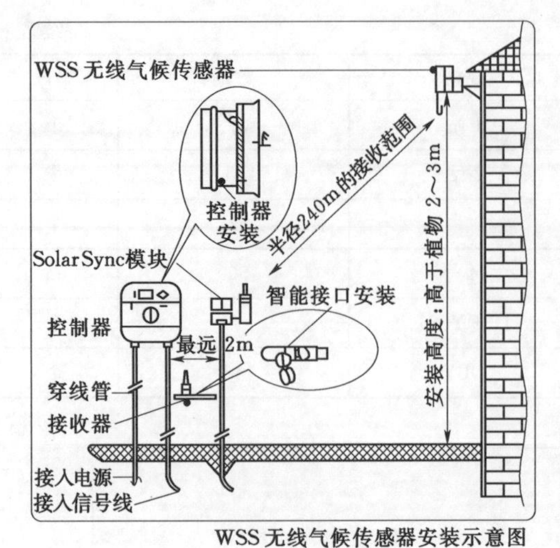

案例图 17-3-2　智能控制器安装图

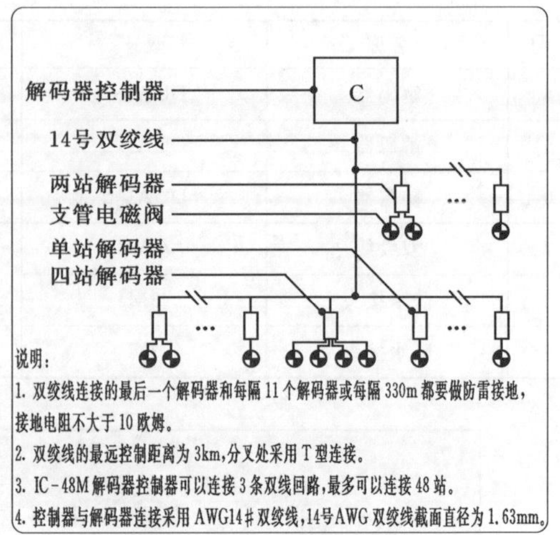

案例图 17-3-3　解码器系统接线图

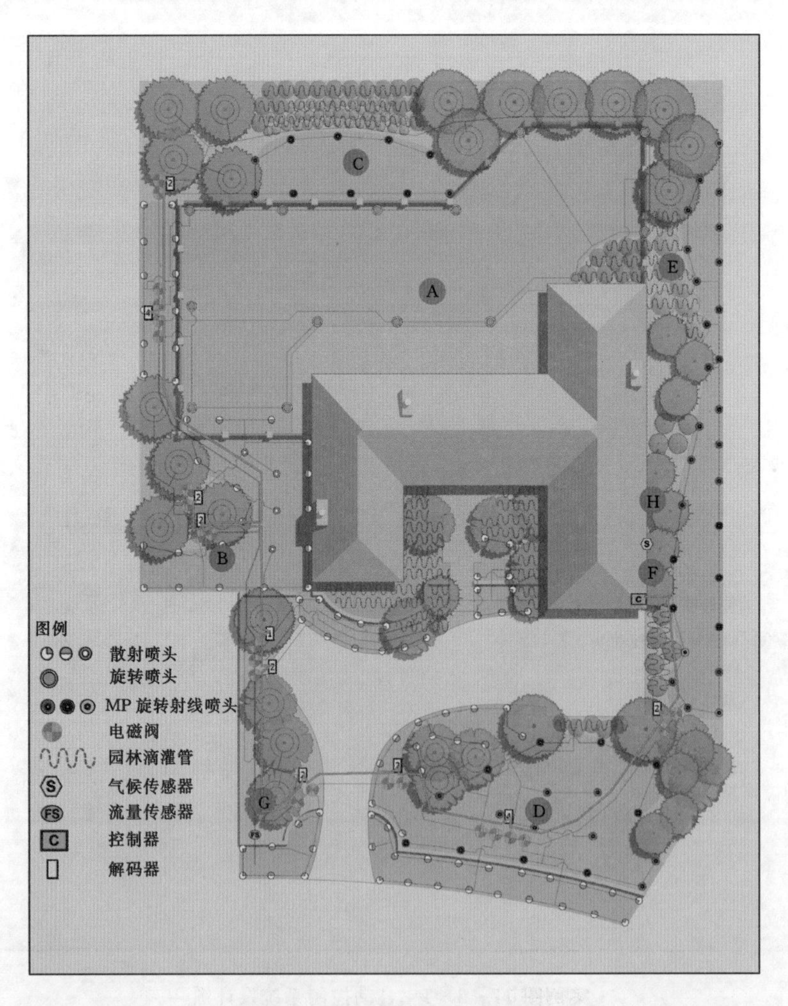

案例图 17-3-4　控制电路图

案例图 17-3-4 中解码器，这里采用 2 个 2 站的 DUAL-2 解码器替换。灌溉控制系统设计对于已经成套的产品来说，十分方便或简单。只要对布置好的管道系统的电磁阀数量已经确定，选择合适的控制器就行。主要设计工作是布置控制线，并计算出线径大小就可以了。对于小型灌溉系统，从保持线缆要有一定的受力强度角度考虑一般采用美标 AWG 14 号线，线径为 1.63mm。

第四节　水肥一体化精准灌溉施肥调控系统设计案例

本案例主要为项目区提供 1 套水肥一体化精准灌溉施肥调控系统，系统包括水源自动过滤系统、智能灌溉机、智能水肥机、现场通信网络、灌溉环境控制箱、气象站，以及系统配套设备和监测传感器等。

水肥一体化精准灌溉施肥调控系统有按定时灌溉、按土壤水势灌溉、按专家定量表灌溉等多种自动节水灌溉算法；并可以根据作物生长需求，配置多种营养配方的施肥方案，供用户选择使用。在系统人机交互界面上，可分别设置灌水小区的灌溉需水定额、灌溉起始时间、肥料配肥、肥水比例，通过系统内嵌的水肥一体化灌溉施肥模型，智能调控各灌水小区的自动节水灌溉和水肥一体化精准施肥。同时，系统支持电脑、手机等移动设备的远程监测。

该系统投入运营后，可实现：

(1) 作物种植过程中的数字化、标准化的水肥管理及自动化作业操作。

(2) 全自动的节水灌溉与精准施肥调控，种植过程的数据采集记录存储，手持设备监控和报警以及远程辅助诊断。

(3) 调控作物种植环境、降低湿度，减轻作物病害，实现高质增产的效用。

一、项目基本情况

1. 自然条件

项目区位于江苏省某县境内，地形平坦，地势由东向西倾斜，属亚热带与暖湿带的过渡地带，年平均气温 14.1℃，降雨量 1042.2mm，降雨量年内分配不均，6～8 月降水量占全年的 70%。工程所在地土壤为黏壤土。

2. 农业设施与灌溉规划

本工程选取项目区中的 2 栋连栋温室、2 栋遮荫棚、12 栋单体大棚和 15 亩大田，约占地 40 亩，作为水肥一体化精准灌溉施肥调控系统的示范基地。

(1) 单体大棚南北长 36m、东西宽 8m，每栋占地面积为 288m^2，用于种植各种蔬菜，采用滴灌的方式进行灌溉，每个单体大棚作为一个灌水小区，共计 12 个灌水小区。

(2) 连栋温室规格为 2 种，1 号连栋温室为 8 跨（每跨 8m）7 间（每间 4m），占地面积为 1792m^2，2 号连栋温室为 6 跨（每跨 8m）7 间（每间 4m），占地面积为 1344m^2，用于作物育苗，每跨建造 10 个扦插池，采用倒挂折射式微喷方式进行灌溉。连栋温室的每跨作为一个灌水小区，共计 13 个灌水小区。

(3) 遮荫棚南北长 28m，东西宽 48m，每栋占地 1344m^2，用于作物种植，采用喷灌带的方式进行灌溉。每栋遮荫棚分为 3 个灌水小区，每个灌水小区面积为 448m^2，2 栋遮荫棚共计6个灌水小区。

(4) 大田占地约15亩，用于作物种植，采用喷灌的方式进行灌溉。根据地形划分为9个灌水小区，每个灌水小区面积约为1000～1200m²。

3. 水源条件

项目区南边有1条河流，水源充足。

4. 灌水小区轮灌制度

项目区采用分组轮灌的工作方式对各灌水小区进行灌溉。首部枢纽流量为50m3/h，从管网设计优化和成本优化角度考虑，该项目轮灌制度设计如下：

(1) 当多个灌水小区同时发出灌溉请求时，系统自动进入如下轮灌制度：

① 优先满足连栋温室、单体大棚、遮荫棚和大田至少一个灌水小区进行灌溉。

② 各灌水小区灌溉流量总和不大于50m³/h。

③ 结合管网优化设计，连栋温室同一时刻最多有3个灌水小区进行灌溉，单体大棚同一时刻最多有6个灌水小区进行，遮荫棚同一时刻最多有6个灌水小区进行灌溉，大田同一时刻最多有2个灌水小区进行灌溉。

(2) 当各灌水小区同时发出施肥需求时，同一时刻只能对一种肥料配方进行灌溉，其余肥料配方按系统设置的优先级处于排队状态，待前一种配方施肥和管道清洗完成后，方可进行后续配方的施肥。同时还需满足第一条的灌溉轮灌制度要求。

5. 项目区工程规划布置

项目区水源为河水，位于项目区南边。项目区由一条呈南北走向的沟渠作为分界线，沟渠的西边为温室区，沟渠的东边为大田区。项目区示范工程规划见案例图17-4-1。

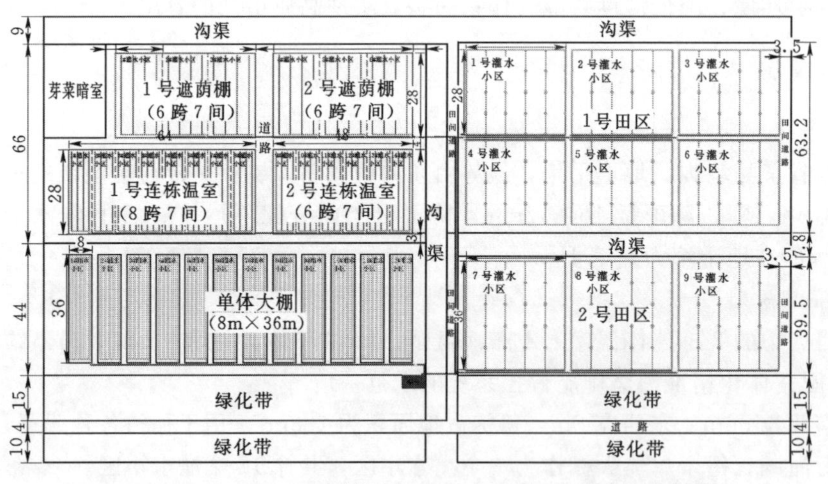

符号	涵义
	主干管
	分干管
	支管
	倒挂式折射微喷
	微喷带
	滴灌
	360°旋转摇臂喷灌
	180°旋转摇臂喷灌
	90°旋转摇臂喷灌
	控制阀

案例图17-4-1　项目区示范工程规划图

注

1. 图中尺寸标注以m计；
2. 干管：主干管采用PVC-UΦ110，单体大棚、连栋温室、遮荫棚分干管采用PVC-UΦ75，大田分干管采用PVC-UΦ90；
3. 支管：单体大棚支管为PVC-UΦ32，连栋温室支管为PVC-UΦ50，遮荫棚支管为PVC-UΦ40，大田支管为PVC-UΦ40；
4. 在主干管、分干管拐弯处设手井，在分干管较低位置处设泄水手井。

6. 项目区微灌工程描述

本项目的微灌工程包括水源过滤系统、首部枢纽（智能灌溉机）、施肥系统（智能水肥机）、输配水管道、微灌灌水器以及水肥一体化精准灌溉施肥种植调控系统的安装。

（1）水源自动过滤系统。本项目选用了一套带自动反冲洗的砂石过滤系统（配潜水泵），实现了取水、水源过滤、过滤器两端压差监测、过滤器自动反冲洗、蓄水池（储水罐）液位监控和自动补水，水源过滤后的浊度监测、及管道过压保护等功能。

（2）首部枢纽。本项目的首部枢纽安装一台智能灌溉机，实现了恒压供水、压力监控、液位监控、温度监测、过滤水质、灌溉总控以及管道过压保护等功能。

（3）施肥系统。本项目的施肥系统安装一台智能水肥机，旁路于首部枢纽的管道中。该智能水肥机实现了EC值和pH值监控、自动吸肥混肥、过滤肥液、压力监测、施肥总控、母液罐液位监测及管道过压保护等功能。

（4）管网设计。输配水管道埋于地下深50cm处（确保冻土层之下），主干管道呈南北走向布置。从项目区分布、合理布局、节约成本出发，综合设计规划，在建设与管道设计时充分考虑灌溉沟渠管道、排水沟的整体布局，优化灌溉管网。

（5）微灌灌水器布置。单体大棚沿棚纵向铺设若干条滴灌带；连栋温室：在每个扦插池上方安装1条倒挂折射式微喷，喷头离低高度在1.2～1.5m可调范围内；遮荫棚：每个灌水小区铺设4条喷灌带；大田：每个灌水小区安装30～36个立杆旋转式喷头，喷头离地高度为1m左右。

二、选择自动控制系统的类型

根据实际需要，从以下几方面考虑系统类型的选择：

（1）电缆数少。

（2）方便施工和布线的扩展。

（3）系统可靠运行，数据传输稳定，故障率低。

（4）可同时控制多个灌水小区。

（5）系统操作方便，人机交互界面易使用，远程可监控。

本园区示范基地占地40亩，温室布局密集，综合考虑上述各种因素，本项目的水肥一体化精准灌溉施肥调控系统决定采用分布式有线控制系统。

三、确定控制设备与传感器的位置

1. 灌溉电磁阀的布置与安装

根据上述灌水小区划分和灌溉要求，电磁阀安装位置和数量如下：

（1）每个大棚配水支管进口安装1个1寸电磁阀，用于滴灌；12个棚共计12个电磁阀，电磁阀安装在大棚输水支管入口处，并旁路安装手动阀备用。

（2）连栋温室单跨安装1个1－1/2寸电磁阀，用于微喷灌，共计14个电磁阀，电磁阀安装在每跨输水支管入口处，并旁路安装手动阀备用。

（3）遮荫棚的每个灌水小区安装1个1－1/4寸电磁阀，用于微喷灌，共计6个电磁阀，电磁阀安装在每个灌水小区的输水支管入口处，并旁路安装手动阀备用。

（4）大田的每个灌水小区安装1个3寸电磁阀，用于喷灌，共计9个电磁阀，电磁阀安装在每个灌水小区输水管入口处，并旁路安装手动阀备用。

电磁阀安装见案例图17-4-2，电磁阀线缆安装见案例图17-4-3。

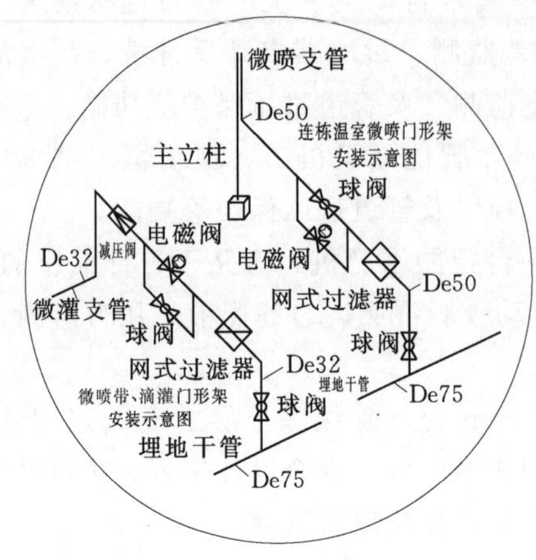

案例图17-4-2　电磁阀安装示意图

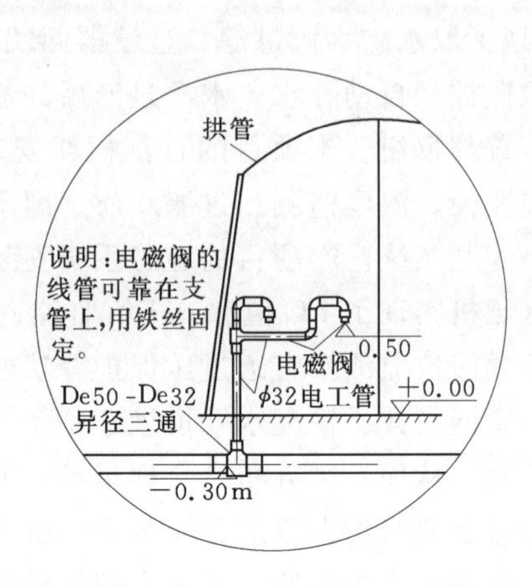

例图17-4-3　电磁阀线缆安装示意图

2. 传感器布置与安装

根据灌溉和环境控制的要求，传感器安装位置和数量如下：

（1）每个大棚配置1套空气温度和空气湿度传感器，共计12套，安装在大棚中央接近作物的地方，采用垂吊的安装方法，可根据作物生长高度随时调整。

（2）每个大棚配置1套土壤温度和土壤水分传感器，共计12套，选择靠近大棚中央垄畦处安装。

（3）每个连栋温室配置1套空气温度和空气湿度传感器，共计2套，安装在温室中央靠近作物冠部处，采用垂吊的安装方法。可根据作物生长高度随时调整。

（4）连栋温室每跨配置1套土壤温度和土壤水分传感器，即每个灌水小区配置1套，共计14套，选择靠近每跨中央土壤处安装。

（5）每个遮荫棚配置3套土壤温度和土壤水分传感器，即每个灌水小区配置1套，共计6套，选择靠近灌水小区中央土壤处安装。

（6）大田灌区配置9套土壤温度和土壤水分传感器，即每个灌水小区配置1套，共计9套，选择靠近灌水小区中央土壤处安装。

其中，土壤水分传感器的埋放深度需根据作物田间持水量和计划湿润层确定，埋放位置也可根据作物种植情况适当调整。

温湿度传感器安装位置和线缆布置见案例图17-4-4。

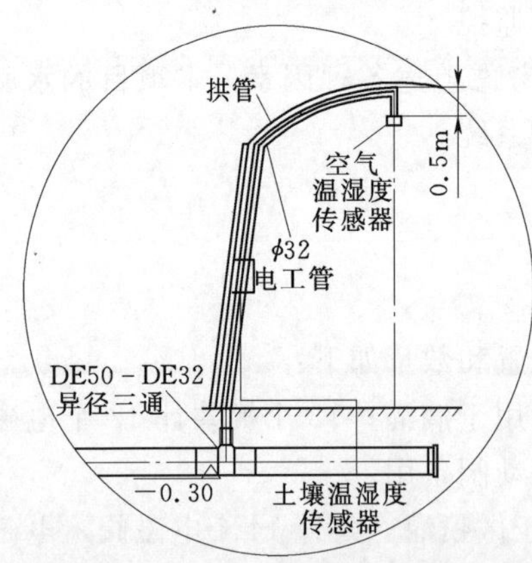

案例图17-4-4　温湿度传感器和线缆布置示意图

3. 系统设备的布局与组成

系统设备由水源自动过滤装置、智能灌溉机、
智能水肥机、环境灌溉控制箱及气象站等组成。其中，水源自动过滤装置、智能灌溉机、智能水肥机以及大田的灌溉环境控制箱安装在泵房，而单体大棚、连栋温室、遮荫棚的灌溉环境控制箱安装在各自的棚内。

项目区的泵房占地面积 40m²，泵房布局见案例图 17-4-5。

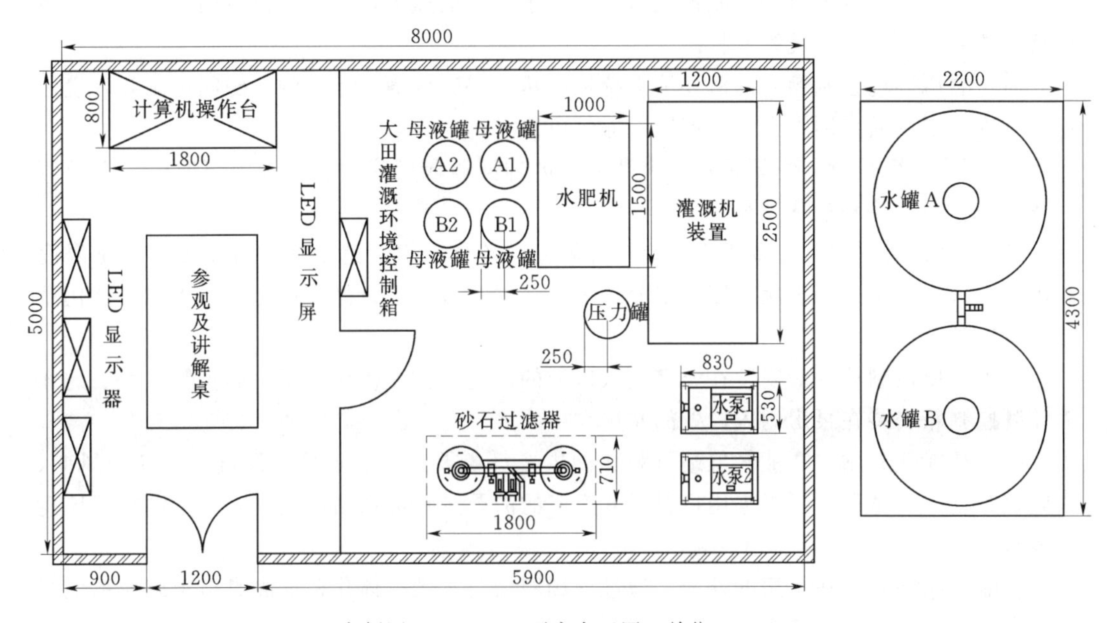

案例图 17-4-5　泵房布置图（单位：mm）

注：

1. 泵房长 8m、宽 5m，占地面积 40m²。
2. 泵房隔成 2 间，其中 1 间作为灌溉枢纽室，面积为 25m²；1 间作为监控室，面积为 15m²，同时监控系统可作为水肥一体化精准灌溉施肥调控系统辅助工具，实时提供作物生长信息。

（1）水源自动过滤系统。该装置由潜水泵、2 个砂石过滤器、两位三通阀、压差监测仪表、液位监测仪表、浊度监测仪表、排气阀及管道等组成，水源经砂石过滤器过滤后流入蓄水池（储水罐）供首部枢纽灌溉。同时，搭载一个智能电控箱，并配备计算机控制信号，提供两种控制模式：自动控制模式和手动控制模式。当水源自动过滤系统进入自动控制模式时，所有水源自动过滤系统的监测设备和执行机构将由水肥一体化精准灌溉施肥调控系统统一控制。

（2）智能灌溉机。智能灌溉机由变频恒压供水装置、压力监测仪表、液位监测仪表、水温监测仪表、流量监测仪表、离心水泵、叠片过滤器、灌溉总控电磁阀、止回阀、排气阀及管道等组成。同时，灌溉机搭载一个智能电控柜，还提供各种系统保护功能，如过热报警、变频器报警、蓄水池缺水报警以及具有过流、过载、短路、断路等，且设计了蓄水池（储水罐）低水位自动停止灌溉机功能，防止水泵空载运行，损坏设备和管道。灌溉机提供计算机控制信号，分为手动模式和自动模式。当灌溉机进

入自动控制模式时，所有灌溉机的监测设备和执行机构将由水肥一体化精准灌溉施肥调控系统统一控制。

(3) 智能水肥机。智能水肥机由EC值和pH值监测仪表、肥液吸肥系统（包括吸肥器、吸肥电磁阀、吸肥流量计、肥液过滤器等）、压力监测仪表、施肥总控电磁阀、排气阀及管道等组成，旁路于灌溉机管道中。同时，搭载一个智能精准配肥施肥控制箱，实现在施肥需求下灌溉机与水肥机联动运行。水肥机提供计算机控制信号，分为手动模式和自动模式。当灌溉机进入自动控制模式时，所有水肥机的监测设备和执行机构将由水肥一体化精准灌溉施肥调控系统统一控制。

(4) 灌溉环境控制箱。灌溉环境系统控制箱主要完成灌水小区的电磁阀控制和环境信息的采集。现场通信网络自组局域网，通信可靠。

1) 灌水小区控制。主要负责每个灌水小区的灌溉阀门启停控制和灌溉时长，以及管道清洗阀门的启停和清洗时长。

2) 环境信息采集。主要负责对应连栋温室、单体大棚、遮荫棚的温湿度、土壤温度和水分的采集以及大田土壤温度和水分的采集，并对数据进行处理后上传至水肥一体化精准灌溉施肥调控系统。

灌溉环境控制箱一般安装在温室内入口处的两边，方便操作和紧急停止等，大田的环境灌溉控制箱安装在泵房内入口处的左边。

(5) 智能气象站。智能气象站可观测的主要气象要素有：温度、湿度、风速、风向、太阳辐照量、雨量等，可根据用户科研或生产的需要进行灵活增加配置，用于温室的环境调控与监测。

智能气象站安装在泵房的外面，通过现场网络与水肥一体化精准灌溉施肥调控系统连接，实时采集室外天气信息。

四、系统软件介绍

水肥一体化精准灌溉施肥调控系统软件是整个系统的核心，主要承担三项任务：节水灌溉调控与精准配方施肥的管理、现场生产操控人员信息交互及作物种植过程数据管理。

(1) 生产操控人员可为每一个灌水小区针对不同调控策略分别设置期望的调控目标，实现精准调节，并参考实时气象采集数据，结合开、闭环调控方式，计算、调控每个灌水小区的灌溉设备动作。

(2) 自动采集、显示、记录各种气象参数、配肥过程参数以及灌溉管网和重要设备监测参数，自动显示、记录各灌水小区灌溉时间、灌溉时长和灌溉水量。

(3) 提供所有记录数据的历史查询，产生数据报表，提供多曲线显示，方便生产者对历史生产数据进行分析，优化作物生产方案。

(4) 依据设置参数，自动对监测参数越限、传感器、设备故障或系统故障预诊断判定，并生成报警显示和记录，同时通过手机通知管理人员，预防生产事故的发生。

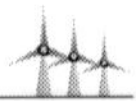

五、系统设备表

水肥一体化精准灌溉施肥调控系统设备表

序号	设备类型	名称	规　　格	单位	实际数量
1	首部设备	水源过滤系统	①过滤流量：40m³/h； ②系统工作压力：0.5～10bar； ③砂石过滤器：单罐流量20m³/h，承压16bar，带自动反冲洗功能，配电动蝶阀2个； ④配置1个智能电控箱	套	1
2		智能灌溉机	①灌溉流量：最大50m³/h； ②系统工作压力：2～4.5bar； ③水泵2台：流量25m³/h、扬程46.5m、功率7.5kW； ④恒压控制：单通道监测与双通道保护； ⑤灌溉机装置：包括监测仪表、灌溉电磁阀、排气阀、叠片过滤器、流量计及管道等，模块化组装，安装拆卸方便； ⑥配置1个智能电控柜	台	1
3		智能水肥机	①施肥流量：20～60m³/h； ②系统工作压力：1.5～4bar； ③施肥通道：肥液吸肥量4×300L/h、酸吸肥量150L/h，1个智能电控箱； ④EC/pH控制：单通道监测； ⑤水肥机装置：包括监测仪表、施肥电磁阀、吸肥电磁阀、排气阀、肥液过滤器、浮子流量计及管道等，模块化组装，安装拆卸方便； ⑥配置1个智能电控箱	台	1
4	灌水小区电磁阀	连栋温室	1-1/2寸，内螺纹接口，24VAC	个	14
5		单体大棚	1寸，内螺纹接口，24VAC	个	12
6		遮荫棚	1-1/4寸，内螺纹接口，24VAC	个	6
7		大田	3寸，内螺纹接口，24VAC	个	9
8	环境信息采集设备	灌溉监测设备	①土壤温度水分变送器：温度量程－30～100℃，水分量程0～100%，输出4～20mA、工作电压24VDC； ②灌水小区各配置1套	套	41
9		温室环境监测设备	①温湿度变送器：温度量程－30～100℃，湿度量程0～100%，输出4～20mA、工作电压24VDC； ②单体大棚、连栋温室、遮荫棚每栋各配置1套	套	16
10		智能气象站	温度、湿度、光照度、辐照量、风速、风向、雨量，带远传网络口、安装支架	套	1
11	控制箱	环境灌溉控制箱	①配备DO、DI和AI采集功能； ②工作电压：24VAC； ③连栋温室和遮荫棚每栋各配置1个，单体大棚每6栋配置1个，大田灌区配置1个	个	7
12	软件	水肥一体化精准灌溉施肥种植调控系统	①在线混肥实时控制算法； ②灌区轮灌先进调度算法； ③灌溉施肥管理模块； ④作物种植过程管理模块（选配）； ⑤远程数据监控、故障诊断和种植指导（选配）。 软件可安装在灌溉机上，并可与过滤系统和水肥机通信，调控系统的所有设备	套	1

第十八章　喷微灌系统运行管理

喷微灌工程建成，通过验收，具备使用条件后，由上级部门根据运行管理的需要，组成专门的管理机构，配备工程运行管理人员，对工程进行运行管理。本章主要从技术角度，讨论喷微灌系统运行管理的一般方法和重点问题。因为喷微灌系统运行管理是针对每一处具体工程，由于其自身环境、水源、气候、植物（作物）、业主的经济、管理水平等条件的不同，以及所采用设备技术质量和配套水平等的差异，必然存在许多适合自身特点的管理理念和方法。因此，本书提供的方法只是一种参考，在此基础上各地将会因地制宜创造出更高效的运行管理方法。还要说明，下面的讨论主要针对管道式喷灌系统和微灌系统，机组式喷灌系统的运行管理已在上面第十二章中阐明。

第一节　喷微灌系统运行的一般程序与方法

一、年度灌溉计划的制定

（一）准备所需资料

1. 种植计划

向灌区内农业主管部门和农户收集当年农作物种植计划，确定各种作物种植面积、分布范围。

2. 气象条件

向灌区所在地气象部门咨询当年预测的天气情况，主要是全年降雨量、年内分布，气温变化等。

3. 来水条件

如水源为河溪、水库，可向相关管理部门了解当年的条件，尤其是灌溉临界期，可供水量和水位变化的预测情况；如水源为当地降雨池坝，则可根据上年调蓄情况和当年降雨预报估计当年供水能力；如水源为地下水，一般供水比较稳定，可以以上年度供水情况作为估定本年度可用供水流量的依据。

（二）制定年度灌溉制度

年度灌溉制度的制定方法与设计灌溉制度制定方法相同，具体见第四章第一节，其中计算公式的各个因素值应以当年气象条件和作物种植计划为依据确定。

（三）制定年度系统灌溉计划

以当年年度灌溉制度和设计系统工作制度为基础，参照上年度灌溉运行管理总结报告，制定本年度灌溉计划。其包括下列内容：

(1) 天气情况预测。

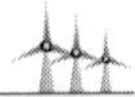

（2）来水与用水水量平衡状况分析。

（3）系统工作制度方案的确定。

二、开机前的准备

（一）全面检查系统状况

临近灌溉期时，应对灌溉系统进行全面检查，确定系统各部分是否符合正常工作要求，做好适当处理、调整，使其处于开机准备状态。

1. 水源工程

水源如为河溪、湖泊、塘坝等敞开式水源，应查看水位是否高于水泵正常抽水最低水位，引水、取水建筑物、拦污栅等是否完好，清除前池污物；如为水井，则查看水位、水质是否有明显变化；如为调蓄水池，则需清除池内各种污物，查看池内集污、取水结构物完好状况，进水口闸阀启闭是否灵活，水位是否满足正常取水要求。

2. 水泵机组

检查水泵、电动机转动是否灵活；如为电动机直联，则需检查连接是否正确、可靠，如为皮带连接，须检查皮带松紧度是否合适。

检查各种电气仪表位置是否正确和完好状况；电线连接是否正确牢固，是否有破损、老化现象。

3. 过滤系统

检查过滤系统连接是否正确无误，尤其是要注意反冲洗连接管连接位置是否正确；阀门、压力表位置是否正确，开关是否灵活、接口是否紧密。

4. 控制调节安全保护设备

从管网进口开始，逐级逐段查看所有控制调节、安全保护设备：逆止阀、各级管道（管段）进口闸阀、支管压力调节阀、进排气阀、减压阀、水锤消除阀、排水（泄水）阀等的完好情况，开关是否灵活。

5. 管道

检查各级管道，尤其是地面管道是否有破损情况。对于地面铺设的微灌毛管应按设计要求整理铺设到位，检查末端堵头是否齐备、牢固。

6. 灌水器

对于喷灌系统，应检查喷头、竖管数量是否有缺失，如为金属件，是否有锈蚀现象，装好第1轮灌组支管上的竖管和喷头；对于微灌系统，应检查灌水器是否有缺失，安装位置是否符合设计要求。

（二）试运行

按下面“三”和“四”程序启动水泵和系统工作程序，对系统进行试运行。观察系统工作状况是否正常，如有问题，立即处理，使系统处于待工作状态。

三、启动水泵机组

首先按系统工作制度开启第一组支管进口阀门，关闭其余轮灌组支管进口阀门，然后启动系统：

（1）打开首部所有闸阀和输配水干管上的各种阀门。如安装有计量水表，应记录水表初读数。

（2）启动水泵。如水泵为离心泵，则应关闭出口闸阀，给水泵注满清水。合上电闸，接通电路，启动水泵，然后缓慢打开出口闸阀，向管网供水。如水泵为深井泵，则启动前需注进清水，以润滑橡胶轴承。如水泵为轴流泵，应先打开出口闸阀，然后启动水泵。

（3）对压力表进行排气，并检查各种仪表工作是否正常。

（4）开机后应仔细观察水泵运行情况：各种量测仪表工作是否正常，电流表指针是否超过电动机额定电流；机泵声音是否正常，出水量是否正常；用皮带传动的水泵，皮带松紧程度是否合适，是否有发亮情况，水泵转速是否有下降现象；填料处的滴水情况是否正常（每分钟 10～30 滴水为宜）；水泵与水管各部分是否有漏水和进气现象；轴承部位的温度是否合适（以 20～40℃为宜，最高温度不应超过 75 ℃）；电动机温度是否合适。如果发现异常现象，应立即采取措施，进行调整检修。

四、按轮灌顺序开闭支管阀门

第 1 个轮灌组灌水延续时间达到计划要求时，先开启第 2 个轮灌组支管阀门进行灌水，然后，关闭第 1 个轮灌组支管进口阀门。待第 2 个轮灌组完成灌水，以同样的方法进行第 3 个轮灌组灌水。这样，直到最末轮灌组灌水结束，完成全灌区 1 次灌水。

五、清洗过滤器

灌溉系统工作过程中，当过滤器污物积累到一定程度，进出口压差达到某一设定值（一般为 3～5m 水头）时，即启动（手工或自动）过滤器反冲洗程序清洗过滤器。各种过滤器的清洗原理和方法详见第十章第一节。

六、事故处理抢修

灌溉系统运行中最常见的事故是管道破裂。其主要原因是水锤导致管内水压力超过管道最大承压能力。这种事故一般在局部发生，但对灌溉系统运行的影响往往是全局的，应立即修复。如事故发生在输水干管，应立即停泵，关闭事故处上游的阀门，进行修复。如管网为环形管网，则应立即关闭事故管段进口和出口阀门，进行修复。

七、做好记录

系统运行过程中应做好各种记录：每个轮灌组灌水结束时水表读数，灌水过程中压力表读数，过滤器冲洗前后压力表读数、冲洗时间，灌水起止时间，灌水过程中各种安全保护设备，进排气阀、减压阀、调压阀、水锤消除阀等的工作情况；各种不正常现象与处理情况。

在破损管段修复后，应对该管段及其以下的管道和事故发生时正运行的轮灌组支管、毛管及灌水器进行一次冲洗，并对灌水器进行排堵处理。

八、灌水结束

1. 停机

先关闭启动器，然后拉开电闸。如水泵为离心泵，应该先关闭出口闸阀再停机，以减少振动。

2. 一次灌水结束后的检查维护

灌溉季节内每次灌水结束应对系统进行全面检查维护，为下次灌水做好准备。

(1) 检查系统各组成部分是否有破损，连接是否牢固，发现问题进行修复调整，对于微灌系统，应检查灌水器是否齐全，位置是否正确，如有问题应补充、正位。

(2) 对系统从首部到灌水器进行一次全面冲洗。过滤器和施肥系统的清洗见下面第二节和第三节。若干管末端安装有排水阀，则先逐条冲洗干管，然后冲洗支管。若干管末端没有排水阀，则可与支管结合冲洗。支管的冲洗应分组进行，一次冲洗 1～3 条支管，最多不多于一个轮灌组的支灌数。冲洗时，管道进口的工作压力应提高至正常工作压力 1.2 倍以上，冲洗的管内流速不低于 0.5m/h。冲洗时间从开始至管道末端排出清水为止。

(3) 对于微灌系统，在干管、支管冲洗后，打开毛管堵头冲洗毛管。然后，关闭毛管末端，观察灌水器出流情况，若发现有不出水或出水量明显减小的灌水器，说明有些灌水器被堵塞，应予以更换，或进行清洗消堵。滴头清洗消除堵塞方法见本章第三节。

九、过冬管理

我国北方地区冬季非灌溉季节达 4～7 个月之长，灌溉系统停止工作。此期间，最低气温都在摄氏零下几度至零下二三十度，冻土层几十厘米至一两米，地表水的水源工程干固或结冰，灌溉系统维护的任务是保证设备安全过冬。

(1) 打开水泵泵体下面的放水阀，排除泵内存水，防止水泵锈蚀、冻坏。

(2) 排除冻土层内管道的灌溉余水，防止管内存水冻结。如果管网低处装设了排水阀，只要打开阀门排干存水即可。如果管网无装设排水阀，可采用空气压缩机向管道里吹气，将部分存水吹出，只要所有管道内不充满水即可。

(3) 拆下地上裸露的设备，如喷头、竖管，水泵及附件，移动首部设备，支管等。将拆下的设备清扫干净，放进仓库分类有序排列码放。对于金属件应清理干净，接口处涂油存放。

(4) 不能拆卸的地上裸露设备应进行防冻包扎，防止冻裂。

第二节 施 肥 管 理

自从压力灌溉在技术先进国家得到普遍应用，尤其是滴灌技术的出现和推广以后，利用灌溉系统在灌溉的同时将作物所需的肥料溶液注入管网，随灌溉水，施入作物根系活动层土壤中为作物提供必需的营养元素，称为施肥灌溉。又因为不仅可利用灌溉系统施肥，还可利用灌溉系统施农约，实施化学除草，杀灭真菌等，因此，施肥灌溉又称为施化灌溉。目前施肥灌溉在滴灌应用最为普遍，本节主要讨论滴灌施肥的一般原理和方法，原则上也适用于其他灌溉方法。

一、滴灌施肥的优点

与传统施肥比较，滴灌施肥有以下优点。

1. 节约用肥，提高施肥效果

利用滴灌施肥，水肥同步输送到根系吸水敏感的部分土壤，使作物得以及时吸收所需的营养元素。由于滴灌只湿润对作物最有效的部分土壤，避免水肥不必要的浪费。此外，由于滴灌是一种高均匀度灌水技术，随水施肥，肥料在田间得以均匀分布，提高了施肥的有效性。许多资料报导，滴灌施肥可节约化肥用量25%～30%。

2. 节约劳动力，提高施肥、施药劳动的安全性

传统施肥需要人工将肥料撒到作物根部土壤，劳动强度大，且不安全，喷洒农药时劳动安全性更差。滴灌施肥（施药）只需在系统首部操作，用于施肥的劳动很少，且工作时劳动者的安全防护容易。

3. 减小化肥、农药对土壤和环境的污染

滴灌施肥、施药可严格控制化肥、农药的用量，且灌水均匀度高，避免大量化肥、农药被带到深层土壤，造成土壤和地下水污染。

4. 可用于各种不同栽培条件

不论是地栽作物，还是基质栽培作物，或者膜下栽培作物均可采用滴灌施肥。

二、滴灌施肥注意的问题

滴灌施肥应注意下列问题。

（1）选择合适的肥料。由于各种化肥的溶解性不同，选择溶解性强的速溶性化肥，可避免或减小肥料颗粒堵塞滴头。有些化肥，如磷酸盐类化肥，在一定的pH值条件下易在管道内产生沉淀，导致系统出现堵塞现象，也应避免使用。液体肥料是滴灌施肥的理想肥料，有条件时，应尽可能选用。

（2）系统首部肥料注入点应位于过滤器前，防止未溶解的化肥颗粒进入滴灌系统，造成滴头堵塞。

（3）施肥系统与水源连接管应安装逆止阀，防止肥料溶液倒流，污染水源。在滴灌系统工作过程中可能出现特殊情况，如突然停电，会造成带化肥的灌溉水倒流，如没有适当措施可能污染水源。尤其是以市政管网为灌溉水源的灌系统，存在污染生活水的可能，应特别注意。在施肥系统与水源连接进口安装逆止阀可阻止这一问题发生。

（4）施肥结束，灌溉系统应继续通水冲洗施肥器和灌溉系统的全部设备。

三、施肥制度制定

施肥灌溉是在灌溉的同时对灌溉系统注入肥料溶液，实施施肥，因此，施肥制度既要遵循作物营养的需求规律，又要与灌溉制度密切结合。我国推行的测土施肥，配方施肥，都是行之有效的施肥制度。

(一) 营养元素测定

营养元素测定是确定合理施肥制度的依据。由于滴灌施肥是一种频繁的施肥方式，可以随时根据土壤营养元素的状况和作物营养的需求规律进行即时补充需要的土壤营养元素，必须经常了解土壤营养元素变化状况，因而土壤营养元素的测定就成为灌溉施肥的一项经常性的工作。

作物营养元素可通过土壤样品、土壤溶液、植物（植物组织和液流）以及灌溉水测定。

1. 土壤样品测定

通过土壤样品测定植物营养元素的方法是在田间植物根系茂密区定时定位采取土样进行测试。土样测试可以根据需要和具备的测试条件，可在实验室内进行，也可在田间快速完成。

（1）室内测试。当需要全面详细获取土壤营养元素信息时，需将土样送到专业实验室进行测试。

实验室常规测试的指标包括：pH 值、电导率（EC）、阳离子交换能力（CEC）、大量元素（N、P、K）、次大量元素（硫、钙、镁）及微量元素（如锌、铁、铜、硼、锰、钼、氯）。

（2）田间快速测定。田间快速测试随着各种便携式测试仪器的使用，可测试的指标越来越多，且测试精度也越来越高，成本低廉，得到广泛应用。田间测试的营养元素指标，一般有 pH 值、电导率、硝态氮、磷和钾等。还可以分析 SO_4、有机质、锌、铜、锰和铁。

土壤样品测试结果可用于评价植物的营养状况。但必须指出，不同植物营养状况不仅取决于土壤营养元素的含量，而且非营养因素和环境条件，如 pH 值、土壤透气性、土壤类型、微生物活性、温度也影响着养分对植物吸收的有效性。国外有人提出一套评价土壤营养元素的指标（见表 18-1），可供参考。

表 18-1　土壤养分亏缺指标

土壤养分指标	参考标准
NO_3-N	<10mg/kg 时亏缺，>20mg/kg 时充足
Ca	Ca 应占阳离子交换能力（CEC）的 65%～75%；如果 Ca/Mg<2/1，可能出现 Ca 亏缺
Mg	Mg 应占阳离子交换能力（CEC）的 10%～15%；如果 Ca/Mg>20/1，可能出现 Mg 亏缺
K	K 应占阳离子交换能力（CEC）的 2.5%～7%

2. 土壤溶液测试

在生育期内，可以利用土壤溶液提取器每周或更短时间一次提取土壤溶液，监测有效养分的含量。

土壤溶液中的养分测试，既可以在实验室完成，也可以在田间完成。实验室可以测试土壤溶液中的所有养分、pH 值、电导率；田间土壤溶液测试根据测试设备的不同，可以测定 NO_3^-、P_2O_5、K^+、Ca^{2+}、Mg^{2+}、Cl^-、SO_4^{2-}、pH、电导率等指标。

根据土壤溶液测试检测结果，可以判别土壤中氮素是否充足。一般认为土壤溶液硝态氮（NO_3-N）浓度超过50～75mg/L时，意味着对大多数作物的前半生育期（此时作物吸氮少，土壤中残留氮多）氮是充足的。但是，由于滴灌施肥灌溉是一项相对较新的技术，尚没有一个判断氮是否充足的完备标准。

土壤溶液养分监测可用于确定营养元素即时补充量，有利于减少施氮量和最大程度地利用残留氮，因为土壤溶液浓度可以精确告诉种植者多少氮已经转化，多少氮还保留在土壤溶液中。例如，如果土壤溶液中氮的含量为25mg/L，而植物需要土壤溶液的含氮量为50mg/L，在土壤溶液中需要加入25mg/L的氮。

通过土壤溶液测试进行养分管理应注意两点：

1）土壤溶液中NO_3^-的减少不一定意味着由于植物的吸收，而可能是由于过量灌溉或灌水均匀度低造成了养分淋失。

2）土壤溶液测试结果与提取器埋置深度及其与灌水器和湿润土体边缘的相对位置有密切关系，因为滴灌施肥时硝态氮会向湿润体边缘累积。

（二）灌溉水养分浓度和用肥量的计算

1. 灌溉水中养分浓度的计算

肥料注入灌溉水中后，灌溉水中养分浓度可按式（18-1）和式（18-2）计算。

$$C=\frac{10000WP}{D} \tag{18-1}$$

或

$$C=\frac{1000W'P'}{D} \tag{18-2}$$

式中　C——灌溉水养分浓度，mg/L；

P——加入肥料的养分含量，%（固体肥料重量比）；

W——加入肥料重量，kg；

D——同期系统的灌溉水量，L；

W'——加入肥液容积，L；

P'——加入肥液浓度，g/L。

2. 加入灌溉水肥料量的计算

当已确定灌溉水量，需要计算施肥量时，可根据加入肥料是固体肥料，还是液体肥料和分别按式（18-1）或式（18-2）反求需加入的肥料量。

（三）灌溉水量计算

在施肥管理中，若施肥量和灌溉水养分浓度已确定，可由式（18-1）或式（18-2）反求使用固体肥料或液体肥料时灌溉水量。

【计算示例18-1】

（1）将15kg总养分浓度为28%的固体肥料，其中N、P_2O_5和K_2O含量分别为16%、4%和8%，溶解后注入滴灌系统，灌水量为12m³，试计算灌溉水中总养分浓度和其中3种养分的浓度。

解： 已知固体肥料$W=15$kg，总养分含量$P=28\%$，N的含量$P_N=16\%$，P_2O_5的含量$P_{P_2O_5}=4\%$，K_2O的含量$P_{K_2O}=8\%$，灌溉水量$D=12m^3=12000L$。用式（18-1）计算各灌溉水各种养分浓度：

总养分浓度 $C=\frac{10000WP}{D}=\frac{10000\times15\times28}{12000}=350\text{mg/L}$

N 的浓度 $C_N=\frac{10000WP_N}{D}=\frac{10000\times15\times16}{12000}=200\text{mg/L}$

P_2O_5 的浓度 $C_{P_2O_5}=\frac{10000WP_{P_2O_5}}{D}=\frac{10000\times15\times4}{12000}=50\text{mg/L}$

K_2O 的浓度 $C_{K_2O}=\frac{10000WP_{K_2O}}{D}=\frac{10000\times15\times8}{12000}=100\text{mg/L}$

(2) 将 15L 含氮 (N) 300g/L 的液体肥料注入系统，灌水量为 12m^3。试求灌溉水含氮浓度。

解：已知 $P'=300\text{g/L}$，$W'=12\text{m}^3=12000\text{L}$，$D=12\text{m}^3=12000\text{L}$。忽略肥液中含水量对灌溉水浓度的影响，用式 (18-2) 计算灌溉水含氮浓度：

$$C_N=\frac{1000W'P'}{D}=\frac{1000\times15\times300}{12000}=375\text{mg/L}$$

(3) 某地块灌水 15m^3，灌溉水含氮浓度为 200mg/L，所用肥料氮含量 16%。试计算所需施肥量。

解：已知 $D=15\text{m}^3=15000\text{L}$，$P_N=16\%$，$C_N=200\text{mg/L}$。由式 (18-1) 反求所需施肥量：

$$W=\frac{DC_N}{10000P_N}=\frac{15000\times200}{10000\times16}=18.75\text{kg}$$

(4) 某滴灌施肥，每亩使用养分含量为 50%的专用肥 12kg，要求灌溉水养分浓度 600mg/L。试求每亩的灌溉水量。

解：已知 $P=50\%$，$W=12\text{kg}$，$C=600\text{mg/L}$。由式 (18-1) 反求灌溉水量：

$$D=\frac{10000PW}{C}=\frac{10000\times50\times12}{600}=10000(\text{L})=10\text{m}^3$$

(四) 肥料种类与施肥时间的确定

不同作物种类、同一种作物不同生育期所需营养元素和数量不同，土壤可给作物提供的营养元素数量也因时因地而异。确定肥料种类和施肥时间是灌溉施肥管理的中心。植物营养元素的测定，是掌握植物营养动态、准确确定肥料种类和施肥时间的基础。大量实验研究表明，采用较高的施肥频率有利于提高产量和改善品质，也可避免由于 1 次大量施氮造成的硝态氮淋失，因此对大多数作物来说，较适宜的施肥频率为 1 周左右 1 次。

四、滴灌施肥的运行操作

(一) 储肥罐容积计算

在微灌施肥实践中，固体或液体肥料都要事先在储液罐内加水配制成一定浓度的肥液，然后再由施肥设备注入系统。储液罐的容积按式 (18-3) 计算。

$$V=\frac{FA}{C_{初始}} \tag{18-3}$$

式中 V——储液罐容积，L；

F——每次施肥单位面积施肥量，kg/hm^2；

A——施肥面积，hm^2；

$C_{初始}$——储液罐中肥液的初始浓度，kg/L。

（二）注肥流量计算

注肥流量是选择注肥设备的重要参数，按式（18-4）计算。

$$q=\frac{W'A}{t} \tag{18-4}$$

式中　q——注肥流量，L/h；

W'——单位面积注入的肥液量，L/hm^2；

A——施肥面积，hm^2；

t——注肥时间，h。

（三）施肥运行操作

滴灌系统运行程序对作物生长、产量、品质及氮素残留有明显影响。模拟和试验结果大多推荐1/4～1/2～1/4的运行程序，即在灌溉施肥的前1/4时段灌清水，使系统运行稳定，接下来的1/2时段施肥，最后的1/4时段灌清水，冲洗管网。

压差式施肥罐结构简单，价格低廉，目前在滴灌中使用较多。但是，在施肥灌溉中肥液浓度随时间降低，如果操作不好，就会导致施肥不均，影响施肥效果。以下介绍压差式施肥罐操作的相关问题。

1. 操作方法步骤

（1）打开缸盖，倒入肥料，扣紧缸盖。若为液态肥可直接倒入肥液罐，使肥液达到罐口边缘，罐盖上必须装配进排气阀，停止供水时打开进气阀，防止肥液回流。若为固体肥料，最好是先单独溶解再通过过滤网导入施肥罐；当直接将固体肥料倒入罐内时，最大量不得超过罐高的2/3。如果灌溉过程中需要添加肥料，由于罐内存在高压，需利用排气阀将压力释放后，再注入肥料。

（2）检查进水、排液管的控制阀是否都关闭，节制阀是否打开。然后打开主管的供水阀开始供水。

（3）打开进水、排液管的控制阀，然后缓慢地关闭节制阀，并注意观察压力表，直到得到所需的压差。

（4）施肥结束，将节制阀调至最大开度，关闭施肥罐进水阀和注肥液的调节阀，打开排水管阀门和罐盖上通气阀，排干罐内余水。

2. 施肥罐肥液浓度变化规律

施肥过程中，施肥罐内肥液浓度随时间降低的规律可用下面幂函数表示：

$$\frac{C_t}{C_0}=e^{-\beta t} \tag{18-5}$$

$$\beta=2.911\times10^{-3}W^{-0.644}\Delta P^{0.516}d^{3.228}V^{-0.556} \tag{18-6}$$

式中　C_t——t时刻肥液浓度，g/L；

C_0——肥液初始浓度，g/L；

W——施肥量，2～26kg；

ΔP——压差，0.05～0.30MPa；

d——储液罐进口直径，10～25mm；

V——施肥罐容积，10～65L。

由式（18-5）和式（18-6）可以看出，施肥罐内肥液浓度随施肥时间减小速度受施肥量、压差储液罐进口直径和施肥罐容积等因素影响。其中，施肥罐进口直径影响最大，施肥罐进口直径越大，肥液浓度减小速度越快；其次是施肥量和施肥罐容积，施肥量和施肥罐容积越大，肥液浓度减小速度越慢；再次是压差，压差越大，肥液浓度减小速度越快。可见，增大储液罐容积或减小储液罐上下游压差可以使肥液浓度的变化过程更趋平稳。

3. 施肥时间

施肥罐肥液浓度由施肥开始初始浓度减小至零时经历的时间就是施肥时间，它是灌溉施肥运行管理的重要参数。通过大量试验建立的施肥时间 $T_{c=0}$（min）与施肥量、压差、施肥罐容积、施肥罐进口直径之间的多元回归关系式（18-7），可供确定灌溉施肥灌运行参数时参考。

$$T_{c=0}=1.384\times10^{5}W^{0.434}\Delta P^{-0.873}d^{-7.335}V^{2.905} \tag{18-7}$$

式中 $T_{c=0}$——施肥时间，min；

其余符号意义同前。

由式（18-7）表明，施肥时间随施肥量和施肥罐容积的增大而增大，随压差和施肥罐进口直径的增大而减小。在没有实测资料时，也可用见表18-2估计施肥需要的大致时间。

表18-2 不同容积压差式施肥罐不同压差时的施肥时间参考值

压差/MPa	施肥时间/h			
	60L施肥罐	90L施肥罐	120L施肥罐	220L施肥罐
0.05	1～1.25	1.75～2	2～2.5	3.75～4.5
0.1	0.75～1	1.25～1.5	1.5～2	2.5～2.75
0.2	0.5～0.75	0.75～1	1～1.5	1.75～2.25
0.4	0.33～0.55	0.5～0.75	0.75～1.25	1.25～1.5

第三节 灌水器的维护

微灌系统灌水器的维护是灌水器维护最受关注的问题。微灌系统灌水器维护的重点是防堵和排堵，因为这是保持微灌系统正常运行，发挥效益的关键。本节讨论微灌灌水器防堵和排堵问题。

一、微灌灌水器堵塞的原因

微灌系统灌水器流道（孔口）横断面尺寸很小，滴头为0.8～1.2mm，微喷头为1.2～1.5mm，很容易被灌溉水的杂质堵塞。这些杂质可以是水源带来的无机物，如砂粒，有机物，如杂草碎片、藻类等堵塞流道；可以是由于水温或pH值的变化，水中的化学离子形成的无机颗粒或滋生的菌群和藻类堵塞流道。因此，可按堵塞物的类型，将灌水器堵塞分成物理、化学、生物和其他因素引起的堵塞四类。

1. 物理堵塞

物理堵塞是指灌溉水中挟带的无机和有机杂质，如砂粒，有机物，如杂草碎片、藻类等堵塞流道。灌溉水的这类杂质，可以是由于水源水挟带的杂质中穿过过滤器的部分细小颗粒；可以是由于过滤器故障，或者过滤器清洗过程中落入系统输配水管道内的杂质；可以是由于系统安装过程中，落入管道内的泥沙和塑料碎片等，而这些污物没有被彻底清洗干净。当这些杂质颗粒随灌溉水进入灌水器流道时，较大颗粒被挟持于流道进口处，引起突然堵塞，称之为随机堵塞；较小的颗粒进入流道后，由于流速减小，在局部沉积下来，减小过流断面，随着污物的累积，流道断面逐渐变小，以至于全部堵塞。

3. 化学堵塞

化学堵塞主要是指灌溉水中离子在外界条件发生变化时，离子之间发生化学反应产生沉淀物对灌水器造成的堵塞。灌溉水 pH 值和温度变化是发生沉淀的重要原因，当 pH 值超过 7.5 时，钙或镁可停留在过滤器、支管和灌水器中。当碳酸钙的饱和指标大于 0.5 且硬度大于 300mg/L 时，存在堵塞的危险；当水温升高时，钙离子发生化合反应产生沉淀，这主要出现在灌水器停止工作时；当水中铁、硫化锰或金属氢氧化物的浓度较大时，这些铁、硫化锰或金属氢氧化物形成积垢滞留在管道壁或灌水器流道上；当实施灌溉施肥作业时，所使用化肥的一些成分可能与水中其他溶解物质发生反应造成意外沉淀堵塞。化学沉淀的堵塞过程是逐渐的，初始是流道壁变粗糙，然后逐渐堆积增厚，以至于完全堵塞。灌水器中沉淀的化合物成分很可能随季节而变化，在冬季和春季，硅酸铝的百分比可能较大，在夏季，磷和钙的百分比可能较高。

3. 生物堵塞

生物堵塞是由于灌溉水中滋生繁殖的藻类、细菌黏质物，以及各种浮游动物和水生生物体所致。

(1) 藻类引起的堵塞。藻类是以单细胞集群丝束状形式出现的浮游植物，是水体中食物链的基本要素。它在管道和水中形成胶凝质和黏基质。这些基质被用于细菌黏质物的生长，并且能与悬浮物一起形成堆集从而引起堵塞。藻类堵塞对过滤器和灌水器的破坏性很大，甚至可造成灌溉系统的瘫痪。

如同其他微生物体一样，藻类繁殖也需要无机化合物养分，它需要的主要营养是二氧化碳、氮、磷和微量元素如铁、铜和钼。藻类的发育有季节性循环的特征，当光少并且温度较低时，藻类的生长受阻，在春季，温度升高，光照增加，水层在风和热交换作用下混合，来自其他活动水层的养分集聚在上部水层，可用养分增加，是藻类生长旺盛期；在夏季，温度较高，由于没有水层的渗混作用，可利用营养相对较少，藻类的生长受到限制；在夏末秋初，能够固定住空气中氮的蓝绿藻成长旺盛。由于灌溉季节一般是较温暖的季节，有利于灌溉系统内部藻类生物的活动，从而容易引起微灌系统的堵塞问题。

(2) 细菌黏质物。细菌性黏质物的种类很多，研究表明产生微灌系统堵塞的主要有下列 3 种：

1) 硫黏质物。当水中含硫超过 0.1mg/L 时，硫化氢会出现硫黏质物。

2）铁黏质物。当水中含铁超过 0.1mg/L 时，可能出现铁黏质物。

3）未定义黏质物。呈细丝状或其他形状的黏质物。

影响细菌和黏质物生长发育的主要因素是水的 pH 值、水温和有机碳。需氧的硫黏质物是在硫化氢向元素硫转换的过程中由各种只需微量氧的细菌活动而形成的，其最佳的 pH 值为 6.7～7.2，这些细菌产生白色的软黏质物团块；借助于可溶氧化亚铁的氧化过程，细菌可促使其形成不可溶的固体三氧化二铁。

（3）浮游动物。素食浮游动物，包括原生动物，昆虫类，小的甲壳纲动物和鱼类。这些浮游动物的尺寸为 0.2～30mm，产生的虫卵在微灌系统中成长和孵化、变大，以至于堵塞灌水器。浮游动物的发育也有季节性循环的特点，春季开始，一般浮游动物以小密度出现（有时低于每升 1 只），稍后，在上部水层中轮虫类开始发展（每升可达 4000 只），再后来，轮虫类的数量下降，小甲壳纲动物数量上升，到了夏初时水蚤繁殖较为旺盛。

（4）其他生物物质。如幼小动物、虫卵、植物屑粒和腐殖质（如木质素和纤维素）等引起的堵塞。

4. 其他原因的堵塞

（1）爬行动物在灌水器流道内筑巢产卵等常常造成微喷灌灌水器和小管出流器的堵塞。

（2）管道因地势产生的负压容易将泥土吸入地下滴灌灌水器堵塞其流道。

（3）对于地下滴灌，由于植物根系向水性作用，根系将围绕滴灌管增殖、扩散，这可能会导致根系向管内伸展造成滴头堵塞。

二、灌水器堵塞预防措施

1. 改进流道结构

灌水器流道横断面尺寸越小越易堵塞，但是大尺寸横断面流道可能会因为流速过低，使进入流道的固体颗粒发生沉淀而堵塞灌水器，而且为了取得小的灌水器流量，通常滴头流道宽度为 0.8～1.2mm；微喷头孔口直径为 1.2～1.5mm。因此，只要在允许的范围内增大灌水器流道横断面尺寸有利于增大灌水器的防堵能力。

为提高灌水器的防堵性，国内外研制了多种抗堵流道。其基本的结构形式是长流道迷宫型，但许多实验表明，迷宫流道产生的紊流流态可提高水流挟带固体颗粒的能力，减小进入流道杂质颗粒沉积于流道的作用，但是也发现在流道拐角处易发生杂质颗粒沉积，这是值得注意的现象，当前国内外已出现许多改进的迷宫流道结构。

2. 正确使用过滤器

安装过滤器是防止物理堵塞最有效、最经济的方法。但是，各种过滤器构造不同，功能作用不同，只有根据灌溉水中挟带的杂质种类和出现的部位正确选择相应的过滤器和安装位置，才能收到应有的过滤效果。关于过滤器的选择已在第十章第一节介绍，过滤器一般安装在系统首部，但在许多情况下，常在支管进口安装二级过滤器，以净化输配水管道内和田间施肥产生的污物颗粒。按规定过滤器进出口压差冲洗（清洗），保持过滤器正常工作状态和理想的过滤效果是防止灌水器堵塞必不可忽视的维护措施。

3. 按规定认真冲洗（清洗）管网

系统安装完成、每次运行结束、灌溉季开始和结束、管道破裂维修后，应对管网进行全面彻底冲洗，排除滞留在各级管道内的污物，避免污物进入灌水器流道。

4. 正确使用进排气阀

当采用地下滴灌或膜下滴灌时，支管高处应安装进排气阀，防止停灌瞬间滴头负压回吸泥沙，造成滴头堵塞。

三、灌水器排堵措施

在系统运行时，应对工作的灌水器进行巡视，当发现有灌水器流量明显减小，或不出水时，说明此灌水器已发生堵塞。此时可更换堵塞的灌水器，如为可拆装灌水器，则可拆下外盖冲洗流道，然后回装继续工作；如为碳酸钙堵塞，则多为流道出口被堵，可用细棍敲打排除。然而，排除化学堵塞和生物堵塞最有效的方法是化学法，不过它的成本较高，且存在安全问题，目前国内尚未推广应用。以下是几种常用的化学处理排堵方法。

（一）氯处理法

氯水处理可以解决微灌系统中因细菌、黏液菌和藻类产生的有机物沉降问题。其作用是：氯化物可形成使藻类不能长期生存的环境；氯化物作为氧化剂可促使有机物分解；氯化物能防止有机悬浮物的聚集和沉积；氯化物能对铁、锰等物质进行氧化，形成难溶化合物，易被清除。

1. 处理方式

氯处理可分为连续氯处理、定期性氯处理和系统清洗氯处理几种方式。连续氯处理是在藻类或细菌集数量很高，或水中铁、锰含量高的情况下采用，应在专家指导下慎重操作。定期性氯处理应根据水质条件，可1周1次或1月1次，当为改进过滤器的过滤能力而采用氯处理时，加注点必须离过滤器很近，并使氯水扩散到整个过滤器中，氯的作用浓度为2～3ppm。系统清洗氯处理，一个生长季节内可做1～2次，并在生长季节结束后立即对系统进行清洗，使系统在不使用时保持清洁。各种形式的氯处理推荐浓度见表18-3。

表18-3　氯化处理推荐浓度

目　的	处理方式	所需浓度/ppm	
		系统始端	系统末端
防止沉降	连续处理	3～5	1～2
	周期性处理	5～10	2～3
清洗系统		10～15	2～3

必须注意的是，过量加氯是很危险的，氯作为一种氧化物，会腐蚀系统内的橡胶部件，如旁通上的胶圈，阀门和滴头上的横隔膜等，最大使用浓度不能超过50ppm。

2. 氯存在形式

（1）次氯酸钙HTH（游泳池用漂白粉）。次氯酸钙是粒状的小块或球状，在水中很容易溶解，当保存正确时比较稳定，并且可以利用的氯离子为60%～70%。但当水中含钙量很高，且水的pH值大于8.0时，建议不用次氯酸钙作为氯的来源，一般可加入酸防

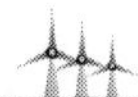

止碳酸钙沉积。

(2) 次氯酸钠。在家庭洗洁用品中常加入次氯酸钠，它含有18%的游离氯。次氯酸钠在光照和加温时容易分解，必须储存在阴凉的地方。在滴灌系统中通常可使用次氯酸钠处理。

(3) 氯气。氯气是腐蚀性的有毒物品，非专业人员不能使用。当不能使用次氯酸钙和次氯酸钠时，也可以使用氯气。

不同用途时建议的水中自由氯的浓度值见表18-4。

表18-4　　不同用途所建议的水中自由氯的浓度值

用　　途	应用方法	不同位置自由活跃氯浓度/(mg/L)		
		系统首部	过滤器后	系统末端
防止藻类生长	连续应用	1～10	1～10	0.5～1.0
破坏藻和菌类集结	间歇应用	10～20	10～20	0.5～1.0
溶解有机物		50～500	50～500	接近10
处理含铁水质	连续应用	每含1mg/L（2价）铁离子需0.6mg/L		0.5～1.0
处理含锰水质	连续应用	每含1mg/L锰需0.6mg/L		0.5～1.0
处理含硫水质	间歇应用	每含1mg/L硫需0.6mg/L		0.5～1.0

3. 氯处理步骤

(1) 准备装有1L灌溉水的容器，加入预计含量的氯化物，放置一夜。

(2) 如果没有发生铁沉淀，进行步骤(4)。

(3) 如果发现形成了氧化铁（溶解的Fe^{3+}可能在加氯之后因氧化作用而转成固体Fe^{2+}，使其停留在灌水器中)，将灌溉水中pH值修正到4.5，并重新进行步骤(1)。

(4) 确定所需氯的数量。

(5) 处理前冲洗支管，以便从系统中去掉全部沉淀物。

(6) 根据堵塞程度将含有30～50mg/L氯的灌溉水在过滤器之前注入并充满管道。

(7) 让水停留在管道内约1h。

(8) 在系统末端检验氯浓度（要求浓度不小于1mg/L活跃氯）。

(9) 如果在系统末端的残余氯符合所要求的值，则冲洗系统和过滤器。

(10) 如果达不到要求，重复步骤(5)～(8)。

氯溶液只在小区阀门处注入。如果加氯必须在中心点进行，则在小区阀门打开之前必须首先彻底清洗主管道，否则从主管道来的所有污垢会在进行氯处理时进入滴灌管，加重已有的问题。

4. 氯处理过程中的安全措施

活性氯溶液对人与动物非常危险，在使用和操作时要严格按照使用说明进行。

(1) 避免接触到眼睛和皮肤，防止误服氯溶液或吸入氯气体。

(2) 严格禁止氯与肥料直接接触，防止热反应而导致爆炸。

(3) 酸处理和氯处理必须在两个不同的注入管道中进行，在同一罐中同时混合酸和氯会产生毒性极高的气体，两种物品须分开保存。

(4) 氯处理时只能用干净水，如果氯处理时加入除草剂、杀虫剂和肥料，会降低氯的活性。

(5) 只能把氯产品加入到水中，而不能相反。

同时还应注意下列问题：

1) 贮存罐中氯的损耗。当延长存放期、温度升高和光照增加时，氯的浓度可能出现下降，且初始浓度越高损失也会越大。

2) 系统中残余氯浓度的减小。这一现象是不可避免的，且与水质、流经管路的长度和流动的周期等有关。

3) 氯与含化肥水的反应。自由氯化合物与铵起反应而生成氯铵，效力变小，应避免在氯化处理期间使用含铵的肥料。

4) 各分干管入口氯分布的均匀性要靠在分干管前注入氯来保证。

5) 氯的过剂量。氯的过剂量可能破坏沉淀的稳定性，引起沉淀物向灌水器移动并形成堵塞。过剂量处理可用于清洗系统内某些元件，但应分开实施。

6) 溶解铁的影响。当水中溶解铁的浓度超过 0.4mg/L 时，不宜用氯化处理，这是因为氯可能有助于铁的氧化，形成沉积，从而引起堵塞。

(二) 双氧水 (H_2O_2) 处理

1. 作用

在常规氯处理不起作用的情况下，可试用双氧水。双氧水在处理管道内沉淀方面比氯的作用更强。它能在灌溉系统中抑制藻类和黏液菌的生长。

2. 处理方法

目前市场上，双氧水 (H_2O_2) 浓度主要有 35% 和 50% 两种。一般有 1 年 1 次的休克处理（使用浓度 200～500ppm）和每两星期 1 次的常规保养（使用浓度 10～30ppm）。处理方法是整夜保持系统静止状态，让未排出系统的化学物质连续作用，第 2 天再进行冲洗。注入时间是保持双氧水的注入，直到滴头下的水开始起泡（泡沫效应），或采用水从注入点流到最后一个滴头所需要的时间来确定注入时间。微生物在水中越活跃，处理所需时间越长。

注入点一般应该在田间闸阀处。如果在首部加注，则在任何一个田间龙头打开之前，必须先对主管道进行彻底冲洗，否则主管道中的污垢会被带到滴灌管中。注入水应是不含肥料的清水。

3. 操作安全措施

双氧水溶液对人与动物非常危险，应严格按使用说明书操作。

(1) 避免药液接触到眼睛和皮肤。穿戴防护衣、手套和眼镜。

(2) 避免饮用及气体吸入。

(3) 与其他化学物品分开存放。

(4) 只能把双氧水加到水中，而不能相反。

(三) 酸处理

酸处理是将某种酸注入到灌溉水中，达到溶解滴灌管中出现的水垢、盐类等沉淀物（碳酸盐、氢氧化物、磷酸盐等）的目的。

1. 作用

(1) 预防作用，防止已溶解的固体产生沉淀。

(2) 溶解作用，溶解已有的沉淀，当与氯联合运用时通过改变水的 pH 值而改进氯化效果。

(3) 在某些情况下，注入的酸能够有效清除黏液菌。

当有机物沉淀也同时存在时，酸处理没有效果，而应该改用氯处理等其他措施。

2. 处理用酸物质的种类

酸处理可用的酸有盐酸、磷酸、硫酸或硝酸等。不同酸类物质酸处理的推荐使用浓度，见表 18-5。

表 18-5　　用不同酸类物质酸处理的推荐使用浓度

使用浓度/%	酸物质类型	酸浓度/%
0.6	盐酸（HCl）	33～35
0.6	硫酸（H_2SO_4）	65
0.6	硝酸（HNO_3）	60
0.6	磷酸（H_3PO_4）	85

3. 酸处理的操作指南

酸液注入一般是间隔进行的，因而不影响大多数植物的生长。酸的浓度依所需 pH 值而定，短时处理（10～30min）时 pH 值为 2，连续处理时 pH 值为 4。

(1) 选择用酸的类型应考虑有效性、价格、土壤敏感性、作物、设备等。

(2) 确定将水中 pH 值降到 2.0 所需酸的数量。具体步骤：

1) 准备几个容器，每个装有 1L 灌溉水。

2) 将不等数量选定的酸液（盐酸或硫酸）注入每个容器中，并计量每罐内注入的酸量。

3) 检查每个容器中的 pH 值，对 pH 值已达到 2.0 的，计算其浓度并进入 (3)。否则，继续升高或降低酸浓度，直至达到 pH=2.0，然后计算其浓度。

(3) 检查一些灌水器的流量，确定正常与堵塞的情况，并记录下来，用于检验处理效果。

(4) 检查系统进出口的压力。

(5) 启动系统至正常工作压力，冲洗所有管路，用清水灌溉 1h，将作物根部区湿润，以保护根。

(6) 将注肥泵连接到需要处理的小区，开到最大，使用清水来确定注肥泵在 10min 内的注入水量，即使用量。用一容器中加入以上的水量再进行测试，确定注肥泵在 10min 内能否把水泵完。

(7) 计算并准备好要加入的酸溶液，在过滤器之后将已含有规定浓度酸的灌溉水注满系统；在毛管末端检查加酸灌溉水的 pH 值，以保证所添加酸的数量是适宜的。

(8) 将各级阀门关闭，使“酸化的水”留在系统中 30～60min。

(9) 使用完酸以后，用清水将注肥泵内的酸冲洗出去，系统再灌 1h 的清水，以保证根区土壤的pH值恢复到处理前的水平。

(10) 彻底冲洗系统。

(11) 重复(3)，当灌水器的流量得到改进，说明处理是成功的。

4. 酸处理注意事项

(1) 当酸的注入时间超过1h，水的pH值不应小于6.5。酸度过度会腐蚀管道、附件等，最终硬化橡皮阀座。

(2) 当达到一定浓度时，所有的酸都是有腐蚀性的。因此被注入灌溉系统的酸在接触灌溉系统的金属部件时都应用水稀释到一定的浓度。

(3) 如果水被酸化到pH＜4.0，则酸必须在任何金属部件下游注入。

(4) 酸应该被加入到水中，不得相反，否则容易引起爆炸。

(5) 选择一些矿物酸，如磷酸、硝酸等，可达到肥料的效果，磷酸是危险最小的一种酸。

(6) 酸和肥料混合注入，容易产生一种腐蚀性非常强的溶液，如果提前在水箱中使酸和肥料混合，可避免产生沉积。如果酸和肥料通过两个注入器分别连续不断地注入，则混合的腐蚀性较小。

(7) 在注入点处会发生局部的腐蚀，但如果注入点选择在管线中间则可以减轻腐蚀现象的发生。需要注入的酸量可通过实验室试验得出。

(8) 操作者应该穿戴好防护服、手套和眼镜，否则会有瞎眼或被烧伤的危险。误服溶液或吸入气体会有生命危险。禁止将酸和氯一起储存。

5. 沉淀抑制剂处理

沉淀抑制剂是高分子量的化学物品，可溶于水，具有减缓碳酸盐和硫酸盐沉淀和结晶的各种有效成分。可用的沉淀抑制剂种类很多，如：聚偏磷酸、聚丙烯酸酯类、磷酸类等。

实验表明，当以10mg/L的浓度应用时，沉淀抑制剂在沉淀开始之前能使钙溶解浓度提高5倍之多。

6. 凝结处理

在水中加入凝结剂可以通过沉淀的过滤措施，使无法去掉的分散物在罐中或过滤器中形成絮状物，从而易于清除。每种凝结剂都有一个最佳pH值使用范围。

铝盐是最常用的无机凝结剂，既可单独使用，也可以与合成聚合物混合使用。最普遍的凝结剂是液体或固体的硫酸铝，硫酸铝最多可用200mg/L，常用的范围为10～40mg/L。

专利与创新技术

基于我国高效节水灌溉技术的快速发展，喷微灌技术的创新正成为推动行业技术进步，促进企业发展的动力，本篇汇集部分科研部门和企业新近喷微灌专利和创新技术。目的是从一个侧面展示我国喷微灌技术进步的面貌，为科研部门、企业和读者提供一个交流的平台，从中得到启示，激发创意。

水务发展战略与生态建设综合技术

水务发展战略与生态建设综合技术是北京市水科学技术研究院（原北京市水利科学研究所）的研究成果，该院成立于1963年，是北京市水务局直属公益型科研事业单位。业务领域涵盖水资源、水环境、水生态、水利工程、防灾减灾、水务发展战略与环境监测等涉水领域。50多年来，累计获得国家奖励5项，省部奖励56项，专利61项，制定国家标准1项、地方标准4项，出版专著25部，取得7项资质。在农业综合节水、流域水环境综合治理、人工湿地建设、雨洪控制与利用、再生水综合利用等方面形成了明显的技术优势。

一、关键技术

（1）都市农业高效节水技术。以土壤-植物-大气系统水分迁移转化规律研究和关键设备系统研发为核心，构建了都市型现代农业高效用水技术集成模式。

设施蔬菜高效节水技术模式　　设施草莓高效节水技术模式

（2）绿地高效用水综合技术。构建了以节水型乔灌草建植技术、非充分灌溉技术、非常规水资源灌溉技术、无线网络灌溉控制技术等为核心的绿地“清水零消耗”节水技术集成模式。

绿地精准灌溉示范区

（3）再生水作物安全利用技术。构建了以作物污染评价技术、生态毒性评价技术、多水源调度模拟技术、再生水灌区信息管理技术等为核心的再生水安全灌溉控制集成技术体系。

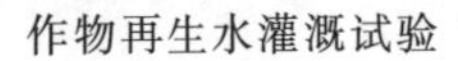
作物再生水灌溉试验

再生水灌溉过滤系统

二、专利及应用

序号	专利名称	专利类别	专利号	授权公告日/(年.月.日)	产品特点
1	坡改平生态护坡砖	发明专利	ZL 2007 1 0187685.5	2010.4.7	该技术是一项新型水土保持技术，可以有效克服边坡防护工程中的土壤流失问题，保土、蓄水效果非常显著
2	一种河道生态减渗方法和生态减渗土	发明专利	ZL 2011 1 0137728.5	2013.1.2	采用纯天然材质，渗透速率可控制在5～20mm/d范围内，最佳减渗效果可接近土工膜，适用于卵砾石、砂、沙壤土等各类河湖的防渗

坡改平生态护坡砖应用示范区

北京大学朗润园湖减渗效图

农业农村水综合利用解决方案

农业农村水综合利用是北京中农天陆微纳米气泡水科技有限公司的新技术，该公司也是中国农业大学农业规划研究所的下属单位，公司旨在解决水资源短缺、农业水污染、新农村饮用水安全等问题，并提供县（镇）域、新农村（农村社区）、农业园区水综合利用的解决方案。

目前公司业务包括农业园区水利规划设计、小型农田水利规划设计、新农村水规划设计、县（镇）域农业水利规划、微纳米气泡水产品研发推广、农业农村水处理、人工湿地系统、精准灌溉设计施工、精准灌溉自动施肥系统、精准灌溉智能控制系统等。我公司在北京市通州区潞城镇建立了北京国际都市农业水科技园，展示百项水技术。

一、新技术、新产品介绍

（1）微纳米气泡快速发生装置。微纳米气泡发生装置是天陆公司拥有自主知识产权的一项核心技术产品，气液在装置内高效混合能迅速达到氧饱和溶氧状态，而且耗能少。可应用领域：增氧灌溉、无土栽培、水产养殖、农残清洗、生态治理、污水处理。

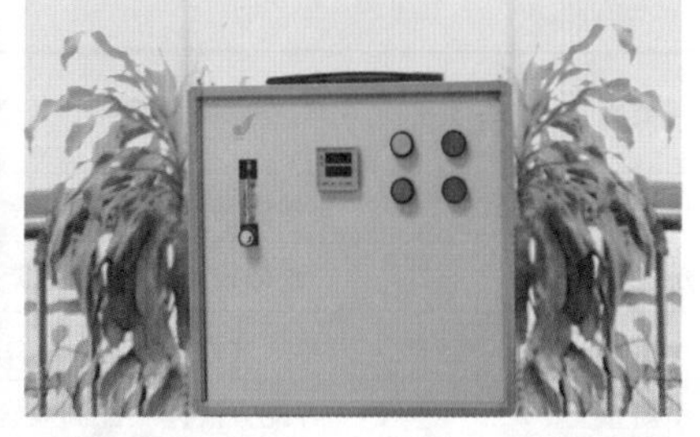

微纳米气泡快速发生装置

（2）水肥气热一体化系统。利用灌溉设施将作物所需的养分、水分、气、热最低浓度地供给，使作物达到最佳的生长状态，达到节水、节肥、省工、高产、优质和环保的效果。

水肥气热一体化系统

精准配方施肥系统

(3) 精准配方施肥系统。该系统将灌溉、配肥和施肥过程全部实现自动化，为不同的作物、在不同时期、供给不同的水量和肥料，在增加产量、提高品质的同时，省水、省肥、节能、环保。将小型肥料加工厂搬到田间地头，是最适合中国国情的自动化施肥系统。

(4) 北京国际都市农业水科技园。水科技园隶属于北京中农天陆微纳米气泡水科技有限公司，位于北京通州区潞城镇，以“聚世界一流水科技人才、建中国优秀水技术平台”为战略发展目标，汇集功能水种植、水处理、精准灌溉、家庭园艺、新型水培等百项技术。

北京国际都市农业水科技园

二、专利列表

序号	专利类别	专利名称	专利号	授权公告日/(年．月．日)
1	实用新型	一种微纳米气泡曝气器	ZL20132061372.0	2014.4.30
2	实用新型	一种微纳米气泡发生器	ZL201320615113.3	2014.3.26
3	实用新型	一种无土栽培营养液的增氧、消毒装置	Zl20130627468.4	2014.3.19
4	实用新型	一种配方液体肥配制系统	Zl201320551604.6	2014.3.19
5	实用新型	一种水肥气热一体化土壤加热系统	Zl201320551707.2	2014.3.19
6	实用新型	一种河道综合治理船	Zl201320689303.X	2014.4.23
7	实用新型	一种土壤消毒设备	Zl201320591534.7	2014.3.19
8	实用新型	一种无土栽培营养液的增氧、消毒装置和方法	Zl20132062768.4	2014.3.19
9	实用新型	一种配方液体肥配制系统及配制系统	Zl201320551604.6	2014.3.19
10	发明专利	用于水产养殖的杀菌增氧设备	ZL201210256984.0	2014.4.2
11	发明专利	灌溉水增氧设备	ZL201220341797.8	2014.9.17
12	发明专利	一种适用于浸没式膜生物反应器的膜清洗装置	ZL201220266292.X	2014.8.20

物联网智能灌溉施肥控制通用开发系统与应用技术

物联网智能灌溉施肥控制通用开发系统是中农先飞（北京）农业工程技术有限公司的研究成果，该公司是经股份制改造为中国农业大学校办企业，系国家火炬计划高新技术企业、北京市高新技术企业，为北京节水农业科技创新服务联盟理事长单位，首都设施农业科技创新服务联盟副理事长单位，北京农业工程学会秘书长单位，2014 年被北京市科学技术委员会认定为"现代节水灌溉技术与设备北京市国际科技合作基地"。近年来，主持、参与完成国家级星火计划、北京市科技计划、水利部"948"项目、农业科技成果转化资金项目等科技项目 20 余项，核心成果"智能决策精量灌溉施肥系统研发与应用"获北京市科学技术奖二等奖；"物联网智能灌溉施肥控制系统开发通用技术平台"于 2013 年经教育部组织的专家鉴定达到国际先进水平。"物联网智能灌溉施肥控制通用开发系统"被水利部认定为水利先进实用技术。

一、新技术、新产品介绍

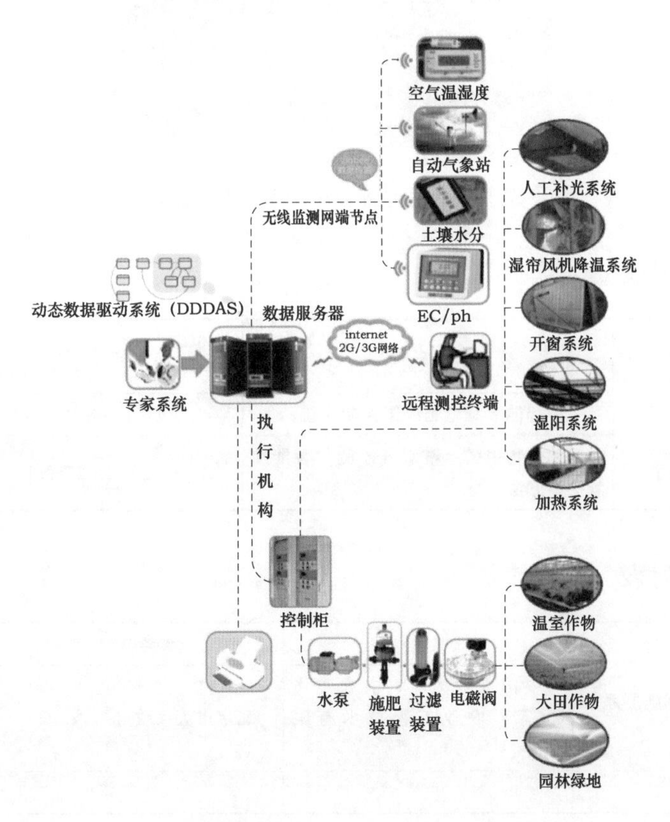

物联网智能灌溉施肥控制通用开发系统原理图

物联网智能灌溉施肥控制通用开发系统平台将节水灌溉技术、环境因子无线监测技术和远程智能控制技术有机结合，将物联网架构、专家系统和控制算法、自动控制装置作为一个有机整体，实现温室和作物灌溉施肥自动决策和控制。系统采用物联网架构，由无线传感器节点、继电器节点和环境监控系统实现无线传感器网络（WSN）和无线控制功能，构成一个具有感知、反馈、互动功能的子物联网，可分别控制各个传感器和设备的工作。系统采用B/S架构，通过3G或者有线方式作为物联网架构中的通道，将子物联网融入更广泛的网络，平滑地实现完整的远程功能。同时专家系统与动态数据驱动系统（DDDAS）相结合，通过知识库和超实时仿真的预测结果提供更精准的智能控制方案。

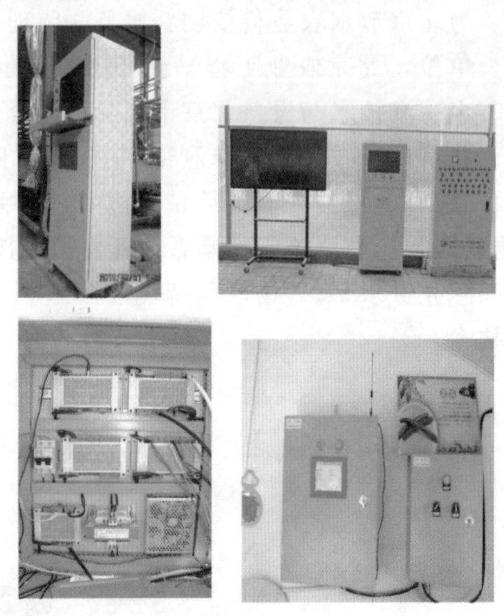

智能决策精量灌溉施肥系统关键硬件

二、专利列表

序号	专利类别	专利名称	专利号	授权公告日/(年.月.日)
1	发明专利证书	一种智能灌溉施肥决策控制系统	ZL 2008 1 0007286.0	2011.4.13
2	发明专利证书	一种作物根区土壤水分监测与智能灌溉决策方法	ZL 2012 1 0202778.1	2014.2.26

三、获奖列表

获奖名称	获奖单位	颁奖单位	获奖名次
智能决策精量灌溉施肥系统研发与应用	中国农业大学、中农先飞（北京）农业工程技术有限公司	北京市人民政府	北京市科学技术奖贰等奖

Toppo 全自动恒压变频泵站机组
及国外园林灌溉设备

Toppo 全自动恒压变频泵站机组是绿友机械集团股份有限公司研究成果。

绿友机械集团股份有限公司是一家集研发、生产、销售为一体的民营企业，旗下有两个制造工厂和分布于全国各地的 100 多家销售子公司及门店。绿友集团与全球著名的园林灌溉设备专业制造商——美国亨特实业公司和世界 500 强的美国迪尔公司等知名企业保持着长期战略合作，引进世界先进的灌溉设备、绿化设备和草坪建植养护设备，绿友集团致力于研发和制造自主知识产权的园林及草坪建植养护设备。绿友集团技术中心被认定为北京市级企业技术中心。“绿友”商标获得了北京市著名商标。

一、新技术、新产品介绍

（1）Toppo 全自动恒压变频泵站机组。属于专业、高性能灌溉专用泵站系统。确保灌溉系统安全可靠、长寿稳定。产品通过四项 UL 认证，拥有两项自主知识产权的实用新型专利。

(2) Solar Sync 气候传感器。高性价比，简单易用。根据气象情况自动调整季节灌水比例。与 HUNTER 交流控制器配套使用，可节省 30％灌溉用水，获得 EPA WaterSense ®（美国环保署）的节水认证。

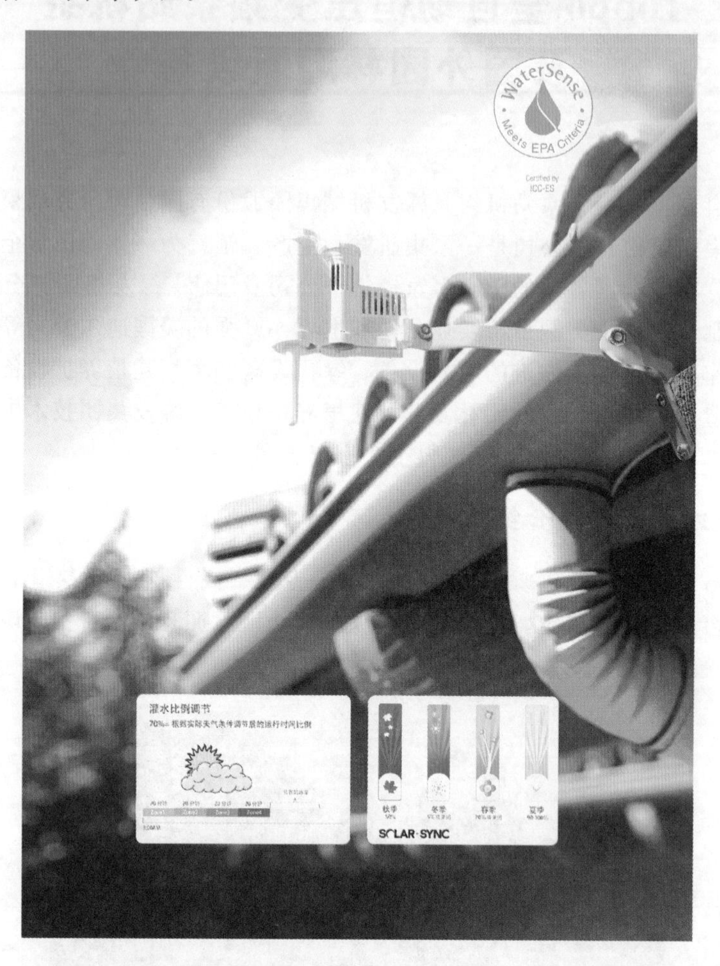

二、专利列表

序号	专利类别	专利名称	专利号	授权公告日/(年.月.日)
1	实用新型专利证书	配置两个压力传感器的草坪灌溉泵站	ZL 2010 2 0622331.6	2011.7.27
2	实用新型专利证书	一种适用于户外的箱式泵站	ZL 2014 2 0304586.6	2014.12.10
3	实用新型专利证书	用于离心泵泵站机组的补水装置	ZL 2013 2 0097757.8	2013.8.7

耕耘技术创新产品、立足文化开拓市场

集节水灌溉材料的研发、制造、销售，并提供工程设计、施工等为一体的高新技术是广东达华节水科技股份有限公司发展中一直遵循的原则。公司成立于20世纪90年代，对水资源、太阳能的开发利用有丰富的经验，开发喷微灌系列产品和利用太阳能设备，能适应不同地区用户需求。产品广泛应用于全国各地，并出口到亚洲、非洲各地。公司坚持走科技创新之道，从2009～2014年累计申请获得专利43项。公司内设“广东省现代农业节水节能（达华）工程技术研究中心”，正在筹备开办“华夏水文化科技馆”和“灌溉沙盘模型”，收集各类书籍，传承中华水文化，弘扬“上善若水”的精神，团结协作创新书写现代灌溉水文化新篇章。

一、新技术、新产品介绍

（1）太阳能节水灌溉控制装置。结构简单，无需铺设过多的线路，容易实现自动控制，操作方便，维护量小，工作稳定性高，实现灌溉方式的环保化、机械化和自动化。

太阳能节水灌溉控制装置

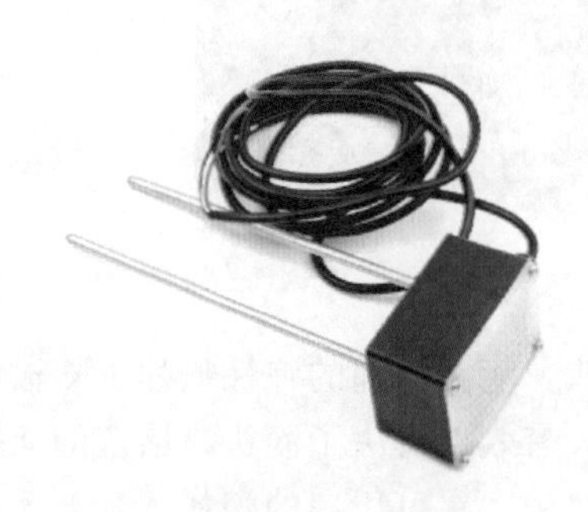

土壤湿度感应装置

（2）土壤湿度感应装置。结构简单，设置方便，能及时根据周围土壤湿度变化，输出开关信号控制灌溉水阀开启关闭，操作方便，维护运行均简单实用。

（3）摇臂喷头。通过增设副喷嘴，实现近喷，扩大水流喷射覆盖面积；通过改变节流孔位置与角度，达到不同的喷射效果，增大喷射范围自由度。

摇臂喷头

（4）小微喷头。可根据实际需求更换喷嘴或者插件，改变喷头压力、出水流量、喷雾水形和角度等因素，有效调控微喷头的喷洒角度、射程及喷流强度。

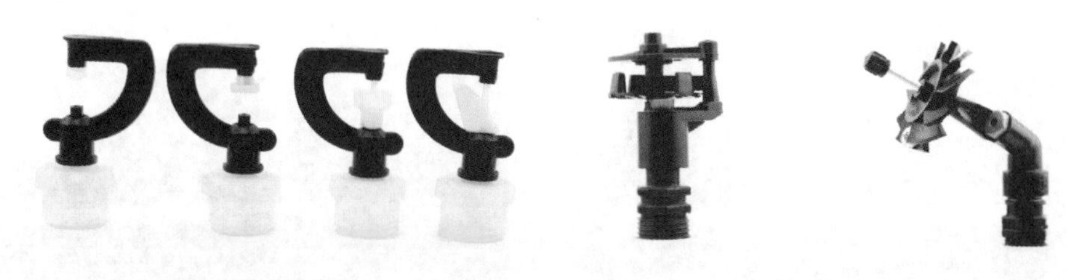

小微喷头　　　　微喷头

（5）微喷头。经过高速旋转的叶轮粉碎后的微滴均匀度超过 90%，能防止土壤板结及水流损失，提高空气湿度，调节局部小气候。

（6）滴灌带。湍急水流时迷宫式流道的设计能有效提高流量均匀度，防止在低水压时的污物沉积堵塞，铺设简易、适用范围广、造价低。

滴灌带

滴头

微喷带

（7）滴头。滴头内部的弹性垫片可随输水管中的水压改变水流通道的截面，具有压力补偿的功能，有效地解决了滴头易堵塞的问题。

（8）微喷带。在可压扁的塑料软管上采用机械或激光直接加工出水小孔，直射在空中的水流能形成类似细雨的微喷灌效果。

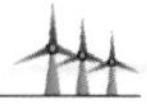

(9) 小型喷灌机组。将可移动式机组和新型喷头相结合，形成一套具有全方位高雾化喷灌效果的喷灌系统，提高节水效果，强化防止灯下黑。

(10) 卷盘式喷灌机。高效、节能、可靠、简单的混流式水涡轮驱动装置，链条传动，工作压力低（0.3～0.75MPa），结构紧凑，操全简便，灌溉面积大。

小型喷灌机组

二、节水设备实施后的工程实例工程

三、专利列表

序号	类别	专 利 名 称	专利号	授权公告日 /(年．月．日)
1	实用新型	可拆洗小流量稳流器	ZL200920004772.7	2010.5.12
2	实用新型	一种带副喷嘴的摇臂喷头	ZL201120033769.5	2011.8.17
3	实用新型	一种新型微喷头	ZL201120033872.X	2011.8.17
4	实用新型	一种摇臂喷头	ZL201120033750.0	2011.8.17
5	实用新型	一种摇臂喷头	ZL201120033767.6	2011.8.17
6	实用新型	一种喷灌用摇臂喷头	ZL201120033860.7	2011.8.17
7	实用新型	一种旋转式微喷头	ZL201120033766.1	2011.8.24
8	实用新型	一种滴灌滴头	ZL201120033859.4	2011.10.5
9	实用新型	一种新型微灌带	ZL201120033871.5	2011.8.24
10	实用新型	一种土壤湿度感应仪	ZL201120055467.8	2011.12.7
11	实用新型	一种土壤湿度感应装置	ZL201320064026.3	2013.8.28

续表

序号	类别	专 利 名 称	专利号	授权公告日/(年.月.日)
12	实用新型	太阳能节水灌溉控制装置	ZL201320065339.0	2013.8.28
13	实用新型	一种太阳能诱虫灭虫灯	ZL201320065296.6	2013.8.28
14	实用新型	一种自动浇水装置	ZL201320493139.5	2014.3.19
15	实用新型	一种智能山区灌溉控制设备	ZL201320493512.7	2014.3.19
16	实用新型	阳台花盆滴水系统	ZL201320493188.9	2014.3.19
17	实用新型	一种稳压减压阀	ZL201320493542.8	2014.3.19
18	实用新型	可拆洗压力补偿式滴水器	ZL201320493177.0	2014.3.19
19	实用新型	一种可调喷头	ZL201320493264.6	2014.3.19
20	实用新型	一种自温桶	ZL201320493358.3	2014.3.19
21	实用新型	管道抢修夹	ZL201320493158.8	2014.3.19
22	实用新型	复式水洗空气净化器	ZL201320493602.6	2014.3.19
23	实用新型	一种新型饮料瓶盖	ZL201320493098.X	2014.3.19
24	实用新型	一种可调低压微喷头	ZL201320493366.8	2014.4.2
25	实用新型	一种双翼迷宫式滴灌带	ZL201320493570.X	2014.4.2
26	实用新型	一种香烟过滤器盖	ZL201320493082.9	2014.4.2
27	实用新型	一种节能香烟烟嘴	ZL201320493543.2	2014.4.2
28	实用新型	一种香烟过滤器	ZL201320493259.5	2014.4.2

四、获奖列表

序号	获奖名称	获奖单位	发奖单位	获奖名次
1	中国灌溉行业最具投资价值企业10强	广东达华节水科技股份有限公司	中国节水灌溉金水滴奖评委会	第二名
2	中国灌溉行业知名企业20强	广东达华节水科技股份有限公司	中国节水灌溉金水滴奖评委会	第二名
3	2012—2013年度纳税信用等级	广东达华节水科技股份有限公司	揭阳市国家税务局、揭阳市地方税务局	A级纳税人
4	第十届中国国际农产品交易会金奖	广东达华节水科技股份有限公司	第十届中国国际农产品	金奖
5	揭阳市科学技术进步奖	广东达华节水科技股份有限公司	揭阳市人民政府	二等奖

卷盘式喷灌机和圆形喷灌机设备制造技术

卷盘式喷灌机圆形喷灌机是目前世界上广泛应用的自动化喷灌设备，山东华泰保尔水务农业装备工程有限公司，是我国与奥地利保尔公司合资专业生产喷灌机设备的企业。

华泰保尔致力于生产和研发适用于我国国情的节水灌溉产品，从小型卷盘式喷灌机、中型卷盘式喷灌机到大型圆形喷灌机，实现了研发和生产的本土化、提高产品质量、降低生产成本、适应不同地形条件进行喷灌的要求。因此华泰保尔生产的喷灌机在市场上占有领先地位，率先通过专业鉴定是获得国家农机补贴的品牌，该产品覆盖全国包括台湾在内的 27 个省（自治区、直辖市），并出口美国、澳大利亚、荷兰、秘鲁、波兰、乌克兰、古巴、蒙古等十几个国家。华泰保尔公司秉承了奥地利保尔严谨科学的企业文化，在技术研发、产品质量、售前售后服务等各方面都得到了用户的广泛好评。

一、新技术、新产品介绍

（1）“欧润”系列小型卷盘式喷灌机。该喷灌机是针对我国农村现有的作业模式和水利条件专门设计，外形紧凑、结构简单，移动方便，适用于小面积地块的灌溉。

（2）“雨星”TX Plus 系列卷盘式喷灌机。由水涡轮驱动的移动式喷灌设备，灌溉过程完全自动化。从 65 系列到 85 系列大范围的设备选型，安装简便，操作简单，使用安全，整机的平均使用寿命在 15 年以上。

“欧润”系列小型卷盘式喷灌机

“雨星”TX Plus 系列卷盘式喷灌机

（3）“彩虹”系列指针式喷灌机。该喷灌机主要适用于大面积的农业灌溉。它具有经济、高效、坚固耐用和操作简便的特点。长长的、多跨式连接臂围绕着自身固定的中心圆形旋转，循环灌溉土地，根据跨的数目和长度，直径可达 1000m 长。

（4）AS 悬臂系统。该系统是由薄壁钢管及保尔快速接头组合而成，可以非常方便地装配在卷盘式喷灌机上，低压灌溉娇嫩的农作物，控制宽度可达34m。

“彩虹”系列指针式喷灌机

AS悬臂系统

二、专利列表

序号	专利类别	专利名称	专利号	授权公告日/(年.月.日)
1	实用新型	一种喷灌机悬臂	ZL200420053781.2	2005.9.28
2	实用新型	一种喷灌机	ZL200520084683.X	2006.8.23
3	实用新型	可调喷灌高度的桁架	ZL200920018936.1	2010.1.27
4	实用新型	一种手推式微灌机	ZL200920018937.6	2010.5.26
5	实用新型	一种柴油机驱动的移动式水泵机组	ZL200920019042.4	2010.5.26
6	实用新型	一种电动圆形喷灌机	ZL201020260076.5	2011.3.23
7	实用新型	一种电子循环时间速度控制器	ZL201120359175.3	2012.9.12
8	实用新型	线缆缠绕机	ZL201220461621.6	2013.3.27
9	实用新型	丝杠升降装置	ZL201220461370.1	2013.3.27
10	实用新型	电动圆形喷灌机起拱用升降机	ZL201220461369.9	2013.3.27
11	实用新型	一种牵引式柴油机水泵机组	ZL201320332848.5	2013.11.13
12	实用新型	一种喷灌机速度补偿装置	ZL201320332860.6	2013.11.13

三、部分设备工作场景图

鄂托克前旗昂素　“雨星”喷灌机工作场景

黑龙江龙江县　指针式喷灌机工作场景

内蒙古土默特右旗　指针式喷灌机准备调试

电动圆形、平移和绞盘式喷灌机设备制造技术

电动圆形、平移和绞盘式喷灌机设备制造技术是宁波维蒙圣菲农业机械有限公司吸收美国技术，专业研究、开发、生产的节水灌溉机械产品。该喷灌机是干旱地区不可缺少的节水灌溉设备，可对各类作物进行喷洒灌溉，具有自动化程度高、节能、节水、增产等特点。喷洒均匀系数可达85%以上，主控系统自动控制喷灌机各运行部位，设有故障自动停机及位置显示、遥控开、停机等功能。该设备操作方便，安全可靠。金属结构部件均经过热浸镀锌处理，保证20年不锈蚀。

该喷灌机销往内蒙古、黑龙江、河北、甘肃、陕西、宁夏、河南、山东、广东、新疆等省（自治区），还外销至安哥拉、南非、坦桑尼亚、赞比亚、苏丹、利比亚、马里、塞内加尔、蒙古、伊朗、澳大利亚、新西兰等10多个国家，深受用户的好评。

一、新技术、新产品

（1）“维蒙圣菲”系列电动圆形喷灌机。该喷灌机自动化程度高、使用安全可靠，目前使用的有DYP-70至DYP-598型80多个规格，适合用于大、小面积土地的灌溉。对圆形喷灌机的中心支轴进行改正后，可牵引到另一块土地进行灌溉，充分提高灌机的使用率。

（2）电动平移式喷灌机。该喷灌机可对方形、长方形、椭圆形的地块进行灌溉，各种形状的地块灌溉更加适应。

（3）绞盘式喷灌机。该系列喷灌机适合小面积地块的灌溉，结构紧凑、移动方便，从JP50～JP75系列有多种型号。由水涡轮驱动灌机运行，灌溉投入资金较少，适合农村家家户户使用。

二、专利列表

序号	专利类别	专利名称	专利号	授权公告日/(年.月.日)
1	实用新型	一种大跨度圆移喷灌机	ZL200820167632.7	2009.8.12
2	实用新型	一种密封圈	ZL200820167633.1	2009.9.9
3	实用新型	喷灌机故障监测装置	ZL200920306801.5	2010.6.2
4	实用新型	一种喷灌机球形柔性连接头机构	ZL200920306804.9	2010.6.2
5	实用新型	牵引式电动圆形喷灌机	ZL200920306802.X	2010.6.9
6	实用新型	喷灌机同步控制系统	ZL200920306828.4	2010.6.9
7	实用新型	一种具有防堵塞结构的喷灌机	ZL200920306803.4	2010.9.15

三、灌溉工程项目

序号	项目名称	项目时间	项目数量/台
1		2011.8	14
2	2012年度、2013年度内蒙重点县牧区灌溉饲草料地建设试点项目	2012.4 2013.4	98
3	内蒙小型农田重点县牧区灌溉饲草料地建设试点项目	2013.4 2014.4	15
4	黑龙江节水增粮行动	2012.4	47
5	宁夏金宇公司农业灌溉项目	2014.3	12

非洲马里糖联甘蔗种植灌机项目—安装现场

2013年度内蒙重点县牧区灌溉饲草料地建设试点项目—使用现场

喷灌、微灌成套设备与智能化灌溉管理系统技术

喷灌、微灌成套设备与智能化灌溉管理系统技术是江苏灌溉防尘工程有限公司研究成果，该公司成立于1988年，是美国RainBird国际公司、美国TORO公司、意大利Idrofoglia公司、日本三菱公司授权的中国代理，专营美国、意大利、日本及国产各类喷灌、防尘、喷泉设备。几年来公司为新疆、内蒙古、黑龙江、陕西、四川、山东、河南、江苏等近20个省（自治区）农田、园林草坪、高尔夫球场、足球场等近百项大中型喷灌、防尘、喷泉工程进行了设计和总承包；引进并配套了国内外先进的喷洒、防尘、喷泉设备，受到用户的好评；“雨辰牌WPD－7.5微喷滴灌成套设备”已纳入国家支持推广的农业机械产品目录，取得了一定的经济和社会效益。

新技术、新产品介绍

（1）喷灌、微灌成套设备。WP.D－75微喷、滴灌成套设备已纳入国家支持推广的农业机械产品目录，有三项专利技术，产品成套，技术先进，已在许多农业示范园中得到应用。该成套设备主要由首部设备（水泵、过滤器、施肥器及控制装置等）、管网、灌水器等三大部分组成，适用面积100亩左右农田的微喷和滴灌。购置2～3套则灌溉面积即可增加到200～300亩（设备结构图）。

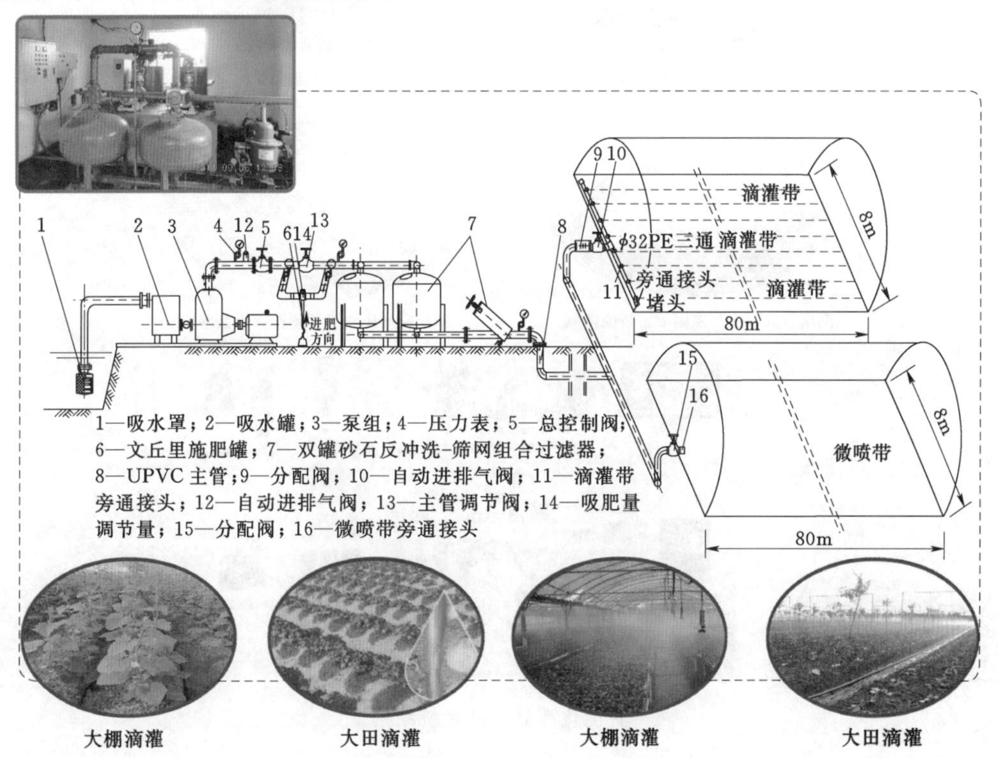

（2）自动反冲洗过滤器系列产品结构。

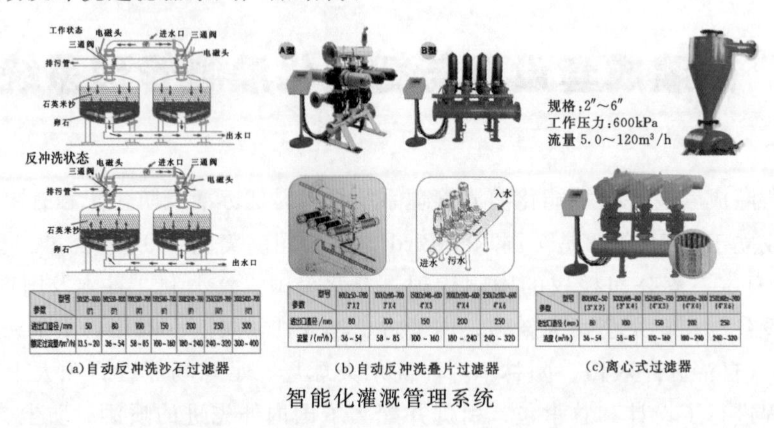

型号 参数	[illegible]	[illegible]	[illegible]	[illegible]	[illegible]	[illegible]	[illegible]
进出口直径/mm	50	80	100	150	200	250	300
额定过流量/(m³/h)	13.5～20	36～54	58～85	100～160	180～240	240～320	300～400

(a)自动反冲洗沙石过滤器

型号 参数	[illegible] 3"X2	[illegible] 3"X4	[illegible] 4"X3	[illegible] 4"X4	[illegible] 4"X6
进出口直径/mm	80	100	150	200	250
流量/(m³/h)	36～54	58～85	100～160	180～240	240～320

(b)自动反冲洗叠片过滤器

型号 参数	[illegible] (3"X2)	[illegible] (3"X4)	[illegible] (4"X3)	[illegible] (4"X4)	[illegible] (4"X6)
进出口直径(mm)	80	100	150	200	250
流量(m³/h)	36～54	58～85	100～160	180～240	240～320

(c)离心式过滤器

智能化灌溉管理系统

（3）高效管理利用水资源，节水节能、增产、高度自动化。

智能化，精准化灌溉管理技术是伴随着计算机应用技术、传感器制造技术、塑料工业技术的提高而逐步实现的。

智能化是农业现代化的重要组成部分。智能化的灌溉管理系统由计算机、智能控制软件、卫星站以及气象站、流量器等传感器组成。可适合大、小面积农田多点控制，并通过电话、无线电、移动电话、电缆、光缆等多种通信方式进行远程控制或监控灌溉系统。

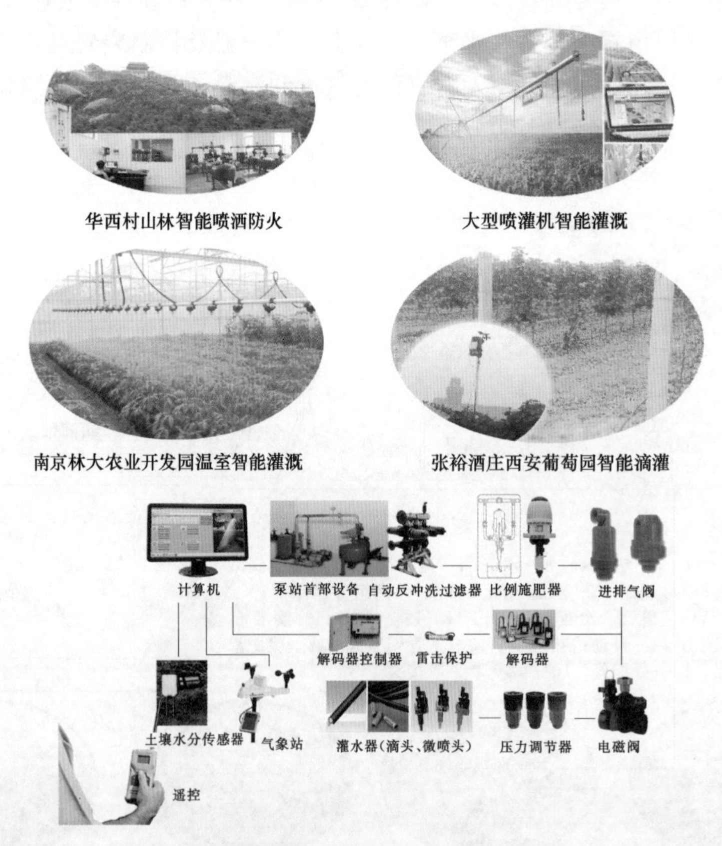

智能化灌溉管理系统结构

高效利用水资源、科技化农业、水肥灌溉整体解决方案

高效利用水资源、科技化农业、水肥灌溉整体解决方案是北京东方润泽生态科技股份有限公司研究成果，该公司创建于1999年，是集研发、设计、生产、销售、工程及服务于一体，专业从事农业灌溉、园林灌溉、工矿降尘、运动场灌溉、庭院景观和水处理的高新技术企业。2009年10月，公司被评为“国家高新技术企业”；2010年7月被推选为中国水利协会灌排设备分会理事单位；2011年6月，公司正式登录中关村股份报价转让系统，即“新三板”。

一、新技术、新产品介绍

（1）复合过滤器。

1）采用底部进水方式，解决产品在使用过程中震动问题，延长寿命。

2）采用砂石＋网式两种过滤方式，节约成本，降低设备所占用的空间。

3）可增加配件，实现自动反冲洗功能。

复合过滤器

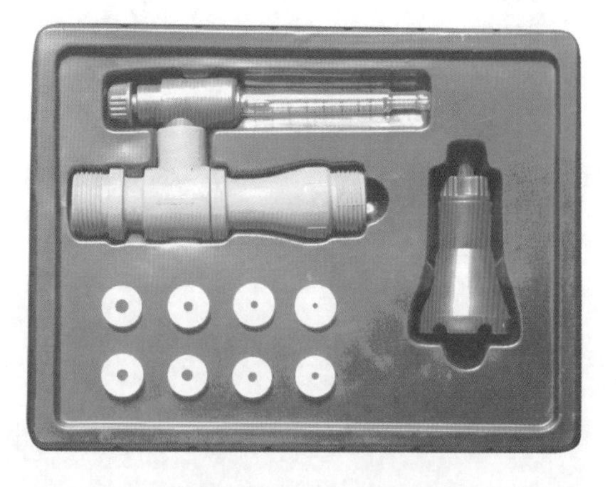
可调比例式文丘里注肥器

（2）可调比例式文丘里注肥器。采用独特设计，完善地配有流量控制阀、可更换的不同内径喷嘴、旋子流量计等部件，彻底打破现有施肥装置的无计量缺陷，使施肥过程更加均匀化、计量化。

（3）双翼型微喷带。采用激光打孔，使所加工出水孔更加精准，提高喷洒均匀度；外观采用双翼设计，提高抗风性能，保证喷水方向的正确性，同时安装方便。

（4）内镶贴片式滴灌带。采用锯齿型迷宫流道，长方形大进水窗口设计，通过计算流体动力学（CFD）模拟，使流量更加稳定，抗堵性能增强，铺设距离更长。

双翼型微喷带

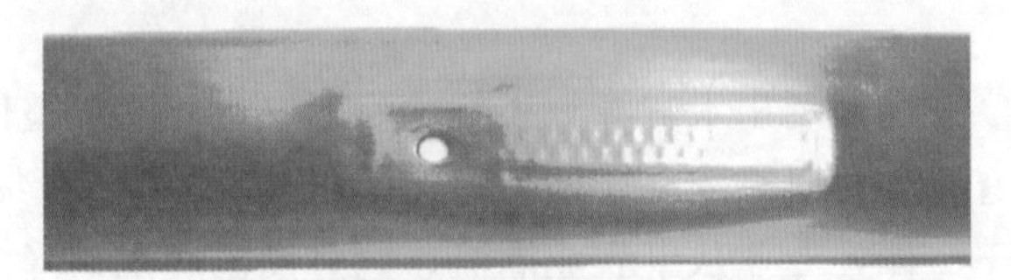

内镶贴片式滴灌带

(5) 高压造雾机组。①可以实现手动、自动、定时或者前三者的组合运行。②一体成型电气柜设计，全防水，带移动扶手。③压力可调，内回水不需要额外的水箱。

(6) 新型离心式过滤器。具有占用空间小，安装使用方便，成本低，砂石分离好等特点，主要适用于深井水处理，常用配合的有砂石过滤器等。

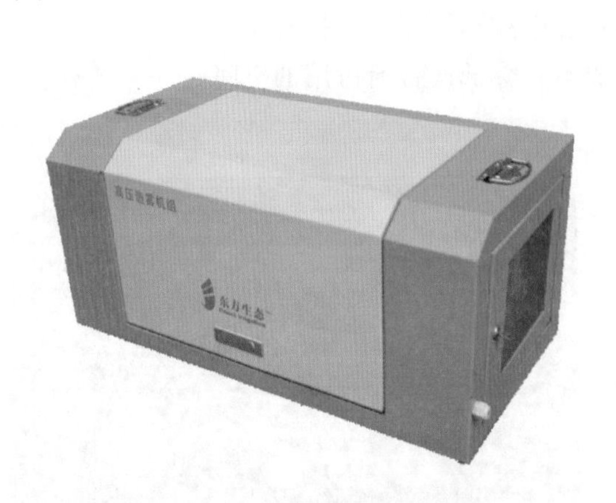

高压造雾机组

新型离心式过滤器

二、专利列表

序号	专利类型	专利名称	专利号	授权公告日 /(年.月.日)
1	发明	文丘里注肥器	ZL200810000033.0	2011.6.8
2	实用新型	一种新型滴灌带	ZL201120045063.0	2011.10.12
3	实用新型	内镶两级过滤贴条式滴灌器及带有该滴灌器的滴灌管	ZL201120044910.1	2011.9.7
4	实用新型	喷水带活接阀	ZL201020122585.1	2011.5.11
5	实用新型	温室用压差施肥器	ZL200920151466.6	2010.1.20

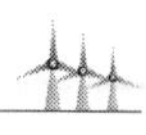

续表

序号	专利类型	专利名称	专利号	授权公告日/(年.月.日)
6	实用新型	喷水带带片自动翻转器	ZL200820127270.9	2009.7.29
7	实用新型	双翼式喷水带带片黏合器	ZL200820127271.3	2009.7.29
8	实用新型	新型压力补偿式雾化喷头	ZL201120126097.2	2011.11.09
9	实用新型	新型微喷带	ZL201120167412.6	2012.1.25
10	实用新型	新型微喷带生产线	ZL201120126289.3	2012.1.25
11	实用新型	微喷带的热封加热装置及其焊接系统	201120466148.6	2012.7.11
12	实用新型	自动节水灌溉喷枪	201120535054.X	2012.9.12
13	实用新型	地埋式升高喷头	201120535047.X	2012.12.26
14	实用新型	压力调节电磁阀	201120535051.6	2012.9.26
15	实用新型	一种滴灌带生产线筛选电控系统	201220041363.6	2012.9.26
16	实用新型	一种滴灌带生产线收卷电控系统	201220041361.7	2012.9.26
17	实用新型	一种全自动反冲洗控制器	201220041339.2	2012.9.26
18	实用新型	一种喷水带生产线电控系统	201220041342.4	2012.9.26
19	实用新型	一种镶片式滴灌带新型镶嵌枪头	201220041324.6	2012.9.12
20	实用新型	一种一体式热封轮	201220041337.3	2012.9.26
21	实用新型	高压造雾机组控制系统	201220041352.8	2012.9.19
22	实用新型	一种高压造雾机组	201220041354.7	2012.9.26
23	z实用新型	可调节式雾化微喷头	201320123317.5	2013.7.31
24	z实用新型	管内式补偿滴头	201320123319.4	2013.7.31
25	z实用新型	新型水砂分离器	201320123327.9	2013.12.4
26	实用新型	一种生产流延式滴灌带的成型轮	201320422395.5	2014.1.22
27	实用新型	无线阀门控制器	201420048654.7	2014.7.16
28	实用新型	一种复合型过滤器	201420400153.0	2014.12.10
29	实用新型	缠绕式缝隙过滤设备	201420333255.5	2014.11.5
30	实用新型	真空罐引水装置	201420384445.x	2014.11.5
31	实用新型	一种无线控制灌溉系统	201420453637.1	2014.12.10

喷灌微灌喷头设备生产技术及太阳能全自动灌溉控制器

喷灌微灌喷头设备生产技术及太阳能全自动灌溉控制器是华润喷泉喷灌有限公司的研究成果，该公司自1977年在湛江开始引进和研究美国、西欧水景喷泉喷灌技术，开发适合于我国的水景喷头，是我国水景喷泉喷灌设备专业生产定点厂，喷泉国家标准的制定单位；1982年成立华润微喷公司从事农业节水灌溉业务，1986年入驻广州，公司现占地面积20多万 m^2，生产设备及模具500多台（套），研制、生产、经营、引进水景喷泉、泳池、园林及农业灌溉新技术、新设备的专业公司。在广州、北京、上海、深圳、昆明、湛江、新疆等地设有分公司和营业服务部，开展与国外同行技术合作，经营国外同行知名品牌产品与设备。

一、新技术、新产品介绍

（1）华润地埋式PSPYTK65（PSPYBK65）金属摇臂式可控角铜（不锈钢）伸缩喷头。

（2）华润出品的金属地埋喷头竖管可以伸缩，系统工作时，竖管在水压的作用下自动升高，喷洒完毕后自动复位。

（3）铜（或不锈钢）材质喷头，所有零部件耐腐蚀。

（4）双喷嘴可调扇形角度喷洒，可获得良好的水量分布均匀度。国内该类喷头首创。

喷头可调节高度距离、雾化程度，可满足不同喷洒强度的要求。

双喷嘴全园喷洒，带棱状的出水断面副喷嘴，主喷嘴合理的仰角角度，有良好的抗风能力，有风时可获得良好的喷洒均匀度。

摇臂喷头系列：PYS系列（塑料）、PYX系列（锌合金）、PYT系列（铜）摇臂系列喷头耐磨耐用，弹簧经高温定型处理，72h浸泡耐腐测试，耐腐蚀，防锈，适用于不同的气候条件。喷头可调节高度距离、雾化程度，可满足不同喷洒强度的要求。双喷嘴全园喷洒，带棱状的出水断面副喷嘴，主喷嘴合理的仰角角度，有良好的抗风能力，有风时可获

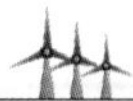

得良好的喷洒均匀度。

(5) 太阳能智能节水灌溉器。太阳能智能节水灌溉器（专利号：ZL201010119096.5、ZL01266763.3、ZL01266948.2）进行了成果产业化，实现了农业和园林的植物进行智能化节水灌溉，既节省人工和节约用水，还使农作物和果树实现优质高产。可用于现代节水农业、林业及园林节水节能智能化灌溉。

太阳能智能节水灌溉器，阴天、夜间也可工作，使用时只要把它的干湿探测头（探头）插入深度适度的土壤中，同时把进水端口接上水源，出水端口则用水管连接喷头、滴头等，可在土壤干时自动打开水源进行灌溉，而在土壤达到设定的湿度时经一定的时间后（可调）自动关闭水源停止灌溉，从而实现了农业、林业和园林植物的智能灌溉。

二、专利列表

序号	专利名称	专利类别	专利号	授权公告日/(年．月．日)
1	摇臂喷头	外观设计专利	ZL003 24339 7	2000.8.25
2	植物浇水用太阳能全自动控制器	实用新型专利	012669482	2002.7.31

智慧农业产品技术

智慧农业产品技术是北京金福腾科技有限公司主要技术，公司成立于2001年，隶属于北京市林业局，为一家集科学研究、技术开发、科技推广、产品的生产及销售为一体的高科技企业。公司在农业灌溉智能化、园艺设施、温室工程及资材等领域取得了卓越成绩，拥有国家专利30余项并获得省部以上奖励10余项，其中自主研发的智慧灌溉施肥系统，可节水60%，节肥50%，增产30%。

一、新产品、新技术介绍

（1）灌溉控制器。应用于农业灌溉、园林景观、住宅小区、草坪、庄园小区场所等中小面积的灌溉系统。

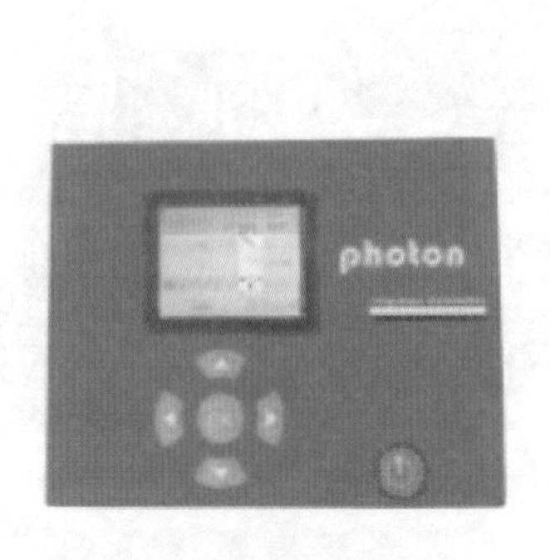

微型灌溉控制器

气象站

（2）气象站。自动气象站用于对风速、风向、大气温度、相对湿度、气压、光照度、太阳辐射、雨量、土壤温度、土壤水分等气象要素进行全天候现场监测。

（3）无线电磁阀。无需通信布线、无障碍远程控制、无需电线铺设、充电锂电池供电。

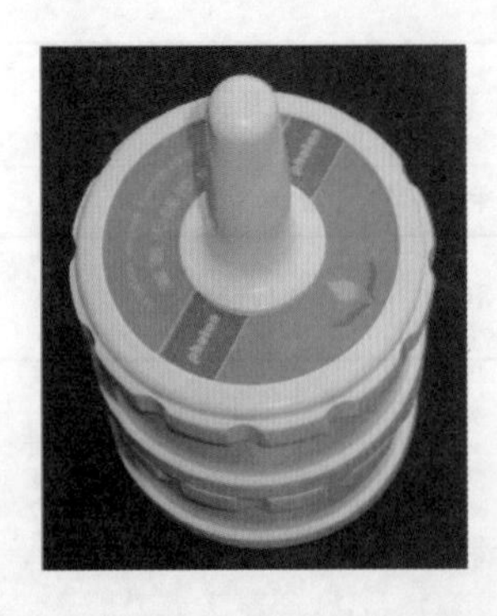

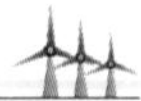

（4）基于物联网的远程智能灌溉施肥控制系统。

手机远程控制

PC 远程控制

手机远程控制

触摸屏手动控制

"Photon"智能施肥灌溉控制系统采用先进的计算机技术，工业自动控制技术，无线远程控制技术及物联网技术，可以对农业灌溉施肥进行精确的控制，根据不同作物的种类，生长阶段、生长环境、气候土壤条件实施智能化精细灌溉施肥，并能远程监控系统的运行。

"Photon"自动施肥灌溉系统分三大类产品，PM 系列、PJ 系列、PN 系列。

名称	PJ（注入式）	PM（混合式）	PN（营养液）
优点	旁通路可以接任意的管径，出水量大，大概 20～100m³/h	配液均匀，pH/EC 值稳定，无扰动。不需要稳定的压力源	无需考虑水压，有液位传感器，判断水位高低。配液准确
使用要求	配液 EC/pH 值扰动大，且现场压力要保证在 0.2MPa 左右且稳定，才能配液	出水量少，大概在 2～20m³/h 水源流量要大于出水量	挖一个 8m³ 左右池子。适用场合有针对性
适用范围	大面积野外农田灌溉，高尔夫球场	大棚，玻璃温室	无土栽培，有营养液池，工程上用

（5）智能阳台菜园种植技术与产品

智能阳台菜园是采用公司自主研发的先进微电脑程序控制的微型施肥灌溉系统，运用现代农业无土栽培技术，研制出的家庭版智能阳台菜园系列产品。

主柱

南瓜

台灯

梯田

智慧农业产品技术

二、部分专利介绍

（1）软件著作权

序号	名 称	著作权人	登记号	权	发证日期
1	智能温室控制上位机软件 V1.1	北京金福腾科技有限公司	2014SR185041	著作权	2014.12.1
2	智能温室控制系统 V1.2	北京金福腾科技有限公司	2014SR185038	著作权	2014.12.1
3	微型灌溉控制系统 V1.0	北京金福腾科技有限公司	2014SR021900	著作权	2014.2.24
4	智能施肥灌溉上位机软件 V1.0	北京金福腾科技有限公司	2013SR158436	著作权	2013.12.26
5	智能施肥灌溉控制器系统 V1.0	北京金福腾科技有限公司	2013SR158447	著作权	2013.12.26

(2) 部分专利证书

序号	类别	名 称	专利号	受权公告日
1	实用新型	微型精细自动施肥灌溉系统	ZL201220627404.X	2013.12.25
2	实用新型	温控式电热硫磺薰蒸器	ZL201220012988.X	2013.2.27
3	实用新型	船形无土栽培种植系统	ZL201120426185.4	2012.7.11
4	实用新型	营养液自动配制灌溉系统	ZL201120313056.4	2012.7.18
5	实用新型	肥料自动检测及自动配肥系统	ZL201120308655.7	2012.7.4
6	实用新型	家庭管式水培种值系统	ZL201120210988.6	2012.2.1
7	实用新型	一种雾培式台灯花盆种植系统	ZL201020694243.7	2011.8.17
8	实用新型	阳台梨园瓜果模型植物种植系统	ZL201020694224.4	2011.9.7
9	实用新型	家庭立柱式蔬菜栽培系统	ZL201020694223.X	2011.9.7
10	实用新型	自动施肥灌溉系统	ZL201020573102.X	2011.8.17
11	实用新型	温控式电热硫磺蒸发器	ZL2006200012615.7	2007.5.30
12	实用新型	强排式燃气二氧化硫发生器	ZL200520005086.3	2006.7.12
13	实用新型	燃气式二氧化碳发生器	ZL200520004898.6	2006.4.19
14	实用新型	组合燃气式二氧化碳发生器	ZL200520005087.6	2006.4.19
15	实用新型	红外灭菌消毒器	ZL200520132441.3	2007.1.3

北京金福腾科技有限公司的宗旨是：智慧灌溉，精确控制，节能增产，便捷管理！

高泥沙含量黄河水用于滴灌技术

引用高泥沙含量黄河水用于滴灌是甘肃瑞盛·亚美特高科技农业有限公司的技术开发面目，甘肃亚盛实业（集团）股份有限公司与以色列亚美特滴灌综合设备有限公司共同投资兴办的生产高标准滴灌成套设施的中外合资企业；集滴灌管线生产、滴灌系统整体设计、配套安装为一体的高新技术产业。为了解决黄河水泥沙过滤问题和滴灌管滴头堵塞问题，研究成果在系统首部安装“滴灌用水流泥沙分离系统”；在尾部采用“钻孔型强效黏结内镶式扁平滴头”取得初步成效，为化解黄河水高泥沙含量不能用于滴灌这一技术性难题，初步取得农业灌溉利用黄河水进行滴灌的科研成果。

一、新技术、新产品介绍

(1) 叠片过滤器。“滴灌用水流泥沙分离系统”采用了旋流泥沙分离技术提高了泥沙分离器的分离效率和稳定性，并且水力旋流分离器采用一次成型压铸工艺制造，在纵向无焊缝，避免了由于焊接焊缝可能带来的局部磨损与腐蚀现象的发生；过滤器的过滤精度为120目，流量为30m^3/h，工作压力不低于3kg。

过滤器叠片

滴灌带

(2) 滴灌带1、2。“钻孔型强效黏结内镶式扁平滴头”采用紊流道＋无限出水点双向塑料小管技术。深埋在地下，适用于长年生长植物种类的灌溉，管径和流量及地埋深度，可随植物大小和生长期而定。该紊流滴头材质是无毒无味的塑料，滴头流量设计为1～12L/h不等。

(3) 紊流灌水器。“内镶式环状紊流灌水器”采用外镶式圆柱体全封闭双曲线锯齿迷宫紊流道＋全开放外镶式缝隙环状毛，以实现无限个出水点滴头均匀环绕根部的灌水效果，解决了各种果树、生态林、防护林等株行距不规则，根部直径较大的植物的节水灌溉以及戈壁、荒漠、山丘等水资源极度匮乏的地区种植不易成活的问题。

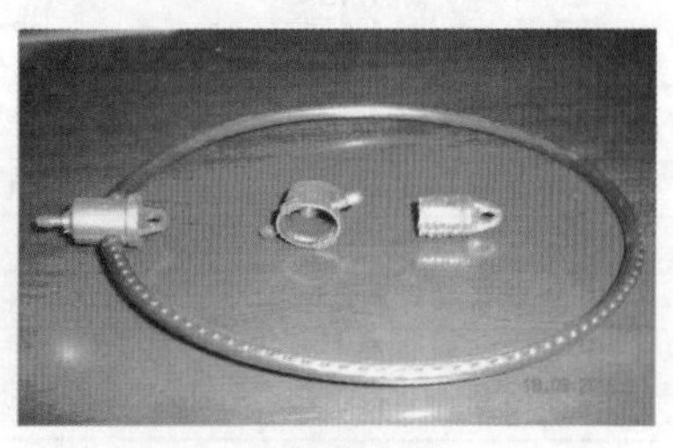

紊流灌水器

(4) 其他相关产品

二、工程实例

滴灌技术成果

三、专利列表

序号	专利类别	专利名称	专利号	授权公告日/(年.月.日)
1	发明专利	滴灌用水流泥沙分离系统	200710017505.9	2009.10.21
2	发明专利	钻孔型强效黏结内镶式扁平滴头	200410070584.6	2007.3.7
3	实用新型专利	滴灌用水流泥沙分离装置	200720031374.5	2008.2.20
4	实用新型专利	滴管生产线滴孔漏打识别系统	200820029696.0	2009.3.25
5	实用新型专利	一种用于滴灌的水流泥沙分离装置	200810150225.X	2011.6.29

化解国内自动化灌溉系统重点设备难题的创新技术

自动化灌溉系统重点设备是北京易润佳灌溉设备有限公司的研究成果，该公司是一家创新型的灌溉和净水设备制造企业，意大利 IRRITEC 灌溉设备制造商在中国合作伙伴，主要开发制造大流量高负荷自动化叠片和砂缸过滤站、自排离心旋流除砂器、水力隔膜电磁阀和全自动无线远程控制系统，目的是为保证系统长年无人自动运行，减少人为管理不当造成的设备故障，降低负担，减少投资浪费。系统设备采用自研和全球采购相结合，既保证系统的先进性，也提高了整体可靠性，能快速供货。

新技术、新产品介绍

（1）自动反冲洗叠片过滤站。该产品是针对过滤黄河水所要求的大流量高负荷的过滤功能，需采用 120 目精度的叠片过滤站，承担 $2000m^3/h$ 过滤流量，能够全自动运行，有效灌溉面积达 10000 亩经济果林和马铃薯。采用单体流量为 $100m^3/h$ 的铝壳 4 寸过滤单元，配装自动反冲洗阀和电子直流控制器。

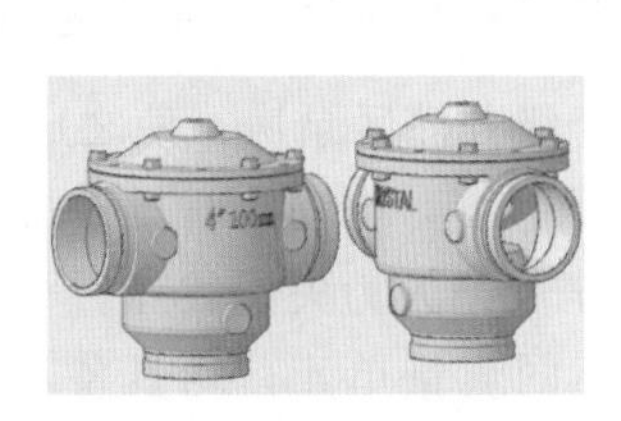

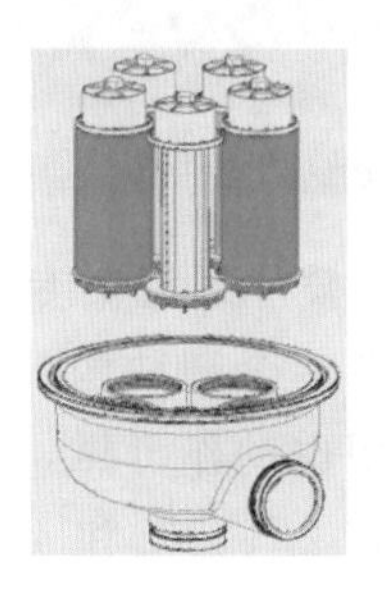

（2）全系列专业电磁阀和减压阀。该产品设计、测试和批量制造金属 / 尼龙电磁阀和减压阀，广泛应用于节能高效的自动化滴灌系统，提高土地利用率，管理更到位，增加

农产品产量并提高品质。

灵活组合的阀门功能及多种可选用的阀门口径，让设计师能得心应手地完成设计，施工单位顺利地安装和调试，用户操作更容易又花钱少。

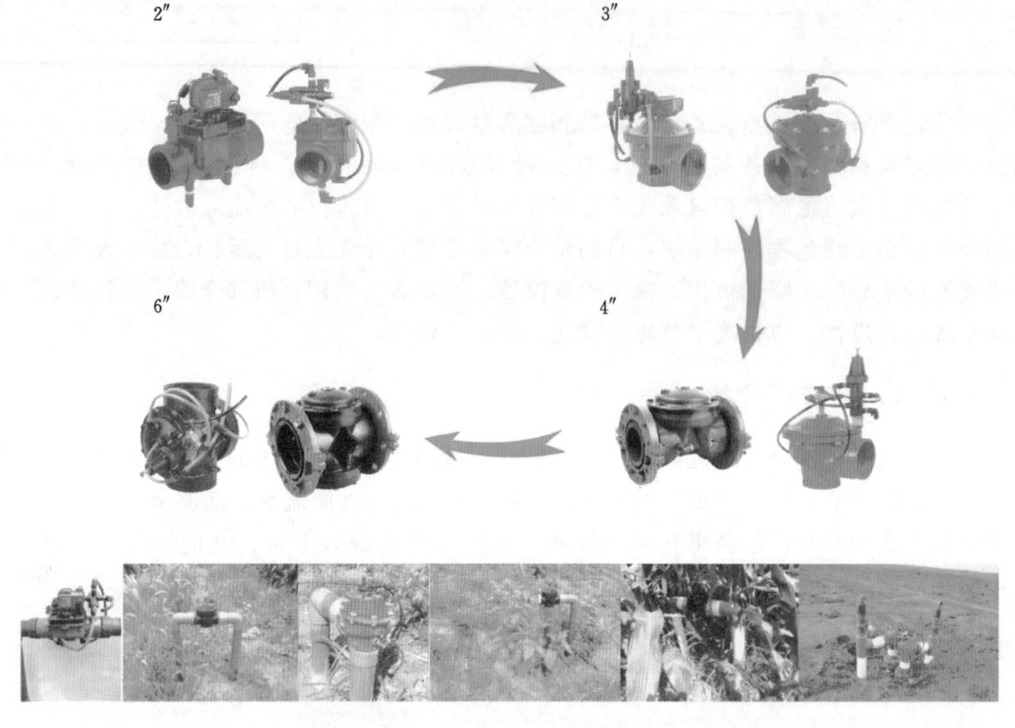

(3) 全自动离心除砂叠片过滤。专为升级井灌区泵房，使之成为无人值守、干净整洁的自动化泵房而设计制造，全塑结构，体积紧凑，自动定时排砂排污。电池供电型控制器保证一年内每天频繁使用也动作可靠，完全杜绝人为失误故障。

模块化组合结构，有2”、3”和4”不同流量单元，均具备不锈钢或陶瓷耐磨锥体，保证多年使用磨不穿。

节水和环境治理过滤器降能耗、自清洗装置技术

节水和环境治理过滤器降能耗、自清洗装置技术是北京通捷机电有限责任公司 20 余年的研究成果。公司始创于 1995 年，是专业生产节水灌溉和环境治理设备的国家级高新技术企业，下设两个分公司：通捷丰台水处理设备分公司和顺义灌排设备分公司。公司产品有：①灌溉首部处理产品；②水环境治理设备；③人饮水处理设备；④节水灌溉田间用(PE、PVC 管材、管件、滴灌带等)；⑤塑料模具等五大类 70 多个系列产品。

公司在产品出厂前，均经过严格检测，确保产品质量，赢得用户信任，其中地下水用过滤器和地表水用过滤器从 1995～2003 年机型不断的改进，销售量逐年发展。

一、新技术、新产品

(1) 无动力反冲洗过滤器。

目的：由于自清洗过滤器处理流量大，它特别适合于大型灌区使用。但也给我们提出一个新的难题，像在扬黄灌区，它将水扬到地势高的蓄水沉沙池，经过高差自流到低处进行灌溉，而往往在半山腰沉沙池周围是没有电力的。

特点：设备投资低，设备体积小，无需电源驱动，水头损失小，承压高。

无动力反冲洗过滤器

(2) 自清洗精密复合旋流除沙器

目的：本产品是将旋流除沙器与滤网过滤器的直接结合，最大限度地清除了地下水路中的沙粒，减轻了滤网过滤器的负担；减少了两种过滤器间由于连接部分所造成的水头损失；且由将两种过滤器连接，将系统压力逐渐传递并相互制约，降低了材质的等级要求、缩小了设备的物理体积，从而减少了制作成本，提高了系统压力，简化了产品结构，方便了使用管理；由于系统增的滤网增加了自清洗功能，使系统可边运行、边清洗。且过滤精度可根据需求进行配置。

自清洗精密复合旋流除沙器

二、专利列表

序号	专利类型	专 利 名 称	专利号	授权公告日 /(年．月．日)
1	发明专利	无动力反冲洗过滤器	ZL20091 0080285.3	2011.1.5
2	发明专利	自清洗精密复合旋流除沙器	ZL20121 0359421.4	2012.9.24
3	实用新型	自清洗精密复合旋流除沙器	ZL20122 0491873.3	2012.9.24
4	外观设计	自清洗精密复合旋流除沙器	ZL20123 0459024.5	2012.9.24
5	实用新型	一体式砂网过滤器	ZL20052 0004907.1	2006.5.10
6	实用新型	管道出水口鞍座	ZL19972 0018562.3	1999.9.25
7	实用新型	多级组合式过滤器	ZL19962 0004592.6	1998.10.17
8	实用新型	水控隔膜阀	ZL19962 0004593.4	1997.11.15
9	实用新型	泥沙分离器	ZL19962 0004592.6	1997.10.25

喷微灌首部过滤器、注肥（药）泵技术设备

喷微灌首部过滤器、注肥（药）泵技术设备是北京阿威达科技有限公司产品，公司成立于2007年，是一家专业从事灌溉过滤设备销售和水过滤工程技术服务的企业，是西班牙（SISTEMA AZUD S. A.）公司灌溉过滤设备的中国区农业总代理，主要销售阿速德公司生产的各种灌溉过滤器及其技术的推广。公司主要产品包括：西班牙AZUD全自动盘式清洗过滤系统、Y形和T形塑料叠片（网式）全塑过滤器、进口塑料排气阀门；以色列BERMAD稳压阀、减压阀、电磁阀；以色列MixRite比例式加药泵，DOROT三向反冲洗阀、水动阀门；同时公司也开发生产自动网式自清洗过滤器、离心过滤器（旋流过滤器）、砂石过滤器，过滤系统所需的控制器等。

公司已拥有水利工程专业的中级专业职称的技术人员和从事多年灌溉工程施工服务经验的人员若干名。公司员工通过多年工程服务实践，积累了丰富的工程技术经验，得到了业界的一致好评，同时公司也是中国水利企业协会灌排设备企业分会会员单位之一。

公司本着“诚信求实、客户至上”的宗旨为农业水利，园林灌溉、环境保护等领域提供优质的、切实可靠的灌溉、过滤设备，同时以最先进的产品、技术、方案为用户提供服务。

新技术、新产品介绍

（1）AZUD过滤器的特点：

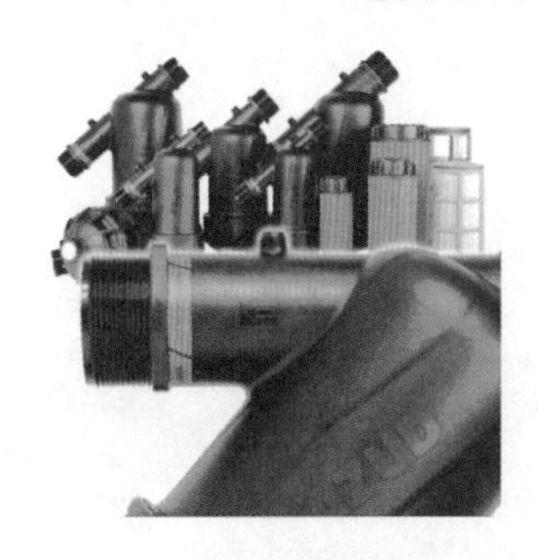

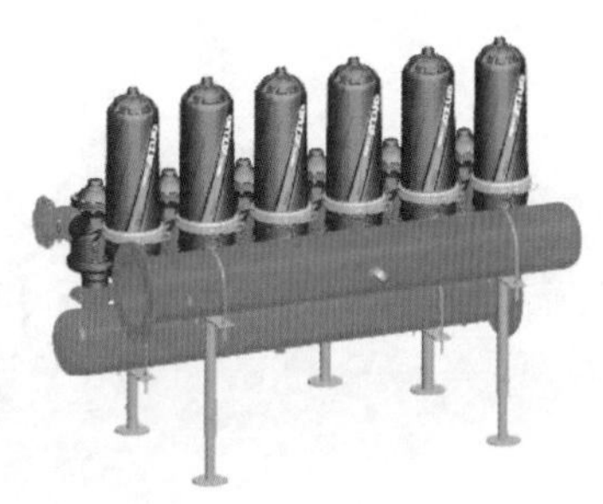

1）过滤性能安全可靠，有叠片和网式的两种滤芯可供选择使用。

2）滤芯闭合系统采用螺纹拧接，操作方便，拧接螺纹使叠片压紧，有效地阻止杂质颗粒的通过。

3）过滤芯配有离心件，实现一个过滤器具备二级过滤，维护成本低，清洗频率减少，最大限度的实现了对水资源的劳动力的节约。

4）其过滤组件可取出清洗。

5）坚固耐用，过滤器底座和壳体由热处理工程塑料制成，产品具有很强的韧性和抗

腐蚀性能。

6）安装简便，无需辅助工具。

7）过滤器壳体进出口两端留有压力表接口。

8）对于大流量要求，可通过并联单体来实现，同时配上控制元件可实现自动过滤清洗排污一体化。

9）是农业灌溉系统水处理的理想选择。

（2）自清洗过滤器的特点。

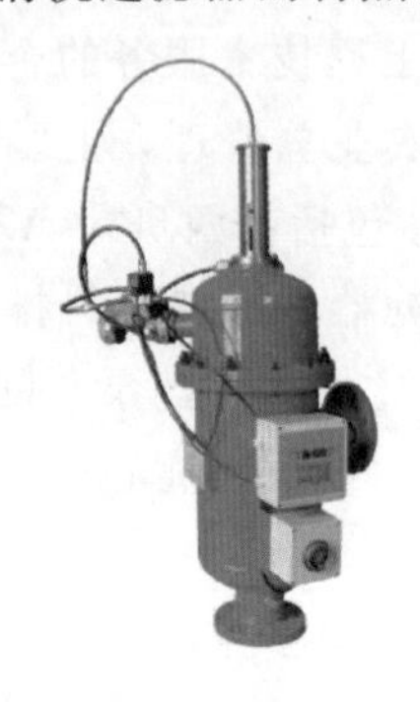

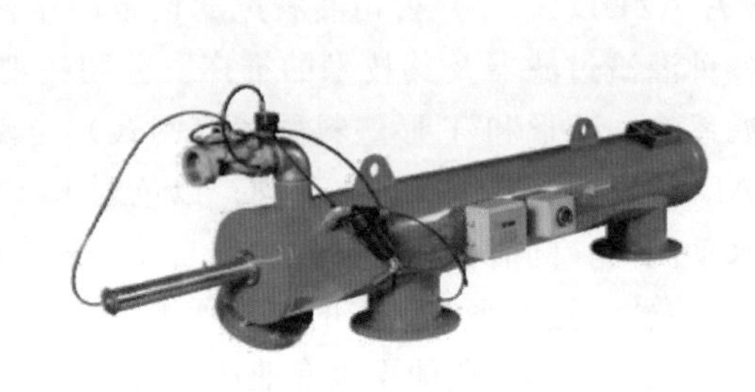

1）投资成本低，运行稳定。

2）单台处理水量大，最大处理水量可以达到 1600m^3/h，占地面积小，安装方便。

3）工作压力范围大，最小 1bar，最大 16bar。

4）反清洗压力损失小，最大限度节约能源（反清洗耗水少、控制器的最大功率仅为 24W）。

5）全自动运行，操作简单，无需投入人力。

6）对处理高浊度的水源过滤效果好。

（3）比例式注肥泵的特点。

1）水力驱动可调式比例泵，无需额外动力，利用供水系统自身压力差即可运行。

2）精确施肥加药，比例可调。

3）主要应用于林业、农业灌溉施肥加药和畜牧、养殖业加药等。

农业水、肥专业解决方案及多元化施肥装置

农业水、肥专业解决方案及多元化施肥装置是拉斐尔（北京）科技有限公司生产的，该公司成立于2008年，是一家拥有国内外先进灌溉施肥技术、汇聚国际高质量设备于一体的专业灌溉施肥系统公司，“中国水利企业协会灌排设备分会”理事单位。2011～2014年连续被评为“国家级高新技术企业”、“中关村高新技术企业”，拥有灌溉企业甲贰级证书。公司主要从事灌溉施肥系统的设计、研发、推广、技术咨询和服务，业务范围涉及农业、林业、园林、环境工程等领域。拥有多位精通中外灌溉领域的资深专家和一批专业的、有丰富实践经验的工程技术人员，能为客户提供专业的解决方案和灌溉施肥系统交钥匙工程。公司与顺鑫农业、航天高科是战略合作伙伴关系。

公司致力于中国农业现代化的发展，在自动化控制、微灌及水肥气一体化方面拥有独特的专利技术，经多年的市场调研，开发了八项具有自主知识产权系统，自主研发并获得专利的有智能水、肥、气一体施肥机、微纳米增氧、除铁锰设备及系列施肥装置有“施肥精灵”、大流量可视施肥机、“RW－200”、“RW－300”、“RW－400”等，经测试效果显著，性价比高，市场前景广阔，该系列产品可根据客户不同要求定制生产各类型施肥机。

一、新技术、新产品介绍

（1）多功能微型施肥装置——施肥精灵。其优点是体积小携带方便，操作简单，非常适合小地块，单个温室大棚等用户的使用。

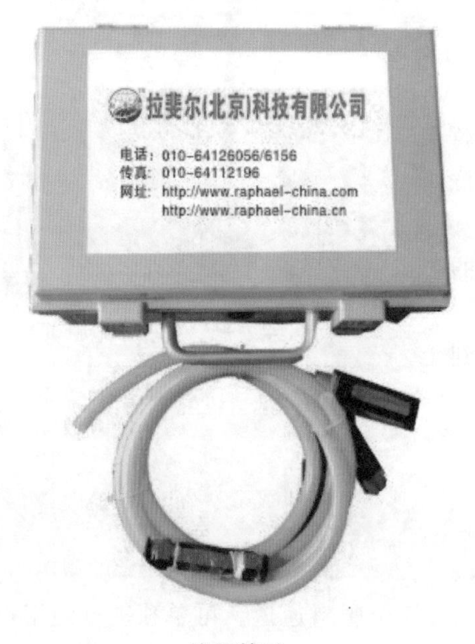

施肥精灵

RW200施肥机

（2）可视施肥量施肥装置——RW200 施肥机。有 3 个施肥通道，每个通道都有以色列原装进口的文丘里及转子流量计，可准确读取注入肥料量，适用于中等地块的施肥。

（3）可视施肥量自动施肥装置——RW300 施肥机。有 3 个施肥通道、EC 计及 pH 计，可以监测肥液离浓度及酸碱度；带工业电磁头可以与其他控制系统兼容，实现施肥自动化。

RW300 施肥机　　　　RW－400 施肥机

（4）RW－400 施肥机。有 3 个施肥通道，每个通道都有以色列原装进口的文丘里及转子流量计、工业级电磁头，中文触屏电脑控制、可控制 10 个田间阀门。

二、发明专利“水、肥、气一体施肥机”

（1）智能水、肥、气一体机的优点。

（2）灌溉时水、肥、气同时进入土壤，促进土壤中的微生物繁殖，快速改善根系环境。

（3）微纳米气泡技术增加水体中氧分子，提高作物根部的呼吸作用从而促进作物生长。

（4）利用微纳米气泡水的特点，处理源水中的污物和部分金属离子，提高滴灌带的抗堵塞能力。

（5）提供良好的生长环境，提高作物的产量和品质。

（6）提高作物对肥料的利用率，渗漏到土壤中的肥料少，减少对土壤的污染。

（7）灌溉水肥的 EC/pH 精确控制。

（8）可实现自动化远程控制。

水、肥、气一体施肥机

三、以色列 Talgil 施肥“专家”

Talgil 施肥“专家”是以色列原装进口的，3 个肥料通道。可单独进行使用也可以和

Talgil 施肥“专家”

梦幻控制器连接一起使用。带有检测 EC/pH 设备，能通过对水 EC/pH 值的设定来进行灌溉，是一款先进的施肥系统。

（1）流星控制器。一款功能强大的专业的灌溉控制器，简单独特的用户界面，操作简单。两种输出形式：交流、直流，8～12 站输出，输出对象：田间电磁阀、反冲洗阀、施肥阀、注肥泵或者水泵，是连栋温室或者中小型面积施肥控制的首选。

（2）梦幻控制器。梦幻控制器是一款功能强大的专业的灌溉控制器，此系统构造灵活、操作简单，对大田、温室都非常适合。

流星控制器

梦幻控制器

四、最新专利技术微纳米技术除铁锰

特点如下：

（1）微纳米自动反冲洗过滤器占地面积小，集铁锰去除和过滤系统于一体。

（2）过滤精度高，适合滴管和喷灌系统。

（3）维护成本低，自动反冲洗。

（4）铁锰的去除效率高于 90%，过滤后的水含铁量和含锰量充分符合灌溉要求。

（5）经过消毒和活性炭的吸附也能满足引用水的要求。

五、专利列表

序号	专利类型	专利名称	专利号	授权公告日 /(年．月．日)
1	发明专利	一种水、肥、气一体施肥机	ZL 2013 2 0566494.0	2014.3.19
2	实用新型	一种可视施肥量施肥装置	ZL 2012 2 0706675.4	2013.7.10
3	实用新型	一种可视施肥量自动施肥装置	ZL 2012 2 0706722.5	2013.7.10
4	实用新型	一种多功能微型施肥装置	ZL 2012 2 0708930.9	2013.7.10
5	实用新型	大流量施肥精灵	ZL 2014 2 0154526.0	2014.3.28
6	实用新型	微纳米气泡增氧设备	ZL 2014 2 0163618.5	2014.4.1
7	实用新型	微纳米气泡除铁锰	ZL 2014 2 0154992.9	2014.4.1

灌溉施肥产品的集成与应用

——一站式水肥一体化灌溉系统解决方案

灌溉施肥产品的集成与应用——一站式水肥一体化灌溉系统解决方案是上海润绿喷灌喷泉设备有限公司的研究成果，该公司是一家水肥一体化灌溉系统专业制造商。主要从事水肥一体化灌溉设备的生产、销售以及系统的设计、技术咨询、培训和工程技术服务。公司设有工厂、研发设计部、市场部、工程服务公司以及进出口部，有毕业于中国农大、武汉大学、哈工大的工程师团队，始终坚持“用户第一，为用户创造最大价值”出发。公司工厂位于上海浦东大麦湾工业园区，规模生产能控制成本和质量的有性价比灌溉产品，同时还和多家国际著名灌溉企业，如美国托罗、瑞沃乐斯普拉斯托、伯尔梅特、美国哈希、PAIGE 等结成了战略合作伙伴关系，整合国内外最具性价比的灌溉产品，以保证我们提供给用户的始终是最具性价比的灌溉系统。10 多年来，为众多用户提供了成功的、适合的且极具有性价比的水肥一体化灌溉系统整体解决方案，赢得了用户一致认同和口碑！

一、新技术、新产品介绍

(1) 倒挂旋转微喷 WP1101 系列：旋转轮 360°喷洒，水量分布均匀。

微喷 WP1101 系列

温室大棚内微喷

(2) 全圆散射涌泉喷头：可调节流量，可选地插支架也可直接安装在 PE 管上。

(3) 托罗压力补偿 NGE 滴头，蓝色轨道压力补偿滴灌带：抗堵塞能力强，抗化学腐蚀，自清洗硅树脂膜片有效补偿压力。

全圆散射涌泉喷头　　喷头安装在PE管上
果树、花卉、行道树和灌木灌溉

迪士尼灌溉苗圃灌溉（前）浙江长兴彩色苗木基地（后）

（4）文丘里施肥器：可以调节流量，安装简便，性价比高。

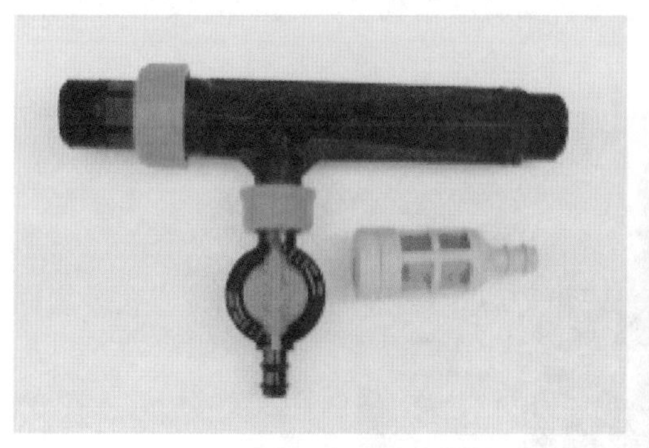

文丘里施肥器

（5）自动反冲洗叠片过滤器。高效反冲洗、自动连续运行，自耗水低，系统压损小，运行可靠。

（6）自动控制器：二线解码控制器TDC和解码器CDEC。

自动反冲洗叠片过滤器

自动反冲洗砂石过滤器＋自动反冲洗叠片过滤器首部

二、润绿产品和整体解决方案的典型应用实例

上海迪士尼苗圃全自动灌溉系统（1200 亩），嘉定温室设施菜田喷滴灌系统（5000 亩），江苏省新巷现代林果示范园猕猴桃中控微喷系统（750 亩），江苏丰年农庄蓝莓全自动滴灌系统（1100 亩），浙江长兴彩色苗木基地全自动滴灌系统（950 亩），山东威龙集团葡萄微喷系统（1.2 万亩）等。

浙江长兴彩色苗木基地首部图

三、所获奖项

2013 年现代农业创新力企业 500 强。2013 年中国现代农业十大创新人物。

内嵌式扁平滴头滴灌管生产线

天津盛大机械制造有限公司（原廊坊盛大滴灌设备有限公司），自1997年起致力于内嵌式扁平滴头滴灌管生产线的研制、开发、生产、销售。目前，盛大公司设备已达到世界先进水平，已获得包括“自动筛选装置”、“高效打孔装置”、“全自动收卷机”等在内的数十项国家专利，为设备的推陈出新提供了强有力的技术保证。盛大公司最大的特点是突出一个“专”字。公司发展目标、业务范围全部是内嵌式扁平滴头滴灌管生产线，并围绕这个主题致力于新品开发和功能创新，不断提高技术水平，降低生产成本！

盛大公司研制生产的WDG系列滴灌带生产线，可以生产出内嵌扁平滴头滴灌带、内嵌补偿滴头滴灌管以及地埋式滴灌管三大系列30多种规格的滴灌管产品，是目前国内外同行业中科技含量高、技术难度大、应用前景最广阔的滴灌管生产设备。

盛大公司先后为国内外滴灌带生产商提供200多套优质的滴灌带生产设备，市场占有率遥遥领先。产品远销美国、俄罗斯、土耳其、伊朗、韩国等国家；此外，盛大公司还成功改造多套国外进口生产线，改造后设备更加高效、实用，取得非常好的经济成果。

一、内嵌式扁平滴头滴灌管生产线

盛大公司新研制成功的第五代产品WDG－V型滴灌管生产机组具有极高的生产速度，在200m/min的生产速度下实现完全自动化生产（混料、上料、上卷、卸卷完全自动化操作，无需人工操作!），滴头筛选速度1100～1300个/min，打孔速度高达900个/min!

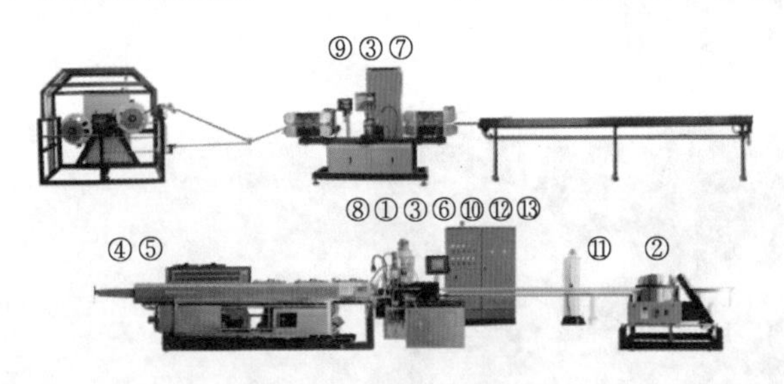

内嵌式扁平滴头滴灌管生产线

①—缺料报警；②—无滴头报警；③—换卷信号报警；④—滴灌管吸破报警；⑤—断管停机保护报警；⑥—PLC通讯异常停机保护报警；⑦—滴头间距超差报警；⑧—螺筒压力超高停机保护报警；⑨—打孔可视监视；⑩—循环水使用超时显示换水提示；⑪—低高压气灌压力低提示；⑫—保养主电机滑环，碳刷，风滤网提示；⑬—主机运行一年保养主机提示

（1）先进的技术设备。盛大机械生产的WDG系列产品，达到世界先进水平、深受广大客户赞誉，公司现已获得数十项国家专得，为设备的更新换代提供了扎实的技术基础。WDG系列从早期的Ⅰ型线、Ⅱ型线、Ⅲ型线发展到现在的Ⅳ型线，现有技术水平已达到世界先进水平，部分技术指标已达到世界领先水平。

（2）创造完美品质。具备优秀解决方案能力的技术专业化队伍为广大客户提供最优秀服务。天津盛大机械制造有限公司，创建于1997年，是专门从事研发生产内嵌式扁平滴头滴灌管生产设备的专业化生产公司。拥有职工60余人，其中6名高级工程师，13名工程师，30多名高级技师，专业涉及电子、机械、高分子领域，为设备提供了强有力的技术保证。形成从产品研发、方案设计、生产制造、安装调试、售后服务的完整体系，为广大客户提供最优质服务。

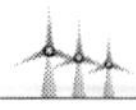

二、专利列表

序号	名　　称	专　利　号	授权公告日 /(年．月．日)
1	连续式滴灌软管打孔机	ZL02209468.7	2002.12.28
2	一种滴头热压粘合机	ZL03217145.5	2003.11.15
3	地埋式滴灌管打孔刀组件	ZL200520023546.5	2005.3.1
4	高速连续式滴灌管打孔机	ZL200520024614.X	2005.8.4
5	塑料管材生产中在线穿孔监测装置	ZL200720102183.3	2007.8.8
6	一种便于进行自动跟踪调节的滴灌管打孔机	ZL200520024391.7	2005.10.25
7	一种用于塑料管材收卷的全自动收卷机	ZL200820077773.X	2008.10.20
8	滴灌滴头	ZL201030172953.9	2010.5.6
9	滴灌滴头筛选装置	ZL200930235304.6	2009.9.30
10	一种厚壁滴灌管高速打孔装置	ZL201120427036.X	2011.10.30
11	滴灌管滴头(哑铃状)	ZL201130441576.9	2011.11.27
12	一种反向滴头识别剔除装置(国家发明专利)	ZL201110334522.1	2011.10.30
13	一种用于塑料管材收卷的全自动收卷机(国家发明专利)	ZL200810055330.5	2008.7.4

三、荣誉项目

2006年廊坊盛大滴灌设备有限公司被河北省认定为高新技术企业，加入了中国澳大利亚商会；2011年天津盛大机械制造有限公司被天津市认定为高新技术企业，是中国水利企业协会灌排设备分会的理事单位，并入编《中国灌排设备手册》，获得“中国优秀灌排设备推荐产品企业”和中国水利企业协会灌排设备分会“工业成就奖”等荣誉称号。

现代滴灌设备生产线技术

现代滴灌设备生产线技术由唐山市致富塑料机械有限公司近三十年潜心研究的成果。唐山市致富塑料机械有限公司始建于1986年，是国内最早生产滴灌带制造机械的企业，也是中国乃至世界较大的滴灌设备制造商。公司是一家集设计、研发、制造、服务于一体的知识型、科技型专业塑料机械制造企业。公司致力于技术研发，科技创新，共获专利33项，其中发明专利四项；公司重质量，讲信誉，已通过ISO9001国家质量体系认证和欧盟CE认证，拥有自营进出口权，产品畅销中国，并远销至欧美及东南亚等三十多个国家和地区，深受客户青睐。

一、新技术、新产品介绍

(1) 单翼迷宫式滴灌带制造机械。设备用途：用于生产单翼迷宫式滴灌带。该滴灌带广泛用于农作物、园林绿化、蔬菜的节水、节肥、节能、增产创收之用途。

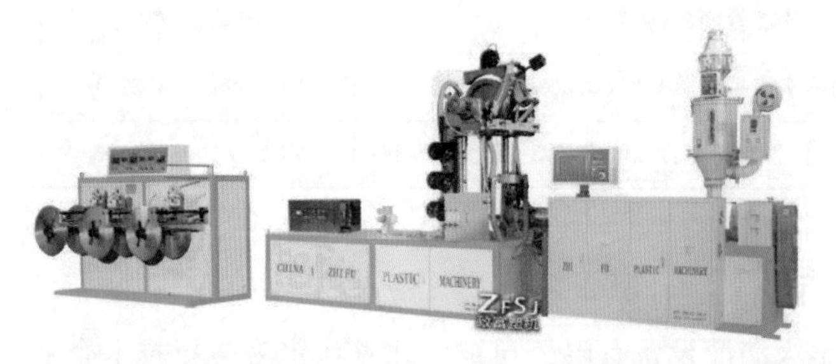

(2) 内镶片式滴灌带制造机械。设备用途：用于生产内镶片式滴灌带。该滴灌带广泛用于农作物、草原、园林绿化、蔬菜的节水、节肥、节能、增产创收之用途，并可用于荒山、沙漠的植树造林之用途。

(3) 内镶圆柱式滴头滴灌管制造机械。设备用途：用于生产内镶圆柱式滴头滴灌管。该器材广泛用于植树造林（包括荒山、沙漠造林），各种农作物及园林等节水滴灌领域中。

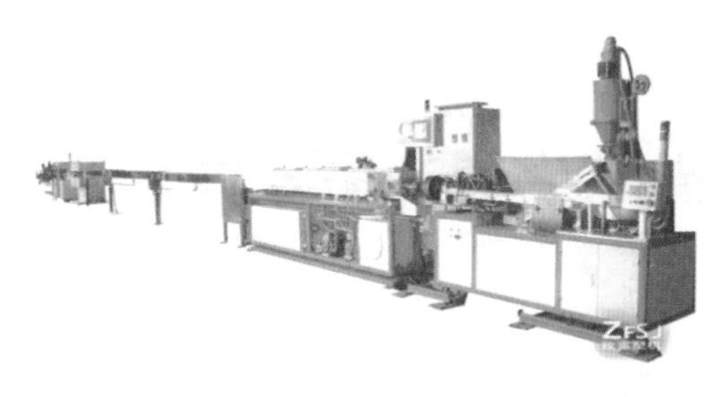

二、发明专利说明

专利一：欧姆链式单翼迷宫式滴灌带

在单翼迷宫式滴灌带上采用了全新的欧姆链式迷宫结构，每个滴水孔的滴水量均匀度偏差低于3%，相对于现行的国家标准±10%提高了7%左右，滴灌带的根系给水更加精准；滴水量范围做到0.5～5L/h，比普通单翼迷宫式滴灌带的范围宽，适应不同水量的灌溉需求；迷宫流道拐角处采用圆角过渡并形成一定夹角，水流在此处形成漩涡，使流道抗堵塞性能更进一步提高；进水口多达10个，以防止被泥沙或杂质堵塞。

专利二：真空定径水槽

水槽真空平稳，使得滴灌带在水槽的真空定径套处，完成最后定型的尺寸更加精准。独特设计的压轮，片式滴头和外覆软带牢固的粘合在一起，形成迷宫流道。水槽内冷却水不断循环，使滴灌带冷却效果进一步提高，管材表面油润、光滑、光亮。设置的防转管装置，保证了各个内镶片式滴头在管材的同一平面内，以利于后续的孔位置准确。水槽玻璃盖增加了生产过程中的透明性，可以随时监控生产状态。

三、专利列表

公司发明专利共33项，其中外观专利18项，实用新型11专利项，发明专利4项。

序号	证　书　名	类型
1	长效网换网装置	实用新型
2	一种高速生产单翼迷宫式滴灌带的设备	实用新型
3	一种用于双工位自动收卷机中的自动切断装置	实用新型
4	内镶圆柱式滴头滴灌管的滴头筛选装置	实用新型
5	内镶圆柱式滴头滴灌管打孔机	实用新型
6	切管机	实用新型
7	用于内镶片式节水滴灌带制造机械中的打孔装置	实用新型
8	内镶片式滴灌带滴头	实用新型
9	内镶片式滴灌带滴头	实用新型
10	气动片式滴头输送装置	实用新型
11	内镶圆柱式滴灌管钻孔机	实用新型
12	真空定径水槽	外观设计
13	单翼迷宫式滴灌带	外观设计
14	迷宫式滴灌滞（之二）	外观设计
15	滴灌带（迷宫形状）	外观设计
16	滴灌带（迷宫形状之一）	外观设计
17	流延式滴灌带	外观设计
18	流延式滴灌带（之一）	外观设计
19	流延式滴灌带（之三）	外观设计
20	迷宫式滴灌带（之三）	外观设计
21	双迷宫式滴灌带（一出四）	外观设计
22	双迷宫式滴灌带（一出二）	外观设计
23	双迷宫式滴灌带（一出五）	外观设计
24	双迷宫式滴灌带（一出一）	外观设计
25	双迷宫式滴灌带（一出三）	外观设计
26	滴灌带滴头（内镶片式）	外观设计
27	单翼迷宫式滴灌带	外观设计
28	胶带成型滚花轮	外观设计
29	流延式滴灌带	外观设计
30	内镶圆柱式滴头滴灌管的滴头嵌入装置	发明专利
31	生产流延式滴灌带的成型牵引机	发明专利
32	生产单翼迷宫式滴灌带设备用成型轮	发明专利
33	生产流延式滴灌带设备用成型轮	发明专利

高品质喷灌、微灌成套产品及技术

成套的喷灌、微灌产品及技术是上海华维节水灌溉有限公司在溉灌行业历经十四载的研究成果，该公司成立于2001年，积极倡导“高效灌溉、低碳发展、循环经济”，努力践行“让天下种植者轻松赚大钱”的使命。

该公司作为中国经济作物高效灌溉领导品牌，汇聚了一大批农田水利、植物营养等多学科的专业人士，并同中国农业大学、中国农业科学研究院、农业部全国农技中心、上海交通大学、江苏大学等科研院所一直保持密切的合作，共建有校企研究中心、研究生工作站，对高品质喷灌、微灌成套产品及技术进行研发、生产。该公司还光荣地承担了国家科技部“十二五”863课题“精准喷灌与产品”研究任务，一系列产品及技术获得了科技部中小企业技术创新基金、高新技术成果转化项目等，是上海市科技小巨人企业。

该公司生产的喷灌、微灌产品成套性强，能满足各种经济作物的灌溉需求，具有灌水均匀性好、流量精准、性能稳定，配合水肥一体化技术，省肥、省水、省电、省水、省地、省心、增产、增收、环保。该产品销往全国各地并出口国外，华维微灌设备、首部设备已纳入国家支持推广农业机械产品目录。

一、新技术、新产品介绍

（1）滴箭。进水口多达20孔的过滤窗设计，增强了灌水器抗堵塞能力，精密的迷宫流道设计，具有一定的压力补偿效果，灌水均匀度较高，优选全新百折胶，具有极好的韧性，使用寿命大幅延长。适合于所有盆栽植物及宽根系的植株灌溉施肥。

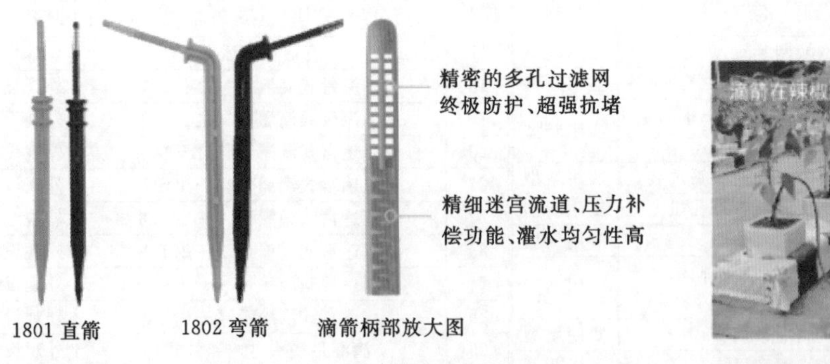

滴箭系列

（2）涡流雾化喷头。常用于蔬菜、花卉、药材种植及扦插育苗特别是气雾栽培，还适合于养殖场等空间的加湿降温。配合华维高效防滴阀，工作时不滴漏不伤苗，喷嘴采用涡流式流道设计，雾化均匀覆盖、可拆卸清洗、抗堵塞性强，低工作水压就能得到很好的雾化效果。

5427B 涡流雾化喷头　　5427B 地插式工作实景

（3）5429/5439 旋转微喷头。适合果园、叶菜、花园、苗圃等场所。独特的曲线流道旋转轮、喷洒范围大，可倒挂、地插安装，喷头框架不滴漏、无喷洒死角，并有防虫功能可供选择。流量在 60～230L/h 之间；射程半径 3～5.5m。

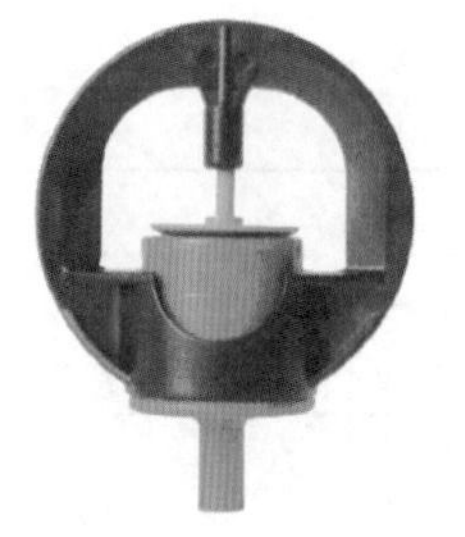

5429　　5439　　5429 地插式工作实景

（4）多形态可调插杆式灌水器（5410 系列果树灌水器）。结合大量田间试验结果，华维专有精密设计，具有极好的抗堵塞性能、抗风性强，产品尖端可直接做打孔器使用。非常适合果树、盆栽等作物的微喷灌水器施肥。多种灌水形态（全圆、半圆、伞状、旋流），可根据地形及风力因素选用。流量在 0～100L/h 之间可无级调节；射程半径 0～1m。

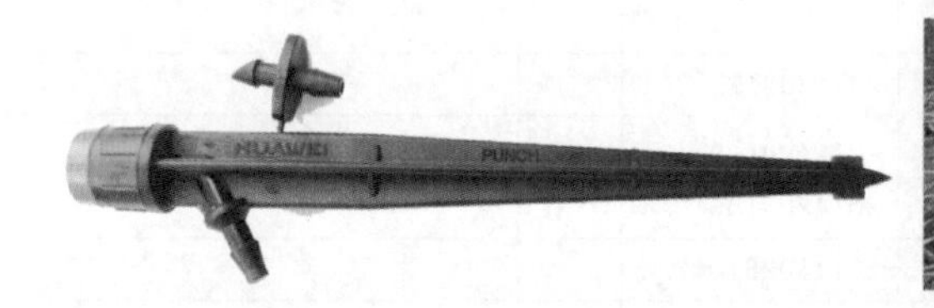

（5）5441 高均匀度防虫旋转喷头。这是一款特别适合大田作物、露天种植的中距喷头，双喷嘴设计，喷洒均匀度高。自带过滤网，有超强的抗堵性能；自动回弹的封闭外壳设计，保证喷头不工作时不受蜘蛛、蚂蚁等昆虫的侵入；双流道出口及散水盘装置，保证了喷头喷洒的高均匀度。流量 350～800L/h 可选；射程 6～8m。

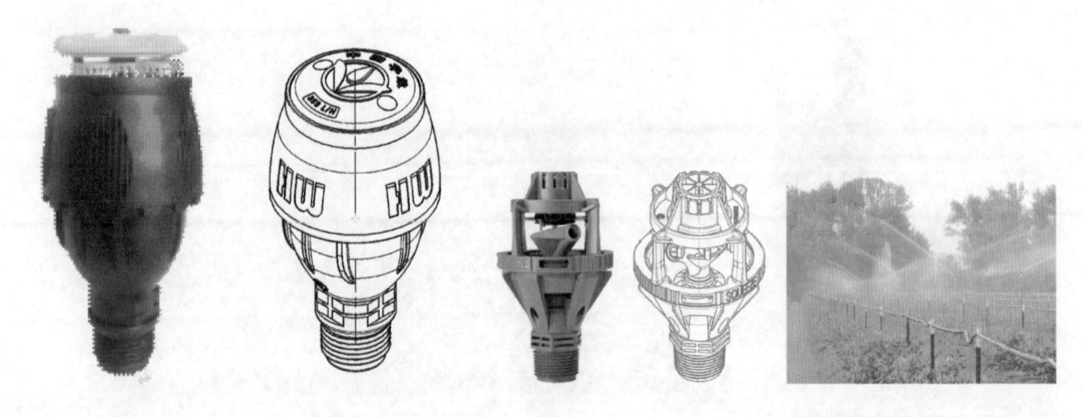

（6）H33阻尼旋转喷头。革命性的中距喷灌产品，可代替传统的摇臂喷头，较低的喷灌强度、更好的水量分布，极高的防震动能力，工作时立杆不晃动；独特的阻尼机构、线摆技术，喷头转速稳定；拆卸清洗维修方便，极强的适用性、抗风性。广泛的应用于果树苗木等经济作物、蔬菜、花卉、大田作物及园林草地等灌溉。流量 600～1.94m^3/h；射程 9～14m。

二、专利及获奖列表

专利				获奖	
序号	专利类型	专利名称	专利号码	序号	获奖名称
1	实用新型	一种大剂量水肥一体化灌溉装置	201220669163.5	1	国家“十二五”863项目承担单位
2	实用新型	一种防转滴灌带包装	201220669164.X	2	上海市科技小巨人
3	实用新型	多形态可调插杆式微喷防水灌水器	201220113405.2	3	科技型中小企业技术创新基金
4	实用新型	一种滴箭	201220357315.8	4	上海市“专、精、特、新”企业
5	实用新型	一种文丘里施肥器	201220357345.9	5	2013年现代农业创新力企业100强
6	实用新型	一种防滑滴灌带包装	201220667732.2	6	上海市高新技术成果转化项目
7	实用新型	一种滴灌带紧固包装	201220667720.X	7	中国灌溉行业最具投资价值企业10强
8	实用新型	贴片式滴灌带	201320759019.5	8	通过ISO 9001：2008认证
9	实用新型	灌溉用双层PE管制作设备	201320863357.3	9	农业机械推广鉴定证书
10	实用新型	一种高均匀度阻尼旋转喷头	201420186183.6		
11	实用新型	一种高均匀度抗堵防虫旋转喷头	201420312873.1		
12	实用新型	一种CS环状均匀果树灌水装置	201420372871.1		
13	实用新型	可移动灌溉系统	201420310612.6		
14	发明	一种高均匀度抗堵防虫旋转喷头	201410261017.2		
15	发明	一种滴灌带包装	201210521468.6		
16	发明	一种高均匀度阻尼旋转喷头	201410154242.6		

微灌滴头模具及自动化组装设备技术

微灌滴头模具及自动化组装设备技术是莱芜市春雨滴灌技术有限公司的研究成果，该公司于1999年建立的高新技术企业，擅长生产和设计冷流道、全热流道和半热流道的内镶式滴头模具。同时也致力于自动化组装设备的研发。通过不懈的努力使模具的零配件全部利用先进的和精确地机械进行加工处理，现已向国内和国际市场提供超过百套的内镶式滴头模具，建立了一套完整的质量管理体系，为灌溉产品生产提供模具的技术支持服务。

一、新技术、新产品介绍

（1）补偿式滴头安装位转动式自动组装机是一种补偿式滴头组装机的改进，具体地说是一种补偿式滴头安装位转动式自动组装机。其特点是结构简单，安装机构不动，而安装位置动，致使工序调理、操作灵活，同时，也可降低能耗。

（2）内镶式压力补偿滴头是保证在压力波动下滴头流量的稳定性。

（3）裹折式高效薄膜低压滴灌带生产设备是一种薄膜低压滴带生产设备的改进，具体地说是一种可提高生产效率、降低生产成本的裹折式高效薄膜低压滴灌带生产设备。可提高薄膜低压滴灌带生产效率、降低生产成本。

（4）全热流道扁平滴头模具是一种内镶式扁平滴头成型模具的改进，具体地说是一种内镶式扁平滴头64腔分组集成全热流道成型模具。

不仅在热流道板框的一侧的热塑料入口内设有加热装置，而且将64个内镶式扁平滴头成型模腔集成分组、每组对应一组分支热塑料喷嘴、每组分支热塑料喷嘴对应一个支流道，从而使64个内镶式扁平滴头成型模腔实现全热流道，进一步提高内

镶式扁平滴头的成型质量、减少废品、提高生产效率、降低材料的浪费率、节省成本、有效地减小模具体积。

（5）补偿式滴头自动安装机是一种滴灌管上的补偿式滴头安装设备，特别是一种集管上打孔、补偿式滴头安装于一体的补偿式滴头自动安装机。能够提高劳动效率、降低劳动强度、生产成本低，集管上打孔、补偿式滴头安装于一体。

（6）内镶圆柱滴头热流道24腔成型模具是一种内镶式扁平滴头成型模具的改进，具体地说是一种内镶式扁平滴头64腔分组集成全热流道成型模具。

不仅在热流道板框的一侧的热塑料入口内设有加热装置，而且将64个内镶式扁平滴头成型模腔集成分组、每组对应一组分支热塑料喷嘴、每组分支热塑料喷嘴对应一个支流道，从而使64个内镶式扁平滴头成型模腔实现全热流道，进一步提高内镶式扁平滴头的成型质量、减少废品、提高生产效率、降低材料的浪费率、节省成本、有效的减小模具体积。

二、专利列表

序号	专利名称	专利号
1	补偿式滴头安装位转动式自动组装机	ZL201220539928.3
2	补偿片自动冲裁机	ZL201220539962.0
3	内镶圆柱压力补偿低头自动组装机	ZL201220630729.3
4	偏重式定向排序圆柱滴头	ZL201320821227.3
5	圆柱形滴灌管凸轮拨动式打孔机	ZL201320821168.X
6	内镶式圆柱滴头热流道24成型模具	ZL201320006557.7
7	裹折式高效薄膜低压滴管带生产设备	ZL201320029336.1
8	内镶式扁平滴头64腔分组集成全热流道成型模具	ZL201320170348.6

稳流集束式滴箭组与农田灌溉
自动化控制系统创新技术

稳流集束式滴箭组与农田灌溉自动化控制系统创新技术是天津市津水工程新技术开发公司研发的技术，该公司成立于1993年，专业从事农业和园林灌溉产品及配套设备的研制和生产，全面提供农业和园林灌溉工程的规划、设计、施工及后期维护服务。是目前国内最大的特殊空间（垂直绿化）灌溉设备供应商。凭借先进的设备致力于全方位的技术研发，其中稳流集束式滴箭组、农田灌溉自动化智能控制柜、新型太阳能除藻仪、倾斜式调压阀等专利产品，为农业现代化和城市生态建设提供有效的技术保证。

一、新产品、新技术介绍

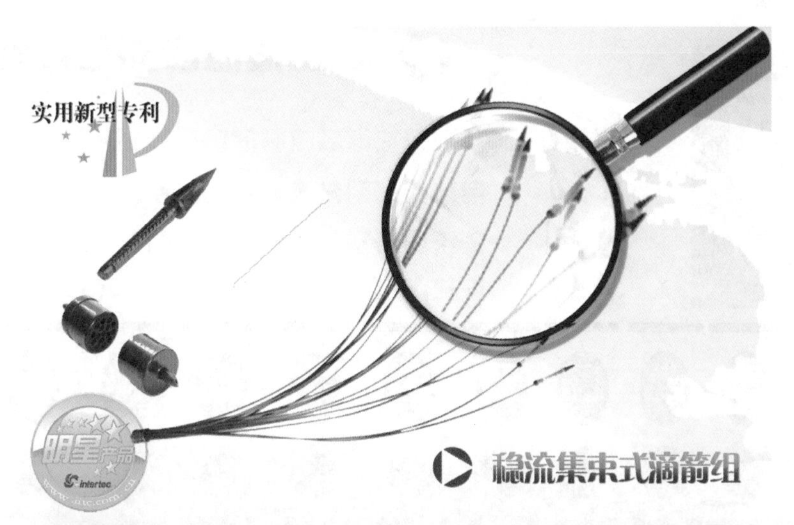

稳流集束式滴箭组适用于大型立体花坛及蔬菜、花卉的立体栽培，对于水压的变化具有很强的适应性、流量均匀、安装使用简便并且不易脱落、节水效率高、运行成本低。可局部精确灌水，极大限度地提高了水的利用率，减少了杂草滋生，改善土壤结构，降低了对水源压力的要求。

北京天安门前立体花坛建设

北京园博会园区内立体花坛建设

农田灌溉自动化控制系统

智能 实现农业灌溉机井的智能计量控制

自动 自动根据用户余额控制水泵

控制 系统精密实现各项参数控制

远程 支持通过GPRS方式进行远程设置、程序升级

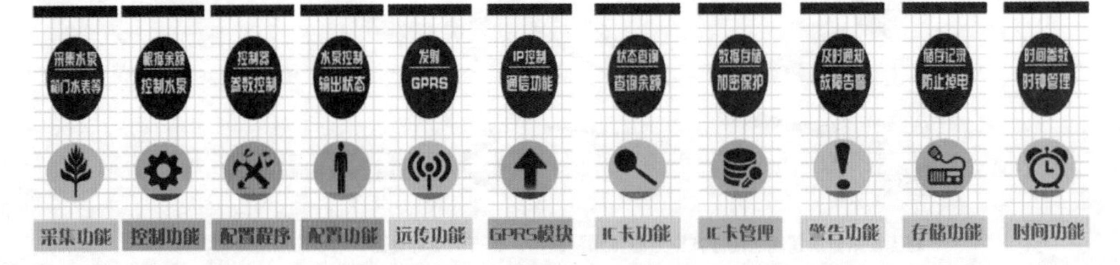

二、专利列表

专利号	专利名称	专利类型
201420796553.8	滴箭灌溉自动控制系统	实用新型
201410777806.1	滴箭灌溉自动控制系统及制作方法和滴箭灌溉的方法	发明专利
ZL 2014 2 0521967.X	农业地下水管控系统	实用新型
201410461613.5	农业地下水管控系统及制作方法和农业地下水管控方法	发明专利

压力补偿式滴头及稳流器—小管出流的核心

压力补偿式滴头及稳流器是天津市鑫景翔科技有限公司开发的产品，该公司成立于1996年，位于天津新技术产业园区。公司重视产品质量，聘请优秀的专业技术人才，引进进口的先进设备。根据市场需求安排产品生产：稳流器一小管出流的核心，适应当前生产水平新的微灌技术，开发出不同流量稳流器达十余种，并与之配套管道、管件和首部使其成系列，申请专利享有自主知识产权；产品按性价比分档次销售，适应不同经济水平的市场需求；引进滴灌带生产线努力开发国际市场。公司的产品在国内销售近30个省（自治区、直辖市)，在国际上出口新加坡、日本、澳大利亚。

一、新技术、新产品介绍

(1) 压力补偿式滴头及稳流器：滴头有补偿作用防倒吸功能，适合用于地下滴灌；稳流器具有大范围压力（0.06～0.4MPa)。

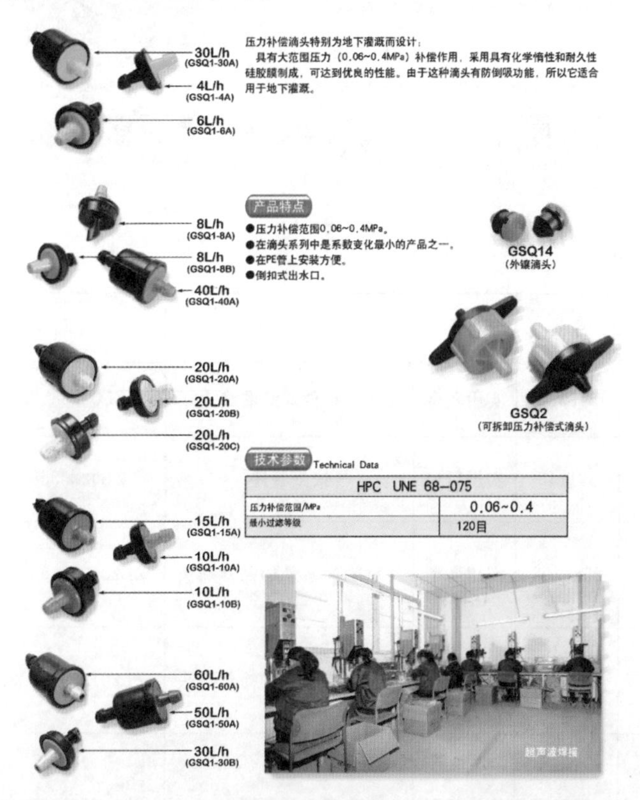

(2) 快接管件：施工方便，拥有较强的耐腐蚀性，可广泛用于农业灌溉管路输水及饮用输水。

（3）内镶贴片滴灌带及内镶圆柱滴灌管：滴水均匀，使用寿命长；滴头不易堵塞，滴头与管壁黏合紧密。用于棉花、甘蔗及蔬菜等作物的灌溉。高效地将水、肥输送到植物根部，满足植物生长的要求，达到高产。

（4）塑料施肥罐及过滤器：使用方便，节省人力，时间；施肥均匀。

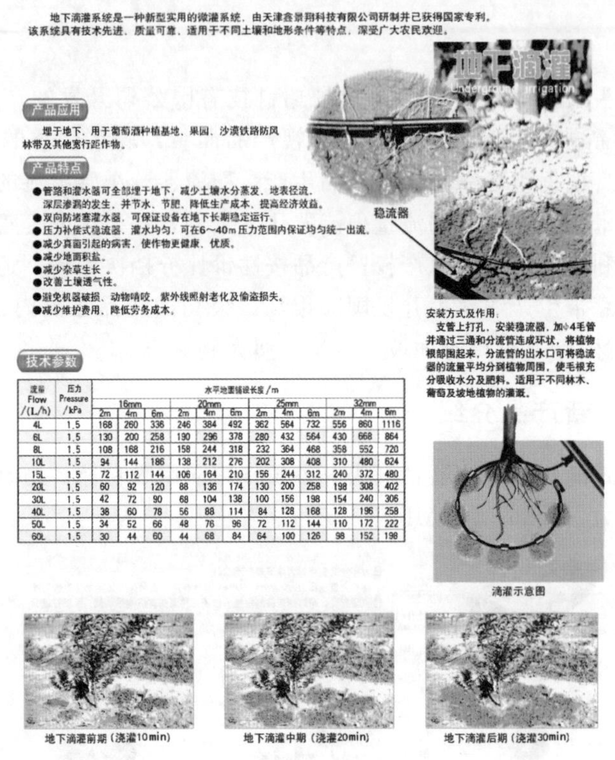

流量 Flow /(L/h)	压力 Pressure /kPa	水平地面铺设长度/m											
		16mm			20mm			25mm			32mm		
		2m	4m	6m	2m	4m	6m	2m	4m	6m	2m	4m	6m
4L	1.5	168	260	336	246	384	492	362	564	732	556	860	1116
6L	1.5	130	200	258	190	296	378	280	432	564	430	668	864
8L	1.5	108	168	216	158	244	318	232	364	468	358	552	720
10L	1.5	94	144	186	138	212	276	202	308	408	310	480	624
15L	1.5	72	112	144	106	164	210	156	244	312	240	372	480
20L	1.5	60	92	120	88	136	174	130	200	258	198	308	402
30L	1.5	42	72	90	68	104	138	100	156	198	154	240	306
40L	1.5	38	60	78	56	88	114	84	128	168	128	196	258
50L	1.5	34	52	66	48	76	96	72	112	144	110	172	222
60L	1.5	30	44	60	44	68	84	64	100	126	98	152	198

二、专利列表

图片	序号	专利类别	专利名称	专利号	授权公告日/(年．月．日)
	548330	实用新型	压力补偿式滴灌滴头	ZL02235579.0	2003.4.16
	591043	实用新型	快接管件	ZL02235581.2	2003.12.3
	2541708	实用新型	一种滴灌水管的贴片滴头	ZL201220196100.2	2012.12.5
	2542521	实用新型	一种滴灌水管的筒状滴头	ZL201220199832.7	2012.12.5
	1092551	实用新型	塑料施肥罐	ZL200720098431.1	2008.9.3

微灌（小管出流、渗灌）技术在林业系统中的应用技术

微灌（小管出流、渗灌）技术在林业系统中的应用技术是北京润郁丰灌溉技术有限公司的研究成果，该公司成立于2002年，属林业系统职工合资的企业，10多年来，公司针对多年生林地树木固定生长不动，灌溉系统可埋人地下的特性，研发了小管出流微灌、林果专用地下渗灌器等六个产品，其中大田果树地下分区交替渗灌系统及渗灌方法获得发明专利，受到林业部、北京市林业局的重视，多次开现场会宣传推广。公司通过林果绿地灌溉技术开发、系统设计、设备安装和产品销售等，公司的业务不断的发展壮大，带动社会共同为绿化祖国进行生态环境建设作出贡献。

一、新技术、新产品介绍

（1）林果专用渗灌器。林果专用渗灌器是根据树木灌溉特点而研发的新型节水灌溉产品，它的结构适合地下灌溉，具有节水、省工、均匀度高、成本低和维护简单的优点。是一项创新的节水灌溉产品。

（2）新型小管出流灌溉器。属公司的实用新型专利产品，该技术获得北京市农业推广三等奖。

二、专利列表

序号	专利类型	专利名称	专利号	授权公告日 /(年．月．日)
1	发明	大田果树地下分区交替渗灌系统及渗灌方法	201010229935.9	2012.5.2
2	实用新型	一种小管出流灌溉器	200920145419.0	2010.1.20
3	实用新型	新型小管出流灌溉器	201120041298.2	2011.8.3
4	实用新型	林果专用出流式地下渗灌器	200920217657.8	2010.2.10
5	实用新型	新型树木地下渗灌器	201020262389.4	2011.3.9
6	实用新型	流式地下渗灌器	200920109581.7	2010.5.12
7	实用新型	新型渗灌器	201120041300.6	2011.9.14

节水灌溉喷头、微喷头系统配套设备生产技术

节水灌溉喷头、微喷头系统配套设备是余姚市余姚镇乐苗灌溉用具厂的生产技术，该公司从 2000 年开始开发生产农业节水灌溉设备，是中国水利企业协会灌排设备分会会员。在吸收国外先进技术的基础上，通过与国内各级科研单位及工程公司的广泛接触与合作，加上企业自身极其重视产品质量，诚信经营，通过不断的努力，目前产品的应用范围已涵盖于农业大田喷、滴灌；温室种植精、微灌溉；道路绿化工程养护灌溉；以及畜禽养殖及特种养殖的降温消毒等领域。荣获“中国灌溉行业知名企业”称号。

一、新技术、新产品介绍

(1) 钢珠传动中型喷头。独特的多出水口喷嘴设计使水流形成了一个均匀的水帘，细小紧密的水珠减小对作物的打击力度且不漏喷每一个角落。

(2) G 型小旋轮喷头。获国家专利的刀口形支架设计使喷嘴射出的水流受到较小的阻挡，有效的减小盲区及喷洒过程中的滴水现象。

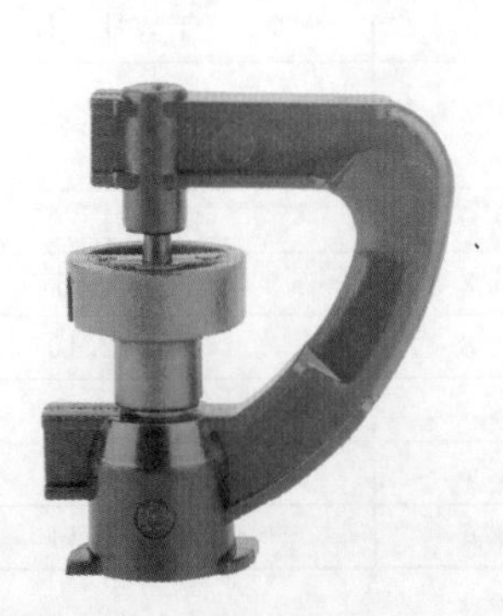

（3）软带旁通接头。以柔性、可卷的薄壁软带代替滴灌系统中厚重的PVC硬管或PE盘管，可有效降低运输及储藏成本，本产品可将滴灌带与软带可靠连接并使安装施工变得轻松快捷且成本大大降低。

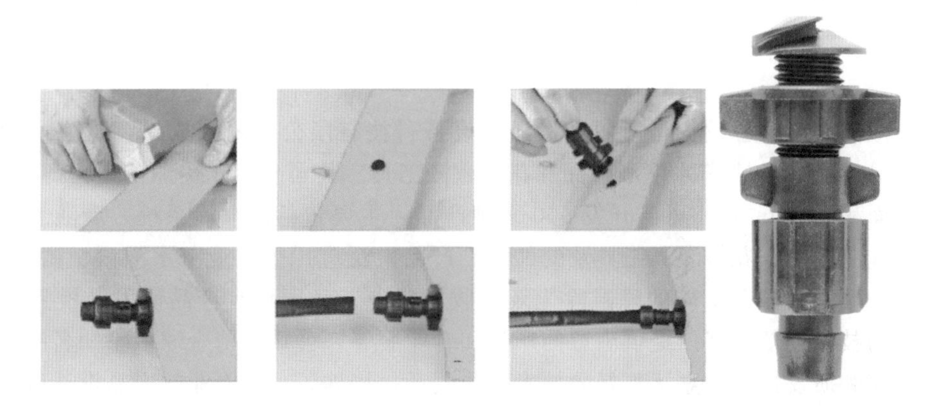

（4）过滤器。本过滤器以进口产品为蓝本，针对进口产品的不足做了一些非常实用的改进：设计了网式滤芯和叠片式滤芯可互换的结构，最大程度的考虑产品零部件可通用性；取消了压力表接口、加大了滤芯和外壳尺寸，从而简化了结构增加了过滤能力。

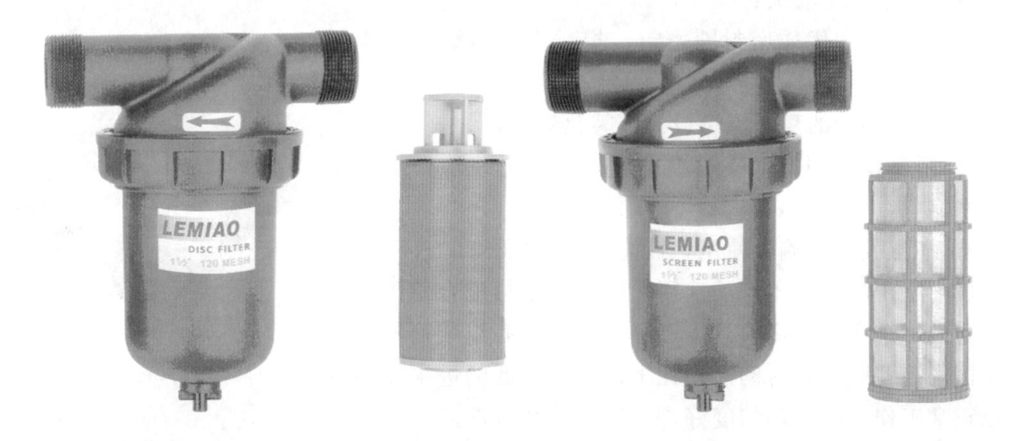

二、专利列表

序号	专利类别	专利名称	专利号	授权公告日 /(年．月．日)
1	实用新型专利	一种新型过滤器	ZL 2010 2 0632980.4	2011.7.6
2	外观设计专利	过滤器	ZL 2010 3 0644241.2	2011.7.13
3	实用新型专利	软管旁通接头	ZL 2010 2 0632994.6	2011.7.6
4	外观设计专利	软带接头	ZL 2010 3 0644220.0	2011.7.13
5	外观设计专利	微喷头（旋转）	ZL 2012 3 0533624.1	2013.2.13
6	外观设计专利	微喷头	ZL 2013 3 0053628.4	2013.10.16
7	外观设计专利	微喷头喷液转轮	ZL 2014 3 0053856.6	2014.3.13

喷、微灌系统配套设备产品生产技术

喷、微灌系统配套设备是厦门华最灌溉设备科技有限公司研究成果，该公司创立于2006年，主要经营农业节水灌溉产品和花园灌溉工具。公司坐落于美丽的厦门海滨城市，厂房建筑面积4500m²。公司已开发500多种产品，主要包括：喷灌系统、滴灌系统、过滤系统、施肥系统、花园灌溉工具及配件等。产品广泛应用于农业节水灌溉、园艺景观、市政绿化、温室大棚及工矿的降温除尘及畜牧等行业。公司设有产品研发及模具制造部门，不断的技术创新为客户提供满意的产品和专业服务，公司已与全球多家知名的专业灌溉生产厂家和研发机构建立了良好的技术合作关系，培养了一支专业的产品设计研发、质量管控、销售和客户服务队伍。

新技术、新产品介绍

（1）十字雾化喷头：

1）卡扣式加优质密封圈密封，相对于国内螺牙封水更好，拆洗方便。

2）内部独特的离心流道设计，雾化效果好。

3）精密模具制造，喷嘴准圆度好光洁无飞边，工作中不滴水。

4）搭配我司防滴器使用，性能优异。

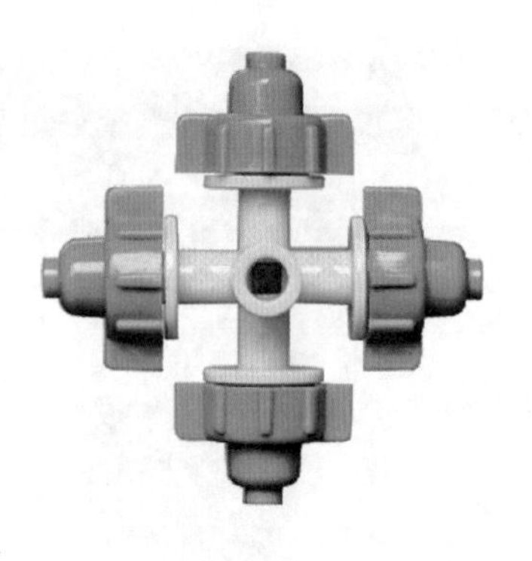

（2）超十喷头。本产品选用优质工程塑料配合德国进口抗老化剂，采用高精度模具生产零件，经精心组装而成。相对于国内摇臂喷头具有动能损耗小，所需较低的进水压力就可以正常工作，喷洒均匀度好，产品使用寿命长。

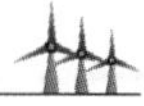

(3) 2 寸双向连续型进排气阀。

1) 全新尼龙加玻纤材料生产，添加德国进口抗老化剂。

2) 耐爆破压力可达 28kg。

3) 进排气反应灵敏，0.2kg 的水压就可以封水。

4) 进排气量大：排气量 0～235m^3/h，真空吸入量－360～0m^3/h。

(4) 多功能阀门。国内创新的结构设计，一个阀门多种用途，可以代替带用承插阀门，带用旁通阀门，管用承插直通阀门，管用承插旁通阀门四种阀门，可大幅减少经销商和农户的库存。

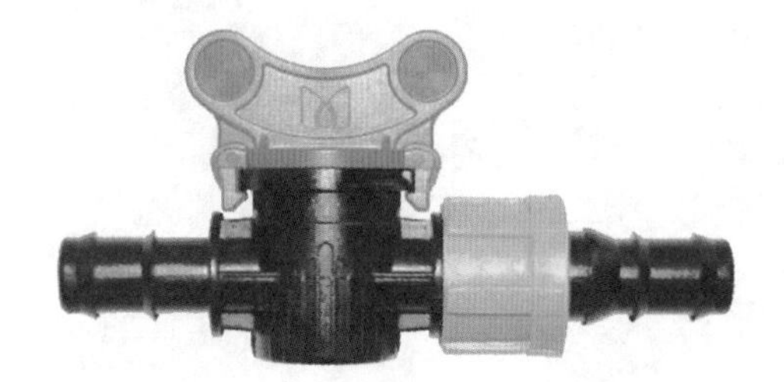

(5) 拉环带用配件。

1) 拉环采用全新 PP 料生产，添加德国进口抗老化剂。

2) 国内独创的拉环结构，装配简便；包紧强度好，封水性能优异。

3) 适用多种不同的壁厚 0.18～0.40mm。

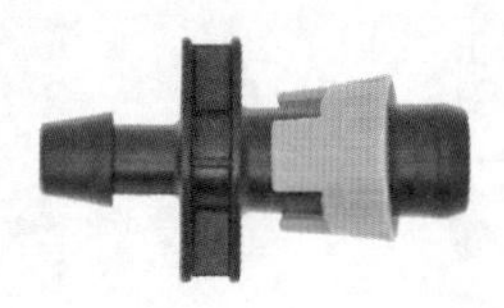

微灌喷水带、滴灌带系统配套技术

微灌喷水带、滴灌带系统配套技术是安徽天雨节水灌溉设备有限公司生产的技术设备，该公司早期生产以双上孔滴带为主的灌溉配套产品，适应20世纪的小农经济农业生产水平，公司直接销售农村作市场面对农民，因设备操作简单、价格低廉、效益显著，收到欢迎。从1988～2014年共26年间，随着农业生产水平的提高，公司对穿孔管带扩展为穿孔喷水管带，因此对管道的抗压、抗拉强度进行了一系列的创新技术开发。如：增强加筋喷水带、多层强力喷水带、编织型喷水带、涂塑强力喷水带等，获得国家多项专利。公司数十年只做穿孔喷滴灌一种产品，将其做好、做精。

一、新技术、新产品介绍

产品有：多种喷水带，喷洒幅度逐步增大；双上孔滴灌管带、各种穿孔管配有：施肥器、过滤器、管材、管件等已成系列，配备专用卷管机。

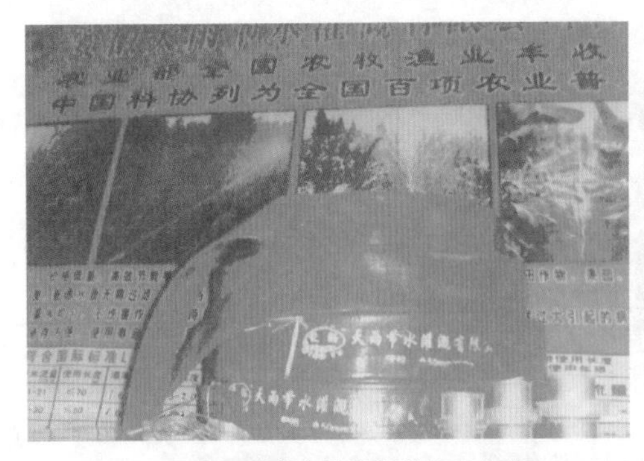

编织型喷水带涂塑强力喷水带

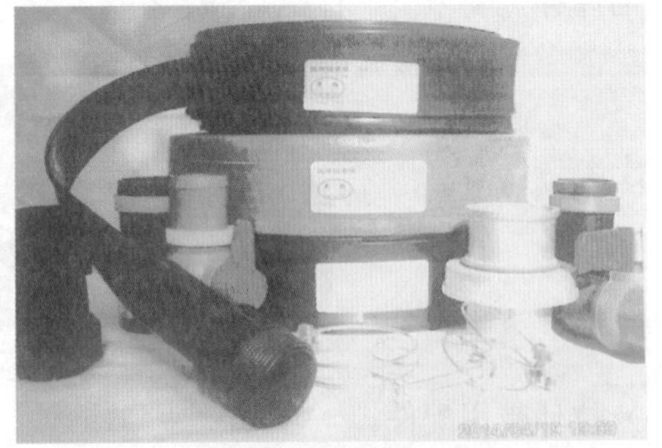
增强加筋喷水带

卷管机

管件

公司以科技创新技术为依托，承担了“全国星火创新计划项目”、“农业部全国农牧渔业丰收项目”，中国科技列为全国百项农业普及技术之一和黄淮海农田改造丰收项目等。

二、专利列表

序号	专利类别	专利名称	专利号	授权公告日 /(年．月．日)
1	实用新型	一种 PVC 涂塑增强软管喷水带	ZL200920187287	2010.11.3
2	实用新型	一种 PVC 涂塑增强软管喷灌带	ZL200920187287.8	2010.11.3

园林绿地现代灌溉工程技术

园林绿地现代灌溉工程技术是北京西格尼特灌溉科技有限公司的研究成果，该公司专门从事园林、农业灌溉产品研发、销售、技术服务以及相关工程施工，是美国 Signature 灌溉产品授权中国总代理。通过长期和国内外知名企业和科研机构紧密合作，不断为客户提供可靠、高品质的灌溉产品和优质的技术服务。公司可以根据为客户客户需求，提供相适应的产品，包括：地埋散射喷头、地埋旋转喷头、运动场专用喷头、高尔夫球场专用喷头、喷灌机专用喷头、喷枪、直流（交流）电磁阀、无线控制器、程序控制器、中央智能控制系统等，同时可以为客户提供一揽子专业的解决方案。

新技术、新产品介绍

（1）地埋散射喷头。结构简单易损件少，双层压力密封设计，确保升降体周围无渗漏，喷洒均匀度高，景观效果好，适用于小面积草坪、乔木、灌木灌溉。

（2）6000 型旋转喷头。喷洒均匀度高、独特的换向机构，使得喷头角度调节非常简便；喷头具有角度记忆功能。最远射程 13.6m，适用于大面积草坪、乔木、灌木灌溉。

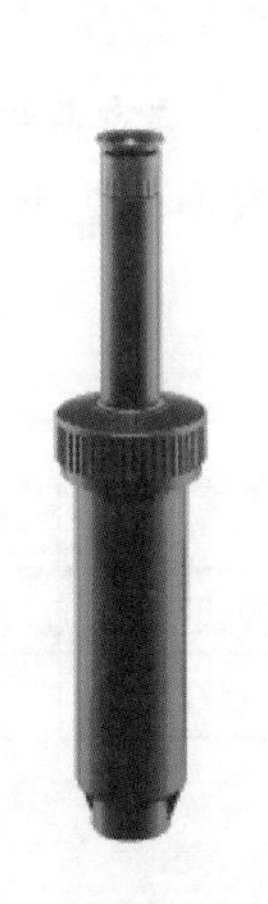

地埋散射喷头

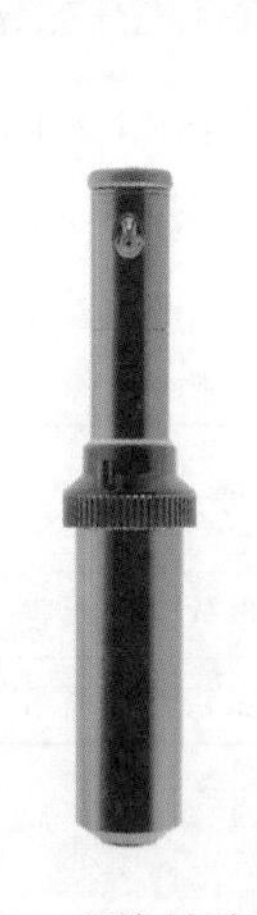

6000 型旋转喷头

LD3000 型喷灌机专用散射喷头

（3）LD3000 型喷灌机专用散射喷头。喷洒强度高、结构简单，可靠性强，射程 3～5m，适用于时针式喷灌机。

（4）LR3000 型喷灌机专用旋转喷头。特点：采用阻尼旋转结构，最远射程 7～10m，用于喷灌机。

（5）LPR 压力调节器。出口压力可稳定在 15psi 或者 20psi。

LR3000 型 喷灌机专用旋转喷头

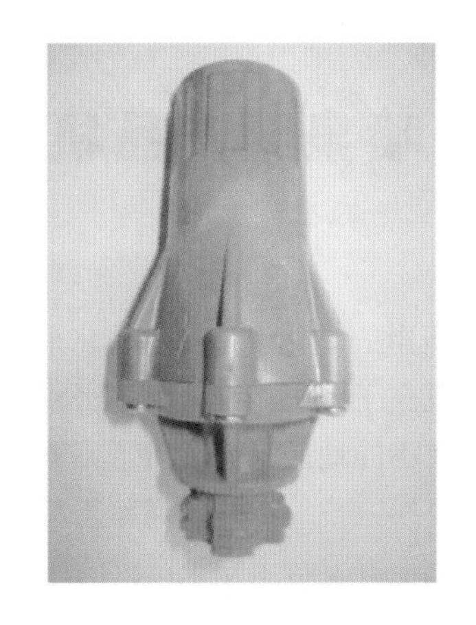

LPR 压力调节器

（6）9520BC 电磁阀。手自一体阀；最大工作压力可达 13.8Bar，结构简单，整体性强，便于安装和维护。

9520BC 电磁阀

8014 无线控制器

（7）8014 无线控制器。有 LCD 液晶显示屏，可显示时钟和程序，具有 6 个独立灌溉程序；工厂预装干电池，无需外接电源；可连接传感器、可手动开关；全防水设计，可涉水深度 1.8m。

（8）8600 控制器。可从任何互联网电脑远程控制，灌溉日期可选择，具有循环测试、手动测试功能：根据 ET 值编程、自动备分；每天自动下载 ET 数据，多级别密码授权管理，实时双向通信；预算比例设置，生成报告、生成地图，输入 GPS，CAD 或者航空图片，以组为单位编程流量管理。

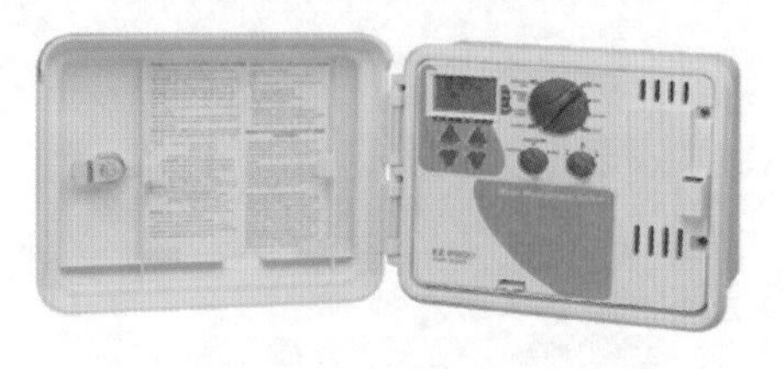

8600 控制器

喷泉泵产品机电一体化设备技术

喷泉泵产品机电一体化设备技术是北京中自云虹环境设备工程有限责任公司多年研究的技术成果，该公司成立于1999年，近年来公司承建的音乐喷泉工程，把水火雾，声光电等有机地结合在一起，在不同地区，创造出了不同艺术风格的经典作品，为人们提供了以音乐声响，视觉形象，色彩变换三位一体的休闲和艺术品味场所。公司对喷泉泵产品机电一体化设备，在吸收国外技术基础上开发自主知识产权的产品，为城市生态景观公司奠定基础。

新技术、新产品介绍

特种喷泉泵是结合国内行业特点生产的高性能耐磨防腐电泵。机泵直联一体，立卧两用，产品外观流畅，水泵自循环水冷却，环保无污染。内部采用新型防水电磁线，绝缘性好，耐压等级高，电磁性能优异，可频繁启动，过载能力强，高效节能。是喷泉行业推荐产品和定点生产企业，被众多喷泉公司所采用，在业界享有良好声誉和较高知名度。

喷泉工程施工现场

喷泉效果

喷泉设备

水为心舞——梦幻喷泉景观技术

喷泉景观技术是北京慧诚沃特喷泉科技有限公司的产品，该公司成立于2006年，专业从事园林市政水景喷泉工程，集设计、制造、安装、售后服务为一体，尤其在新型产品开发，特殊水景设计方面有独到之处。

新技术、新产品进行如下展示。

大型音乐喷泉、激光水幕喷泉

园林造景类水景

装置艺术类水景，冰雕、水雕塑、大型装置水景

湖中漂浮式喷泉，可有造景与爆气双重效果

戏水乐园

趣味水景，水漩涡、光亮跳泉、水晶杯

别墅水景园

超高喷泉，最高可达 240m

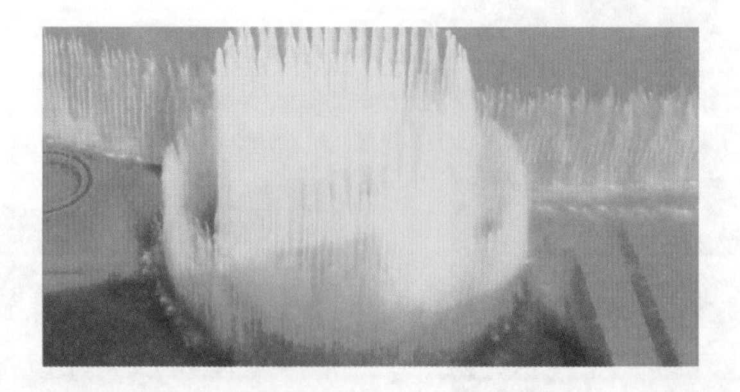

节能型产品，气爆、特殊节能设备，
可节约能耗 50%以上

轻、小型喷灌机组配套生产技术及水泵新产品开发

轻、小型喷灌机组配套生产技术是江苏旺达喷灌机有限公司研发的技术及开发水泵的新产品。该公司成立于1994年，始终与江苏大学流体机械工程技术研究中心合作，在公司内建立江苏大学产品试验基地、研究生实习基地；积极参加国家863、十五、十一五、十二五计划项目，促使公司产品不断更新质量上乘，走在喷灌技术研究及产品研发的最前沿。公司借助优质产品，加大市场开发的力度，承诺产品“三包”兑现，跟踪用户优质服务，通过各种机会建立公司良好的信誉。20年的奋斗历程，使公司成为我国最大的轻小型喷灌机生产厂家。

一、新技术、新产品介绍

PTO水泵机组。中型轮式拖拉机是现代农业装备的必须产品，公司针对轮式拖拉机研发最新产品：本产品以轮式拖拉机PTO输出轴为动力来源，通过万向节传动、变速齿轮箱等装置，达到水泵所需的额定转速。

PTO水泵机组的优点：①移动方便，水泵机架通过拖拉机的三点悬挂，可实现自由移动；②动力输出稳定，PTO通过万向节、齿轮箱，可平稳输出动力；③水泵性能优越，自吸泵型号：100BP-60，水泵流量70m^3/h，扬程60m，配合两套移动喷枪使用，适合于大田喷灌。以4寸涂塑软管为主管道，3寸涂塑软管为支管道，4寸×3寸三通阀体控制两路支管及喷枪。

系列产品有PTO-50BP-45、PTO-65BP-55、PTO-80BP-55，可根据客户要求，按照地块大小及使用方便，做相应的配置。

PTO水泵机组

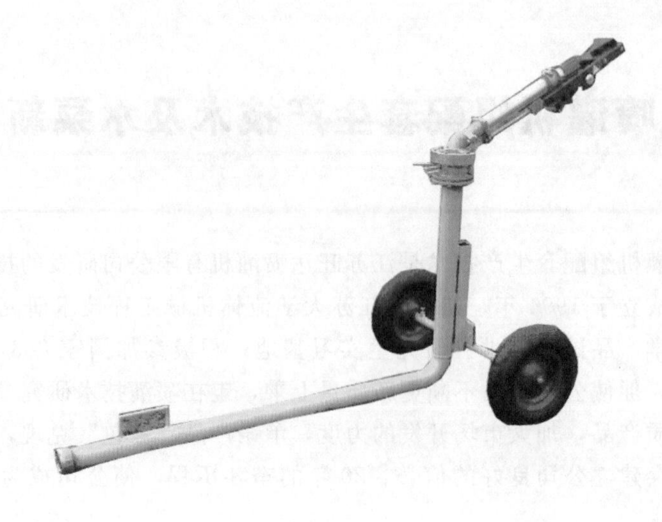

移动式喷枪

二、专利、获奖项目列表

编号	专利号	专利名称	专利类别
1	200820226265.3	地面软管固定多喷喷灌系统（实用）	实用新型
2	200810159236.4	施药机组的振动式自动加粉装置	发明
3	200920180234.3	药液自动配供型灭螺机组（实用）	实用新型
4	200920180235.8	灭螺机组的药液配供装置（实用）	实用新型
5	201220126130.6	喷灌管网的立式喷头插接安装结构	实用新型

农业科技园区节水灌溉规划设计工程技术服务

农业科技园区节水灌溉规划设计工程技术服务是北京博青长源科技有限公司的特色，该公司是专业从事农业园区规划设计、节水灌溉工程设计的技术服务型公司。公司成立于2010年，专业团队致力于为用户制定因地制宜的农业设施工程及节水灌溉工程的最优解决方案，方案中采用可靠的产品、运用适宜的专业技术及高效节能技术而广受用户的欢迎。从工程的规划设计到施工，全程跟踪技术服务并进行专业的技术培训，工程的安装、培训、调试、维护保养，都是从业10年以上的专业工程师为用户提供全方位的技术服务。公司充分利用在农业设施及节水灌溉领域中拥有的较高的科研开发实力，逐步积累一定的研发成果，强调以职业化，专业化，知识化和人性化为客户提供实用、创新、节能、科技含量高的一系列技术产品和一流的技术服务公司。

一、新技术、新产品介绍

农业科技园区节水灌溉规划设计工程技术服务是主要针对不同地区农业科技园或种植园等示范园区以及园区内的不同作物设计因地制宜的一整套灌溉解决方案：现场勘探-根据水质及土壤种类规划种植计划-灌溉方案设计-工程实施-客户应用培训-工程完工交付-工程后期技术跟踪服务（产量跟踪、节水效益跟踪、设备维护保养跟踪服务）。

（1）工程项目实地勘测。

（2）农业园区规划设计。

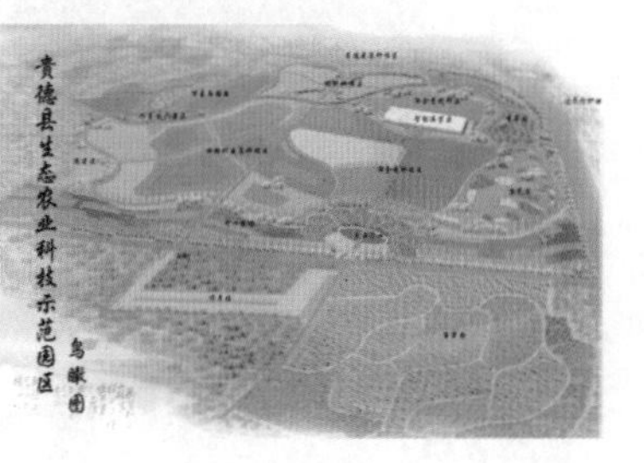

(3) 工程项目理论培训。

(4) 工程项目现场培训。

(5) 云南茶树微喷项目现场效果。

（6）青海蔬菜滴灌项目现场效果。

二、经典案例列表

工程名称	实施地点	实施面积/（亩）	技术服务内容	实施时间/年
云南大理漾濞核桃种植示范园滴灌工程	云南大理	5000	工程实施方案设计、施工技术指导	2011
云南昭通苹果种植示范园节水灌溉工程	云南昭通	8900	工程实施方案设计、施工技术指导	2012
云南农垦南溪农场香蕉种植示范园节水灌溉工程建设项目	云南南溪农场	1000	工程实施方案设计、施工、培训	2011
云南红河热作所香蕉、橡胶苗种植示范园节水灌溉工程建设项目	云南红河热作所	1000	工程实施方案设计、施工、培训	2011
云南曼昔茶场微喷工程建设工程	云南曼昔茶场	800	工程实施方案设计、施工、培训	2011
海南州贵德县生态农业科技示范园区基础设施建设项目初步设计方案	青海省贵德县	800	工程初步设计方案、施工技术指导、培训	2013
青海省共和县高科技生态农业示范园区建设项目可行性研究报告	青海省共和县	700	园区规划设计、可研方案、项目实施技术咨询	2012
青海省兴海县高原生态农牧业科技示范园区建设项目可行性研究报告	青海省兴海县	7094	园区规划设计、可研方案、项目实施技术咨询	2012
科技推广项目青海省贵德县水肥一体化示范园灌溉工程	青海省贵德县	2000	示范园水肥一体化灌溉工程设计、施工、培训	2013

参 考 文 献

[1] 雷志栋，杨诗秀，谢森传．土壤水动力学 [M]. 清华大学出版社，1988.
[2] 水利部国际合作司、水利部农村水利司、中国灌排技术开发公司、水利部灌溉研究所，美国国家灌溉工程手册 [M]. 中国水利水电出版社，1998.
[3] 水利部国际合作与科技司. 灌溉排水卷，节水灌溉 [M]. 中国水利水电出版社，2002.
[4] 周雪漪. 计算水力学 [M]. 清华大学出版社，1995.
[5] 董曾南. 水力学（上册）[M]. 北京：高等教育出版社，1996.
[6] 吴持恭. 水力学（上，下册）[M]. 高等教育出版社，2008.
[7] 金锥，姜乃昌，汪兴华，等．停泵水锤及其防护 [M]. 中国建筑工业出版社，2008.
[8] 钟淳昌，戚盛豪．简明给水设计手册 [M]. 1989.
[9] 李炜. 水力计算手册 [M]. 中国水利水电出版社，2006.
[10] 魏永曜，林性粹．农业供水工程 [M]. 水利电力出版社，1992.
[11] 吴赳赳，张文华，刘自放，孙大群．给水工程（第二版）[M]. 中国建筑工业出版社，1995.
[12] 陆雍森．环境评价 [M]. 同济大学出版社，1999.
[13] 冯绍元．环境水利学 [M]. 中国农业出版社 2007.
[14] 国家发改委、建设部．建设项目经济评价方法与参数（第三版）[M]. 中国计划出版社，2006.
[15] 吴恒安．财务评价、国民经济评价、社会评价、后评价 [M]. 中国水利水电出版社 1998.
[16] 施熙灿．水利工程经济学（第三版）[M]. 中国水利水电出版社 2005.
[17] 郭元裕．农田水利学（第三版）[M]. 中国水利水电出版社 1997.
[18] 中华人民共和国水利部，水利工程设计概（估）算编制规定 [M]. 黄河水利出版社，2002.
[19] 中华人民共和国水利部，水利建筑工程概算定额（上、下册），黄河水利出版社，2002.
[20] 中华人民共和国水利部，水利建筑工程预算定额（上、下册）[M]. 黄河水利出版社，2002.
[21] 中华人民共和国水利部，水利水电设备安装工程预算定额 [M]. 黄河水利出版社，2002.
[22] 方国华，朱成立，等. 水利水电工程概预算 [M]. 黄河水利出版社，2003.6.
[23] 陈全会，王修贵，谭兴华. 水利水电工程定额与概预算 [M]. 中国水利水电出版社，1999.
[24] 徐学东，姬宝霖．水利水电工程概预算 [M]. 中国水利水电出版社，2005.
[25] 喷灌工程设计手册编写组．喷灌工程设计手册 [M]. 水利电力出版社，1989.
[26] 周世峰．喷灌工程学 [M]. 北京工业大学出版社，2004.
[27] 郑耀泉，刘婴谷，金宏智，等．喷灌微灌设备使用与维修，中国农业出版社，2000.
[28] 水利部农村水利司，等．喷灌与微灌设备 [M]. 中国水利水电出版社，1998.
[29] 李世英．喷灌喷头理论与设计 [M]. 兵器工业出版社，1995.
[30] 水利部农村水利司，中国灌溉排水发展中心组编．微灌工程技术 [M]. 黄河水利出版社，2012.
[31] 水利部农村水利司，等．节水灌溉工程实用手册 [M]. 中国水利水电出版社，2005.
[32] 傅琳，董文楚，郑耀泉，等．微灌工程技术指南 [M]. 水利电力出版社，1988.
[33] 张志新，等．滴灌工程规划设计与应用 [M]. 中国水利水电出版社，2007.
[34] 水利部农村水利司、中国灌溉排水发展中心组编 [M]. 黄河水利出版社，2012.
[35] 张国祥．微灌技术探索与创新 [M]. 黄河水利出版社，2012.
[36] 顾烈烽．滴灌工程设图集 [M]. 中国水利水电出版社，2005.
[37] 董文楚．滴灌用砂过滤器的过滤与反冲洗性能试验研究 [J]. 水利学报，1997.

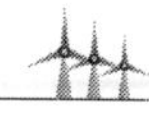

[38] 翟国亮，等. 微灌用石英砂滤料的过滤与反冲洗试验 [J]. 农业工程学报，2007.

[39] 翟国亮，冯俊杰，等. 微灌用砂过滤器反冲洗参数试验 [J]. 水资源与水工程学报 .

[40] 王福军. 水泵与水泵站 [M]. 中国农业出版社，2005.

[41] 刘竹溪，刘景植. 水泵及水泵站（第三版）[M]. 中国水利水电出版社，2006.

[42] Nicola Lamaddalena，J. A. Sagardoy. Performance analysis of on-demand pressurized irrigation systems. FAO.

[43] Irr2gation and Drainage Paper 59，Rome，2000.

[44] 李久生、王迪、栗岩峰 . 现代灌溉水肥管理原理 [M]. 黄河水利出版社 .

[45] 李久生、张建君、薛克宗 . 滴灌施肥灌溉原理与应用 [M]. 中国农业出版社，2006.

[46] 张承林、邓兰生 . 水肥一体化技术 [M]. 中国农业出版社，2012.